重庆市市政工程
计价定额

CQSZDE—2018

批准部门：重庆市城乡建设委员会

主编部门：重庆市城乡建设委员会

主编单位：重庆市建设工程造价管理总站

参编单位：重庆建工集团股份有限公司

重庆城建控股(集团)有限责任公司

重庆建工市政交通工程有限责任公司

重庆市爆破工程建设有限责任公司

重庆单轨交通工程有限责任公司

重庆新科建设工程有限公司

中建八局第三建设有限公司

重庆市轨道交通(集团)有限公司

重庆求精工程造价有限责任公司

重庆天廷工程咨询有限公司

重庆一凡工程造价咨询有限公司

施行日期：2018年8月1日

重庆大学出版社

图书在版编目(CIP)数据

重庆市市政工程计价定额 / 重庆市建设工程造价管理总站主编. ——重庆:重庆大学出版社,2018.7(2019.2 重印)

ISBN 978-7-5689-1225-9

Ⅰ.①重… Ⅱ.①重… Ⅲ.①市政工程—工程造价—重庆 Ⅳ.①TU723.3

中国版本图书馆 CIP 数据核字(2018)第 141095 号

重庆市市政工程计价定额

CQSZDE — 2018

重庆市建设工程造价管理总站 主编

责任编辑:肖乾泉 版式设计:肖乾泉

责任校对:肖乾泉 责任印制:张 策

*

重庆大学出版社出版发行

出版人:易树平

社址:重庆市沙坪坝区大学城西路 21 号

邮编:401331

电话:(023) 88617190 88617185(中小学)

传真:(023) 88617186 88617166

网址:http://www.cqup.com.cn

邮箱:fxk@cqup.com.cn (营销中心)

全国新华书店经销

重庆市正前方彩色印刷有限公司印刷

*

开本:890mm×1240mm 1/16 印张:45.25 字数:1435 千

2018 年 7 月第 1 版 2019 年 2 月第 2 次印刷

ISBN 978-7-5689-1225-9 定价:160.00 元

前　言

为合理确定和有效控制工程造价，提高工程投资效益，维护发承包人合法权益，促进建设市场健康发展，我们组织重庆市建设、设计、施工及造价咨询企业，编制了2018年《重庆市市政工程计价定额》CQSZDE—2018。

在执行过程中，请各单位注意积累资料，总结经验，如发现需要修改和补充之处，请将意见和有关资料提交重庆市建设工程造价管理总站（地址：重庆市渝中区长江一路58号），以便及时研究解决。

领导小组

组　　长：乔明佳

副 组 长：李　明

成　　员：夏太凤　张　琦　罗天菊　杨万洪　冉龙彬　刘　洁　黄　刚

综 合 组

组　　长：张　琦

副 组 长：杨万洪　冉龙彬　刘　洁　黄　刚

成　　员：刘绍均　邱成英　傅　煜　娄　进　王鹏程　吴红杰　任玉兰　黄　怀　李　莉

编 制 组

组　　长：娄　进

编制人员：包　刚　黄小林　黄琪敏　胡延安　刘茜琳　蓝海波　李小华　李　明　罗英廉　田　均　汪家全　阳小玲　杨　茜　余广维

材 料 组

组　　长：邱成英

编制人员：徐　进　吕　静　李现峰　刘　芳　刘　畅　唐　波　王　红

审查专家：陈红梅　冯秀娟　龚国均　何长国　栾　洪　李海泉　宋　强　朱雪梅　钟　凤

计算机辅助：成都鹏业软件股份有限公司　杨　浩　张福伦

重庆市城乡建设委员会

渝建〔2018〕200号

重庆市城乡建设委员会
关于颁发2018年《重庆市房屋建筑与装饰工程计价定额》
等定额的通知

各区县(自治县)城乡建委，两江新区、经开区、高新区、万盛经开区、双桥经开区建设局，有关单位：

为合理确定和有效控制工程造价，提高工程投资效益，规范建设市场计价行为，推动建设行业持续健康发展，结合我市实际，我委编制了2018年《重庆市房屋建筑与装饰工程计价定额》、《重庆市仿古建筑工程计价定额》、《重庆市通用安装工程计价定额》、《重庆市市政工程计价定额》、《重庆市园林绿化工程计价定额》、《重庆市构筑物工程计价定额》、《重庆市城市轨道交通工程计价定额》、《重庆市爆破工程计价定额》、《重庆市房屋修缮工程计价定额》、《重庆市绿色建筑工程计价定额》和《重庆市建设工程施工机械台班定额》、《重庆市建设工程施工仪器仪表台班定额》、《重庆市建设工程混凝土及砂浆配合比表》(以上简称2018年计价定额)，现予以颁发，并将有关事宜通知如下：

一、2018年计价定额于2018年8月1日起在新开工的建设工程中执行，在此之前已发出招标文件或已签订施工合同的工程仍按原招标文件或施工合同执行。

二、2018年计价定额与2018年《重庆市建设工程费用定额》配套执行。

三、2008年颁发的《重庆市建筑工程计价定额》、《重庆市装饰工程计价定额》、《重庆市安装工程计价定额》、《重庆市市政工程计价定额》、《重庆市仿古建筑及园林工程计价定额》、《重庆市房屋修缮工程计价定额》，2011年颁发的《重庆市城市轨道交通工程计价定额》，2013年颁发的《重庆市建筑安装工程节能定额》，以及有关配套定额、解释和规定，自2018年8月1日起停止使用。

四、2018年计价定额由重庆市建设工程造价管理总站负责管理和解释。

重庆市城乡建设委员会

2018年5月2日

目　录

C　桥涵工程

D 隧道工程

E 管网工程

F 钢筋工程

G 拆除工程

H 措施项目

附录

总 说 明

一、《重庆市市政工程计价定额》(以下简称本定额)是根据《市政工程消耗量定额》(ZYA 1－31－2015)、《市政工程工程量计算规范》(GB 50857－2013)、《重庆市市政工程计价定额》(CQSZDE－2008)、《重庆市建设工程工程量计算规则》(CQJLGZ－2013)、现行有关设计规范、施工验收规范、质量评定标准、国家产品标准、安全操作规程等相关规定,并参考了行业、地方标准及代表性的设计、施工等资料,结合本市实际情况进行编制的。

二、本定额适用于本市行政区域内的新建、扩建和改建市政工程。

三、本定额是本市行政区域内国有资金投资的建设工程编制和审核施工图预算、招标控制价(最高投标限价)、工程结算的依据,是编制投标报价的参考,也是编制概算定额和投资估算指标的基础。

非国有资金投资的建设工程可参照本定额规定执行。

四、本定额按正常施工条件、大多数施工企业采用的施工方法、机械化程度和合理的劳动组织及工期进行编制的,反映了社会平均人工、材料、机械消耗水平。本定额中的人工、材料、机械消耗量除规定允许调整外,均不得调整。

五、本定额综合单价是指完成一个规定计量单位的分部分项工程项目或措施项目所需的人工费、材料费、施工机具使用费、企业管理费、利润及一般风险费。本定额综合单价是按一般计税法计算的,计算程序见下表。

定额综合单价计算程序表

序号	费用名称	计费基础
		定额人工费＋定额施工机具使用费
	定额综合单价	1＋2＋3＋4＋5＋6
1	定额人工费	
2	定额材料费	
3	定额施工机具使用费	
4	企业管理费	(1＋3)×费率
5	利 润	(1＋3)×费率
6	一般风险费	(1＋3)×费率

(一)人工费

本定额人工以工种综合工表示,内容包括基本用工、超运距用工、辅助用工、人工幅度差,定额人工按8小时工作制计算。

定额人工单价为:土石方综合工100元/工日,筑路、混凝土、砌筑、防水、市政综合工115元/工日,吊装、模板、金属制安综合工120元/工日,木工、抹灰、安装综合工125元/工日,镶贴综合工130元/工日。

(二)材料费

1.本定额材料消耗量已包括材料、成品、半成品的净用量以及从工地仓库、现场堆放地点或现场加工地点至操作或安装地点的运输损耗、施工操作损耗、施工现场堆放损耗。

2.本定额材料已包括施工中消耗的主要材料、辅助材料和零星材料,辅助材料和零星材料合并为其他材料费。

3.本定额已包括材料、成品、半成品从工地仓库、现场堆放地点或现场加工地点至操作或安装地点的水平及垂直运输。如特大型桥梁采用施工电梯、塔吊施工,按批准的施工组织设计或方案另行计算,同时扣除定额中的垂直运输机械费。

4.本定额模板是按不同构件分别以复合模板、木模板、定型钢模板等编制的,实际使用模板材料不同时,不作调整。

5.本定额已包括工程施工的周转性材料的30km以内,从甲工地(或基地)至乙工地搬迁运输费和场内运输费。

(三)施工机具使用费

1.本定额不包括机械原值(单位价值)在2000元以内、使用年限在一年以内、不构成固定资产的工具用具性小型机械费用,该“工具用具使用费”已包含在企业管理费用中,但其消耗的燃料动力已列入材料内。

2.本定额已包括工程施工的中小型机械的30km以内,从甲工地(或基地)至乙工地的搬迁运输费和场内运输费。

(四)企业管理费、利润

本定额综合单价中的企业管理费、利润是按《重庆市建设工程费用定额》规定专业工程进行取定的,使用时不作调整。

专业工程		取费专业
市政工程	道路工程 厂区、小区道路工程	道路工程
		交通管理设施工程
	桥梁工程	桥梁工程
	隧道工程	隧道工程
	运动场、广场停车场	广(停车)场
	管网工程	排水工程
		市政给水、燃气工程
	涵洞工程	涵洞工程
	挡墙工程	挡墙工程
	钢筋工程	桥梁工程
	拆除工程	人工土石方工程
		机械(爆破)土石方工程
	措施项目	隧道工程
		桥梁工程
人工土石方工程		人工土石方工程
机械土石方工程		机械(爆破)土石方工程

(五)一般风险费

本定额除人工土石方定额项目外,均包含了《重庆市建设工程费用定额》所指的一般风险费,使用时不作调整。

六、人工、材料、机械燃料动力价格调整

本定额人工、材料、成品、半成品和机械燃料动力价格,是以定额编制期市场价格确定的,建设项目实施阶段市场价格与定额价格不同时,可参照建设工程造价管理机构发布的工程所在地的信息价格或市场价格进行调整,价差不作为计取企业管理费、利润、一般风险费的计费基础。

七、本定额未考虑现场搅拌混凝土定额项目,实际采用现场搅拌混凝土浇捣,人工、机械按以下规定进行调整:

1.人工增加0.80工日/m^3;

2.混凝土搅拌机(400L)增加0.052台班/m^3。

3.混凝土按设计及“混凝土及砂浆配合比表”中强度等级进行换算,损耗按1%计算。

八、本定额部分章节中未考虑普通现拌砂浆子目,实际采用现场拌和水泥砂浆,人工、机械具体调整如下:

1.人工增加0.382工日/m^3;

2.扣除定额预拌砂浆罐式搅拌机机械消耗量，增加灰浆搅拌机(200L)0.02 台班/m^3。

九、本定额的自拌混凝土强度等级、砌筑砂浆强度等级、抹灰砂浆配合比以及砂石品种，如设计与定额不同时，应根据设计和施工规范要求，按“混凝土及砂浆配合比表”进行换算，但粗骨料的粒径规格不作调整。

十、本定额中所采用的水泥强度等级是根据市场生产与供应情况和施工操作规程考虑的，施工中实际采用水泥强度等级不同时不作调整。

十一、本定额土石方运输、构件运输及特大型机械进出场中已综合考虑了运输道路等级、重车上下坡等多种因素，但不包括过路费、过桥费和桥梁加固、道路拓宽、道路修整等费用，发生时另行计算。

十二、本定额的缺项，按其他专业计价定额相关项目执行；再缺项时，由建设、施工、监理单位共同编制一次性补充定额。

十三、本定额的工作内容已说明了主要的施工工序，次要工序虽未说明，但均已包括在内。

十四、本定额中未注明单位的，均以“mm”为单位。

十五、本定额中注有“×××以内”或者“×××以下”者，均包括×××本身；“×××以外”或者“×××以上”者，则不包括×××本身。

十六、本定额总说明未尽事宜，详见各章说明。

A　土石方工程

说　明

一、一般说明

1.岩石分类详见下表。

岩石分类表

名称	代表性岩石	岩石单轴饱和抗压强度（MPa）	开挖方法
软质岩	1.全风化的各种岩石 2.各种半成岩 3.强风化的坚硬岩 4.弱风化～强风化的较坚硬岩 5.未风化的泥岩等 6.未风化～微风化的凝灰岩、千枚岩、砂质泥岩、泥灰岩、粉砂岩、页岩等	＜30	用手凿工具、风镐、机械凿打及爆破法开挖
较硬岩	1.弱风化的坚硬岩 2.未风化～微风化的熔结凝灰岩、大理岩、板岩、白云岩、石灰岩、钙质胶结的砂岩等	30～60	用机械切割、水磨钻机、机械凿打及爆破法开挖
坚硬岩	未风化～微风化的花岗岩、正长岩、闪长岩、辉绿岩、玄武岩、安山岩、片麻岩、石英片岩、硅质板岩、石英岩、硅质胶结的砾岩、石英砂岩、硅质石灰岩等	＞60	用机械切割、水磨钻机及爆破法开挖

注：1.软质岩综合了极软岩、软岩、较软岩。
　　2.岩石分类按代表性岩石的开挖方法或者岩石单轴饱和抗压强度确定，满足其中之一即可。

2.土壤及岩石定额子目，均按天然密实体积编制。

3.人工及机械土方项目是按不同土壤类别综合考虑的，实际土壤类别不同时不作调整。

4.干、湿土的划分以地下常水位进行划分，常水位以上为干土、以下为湿土；地表水排出后，土壤含水率＜25％为干土，含水率≥25％为湿土。如采用人工降低地下水位时，干湿土的划分仍以常水位为准。

5.淤泥指池塘、沼泽、水田及沟坑等呈膏质（流动或稀软）状态的土壤，分粘性淤泥与不粘附工具的砂性淤泥。流砂指含水饱和，因受地下水影响而呈流动状态的粉砂土、亚砂土。

6.沟槽、基坑和一般土石方的划分：设计图示槽底宽（不含加宽工作面）7m以内，且槽底长大于底宽3倍以上为沟槽；底长小于底宽3倍以内且基底面积（不含加宽工作面）在150m^{2}以内为基坑；超出上述范围的则为一般土石方。

7.松土是未经碾压、堆积时间不超过一年的土壤。

8.围护基坑土石方定额适用于地下连续墙、混凝土锚喷、混凝土薄壁挡墙、混凝土桩板、钢板桩等围护的宽大于8m的深基坑开挖。

9.平整场地系指平整至设计标高后，厚度在±300mm以内的就地挖、填、找平。竖向布置挖、填土方是指超过300mm的挖、填土方，用方格网或断面法控制，确定自然标高和设计标高以及应挖或填的高度，以便挖填至设计标高，竖向布置进行挖、填土方时，不再计算平整场地项目。场地厚度在±300mm以内的挖、填土石方项目按挖、填相应定额子目乘以系数1.3。

10.本章未包括有地下水时施工的排水费用，发生时按实计算。

二、土石方工程

（一）人工土石方

1.人工土方项目是按干土编制的，如挖湿土时，人工乘以系数1.18。

2.人工平基挖土石方项目是按深度1.5m以内编制，深度超过1.5m时，按下表增加工日。

单位:$100m^3$

类别	深2m内	深4m内	深6m内
土方	2.63	14.71	26.72
石方	3.10	17.35	31.51

注:深度超过6m以上时,在原有6m深内增加工日基础上,土方深度每增加1m,每$100m^3$增加6.01工日,石方深度每增加1m,每$100m^3$增加7.08工日;其增加用工的深度以主要出土方向的深度为准。

3.人工挖沟槽、基坑当上层土方深度超过3m时,下层石方按下表增加工日。

单位:$100m^3$

土方深度(m以内)	4	6	8
增加工日	0.67	0.99	1.32

4.人工挖基坑、沟槽土石方,深度超过8m时,其超过部分按8m相应项目乘以系数1.20,超过10m时,其超过部分按8m相应项目乘以系数1.5。人工挖沟槽、基坑,如在同一沟槽、基坑内有土有石时,按其土层与岩层不同深度分别计算工程量,执行相应定额子目。

5. 人工挖淤泥、流砂沟槽(基坑)按土方相应定额子目系数乘以1.4。

6.支挡土板项目分别是按密撑和疏撑钢支撑综合编制的,实际间距及支撑材质不同时,不作调整。

7.在挡土板支撑下挖土方,按相应定额项目人工乘以系数1.43。

8.支撑项目按槽、坑两侧同时支撑挡土板编制,如一侧支挡土板时,人工乘以系数1.33。

9.人工摊座、修整边坡项目,只适用于石方爆破工程。

10.人工剔打钢筋混凝土构件时,按人工凿较硬岩子目乘以系数1.8执行。

11.人工平基、沟槽、基坑石方的定额子目已综合各种施工工艺(包括人工凿打、风镐、水钻、切割),实际施工不同时不作调整。

12.人工垂直运输土石方时,垂直高度每1m折合10m水平运距计算。

(二)机械土石方

1.机械土石方项目是按各类机型综合编制的,执行本定额均不作调整。

2.机械作业的坡度因素已综合在定额内,坡度不同时,不作调整。

3.机械挖运土方定额子目是按干土编制的,如挖运湿土时,相应定额子目人工、机械乘以系数1.15;采用降水措施后,机械挖运土方定额不作调整。

4.机械挖运土方定额项目适用于平基土方的挖运,机装机运土方定额项目适用于松土的装运。

5.人装(机装)机械运土、人装(机装)机械运石渣定额项目中不包括开挖土石方的工作内容。

6.机械挖沟槽(坑)土方、石方项目深度超过8m时,其超过部分按8m相应定额子目乘以系数1.20;超过10m时,其超过部分按8m相应定额子目乘以系数1.5。

7.在经压实后的回填区进行沟槽开挖执行土石方开挖相应定额项目。

8.机械不能施工的土石方部分(如死角等),按相应的人工挖土项目乘以系数1.5;人工凿石子目按相应的乘以系数1.2。

9.机械在垫板上作业时,按相应子目人工和机械乘以系数1.25,搭拆垫板的人工、材料、和辅助机械费用按实计算。

10.人装机运或机装机运土方、石渣运距在500m内时,分别执行人装机运或机装机运土方、石渣运距1000m内定额子目乘以系数0.9。

11.机械凿打平基、槽(坑)石方,施工组织设计(方案)需摊座或上面有结构物(构筑物)时,应计算人工摊座费用,执行人工摊座相应定额项目乘以系数0.6。

12.围护基坑土石方定额中已包括土壤渗水及天然降水的排除,若需采用井点降水,费用另行计算。围护基坑土方定额已综合考虑土方垂直运输的各种方法,施工组织方法不同时,不作调整;围护基坑石方定额不含垂直运输,应另行计算。

13.机械土石方工程的全程运距,按以下规定计算确定:

(1) 全程运距 100m 以内:按挖方区重心至填方区重心之间的机械行驶的最短距离计算。

(2) 全程运距 500m 以内及全程运距 500m 以上:按挖方区重心至填方区重心之间循环路线的二分之一计算。

(三)回填方

1.机械碾压回填土石是以密实度达到 85%～90%编制的。如设计密实度为 90%～95%时,按相应机械回填碾压土石子目乘以系数 1.4;如设计密实度超过 95%时,按相应机械回填碾压土石子目乘以系数 1.6。

2.利用爆破石渣回填碾压,若设计或规范对粒径有明确要求时,需另行增加岩石解小费用,按人工或机械凿打岩石相应定额子目乘以系数 0.25。

3.人工级配回填块(片)石土及人工回填碎石土中块(片)石和碎石比例为 75%,设计比例不同时允许调整。

4.回填土压实定额中,已综合考虑了所需的水和洒水车台班及人工。

(四)暗挖土方

1.暗挖土方定额子目适用于隧道土方开挖。

2.暗挖土方运输执行本章相应土方运输定额子目乘以系数 1.2。

3.暗挖土方经竖井、斜井运输时,执行本定额"隧道工程"中"平洞出渣"相应定额子目乘以系数 0.8。

4.暗挖土方临时设施执行本定额"措施项目"相应定额子目。

(五)盖挖土石方

1.盖挖土石方定额子目综合了开挖、开挖点至提升点 100m 以内水平运输和垂直提升工作内容。

2.盖挖土石方开挖点至提升点水平运距超过 100m 时,执行本章相应土石方运输定额子目乘以系数 1.2。

3.盖挖石方若设计的膨胀剂材料用量与定额规定不同时,可作调整。

工程量计算规则

1.土壤、岩石体积，均按挖掘前的天然密度体积以“m^3”计算。

2.机械进入施工作业面，上下坡道增加的土石方工程量，并入施工的土石方工程量内一并计算。

3.机械不能施工的部分(如死角等)采用人工开挖时，应按设计或施工组织设计规定计算，如无规定时，按下表计算。

挖土石方工程量(m^3)	1万以内	5万以内	10万以内	50万以内	100万以内	100万以上
占挖土石方工程量(%)	8	5	3	2	1	0.6

注:上表所列工程量系指一个独立的施工组织设计所规定范围的挖方总量。

4.土方天然密实、压实后、松填、虚方体积折算时，按下表所列值换算。

土方体积折算表

天然密实体积	压实后体积	松填体积	虚方体积
1.00	0.87	1.08	1.30

5.石方天然密实、虚方、松填、码方体积折算时，按下表所列值换算。

石方体积折算表

名称	天然密实体积	虚方体积	松填体积	码方
石方	1.00	1.54	1.31	
块石	1.00	1.75	1.45	1.67
砂夹石	1.00	1.07	0.94	

6.平整场地工程量按实际平整面积，以“m^2”计算。

7.场地原土碾压，按图示尺寸以“m^2”计算。

8.平基土石方按图示尺寸加放坡工程量及石方爆破允许超挖量，以“m^3”计算。

9.挖淤泥、流砂工程量按设计图示位置、界限等以“m^3”计算。

10.沟槽、基坑土石方工程量按图示尺寸加工作面宽度增加量、放坡量，以“m^3”计算。

(1)基础、管道、管网沟槽宽度按设计规定计算，如无设计规定时，无基础(垫层)的管道沟槽底宽按其管道外径另两侧工作面宽度计算；有基础(垫层)的底宽按其基础(垫层)宽度加两侧工作面宽度计算；支撑挡土板的沟槽底宽，除按以上规定计算外，每边各加0.1m。沟槽每侧工作面宽度，按下表计算。

单位:mm

<table>
<tr><th colspan="4">管道工程</th><th colspan="2">构筑物</th><th colspan="2">其他市政工程</th></tr>
<tr><th>管道结构宽</th><th>管道混凝土基础90°</th><th>管道混凝土基础>90°</th><th>金属管道</th><th>无防潮层</th><th>有防潮层</th><th>基础材料</th><th>每侧工作面宽</th></tr>
<tr><td>500以内</td><td>400</td><td>400</td><td>300</td><td rowspan="4">400</td><td rowspan="4">600</td><td>砖</td><td>200</td></tr>
<tr><td>1000以内</td><td>500</td><td>500</td><td>400</td><td>浆砌条石、毛石</td><td>250</td></tr>
<tr><td>2500以内</td><td>600</td><td>500</td><td>400</td><td>砼垫层或基础支模板者</td><td>300</td></tr>
<tr><td>2500以上</td><td>700</td><td>600</td><td>500</td><td>垂面做防水防潮层</td><td>600</td></tr>
</table>

(2)基础沟槽长度:沟槽长度按设计图示中心线长度计算，相交沟槽长度按沟底净长计算。

(3)管道、管网工程沟槽长度:主管按管道的设计轴线长度计算，支管按支沟槽的净长线计算。

(4)地槽、地坑深度按图示槽、坑底面至自然地面(场地平整的按平整后的路床或地坪)高度计算。

(5)挖沟槽、基坑的放坡应根据设计或施工组织设计要求的放坡系数计算。如设计或施工组织设计无规定时，土方放坡按下表规定放坡系数计算；石方放坡应根据设计或批准的施工组织设计要求的放坡系数计算。

人工开挖	机械开挖土方		放坡起点深度(m)
土方	在沟槽、坑底	在沟槽、坑边	土方
1:0.3	1:0.25	1:0.67	1.50

注:1.计算放坡时,在交接处所产生的重复工程量不予扣除。如放坡处重复量过大,其计算总量等于或大于开挖方量时,应按大开挖规定计算工程量。
2.原槽基础垫层,放坡自垫层上表面开始计算;垫层浇筑需支模时,加宽工作面从垫层外缘边起算。

(6)排水管道沟槽为直槽时的井位加宽按直槽挖方总量的1.5%计算,给水、路灯、电力、电信、燃气管道等管网为直槽时的井位加宽,接头坑、支墩、支座等土方,按该部分土方总量的2.5%计算。

11.人工挖土堤台阶工程量,按挖前的堤坡斜面积计算,运土应另行计算。

12.人工摊座和修整边坡工程量,以设计规定需摊座和修整边坡的面积以"m^2"计算。

13.围护基坑土石方开挖工程量按设计图示尺寸以"m^3"计算。

14.回填土、石渣碾压工程量,按填方区压实后体积以"m^3"计算。

15. 沟槽、基坑回填按下列方法以"m^3"计算:

槽、坑回填体积=挖方体积-埋设的构件体积;

管沟回填体积=挖方体积-埋设的构筑物体积及管径在500mm以上管道体积。

16.余方工程量按下式计算:

余方运输体积=挖方体积-回填方体积(折合天然密实体积)。总体积为正,则为余土外运;总体积为负,则为取土内运。

17.挖地槽、地坑支挡土板,按图示槽、坑底宽尺寸,单面支挡土板加100mm,双面支挡土板加200mm,以槽、坑垂直的支撑面积,以"m^2"计算。如一侧支撑挡土板时,按一侧的支撑面积计算工程量。支挡板工程量和放坡工程量,不得重复计算。

18.暗挖土方按设计图示断面面积乘以长度另加允许超挖量以"m^3"计算。

19.盖挖土石方按设计结构外围断面面积乘以设计长度以"m^3"计算,其设计结构外围断面面积为结构衬墙外侧之间的宽度乘以设计顶板底至底板(或垫层)底的高度。

A.1 土方工程(编码:040101)

A.1.1 挖一般土方(编码:040101001)

A.1.1.1 人工挖土方

工作内容:挖土及回填区土夹石、修理边底。

计量单位:100m³

定额编号					DA0001	DA0002
项目名称					人工挖土方	人工挖回填区土夹石
费用	综合单价(元)				**3701.54**	**6116.77**
	其中	人工费(元)			3237.60	5350.10
		材料费(元)			—	—
		施工机具使用费(元)			—	—
		企业管理费(元)			349.01	576.74
		利润(元)			114.93	189.93
		一般风险费(元)			—	—
	编码	名称	单位	单价(元)	消耗量	
人工	000300040	土石方综合工	工日	100.00	32.376	53.501

A.1.1.2 机械挖土方

工作内容:1.挖土、土夹石,将土堆在一边,清理机下余土。
2.工作面内排水,清理边坡。

计量单位:1000m³

定额编号					DA0003	DA0004
项目名称					机械挖一般土方	机械挖回填区土夹石方
					不装车	
费用	综合单价(元)				**3574.32**	**4026.60**
	其中	人工费(元)			400.00	400.00
		材料费(元)			—	—
		施工机具使用费(元)			2409.11	2764.58
		企业管理费(元)			516.88	582.28
		利润(元)			214.62	241.77
		一般风险费(元)			33.71	37.97
	编码	名称	单位	单价(元)	消耗量	
人工	000300040	土石方综合工	工日	100.00	4.000	4.000
机械	990106030	履带式单斗液压挖掘机 1m³	台班	1078.60	0.448	0.527
	990106040	履带式单斗液压挖掘机 1.25m³	台班	1253.33	1.000	1.120
	990106050	履带式单斗液压挖掘机 1.6m³	台班	1331.81	0.505	0.595

A.1.1.3 **人工铲草皮**

工作内容:人工铲草皮,清理异物,就近堆放。 **计量单位**:$100m^2$

定额编号					DA0005
项目名称					人工铲草皮
费用	**综合单价(元)**				**217.69**
	其中	人工费(元)			190.40
		材料费(元)			—
		施工机具使用费(元)			—
		企业管理费(元)			20.53
		利润(元)			6.76
		一般风险费(元)			—
	编码	名称	单位	单价(元)	消耗量
人工	000300040	土石方综合工	工日	100.00	1.904

A.1.1.4 **人工挖土堤台阶、清理土堤基础**

工作内容:1.挖土堤台阶:画线、挖土,将刨松土方抛至下方。
2.清理土堤基础:挖除、检修土堤面废土层,清理场地,废土 30m 内运输。 **计量单位**:$100m^2$

定额编号					DA0006	DA0007	DA0008	DA0009	DA0010	DA0011
项目名称					土堤台阶横向坡度			清理土堤基础		
					在 1∶3.3 以下	在 1∶3.3～1∶2	在 1∶2 以上	厚度(cm 以内)		
								10	20	30
费用	**综合单价(元)**				**311.43**	**645.50**	**968.26**	**319.33**	**593.03**	**889.60**
	其中	人工费(元)			272.40	564.60	846.90	279.30	518.70	778.10
		材料费(元)			—	—	—	—	—	—
		施工机具使用费(元)			—	—	—	—	—	—
		企业管理费(元)			29.36	60.86	91.30	30.11	55.92	83.88
		利润(元)			9.67	20.04	30.06	9.92	18.41	27.62
		一般风险费(元)			—	—	—	—	—	—
	编码	名称	单位	单价(元)	消耗量					
人工	000300040	土石方综合工	工日	100.00	2.724	5.646	8.469	2.793	5.187	7.781

A.1.1.5 整理挖方边坡

工作内容：整理边坡：厚度 15cm 以内挖、填、拍打、清理弃土。　　　　计量单位：$100m^2$

定额编号					DA0012
项目名称					整理挖方边坡
费用	综合单价（元）				**318.52**
	其中	人工费（元）			278.60
		材料费（元）			—
		施工机具使用费（元）			—
		企业管理费（元）			30.03
		利润（元）			9.89
		一般风险费（元）			—
	编码	名称	单位	单价（元）	消耗量
人工	000300040	土石方综合工	工日	100.00	2.786

A.1.1.6 人工运土方

工作内容：装、运、卸土及平整。　　　　计量单位：$100m^3$

定额编号					DA0013	DA0014	DA0015	DA0016
项目名称					人工运土方		单（双）轮车运土	
					运距			
					20m 以内	每增加 20m	50m 以内	每增加 50m
费用	综合单价（元）				**1954.58**	**408.39**	**1410.03**	**340.36**
	其中	人工费（元）			1709.60	357.20	1233.30	297.70
		材料费（元）			—	—	—	—
		施工机具使用费（元）			—	—	—	—
		企业管理费（元）			184.29	38.51	132.95	32.09
		利润（元）			60.69	12.68	43.78	10.57
		一般风险费（元）			—	—	—	—
	编码	名称	单位	单价（元）	消耗量			
人工	000300040	土石方综合工	工日	100.00	17.096	3.572	12.333	2.977

A.1.1.7 机械挖运土方

工作内容：集土、挖土、装土、运土、卸土、平整、空回、修理边坡、现场清理、工作面内排水、洒水及道路维护。

计量单位：1000m³

定额编号					DA0017	DA0018
项目名称					全程运距	
					100m 以内	
					运距 20m 以内	每增加 20m
费用	综合单价（元）				**3223.70**	**1307.38**
	其中	人工费（元）			400.00	—
		材料费（元）			—	—
		施工机具使用费（元）			2133.56	1027.49
		企业管理费（元）			466.18	189.06
		利润（元）			193.56	78.50
		一般风险费（元）			30.40	12.33
	编码	名称	单位	单价(元)	消耗量	
人工	000300040	土石方综合工	工日	100.00	4.000	—
机械	990101035	履带式推土机 135kW	台班	1105.36	0.542	0.259
机械	990101040	履带式推土机 165kW	台班	1370.05	1.120	0.541

工作内容：集土、挖土、装土、运土、卸土、平整、空回、修理边坡、现场清理、工作面内排水、洒水及道路维护。

计量单位：1000m³

定额编号					DA0019	DA0020
项目名称					全程运距	
					500m 以内	
					运距 200m 以内	每增加 100m
费用	综合单价（元）				**7734.31**	**414.82**
	其中	人工费（元）			400.00	—
		材料费（元）			26.52	13.26
		施工机具使用费（元）			5657.68	315.59
		企业管理费（元）			1114.61	58.07
		利润（元）			462.81	24.11
		一般风险费（元）			72.69	3.79
	编码	名称	单位	单价(元)	消耗量	
人工	000300040	土石方综合工	工日	100.00	4.000	—
材料	341100100	水	m³	4.42	6.000	3.000
机械	990101025	履带式推土机 105kW	台班	945.95	0.509	—
机械	990106030	履带式单斗液压挖掘机 1m³	台班	1078.60	0.521	—
机械	990106040	履带式单斗液压挖掘机 1.25m³	台班	1253.33	1.155	—
机械	990106050	履带式单斗液压挖掘机 1.6m³	台班	1331.81	0.584	—
机械	990402035	自卸汽车 12t	台班	816.75	2.380	0.239
机械	990402040	自卸汽车 15t	台班	913.17	0.209	0.023
机械	990402045	自卸汽车 18t	台班	954.78	0.078	0.010
机械	990409020	洒水车 4000L	台班	449.19	0.400	0.200

工作内容：集土、挖土、装土、运土、卸土、平整、空回、修理边坡、现场清理、工作面内排水、洒水及道路维护。

计量单位：1000m³

定额编号					DA0021	DA0022
项目名称					全程运距	
					500m 以外	
					运距 1000m 以内	每增加 1000m
费用	**综合单价（元）**				**11234.81**	**2461.70**
	其中	人工费（元）			400.00	—
		材料费（元）			53.04	26.52
		施工机具使用费（元）			8387.93	1913.84
		企业管理费（元）			1616.98	352.15
		利润（元）			671.40	146.22
		一般风险费（元）			105.46	22.97
	编码	名称	单位	单价（元）	消耗量	
人工	000300040	土石方综合工	工日	100.00	4.000	—
材料	341100100	水	m³	4.42	12.000	6.000
机械	990101025	履带式推土机 105kW	台班	945.95	0.509	—
	990106030	履带式单斗液压挖掘机 1m³	台班	1078.60	0.521	—
	990106040	履带式单斗液压挖掘机 1.25m³	台班	1253.33	1.155	—
	990106050	履带式单斗液压挖掘机 1.6m³	台班	1331.81	0.584	—
	990402035	自卸汽车 12t	台班	816.75	5.289	1.796
	990402040	自卸汽车 15t	台班	913.17	0.448	0.174
	990402045	自卸汽车 18t	台班	954.78	0.181	0.074
	990409020	洒水车 4000L	台班	449.19	0.484	0.484

A.1.2 挖沟槽土方（编码：040101002）

A.1.2.1 人工挖沟槽土方

工作内容：1.人工挖沟槽土方，将土置于槽边 1m 以外 5m 以内自然堆放。
2.沟槽底夯实。

计量单位：100m³

定额编号					DA0023	DA0024	DA0025	DA0026
项目名称					人工挖沟槽土方			
					深度（m 以内）			
					2	4	6	8
费用	**综合单价（元）**				**5753.09**	**6683.73**	**7775.59**	**9036.64**
	其中	人工费（元）			5032.00	5846.00	6801.00	7904.00
		材料费（元）			—	—	—	—
		施工机具使用费（元）			—	—	—	—
		企业管理费（元）			542.45	630.20	733.15	852.05
		利润（元）			178.64	207.53	241.44	280.59
		一般风险费（元）			—	—	—	—
	编码	名称	单位	单价（元）	消耗量			
人工	000300040	土石方综合工	工日	100.00	50.320	58.460	68.010	79.040

A.1.2.2 人工挖格构、肋柱、肋梁土方

工作内容: 1.人工挖格构、肋柱、肋梁土方,将土置于槽边1m以外5m以内自然堆放。
2.沟槽底夯实。

计量单位: $100m^3$

定额编号				DA0027
项目名称				人工挖格构、肋柱、肋梁土方
费用	综合单价(元)			**6903.70**
	其中	人工费(元)		6038.40
		材料费(元)		—
		施工机具使用费(元)		—
		企业管理费(元)		650.94
		利润(元)		214.36
		一般风险费(元)		—
	编码	名称	单位	单价(元)	消耗量
人工	000300040	土石方综合工	工日	100.00	60.384

A.1.2.3 机械挖沟槽土方

工作内容: 1.挖土,将土置于槽边1m以外5m以内自然堆放,清理机下余土。
2.工作面内排水,清理边坡。

计量单位: $1000m^3$

定额编号					DA0028	DA0029
项目名称					机械挖沟槽土方	
					深度(m以内)	
					4	8
费用	综合单价(元)				**5347.81**	**9626.44**
	其中	人工费(元)			600.00	1080.00
		材料费(元)			—	—
		施工机具使用费(元)			3602.93	6485.57
		企业管理费(元)			773.34	1392.07
		利润(元)			321.10	578.01
		一般风险费(元)			50.44	90.79
	编码	名称	单位	单价(元)	消耗量	
人工	000300040	土石方综合工	工日	100.00	6.000	10.800
机械	990106010	履带式单斗液压挖掘机 $0.6m^3$	台班	766.15	1.887	3.397
机械	990106030	履带式单斗液压挖掘机 $1m^3$	台班	1078.60	2.000	3.600

A.1.3 挖基坑土方(编码:040101003)

A.1.3.1 人工挖基坑土方

工作内容:1.人工挖坑土方,将土置于坑边1m以外5m以内自然堆放。
2.基坑底夯实。

计量单位:$100m^3$

定额编号					DA0030	DA0031	DA0032	DA0033
项目名称					人工挖基坑土方			
					深度(m以内)			
					2	4	6	8
费用	综合单价(元)				**6108.66**	**7045.01**	**8143.73**	**9413.94**
	其中	人工费(元)			5343.00	6162.00	7123.00	8234.00
		材料费(元)			—	—	—	—
		施工机具使用费(元)			—	—	—	—
		企业管理费(元)			575.98	664.26	767.86	887.63
		利润(元)			189.68	218.75	252.87	292.31
		一般风险费(元)			—	—	—	—
	编码	名称	单位	单价(元)	消耗量			
人工	000300040	土石方综合工	工日	100.00	53.430	61.620	71.230	82.340

A.1.3.2 机械挖基坑土方

工作内容:1.挖土,将土置于坑边1m以外5m以内自然堆放,清理机下余土。
2.工作面内排水,清理边坡。

计量单位:$1000m^3$

定额编号					DA0034	DA0035
项目名称					机械挖基坑土方	
					深度(m以内)	
					4	8
费用	综合单价(元)				**5882.87**	**10589.37**
	其中	人工费(元)			660.00	1188.00
		材料费(元)			—	—
		施工机具使用费(元)			3963.45	7134.36
		企业管理费(元)			850.71	1531.31
		利润(元)			353.23	635.83
		一般风险费(元)			55.48	99.87
	编码	名称	单位	单价(元)	消耗量	
人工	000300040	土石方综合工	工日	100.00	6.600	11.880
机械	990106010	履带式单斗液压挖掘机 $0.6m^3$	台班	766.15	2.076	3.737
	990106030	履带式单斗液压挖掘机 $1m^3$	台班	1078.60	2.200	3.960

A.1.4 暗挖土方(编码:040101004)

工作内容:1.人工平洞开挖:人工开挖土方,运 5m 内。
2.机械平洞开挖:挖土,土方洞内运输、垂直提升等。

计量单位:100m³

定额编号					DA0036	DA0037
项目名称					平洞开挖	
					人工	机械
费用	综合单价(元)				**11608.34**	**2998.21**
	其中	人工费(元)			7920.00	1322.10
		材料费(元)			—	—
		施工机具使用费(元)			—	723.49
		企业管理费(元)			2523.31	651.72
		利润(元)			1006.63	259.99
		一般风险费(元)			158.40	40.91
	编码	名称	单位	单价(元)	消耗量	
人工	000300040	土石方综合工	工日	100.00	79.200	13.221
机械	990101015	履带式推土机 75kW	台班	818.62	—	0.113
	990106030	履带式单斗液压挖掘机 1m³	台班	1078.60	—	0.585

A.1.5 挖淤泥、流砂(编码:040101005)

A.1.5.1 人工挖淤泥、流砂

工作内容:挖淤泥、流砂,修理边底。

计量单位:100m³

定额编号					DA0038
项目名称					人工挖淤泥、流砂
费用	综合单价(元)				**6663.15**
	其中	人工费(元)			5828.00
		材料费(元)			—
		施工机具使用费(元)			—
		企业管理费(元)			628.26
		利润(元)			206.89
		一般风险费(元)			—
	编码	名称	单位	单价(元)	消耗量
人工	000300040	土石方综合工	工日	100.00	58.280

A.1.5.2 机械挖淤泥、流砂

工作内容：挖淤泥(流砂)，堆在一边，移动机位、清理工作面。　　计量单位：$1000m^3$

定额编号					DA0039
项目名称					机械挖淤泥、流砂
					不装车
费用	综合单价（元）				**7553.41**
	其中	人工费（元）			693.00
		材料费（元）			—
		施工机具使用费（元）			5243.34
		企业管理费（元）			1092.29
		利润（元）			453.54
		一般风险费（元）			71.24
	编码	名称	单位	单价(元)	消耗量
人工	000300040	土石方综合工	工日	100.00	6.930
机械	990101025	履带式推土机 105kW	台班	945.95	1.196
	990106010	履带式单斗液压挖掘机 $0.6m^3$	台班	766.15	1.573
	990106030	履带式单斗液压挖掘机 $1m^3$	台班	1078.60	2.695

A.1.5.3 人工运淤泥、流砂

工作内容：装、运、卸淤泥、流砂及平整。　　计量单位：$100m^3$

定额编号					DA0040	DA0041	DA0042	DA0043
项目名称					人工运淤泥、流砂		双(单)轮车运淤泥、流砂	
					运距			
					20m 以内	每增加 20m	50m 以内	每增加 50m
费用	综合单价（元）				**3053.30**	**641.74**	**2206.45**	**534.84**
	其中	人工费（元）			2670.60	561.30	1929.90	467.80
		材料费（元）			—	—	—	—
		施工机具使用费（元）			—	—	—	—
		企业管理费（元）			287.89	60.51	208.04	50.43
		利润（元）			94.81	19.93	68.51	16.61
		一般风险费（元）			—	—	—	—
	编码	名称	单位	单价(元)	消耗量			
人工	000300040	土石方综合工	工日	100.00	26.706	5.613	19.299	4.678

A.1.5.4 机械挖运淤泥、流砂

工作内容：挖、装、运、卸淤泥（流砂），平整，空回，修理边坡，现场清理，工作面内排水，洒水及道路维护。

计量单位：1000m³

定额编号					DA0044	DA0045
项目名称					机械挖装运淤泥、流砂	
					全程运距	
					500m 以内	
					运距 200m 以内	每增加 100m
费用	综合单价（元）				**12367.11**	**620.94**
	其中	人工费（元）			790.00	—
		材料费（元）			37.13	18.56
		施工机具使用费（元）			8900.34	473.42
		企业管理费（元）			1783.02	87.11
		利润（元）			740.34	36.17
		一般风险费（元）			116.28	5.68
	编码	名称	单位	单价（元）	消耗量	
人工	000300040	土石方综合工	工日	100.00	7.900	—
材料	341100100	水	m³	4.42	8.400	4.200
机械	990101025	履带式推土机 105kW	台班	945.95	1.364	—
	990106010	履带式单斗液压挖掘机 0.6m³	台班	766.15	1.680	—
	990106030	履带式单斗液压挖掘机 1m³	台班	1078.60	2.703	—
	990402035	自卸汽车 12t	台班	816.75	3.332	0.335
	990402040	自卸汽车 15t	台班	913.17	0.293	0.032
	990402045	自卸汽车 18t	台班	954.78	0.109	0.014
	990409020	洒水车 4000L	台班	449.19	0.700	0.350

工作内容：挖、装、运、卸淤泥（流砂），平整，空回，修理边坡，现场清理，工作面内排水，洒水及道路维护。

计量单位：1000m³

定额编号					DA0046	DA0047
项目名称					机械挖装运淤泥、流砂	
					全程运距	
					500m 以外	
					运距 1000m 以内	每增加 1000m
费用	综合单价（元）				**17280.08**	**3539.71**
	其中	人工费（元）			790.00	—
		材料费（元）			74.26	37.13
		施工机具使用费（元）			12732.33	2752.74
		企业管理费（元）			2488.11	506.50
		利润（元）			1033.11	210.31
		一般风险费（元）			162.27	33.03
	编码	名称	单位	单价（元）	消耗量	
人工	000300040	土石方综合工	工日	100.00	7.900	—
材料	341100100	水	m³	4.42	16.800	8.400
机械	990101025	履带式推土机 105kW	台班	945.95	1.364	—
	990106010	履带式单斗液压挖掘机 0.6m³	台班	766.15	1.680	—
	990106030	履带式单斗液压挖掘机 1m³	台班	1078.60	2.703	—
	990402035	自卸汽车 12t	台班	816.75	7.405	2.514
	990402040	自卸汽车 15t	台班	913.17	0.627	0.244
	990402045	自卸汽车 18t	台班	954.78	0.253	0.104
	990409020	洒水车 4000L	台班	449.19	0.840	0.840

A.1.6 围护基坑挖土方(编码:040101006)

工作内容:机械挖土,人工清理,挖支撑下土体,土方倒运至地面堆放,挖引水沟、土壤渗水排除,人工修整底面等。

计量单位:100m³

定额编号					DA0048	DA0049	DA0050
项目名称					宽 15m 以内		
					深 7m 以内	深 11m 以内	深 15m 以内
费用	综合单价(元)				**2732.77**	**3554.83**	**5065.79**
	其中	人工费(元)			580.50	766.30	1075.90
		材料费(元)			—	—	—
		施工机具使用费(元)			1567.23	2027.49	2905.38
		企业管理费(元)			395.18	514.06	732.56
		利润(元)			164.09	213.45	304.17
		一般风险费(元)			25.77	33.53	47.78
	编码	名称	单位	单价(元)	消耗量		
人工	000300040	土石方综合工	工日	100.00	5.805	7.663	10.759
机械	990101025	履带式推土机 105kW	台班	945.95	0.300	0.300	0.400
	990106010	履带式单斗液压挖掘机 0.6m³	台班	766.15	0.500	0.600	1.200
	990302015	履带式起重机 15t	台班	704.65	1.100	1.600	2.000
	990805020	污水泵 出口直径 100mm	台班	104.38	1.200	1.500	1.900

工作内容:机械挖土,人工清理,挖支撑下土体,土方倒运至地面堆放,挖引水沟、土壤渗水排除,人工修整底面等。

计量单位:100m³

定额编号					DA0051	DA0052
项目名称					宽 15m 以内	
					深 19m 以内	深 19m 以外
费用	综合单价(元)				**6442.99**	**7873.34**
	其中	人工费(元)			1385.50	1702.80
		材料费(元)			—	—
		施工机具使用费(元)			3678.16	4484.99
		企业管理费(元)			931.71	1138.55
		利润(元)			386.86	472.75
		一般风险费(元)			60.76	74.25
	编码	名称	单位	单价(元)	消耗量	
人工	000300040	土石方综合工	工日	100.00	13.855	17.028
机械	990101025	履带式推土机 105kW	台班	945.95	0.400	0.400
	990106010	履带式单斗液压挖掘机 0.6m³	台班	766.15	1.700	2.200
	990302025	履带式起重机 25t	台班	764.02	2.300	2.800
	990805020	污水泵 出口直径 100mm	台班	104.38	2.300	2.700

工作内容:机械挖土,人工清理,挖支撑下土体,土方倒运至地面堆放,挖引水沟、土壤渗水排除,人工修整底面等。

计量单位:100m³

		定额编号			DA0053	DA0054	DA0055
		项目名称			宽15m以外		
					深7m以内	深11m以内	深15m以内
费用		**综合单价(元)**			**2722.98**	**3544.89**	**5055.85**
	其中	人工费(元)			572.80	758.50	1068.10
		材料费(元)			—	—	—
		施工机具使用费(元)			1567.23	2027.49	2905.38
		企业管理费(元)			393.77	512.62	731.12
		利润(元)			163.50	212.85	303.57
		一般风险费(元)			25.68	33.43	47.68
	编码	名称	单位	单价(元)	消耗量		
人工	000300040	土石方综合工	工日	100.00	5.728	7.585	10.681
机械	990101025	履带式推土机 105kW	台班	945.95	0.300	0.300	0.400
	990106010	履带式单斗液压挖掘机 0.6m³	台班	766.15	0.500	0.600	1.200
	990302015	履带式起重机 15t	台班	704.65	1.100	1.600	2.000
	990805020	污水泵 出口直径 100mm	台班	104.38	1.200	1.500	1.900

工作内容:机械挖土,人工清理,挖支撑下土体,土方倒运至地面堆放,挖引水沟、土壤渗水排除,人工修整底面等。

计量单位:100m³

		定额编号			DA0056	DA0057
		项目名称			宽15m以外	
					深19m以内	深19m以外
费用		**综合单价(元)**			**6433.08**	**7824.10**
	其中	人工费(元)			1377.70	1664.10
		材料费(元)			—	—
		施工机具使用费(元)			3678.16	4484.99
		企业管理费(元)			930.28	1131.43
		利润(元)			386.27	469.79
		一般风险费(元)			60.67	73.79
	编码	名称	单位	单价(元)	消耗量	
人工	000300040	土石方综合工	工日	100.00	13.777	16.641
机械	990101025	履带式推土机 105kW	台班	945.95	0.400	0.400
	990106010	履带式单斗液压挖掘机 0.6m³	台班	766.15	1.700	2.200
	990302025	履带式起重机 25t	台班	764.02	2.300	2.800
	990805020	污水泵 出口直径 100mm	台班	104.38	2.300	2.700

A.1.7 盖挖土方(编码:040101007)

工作内容:1.人工开挖:人工开挖土方,装运至洞口,由洞口提升至地面及地面人工配合等。
2.机械开挖:机械挖土方,装运至洞口,由洞口提升至地面及地面人工配合等。

计量单位:100m³

定额编号					DA0058	DA0059
项目名称					盖挖土方	
					人工	机械
费用	综合单价(元)				**8619.73**	**4861.95**
	其中	人工费(元)			7087.50	660.00
		材料费(元)			82.91	82.91
		施工机具使用费(元)			433.68	3095.93
		企业管理费(元)			764.03	691.09
		利润(元)			251.61	286.95
		一般风险费(元)			—	45.07
	编码	名称	单位	单价(元)	消耗量	
人工	000300040	土石方综合工	工日	100.00	70.875	6.600
材料	350901630	吊斗(吊架)摊销	kg	2.48	33.100	33.100
材料	002000020	其他材料费	元	—	0.82	0.82
机械	990504020	电动卷扬机 双筒慢速 牵引 50kN	台班	216.84	2.000	2.000
机械	990106030	履带式单斗液压挖掘机 1m³	台班	1078.60	—	1.300
机械	990406010	机动翻斗车 1t	台班	188.07	—	6.700

A.1.8 支挡土板(编码:040101008)

工作内容:制作、运输、安装、拆除、堆放指定地点。

计量单位:100m²

定额编号					DA0060	DA0061	DA0062
项目名称					钢支撑		
					竹挡土板	木挡土板	钢挡土板
费用	综合单价(元)				**2334.07**	**2511.49**	**2543.70**
	其中	人工费(元)			1635.30	1646.69	1667.50
		材料费(元)			464.43	628.83	637.24
		施工机具使用费(元)			—	—	—
		企业管理费(元)			176.29	177.51	179.76
		利润(元)			58.05	58.46	59.20
		一般风险费(元)			—	—	—
	编码	名称	单位	单价(元)	消耗量		
人工	000700010	市政综合工	工日	115.00	14.220	14.319	14.500
材料	050303800	木材 锯材	m³	1547.01	0.060	0.060	0.060
材料	053300450	竹挡土板	m²	23.08	5.030	—	—
材料	350500300	木挡土板	m³	799.14	—	0.351	—
材料	012900030	钢板 综合	kg	3.21	—	—	90.000
材料	041300010	标准砖 240×115×53	千块	422.33	0.030	0.030	0.030
材料	032102830	支撑钢管及扣件	kg	3.68	15.610	15.610	15.610
材料	002000010	其他材料费	元	—	185.40	185.40	185.40

A.2 石方工程(编码:040102)

A.2.1 挖一般石方(编码:040102001)

A.2.1.1 人工凿石

工作内容:人工凿打、修边捡底。

计量单位:100m³

定额编号					DA0063	DA0064	DA0065
项目名称					人工凿石		
					软质岩	较硬岩	坚硬岩
费用	综合单价(元)				**11189.81**	**19468.86**	**29790.94**
	其中	人工费(元)			9527.60	16705.40	25674.60
		材料费(元)			110.02	136.19	161.34
		施工机具使用费(元)			186.88	233.39	275.83
		企业管理费(元)			1027.08	1800.84	2767.72
		利润(元)			338.23	593.04	911.45
		一般风险费(元)			—	—	—
	编码	名称	单位	单价(元)	消耗量		
人工	000300040	土石方综合工	工日	100.00	95.276	167.054	256.746
材料	340900620	刀片 D1000	片	854.70	0.107	0.134	0.158
材料	341100100	水	m³	4.42	4.200	4.900	5.950
机械	990772020	圆盘岩石切割机 22kW	台班	116.58	1.603	2.002	2.366

A.2.1.2 人工地面摊座

工作内容:在石方爆破的基底上进行摊座,清理石渣。

计量单位:100m²

定额编号					DA0066	DA0067	DA0068
项目名称					地面摊座		
					软质岩	较硬岩	坚硬岩
费用	综合单价(元)				**1420.55**	**3361.19**	**6398.70**
	其中	人工费(元)			1242.50	2939.90	5596.70
		材料费(元)			—	—	—
		施工机具使用费(元)			—	—	—
		企业管理费(元)			133.94	316.92	603.32
		利润(元)			44.11	104.37	198.68
		一般风险费(元)			—	—	—
	编码	名称	单位	单价(元)	消耗量		
人工	000300040	土石方综合工	工日	100.00	12.425	29.399	55.967

A.2.1.3　人工修整边坡

工作内容：在石方爆破的边坡上局部进行15cm以内修整、凿石，清理石渣或装车、清底修边。　　**计量单位**：$100m^2$

定额编号					DA0069	DA0070	DA0071
项目名称					修整边坡		
					软质岩	较硬岩	坚硬岩
费用	综合单价（元）				**1734.61**	**4091.87**	**7771.24**
	其中	人工费（元）			1517.20	3579.00	6797.20
		材料费（元）			—	—	—
		施工机具使用费（元）			—	—	—
		企业管理费（元）			163.55	385.82	732.74
		利润（元）			53.86	127.05	241.30
		一般风险费（元）			—	—	—
	编码	名称	单位	单价（元）	消耗量		
人工	000300040	土石方综合工	工日	100.00	15.172	35.790	67.972

A.2.1.4　机械凿打岩石

工作内容：装、拆合金钎头，凿打岩石，移动机械。　　**计量单位**：$100m^3$

定额编号					DA0072	DA0073	DA0074
项目名称					软质岩	较硬岩	坚硬岩
费用	综合单价（元）				**4524.06**	**6149.88**	**8227.51**
	其中	人工费（元）			180.00	180.00	180.00
		材料费（元）			54.00	90.00	225.00
		施工机具使用费（元）			3333.09	4582.56	6109.31
		企业管理费（元）			646.41	876.31	1157.23
		利润（元）			268.40	363.86	480.50
		一般风险费（元）			42.16	57.15	75.47
	编码	名称	单位	单价（元）	消耗量		
人工	000300040	土石方综合工	工日	100.00	1.800	1.800	1.800
材料	002000010	其他材料费	元	—	54.00	90.00	225.00
机械	990149040	履带式单斗液压岩石破碎机	台班	1150.53	2.897	3.983	5.310

A.2.1.5 机械凿打混凝土及钢筋混凝土

工作内容：装、拆合金钎头，凿打混凝土及钢筋混凝土，移动机械。

计量单位：100m³

定额编号					DA0075	DA0076
项目名称					混凝土	钢筋混凝土
费用	综合单价（元）				**6867.53**	**9960.45**
	其中	人工费（元）			180.00	600.00
		材料费（元）			225.00	450.00
		施工机具使用费（元）			5040.47	6874.42
		企业管理费（元）			960.57	1375.29
		利润（元）			398.84	571.05
		一般风险费（元）			62.65	89.69
	编码	名称	单位	单价(元)	消耗量	
人工	000300040	土石方综合工	工日	100.00	1.800	6.000
材料	002000010	其他材料费	元	—	225.00	450.00
机械	990149040	履带式单斗液压岩石破碎机	台班	1150.53	4.381	5.975

A.2.1.6 人工石方运输

工作内容：装渣、运渣、弃渣。

计量单位：100m³

定额编号					DA0077	DA0078	DA0079	DA0080
项目名称					人力运石方		单(双)轮车运石方	
					运距20m以内	每增加20m	运距50m以内	每增加50m
费用	综合单价（元）				**3020.60**	**632.24**	**2173.42**	**356.71**
	其中	人工费（元）			2642.00	553.00	1901.00	312.00
		材料费（元）			—	—	—	—
		施工机具使用费（元）			—	—	—	—
		企业管理费（元）			284.81	59.61	204.93	33.63
		利润（元）			93.79	19.63	67.49	11.08
		一般风险费（元）			—	—	—	—
	编码	名称	单位	单价(元)	消耗量			
人工	000300040	土石方综合工	工日	100.00	26.420	5.530	19.010	3.120

A.2.1.7 平基机械挖石渣

工作内容：集渣、挖渣堆在一边、清理机下余土、工作面内排水。 **计量单位：**1000m³

		定额编号			DA0081
		项目名称			平基机械挖石渣 不装车
费用		**综合单价（元）**			**5526.42**
	其中	人工费（元）			400.00
		材料费（元）			—
		施工机具使用费（元）			3943.30
		企业管理费（元）			799.17
		利润（元）			331.83
		一般风险费（元）			52.12
	编码	名称	单位	单价（元）	消耗量
人工	000300040	土石方综合工	工日	100.00	4.000
机械	990106030	履带式单斗液压挖掘机 $1m^3$	台班	1078.60	0.774
	990106040	履带式单斗液压挖掘机 $1.25m^3$	台班	1253.33	1.595
	990106050	履带式单斗液压挖掘机 $1.6m^3$	台班	1331.81	0.833

A.2.1.8 机械挖运石渣

工作内容：集渣、挖渣、装渣、运渣、卸渣、空回、平整；工作面内排水、洒水及道路维护。 **计量单位：**1000m³

		定额编号			DA0082	DA0083	DA0084	DA0085	DA0086	DA0087
		项目名称			全程运距					
					100m以内		500m以内		500m以外	
					运距20m以内	每增加20m	运距200m以内	每增加100m以内	运距1000m以内	每增加1000m
费用		**综合单价（元）**			**5406.97**	**1967.71**	**11515.58**	**435.43**	**14260.09**	**2982.46**
	其中	人工费（元）			400.00	—	400.00	—	400.00	—
		材料费（元）			—	—	26.52	13.26	53.04	26.52
		施工机具使用费（元）			3849.43	1546.45	8629.44	331.79	10765.55	2323.12
		企业管理费（元）			781.89	284.55	1661.42	61.05	2054.46	427.45
		利润（元）			324.66	118.15	689.85	25.35	853.05	177.49
		一般风险费（元）			50.99	18.56	108.35	3.98	133.99	27.88
	编码	名称	单位	单价（元）	消耗量					
人工	000300040	土石方综合工	工日	100.00	4.000	—	4.000	—	4.000	—
材料	341100100	水	m^3	4.42	—	—	6.000	3.000	12.000	6.000
机械	990101025	履带式推土机 105kW	台班	945.95	—	—	1.074	—	1.074	—
	990101035	履带式推土机 135kW	台班	1105.36	1.073	0.405	—	—	—	—
	990101040	履带式推土机 165kW	台班	1370.05	1.944	0.802	—	—	—	—
	990106030	履带式单斗液压挖掘机 $1m^3$	台班	1078.60	—	—	0.843	—	0.843	—
	990106040	履带式单斗液压挖掘机 $1.25m^3$	台班	1253.33	—	—	1.873	—	1.873	—
	990106050	履带式单斗液压挖掘机 $1.6m^3$	台班	1331.81	—	—	0.932	—	0.932	—
	990402035	自卸汽车 12t	台班	816.75	—	—	3.173	0.261	5.289	2.240
	990402040	自卸汽车 15t	台班	913.17	—	—	0.273	0.025	0.560	0.215
	990402045	自卸汽车 18t	台班	954.78	—	—	0.107	0.010	0.215	0.086
	990409020	洒水车 4000L	台班	449.19	—	—	0.384	0.192	0.479	0.479

A.2.2 挖沟槽石方(编码:040102002)

A.2.2.1 人工凿沟槽、石支沟

工作内容:人工凿打、修边捡底,将石方运出槽边1m以外5m以内。

计量单位:$100m^3$

定额编号					DA0088	DA0089	DA0090	DA0091
项目名称					沟槽			
					软质岩			
					槽深(m以内)			
					2	4	6	8
费用	**综合单价(元)**				**16881.73**	**18732.38**	**20600.75**	**22603.56**
	其中	人工费(元)			13238.50	14827.10	16415.70	18136.80
		材料费(元)			—	—	—	—
		施工机具使用费(元)			1746.15	1780.56	1832.68	1867.75
		企业管理费(元)			1427.11	1598.36	1769.61	1955.15
		利润(元)			469.97	526.36	582.76	643.86
		一般风险费(元)			—	—	—	—
	编码	名称	单位	单价(元)	消耗量			
人工	000300040	土石方综合工	工日	100.00	132.385	148.271	164.157	181.368
机械	990129010	风动凿岩机 手持式	台班	12.25	27.768	28.323	29.156	29.712
	991003060	电动空气压缩机 $9m^3/min$	台班	324.86	4.328	4.413	4.542	4.629

工作内容:人工凿打、修边捡底,将石方运出槽边1m以外5m以内。

计量单位:$100m^3$

定额编号					DA0092	DA0093	DA0094	DA0095
项目名称					沟槽			
					较硬岩			
					槽深(m以内)			
					2	4	6	8
费用	**综合单价(元)**				**23438.15**	**25313.20**	**27181.53**	**29036.42**
	其中	人工费(元)			19912.50	21505.50	23098.50	24691.50
		材料费(元)			—	—	—	—
		施工机具使用费(元)			672.19	725.96	773.01	806.63
		企业管理费(元)			2146.57	2318.29	2490.02	2661.74
		利润(元)			706.89	763.45	820.00	876.55
		一般风险费(元)			—	—	—	—
	编码	名称	单位	单价(元)	消耗量			
人工	000300040	土石方综合工	工日	100.00	199.125	215.055	230.985	246.915
机械	990224010	ϕ150水磨钻 2.5kW	台班	14.34	46.875	50.625	53.906	56.250

工作内容:人工凿打、修边捡底,将石方运出槽边1m以外5m以内。　　　　**计量单位:**100m³

定额编号					DA0096	DA0097	DA0098	DA0099
项目名称					沟槽			
					坚硬岩			
					槽深(m以内)			
					2	4	6	8
费用	**综合单价(元)**				**43524.22**	**46126.08**	**49144.73**	**52167.87**
	其中	人工费(元)			37228.20	39461.90	42067.80	44673.80
		材料费(元)			—	—	—	—
		施工机具使用费(元)			961.22	1009.29	1048.61	1092.31
		企业管理费(元)			4013.20	4253.99	4534.91	4815.84
		利润(元)			1321.60	1400.90	1493.41	1585.92
		一般风险费(元)			—	—	—	—
	编码	名称	单位	单价(元)	消耗量			
人工	000300040	土石方综合工	工日	100.00	372.282	394.619	420.678	446.738
机械	990224010	ϕ150水磨钻2.5kW	台班	14.34	67.031	70.383	73.125	76.172

工作内容:凿石、捡平边底,清理石渣,弃渣于槽边1m以外5m以内。　　　　**计量单位:**100m

定额编号					DA0100	DA0101	DA0102
项目名称					人工凿石支沟		
					人工凿石支沟(断面300×300内)		
					软质岩	较硬岩	坚硬岩
费用	**综合单价(元)**				**1852.15**	**2407.79**	**3250.41**
	其中	人工费(元)			1620.00	2106.00	2843.00
		材料费(元)			—	—	—
		施工机具使用费(元)			—	—	—
		企业管理费(元)			174.64	227.03	306.48
		利润(元)			57.51	74.76	100.93
		一般风险费(元)			—	—	—
	编码	名称	单位	单价(元)	消耗量		
人工	000300040	土石方综合工	工日	100.00	16.200	21.060	28.430

A.2.2.2 人工凿格构、肋柱、肋梁石方

工作内容:开凿石方、打碎、修边捡底。 **计量单位**:100m³

定额编号					DA0103	DA0104
项目名称					人工凿格构、肋柱、肋梁石方	
					软质岩	较硬岩
费用	综合单价(元)				**21383.83**	**24727.29**
	其中	人工费(元)			18703.60	21628.00
		材料费(元)			—	—
		施工机具使用费(元)			—	—
		企业管理费(元)			2016.25	2331.50
		利润(元)			663.98	767.79
		一般风险费(元)			—	—
	编码	名称	单位	单价(元)	消耗量	
人工	000300040	土石方综合工	工日	100.00	187.036	216.280

A.2.2.3 机械凿打沟槽、基坑石方、混凝土及钢筋混凝土

工作内容:装、拆合金钎头,凿打岩石及混凝土,移动机械。 **计量单位**:100m³

定额编号					DA0105	DA0106	DA0107
项目名称					沟槽(基坑)		
					软质岩	较硬岩	坚硬岩
费用	综合单价(元)				**5881.12**	**7995.00**	**10695.77**
	其中	人工费(元)			234.00	234.00	234.00
		材料费(元)			70.20	117.00	292.50
		施工机具使用费(元)			4332.90	5957.44	7942.11
		企业管理费(元)			840.31	1139.23	1504.40
		利润(元)			348.91	473.03	624.65
		一般风险费(元)			54.80	74.30	98.11
	编码	名称	单位	单价(元)	消耗量		
人工	000300040	土石方综合工	工日	100.00	2.340	2.340	2.340
材料	002000010	其他材料费	元	—	70.20	117.00	292.50
机械	990149040	履带式单斗液压岩石破碎机	台班	1150.53	3.766	5.178	6.903

工作内容：装、拆合金钎头，凿打岩石及混凝土，移动机械。　　　计量单位：$100m^3$

定额编号					DA0108	DA0109
项目名称					沟槽(基坑)	
					混凝土	钢筋混凝土
费用	综合单价(元)				**8927.35**	**12949.32**
	其中	人工费(元)			234.00	780.00
		材料费(元)			292.50	585.00
		施工机具使用费(元)			6552.27	8937.32
		企业管理费(元)			1248.67	1787.99
		利润(元)			518.47	742.40
		一般风险费(元)			81.44	116.61
	编码	名称	单位	单价(元)	消耗量	
人工	000300040	土石方综合工	工日	100.00	2.340	7.800
材料	002000010	其他材料费	元	—	292.50	585.00
机械	990149040	履带式单斗液压岩石破碎机	台班	1150.53	5.695	7.768

A.2.2.4　**机械挖沟槽石渣、混凝土及钢筋混凝土**

工作内容：1.挖渣，将渣堆在槽边1m以外5m以内，清理机下余渣。
2.工作面内排水，清理边坡。　　　计量单位：$1000m^3$

定额编号					DA0110	DA0111	DA0112
项目名称					机械挖沟槽石渣混凝土及钢筋混凝土		
					深度(m以内)		
					4	6	8
费用	综合单价(元)				**7231.98**	**13017.15**	**15910.72**
	其中	人工费(元)			1000.00	1800.00	2200.00
		材料费(元)			—	—	—
		施工机具使用费(元)			4683.73	8430.40	10304.50
		企业管理费(元)			1045.81	1882.39	2300.83
		利润(元)			434.24	781.60	955.34
		一般风险费(元)			68.20	122.76	150.05
	编码	名称	单位	单价(元)	消耗量		
人工	000300040	土石方综合工	工日	100.00	10.000	18.000	22.000
机械	990106010	履带式单斗液压挖掘机 $0.6m^3$	台班	766.15	2.453	4.415	5.397
	990106030	履带式单斗液压挖掘机 $1m^3$	台班	1078.60	2.600	4.680	5.720

A.2.2.5 人工槽(基坑)摊座

工作内容:在石方爆破的基底上进行摊座,清理石渣。 计量单位:100m²

定额编号					DA0113	DA0114	DA0115
项目名称					人工槽(基坑)摊座		
					软质岩	较硬岩	坚硬岩
费用	综合单价(元)				**2156.95**	**4538.79**	**9004.51**
	其中	人工费(元)			1886.60	3969.90	7875.90
		材料费(元)			—	—	—
		施工机具使用费(元)			—	—	—
		企业管理费(元)			203.38	427.96	849.02
		利润(元)			66.97	140.93	279.59
		一般风险费(元)			—	—	—
	编码	名称	单位	单价(元)	消耗量		
人工	000300040	土石方综合工	工日	100.00	18.866	39.699	78.759

A.2.3 挖基坑石方(编码:040102003)

A.2.3.1 人工凿基坑石方

工作内容:人工凿打、修边捡底,将石方运出坑边1m以外5m以内。 计量单位:100m³

定额编号					DA0116	DA0117	DA0118	DA0119
项目名称					基坑			
					软质岩			
					坑深(m以内)			
					2	4	6	8
费用	综合单价(元)				**17481.15**	**19556.20**	**21498.97**	**23580.26**
	其中	人工费(元)			13610.00	15392.00	17041.10	18827.70
		材料费(元)			—	—	—	—
		施工机具使用费(元)			1920.83	1958.52	2015.88	2054.55
		企业管理费(元)			1467.16	1659.26	1837.03	2029.63
		利润(元)			483.16	546.42	604.96	668.38
		一般风险费(元)			—	—	—	—
	编码	名称	单位	单价(元)	消耗量			
人工	000300040	土石方综合工	工日	100.00	136.100	153.920	170.411	188.277
机械	990129010	风动凿岩机 手持式	台班	12.25	30.545	31.155	32.072	32.683
	991003060	电动空气压缩机 9m³/min	台班	324.86	4.761	4.854	4.996	5.092

工作内容：人工凿打、修边捡底，将石方运出坑边 1m 以外 5m 以内。　　　　　　　　　　　　　　　　**计量单位**：$100m^3$

定额编号					DA0120	DA0121	DA0122	DA0123
项目名称					基坑			
					较硬岩			
					坑深(m 以内)			
					2	4	6	8
费用	**综合单价（元）**				**24347.17**	**26294.90**	**28234.99**	**30159.52**
	其中	人工费（元）			20619.40	22268.90	23918.50	25568.00
		材料费（元）			—	—	—	—
		施工机具使用费（元）			773.01	834.86	888.97	927.63
		企业管理费（元）			2222.77	2400.59	2578.41	2756.23
		利润（元）			731.99	790.55	849.11	907.66
		一般风险费（元）			—	—	—	—
	编码	名称	单位	单价(元)	消耗量			
人工	000300040	土石方综合工	工日	100.00	206.194	222.689	239.185	255.680
机械	990224010	ϕ150 水磨钻 2.5kW	台班	14.34	53.906	58.219	61.992	64.688

工作内容：人工凿打、修边捡底，将石方运出坑边 1m 以外 5m 以内。　　　　　　　　　　　　　　　　**计量单位**：$100m^3$

定额编号					DA0124	DA0125	DA0126	DA0127
项目名称					基坑			
					坚硬岩			
					坑深(m 以内)			
					2	4	6	8
费用	**综合单价（元）**				**50052.83**	**53045.00**	**56516.48**	**59993.08**
	其中	人工费（元）			42812.40	45381.20	48378.00	51374.90
		材料费（元）			—	—	—	—
		施工机具使用费（元）			1105.41	1160.68	1205.91	1256.16
		企业管理费（元）			4615.18	4892.09	5215.15	5538.21
		利润（元）			1519.84	1611.03	1717.42	1823.81
		一般风险费（元）			—	—	—	—
	编码	名称	单位	单价(元)	消耗量			
人工	000300040	土石方综合工	工日	100.00	428.124	453.812	483.780	513.749
机械	990224010	ϕ150 水磨钻 2.5kW	台班	14.34	77.086	80.940	84.094	87.598

A.2.3.2 机械挖基坑石渣、混凝土及钢筋混凝土

工作内容:1.挖渣,将渣堆在坑边1m以外5m以内,清理机下余渣。
2.工作面内排水,清理边坡。

计量单位:1000m³

定额编号						DA0128	DA0129	DA0130
项目名称						机械挖基坑石渣混凝土及钢筋混凝土		
						深度(m以内)		
						4	6	8
费用	综合单价(元)					**7954.87**	**14318.39**	**17501.12**
	其中	人工费(元)				1100.00	1980.00	2420.00
		材料费(元)				—	—	—
		施工机具使用费(元)				5151.87	9273.06	11334.42
		企业管理费(元)				1150.34	2070.56	2530.81
		利润(元)				477.64	859.73	1050.84
		一般风险费(元)				75.02	135.04	165.05
	编码	名称		单位	单价(元)	消耗量		
人工	000300040	土石方综合工		工日	100.00	11.000	19.800	24.200
机械	990106010	履带式单斗液压挖掘机 0.6m³		台班	766.15	2.698	4.856	5.936
	990106030	履带式单斗液压挖掘机 1m³		台班	1078.60	2.860	5.148	6.292

A.2.4 围护基坑挖石方(编码:040102004)

工作内容:凿石方,打碎,挖渣,工作面内排水,清理机下余渣。

计量单位:100m³

定额编号						DA0131
项目名称						围护基坑挖石方
费用	综合单价(元)					**11089.52**
	其中	人工费(元)				756.00
		材料费(元)				77.22
		施工机具使用费(元)				7898.75
		企业管理费(元)				1592.47
		利润(元)				661.22
		一般风险费(元)				103.86
	编码	名称		单位	单价(元)	消耗量
人工	000300040	土石方综合工		工日	100.00	7.560
材料	002000010	其他材料费		元	—	77.22
机械	990101025	履带式推土机 105kW		台班	945.95	0.400
	990106030	履带式单斗液压挖掘机 1m³		台班	1078.60	3.000
	990149040	履带式单斗液压岩石破碎机		台班	1150.53	3.724

A.2.5 盖挖石方(编码:040102005)

A.2.5.1 人工开挖

工作内容:凿石、基底平整、修理边坡、装运至洞口,由洞口提升至地面及地面人工配合等。 **计量单位:**100m³

定额编号					DA0132	DA0133	DA0134
项目名称					盖挖石方		
					人工凿石方		
					软质岩	较硬岩	坚硬岩
费用	综合单价(元)				**18802.06**	**26475.67**	**38139.50**
	其中	人工费(元)			15841.50	22553.30	32755.20
		材料费(元)			148.38	148.38	148.38
		施工机具使用费(元)			542.10	542.10	542.10
		企业管理费(元)			1707.71	2431.25	3531.01
		利润(元)			562.37	800.64	1162.81
		一般风险费(元)			—	—	—
	编码	名称	单位	单价(元)	消耗量		
人工	000300040	土石方综合工	工日	100.00	158.415	225.533	327.552
材料	350901630	吊斗(吊架)摊销	kg	2.48	59.500	59.500	59.500
材料	002000010	其他材料费	元	—	0.82	0.82	0.82
机械	990504020	电动卷扬机 双筒慢速 牵引 50kN	台班	216.84	2.500	2.500	2.500

A.2.5.2 机械开挖

工作内容:装拆机械、破碎石方、机下碎石清理、堆积;装运至洞口,由洞口提升至地面及地面人工配合等。

计量单位:100m³

定额编号					DA0135	DA0136	DA0137
项目名称					盖挖石方		
					机械破碎石方		
					软质岩	较硬岩	坚硬岩
费用	综合单价(元)				**11013.00**	**12950.29**	**15315.25**
	其中	人工费(元)			1127.64	1257.96	1417.20
		材料费(元)			248.38	273.38	298.38
		施工机具使用费(元)			7332.45	8705.03	10384.81
		企业管理费(元)			1556.66	1833.19	2171.57
		利润(元)			646.35	761.17	901.67
		一般风险费(元)			101.52	119.56	141.62
	编码	名称	单位	单价(元)	消耗量		
人工	000300030	机械综合工	工日	120.00	9.397	10.483	11.810
材料	350901630	吊斗(吊架)摊销	kg	2.48	59.500	59.500	59.500
材料	002000010	其他材料费	元	—	100.82	125.82	150.82
机械	990106030	履带式单斗液压挖掘机 1m³	台班	1078.60	1.500	1.500	1.500
机械	990406010	机动翻斗车 1t	台班	188.07	8.000	8.000	8.000
机械	990149040	履带式单斗液压岩石破碎机	台班	1150.53	3.188	4.381	5.841
机械	990504020	电动卷扬机 双筒慢速 牵引 50kN	台班	216.84	2.500	2.500	2.500

A.2.5.3 静力破碎

工作内容:布孔、钻孔、验孔、装膨胀剂、填塞、风镐二次破碎、撬移,装运至洞口,由洞口提升至地面及地面人工配合等。

计量单位:100m³

定额编号					DA0138	DA0139	DA0140
项目名称					盖挖石方		
					静力破碎岩石		
					软质岩	较硬岩	坚硬岩
费用	综合单价(元)				**26114.80**	**31311.45**	**38956.41**
	其中	人工费(元)			8300.25	10209.25	13016.63
		材料费(元)			1967.20	2300.72	2776.48
		施工机具使用费(元)			10677.74	12590.76	15417.77
		企业管理费(元)			3491.95	4195.20	5231.93
		利润(元)			1449.92	1741.92	2172.39
		一般风险费(元)			227.74	273.60	341.21
	编码	名称	单位	单价(元)	消耗量		
人工	000700020	爆破综合工	工日	125.00	66.402	81.674	104.133
材料	350901630	吊斗(吊架)摊销	kg	2.48	59.500	59.500	59.500
	032102850	钢钎 ϕ22~25	kg	6.50	16.762	22.349	31.289
	031391710	合金钢钻头 ϕ16	个	17.09	14.108	18.810	26.350
	143504800	膨胀剂	kg	0.85	1648.000	1883.428	2197.333
	172700820	高压胶皮风管 ϕ25-6P-20m	m	7.69	4.400	5.587	7.333
	172702130	高压胶皮水管 ϕ19-6P-20m	m	2.84	4.400	5.587	7.333
	002000010	其他材料费	元	—	22.45	26.68	30.27
机械	990128010	风动凿岩机 气腿式	台班	14.30	27.377	34.766	45.630
	991003070	电动空气压缩机 10m³/min	台班	363.27	17.339	22.018	28.898
	990106030	履带式单斗液压挖掘机 1m³	台班	1078.60	1.500	1.500	1.500
	990406010	机动翻斗车 1t	台班	188.07	8.000	8.000	8.000
	990768010	电动修钎机	台班	106.13	3.043	4.057	5.681
	990504020	电动卷扬机 双筒慢速 牵引 50kN	台班	216.84	2.500	2.500	2.500

A.2.5.4 **微差控制爆破**

工作内容：布孔、钻孔、验孔、装药、堵塞、连线、覆盖、警戒、起爆、检查处理盲炮、撬开及破碎不规则的大石块，装运至洞口，由洞口提升至地面及地面人工配合等。

计量单位：$100m^3$

定额编号					DA0141	DA0142	DA0143
项目名称					盖挖石方		
					微差控制爆破		
					软质岩	较硬岩	坚硬岩
费用	综合单价（元）				**10979.50**	**12347.01**	**13707.70**
	其中	人工费（元）			2620.50	3033.63	3444.50
		材料费（元）			1101.67	1378.85	1648.78
		施工机具使用费（元）			5142.65	5586.43	6032.80
		企业管理费（元）			1428.42	1586.09	1743.82
		利润（元）			593.10	658.57	724.07
		一般风险费（元）			93.16	103.44	113.73
	编码	名称	单位	单价（元）	消耗量		
人工	000700020	爆破综合工	工日	125.00	20.964	24.269	27.556
材料	011500020	六角空心钢 综合	kg	3.93	6.476	7.556	8.242
	172700810	高压胶皮风管	m	11.97	1.278	1.667	2.061
	172702140	高压胶皮水管 $D25$	m	3.41	1.278	1.667	2.061
	340300400	电雷管	个	1.79	158.730	185.185	202.020
	340300710	乳化炸药	kg	11.11	37.220	51.500	67.400
	031391110	合金钢钻头	个	17.09	5.397	6.296	6.869
	280304200	铜芯聚氯乙烯绝缘导线 BV—$1.5mm^2$	m	0.71	96.200	116.067	138.467
	341100100	水	m^3	4.42	7.160	13.100	18.400
	350901630	吊斗（吊架）摊销	kg	2.48	59.500	59.500	59.500
	002000010	其他材料费	元	—	19.18	24.40	29.67
机械	990128010	风动凿岩机 气腿式	台班	14.30	7.556	9.794	12.020
	991003070	电动空气压缩机 $10m^3/min$	台班	363.27	3.526	4.571	5.609
	990768010	电动修钎机	台班	106.13	0.840	1.143	1.496
	990106030	履带式单斗液压挖掘机 $1m^3$	台班	1078.60	1.500	1.500	1.500
	990406010	机动翻斗车 1t	台班	188.07	8.000	8.000	8.000
	990504020	电动卷扬机 双筒慢速 牵引 50kN	台班	216.84	2.500	2.500	2.500

A.3 回填方及土石方运输(编码:040103)

A.3.1 回填方(编码:040103001)

A.3.1.1 人工回填

工作内容:1.松填土:5m 内的就地取土,铺平。
2.夯填土方(石渣):5m 内的就地取土(石渣)、铺平、夯实、洒水等。

计量单位:100m^3

定额编号					DA0144	DA0145	DA0146
项目名称					平基回填		
					松填土方	夯填土方	夯填石渣
费用	综合单价(元)				**767.15**	**2798.33**	**3260.20**
	其中	人工费(元)			671.00	2249.10	2612.50
		材料费(元)			—	6.85	8.84
		施工机具使用费(元)			—	220.09	264.49
		企业管理费(元)			72.33	242.45	281.63
		利润(元)			23.82	79.84	92.74
		一般风险费(元)			—	—	—
	编码	名称	单位	单价(元)	消耗量		
人工	000300040	土石方综合工	工日	100.00	6.710	22.491	26.125
材料	341100100	水	m^3	4.42	—	1.550	2.000
机械	990123020	电动夯实机 200～620N·m	台班	27.58	—	7.980	9.590

工作内容:1.松填土:5m 内的就地取土,铺平。
2.夯填土方(石渣):5m 内的就地取土(石渣)、铺平、夯实、洒水等。

计量单位:100m^3

定额编号					DA0147	DA0148	DA0149
项目名称					槽(坑)回填		
					松填土方	夯填土方	夯填石渣
费用	综合单价(元)				**897.49**	**3660.30**	**4279.97**
	其中	人工费(元)			785.00	3024.50	3530.50
		材料费(元)			—	6.85	8.84
		施工机具使用费(元)			—	195.54	234.71
		企业管理费(元)			84.62	326.04	380.59
		利润(元)			27.87	107.37	125.33
		一般风险费(元)			—	—	—
	编码	名称	单位	单价(元)	消耗量		
人工	000300040	土石方综合工	工日	100.00	7.850	30.245	35.305
材料	341100100	水	m^3	4.42	—	1.550	2.000
机械	990123020	电动夯实机 200～620N·m	台班	27.58	—	7.090	8.510

A.3.1.2 人工原土打夯、平整场地及整理填方边坡

工作内容：1.原土打夯包括碎土、平土、找平、洒水、夯实。
2.平整场地：厚度30cm以内的就地挖填、找平。
3.整理边坡：厚度15cm以内挖、填、拍打、清理弃土。

计量单位：100m²

定额编号					DA0150	DA0151	DA0152
项目名称					人工原土打夯	人工平整场地	人工整理填方边坡 填方
费用	综合单价（元）				**145.89**	**579.89**	**204.65**
	其中	人工费（元）			127.60	507.20	179.00
		材料费（元）			—	—	—
		施工机具使用费（元）			—	—	—
		企业管理费（元）			13.76	54.68	19.30
		利润（元）			4.53	18.01	6.35
		一般风险费（元）			—	—	—
	编码	名称	单位	单价（元）	消耗量		
人工	000300040	土石方综合工	工日	100.00	1.276	5.072	1.790

A.3.1.3 人工槽、坑原土夯实

工作内容：原土打夯包括碎土、平土、找平、洒水、夯实。

计量单位：100m²

定额编号					DA0153
项目名称					槽、坑原土夯实
费用	综合单价（元）				**154.57**
	其中	人工费（元）			135.20
		材料费（元）			—
		施工机具使用费（元）			—
		企业管理费（元）			14.57
		利润（元）			4.80
		一般风险费（元）			—
	编码	名称	单位	单价（元）	消耗量
人工	000300040	土石方综合工	工日	100.00	1.352

A.3.1.4　**机械平整场地及原土碾压**

工作内容：1.平整场地：厚度在30cm以内就地挖、填、找平，工作面内排水。
2.原土碾压：平土、碾压，工作面内排水。

计量单位：1000m²

定额编号					DA0154	DA0155
项目名称					机械平整场地	机械原土碾压
费用	**综合单价（元）**				**766.03**	**199.59**
	其中	人工费（元）			86.00	86.00
		材料费（元）			—	—
		施工机具使用费（元）			516.04	70.87
		企业管理费（元）			110.77	28.86
		利润（元）			46.00	11.98
		一般风险费（元）			7.22	1.88
	编码	名称	单位	单价（元）	消耗量	
人工	000300040	土石方综合工	工日	100.00	0.860	0.860
机械	990101025	履带式推土机 105kW	台班	945.95	0.041	—
	990101035	履带式推土机 135kW	台班	1105.36	0.212	—
	990101040	履带式推土机 165kW	台班	1370.05	0.073	—
	990101045	履带式推土机 240kW	台班	1721.73	0.083	—
	990120040	钢轮内燃压路机 15t	台班	566.96	—	0.125

A.3.1.5　**机械回填土石方及填料碾压**

工作内容：填土（石渣）及填料碾压：回填、推平、碾压、工作面内排水。

计量单位：1000m³

定额编号					DA0156	DA0157	DA0158	DA0159	DA0160
项目名称					碾压		回填砂砾石	人工级配回填块（片）石土	人工级配回填碎石土
					平基				
					土方	石渣			
费用	**综合单价（元）**				**5566.89**	**8037.28**	**149383.50**	**107986.77**	**127679.15**
	其中	人工费（元）			400.00	480.00	480.00	10820.00	10820.00
		材料费（元）			66.30	44.20	139852.20	85298.86	104991.24
		施工机具使用费（元）			3923.00	5801.89	7010.80	7010.80	7010.80
		企业管理费（元）			795.43	1155.87	1378.31	3280.87	3280.87
		利润（元）			330.28	479.94	572.30	1362.27	1362.27
		一般风险费（元）			51.88	75.38	89.89	213.97	213.97
	编码	名称	单位	单价（元）	消耗量				
人工	000300040	土石方综合工	工日	100.00	4.000	4.800	4.800	108.200	108.200
材料	341100100	水	m³	4.42	15.000	10.000	10.000	10.150	10.150
	040502260	砂砾石	m³	108.80	—	—	1285.000	—	—
	040900900	粘土	m³	17.48	—	—	—	345.000	345.000
	041100310	块(片)石	m³	77.67	—	—	—	1020.000	—
	040500209	碎石 5～40	t	67.96	—	—	—	—	1455.500
机械	990101040	履带式推土机 165kW	台班	1370.05	0.363	0.524	0.498	0.498	0.498
	990120040	钢轮内燃压路机 15t	台班	566.96	1.573	2.052	—	—	—
	990120050	钢轮内燃压路机 18t	台班	798.13	—	—	2.360	2.360	2.360
	990122030	钢轮振动压路机 10t	台班	607.40	1.073	1.639	1.884	1.884	1.884
	990122050	钢轮振动压路机 15t	台班	964.80	1.623	2.704	3.110	3.110	3.110
	990409020	洒水车 4000L	台班	449.19	0.704	0.704	0.668	0.668	0.668

A.3.2 余方弃置(编码:040103002)

A.3.2.1 人装机运土方

工作内容:集土、装土、运土、卸土、平整、空回、修理边坡、现场清理、工作面内排水、洒水及道路维护。 **计量单位:**1000m³

定额编号					DA0161	DA0162
项目名称					人工装机械运土	
					运距 1000m 以内	每增加 1000m
费用	综合单价(元)				**25899.62**	**3706.71**
费用	其中	人工费(元)			9817.50	—
费用	其中	材料费(元)			53.04	26.52
费用	其中	施工机具使用费(元)			10495.75	2892.32
费用	其中	企业管理费(元)			3737.64	532.19
费用	其中	利润(元)			1551.93	220.97
费用	其中	一般风险费(元)			243.76	34.71
	编码	名称	单位	单价(元)	消耗量	
人工	000300040	土石方综合工	工日	100.00	98.175	—
材料	341100100	水	m³	4.42	12.000	6.000
机械	990101025	履带式推土机 105kW	台班	945.95	0.080	—
机械	990402015	自卸汽车 5t	台班	484.95	14.560	3.935
机械	990402025	自卸汽车 8t	台班	583.29	5.297	1.225
机械	990409020	洒水车 4000L	台班	449.19	0.600	0.600

A.3.2.2 机装机运土方

工作内容:集土、装土、运土、卸土、平整、空回、修理边坡、现场清理、工作面内排水、洒水及道路维护。 **计量单位:**1000m³

定额编号					DA0163	DA0164
项目名称					机装机械运土	
					运距 1000m 以内	每增加 1000m
费用	综合单价(元)				**10654.55**	**2461.70**
费用	其中	人工费(元)			400.00	—
费用	其中	材料费(元)			53.04	26.52
费用	其中	施工机具使用费(元)			7931.90	1913.84
费用	其中	企业管理费(元)			1533.07	352.15
费用	其中	利润(元)			636.56	146.22
费用	其中	一般风险费(元)			99.98	22.97
	编码	名称	单位	单价(元)	消耗量	
人工	000300040	土石方综合工	工日	100.00	4.000	—
材料	341100100	水	m³	4.42	12.000	6.000
机械	990101025	履带式推土机 105kW	台班	945.95	0.427	—
机械	990106030	履带式单斗液压挖掘机 1m³	台班	1078.60	0.444	—
机械	990106040	履带式单斗液压挖掘机 1.25m³	台班	1253.33	0.982	—
机械	990106050	履带式单斗液压挖掘机 1.6m³	台班	1331.81	0.525	—
机械	990402035	自卸汽车 12t	台班	816.75	5.289	1.796
机械	990402040	自卸汽车 15t	台班	913.17	0.448	0.174
机械	990402045	自卸汽车 18t	台班	954.78	0.181	0.074
机械	990409020	洒水车 4000L	台班	449.19	0.484	0.484

A.3.2.3　**人装机运石渣**

工作内容：装渣、运渣、卸渣，平整，空回，场地清理、清理道路，铺拆道板。　　　　**计量单位**：1000m³

定额编号					DA0165	DA0166
项目名称					人工装机械运石渣	
					运距1000m以内	每增加1000m
费用	**综合单价（元）**				**35183.76**	**4266.10**
	其中	人工费（元）			15384.90	—
		材料费（元）			53.04	26.52
		施工机具使用费（元）			12224.91	3331.96
		企业管理费（元）			5080.20	613.08
		利润（元）			2109.39	254.56
		一般风险费（元）			331.32	39.98
	编码	名称	单位	单价(元)	消耗量	
人工	000300040	土石方综合工	工日	100.00	153.849	—
材料	341100100	水	m³	4.42	12.000	6.000
机械	990101025	履带式推土机 105kW	台班	945.95	0.120	—
	990402015	自卸汽车 5t	台班	484.95	16.178	4.550
	990402025	自卸汽车 8t	台班	583.29	6.759	1.375
	990409020	洒水车 4000L	台班	449.19	0.720	0.720

A.3.2.4　**机装机运石渣**

工作内容：装渣、运渣、卸渣，平整，空回，修理边坡、现场清理、工程面内排水、洒水及道路维护。　　　　**计量单位**：1000m³

定额编号					DA0167	DA0168
项目名称					机装机运石渣	
					运距1000m以内	每增加1000m
费用	**综合单价（元）**				**12856.15**	**2982.46**
	其中	人工费（元）			400.00	—
		材料费（元）			53.04	26.52
		施工机具使用费（元）			9662.17	2323.12
		企业管理费（元）			1851.44	427.45
		利润（元）			768.75	177.49
		一般风险费（元）			120.75	27.88
	编码	名称	单位	单价(元)	消耗量	
人工	000300040	土石方综合工	工日	100.00	4.000	—
材料	341100100	水	m³	4.42	12.000	6.000
机械	990101025	履带式推土机 105kW	台班	945.95	0.859	—
	990106030	履带式单斗液压挖掘机 1m³	台班	1078.60	0.674	—
	990106040	履带式单斗液压挖掘机 1.25m³	台班	1253.33	1.498	—
	990106050	履带式单斗液压挖掘机 1.6m³	台班	1331.81	0.746	—
	990402035	自卸汽车 12t	台班	816.75	5.289	2.240
	990402040	自卸汽车 15t	台班	913.17	0.560	0.215
	990402045	自卸汽车 18t	台班	954.78	0.215	0.086
	990409020	洒水车 4000L	台班	449.19	0.479	0.479

B　道路工程

说　　明

一、一般说明

本章"交通管理设施"章节适用于道路、桥梁、隧道、广场及停车场(库)的交通管理设施工程。

二、道路工程

(一)地基处理

1.强夯加固地基是指在天然地基上或在填土进行作业。本定额不包括强夯前的试夯工作费用,如设计要求试夯,另行计算。

2.地基强夯需要用外来土(石)填坑,另按相应项目执行。

3."每一遍夯击次数"指夯击机械在一个点位上不移位连续夯击的次数。当要求夯击面积范围内的所有点位夯击完成后,即完成一遍夯击;如需要再次夯击,则应再次根据一遍的夯击次数套用相应子目。

4.本节地基强夯项目按专用强夯机械编制,如采用其他非专用机械进行强夯,则应换为非专用机械,但机械消耗量不作调整。

5.地基处理掺石灰定额中含量与设计不同时,允许调整,但定额人工和机械消耗不变。

6.桩长应包括桩尖,空桩长度=孔深-桩长,孔深为自然地面至设计桩底的深度。

7.振冲桩(填料)定额不包括泥浆排放处理的费用,需要时另行计算。

8.高压旋喷桩定额中的浆液是按普通水泥浆编制的,当设计采用外加剂或水泥用量与定额不同时,可按设计要求进行换算。

9.地基注浆的水泥浆水灰比、双液浆和水泥砂浆配合比与设计规定不同时,可以换算。

10.分层注浆加固的扩散半径为80cm,压密注浆加固半径为75cm。当设计与定额取定的水泥用量不同时,可以换算。

11.现浇混凝土沟的墙和盖板定额中不包括支架,发生时按"桥涵工程"章节的相关定额执行。

(二)道路基层

1.路床(槽)碾压整形定额包括:平均厚度10cm以内的人工挖高、填低,平整路床,使之形成设计要求的纵、横坡度,并经压路机碾压密实。

2.多渣基层定额中配合比与设计不同时,允许调整,但定额人工和机械消耗不变。

3.土边沟成型项目是按不同土壤类别综合编制的,实际土壤类别不同时不作调整。

已综合了边沟土不同土壤类别,考虑边沟两侧边坡培整面积所需的挖土、培土、修整边坡及余土抛出沟外的全过程所需人工。边坡所出余土应弃运路基50m以外。

4.沥青下贯式路面的压实度指下贯的贯入压实度。定额中仅包括沥青下贯式路面的下贯部分消耗量。

(三)道路面层

1.水泥混凝土路面模板按纵向平缝编制,如设计规定为企口缝时,模板乘以系数1.05。

2.水泥混凝土路面定额已综合了有筋和无筋对工效的影响因素。

3.水泥混凝土路面刻防滑槽定额适用于停车场、坡道等作特殊面层处理的工程。

4.现场集中搅拌的路面砼采用钢纤维混凝土时,按相应水泥混凝土路面定额以设计规定的钢纤维掺量乘以材料价格进入定额。

5.自拌沥青混凝土及水泥混凝土、基层拌合料均未包括半成品的运输距离,发生时按相应半成品运输定额执行。

6.道路表面特殊处理定额中设计的材料品种与定额不同时,允许调整,但定额人工和材料消耗不变。

7.排水沟、截水沟、盲沟土石方工程按"土石方工程"相应子目。

8.水泥混凝土路面定额中未包括钢筋制作安装,如设计有钢筋、道路传力杆、纵缝拉杆等执行"钢筋工程"相应子目。

9.路基的土工实验费及路基、道路基层、道路面层等道路弯沉实验费发生时按时计算。

（四）人行道及其他

1.人行道方块设计的材料品种与定额不同时，允许调整，但定额消耗不变。

2.路肩及人行道整形碾压定额包括：平均厚度10cm以内的人工挖高、填低，平整路床，使之形成设计要求的纵、横坡度，并经压路机碾压密实。

3.隔音屏定额中隔音钢板设计的品种与定额不同时，允许调整，但定额消耗不变。

4.临时输电输水管线定额，只适用于按批准的施工组织需要且实际架设的临时输电线路和输水管线的干道工程。

5.检查井、窨井、雨水进水井升高均不包含井盖等工作内容。发生升高并更换井盖时，执行“更换铸铁盖”相应项目。

（五）道路交通管理设施

1.电缆保护管敷设定额中已包括连接管数量，但未包括垫层的工作内容，发生时可按设计要求执行相应定额。如设计采用的管材种类与定额不同时，允许调整，但定额人工和机械消耗不变。

2.标杆安装定额中包括标杆上部直杆及悬臂杆安装、上法兰安装及上下法兰的连接等工作内容。柱式标杆安装定额中按单柱式编制。若安装双柱式标杆时，按相应定额乘以系数2.0。

3.交通标志杆、门架杆及标志牌按成品考虑，其中标志牌成品不含反光膜。

4.反光镜安装参照减速板安装定额执行，并对材料进行换算。

5.线条的定额宽度：实线及分界虚线为15cm，黄侧石线为20cm。若实际宽度与定额宽度不同时，材料消耗量可按比例换算。

6.线条的其他材料费中已包括了护线帽的摊销，箭头、字符标记的其他材料费中已包括了模具的摊销，均不另计算。

7.文字标记的高度应根据计算行车速度确定：计算行车速度≤40km/h时，字高为3m；计算行车速度为40～80km/h时，字高为6m；计算行车速度≥80km/h时，字高为9m。

8.温漆定额中未包括反光材料，发生时另行计算。

9.标线中实线按设计长度计算；分界虚线按规格以线段长度乘以间隔长度表示，工程量按虚线总长度计算；横道线按实漆面积计算；停止线、黄格线、导流线、减让线参照横道线定额按实漆面积计算。减让线按横道线定额人工及机械耗量乘以1.05系数。

10.信号灯电源线安装定额中未包括电源线进线管及夹箍，发生时另行计算。

11.交通信号灯安装不分国产和进口、车行和人行，定额中已综合取定。

12.安装信号灯所需的升降车台班已包括在信号灯架定额中，不另行计算。

13.电子警察系统调试，指整个组成部分的协同调试，单体调试已含在各子目中，不另计算。

14.环形检测线安装定额适用于混凝土和沥青混凝土路面上的导线敷设。

15.交通岗位设施值警亭安装定额中未包括基础工程和水电安装工作内容，发生时套用相应定额另行计算；值警亭按工厂制作、现场整体吊装考虑。

16.车行道中心隔离护栏（活动式）底座数量按实计算；机动车、非机动车隔离护栏分隔离墩数量按实计算。

17.塑质隔离筒（墩）内灌水（砂）费用，另行计算。

18.立电杆项目按照路灯工程中的相关项目执行。

19.值警亭按工厂制作、现场整体吊装考虑，值警亭安装定额中未包括基础工程和水电安装工作内容，发生时套用相应定额另行计算。如果值警亭实际采用砖砌等形式的，按照现行国家标准《房屋建筑与装饰工程》专业执行。

20.与标杆相连、用于安装标志板的配件应计入标志板项目内。

工程量计算规则

一、地基处理计算规则

1. 强夯分满夯、点夯，区分不同夯击能量，按设计图示尺寸的夯击范围以“m^2”计算。设计无规定时，按每边超过基础外缘宽度 3m 计算。

2. 地基处理的掺石灰按设计图示尺寸以“m^3”计算。

3. 抛石挤淤按设计图示尺寸以“m^3”计算。

4. 振冲桩及砂石桩按设计桩截面乘以桩长(包括桩尖)以“m^3”计算。高压旋喷桩工程量，钻孔按原地面至设计桩底的距离以“m”计算，喷浆按设计加固桩截面面积乘以设计桩长以“m^3”计算。

5. 地基注浆加固以孔为单位的项目，按全区域加固编制，当加固深度与定额不同时可内插计算；当采取局部区域加固时，则人工和钻机台班不变，材料(注浆阀管除外)和其他机械台班按加固深度与定额深度同比调减。注浆加固以体积为单位的项目，已按各种深度综合取定，工程量按加固土体以“m^3”计算。

6. 褥垫层以“m^2”计量时按设计图示尺寸以铺设面积计算；以“m^3”计量时按设计图示尺寸以铺设体积计算。

7. 土工合成材料按设计图示尺寸以“m^2”计算。

8. 排水沟、截水沟按设计图示尺寸以“m^3”计算；盲沟按设计图示尺寸以“延长米”计算。

二、道路基层计算规则

1.道路路床(槽)工程量按设计图示尺寸以“m^2”计算，如设计未作规定时，按道路路面设计宽度每侧加宽 30cm 计算。不扣除各类井所占的面积。

2.土边沟成形按设计图示以体积计算。

3.道路基层工程量按设计图示尺寸以“m^2”计算，道路基层的加宽，如设计未作规定时，各类基层(手摆片石基层除外)，均按道路路面设计宽度每侧加宽 15cm 计算。道路基层设计截面如为梯形时，按其截面平均宽度计算面积。

4.自拌沥青混凝土、水泥混凝土道路基层、多渣层等半成品的全程运输，应按下述规定计算运距：

(1)场外运距按搅拌站(炒拌厂)至施工现场的最近入口，按最短实际行驶路线计算。

(2)施工现场内的运距，按该工程里程的 1/2 计算。

(3)“1+2”即为该工程半成品的全程运距，并套用相应定额。半成品的运输量，一律按定额工程量计算。

三、道路面层计算规则

1.道路路面工程量(沥青路面混凝土、水泥混凝土及其他类型路面)按设计图示尺寸以“m^2”计算.不扣除各种井所占面积，带平石、侧石、缘石的面层应扣除平石所占的面积。设计道路基层横断面是梯形时，应按其截面平均宽度计算面积。

2.伸缝嵌缝按设计缝长乘以设计缝深以“m^2”计算。

3.锯缝机切缩缝、填灌缝按设计图示以“m”计算。

4.土工布贴缝按混凝土路面缝长乘以设计宽度以“m^2”计算(纵横相交处面积不扣除)。

5.水泥混凝土、沥青混凝土半成品的全程运输，应按下述规定计算运距：

(1)场外运距按搅拌站(炒拌厂)至施工现场的最近入口，按最短实际行驶路线计算。

(2)施工现场内的运距，按该工程里程的 1/2 计算。

(3)“1+2”即为该工程半成品的全程运距，并套用相应定额。半成品的运输量，一律按定额工程量计算。

6.混凝土路面伸缩缝为缝的断面以“m^2”计算，即设计长度乘以设计高度。

7.砼路面上开槽：人工开槽按人工凿沟槽较硬岩相应定额乘以系数 1.8 执行，机械开槽按切割(坑)石方较硬岩定额按“土石方工程”相应子目执行。

四、人行道及其他计算规则

1.铺人行道方块的工程量按图示尺寸以“m^2”计算，不扣除各种井所占面积，但应扣除侧石、树池所占面积。

2.路缘石的垫层工程量按设计图示尺寸以“m^3”计算。

3.树池砌筑图示中心线长度以“m”计算。

4.成品路缘石、路边石工程量按图示中心线长度以“m”计算，包括各转弯处的弧度长度。

5.检查井升降按设计图示数量以“座”计算。

6.中间隔离墩按图纸尺寸以“m^3”计算。

7.隔音屏按设计图示尺寸以“m^2”计算，定额中已综合考虑了各种损耗，不另计算。

五、道路交通管理设施计算规则

1.电缆保护管铺设长度按设计长度以“m”计算。

2.电子警察系统调试以“套”为单位计算，每套系统包括一台摄影仪和配套部分。

3.标杆安装按规格以直径乘以长度表示，以“套”计算。

4.圆形、三角形标志板安装按作方面积(成品)套用定额，以“块”计算。

5.文字标记中按每个文字的外围整体最大高度计算。图形按外框尺寸面积计算。标志牌反光膜按成形标志牌面积乘以1.8(不另计损耗)。其他表面警示用反光膜按实贴面积计算。

6.环形检测线圈按设计图示数量以“个”计算。

7.塑质隔离筒(墩)设计图数量以“个”计算。

8.值警亭按设计图示数量以“座”计算。

9.架空走线和地下走线按设计图示数量以“根”计算。

10.信号灯按设计图示数量以“套”计算。

11.机动车、非机动车隔离护栏的安装长度按整段护栏首尾两只分隔墩的外侧面之间的长度计算；人行道隔离护栏的安装长度按整段护栏首尾立杆之间的长度计算。

12.电子警察设备系统按设计图示数量以“套”计算。

B.1 路基处理(编码:040201)

B.1.1 地基强夯(编码:040201002)

B.1.1.1 满夯

工作内容:机具准备;按设计要求布置锤位线;夯击;夯锤移位;施工道路平整;资料记载。 计量单位:100m²

					DB0001	DB0002	DB0003
定额编号					DB0001	DB0002	DB0003
项目名称					低锤满拍		
					夯击能量		
					1200kN•m 以内	2000kN•m 以内	3000kN•m 以内
费用	综合单价(元)				**1479.06**	**2212.97**	**2903.81**
	其中	人工费(元)			230.35	307.05	362.83
		材料费(元)			—	—	—
		施工机具使用费(元)			633.49	985.42	1333.12
		企业管理费(元)			390.28	583.94	766.23
		利润(元)			211.12	315.88	414.49
		一般风险费(元)			13.82	20.68	27.14
	编码	名称	单位	单价(元)	消耗量		
人工	000700030	筑路综合工	工日	115.00	2.003	2.670	3.155
机械	990101035	履带式推土机 135kW	台班	1105.36	0.272	0.363	0.429
	990127010	强夯机械 1200kN•m	台班	855.62	0.389	—	—
	990127020	强夯机械 2000kN•m	台班	1125.57	—	0.519	—
	990127030	强夯机械 3000kN•m	台班	1401.18	—	—	0.613

工作内容:机具准备;按设计要求布置锤位线;夯击;夯锤移位;施工道路平整;资料记载。 计量单位:100m²

定额编号					DB0004	DB0005	DB0006
项目名称					低锤满拍		
					夯击能量		
					4000kN•m 以内	5000kN•m 以内	6000kN•m 以内
费用	综合单价(元)				**5912.58**	**6813.19**	**7938.67**
	其中	人工费(元)			691.96	749.80	824.78
		材料费(元)			—	—	—
		施工机具使用费(元)			2761.25	3229.40	3811.75
		企业管理费(元)			1560.16	1797.80	2094.79
		利润(元)			843.96	972.52	1133.17
		一般风险费(元)			55.25	63.67	74.18
	编码	名称	单位	单价(元)	消耗量		
人工	000700030	筑路综合工	工日	115.00	6.017	6.520	7.172
机械	990101035	履带式推土机 135kW	台班	1105.36	0.818	0.887	0.976
	990127040	强夯机械 4000kN•m	台班	1588.59	1.169	—	—
	990127050	强夯机械 5000kN•m	台班	1775.02	—	1.267	—
	990127060	强夯机械 6000kN•m	台班	1960.49	—	—	1.394

B.1.1.2 **点夯**

工作内容:机具准备;按设计要求布置锤位线;夯击;夯锤移位;施工道路平整;资料记载。 **计量单位**:100m²

定额编号					DB0007	DB0008	DB0009	DB0010
项目名称					夯击能量			
					1200kN·m 以内			
					每 100m² 夯点			
					9 以内		每增点加 1 夯	
					4 击以下	每增 1 击	4 击以下	每增 1 击
费用	**综合单价(元)**				**1135.21**	**148.79**	**126.83**	**16.26**
	其中	人工费(元)			208.50	38.99	23.23	4.37
		材料费(元)			—	—	—	—
		施工机具使用费(元)			454.51	47.91	50.84	5.13
		企业管理费(元)			299.55	39.26	33.47	4.29
		利润(元)			162.04	21.24	18.10	2.32
		一般风险费(元)			10.61	1.39	1.19	0.15
	编码	名称	单位	单价(元)	消耗量			
人工	000700030	筑路综合工	工日	115.00	1.813	0.339	0.202	0.038
机械	990101035	履带式推土机 135kW	台班	1105.36	0.196	—	0.022	—
	990127010	强夯机械 1200kN·m	台班	855.62	0.278	0.056	0.031	0.006

工作内容:机具准备;按设计要求布置锤位线;夯击;夯锤移位;施工道路平整;资料记载。 **计量单位**:100m²

定额编号					DB0011	DB0012	DB0013	DB0014
项目名称					夯击能量			
					2000kN·m 以内			
					每 100m² 夯点			
					9 以内		每增加 1 夯点	
					4 击以下	每增 1 击	4 击以下	每增 1 击
费用	**综合单价(元)**				**1637.10**	**203.16**	**182.81**	**21.76**
	其中	人工费(元)			236.67	43.24	26.34	4.83
		材料费(元)			—	—	—	—
		施工机具使用费(元)			719.47	75.41	80.43	7.88
		企业管理费(元)			431.98	53.61	48.24	5.74
		利润(元)			233.68	29.00	26.09	3.11
		一般风险费(元)			15.30	1.90	1.71	0.20
	编码	名称	单位	单价(元)	消耗量			
人工	000700030	筑路综合工	工日	115.00	2.058	0.376	0.229	0.042
机械	990101035	履带式推土机 135kW	台班	1105.36	0.267	—	0.030	—
	990127020	强夯机械 2000kN·m	台班	1125.57	0.377	0.067	0.042	0.007

工作内容：机具准备；按设计要求布置锤位线；夯击；夯锤移位；施工道路平整；资料记载。　　　　**计量单位**：100m²

定额编号					DB0015	DB0016	DB0017	DB0018
项目名称					夯击能量			
					3000kN·m 以内			
					每 100m² 夯点			
					9 以内		每增加 1 夯点	
					4 击以下	每增 1 击	4 击以下	每增 1 击
费用	综合单价（元）				**2206.68**	**317.29**	**244.65**	**35.61**
	其中	人工费（元）			319.59	60.61	35.54	6.79
		材料费（元）			—	—	—	—
		施工机具使用费（元）			969.21	124.71	107.35	14.01
		企业管理费（元）			582.28	83.72	64.55	9.40
		利润（元）			314.98	45.29	34.92	5.08
		一般风险费（元）			20.62	2.96	2.29	0.33
	编码	名称	单位	单价(元)	消耗量			
人工	000700030	筑路综合工	工日	115.00	2.779	0.527	0.309	0.059
机械	990101035	履带式推土机 135kW	台班	1105.36	0.314	—	0.035	—
	990127030	强夯机械 3000kN·m	台班	1401.18	0.444	0.089	0.049	0.010

工作内容：机具准备；按设计要求布置锤位线；夯击；夯锤移位；施工道路平整；资料记载。　　　　**计量单位**：100m²

定额编号					DB0019	DB0020	DB0021	DB0022
项目名称					夯击能量			
					4000kN·m 以内			
					每 100m² 夯点			
					9 以内		每增加 1 夯点	
					4 击以下	每增 1 击	4 击以下	每增 1 击
费用	综合单价（元）				**4513.52**	**698.82**	**501.58**	**78.62**
	其中	人工费（元）			611.80	126.96	67.97	14.15
		材料费（元）			—	—	—	—
		施工机具使用费（元）			2024.29	281.18	224.98	31.77
		企业管理费（元）			1190.99	184.40	132.35	20.75
		利润（元）			644.26	99.75	71.59	11.22
		一般风险费（元）			42.18	6.53	4.69	0.73
	编码	名称	单位	单价(元)	消耗量			
人工	000700030	筑路综合工	工日	115.00	5.320	1.104	0.591	0.123
机械	990101035	履带式推土机 135kW	台班	1105.36	0.604	—	0.067	—
	990127040	强夯机械 4000kN·m	台班	1588.59	0.854	0.177	0.095	0.020

工作内容:机具准备;按设计要求布置锤位线;夯击;夯锤移位;施工道路平整;资料记载。　　**计量单位**:100m²

定额编号					DB0023	DB0024	DB0025	DB0026
项目名称					夯击能量			
					5000kN·m 以内			
					每 100m² 夯点			
					9 以内		每增加 1 夯点	
					4 击以下	每增 1 击	4 击以下	每增 1 击
费用	**综合单价(元)**				**5227.77**	**883.45**	**586.87**	**99.64**
	其中	人工费(元)			680.92	153.87	76.36	17.37
		材料费(元)			—	—	—	—
		施工机具使用费(元)			2372.33	362.10	266.40	40.83
		企业管理费(元)			1379.46	233.12	154.86	26.29
		利润(元)			746.21	126.10	83.77	14.22
		一般风险费(元)			48.85	8.26	5.48	0.93
	编码	名称	单位	单价(元)	消耗量			
人工	000700030	筑路综合工	工日	115.00	5.921	1.338	0.664	0.151
机械	990101035	履带式推土机 135kW	台班	1105.36	0.656	—	0.074	—
	990127050	强夯机械 5000kN·m	台班	1775.02	0.928	0.204	0.104	0.023

工作内容:机具准备;按设计要求布置锤位线;夯击;夯锤移位;施工道路平整;资料记载。　　**计量单位**:100m²

定额编号					DB0027	DB0028	DB0029	DB0030
项目名称					夯击能量			
					6000kN·m 以内			
					每 100m² 夯点			
					9 以内		每增加 1 夯点	
					4 击以下	每增 1 击	4 击以下	每增 1 击
费用	**综合单价(元)**				**6217.49**	**1131.10**	**699.26**	**127.25**
	其中	人工费(元)			793.16	190.10	89.24	21.39
		材料费(元)			—	—	—	—
		施工机具使用费(元)			2838.13	470.52	319.16	52.93
		企业管理费(元)			1640.61	298.46	184.52	33.58
		利润(元)			887.49	161.45	99.81	18.16
		一般风险费(元)			58.10	10.57	6.53	1.19
	编码	名称	单位	单价(元)	消耗量			
人工	000700030	筑路综合工	工日	115.00	6.897	1.653	0.776	0.186
机械	990101035	履带式推土机 135kW	台班	1105.36	0.739	—	0.083	—
	990127060	强夯机械 6000kN·m	台班	1960.49	1.031	0.240	0.116	0.027

B.1.2 掺石灰(编码:040201004)

工作内容:1.人工操作:放样、挖土、掺料改换、整平、分层碾压、找平、清理杂物。
2.机械操作:放样、机械挖土、掺料、推拌、分层排压、整平、分层碾压、清理杂物。

计量单位:10m³

定额编号					DB0031	DB0032	DB0033	DB0034
项目名称					掺石灰			
					人工操作		机械操作	
					5%含灰量	8%含灰量	5%含灰量	8%含灰量
费用	综合单价(元)				**1790.12**	**2101.14**	**1369.82**	**1718.14**
	其中	人工费(元)			603.75	614.68	94.53	129.84
		材料费(元)			756.38	1048.69	756.38	1044.24
		施工机具使用费(元)			—	—	263.75	263.75
		企业管理费(元)			272.77	277.71	161.87	177.82
		利润(元)			147.56	150.23	87.56	96.19
		一般风险费(元)			9.66	9.83	5.73	6.30
	编码	名称	单位	单价(元)	消耗量			
人工	000700030	筑路综合工	工日	115.00	5.250	5.345	0.822	1.129
材料	040900900	粘土	m³	17.48	14.175	13.728	14.175	13.728
	040900100	生石灰	kg	0.58	850.000	1360.000	850.000	1360.000
	341100100	水	m³	4.42	1.000	1.000	1.000	0.010
	002000020	其他材料费	元	—	11.18	15.50	11.18	15.43
机械	990120040	钢轮内燃压路机 15t	台班	566.96	—	—	0.149	0.149
	990101015	履带式推土机 75kW	台班	818.62	—	—	0.219	0.219

B.1.3 抛石挤淤(编码:040201007)

工作内容:人工(机械)抛填片石、夯平、碾压。

计量单位:1000m³

定额编号					DB0035	DB0036
项目名称					抛石挤淤	
					人工抛石	机械抛石
费用	综合单价(元)				**139988.16**	**107541.42**
	其中	人工费(元)			27230.85	577.19
		材料费(元)			93082.66	93082.66
		施工机具使用费(元)			164.02	7867.36
		企业管理费(元)			12377.00	3815.25
		利润(元)			6695.31	2063.85
		一般风险费(元)			438.32	135.11
	编码	名称	单位	单价(元)	消耗量	
人工	000700030	筑路综合工	工日	115.00	236.790	5.019
材料	041100310	块(片)石	m³	77.67	1100.000	1100.000
	040500550	石渣	m³	89.00	70.450	70.450
	002000020	其他材料费	元	—	1375.61	1375.61
机械	990101020	履带式推土机 90kW	台班	897.63	—	3.898
	990122050	钢轮振动压路机 15t	台班	964.80	0.170	0.170
	990106030	履带式单斗液压挖掘机 1m³	台班	1078.60	—	3.898

B.1.4 振冲桩(填料)(编码:040201010)

工作内容:振冲碎石桩:安、拆振冲器,振冲、填碎石,疏导泥浆,场内临时道路维护。

计量单位:$10m^3$

定额编号					DB0037
项目名称					振冲碎石桩
费用	综合单价(元)				3952.74
	其中	人工费(元)			449.19
		材料费(元)			2039.93
		施工机具使用费(元)			667.97
		企业管理费(元)			504.74
		利润(元)			273.04
		一般风险费(元)			17.87
	编码	名称	单位	单价(元)	消耗量
人工	000700030	筑路综合工	工日	115.00	3.906
材料	040500170	碎石 50~80	t	67.96	29.573
	002000020	其他材料费	元	—	30.15
机械	990222010	振冲器 55kW	台班	505.48	0.608
	990801030	电动单级离心清水泵 出口直径 150mm	台班	56.20	0.474
	990302015	履带式起重机 15t	台班	704.65	0.474

B.1.5 砂石桩(编码:040201011)

工作内容:1.挤密砂桩:桩机就位,打拔钢管,管内添水加砂,起重机、桩机移位,清理工作面。
2.振动砂石桩:准备打桩工具、安装拆卸桩架、移动打桩机及轨道、用钢管打桩孔、灌注砂石混合料、拔钢管、夯实,整平隆起土壤,按施工图放线定位,埋桩尖。

计量单位:$10m^3$

定额编号					DB0038	DB0039	DB0040	DB0041
项目名称					挤密砂桩		振动砂石桩	
					桩长		桩径(mm 以内)	
					10m 以内	10m 以外	ϕ500	ϕ600
费用	综合单价(元)				5767.90	4814.58	4935.61	5568.09
	其中	人工费(元)			700.93	633.08	1192.09	1430.37
		材料费(元)			1184.70	1176.24	1705.65	1742.60
		施工机具使用费(元)			1975.86	1491.87	694.35	803.88
		企业管理费(元)			1209.37	960.05	852.29	1009.44
		利润(元)			654.21	519.34	461.05	546.05
		一般风险费(元)			42.83	34.00	30.18	35.75
	编码	名称	单位	单价(元)	消耗量			
人工	000700030	筑路综合工	工日	115.00	6.095	5.505	10.366	12.438
材料	040300750	特细砂	m^3	83.31	13.230	13.130	—	—
	040500209	碎石 5~40	t	67.96	—	—	19.365	19.365
	040300210	中粗砂	t	89.32	—	—	3.262	3.262
	170101000	钢管	kg	3.12	1.000	1.000	23.407	35.077
	341100100	水	m^3	4.42	14.000	14.000	—	—
	002000020	其他材料费	元	—	17.51	17.38	25.21	25.75
机械	990110020	轮胎式装载机 $1m^3$	台班	517.33	1.020	0.770	—	—
	990205010	振动沉拔桩机 激振力(300kN)	台班	886.02	0.980	0.740	0.644	—
	990205020	振动沉拔桩机 激振力(400kN)	台班	1042.73	—	—	—	0.651
	990302010	履带式起重机 10t	台班	591.72	0.980	0.740	—	—
	990406010	机动翻斗车 1t	台班	188.07	—	—	0.658	0.665

B.1.6 高压水泥旋喷桩(编码:040201015)

工作内容:清理场地;放样定位;钻机就位、钻孔、移位;配置浆液;喷射装置就位、喷射注浆、移位;泥浆池清理;机具清洗及操作范围内料具搬运。

定额编号					DB0042	DB0043	DB0044	DB0045
项目名称					钻孔	喷浆		
						单重管法	双重管法	三重管法
单位					10m	$10m^3$		
费用	**综合单价(元)**				**619.24**	**4174.82**	**5199.77**	**5727.76**
	其中	人工费(元)			118.57	820.07	879.29	948.52
		材料费(元)			8.63	1741.66	1836.67	1669.79
		施工机具使用费(元)			238.05	601.00	1084.91	1421.51
		企业管理费(元)			161.12	642.04	887.42	1070.78
		利润(元)			87.16	347.31	480.05	579.24
		一般风险费(元)			5.71	22.74	31.43	37.92
	编码	名称	单位	单价(元)	消耗量			
人工	000700030	筑路综合工	工日	115.00	1.031	7.131	7.646	8.248
材料	040900900	粘土	m^3	17.48	0.200	—	—	—
	040100019	水泥 42.5	t	324.79	—	4.748	4.398	3.914
	143102910	氯化钙	kg	0.38	—	94.000	87.100	77.500
	143101300	硅酸钠(水玻璃)	kg	0.69	—	94.000	87.100	77.500
	143308000	三乙醇胺	kg	7.69	—	1.420	1.310	1.160
	341100100	水	m^3	4.42	1.133	14.100	62.857	63.810
	002000020	其他材料费	元	—	0.13	25.74	27.14	24.68
机械	991116010	工程地质液压钻机	台班	631.13	0.266	—	—	—
	990624010	泥浆拌合机 100~150L	台班	133.44	0.133	—	—	—
	990229010	单重管旋喷机	台班	501.14	—	0.435	—	—
	990229020	双重管旋喷机	台班	1091.49	—	—	0.550	—
	990229030	三重管旋喷机	台班	1163.15	—	—	—	0.710
	991137010	双液压注浆泵 PH2X5	台班	404.59	—	0.434	0.549	—
	990610010	灰浆搅拌机 200L	台班	187.56	—	0.435	0.550	—
	990610020	灰浆搅拌机 400L	台班	193.72	—	—	—	0.710
	990801020	电动单级离心清水泵 出口直径 100mm	台班	33.93	—	0.434	0.549	—
	990801030	电动单级离心清水泵 出口直径 150mm	台班	56.20	—	—	—	0.708
	990806010	泥浆泵 出口直径 50mm	台班	42.53	—	0.434	0.549	—
	990806020	泥浆泵 出口直径 100mm	台班	197.09	0.266	—	—	0.708
	990805020	污水泵 出口直径 100mm	台班	104.38	—	—	—	0.708
	990901020	交流弧焊机 32kV·A	台班	85.07	—	—	—	0.630
	991003050	电动空气压缩机 $6m^3/min$	台班	211.03	—	0.439	0.556	0.717

B.1.7 地基注浆(编码:040201019)

B.1.7.1 劈裂注浆

工作内容:定位、钻孔、注护壁泥浆、放置注浆阀管、配置浆液、插入注浆芯管、分层劈裂注浆、检测注浆效果等。

计量单位:孔

		定额编号			DB0046	DB0047	DB0048	DB0049	DB0050
		项目名称			加固孔深				
					10m	15m	20m	25m	30m
费用		**综合单价(元)**			**3628.83**	**5216.84**	**6737.59**	**8475.19**	**10294.73**
	其中	人工费(元)			681.15	873.31	1031.09	1288.12	1558.94
		材料费(元)			1249.39	2205.52	2950.17	3774.06	4593.46
		施工机具使用费(元)			708.55	885.43	1180.93	1457.55	1770.85
		企业管理费(元)			627.86	794.60	999.39	1240.49	1504.40
		利润(元)			339.64	429.84	540.62	671.04	813.80
		一般风险费(元)			22.24	28.14	35.39	43.93	53.28
	编码	名称	单位	单价(元)	消耗量				
人工	000700030	筑路综合工	工日	115.00	5.923	7.594	8.966	11.201	13.556
材料	040100019	水泥 42.5	t	324.79	2.200	3.980	5.240	6.710	8.180
	040900010	粉煤灰	m^3	144.00	2.133	3.640	5.081	6.493	7.893
	143100700	电池硫酸	kg	0.44	159.900	271.625	358.750	461.250	557.600
	172504000	塑料注浆阀管 ϕ32	m	3.85	10.500	15.750	21.000	26.250	31.500
	143101300	硅酸钠(水玻璃)	kg	0.69	113.400	204.750	269.850	345.450	421.050
	040900420	膨润土 200 目	kg	0.09	224.640	385.320	534.560	684.320	834.080
	002000020	其他材料费	元	—	18.46	32.59	43.60	55.77	67.88
机械	991116010	工程地质液压钻机	台班	631.13	0.338	0.423	0.564	0.677	0.845
	990806010	泥浆泵 出口直径 50mm	台班	42.53	0.314	0.383	0.523	0.627	0.785
	991138010	液压注浆泵 HYB50/50-1 型	台班	323.58	0.942	1.177	1.569	1.962	2.354
	990610010	灰浆搅拌机 200L	台班	187.56	0.944	1.180	1.573	1.966	2.359

工作内容:定位、钻孔、注护壁泥浆、放置注浆阀管、配置浆液、插入注浆芯管、分层劈裂注浆、检测注浆效果等。

计量单位:$10m^3$

		定额编号			DB0051
		项目名称			加固土体
费用		**综合单价(元)**			**1634.40**
	其中	人工费(元)			337.64
		材料费(元)			485.34
		施工机具使用费(元)			333.46
		企业管理费(元)			303.20
		利润(元)			164.02
		一般风险费(元)			10.74
	编码	名称	单位	单价(元)	消耗量
人工	000700030	筑路综合工	工日	115.00	2.936
材料	040100019	水泥 42.5	t	324.79	1.102
	040900010	粉煤灰	m^3	144.00	0.107
	143100700	电池硫酸	kg	0.44	80.001
	172504000	塑料注浆阀管 ϕ32	m	3.85	5.303
	143101300	硅酸钠(水玻璃)	kg	0.69	56.700
	040900420	膨润土 200 目	kg	0.09	112.298
	002000020	其他材料费	元	—	7.17
机械	991116010	工程地质液压钻机	台班	631.13	0.160
	990806010	泥浆泵 出口直径 50mm	台班	42.53	0.142
	991138010	液压注浆泵 HYB50/50-1 型	台班	323.58	0.443
	990610010	灰浆搅拌机 200L	台班	187.56	0.443

B.1.7.2 压密注浆

工作内容：定位、钻孔、泥浆护壁、配置浆液、安插注浆管、分段压密注浆、检测注浆效果等。 **计量单位：**孔

		定额编号			DB0052	DB0053	DB0054	DB0055	DB0056
		项目名称			加固孔深				
					10m	15m	20m	25m	30m
费用		**综合单价（元）**			**3095.40**	**4108.69**	**5223.16**	**6489.51**	**7847.77**
	其中	人工费（元）			631.12	787.52	921.38	1145.98	1381.73
		材料费（元）			874.51	1312.74	1749.03	2188.63	2627.03
		施工机具使用费（元）			665.98	845.44	1107.67	1365.92	1667.41
		企业管理费（元）			586.03	737.77	916.72	1134.88	1377.60
		利润（元）			317.01	399.09	495.90	613.91	745.21
		一般风险费（元）			20.75	26.13	32.46	40.19	48.79
	编码	名称	单位	单价(元)	消耗量				
人工	000700030	筑路综合工	工日	115.00	5.488	6.848	8.012	9.965	12.015
材料	040100019	水泥 42.5	t	324.79	1.700	2.550	3.400	4.260	5.110
	040900010	粉煤灰	m^3	144.00	2.040	3.066	4.080	5.093	6.120
	040900420	膨润土 200 目	kg	0.09	174.340	262.500	348.610	436.589	524.990
	002000020	其他材料费	元	—	12.92	19.40	25.85	32.34	38.82
机械	991116010	工程地质液压钻机	台班	631.13	0.318	0.423	0.529	0.634	0.793
	990806010	泥浆泵 出口直径 50mm	台班	42.53	0.295	0.368	0.490	0.589	0.735
	991138010	液压注浆泵 HYB50/50—1 型	台班	323.58	0.885	1.100	1.472	1.839	2.220
	990610010	灰浆搅拌机 200L	台班	187.56	0.887	1.103	1.475	1.843	2.225

工作内容：定位、钻孔、泥浆护壁、配置浆液、安插注浆管、分段压密注浆、检测注浆效果等。 **计量单位：**$10m^3$

		定额编号			DB0057
		项目名称			加固土体
费用		**综合单价（元）**			**1520.39**
	其中	人工费（元）			311.65
		材料费（元）			514.17
		施工机具使用费（元）			276.03
		企业管理费（元）			265.51
		利润（元）			143.63
		一般风险费（元）			9.40
	编码	名称	单位	单价(元)	消耗量
人工	000700030	筑路综合工	工日	115.00	2.710
材料	040100019	水泥 42.5	t	324.79	1.000
	040900010	粉煤灰	m^3	144.00	1.200
	040900420	膨润土 200 目	kg	0.09	99.797
	002000020	其他材料费	元	—	7.60
机械	991116010	工程地质液压钻机	台班	631.13	0.142
	990806010	泥浆泵 出口直径 50mm	台班	42.53	0.124
	991138010	液压注浆泵 HYB50/50—1 型	台班	323.58	0.354
	990610010	灰浆搅拌机 200L	台班	187.56	0.355

B.1.8 褥垫层(编码:040201020)

B.1.8.1 水泥稳定土垫层

工作内容:放样、运料(水泥)、上料、人工摊铺土方(水泥)、拌和、整平、分层碾压、人工拌和处理碾压不到之处。

计量单位:$100m^2$

定额编号					DB0058	DB0059	DB0060	DB0061
项目名称					水泥稳定土(水泥含量:5%)			
					人机配合(厚度)		人工拌和(厚度)	
					15cm	每增减 1cm	15cm	每增减 1cm
费用	综合单价(元)				**1963.02**	**82.88**	**2478.04**	**144.30**
其中	人工费(元)				358.11	17.25	933.69	53.13
	材料费(元)				780.71	53.34	780.71	53.34
	施工机具使用费(元)				332.41	—	57.63	—
	企业管理费(元)				311.98	7.79	447.87	24.00
	利润(元)				168.76	4.22	242.28	12.98
	一般风险费(元)				11.05	0.28	15.86	0.85
	编码	名称	单位	单价(元)	消耗量			
人工	000700030	筑路综合工	工日	115.00	3.114	0.150	8.119	0.462
材料	040100120	普通硅酸盐水泥 P.O 32.5	kg	0.30	1290.000	90.000	1290.000	90.000
	040900900	粘土	m^3	17.48	21.690	1.450	21.690	1.450
	341100100	水	m^3	4.42	2.630	0.180	2.630	0.180
	002000010	其他材料费	元	—	2.94	0.20	2.94	0.20
机械	990101015	履带式推土机 75kW	台班	818.62	0.133	—	—	—
	990113030	平地机 120kW	台班	925.07	0.061	—	—	—
	990114020	履带式拖拉机 60kW	台班	601.54	0.182	—	—	—
	990120030	钢轮内燃压路机 12t	台班	480.22	0.120	—	0.120	—

B.1.8.2 砂石垫层

工作内容:放样、取(运)料、摊铺、整平、洒水、分层碾压。

计量单位:$10m^3$

定额编号					DB0062	DB0063	DB0064	DB0065	DB0066	DB0067
项目名称					砂	砂砾石(天然级配)	连槽石	石屑	碎石	块(片)石
费用	综合单价(元)				**1533.95**	**1653.54**	**679.82**	**1861.45**	**1726.93**	**1924.19**
其中	人工费(元)				245.53	163.76	163.76	250.24	250.24	530.61
	材料费(元)				1087.89	1297.98	324.26	1357.80	1223.28	940.50
	施工机具使用费(元)				14.99	43.91	43.91	43.91	43.91	43.91
	企业管理费(元)				117.70	93.82	93.82	132.90	132.90	259.57
	利润(元)				63.67	50.75	50.75	71.89	71.89	140.41
	一般风险费(元)				4.17	3.32	3.32	4.71	4.71	9.19
	编码	名称	单位	单价(元)	消耗量					
人工	000700030	筑路综合工	工日	115.00	2.135	1.424	1.424	2.176	2.176	4.614
材料	040300750	特细砂	m^3	83.31	13.000	—	—	—	—	—
	040502260	砂砾石	m^3	108.80	—	11.930	—	—	—	—
	041100800	连槽石	m^3	27.18	—	—	11.930	—	—	—
	040700450	石屑	m^3	113.15	—	—	—	12.000	—	—
	040500209	碎石 5～40	t	67.96	—	—	—	—	18.000	—
	041100310	块(片)石	m^3	77.67	—	—	—	—	—	11.930
	341100100	水	m^3	4.42	1.100	—	—	—	—	—
	002000020	其他材料费	元	—	—	—	—	—	—	13.90
机械	990101015	履带式推土机 75kW	台班	818.62	0.011	0.029	0.029	0.029	0.029	0.029
	990120020	钢轮内燃压路机 8t	台班	373.79	0.016	—	—	—	—	—
	990120030	钢轮内燃压路机 12t	台班	480.22	—	0.042	0.042	0.042	0.042	0.042

B.1.8.3 炉渣垫层

工作内容:放样、取(运)料、摊铺、整平、洒水、分层碾压。

计量单位:10m³

定额编号						DB0068
项目名称						炉渣
费用	综合单价(元)					**1132.91**
	其中	人工费(元)				252.54
		材料费(元)				625.33
		施工机具使用费(元)				43.91
		企业管理费(元)				133.94
		利润(元)				72.45
		一般风险费(元)				4.74
	编码	名称		单位	单价(元)	消耗量
人工	000700030	筑路综合工		工日	115.00	2.196
材料	040700050	炉渣		m³	56.41	11.060
	002000010	其他材料费		元	—	1.44
机械	990101015	履带式推土机 75kW		台班	818.62	0.029
	990120030	钢轮内燃压路机 12t		台班	480.22	0.042

B.1.9 土工合成材料(编码:040201021)

工作内容:1.土工布:清理整平路基、挖填锚固沟、铺设土工布、缝合及锚固土工布。
2.土工格栅:清理整平路基;裁剪、粘贴、铺设土工格栅;固定土工格栅。

计量单位:1000m²

定额编号						DB0069	DB0070	DB0071
项目名称						土工布		土工格栅
						一般软土	淤泥	
费用	综合单价(元)					**11891.05**	**15897.32**	**13471.93**
	其中	人工费(元)				3447.70	5004.80	4480.86
		材料费(元)				5987.90	7328.10	5799.81
		施工机具使用费(元)				—	—	—
		企业管理费(元)				1557.67	2261.17	2024.45
		利润(元)				842.62	1223.17	1095.12
		一般风险费(元)				55.16	80.08	71.69
	编码	名称		单位	单价(元)	消耗量		
人工	000700030	筑路综合工		工日	115.00	29.980	43.520	38.964
材料	022700700	土工布		m²	5.29	1115.200	1115.200	—
	360300400	土工格栅		m²	5.38	—	—	1062.100
	041100310	块(片)石		m³	77.67	—	17.000	—
	002000020	其他材料费		元	—	88.49	108.30	85.71

B.1.10 排水沟、截水沟(编码:040201022)

工作内容:浆砌块(片石):拌运砂浆、选修石料、砌筑、勾缝、养生;铺砌预制块:砌筑、勾缝、养生;商品混凝土:浇捣、养护等;模板:制作、安装、涂脱模剂、拆除、修理整堆。

计量单位:$10m^3$

定额编号					DB0072	DB0073	DB0074	DB0075
项目名称					排水沟、截水沟及边沟			
					现拌水泥砂浆 M5.0 浆砌		预拌水泥砂浆 M5.0 浆砌	
					块(片)石	预制块	块(片)石	预制块
费用	综合单价(元)				**4365.87**	**7769.28**	**4868.60**	**7825.10**
	其中	人工费(元)			1483.85	1783.54	1315.60	1764.22
		材料费(元)			1659.84	4695.60	2454.87	4786.90
		施工机具使用费(元)			96.59	11.63	94.12	10.23
		企业管理费(元)			714.04	811.05	636.91	801.69
		利润(元)			386.26	438.74	344.54	433.67
		一般风险费(元)			25.29	28.72	22.56	28.39
	编码	名称	单位	单价(元)	消耗量			
人工	000300100	砌筑综合工	工日	115.00	12.903	15.509	11.440	15.341
材料	810104010	M5.0 水泥砂浆(特 稠度 70~90mm)	m^3	183.45	3.500	0.440	—	—
	810201030	水泥砂浆 1:2(特)	m^3	256.68	0.330	—	—	—
	850301010	干混商品砌筑砂浆 M5	t	228.16	—	—	5.950	0.748
	850301030	干混商品抹灰砂浆 M10	t	271.84	—	—	0.561	—
	041100310	块(片)石	m^3	77.67	11.501	—	11.501	—
	041503400	混凝土块	m^3	450.00	—	10.100	—	10.100
	341100100	水	m^3	4.42	3.450	0.112	3.450	0.112
	002000020	其他材料费	元	—	24.53	69.39	36.28	70.74
机械	990610010	灰浆搅拌机 200L	台班	187.56	0.515	0.062	—	—
	990611010	干混砂浆罐式搅拌机 20000L	台班	232.40	—	—	0.405	0.044

工作内容:浆砌块(片石):拌运砂浆、选修石料、砌筑、勾缝、养生;铺砌预制块:砌筑、勾缝、养生;商品混凝土:浇捣、养护等;模板:制作、安装、涂脱模剂、拆除、修理整堆。

定额编号					DB0076	DB0077
项目名称					现浇混凝土边沟	
					商品砼	模板
单位					$10m^3$	$100m^2$
费用	综合单价(元)				**3715.40**	**7628.32**
	其中	人工费(元)			549.24	3504.00
		材料费(元)			2774.99	1365.57
		施工机具使用费(元)			—	153.72
		企业管理费(元)			248.15	1652.56
		利润(元)			134.23	893.95
		一般风险费(元)			8.79	58.52
	编码	名称	单位	单价(元)	消耗量	
人工	000300080	混凝土综合工	工日	115.00	4.776	—
	000300060	模板综合工	工日	120.00	—	29.200
材料	840201140	商品砼	m^3	266.99	10.100	—
	341100100	水	m^3	4.42	8.450	0.003
	133100600	石油沥青 10#	kg	2.56	0.013	—
	032130010	铁件 综合	kg	3.68	—	60.222
	032140460	零星卡具	kg	6.67	—	44.033
	143506300	脱模剂	kg	0.94	—	10.000
	350100300	组合钢模板	kg	4.53	—	63.000
	050303800	木材 锯材	m^3	1547.01	—	0.346
	002000020	其他材料费	元	—	41.01	20.18
机械	990304004	汽车式起重机 8t	台班	705.33	—	0.133
	990401030	载重汽车 8t	台班	474.25	—	0.106
	990706010	木工圆锯机 直径 500mm	台班	25.81	—	0.197
	990709020	木工平刨床 刨削宽度 500mm	台班	23.12	—	0.197

工作内容：1.商品混凝土：浇捣、养护等。
2.模板：制作、安装、涂脱模剂、拆除、修理整堆。

定额编号					DB0078	DB0079	DB0080	DB0081	DB0082	DB0083
项目名称					现浇混凝土排水沟					
					商品砼			模板		
					底板	墙身	盖板	底板	墙身	盖板
单位					$10m^3$			$100m^2$		
费用	综合单价（元）				**3359.82**	**4228.33**	**3510.60**	**7611.95**	**7907.11**	**9741.76**
	其中	人工费（元）			340.75	845.25	426.19	3585.60	3666.84	4766.76
		材料费（元）			2776.39	2781.10	2780.88	1242.10	1365.55	1259.28
		施工机具使用费（元）			—	—	—	134.67	153.72	187.38
		企业管理费（元）			153.95	381.88	192.55	1680.82	1726.13	2238.28
		利润（元）			83.28	206.58	104.16	909.24	933.74	1210.79
		一般风险费（元）			5.45	13.52	6.82	59.52	61.13	79.27
	编码	名称	单位	单价(元)	消耗量					
人工	000300080	混凝土综合工	工日	115.00	2.963	7.350	3.706	—	—	—
	000300060	模板综合工	工日	120.00	—	—	—	29.880	30.557	39.723
材料	840201140	商品砼	m^3	266.99	10.100	10.100	10.100	—	—	—
	341100100	水	m^3	4.42	8.770	9.820	9.770	—	—	0.001
	032130010	铁件 综合	kg	3.68	—	—	—	43.512	60.222	48.471
	032140460	零星卡具	kg	6.67	—	—	—	29.682	44.033	27.662
	143506300	脱模剂	kg	0.94	—	—	—	10.000	10.000	10.000
	350100300	组合钢模板	kg	4.53	—	—	—	63.000	63.000	65.000
	050303800	木材 锯材	m^3	1547.01	—	—	—	0.369	0.346	0.371
	002000020	其他材料费	元	—	41.03	41.10	41.10	18.36	20.18	18.61
机械	990304004	汽车式起重机 8t	台班	705.33	—	—	—	0.106	0.133	0.177
	990401030	载重汽车 8t	台班	474.25	—	—	—	0.106	0.106	0.110
	990706010	木工圆锯机 直径 500mm	台班	25.81	—	—	—	0.197	0.197	0.212
	990709020	木工平刨床 刨削宽度 500mm	台班	23.12	—	—	—	0.197	0.197	0.212

工作内容：拌运砂浆、选修石料、砌筑、勾缝、养生。 计量单位：$10m^3$

定额编号					DB0084	DB0085	DB0086	DB0087	DB0088	DB0089
项目名称					排水沟、边沟					
					现拌水泥砂浆 M7.5					
					毛条石			清条石		
					底板	墙身	盖板	底板	墙身	盖板
费用	综合单价（元）				**4910.28**	**5934.33**	**4344.33**	**4367.28**	**5333.53**	**4399.81**
	其中	人工费（元）			1718.10	2347.50	1418.87	1369.65	1957.88	1412.55
		材料费（元）			1902.39	1858.42	1858.42	1981.70	1948.16	1948.16
		施工机具使用费（元）			38.64	33.01	33.01	23.63	19.32	19.32
		企业管理费（元）			793.69	1075.51	655.96	629.49	893.30	646.92
		利润（元）			429.35	581.80	354.84	340.52	483.23	349.95
		一般风险费（元）			28.11	38.09	23.23	22.29	31.64	22.91
	编码	名称	单位	单价(元)	消耗量					
人工	000300100	砌筑综合工	工日	115.00	14.940	20.413	12.338	11.910	17.025	12.283
材料	810104020	M7.5 水泥砂浆(特 稠度 70～90mm)	m^3	195.56	1.390	1.190	1.190	0.850	0.700	0.700
	041100020	毛条石	m^3	155.34	10.400	10.400	10.400	—	—	—
	041100610	清条石	m^3	180.00	—	—	—	10.000	10.000	10.000
	341100100	水	m^3	4.42	3.400	2.300	2.300	3.500	2.550	2.550
机械	990610010	灰浆搅拌机 200L	台班	187.56	0.206	0.176	0.176	0.126	0.103	0.103

工作内容：拌运砂浆、选修石料、砌筑、勾缝、养生。　　　　计量单位：10m³

定额编号					DB0090	DB0091	DB0092	DB0093	DB0094	DB0095
项目名称					排水沟、边沟					
					预拌水泥砂浆 M5.0					
					毛条石			清条石		
					底板	墙身	盖板	底板	墙身	盖板
费用	综合单价（元）				**5062.19**	**6064.42**	**4474.43**	**4460.11**	**5410.35**	**4476.63**
	其中	人工费（元）			1657.04	2295.17	1366.55	1332.28	1927.17	1381.84
		材料费（元）			2169.71	2087.27	2087.27	2145.16	2082.78	2082.78
		施工机具使用费（元）			32.30	27.66	27.66	19.75	16.27	16.27
		企业管理费（元）			763.24	1049.45	629.90	610.85	878.05	631.67
		利润（元）			412.87	567.70	340.74	330.44	474.98	341.70
		一般风险费（元）			27.03	37.17	22.31	21.63	31.10	22.37
	编码	名称	单位	单价（元）	消耗量					
人工	000300100	砌筑综合工	工日	115.00	14.409	19.958	11.883	11.585	16.758	12.016
材料	850301010	干混商品砌筑砂浆 M5	t	228.16	2.363	2.023	2.023	1.445	1.190	1.190
	041100020	毛条石	m³	155.34	10.400	10.400	10.400	—	—	—
	041100610	清条石	m³	180.00	—	—	—	10.000	10.000	10.000
	341100100	水	m³	4.42	3.400	2.300	2.300	3.500	2.550	2.550
机械	990611010	干混砂浆罐式搅拌机 20000L	台班	232.40	0.139	0.119	0.119	0.085	0.070	0.070

工作内容：拌运砂浆、铺砂浆、运砖、砌砖等全部操作过程。　　　　计量单位：10m³

定额编号					DB0096	DB0097	DB0098	DB0099
项目名称					排水沟、边沟			
					现拌水泥砂浆 M7.5		预拌水泥砂浆 M5.0	
					砖			
					底板	墙身	底板	墙身
费用	综合单价（元）				**5644.47**	**6183.31**	**5936.21**	**6440.28**
	其中	人工费（元）			1547.90	1917.05	1434.97	1816.43
		材料费（元）			2875.33	2792.07	3376.99	3239.07
		施工机具使用费（元）			69.40	63.58	59.73	53.22
		企业管理费（元）			730.69	894.85	675.30	844.71
		利润（元）			395.27	484.07	365.30	456.94
		一般风险费（元）			25.88	31.69	23.92	29.91
	编码	名称	单位	单价（元）	消耗量			
人工	000300100	砌筑综合工	工日	115.00	13.460	16.670	12.478	15.795
材料	810104020	M7.5 水泥砂浆(特 稠度 70～90mm)	m³	195.56	2.570	2.290	—	—
	850301010	干混商品砌筑砂浆 M5	t	228.16	—	—	4.369	3.893
	041301330	页岩砖 240×115×53	千块	422.33	5.450	5.430	5.450	5.430
	341100100	水	m³	4.42	6.460	2.200	6.460	2.200
	002000020	其他材料费	元	—	42.49	41.26	49.91	47.87
机械	990610010	灰浆搅拌机 200L	台班	187.56	0.370	0.339	—	—
	990611010	干混砂浆罐式搅拌机 20000L	台班	232.40	—	—	0.257	0.229

B.1.11 盲沟(编码:040201023)

B.1.11.1 砂石盲沟及滤管盲沟

工作内容:放样、挖土、运料、填料及夯实,余土运至路基以外50m。 计量单位:10m

定额编号					DB0100	DB0101	DB0102	DB0103
项目名称					砂石盲沟			滤管盲沟
					断面尺寸(cm×cm)			ϕ30
					30×40	40×40	40×60	
费用	综合单价(元)				**274.54**	**349.35**	**501.67**	**700.99**
	其中	人工费(元)			75.90	89.70	124.20	381.57
		材料费(元)			144.59	195.76	289.02	47.66
		施工机具使用费(元)			—	—	—	—
		企业管理费(元)			34.29	40.53	56.11	172.39
		利润(元)			18.55	21.92	30.35	93.26
		一般风险费(元)			1.21	1.44	1.99	6.11
	编码	名称	单位	单价(元)	消耗量			
人工	000700030	筑路综合工	工日	115.00	0.660	0.780	1.080	3.318
材料	040300760	特细砂	t	63.11	0.280	0.420	0.560	—
	040500213	碎石 5~80	t	67.96	1.836	2.448	3.670	—
	173102000	滤管 ϕ30	m	4.46	—	—	—	10.530
	002000020	其他材料费	元	—	2.14	2.89	4.27	0.70

B.1.11.2 碎石盲沟

工作内容:挖沟槽,铺土工布,填料及夯实,石料的选择及插修,余土运至路基以外50m。 计量单位:10m

定额编号					DB0104	DB0105	DB0106	DB0107
项目名称					碎石盲沟			
					断面尺寸(cm×cm)			
					20×30	30×40	40×40	60×80
费用	综合单价(元)				**269.76**	**482.07**	**618.19**	**1704.17**
	其中	人工费(元)			80.04	146.28	189.75	547.86
		材料费(元)			132.72	231.61	293.30	766.12
		施工机具使用费(元)			—	—	—	—
		企业管理费(元)			36.16	66.09	85.73	247.52
		利润(元)			19.56	35.75	46.37	133.90
		一般风险费(元)			1.28	2.34	3.04	8.77
	编码	名称	单位	单价(元)	消耗量			
人工	000700030	筑路综合工	工日	115.00	0.696	1.272	1.650	4.764
材料	040500209	碎石 5~40	t	67.96	1.120	—	—	—
	040500070	碎石 20~60	t	67.96	—	2.256	3.008	9.008
	022700700	土工布	m^2	5.29	10.700	14.800	16.800	29.100

B.1.11.3 石料砌筑盲沟

工作内容:1.用砂石料砌筑的盲沟:挖沟槽,填料及夯实,石料的选择及捶修,铺草皮,填粘土,洒水夯实,运废土及整理。

2.带有陶管(方石洞)盲沟:挖沟槽,填料及夯实,石料的选择及捶修,安置陶管(干砌片石方洞),铺草皮,填粘土,洒水夯实,运废土及整理。

计量单位:10m

定额编号					DB0108	DB0109	DB0110
项目名称					用砂石料砌筑	带有陶管	带有方石洞
					断面尺寸(cm×cm)		
					80×100	80×150	100×150
费用	综合单价(元)				**1885.10**	**2829.95**	**3714.76**
	其中	人工费(元)			839.73	1204.74	1598.73
		材料费(元)			447.31	767.19	977.41
		施工机具使用费(元)			—	—	—
		企业管理费(元)			379.39	544.30	722.31
		利润(元)			205.23	294.44	390.73
		一般风险费(元)			13.44	19.28	25.58
	编码	名称	单位	单价(元)	消耗量		
人工	000700030	筑路综合工	工日	115.00	7.302	10.476	13.902
材料	040500745	砾石 5～60	t	64.00	5.710	9.070	7.750
	040900900	粘土	m^3	17.48	2.670	2.670	3.340
	041100310	块(片)石	m^3	77.67	—	—	4.880
	002000010	其他材料费	元	—	35.20	140.04	44.00

B.2 道路基层工程(编码:040202)

B.2.1 路床(槽)整形(编码:040202001)

工作内容:1.路床碾压:放样、挖高填低、推土机整平、找平、碾压、检验、人工配合处理机械碾压不到之处。

2.土边沟成型:挖土、培土、挖打边坡、沟底修整及余土弃至路基50m以外。

定额编号					DB0111	DB0112
项目名称					路床碾压	土边沟成型
单位					$100m^2$	$10m^3$
费用	综合单价(元)				**453.58**	**586.19**
	其中	人工费(元)			168.82	342.36
		材料费(元)			—	—
		施工机具使用费(元)			96.09	—
		企业管理费(元)			119.69	154.68
		利润(元)			64.74	83.67
		一般风险费(元)			4.24	5.48
	编码	名称	单位	单价(元)	消耗量	
人工	000700010	市政综合工	工日	115.00	1.468	2.977
机械	990120030	钢轮内燃压路机 12t	台班	480.22	0.091	—
	990101015	履带式推土机 75kW	台班	818.62	0.064	—

B.2.2 机械翻晒(编码:040202017)

工作内容:放样、推土机翻拌晾晒、排压。

计量单位:$100m^2$

		定额编号			DB0113
		项目名称			机械翻晒
费用		综合单价(元)			**30.96**
	其中	人工费(元)			2.53
		材料费(元)			—
		施工机具使用费(元)			15.55
		企业管理费(元)			8.17
		利润(元)			4.42
		一般风险费(元)			0.29
	编码	名称	单位	单价(元)	消耗量
人工	000700030	筑路综合工	工日	115.00	0.022
机械	990101015	履带式推土机 75kW	台班	818.62	0.019

B.2.3 石灰、炉渣基层(编码:040202018)

工作内容:放样、清理路床、运料、上料、铺石灰、焖水、配料拌和、找平、碾压、人工处理碾压不到之处、清理杂物。

计量单位:$100m^2$

		定额编号			DB0114	DB0115	DB0116	DB0117	DB0118	DB0119
		项目名称			人工拌和					
					石灰:炉渣=2.5:7.5			石灰:炉渣=3:7		
					厚度(cm)					
					15	20	每增减1	15	20	每增减1
费用		综合单价(元)			**5011.11**	**6604.22**	**317.93**	**5536.15**	**7292.87**	**354.21**
	其中	人工费(元)			703.00	900.91	39.68	710.47	905.63	39.10
		材料费(元)			3738.78	4985.03	248.20	4251.02	5665.59	285.47
		施工机具使用费(元)			40.10	44.77	1.05	40.10	44.77	1.05
		企业管理费(元)			335.73	427.26	18.40	339.11	429.39	18.14
		利润(元)			181.61	231.12	9.95	183.44	232.28	9.81
		一般风险费(元)			11.89	15.13	0.65	12.01	15.21	0.64
	编码	名称	单位	单价(元)	消耗量					
人工	000700030	筑路综合工	工日	115.00	6.113	7.834	0.345	6.178	7.875	0.340
材料	040900100	生石灰	kg	0.58	4830.000	6440.000	320.000	5800.000	7730.000	390.000
	040700050	炉渣	m^3	56.41	15.402	20.536	1.029	14.382	19.168	0.961
	341100100	水	m^3	4.42	3.010	4.010	0.200	2.920	3.890	0.190
	002000020	其他材料费	元	—	55.25	73.67	3.67	62.82	83.73	4.22
机械	990120030	钢轮内燃压路机 12t	台班	480.22	0.041	0.046	0.001	0.041	0.046	0.001
	990120040	钢轮内燃压路机 15t	台班	566.96	0.036	0.040	0.001	0.036	0.040	0.001

工作内容:放样、清理路床、运料、上料、机械整平土方(炉渣)、铺石灰、焖水、拌和机拌和、排压、找平、碾压、人工处理碾压不到之处、清理杂物。

计量单位:100m²

定额编号					DB0120	DB0121	DB0122	DB0123	DB0124	DB0125
项目名称					拌和机拌和					
					石灰∶炉渣＝2.5∶7.5			石灰∶炉渣＝3∶7		
					厚度(cm)					
					15	20	每增减1	15	20	每增减1
费用	**综合单价(元)**				**4352.56**	**5668.44**	**261.81**	**4856.68**	**6335.41**	**298.10**
费用	其中	人工费(元)			176.64	212.64	6.90	171.93	204.70	6.33
费用	其中	材料费(元)			3738.78	4985.03	248.20	4250.97	5665.59	285.47
费用	其中	施工机具使用费(元)			181.83	186.50	1.05	181.83	186.50	1.05
费用	其中	企业管理费(元)			161.96	180.33	3.59	159.83	176.75	3.33
费用	其中	利润(元)			87.61	97.55	1.94	86.46	95.61	1.80
费用	其中	一般风险费(元)			5.74	6.39	0.13	5.66	6.26	0.12
	编码	名称	单位	单价(元)	消耗量					
人工	000700030	筑路综合工	工日	115.00	1.536	1.849	0.060	1.495	1.780	0.055
材料	040900100	生石灰	kg	0.58	4830.000	6440.000	320.000	5800.000	7730.000	390.000
材料	040700050	炉渣	m³	56.41	15.402	20.536	1.029	14.382	19.168	0.961
材料	341100100	水	m³	4.42	3.010	4.010	0.200	2.910	3.890	0.190
材料	002000020	其他材料费	元	—	55.25	73.67	3.67	62.82	83.73	4.22
机械	990120030	钢轮内燃压路机 12t	台班	480.22	0.041	0.046	0.001	0.041	0.046	0.001
机械	990120040	钢轮内燃压路机 15t	台班	566.96	0.036	0.040	0.001	0.036	0.040	0.001
机械	990101015	履带式推土机 75kW	台班	818.62	0.064	0.064	—	0.064	0.064	—
机械	990113030	平地机 120kW	台班	925.07	0.044	0.044	—	0.044	0.044	—
机械	990138020	稳定土拌和机 105kW	台班	853.33	0.057	0.057	—	0.057	0.057	—

B.2.4 石灰、煤渣、碎石中(基)层(编码:040202019)

工作内容:放线、运料、上料、拌和、摊铺、压实、养护等。

计量单位:100m²

定额编号					DB0126	DB0127	DB0128	DB0129
项目名称					拌和机拌和			
					生石灰∶煤渣∶碎石＝10∶48∶42		生石灰∶煤渣∶碎石＝10∶53∶37	
					压实厚度 10cm	压实厚度每增减 2cm	压实厚度 10cm	压实厚度每增减 2cm
费用	**综合单价(元)**				**2802.38**	**507.45**	**2745.10**	**496.41**
费用	其中	人工费(元)			406.76	73.03	406.76	73.03
费用	其中	材料费(元)			1938.70	380.61	1881.42	369.57
费用	其中	施工机具使用费(元)			97.67	1.05	97.67	1.05
费用	其中	企业管理费(元)			227.90	33.47	227.90	33.47
费用	其中	利润(元)			123.28	18.10	123.28	18.10
费用	其中	一般风险费(元)			8.07	1.19	8.07	1.19
	编码	名称	单位	单价(元)	消耗量			
人工	000700030	筑路综合工	工日	115.00	3.537	0.635	3.537	0.635
材料	040900100	生石灰	kg	0.58	2060.000	400.000	2060.000	400.000
材料	040700260	煤渣	t	17.95	10.510	2.100	11.370	2.280
材料	040500070	碎石 20～60	t	67.96	7.910	1.580	6.840	1.370
材料	341100100	水	m³	4.42	4.000	0.800	4.000	0.800
机械	990138020	稳定土拌和机 105kW	台班	853.33	0.062	—	0.062	—
机械	990120030	钢轮内燃压路机 12t	台班	480.22	0.046	0.001	0.046	0.001
机械	990120040	钢轮内燃压路机 15t	台班	566.96	0.040	0.001	0.040	0.001

B.2.5 石灰、粉煤灰、碎(砾)石(编码:040202020)

工作内容:消减石灰,配料、上料、运料、拌和,摊铺、找平、洒水、压实,清理杂物等。

计量单位:100m²

		定额编号			DB0130	DB0131
		项目名称			拌和机拌和	
					石灰:粉煤灰:碎石=10:20:70(厚度)	
					20cm	每增减 1cm
费用		**综合单价(元)**			**7299.38**	**374.48**
	其中	人工费(元)			743.25	42.32
		材料费(元)			5859.56	300.23
		施工机具使用费(元)			97.67	1.05
		企业管理费(元)			379.93	19.59
		利润(元)			205.52	10.60
		一般风险费(元)			13.45	0.69
	编码	名称	单位	单价(元)	消耗量	
人工	000700030	筑路综合工	工日	115.00	6.463	0.368
材料	040900100	生石灰	kg	0.58	3960.000	200.000
	040900010	粉煤灰	m³	144.00	10.560	0.530
	040500209	碎石 5~40	t	67.96	28.365	1.425
	341100100	水	m³	4.42	6.300	1.500
	002000020	其他材料费	元	—	86.59	4.44
机械	990120030	钢轮内燃压路机 12t	台班	480.22	0.046	0.001
	990120040	钢轮内燃压路机 15t	台班	566.96	0.040	0.001
	990138020	稳定土拌合机 105kW	台班	853.33	0.062	—

B.2.6 炉渣基层(编码:040202021)

工作内容:放样、清理路床、取料、运料、上料、摊铺、焖水、找平、洒水、碾压。

计量单位:100m²

		定额编号			DB0132	DB0133	DB0134	DB0135
		项目名称			人工铺装(厚度)		人机配合(厚度)	
					20cm	每增减 5cm	20cm	每增减 5cm
费用		**综合单价(元)**			**2431.29**	**566.63**	**1997.90**	**463.78**
	其中	人工费(元)			382.95	84.07	67.16	8.51
		材料费(元)			1671.87	418.17	1671.87	418.17
		施工机具使用费(元)			60.58	2.64	123.25	18.13
		企业管理费(元)			200.39	39.17	86.03	12.03
		利润(元)			108.40	21.19	46.54	6.51
		一般风险费(元)			7.10	1.39	3.05	0.43
	编码	名称	单位	单价(元)	消耗量			
人工	000700030	筑路综合工	工日	115.00	3.330	0.731	0.584	0.074
材料	040700050	炉渣	m³	56.41	28.917	7.233	28.917	7.233
	341100100	水	m³	4.42	3.610	0.900	3.610	0.900
	002000020	其他材料费	元	—	24.71	6.18	24.71	6.18
机械	990120020	钢轮内燃压路机 8t	台班	373.79	0.021	0.001	0.021	0.001
	990120040	钢轮内燃压路机 15t	台班	566.96	0.093	0.004	0.093	0.004
	990113020	平地机 90kW	台班	737.33	—	—	0.085	0.021

B.2.7 矿渣(编码:040202008)

工作内容:放样、清理路床、取料、运料、上料、摊铺、找平、洒水、碾压。 **计量单位**:100m²

定额编号					DB0136	DB0137	DB0138	DB0139
项目名称					人工铺装(厚度)		人机配合(厚度)	
					20cm	每增减 1cm	20cm	每增减 1cm
费用	综合单价(元)				**1507.36**	**78.89**	**1565.24**	**104.94**
	其中	人工费(元)			122.36	5.98	80.96	11.62
		材料费(元)			1171.80	62.18	1171.80	62.18
		施工机具使用费(元)			73.62	3.78	148.82	13.36
		企业管理费(元)			88.54	4.41	103.82	11.28
		利润(元)			47.90	2.38	56.16	6.10
		一般风险费(元)			3.14	0.16	3.68	0.40
	编码	名称	单位	单价(元)	消耗量			
人工	000700030	筑路综合工	工日	115.00	1.064	0.052	0.704	0.101
材料	040700160	矿渣	t	38.46	29.558	1.478	29.558	1.478
	341100100	水	m^3	4.42	4.000	1.000	4.000	1.000
	002000020	其他材料费	元	—	17.32	0.92	17.32	0.92
机械	990120020	钢轮内燃压路机 8t	台班	373.79	0.021	0.001	0.021	0.001
	990120040	钢轮内燃压路机 15t	台班	566.96	0.116	0.006	0.116	0.006
	990113020	平地机 90kW	台班	737.33	—	—	0.102	0.013

B.2.8 砂砾石(编码:040202009)

工作内容:放样、清理路床、取料、运料、上料、摊铺、找平、碾压。 **计量单位**:100m²

定额编号					DB0140	DB0141
项目名称					人工铺装(厚度)	
					20cm	每增减 1cm
费用	综合单价(元)				**3195.90**	**156.48**
	其中	人工费(元)			334.77	16.68
		材料费(元)			2473.68	120.48
		施工机具使用费(元)			87.04	4.34
		企业管理费(元)			190.57	9.50
		利润(元)			103.09	5.14
		一般风险费(元)			6.75	0.34
	编码	名称	单位	单价(元)	消耗量	
人工	000700030	筑路综合工	工日	115.00	2.911	0.145
材料	040502260	砂砾石	m^3	108.80	22.400	1.091
	002000020	其他材料费	元	—	36.56	1.78
机械	990120020	钢轮内燃压路机 8t	台班	373.79	0.019	0.001
	990120040	钢轮内燃压路机 15t	台班	566.96	0.141	0.007

B.2.9 卵石(编码:040202010)

工作内容:放样、清理路床、取料、运料、上料、摊铺、找平、碾压。

计量单位:100m²

定额编号					DB0142	DB0143	DB0144	DB0145
项目名称					人工铺装(厚度)		人机配合(厚度)	
					20cm	每增减 1cm	20cm	每增减 2cm
费用	综合单价(元)				**3561.73**	**119.99**	**3457.32**	**299.36**
	其中	人工费(元)			325.45	16.10	162.73	8.05
		材料费(元)			2873.66	85.95	2873.66	279.11
		施工机具使用费(元)			76.41	3.78	178.16	3.78
		企业管理费(元)			181.56	8.98	154.01	5.34
		利润(元)			98.22	4.86	83.31	2.89
		一般风险费(元)			6.43	0.32	5.45	0.19
	编码	名称	单位	单价(元)	消耗量			
人工	000700030	筑路综合工	工日	115.00	2.830	0.140	1.415	0.070
材料	040300760	特细砂	t	63.11	3.710	0.132	3.710	0.240
	040501110	卵石	t	64.00	40.579	1.193	40.579	4.060
	002000020	其他材料费	元	—	42.47	1.27	42.47	4.12
机械	990120020	钢轮内燃压路机 8t	台班	373.79	0.030	0.001	0.030	0.001
	990120040	钢轮内燃压路机 15t	台班	566.96	0.115	0.006	0.128	0.006
	990113020	平地机 90kW	台班	737.33	—	—	0.128	—

B.2.10 碎石(编码:040202011)

工作内容:放样、清理路床、取料、运料、上料、摊铺、找平、碾压。

计量单位:100m²

定额编号					DB0146	DB0147	DB0148	DB0149
项目名称					人工铺装(厚度)		人机配合(厚度)	
					20cm	每增减 1cm	10cm	每增减 1cm
费用	综合单价(元)				**2087.97**	**175.71**	**1873.81**	**171.38**
	其中	人工费(元)			344.54	17.14	172.27	14.61
		材料费(元)			1372.00	146.37	1372.00	146.37
		施工机具使用费(元)			73.62	—	120.81	—
		企业管理费(元)			188.92	7.74	132.41	6.60
		利润(元)			102.20	4.19	71.63	3.57
		一般风险费(元)			6.69	0.27	4.69	0.23
	编码	名称	单位	单价(元)	消耗量			
人工	000700030	筑路综合工	工日	115.00	2.996	0.149	1.498	0.127
材料	040500070	碎石 20～60	t	67.96	19.890	2.122	19.890	2.122
	002000020	其他材料费	元	—	20.28	2.16	20.28	2.16
机械	990120020	钢轮内燃压路机 8t	台班	373.79	0.021	—	0.021	—
	990120040	钢轮内燃压路机 15t	台班	566.96	0.116	—	0.116	—
	990113020	平地机 90kW	台班	737.33	—	—	0.064	—

B.2.11 连槽石基层(编码:040202022)

工作内容:放样、清理路床、取料、运料、上料、摊铺、灌砂、找平、洒水、碾压。　　计量单位:100m²

定额编号					DB0150	DB0151
项目名称					连槽石基层	
					压实厚度	
					10cm	每增减 1cm
费用	综合单价(元)				**1601.57**	**78.43**
	其中	人工费(元)			342.36	16.68
		材料费(元)			866.36	42.43
		施工机具使用费(元)			87.04	4.34
		企业管理费(元)			194.00	9.50
		利润(元)			104.94	5.14
		一般风险费(元)			6.87	0.34
	编码	名称	单位	单价(元)	消耗量	
人工	000700030	筑路综合工	工日	115.00	2.977	0.145
材料	040300760	特细砂	t	63.11	3.850	0.193
	041100800	连槽石	m³	27.18	22.480	1.090
	341100100	水	m³	4.42	2.800	0.140
机械	990120020	钢轮内燃压路机 8t	台班	373.79	0.019	0.001
	990120040	钢轮内燃压路机 15t	台班	566.96	0.141	0.007

B.2.12 块石(编码:040202012)

工作内容:放样、清理路床、取料、运料、上料、灌缝、摊铺、找平、碾压。　　计量单位:100m²

定额编号					DB0152	DB0153
项目名称					厚度	增减厚度
					20cm	1cm
费用	综合单价(元)				**4370.86**	**218.38**
	其中	人工费(元)			1084.91	54.17
		材料费(元)			2364.90	118.20
		施工机具使用费(元)			86.66	4.34
		企业管理费(元)			529.31	26.43
		利润(元)			286.33	14.30
		一般风险费(元)			18.75	0.94
	编码	名称	单位	单价(元)	消耗量	
人工	000700030	筑路综合工	工日	115.00	9.434	0.471
材料	041100310	块(片)石	m³	77.67	26.520	1.326
	040500070	碎石 20～60	t	67.96	3.975	0.198
	002000020	其他材料费	元	—	34.95	1.75
机械	990120020	钢轮内燃压路机 8t	台班	373.79	0.021	0.001
	990120040	钢轮内燃压路机 15t	台班	566.96	0.139	0.007

B.2.13 水泥、石灰稳定砂砾基层(编码:040202023)

工作内容:消解石灰,配料、上料、运料、拌和,摊铺、找平、压实、养护清理杂物等。

计量单位:100m²

定额编号					DB0154	DB0155	DB0156	DB0157
项目名称					水泥∶石灰∶砂∶砾石=3∶6∶30∶61		水泥∶石灰∶砂∶砾石=4∶8∶28∶60	
					厚度 20cm	每增减 1cm	厚度 20cm	每增减 1cm
费用	综合单价(元)				**6140.01**	**303.23**	**6779.12**	**335.65**
	其中	人工费(元)			770.73	36.46	770.73	36.46
		材料费(元)			4262.69	213.40	4901.80	245.82
		施工机具使用费(元)			325.71	16.01	325.71	16.01
		企业管理费(元)			495.37	23.70	495.37	23.70
		利润(元)			267.97	12.82	267.97	12.82
		一般风险费(元)			17.54	0.84	17.54	0.84
	编码	名称	单位	单价(元)	消耗量			
人工	000700030	筑路综合工	工日	115.00	6.702	0.317	6.702	0.317
材料	040100120	普通硅酸盐水泥 P.O 32.5	kg	0.30	1193.000	60.000	1591.000	80.000
	040900100	生石灰	kg	0.58	2410.000	120.000	3210.000	160.000
	040500730	砾石 5~31.5	t	64.00	27.510	1.380	29.120	1.460
	040300760	特细砂	t	63.11	11.350	0.570	10.600	0.540
	341100100	水	m³	4.42	6.800	0.340	6.800	0.340
机械	990120020	钢轮内燃压路机 8t	台班	373.79	0.021	0.001	0.021	0.001
	990120040	钢轮内燃压路机 15t	台班	566.96	0.290	0.014	0.290	0.014
	990602020	双锥反转出料混凝土搅拌机 350L	台班	226.31	0.678	0.034	0.678	0.034

B.2.14 水泥稳定砾石(编码:040202015)

工作内容:放线,上料、运料、拌和,摊铺、灌砂、压实、养护等。

计量单位:100m²

定额编号					DB0158	DB0159	DB0160	DB0161	DB0162	DB0163
项目名称					水泥含量 3%		水泥含量 4%		水泥含量 6%	
					厚度					
					20cm	每增减 1cm	20cm	每增减 1cm	20cm	每增减 1cm
费用	综合单价(元)				**4094.29**	**201.12**	**4294.90**	**211.24**	**4491.19**	**193.60**
	其中	人工费(元)			406.76	18.52	406.76	18.52	406.76	2.76
		材料费(元)			2840.16	142.00	3040.77	152.12	3237.06	161.46
		施工机具使用费(元)			325.71	16.01	325.71	16.01	325.71	16.01
		企业管理费(元)			330.93	15.60	330.93	15.60	330.93	8.48
		利润(元)			179.01	8.44	179.01	8.44	179.01	4.59
		一般风险费(元)			11.72	0.55	11.72	0.55	11.72	0.30
	编码	名称	单位	单价(元)	消耗量					
人工	000700030	筑路综合工	工日	115.00	3.537	0.161	3.537	0.161	3.537	0.024
材料	040100120	普通硅酸盐水泥 P.O 32.5	kg	0.30	1248.000	62.000	2081.000	104.000	2913.000	146.000
	040300760	特细砂	t	63.11	10.836	0.540	10.486	0.518	10.486	0.518
	040500730	砾石 5~31.5	t	64.00	27.472	1.377	27.047	1.360	26.214	1.309
	341100100	水	m³	4.42	5.360	0.270	5.360	0.270	5.360	0.270
机械	990120020	钢轮内燃压路机 8t	台班	373.79	0.021	0.001	0.021	0.001	0.021	0.001
	990120040	钢轮内燃压路机 15t	台班	566.96	0.290	0.014	0.290	0.014	0.290	0.014
	990602020	双锥反转出料混凝土搅拌机 350L	台班	226.31	0.678	0.034	0.678	0.034	0.678	0.034

B.2.15 水泥稳定碎石(编码:040202024)

B.2.15.1 水泥稳定碎石

工作内容:放线,上料、运料、拌和,摊铺、灌砂、压实、养护等。　　　　**计量单位**:$100m^2$

定额编号					DB0164	DB0165	DB0166	DB0167	DB0168	DB0169
项目名称					水泥含量3%		水泥含量4%		水泥含量6%	
					厚度					
					20cm	每增减1cm	20cm	每增减1cm	20cm	每增减1cm
费用	综合单价(元)				**4742.11**	**233.59**	**4842.74**	**238.16**	**5135.33**	**248.49**
费用	其中	人工费(元)			406.76	18.52	406.76	18.52	406.76	15.76
费用	其中	材料费(元)			3487.98	174.47	3588.61	179.04	3881.20	194.10
费用	其中	施工机具使用费(元)			325.71	16.01	325.71	16.01	325.71	16.01
费用	其中	企业管理费(元)			330.93	15.60	330.93	15.60	330.93	14.35
费用	其中	利润(元)			179.01	8.44	179.01	8.44	179.01	7.76
费用	其中	一般风险费(元)			11.72	0.55	11.72	0.55	11.72	0.51
	编码	名称	单位	单价(元)	消耗量					
人工	000700030	筑路综合工	工日	115.00	3.537	0.161	3.537	0.161	3.537	0.137
材料	040100120	普通硅酸盐水泥 P.O 32.5	kg	0.30	1248.000	61.000	1665.000	83.000	2800.000	140.000
材料	040700460	石屑	t	73.00	19.950	0.998	19.950	0.998	19.950	0.998
材料	040500209	碎石 5～40	t	67.96	23.865	1.200	23.505	1.170	22.800	1.140
材料	341100100	水	m^3	4.42	8.000	0.400	8.000	0.400	8.000	0.400
机械	990120020	钢轮内燃压路机 8t	台班	373.79	0.021	0.001	0.021	0.001	0.021	0.001
机械	990120040	钢轮内燃压路机 15t	台班	566.96	0.290	0.014	0.290	0.014	0.290	0.014
机械	990602020	双锥反转出料混凝土搅拌机 350L	台班	226.31	0.678	0.034	0.678	0.034	0.678	0.034

B.2.15.2 商品水稳层

工作内容:放线,摊铺、压实、养护。　　　　**计量单位**:$100m^2$

定额编号					DB0170	DB0171
项目名称					商品水稳层	
					20cm厚	每增减1cm
费用	综合单价(元)				**5743.50**	**314.50**
费用	其中	人工费(元)			276.46	23.00
费用	其中	材料费(元)			4975.18	260.89
费用	其中	施工机具使用费(元)			172.27	8.31
费用	其中	企业管理费(元)			202.74	14.15
费用	其中	利润(元)			109.67	7.65
费用	其中	一般风险费(元)			7.18	0.50
	编码	名称	单位	单价(元)	消耗量	
人工	000700030	筑路综合工	工日	115.00	2.404	0.200
材料	840201120	商品水稳层(压实)	m^3	242.72	20.400	1.070
材料	341100100	水	m^3	4.42	5.360	0.268
机械	990120020	钢轮内燃压路机 8t	台班	373.79	0.021	0.001
机械	990120040	钢轮内燃压路机 15t	台班	566.96	0.290	0.014

B.2.16 沥青稳定碎石(编码:040202016)

工作内容:放样、清扫路基、人工摊铺、洒水、喷洒机喷油、嵌缝、碾压、侧缘石保护、清理。 计量单位:100m²

定额编号					DB0172	DB0173	DB0174
项目名称					厚度(cm)		
					5	7	每增减1
费用	综合单价(元)				**2049.03**	**2932.28**	**441.16**
	其中	人工费(元)			218.96	267.15	24.38
		材料费(元)			1482.32	2228.38	374.07
		施工机具使用费(元)			112.02	143.96	14.80
		企业管理费(元)			149.54	185.74	17.70
		利润(元)			80.89	100.47	9.58
		一般风险费(元)			5.30	6.58	0.63
	编码	名称	单位	单价(元)	消耗量		
人工	000700030	筑路综合工	工日	115.00	1.904	2.323	0.212
材料	133100900	石油沥青 60#~100#	t	2564.10	0.240	0.360	0.060
材料	040500205	碎石 5~20	t	67.96	2.445	4.740	1.155
材料	040500070	碎石 20~60	t	67.96	9.945	13.920	1.995
材料	341100120	水	t	4.42	0.680	0.960	0.140
材料	002000020	其他材料费	元	—	21.91	32.93	5.53
机械	990140010	汽车式沥青喷洒机 箱容量 4000L	台班	778.85	0.051	0.092	0.019
机械	990120020	钢轮内燃压路机 8t	台班	373.79	0.019	0.019	—
机械	990120040	钢轮内燃压路机 15t	台班	566.96	0.115	0.115	—

B.2.17 多合土养生(编码:040202025)

工作内容:抽水、运水、铺棉毡、安拆抽水机胶管、洒水养护。 计量单位:100m²

定额编号					DB0175	DB0176
项目名称					洒水车洒水	人工洒水
费用	综合单价(元)				**245.28**	**272.75**
	其中	人工费(元)			9.20	36.92
		材料费(元)			209.54	209.54
		施工机具使用费(元)			11.68	—
		企业管理费(元)			9.43	16.68
		利润(元)			5.10	9.02
		一般风险费(元)			0.33	0.59
	编码	名称	单位	单价(元)	消耗量	
人工	000700010	市政综合工	工日	115.00	0.080	0.321
材料	341100120	水	t	4.42	7.000	7.000
材料	150700410	玻璃棉毡	m²	6.75	26.000	26.000
材料	002000020	其他材料费	元	—	3.10	3.10
机械	990409020	洒水车 4000L	台班	449.19	0.026	—

B.2.18 水泥稳定碎(砾)石层运输(编码:040202026)

B.2.18.1 路基拌合料运输

工作内容:接头装车、运输、自卸。　　　　计量单位:10m³

定额编号					DB0177	DB0178	DB0179	DB0180	DB0181	DB0182
项目名称					全程运输					
					200m 以内		1000m 以内		1000m 以外	
					运距 50m 内	增运 50m	运距 200m 以内	增运 100m	运距 1000m 以内	增运 1000m
费用	综合单价(元)				**337.89**	**48.84**	**155.80**	**20.97**	**198.74**	**49.94**
	其中	人工费(元)			197.34	28.52	—	—	—	—
		材料费(元)			—	—	—	—	—	—
		施工机具使用费(元)			—	—	90.99	12.25	116.07	29.16
		企业管理费(元)			89.16	12.89	41.11	5.53	52.44	13.18
		利润(元)			48.23	6.97	22.24	2.99	28.37	7.13
		一般风险费(元)			3.16	0.46	1.46	0.20	1.86	0.47
	编码	名称	单位	单价(元)	消耗量					
人工	000700010	市政综合工	工日	115.00	1.716	0.248	—	—	—	—
机械	990402025	自卸汽车 8t	台班	583.29	—	—	0.156	0.021	0.199	0.050

B.3 道路面层工程(编码:040203)

B.3.1 沥青表面处治(编码:040203001)

工作内容:清扫路基,运料、分层撒砂,刷油、找平、接茬、收边等。　　　　计量单位:100m²

定额编号					DB0183	DB0184	DB0185	DB0186	DB0187	DB0188
项目名称					人工手泵喷油			机械喷油		
					单层式	双层式	三层式	单层式	双层式	三层式
费用	综合单价(元)				**1033.27**	**1866.42**	**2522.50**	**1023.13**	**1776.88**	**2649.97**
	其中	人工费(元)			174.23	241.39	290.26	162.61	227.82	268.18
		材料费(元)			671.09	1356.63	1885.68	560.14	1145.51	1709.13
		施工机具使用费(元)			37.30	56.35	81.67	107.79	140.93	281.31
		企业管理费(元)			95.57	134.52	168.04	122.17	166.60	248.26
		利润(元)			51.70	72.77	90.90	66.09	90.12	134.30
		一般风险费(元)			3.38	4.76	5.95	4.33	5.90	8.79
	编码	名称	单位	单价(元)	消耗量					
人工	000700030	筑路综合工	工日	115.00	1.515	2.099	2.524	1.414	1.981	2.332
材料	040300210	中粗砂	t	89.32	0.615	0.615	0.615	0.630	0.630	0.630
	040500710	砾石 5～10	t	64.00	2.261	1.734	1.734	1.734	1.734	1.734
	040500720	砾石 5～20	t	64.00	—	3.468	5.202	—	2.601	6.069
	133100900	石油沥青 60#～100#	t	2564.10	0.180	0.370	0.530	0.150	0.310	0.440
	002000020	其他材料费	元	—	9.92	20.05	27.87	8.28	16.93	25.26
机械	991234010	手泵喷油机	台班	82.85	0.157	0.238	0.327	—	—	—
	990120020	钢轮内燃压路机 8t	台班	373.79	0.065	0.098	0.146	0.080	0.127	0.190
	990140010	汽车式沥青喷洒机 箱容量 4000L	台班	778.85	—	—	—	0.100	0.120	0.270

B.3.2 沥青贯入式路面(编码:040203002)

工作内容:清理整埋下承层、安折熬油设备、熬油、运油、沥青喷洒机撒油、铺洒主层骨料及嵌缝料、整形、碾压、找补、初期养护等。

计量单位:100m²

定额编号					DB0189	DB0190	DB0191	DB0192	DB0193
项目名称					沥青贯入式路面(压实厚度 cm)				
					4	5	6	7	8
费用	综合单价(元)				**2954.67**	**3413.99**	**3740.57**	**4224.81**	**4739.36**
其中	人工费(元)				225.06	262.66	287.50	321.31	364.32
	材料费(元)				2103.76	2484.04	2756.08	3165.10	3588.68
	施工机具使用费(元)				271.91	280.47	287.48	297.61	307.73
	企业管理费(元)				224.53	245.39	259.78	279.63	303.63
	利润(元)				121.46	132.74	140.53	151.26	164.25
	一般风险费(元)				7.95	8.69	9.20	9.90	10.75
	编码	名称	单位	单价(元)	消耗量				
人工	000700030	筑路综合工	工日	115.00	1.957	2.284	2.500	2.794	3.168
材料	040300760	特细砂	t	63.11	0.434	0.434	0.434	0.434	0.434
	040700460	石屑	t	73.00	2.328	1.243	1.243	0.893	0.893
	040500209	碎石 5～40	t	67.96	8.730	3.975	3.975	4.740	5.040
	040500070	碎石 20～60	t	67.96	—	8.415	10.095	3.675	4.440
	040500170	碎石 50～80	t	67.96	—	—	—	8.565	10.245
	133100900	石油沥青 60#～100#	t	2564.10	0.500	0.580	0.640	0.730	0.820
	002000020	其他材料费	元	—	31.09	36.71	40.73	46.77	53.03
机械	990140010	汽车式沥青喷洒机 箱容量 4000L	台班	778.85	0.072	0.083	0.092	0.105	0.118
	990120020	钢轮内燃压路机 8t	台班	373.79	0.089	0.089	0.089	0.089	0.089
	990120040	钢轮内燃压路机 15t	台班	566.96	0.322	0.322	0.322	0.322	0.322

B.3.3 沥青上拌下贯式路面(编码:040203010)

工作内容:清扫整埋下承层、安折熬油设备、熬油、运油、沥青喷洒机洒油、铺撒主层骨料及嵌缝料、整形、碾压。

计量单位:100m²

定额编号					DB0194	DB0195	DB0196	DB0197
项目名称					沥青上拌下贯式路面(压实厚度 cm)			
					5	6	7	8
费用	综合单价(元)				**2163.80**	**2600.50**	**2930.04**	**3405.85**
其中	人工费(元)				142.26	171.35	191.48	221.61
	材料费(元)				1684.12	2061.67	2347.42	2759.63
	施工机具使用费(元)				137.90	143.35	148.80	155.81
	企业管理费(元)				126.57	142.18	153.74	170.52
	利润(元)				68.47	76.91	83.16	92.24
	一般风险费(元)				4.48	5.04	5.44	6.04
	编码	名称	单位	单价(元)	消耗量			
人工	000700030	筑路综合工	工日	115.00	1.237	1.490	1.665	1.927
材料	040700460	石屑	t	73.00	0.791	0.158	0.158	0.316
	040500205	碎石 5～20	t	67.96	1.958	0.979	0.979	0.979
	040500209	碎石 5～40	t	67.96	7.181	3.590	2.611	2.611
	040500070	碎石 20～60	t	67.96	—	7.997	10.771	13.056
	133100900	石油沥青 60#～100#	t	2564.10	0.381	0.453	0.515	0.608
	002000020	其他材料费	元	—	24.89	30.47	34.69	40.78
	002000080	设备摊销费	元	—	3.48	4.14	4.71	5.55
机械	990140010	汽车式沥青喷洒机 箱容量 4000L	台班	778.85	0.039	0.046	0.053	0.062
	990120030	钢轮内燃压路机 12t	台班	480.22	0.206	0.206	0.206	0.206
	990120020	钢轮内燃压路机 8t	台班	373.79	0.023	0.023	0.023	0.023

B.3.4 透层、粘层(编码:040203003)

工作内容:温、配油,清扫路基,运油、喷油、刮油、撒砂。　　　　**计量单位:**100m²

<table>
<tr><td colspan="6">定　额　编　号</td><td>DB0198</td><td>DB0199</td><td>DB0200</td><td>DB0201</td></tr>
<tr><td colspan="6" rowspan="3">项　目　名　称</td><td colspan="2">粘结油</td><td colspan="2">透层油</td></tr>
<tr><td colspan="4">沥青用量</td></tr>
<tr><td>0.4kg/m²</td><td>0.6kg/m²</td><td>0.8kg/m²</td><td>1.0kg/m²</td></tr>
<tr><td rowspan="7">费用</td><td colspan="5">综　合　单　价　(元)</td><td>144.87</td><td>205.99</td><td>265.31</td><td>329.96</td></tr>
<tr><td rowspan="6">其中</td><td colspan="4">人　工　费　(元)</td><td>23.81</td><td>29.10</td><td>33.35</td><td>40.71</td></tr>
<tr><td colspan="4">材　料　费　(元)</td><td>104.10</td><td>156.16</td><td>208.21</td><td>260.26</td></tr>
<tr><td colspan="4">施工机具使用费　(元)</td><td>—</td><td>—</td><td>—</td><td>—</td></tr>
<tr><td colspan="4">企业管理费　(元)</td><td>10.76</td><td>13.15</td><td>15.07</td><td>18.39</td></tr>
<tr><td colspan="4">利　润　(元)</td><td>5.82</td><td>7.11</td><td>8.15</td><td>9.95</td></tr>
<tr><td colspan="4">一般风险费　(元)</td><td>0.38</td><td>0.47</td><td>0.53</td><td>0.65</td></tr>
<tr><td></td><td>编　码</td><td colspan="2">名　称</td><td>单位</td><td>单价(元)</td><td colspan="4">消　耗　量</td></tr>
<tr><td>人工</td><td>000700030</td><td colspan="2">筑路综合工</td><td>工日</td><td>115.00</td><td>0.207</td><td>0.253</td><td>0.290</td><td>0.354</td></tr>
<tr><td rowspan="2">材料</td><td>133100900</td><td colspan="2">石油沥青 60#～100#</td><td>t</td><td>2564.10</td><td>0.040</td><td>0.060</td><td>0.080</td><td>0.100</td></tr>
<tr><td>002000020</td><td colspan="2">其他材料费</td><td>元</td><td>—</td><td>1.54</td><td>2.31</td><td>3.08</td><td>3.85</td></tr>
</table>

B.3.5 封层(编码:040203004)

工作内容:温、配油,清扫路基,运油、喷油、刮油、撒砂。　　　　**计量单位:**100m²

<table>
<tr><td colspan="6">定　额　编　号</td><td>DB0202</td><td>DB0203</td></tr>
<tr><td colspan="6" rowspan="2">项　目　名　称</td><td colspan="2">封层油(刮油撒砂)</td></tr>
<tr><td>沥青用量 1.0kg/m²</td><td>沥青用量 1.2kg/m²</td></tr>
<tr><td rowspan="7">费用</td><td colspan="5">综　合　单　价　(元)</td><td>447.57</td><td>539.62</td></tr>
<tr><td rowspan="6">其中</td><td colspan="4">人　工　费　(元)</td><td>82.69</td><td>90.85</td></tr>
<tr><td colspan="4">材　料　费　(元)</td><td>305.99</td><td>384.07</td></tr>
<tr><td colspan="4">施工机具使用费　(元)</td><td>—</td><td>—</td></tr>
<tr><td colspan="4">企业管理费　(元)</td><td>37.36</td><td>41.05</td></tr>
<tr><td colspan="4">利　润　(元)</td><td>20.21</td><td>22.20</td></tr>
<tr><td colspan="4">一般风险费　(元)</td><td>1.32</td><td>1.45</td></tr>
<tr><td></td><td>编　码</td><td colspan="2">名　称</td><td>单位</td><td>单价(元)</td><td colspan="2">消　耗　量</td></tr>
<tr><td>人工</td><td>000700030</td><td colspan="2">筑路综合工</td><td>工日</td><td>115.00</td><td>0.719</td><td>0.790</td></tr>
<tr><td rowspan="3">材料</td><td>040300760</td><td colspan="2">特细砂</td><td>t</td><td>63.11</td><td>0.714</td><td>0.714</td></tr>
<tr><td>133100900</td><td colspan="2">石油沥青 60#～100#</td><td>t</td><td>2564.10</td><td>0.100</td><td>0.130</td></tr>
<tr><td>002000020</td><td colspan="2">其他材料费</td><td>元</td><td>—</td><td>4.52</td><td>5.68</td></tr>
</table>

B.3.6 喷洒沥青油料(编码:040203011)

工作内容:清扫路基、运油、加热、洒布机喷油、移动挡板(或遮盖物)保护侧缘石。　　计量单位:100m²

定额编号					DB0204	DB0205
项目名称					喷洒乳化沥青	喷洒石油沥青
费用	综合单价(元)				**387.31**	**324.41**
	其中	人工费(元)			7.25	7.25
		材料费(元)			333.57	270.67
		施工机具使用费(元)			24.14	24.14
		企业管理费(元)			14.18	14.18
		利润(元)			7.67	7.67
		一般风险费(元)			0.50	0.50
	编码	名称	单位	单价(元)	消耗量	
人工	000700030	筑路综合工	工日	115.00	0.063	0.063
材料	133100010	改性乳化沥青	kg	3.16	104.000	—
	133100900	石油沥青 60#～100#	t	2564.10	—	0.104
	002000020	其他材料费	元	—	4.93	4.00
机械	990140010	汽车式沥青喷洒机 箱容量 4000L	台班	778.85	0.031	0.031

B.3.7 黑色碎石(编码:040203005)

工作内容:清扫路基、整修侧缘石、测温、摊铺、接茬、找平、点补、夯边、撤垫料、碾压、清理。　　计量单位:100m²

定额编号					DB0206	DB0207	DB0208	DB0209
项目名称					人工摊铺(厚度)		机械摊铺(厚度)	
					6cm	每增减 1cm	6cm	每增减 1cm
费用	综合单价(元)				**1195.63**	**185.61**	**1131.76**	**167.38**
	其中	人工费(元)			210.57	34.96	126.96	20.59
		材料费(元)			667.58	111.26	667.58	111.26
		施工机具使用费(元)			97.84	8.47	144.14	12.19
		企业管理费(元)			139.34	19.62	122.48	14.81
		利润(元)			75.37	10.61	66.26	8.01
		一般风险费(元)			4.93	0.69	4.34	0.52
	编码	名称	单位	单价(元)	消耗量			
人工	000700030	筑路综合工	工日	115.00	1.831	0.304	1.104	0.179
材料	040500020	黑色碎石	t	67.96	9.180	1.530	9.180	1.530
	140300010	柴油	t	5640.00	0.006	0.001	0.006	0.001
	002000020	其他材料费	元	—	9.87	1.64	9.87	1.64
机械	990120020	钢轮内燃压路机 8t	台班	373.79	0.104	0.009	0.095	0.008
	990120040	钢轮内燃压路机 15t	台班	566.96	0.104	0.009	0.095	0.008
	990142030	沥青混凝土摊铺机 8t	台班	1165.37	—	—	0.047	0.004

B.3.8 沥青混凝土(编码:040203006)

B.3.8.1 炒拌沥青混合物

工作内容:熬配沥青,取料、过磅、配料、炒拌、出锅,运至上料台、卸料。　　**计量单位**:m^3

定额编号					DB0210	DB0211	DB0212	DB0213
项目名称					人工炒拌			
					碎石沥青砼			沥青碎石(LH—35)
					粗粒式 LH—35	中粒式 LH—20	细粒式 LH—10	
费用	综合单价(元)				**820.66**	**891.27**	**971.52**	**745.08**
	其中	人工费(元)			167.21	167.21	167.21	172.96
		材料费(元)			534.35	604.96	685.21	448.94
		施工机具使用费(元)			—	—	—	—
		企业管理费(元)			75.55	75.55	75.55	78.14
		利润(元)			40.87	40.87	40.87	42.27
		一般风险费(元)			2.68	2.68	2.68	2.77
	编码	名称	单位	单价(元)	消耗量			
人工	000700030	筑路综合工	工日	115.00	1.454	1.454	1.454	1.504
材料	040100120	普通硅酸盐水泥 P.O 32.5	kg	0.30	120.000	210.000	230.000	—
	040300760	特细砂	t	63.11	0.994	0.938	1.008	—
	040700460	石屑	t	73.00	—	—	—	0.805
	040500203	碎石 5～10	t	67.96	—	—	0.825	—
	040500205	碎石 5～20	t	67.96	—	0.945	—	—
	040500209	碎石 5～40	t	67.96	1.020	—	—	1.500
	133100800	石油沥青 60#	kg	2.56	140.000	160.000	190.000	110.000
	002000020	其他材料费	元	—	7.90	8.94	10.13	6.63

工作内容:熬配沥青,取料、过磅、配料、炒拌、出锅,运至上料台、卸料。　　**计量单位**:m^3

定额编号					DB0214	DB0215	DB0216	DB0217
项目名称					人工炒拌			
					砾石沥青砼			沥青砂(砂粒式 LH—5)
					粗粒式 LH—35	中粒式 LH—20	细粒式 LH—10	
费用	综合单价(元)				**835.33**	**904.50**	**983.08**	**1120.92**
	其中	人工费(元)			167.21	167.21	167.21	218.50
		材料费(元)			549.02	618.19	696.77	746.80
		施工机具使用费(元)			—	—	—	—
		企业管理费(元)			75.55	75.55	75.55	98.72
		利润(元)			40.87	40.87	40.87	53.40
		一般风险费(元)			2.68	2.68	2.68	3.50
	编码	名称	单位	单价(元)	消耗量			
人工	000700030	筑路综合工	工日	115.00	1.454	1.454	1.454	1.900
材料	040100120	普通硅酸盐水泥 P.O 32.5	kg	0.30	120.000	210.000	230.000	260.000
	040300760	特细砂	t	63.11	0.994	0.938	1.008	1.904
	040500710	砾石 5～10	t	64.00	—	—	1.054	—
	040500720	砾石 5～20	t	64.00	—	1.207	—	—
	040500730	砾石 5～31.5	t	64.00	1.309	—	—	—
	133100800	石油沥青 60#	kg	2.56	140.000	160.000	190.000	210.000
	002000020	其他材料费	元	—	8.11	9.14	10.30	11.04

工作内容:熬配沥青,取料、过磅、配料、炒拌、出锅,运至上料台、卸料。

计量单位:m³

		定额编号			DB0218	DB0219	DB0220	DB0221
		项目名称			机械炒拌			
					碎石沥青砼			沥青碎石(LH—35)
					粗粒式 LH—35	中粒式 LH—20	细粒式 LH—10	
费用		综合单价(元)			**629.54**	**699.11**	**778.33**	**534.82**
	其中	人工费(元)			13.23	13.23	13.23	13.23
		材料费(元)			543.66	613.23	692.45	448.94
		施工机具使用费(元)			36.93	36.93	36.93	36.93
		企业管理费(元)			22.66	22.66	22.66	22.66
		利润(元)			12.26	12.26	12.26	12.26
		一般风险费(元)			0.80	0.80	0.80	0.80
	编码	名称	单位	单价(元)	消耗量			
人工	000700030	筑路综合工	工日	115.00	0.115	0.115	0.115	0.115
材料	040300760	特细砂	t	63.11	0.994	0.938	1.008	—
	040100120	普通硅酸盐水泥 P.O 32.5	kg	0.30	120.000	210.000	230.000	—
	040700460	石屑	t	73.00	—	—	—	0.805
	040500203	碎石 5～10	t	67.96	—	—	0.930	—
	040500205	碎石 5～20	t	67.96	—	1.065	—	—
	040500209	碎石 5～40	t	67.96	1.155	—	—	1.500
	133100800	石油沥青 60#	kg	2.56	140.000	160.000	190.000	110.000
	002000020	其他材料费	元	—	8.03	9.06	10.23	6.63
机械	990141040	沥青混凝土拌合站 30t/h	台班	2157.80	0.014	0.014	0.014	0.014
	990110020	轮胎式装载机 1m³	台班	517.33	0.013	0.013	0.013	0.013

工作内容:熬配沥青,取料、过磅、配料、炒拌、出锅,运至上料台、卸料。

计量单位:m³

		定额编号			DB0222	DB0223	DB0224	DB0225
		项目名称			机械炒拌			
					砾石沥青砼			沥青砂(砂粒式 LH—5)
					粗粒式 LH—35	中粒式 LH—20	细粒式 LH—10	
费用		综合单价(元)			**634.90**	**704.07**	**782.65**	**832.68**
	其中	人工费(元)			13.23	13.23	13.23	13.23
		材料费(元)			549.02	618.19	696.77	746.80
		施工机具使用费(元)			36.93	36.93	36.93	36.93
		企业管理费(元)			22.66	22.66	22.66	22.66
		利润(元)			12.26	12.26	12.26	12.26
		一般风险费(元)			0.80	0.80	0.80	0.80
	编码	名称	单位	单价(元)	消耗量			
人工	000700030	筑路综合工	工日	115.00	0.115	0.115	0.115	0.115
材料	040100120	普通硅酸盐水泥 P.O 32.5	kg	0.30	120.000	210.000	230.000	260.000
	040300760	特细砂	t	63.11	0.994	0.938	1.008	1.904
	040500710	砾石 5～10	t	64.00	—	—	1.054	—
	040500720	砾石 5～20	t	64.00	—	1.207	—	—
	040500730	砾石 5～31.5	t	64.00	1.309	—	—	—
	133100800	石油沥青 60#	kg	2.56	140.000	160.000	190.000	210.000
	002000020	其他材料费	元	—	8.11	9.14	10.30	11.04
机械	990110020	轮胎式装载机 1m³	台班	517.33	0.013	0.013	0.013	0.013
	990141040	沥青混凝土拌合站 30t/h	台班	2157.80	0.014	0.014	0.014	0.014

B.3.8.2 **沥青混凝土路面铺筑**

工作内容：清扫路基，打厢条或整修侧缘石，卸料，测温，摊铺、解封、找平、点补，夯边角，撒垫料、清理等。

计量单位：100m²

定额编号					DB0226	DB0227	DB0228	DB0229	DB0230	DB0231
项目名称					粗粒式沥青混凝土路面				中粒式沥青混凝土路面	
					人工摊铺(厚度)		机械摊铺(厚度)		人工摊铺(厚度)	
					6cm	每增减 1cm	6cm	每增减 1cm	5cm	每增减 1cm
费用	综合单价（元）				**5982.56**	**981.57**	**6171.01**	**977.39**	**5110.14**	**1001.47**
	其中	人工费（元）			167.56	27.95	101.78	16.91	139.61	27.95
		材料费（元）			5408.95	901.49	5408.95	901.49	4606.94	921.39
		施工机具使用费（元）			167.45	18.82	343.30	27.42	154.28	18.82
		企业管理费（元）			151.36	21.13	201.08	20.03	132.78	21.13
		利润（元）			81.88	11.43	108.78	10.83	71.83	11.43
		一般风险费（元）			5.36	0.75	7.12	0.71	4.70	0.75
	编码	名称	单位	单价(元)	消耗量					
人工	000700030	筑路综合工	工日	115.00	1.457	0.243	0.885	0.147	1.214	0.243
材料	840301010	粗粒式沥青砼	m³	873.79	6.060	1.010	6.060	1.010	—	—
	840301020	中粒式沥青混凝土	m³	893.20	—	—	—	—	5.050	1.010
	140300010	柴油	t	5640.00	0.006	0.001	0.006	0.001	0.005	0.001
	002000020	其他材料费	元	—	79.94	13.32	79.94	13.32	68.08	13.62
机械	990120020	钢轮内燃压路机 8t	台班	373.79	0.178	0.020	0.163	0.018	0.164	0.020
	990120040	钢轮内燃压路机 15t	台班	566.96	0.178	0.020	0.163	0.018	0.164	0.020
	990142030	沥青混凝土摊铺机 8t	台班	1165.37	—	—	0.163	0.009	—	—

工作内容：清扫路基，打厢条或整修侧缘石，卸料，测温，摊铺、解封、找平、点补，夯边角，撒垫料、清理等。

计量单位：100m²

定额编号					DB0232	DB0233	DB0234	DB0235	DB0236	DB0237
项目名称					中粒式沥青混凝土路面		细粒式沥青混凝土路面			
					机械摊铺(厚度)		人工摊铺(厚度)		机械摊铺(厚度)	
					5cm	每增减 1cm	3cm	每增减 1cm	3cm	每增减 1cm
费用	综合单价（元）				**5153.50**	**1050.81**	**3492.21**	**1145.75**	**3514.17**	**1143.51**
	其中	人工费（元）			84.87	16.91	134.67	44.85	83.03	27.72
		材料费（元）			4606.94	972.91	3032.90	1010.97	3032.90	1010.97
		施工机具使用费（元）			234.34	28.59	133.59	33.87	198.05	49.69
		企业管理费（元）			144.22	20.55	121.20	35.56	126.99	34.97
		利润（元）			78.02	11.12	65.56	19.24	68.70	18.92
		一般风险费（元）			5.11	0.73	4.29	1.26	4.50	1.24
	编码	名称	单位	单价(元)	消耗量					
人工	000700030	筑路综合工	工日	115.00	0.738	0.147	1.171	0.390	0.722	0.241
材料	840301020	中粒式沥青混凝土	m³	893.20	5.050	1.010	—	—	—	—
	840301030	细(微)粒沥青砼	m³	980.58	—	—	3.030	1.010	3.030	1.010
	140300010	柴油	t	5640.00	0.005	0.010	0.003	0.001	0.003	0.001
	002000020	其他材料费	元	—	68.08	14.38	44.82	14.94	44.82	14.94
机械	990142030	沥青混凝土摊铺机 8t	台班	1165.37	0.080	0.010	—	—	0.065	0.016
	990120020	钢轮内燃压路机 8t	台班	373.79	0.150	0.018	0.142	0.036	0.130	0.033
	990120040	钢轮内燃压路机 15t	台班	566.96	0.150	0.018	0.142	0.036	0.130	0.033

B.3.8.3 沥青砂、沥青碎石铺筑

工作内容：清扫路基，打厢条或整修侧缘石，卸料，测温，摊铺、解封、找平、点补，夯边角，撒垫料、清理等。

计量单位：100m²

<table>
<tr><td colspan="5">定额编号</td><td>DB0238</td><td>DB0239</td><td>DB0240</td><td>DB0241</td></tr>
<tr><td colspan="5" rowspan="4">项目名称</td><td colspan="4">人工铺筑</td></tr>
<tr><td colspan="2">沥青砂</td><td colspan="2">沥青碎(砾)石</td></tr>
<tr><td colspan="4">压实厚度</td></tr>
<tr><td>2cm</td><td>每增减 0.5cm</td><td>5cm</td><td>每增减 1cm</td></tr>
<tr><td rowspan="7">费用</td><td colspan="4">综合单价（元）</td><td>2371.82</td><td>554.15</td><td>5485.99</td><td>1059.45</td></tr>
<tr><td rowspan="6">其中</td><td colspan="3">人工费（元）</td><td>143.41</td><td>31.74</td><td>198.38</td><td>34.96</td></tr>
<tr><td colspan="3">材料费（元）</td><td>1989.40</td><td>499.80</td><td>4978.40</td><td>999.60</td></tr>
<tr><td colspan="3">施工机具使用费（元）</td><td>79.94</td><td>—</td><td>98.08</td><td>—</td></tr>
<tr><td colspan="3">企业管理费（元）</td><td>100.91</td><td>14.34</td><td>133.94</td><td>15.79</td></tr>
<tr><td colspan="3">利润（元）</td><td>54.59</td><td>7.76</td><td>72.45</td><td>8.54</td></tr>
<tr><td colspan="3">一般风险费（元）</td><td>3.57</td><td>0.51</td><td>4.74</td><td>0.56</td></tr>
<tr><td></td><td>编码</td><td>名称</td><td>单位</td><td>单价(元)</td><td colspan="4">消耗量</td></tr>
<tr><td>人工</td><td>000700030</td><td>筑路综合工</td><td>工日</td><td>115.00</td><td>1.247</td><td>0.276</td><td>1.725</td><td>0.304</td></tr>
<tr><td>材料</td><td>133101500</td><td>石油沥青混合物</td><td>m³</td><td>980.00</td><td>2.030</td><td>0.510</td><td>5.080</td><td>1.020</td></tr>
<tr><td>机械</td><td>990120040</td><td>钢轮内燃压路机 15t</td><td>台班</td><td>566.96</td><td>0.141</td><td>—</td><td>0.173</td><td>—</td></tr>
</table>

工作内容：清扫路基，打厢条或整修侧缘石，卸料，测温，摊铺、解封、找平、点补，夯边角，撒垫料、清理等。

计量单位：100m²

<table>
<tr><td colspan="5">定额编号</td><td>DB0242</td><td>DB0243</td><td>DB0244</td><td>DB0245</td></tr>
<tr><td colspan="5" rowspan="4">项目名称</td><td colspan="4">机械铺筑</td></tr>
<tr><td colspan="2">沥青砂</td><td colspan="2">沥青碎(砾)石</td></tr>
<tr><td colspan="4">压实厚度</td></tr>
<tr><td>2cm</td><td>每增减 0.5cm</td><td>5cm</td><td>每增减 1cm</td></tr>
<tr><td rowspan="7">费用</td><td colspan="4">综合单价（元）</td><td>2665.13</td><td>566.12</td><td>5895.05</td><td>1062.37</td></tr>
<tr><td rowspan="6">其中</td><td colspan="3">人工费（元）</td><td>143.41</td><td>31.74</td><td>198.38</td><td>29.67</td></tr>
<tr><td colspan="3">材料费（元）</td><td>1989.40</td><td>499.80</td><td>4978.40</td><td>999.60</td></tr>
<tr><td colspan="3">施工机具使用费（元）</td><td>251.25</td><td>6.99</td><td>336.98</td><td>6.99</td></tr>
<tr><td colspan="3">企业管理费（元）</td><td>178.31</td><td>17.50</td><td>241.88</td><td>16.56</td></tr>
<tr><td colspan="3">利润（元）</td><td>96.45</td><td>9.47</td><td>130.84</td><td>8.96</td></tr>
<tr><td colspan="3">一般风险费（元）</td><td>6.31</td><td>0.62</td><td>8.57</td><td>0.59</td></tr>
<tr><td></td><td>编码</td><td>名称</td><td>单位</td><td>单价(元)</td><td colspan="4">消耗量</td></tr>
<tr><td>人工</td><td>000700030</td><td>筑路综合工</td><td>工日</td><td>115.00</td><td>1.247</td><td>0.276</td><td>1.725</td><td>0.258</td></tr>
<tr><td>材料</td><td>133101500</td><td>石油沥青混合物</td><td>m³</td><td>980.00</td><td>2.030</td><td>0.510</td><td>5.080</td><td>1.020</td></tr>
<tr><td rowspan="2">机械</td><td>990120040</td><td>钢轮内燃压路机 15t</td><td>台班</td><td>566.96</td><td>0.141</td><td>—</td><td>0.173</td><td>—</td></tr>
<tr><td>990142030</td><td>沥青混凝土摊铺机 8t</td><td>台班</td><td>1165.37</td><td>0.147</td><td>0.006</td><td>0.205</td><td>0.006</td></tr>
</table>

B.3.8.4 改性沥青(SMA)混凝土路面

工作内容:清扫路基,铺洒油料、拌和、摊铺、碾压等。

定额编号					DB0246	DB0247	DB0248	DB0249	DB0250
项目名称					沥青玛蹄脂碎石混合料				稀浆封层
					中粒式 SMA－16		细粒式 SMA－13		厚度
					5cm	每增减 1cm	4cm	每增减 1cm	10mm
单位					$100m^2$				$1000m^2$
费用	综合单价(元)				**6777.37**	**1255.11**	**5283.93**	**1351.67**	**9614.87**
	其中	人工费(元)			239.09	41.29	210.45	54.51	402.04
		材料费(元)			5636.33	1127.27	4494.58	1124.92	8032.20
		施工机具使用费(元)			427.33	33.38	250.56	77.92	522.31
		企业管理费(元)			301.09	33.73	208.29	59.83	417.62
		利润(元)			162.87	18.25	112.67	32.37	225.91
		一般风险费(元)			10.66	1.19	7.38	2.12	14.79
	编码	名称	单位	单价(元)	消耗量				
人工	000700030	筑路综合工	工日	115.00	2.079	0.359	1.830	0.474	3.496
材料	830301020	沥青玛蹄脂碎石混合料 SMA－16	m^3	1099.61	5.050	1.010	—	—	—
	830301030	沥青玛蹄脂碎石混合料 SMA－13	m^3	1096.08	—	—	4.040	1.010	—
	133100010	改性乳化沥青	kg	3.16	—	—	—	0.400	2100.000
	040700460	石屑	t	73.00	—	—	—	—	17.500
	002000020	其他材料费	元	—	83.30	16.66	66.42	16.62	118.70
机械	990120020	钢轮内燃压路机 8t	台班	373.79	0.096	0.012	0.125	0.042	0.243
	990120040	钢轮内燃压路机 15t	台班	566.96	0.096	0.012	0.125	0.042	—
	990142030	沥青混凝土摊铺机 8t	台班	1165.37	0.048	0.006	0.062	0.020	—
	990141010	沥青混凝土拌合站 10t/h	台班	1405.94	0.162	0.003	0.013	0.003	—
	990110070	轮胎式装载机 $3.5m^3$	台班	1088.16	0.049	0.010	0.039	0.010	—
	990140010	汽车式沥青喷洒机 箱容量 4000L	台班	778.85	—	—	—	—	0.128
	990153010	稀浆封层车 宽 0.5～3.5m	台班	2719.52	—	—	—	—	0.122

B.3.8.5 沥青商品砼

工作内容:清扫路基,铺洒油料、拌和、摊铺、碾压等。　　　　**计量单位**:$100m^2$

定额编号					DB0251	DB0252	DB0253
项目名称					沥青商品砼		抗滑薄层沥青砼
					厚度 4cm	厚度每增减 1cm	厚度 5mm
费用	综合单价(元)				**4316.17**	**1069.67**	**10665.23**
	其中	人工费(元)			60.26	15.07	100.63
		材料费(元)			4004.04	986.22	10331.87
		施工机具使用费(元)			122.04	33.67	94.07
		企业管理费(元)			82.36	22.02	87.96
		利润(元)			44.55	11.91	47.58
		一般风险费(元)			2.92	0.78	3.12
	编码	名称	单位	单价(元)	消耗量		
人工	000700030	筑路综合工	工日	115.00	0.524	0.131	0.875
材料	840201190	沥青商品砼	m^3	970.87	4.040	1.010	—
	140300010	柴油	t	5640.00	0.004	0.001	0.001
	840301070	抗滑薄层沥青砼	m^3	20145.63	—	—	0.505
	002000020	其他材料费	元	—	59.17	—	152.69
机械	990120040	钢轮内燃压路机 15t	台班	566.96	0.066	0.017	0.066
	990120030	钢轮内燃压路机 12t	台班	480.22	0.072	0.024	0.072
	990121010	轮胎压路机 9t	台班	398.51	0.032	0.008	0.032
	990142030	沥青混凝土摊铺机 8t	台班	1165.37	0.032	0.008	0.008

B.3.8.6 热沥青混合物运输

工作内容：接斗装车、运输、自卸。

计量单位：100m³

定额编号					DB0254	DB0255	DB0256	DB0257	DB0258	DB0259
项目名称					全程运距					
					200m 以内		1000m 以内		1000m 以外	
					运距 50m 以内	增运 50m	运距 200m 以内	增运 100m	运距 1000m 以内	增运 1000m
费用	综合单价（元）				**382.19**	**57.89**	**177.77**	**20.97**	**219.71**	**56.93**
费用	其中	人工费（元）			223.22	33.81	—	—	—	—
费用	其中	材料费（元）			—	—	—	—	—	—
费用	其中	施工机具使用费（元）			—	—	103.83	12.25	128.32	33.25
费用	其中	企业管理费（元）			100.85	15.28	46.91	5.53	57.98	15.02
费用	其中	利润（元）			54.55	8.26	25.37	2.99	31.36	8.13
费用	其中	一般风险费（元）			3.57	0.54	1.66	0.20	2.05	0.53
	编码	名称	单位	单价(元)	消耗量					
人工	000700010	市政综合工	工日	115.00	1.941	0.294	—	—	—	—
机械	990402025	自卸汽车 8t	台班	583.29	—	—	0.178	0.021	0.220	0.057

B.3.9 水泥混凝土(编码:040203007)

B.3.9.1 水泥混凝土路面

工作内容：1.自拌混凝土：搅拌混凝土、浇捣、养护、切缝、压痕、纵缝刷沥青。

2.商品混凝土：浇捣、养护、切缝、压痕、纵缝刷沥青。

3.模板制作、安装、涂脱模剂、拆除、修理整堆。

计量单位：100m²

定额编号					DB0260	DB0261	DB0262	DB0263	DB0264	DB0265
项目名称					砼路面设计厚度					
					20cm		每增减 1cm		模板	
					自拌砼	商品砼	自拌砼	商品砼	20cm	每增减 1cm
费用	综合单价（元）				**7779.20**	**6676.33**	**336.12**	**315.48**	**520.70**	**10.81**
费用	其中	人工费（元）			1263.85	614.45	32.78	20.01	237.72	4.08
费用	其中	材料费（元）			5357.18	5624.27	267.60	281.22	113.68	3.82
费用	其中	施工机具使用费（元）			150.72	—	7.24	—	—	—
费用	其中	企业管理费（元）			639.10	277.61	18.08	9.04	107.40	1.84
费用	其中	利润（元）			345.72	150.17	9.78	4.89	58.10	1.00
费用	其中	一般风险费（元）			22.63	9.83	0.64	0.32	3.80	0.07
	编码	名称	单位	单价(元)	消耗量					
人工	000300080	混凝土综合工	工日	115.00	10.990	5.343	0.285	0.174	—	—
人工	000300060	模板综合工	工日	120.00	—	—	—	—	1.981	0.034
材料	800703020	砼 f_r 4.5 (道、混、碎 5～31.5、坍 20～40)	m³	254.80	20.300	—	1.015	—	—	—
材料	840201140	商品砼	m³	266.99	—	20.400	—	1.020	—	—
材料	050303800	木材 锯材	m³	1547.01	—	—	—	—	0.056	0.001
材料	032130010	铁件 综合	kg	3.68	—	—	—	—	6.500	0.600
材料	133100700	石油沥青 30#	kg	2.56	2.750	2.750	0.140	0.140	—	—
材料	341100100	水	m³	4.42	19.800	19.800	0.990	0.990	—	—
材料	030100650	铁钉	kg	7.26	—	—	—	—	0.200	—
材料	341100400	电	kW·h	0.70	15.730	—	0.420	—	—	—
材料	002000020	其他材料费	元	—	79.17	83.12	3.95	4.16	1.68	0.06
机械	990602020	双锥反转出料混凝土搅拌机 350L	台班	226.31	0.666	—	0.032	—	—	—

B.3.9.2 胀缝传力杆件制作、安装

工作内容：下料、除锈、防腐、钻孔、装配、定位、校正等全部制作、安装工序。 **计量单位**：100 根

定额编号					DB0266	DB0267	DB0268	DB0269
项目名称					活动式圆钢胀缝传力杆		固定式螺纹钢胀传力杆	
					规格(mm)			
					ϕ25×500	ϕ32×500	ϕ12×500	ϕ14×500
费用	综合单价（元）				**1714.58**	**2317.13**	**665.77**	**802.82**
	其中	人工费（元）			566.40	685.08	301.44	329.04
		材料费（元）			744.79	1144.14	149.65	239.44
		施工机具使用费（元）			—	—	—	—
		企业管理费（元）			255.90	309.52	136.19	148.66
		利润（元）			138.43	167.43	73.67	80.42
		一般风险费（元）			9.06	10.96	4.82	5.26
	编码	名称	单位	单价(元)	消耗量			
人工	000300070	钢筋综合工	工日	120.00	4.720	5.709	2.512	2.742
材料	010100013	钢筋	t	3070.18	0.200	0.320	—	—
	010100410	螺纹钢筋	t	2948.72	—	—	0.050	0.080
	172500420	塑料管 $D32$	m	2.99	10.200	—	—	—
	172500430	塑料管 $D40$	m	3.59	—	10.200	—	—
	180900030	塑料堵头 ϕ32	个	0.85	105.000	—	—	—
	180900050	塑料堵头 ϕ40	个	1.03	—	105.000	—	—
	002000020	其他材料费	元	—	11.01	16.91	2.21	3.54

B.3.9.3 水泥混凝土路面伸缩缝

工作内容：放样、缝板制作、备料、熬制沥青、浸泡木板、拌和、嵌缝、烫平缝面。 **计量单位**：10m²

定额编号					DB0270	DB0271	DB0272	DB0273	DB0274
项目名称					人工切缝				
					缩缝		伸缝		
					沥青玛蹄脂	沥青木板	沥青玛蹄脂	沥青木板	填充塑料胶
费用	综合单价（元）				**939.12**	**1387.70**	**1204.20**	**1420.43**	**172.91**
	其中	人工费（元）			351.67	658.26	311.19	576.50	98.90
		材料费（元）			336.99	260.63	671.38	433.35	1.05
		施工机具使用费（元）			—	—	—	—	1.47
		企业管理费（元）			158.88	297.40	140.60	260.46	45.35
		利润（元）			85.95	160.88	76.05	140.90	24.53
		一般风险费（元）			5.63	10.53	4.98	9.22	1.61
	编码	名称	单位	单价(元)	消耗量				
人工	000700030	筑路综合工	工日	115.00	3.058	5.724	2.706	5.013	0.860
材料	050303800	木材 锯材	m^3	1547.01	—	0.111	—	0.221	—
	180900070	塑料堵头 DN50～200	只	2.99	—	—	—	—	0.350
	133100900	石油沥青 60#～100#	t	2564.10	0.064	0.033	0.127	0.033	—
	142301100	石粉	kg	0.09	63.700	—	127.400	—	—
	341100010	木柴	kg	0.56	1.600	0.800	3.200	0.800	—
	150100010	石棉	kg	2.56	63.000	—	126.000	—	—
	002000020	其他材料费	元	—	4.98	3.85	9.92	6.40	—
机械	991003020	电动空气压缩机 0.6m³/min	台班	37.78	—	—	—	—	0.039

工作内容:锯缝机锯缝:放样、缝板制作。PG道路嵌缝胶:清理缝道、嵌入泡沫背衬带、配置搅料PG胶、上料灌缝。

定额编号					DB0275	DB0276
项目名称					伸缩缝	
					锯缝机锯缝	PG道路嵌缝胶
单位					10m	$100m^2$
费用	综合单价(元)				**139.04**	**478.99**
	其中	人工费(元)			57.50	131.33
		材料费(元)			0.03	254.13
		施工机具使用费(元)			23.69	—
		企业管理费(元)			36.68	59.33
		利润(元)			19.84	32.10
		一般风险费(元)			1.30	2.10
	编码	名称	单位	单价(元)	消耗量	
人工	000700030	筑路综合工	工日	115.00	0.500	1.142
材料	031392810	钢锯条	条	0.43	0.065	—
	133500100	PG道路封缝胶	kg	12.82	—	19.530
	002000020	其他材料费	元	—	—	3.76
机械	990151010	锯缝机	台班	158.97	0.149	—

B.3.9.4 水泥混凝土路面养生

工作内容:运、撒、清除覆盖材料、洒水等。　　　　**计量单位**:$100m^2$

定额编号					DB0277	DB0278	DB0279	DB0280	DB0281
项目名称					养生				
					塑料液	塑料膜	草袋	锯末	细砂
费用	综合单价(元)				**419.38**	**189.58**	**252.96**	**236.43**	**250.50**
	其中	人工费(元)			116.38	52.90	60.84	64.06	65.09
		材料费(元)			185.18	99.00	148.79	126.75	139.05
		施工机具使用费(元)			20.40	—	—	—	—
		企业管理费(元)			61.80	23.90	27.49	28.94	29.41
		利润(元)			33.43	12.93	14.87	15.66	15.91
		一般风险费(元)			2.19	0.85	0.97	1.02	1.04
	编码	名称	单位	单价(元)	消耗量				
人工	000700030	筑路综合工	工日	115.00	1.012	0.460	0.529	0.557	0.566
材料	340902200	塑料液	kg	5.13	30.000	—	—	—	—
	020901000	塑料薄膜	kg	7.26	—	11.000	—	—	—
	023300100	草袋	个	1.97	10.000	—	43.000	—	—
	052500920	锯末	m^3	21.37	—	—	—	1.500	—
	040300760	特细砂	t	63.11	—	—	—	—	0.700
	341100100	水	m^3	4.42	2.000	4.000	14.000	21.000	21.000
	002000020	其他材料费	元	—	2.74	1.46	2.20	1.87	2.05
机械	991003020	电动空气压缩机 $0.6m^3/min$	台班	37.78	0.540	—	—	—	—

B.3.9.5 **水泥混凝土路面钢筋**

工作内容:钢筋下料、除锈、防腐,安装传力杆、拉杆边缘钢筋、角隅加固钢筋,钢筋网。 **计量单位:**t

定额编号					DB0282	DB0283	DB0284
项目名称					构造筋 ϕ10 以上	构造筋 10ϕ 以内	钢筋网
费用	综合单价 (元)				**4383.55**	**4619.94**	**4867.24**
费用	其中	人工费 (元)			662.40	806.52	954.36
费用	其中	材料费 (元)			3220.10	3209.72	3210.44
费用	其中	施工机具使用费 (元)			17.11	17.11	13.29
费用	其中	企业管理费 (元)			307.00	372.12	437.18
费用	其中	利润 (元)			166.07	201.29	236.49
费用	其中	一般风险费 (元)			10.87	13.18	15.48
	编码	名称	单位	单价(元)	消耗量		
人工	000300070	钢筋综合工	工日	120.00	5.520	6.721	7.953
材料	010100013	钢筋	t	3070.18	1.030	1.030	1.030
材料	031350010	低碳钢焊条 综合	kg	4.19	2.440	—	0.170
材料	002000020	其他材料费	元	—	47.59	47.43	47.44
机械	990702010	钢筋切断机 40mm	台班	41.85	0.112	0.112	0.087
机械	990703010	钢筋弯曲机 40mm	台班	25.84	0.112	0.112	0.087
机械	990901020	交流弧焊机 32kV·A	台班	85.07	0.112	0.112	0.087

B.3.9.6 **水泥混凝土路面刻防滑槽**

工作内容:刻槽机注水刻纹,清理场地。 **计量单位:**$100m^2$

定额编号					DB0285
项目名称					刻防滑槽
费用	综合单价 (元)				**271.08**
费用	其中	人工费 (元)			58.19
费用	其中	材料费 (元)			55.44
费用	其中	施工机具使用费 (元)			67.75
费用	其中	企业管理费 (元)			56.90
费用	其中	利润 (元)			30.78
费用	其中	一般风险费 (元)			2.02
	编码	名称	单位	单价(元)	消耗量
人工	000700030	筑路综合工	工日	115.00	0.506
材料	340903920	路面刻槽机刀片	片	10.26	0.120
材料	341100100	水	m^3	4.42	12.264
机械	990152010	砼路面刻槽机	台班	173.27	0.391

B.3.9.7 **碾压混凝土**

工作内容:1.自拌混凝土:混凝土配运料、搅拌混凝土、浇捣、摊铺、碾压、养生、切缝、灌注填缝料。
2.商品混凝土:摊铺、碾压、养生、切缝、灌注填缝料。

计量单位:1000m²

	定额编号				DB0286	DB0287	DB0288	DB0289
	项目名称				自拌砼(厚度)		商品砼(厚度)	
					20cm	每增减 1cm	20cm	每增减 1cm
费用	**综合单价(元)**				**82265.62**	**4063.09**	**30182.23**	**1518.03**
	其中	人工费(元)			2146.13	98.90	916.67	70.38
		材料费(元)			74684.14	3733.84	27284.95	1366.66
		施工机具使用费(元)			2281.79	93.39	775.47	18.03
		企业管理费(元)			2000.53	86.88	764.51	39.94
		利润(元)			1082.18	47.00	413.56	21.61
		一般风险费(元)			70.85	3.08	27.07	1.41
	编码	名称	单位	单价(元)	消耗量			
人工	000300080	混凝土综合工	工日	115.00	18.662	0.860	7.971	0.612
材料	840201100	碾压砼 C20	m³	131.07	203.000	10.150	—	—
	050303800	木材 锯材	m³	1547.01	0.001	—	0.001	—
	040100013	水泥 32.5	t	299.15	56.598	2.830	—	—
	040300210	中粗砂	t	89.32	101.840	5.090	—	—
	040900010	粉煤灰	m³	144.00	15.340	0.770	—	—
	040500070	碎石 20～60	t	67.96	272.790	13.635	—	—
	133100900	石油沥青 60#～100#	t	2564.10	0.030	0.002	0.030	0.002
	341100100	水	m³	4.42	27.000	1.000	14.700	1.000
	840201090	碾压商品砼	m³	131.07	—	—	204.000	10.200
	002000020	其他材料费	元	—	1103.71	55.18	403.23	20.20
机械	990142030	沥青混凝土摊铺机 8t	台班	1165.37	0.301	0.013	0.301	0.013
	990120030	钢轮内燃压路机 12t	台班	480.22	0.173	0.006	0.173	0.006
	990120040	钢轮内燃压路机 15t	台班	566.96	0.100	—	0.100	—
	990409020	洒水车 4000L	台班	449.19	0.282	—	0.282	—
	990120020	钢轮内燃压路机 8t	台班	373.79	0.192	—	0.192	—
	990151010	锯缝机	台班	158.97	0.544	—	0.544	—
	990602020	双锥反转出料混凝土搅拌机 350L	台班	226.31	6.656	0.333	—	—

B.3.9.8 表面特殊处理

工作内容：摊铺、粘结等全部操作过程。

计量单位：$100m^2$

定额编号					DB0290
项目名称					道路卷材
费用	综合单价（元）				**1931.30**
	其中	人工费（元）			461.84
		材料费（元）			1140.54
		施工机具使用费（元）			—
		企业管理费（元）			208.66
		利润（元）			112.87
		一般风险费（元）			7.39
	编码	名称	单位	单价(元)	消耗量
人工	000700030	筑路综合工	工日	115.00	4.016
材料	144303400	高分子抗裂粘(宽 230mm)	m^2	10.26	109.520
材料	002000020	其他材料费	元	—	16.86

B.3.9.9 水泥混凝土半成品运输

工作内容：接斗装车、运输、自卸。

计量单位：$10m^3$

定额编号					DB0291	DB0292	DB0293	DB0294	DB0295	DB0296
项目名称					全程运距					
					200m 以内		1000m 以内		1000m 以外	
					运距 50m 以内	增运 50m	运距 200m 以内	增运 100m	运距 1000m 以内	增运 1000m
费用	综合单价（元）				**374.90**	**54.35**	**127.75**	**13.97**	**169.67**	**41.91**
	其中	人工费（元）			218.96	31.74	—	—	—	—
		材料费（元）			—	—	—	—	—	—
		施工机具使用费（元）			—	—	74.61	8.16	99.09	24.48
		企业管理费（元）			98.93	14.34	33.71	3.69	44.77	11.06
		利润（元）			53.51	7.76	18.24	1.99	24.22	5.98
		一般风险费（元）			3.50	0.51	1.19	0.13	1.59	0.39
	编码	名称	单位	单价(元)	消耗量					
人工	000700010	市政综合工	工日	115.00	1.904	0.276	—	—	—	—
机械	990606030	混凝土搅拌运输车 $6m^3$	台班	1165.82	—	—	0.064	0.007	0.085	0.021

B.3.10 简易路面(编码:040203012)

工作内容:挖、填泥浆坑,装、运料,拌、铺均匀,找平、嵌缝、洒水、碾压、补浆等。　　计量单位:100m²

定额编号					DB0297	DB0298	DB0299	DB0300	DB0301
项目名称					泥结碎石面层(压实厚度)			泥浆河砂面层	泥浆石屑面层
					6cm	8cm	10cm		
费用	综合单价(元)				**1724.16**	**2235.68**	**2746.65**	**303.99**	**383.71**
	其中	人工费(元)			323.27	419.98	516.81	60.26	60.26
		材料费(元)			1170.66	1516.59	1861.77	200.81	280.53
		施工机具使用费(元)			—	—	—	—	—
		企业管理费(元)			146.05	189.75	233.49	27.23	27.23
		利润(元)			79.01	102.64	126.31	14.73	14.73
		一般风险费(元)			5.17	6.72	8.27	0.96	0.96
	编码	名称	单位	单价(元)	消耗量				
人工	000700030	筑路综合工	工日	115.00	2.811	3.652	4.494	0.524	0.524
材料	040300760	特细砂	t	63.11	2.912	3.892	4.858	2.968	—
	040700460	石屑	t	73.00	—	—	—	—	3.658
	040900900	粘土	m³	17.48	6.110	7.940	9.770	0.570	0.570
	040500205	碎石 5～20	t	67.96	1.830	1.830	1.830	—	—
	040500070	碎石 20～60	t	67.96	11.010	14.685	18.360	—	—
	341100100	水	m³	4.42	1.690	2.220	2.780	0.800	0.800

B.3.11 土工布贴缝(编码:040203013)

工作内容:清扫、洒油二遍、贴土工布。　　计量单位:100m²

定额编号					DB0302
项目名称					土工布贴缝
					6cm
费用	综合单价(元)				**1378.72**
	其中	人工费(元)			150.08
		材料费(元)			1028.41
		施工机具使用费(元)			54.52
		企业管理费(元)			92.44
		利润(元)			50.00
		一般风险费(元)			3.27
	编码	名称	单位	单价(元)	消耗量
人工	000700030	筑路综合工	工日	115.00	1.305
材料	022700700	土工布	m²	5.29	119.034
	133100010	改性乳化沥青	kg	3.16	121.368
	002000020	其他材料费	元	—	15.20
机械	990140010	汽车式沥青喷洒机 箱容量 4000L	台班	778.85	0.070

B.4 人行道及其他(编码:040204)

B.4.1 人行道整形碾压(编码:040204001)

工作内容:放样,挖高填低,碾压。 **计量单位**:100m²

定额编号					DB0303
项目名称					路肩及人行道整形碾压
费用	**综合单价(元)**				**285.18**
	其中	人工费(元)			157.44
		材料费(元)			—
		施工机具使用费(元)			9.12
		企业管理费(元)			75.25
		利润(元)			40.71
		一般风险费(元)			2.66
	编码	名称	单位	单价(元)	消耗量
人工	000700010	市政综合工	工日	115.00	1.369
机械	990120030	钢轮内燃压路机 12t	台班	480.22	0.019

B.4.2 人行道块料铺设(编码:040204002)

B.4.2.1 垫层

工作内容:1.砂、炉渣垫层:运料、备料、拌和、摊铺、找平、洒水、夯实等。
2.自拌混凝土:搅拌混凝土、浇捣、摊铺、找平、养护等。
3.商品混凝土:浇捣、摊铺、找平、养护等。 **计量单位**:10m³

定额编号					DB0304	DB0305	DB0306
项目名称					砂垫层	炉渣垫层	砼垫层
							自拌砼
费用	**综合单价(元)**				**1643.34**	**810.33**	**3571.99**
	其中	人工费(元)			327.98	412.62	648.03
		材料费(元)			1081.77	103.85	2209.42
		施工机具使用费(元)			—	—	147.78
		企业管理费(元)			148.18	186.42	359.54
		利润(元)			80.16	100.84	194.49
		一般风险费(元)			5.25	6.60	12.73
	编码	名称	单位	单价(元)	消耗量		
人工	000700030	筑路综合工	工日	115.00	2.852	3.588	5.635
材料	040300750	特细砂	m³	83.31	12.900	—	—
	040700050	炉渣	m³	56.41	—	1.700	—
	341100100	水	m³	4.42	1.600	1.800	5.022
	800206010	砼 C15(塑、特、碎 5~31.5、坍 10~30)	m³	215.49	—	—	10.150
机械	990602020	双锥反转出料混凝土搅拌机 350L	台班	226.31	—	—	0.653

计量单位:10m³

定额编号					DB0307
项目名称					砼垫层
					商品砼
费用	综合单价(元)				**3269.06**
	其中	人工费(元)			305.79
		材料费(元)			2745.50
		施工机具使用费(元)			—
		企业管理费(元)			138.15
		利润(元)			74.73
		一般风险费(元)			4.89
	编码	名称	单位	单价(元)	消耗量
人工	000700030	筑路综合工	工日	115.00	2.659
材料	341100100	水	m³	4.42	5.022
	840201140	商品砼	m³	266.99	10.200

B.4.2.2 安砌人行道方块

工作内容:1.放样,挖高填低,碾压。
2.花岗石人行道板:清理基层、找平、局部锯板磨边、调制水泥砂浆、贴花岗石、洒素水泥浆。
3.花岗石人行道板伸缩缝:测量画线、定位、清扫、清缝、密封胶填灌缝。

计量单位:100m²

定额编号					DB0308	DB0309	DB0310
项目名称					人行道方块		
					砂垫层	砂垫层(预拌砂浆)	石灰、炉渣垫层
费用	综合单价(元)				**6876.07**	**6828.08**	**7228.74**
	其中	人工费(元)			858.48	814.55	855.37
		材料费(元)			5381.51	5408.74	5739.50
		施工机具使用费(元)			14.41	14.41	14.41
		企业管理费(元)			394.37	374.52	392.97
		利润(元)			213.33	202.60	212.57
		一般风险费(元)			13.97	13.26	13.92
	编码	名称	单位	单价(元)	消耗量		
人工	000700030	筑路综合工	工日	115.00	7.465	7.083	7.438
材料	810104020	M7.5 水泥砂浆(特 稠度 70~90mm)	m³	195.56	0.160	—	0.160
	850301100	干混商品砌筑砂浆 M7.5	t	213.68	—	0.272	—
	041503330	混凝土方块	m²	51.28	99.670	99.670	99.670
	040300760	特细砂	t	63.11	2.401	2.401	—
	341100100	水	m³	4.42	1.830	1.830	2.830
	040700050	炉渣	m³	56.41	—	—	3.380
	040900100	生石灰	kg	0.58	—	—	533.000
	002000020	其他材料费	元	—	79.53	79.93	84.82
机械	990120030	钢轮内燃压路机 12t	台班	480.22	0.030	0.030	0.030

工作内容：1.放样，挖高填低，碾压。
2.花岗石人行道板：清理基层、找平、局部锯板磨边、调制水泥砂浆、贴花岗石、洒素水泥浆。
3.花岗石人行道板伸缩缝：测量画线、定位、清扫、清缝、密封胶填灌缝。　　计量单位：100m²

定额编号					DB0311	DB0312	DB0313
项目名称					人行道方块		
					石灰、炉渣垫层（预拌砂浆）	水泥砂浆粘贴	水泥砂浆粘贴（预拌砂浆）
费用	综合单价（元）				**7180.75**	**7605.49**	**7682.47**
	其中	人工费（元）			811.44	993.83	949.90
		材料费（元）			5766.73	5794.67	6056.05
		施工机具使用费（元）			14.41	63.77	—
		企业管理费（元）			373.12	477.82	429.16
		利润（元）			201.84	258.48	232.16
		一般风险费（元）			13.21	16.92	15.20
	编码	名称	单位	单价(元)	消耗量		
人工	000700030	筑路综合工	工日	115.00	7.056	8.642	8.260
材料	850301100	干混商品砌筑砂浆 M7.5	t	213.68	0.272	—	—
	041503330	混凝土方块	m²	51.28	99.670	99.670	99.670
	341100100	水	m³	4.42	2.830	2.259	2.259
	040700050	炉渣	m³	56.41	3.380	—	—
	040900100	生石灰	kg	0.58	533.000	—	—
	810201040	水泥砂浆 1:2.5（特）	m³	232.40	—	2.530	—
	850301110	干混商品砌筑砂浆 M2.5	t	196.58	—	—	4.301
	002000020	其他材料费	元	—	85.22	85.64	89.50
机械	990120030	钢轮内燃压路机 12t	台班	480.22	0.030	—	—
	990610010	灰浆搅拌机 200L	台班	187.56	—	0.340	—

工作内容：1.放样，挖高填低，碾压。
2.花岗石人行道板：清理基层、找平、局部锯板磨边、调制水泥砂浆、贴花岗石、洒素水泥浆。
3.花岗石人行道板伸缩缝：测量画线、定位、清扫、清缝、密封胶填灌缝。

定额编号					DB0314	DB0315	DB0316
项目名称					人行道透水砖	花岗石人行道板	花岗石人行道板伸缩缝
					水泥砂浆粘贴		
单位					100m²		100m
费用	综合单价（元）				**4774.66**	**13381.79**	**1343.94**
	其中	人工费（元）			1006.37	1153.68	121.10
		材料费（元）			2942.37	11370.50	1136.59
		施工机具使用费（元）			63.77	21.01	—
		企业管理费（元）			483.49	530.72	54.71
		利润（元）			261.54	287.09	29.60
		一般风险费（元）			17.12	18.79	1.94
	编码	名称	单位	单价(元)	消耗量		
人工	000700030	筑路综合工	工日	115.00	8.751	10.032	1.053
材料	341100100	水	m³	4.42	2.372	0.784	—
	810201040	水泥砂浆 1:2.5（特）	m³	232.40	2.656	3.175	—
	080300810	花岗石板 30mm	m²	102.56	—	102.000	—
	144104300	密封胶	kg	17.07	—	—	65.600
	360900120	透水砖	m²	22.05	103.000	—	—
	002000020	其他材料费	元	—	43.48	168.04	16.80
机械	990610010	灰浆搅拌机 200L	台班	187.56	0.340	0.112	—

B.4.3 消解石灰(编码:040204009)

工作内容:集中消解石灰:土机配合,小堆消解石灰,人工焖解。 **计量单位**:t

定额编号					DB0317	DB0318
项目名称					集中消解石灰	小堆消解石灰
费用	**综合单价(元)**				**56.90**	**29.25**
	其中	人工费(元)			14.38	14.38
		材料费(元)			4.64	4.64
		施工机具使用费(元)			16.14	—
		企业管理费(元)			13.79	6.49
		利润(元)			7.46	3.51
		一般风险费(元)			0.49	0.23
	编码	名称	单位	单价(元)	消耗量	
人工	000700030	筑路综合工	工日	115.00	0.125	0.125
材料	341100100	水	m^3	4.42	1.050	1.050
机械	990101010	履带式推土机 60kW	台班	620.81	0.026	—

B.4.4 安砌侧(平、缘)石(编码:040204004)

工作内容:放线,平基,运料,调制砂浆,安砌,勾缝,养护,清理等。 **计量单位**:100m

定额编号					DB0319	DB0320	DB0321	DB0322
项目名称					安砌(*H*≤25cm)			
					砼	砼(预拌砂浆)	石质	石质(预拌砂浆)
					(规格:150×400)			
费用	**综合单价(元)**				**3512.86**	**3441.07**	**10556.11**	**10489.98**
	其中	人工费(元)			1035.00	991.07	1035.00	991.07
		材料费(元)			1739.45	1744.15	8783.66	8793.06
		施工机具使用费(元)			0.75	—	0.19	—
		企业管理费(元)			467.95	447.77	467.70	447.77
		利润(元)			253.14	242.22	253.00	242.22
		一般风险费(元)			16.57	15.86	16.56	15.86
	编码	名称	单位	单价(元)	消耗量			
人工	000300100	砌筑综合工	工日	115.00	9.000	8.618	9.000	8.618
材料	360700210	混凝土路缘石	m	16.84	101.000	101.000	—	—
	360700230	石质路缘石	m	85.47	—	—	101.000	101.000
	810104030	M10.0 水泥砂浆(特 稠度 70~90mm)	m^3	209.07	0.030	—	0.060	—
	850301100	干混商品砌筑砂浆 M7.5	t	213.68	—	0.051	—	0.102
	341100100	水	m^3	4.42	1.500	1.500	2.000	2.000
	002000020	其他材料费	元	—	25.71	25.78	129.81	129.95
机械	990610010	灰浆搅拌机 200L	台班	187.56	0.004	—	0.001	—

工作内容：放线，平基，运料，调制砂浆，安砌、勾缝、养护、清理等。　　　　计量单位：100m

定额编号					DB0323	DB0324	DB0325	DB0326
项目名称					安砌成品路缘石		安砌（$H\geqslant25$cm）	
					花岗石	花岗石（预拌砂浆）	砼	砼（预拌砂浆）
					（规格：150×400）			
费用	综合单价（元）				**10567.34**	**10489.98**	**3592.47**	**3534.96**
	其中	人工费（元）			1035.00	991.07	1058.00	1014.07
		材料费（元）			8783.66	8793.06	1775.18	1798.66
		施工机具使用费（元）			6.75	—	3.38	—
		企业管理费（元）			470.66	447.77	479.53	458.16
		利润（元）			254.60	242.22	259.40	247.84
		一般风险费（元）			16.67	15.86	16.98	16.23
	编码	名称	单位	单价（元）	消耗量			
人工	000300100	砌筑综合工	工日	115.00	9.000	8.618	9.200	8.818
材料	360700210	混凝土路缘石	m	16.84	—	—	101.000	101.000
	810104030	M10.0 水泥砂浆（特 稠度 70～90mm）	m^3	209.07	0.060	—	0.150	—
	850301100	干混商品砌筑砂浆 M7.5	t	213.68	—	0.102	—	0.255
	341100100	水	m^3	4.42	2.000	2.000	3.790	3.790
	360700300	花岗石路缘石（成品）	m	85.47	101.000	101.000	—	—
	002000020	其他材料费	元	—	129.81	129.95	26.23	26.58
机械	990610010	灰浆搅拌机 200L	台班	187.56	0.036	—	0.018	—

B.4.5　现浇侧（平、缘）石（编码：040204005）

工作内容：放线，平基，运料，调制砂浆，安砌、勾缝、养护、清理等。　　　　计量单位：$10m^3$

定额编号					DB0327	DB0328
项目名称					制作	
					砼	模板
费用	综合单价（元）				**4870.17**	**870.73**
	其中	人工费（元）			1188.87	231.36
		材料费（元）			2487.52	474.60
		施工机具使用费（元）			202.70	—
		企业管理费（元）			628.71	104.53
		利润（元）			340.10	56.54
		一般风险费（元）			22.27	3.70
	编码	名称	单位	单价（元）	消耗量	
人工	000300060	模板综合工	工日	120.00	—	1.928
	000300080	混凝土综合工	工日	115.00	10.338	—
材料	800212020	砼 C20（塑、特、碎 5～31.5、坍 35～50）	m^3	231.97	10.150	—
	350100110	钢模板	t	4530.00	—	0.083
	143506300	脱模剂	kg	0.94	—	2.740
	133502500	模板嵌缝料	kg	1.69	—	1.370
	032140460	零星卡具	kg	6.67	—	13.000
	341100100	水	m^3	4.42	21.780	—
	002000020	其他材料费	元	—	36.76	7.01
机械	990602020	双锥反转出料混凝土搅拌机 350L	台班	226.31	0.412	—
	990406010	机动翻斗车 1t	台班	188.07	0.582	—

B.4.6 树池砌筑(编码:040204007)

工作内容:放线,平基,运料,调制砂浆,安砌、勾缝、养护、清理等。

计量单位:100m

定额编号					DB0329	DB0330	DB0331	DB0332
项目名称					安砌植树框(10cm×15cm×50cm)			
					砼	砼 (预拌砂浆)	石质	石质 (预拌砂浆)
费用	综合单价(元)				**2192.62**	**2122.80**	**2717.62**	**2666.23**
	其中	人工费(元)			550.16	506.23	550.16	506.23
		材料费(元)			1249.36	1256.04	1773.39	1799.47
		施工机具使用费(元)			0.75	—	1.31	—
		企业管理费(元)			248.90	228.71	249.16	228.71
		利润(元)			134.64	123.72	134.78	123.72
		一般风险费(元)			8.81	8.10	8.82	8.10
	编码	名称	单位	单价(元)	消耗量			
人工	000300100	砌筑综合工	工日	115.00	4.784	4.402	4.784	4.402
材料	810104030	M10.0 水泥砂浆(特 稠度 70~90mm)	m^3	209.07	0.030	—	0.060	0.060
	850301090	干混商品砌筑砂浆 M10	t	252.00	—	0.051	—	0.102
	082100020	砼植树框	m	12.00	101.500	101.500	—	—
	341100100	水	m^3	4.42	1.500	1.500	—	—
	082100030	石质植树框	m	17.09	—	—	101.500	101.500
	002000020	其他材料费	元	—	18.46	18.56	26.21	26.59
机械	990610010	灰浆搅拌机 200L	台班	187.56	0.004	—	0.007	—

B.4.7 检查井升降(编码:040204006)

工作内容:拆除旧窨井、升砌砖墙、抹内墙、清除废料、浇筑。

计量单位:座

定额编号					DB0333	DB0334
项目名称					检查井、窨井	
					升高 30cm 以下	升高 30cm 以下 (预拌砂浆)
费用	综合单价(元)				**233.21**	**172.40**
	其中	人工费(元)			101.32	57.39
		材料费(元)			59.09	74.14
		施工机具使用费(元)			0.38	—
		企业管理费(元)			45.94	25.93
		利润(元)			24.85	14.02
		一般风险费(元)			1.63	0.92
	编码	名称	单位	单价(元)	消耗量	
人工	000300100	砌筑综合工	工日	115.00	0.881	0.499
材料	810104010	M5.0 水泥砂浆(特 稠度 70~90mm)	m^3	183.45	0.015	—
	850301010	干混商品砌筑砂浆 M5.0	t	228.16	—	0.026
	341100100	水	m^3	4.42	0.017	0.017
	041301330	页岩砖 240×115×53	千块	422.33	0.108	0.108
	810104020	M7.5 水泥砂浆(特 稠度 70~90mm)	m^3	195.56	0.050	—
	850301090	干混商品砌筑砂浆 M10	t	252.00	—	0.085
	002000020	其他材料费	元	—	0.87	1.10
机械	990610010	灰浆搅拌机 200L	台班	187.56	0.002	—

工作内容：拆除旧窨井、升砌砖墙、抹内墙、清除废料、浇筑。　　　　计量单位：座

定额编号					DB0335	DB0336	DB0337	DB0338
项目名称					单室雨水进水井			
					升高 30cm 以下		升高 30cm 以上	
					现拌砂浆	预拌砂浆	现拌砂浆	预拌砂浆
费用	综合单价（元）				**127.74**	**60.12**	**148.21**	**82.93**
	其中	人工费（元）			61.41	17.48	67.85	23.92
		材料费（元）			22.27	30.19	31.71	41.97
		施工机具使用费（元）			0.19	—	0.19	—
		企业管理费（元）			27.83	7.90	30.74	10.81
		利润（元）			15.05	4.27	16.63	5.85
		一般风险费（元）			0.99	0.28	1.09	0.38
	编码	名称	单位	单价（元）	消耗量			
人工	000300100	砌筑综合工	工日	115.00	0.534	0.152	0.590	0.208
材料	810104010	M5.0 水泥砂浆(特 稠度 70～90mm)	m³	183.45	0.006	—	0.009	—
	850301010	干混商品砌筑砂浆 M5.0	t	228.16	—	0.010	—	0.015
	341100100	水	m³	4.42	0.009	0.009	0.012	0.012
	840201040	预拌混凝土 C20	m³	247.57	0.009	0.009	0.009	0.009
	041301330	页岩砖 240×115×53	千块	422.33	0.031	0.031	0.048	0.048
	810104020	M7.5 水泥砂浆(特 稠度 70～90mm)	m³	195.56	0.028	—	0.036	—
	850301090	干混商品砌筑砂浆 M10	t	252.00	—	0.048	—	0.061
	002000020	其他材料费	元	—	0.33	0.45	0.47	0.62
机械	990610010	灰浆搅拌机 200L	台班	187.56	0.001	—	0.001	—

工作内容：拆除旧窨井、升砌砖墙、抹内墙、清除废料、浇筑。　　　　计量单位：座

定额编号					DB0339	DB0340	DB0341	DB0342	DB0343
项目名称					双室雨水进水井				更换铸铁盖
					升高 30cm 以下		升高 30cm 以上		
费用	综合单价（元）				**155.26**	**89.98**	**200.44**	**139.67**	**489.55**
	其中	人工费（元）			69.92	25.99	86.37	42.44	7.25
		材料费（元）			35.23	45.48	52.25	67.01	477.14
		施工机具使用费（元）			0.19	—	0.19	—	—
		企业管理费（元）			31.67	11.74	39.10	19.17	3.27
		利润（元）			17.13	6.35	21.15	10.37	1.77
		一般风险费（元）			1.12	0.42	1.38	0.68	0.12
	编码	名称	单位	单价（元）	消耗量				
人工	000300100	砌筑综合工	工日	115.00	0.608	0.226	0.751	0.369	0.063
材料	810104010	M5.0 水泥砂浆(特 稠度 70～90mm)	m³	183.45	0.009	—	0.014	—	—
	850301010	干混商品砌筑砂浆 M5.0	t	228.16	—	0.015	—	0.024	—
	341100100	水	m³	4.42	0.012	0.012	0.016	0.016	—
	840201040	预拌混凝土 C20	m³	247.57	0.023	0.023	0.023	0.023	—
	041301330	页岩砖 240×115×53	千块	422.33	0.048	0.048	0.079	0.079	—
	810104020	M7.5 水泥砂浆(特 稠度 70～90mm)	m³	195.56	0.036	—	0.050	—	—
	850301090	干混商品砌筑砂浆 M10	t	252.00	—	0.061	—	0.085	—
	360102310	铸铁井盖 ϕ760	套	470.09	—	—	—	—	1.000
	002000020	其他材料费	元	—	0.52	0.67	0.77	0.99	7.05
机械	990610010	灰浆搅拌机 200L	台班	187.56	0.001	—	0.001	—	—

B.4.8 临时输水、输电管线(编码:040204010)

工作内容:输电线:挖坑、埋杆、架线、接头、拆除、清理堆放。输水管:铺设、接头、安阀门、拆除、清理堆放。

计量单位:100m

		定额编号			DB0344	DB0345
		项目名称			临时输电线路	临时输水管
费用		**综合单价(元)**			**1242.62**	**697.92**
	其中	人工费(元)			446.58	348.40
		材料费(元)			477.99	101.40
		施工机具使用费(元)			—	—
		企业管理费(元)			201.76	157.40
		利润(元)			109.14	85.15
		一般风险费(元)			7.15	5.57
	编码	名称	单位	单价(元)	消耗量	
人工	000300150	管工综合工	工日	125.00	—	2.398
	000500040	电工综合工	工日	125.00	3.074	—
	000700010	市政综合工	工日	115.00	0.542	0.423
材料	280305000	铜芯聚氯乙烯绝缘导线 BV—$4mm^2$	m	1.94	78.800	—
	170300500	镀锌钢管 *DN*50	m	14.80	—	6.750
	050100500	原木	m^3	982.30	0.280	—
	010000120	钢材	t	2957.26	0.003	—
	010000010	型钢 综合	kg	3.09	4.500	—
	032130010	铁件 综合	kg	3.68	5.500	—
	002000020	其他材料费	元	—	7.06	1.50

B.4.9 预制混凝土护栏(编码:040204011)

工作内容:混凝土浇筑、养护;预制柱埋设、固定、夯实;护栏油漆。模板制、安、拆、维护。

计量单位:10 根

		定额编号			DB0346	DB0347	DB0348	DB0349
		项目名称			路肩上设置		挡土墙上设置	
					砼制、安	模板	砼制、安	预制砼模板
费用		**综合单价(元)**			**725.55**	**962.95**	**462.79**	**574.19**
	其中	人工费(元)			317.40	513.36	203.64	304.87
		材料费(元)			167.01	83.97	105.61	52.19
		施工机具使用费(元)			8.81	—	4.97	—
		企业管理费(元)			147.38	231.94	94.25	137.74
		利润(元)			79.73	125.47	50.98	74.51
		一般风险费(元)			5.22	8.21	3.34	4.88
	编码	名称	单位	单价(元)	消耗量			
人工	000300060	模板综合工	工日	120.00	—	4.278	1.697	—
	000300080	混凝土综合工	工日	115.00	2.760	—	—	2.651
材料	800212020	砼 C20(塑、特、碎 5～31.5、坍 35～50)	m^3	231.97	0.530	—	0.330	—
	130105440	醇酸调和漆	kg	12.82	2.900	—	1.800	—
	341100100	水	m^3	4.42	1.000	—	1.000	—
	050303800	木材 锯材	m^3	1547.01	—	0.053	—	0.033
	032130010	铁件 综合	kg	3.68	—	0.200	—	0.100
	002000020	其他材料费	元	—	2.47	1.24	1.56	0.77
机械	990602020	双锥反转出料混凝土搅拌机 350L	台班	226.31	0.014	—	0.007	—
	990406010	机动翻斗车 1t	台班	188.07	0.030	—	0.018	—

B.4.10 波形钢板栏杆(编码:040204012)

工作内容:钢管立柱:切割,焊接,钻孔,人工挖埋或打撞机打钢管柱。波形钢板:安装波形钢板的全部工序。 **计量单位:**t

					DB0350	DB0351
定额编号					DB0350	DB0351
项目名称					钢管立柱	波形钢板
费用	综合单价(元)				**5123.69**	**4085.29**
	其中	人工费(元)			899.76	77.28
		材料费(元)			3264.91	3919.54
		施工机具使用费(元)			185.85	19.52
		企业管理费(元)			490.48	43.74
		利润(元)			265.32	23.66
		一般风险费(元)			17.37	1.55
	编码	名称	单位	单价(元)	消耗量	
人工	000300160	金属制安综合工	工日	120.00	7.498	0.644
材料	170100500	焊接钢管 综合	t	3120.00	0.990	—
	012904300	波形钢板	t	4017.09	—	0.952
	031350010	低碳钢焊条 综合	kg	4.19	6.000	—
	012900010	钢板 综合	t	3210.00	0.032	—
	010500020	钢丝绳	kg	5.60	—	6.670
	002000020	其他材料费	元	—	48.25	57.92
机械	990401015	载重汽车 4t	台班	390.44	0.298	0.050
	990901020	交流弧焊机 32kV·A	台班	85.07	0.817	—

工作内容:栏式轮廓标:制作、剪贴反光膜;螺栓固定。 **计量单位:**100 块

					DB0352
定额编号					DB0352
项目名称					栏式轮廓标
费用	综合单价(元)				**380.06**
	其中	人工费(元)			103.20
		材料费(元)			203.36
		施工机具使用费(元)			—
		企业管理费(元)			46.63
		利润(元)			25.22
		一般风险费(元)			1.65
	编码	名称	单位	单价(元)	消耗量
人工	000300160	金属制安综合工	工日	120.00	0.860
材料	012903053	镀锌钢板 0.5	kg	4.12	8.000
	032130010	铁件 综合	kg	3.68	16.500
	020901220	反光膜	m^2	82.05	1.300
	002000020	其他材料费	元	—	3.01

工作内容:柱式轮廓标:加工成型,油漆,剪贴反光膜;挖洞,埋设,锚筋安设,回填夯实;柱脚混凝土的全部工序。

计量单位:100 根

定额编号					DB0353
项目名称					柱式轮廓标
费用	**综合单价(元)**				**5744.83**
	其中	人工费(元)			1203.36
		材料费(元)			3185.73
		施工机具使用费(元)			291.27
		企业管理费(元)			675.27
		利润(元)			365.29
		一般风险费(元)			23.91
	编码	名称	单位	单价(元)	消耗量
人工	000300160	金属制安综合工	工日	120.00	10.028
材料	800212010	砼 C15(塑、特、碎 5~31.5、坍 35~50)	m^3	217.22	1.840
	330104600	型钢立柱	t	2307.69	1.130
	020901220	反光膜	m^2	82.05	1.600
	002000020	其他材料费	元	—	47.08
机械	990401015	载重汽车 4t	台班	390.44	0.746

B.4.11 中间隔离墩(编码:040204013)

工作内容:1.预制:混凝土搅拌、运输、浇筑、养护。
2.模板:模板制作、安装、刷油、拆除、堆放、维修、清理。
3.安装:起吊设备就位,吊装、定位、固定、砂浆填缝。

计量单位:10m^3

定额编号					DB0354	DB0355	DB0356	DB0357
项目名称					预制	模板	安装	安装(预拌砂浆)
费用	**综合单价(元)**				**4567.62**	**1539.87**	**1521.13**	**1574.61**
	其中	人工费(元)			925.18	781.68	766.02	722.09
		材料费(元)			2693.30	201.48	120.03	271.84
		施工机具使用费(元)			169.51	—	52.29	38.79
		企业管理费(元)			494.58	353.16	369.71	343.76
		利润(元)			267.54	191.04	199.99	185.96
		一般风险费(元)			17.51	12.51	13.09	12.17
	编码	名称	单位	单价(元)	消耗量			
人工	000300100	砌筑综合工	工日	115.00	—	—	6.661	6.279
	000300060	模板综合工	工日	120.00	—	6.514	—	—
	000300080	混凝土综合工	工日	115.00	8.045	—	—	—
材料	810205010	M15 水泥砂浆(机细 稠度 70~90mm)	m^3	196.77	—	—	0.610	—
	850301050	干混商品地面砂浆 M15	t	262.14	—	—	—	1.037
	050303800	木材 锯材	m^3	1547.01	—	0.047	—	—
	050100500	原木	m^3	982.30	—	0.031	—	—
	032140460	零星卡具	kg	6.67	—	14.740	—	—
	032130010	铁件 综合	kg	3.68	11.800	—	—	—
	341100100	水	m^3	4.42	24.000	—	—	—
	800212030	砼 C25(塑、特、碎 5~31.5、坍 35~50)	m^3	250.62	10.150	—	—	—
机械	990602020	双锥反转出料混凝土搅拌机 350L	台班	226.31	0.277	—	—	—
	990406010	机动翻斗车 1t	台班	188.07	0.568	—	—	—
	990301020	履带式电动起重机 5t	台班	228.18	—	—	0.170	0.170
	990610010	灰浆搅拌机 200L	台班	187.56	—	—	0.072	—

B.4.12 隔音屏(编码:040204014)

工作内容:1.制作、除锈;钢板画线、型钢、钢筋调直、下料加工;搭拆脚手架;铁件、垫板、连接螺栓、连接扣件焊接等安装。
2.防锈处理、装饰涂料及所需的工序等。

计量单位:100m²

定额编号					DB0358
项目名称					屏蔽安装
费用	综合单价(元)				58035.76
	其中	人工费(元)			14138.40
		材料费(元)			27245.23
		施工机具使用费(元)			3844.62
		企业管理费(元)			8124.73
		利润(元)			4395.05
		一般风险费(元)			287.73
	编码	名称	单位	单价(元)	消耗量
人工	000300160	金属制安综合工	工日	120.00	117.820
材料	012904270	隔音彩钢板	m²	37.61	180.570
	170101000	钢管	kg	3.12	298.970
	010000120	钢材	t	2957.26	4.851
	012900030	钢板 综合	kg	3.21	45.000
	032102820	直角扣件	个	4.02	52.970
	350301200	对接扣件	个	5.00	10.730
	350200100	回转扣件	个	2.56	3.670
	040300450	石英砂	kg	0.09	4.700
	031350010	低碳钢焊条 综合	kg	4.19	205.370
	142100010	酚醛树脂	kg	17.95	97.570
	130500700	防锈漆	kg	12.82	74.500
	015900100	锌粉	kg	18.39	41.600
	140300400	汽油 综合	kg	6.75	2.970
	002000020	其他材料费	元	—	402.64
机械	990304024	汽车式起重机 25t	台班	1021.41	0.746
	990309030	门式起重机 20t	台班	604.77	0.944
	990401025	载重汽车 6t	台班	422.13	1.392
	990728020	摇臂钻床 钻孔直径 50mm	台班	21.15	0.305
	990732050	剪板机 厚度 40mm×宽度 3100mm	台班	601.00	0.107
	990736020	刨边机 加工长度 12000mm	台班	539.06	0.071
	990751010	型钢矫正机 厚度 60mm×宽度 800mm	台班	233.82	0.305
	990901040	交流弧焊机 42kV·A	台班	118.13	6.497
	991003070	电动空气压缩机 10m³/min	台班	363.27	2.393
	991204020	鼓风机 18m³/min	台班	40.73	2.627

B.5 交通管理设施(编码:040205)

B.5.1 电缆保护管(编码:040205002)

工作内容:切管、接管、铺设等。

计量单位:100m

定额编号					DB0359	DB0360
项目名称					ϕ63	ϕ76
费用	综合单价(元)				**3007.78**	**3513.56**
	其中	人工费(元)			555.50	640.00
		材料费(元)			2341.35	2745.75
		施工机具使用费(元)			—	—
		企业管理费(元)			66.27	76.35
		利润(元)			34.66	39.94
		一般风险费(元)			10.00	11.52
	编码	名称	单位	单价(元)	消耗量	
人工	000300150	管工综合工	工日	125.00	4.444	5.120
材料	170300550	镀锌钢管 *DN*65	m	21.15	103.000	—
	170300600	镀锌钢管 *DN*80	m	24.35	6.690	103.000
	170300700	镀锌钢管 *DN*100	m	35.53	—	6.690

B.5.2 标杆(编码:040205003)

工作内容:上法兰安装、标杆安装、调整垂直度等。

计量单位:套

定额编号					DB0361	DB0362	DB0363	DB0364
项目名称					柱式标杆			反光柱
					ϕ60×3000以内	ϕ90×5000以内	ϕ114×5050以内	ϕ90×1200以内
费用	综合单价(元)				**233.65**	**571.94**	**738.37**	**79.48**
	其中	人工费(元)			39.13	48.88	65.50	23.50
		材料费(元)			172.65	495.73	636.75	42.30
		施工机具使用费(元)			14.06	17.57	23.04	8.99
		企业管理费(元)			4.67	5.83	7.81	2.80
		利润(元)			2.44	3.05	4.09	1.47
		一般风险费(元)			0.70	0.88	1.18	0.42
	编码	名称	单位	单价(元)	消耗量			
人工	000500040	电工综合工	工日	125.00	0.313	0.391	0.524	0.188
材料	362900220	直杆 上部 ϕ60×3000	套	172.65	1.000	—	—	—
	362900230	直杆 上部 ϕ90×5000	套	495.73	—	1.000	—	—
	362900240	直杆 上部 ϕ115×5050	套	636.75	—	—	1.000	—
	362100410	反光柱 ϕ90×1200	根	12.82	—	—	—	1.000
	800211020	砼 C20(塑、特、碎 5~20、坍 35~50)	m^3	233.15	—	—	—	0.125
	002000010	其他材料费	元	—	—	—	—	0.34
机械	990401015	载重汽车 4t	台班	390.44	0.036	0.045	0.059	0.021
	991003020	电动空气压缩机 $0.6m^3/min$	台班	37.78	—	—	—	0.021

工作内容:上法兰安装、标杆安装、调整垂直度等。　　　　　　　　**计量单位:**套

定额编号					DB0365	DB0366	DB0367	DB0368
项目名称					弯杆			双弯杆
					ϕ90×5000以内	ϕ114×5050以内	ϕ219×5200以内	ϕ114×5050以内
费用	综合单价(元)				**786.20**	**1153.29**	**2723.57**	**1876.14**
	其中	人工费(元)			65.25	78.25	97.75	86.88
		材料费(元)			651.28	991.45	2521.37	1696.58
		施工机具使用费(元)			56.65	67.96	84.93	75.34
		企业管理费(元)			7.78	9.34	11.66	10.36
		利润(元)			4.07	4.88	6.10	5.42
		一般风险费(元)			1.17	1.41	1.76	1.56
	编码	名称	单位	单价(元)	消耗量			
人工	000500040	电工综合工	工日	125.00	0.522	0.626	0.782	0.695
材料	362900180	弯杆 上部 ϕ90×5000	套	651.28	1.000	—	—	—
	362900190	弯杆 上部 ϕ114×5050	套	991.45	—	1.000	—	—
	362900200	弯杆 上部 ϕ219×5200	套	2521.37	—	—	1.000	—
	362900210	双弯杆 上部 ϕ114×5050	套	1696.58	—	—	—	1.000
机械	990401015	载重汽车 4t	台班	390.44	0.059	0.071	0.089	0.079
	990304001	汽车式起重机 5t	台班	473.39	0.071	0.085	0.106	0.094

工作内容:上法兰安装、标杆安装、调整垂直度等。　　　　　　　　**计量单位:**套

定额编号					DB0369	DB0370	DB0371	DB0372	DB0373
项目名称					F杆				
					ϕ114×5050以内	ϕ219×9000以内	ϕ273×8500以内	ϕ219×6500以内(长伸臂)	ϕ325×12000以内
费用	综合单价(元)				**1686.41**	**7875.47**	**14104.69**	**6144.80**	**15912.76**
	其中	人工费(元)			130.25	195.50	260.75	223.88	266.38
		材料费(元)			1427.35	7487.17	13589.73	5700.85	15384.62
		施工机具使用费(元)			102.80	153.76	202.14	175.36	208.57
		企业管理费(元)			15.54	23.32	31.11	26.71	31.78
		利润(元)			8.13	12.20	16.27	13.97	16.62
		一般风险费(元)			2.34	3.52	4.69	4.03	4.79
	编码	名称	单位	单价(元)	消耗量				
人工	000500040	电工综合工	工日	125.00	1.042	1.564	2.086	1.791	2.131
材料	362900020	F杆 上部 ϕ114×5050	套	1427.35	1.000	—	—	—	—
	362900030	F杆 上部 ϕ219×9000	套	7487.17	—	1.000	—	—	—
	362900040	F杆 上部 ϕ273×8500	套	13589.73	—	—	1.000	—	—
	362900010	F杆 长伸臂上部 ϕ219×6500	套	5700.85	—	—	—	1.000	—
	362900050	F杆 上部 ϕ325×12000	套	15384.62	—	—	—	—	1.000
机械	990401015	载重汽车 4t	台班	390.44	0.119	0.178	0.234	0.203	0.242
	990304001	汽车式起重机 5t	台班	473.39	0.119	0.178	0.234	0.203	0.241

工作内容：上法兰安装、标杆安装、调整垂直度等。

计量单位：套

定额编号					DB0374	DB0375	DB0376	DB0377	DB0378
项目名称					三F杆			四F杆	
					ϕ114×6500以内	ϕ159×7500以内	ϕ219×8500以内	ϕ127×5945以内	ϕ219×7200以内
费用	综合单价（元）				**1594.05**	**3819.30**	**8417.84**	**3058.13**	**7444.02**
	其中	人工费（元）			142.25	173.75	223.50	156.38	260.75
		材料费（元）			1311.96	3474.36	7974.35	2747.86	6927.34
		施工机具使用费（元）			111.43	136.49	175.36	122.66	203.86
		企业管理费（元）			16.97	20.73	26.66	18.66	31.11
		利润（元）			8.88	10.84	13.95	9.76	16.27
		一般风险费（元）			2.56	3.13	4.02	2.81	4.69
	编码	名称	单位	单价(元)	消耗量				
人工	000500040	电工综合工	工日	125.00	1.138	1.390	1.788	1.251	2.086
材料	362900060	三F杆 上部 ϕ114×6500	套	1311.96	1.000	—	—	—	—
	362900070	三F杆 上部 ϕ159×7500	套	3474.36	—	1.000	—	—	—
	362900080	三F杆 上部 ϕ219×8500	套	7974.35	—	—	1.000	—	—
	362900090	四F杆 上部 ϕ127×5945	套	2747.86	—	—	—	1.000	—
	362900100	四F杆 上部 ϕ219×7200	套	6927.34	—	—	—	—	1.000
机械	990401015	载重汽车 4t	台班	390.44	0.129	0.158	0.203	0.142	0.236
	990304001	汽车式起重机 5t	台班	473.39	0.129	0.158	0.203	0.142	0.236

工作内容：上法兰安装、标杆安装、调整垂直度等。

计量单位：套

定额编号					DB0379	DB0380	DB0381	DB0382
项目名称					单T杆	双T杆		
					ϕ114×6500以内		ϕ159×6800以内	ϕ273×8500以内
费用	综合单价（元）				**1615.42**	**1909.04**	**4041.64**	**17150.44**
	其中	人工费（元）			142.25	173.75	223.38	312.75
		材料费（元）			1333.33	1564.10	3598.29	16529.90
		施工机具使用费（元）			111.43	136.49	175.36	245.33
		企业管理费（元）			16.97	20.73	26.65	37.31
		利润（元）			8.88	10.84	13.94	19.52
		一般风险费（元）			2.56	3.13	4.02	5.63
	编码	名称	单位	单价(元)	消耗量			
人工	000500040	电工综合工	工日	125.00	1.138	1.390	1.787	2.502
材料	362900110	单T杆 上部 ϕ114×6500	套	1333.33	1.000	—	—	—
	362900120	双T杆 上部 ϕ114×6500	套	1564.10	—	1.000	—	—
	362900130	双T杆 上部 ϕ159×6800	套	3598.29	—	—	1.000	—
	362900140	双T杆 上部 ϕ273×8500	套	16529.90	—	—	—	1.000
机械	990401015	载重汽车 4t	台班	390.44	0.129	0.158	0.203	0.284
	990304001	汽车式起重机 5t	台班	473.39	0.129	0.158	0.203	0.284

工作内容:上法兰安装、标杆安装、调整垂直度等。　　　计量单位:套

定额编号					DB0383	DB0384	DB0385
项目名称					三T杆		四T杆
					ϕ159×7500以内	ϕ219×8500以内	ϕ219×7200以内
费用	综合单价(元)				**4901.29**	**11376.45**	**6603.44**
	其中	人工费(元)			260.75	293.25	312.75
		材料费(元)			4384.61	10794.86	5982.90
		施工机具使用费(元)			203.86	229.78	245.33
		企业管理费(元)			31.11	34.98	37.31
		利润(元)			16.27	18.30	19.52
		一般风险费(元)			4.69	5.28	5.63
	编码	名称	单位	单价(元)	消耗量		
人工	000500040	电工综合工	工日	125.00	2.086	2.346	2.502
材料	362900150	三T杆上部 ϕ159×7500	套	4384.61	1.000	—	—
	362900160	三T杆上部 ϕ219×8500	套	10794.86	—	1.000	—
	362900170	四T杆上部 ϕ219×7200	套	5982.90	—	—	1.000
机械	990401015	载重汽车 4t	台班	390.44	0.236	0.266	0.284
	990304001	汽车式起重机 5t	台班	473.39	0.236	0.266	0.284

B.5.3 标志板(编码:040205004)

工作内容:标志板安装:安装、位置调整等。　　　计量单位:块

定额编号					DB0386	DB0387	DB0388	DB0389	DB0390	DB0391
项目名称					标志板					
					1m² 以内	2m² 以内	5m² 以内	7m² 以内	9m² 以内	12m² 以内
费用	综合单价(元)				**472.15**	**539.11**	**679.48**	**843.49**	**1016.02**	**1262.77**
	其中	人工费(元)			36.00	51.29	107.87	179.86	237.36	287.73
		材料费(元)			370.60	393.86	433.36	481.40	538.85	684.15
		施工机具使用费(元)			58.36	83.72	116.71	146.31	192.41	233.43
		企业管理费(元)			4.29	6.12	12.87	21.46	28.32	34.33
		利润(元)			2.25	3.20	6.73	11.22	14.81	17.95
		一般风险费(元)			0.65	0.92	1.94	3.24	4.27	5.18
	编码	名称	单位	单价(元)	消耗量					
人工	000700010	市政综合工	工日	115.00	0.313	0.446	0.938	1.564	2.064	2.502
材料	341300110	标志板 1m² 以内	块	367.52	1.000	—	—	—	—	—
	341300120	标志板 2m² 以内	块	384.62	—	1.000	—	—	—	—
	341300130	标志板 5m² 以内	块	410.26	—	—	1.000	—	—	—
	341300140	标志板 7m² 以内	块	444.44	—	—	—	1.000	—	—
	032141160	紧固件	套	1.54	2.000	6.000	15.000	24.000	28.000	28.000
	341300150	标志板 9m² 以内	块	495.73	—	—	—	—	1.000	—
	341300160	标志板 12m² 以内	块	641.03	—	—	—	—	—	1.000
机械	990401015	载重汽车 4t	台班	390.44	0.071	0.102	0.142	0.178	0.234	0.284
	990512030	平台作业升降车 提升高度20m	台班	457.24	0.067	0.096	0.134	0.168	0.221	0.268

工作内容：减速板安装：安装、位置调整等。

计量单位：块

定额编号					DB0392
项目名称					减速板
费用	综合单价（元）				**21.65**
	其中	人工费（元）			3.80
		材料费（元）			17.09
		施工机具使用费（元）			—
		企业管理费（元）			0.45
		利润（元）			0.24
		一般风险费（元）			0.07
	编码	名称	单位	单价(元)	消耗量
人工	000700010	市政综合工	工日	115.00	0.033
材料	363101830	减速板	块	17.09	1.000

B.5.4 视线诱导器（编码：040205005）

工作内容：放样、钻孔、安装等。

计量单位：只

定额编号					DB0393	DB0394	DB0395
项目名称					反光道钉	路边线轮廓标	标志器
费用	综合单价（元）				**20.99**	**16.04**	**43.11**
	其中	人工费（元）			8.51	7.25	24.27
		材料费（元）			8.05	4.62	4.15
		施工机具使用费（元）			2.73	2.73	9.85
		企业管理费（元）			1.02	0.86	2.89
		利润（元）			0.53	0.45	1.51
		一般风险费（元）			0.15	0.13	0.44
	编码	名称	单位	单价(元)	消耗量		
人工	000700010	市政综合工	工日	115.00	0.074	0.063	0.211
材料	030192950	反光道钉	个	4.27	1.000	—	—
	341300300	路边线轮廓标	块	4.62	—	1.000	—
	341300170	标志器	只	0.85	—	—	1.000
	800205030	砼 C25(塑、特、碎 5～20、坍 10～30)	m^3	249.01	—	—	0.013
	002000010	其他材料费	元	—	3.84	—	0.06
机械	990401015	载重汽车 4t	台班	390.44	0.007	0.007	0.023
	991003020	电动空气压缩机 $0.6m^3/min$	台班	37.78	—	—	0.023

B.5.5 标线(编码:040205006)

工作内容:1.冷、温漆:清扫、放样、漆划等。
2.热熔漆:清扫、放样、上底线、再清扫、漆划、撒玻璃珠、修线形、护线等。

计量单位:km

定额编号					DB0396	DB0397	DB0398	DB0399	DB0400	DB0401
项目名称					实线			分界虚线(2m×4m)		
					冷漆	温漆	热熔漆	冷漆	温漆	热熔漆
费用	综合单价(元)				**3011.27**	**5455.70**	**26884.65**	**1246.77**	**2171.30**	**10267.52**
其中	人工费(元)				134.90	179.86	602.49	143.87	185.27	618.70
	材料费(元)				2672.32	4931.79	24512.11	881.82	1627.49	8089.07
	施工机具使用费(元)				63.06	126.13	783.18	69.28	132.34	653.61
	企业管理费(元)				89.44	138.24	626.04	96.30	143.50	574.83
	利润(元)				48.38	74.78	338.66	52.09	77.62	310.95
	一般风险费(元)				3.17	4.90	22.17	3.41	5.08	20.36
	编码	名称	单位	单价(元)	消耗量					
人工	000700010	市政综合工	工日	115.00	1.173	1.564	5.239	1.251	1.611	5.380
材料	131100320	氯化橡胶标线漆 2928	kg	38.46	68.003	—	—	22.440	—	—
	131100310	氯化橡胶耐磨标线漆 2938	kg	41.03	—	117.688	—	—	38.837	—
	362100310	反光材料 玻璃珠 6950	kg	2.82	—	—	49.725	—	—	16.410
	131100410	热熔标线涂料 2900	kg	32.48	—	—	730.993	—	—	241.230
	143506800	稀释剂	kg	7.69	2.267	3.923	—	0.748	1.295	—
	130306700	透明底漆	kg	10.47	—	—	25.500	—	—	8.415
	002000020	其他材料费	元	—	39.49	72.88	362.25	13.03	24.05	119.54
机械	990154010	自行式热熔划线车	台班	198.20	—	—	0.476	—	—	0.488
	990155010	手推式热熔划线车	台班	173.74	—	—	0.670	—	—	0.488
	990156010	热熔釜熔解车	台班	576.99	—	—	0.670	—	—	0.488
	990146010	汽车式路面划线机 喷涂宽度 450mm	台班	497.77	0.071	0.142	—	0.078	0.149	—
	990401015	载重汽车 4t	台班	390.44	0.071	0.142	0.476	0.078	0.149	0.488

工作内容:1.冷、温漆:清扫、放样、漆划等。
2.热熔漆:清扫、放样、上底线、再清扫、漆划、撒玻璃珠、修线形、护线等。

计量单位:km

定额编号					DB0402	DB0403	DB0404	DB0405	DB0406	DB0407
项目名称					分界虚线(3m×3m)			分界虚线(4m×6m)		
					冷漆	温漆	热熔漆	冷漆	温漆	热熔漆
费用	综合单价(元)				**1701.13**	**3009.71**	**14289.35**	**1434.03**	**2516.51**	**11983.29**
其中	人工费(元)				143.87	185.27	618.70	143.87	185.27	618.70
	材料费(元)				1336.18	2465.90	12256.07	1069.08	1972.70	9804.84
	施工机具使用费(元)				69.28	132.34	568.83	69.28	132.34	653.61
	企业管理费(元)				96.30	143.50	536.52	96.30	143.50	574.83
	利润(元)				52.09	77.62	290.23	52.09	77.62	310.95
	一般风险费(元)				3.41	5.08	19.00	3.41	5.08	20.36
	编码	名称	单位	单价(元)	消耗量					
人工	000700010	市政综合工	工日	115.00	1.251	1.611	5.380	1.251	1.611	5.380
材料	131100320	氯化橡胶标线漆 2928	kg	38.46	34.002	—	—	27.201	—	—
	131100310	氯化橡胶耐磨标线漆 2938	kg	41.03	—	58.844	—	—	47.075	—
	362100310	反光材料 玻璃珠 6950	kg	2.82	—	—	24.863	—	—	19.890
	131100410	热熔标线涂料 2900	kg	32.48	—	—	365.497	—	—	292.397
	143506800	稀释剂	kg	7.69	1.133	1.962	—	0.927	1.569	—
	130306700	透明底漆	kg	10.47	—	—	12.750	—	—	10.200
	002000020	其他材料费	元	—	19.75	36.44	181.12	15.80	29.15	144.90
机械	990154010	自行式热熔划线车	台班	198.20	—	—	0.488	—	—	0.488
	990155010	手推式热熔划线车	台班	173.74	—	—	—	—	—	0.488
	990156010	热熔釜熔解车	台班	576.99	—	—	0.488	—	—	0.488
	990146010	汽车式路面划线机 喷涂宽度 450mm	台班	497.77	0.078	0.149	—	0.078	0.149	—
	990401015	载重汽车 4t	台班	390.44	0.078	0.149	0.488	0.078	0.149	0.488

工作内容:1.冷、温漆:清扫、放样、漆划等。
2.热熔漆:清扫、放样、上底线、再清扫、漆划、撒玻璃珠、修线形、护线等。

计量单位:km

定额编号					DB0408	DB0409	DB0410	DB0411
项目名称					分界虚线(6m×9m)			黄侧石线
					冷漆	温漆	热熔漆	冷漆
费用	**综合单价(元)**				**1433.88**	**2516.51**	**11983.29**	**5075.98**
	其中	人工费(元)			143.87	185.27	618.70	971.29
		材料费(元)			1068.93	1972.70	9804.84	3412.94
		施工机具使用费(元)			69.28	132.34	653.61	—
		企业管理费(元)			96.30	143.50	574.83	438.83
		利润(元)			52.09	77.62	310.95	237.38
		一般风险费(元)			3.41	5.08	20.36	15.54
	编码	名称	单位	单价(元)	消耗量			
人工	000700010	市政综合工	工日	115.00	1.251	1.611	5.380	8.446
材料	131100320	氯化橡胶标线漆 2928	kg	38.46	27.201	—	—	88.740
	131100310	氯化橡胶耐磨标线漆 2938	kg	41.03	—	47.075	—	—
	362100310	反光材料 玻璃珠 6950	kg	2.82	—	—	19.890	—
	131100410	热熔标线涂料 2900	kg	32.48	—	—	292.397	—
	143506800	稀释剂	kg	7.69	0.907	1.569	—	—
	130306700	透明底漆	kg	10.47	—	—	10.200	—
	002000020	其他材料费	元	—	15.80	29.15	144.90	—
机械	990154010	自行式热熔划线车	台班	198.20	—	—	0.488	—
	990155010	手推式热熔划线车	台班	173.74	—	—	0.488	—
	990156010	热熔釜熔解车	台班	576.99	—	—	0.488	—
	990146010	汽车式路面划线机 喷涂宽度 450mm	台班	497.77	0.078	0.149	—	—
	990401015	载重汽车 4t	台班	390.44	0.078	0.149	0.488	—

B.5.6 箭头(编码:040205020)

工作内容:1.冷、温漆:清扫、放样、再清扫、粘胶带、漆划、除胶带、修线形、护线等。
2.热熔漆:清扫、放样、上底线、再清扫、粘胶带、漆划、除胶带、撒玻璃珠、修线形、护线等。

计量单位:个

定额编号					DB0412	DB0413	DB0414	DB0415	DB0416	DB0417
项目名称					直行箭头(3m)			直行箭头(6m)		
					冷漆	温漆	热熔漆	冷漆	温漆	热熔漆
费用	**综合单价(元)**				**92.81**	**157.83**	**407.86**	**167.61**	**292.41**	**918.88**
	其中	人工费(元)			28.75	57.50	71.99	36.00	71.99	89.93
		材料费(元)			18.83	34.62	159.14	75.33	138.50	636.59
		施工机具使用费(元)			14.46	14.46	73.28	17.90	17.90	74.94
		企业管理费(元)			19.52	32.51	65.63	24.35	40.61	74.49
		利润(元)			10.56	17.59	35.50	13.17	21.97	40.29
		一般风险费(元)			0.69	1.15	2.32	0.86	1.44	2.64
	编码	名称	单位	单价(元)	消耗量					
人工	000700010	市政综合工	工日	115.00	0.250	0.500	0.626	0.313	0.626	0.782
材料	131100320	氯化橡胶标线漆 2928	kg	38.46	0.479	—	—	1.917	—	—
	131100310	氯化橡胶耐磨标线漆 2938	kg	41.03	—	0.826	—	—	3.305	—
	362100310	反光材料 玻璃珠 6950	kg	2.82	—	—	0.358	—	—	1.432
	131100410	热熔标线涂料 2900	kg	32.48	—	—	4.737	—	—	18.948
	143506800	稀释剂	kg	7.69	0.016	0.028	—	0.064	0.110	—
	130306700	透明底漆	kg	10.47	—	—	0.184	—	—	0.736
	002000020	其他材料费	元	—	0.28	0.51	2.35	1.11	2.05	9.41
机械	990155010	手推式热熔划线车	台班	173.74	—	—	0.028	—	—	0.036
	990156010	热熔釜熔解车	台班	576.99	—	—	0.080	—	—	0.071
	990146010	汽车式路面划线机 喷涂宽度 450mm	台班	497.77	0.011	0.011	—	0.014	0.014	—
	990401015	载重汽车 4t	台班	390.44	0.023	0.023	0.057	0.028	0.028	0.071

工作内容:1.冷、温漆:清扫、放样、再清扫、粘胶带、漆划、除胶带、修线形、护线等。
2.热熔漆:清扫、放样、上底线、再清扫、粘胶带、漆划、除胶带、撒玻璃珠、修线形、护线等。 **计量单位**:个

定额编号					DB0418	DB0419	DB0420
项目名称					直行箭头(9m)		
					冷漆	温漆	热熔漆
费用	**综合单价(元)**				**285.89**	**543.74**	**1785.66**
	其中	人工费(元)			44.97	89.93	112.47
		材料费(元)			169.49	311.62	1432.28
		施工机具使用费(元)			23.02	45.64	93.92
		企业管理费(元)			30.71	61.25	93.25
		利润(元)			16.61	33.13	50.44
		一般风险费(元)			1.09	2.17	3.30
	编码	名称	单位	单价(元)	消耗量		
人工	000700010	市政综合工	工日	115.00	0.391	0.782	0.978
材料	131100320	氯化橡胶标线漆 2928	kg	38.46	4.313	—	—
	131100310	氯化橡胶耐磨标线漆 2938	kg	41.03	—	7.436	—
	362100310	反光材料 玻璃珠 6950	kg	2.82	—	—	3.222
	131100410	热熔标线涂料 2900	kg	32.48	—	—	42.632
	143506800	稀释剂	kg	7.69	0.144	0.248	—
	130306700	透明底漆	kg	10.47	—	—	1.656
	002000020	其他材料费	元	—	2.50	4.61	21.17
机械	990155010	手推式热熔划线车	台班	173.74	—	—	0.045
	990156010	热熔釜熔解车	台班	576.99	—	—	0.089
	990146010	汽车式路面划线机 喷涂宽度 450mm	台班	497.77	0.018	0.036	—
	990401015	载重汽车 4t	台班	390.44	0.036	0.071	0.089

工作内容:1.冷、温漆:清扫、放样、再清扫、粘胶带、漆划、除胶带、修线形、护线等。
2.热熔漆:清扫、放样、上底线、再清扫、粘胶带、漆划、除胶带、撒玻璃珠、修线形、护线等。 **计量单位**:个

定额编号					DB0421	DB0422	DB0423	DB0424	DB0425	DB0426
项目名称					转弯箭头(3m)			转弯箭头(6m)		
					冷漆	温漆	热熔漆	冷漆	温漆	热熔漆
费用	**综合单价(元)**				**85.97**	**145.26**	**350.02**	**140.23**	**242.08**	**687.54**
	其中	人工费(元)			28.75	57.50	71.99	36.00	71.99	89.93
		材料费(元)			11.99	22.05	101.30	47.95	88.17	405.25
		施工机具使用费(元)			14.46	14.46	73.28	17.90	17.90	74.94
		企业管理费(元)			19.52	32.51	65.63	24.35	40.61	74.49
		利润(元)			10.56	17.59	35.50	13.17	21.97	40.29
		一般风险费(元)			0.69	1.15	2.32	0.86	1.44	2.64
	编码	名称	单位	单价(元)	消耗量					
人工	000700010	市政综合工	工日	115.00	0.250	0.500	0.626	0.313	0.626	0.782
材料	131100320	氯化橡胶标线漆 2928	kg	38.46	0.305	—	—	1.220	—	—
	131100310	氯化橡胶耐磨标线漆 2938	kg	41.03	—	0.526	—	—	2.104	—
	362100310	反光材料 玻璃珠 6950	kg	2.82	—	—	0.228	—	—	0.912
	131100410	热熔标线涂料 2900	kg	32.48	—	—	3.015	—	—	12.062
	143506800	稀释剂	kg	7.69	0.010	0.018	—	0.041	0.070	—
	130306700	透明底漆	kg	10.47	—	—	0.117	—	—	0.469
	002000020	其他材料费	元	—	0.18	0.33	1.50	0.71	1.30	5.99
机械	990155010	手推式热熔划线车	台班	173.74	—	—	0.028	—	—	0.036
	990156010	热熔釜熔解车	台班	576.99	—	—	0.080	—	—	0.071
	990146010	汽车式路面划线机 喷涂宽度 450mm	台班	497.77	0.011	0.011	—	0.014	0.014	—
	990401015	载重汽车 4t	台班	390.44	0.023	0.023	0.057	0.028	0.028	0.071

工作内容:1.冷、温漆:清扫、放样、再清扫、粘胶带、漆划、除胶带、修线形、护线等。

2.热熔漆:清扫、放样、上底线、再清扫、粘胶带、漆划、除胶带、撒玻璃珠、修线形、护线等。

计量单位:个

					DB0427	DB0428	DB0429
定额编号					DB0427	DB0428	DB0429
项目名称					转弯箭头(9m)		
					冷漆	温漆	热熔漆
费用	综合单价(元)				**360.64**	**430.46**	**1262.25**
	其中	人工费(元)			44.97	89.93	112.47
		材料费(元)			107.87	198.34	908.87
		施工机具使用费(元)			102.66	45.64	93.92
		企业管理费(元)			66.70	61.25	93.25
		利润(元)			36.08	33.13	50.44
		一般风险费(元)			2.36	2.17	3.30
	编码	名称	单位	单价(元)	消耗量		
人工	000700010	市政综合工	工日	115.00	0.391	0.782	0.978
材料	131100320	氯化橡胶标线漆 2928	kg	38.46	2.745	—	—
	131100310	氯化橡胶耐磨标线漆 2938	kg	41.03	—	4.733	—
	362100310	反光材料 玻璃珠 6950	kg	2.82	—	—	2.051
	131100410	热熔标线涂料 2900	kg	32.48	—	—	27.051
	143506800	稀释剂	kg	7.69	0.092	0.158	—
	130306700	透明底漆	kg	10.47	—	—	1.054
	002000020	其他材料费	元	—	1.59	2.93	13.43
机械	990155010	手推式热熔划线车	台班	173.74	—	—	0.045
	990156010	热熔釜熔解车	台班	576.99	—	—	0.089
	990146010	汽车式路面划线机 喷涂宽度 450mm	台班	497.77	0.178	0.036	—
	990401015	载重汽车 4t	台班	390.44	0.036	0.071	0.089

工作内容:1.冷、温漆:清扫、放样、再清扫、粘胶带、漆划、除胶带、修线形、护线等。

2.热熔漆:清扫、放样、上底线、再清扫、粘胶带、漆划、除胶带、撒玻璃珠、修线形、护线等。

计量单位:个

					DB0430	DB0431	DB0432	DB0433	DB0434	DB0435
定额编号					DB0430	DB0431	DB0432	DB0433	DB0434	DB0435
项目名称					直行转弯箭头(3m)			直行转弯箭头(6m)		
					冷漆	温漆	热熔漆	冷漆	温漆	热熔漆
费用	综合单价(元)				**90.29**	**153.17**	**363.79**	**185.41**	**320.06**	**917.44**
	其中	人工费(元)			28.75	57.50	71.99	46.81	93.50	116.96
		材料费(元)			16.31	29.96	137.78	65.19	119.89	551.11
		施工机具使用费(元)			14.46	14.46	60.01	23.41	23.41	97.00
		企业管理费(元)			19.52	32.51	59.64	31.72	52.82	96.66
		利润(元)			10.56	17.59	32.26	17.16	28.57	52.29
		一般风险费(元)			0.69	1.15	2.11	1.12	1.87	3.42
	编码	名称	单位	单价(元)	消耗量					
人工	000700010	市政综合工	工日	115.00	0.250	0.500	0.626	0.407	0.813	1.017
材料	131100320	氯化橡胶标线漆 2928	kg	38.46	0.415	—	—	1.659	—	—
	131100310	氯化橡胶耐磨标线漆 2938	kg	41.03	—	0.715	—	—	2.861	—
	362100310	反光材料 玻璃珠 6950	kg	2.82	—	—	0.310	—	—	1.240
	131100410	热熔标线涂料 2900	kg	32.48	—	—	4.101	—	—	16.404
	143506800	稀释剂	kg	7.69	0.014	0.024	—	0.055	0.095	—
	130306700	透明底漆	kg	10.47	—	—	0.159	—	—	0.637
	002000020	其他材料费	元	—	0.24	0.44	2.04	0.96	1.77	8.14
机械	990155010	手推式热熔划线车	台班	173.74	—	—	0.028	—	—	0.046
	990156010	热熔釜熔解车	台班	576.99	—	—	0.057	—	—	0.092
	990146010	汽车式路面划线机 喷涂宽度 450mm	台班	497.77	0.011	0.011	—	0.018	0.018	—
	990401015	载重汽车 4t	台班	390.44	0.023	0.023	0.057	0.037	0.037	0.092

工作内容:1.冷、温漆:清扫、放样、再清扫、粘胶带、漆划、除胶带、修线形、护线等。
2.热熔漆:清扫、放样、上底线、再清扫、粘胶带、漆划、除胶带、撒玻璃珠、修线形、护线等。　计量单位:个

定额编号					DB0436	DB0437	DB0438
项目名称					直行转弯箭头(9m)		
					冷漆	温漆	热熔漆
费用	综合单价(元)				**294.84**	**566.92**	**1692.08**
	其中	人工费(元)			57.50	115.12	143.87
		材料费(元)			146.70	270.63	1239.96
		施工机具使用费(元)			29.02	57.93	120.19
		企业管理费(元)			39.09	78.18	119.30
		利润(元)			21.15	42.29	64.54
		一般风险费(元)			1.38	2.77	4.22
	编码	名称	单位	单价(元)	消耗量		
人工	000700010	市政综合工	工日	115.00	0.500	1.001	1.251
材料	131100320	氯化橡胶标线漆 2928	kg	38.46	3.734	—	—
	131100310	氯化橡胶耐磨标线漆 2938	kg	41.03	—	6.458	—
	362100310	反光材料 玻璃珠 6950	kg	2.82	—	—	2.790
	131100410	热熔标线涂料 2900	kg	32.48	—	—	36.908
	143506800	稀释剂	kg	7.69	0.120	0.215	—
	130306700	透明底漆	kg	10.47	—	—	1.433
	002000020	其他材料费	元	—	2.17	4.00	18.32
机械	990155010	手推式热熔划线车	台班	173.74	—	—	0.057
	990156010	热熔釜熔解车	台班	576.99	—	—	0.114
	990146010	汽车式路面划线机 喷涂宽度 450mm	台班	497.77	0.023	0.045	—
	990401015	载重汽车 4t	台班	390.44	0.045	0.091	0.114

工作内容:1.冷、温漆:清扫、放样、再清扫、粘胶带、漆划、除胶带、修线形、护线等。
2.热熔漆:清扫、放样、上底线、再清扫、粘胶带、漆划、除胶带、撒玻璃珠、修线形、护线等。　计量单位:个

定额编号					DB0439	DB0440	DB0441	DB0442	DB0443	DB0444
项目名称					掉头箭头(3m)			掉头箭头(6m)		
					冷漆	温漆	热熔漆	冷漆	温漆	热熔漆
费用	综合单价(元)				**96.61**	**164.82**	**439.99**	**165.73**	**288.93**	**922.30**
	其中	人工费(元)			28.75	57.50	71.99	36.00	71.99	89.93
		材料费(元)			22.63	41.61	191.27	73.45	135.02	620.63
		施工机具使用费(元)			14.46	14.46	73.28	17.90	17.90	86.26
		企业管理费(元)			19.52	32.51	65.63	24.35	40.61	79.60
		利润(元)			10.56	17.59	35.50	13.17	21.97	43.06
		一般风险费(元)			0.69	1.15	2.32	0.86	1.44	2.82
	编码	名称	单位	单价(元)	消耗量					
人工	000700010	市政综合工	工日	115.00	0.250	0.500	0.626	0.313	0.626	0.782
材料	131100320	氯化橡胶标线漆 2928	kg	38.46	0.576	—	—	1.869	—	—
	131100310	氯化橡胶耐磨标线漆 2938	kg	41.03	—	0.993	—	—	3.222	—
	362100310	反光材料 玻璃珠 6950	kg	2.82	—	—	0.430	—	—	1.396
	131100410	热熔标线涂料 2900	kg	32.48	—	—	5.693	—	—	18.473
	143506800	稀释剂	kg	7.69	0.019	0.033	—	0.062	0.107	—
	130306700	透明底漆	kg	10.47	—	—	0.221	—	—	0.718
	002000020	其他材料费	元	—	0.33	0.61	2.83	1.09	2.00	9.17
机械	990155010	手推式热熔划线车	台班	173.74	—	—	0.028	—	—	0.036
	990156010	热熔釜熔解车	台班	576.99	—	—	0.080	—	—	0.071
	990146010	汽车式路面划线机 喷涂宽度 450mm	台班	497.77	0.011	0.011	—	0.014	0.014	—
	990401015	载重汽车 4t	台班	390.44	0.023	0.023	0.057	0.028	0.028	0.100

工作内容：1.冷、温漆：清扫、放样、再清扫、粘胶带、漆划、除胶带、修线形、护线等。
2.热熔漆：清扫、放样、上底线、再清扫、粘胶带、漆划、除胶带、撒玻璃珠、修线形、护线等。　　计量单位：个

		定额编号			DB0445	DB0446	DB0447
		项目名称			禁止掉头箭头(6m)		
					冷漆	温漆	热熔漆
费用		**综合单价（元）**			**225.76**	**389.53**	**1108.11**
	其中	人工费（元）			57.50	115.12	143.87
		材料费（元）			77.62	142.73	655.99
		施工机具使用费（元）			29.02	29.02	120.19
		企业管理费（元）			39.09	65.12	119.30
		利润（元）			21.15	35.23	64.54
		一般风险费（元）			1.38	2.31	4.22
	编码	名称	单位	单价(元)	消耗量		
人工	000700010	市政综合工	工日	115.00	0.500	1.001	1.251
材料	131100320	氯化橡胶标线漆 2928	kg	38.46	1.975	—	—
	131100310	氯化橡胶耐磨标线漆 2938	kg	41.03	—	3.406	—
	362100310	反光材料 玻璃珠 6950	kg	2.82	—	—	1.476
	131100410	热熔标线涂料 2900	kg	32.48	—	—	19.526
	143506800	稀释剂	kg	7.69	0.066	0.114	—
	130306700	透明底漆	kg	10.47	—	—	0.758
	002000020	其他材料费	元	—	1.15	2.11	9.69
机械	990155010	手推式热熔划线车	台班	173.74	—	—	0.057
	990156010	热熔釜熔解车	台班	576.99	—	—	0.114
	990146010	汽车式路面划线机 喷涂宽度 450mm	台班	497.77	0.023	0.023	—
	990401015	载重汽车 4t	台班	390.44	0.045	0.045	0.114

B.5.7　字符标记(编码:040205021)

工作内容：1.冷、温漆：清扫、放样、再清扫、粘胶带、漆划、除胶带、修线形、护线等。
2.热熔漆：清扫、放样、上底线、再清扫、粘胶带、漆划、除胶带、撒玻璃珠、修线形、护线等。　　计量单位：个

		定额编号			DB0448	DB0449	DB0450	DB0451	DB0452
		项目名称			文字标记(字高 3m)			文字标记(字高 6m)	
					冷漆	温漆	热熔漆	冷漆	温漆
费用		**综合单价（元）**			**124.79**	**260.31**	**570.74**	**307.00**	**466.96**
	其中	人工费（元）			47.27	70.84	133.17	100.74	151.11
		材料费（元）			31.40	57.70	265.25	87.87	161.59
		施工机具使用费（元）			7.28	47.50	45.25	27.24	27.24
		企业管理费（元）			24.64	53.46	80.61	57.82	80.58
		利润（元）			13.33	28.92	43.61	31.28	43.59
		一般风险费（元）			0.87	1.89	2.85	2.05	2.85
	编码	名称	单位	单价(元)	消耗量				
人工	000700010	市政综合工	工日	115.00	0.411	0.616	1.158	0.876	1.314
材料	131100320	氯化橡胶标线漆 2928	kg	38.46	0.799	—	—	2.236	—
	131100310	氯化橡胶耐磨标线漆 2938	kg	41.03	—	1.377	—	—	3.856
	362100310	反光材料 玻璃珠 6950	kg	2.82	—	—	0.597	—	—
	131100410	热熔标线涂料 2900	kg	32.48	—	—	7.895	—	—
	143506800	稀释剂	kg	7.69	0.027	0.046	—	0.075	0.129
	130306700	透明底漆	kg	10.47	—	—	0.307	—	—
	002000020	其他材料费	元	—	0.46	0.85	3.92	1.30	2.39
机械	990155010	手推式热熔划线车	台班	173.74	—	—	0.021	—	—
	990156010	热熔釜熔解车	台班	576.99	—	—	0.043	—	—
	990146010	汽车式路面划线机 喷涂宽度 450mm	台班	497.77	0.006	0.006	—	0.021	0.021
	990401015	载重汽车 4t	台班	390.44	0.011	0.114	0.043	0.043	0.043

工作内容:1.冷、温漆:清扫、放样、再清扫、粘胶带、漆划、除胶带、修线形、护线等。
2.热熔漆:清扫、放样、上底线、再清扫、粘胶带、漆划、除胶带、撒玻璃珠、修线形、护线等。 **计量单位**:个

		定额编号			DB0453	DB0454	DB0455	DB0456
		项目名称			文字标记(字高 6m)	文字标记(字高 9m)		
					热熔漆	冷漆	温漆	热熔漆
费用		**综合单价(元)**			**1469.36**	**470.03**	**717.85**	**2236.46**
	其中	人工费(元)			323.73	151.11	226.67	485.65
		材料费(元)			742.66	141.24	259.69	1193.58
		施工机具使用费(元)			100.70	40.92	40.92	123.44
		企业管理费(元)			191.75	86.76	120.89	275.18
		利润(元)			103.73	46.93	65.40	148.86
		一般风险费(元)			6.79	3.07	4.28	9.75
	编码	名称	单位	单价(元)	消耗量			
人工	000700010	市政综合工	工日	115.00	2.815	1.314	1.971	4.223
材料	131100320	氯化橡胶标线漆 2928	kg	38.46	—	3.594	—	—
	131100310	氯化橡胶耐磨标线漆 2938	kg	41.03	—	—	6.197	—
	362100310	反光材料 玻璃珠 6950	kg	2.82	1.671	—	—	2.685
	131100410	热熔标线涂料 2900	kg	32.48	22.105	—	—	35.527
	143506800	稀释剂	kg	7.69	—	0.120	0.207	—
	130306700	透明底漆	kg	10.47	0.859	—	—	1.380
	002000020	其他材料费	元	—	10.98	2.09	3.84	17.64
机械	990155010	手推式热熔划线车	台班	173.74	0.039	—	—	0.059
	990156010	热熔釜熔解车	台班	576.99	0.110	—	—	0.117
	990146010	汽车式路面划线机 喷涂宽度 450mm	台班	497.77	—	0.032	0.032	—
	990401015	载重汽车 4t	台班	390.44	0.078	0.064	0.064	0.117

工作内容:1.冷、温漆:清扫、放样、再清扫、粘胶带、漆划、除胶带、修线形、护线等。
2.热熔漆:清扫、放样、上底线、再清扫、粘胶带、漆划、除胶带、撒玻璃珠、修线形、护线等。 **计量单位**:个

		定额编号			DB0457	DB0458	DB0459	DB0460	DB0461	DB0462
		项目名称			倒三角让行标记(1.2m×3m)			倒三角让行标记(1.2m×2.5m)		
					冷漆	温漆	热熔漆	冷漆	温漆	热熔漆
费用		**综合单价(元)**			**85.19**	**143.78**	**320.52**	**90.72**	**153.97**	**367.49**
	其中	人工费(元)			28.75	57.50	71.99	28.75	57.50	71.99
		材料费(元)			11.21	20.57	94.51	16.74	30.76	141.48
		施工机具使用费(元)			14.46	14.46	60.01	14.46	14.46	60.01
		企业管理费(元)			19.52	32.51	59.64	19.52	32.51	59.64
		利润(元)			10.56	17.59	32.26	10.56	17.59	32.26
		一般风险费(元)			0.69	1.15	2.11	0.69	1.15	2.11
	编码	名称	单位	单价(元)	消耗量					
人工	000700010	市政综合工	工日	115.00	0.250	0.500	0.626	0.250	0.500	0.626
材料	131100320	氯化橡胶标线漆 2928	kg	38.46	0.285	—	—	0.426	—	—
	131100310	氯化橡胶耐磨标线漆 2938	kg	41.03	—	0.491	—	—	0.734	—
	362100310	反光材料 玻璃珠 6950	kg	2.82	—	—	0.213	—	—	0.318
	131100410	热熔标线涂料 2900	kg	32.48	—	—	2.813	—	—	4.211
	143506800	稀释剂	kg	7.69	0.010	0.016	—	0.014	0.025	—
	130306700	透明底漆	kg	10.47	—	—	0.109	—	—	0.164
	002000020	其他材料费	元	—	0.17	0.30	1.40	0.25	0.45	2.09
机械	990155010	手推式热熔划线车	台班	173.74	—	—	0.028	—	—	0.028
	990156010	热熔釜熔解车	台班	576.99	—	—	0.057	—	—	0.057
	990146010	汽车式路面划线机 喷涂宽度 450mm	台班	497.77	0.011	0.011	—	0.011	0.011	—
	990401015	载重汽车 4t	台班	390.44	0.023	0.023	0.057	0.023	0.023	0.057

B.5.8 横道线(编码:040205008)

工作内容:1.冷、温漆:清扫、放样、漆划等。
2.热熔漆:清扫、放样、上底线、再清扫、漆划、撒玻璃珠、修线形、护线等。

计量单位:m^2

定额编号					DB0463	DB0464	DB0465
项目名称					横道线		
					冷漆	温漆	热熔漆
费用	综合单价(元)				**58.50**	**62.43**	**310.56**
	其中	人工费(元)			22.20	22.20	83.61
		材料费(元)			17.45	21.38	149.07
		施工机具使用费(元)			1.78	1.78	10.71
		企业管理费(元)			10.83	10.83	42.61
		利润(元)			5.86	5.86	23.05
		一般风险费(元)			0.38	0.38	1.51
	编码	名称	单位	单价(元)	消耗量		
人工	000700010	市政综合工	工日	115.00	0.193	0.193	0.727
材料	131100320	氯化橡胶标线漆 2928	kg	38.46	0.444	—	—
	131100310	氯化橡胶耐磨标线漆 2938	kg	41.03	—	0.510	—
	362100310	反光材料 玻璃珠 6950	kg	2.82	—	—	0.332
	131100410	热熔标线涂料 2900	kg	32.48	—	—	4.386
	143506800	稀释剂	kg	7.69	0.015	0.017	—
	130306700	透明底漆	kg	10.47	—	—	0.332
	002000020	其他材料费	元	—	0.26	0.32	2.20
机械	990154010	自行式热熔划线车	台班	198.20	—	—	0.008
	990155010	手推式热熔划线车	台班	173.74	—	—	0.008
	990156010	热熔釜熔解车	台班	576.99	—	—	0.008
	990146010	汽车式路面划线机 喷涂宽度 450mm	台班	497.77	0.002	0.002	—
	990401015	载重汽车 4t	台班	390.44	0.002	0.002	0.008

B.5.9 清除标线(编码:040205009)

工作内容:清除油漆、清扫现场等。

计量单位:m^2

定额编号					DB0466	DB0467
项目名称					机械清除	化学清除
费用	综合单价(元)				**59.68**	**115.28**
	其中	人工费(元)			3.34	54.86
		材料费(元)			0.20	21.35
		施工机具使用费(元)			31.40	—
		企业管理费(元)			15.69	24.78
		利润(元)			8.49	13.41
		一般风险费(元)			0.56	0.88
	编码	名称	单位	单价(元)	消耗量	
人工	000700010	市政综合工	工日	115.00	0.029	0.477
材料	143506400	脱漆剂	kg	10.26	—	2.050
	002000020	其他材料费	元	—	—	0.32
	031310010	砂轮片综合	片	9.85	0.020	—
机械	990401015	载重汽车 4t	台班	390.44	0.034	—
	990143050	路面铣刨机 宽度 2000mm	台班	2588.77	0.007	—

B.5.10 环形检测线圈(编码:040205010)

工作内容:1.开切线槽灌缝:定位画线、开切线槽、清洗、吹干灌缝。
2.布设导线线圈:导线放置、复测绝缘固定。
3.布设导线引线:引线穿设与线圈链接。

计量单位:100m

定额编号						DB0468	DB0469	DB0470
项目名称						开切线槽灌缝	布设导线线圈	布设导线引线
费用	综合单价(元)					**6486.36**	**719.02**	**389.29**
	其中	人工费(元)				2443.75	201.25	149.50
		材料费(元)				690.32	374.44	133.32
		施工机具使用费(元)				941.39	—	—
		企业管理费(元)				1529.41	90.92	67.54
		利润(元)				827.33	49.19	36.54
		一般风险费(元)				54.16	3.22	2.39
	编码	名称		单位	单价(元)	消耗量		
人工	000500040	电工综合工		工日	125.00	19.550	1.610	1.196
材料	340903920	路面刻槽机刀片		片	10.26	0.800	—	—
	142100400	环氧树脂		kg	18.89	32.600	—	—
	280306000	铜芯聚氯乙烯绝缘绞型软导线 RVS−2×2.5mm^2		m	3.42	—	102.000	—
	280303700	塑料软铜绝缘导线 BVR−2.5mm^2		m	1.32	—	—	101.000
	280303400	塑料护套线 BVV−0.5−2×2.5		m	2.56	—	10.000	—
	341100100	水		m^3	4.42	15.000	—	—
机械	990151010	锯缝机		台班	158.97	3.053	—	—
	990401015	载重汽车 4t		台班	390.44	1.065	—	—
	991003020	电动空气压缩机 0.6m^3/min		台班	37.78	1.065	—	—

B.5.11 值警亭(编码:040205011)

工作内容:定位、现场起吊、安装、校准等。

计量单位:座

定额编号					DB0471
项目名称					交通岗值警亭
费用	综合单价(元)				**17270.42**
	其中	人工费(元)			297.97
		材料费(元)			15615.39
		施工机具使用费(元)			668.64
		企业管理费(元)			436.71
		利润(元)			236.24
		一般风险费(元)			15.47
	编码	名称	单位	单价(元)	消耗量
人工	000700010	市政综合工	工日	115.00	2.591
材料	362500010	值警亭	座	15384.62	1.000
	002000020	其他材料费	元	—	230.77
机械	990304004	汽车式起重机 8t	台班	705.33	0.448
	990304012	汽车式起重机 12t	台班	797.85	0.442

B.5.12 隔离护栏(编码:040205012)

B.5.12.1 交通隔离设施

工作内容:定位放样、挖洞、安装、校正、灌混凝土、油漆(二底二面)等。

计量单位:m

定额编号					DB0472	DB0473
项目名称					车行道隔离护栏安装	
					中心隔离护栏	
					活动式	固定式
费用	综合单价(元)				**251.89**	**208.81**
	其中	人工费(元)			11.28	13.08
		材料费(元)			226.56	179.74
		施工机具使用费(元)			3.51	3.90
		企业管理费(元)			6.68	7.67
		利润(元)			3.62	4.15
		一般风险费(元)			0.24	0.27
	编码	名称	单位	单价(元)	消耗量	
人工	000300160	金属制安综合工	工日	120.00	0.094	0.109
材料	361300310	活动式车行分隔栏	片	527.35	0.400	—
	361300210	固定式车行分隔栏	片	388.89	—	0.400
	800211020	砼 C20(塑、特、碎 5~20、坍 35~50)	m^3	233.15	—	0.027
	130105400	调和漆 综合	kg	11.97	0.404	0.494
	130500700	防锈漆	kg	12.82	0.580	0.727
	002000020	其他材料费	元	—	3.35	2.66
机械	990401015	载重汽车 4t	台班	390.44	0.009	0.010

工作内容:定位放样、挖洞、安装、校正、灌混凝土、油漆(二底二面)等。

计量单位:m

定额编号					DB0474	DB0475	DB0476
项目名称					车行道隔离护栏安装	人行道隔离护栏安装	
					机非隔离护栏	半封闭式	全封闭式
费用	综合单价(元)				**144.52**	**90.20**	**185.62**
	其中	人工费(元)			5.28	8.76	10.32
		材料费(元)			132.81	69.51	162.60
		施工机具使用费(元)			1.56	3.33	3.12
		企业管理费(元)			3.09	5.46	6.07
		利润(元)			1.67	2.95	3.29
		一般风险费(元)			0.11	0.19	0.22
	编码	名称	单位	单价(元)	消耗量		
人工	000300160	金属制安综合工	工日	120.00	0.044	0.073	0.086
材料	362700010	机非隔离栏	片	388.89	0.333	—	—
	361300320	半封闭人行分隔栏	片	329.91	—	0.167	—
	361300330	全封闭人行分隔栏	片	286.32	—	—	0.500
	800211020	砼 C20(塑、特、碎 5~20、坍 35~50)	m^3	233.15	—	0.031	0.033
	130105400	调和漆 综合	kg	11.97	0.044	0.198	0.303
	130500700	防锈漆	kg	12.82	0.064	0.291	0.446
	031350010	低碳钢焊条 综合	kg	4.19	—	0.014	—
	002000020	其他材料费	元	—	1.96	1.03	2.40
机械	990401015	载重汽车 4t	台班	390.44	0.004	0.007	0.008
	990901020	交流弧焊机 32kV·A	台班	85.07	—	0.007	—

B.5.12.2 交通隔离设施(门)

工作内容:定位放样、挖洞、安装、校正、灌混凝土、油漆(二底二面)等。　　　　**计量单位:**扇

定额编号					DB0477	DB0478	DB0479	DB0480
项目名称					半封闭活动门		全封闭活动门	
					单移门	双移门	2m	4m
费用	综合单价(元)				**1133.97**	**1226.19**	**1294.88**	**1446.56**
	其中	人工费(元)			89.93	107.87	134.90	179.86
		材料费(元)			864.38	896.57	873.39	907.39
		施工机具使用费(元)			67.52	84.64	111.27	135.04
		企业管理费(元)			71.14	86.98	111.22	142.27
		利润(元)			38.48	47.05	60.16	76.96
		一般风险费(元)			2.52	3.08	3.94	5.04
	编码	名称	单位	单价(元)	消耗量			
人工	000700010	市政综合工	工日	115.00	0.782	0.938	1.173	1.564
材料	111900800	半封闭单移活动门	扇	840.00	1.000	—	—	—
	111900850	半封闭双移活动门	扇	860.00	—	1.000	—	—
	111900700	全封闭活动门 2m	扇	854.70	—	—	1.000	—
	111900750	全封闭活动门 4m	扇	870.00	—	—	—	1.000
	130105400	调和漆 综合	kg	11.97	0.791	1.186	0.606	1.213
	130500700	防锈漆	kg	12.82	1.163	1.745	0.892	1.784
机械	990401015	载重汽车 4t	台班	390.44	0.142	0.178	0.234	0.284
	990901020	交流弧焊机 32kV·A	台班	85.07	0.142	0.178	0.234	0.284

B.5.13 架空走线(编码:040205013)

工作内容:1.立水泥电杆:挖土、立杆、找正、填土、夯实等。
2.接地棒:就位、安装、固定、调试等。　　　　**计量单位:**根

定额编号					DB0481	DB0482
项目名称					立水泥电杆	接地棒
					11m 以下	
费用	综合单价(元)				**746.54**	**116.18**
	其中	人工费(元)			179.86	41.40
		材料费(元)			431.36	48.51
		施工机具使用费(元)			99.40	18.00
		企业管理费(元)			21.46	4.94
		利润(元)			11.22	2.58
		一般风险费(元)			3.24	0.75
	编码	名称	单位	单价(元)	消耗量	
人工	000700010	市政综合工	工日	115.00	1.564	0.360
材料	042703820	水泥杆	根	418.80	1.030	—
	270601200	接地棒	根	34.19	—	1.030
	011300810	镀锌扁钢 40×42m	根	11.96	—	1.030
	031350010	低碳钢焊条 综合	kg	4.19	—	0.060
	002000020	其他材料费	元	—	—	0.72
机械	990401015	载重汽车 4t	台班	390.44	0.125	0.040
	990401020	载重汽车 5t	台班	404.73	0.125	—
	990901020	交流弧焊机 32kV·A	台班	85.07	—	0.028

工作内容：1.立水泥电杆：挖土、立杆、找正、填土、夯实等。
2.接地棒：就位、安装、固定、调试等。

计量单位：组

定额编号					DB0483	DB0484	DB0485
项目名称					悬臂式信号灯		
					1～1.5m	2～2.5m	3m 及以上
费用	综合单价（元）				**209.78**	**276.72**	**377.52**
	其中	人工费（元）			78.25	97.75	117.25
		材料费（元）			42.74	42.74	42.74
		施工机具使用费（元）			73.16	116.71	194.11
		企业管理费（元）			9.34	11.66	13.99
		利润（元）			4.88	6.10	7.32
		一般风险费（元）			1.41	1.76	2.11
	编码	名称	单位	单价（元）	消耗量		
人工	000500040	电工综合工	工日	125.00	0.626	0.782	0.938
材料	256100210	镀锌油漆单臂悬挑灯架	套	42.74	1.000	1.000	1.000
机械	990401015	载重汽车 4t	台班	390.44	0.089	0.142	0.236
	990512030	平台作业升降车 提升高度 20m	台班	457.24	0.084	0.134	0.223

工作内容：定位、放线、架设、紧线、绑扎等。

定额编号					DB0486	DB0487	DB0488
项目名称					信号灯架空线	信号灯导线	信号灯电源线
单位					100m	km	
费用	综合单价（元）				**2435.37**	**42990.25**	**18977.52**
	其中	人工费（元）			395.13	3519.00	3258.00
		材料费（元）			1886.73	38166.65	15068.90
		施工机具使用费（元）			74.60	601.85	—
		企业管理费（元）			47.14	419.82	388.68
		利润（元）			24.66	219.59	203.30
		一般风险费（元）			7.11	63.34	58.64
	编码	名称	单位	单价（元）	消耗量		
人工	000500040	电工综合工	工日	125.00	3.161	28.152	26.064
材料	281100010	电缆	m	14.63	103.000	1030.000	1030.000
	292500300	电缆吊挂	套	8.97	16.000	2575.000	—
	010500610	钢丝绳 ϕ8	m	1.48	103.000	—	—
	032140530	电缆挂钩	只	0.28	200.000	—	—
	002000020	其他材料费	元	—	27.88	—	—
机械	990401015	载重汽车 4t	台班	390.44	0.088	0.710	—
	990512030	平台作业升降车 提升高度 20m	台班	457.24	0.088	0.710	—

B.5.14 地下走线安装(编码:040205022)

工作内容:装配、吊装、调整水平垂直度等。　　　　计量单位:根

定额编号					DB0489	DB0490	DB0491	DB0492
项目名称					信号灯杆			进线管
					单曲臂(长5m以内)	长伸臂(长12～16m)	柱式	
费用	综合单价(元)				**1308.32**	**1505.38**	**1190.84**	**66.91**
	其中	人工费(元)			73.38	146.63	36.63	39.13
		材料费(元)			1111.11	1111.11	1111.11	19.97
		施工机具使用费(元)			109.18	218.36	35.78	—
		企业管理费(元)			8.75	17.49	4.37	4.67
		利润(元)			4.58	9.15	2.29	2.44
		一般风险费(元)			1.32	2.64	0.66	0.70
	编码	名称	单位	单价(元)	消耗量			
人工	000500040	电工综合工	工日	125.00	0.587	1.173	0.293	0.313
材料	255200000	信号灯杆	根	1111.11	1.000	1.000	1.000	—
	292100500	镀锌横担抱箍	副	6.14	—	—	—	2.000
	290608320	进线管	根	7.69	—	—	—	1.000
机械	990401015	载重汽车 4t	台班	390.44	0.089	0.178	0.045	—
	990401020	载重汽车 5t	台班	404.73	0.089	0.178	0.045	—
	990512030	平台作业升降车 提升高度20m	台班	457.24	0.084	0.168	—	—

工作内容:安装、固定等。　　　　计量单位:km

定额编号					DB0493	DB0494	DB0495
项目名称					管内穿线		
					导线	电源线	接地线
费用	综合单价(元)				**18275.97**	**17116.49**	**16241.62**
	其中	人工费(元)			2480.88	1706.75	977.50
		材料费(元)			15068.90	15068.90	15068.90
		施工机具使用费(元)			230.75	—	—
		企业管理费(元)			295.97	203.62	116.62
		利润(元)			154.81	106.50	61.00
		一般风险费(元)			44.66	30.72	17.60
	编码	名称	单位	单价(元)	消耗量		
人工	000500040	电工综合工	工日	125.00	19.847	13.654	7.820
材料	281100010	电缆	m	14.63	1030.000	1030.000	1030.000
机械	990401015	载重汽车 4t	台班	390.44	0.591	—	—

B.5.15 信号灯(编码:040205014)

工作内容:装配、吊装、调整水平垂直度、固定等。

计量单位:套

定额编号					DB0496
项目名称					交通信号灯
费用	综合单价(元)				**1510.21**
	其中	人工费(元)			21.25
		材料费(元)			1435.90
		施工机具使用费(元)			48.81
		企业管理费(元)			2.54
		利润(元)			1.33
		一般风险费(元)			0.38
	编码	名称	单位	单价(元)	消耗量
人工	000500040	电工综合工	工日	125.00	0.170
材料	253500010	交通信号灯	套	1435.90	1.000
机械	990401015	载重汽车 4t	台班	390.44	0.125

B.5.16 电子警察设备系统(编码:040205016)

工作内容:1.开箱检查、固定安装、单体试验。
2.系统测试。

计量单位:套

定额编号					DB0497	DB0498	DB0499	DB0500	DB0501
项目名称					电子警察安装及调试				
					闪光灯	摄影仪安装	摄影仪灯杆制作	闪光灯灯杆制安	电子警察系统调试
费用	综合单价(元)				**132.92**	**1794.12**	**699.11**	**517.56**	**207.25**
	其中	人工费(元)			88.00	37.13	330.38	268.88	172.75
		材料费(元)			27.35	1749.57	151.75	74.18	—
		施工机具使用费(元)			—	—	151.00	120.80	—
		企业管理费(元)			10.50	4.43	39.41	32.08	20.61
		利润(元)			5.49	2.32	20.62	16.78	10.78
		一般风险费(元)			1.58	0.67	5.95	4.84	3.11
	编码	名称	单位	单价(元)	消耗量				
人工	000500040	电工综合工	工日	125.00	0.704	0.297	2.643	2.151	1.382
材料	250100300	单闪光灯	套	27.35	1.000	—	—	—	—
	570700010	摄影仪	台	1749.57	—	1.000	—	—	—
	012900071	钢板 δ=0.7~0.9	kg	3.21	—	—	6.000	3.000	—
	031350010	低碳钢焊条 综合	kg	4.19	—	—	0.600	0.300	—
	130101200	酚醛磁漆	kg	14.96	—	—	1.200	1.100	—
	170300700	镀锌钢管 *DN*100	m	35.53	—	—	3.090	—	—
	170300500	镀锌钢管 *DN*50	m	14.80	—	—	—	3.090	—
料	002000020	其他材料费	元	—	—	—	2.24	1.10	—
机械	990901020	交流弧焊机 32kV·A	台班	85.07	—	—	1.775	1.420	—

B.5.17 防撞筒(墩)安装(编码:040205017)

工作内容:放样、运料、调配砂浆、安切、养护、清理、卸车、摆放、调正。

定额编号					DB0502	DB0503
项目名称					混凝土隔离墩	塑质隔离筒(墩)
单位					$10m^3$	10 个
费用	综合单价(元)				**7740.55**	**120.59**
	其中	人工费(元)			637.22	12.08
		材料费(元)			4457.46	78.05
		施工机具使用费(元)			1280.25	12.77
		企业管理费(元)			866.31	11.22
		利润(元)			468.63	6.07
		一般风险费(元)			30.68	0.40
	编码	名称	单位	单价(元)	消耗量	
人工	000700010	市政综合工	工日	115.00	5.541	0.105
材料	042902310	预制混凝土构件	m^3	423.00	10.100	—
	810104020	M7.5 水泥砂浆(特 稠度 70~90mm)	m^3	195.56	0.610	—
	361100010	塑料防撞锥筒	个	7.69	—	10.000
	002000020	其他材料费	元	—	65.87	1.15
机械	990304012	汽车式起重机 12t	台班	797.85	0.716	0.016
	990304020	汽车式起重机 20t	台班	968.56	0.726	—
	990611010	干混砂浆罐式搅拌机 20000L	台班	232.40	0.025	—

B.5.18 警示柱(编码:040205018)

工作内容:1.挖土、安装固定、浇筑、捣固及养护。
2.卸车、拆箱、拼装、安装、校正等。

计量单位:个

定额编号					DB0504	DB0505
项目名称					警示柱	广角镜
费用	综合单价(元)				**105.89**	**257.81**
	其中	人工费(元)			24.27	24.50
		材料费(元)			44.54	104.10
		施工机具使用费(元)			11.56	65.27
		企业管理费(元)			16.19	40.56
		利润(元)			8.76	21.94
		一般风险费(元)			0.57	1.44
	编码	名称	单位	单价(元)	消耗量	
人工	000700010	市政综合工	工日	115.00	0.211	0.213
材料	362100520	警示柱	个	12.82	1.000	—
	362100510	广角镜	个	102.56	—	1.000
	840201040	预拌混凝土 C20	m^3	247.57	0.124	—
	351100010	风镐凿子	根	8.55	0.042	—
	002000020	其他材料费	元	—	0.66	1.54
机械	990512030	平台作业升降车 提升高度 20m	台班	457.24	—	0.077
	990401015	载重汽车 4t	台班	390.44	0.027	0.077
	991003020	电动空气压缩机 $0.6m^3/min$	台班	37.78	0.027	—

B.5.19 减速带(编码:040205019)

工作内容:放样、钻孔、安装、清扫。　　　　计量单位:m

定额编号					DB0506
项目名称					减速带
费用	综合单价(元)				**61.51**
	其中	人工费(元)			12.54
		材料费(元)			40.05
		施工机具使用费(元)			—
		企业管理费(元)			5.66
		利润(元)			3.06
		一般风险费(元)			0.20
	编码	名称	单位	单价(元)	消耗量
人工	000700010	市政综合工	工日	115.00	0.109
材料	030125930	膨胀螺栓 M10	套	0.94	0.020
	142100400	环氧树脂	kg	18.89	0.255
	341100400	电	kW·h	0.70	0.125
	363101840	减速带	m	34.19	1.010
	002000020	其他材料费	元	—	0.59

C　桥涵工程

说　　明

一、一般说明

1.本章定额中混凝土均采用预拌混凝土,采用现场搅拌混凝土时,执行以下原则:

(1)混凝土搅拌:在预拌混凝土子目基础上人工增加 0.80 工日/m^3;混凝土搅拌机(400L)增加 0.052台班/m^3。

(2)水平运输:执行“道路工程”章节中相应定额。

(3)混凝土输送及泵管安拆:执行“措施项目”章节中相应定额。

2. 混凝土构件均按现场预制考虑,除小型构件(单件体积在 0.05m^3 以内的各类构件)安装定额包含 150m 运输外,其他构件均未包括构件运输,发生时另行计算。

3.原槽浇筑混凝土(含无护壁的挖孔桩)基础,不计算模板费用,按设计断面每边增加 20mm 计算。

4.本章现浇混凝土模板定额项目均未包括支架系统,支架系统应执行“措施项目”章节中相应定额。

5.本章未包括各类操作脚手架项目,如需搭设,执行“脚手架工程”章节中相应定额。

6.定额中均未包括预埋铁件,如设计要求预埋铁件时,执行“钢筋工程”章节中相应定额。

二、桩基工程

1.人工挖孔桩的挖土石方项目无论采用何种施工方法,均不作调整。

2.人工挖孔桩挖土石方项目未考虑边排水边施工的工效损失,如遇边排水边施工时,抽水机台班和排水用工按实签证,挖孔人工按相应挖孔桩土方子目人工乘以系数 1.3,石方子目人工乘以系数 1.2。

3.人工挖孔桩挖土方如遇流砂、淤泥,应根据双方签证的实际数量,按相应深度土方子目乘以系数 1.5。

4.人工挖孔桩当上层土方深度超过 3m 时,下层石方按下表增加工日。

单位:100m^3

土方深度(m 以内)	10	12	16	20	24	28
增加工日	1.76	2.21	2.98	3.86	4.74	5.62

5.钻孔灌注混凝土桩钻孔时,出现大体积的垮塌、流砂、钢筋混凝土块等无法成孔的施工情况采取的各项施工措施所发生的费用,另行计算。

6. 钻孔灌注混凝土桩项目中未包括泥浆池的工料,发生时另行计算。

7. 成孔定额按孔径、深度和土岩类别划分项目,超过定额使用范围时,另行计算。

8.机械钻孔灌注桩混凝土系按导管倾注水下混凝土考虑,已综合考虑堵管混凝土损失及桩扩孔混凝土的充盈量。

9. 定额中未包括钻机进出场、废泥浆处理及外运费用。

10.定额中未含桩基础的承载力检测、桩身完整性检测。

三、基坑与边坡支护工程

1.基坑与边坡支护工程未编制《市政工程工程量计算规范》(GB 50857－2013)中 040302001 圆木桩、040302002 预制钢筋混凝土板桩、040302003 地下连续墙、040302004 咬合灌注桩、040302005 型钢水泥土搅拌墙对应的定额项目,如发生时,参照《市政工程消耗量定额》(ZYA 1－31－2015)编制一次性补充定额。

2.钻孔锚杆(索)土层项目中已考虑了土层塌孔采用水泥砂浆护壁的工料,不另计算。

3.钻孔锚杆(索)的单位工程量小于 500m 时,其相应定额项目人工、机械乘以系数 1.1。

4.钻孔锚杆(索)单孔深度大于 20m 时,其人工、机械乘以系数 1.2;深度大于 30m 时,人工、机械乘以系数 1.3。

5.钻孔锚杆(索)土层与岩层孔壁出现裂隙、空洞等严重漏浆情况,采取补救措施的费用按实计算。

6.钻孔锚杆(索)的砂浆配合比设计规定与定额不同时,允许换算。

7.预应力锚杆的锚具安装执行锚具安装定额项目时,应扣除定额中导向帽、承压板、压板的耗量。

8.钻孔锚杆作抗拔实验的费用另行计算。

9.喷射混凝土工程需要进行边坡修整时，按土石方工程中相应定额子目乘以系数 0.7。

10.护坡砂浆土钉定额项目按钢筋 ϕ 22mm 编制，设计与定额不同时，允许调整。

11.当喷射砼的坡面与地面的夹角大于 60°时，执行垂直面喷射混凝土定额；当喷射砼的坡面与地面的夹角在 60°以内时，执行斜面喷射混凝土定额。

四、现浇混凝土构件工程

1.现浇混凝土构件工程未编制《市政工程工程量计算规范》(GB50857－2013)中 040302017 混凝土楼梯、040302023 混凝土连系梁对应的定额项目，如发生时，参照其他章节定额项目执行；如果其他章节无相应项目，则参照《市政工程消耗量定额》(ZYA 1－31－2015)编制一次性补充定额。

2.混凝土基础厚度在 300mm 以内的执行垫层项目。

3.混凝土基础厚度在 300mm 以上按相应基础项目执行。

4.混凝土墙帽与混凝土墙同时浇筑时，工程量合并在混凝土墙内计算。

5.现浇弧形混凝土挡墙，按混凝土挡墙项目人工乘以系数 1.2，模板乘以系数 1.4，其余不变。

6.现浇混凝土挡墙定额子目适用于重力式挡墙(含仰斜式挡墙)、衡重式挡墙类型。

7.桩板混凝土挡墙定额子目按以下原则执行：

(1)当桩板混凝土挡墙的桩全部埋于地下或部分埋于地下时，埋于地下部分的桩按桩基工程相应定额子目执行；外露于地面部分的桩、板按薄壁混凝土挡墙定额项目执行。

(2)当桩板混凝土挡墙的桩全部外露于地面时，桩、板按薄壁混凝土挡墙定额项目执行。

8.上述挡墙类型主要指重力式挡墙(含仰斜式挡墙)、衡重式挡墙、悬壁式及扶臂式挡墙以外的其他类型的混凝土挡墙厚度在 300mm 以内时，执行薄壁混凝土挡墙定额项目。

9.大体积混凝土采用埋设冷却管降低混凝土水化热，冷却管按设计要求计算工程量；设计无要求时，按经批准的施工组织设计计算工程量。

10.橡胶沥青混凝土仅适用于钢桥桥面铺装。

11.墩台高度为基础顶、承台顶或系梁底到盖梁顶、墩台帽顶或 0 号块件底的高度。

12.索塔高度为基础顶、承台顶或系梁底到索塔顶的高度。当塔墩固结时，工程量应为基础顶面或承台顶面以上至塔顶的全部数量；当塔墩分离时，工程量应为桥面顶部以上至塔顶的数量，桥面顶部以下部分的数量按墩台定额执行。

13.定额中块(片)石混凝土中的块(片)石含量按 15%计算，如设计不同可以进行换算，但人工、机械不作调整。

14.定额中模板按复合木板考虑编制，实际采用定型钢模时，可套用定型钢模子目。

15.钢纤维混凝土中的钢纤维含量，如设计含量不同时可以相应调整。

16.定型钢模板数量包括配件在内，接缝的橡胶板费用已摊入定型钢模板单价中。

17.定额中未包括提升模架费用，需要时，执行“措施项目”章节中相应定额。

五、预制混凝土构件工程

1.预制混凝土构件工程未编制《市政工程工程量计算规范》(GB50857－2013)中 040304004 预制混凝土挡墙墙身对应的定额项目，如发生时，参照其他章节定额项目执行；如果其他章节无相应项目，则参照《市政工程消耗量定额》(ZYA 1－31－2015)编制一次性补充定额。

2.预制混凝土构件安装按陆上安装考虑，水上安装需考虑船上吊装时，相应船只费用另行计算。

3.安装金属支座的工程数量系指半成品钢板的重量(包含底板、齿板、垫板、辊轴等)但锚栓、梁上的钢筋网、铁件等均以材料数量综合在定额内。

4.预应力桁架梁预制套用桁架拱拱片子目；构件安装执行板拱项目，人工、机械乘以系数 1.2。

5.构件运输：

(1)砼小型构件是指单件体积在 0.04m^3 以内的各类小型构件。构件运输系指预制加工场地中心至施工现场堆放使用中心距离超出 150m 的运输。

(2)机械运输构件已考虑了支架的摊销费，不另计算。

(3)机械运输构件按下列分类执行相应定额。

构件分类	构件名称
Ⅰ类	双曲拱构件、人行道板、栏杆等小型构件
Ⅱ类	9m 以下的柱、梁、板梁、板拱、矩型板、空心板
Ⅲ类	9m 以上的柱、梁、板梁、板拱、矩型板、空心板

六、砌筑工程

1.石表面加工定额项目适用于设计规定石砌体露面部分的粗(细)加工。毛条石打平天地座及照口扁钻缝的用工已包括在定额中，不另计算。

2.砌体定额项目已包括原浆勾缝，如需加浆勾缝时，另按本章相应定额子目执行。

3.砌筑拱圈项目不包括拱盔和支架，应执行"措施项目"章节相应定额项目。

4.现浇弧形格构混凝土护坡，执行格构混凝土护坡定额项目，人工乘以系数 1.2，模板乘以系数 1.4，其余不变。

七、立交箱涵工程

1. 立交箱涵工程未编制《市政工程工程量计算规范》(GB50857－2013)中 040306002 滑板、040306006 箱涵顶进对应的定额项目，如发生时，参照其他章节定额项目执行；如果其他章节无相应项目，则参照《市政工程消耗量定额》(ZYA 1－31－2015)编制一次性补充定额。

2.地通道工程执行本章定额时，模板人工消耗量乘以系数 1.6。

3.箱涵工程现浇混凝土模板按"m^2"计算，预制混凝土模板按"m^3"计算。

八、钢结构工程

1.本节中包括成品钢构件与现场和施工企业附属加工厂制作的构件两部分。成品钢构件按照制作完成运输至现场的成品价格计算。非成品钢构件按照制作、运输、安装计算。

2.本节中钢桁梁、钢纵横梁预拼装费用已包含在定额中，不再另行计算。

3.本节中钢箱梁、钢桁梁、钢拱、钢纵横梁、斜拉索、悬索系统、吊杆、索鞍、构件均为成品件，使用定额时应按到场的成品价格计算。工厂化生产、无需施工企业自行加工的产品为成品构件，以材料单价的形式进入定额。其材料单价为出厂价格＋运输至施工场地的费用。

(1)平行钢丝拉索及吊杆、系杆、索股等以"t"为单位，以平行钢丝、钢丝绳或钢绞线质量计量，不包括锚头和 PE 或套管等防护料的质量，但锚头和 PE 或套管等防护料的费用应含在成品单价中。

(2)钢绞线斜拉索的工程量以钢绞线质量计算，其单价包括厂家现场编索和锚具费用。悬索桥锚固系统预应力环氧钢绞线单价中包括两端锚具费用。

(3)钢箱梁、钢拱、钢纵横梁、索鞍等以"t"为单位计。钢箱梁和拱肋单价中包括工地现场焊接费用。

4.钢管拱定额中未计入钢塔架、扣塔、地锚、索道的费用，应根据施工组织设计套用"措施项目"章节另行计算。

5.悬索桥的主缆、吊索、索夹、检修道定额未包括涂装防护，应另行计算。

6.本节中未含施工监控费用，需要时另行计算。

7.本节中未含施工期间航道占用费，需要时另行计算。

8.本节中钢构件制作项目适用于现场和施工企业附属加工厂制作的构件，包括分段制作和整体预装配的人工、材料、机械台班用量，以及整体预装配用的螺栓。

9.本节除注明者外，均包括现场内(工厂内)的材料运输、号料、加工、组装及成品堆放、装车出厂等全部工序。

10.本节中钢构件制作项目中，均包括刷一遍防锈漆工料。

11.本节中钢构件运输按下表划分为 3 类，分别按相应定额项目进行计算，但运输定额中未包括道路的铺设和维修工料，发生时另行计算。

类别	项目
Ⅰ	钢柱、钢栏杆、钢踏步、支架非标件
Ⅱ	天桥钢箱梁、平台梁
Ⅲ	挂篮、劲性骨架

12.钢构件拼装、安装需搭设脚手架时，执行“措施项目”章节的相应定额。

13.悬浇挂篮拼装执行“措施项目”章节的相应定额。

九、装饰工程

1.装饰工程未编制《市政工程工程量计算规范》(GB50857—2013)中040308002剁斧石饰面对应的定额项目，如发生时，参照《市政工程消耗量定额》(ZYA 1—31—2015)编制一次性补充定额。

2.水泥砂浆定额中种类、配合比如设计规定不同时，可以调整，人工、机械不变。

3.圆(弧)形墙面、圆形柱面、弧形梁面的抹灰，按相应人工乘以系数1.15，材料乘以系数1.05。

4.喷刷涂料及油漆定额子目适用于市政立交桥梁、跨线桥墩柱、箱梁及车行地通道的涂装工作。

5.油漆定额项目中，实际使用的油漆种类和消耗与定额不同时，可根据设计要求进行调整，但人工、机械不变。

6.油漆涂刷不同颜色的工料已综合在项目内，颜色不同的，工料不作调整。

7.喷刷的实际操作方法不同时，不作调整。

十、其他工程

1.其他工程未编制《市政工程工程量计算规范》(GB50857—2013)中040309002石质栏杆、040309003混凝土栏杆、040309008隔声屏障对应的定额项目，如发生时，参照其他章节定额项目执行；如果其他章节无相应项目，则参照《市政工程消耗量定额》(ZYA 1—31—2015)编制一次性补充定额。

2.金属栏杆项目主材品种、规格与设计不符时，可以换算。

3.与四氟板式橡胶支座配套的上下钢板、不锈钢板、锚固螺栓等费用摊入支座价格中计列。

4.梳型钢板、钢板、橡胶板及毛勒伸缩缝均按成品考虑。

5.安装排水管项目已包括集水斗安装工作内容，但集水斗的材料费需按实另行计算。

工程量计算规则

一、桩基工程计算规则

1.挖孔桩土石方按设计图示尺寸(含护壁)截面积乘以挖孔深度以“m^3”计算。

2.钻孔灌注混凝土桩钻孔工程量按设计图示入土桩长(包括桩尖)以“m”计算。若同一钻孔内有土层和岩层时,应分别计算其长度。

3.旋挖桩土石方按设计图示入土桩长乘以截面积以“m^3”计算。

4.人工挖孔桩砼按桩芯混凝土体积以“m^3”计算。原槽浇筑时桩芯砼按设计断面每边增加20mm计算。

5.旋挖钻孔桩砼按设计截面积乘以桩长另加300mm以“m^3”计算,其他机械钻孔桩砼按设计截面积乘以桩长另加600mm以“m^3”计算。

6.钻孔灌注混凝土桩的泥浆运输工程量按实际体积以“m^3”计算。

7.声测管长度按设计桩长另加900mm计算。

二、基坑与边坡支护工程量计算规则

1.锚杆(索)钻孔根据设计要求,按实际钻孔土层和岩层深度以“延长米”计算。

2.当设计图示中已明确锚固长度时,锚索按设计图示长度以“t”计算;若设计图示中未明确锚固长度时,锚索按设计图示长度另加1000mm以“t”计算。

3.非预应力锚杆根据设计要求,按实际锚固长度(包括至护坡内的长度)以“t”计算。当设计图示中已明确预应力锚杆的锚固长度时,预应力锚杆按设计图示长度以“t”计算;若设计图示中未明确预应力锚杆的锚固长度时,预应力锚杆按设计图示长度另加600mm以“t”计算。

4.锚具安装按设计图示数量以“套”计算。

5.锚孔注浆土层按设计图示孔径加20mm充盈量以“m^3”计算,岩层按设计图示孔径以“m^3”计算。

6.修整边坡按经批准的施工组织设计中明确的垂直投影面积以“m^2”计算。

7.土钉按设计图示尺寸以钻孔深度计算。

8.喷射混凝土按设计图示尺寸以“m^2”计算。

三、现浇混凝土构件工程量计算规则

1.混凝土垫层按设计图示尺寸以“m^3”计算。

2.混凝土基础:

(1)混凝土基础按设计图示尺寸以“m^3”计算。

(2)原槽(坑)浇灌混凝土基础,混凝土工程量按设计周边(长、宽)尺寸每边增加20mm计算。

3.混凝土挡墙墙身:

(1)混凝土挡墙墙身按设计图示尺寸以“m^3”计算。

(2)混凝土挡土墙、块(片)石混凝土挡土墙、薄壁混凝土挡墙单面支模时,其混凝土工程量按设计断面厚度增加50mm充盈量计算。

4.伸缩缝按设计图示长度以“延长米”计算。

5.变形缝按设计图示面积以“m^2”计算。

6.混凝土挡墙压顶按设计图示尺寸以“m^3”计算。

7.现浇混凝土的工程量按设计尺寸实体积以“m^3”计算(不包括空心板、梁的空心体积),不扣除钢筋、铁丝、铁件、预留压浆孔道和螺栓所占体积。

8.模板工程量按模板接触混凝土的面积计算。

9.现浇混凝土墙、板等单孔面积在$0.3m^2$以内的孔洞体积不予扣除,洞侧壁模板面积亦不再计算;单孔面积在$0.3m^2$以上时应予扣除,洞侧壁模板面积并入墙、板模板工程量之内计算。不扣除构件内钢筋、螺栓、预埋铁件、张拉孔道所占体积,但应扣除型钢混凝土构件中型钢所占体积。

四、预制混凝土构件工程量计算规则

1.混凝土工程量计算：

(1) 预制空心构件按设计图尺寸扣除空心体积，以“m^3”计算。空心板梁的堵头板体积不计入工程量内，其消耗量已在定额中考虑。

(2)预制空心板梁，凡采用橡胶囊做内模的，考虑其压缩变形因素，可增加混凝土量，当梁长在16m以内时，可按设计计算体积增加7%；若梁长大于16m时，则增加9%计算。若设计图已注明考虑橡胶囊变形时，不得再增加计算。

(3)预应力混凝土构件的封锚混凝土数量并入构件混凝土工程数量计算。

2.模板工程量计算：

模板工程量根据相应混凝土工程量按“m^3”计算。

3.安装工程量计算：

(1)本节定额安装预制构件以“m^3”为计量单位，均按构件混凝土实体积(不包含空心部分)计算。定额中已包含各种损耗，不应另计安装损耗量。

4.构件运输均以构件制作实体积计算。

五、砌筑工程量计算规则

1.垫层按设计图示尺寸以“m^3”计算。

2.干砌块料按设计图示尺寸以“m^3”计算。

3.浆砌块料：

(1)浆砌块料按设计图示尺寸以“m^3”计算。

(2)石踏步、石梯带砌体以“延长米”计算，石平台砌体以“m^2”计算。踏步、梯带平台的隐蔽部分以“m^3”计算，套用相关基础定额子目。

(3)石台阶按设计图示尺寸以“m^3”计算。

(4)石表面加工按加工表面积以“m^2”计算。

(5)勾缝按设计图示面积以“m^2”计算。

4.砖砌体按设计图示尺寸以“m^3”计算。

5.护坡：

(1)砂石滤沟、滤层按设计图示尺寸以“m^3”计算。

(2)砌筑块(片)石、预制块护坡、锥坡按设计图示尺寸以“m^3”计算。

(3)格构混凝土护坡按设计图示尺寸以“m^3”计算。

六、立交箱涵工程量计算规则

1.箱涵混凝土工程量，不扣除单孔面积0.3m^2以下的预留孔洞体积。

七、钢结构工程量计算规则

1.金属结构的制作工程量按理论质量以“t”计算。型钢按设计图纸的规格尺寸计算(不扣除孔眼、切肢、切边的质量)。钢板按几何图形的外接矩形计算(不扣除孔眼质量)。

2.计算钢柱制作工程量时，依附于柱上的牛腿及悬臂梁的主材质量，应并入柱身主材质量中。

3.半成品锚固拉杆安装工程量为拉杆、连接器、螺母(包括锁紧和球面)、垫圈整体质量之和，以“t”为单位计算。

4.成品钢箱梁安装工程量为钢箱梁(包括箱梁内横隔板)、桥面板(包括横肋)、横梁、钢锚箱整体质量之和以“t”为单位计算。

5.成品钢拱肋安装工程量为拱肋钢管、横撑、腹板、拱脚处外侧钢板、拱脚接头钢板及各种加劲块整体质量之和以“t”为单位计算。不包括支座和钢拱肋内的混凝土的质量。

6.牵引系统长度为牵引系统所需的单侧长度，以“m”为单位计算。

7.成品索夹质量包括索夹主体、螺母、螺杆、防水螺母、球面垫圈质量，以“t”为单位计算。

8.缠丝以主缆长度扣除锚跨区、塔顶区、索夹处无需缠丝的主缆长度后的单侧长度，以“m”为单位计算。

八、装饰工程量计算规则

1.水泥砂浆抹面按设计图示尺寸以“m^2”计算。

2.镶贴面层按设计图示尺寸以“m^2”计算。

3.细石混凝土仿青条石饰面按设计图示面积以“m^2”计算。

4.喷刷涂料按设计图示尺寸以“m^2”计算。

5.喷刷油漆按设计图示尺寸以“m^2”计算。

九、其他工程量计算规则

1.金属栏杆工程量按设计图纸的主材质量，以“t”为单位计算。

2.橡胶支座按支座橡胶板(含四氟)尺寸以体积计算。

C.1 桩基工程(编码:40301)

C.1.1 人工挖孔桩(编码:040301007)

工作内容:挖土、打孔、胀孔、修整边、底、壁,装土、调运土出孔、运土100m以内,孔内照明、送风、安全设施搭拆等。

计量单位:10m³

定额编号					DC0001	DC0002	DC0003	DC0004
项目名称					挖土方			
					深度(m以内)			
					6	8	10	12
费用	综合单价(元)				**1759.55**	**2122.91**	**2457.72**	**2761.65**
	其中	人工费(元)			1482.00	1788.00	2070.00	2326.00
		材料费(元)			65.18	78.69	91.08	102.34
		施工机具使用费(元)			—	—	—	—
		企业管理费(元)			159.76	192.75	223.15	250.74
		利润(元)			52.61	63.47	73.49	82.57
		一般风险费(元)			—	—	—	—
	编码	名称	单位	单价(元)	消耗量			
人工	000300040	土石方综合工	工日	100.00	14.820	17.880	20.700	23.260
材料	002000140	照明及安全费用	元	—	65.18	78.69	91.08	102.34

工作内容:挖土、打孔、胀孔、修整边、底、壁,装土、调运土出孔、运土100m以内,孔内照明、送风、安全设施搭拆等。

计量单位:10m³

定额编号					DC0005	DC0006	DC0007	DC0008
项目名称					挖土方			
					深度(m以内)			
					16	20	24	28
费用	综合单价(元)				**3451.48**	**4141.32**	**4763.47**	**5330.98**
	其中	人工费(元)			2907.00	3488.00	4012.00	4490.00
		材料费(元)			127.91	153.49	176.55	197.56
		施工机具使用费(元)			—	—	—	—
		企业管理费(元)			313.37	376.01	432.49	484.02
		利润(元)			103.20	123.82	142.43	159.40
		一般风险费(元)			—	—	—	—
	编码	名称	单位	单价(元)	消耗量			
人工	000300040	土石方综合工	工日	100.00	29.070	34.880	40.120	44.900
材料	002000140	照明及安全费用	元	—	127.91	153.49	176.55	197.56

工作内容：挖石、开凿石方、打碎，修整边、底、壁，运石 100m 以内，孔内照明、送风、安全设施搭拆等。　　计量单位：$10m^3$

定额编号					DC0009	DC0010	DC0011	DC0012
项目名称					软质岩			
					深度(m 以内)			
					6	8	10	12
费用	综合单价(元)				**2241.05**	**2691.73**	**3106.06**	**3481.79**
	其中	人工费(元)			1855.00	2228.00	2571.00	2882.00
		材料费(元)			78.21	93.98	108.42	121.55
		施工机具使用费(元)			42.02	50.48	58.22	65.25
		企业管理费(元)			199.97	240.18	277.15	310.68
		利润(元)			65.85	79.09	91.27	102.31
		一般风险费(元)			—	—	—	—
	编码	名称	单位	单价(元)	消耗量			
人工	000300040	土石方综合工	工日	100.00	18.550	22.280	25.710	28.820
材料	002000140	照明及安全费用	元	—	78.21	93.98	108.42	121.55
机械	990224010	ϕ150 水磨钻 2.5kW	台班	14.34	2.930	3.520	4.060	4.550

工作内容：挖石、开凿石方、打碎，修整边、底、壁，运石 100m 以内，孔内照明、送风、安全设施搭拆等。　　计量单位：$10m^3$

定额编号					DC0013	DC0014	DC0015	DC0016
项目名称					软质岩			
					深度(m 以内)			
					16	20	24	28
费用	综合单价(元)				**4013.29**	**4732.12**	**5582.80**	**6393.44**
	其中	人工费(元)			3322.00	3917.00	4621.00	5292.00
		材料费(元)			140.11	165.20	194.93	223.21
		施工机具使用费(元)			75.14	88.62	104.68	119.88
		企业管理费(元)			358.11	422.25	498.14	570.48
		利润(元)			117.93	139.05	164.05	187.87
		一般风险费(元)			—	—	—	—
	编码	名称	单位	单价(元)	消耗量			
人工	000300040	土石方综合工	工日	100.00	33.220	39.170	46.210	52.920
材料	002000140	照明及安全费用	元	—	140.11	165.20	194.93	223.21
机械	990224010	ϕ150 水磨钻 2.5kW	台班	14.34	5.240	6.180	7.300	8.360

工作内容：挖石、开凿石方、打碎，修整边、底、壁，运石100m以内，孔内照明、送风、安全设施搭拆等。　　计量单位：$10m^3$

定额编号					DC0017	DC0018	DC0019
项目名称					软质岩		
					深度(m以内)		
					32	36	40
费用	综合单价（元）				**7322.46**	**8787.96**	**10545.66**
其中	人工费（元）				6061.00	7274.00	8729.00
	材料费（元）				255.68	306.82	368.18
	施工机具使用费（元）				137.23	164.77	197.61
	企业管理费（元）				653.38	784.14	940.99
	利润（元）				215.17	258.23	309.88
	一般风险费（元）				—	—	—
	编码	名称	单位	单价(元)	消耗量		
人工	000300040	土石方综合工	工日	100.00	60.610	72.740	87.290
材料	002000140	照明及安全费用	元	—	255.68	306.82	368.18
机械	990224010	ϕ150水磨钻 2.5kW	台班	14.34	9.570	11.490	13.780

工作内容：挖石、开凿石方、打碎，修整边、底、壁，运石100m以内，孔内照明、送风、安全设施搭拆等。　　计量单位：$10m^3$

定额编号					DC0020	DC0021	DC0022	DC0023
项目名称					较硬岩			
					深度(m以内)			
					6	8	10	12
费用	综合单价（元）				**3908.78**	**4488.23**	**5016.45**	**5492.50**
其中	人工费（元）				3137.00	3602.00	4026.00	4408.00
	材料费（元）				122.35	140.48	156.99	171.92
	施工机具使用费（元）				199.90	229.58	256.54	280.92
	企业管理费（元）				338.17	388.30	434.00	475.18
	利润（元）				111.36	127.87	142.92	156.48
	一般风险费（元）				—	—	—	—
	编码	名称	单位	单价(元)	消耗量			
人工	000300040	土石方综合工	工日	100.00	31.370	36.020	40.260	44.080
材料	002000140	照明及安全费用	元	—	122.35	140.48	156.99	171.92
机械	990224010	ϕ150水磨钻 2.5kW	台班	14.34	13.940	16.010	17.890	19.590

工作内容：挖石、开凿石方、打碎，修整边、底、壁，运石100m以内，孔内照明、送风、安全设施搭拆等。　　计量单位：$10m^3$

定额编号					DC0024	DC0025	DC0026	DC0027
项目名称					较硬岩			
					深度（m以内）			
					16	20	24	28
费用	综合单价（元）				**7001.42**	**8353.50**	**9965.85**	**11480.95**
	其中	人工费（元）			5619.00	6704.00	7998.00	9214.00
		材料费（元）			219.15	261.49	311.95	359.36
		施工机具使用费（元）			358.07	427.33	509.79	587.22
		企业管理费（元）			605.73	722.69	862.18	993.27
		利润（元）			199.47	237.99	283.93	327.10
		一般风险费（元）			—	—	—	—
	编码	名称	单位	单价（元）	消耗量			
人工	000300040	土石方综合工	工日	100.00	56.190	67.04	79.980	92.140
材料	002000140	照明及安全费用	元	—	219.15	261.49	311.95	359.36
机械	990224010	ϕ150水磨钻 2.5kW	台班	14.34	24.970	29.800	35.550	40.950

工作内容：挖石、开凿石方、打碎，修整边、底、壁，运石100m以内，孔内照明、送风、安全设施搭拆等。　　计量单位：$10m^3$

定额编号					DC0028	DC0029	DC0030
项目名称					较硬岩		
					深度（m以内）		
					32	36	40
费用	综合单价（元）				**13150.57**	**15781.06**	**18936.00**
	其中	人工费（元）			10554.00	12665.00	15197.00
		材料费（元）			411.63	493.96	592.75
		施工机具使用费（元）			672.55	807.20	968.52
		企业管理费（元）			1137.72	1365.29	1638.24
		利润（元）			374.67	449.61	539.49
		一般风险费（元）			—	—	—
	编码	名称	单位	单价（元）	消耗量		
人工	000300040	土石方综合工	工日	100.00	105.540	126.650	151.970
材料	002000140	照明及安全费用	元	—	411.63	493.96	592.75
机械	990224010	ϕ150水磨钻 2.5kW	台班	14.34	46.900	56.290	67.540

C.1.2　钻孔灌注桩(编码:040301004)

工作内容:准备工作;装拆钻架、就位、移动;钻进、提钻、出渣、清孔;测量孔径、孔深等。　　**计量单位**:10m

定额编号					DC0031	DC0032	DC0033	DC0034
项目名称					回旋钻机钻孔			
					$\phi\leqslant$800mm $H\leqslant$20m			
					土	砂砾石	软质岩	较硬岩
费用	综合单价(元)				**2396.72**	**6000.73**	**14577.88**	**18716.92**
	其中	人工费(元)			725.65	1066.63	3118.80	3899.65
		材料费(元)			58.91	82.01	109.50	157.32
		施工机具使用费(元)			751.55	2673.24	6023.36	7827.63
		企业管理费(元)			577.29	1461.54	3572.76	4583.02
		利润(元)			253.78	642.51	1570.62	2014.75
		一般风险费(元)			29.54	74.80	182.84	234.55
	编码	名称	单位	单价(元)	消耗量			
人工	000700010	市政综合工	工日	115.00	6.310	9.275	27.120	33.910
材料	031350010	低碳钢焊条 综合	kg	4.19	0.200	0.600	0.610	0.940
	031394810	钻头	kg	18.80	3.030	4.170	5.630	8.100
	032130010	铁件 综合	kg	3.68	0.300	0.300	0.300	0.300
机械	990901020	交流弧焊机 32kV·A	台班	85.07	0.020	0.090	0.090	0.150
	990806020	泥浆泵 出口直径 100mm	台班	197.09	0.530	3.150	3.150	3.150
	990809020	潜水泵 出口直径 100mm	台班	28.35	0.530	3.150	3.150	3.150
	990209030	回旋钻机 孔径 1000mm	台班	656.63	0.960	2.978	8.080	10.820

工作内容:准备工作;装拆钻架、就位、移动;钻进、提钻、出渣、清孔;测量孔径、孔深等。　　**计量单位**:10m

定额编号					DC0035	DC0036	DC0037	DC0038
项目名称					回旋钻机钻孔			
					$\phi\leqslant$800mm $H\leqslant$40m			
					土	砂砾石	软质岩	较硬岩
费用	综合单价(元)				**3004.44**	**6748.09**	**15952.41**	**20073.54**
	其中	人工费(元)			759.00	1099.75	3191.25	4143.45
		材料费(元)			58.54	81.65	110.93	160.65
		施工机具使用费(元)			1102.43	3112.58	6818.53	8438.94
		企业管理费(元)			727.45	1646.18	3911.82	4917.20
		利润(元)			319.79	723.68	1719.68	2161.65
		一般风险费(元)			37.23	84.25	200.20	251.65
	编码	名称	单位	单价(元)	消耗量			
人工	000700010	市政综合工	工日	115.00	6.600	9.563	27.750	36.030
材料	031394810	钻头	kg	18.80	3.030	4.170	5.690	8.250
	032130010	铁件 综合	kg	3.68	0.200	0.200	0.200	0.200
	031350010	低碳钢焊条 综合	kg	4.19	0.200	0.600	0.770	1.150
机械	990209030	回旋钻机 孔径 1000mm	台班	656.63	1.230	3.060	8.700	11.160
	990806020	泥浆泵 出口直径 100mm	台班	197.09	1.300	4.860	4.860	4.860
	990809020	潜水泵 出口直径 100mm	台班	28.35	1.300	4.860	4.860	4.860
	990901020	交流弧焊机 32kV·A	台班	85.07	0.020	0.090	0.120	0.180

工作内容：准备工作；装拆钻架、就位、移动；钻进、提钻、出渣、清孔；测量孔径、孔深等。　　计量单位：10m

定额编号					DC0039	DC0040	DC0041	DC0042
项目名称					回旋钻机钻孔			
					$\phi \leqslant 1000mm$ $H \leqslant 40m$			
					土	砂砾石	软质岩	较硬岩
费用	综合单价（元）				**3677.11**	**7318.10**	**17282.32**	**23701.54**
	其中	人工费（元）			772.57	1223.60	3304.87	4654.05
		材料费（元）			19.41	21.64	42.96	51.17
		施工机具使用费（元）			1538.63	3386.83	7588.19	10289.95
		企业管理费（元）			903.22	1801.75	4257.01	5840.11
		利润（元）			397.06	792.07	1871.43	2567.38
		一般风险费（元）			46.22	92.21	217.86	298.88
	编码	名称	单位	单价（元）	消耗量			
人工	000700010	市政综合工	工日	115.00	6.718	10.640	28.738	40.470
材料	031394810	钻头	kg	18.80	0.725	0.810	1.788	2.180
	050302650	枕木	m^3	683.76	0.007	0.007	0.007	0.007
	032130010	铁件 综合	kg	3.68	0.100	0.100	0.100	0.100
	031350010	低碳钢焊条 综合	kg	4.19	0.150	0.300	1.000	1.200
机械	990209030	回旋钻机 孔径 1000mm	台班	656.63	1.781	3.070	9.458	13.570
	990806020	泥浆泵 出口直径 100mm	台班	197.09	1.630	6.070	6.070	6.070
	990809020	潜水泵 出口直径 100mm	台班	28.35	1.630	6.070	6.070	6.070
	990901020	交流弧焊机 32kV·A	台班	85.07	0.020	0.030	0.110	0.130

工作内容：准备工作；装拆钻架、就位、移动；钻进、提钻、出渣、清孔；测量孔径、孔深等。　　计量单位：10m

定额编号					DC0043	DC0044	DC0045	DC0046
项目名称					回旋钻机钻孔			
					$\phi \leqslant 1200mm$ $H \leqslant 40m$			
					土	砂砾石	软质岩	较硬岩
费用	综合单价（元）				**3826.13**	**7901.52**	**18228.03**	**25455.32**
	其中	人工费（元）			813.05	1322.50	3430.45	4912.80
		材料费（元）			24.19	26.74	52.23	61.85
		施工机具使用费（元）			1589.29	3653.35	8054.32	11132.61
		企业管理费（元）			938.83	1944.56	4488.25	6270.55
		利润（元）			412.72	854.85	1973.08	2756.60
		一般风险费（元）			48.05	99.52	229.70	320.91
	编码	名称	单位	单价（元）	消耗量			
人工	000700010	市政综合工	工日	115.00	7.070	11.500	29.830	42.720
材料	050302650	枕木	m^3	683.76	0.010	0.010	0.010	0.010
	031394810	钻头	kg	18.80	0.870	0.972	2.150	2.617
	032130010	铁件 综合	kg	3.68	0.100	0.100	0.100	0.100
	031350010	低碳钢焊条 综合	kg	4.19	0.150	0.300	1.100	1.300
机械	990806020	泥浆泵 出口直径 100mm	台班	197.09	1.740	6.550	6.550	6.550
	990809020	潜水泵 出口直径 100mm	台班	28.35	1.740	6.550	6.550	6.550
	990901020	交流弧焊机 32kV·A	台班	85.07	0.020	0.040	0.120	0.140
	990209040	回旋钻机 孔径 1500mm	台班	679.16	1.760	3.200	9.670	14.200

工作内容：准备工作；装拆钻架、就位、移动；钻进、提钻、出渣、清孔；测量孔径、孔深等。　　计量单位：10m

定额编号					DC0047	DC0048	DC0049	DC0050
项目名称					回旋钻机钻孔			
					$\phi \leqslant 1200mm$ $H \leqslant 60m$			
					土	砂砾石	软质岩	较硬岩
费用	综合单价（元）				**4297.00**	**9001.43**	**23243.99**	**32095.21**
	其中	人工费（元）			844.10	1420.25	4324.00	6145.60
		材料费（元）			22.35	25.67	50.51	60.22
		施工机具使用费（元）			1856.93	4251.28	10331.30	14096.40
		企业管理费（元）			1055.56	2216.43	5727.29	7910.57
		利润（元）			464.04	974.37	2517.78	3477.58
		一般风险费（元）			54.02	113.43	293.11	404.84
	编码	名称	单位	单价（元）	消耗量			
人工	000700010	市政综合工	工日	115.00	7.340	12.350	37.600	53.440
材料	050302650	枕木	m^3	683.76	0.007	0.007	0.007	0.007
	031394810	钻头	kg	18.80	0.870	0.980	2.145	2.617
	032130010	铁件 综合	kg	3.68	0.100	0.100	0.100	0.100
	031350010	低碳钢焊条 综合	kg	4.19	0.200	0.500	1.200	1.400
机械	990209040	回旋钻机 孔径 1500mm	台班	679.16	2.030	3.619	12.560	18.100
	990806020	泥浆泵 出口直径 100mm	台班	197.09	2.110	7.940	7.940	7.940
	990809020	潜水泵 出口直径 100mm	台班	28.35	2.110	7.940	7.940	7.940
	990901020	交流弧焊机 32kV·A	台班	85.07	0.030	0.040	0.130	0.160

工作内容：准备工作；装拆钻架、就位、移动；钻进、提钻、出渣、清孔；测量孔径、孔深等。　　计量单位：10m

定额编号					DC0051	DC0052	DC0053	DC0054
项目名称					回旋钻机钻孔			
					$\phi \leqslant 1500mm$ $H \leqslant 40m$			
					土	砂砾石	软质岩	较硬岩
费用	综合单价（元）				**4343.21**	**8549.69**	**19570.67**	**27186.05**
	其中	人工费（元）			955.77	1482.35	3724.85	5287.70
		材料费（元）			29.11	32.19	63.59	75.94
		施工机具使用费（元）			1770.19	3899.62	8601.12	11842.41
		企业管理费（元）			1065.30	2103.27	4816.99	6694.45
		利润（元）			468.32	924.62	2117.60	2942.95
		一般风险费（元）			54.52	107.64	246.52	342.60
	编码	名称	单位	单价（元）	消耗量			
人工	000700010	市政综合工	工日	115.00	8.311	12.890	32.390	45.980
材料	050302650	枕木	m^3	683.76	0.010	0.010	0.010	0.010
	031394810	钻头	kg	18.80	1.090	1.220	2.690	3.280
	032130010	铁件 综合	kg	3.68	0.200	0.200	0.200	0.200
	031350010	低碳钢焊条 综合	kg	4.19	0.250	0.400	1.300	1.600
机械	990209040	回旋钻机 孔径 1500mm	台班	679.16	1.972	3.390	10.300	15.070
	990806020	泥浆泵 出口直径 100mm	台班	197.09	1.900	7.070	7.070	7.070
	990809020	潜水泵 出口直径 100mm	台班	28.35	1.900	7.070	7.070	7.070
	990901020	交流弧焊机 32kV·A	台班	85.07	0.030	0.040	0.140	0.160

工作内容:准备工作;装拆钻架、就位、移动;钻进、提钻、出渣、清孔;测量孔径、孔深等。　　计量单位:10m

定额编号					DC0055	DC0056	DC0057	DC0058
项目名称					回旋钻机钻孔			
					$\phi\leqslant$1500mm $H\leqslant$60m			
					土	砂砾石	软质岩	较硬岩
费用	综合单价(元)				**4756.98**	**9966.86**	**25112.17**	**34790.49**
	其中	人工费(元)			974.05	1635.30	4725.35	6707.95
		材料费(元)			29.74	33.02	63.59	75.94
		施工机具使用费(元)			2012.96	4641.61	11102.14	15227.19
		企业管理费(元)			1167.32	2453.02	6185.38	8572.25
		利润(元)			513.17	1078.37	2719.16	3768.46
		一般风险费(元)			59.74	125.54	316.55	438.70
	编码	名称	单位	单价(元)	消耗量			
人工	000700010	市政综合工	工日	115.00	8.470	14.220	41.090	58.330
材料	050302650	枕木	m^3	683.76	0.010	0.010	0.010	0.010
	031394810	钻头	kg	18.80	1.090	1.220	2.690	3.280
	032130010	铁件 综合	kg	3.68	0.200	0.200	0.200	0.200
	031350010	低碳钢焊条 综合	kg	4.19	0.400	0.600	1.300	1.600
机械	990209040	回旋钻机 孔径 1500mm	台班	679.16	2.200	3.990	13.490	19.560
	990806020	泥浆泵 出口直径 100mm	台班	197.09	2.290	8.550	8.550	8.550
	990809020	潜水泵 出口直径 100mm	台班	28.35	2.290	8.550	8.550	8.550
	990901020	交流弧焊机 32kV·A	台班	85.07	0.030	0.050	0.150	0.180

工作内容:准备工作;装拆钻架、就位、移动;钻进、提钻、出渣、清孔;测量孔径、孔深等。　　计量单位:10m

定额编号					DC0059	DC0060	DC0061	DC0062
项目名称					回旋钻机钻孔			
					$\phi\leqslant$2000mm $H\leqslant$40m			
					土	砂砾石	软质岩	较硬岩
费用	综合单价(元)				**5019.74**	**9901.15**	**22764.66**	**30593.33**
	其中	人工费(元)			1161.50	1813.55	4279.15	5797.15
		材料费(元)			43.09	46.91	87.95	104.06
		施工机具使用费(元)			1983.11	4413.07	10049.62	13468.15
		企业管理费(元)			1228.91	2433.36	5599.68	7528.88
		利润(元)			540.24	1069.73	2461.68	3309.78
		一般风险费(元)			62.89	124.53	286.58	385.31
	编码	名称	单位	单价(元)	消耗量			
人工	000700010	市政综合工	工日	115.00	10.100	15.770	37.210	50.410
材料	050302650	枕木	m^3	683.76	0.020	0.020	0.020	0.020
	031394810	钻头	kg	18.80	1.450	1.620	3.580	4.370
	032130010	铁件 综合	kg	3.68	0.300	0.300	0.300	0.300
	031350010	低碳钢焊条 综合	kg	4.19	0.250	0.400	1.400	1.700
机械	990806020	泥浆泵 出口直径 100mm	台班	197.09	2.040	7.630	7.630	7.630
	990809020	潜水泵 出口直径 100mm	台班	28.35	2.040	7.630	7.630	7.630
	990901020	交流弧焊机 32kV·A	台班	85.07	0.030	0.050	0.160	0.190
	990209050	回旋钻机 孔径 2000mm	台班	734.62	2.070	3.660	11.320	15.970

工作内容:准备工作;装拆钻架、就位、移动;钻进、提钻、出渣、清孔;测量孔径、孔深等。 **计量单位**:10m

定额编号						DC0063	DC0064	DC0065	DC0066
项目名称						回旋钻机钻孔			
						$\phi\leqslant$2000mm $H\leqslant$60m			
						土	砂砾石	软质岩	较硬岩
费用	综合单价(元)					**5495.27**	**11354.05**	**26802.77**	**36345.74**
	其中	人工费(元)				1184.50	1946.95	4912.80	6771.20
		材料费(元)				38.14	42.18	83.63	99.74
		施工机具使用费(元)				2263.71	5200.70	11970.27	16131.62
		企业管理费(元)				1347.56	2793.30	6597.90	8950.42
		利润(元)				592.40	1227.97	2900.51	3934.70
		一般风险费(元)				68.96	142.95	337.66	458.06
	编码	名称		单位	单价(元)	消耗量			
人工	000700010	市政综合工		工日	115.00	10.300	16.930	42.720	58.880
材料	050302650	枕木		m^3	683.76	0.013	0.013	0.013	0.013
	031394810	钻头		kg	18.80	1.450	1.620	3.580	4.370
	032130010	铁件 综合		kg	3.68	0.200	0.200	0.200	0.200
	031350010	低碳钢焊条 综合		kg	4.19	0.300	0.500	1.600	1.900
机械	990209050	回旋钻机 孔径 2000mm		台班	734.62	2.320	4.240	13.440	19.100
	990806020	泥浆泵 出口直径 100mm		台班	197.09	2.470	9.230	9.230	9.230
	990809020	潜水泵 出口直径 100mm		台班	28.35	2.470	9.230	9.230	9.230
	990901020	交流弧焊机 32kV·A		台班	85.07	0.030	0.060	0.190	0.230

工作内容:准备工作;装拆钻架、就位、移动;钻进、提钻、出渣、清孔;测量孔径、孔深等。 **计量单位**:10m

定额编号						DC0067	DC0068	DC0069	DC0070
项目名称						回旋钻机钻孔			
						$\phi\leqslant$2500mm $H\leqslant$40m			
						土	砂砾石	软质岩	较硬岩
费用	综合单价(元)					**6808.19**	**16104.43**	**42384.53**	**57118.07**
	其中	人工费(元)				1535.25	2921.00	7527.90	9433.45
		材料费(元)				55.36	63.30	123.69	146.04
		施工机具使用费(元)				2731.67	7214.94	19175.52	26565.56
		企业管理费(元)				1667.51	3961.12	10435.70	14068.41
		利润(元)				733.06	1741.35	4587.65	6184.63
		一般风险费(元)				85.34	202.72	534.07	719.98
	编码	名称		单位	单价(元)	消耗量			
人工	000700010	市政综合工		工日	115.00	13.350	25.400	65.460	82.030
材料	050302650	枕木		m^3	683.76	0.019	0.019	0.019	0.019
	031394810	钻头		kg	18.80	2.100	2.500	5.400	6.500
	032130010	铁件 综合		kg	3.68	0.330	0.330	0.330	0.330
	031350010	低碳钢焊条 综合		kg	4.19	0.400	0.500	1.900	2.300
机械	990806020	泥浆泵 出口直径 100mm		台班	197.09	3.190	11.920	11.920	11.920
	990809020	潜水泵 出口直径 100mm		台班	28.35	3.190	11.920	11.920	11.920
	990901020	交流弧焊机 32kV·A		台班	85.07	0.050	0.220	0.440	0.660
	990209060	回旋钻机 孔径 2500mm		台班	769.45	2.610	5.860	21.380	30.960

工作内容:准备工作;装拆钻架、就位、移动;钻进、提钻、出渣、清孔;测量孔径、孔深等。 **计量单位**:10m

定额编号					DC0071	DC0072	DC0073	DC0074
项目名称					回旋钻机钻孔			
					$\phi\leqslant$2500mm $H\leqslant$60m			
					土	砂砾石	软质岩	较硬岩
费用	**综合单价(元)**				**8351.07**	**18739.83**	**51139.86**	**69813.29**
	其中	人工费(元)			1814.70	3309.70	9186.20	11949.65
		材料费(元)			63.18	69.93	126.41	149.33
		施工机具使用费(元)			3422.18	8487.28	23047.75	32069.03
		企业管理费(元)			2046.57	4610.26	12597.03	17202.50
		利润(元)			899.70	2026.72	5537.79	7562.41
		一般风险费(元)			104.74	235.94	644.68	880.37
	编码	名称	单位	单价(元)	消耗量			
人工	000700010	市政综合工	工日	115.00	15.780	28.780	79.880	103.910
材料	050302650	枕木	m^3	683.76	0.020	0.020	0.020	0.020
	031394810	钻头	kg	18.80	2.470	2.800	5.470	6.600
	032130010	铁件 综合	kg	3.68	0.300	0.300	0.300	0.300
	031350010	低碳钢焊条 综合	kg	4.19	0.470	0.600	2.100	2.500
机械	990209060	回旋钻机 孔径 2500mm	台班	769.45	3.310	6.780	25.680	37.380
	990806020	泥浆泵 出口直径 100mm	台班	197.09	3.860	14.420	14.420	14.420
	990809020	潜水泵 出口直径 100mm	台班	28.35	3.860	14.420	14.420	14.420
	990901020	交流弧焊机 32kV·A	台班	85.07	0.060	0.230	0.440	0.660

工作内容:准备工作;装拆钻架、就位、移动;钻进、提钻、出渣、清孔;测量孔径、孔深等。 **计量单位**:10m

定额编号					DC0075	DC0076	DC0077	DC0078
项目名称					冲击钻机成孔			
					$\phi\leqslant$1000mm $H\leqslant$20m			
					土	砂砾石	软质岩	较硬岩
费用	**综合单价(元)**				**2739.32**	**6031.36**	**16885.31**	**23801.69**
	其中	人工费(元)			951.51	1775.37	4368.39	6029.22
		材料费(元)			55.17	59.17	76.06	84.55
		施工机具使用费(元)			744.53	1998.29	6252.89	8956.97
		企业管理费(元)			662.81	1474.75	4150.80	5856.60
		利润(元)			291.38	648.31	1824.74	2574.63
		一般风险费(元)			33.92	75.47	212.43	299.72
	编码	名称	单位	单价(元)	消耗量			
人工	000700010	市政综合工	工日	115.00	8.274	15.438	37.986	52.428
材料	050302650	枕木	m^3	683.76	0.016	0.016	0.016	0.016
	031394810	钻头	kg	18.80	2.180	2.370	2.890	3.230
	032130010	铁件 综合	kg	3.68	0.200	0.200	0.200	0.200
	031350010	低碳钢焊条 综合	kg	4.19	0.600	0.700	2.400	2.900
机械	990901020	交流弧焊机 32kV·A	台班	85.07	0.050	0.080	0.270	0.320
	990223010	冲击钻机 22 型电动	台班	483.84	1.530	4.116	12.876	18.456

工作内容：准备工作；装拆钻架、就位、移动；钻进、提钻、出渣、清孔；测量孔径、孔深等。　　计量单位：10m

定额编号					DC0079	DC0080	DC0081	DC0082
项目名称					冲击钻机成孔			
					$\phi\leqslant$1000mm $H\leqslant$40m			
					土	砂砾石	软质岩	较硬岩
费用	综合单价（元）				**3184.53**	**7980.58**	**19994.93**	**25197.29**
	其中	人工费（元）			911.49	2103.81	4135.86	6162.16
		材料费（元）			49.15	53.33	70.23	78.71
		施工机具使用费（元）			1069.67	2905.19	8453.99	9709.56
		企业管理费（元）			774.24	1957.52	4920.11	6202.67
		利润（元）			340.36	860.55	2162.94	2726.76
		一般风险费（元）			39.62	100.18	251.80	317.43
	编码	名称	单位	单价(元)	消耗量			
人工	000700010	市政综合工	工日	115.00	7.926	18.294	35.964	53.584
材料	050302650	枕木	m^3	683.76	0.008	0.008	0.008	0.008
	031394810	钻头	kg	18.80	2.170	2.370	2.890	3.230
	032130010	铁件 综合	kg	3.68	0.100	0.100	0.100	0.100
	031350010	低碳钢焊条 综合	kg	4.19	0.600	0.700	2.400	2.900
机械	990223010	冲击钻机 22 型电动	台班	483.84	2.202	5.964	17.376	19.971
	990901020	交流弧焊机 32kV·A	台班	85.07	0.050	0.230	0.550	0.550

工作内容：准备工作；装拆钻架、就位、移动；钻进、提钻、出渣、清孔；测量孔径、孔深等。　　计量单位：10m

定额编号					DC0083	DC0084	DC0085	DC0086
项目名称					冲击钻机成孔			
					$\phi\leqslant$1500mm $H\leqslant$20m			
					土	砂砾石	软质岩	较硬岩
费用	综合单价（元）				**2900.86**	**7994.38**	**18725.75**	**27000.98**
	其中	人工费（元）			1002.23	2103.47	4652.90	6602.27
		材料费（元）			69.83	75.70	85.45	93.19
		施工机具使用费（元）			786.62	2900.12	7125.37	10400.00
		企业管理费（元）			699.08	1955.40	4602.95	6644.48
		利润（元）			307.32	859.62	2023.51	2920.99
		一般风险费（元）			35.78	100.07	235.57	340.05
	编码	名称	单位	单价(元)	消耗量			
人工	000700010	市政综合工	工日	115.00	8.715	18.291	40.460	57.411
材料	050302650	枕木	m^3	683.76	0.008	0.008	0.008	0.008
	031394810	钻头	kg	18.80	3.270	3.560	3.700	4.000
	032130010	铁件 综合	kg	3.68	0.100	0.100	0.100	0.100
	031350010	低碳钢焊条 综合	kg	4.19	0.600	0.700	2.400	2.900
机械	990901020	交流弧焊机 32kV·A	台班	85.07	0.050	0.250	0.550	0.550
	990223010	冲击钻机 22 型电动	台班	483.84	1.617	5.950	14.630	21.398

工作内容：准备工作；装拆钻架、就位、移动；钻进、提钻、出渣、清孔；测量孔径、孔深等。　　计量单位：10m

定额编号					DC0087	DC0088	DC0089	DC0090
项目名称					冲击钻机成孔			
					$\phi\leqslant$1500mm $H\leqslant$40m			
					土	砂砾石	软质岩	较硬岩
费用	综合单价（元）				**3250.70**	**10881.05**	**20714.58**	**29567.61**
	其中	人工费（元）			1054.21	2947.91	5145.10	7270.76
		材料费（元）			72.06	78.54	100.97	112.85
		施工机具使用费（元）			954.28	3877.89	7880.06	11340.87
		企业管理费（元）			784.92	2667.52	5090.23	7273.42
		利润（元）			345.06	1172.67	2237.72	3197.48
		一般风险费（元）			40.17	136.52	260.50	372.23
	编码	名称	单位	单价(元)	消耗量			
人工	000700010	市政综合工	工日	115.00	9.167	25.634	44.740	63.224
材料	032130010	铁件 综合	kg	3.68	0.200	0.200	0.200	0.200
	050302650	枕木	m^3	683.76	0.011	0.011	0.011	0.011
	031394810	钻头	kg	18.80	3.260	3.560	4.330	4.850
	031350010	低碳钢焊条 综合	kg	4.19	0.600	0.800	2.700	3.200
机械	990223010	冲击钻机 22 型电动	台班	483.84	1.960	7.999	16.232	23.376
	990901020	交流弧焊机 32kV·A	台班	85.07	0.070	0.090	0.310	0.360

工作内容：准备工作；装拆钻架、就位、移动；钻进、提钻、出渣、清孔；测量孔径、孔深等。　　计量单位：10m

定额编号					DC0091	DC0092	DC0093	DC0094
项目名称					卷扬机带冲击锥冲孔			
					$\phi\leqslant$1500mm $H\leqslant$20m			
					土	砂砾石	软质岩	较硬岩
费用	综合单价（元）				**3576.08**	**7721.20**	**20195.51**	**27670.92**
	其中	人工费（元）			1540.77	3061.07	7797.00	10605.30
		材料费（元）			315.72	413.91	419.36	515.46
		施工机具使用费（元）			519.36	1556.19	4698.99	6553.46
		企业管理费（元）			805.10	1804.43	4883.43	6705.64
		利润（元）			353.93	793.25	2146.81	2947.88
		一般风险费（元）			41.20	92.35	249.92	343.18
	编码	名称	单位	单价(元)	消耗量			
人工	000700010	市政综合工	工日	115.00	13.398	26.618	67.800	92.220
材料	031394810	钻头	kg	18.80	16.000	21.000	21.000	26.000
	031350010	低碳钢焊条 综合	kg	4.19	0.400	1.400	2.700	3.200
	032130010	铁件 综合	kg	3.68	3.600	3.600	3.600	3.600
机械	990901020	交流弧焊机 32kV·A	台班	85.07	0.070	0.140	0.310	0.360
	990502030	电动卷扬机 双筒快速 50kN	台班	270.50	1.898	5.709	17.274	24.114

工作内容：准备工作；装拆钻架、就位、移动；钻进、提钻、出渣、清孔；测量孔径、孔深等。　　计量单位：10m

定额编号					DC0095	DC0096	DC0097	DC0098
项目名称					卷扬机带冲击锥冲孔			
					$\phi \leqslant 1500mm$ $H \leqslant 30m$			
					土	砂砾石	软质岩	较硬岩
费用	综合单价（元）				**4084.89**	**9514.22**	**21284.28**	**28838.10**
	其中	人工费（元）			1601.49	3688.74	8136.83	10973.30
		材料费（元）			297.76	413.91	419.36	515.46
		施工机具使用费（元）			791.49	2061.49	5047.12	6922.97
		企业管理费（元）			935.18	2247.19	5152.29	6993.86
		利润（元）			411.11	987.89	2265.00	3074.58
		一般风险费（元）			47.86	115.00	263.68	357.93
	编码	名称	单位	单价(元)	消耗量			
人工	000700010	市政综合工	工日	115.00	13.926	32.076	70.755	95.420
材料	031394810	钻头	kg	18.80	15.000	21.000	21.000	26.000
	032130010	铁件 综合	kg	3.68	3.600	3.600	3.600	3.600
	031350010	低碳钢焊条 综合	kg	4.19	0.600	1.400	2.700	3.200
机械	990502030	电动卷扬机 双筒快速 50kN	台班	270.50	2.904	7.577	18.561	25.480
	990901020	交流弧焊机 32kV·A	台班	85.07	0.070	0.140	0.310	0.360

工作内容：准备工作；装拆钻架、就位、移动；钻进、提钻、出渣、清孔；测量孔径、孔深等。　　计量单位：10m

定额编号					DC0099	DC0100	DC0101	DC0102
项目名称					卷扬机带冲击锥冲孔			
					$\phi \leqslant 1500mm$ $H \leqslant 40m$			
					土	砂砾石	软质岩	较硬岩
费用	综合单价（元）				**4989.72**	**12727.35**	**23644.42**	**32818.83**
	其中	人工费（元）			1943.04	4554.00	8983.80	12440.70
		材料费（元）			297.76	413.08	419.36	515.46
		施工机具使用费（元）			1021.68	3227.04	5691.45	7970.88
		企业管理费（元）			1158.61	3040.83	5735.09	7976.85
		利润（元）			509.34	1336.78	2521.21	3506.71
		一般风险费（元）			59.29	155.62	293.51	408.23
	编码	名称	单位	单价(元)	消耗量			
人工	000700010	市政综合工	工日	115.00	16.896	39.600	78.120	108.180
材料	031394810	钻头	kg	18.80	15.000	21.000	21.000	26.000
	032130010	铁件 综合	kg	3.68	3.600	3.600	3.600	3.600
	031350010	低碳钢焊条 综合	kg	4.19	0.600	1.200	2.700	3.200
机械	990502030	电动卷扬机 双筒快速 50kN	台班	270.50	3.755	11.867	20.943	29.354
	990901020	交流弧焊机 32kV·A	台班	85.07	0.070	0.200	0.310	0.360

工作内容：准备工作；装拆钻架、就位、移动；钻进、提钻、出渣、清孔；测量孔径、孔深等。 计量单位：10m

定额编号					DC0103	DC0104	DC0105	DC0106
项目名称					卷扬机带冲击锥冲孔			
					$\phi \leqslant 2000mm$ $H \leqslant 20m$			
					土	砂砾石	软质岩	较硬岩
费用	综合单价（元）				**4303.52**	**13863.87**	**24501.46**	**33603.57**
	其中	人工费（元）			1806.42	5533.11	9508.20	12937.50
		材料费（元）			298.18	413.91	420.62	517.13
		施工机具使用费（元）			724.44	2965.54	5707.80	7968.88
		企业管理费（元）			989.06	3321.27	5946.41	8170.21
		利润（元）			434.80	1460.07	2614.11	3591.72
		一般风险费（元）			50.62	169.97	304.32	418.13
	编码	名称	单位	单价（元）	消耗量			
人工	000700010	市政综合工	工日	115.00	15.708	48.114	82.680	112.500
材料	031394810	钻头	kg	18.80	15.000	21.000	21.000	26.000
	032130010	铁件 综合	kg	3.68	3.600	3.600	3.600	3.600
	031350010	低碳钢焊条 综合	kg	4.19	0.700	1.400	3.000	3.600
机械	990502030	电动卷扬机 双筒快速 50kN	台班	270.50	2.653	10.916	20.994	29.334
	990901020	交流弧焊机 32kV·A	台班	85.07	0.080	0.150	0.340	0.400

工作内容：准备工作；装拆钻架、就位、移动；钻进、提钻、出渣、清孔；测量孔径、孔深等。 计量单位：10m

定额编号					DC0107	DC0108	DC0109	DC0110
项目名称					卷扬机带冲击锥冲孔			
					$\phi \leqslant 2000mm$ $H \leqslant 30m$			
					土	砂砾石	软质岩	较硬岩
费用	综合单价（元）				**4892.35**	**17306.56**	**27819.69**	**37105.36**
	其中	人工费（元）			1980.99	6793.05	10341.38	14199.63
		材料费（元）			308.49	424.22	430.92	527.44
		施工机具使用费（元）			915.42	3874.42	6964.81	8912.92
		企业管理费（元）			1131.92	4168.85	6763.26	9032.38
		利润（元）			497.60	1832.67	2973.20	3970.74
		一般风险费（元）			57.93	213.35	346.12	462.25
	编码	名称	单位	单价（元）	消耗量			
人工	000700010	市政综合工	工日	115.00	17.226	59.070	89.925	123.475
材料	031394810	钻头	kg	18.80	15.000	21.000	21.000	26.000
	032130010	铁件 综合	kg	3.68	6.400	6.400	6.400	6.400
	031350010	低碳钢焊条 综合	kg	4.19	0.700	1.400	3.000	3.600
机械	990502030	电动卷扬机 双筒快速 50kN	台班	270.50	3.359	14.276	25.641	32.824
	990901020	交流弧焊机 32kV·A	台班	85.07	0.080	0.150	0.340	0.400

工作内容：准备工作；装拆钻架、就位、移动；钻进、提钻、出渣、清孔；测量孔径、孔深等。　　计量单位：10m

					DC0111	DC0112	DC0113	DC0114
定额编号					DC0111	DC0112	DC0113	DC0114
项目名称					卷扬机带冲击锥冲孔			
					$\phi\leqslant$2000mm $H\leqslant$40m			
					土	砂砾石	软质岩	较硬岩
费用	综合单价（元）				**6029.42**	**21648.92**	**28835.92**	**39955.25**
	其中	人工费（元）			2383.26	8399.14	11017.58	15235.20
		材料费（元）			308.49	424.22	430.92	527.44
		施工机具使用费（元）			1231.63	5012.14	6930.73	9678.11
		企业管理费（元）			1412.70	5241.13	7014.20	9736.12
		利润（元）			621.04	2304.06	3083.52	4280.11
		一般风险费（元）			72.30	268.23	358.97	498.27
	编码	名称	单位	单价（元）	消耗量			
人工	000700010	市政综合工	工日	115.00	20.724	73.036	95.805	132.480
材料	031394810	钻头	kg	18.80	15.000	21.000	21.000	26.000
	032130010	铁件 综合	kg	3.68	6.400	6.400	6.400	6.400
	031350010	低碳钢焊条 综合	kg	4.19	0.700	1.400	3.000	3.600
机械	990502030	电动卷扬机 双筒快速 50kN	台班	270.50	4.528	18.482	25.515	35.766
	990901020	交流弧焊机 32kV·A	台班	85.07	0.080	0.150	0.340	0.040

工作内容：准备工作；装拆钻架、就位、移动；钻进、提钻、出渣、清孔；测量孔径、孔深等。　　计量单位：10m

定额编号					DC0115	DC0116	DC0117	DC0118
项目名称					卷扬机带冲击锥冲孔			
					$\phi\leqslant$2500mm $H\leqslant$20m			
					土	砂砾石	软质岩	较硬岩
费用	综合单价（元）				**6558.94**	**14138.21**	**38053.10**	**52223.84**
	其中	人工费（元）			2822.68	5867.88	14856.39	20214.93
		材料费（元）			299.82	413.96	427.70	525.64
		施工机具使用费（元）			1132.28	2804.09	8918.03	12451.69
		企业管理费（元）			1545.60	3389.00	9291.04	12766.12
		利润（元）			679.46	1489.84	4084.45	5612.13
		一般风险费（元）			79.10	173.44	475.49	653.33
	编码	名称	单位	单价（元）	消耗量			
人工	000700010	市政综合工	工日	115.00	24.545	51.025	129.186	175.782
材料	031394810	钻头	kg	18.80	15.000	21.000	21.000	26.000
	032130010	铁件 综合	kg	3.68	3.600	3.600	3.600	3.600
	031350010	低碳钢焊条 综合	kg	4.19	1.090	1.410	4.690	5.630
机械	990502030	电动卷扬机 双筒快速 50kN	台班	270.50	4.145	10.316	32.802	45.834
	990901020	交流弧焊机 32kV·A	台班	85.07	0.130	0.160	0.530	0.630

工作内容：准备工作；装拆钻架、就位、移动；钻进、提钻、出渣、清孔；测量孔径、孔深等。 计量单位：10m

定额编号					DC0119	DC0120	DC0121	DC0122
项目名称					卷扬机带冲击锥冲孔			
					$\phi \leqslant 2500mm$ $H \leqslant 30m$			
					土	砂砾石	软质岩	较硬岩
费用	综合单价（元）				**7472.77**	**16417.04**	**41750.48**	**57679.41**
	其中	人工费（元）			3102.01	6433.10	16158.54	22186.84
		材料费（元）			299.82	417.22	427.70	525.64
		施工机具使用费（元）			1430.37	3676.73	9952.15	13927.00
		企业管理费（元）			1771.26	3950.92	10204.06	14113.29
		利润（元）			778.66	1736.87	4485.82	6204.36
		一般风险费（元）			90.65	202.20	522.21	722.28
	编码	名称	单位	单价(元)	消耗量			
人工	000700010	市政综合工	工日	115.00	26.974	55.940	140.509	192.929
材料	031394810	钻头	kg	18.80	15.000	21.000	21.000	26.000
	032130010	铁件 综合	kg	3.68	3.600	3.600	3.600	3.600
	031350010	低碳钢焊条 综合	kg	4.19	1.090	2.190	4.690	5.630
机械	990502030	电动卷扬机 双筒快速 50kN	台班	270.50	5.247	13.520	36.625	51.288
	990901020	交流弧焊机 32kV·A	台班	85.07	0.130	0.230	0.530	0.630

工作内容：准备工作；装拆钻架、就位、移动；钻进、提钻、出渣、清孔；测量孔径、孔深等。 计量单位：10m

定额编号					DC0123	DC0124	DC0125	DC0126
项目名称					卷扬机带冲击锥冲孔			
					$\phi \leqslant 2500mm$ $H \leqslant 40m$			
					土	砂砾石	软质岩	较硬岩
费用	综合单价（元）				**9239.21**	**21818.05**	**44810.13**	**62208.69**
	其中	人工费（元）			3723.70	8466.30	17215.16	23805.00
		材料费（元）			299.82	417.22	427.70	525.64
		施工机具使用费（元）			1924.85	5056.28	10828.84	15170.76
		企业管理费（元）			2207.45	5284.62	10959.59	15231.73
		利润（元）			970.42	2323.18	4817.96	6696.04
		一般风险费（元）			112.97	270.45	560.88	779.52
	编码	名称	单位	单价(元)	消耗量			
人工	000700010	市政综合工	工日	115.00	32.380	73.620	149.697	207.000
材料	031394810	钻头	kg	18.80	15.000	21.000	21.000	26.000
	032130010	铁件 综合	kg	3.68	3.600	3.600	3.600	3.600
	031350010	低碳钢焊条 综合	kg	4.19	1.090	2.190	4.690	5.630
机械	990502030	电动卷扬机 双筒快速 50kN	台班	270.50	7.075	18.620	39.866	55.886
	990901020	交流弧焊机 32kV·A	台班	85.07	0.130	0.230	0.530	0.630

工作内容：钻机定位、准备钻孔机具、孔口护筒埋设、布孔、钻孔、提钻、出渣、清土堆放、清孔、运渣 20m 以内等。

计量单位：$10m^3$

		定额编号			DC0127	DC0128	DC0129	DC0130	DC0131	DC0132
		项目名称			旋挖桩					
					$\phi\leqslant1000mm$ $H\leqslant20m$			$\phi\leqslant1000mm$ $H\leqslant40m$		
					土、砂砾石	岩层	土石回填区	土、砂砾石	岩层	土石回填区
费用		**综合单价（元）**			**4386.92**	**9082.72**	**5743.07**	**4818.17**	**9970.51**	**6303.72**
	其中	人工费（元）			682.53	1348.49	895.97	750.84	1483.39	985.55
		材料费（元）			108.05	230.86	164.28	110.86	234.93	167.25
		施工机具使用费（元）			2021.17	4244.75	2629.11	2223.58	4668.25	2891.91
		企业管理费（元）			1056.60	2185.84	1377.60	1162.40	2404.06	1515.31
		利润（元）			464.50	960.92	605.61	511.00	1056.85	666.15
		一般风险费（元）			54.07	111.86	70.50	59.49	123.03	77.55
	编码	名称	单位	单价(元)	消耗量					
人工	000300010	建筑综合工	工日	115.00	5.935	11.726	7.791	6.529	12.899	8.570
材料	032134815	加工铁件	kg	4.06	6.100	6.100	6.100	6.100	6.100	6.100
	031394810	钻头	kg	18.80	2.909	8.683	5.774	2.909	8.683	5.774
	002000010	其他材料费	元	—	28.59	42.85	30.96	31.40	46.92	33.93
机械	990212020	履带式旋挖钻机 孔径 1000mm	台班	1797.51	0.792	1.663	1.030	0.871	1.829	1.133
	990106030	履带式单斗液压挖掘机 $1m^3$	台班	1078.60	0.554	1.164	0.721	0.610	1.280	0.793

工作内容：钻机定位、准备钻孔机具、孔口护筒埋设、布孔、钻孔、提钻、出渣、清土堆放、清孔、运渣 20m 以内等。

计量单位：$10m^3$

		定额编号			DC0133	DC0134	DC0135	DC0136	DC0137	DC0138
		项目名称			旋挖桩					
					$\phi\leqslant1500mm$ $H\leqslant20m$			$\phi\leqslant1500mm$ $H\leqslant40m$		
					土、砂砾石	岩层	土石回填区	土、砂砾石	岩层	土石回填区
费用		**综合单价（元）**			**4160.03**	**8642.98**	**5425.51**	**4568.07**	**9487.99**	**5954.30**
	其中	人工费（元）			477.71	943.92	621.00	525.44	1038.34	683.10
		材料费（元）			109.50	230.61	163.48	112.47	235.23	166.67
		施工机具使用费（元）			2081.70	4371.62	2703.93	2289.93	4808.22	2973.94
		企业管理费（元）			1000.22	2077.31	1299.38	1100.24	2284.83	1429.17
		利润（元）			439.71	913.21	571.22	483.68	1004.44	628.28
		一般风险费（元）			51.19	106.31	66.50	56.31	116.93	73.14
	编码	名称	单位	单价(元)	消耗量					
人工	000300010	建筑综合工	工日	115.00	4.154	8.208	5.400	4.569	9.029	5.940
材料	032134815	加工铁件	kg	4.06	5.800	5.800	5.800	5.800	5.800	5.800
	031394810	钻头	kg	18.80	2.764	8.251	5.487	2.764	8.251	5.487
	002000010	其他材料费	元	—	33.99	51.94	36.78	36.96	56.56	39.97
机械	990212040	履带式旋挖钻机 孔径 1500mm	台班	2456.81	0.648	1.361	0.842	0.713	1.497	0.926
	990106030	履带式单斗液压挖掘机 $1m^3$	台班	1078.60	0.454	0.953	0.589	0.499	1.048	0.648

工作内容：钻机定位、准备钻孔机具、孔口护筒埋设、布孔、钻孔、提钻、出渣、清土堆放、清孔、运渣 20m 以内等。

计量单位：10m³

定额编号					DC0139	DC0140	DC0141	DC0142	DC0143	DC0144
项目名称					旋挖桩					
					ϕ≤2000mm H≤20m			ϕ≤2000mm H≤40m		
					土、砂砾石	岩层	土石回填区	土、砂砾石	岩层	土石回填区
费用	综合单价（元）				**4118.32**	**8566.69**	**5365.95**	**4525.15**	**9407.42**	**5892.10**
	其中	人工费（元）			391.69	774.07	509.22	430.91	851.46	560.17
		材料费（元）			93.88	191.76	134.82	97.84	197.75	139.02
		施工机具使用费（元）			2151.24	4517.81	2796.18	2366.58	4967.87	3075.04
		企业管理费（元）			993.78	2068.07	1291.75	1093.26	2274.19	1420.64
		利润（元）			436.87	909.14	567.87	480.61	999.76	624.53
		一般风险费（元）			50.86	105.84	66.11	55.95	116.39	72.70
	编码	名称	单位	单价（元）	消耗量					
人工	000300010	建筑综合工	工日	115.00	3.406	6.731	4.428	3.747	7.404	4.871
材料	031394810	钻头	kg	18.80	2.037	6.078	4.042	2.037	6.078	4.042
	032134815	加工铁件	kg	4.06	3.900	3.900	3.900	3.900	3.900	3.900
	002000010	其他材料费	元	—	39.75	61.66	43.00	43.71	67.65	47.20
机械	990212060	履带式旋挖钻机 孔径 2000mm	台班	3228.75	0.540	1.134	0.702	0.594	1.247	0.772
	990106030	履带式单斗液压挖掘机 1m³	台班	1078.60	0.378	0.794	0.491	0.416	0.873	0.540

工作内容：钻机定位、准备钻孔机具、孔口护筒埋设、布孔、钻孔、提钻、出渣、清土堆放、清孔、运渣 20m 以内等。

计量单位：10m³

定额编号					DC0145	DC0146	DC0147	DC0148	DC0149	DC0150
项目名称					旋挖桩					
					ϕ≤2000mm H≤20m			ϕ≤2000mm H≤40m		
					土、砂砾石	岩层	土石回填区	土、砂砾石	岩层	土石回填区
费用	综合单价（元）				**3560.30**	**7482.40**	**4637.37**	**3911.20**	**8226.25**	**5100.57**
	其中	人工费（元）			332.93	707.94	432.86	366.28	778.78	476.10
		材料费（元）			86.20	169.85	118.17	86.59	182.26	126.56
		施工机具使用费（元）			1862.26	3912.65	2422.70	2050.39	4303.99	2666.83
		企业管理费（元）			857.88	1805.73	1115.95	944.43	1986.34	1228.26
		利润（元）			377.13	793.82	490.58	415.18	873.22	539.96
		一般风险费（元）			43.90	92.41	57.11	48.33	101.66	62.86
	编码	名称	单位	单价（元）	消耗量					
人工	000300010	建筑综合工	工日	115.00	2.895	6.156	3.764	3.185	6.772	4.140
材料	031394810	钻头	kg	18.80	1.746	5.210	3.464	1.746	5.210	3.464
	032134815	加工铁件	kg	4.06	2.500	2.500	2.500	2.500	2.500	2.500
	002000010	其他材料费	元	—	43.23	61.75	42.90	43.62	74.16	51.29
机械	990212062	履带式旋挖钻机 孔径 2500mm	台班	3948.20	0.396	0.832	0.515	0.436	0.915	0.567
	990106030	履带式单斗液压挖掘机 1m³	台班	1078.60	0.277	0.582	0.361	0.305	0.641	0.397

C.1.3 泥浆(编码:040301004)

工作内容:搭拆流槽和工作平台;拌和泥浆;倒运护壁泥浆等。

计量单位:$10m^3$

定额编号						DC0151	DC0152	DC0153
项目名称						泥浆制作	泥浆运输	
							基本运距 1km 内	每增运 1km
费用	**综合单价(元)**					**407.40**	**945.61**	**52.20**
	其中	人工费(元)				177.10	342.24	—
		材料费(元)				70.72	—	—
		施工机具使用费(元)				35.64	255.27	32.98
		企业管理费(元)				83.14	233.50	12.89
		利润(元)				36.55	102.65	5.67
		一般风险费(元)				4.25	11.95	0.66
	编码	名称		单位	单价(元)	消耗量		
人工	000700010	市政综合工		工日	115.00	1.540	2.976	—
材料	341100100	水		m^3	4.42	9.000	—	—
	040900900	粘土		m^3	17.48	1.770	—	—
机械	990402015	自卸汽车 5t		台班	484.95	—	0.472	0.068
	990610010	灰浆搅拌机 200L		台班	187.56	0.190	—	—
	990806010	泥浆泵 出口直径 50mm		台班	42.53	—	0.620	—

C.1.4 挖孔桩护壁(编码:040301007)

工作内容:1.自拌混凝土:搅拌混凝土、水平运输、浇捣。
2.商品混凝土:浇捣。
3.模板:制作、安装、涂脱模剂、拆除、修理、堆整;砖护壁:调运砂浆、铺砂浆、运砖、砌砖。

计量单位:$10m^3$

定额编号						DC0154	DC0155	DC0156
项目名称						砼护壁		砖护壁
						商品砼	模板	
费用	**综合单价(元)**					**3791.87**	**3483.98**	**5949.14**
	其中	人工费(元)				670.68	1305.25	1769.28
		材料费(元)				2730.46	1297.85	3054.09
		施工机具使用费(元)				—	76.10	60.02
		企业管理费(元)				262.10	539.83	714.89
		利润(元)				115.22	237.32	314.27
		一般风险费(元)				13.41	27.63	36.59
	编码	名称		单位	单价(元)	消耗量		
人工	000300080	混凝土综合工		工日	115.00	5.832	11.350	15.385
材料	341100100	水		m^3	4.42	1.620	—	1.260
	840201140	商品砼		m^3	266.99	10.200	—	—
	050303800	木材 锯材		m^3	1547.01	—	0.730	—
	030100650	铁钉		kg	7.26	—	13.160	—
	143502500	隔离剂		kg	0.94	—	7.650	—
	810104010	M5.0 水泥砂浆(特 稠度 70~90mm)		m^3	183.45	—	—	1.930
	041300010	标准砖 240×115×53		千块	422.33	—	—	6.380
	002000010	其他材料费		元	—	—	65.80	—
机械	990610010	灰浆搅拌机 200L		台班	187.56	—	—	0.320
	990706010	木工圆锯机 直径 500mm		台班	25.81	—	1.640	—
	990401025	载重汽车 6t		台班	422.13	—	0.080	—

C.1.5　钻孔桩混凝土(编码:040301004)

工作内容:混凝土浇筑、捣固、抹平、养护等。

计量单位:10m³

定额编号					DC0157	DC0158	DC0159
项目名称					回旋(旋挖)钻机成孔	冲击钻机成孔	卷扬机带冲击锥冲孔
					商品砼		
费用	综合单价(元)				**4255.36**	**4452.85**	**4646.41**
	其中	人工费(元)			612.49	651.25	689.20
		材料费(元)			3286.03	3422.19	3555.69
		施工机具使用费(元)			—	—	—
		企业管理费(元)			239.36	254.51	269.34
		利润(元)			105.23	111.88	118.40
		一般风险费(元)			12.25	13.02	13.78
	编码	名称	单位	单价(元)	消耗量		
人工	000300080	混凝土综合工	工日	115.00	5.326	5.663	5.993
材料	840201140	商品砼	m³	266.99	12.240	12.750	13.250
	173102100	导管	kg	4.27	3.800	3.800	3.800
	030125010	螺栓	kg	4.50	0.410	0.410	0.410

C.1.6　挖孔桩混凝土(编码:040301008)

工作内容:混凝土浇筑、捣固、抹平、养护等。

计量单位:10m³

定额编号					DC0160
项目名称					人工挖孔桩
					商品砼
费用	综合单价(元)				**3626.61**
	其中	人工费(元)			564.88
		材料费(元)			2732.62
		施工机具使用费(元)			—
		企业管理费(元)			220.76
		利润(元)			97.05
		一般风险费(元)			11.30
	编码	名称	单位	单价(元)	消耗量
人工	000300080	混凝土综合工	工日	115.00	4.912
材料	341100100	水	m³	4.42	2.110
	840201140	商品砼	m³	266.99	10.200

C.1.7 截桩头(编码:040301011)

工作内容:截桩头、凿平、弯曲钢筋、余渣场内运输;检测管截断、封头;套管制作、焊接;定位、固定等。

定额编号						DC0161	DC0162
项目名称						凿除桩顶钢筋混凝土灌注桩	声测管
单位						$10m^3$	t
费用	综合单价(元)					**2530.22**	**4479.55**
	其中	人工费(元)				1464.53	645.15
		材料费(元)				25.65	3316.24
		施工机具使用费(元)				118.04	89.92
		企业管理费(元)				618.47	287.26
		利润(元)				271.88	126.28
		一般风险费(元)				31.65	14.70
	编码	名称		单位	单价(元)	消耗量	
人工	000700010	市政综合工		工日	115.00	12.735	5.610
材料	012900030	钢板 综合		kg	3.21	—	1.000
	170100800	钢管		t	3085.00	—	1.068
	002000010	其他材料费		元	—	25.65	—
	031350010	低碳钢焊条 综合		kg	4.19	—	3.400
	010302110	镀锌铁丝 综合		kg	3.08	—	1.300
机械	990901020	交流弧焊机 32kV·A		台班	85.07	—	1.057
	991003030	电动空气压缩机 $1m^3/min$		台班	51.10	2.310	—

C.2 基坑与边坡支护(编码:040302)

C.2.1 锚杆(索)(编码:040302006)

C.2.1.1 钻孔

工作内容:钻孔定位、成孔清孔、弃渣运40m内。 **计量单位:**100m

定额编号					DC0163	DC0164	DC0165	DC0166	DC0167	DC0168
项目名称					钻孔					
					孔径					
					ϕ100内		ϕ130内		ϕ150内	
					土层	岩层	土层	岩层	土层	岩层
费用	综合单价(元)				**5639.07**	**7364.00**	**6561.07**	**8740.82**	**7584.34**	**10018.45**
	其中	人工费(元)			562.35	997.05	727.26	1322.62	848.47	1416.46
		材料费(元)			1005.58	1269.37	1161.75	1432.24	1313.94	1590.79
		施工机具使用费(元)			3067.20	3777.06	3502.19	4402.41	4063.32	5185.19
		企业管理费(元)			670.02	881.30	780.76	1056.84	906.72	1218.66
		利润(元)			279.48	367.61	325.67	440.83	378.21	508.33
		一般风险费(元)			54.44	71.61	63.44	85.88	73.68	99.02
	编码	名称	单位	单价(元)	消耗量					
人工	000700010	市政综合工	工日	115.00	4.890	8.670	6.324	11.501	7.378	12.317
材料	050303800	木材 锯材	m^3	1547.01	0.020	0.020	0.026	0.026	0.030	0.030
	010302010	镀锌铁丝 20#~22#	kg	3.08	0.260	0.260	0.260	0.260	0.260	0.260
	030100650	铁钉	kg	7.26	1.860	1.860	1.860	1.860	1.860	1.860
	290601510	钻孔钢套管	kg	4.27	19.050	25.400	23.310	29.210	25.400	31.750
	032102660	钻杆	kg	17.61	19.580	29.380	22.520	33.780	24.480	36.720
	031395220	锚孔合金钻头	个	427.35	1.250	—	1.430	—	1.670	—
	351500030	冲击器	个	2991.45	—	0.200	—	0.220	—	0.250
机械	990220010	锚孔钻机 ϕ150mm以内	台班	274.34	2.119	2.564	2.418	3.001	2.821	3.525
	990221010	液压拔管机	台班	246.18	1.000	1.477	1.150	1.654	1.250	2.000
	991004050	内燃空气压缩机 $17m^3/min$	台班	1056.96	2.119	2.564	2.418	3.001	2.821	3.525

工作内容：钻孔定位、成孔清孔、弃渣运40m内。

计量单位：100m

定额编号					DC0169	DC0170	DC0171	DC0172
项目名称					钻孔			
					孔径			
					ϕ170内		ϕ200内	
					土层	岩层	土层	岩层
费用	综合单价（元）				**11177.18**	**15919.11**	**13540.00**	**18371.23**
	其中	人工费（元）			1187.84	1820.34	1662.90	1947.76
		材料费（元）			1519.88	2506.78	1808.45	2668.34
		施工机具使用费（元）			6377.03	8685.96	7526.78	10352.80
		企业管理费（元）			1396.47	1939.46	1696.41	2270.68
		利润（元）			582.49	808.98	707.61	947.14
		一般风险费（元）			113.47	157.59	137.85	184.51
	编码	名称	单位	单价(元)	消耗量			
人工	000700010	市政综合工	工日	115.00	10.329	15.829	14.460	16.937
材料	050303800	木材 锯材	m^3	1547.01	0.036	0.036	0.036	0.036
	010302010	镀锌铁丝 20#～22#	kg	3.08	0.260	0.260	0.384	0.384
	030100650	铁钉	kg	7.26	1.860	1.860	2.746	2.746
	290601510	钻孔钢套管	kg	4.27	26.670	33.340	28.004	35.007
	032102660	钻杆	kg	17.61	25.705	38.560	26.991	40.488
	031395220	锚孔合金钻头	个	427.35	2.067	—	2.660	—
	351500030	冲击器	个	2991.45	—	0.540	—	0.578
机械	990220020	锚孔钻机 ϕ200mm以内	台班	346.72	3.301	5.140	3.862	6.014
	990221010	液压拔管机	台班	246.18	1.359	2.223	1.856	3.375
	991004050	内燃空气压缩机 17m^3/min	台班	1056.96	4.634	6.014	5.422	7.036

工作内容：钻孔定位、成孔清孔、弃渣运40m内。

计量单位：100m

定额编号					DC0173	DC0174	DC0175	DC0176
项目名称					钻孔			
					孔径			
					ϕ220内		ϕ250内	
					土层	岩层	土层	岩层
费用	综合单价（元）				**17480.49**	**22789.71**	**20201.22**	**26149.98**
	其中	人工费（元）			1779.40	2084.15	1903.94	2229.97
		材料费（元）			2002.63	2828.37	2335.45	2993.71
		施工机具使用费（元）			10344.89	13552.18	12090.87	15909.05
		企业管理费（元）			2238.14	2886.47	2583.44	3348.46
		利润（元）			933.57	1204.00	1077.60	1396.70
		一般风险费（元）			181.86	234.54	209.92	272.09
	编码	名称	单位	单价(元)	消耗量			
人工	000700010	市政综合工	工日	115.00	15.473	18.123	16.556	19.391
材料	050303800	木材 锯材	m^3	1547.01	0.042	0.042	0.048	0.048
	010302010	镀锌铁丝 20#～22#	kg	3.08	0.384	0.384	0.384	0.384
	030100650	铁钉	kg	7.26	2.746	2.746	2.746	2.746
	290601510	钻孔钢套管	kg	4.27	29.404	36.750	30.870	38.592
	032102660	钻杆	kg	17.61	28.342	42.510	29.760	44.640
	031395220	锚孔合金钻头	个	427.35	3.023	—	3.707	—
	351500030	冲击器	个	2991.45	—	0.614	—	0.651
机械	990220030	锚孔钻机 ϕ250mm以内	台班	422.82	3.535	4.588	4.136	5.368
	990221010	液压拔管机	台班	246.18	2.535	3.801	2.914	4.662
	991004060	内燃空气压缩机 30m^3/min	台班	2327.06	3.535	4.588	4.136	5.368

C.2.1.2 锚杆制安

工作内容:调直、下料、组合、安装等;调直、切断、连接、安装、张拉、封锚等。 **计量单位**:t

定额编号						DC0177	DC0178
项目名称						非预应力钢筋锚杆	预应力钢筋锚杆
费用	综合单价(元)					**4519.06**	**7149.95**
	其中	人工费(元)				776.28	1545.84
		材料费(元)				3394.81	4847.92
		施工机具使用费(元)				104.38	257.41
		企业管理费(元)				162.57	332.88
		利润(元)				67.81	138.85
		一般风险费(元)				13.21	27.05
	编码	名称		单位	单价(元)	消耗量	
人工	000300070	钢筋综合工		工日	120.00	6.469	12.882
材料	010100013	钢筋		t	3070.18	1.030	—
	010101610	预应力钢筋		t	4358.97	—	1.060
	031350010	低碳钢焊条 综合		kg	4.19	2.440	1.220
	032131560	锚杆连接接头		个	8.55	26.000	26.000
机械	990304012	汽车式起重机 12t		台班	797.85	0.055	0.055
	990702010	钢筋切断机 40mm		台班	41.85	0.409	0.409
	990705020	预应力钢筋拉伸机 900kN		台班	39.93	—	1.093
	990811010	高压油泵 压力 50MPa		台班	106.91	—	1.230
	990901020	交流弧焊机 32kV·A		台班	85.07	0.510	0.250

C.2.1.3 锚索制安

工作内容:调直、切断;编束、穿束;支架安装;张拉、锚固;切除钢绞线、封锚等。 **计量单位**:t

定额编号					DC0179	DC0180	DC0181	DC0182	DC0183	DC0184
项目名称					后张法(OVM 锚)					
					束长 20m 以内			束长 40m 以内		
					7 孔以内	12 孔以内	19 孔以内	7 孔以内	12 孔以内	19 孔以内
费用	综合单价(元)				**7796.30**	**7075.96**	**6902.25**	**7076.69**	**6504.69**	**6414.75**
	其中	人工费(元)			1651.56	1226.28	1177.44	1272.96	891.12	855.60
		材料费(元)			5218.63	5205.46	5197.78	5203.71	5196.75	5192.70
		施工机具使用费(元)			367.60	238.94	157.72	194.20	133.43	101.67
		企业管理费(元)			372.74	270.48	246.47	270.84	189.13	176.71
		利润(元)			155.48	112.82	102.81	112.97	78.89	73.71
		一般风险费(元)			30.29	21.98	20.03	22.01	15.37	14.36
	编码	名称	单位	单价(元)	消耗量					
人工	000300070	钢筋综合工	工日	120.00	13.763	10.219	9.812	10.608	7.426	7.130
材料	010302010	镀锌铁丝 $20^{\#}\sim22^{\#}$	kg	3.08	0.320	0.180	0.101	0.320	0.180	0.101
	010700320	无粘结预应力钢绞线 $\phi15.24$	t	4871.79	1.040	1.040	1.040	1.040	1.040	1.040
	290202400	塑料支架	个	1.71	70.400	70.400	70.400	70.400	70.400	70.400
	002000010	其他材料费	元	—	30.60	17.86	10.42	15.68	9.15	5.34
机械	990304012	汽车式起重机 12t	台班	797.85	0.055	0.055	0.055	0.055	0.055	0.055
	990785010	预应力拉伸机 YCW－150	台班	56.51	1.322	—	—	0.614	—	—
	990785020	预应力拉伸机 YCW－250	台班	64.56	—	0.771	0.450	—	0.354	0.228
	990811020	高压油泵 压力 80MPa	台班	167.57	1.486	0.867	0.506	0.690	0.398	0.257

C.2.1.4 锚具安装

工作内容：锚具安装。　　　　**计量单位**：套

定额编号					DC0185
项目名称					锚具安装
费用	综合单价（元）				**312.66**
	其中	人工费（元）			129.96
		材料费（元）			146.75
		施工机具使用费（元）			—
		企业管理费（元）			23.99
		利润（元）			10.01
		一般风险费（元）			1.95
	编码	名称	单位	单价(元)	消耗量
人工	000300070	钢筋综合工	工日	120.00	1.083
材料	370909200	压板	个	8.55	1.010
	032134120	承压板	块	12.82	1.010
	032300230	锚索锚具	套	102.56	1.010
	373309000	导向帽	个	21.37	1.010

C.2.1.5 锚孔注浆

工作内容：调运砂浆、灌浆等。　　　　**计量单位**：m^3

定额编号					DC0186
项目名称					锚孔注浆
费用	综合单价（元）				**746.24**
	其中	人工费（元）			165.95
		材料费（元）			447.61
		施工机具使用费（元）			67.98
		企业管理费（元）			43.18
		利润（元）			18.01
		一般风险费（元）			3.51
	编码	名称	单位	单价(元)	消耗量
人工	000300080	混凝土综合工	工日	115.00	1.443
材料	810304010	锚固砂浆 M30	m^3	382.05	1.020
	172507050	PVC 注浆管 $\phi 32$	m	4.11	13.125
	341100100	水	m^3	4.42	0.900
机械	990610010	灰浆搅拌机 200L	台班	187.56	0.133
	991138010	液压注浆泵 HYB50/50—1 型	台班	323.58	0.133

C.2.2 土钉(编码:040302007)

工作内容:土钉包括:土钉制作、钉入安装等。
砂浆锚钉包括:钻孔、锚杆制作及安装、砂浆制作、灌浆等。

计量单位:10m

		定额编号			DC0187	DC0188
		项目名称			土钉	砂浆锚钉
					土层	岩层
费用		综合单价(元)			**164.84**	**466.32**
	其中	人工费(元)			34.50	205.28
		材料费(元)			93.33	109.18
		施工机具使用费(元)			21.52	74.48
		企业管理费(元)			10.34	51.64
		利润(元)			4.31	21.54
		一般风险费(元)			0.84	4.20
	编码	名称	单位	单价(元)	消耗量	
人工	000700010	市政综合工	工日	115.00	0.300	1.785
材料	810304010	锚固砂浆 M30	m^3	382.05	—	0.015
	010100010	钢筋 综合	kg	3.07	30.400	30.400
	011500020	六角空心钢 综合	kg	3.93	—	0.330
	031391310	合金钢钻头 一字型	个	25.56	—	0.300
	172700820	高压胶皮风管 ϕ25-6P-20m	m	7.69	—	0.150
机械	990128010	风动凿岩机 气腿式	台班	14.30	—	0.177
	990610010	灰浆搅拌机 200L	台班	187.56	—	0.089
	990702010	钢筋切断机 40mm	台班	41.85	0.010	0.008
	991003050	电动空气压缩机 $6m^3/min$	台班	211.03	0.100	0.242
	990766010	风动锻钎机	台班	25.46	—	0.010
	990219010	电动灌浆机	台班	24.79	—	0.145

C.2.3 喷射混凝土(编码:040302008)

工作内容:基层清理、喷射混凝土、收回弹料、找平面层等。

计量单位:$100m^2$

		定额编号			DC0189	DC0190	DC0191	DC0192
		项目名称			垂直面素喷		斜面素喷	
					初喷厚 50mm	每增减 10mm	初喷厚 50mm	每增减 10mm
费用		综合单价(元)			**5887.45**	**931.98**	**5569.87**	**882.39**
	其中	人工费(元)			1914.75	204.13	1824.48	196.65
		材料费(元)			2401.48	463.26	2279.50	432.13
		施工机具使用费(元)			815.92	163.03	752.97	156.05
		企业管理费(元)			504.08	67.78	475.80	65.11
		利润(元)			210.26	28.27	198.46	27.16
		一般风险费(元)			40.96	5.51	38.66	5.29
	编码	名称	单位	单价(元)	消耗量			
人工	000300080	混凝土综合工	工日	115.00	16.650	1.775	15.865	1.710
材料	800901020	砼 C25(喷、机粗、碎 5～10)	m^3	383.31	6.062	1.180	5.750	1.100
	172700830	高压胶皮风管 ϕ50	m	20.51	1.500	0.200	1.500	0.200
	002000020	其他材料费	元	—	47.09	6.85	44.70	6.39
机械	990602020	双锥反转出料混凝土搅拌机 350L	台班	226.31	1.120	0.223	0.996	0.223
	990609010	混凝土湿喷机 $5m^3/h$	台班	367.25	0.849	0.170	0.755	0.151
	991003070	电动空气压缩机 $10m^3/min$	台班	363.27	0.690	0.138	0.689	0.138

工作内容：基层清理、喷射混凝土、收回弹料、找平面层等。　　　　计量单位：$100m^2$

		定额编号			DC0193	DC0194	DC0195	DC0196
		项目名称			垂直面网喷		斜面网喷	
					初喷厚 50mm	每增减 10mm	初喷厚 50mm	每增减 10mm
费用		**综合单价（元）**			**6925.80**	**1065.85**	**6424.71**	**982.84**
	其中	人工费（元）			2482.39	273.01	2280.57	245.18
		材料费（元）			2490.39	463.26	2368.41	432.13
		施工机具使用费（元）			992.00	199.01	896.86	186.21
		企业管理费（元）			641.37	87.14	586.55	79.63
		利润（元）			267.53	36.35	244.66	33.22
		一般风险费（元）			52.12	7.08	47.66	6.47
	编码	名称	单位	单价(元)	消耗量			
人工	000300080	混凝土综合工	工日	115.00	21.586	2.374	19.831	2.132
材料	800901020	砼 C25(喷、机粗、碎 5～10)	m^3	383.31	6.062	1.180	5.750	1.100
	172700830	高压胶皮风管 $\phi 50$	m	20.51	5.750	0.200	5.750	0.200
	002000020	其他材料费	元	—	48.83	6.85	46.44	6.39
机械	990602020	双锥反转出料混凝土搅拌机 350L	台班	226.31	1.180	0.240	1.049	0.240
	990609010	混凝土湿喷机 $5m^3/h$	台班	367.25	1.062	0.212	0.944	0.189
	991003070	电动空气压缩机 $10m^3/min$	台班	363.27	0.922	0.184	0.861	0.172

工作内容：钢筋网制作、挂网、绑扎点焊等。　　　　计量单位：t

		定额编号			DC0197
		项目名称			喷射混凝土挂网
					制作、安装
费用		**综合单价（元）**			**4370.80**
	其中	人工费（元）			725.16
		材料费（元）			3075.86
		施工机具使用费（元）			289.20
		企业管理费（元）			187.25
		利润（元）			78.11
		一般风险费（元）			15.22
	编码	名称	单位	单价(元)	消耗量
人工	000300070	钢筋综合工	工日	120.00	6.043
材料	010100300	钢筋 $\phi 10$ 以内	t	2905.98	1.020
	031350810	合金钢焊条	kg	7.73	10.200
	010302280	镀锌铁丝 $\phi 0.7$～1.2	kg	3.08	0.800
	002000020	其他材料费	元	—	30.45
机械	990304012	汽车式起重机 12t	台班	797.85	0.055
	990701010	钢筋调直机 14mm	台班	36.89	0.165
	990702010	钢筋切断机 40mm	台班	41.85	0.157
	990901020	交流弧焊机 32kV·A	台班	85.07	2.681
	990919010	电焊条烘干箱 450×350×450	台班	17.13	0.268

C.3 现浇混凝土构件(编码:040303)

C.3.1 混凝土垫层(编码:040303001)

工作内容:混凝土浇筑、捣固、抹平、养护等。　　**计量单位**:10m³

定额编号					DC0198
项目名称					商品砼
费用	综合单价(元)				**3356.23**
	其中	人工费(元)			402.50
		材料费(元)			2719.23
		施工机具使用费(元)			—
		企业管理费(元)			157.30
		利润(元)			69.15
		一般风险费(元)			8.05
	编码	名称	单位	单价(元)	消耗量
人工	000300080	混凝土综合工	工日	115.00	3.500
材料	840201140	商品砼	m³	266.99	10.150
	341100100	水	m³	4.42	2.100

C.3.2 混凝土基础(编码:040303002)

工作内容:装、运、抛块石。
混凝土浇筑、捣固、抹面、养护等。
复合模板制作、安装、涂刷隔离剂、脱模剂;拆除、修理、整堆等。

定额编号					DC0199	DC0200	DC0201
项目名称					块石砼	砼	模板
					商品砼		
单位					10m³		10m²
费用	综合单价(元)				**2996.48**	**3255.85**	**453.79**
	其中	人工费(元)			311.77	338.33	218.16
		材料费(元)			2503.07	2720.40	104.94
		施工机具使用费(元)			—	—	2.27
		企业管理费(元)			121.84	132.22	86.14
		利润(元)			53.56	58.13	37.87
		一般风险费(元)			6.24	6.77	4.41
	编码	名称	单位	单价(元)	消耗量		
人工	000300080	混凝土综合工	工日	115.00	2.711	2.942	—
	000300060	模板综合工	工日	120.00	—	—	1.818
材料	840201140	商品砼	m³	266.99	8.630	10.150	—
	041100310	块(片)石	m³	77.67	2.430	—	—
	341100100	水	m³	4.42	1.659	1.659	—
	341100400	电	kW·h	0.70	4.114	4.457	—
	050302560	板枋材	m³	1111.11	—	—	0.045
	350100011	复合模板	m²	23.93	—	—	1.543
	330101900	钢支撑	kg	3.42	—	—	2.971
	030190010	圆钉 综合	kg	6.60	—	—	0.112
	002000010	其他材料费	元	—	—	—	7.12
机械	990706010	木工圆锯机 直径500mm	台班	25.81	—	—	0.006
	990401025	载重汽车 6t	台班	422.13	—	—	0.005

C.3.3 混凝土承台(编码:040303003)

工作内容:混凝土:浇筑、捣固、抹平、养护等。
模板:模板制作、安装、涂脱模剂、拆除、修理、整堆等。

定额编号					DC0202	DC0203	DC0204
项目名称					承台砼		
					商品砼	模板 无底模	模板 有底模
单位					10m³	10m²	
费用	综合单价(元)				**3333.32**	**609.29**	**843.85**
	其中	人工费(元)			352.13	230.40	292.80
		材料费(元)			2776.04	140.50	233.57
		施工机具使用费(元)			—	65.82	92.82
		企业管理费(元)			137.61	115.76	150.70
		利润(元)			60.50	50.89	66.25
		一般风险费(元)			7.04	5.92	7.71
	编码	名称	单位	单价(元)	消耗量		
人工	000300080	混凝土综合工	工日	115.00	3.062	—	—
	000300060	模板综合工	工日	120.00	—	1.920	2.440
材料	840201140	商品砼	m³	266.99	10.150	—	—
	050303800	木材 锯材	m³	1547.01	—	0.036	0.094
	350100011	复合模板	m²	23.93	—	2.468	2.468
	341100100	水	m³	4.42	2.615	—	—
	330101900	钢支撑	kg	3.42	—	3.210	3.210
	341100400	电	kW·h	0.70	4.190	—	—
	002000010	其他材料费	元	—	51.60	14.77	18.11
机械	990302015	履带式起重机 15t	台班	704.65	—	0.090	0.127
	990706010	木工圆锯机 直径 500mm	台班	25.81	—	0.093	0.129

C.3.4 混凝土墩(台)帽(编码:040303004)

工作内容:混凝土:浇筑、捣固、抹平、养护等。
模板:模板制作、安装、涂脱模剂、拆除、修理、整堆等。

定额编号					DC0205	DC0206	DC0207	DC0208
项目名称					墩帽		台帽	
					商品砼	模板	商品砼	模板
单位					10m³	10m²	10m³	10m²
费用	综合单价(元)				**3475.73**	**945.65**	**3458.54**	**951.50**
	其中	人工费(元)			437.23	367.92	425.96	357.12
		材料费(元)			2783.77	162.26	2784.41	195.23
		施工机具使用费(元)			—	127.08	—	120.74
		企业管理费(元)			170.87	193.45	166.47	186.75
		利润(元)			75.12	85.04	73.18	82.10
		一般风险费(元)			8.74	9.90	8.52	9.56
	编码	名称	单位	单价(元)	消耗量			
人工	000300080	混凝土综合工	工日	115.00	3.802	—	3.704	—
	000300060	模板综合工	工日	120.00	—	3.066	—	2.976
材料	840201140	商品砼	m³	266.99	10.150	—	10.150	—
	341100100	水	m³	4.42	3.665	—	4.179	—
	050303800	木材 锯材	m³	1547.01	—	0.038	—	0.059
	350100011	复合模板	m²	23.93	—	2.789	—	2.789
	330101900	钢支撑	kg	3.42	—	3.754	—	3.754
	341100400	电	kW·h	0.70	5.790	—	5.638	—
	002000010	其他材料费	元	—	53.57	23.89	52.04	24.38
机械	990302015	履带式起重机 15t	台班	704.65	—	0.175	—	0.166
	990706010	木工圆锯机 直径 500mm	台班	25.81	—	0.146	—	0.146

C.3.5 混凝土墩(台)身(编码:040303005)

C.3.5.1 轻型桥台

工作内容:混凝土:浇筑、捣固、抹平、养护等。
模板:模板制作、安装、涂脱模剂、拆除、修理、整堆等。

定额编号					DC0209	DC0210
项目名称					轻型桥台	
					商品砼	模板
单位					10m³	10m²
费用	综合单价(元)				**3744.39**	**844.74**
	其中	人工费(元)			614.91	320.76
		材料费(元)			2771.24	184.96
		施工机具使用费(元)			—	96.14
		企业管理费(元)			240.30	162.92
		利润(元)			105.64	71.62
		一般风险费(元)			12.30	8.34
	编码	名称	单位	单价(元)	消耗量	
人工	000300080	混凝土综合工	工日	115.00	5.347	—
	000300060	模板综合工	工日	120.00	—	2.673
材料	840201140	商品砼	m³	266.99	10.150	—
	050303800	木材 锯材	m³	1547.01	—	0.061
	350100011	复合模板	m²	23.93	—	2.468
	330101900	钢支撑	kg	3.42	—	4.071
	341100100	水	m³	4.42	2.850	—
	341100400	电	kW·h	0.70	8.076	—
	002000010	其他材料费	元	—	43.04	17.61
机械	990302015	履带式起重机 15t	台班	704.65	—	0.132
	990706010	木工圆锯机 直径 500mm	台班	25.81	—	0.121

C.3.5.2 实体式桥台

工作内容:混凝土:浇筑、捣固、抹平、养护等。
模板:模板制作、安装、涂脱模剂、拆除、修理、整堆等。
冲洗、装、运、抛石。

定额编号					DC0211	DC0212	DC0213
项目名称					实体式桥台		
					块石砼	现浇砼	模板
					商品砼		
单位					10m³		10m²
费用	综合单价(元)				**3225.74**	**3492.57**	**1027.39**
	其中	人工费(元)			425.39	461.61	408.12
		材料费(元)			2552.52	2762.03	182.38
		施工机具使用费(元)			—	—	125.82
		企业管理费(元)			166.24	180.40	208.66
		利润(元)			73.08	79.30	91.73
		一般风险费(元)			8.51	9.23	10.68
	编码	名称	单位	单价(元)	消耗量		
人工	000300080	混凝土综合工	工日	115.00	3.699	4.014	—
	000300060	模板综合工	工日	120.00	—	—	3.401
材料	840201140	商品砼	m³	266.99	8.670	10.150	—
	041100310	块(片)石	m³	77.67	2.430	—	—
	050303800	木材 锯材	m³	1547.01	—	—	0.061
	350100011	复合模板	m²	23.93	—	—	2.468
	330101900	钢支撑	kg	3.42	—	—	4.754
	341100100	水	m³	4.42	1.171	1.171	—
	341100400	电	kW·h	0.70	5.638	5.638	—
	002000010	其他材料费	元	—	39.86	42.96	15.25
机械	990302015	履带式起重机 15t	台班	704.65	—	—	0.175
	990706010	木工圆锯机 直径 500mm	台班	25.81	—	—	0.097

C.3.5.3 拱桥墩身

工作内容：混凝土：浇筑、捣固、抹平、养护等。
模板：模板制作、安装、涂脱模剂、拆除、修理、整堆等。

		定额编号			DC0214	DC0215
		项目名称			拱桥墩身	
					商品砼	模板
		单位			$10m^3$	$10m^2$
费用		**综合单价（元）**			**3538.24**	**1007.01**
	其中	人工费（元）			491.97	426.96
		材料费（元）			2759.65	245.26
		施工机具使用费（元）			—	54.37
		企业管理费（元）			192.26	188.10
		利润（元）			84.52	82.69
		一般风险费（元）			9.84	9.63
	编码	名称	单位	单价（元）	消耗量	
人工	000300080	混凝土综合工	工日	115.00	4.278	—
	000300060	模板综合工	工日	120.00	—	3.558
材料	840201140	商品砼	m^3	266.99	10.150	—
	050303800	木材 锯材	m^3	1547.01	—	0.097
	350100011	复合模板	m^2	23.93	—	2.468
	330101900	钢支撑	kg	3.42	—	4.437
	341100100	水	m^3	4.42	0.880	—
	341100400	电	kW·h	0.70	4.800	—
	002000010	其他材料费	元	—	42.45	20.97
机械	990302015	履带式起重机 15t	台班	704.65	—	0.068
	990706010	木工圆锯机 直径 500mm	台班	25.81	—	0.250

C.3.5.4 拱桥台身

工作内容：混凝土：浇筑、捣固、抹平、养护等。
模板：模板制作、安装、涂脱模剂、拆除、修理、整堆等。

		定额编号			DC0216	DC0217
		项目名称			拱桥台身	
					商品砼	模板
		单位			$10m^3$	$10m^2$
费用		**综合单价（元）**			**3571.36**	**988.48**
	其中	人工费（元）			512.33	352.68
		材料费（元）			2760.54	268.14
		施工机具使用费（元）			—	102.48
		企业管理费（元）			200.22	177.88
		利润（元）			88.02	78.20
		一般风险费（元）			10.25	9.10
	编码	名称	单位	单价（元）	消耗量	
人工	000300080	混凝土综合工	工日	115.00	4.455	—
	000300060	模板综合工	工日	120.00	—	2.939
材料	840201140	商品砼	m^3	266.99	10.150	—
	050303800	木材 锯材	m^3	1547.01	—	0.108
	350100011	复合模板	m^2	23.93	—	2.468
	330101900	钢支撑	kg	3.42	—	4.754
	341100100	水	m^3	4.42	0.850	—
	341100400	电	kW·h	0.70	5.333	—
	002000010	其他材料费	元	—	43.10	25.74
机械	990302015	履带式起重机 15t	台班	704.65	—	0.141
	990706010	木工圆锯机 直径 500mm	台班	25.81	—	0.121

C.3.5.5 柱式墩台身

工作内容：混凝土：浇筑、捣固、抹平、养护等。
模板：模板制作、安装、涂脱模剂、拆除、修理、整堆等。

		定额编号			DC0218	DC0219
		项目名称			柱式墩台身	
					商品砼	模板
		单位			$10m^3$	$10m^2$
费用		**综合单价（元）**			**3832.26**	**1096.73**
	其中	人工费（元）			666.08	506.28
		材料费（元）			2778.13	146.32
		施工机具使用费（元）			—	94.26
		企业管理费（元）			260.30	234.69
		利润（元）			114.43	103.17
		一般风险费（元）			13.32	12.01
	编码	名称	单位	单价(元)	消耗量	
人工	000300080	混凝土综合工	工日	115.00	5.792	—
	000300060	模板综合工	工日	120.00	—	4.219
材料	840201140	商品砼	m^3	266.99	10.150	—
	050303800	木材 锯材	m^3	1547.01	—	0.037
	350100011	复合模板	m^2	23.93	—	2.468
	330101900	钢支撑	kg	3.42	—	4.071
	341100100	水	m^3	4.42	2.804	—
	341100400	电	kW·h	0.70	7.238	—
	002000010	其他材料费	元	—	50.72	16.10
机械	990302015	履带式起重机 15t	台班	704.65	—	0.129
	990706010	木工圆锯机 直径 500mm	台班	25.81	—	0.130

C.3.5.6 空心墩

工作内容：混凝土：浇筑、捣固、抹平、养护等。
模板：模板制作、安装、涂脱模剂、拆除、修理、整堆等。

		定额编号			DC0220	DC0221	DC0222	DC0223	DC0224	DC0225
		项目名称			空心墩					
					高度 20m 以内		高度 40m 以内		高度 70m 以内	
					商品砼	模板	商品砼	模板	商品砼	模板
		单位			$10m^3$	$10m^2$	$10m^3$	$10m^2$	$10m^3$	$10m^2$
费用		**综合单价（元）**			**4537.16**	**1165.26**	**3783.37**	**1401.83**	**3752.77**	**1597.20**
	其中	人工费（元）			1134.94	551.40	642.28	773.88	625.14	891.60
		材料费（元）			2741.01	148.67	2766.90	161.79	2763.43	170.84
		施工机具使用费（元）			—	90.95	—	9.67	—	9.67
		企业管理费（元）			443.53	251.03	251.00	306.21	244.30	352.22
		利润（元）			194.98	110.36	110.34	134.61	107.40	154.84
		一般风险费（元）			22.70	12.85	12.85	15.67	12.50	18.03
	编码	名称	单位	单价(元)	消耗量					
人工	000300080	混凝土综合工	工日	115.00	9.869	—	5.585	—	5.436	—
	000300060	模板综合工	工日	120.00	—	4.595	—	6.449	—	7.430
材料	840201140	商品砼	m^3	266.99	10.150	—	10.150	—	10.150	—
	050303800	木材 锯材	m^3	1547.01	—	0.042	—	0.050	—	0.055
	350100011	复合模板	m^2	23.93	—	2.468	—	2.468	—	2.468
	330101900	钢支撑	kg	3.42	—	3.513	—	3.702	—	4.070
	341100100	水	m^3	4.42	5.400	—	5.400	—	5.590	—
	002000010	其他材料费	元	—	7.19	12.62	33.08	12.72	28.77	12.78
机械	990302015	履带式起重机 15t	台班	704.65	—	0.122	—	0.006	—	0.006
	990706010	木工圆锯机 直径 500mm	台班	25.81	—	0.193	—	0.211	—	0.211

C.3.5.7 空心墩

工作内容：混凝土：浇筑、捣固、抹平、养护等。
模板：模板制作、安装、涂脱模剂、拆除、修理、整堆等。

定额编号					DC0226	DC0227	DC0228	DC0229
项目名称					空心墩			
					高度100m以内		高度100m以上	
					商品砼	模板	商品砼	模板
单位					10m³	10m²	10m³	10m²
费用	综合单价(元)				**3668.17**	**1748.46**	**3544.67**	**2013.35**
	其中	人工费(元)			584.55	982.20	506.23	1143.12
		材料费(元)			2743.07	176.24	2743.52	186.46
		施工机具使用费(元)			—	11.24	—	11.24
		企业管理费(元)			228.44	388.24	197.83	451.12
		利润(元)			100.42	170.67	86.97	198.32
		一般风险费(元)			11.69	19.87	10.12	23.09
	编码	名称	单位	单价(元)	消耗量			
人工	000300080	混凝土综合工	工日	115.00	5.083	—	4.402	—
	000300060	模板综合工	工日	120.00	—	8.185	—	9.526
材料	840201140	商品砼	m³	266.99	10.150	—	10.150	—
	050303800	木材 锯材	m³	1547.01	—	0.058	—	0.063
	350100011	复合模板	m²	23.93	—	2.468	—	2.468
	330101900	钢支撑	kg	3.42	—	4.230	—	4.762
	341100100	水	m³	4.42	6.280	—	6.510	—
	002000010	其他材料费	元	—	5.36	12.99	4.80	13.65
机械	990302015	履带式起重机 15t	台班	704.65	—	0.008	—	0.008
	990706010	木工圆锯机 直径500mm	台班	25.81	—	0.217	—	0.217

C.3.5.8 薄壁墩

工作内容：混凝土：浇筑、捣固、抹平、养护等。
模板：模板制作、安装、涂脱模剂、拆除、修理、整堆等。

定额编号					DC0230	DC0231	DC0232	DC0233	DC0234	DC0235
项目名称					薄壁墩					
					高度10m以内		高度20m以内		高度40m以内	
					商品砼	模板	商品砼	模板	商品砼	模板
单位					10m³	10m²	10m³	10m²	10m³	10m²
费用	综合单价(元)				**6091.72**	**996.81**	**6226.27**	**1220.45**	**6439.96**	**1396.70**
	其中	人工费(元)			2119.57	503.16	2204.55	604.08	2338.99	692.40
		材料费(元)			2737.29	116.17	2737.35	151.64	2738.27	174.00
		施工机具使用费(元)			—	53.29	—	71.27	—	80.19
		企业管理费(元)			828.33	217.46	861.54	263.93	914.08	301.93
		利润(元)			364.14	95.60	378.74	116.02	401.84	132.73
		一般风险费(元)			42.39	11.13	44.09	13.51	46.78	15.45
	编码	名称	单位	单价(元)	消耗量					
人工	000300080	混凝土综合工	工日	115.00	18.431	—	19.170	—	20.339	—
	000300060	模板综合工	工日	120.00	—	4.193	—	5.034	—	5.770
材料	840201140	商品砼	m³	266.99	10.150	—	10.150	—	10.150	—
	050303800	木材 锯材	m³	1547.01	—	0.021	—	0.043	—	0.057
	350100011	复合模板	m²	23.93	—	2.468	—	2.468	—	2.468
	330101900	钢支撑	kg	3.42	—	3.414	—	3.755	—	3.917
	341100100	水	m³	4.42	5.400	—	5.400	—	5.590	—
	002000010	其他材料费	元	—	3.47	12.95	3.53	13.22	3.61	13.37
机械	990302015	履带式起重机 15t	台班	704.65	—	0.072	—	0.097	—	0.109
	990706010	木工圆锯机 直径500mm	台班	25.81	—	0.099	—	0.113	—	0.131

C.3.5.9 **异形墩**

工作内容：混凝土：浇筑、捣固、抹平、养护等。
模板：模板制作、安装、涂脱模剂、拆除、修理、整堆等。

定额编号					DC0236	DC0237	DC0238	DC0239
项目名称					异形墩			
					高度10m以内		高度20m以内	
					商品砼	模板	商品砼	模板
单位					$10m^3$	$10m^2$	$10m^3$	$10m^2$
费用	综合单价（元）				**3806.89**	**1332.85**	**3584.14**	**1600.69**
	其中	人工费（元）			670.11	671.28	528.77	794.28
		材料费（元）			2746.38	171.01	2747.31	200.09
		施工机具使用费（元）			—	62.86	—	90.72
		企业管理费（元）			261.88	286.90	206.64	345.86
		利润（元）			115.12	126.12	90.84	152.04
		一般风险费（元）			13.40	14.68	10.58	17.70
	编码	名称	单位	单价(元)	消耗量			
人工	000300080	混凝土综合工	工日	115.00	5.827	—	4.598	—
	000300060	模板综合工	工日	120.00	—	5.594	—	6.619
材料	840201140	商品砼	m^3	266.99	10.150	—	10.150	—
	050303800	木材 锯材	m^3	1547.01	—	0.049	—	0.067
	350100011	复合模板	m^2	23.93	—	2.863	—	2.863
	330101900	钢支撑	kg	3.42	—	3.912	—	4.217
	341100100	水	m^3	4.42	5.400	—	5.400	—
	002000010	其他材料费	元	—	12.56	13.32	13.49	13.51
机械	990302015	履带式起重机 15t	台班	704.65	—	0.084	—	0.123
	990706010	木工圆锯机 直径500mm	台班	25.81	—	0.142	—	0.157

C.3.5.10 **支座垫石**

工作内容：混凝土：浇筑、捣固、抹平、养护等。
模板：模板制作、安装、涂脱模剂、拆除、修理、整堆等。

定额编号					DC0240	DC0241
项目名称					支座垫石	
					商品砼	模板
单位					$10m^3$	$10m^2$
费用	综合单价（元）				**3946.40**	**911.44**
	其中	人工费（元）			763.26	431.64
		材料费（元）			2738.46	161.05
		施工机具使用费（元）			—	42.51
		企业管理费（元）			298.28	185.30
		利润（元）			131.13	81.46
		一般风险费（元）			15.27	9.48
	编码	名称	单位	单价(元)	消耗量	
人工	000300080	混凝土综合工	工日	115.00	6.637	—
	000300060	模板综合工	工日	120.00	—	3.597
材料	050303800	木材 锯材	m^3	1547.01	—	0.048
	840201140	商品砼	m^3	266.99	10.150	—
	350100011	复合模板	m^2	23.93	—	2.789
	330101900	钢支撑	kg	3.42	—	2.154
	341100100	水	m^3	4.42	5.760	—
	002000010	其他材料费	元	—	3.05	12.69
机械	990302015	履带式起重机 15t	台班	704.65	—	0.060
	990706010	木工圆锯机 直径500mm	台班	25.81	—	0.009

C.3.6 混凝土支撑梁与横梁(编码:040303006)

工作内容:混凝土:浇筑、捣固、抹平、养护等。
模板:模板制作、安装、涂脱模剂、拆除、修理、整堆等。

定额编号					DC0242	DC0243	DC0244	DC0245
项目名称					支撑梁		横梁	
					商品砼	模板	商品砼	模板
单位					$10m^3$	$10m^2$	$10m^3$	$10m^2$
费用	综合单价(元)				**3491.69**	**945.75**	**3416.74**	**977.29**
	其中	人工费(元)			418.26	370.08	394.68	372.12
		材料费(元)			2829.75	246.62	2792.12	235.90
		施工机具使用费(元)			—	71.68	—	96.34
		企业管理费(元)			163.45	172.64	154.24	183.08
		利润(元)			71.86	75.89	67.81	80.48
		一般风险费(元)			8.37	8.84	7.89	9.37
	编码	名称	单位	单价(元)	消耗量			
人工	000300080	混凝土综合工	工日	115.00	3.637	—	3.432	—
	000300060	模板综合工	工日	120.00	—	3.084	—	3.101
材料	840201140	商品砼	m^3	266.99	10.150	—	10.150	—
	050303800	木材 锯材	m^3	1547.01	—	0.098	—	0.086
	350100011	复合模板	m^2	23.93	—	2.468	—	2.468
	330101900	钢支撑	kg	3.42	—	4.251	—	3.932
	341100100	水	m^3	4.42	10.784	—	5.492	—
	341100400	电	kW·h	0.70	4.190	—	4.190	—
	002000010	其他材料费	元	—	69.20	21.42	54.96	30.35
机械	990302015	履带式起重机 15t	台班	704.65	—	0.097	—	0.132
	990706010	木工圆锯机 直径 500mm	台班	25.81	—	0.129	—	0.129

C.3.7 混凝土墩(台)盖梁(编码:040303007)

工作内容:混凝土:浇筑、捣固、抹平、养护等。
模板:模板制作、安装、涂脱模剂、拆除、修理、整堆等。

定额编号					DC0246	DC0247	DC0248	DC0249
项目名称					墩盖梁		台盖梁	
					商品砼	模板	商品砼	模板
单位					$10m^3$	$10m^2$	$10m^3$	$10m^2$
费用	综合单价(元)				**3553.13**	**1151.17**	**3533.97**	**1191.84**
	其中	人工费(元)			489.67	471.84	477.02	480.72
		材料费(元)			2778.18	149.09	2779.04	156.95
		施工机具使用费(元)			—	161.35	—	173.20
		企业管理费(元)			191.36	247.45	186.42	255.55
		利润(元)			84.13	108.78	81.95	112.34
		一般风险费(元)			9.79	12.66	9.54	13.08
	编码	名称	单位	单价(元)	消耗量			
人工	000300080	混凝土综合工	工日	115.00	4.258	—	4.148	—
	000300060	模板综合工	工日	120.00	—	3.932	—	4.006
材料	840201140	商品砼	m^3	266.99	10.150	—	10.150	—
	050303800	木材 锯材	m^3	1547.01	—	0.035	—	0.040
	350100011	复合模板	m^2	23.93	—	2.838	—	2.838
	330101900	钢支撑	kg	3.42	—	3.270	—	3.270
	341100100	水	m^3	4.42	3.297	—	3.486	—
	341100400	电	kW·h	0.70	5.867	—	5.638	—
	002000010	其他材料费	元	—	49.55	15.85	49.74	15.97
机械	990302015	履带式起重机 15t	台班	704.65	—	0.221	—	0.237
	990706010	木工圆锯机 直径 500mm	台班	25.81	—	0.218	—	0.240

C.3.8 混凝土拱桥拱座(编码:040303008)

工作内容:混凝土:浇筑、捣固、抹平、养护等。
模板:模板制作、安装、涂脱模剂、拆除、修理、整堆等。

定额编号					DC0250	DC0251
项目名称					混凝土拱桥拱座	
					商品砼	模板
单位					$10m^3$	$10m^2$
费用	综合单价(元)				**3954.11**	**1510.61**
	其中	人工费(元)			747.16	858.36
		材料费(元)			2771.66	135.63
		施工机具使用费(元)			—	10.45
		企业管理费(元)			291.99	339.53
		利润(元)			128.36	149.26
		一般风险费(元)			14.94	17.38
	编码	名称	单位	单价(元)	消耗量	
人工	000300080	混凝土综合工	工日	115.00	6.497	—
	000300060	模板综合工	工日	120.00	—	7.153
材料	840201140	商品砼	m^3	266.99	10.150	—
	050303800	木材 锯材	m^3	1547.01	—	0.032
	350100011	复合模板	m^2	23.93	—	2.468
	330101900	钢支撑	kg	3.42	—	3.618
	341100100	水	m^3	4.42	2.070	—
	341100400	电	kW·h	0.70	8.381	—
	002000010	其他材料费	元	—	46.70	14.69
机械	990706010	木工圆锯机 直径500mm	台班	25.81	—	0.405

C.3.9 混凝土拱桥拱肋(编码:040303009)

工作内容:混凝土:浇筑、捣固、抹平、养护等。
模板:模板制作、安装、涂脱模剂、拆除、修理、整堆等。

定额编号					DC0252	DC0253
项目名称					混凝土拱桥拱肋	
					商品砼	模板
单位					$10m^3$	$10m^2$
费用	综合单价(元)				**4243.64**	**1573.17**
	其中	人工费(元)			917.93	852.72
		材料费(元)			2790.92	209.24
		施工机具使用费(元)			—	9.11
		企业管理费(元)			358.73	336.80
		利润(元)			157.70	148.06
		一般风险费(元)			18.36	17.24
	编码	名称	单位	单价(元)	消耗量	
人工	000300080	混凝土综合工	工日	115.00	7.982	—
	000300060	模板综合工	工日	120.00	—	7.106
材料	840201140	商品砼	m^3	266.99	10.150	—
	050303800	木材 锯材	m^3	1547.01	—	0.076
	341100100	水	m^3	4.42	4.400	—
	350100011	复合模板	m^2	23.93	—	2.468
	330101900	钢支撑	kg	3.42	—	4.754
	341100400	电	kW·h	0.70	11.886	—
	002000010	其他材料费	元	—	53.20	16.35
机械	990706010	木工圆锯机 直径500mm	台班	25.81	—	0.353

C.3.10 混凝土拱上构件(编码:040303010)

工作内容:混凝土:浇筑、捣固、抹平、养护等。
模板:模板制作、安装、涂脱模剂、拆除、修理、整堆等。

定额编号					DC0254	DC0255
项目名称					混凝土拱上构件	
					商品砼	模板
单位					$10m^3$	$10m^2$
费用	综合单价(元)				**4542.42**	**1713.65**
	其中	人工费(元)			1048.00	893.76
		材料费(元)			2883.85	281.99
		施工机具使用费(元)			—	10.87
		企业管理费(元)			409.56	353.53
		利润(元)			180.05	155.41
		一般风险费(元)			20.96	18.09
	编码	名称	单位	单价(元)	消耗量	
人工	000300080	混凝土综合工	工日	115.00	9.113	—
	000300060	模板综合工	工日	120.00	—	7.448
材料	840201140	商品砼	m^3	266.99	10.150	—
	050303800	木材 锯材	m^3	1547.01	—	0.122
	350100011	复合模板	m^2	23.93	—	2.468
	330101900	钢支撑	kg	3.42	—	4.754
	341100100	水	m^3	4.42	15.790	—
	341100400	电	kW·h	0.70	19.848	—
	002000010	其他材料费	元	—	90.22	17.94
机械	990706010	木工圆锯机 直径500mm	台班	25.81	—	0.421

C.3.11 混凝土箱梁(编码:040303011)

C.3.11.1 现浇混凝土0号块件

工作内容:混凝土:浇筑、捣固、抹平、养护等。
模板:模板制作、安装、涂脱模剂、拆除、修理、整堆等。

定额编号					DC0256	DC0257
项目名称					现浇混凝土0号块件	
					商品砼	模板
单位					$10m^3$	$10m^2$
费用	综合单价(元)				**4012.51**	**2337.44**
	其中	人工费(元)			765.33	1087.92
		材料费(元)			2801.30	247.77
		施工机具使用费(元)			—	232.48
		企业管理费(元)			299.09	516.01
		利润(元)			131.48	226.85
		一般风险费(元)			15.31	26.41
	编码	名称	单位	单价(元)	消耗量	
人工	000300080	混凝土综合工	工日	115.00	6.655	—
	000300060	模板综合工	工日	120.00	—	9.066
材料	840201140	商品砼	m^3	266.99	10.150	—
	050303800	木材 锯材	m^3	1547.01	—	0.096
	350100011	复合模板	m^2	23.93	—	2.912
	330101900	钢支撑	kg	3.42	—	2.130
	341100100	水	m^3	4.42	4.505	—
	341100400	电	kW·h	0.70	26.667	—
	002000010	其他材料费	元	—	52.77	26.30
机械	990302015	履带式起重机 15t	台班	704.65	—	0.287
	990706010	木工圆锯机 直径500mm	台班	25.81	—	1.172

C.3.11.2 **悬浇混凝土箱梁**

工作内容:混凝土:浇筑、捣固、抹平、养护等。
模板:模板制作、安装、涂脱模剂、拆除、修理、整堆等。

定额编号					DC0258	DC0259
项目名称					悬浇混凝土箱梁	
					商品砼	模板
单位					$10m^3$	$10m^2$
费用	综合单价(元)				**4388.87**	**2166.43**
	其中	人工费(元)			999.93	1025.04
		材料费(元)			2806.38	250.83
		施工机具使用费(元)			—	185.37
		企业管理费(元)			390.77	473.03
		利润(元)			171.79	207.95
		一般风险费(元)			20.00	24.21
	编码	名称	单位	单价(元)	消耗量	
人工	000300080	混凝土综合工	工日	115.00	8.695	—
	000300060	模板综合工	工日	120.00	—	8.542
材料	840201140	商品砼	m^3	266.99	10.150	—
	050303800	木材 锯材	m^3	1547.01	—	0.100
	350100011	复合模板	m^2	23.93	—	2.912
	330101900	钢支撑	kg	3.42	—	2.130
	341100100	水	m^3	4.42	5.502	—
	341100400	电	kW·h	0.70	23.848	—
	002000010	其他材料费	元	—	55.42	23.17
机械	990302015	履带式起重机 15t	台班	704.65	—	0.229
	990706010	木工圆锯机 直径 500mm	台班	25.81	—	0.930

C.3.11.3 **现浇混凝土箱梁**

工作内容:混凝土:浇筑、捣固、抹平、养护等。
模板:模板制作、安装、涂脱模剂、拆除、修理、整堆等。

定额编号					DC0260	DC0261
项目名称					现浇混凝土箱梁	
					商品砼	模板
单位					$10m^3$	$10m^2$
费用	综合单价(元)				**4156.61**	**1679.46**
	其中	人工费(元)			845.60	770.16
		材料费(元)			2818.37	242.51
		施工机具使用费(元)			—	137.81
		企业管理费(元)			330.46	354.83
		利润(元)			145.27	155.99
		一般风险费(元)			16.91	18.16
	编码	名称	单位	单价(元)	消耗量	
人工	000300080	混凝土综合工	工日	115.00	7.353	—
	000300060	模板综合工	工日	120.00	—	6.418
材料	840201140	商品砼	m^3	266.99	10.150	—
	050303800	木材 锯材	m^3	1547.01	—	0.102
	350100011	复合模板	m^2	23.93	—	2.468
	330101900	钢支撑	kg	3.42	—	2.130
	341100100	水	m^3	4.42	5.828	—
	341100400	电	kW·h	0.70	37.324	—
	002000010	其他材料费	元	—	56.53	22.38
机械	990302015	履带式起重机 15t	台班	704.65	—	0.170
	990706010	木工圆锯机 直径 500mm	台班	25.81	—	0.698

C.3.12 混凝土连续板(编码:040303012)

工作内容:混凝土:浇筑、捣固、抹平、养护等。
模板:模板制作、安装、涂脱模剂、拆除、修理、整堆等。

定额编号					DC0262	DC0263	DC0264	DC0265
项目名称					矩形实体连续板		矩形空心连续板	
					商品砼	模板	商品砼	模板
单位					$10m^3$	$10m^2$	$10m^3$	$10m^2$
费用	综合单价(元)				**3806.27**	**809.86**	**3852.47**	**997.20**
	其中	人工费(元)			634.00	319.32	646.76	397.92
		材料费(元)			2802.90	168.51	2828.91	235.79
		施工机具使用费(元)			—	85.93	—	83.19
		企业管理费(元)			247.77	158.37	252.75	188.02
		利润(元)			108.92	69.62	111.11	82.66
		一般风险费(元)			12.68	8.11	12.94	9.62
	编码	名称	单位	单价(元)	消耗量			
人工	000300080	混凝土综合工	工日	115.00	5.513	—	5.624	—
	000300060	模板综合工	工日	120.00	—	2.661	—	3.316
材料	840201140	商品砼	m^3	266.99	10.150	—	10.150	—
	050303800	木材 锯材	m^3	1547.01	—	0.054	—	0.096
	350100011	复合模板	m^2	23.93	—	2.468	—	2.468
	330101900	钢支撑	kg	3.42	—	3.072	—	3.072
	341100100	水	m^3	4.42	4.410	—	9.240	—
	341100400	电	kW·h	0.70	12.229	—	12.800	—
	002000010	其他材料费	元	—	64.90	15.41	69.16	17.71
机械	990302015	履带式起重机 15t	台班	704.65	—	0.121	—	0.107
	990706010	木工圆锯机 直径 500mm	台班	25.81	—	0.026	—	0.302

C.3.13 混凝土板梁(编码:040303013)

C.3.13.1 实心板梁

工作内容:混凝土:浇筑、捣固、抹平、养护等。
模板:模板制作、安装、涂脱模剂、拆除、修理、整堆等。

定额编号					DC0266	DC0267
项目名称					实心板梁	
					商品砼	模板
单位					$10m^3$	$10m^2$
费用	综合单价(元)				**3625.27**	**956.55**
	其中	人工费(元)			518.88	420.48
		材料费(元)			2804.09	133.17
		施工机具使用费(元)			—	99.79
		企业管理费(元)			202.78	203.32
		利润(元)			89.14	89.38
		一般风险费(元)			10.38	10.41
	编码	名称	单位	单价(元)	消耗量	
人工	000300080	混凝土综合工	工日	115.00	4.512	—
	000300060	模板综合工	工日	120.00	—	3.504
材料	840201140	商品砼	m^3	266.99	10.150	—
	050303800	木材 锯材	m^3	1547.01	—	0.029
	350100011	复合模板	m^2	23.93	—	2.468
	330101900	钢支撑	kg	3.42	—	3.072
	341100100	水	m^3	4.42	1.995	—
	341100400	电	kW·h	0.70	9.600	—
	002000010	其他材料费	元	—	78.60	18.74
机械	990302015	履带式起重机 15t	台班	704.65	—	0.141
	990706010	木工圆锯机 直径 500mm	台班	25.81	—	0.017

C.3.13.2 **空心板梁**

工作内容：混凝土：浇筑、捣固、抹平、养护等。
模板：模板制作、安装、涂脱模剂、拆除、修理、整堆等。

定额编号					DC0268	DC0269
项目名称					空心板梁	
					商品砼	模板
单位					$10m^3$	$10m^2$
费用	综合单价（元）				**3813.16**	**1333.05**
	其中	人工费（元）			624.22	570.72
		材料费（元）			2825.27	239.50
		施工机具使用费（元）			—	120.26
		企业管理费（元）			243.95	270.04
		利润（元）			107.24	118.71
		一般风险费（元）			12.48	13.82
	编码	名称	单位	单价(元)	消耗量	
人工	000300080	混凝土综合工	工日	115.00	5.428	—
	000300060	模板综合工	工日	120.00	—	4.756
材料	840201140	商品砼	m^3	266.99	10.150	—
	050303800	木材 锯材	m^3	1547.01	—	0.094
	341100100	水	m^3	4.42	2.710	—
	350100011	复合模板	m^2	23.93	—	2.468
	330101900	钢支撑	kg	3.42	—	3.072
	341100400	电	kW·h	0.70	12.343	—
	002000010	其他材料费	元	—	94.70	24.52
机械	990302015	履带式起重机 15t	台班	704.65	—	0.141
	990706010	木工圆锯机 直径 500mm	台班	25.81	—	0.810

C.3.14 **混凝土板拱(编码:040303014)**

工作内容：混凝土：浇筑、捣固、抹平、养护等。
模板：模板制作、安装、涂脱模剂、拆除、修理、整堆等。

定额编号					DC0270	DC0271
项目名称					板拱	
					商品砼	模板
单位					$10m^3$	$10m^2$
费用	综合单价（元）				**3995.93**	**1371.47**
	其中	人工费（元）			748.88	621.12
		材料费（元）			2810.75	242.64
		施工机具使用费（元）			—	92.15
		企业管理费（元）			292.66	278.75
		利润（元）			128.66	122.54
		一般风险费（元）			14.98	14.27
	编码	名称	单位	单价(元)	消耗量	
人工	000300080	混凝土综合工	工日	115.00	6.512	—
	000300060	模板综合工	工日	120.00	—	5.176
材料	840201140	商品砼	m^3	266.99	10.150	—
	050303800	木材 锯材	m^3	1547.01	—	0.099
	350100011	复合模板	m^2	23.93	—	2.468
	330101900	钢支撑	kg	3.42	—	3.072
	341100100	水	m^3	4.42	5.200	—
	341100400	电	kW·h	0.70	12.686	—
	002000010	其他材料费	元	—	68.94	19.92
机械	990302015	履带式起重机 15t	台班	704.65	—	0.121
	990706010	木工圆锯机 直径 500mm	台班	25.81	—	0.267

C.3.15 混凝土挡墙墙身(编码:040303015)

C.3.15.1 混凝土挡墙

工作内容:装、运、抛块石。
混凝土浇筑、捣固、抹面、养护等。
复合模板制作、安装、涂脱模剂;模板拆除、修理、整堆等。

					DC0272	DC0273	DC0274
定额编号					DC0272	DC0273	DC0274
项目名称					块石砼	现浇砼	模板
					商品砼		
单位					10m^3		10m^2
费用	综合单价(元)				**2974.80**	**3199.73**	**616.48**
	其中	人工费(元)			363.40	369.15	267.36
		材料费(元)			2510.89	2728.47	225.77
		施工机具使用费(元)			—	—	38.69
		企业管理费(元)			67.08	68.15	56.50
		利润(元)			27.98	28.42	23.57
		一般风险费(元)			5.45	5.54	4.59
	编码	名称	单位	单价(元)	消耗量		
人工	000300080	混凝土综合工	工日	115.00	3.160	3.210	—
	000300060	模板综合工	工日	120.00	—	—	2.228
材料	840201140	商品砼	m^3	266.99	8.630	10.150	—
	041100310	块(片)石	m^3	77.67	2.430	—	—
	341100100	水	m^3	4.42	2.534	2.690	—
	341100400	电	kW·h	0.70	3.060	3.660	—
	350100011	复合模板	m^2	23.93	—	—	2.691
	050303800	木材 锯材	m^3	1547.01	—	—	0.063
	032102830	支撑钢管及扣件	kg	3.68	—	—	1.983
	032130010	铁件 综合	kg	3.68	—	—	0.677
	002000010	其他材料费	元	—	4.69	4.07	54.12
机械	990706010	木工圆锯机 直径 500mm	台班	25.81	—	—	0.003
	990401025	载重汽车 6t	台班	422.13	—	—	0.008
	990302015	履带式起重机 15t	台班	704.65	—	—	0.050

C.3.15.2 扶壁式、悬壁式混凝土挡墙

工作内容：混凝土浇筑、捣固、抹面、养护等。
复合模板制作、安装、涂脱模剂；模板拆除、修理、整堆等。

定额编号					DC0275	DC0276
项目名称					商品砼	模板
单位					$10m^3$	$10m^2$
费用	综合单价（元）				**3353.88**	**750.72**
	其中	人工费（元）			489.90	363.12
		材料费（元）			2728.47	233.28
		施工机具使用费（元）			—	42.21
		企业管理费（元）			90.44	74.82
		利润（元）			37.72	31.21
		一般风险费（元）			7.35	6.08
	编码	名称	单位	单价(元)	消耗量	
人工	000300080	混凝土综合工	工日	115.00	4.260	—
	000300060	模板综合工	工日	120.00	—	3.026
材料	840201140	商品砼	m^3	266.99	10.150	—
	341100100	水	m^3	4.42	2.690	—
	341100400	电	kW·h	0.70	3.660	—
	350100011	复合模板	m^2	23.93	—	2.718
	050303800	木材 锯材	m^3	1547.01	—	0.070
	032102830	支撑钢管及扣件	kg	3.68	—	2.181
	032130010	铁件 综合	kg	3.68	—	0.779
	002000010	其他材料费	元	—	4.07	49.05
机械	990401025	载重汽车 6t	台班	422.13	—	0.008
	990706010	木工圆锯机 直径500mm	台班	25.81	—	0.003
	990302015	履带式起重机 15t	台班	704.65	—	0.055

C.3.15.3 薄壁混凝土挡墙

工作内容：混凝土浇筑、捣固、抹面、养护等。
复合模板制作、安装、涂脱模剂；模板拆除、修理、整堆等。

定额编号					DC0277	DC0278
项目名称					现浇砼 商品砼	模板
单位					$10m^3$	$10m^2$
费用	综合单价（元）				**3516.83**	**793.97**
	其中	人工费（元）			617.55	382.56
		材料费（元）			2728.47	243.93
		施工机具使用费（元）			—	48.30
		企业管理费（元）			114.00	79.54
		利润（元）			47.55	33.18
		一般风险费（元）			9.26	6.46
	编码	名称	单位	单价(元)	消耗量	
人工	000300080	混凝土综合工	工日	115.00	5.370	—
	000300060	模板综合工	工日	120.00	—	3.188
材料	840201140	商品砼	m^3	266.99	10.150	—
	341100100	水	m^3	4.42	2.690	—
	341100400	电	kW·h	0.70	3.660	—
	350100011	复合模板	m^2	23.93	—	2.732
	050303800	木材 锯材	m^3	1547.01	—	0.079
	032102830	支撑钢管及扣件	kg	3.68	—	2.479
	032130010	铁件 综合	kg	3.68	—	0.880
	002000010	其他材料费	元	—	4.07	43.98
机械	990401025	载重汽车 6t	台班	422.13	—	0.009
	990706010	木工圆锯机 直径500mm	台班	25.81	—	0.004
	990302015	履带式起重机 15t	台班	704.65	—	0.063

C.3.15.4 滤层

工作内容：整平、填滤料成形、材料运输。

计量单位：10m³

定额编号					DC0279	DC0280	DC0281	DC0282
项目名称					滤层			
					砂	砾石	碎石	块(片)石
费用	综合单价（元）				**1538.59**	**1645.17**	**1742.75**	**1896.29**
	其中	人工费（元）			331.20	419.41	469.20	776.02
		材料费（元）			1115.78	1109.76	1143.77	905.63
		施工机具使用费（元）			—	—	—	—
		企业管理费（元）			61.14	77.42	86.61	143.25
		利润（元）			25.50	32.29	36.13	59.75
		一般风险费（元）			4.97	6.29	7.04	11.64
	编码	名称	单位	单价(元)	消耗量			
人工	000300100	砌筑综合工	工日	115.00	2.880	3.647	4.080	6.748
材料	040300760	特细砂	t	63.11	17.680	—	—	—
	040500760	砾石 20～60	t	64.00	—	17.340	—	—
	040500400	碎石 40	m³	101.94	—	—	11.220	—
	041100310	块(片)石	m³	77.67	—	—	—	11.660

C.3.15.5 伸缩缝

工作内容：油浸麻丝：熬制沥青，调配沥青麻丝，填塞沥青麻丝。
沥青胶泥：熬制沥青胶泥、灌缝。
沥青砂浆：熬制建筑油膏，调配沥青砂浆，砂浆或油膏嵌缝。

计量单位：10m

定额编号					DC0283	DC0284	DC0285	DC0286
项目名称					油浸麻丝		石油沥青胶泥	沥青砂浆
					平面	立面		
费用	综合单价（元）				**185.42**	**220.37**	**322.34**	**148.78**
	其中	人工费（元）			56.47	83.84	49.80	48.99
		材料费（元）			113.33	113.33	258.77	86.25
		施工机具使用费（元）			—	—	—	—
		企业管理费（元）			10.42	15.48	9.19	9.04
		利润（元）			4.35	6.46	3.83	3.77
		一般风险费（元）			0.85	1.26	0.75	0.73
	编码	名称	单位	单价(元)	消耗量			
人工	000700010	市政综合工	工日	115.00	0.491	0.729	0.433	0.426
材料	133100920	石油沥青	kg	2.56	21.600	21.600	—	—
	022900900	麻丝	kg	8.85	5.510	5.510	—	—
	341100010	木柴	kg	0.56	9.900	9.900	19.800	19.800
	850501020	石油沥青胶泥	m³	4854.37	—	—	0.050	—
	850401080	普通沥青砂浆	m³	1456.31	—	—	—	0.050
	002000010	其他材料费	元	—	3.73	3.73	4.96	2.35

C.3.15.6 **变形缝**

工作内容:截、铺油毡或木板;熬涂沥青;安装修整等。 **计量单位**:10m²

定额编号					DC0287	DC0288	DC0289	DC0290
项目名称					油毡		沥青木丝板	发泡聚乙烯
					一毡	一油		
费用	综合单价(元)				**35.35**	**99.06**	**256.46**	**267.79**
	其中	人工费(元)			3.80	34.16	35.65	48.07
		材料费(元)			30.50	55.45	210.95	206.43
		施工机具使用费(元)			—	—	—	—
		企业管理费(元)			0.70	6.31	6.58	8.87
		利润(元)			0.29	2.63	2.75	3.70
		一般风险费(元)			0.06	0.51	0.53	0.72
	编码	名称	单位	单价(元)	消耗量			
人工	000700010	市政综合工	工日	115.00	0.033	0.297	0.310	0.418
材料	133301600	石油沥青油毡 350g	m²	2.99	10.200	—	—	—
	051500110	木丝板	m²	10.26	—	—	10.200	—
	133100920	石油沥青	kg	2.56	—	21.008	40.000	—
	151300310	聚苯乙烯泡沫塑料板 $\delta=30$	m²	19.66	—	—	—	10.500
	002000010	其他材料费	元	—	—	1.67	3.90	—

C.3.15.7 **泄水孔**

工作内容:下料、清孔、涂抹沥青、安装等。 **计量单位**:10m

定额编号					DC0291	DC0292
项目名称					塑料	金属
费用	综合单价(元)				**119.43**	**218.43**
	其中	人工费(元)			58.08	72.22
		材料费(元)			45.29	126.24
		施工机具使用费(元)			—	—
		企业管理费(元)			10.72	13.33
		利润(元)			4.47	5.56
		一般风险费(元)			0.87	1.08
	编码	名称	单位	单价(元)	消耗量	
人工	000700010	市政综合工	工日	115.00	0.505	0.628
材料	133100700	石油沥青 30#	kg	2.56	—	1.500
	172500440	塑料管 $D50$	m	4.44	10.200	—
	170101600	钢管 $DN50$	m	12.00	—	10.200

C.3.16 混凝土挡墙压顶(编码:040303016)

工作内容:混凝土浇筑、捣固、抹面、养护等。
复合模板制作、安装、涂脱模剂;模板拆除、修理、整堆等。

		定额编号			DC0293	DC0294
		项目名称			现浇砼	模板
		单位			$10m^3$	$10m^2$
费用		**综合单价(元)**			**3679.95**	**793.15**
	其中	人工费(元)			731.17	429.36
		材料费(元)			2746.54	231.79
		施工机具使用费(元)			—	10.37
		企业管理费(元)			134.97	81.17
		利润(元)			56.30	33.86
		一般风险费(元)			10.97	6.60
	编码	名称	单位	单价(元)	消耗量	
人工	000300080	混凝土综合工	工日	115.00	6.358	—
	000300060	模板综合工	工日	120.00	—	3.578
材料	840201140	商品砼	m^3	266.99	10.150	—
	341100100	水	m^3	4.42	7.455	—
	341100400	电	kW·h	0.70	5.200	—
	050303800	木材 锯材	m^3	1547.01	—	0.140
	030190010	圆钉 综合	kg	6.60	—	2.305
机械	990706010	木工圆锯机 直径500mm	台班	25.81	—	0.117
	990709020	木工平刨床 刨削宽度500mm	台班	23.12	—	0.117
	990401025	载重汽车 6t	台班	422.13	—	0.011

C.3.17 混凝土防撞护栏(编码:040303018)

工作内容:混凝土:浇筑、捣固、抹平、养护等。
模板:模板制作、安装、涂脱模剂、拆除、修理、整堆等。

		定额编号			DC0295	DC0296
		项目名称			混凝土防撞护栏	
					商品砼	模板
		单位			$10m^3$	$10m^2$
费用		**综合单价(元)**			**4210.39**	**1206.75**
	其中	人工费(元)			905.63	584.16
		材料费(元)			2777.14	130.92
		施工机具使用费(元)			—	95.62
		企业管理费(元)			353.92	265.66
		利润(元)			155.59	116.79
		一般风险费(元)			18.11	13.60
	编码	名称	单位	单价(元)	消耗量	
人工	000300080	混凝土综合工	工日	115.00	7.875	—
	000300060	模板综合工	工日	120.00	—	4.868
材料	840201140	商品砼	m^3	266.99	10.150	—
	050303800	木材 锯材	m^3	1547.01	—	0.033
	350100011	复合模板	m^2	23.93	—	2.468
	330101900	钢支撑	kg	3.42	—	1.972
	341100100	水	m^3	4.42	2.825	—
	341100400	电	kW·h	0.70	13.943	—
	002000010	其他材料费	元	—	44.94	14.07
机械	990302015	履带式起重机 15t	台班	704.65	—	0.132
	990706010	木工圆锯机 直径500mm	台班	25.81	—	0.101

C.3.18 桥面铺装(编码:040303019)

C.3.18.1 人行道铺装

工作内容:混凝土:浇筑、捣固、抹平、养护等。
模板:模板制作、安装、涂脱模剂、拆除、修理、整堆等。

计量单位:10m³

定额编号					DC0297
项目名称					人行道铺装
					水泥砼
费用	综合单价(元)				**3593.28**
	其中	人工费(元)			378.16
		材料费(元)			2994.81
		施工机具使用费(元)			—
		企业管理费(元)			147.78
		利润(元)			64.97
		一般风险费(元)			7.56
	编码	名称	单位	单价(元)	消耗量
人工	000300080	混凝土综合工	工日	115.00	2.440
	000300060	模板综合工	工日	120.00	0.813
材料	840201140	商品砼	m^3	266.99	10.150
	050303800	木材 锯材	m^3	1547.01	0.007
	341100100	水	m^3	4.42	13.580
	341100400	电	kW·h	0.70	7.543
	002000010	其他材料费	元	—	208.73

C.3.18.2 车行道铺装

工作内容:混凝土:浇筑、捣固、抹平、养护等。
模板:模板制作、安装、涂脱模剂、拆除、修理、整堆等。

计量单位:10m³

定额编号					DC0298	DC0299	DC0300	DC0301
项目名称					车行道铺装			
					水泥砼		防水砼	
					垫层	面层	垫层	面层
费用	综合单价(元)				**3396.07**	**3581.52**	**3427.47**	**3612.92**
	其中	人工费(元)			410.60	527.78	410.60	527.78
		材料费(元)			2746.26	2746.26	2777.66	2777.66
		施工机具使用费(元)			—	—	—	—
		企业管理费(元)			160.46	206.25	160.46	206.25
		利润(元)			70.54	90.67	70.54	90.67
		一般风险费(元)			8.21	10.56	8.21	10.56
	编码	名称	单位	单价(元)	消耗量			
人工	000300080	混凝土综合工	工日	115.00	2.649	3.405	2.649	3.405
	000300060	模板综合工	工日	120.00	0.883	1.135	0.883	1.135
材料	840201140	商品砼	m^3	266.99	10.150	10.150	10.150	10.150
	050303800	木材 锯材	m^3	1547.01	0.001	0.001	0.001	0.001
	010000100	型钢 综合	t	3085.47	0.001	0.001	0.001	0.001
	341100100	水	m^3	4.42	6.510	6.510	6.510	6.510
	002000010	其他材料费	元	—	2.90	2.90	34.30	34.30

C.3.18.3 车行道铺装

工作内容：配运料、拌和、水平运输、摊铺、垫平、碾压及撒砂养护。　　**计量单位**：$10m^3$

定额编号						DC0302
项目名称						车行道铺装
						橡胶沥青砼
费用	综合单价（元）					**15605.85**
	其中	人工费（元）				3938.06
		材料费（元）				9209.88
		施工机具使用费（元）				103.37
		企业管理费（元）				1579.39
		利润（元）				694.32
		一般风险费（元）				80.83
	编码	名称		单位	单价(元)	消耗量
人工	000300080	混凝土综合工		工日	115.00	34.244
材料	840301060	橡胶沥青砼		m^3	—	(10.200)
	040700450	石屑		m^3	113.15	8.970
	040500205	碎石 5～20		t	67.96	12.080
	040900760	矿粉		t	174.76	1.639
	144104210	氯化胶乳		kg	12.82	223.800
	133100900	石油沥青 60#～100#		t	2564.10	1.572
	002000010	其他材料费		元	—	181.25
	002000080	设备摊销费		元	—	6.40
机械	990120020	钢轮内燃压路机 8t		台班	373.79	0.071
	990120030	钢轮内燃压路机 12t		台班	480.22	0.160

C.3.18.4 伸缩缝钢纤维混凝土

工作内容：混凝土：浇筑、捣固、抹平、养护等。　　**计量单位**：$10m^3$

定额编号						DC0303
项目名称						伸缩缝钢纤维混凝土
						钢纤维混凝土
						商品砼
费用	综合单价（元）					**5227.15**
	其中	人工费（元）				367.54
		材料费（元）				4645.49
		施工机具使用费（元）				—
		企业管理费（元）				143.63
		利润（元）				63.14
		一般风险费（元）				7.35
	编码	名称		单位	单价(元)	消耗量
人工	000300080	混凝土综合工		工日	115.00	3.196
材料	840201140	商品砼		m^3	266.99	10.150
	155501200	钢纤维		kg	3.08	500.000
	050303800	木材 锯材		m^3	1547.01	0.017
	341100100	水		m^3	4.42	29.400
	341100400	电		kW·h	0.70	8.571
	002000010	其他材料费		元	—	233.29

C.3.19 混凝土桥头搭板(编码:040303020)

工作内容:混凝土:浇筑、捣固、抹平、养护等。
模板:模板制作、安装、涂脱模剂、拆除、修理、整堆等。

定额编号					DC0304	DC0305
项目名称					混凝土桥头搭板	
					商品砼	模板
单位					$10m^3$	$10m^2$
费用	综合单价(元)				**3513.10**	**708.61**
	其中	人工费(元)			440.91	306.60
		材料费(元)			2815.31	156.19
		施工机具使用费(元)			—	42.46
		企业管理费(元)			172.31	136.41
		利润(元)			75.75	59.97
		一般风险费(元)			8.82	6.98
	编码	名称	单位	单价(元)	消耗量	
人工	000300080	混凝土综合工	工日	115.00	3.834	—
	000300060	模板综合工	工日	120.00	—	2.555
材料	840201140	商品砼	m^3	266.99	10.150	—
	050303800	木材 锯材	m^3	1547.01	—	0.047
	350100011	复合模板	m^2	23.93	—	2.468
	330101900	钢支撑	kg	3.42	—	2.754
	341100100	水	m^3	4.42	4.410	—
	341100400	电	kW·h	0.70	12.840	—
	002000010	其他材料费	元	—	76.88	15.00
机械	990706010	木工圆锯机 直径500mm	台班	25.81	—	0.007
	990302015	履带式起重机 15t	台班	704.65	—	0.060

C.3.20 混凝土搭板枕梁(编码:040303021)

工作内容:混凝土:浇筑、捣固、抹平、养护等。
模板:模板制作、安装、涂脱模剂、拆除、修理、整堆等。

定额编号					DC0306	DC0307
项目名称					现浇枕梁砼	
					商品砼	模板
单位					$10m^3$	$10m^2$
费用	综合单价(元)				**3404.90**	**853.13**
	其中	人工费(元)			376.40	381.60
		材料费(元)			2809.21	182.02
		施工机具使用费(元)			—	42.46
		企业管理费(元)			147.10	165.72
		利润(元)			64.66	72.85
		一般风险费(元)			7.53	8.48
	编码	名称	单位	单价(元)	消耗量	
人工	000300080	混凝土综合工	工日	115.00	3.273	—
	000300060	模板综合工	工日	120.00	—	3.180
材料	840201140	商品砼	m^3	266.99	10.150	—
	050303800	木材 锯材	m^3	1547.01	—	0.062
	350100011	复合模板	m^2	23.93	—	2.468
	330101900	钢支撑	kg	3.42	—	3.412
	341100400	电	kW·h	0.70	11.630	—
	341100100	水	m^3	4.42	4.410	—
	002000010	其他材料费	元	—	71.63	15.38
机械	990706010	木工圆锯机 直径500mm	台班	25.81	—	0.007
	990302015	履带式起重机 15t	台班	704.65	—	0.060

C.3.21 混凝土桥塔身(编码:040303022)

C.3.21.1 索塔立柱

工作内容:混凝土:浇筑、捣固、抹平、养护等。
模板:模板制作、安装、涂脱模剂、拆除、修理、整堆等。

定额编号					DC0308	DC0309	DC0310	DC0311	DC0312	DC0313
项目名称					索塔立柱					
					高度50m以内	高度在50m以内	高度100m以内		高度150m以内	
					商品砼	模板	商品砼	模板	商品砼	模板
单位					$10m^3$	$10m^2$	$10m^3$	$10m^2$	$10m^3$	$10m^2$
费用	综合单价(元)				**3819.82**	**1253.03**	**4308.02**	**1628.00**	**4924.69**	**1884.68**
	其中	人工费(元)			676.09	565.80	973.48	773.04	1362.87	909.84
		材料费(元)			2749.85	207.74	2767.40	240.23	2767.81	260.34
		施工机具使用费(元)			—	94.69	—	103.85	—	116.53
		企业管理费(元)			264.21	258.12	380.43	342.69	532.61	401.11
		利润(元)			116.15	113.47	167.24	150.65	234.14	176.33
		一般风险费(元)			13.52	13.21	19.47	17.54	27.26	20.53
	编码	名称	单位	单价(元)	消耗量					
人工	000300080	混凝土综合工	工日	115.00	5.879	—	8.465	—	11.851	—
	000300060	模板综合工	工日	120.00	—	4.715	—	6.442	—	7.582
材料	840201140	商品砼	m^3	266.99	10.150	—	10.150	—	10.150	—
	050303800	木材 锯材	m^3	1547.01	—	0.073	—	0.094	—	0.107
	350100011	复合模板	m^2	23.93	—	2.912	—	2.912	—	2.912
	330101900	钢支撑	kg	3.42	—	3.554	—	3.554	—	3.554
	341100100	水	m^3	4.42	6.280	—	6.510	—	6.510	—
	002000010	其他材料费	元	—	12.14	12.97	28.68	12.97	29.09	12.97
机械	990302015	履带式起重机 15t	台班	704.65	—	0.128	—	0.141	—	0.159
	990706010	木工圆锯机 直径500mm	台班	25.81	—	0.174	—	0.174	—	0.174

工作内容:混凝土:浇筑、捣固、抹平、养护等。
模板:模板制作、安装、涂脱模剂、拆除、修理、整堆等。

定额编号					DC0314	DC0315	DC0316	DC0317
项目名称					索塔立柱			
					高度200m以内		高度250m以内	
					商品砼	模板	商品砼	模板
单位					$10m^3$	$10m^2$	$10m^3$	$10m^2$
费用	综合单价(元)				**5522.30**	**2338.77**	**5980.62**	**2752.64**
	其中	人工费(元)			1738.00	1166.88	2028.37	1385.16
		材料费(元)			2771.74	282.00	2770.52	311.39
		施工机具使用费(元)			—	132.74	—	157.40
		企业管理费(元)			679.21	507.89	792.69	602.83
		利润(元)			298.59	223.27	348.47	265.01
		一般风险费(元)			34.76	25.99	40.57	30.85
	编码	名称	单位	单价(元)	消耗量			
人工	000300080	混凝土综合工	工日	115.00	15.113	—	17.638	—
	000300060	模板综合工	工日	120.00	—	9.724	—	11.543
材料	840201140	商品砼	m^3	266.99	10.150	—	10.150	—
	050303800	木材 锯材	m^3	1547.01	—	0.121	—	0.140
	350100011	复合模板	m^2	23.93	—	2.912	—	2.912
	330101900	钢支撑	kg	3.42	—	3.554	—	3.554
	341100100	水	m^3	4.42	7.930	—	7.930	—
	002000010	其他材料费	元	—	26.74	12.97	25.52	12.97
机械	990302015	履带式起重机 15t	台班	704.65	—	0.182	—	0.217
	990706010	木工圆锯机 直径500mm	台班	25.81	—	0.174	—	0.174

C.3.21.2 索塔横梁

工作内容:混凝土:浇筑、捣固、抹平、养护等。
模板:模板制作、安装、涂脱模剂、拆除、修理、整堆等。

定额编号					DC0318	DC0319	DC0320	DC0321
项目名称					索塔横梁			
					下横梁		中、上横梁	
					商品砼	模板	商品砼	模板
单位					$10m^3$	$10m^2$	$10m^3$	$10m^2$
费用	综合单价(元)				**4251.65**	**1447.08**	**4252.54**	**1706.51**
费用	其中	人工费(元)			927.48	709.44	917.70	861.24
费用	其中	材料费(元)			2783.82	206.92	2800.19	207.16
费用	其中	施工机具使用费(元)			—	74.18	—	86.16
费用	其中	企业管理费(元)			362.46	306.24	358.64	370.24
费用	其中	利润(元)			159.34	134.63	157.66	162.76
费用	其中	一般风险费(元)			18.55	15.67	18.35	18.95
	编码	名称	单位	单价(元)	消耗量			
人工	000300080	混凝土综合工	工日	115.00	8.065	—	7.980	—
人工	000300060	模板综合工	工日	120.00	—	5.912	—	7.177
材料	840201140	商品砼	m^3	266.99	10.150	—	10.150	—
材料	050303800	木材 锯材	m^3	1547.01	—	0.079	—	0.079
材料	350100011	复合模板	m^2	23.93	—	2.468	—	2.468
材料	330101900	钢支撑	kg	3.42	—	3.790	—	3.860
材料	341100100	水	m^3	4.42	7.930	—	7.930	—
材料	002000010	其他材料费	元	—	38.82	12.69	55.19	12.69
机械	990302015	履带式起重机 15t	台班	704.65	—	0.100	—	0.117
机械	990706010	木工圆锯机 直径 500mm	台班	25.81	—	0.144	—	0.144

C.3.21.3 附属结构

工作内容:制作、安装。

定额编号					DC0322	DC0323	DC0324	DC0325
项目名称					锚固套箱	锚固箱	铁梯	避雷针
单位					t			处
费用	综合单价(元)				**25172.43**	**11320.97**	**4382.04**	**2385.94**
费用	其中	人工费(元)			6274.40	2061.95	610.65	1327.45
费用	其中	材料费(元)			11575.96	7151.75	3351.41	285.11
费用	其中	施工机具使用费(元)			2316.83	572.46	40.58	—
费用	其中	企业管理费(元)			3357.45	1029.53	254.50	518.77
费用	其中	利润(元)			1475.97	452.59	111.88	228.06
费用	其中	一般风险费(元)			171.82	52.69	13.02	26.55
	编码	名称	单位	单价(元)	消耗量			
人工	000700010	市政综合工	工日	115.00	54.560	17.930	5.310	11.543
材料	010100013	钢筋	t	3070.18	0.198	—	0.504	0.067
材料	012900010	钢板 综合	t	3210.00	2.402	—	—	0.002
材料	010000100	型钢 综合	t	3085.47	—	0.011	0.539	0.006
材料	170101000	钢管	kg	3.12	1000.000	100.000	—	12.000
材料	330103900	钢锚箱	t	6800.00	—	1.000	—	—
材料	031350010	低碳钢焊条 综合	kg	4.19	27.100	1.100	12.500	—
材料	032130010	铁件 综合	kg	3.68	—	—	—	3.000
材料	002000010	其他材料费	元	—	24.10	1.20	88.60	6.00
机械	990503040	电动卷扬机 单筒慢速 80kN	台班	234.74	7.882	1.973	—	—
机械	990901020	交流弧焊机 32kV·A	台班	85.07	5.485	1.285	0.477	—

C.3.22 混凝土其他构件(编码:040303024)

C.3.22.1 立柱、端柱、灯柱

工作内容:混凝土:浇筑、捣固、抹平、养护等。
模板:模板制作、安装、涂脱模剂、拆除、修理、整堆等。

定额编号					DC0326	DC0327
项目名称					立柱、端柱、灯柱	
					商品砼	模板
单位					$10m^3$	$10m^2$
费用	综合单价(元)				**6300.54**	**1365.17**
	其中	人工费(元)			2172.58	682.80
		材料费(元)			2862.22	262.39
		施工机具使用费(元)			—	14.01
		企业管理费(元)			849.04	272.32
		利润(元)			373.25	119.71
		一般风险费(元)			43.45	13.94
	编码	名称	单位	单价(元)	消耗量	
人工	000300080	混凝土综合工	工日	115.00	18.892	—
	000300060	模板综合工	工日	120.00	—	5.690
材料	840201140	商品砼	m^3	266.99	10.150	—
	050303800	木材 锯材	m^3	1547.01	—	0.150
	032130010	铁件 综合	kg	3.68	—	4.790
	341100100	水	m^3	4.42	14.700	—
	002000010	其他材料费	元	—	87.30	12.71
机械	990706010	木工圆锯机 直径 500mm	台班	25.81	—	0.543

C.3.22.2 地梁、侧石、缘石

工作内容:混凝土:浇筑、捣固、抹平、养护等。
模板:模板制作、安装、涂脱模剂、拆除、修理、整堆等。

定额编号					DC0328	DC0329
项目名称					地梁、侧石、缘石	
					商品砼	模板
单位					$10m^3$	$10m^2$
费用	综合单价(元)				**5851.33**	**720.77**
	其中	人工费(元)			1909.46	309.48
		材料费(元)			2829.41	226.41
		施工机具使用费(元)			—	2.89
		企业管理费(元)			746.22	122.07
		利润(元)			328.05	53.67
		一般风险费(元)			38.19	6.25
	编码	名称	单位	单价(元)	消耗量	
人工	000300080	混凝土综合工	工日	115.00	16.604	—
	000300060	模板综合工	工日	120.00	—	2.579
材料	840201140	商品砼	m^3	266.99	10.150	—
	050303800	木材 锯材	m^3	1547.01	—	0.139
	341100100	水	m^3	4.42	8.915	—
	341100400	电	kW·h	0.70	15.505	—
	002000010	其他材料费	元	—	69.20	11.38
机械	990706010	木工圆锯机 直径 500mm	台班	25.81	—	0.112

C.3.22.3 混凝土接头及灌缝

工作内容：混凝土：浇筑、捣固、抹平、养护等。
模板：模板制作、安装、涂脱模剂、拆除、修理、整堆等。

定额编号					DC0330	DC0331	DC0332	DC0333
项目名称					板梁间灌缝	梁与梁接头		桥梁底砂浆勾缝
					商品砼		模板	
单位					10m³		10m²	100m
费用	综合单价（元）				**5416.89**	**3666.31**	**1221.64**	**387.31**
	其中	人工费（元）			1206.35	559.59	551.04	240.81
		材料费（元）			3507.72	2780.70	339.03	6.20
		施工机具使用费（元）			—	—	6.66	—
		企业管理费（元）			471.44	218.69	217.95	94.11
		利润（元）			207.25	96.14	95.81	41.37
		一般风险费（元）			24.13	11.19	11.15	4.82
	编码	名称	单位	单价（元）	消耗量			
人工	000300080	混凝土综合工	工日	115.00	10.490	4.866	—	—
	000300060	模板综合工	工日	120.00	—	—	4.592	—
	000700010	市政综合工	工日	115.00	—	—	—	2.094
材料	840201140	商品砼	m³	266.99	10.150	10.150	—	—
	050303800	木材 锯材	m³	1547.01	0.232	—	0.205	—
	010302150	镀锌铁丝 8#～12#	kg	3.08	107.160	—	4.430	—
	341100100	水	m³	4.42	5.681	4.680	—	—
	341100400	电	kW·h	0.70	—	7.124	—	—
	850301040	预拌砂浆（干拌）	m³	291.16	—	—	—	0.021
	002000010	其他材料费	元	—	83.70	45.08	8.25	0.09
机械	990706010	木工圆锯机 直径500mm	台班	25.81	—	—	0.258	—

C.3.22.4 混凝土接头及灌缝

工作内容：混凝土：浇筑、捣固、抹平、养护等。
模板：模板制作、安装、涂脱模剂、拆除、修理、整堆等。

定额编号					DC0334	DC0335	DC0336	DC0337
项目名称					柱与柱接头		肋与肋接头	
					商品砼	模板	商品砼	模板
单位					10m³	10m²	10m³	10m²
费用	综合单价（元）				**3878.15**	**926.11**	**4015.82**	**1015.70**
	其中	人工费（元）			689.31	348.48	748.42	425.76
		材料费（元）			2787.25	365.45	2831.37	330.62
		施工机具使用费（元）			—	5.78	—	7.12
		企业管理费（元）			269.38	138.45	292.48	169.17
		利润（元）			118.42	60.86	128.58	74.37
		一般风险费（元）			13.79	7.09	14.97	8.66
	编码	名称	单位	单价（元）	消耗量			
人工	000300080	混凝土综合工	工日	115.00	5.994	—	6.508	—
	000300060	模板综合工	工日	120.00	—	2.904	—	3.548
材料	840201140	商品砼	m³	266.99	10.150	—	10.150	—
	050303800	木材 锯材	m³	1547.01	—	0.211	—	0.201
	032130010	铁件 综合	kg	3.68	—	7.470	—	—
	341100100	水	m³	4.42	5.880	—	13.920	—
	341100400	电	kW·h	0.70	—	—	8.724	—
	002000010	其他材料费	元	—	51.31	11.54	53.79	19.67
机械	990706010	木工圆锯机 直径500mm	台班	25.81	—	0.224	—	0.276

C.3.22.5 混凝土接头及灌缝

工作内容:混凝土:浇筑、捣固、抹平、养护等。

模板:模板制作、安装、涂脱模剂、拆除、修理、整堆等。

定额编号					DC0338	DC0339
项目名称					拱上构件接头	
					商品砼	模板
单位					$10m^3$	$10m^2$
费用	综合单价(元)				**4298.80**	**2195.46**
	其中	人工费(元)			925.18	1103.16
		材料费(元)			2834.61	408.43
		施工机具使用费(元)			—	26.02
		企业管理费(元)			361.56	441.28
		利润(元)			158.95	193.99
		一般风险费(元)			18.50	22.58
	编码	名称	单位	单价(元)	消耗量	
人工	000300080	混凝土综合工	工日	115.00	8.045	—
	000300060	模板综合工	工日	120.00	—	9.193
材料	840201140	商品砼	m^3	266.99	10.150	—
	050303800	木材 锯材	m^3	1547.01	—	0.249
	341100400	电	kW·h	0.70	11.048	—
	341100100	水	m^3	4.42	10.780	—
	002000010	其他材料费	元	—	69.28	23.22
机械	990706010	木工圆锯机 直径500mm	台班	25.81	—	1.008

C.3.22.6 现浇横隔板及接缝

工作内容:现浇横隔板及接缝模板、混凝土的全部操作。

计量单位:$10m^3$

定额编号					DC0340	DC0341
项目名称					现浇横隔板及接缝	
					T形梁、I形梁	箱形梁
费用	综合单价(元)				**13637.00**	**13991.93**
	其中	人工费(元)			4884.93	5775.45
		材料费(元)			4620.31	4351.51
		施工机具使用费(元)			812.46	316.06
		企业管理费(元)			2226.54	2380.56
		利润(元)			978.81	1046.52
		一般风险费(元)			113.95	121.83
	编码	名称	单位	单价(元)	消耗量	
人工	000300080	混凝土综合工	工日	115.00	13.159	15.558
	000300060	模板综合工	工日	120.00	28.097	33.219
材料	840201140	商品砼	m^3	266.99	10.150	10.150
	050303800	木材 锯材	m^3	1547.01	1.083	0.345
	032130010	铁件 综合	kg	3.68	36.000	53.000
	012900030	钢板 综合	kg	3.21	—	37.000
	010000010	型钢 综合	kg	3.09	—	155.500
	031350010	低碳钢焊条 综合	kg	4.19	—	0.600
	350100100	钢模板	kg	4.53	—	40.910
	341100100	水	m^3	4.42	13.000	10.000
	002000010	其他材料费	元	—	45.01	81.50
机械	990304020	汽车式起重机 20t	台班	968.56	0.522	—
	990901020	交流弧焊机 32kV·A	台班	85.07	—	0.108
	990406010	机动翻斗车 1t	台班	188.07	1.012	1.012
	990602020	双锥反转出料混凝土搅拌机 350L	台班	226.31	0.515	0.515

C.3.22.7 锚碇混凝土

工作内容：混凝土：浇筑、捣固、抹平、养护等。
模板：模板制作、安装、涂脱模剂、拆除、修理、整堆等。

定额编号						DC0342	DC0343
项目名称						锚碇混凝土	
						商品砼	模板
单位						$10m^3$	$10m^2$
费用	综合单价（元）					**3471.30**	**999.67**
	其中	人工费（元）				469.43	433.08
		材料费（元）				2728.38	202.38
		施工机具使用费（元）				—	70.70
		企业管理费（元）				183.45	196.88
		利润（元）				80.65	86.55
		一般风险费（元）				9.39	10.08
	编码	名称		单位	单价（元）	消耗量	
人工	000300080	混凝土综合工		工日	115.00	4.082	—
	000300060	模板综合工		工日	120.00	—	3.609
材料	840201140	商品砼		m^3	266.99	10.150	—
	050303800	木材 锯材		m^3	1547.01	—	0.072
	350100011	复合模板		m^2	23.93	—	2.468
	330101900	钢支撑		kg	3.42	—	4.754
	341100100	水		m^3	4.42	4.170	—
	002000010	其他材料费		元	—	—	15.68
机械	990302015	履带式起重机 15t		台班	704.65	—	0.100
	990706010	木工圆锯机 直径 500mm		台班	25.81	—	0.009

C.3.23 钢管拱混凝土(编码:040303025)

工作内容：安装进料管、增压管、钻气孔、安装导管、砂浆润滑、泵送混凝土。 **计量单位**：$10m^3$

定额编号					DC0344
项目名称					钢管拱内填充砼
					商品砼
费用	综合单价（元）				**5015.39**
	其中	人工费（元）			663.67
		材料费（元）			3941.66
		施工机具使用费（元）			14.79
		企业管理费（元）			265.14
		利润（元）			116.56
		一般风险费（元）			13.57
	编码	名称	单位	单价（元）	消耗量
人工	000300080	混凝土综合工	工日	115.00	5.771
材料	840201140	商品砼	m^3	266.99	10.150
	010500030	钢丝绳	t	5598.29	0.011
	031350010	低碳钢焊条 综合	kg	4.19	2.500
	170100800	钢管	t	3085.00	0.044
	002000010	其他材料费	元	—	1023.92
机械	990503030	电动卷扬机 单筒慢速 50kN	台班	192.37	0.053
	990901020	交流弧焊机 32kV·A	台班	85.07	0.054

C.3.24 定型钢模(编码:040303026)

工作内容:模板安装、涂刷隔离剂、脱模剂;模板拆除、修理、整堆等。 计量单位:10m²

		定额编号			DC0345
		项目名称			定型钢模
费用		**综合单价(元)**			**874.93**
	其中	人工费(元)			260.76
		材料费(元)			234.71
		施工机具使用费(元)			143.78
		企业管理费(元)			158.09
		利润(元)			69.50
		一般风险费(元)			8.09
	编码	名称	单位	单价(元)	消耗量
人工	000300060	模板综合工	工日	120.00	2.173
材料	050302560	板枋材	m^3	1111.11	0.005
	010100310	钢筋 ϕ10 以内	kg	2.91	0.300
	350100310	定型钢模板	kg	4.53	35.409
	170100450	焊接钢管 综合	kg	3.12	0.300
	010500020	钢丝绳	kg	5.60	7.600
	032130010	铁件 综合	kg	3.68	5.300
	172500030	半硬塑料管 ϕ32	m	2.56	1.030
	350500100	安全网	m^2	8.97	0.188
	002000010	其他材料费	元	—	0.56
机械	990401030	载重汽车 8t	台班	474.25	0.006
	990302015	履带式起重机 15t	台班	704.65	0.200

C.4 预制混凝土构件(编码:040304)

C.4.1 预制混凝土梁(编码:040304001)

C.4.1.1 预制T形梁、I形梁

工作内容:混凝土:浇筑、捣固、抹平、养护等。

模板:模板制作、安装、涂脱模剂、拆除、修理、整堆等。

计量单位:10m³

					DC0346	DC0347	DC0348	DC0349
定额编号					DC0346	DC0347	DC0348	DC0349
项目名称					T形梁		I形梁	
					商品砼	模板	商品砼	模板
费用	综合单价(元)				**3760.08**	**10804.20**	**3763.27**	**9449.76**
	其中	人工费(元)			579.83	4012.20	602.95	3501.36
		材料费(元)			2842.44	1833.69	2809.04	1672.33
		施工机具使用费(元)			—	1656.01	—	1412.98
		企业管理费(元)			226.60	2215.14	235.63	1920.52
		利润(元)			99.61	973.80	103.59	844.28
		一般风险费(元)			11.60	113.36	12.06	98.29
	编码	名称	单位	单价(元)	消耗量			
人工	000300080	混凝土综合工	工日	115.00	5.042	—	5.243	—
	000300060	模板综合工	工日	120.00	—	33.435	—	29.178
材料	840201140	商品砼	m³	266.99	10.150	—	10.150	—
	050303800	木材 锯材	m³	1547.01	—	0.870	—	0.793
	032130010	铁件 综合	kg	3.68	—	10.407	—	9.395
	350100100	钢模板	kg	4.53	—	48.144	—	43.881
	330101900	钢支撑	kg	3.42	—	16.790	—	15.300
	032140460	零星卡具	kg	6.67	—	15.520	—	14.146
	341100100	水	m³	4.42	11.580	—	8.350	—
	341100400	电	kW·h	0.70	19.733	—	9.143	—
	002000010	其他材料费	元	—	67.49	70.46	55.78	65.52
机械	990302015	履带式起重机 15t	台班	704.65	—	2.123	—	1.803
	990401025	载重汽车 6t	台班	422.13	—	0.126	—	0.112
	990706010	木工圆锯机 直径500mm	台班	25.81	—	4.140	—	3.689

C.4.1.2 **安装T形梁**

工作内容：预制构件整修；构件起吊、纵横移、落梁、就位、校正、锯吊环；单导梁、跨墩门架、纵移过墩；地笼埋设、拆除，扒杆纵移过墩；吊脚手、安全网的装、拆、移动过墩；T形梁横隔板接头钢板焊接及连接处砂浆嵌缝。

计量单位：10m³

		定额编号			DC0350	DC0351	DC0352	DC0353
		项目名称			T形梁安装			
					起重机	单导梁	跨墩门架	双导梁
费用		**综合单价（元）**			**3078.43**	**2696.95**	**2147.53**	**4457.60**
	其中	人工费（元）			562.58	1173.23	857.67	1440.72
		材料费（元）			234.94	209.82	234.94	344.14
		施工机具使用费（元）			1234.14	398.32	350.84	1158.46
		企业管理费（元）			702.16	614.16	472.29	1015.76
		利润（元）			308.68	269.99	207.62	446.54
		一般风险费（元）			35.93	31.43	24.17	51.98
	编码	名称	单位	单价（元）	消耗量			
人工	000700010	市政综合工	工日	115.00	4.892	10.202	7.458	12.528
材料	810104010	M5.0水泥砂浆（特 稠度70～90mm）	m³	183.45	0.020	0.020	0.020	0.160
	050303800	木材 锯材	m³	1547.01	0.006	0.005	0.006	0.001
	012900010	钢板 综合	t	3210.00	0.034	0.032	0.034	0.059
	010000100	型钢 综合	t	3085.47	0.015	0.011	0.015	0.003
	031350010	低碳钢焊条 综合	kg	4.19	15.100	14.000	15.100	20.900
	002000010	其他材料费	元	—	3.30	3.10	3.30	27.02
机械	990302035	履带式起重机 40t	台班	1235.46	0.911	—	—	—
	990503020	电动卷扬机 单筒慢速 30kN	台班	186.98	—	—	—	1.044
	990503030	电动卷扬机 单筒慢速 50kN	台班	192.37	—	—	—	4.007
	990504010	电动卷扬机 双筒慢速 牵引30kN	台班	196.61	—	1.318	1.115	—
	990504020	电动卷扬机 双筒慢速 牵引50kN	台班	216.84	—	0.177	0.106	—
	990901020	交流弧焊机 32kV·A	台班	85.07	1.277	1.185	1.277	2.262

C.4.1.3 **安装I形梁**

工作内容：安、拆地锚；竖、拆扒杆及移动；起吊设备就位；整修构件；吊装、定位；铺浆、固定。

计量单位：10m³

		定额编号			DC0354
		项目名称			I形梁安装
					单导梁
费用		**综合单价（元）**			**4000.77**
	其中	人工费（元）			1289.96
		材料费（元）			321.30
		施工机具使用费（元）			1034.99
		企业管理费（元）			908.59
		利润（元）			399.43
		一般风险费（元）			46.50
	编码	名称	单位	单价（元）	消耗量
人工	000700010	市政综合工	工日	115.00	11.217
材料	010000100	型钢 综合	t	3085.47	0.056
	032130010	铁件 综合	kg	3.68	30.100
	002000010	其他材料费	元	—	37.75
机械	990304020	汽车式起重机 20t	台班	968.56	1.053
	990910030	对焊机 75kV·A	台班	109.41	0.138

C.4.1.4 预制箱形梁、槽形梁

工作内容:混凝土:浇筑、捣固、抹平、养护等。模板:模板制作、安装、涂脱模剂、拆除、修理、整堆等。 **计量单位:**10m³

定额编号					DC0355	DC0356	DC0357	DC0358
项目名称					箱形梁		槽形梁	
					商品砼	模板	商品砼	模板
综合单价(元)					**4284.62**	**12998.53**	**4157.41**	**15942.43**
费用 其中	人工费(元)				686.78	4864.20	627.10	5969.16
	材料费(元)				3197.72	1865.89	3164.97	2317.36
	施工机具使用费(元)				—	2170.20	—	2640.13
	企业管理费(元)				268.39	2749.04	245.07	3364.51
	利润(元)				117.99	1208.51	107.73	1479.08
	一般风险费(元)				13.74	140.69	12.54	172.19
	编码	名称	单位	单价(元)	消耗量			
人工	000300080	混凝土综合工	工日	115.00	5.972	—	5.453	—
	000300060	模板综合工	工日	120.00	—	40.535	—	49.743
材料	840201180	商品砼 C40	m³	300.97	10.150	—	10.150	—
	050303800	木材 锯材	m³	1547.01	—	1.116	—	1.400
	032130010	铁件 综合	kg	3.68	—	15.210	—	13.940
	341100100	水	m³	4.42	7.250	—	5.990	—
	341100400	电	kW·h	0.70	72.381	—	36.571	—
	002000010	其他材料费	元	—	60.16	83.45	58.05	100.25
机械	990302015	履带式起重机 15t	台班	704.65	—	2.468	—	3.017
	990706010	木工圆锯机 直径 500mm	台班	25.81	—	8.811	—	10.509
	990709020	木工平刨床 刨削宽度 500mm	台班	23.12	—	8.811	—	10.509

C.4.1.5 安装箱形梁

工作内容:主梁构件起吊、纵向运输、落梁、横梁就位、校正、锯吊环。吊装设备移动。 **计量单位:**10m³

定额编号					DC0359	DC0360	DC0361	DC0362
项目名称					先张法预应力组合箱梁安装			
					跨墩门架		单导梁	双导梁
					主跨跨径(m)			
					16、20	25、30	16、20	25、30
综合单价(元)					**1457.22**	**884.08**	**2320.94**	**1710.45**
费用 其中	人工费(元)				603.87	403.77	1118.38	747.85
	材料费(元)				—	—	—	—
	施工机具使用费(元)				316.90	154.86	348.16	332.93
	企业管理费(元)				359.84	218.31	573.12	422.37
	利润(元)				158.19	95.97	251.95	185.68
	一般风险费(元)				18.42	11.17	29.33	21.62
	编码	名称	单位	单价(元)	消耗量			
人工	000700010	市政综合工	工日	115.00	5.251	3.511	9.725	6.503
机械	990503020	电动卷扬机 单筒慢速 30kN	台班	186.98	1.486	—	1.398	0.725
	990503030	电动卷扬机 单筒慢速 50kN	台班	192.37	0.203	0.805	0.451	1.026

工作内容:主梁构件起吊、纵向运输、落梁、横梁就位、校正、锯吊环。吊装设备移动。

计量单位:10m³

定额编号					DC0363	DC0364
项目名称					后张法预应力组合箱梁安装	
					双导梁	
					主跨跨径(m)	
					25、30	35、40
费用	**综合单价(元)**				**1594.31**	**1100.65**
	其中	人工费(元)			692.99	480.24
		材料费(元)			—	—
		施工机具使用费(元)			314.41	215.23
		企业管理费(元)			393.69	271.79
		利润(元)			173.07	119.48
		一般风险费(元)			20.15	13.91
	编码	名称	单位	单价(元)	消耗量	
人工	000700010	市政综合工	工日	115.00	6.026	4.176
机械	990503020	电动卷扬机 单筒慢速 30kN	台班	186.98	0.699	0.469
	990503030	电动卷扬机 单筒慢速 50kN	台班	192.37	0.955	0.663

C.4.1.6 安装槽形梁

工作内容:安、拆地锚;竖、拆扒杆及移动;搭、拆木垛;组装、拆卸船排;打、拔缆风桩;安拆轨道、枕木、平车、卷扬机及索具;安装、就位、固定。

计量单位:10m³

定额编号					DC0365	DC0366	DC0367
项目名称					陆上安装槽形梁		
					扒杆	起重机	
					$L \leqslant 30m$		$L > 30m$
费用	**综合单价(元)**				**3219.66**	**1522.91**	**3208.21**
	其中	人工费(元)			753.94	148.24	128.34
		材料费(元)			204.78	—	—
		施工机具使用费(元)			1151.08	814.04	1898.84
		企业管理费(元)			744.48	376.06	792.22
		利润(元)			327.28	165.32	348.27
		一般风险费(元)			38.10	19.25	40.54
	编码	名称	单位	单价(元)	消耗量		
人工	000700010	市政综合工	工日	115.00	6.556	1.289	1.116
材料	050100500	原木	m³	982.30	0.008	—	—
	050303800	木材 锯材	m³	1547.01	0.035	—	—
	010500020	钢丝绳	kg	5.60	21.910	—	—
	002000010	其他材料费	元	—	20.08	—	—
机械	990304052	汽车式起重机 75t	台班	3071.85	—	0.265	—
	990304080	汽车式起重机 150t	台班	8255.82	—	—	0.230
	990501020	电动卷扬机 单筒快速 10kN	台班	178.37	3.468	—	—
	990504040	电动卷扬机 双筒慢速 牵引 100kN	台班	307.09	1.734	—	—

C.4.1.7 预制板梁

工作内容：混凝土：浇筑、捣固、抹平、养护等。

模板：模板制作、安装、涂脱模剂、拆除、修理、整堆等。

计量单位：10m³

定额编号					DC0368	DC0369	DC0370	DC0371	DC0372	DC0373
项目名称					实心板梁		空心板梁(非预应力)		空心板梁(预应力)	
					商品砼	模板	商品砼	模板	商品砼	模板
费用	综合单价(元)				**3990.68**	**2142.73**	**4163.33**	**7304.31**	**4106.32**	**8299.33**
	其中	人工费(元)			536.94	1206.48	606.28	3529.80	563.27	4018.56
		材料费(元)			3140.92	182.84	3203.83	536.16	3214.88	598.97
		施工机具使用费(元)			—	31.92	—	746.80	—	847.08
		企业管理费(元)			209.83	483.96	236.93	1671.30	220.13	1901.49
		利润(元)			92.25	212.76	104.16	734.72	96.77	835.92
		一般风险费(元)			10.74	24.77	12.13	85.53	11.27	97.31
	编码	名称	单位	单价(元)	消耗量					
人工	000300080	混凝土综合工	工日	115.00	4.669	—	5.272	—	4.898	—
人工	000300060	模板综合工	工日	120.00	—	10.054	—	29.415	—	33.488
材料	840201180	商品砼 C40	m³	300.97	10.150	—	10.150	—	10.150	—
材料	840201160	商品砼 C20	m³	247.57	—	—	0.067	—	0.070	—
材料	050303800	木材 锯材	m³	1547.01	—	0.068	—	0.198	—	0.225
材料	350100100	钢模板	kg	4.53	—	3.794	—	11.097	—	12.640
材料	032140460	零星卡具	kg	6.67	—	2.210	—	6.464	—	7.570
材料	330101900	钢支撑	kg	3.42	—	8.936	—	26.137	—	29.770
材料	341100100	水	m³	4.42	4.220	—	11.450	—	15.280	—
材料	341100400	电	kW·h	0.70	6.514	—	11.276	—	12.190	—
材料	002000010	其他材料费	元	—	62.86	15.15	73.90	47.08	66.63	41.33
机械	990501010	电动卷扬机 单筒快速 5kN	台班	165.04	—	—	—	3.532	—	4.023
机械	990706010	木工圆锯机 直径 500mm	台班	25.81	—	0.126	—	0.248	—	0.283
机械	990709020	木工平刨床 刨削宽度 500mm	台班	23.12	—	0.126	—	0.248	—	0.283
机械	991003020	电动空气压缩机 0.6m³/min	台班	37.78	—	—	—	3.335	—	3.799
机械	990401025	载重汽车 6t	台班	422.13	—	0.061	—	0.061	—	0.061

C.4.1.8 安装板梁

工作内容：预制构件整修；构件起吊、纵横移、落梁、就位、校正、锯吊环；单导梁、跨墩门架、纵移过墩；地笼埋设、拆除，扒杆纵移过墩；吊脚手、安全网的装、拆、移动过墩。

计量单位：10m³

定额编号					DC0374	DC0375	DC0376	DC0377
项目名称					板梁安装			
					起重机		单导梁	
					跨径 10m 以内	跨径 16m 以内	跨径 10m 以内	跨径 20m 以内
费用	综合单价(元)				**2213.16**	**1752.89**	**1758.03**	**1348.89**
	其中	人工费(元)			473.46	370.53	809.60	617.44
		材料费(元)			—	—	—	—
		施工机具使用费(元)			924.97	737.07	301.25	234.88
		企业管理费(元)			546.51	432.85	434.12	333.09
		利润(元)			240.25	190.29	190.84	146.43
		一般风险费(元)			27.97	22.15	22.22	17.05
	编码	名称	单位	单价(元)	消耗量			
人工	000700010	市政综合工	工日	115.00	4.117	3.222	7.040	5.369
机械	990304020	汽车式起重机 20t	台班	968.56	0.955	0.761	—	—
机械	990503030	电动卷扬机 单筒慢速 50kN	台班	192.37	—	—	1.566	1.221

C.4.2 预制混凝土柱(编码:040304002)

C.4.2.1 预制立柱

工作内容:混凝土:浇筑、捣固、抹平、养护等。
模板:模板制作、安装、涂脱模剂、拆除、修理、整堆等。

计量单位:10m³

定额编号					DC0378	DC0379	DC0380	DC0381
项目名称					立柱			
					矩形		异形	
					商品砼	模板	商品砼	模板
费用	综合单价(元)				**4096.52**	**1527.60**	**4200.15**	**3725.33**
	其中	人工费(元)			608.93	744.36	673.33	1404.00
		材料费(元)			3132.83	308.00	3134.53	1404.70
		施工机具使用费(元)			—	26.27	—	62.34
		企业管理费(元)			237.97	301.16	263.14	573.04
		利润(元)			104.61	132.40	115.68	251.92
		一般风险费(元)			12.18	15.41	13.47	29.33
	编码	名称	单位	单价(元)	消耗量			
人工	000300080	混凝土综合工	工日	115.00	5.295	—	5.855	—
人工	000300060	模板综合工	工日	120.00	—	6.203	—	11.700
材料	840201180	商品砼 C40	m³	300.97	10.150	—	10.150	—
材料	050303800	木材 锯材	m³	1547.01	—	0.105	—	0.850
材料	032130010	铁件 综合	kg	3.68	—	1.740	—	16.690
材料	350100100	钢模板	kg	4.53	—	7.130	—	—
材料	330101900	钢支撑	kg	3.42	—	16.790	—	—
材料	032140460	零星卡具	kg	6.67	—	4.270	—	—
材料	341100100	水	m³	4.42	3.970	—	3.630	—
材料	341100400	电	kW·h	0.70	8.571	—	10.286	—
材料	002000010	其他材料费	元	—	54.44	20.96	56.44	28.32
机械	990706010	木工圆锯机 直径 500mm	台班	25.81	—	0.097	—	1.274
机械	990709020	木工平刨床 刨削宽度 500mm	台班	23.12	—	0.097	—	1.274
机械	990401025	载重汽车 6t	台班	422.13	—	0.051	—	—

C.4.2.2 安装立柱

工作内容:安、拆地锚;竖、拆及移动扒杆;起吊设备就位;整修构件;吊装、定位、固定;填细石混凝土或坐浆等。

计量单位:10m³

定额编号					DC0382	DC0383
项目名称					安装排架立柱	
					扒杆安装	起重机安装
费用	综合单价(元)				**3932.32**	**2221.50**
	其中	人工费(元)			1514.90	727.26
		材料费(元)			73.37	42.72
		施工机具使用费(元)			923.46	649.45
		企业管理费(元)			952.91	538.02
		利润(元)			418.91	236.52
		一般风险费(元)			48.77	27.53
	编码	名称	单位	单价(元)	消耗量	
人工	000700010	市政综合工	工日	115.00	13.173	6.324
材料	840102010	细石砼 C20	m³	266.99	0.159	0.160
材料	050100500	原木	m³	982.30	0.009	—
材料	050303800	木材 锯材	m³	1547.01	0.005	—
材料	010500020	钢丝绳	kg	5.60	2.384	—
材料	002000010	其他材料费	元	—	0.99	—
机械	990304012	汽车式起重机 12t	台班	797.85	—	0.814
机械	990501020	电动卷扬机 单筒快速 10kN	台班	178.37	3.220	—
机械	990504020	电动卷扬机 双筒慢速 牵引 50kN	台班	216.84	1.610	—

C.4.3 预制混凝土板(编码:040304003)

C.4.3.1 预制板

工作内容:混凝土:浇筑、捣固、抹平、养护等。
模板:模板制作、安装、涂脱模剂、拆除、修理、整堆等。

计量单位:10m³

定额编号					DC0384	DC0385	DC0386	DC0387	DC0388	DC0389
项目名称					矩形板		空心板		微弯板	
					商品砼	模板	商品砼	模板	商品砼	模板
费用	综合单价(元)				**3770.61**	**949.08**	**3808.72**	**6794.43**	**3946.68**	**6139.89**
费用	其中	人工费(元)			603.64	429.84	616.40	3031.20	685.52	2651.40
费用	其中	材料费(元)			2815.30	235.28	2833.20	1732.80	2861.78	1843.41
费用	其中	施工机具使用费(元)			—	21.19	—	167.10	—	63.42
费用	其中	企业管理费(元)			235.90	176.26	240.89	1249.89	267.90	1060.95
费用	其中	利润(元)			103.70	77.49	105.90	549.47	117.77	466.41
费用	其中	一般风险费(元)			12.07	9.02	12.33	63.97	13.71	54.30
	编码	名称	单位	单价(元)	消耗量					
人工	000300080	混凝土综合工	工日	115.00	5.249	—	5.360	—	5.961	—
人工	000300060	模板综合工	工日	120.00	—	3.582	—	25.260	—	22.095
材料	840201140	商品砼	m³	266.99	10.150	—	10.150	—	10.150	—
材料	050303800	木材 锯材	m³	1547.01	—	0.089	—	1.047	—	1.037
材料	032130010	铁件 综合	kg	3.68	—	1.970	—	11.900	—	29.270
材料	350100100	钢模板	kg	4.53	—	4.730	—	—	—	—
材料	330101900	钢支撑	kg	3.42	—	11.150	—	—	—	—
材料	032140460	零星卡具	kg	6.67	—	2.840	—	—	—	—
材料	341100100	水	m³	4.42	6.570	—	11.140	—	13.710	—
材料	341100400	电	kW·h	0.70	8.324	—	8.686	—	3.543	—
材料	002000010	其他材料费	元	—	70.49	11.84	67.93	69.29	88.75	131.45
机械	990706010	木工圆锯机 直径500mm	台班	25.81	—	0.062	—	3.415	—	2.132
机械	990709020	木工平刨床 刨削宽度500mm	台班	23.12	—	0.062	—	3.415	—	0.363
机械	990401025	载重汽车 6t	台班	422.13	—	0.043	—	—	—	—

C.4.3.2 安装板

工作内容:安、拆地锚;竖、拆及移动扒杆;起吊设备就位;整修构件;吊装、定位;铺浆、固定。

计量单位:10m³

定额编号					DC0390	DC0391	DC0392	DC0393	DC0394	DC0395
项目名称					矩形板安装		空心板安装		微弯板安装	
					扒杆	起重机	扒杆	起重机	人力	扒杆
费用	综合单价(元)				**1422.28**	**975.14**	**1028.72**	**676.96**	**2643.60**	**4682.85**
费用	其中	人工费(元)			476.79	333.50	295.78	175.61	1482.12	1226.48
费用	其中	材料费(元)			214.25	160.46	206.61	152.82	298.00	324.81
费用	其中	施工机具使用费(元)			286.53	181.27	223.69	155.58	—	1527.25
费用	其中	企业管理费(元)			298.30	201.17	203.01	129.43	579.21	1076.15
费用	其中	利润(元)			131.14	88.44	89.24	56.90	254.63	473.09
费用	其中	一般风险费(元)			15.27	10.30	10.39	6.62	29.64	55.07
	编码	名称	单位	单价(元)	消耗量					
人工	000700010	市政综合工	工日	115.00	4.146	2.900	2.572	1.527	12.888	10.665
材料	810304010	锚固砂浆 M30	m³	382.05	0.420	0.420	0.400	0.400	0.780	0.780
材料	050100500	原木	m³	982.30	0.006	—	0.006	—	—	0.007
材料	050303800	木材 锯材	m³	1547.01	0.007	—	0.007	—	—	0.004
材料	010500020	钢丝绳	kg	5.60	5.587	—	5.587	—	—	1.967
材料	032130010	铁件 综合	kg	3.68	—	—	—	—	—	0.160
材料	002000010	其他材料费	元	—	5.78	—	5.78	—	—	2.14
机械	990304004	汽车式起重机 8t	台班	705.33	—	0.257	—	—	—	—
机械	990304012	汽车式起重机 12t	台班	797.85	—	—	—	0.195	—	—
机械	990501020	电动卷扬机 单筒快速 10kN	台班	178.37	0.725	—	0.566	—	—	5.520
机械	990504010	电动卷扬机 双筒慢速 牵引30kN	台班	196.61	—	—	—	—	—	2.760
机械	990504020	电动卷扬机 双筒慢速 牵引50kN	台班	216.84	0.725	—	0.566	—	—	—

C.4.4　预制混凝土其他构件(编码:040304005)

C.4.4.1　预制箱拱构件

工作内容:混凝土:浇筑、捣固、抹平、养护等。
模板:模板制作、安装、涂脱模剂、拆除、修理、整堆等。

计量单位:10m³

		定额编号			DC0396	DC0397	DC0398	DC0399	DC0400	DC0401
		项目名称			拱肋		拱上构件		腹拱圈	
					商品砼	模板	商品砼	模板	商品砼	模板
费用		**综合单价(元)**			**3993.97**	**2866.85**	**5135.89**	**10050.56**	**4564.91**	**7090.34**
	其中	人工费(元)			711.16	1616.88	1399.78	5536.80	1073.07	4211.88
		材料费(元)			2868.49	245.99	2920.60	810.65	2866.68	352.84
		施工机具使用费(元)			—	39.17	—	301.64	—	45.36
		企业管理费(元)			277.92	647.18	547.03	2281.66	419.35	1663.73
		利润(元)			122.18	284.51	240.48	1003.04	184.35	731.39
		一般风险费(元)			14.22	33.12	28.00	116.77	21.46	85.14
	编码	名称	单位	单价(元)	消耗量					
人工	000300080	混凝土综合工	工日	115.00	6.184	—	12.172	—	9.331	—
	000300060	模板综合工	工日	120.00	—	13.474	—	46.140	—	35.099
材料	840201140	商品砼	m³	266.99	10.150	—	10.150	—	10.150	—
	050303800	木材 锯材	m³	1547.01	—	0.110	—	0.264	—	0.061
	350100100	钢模板	kg	4.53	—	6.990	—	50.020	—	31.140
	032140460	零星卡具	kg	6.67	—	2.250	—	16.120	—	10.030
	341100100	水	m³	4.42	15.990	—	22.400	—	14.000	—
	341100400	电	kW·h	0.70	7.543	—	—	—	—	—
	002000010	其他材料费	元	—	82.59	29.15	111.64	68.13	94.85	50.51
机械	990706010	木工圆锯机 直径 500mm	台班	25.81	—	0.257	—	5.069	—	0.142
	990709020	木工平刨床 刨削宽度 500mm	台班	23.12	—	0.257	—	5.069	—	0.142
	990401025	载重汽车 6t	台班	422.13	—	0.063	—	0.127	—	0.091

C.4.4.2　安装箱拱构件

工作内容:构件整修、安装、就位、校正、固定;拱肋接头焊接;砂浆拌和、运输、坐浆、填塞、抹缝、捣实及养生;横隔板、系梁接头钢筋焊接。

计量单位:10m³

		定额编号			DC0402	DC0403
		项目名称			缆索无支架	
					安装拱肋	安装腹拱圈
费用		**综合单价(元)**			**11361.83**	**10846.69**
	其中	人工费(元)			5475.04	5680.89
		材料费(元)			584.18	168.95
		施工机具使用费(元)			1335.06	1066.07
		企业管理费(元)			2661.38	2636.71
		利润(元)			1169.97	1159.13
		一般风险费(元)			136.20	134.94
	编码	名称	单位	单价(元)	消耗量	
人工	000700010	市政综合工	工日	115.00	47.609	49.399
材料	040100013	水泥 32.5	t	299.15	—	0.156
	050303800	木材 锯材	m³	1547.01	0.009	0.042
	012900010	钢板 综合	t	3210.00	0.133	—
	010000100	型钢 综合	t	3085.47	0.022	—
	040300760	特细砂	t	63.11	—	0.780
	032130010	铁件 综合	kg	3.68	—	0.600
	031350010	低碳钢焊条 综合	kg	4.19	17.100	—
	341100100	水	m³	4.42	—	1.000
	002000010	其他材料费	元	—	3.80	1.45
机械	990503020	电动卷扬机 单筒慢速 30kN	台班	186.98	1.115	1.115
	990503030	电动卷扬机 单筒慢速 50kN	台班	192.37	4.458	4.458
	990901020	交流弧焊机 32kV·A	台班	85.07	3.162	—

C.4.4.3　**安装箱拱构件**

工作内容：扒杆纵向跨墩移动；构件整修、安装、就位、校正、固定；拱肋接头焊接；砂浆拌和、运输、坐浆、填塞、抹缝、捣实及养生；横隔板、系梁接头钢筋焊接。

计量单位：10m³

定额编号					DC0404	DC0405	DC0406	DC0407
项目名称					扒杆安装			人力安装
					拱肋	腹拱圈	横隔板系梁	拱波
费用	综合单价（元）				**11423.84**	**6046.07**	**5282.67**	**6591.51**
	其中	人工费（元）			3959.45	2371.07	2115.31	3957.38
		材料费（元）			159.64	202.08	91.28	328.56
		施工机具使用费（元）			3158.08	1321.58	1164.98	—
		企业管理费（元）			2781.53	1443.09	1281.94	1546.54
		利润（元）			1222.79	634.40	563.55	679.88
		一般风险费（元）			142.35	73.85	65.61	79.15
	编码	名称	单位	单价（元）	消耗量			
人工	000700010	市政综合工	工日	115.00	34.430	20.618	18.394	34.412
材料	810304010	锚固砂浆 M30	m³	382.05	0.320	0.480	0.190	0.860
	050100500	原木	m³	982.30	0.008	0.004	0.004	—
	050303800	木材 锯材	m³	1547.01	0.004	0.002	0.002	—
	010500020	钢丝绳	kg	5.60	3.067	1.534	1.534	—
	032130010	铁件 综合	kg	3.68	0.324	0.162	0.160	—
	002000010	其他材料费	元	—	4.97	2.49	2.49	—
机械	990501020	电动卷扬机 单筒快速 10kN	台班	178.37	8.422	4.777	4.211	—
	990504010	电动卷扬机 双筒慢速 牵引30kN	台班	196.61	8.422	2.388	2.105	—

C.4.4.4　**预制桁架拱构件**

工作内容：混凝土：浇筑、捣固、抹平、养护等。

模板：模板制作、安装、涂脱模剂、拆除、修理、整堆等。

计量单位：10m³

定额编号					DC0408	DC0409	DC0410	DC0411
项目名称					桁架梁及桁架拱片		横向联系构件	
					商品砼	模板	商品砼	模板
费用	综合单价（元）				**4361.39**	**4845.03**	**4780.48**	**6358.90**
	其中	人工费（元）			899.30	2651.40	1209.00	3505.44
		材料费（元）			2938.15	522.77	2867.11	659.03
		施工机具使用费（元）			—	79.71	—	96.15
		企业管理费（元）			351.45	1067.32	472.48	1407.50
		利润（元）			154.50	469.21	207.71	618.75
		一般风险费（元）			17.99	54.62	24.18	72.03
	编码	名称	单位	单价（元）	消耗量			
人工	000300080	混凝土综合工	工日	115.00	7.820	—	10.513	—
	000300060	模板综合工	工日	120.00	—	22.095	—	29.212
材料	840201140	商品砼	m³	266.99	10.150	—	10.150	—
	050303800	木材 锯材	m³	1547.01	—	0.092	—	0.190
	350100100	钢模板	kg	4.53	—	49.910	—	47.900
	032140460	零星卡具	kg	6.67	—	16.090	—	15.440
	341100100	水	m³	4.42	18.380	—	11.470	—
	002000010	其他材料费	元	—	146.96	47.03	106.46	45.13
机械	990706010	木工圆锯机 直径 500mm	台班	25.81	—	1.008	—	1.318
	990401025	载重汽车 6t	台班	422.13	—	0.072	—	0.075
	990709020	木工平刨床 刨削宽度 500mm	台班	23.12	—	1.008	—	1.318

C.4.4.5 **安装桁架拱构件**

工作内容:扒杆纵向跨墩移动;构件整修、安装、就位、校正、固定;拱肋接头焊接;砂浆拌和、运输、坐浆、填塞、抹缝、捣实及养生;横隔板、系梁接头钢筋焊接。

计量单位:$10m^3$

定额编号					DC0412	DC0413	DC0414	DC0415
项目名称					扒杆安装		缆索安装	
					桁架拱拱片	横向联系构件	桁架拱拱片	横向联系构件
费用	综合单价(元)				**5973.36**	**4976.16**	**7716.20**	**9146.57**
	其中	人工费(元)			2025.27	1693.38	3581.45	4713.39
		材料费(元)			167.51	38.95	2.51	—
		施工机具使用费(元)			1643.28	1426.31	1292.62	1066.07
		企业管理费(元)			1433.67	1219.17	1904.78	2258.61
		利润(元)			630.26	535.96	837.36	992.91
		一般风险费(元)			73.37	62.39	97.48	115.59
	编码	名称	单位	单价(元)	消耗量			
人工	000700010	市政综合工	工日	115.00	17.611	14.725	31.143	40.986
材料	050100500	原木	m^3	982.30	0.017	0.008	—	—
	050303800	木材 锯材	m^3	1547.01	0.008	0.004	—	—
	010500020	钢丝绳	kg	5.60	21.097	2.973	—	—
	032130010	铁件 综合	kg	3.68	—	0.320	—	—
	031350010	低碳钢焊条 综合	kg	4.19	—	—	0.600	—
	002000010	其他材料费	元	—	20.29	7.08	—	—
机械	990501020	电动卷扬机 单筒快速 10kN	台班	178.37	4.158	3.609	—	—
	990503020	电动卷扬机 单筒慢速 30kN	台班	186.98	—	—	1.672	1.115
	990503030	电动卷扬机 单筒慢速 50kN	台班	192.37	—	—	5.016	4.458
	990504020	电动卷扬机 双筒慢速 牵引 50kN	台班	216.84	4.158	3.609	—	—
	990901020	交流弧焊机 32kV·A	台班	85.07	—	—	0.177	—

C.4.4.6 **预制板拱**

工作内容:混凝土:浇筑、捣固、抹平、养护等。
模板:模板制作、安装、涂脱模剂、拆除、修理、整堆等。

计量单位:$10m^3$

定额编号					DC0416	DC0417
项目名称					板拱	
					商品砼	模板
费用	综合单价(元)				**3998.46**	**3999.63**
	其中	人工费(元)			752.45	1886.16
		材料费(元)			2807.63	783.05
		施工机具使用费(元)			—	146.30
		企业管理费(元)			294.06	794.29
		利润(元)			129.27	349.18
		一般风险费(元)			15.05	40.65
	编码	名称	单位	单价(元)	消耗量	
人工	000300080	混凝土综合工	工日	115.00	6.543	—
	000300060	模板综合工	工日	120.00	—	15.718
材料	840201140	商品砼	m^3	266.99	10.150	—
	050303800	木材 锯材	m^3	1547.01	—	0.495
	341100100	水	m^3	4.42	5.200	—
	341100400	电	kW·h	0.70	8.305	—
	002000010	其他材料费	元	—	68.88	17.28
机械	990706010	木工圆锯机 直径 500mm	台班	25.81	—	2.990
	990709020	木工平刨床 刨削宽度 500mm	台班	23.12	—	2.990

C.4.4.7 安装板拱

工作内容：安、拆地锚；竖、拆及移动扒杆；起吊设备就位；整修构件；起吊、安装、就位、校正、固定；坐浆、填塞、养生等。

计量单位：10m³

定额编号					DC0418	DC0419
项目名称					安装板拱	
					扒杆安装	起重机安装
费用	综合单价（元）				**6158.57**	**5700.08**
	其中	人工费（元）			2508.38	1204.51
		材料费（元）			128.55	41.99
		施工机具使用费（元）			1301.82	2370.68
		企业管理费（元）			1489.03	1397.18
		利润（元）			654.59	614.22
		一般风险费（元）			76.20	71.50
	编码	名称	单位	单价(元)	消耗量	
人工	000700010	市政综合工	工日	115.00	21.812	10.474
材料	050303800	木材 锯材	m³	1547.01	0.005	—
	850301040	预拌砂浆(干拌)	m³	291.16	0.140	0.140
	050100500	原木	m³	982.30	0.009	—
	010500020	钢丝绳	kg	5.60	10.549	—
	002000010	其他材料费	元	—	12.14	1.23
机械	990304036	汽车式起重机 40t	台班	1456.19	—	1.628
	990501020	电动卷扬机 单筒快速 10kN	台班	178.37	3.294	—
	990504020	电动卷扬机 双筒慢速 牵引 50kN	台班	216.84	3.294	—

C.4.4.8 预制小型构件

工作内容：混凝土：浇筑、捣固、抹平、养护等。

模板：模板制作、安装、涂脱模剂、拆除、修理、整堆等。

计量单位：10m³

定额编号					DC0420	DC0421	DC0422	DC0423
项目名称					缘石、人行道、锚碇板		灯柱、端柱、栏杆	
					商品砼	模板	商品砼	模板
费用	综合单价（元）				**4162.78**	**2154.70**	**4774.94**	**18535.85**
	其中	人工费（元）			797.64	1062.00	1218.31	10941.48
		材料费（元）			2900.44	382.22	2846.83	988.12
		施工机具使用费（元）			—	57.98	—	146.43
		企业管理费（元）			311.72	437.69	476.12	4333.16
		利润（元）			137.03	192.41	209.31	1904.90
		一般风险费（元）			15.95	22.40	24.37	221.76
	编码	名称	单位	单价(元)	消耗量			
人工	000300080	混凝土综合工	工日	115.00	6.936	—	10.594	—
	000300060	模板综合工	工日	120.00	—	8.850	—	91.179
材料	840201140	商品砼	m³	266.99	10.150	—	10.150	—
	050303800	木材 锯材	m³	1547.01	—	0.186	—	0.352
	350100100	钢模板	kg	4.53	—	—	—	45.685
	032140460	零星卡具	kg	6.67	—	—	—	14.730
	032130010	铁件 综合	kg	3.68	—	12.140	—	—
	341100100	水	m³	4.42	17.861	—	10.450	—
	341100400	电	kW·h	0.70	6.514	—	5.181	—
	002000010	其他材料费	元	—	106.99	49.80	87.07	138.37
机械	990706010	木工圆锯机 直径 500mm	台班	25.81	—	1.185	—	1.690
	990401025	载重汽车 6t	台班	422.13	—	—	—	0.151
	990709020	木工平刨床 刨削宽度 500mm	台班	23.12	—	1.185	—	1.690

C.4.4.9 安装小型构件

工作内容：起吊设备就位；整修构件；起吊、安装、就位、校正、固定；砂浆及混凝土配、拌、运、捣固；焊接等。

计量单位：$10m^3$

定额编号					DC0424	DC0425	DC0426	DC0427	DC0428
项目名称					安装小型构件				
					缘石	人行道板	锚碇板	灯柱、端柱	栏杆
费用	综合单价（元）				**2099.01**	**2020.19**	**1796.16**	**3484.65**	**3561.96**
费用	其中	人工费（元）			1326.30	1276.50	991.76	1594.13	1751.68
费用	其中	材料费（元）			—	—	—	359.96	236.72
费用	其中	施工机具使用费（元）			—	—	143.18	380.27	349.45
费用	其中	企业管理费（元）			518.32	498.86	443.54	771.60	821.12
费用	其中	利润（元）			227.86	219.30	194.98	339.20	360.97
费用	其中	一般风险费（元）			26.53	25.53	22.70	39.49	42.02
	编码	名称	单位	单价（元）	消耗量				
人工	000700010	市政综合工	工日	115.00	11.533	11.100	8.624	13.862	15.232
材料	050303800	木材 锯材	m^3	1547.01	—	—	—	0.002	0.037
材料	031350010	低碳钢焊条 综合	kg	4.19	—	—	—	83.900	42.000
材料	002000020	其他材料费	元	—	—	—	—	5.32	3.50
机械	990304004	汽车式起重机 8t	台班	705.33	—	—	0.203	0.126	0.289
机械	990901020	交流弧焊机 32kV·A	台班	85.07	—	—	—	3.338	1.668
机械	990919010	电焊条烘干箱 450×350×450	台班	17.13	—	—	—	0.434	0.217

C.4.4.10 预制桥面纵横梁

工作内容：混凝土：浇筑、捣固、抹平、养护等。
模板：模板制作、安装、涂脱模剂、拆除、修理、整堆等。

计量单位：$10m^3$

定额编号					DC0429	DC0430
项目名称					桥面纵横梁	
					商品砼	模板
费用	综合单价（元）				**5156.09**	**5217.85**
费用	其中	人工费（元）			1447.85	1583.40
费用	其中	材料费（元）			2864.72	1007.63
费用	其中	施工机具使用费（元）			—	1076.92
费用	其中	企业管理费（元）			565.82	1039.65
费用	其中	利润（元）			248.74	457.04
费用	其中	一般风险费（元）			28.96	53.21
	编码	名称	单位	单价（元）	消耗量	
人工	000300080	混凝土综合工	工日	115.00	12.590	—
人工	000300060	模板综合工	工日	120.00	—	13.195
材料	840201140	商品砼	m^3	266.99	10.150	—
材料	050303800	木材 锯材	m^3	1547.01	—	0.085
材料	012900030	钢板 综合	kg	3.21	—	82.000
材料	032130010	铁件 综合	kg	3.68	—	12.700
材料	350100100	钢模板	kg	4.53	—	116.000
材料	341100100	水	m^3	4.42	16.000	—
材料	002000010	其他材料费	元	—	84.05	40.70
机械	990504010	电动卷扬机 双筒慢速 牵引 30kN	台班	196.61	—	1.219
机械	990504020	电动卷扬机 双筒慢速 牵引 50kN	台班	216.84	—	3.647
机械	990401025	载重汽车 6t	台班	422.13	—	0.110

C.4.4.11 安装桥面纵横梁

工作内容：构件整修、运输、起吊、纵横移、落梁、校正。
50m 以内半成品、材料运输、堆放。

计量单位：$10m^3$

定额编号					DC0431
项目名称					安装桥面纵横梁
费用	综合单价（元）				**7151.38**
	其中	人工费（元）			2373.95
		材料费（元）			245.79
		施工机具使用费（元）			1989.50
		企业管理费（元）			1705.23
		利润（元）			749.64
		一般风险费（元）			87.27
	编码	名称	单位	单价（元）	消耗量
人工	000700010	市政综合工	工日	115.00	20.643
材料	012900010	钢板 综合	t	3210.00	0.059
	031350010	低碳钢焊条 综合	kg	4.19	10.500
	002000010	其他材料费	元	—	12.40
机械	990504010	电动卷扬机 双筒慢速 牵引 30kN	台班	196.61	5.768
	990504020	电动卷扬机 双筒慢速 牵引 50kN	台班	216.84	3.592
	990901020	交流弧焊机 32kV·A	台班	85.07	0.900

C.4.5 构件运输（编码：040304006）

C.4.5.1 人力运输小型构件

工作内容：装车、运输、按规定地点堆放、搭拆道板。

计量单位：$10m^3$

定额编号					DC0432	DC0433	DC0434	DC0435
项目名称					人力运输		双轮车运输	
					运距 20m	200m 内每增运 20m	运距 50m	运距 500m 内每增运 50m
费用	综合单价（元）				**555.29**	**92.65**	**465.55**	**44.96**
	其中	人工费（元）			350.87	58.54	294.17	28.41
		材料费（元）			—	—	—	—
		施工机具使用费（元）			—	—	—	—
		企业管理费（元）			137.12	22.88	114.96	11.10
		利润（元）			60.28	10.06	50.54	4.88
		一般风险费（元）			7.02	1.17	5.88	0.57
	编码	名称	单位	单价（元）	消耗量			
人工	000700010	市政综合工	工日	115.00	3.051	0.509	2.558	0.247

C.4.5.2 机械运输型构件

工作内容：装车、绑扎、运输、按规定地点堆放。

计量单位：$10m^3$

					DC0436	DC0437	DC0438	DC0439	DC0440	DC0441
定额编号					DC0436	DC0437	DC0438	DC0439	DC0440	DC0441
项目名称					Ⅰ类构件		Ⅱ类构件		Ⅲ类构件	
					运距 1km	每增运 1km	运距 1km	每增运 1km	运距 1km	每增运 1km
费用	综合单价（元）				**557.28**	**75.19**	**1500.06**	**322.20**	**2344.40**	**431.02**
	其中	人工费（元）			43.13	11.96	47.50	18.98	51.75	26.80
		材料费（元）			94.35	—	77.86	—	78.63	—
		施工机具使用费（元）			249.39	35.55	851.15	184.61	1379.93	245.55
		企业管理费（元）			114.31	18.57	351.19	79.56	559.50	106.43
		利润（元）			50.25	8.16	154.39	34.98	245.96	46.79
		一般风险费（元）			5.85	0.95	17.97	4.07	28.63	5.45
	编码	名称	单位	单价(元)	消耗量					
人工	000700010	市政综合工	工日	115.00	0.375	0.104	0.413	0.165	0.450	0.233
材料	050303800	木材 锯材	m^3	1547.01	0.060	—	0.050	—	0.050	—
	002000010	其他材料费	元	—	1.53	—	0.51	—	1.28	—
机械	990305020	叉式起重机 5t	台班	454.96	0.075	—	—	—	—	—
	990304016	汽车式起重机 16t	台班	898.02	0.025	—	—	—	—	—
	990304036	汽车式起重机 40t	台班	1456.19	—	—	0.207	—	—	—
	990304044	汽车式起重机 60t	台班	2851.01	—	—	—	—	0.077	—
	990304052	汽车式起重机 75t	台班	3071.85	—	—	—	—	0.064	—
	990304064	汽车式起重机 100t	台班	4565.33	—	—	—	—	0.051	—
	990403030	平板拖车组 40t	台班	1367.47	0.141	0.026	0.402	0.135	—	—
	990403040	平板拖车组 60t	台班	1518.95	—	—	—	—	0.223	0.075
	990403050	平板拖车组 100t	台班	2632.52	—	—	—	—	0.149	0.050

C.4.5.3 人力、双轮车场内运成型钢筋

工作内容：装车、绑扎、运输、按规定地点堆放。

计量单位：t

定额编号					DC0442	DC0443
项目名称					成型钢筋	
					运距 50m	每增运 50m
费用	综合单价（元）				**433.15**	**34.03**
	其中	人工费（元）			273.70	21.51
		材料费（元）			—	—
		施工机具使用费（元）			—	—
		企业管理费（元）			106.96	8.40
		利润（元）			47.02	3.69
		一般风险费（元）			5.47	0.43
	编码	名称	单位	单价(元)	消耗量	
人工	000700010	市政综合工	工日	115.00	2.380	0.187

C.5 砌筑(编码:040305)

C.5.1 垫层(编码:040305001)

工作内容:拌和、铺设、找平、压(夯)实;调制砂浆、灌缝。　　计量单位:10m³

		定额编号			DC0444	DC0445	DC0446	DC0447	DC0448
		项目名称			砂	砂石		块(片)石	
						人工级配	天然级配	干铺	灌浆
费用		综合单价(元)			**1611.36**	**2432.84**	**1627.98**	**2256.82**	**3185.97**
	其中	人工费(元)			362.25	624.22	520.84	664.70	1005.91
		材料费(元)			1031.86	1435.66	794.41	1193.65	1448.58
		施工机具使用费(元)			3.92	5.87	5.87	7.09	91.90
		企业管理费(元)			143.10	246.24	205.84	262.53	429.02
		利润(元)			62.91	108.25	90.49	115.41	188.60
		一般风险费(元)			7.32	12.60	10.53	13.44	21.96
	编码	名称	单位	单价(元)	消		耗		量
人工	000700010	市政综合工	工日	115.00	3.150	5.428	4.529	5.780	8.747
材料	040300760	特细砂	t	63.11	16.140	6.830	—	3.850	—
	040500745	砾石 5～60	t	64.00	—	15.490	12.240	—	—
	041100310	块(片)石	m³	77.67	—	—	—	12.240	12.240
	810104010	M5.0 水泥砂浆(特 稠度 70～90mm)	m³	183.45	—	—	—	—	2.690
	341100100	水	m³	4.42	3.000	3.000	2.500	—	1.000
机械	990123020	电动夯实机 200～620N·m	台班	27.58	0.142	0.213	0.213	0.257	0.435
	990610010	灰浆搅拌机 200L	台班	187.56	—	—	—	—	0.426

工作内容:拌和、铺设、找平、压(夯)实;调制砂浆、灌缝。　　计量单位:10m³

		定额编号			DC0449	DC0450	DC0451
		项目名称			碎石		炉(矿)渣干铺
					干铺	灌浆	
费用		综合单价(元)			**2192.17**	**2795.48**	**1158.26**
	其中	人工费(元)			456.90	633.54	297.74
		材料费(元)			1469.09	1658.99	687.07
		施工机具使用费(元)			—	84.58	—
		企业管理费(元)			178.55	280.64	116.35
		利润(元)			78.49	123.37	51.15
		一般风险费(元)			9.14	14.36	5.95
	编码	名称	单位	单价(元)	消	耗	量
人工	000700010	市政综合工	工日	115.00	3.973	5.509	2.589
材料	040500170	碎石 50～80	t	67.96	17.340	—	—
	040500160	碎石 30～50	t	67.96	4.277	—	—
	040500209	碎石 5～40	t	67.96	—	16.680	—
	810104010	M5.0 水泥砂浆(特 稠度 70～90mm)	m³	183.45	—	2.840	—
	040700050	炉渣	m³	56.41	—	—	12.180
	341100100	水	m³	4.42	—	1.000	—
机械	990123020	电动夯实机 200～620N·m	台班	27.58	—	0.231	—
	990610010	灰浆搅拌机 200L	台班	187.56	—	0.417	—

C.5.2 干砌块料(编码:040305002)

工作内容:选修砌料、砌筑、场内水平运输。 **计量单位:**10m³

定额编号					DC0452	DC0453	DC0454	DC0455
项目名称					基础、护底		护拱	台、墙
					毛条石	块(片)石		
费用	**综合单价(元)**				**2665.50**	**2044.04**	**1675.48**	**2674.67**
	其中	人工费(元)			663.44	719.33	486.45	1117.80
		材料费(元)			1615.54	905.63	905.63	905.63
		施工机具使用费(元)			—	—	—	—
		企业管理费(元)			259.27	281.11	190.10	436.84
		利润(元)			113.98	123.58	83.57	192.04
		一般风险费(元)			13.27	14.39	9.73	22.36
	编码	名称	单位	单价(元)	消耗量			
人工	000700010	市政综合工	工日	115.00	5.769	6.255	4.230	9.720
材料	041100020	毛条石	m³	155.34	10.400	—	—	—
	041100310	块(片)石	m³	77.67	—	11.660	11.660	11.660

工作内容:挖沟、清沟、配料、铺筑、整形、场内水平运输。 **计量单位:**10m³

定额编号					DC0456	DC0457
项目名称					砂石滤沟	
					砂砾石	砂碎石
费用	**综合单价(元)**				**3151.90**	**3176.06**
	其中	人工费(元)			1350.68	1388.05
		材料费(元)			1014.32	979.33
		施工机具使用费(元)			—	—
		企业管理费(元)			527.84	542.45
		利润(元)			232.05	238.47
		一般风险费(元)			27.01	27.76
	编码	名称	单位	单价(元)	消耗量	
人工	000700010	市政综合工	工日	115.00	11.745	12.070
材料	040300760	特细砂	t	63.11	7.280	7.280
	040500760	砾石 20～60	t	64.00	8.670	—
	040500209	碎石 5～40	t	67.96	—	7.650

C.5.3 浆砌块料(编码:040305003)

C.5.3.1 基础

工作内容:选修砌料、调制砂浆、砌筑、场内水平运输。　　　　计量单位:$10m^3$

定额编号					DC0458	DC0459	DC0460	DC0461	DC0462	DC0463
项目名称					基础、护底					
					块(片)石		毛条石		预制块	
					水泥砂浆 M5.0					
					现拌砂浆	商品砂浆	现拌砂浆	商品砂浆	现拌砂浆	商品砂浆
费用	综合单价(元)				**3245.57**	**3747.00**	**3531.63**	**3707.89**	**6058.48**	**6157.97**
	其中	人工费(元)			987.39	814.78	1040.41	983.71	891.02	860.20
		材料费(元)			1595.95	2410.82	1855.99	2131.57	4632.61	4785.95
		施工机具使用费(元)			54.96	29.51	18.38	12.32	9.94	6.74
		企业管理费(元)			407.35	329.95	413.77	389.25	352.10	338.80
		利润(元)			179.07	145.05	181.90	171.12	154.79	148.94
		一般风险费(元)			20.85	16.89	21.18	19.92	18.02	17.34
	编码	名称	单位	单价(元)	消耗量					
人工	000300100	砌筑综合工	工日	115.00	8.586	7.085	9.047	8.554	7.748	7.480
材料	810104010	M5.0 水泥砂浆(特 稠度 70~90mm)	m^3	183.45	3.930	—	1.290	—	0.700	—
	850301010	干混商品砌筑砂浆 M5.0	t	228.16	—	6.681	—	2.193	—	1.190
	041100310	块(片)石	m^3	77.67	11.220	11.220	—	—	—	—
	041100020	毛条石	m^3	155.34	—	—	10.400	10.400	—	—
	041503400	混凝土块	m^3	450.00	—	—	—	—	10.000	10.000
	341100100	水	m^3	4.42	0.800	3.400	0.860	3.547	0.950	3.268
机械	990610010	灰浆搅拌机 200L	台班	187.56	0.293	—	0.098	—	0.053	—
	990611010	干混砂浆罐式搅拌机 20000L	台班	232.40	—	0.127	—	0.053	—	0.029

C.5.3.2 墩、台、墙

工作内容:放样、选修石料、调制砂浆、砌筑、勾缝、场内水平运输。　　　　计量单位:$10m^3$

定额编号					DC0464	DC0465	DC0466	DC0467	DC0468	DC0469
项目名称					墩、台、墙					
					块(片)石		毛条石		预制块	
					水泥砂浆 M5.0					
					现拌砂浆	商品砂浆	现拌砂浆	商品砂浆	现拌砂浆	商品砂浆
费用	综合单价(元)				**3853.58**	**4572.41**	**4112.62**	**4569.14**	**6704.04**	**7088.49**
	其中	人工费(元)			1331.93	1170.70	1404.15	1351.83	1286.51	1255.80
		材料费(元)			1585.08	2361.83	1837.86	2098.36	4632.39	4785.95
		施工机具使用费(元)			101.47	226.10	33.20	209.39	22.51	199.11
		企业管理费(元)			560.17	545.87	561.72	610.12	511.56	568.58
		利润(元)			246.26	239.97	246.94	268.22	224.89	249.95
		一般风险费(元)			28.67	27.94	28.75	31.22	26.18	29.10
	编码	名称	单位	单价(元)	消耗量					
人工	000300100	砌筑综合工	工日	115.00	11.582	10.180	12.210	11.755	11.187	10.920
材料	810104010	M5.0 水泥砂浆(特 稠度 70~90mm)	m^3	183.45	3.670	—	1.190	—	0.700	—
	850301010	干混商品砌筑砂浆 M5.0	t	228.16	—	6.239	—	2.023	—	1.190
	041100310	块(片)石	m^3	77.67	11.660	11.660	—	—	—	—
	041100020	毛条石	m^3	155.34	—	—	10.400	10.400	—	—
	041503400	混凝土块	m^3	450.00	—	—	—	—	10.000	10.000
	341100100	水	m^3	4.42	1.400	7.400	0.910	4.810	0.900	3.268
机械	990610010	灰浆搅拌机 200L	台班	187.56	0.541	—	0.177	—	0.120	—
	990611010	干混砂浆罐式搅拌机 20000L	台班	232.40	—	0.130	—	0.049	—	0.029
	990302015	履带式起重机 15t	台班	704.65	—	0.278	—	0.281	—	0.273

C.5.3.3 台阶

工作内容:放样、选修石料、调制砂浆、砌筑、勾缝、场内水平运输。

计量单位:10m³

定额编号					DC0470	DC0471	DC0472	DC0473	DC0474	DC0475
项目名称					石台阶					
					块(片)石		毛条石		预制块	
					水泥砂浆 M5.0					
					现拌砂浆	商品砂浆	现拌砂浆	商品砂浆	现拌砂浆	商品砂浆
费用	综合单价(元)				**4147.79**	**4557.22**	**5269.93**	**5387.82**	**6968.40**	**7037.03**
	其中	人工费(元)			1518.23	1357.00	2119.45	2067.13	1446.36	1415.65
		材料费(元)			1584.46	2361.83	1839.41	2098.36	4633.98	4785.95
		施工机具使用费(元)			101.47	30.21	48.20	11.39	28.70	6.74
		企业管理费(元)			632.98	542.12	847.12	812.28	576.45	555.87
		利润(元)			278.26	238.32	372.40	357.09	253.41	244.37
		一般风险费(元)			32.39	27.74	43.35	41.57	29.50	28.45
	编码	名称	单位	单价(元)	消耗量					
人工	000300100	砌筑综合工	工日	115.00	13.202	11.800	18.430	17.975	12.577	12.310
材料	810104010	M5.0 水泥砂浆(特 稠度 70~90mm)	m³	183.45	3.670	—	1.190	—	0.700	—
	850301010	干混商品砌筑砂浆 M5.0	t	228.16	—	6.239	—	2.023	—	1.190
	041100310	块(片)石	m³	77.67	11.660	11.660	—	—	—	—
	041100020	毛条石	m³	155.34	—	—	10.400	10.400	—	—
	041503400	混凝土块	m³	450.00	—	—	—	—	10.000	10.000
	341100100	水	m³	4.42	1.260	7.400	1.260	4.810	1.260	3.268
机械	990610010	灰浆搅拌机 200L	台班	187.56	0.541	—	0.257	—	0.153	—
	990611010	干混砂浆罐式搅拌机 20000L	台班	232.40	—	0.130	—	0.049	—	0.029

C.5.3.4 护拱

工作内容:放样、选修石料、调制砂浆、砌筑、勾缝、场内水平运输。

计量单位:10m³

定额编号					DC0476	DC0477
项目名称					块(片)石	
					水泥砂浆 M5.0	
					现拌砂浆	商品砂浆
费用	综合单价(元)				**3087.24**	**3588.65**
	其中	人工费(元)			887.34	714.73
		材料费(元)			1595.95	2410.82
		施工机具使用费(元)			54.96	29.51
		企业管理费(元)			368.25	290.85
		利润(元)			161.89	127.86
		一般风险费(元)			18.85	14.88
	编码	名称	单位	单价(元)	消耗量	
人工	000300100	砌筑综合工	工日	115.00	7.716	6.215
材料	810104010	M5.0 水泥砂浆(特 稠度 70~90mm)	m³	183.45	3.930	—
	850301010	干混商品砌筑砂浆 M5.0	t	228.16	—	6.681
	041100310	块(片)石	m³	77.67	11.220	11.220
	341100100	水	m³	4.42	0.800	3.400
机械	990610010	灰浆搅拌机 200L	台班	187.56	0.293	—
	990611010	干混砂浆罐式搅拌机 20000L	台班	232.40	—	0.127

C.5.3.5 **拱圈**

工作内容：放样、选修石料、调制砂浆、砌筑、勾缝、场内水平运输。 **计量单位：**$10m^3$

定额编号					DC0478	DC0479	DC0480	DC0481
项目名称					块(片)石		预制块	
					水泥砂浆 M5.0			
					现拌砂浆	商品砂浆	现拌砂浆	商品砂浆
费用	综合单价（元）				**5041.54**	**5372.77**	**6950.98**	**7044.28**
	其中	人工费（元）			1815.05	1673.37	1255.34	1228.09
		材料费（元）			1578.00	2251.75	4632.39	4792.28
		施工机具使用费（元）			373.46	298.72	209.71	194.88
		企业管理费（元）			855.27	770.69	572.54	556.10
		利润（元）			375.99	338.80	251.70	244.47
		一般风险费（元）			43.77	39.44	29.30	28.46
	编码	名称	单位	单价(元)	消耗量			
人工	000300100	砌筑综合工	工日	115.00	15.783	14.551	10.916	10.679
材料	810104010	M5.0 水泥砂浆(特 稠度 70～90mm)	m^3	183.45	3.226	—	0.700	—
	850301010	干混商品砌筑砂浆 M5.0	t	228.16	—	5.484	—	1.190
	041100310	块(片)石	m^3	77.67	11.110	11.110	—	—
	041503400	混凝土块	m^3	450.00	—	—	10.000	10.000
	050302560	板枋材	m^3	1111.11	0.100	0.100	—	—
	030190010	圆钉 综合	kg	6.60	1.000	1.000	—	—
	341100100	水	m^3	4.42	1.260	4.501	0.900	4.700
机械	990610010	灰浆搅拌机 200L	台班	187.56	0.541	—	0.115	—
	990611010	干混砂浆罐式搅拌机 20000L	台班	232.40	—	0.115	—	0.029
	990302015	履带式起重机 15t	台班	704.65	0.386	0.386	0.267	0.267

C.5.3.6 **栏杆**

工作内容：放样、选修石料、调制砂浆、砌筑、勾缝、场内水平运输。 **计量单位：**$10m^3$

定额编号					DC0482	DC0483	DC0484	DC0485
项目名称					清条石		预制块	
					水泥砂浆 M5.0			
					现拌砂浆	商品砂浆	现拌砂浆	商品砂浆
费用	综合单价（元）				**5187.92**	**5253.41**	**7412.89**	**7478.39**
	其中	人工费（元）			2001.00	1970.30	1700.85	1670.15
		材料费（元）			1935.05	2091.44	4635.05	4791.44
		施工机具使用费（元）			54.39	27.66	54.39	27.66
		企业管理费（元）			803.25	780.80	685.95	663.50
		利润（元）			353.12	343.25	301.55	291.68
		一般风险费（元）			41.11	39.96	35.10	33.96
	编码	名称	单位	单价(元)	消耗量			
人工	000300100	砌筑综合工	工日	115.00	17.400	17.133	14.790	14.523
材料	810104010	M5.0 水泥砂浆(特 稠度 70～90mm)	m^3	183.45	0.700	—	0.700	—
	850301010	干混商品砌筑砂浆 M5.0	t	228.16	—	1.190	—	1.190
	041100610	清条石	m^3	180.00	10.000	10.000	—	—
	041503400	混凝土块	m^3	450.00	—	—	10.000	10.000
	341100100	水	m^3	4.42	1.500	4.510	1.500	4.510
机械	990610010	灰浆搅拌机 200L	台班	187.56	0.290	—	0.290	—
	990611010	干混砂浆罐式搅拌机 20000L	台班	232.40	—	0.119	—	0.119

C.5.3.7 帽石、缘石

工作内容：放样、选修石料、调制砂浆、砌筑、场内水平运输。 计量单位：10m³

		定额编号			DC0486	DC0487	DC0488	DC0489
项目名称					清条石		预制块	
					水泥砂浆 M5.0			
					现拌砂浆	商品砂浆	现拌砂浆	商品砂浆
费用	综合单价（元）				**4752.05**	**4818.60**	**7215.79**	**7281.29**
	其中	人工费（元）			1726.27	1695.56	1576.31	1545.60
		材料费（元）			1933.98	2091.44	4635.05	4791.44
		施工机具使用费（元）			54.39	27.66	54.39	27.66
		企业管理费（元）			695.88	673.43	637.28	614.83
		利润（元）			305.92	296.05	280.15	270.29
		一般风险费（元）			35.61	34.46	32.61	31.47
	编码	名称	单位	单价(元)	消耗量			
人工	000300100	砌筑综合工	工日	115.00	15.011	14.744	13.707	13.440
材料	810104010	M5.0 水泥砂浆(特 稠度 70～90mm)	m³	183.45	0.700	—	0.700	—
	850301010	干混商品砌筑砂浆 M5.0	t	228.16	—	1.190	—	1.190
	041100610	清条石	m³	180.00	10.000	10.000	—	—
	041503400	混凝土块	m³	450.00	—	—	10.000	10.000
	341100100	水	m³	4.42	1.260	4.510	1.500	4.510
机械	990610010	灰浆搅拌机 200L	台班	187.56	0.290	—	0.290	—
	990611010	干混砂浆罐式搅拌机 20000L	台班	232.40	—	0.119	—	0.119

C.5.3.8 踏步、梯带、平台

工作内容：放样、选修石料、调制砂浆、砌筑、场内水平运输。 计量单位：10m

		定额编号			DC0490	DC0491	DC0492	DC0493
项目名称					石砌踏步			
					毛条石		清条石	
					水泥砂浆 M5.0			
					现拌砂浆	商品砂浆	现拌砂浆	商品砂浆
费用	综合单价（元）				**1782.67**	**1797.11**	**1347.06**	**1361.49**
	其中	人工费（元）			1023.50	1020.86	737.04	734.39
		材料费（元）			160.21	179.30	177.96	197.04
		施工机具使用费（元）			1.69	1.39	1.69	1.39
		企业管理费（元）			400.64	399.50	288.69	287.54
		利润（元）			176.13	175.62	126.91	126.41
		一般风险费（元）			20.50	20.44	14.77	14.72
	编码	名称	单位	单价(元)	消耗量			
人工	000300100	砌筑综合工	工日	115.00	8.900	8.877	6.409	6.386
材料	810104010	M5.0 水泥砂浆(特 稠度 70～90mm)	m³	183.45	0.060	—	0.060	—
	850301010	干混商品砌筑砂浆 M5.0	t	228.16	—	0.102	—	0.102
	041100020	毛条石	m³	155.34	0.940	0.940	—	—
	041100610	清条石	m³	180.00	—	—	0.910	0.910
	341100100	水	m³	4.42	0.400	1.943	0.400	1.943
	002000010	其他材料费	元	—	1.42	1.42	1.38	1.38
机械	990610010	灰浆搅拌机 200L	台班	187.56	0.009	—	0.009	—
	990611010	干混砂浆罐式搅拌机 20000L	台班	232.40	—	0.006	—	0.006

工作内容：放样、选修石料、调制砂浆、砌筑、场内水平运输。 计量单位：10m

定额编号					DC0494	DC0495	DC0496	DC0497
项目名称					石砌梯带			
					毛条石		清条石	
					水泥砂浆 M5.0			
					现拌砂浆	商品砂浆	现拌砂浆	商品砂浆
费用	综合单价（元）				**2103.84**	**2114.73**	**1561.57**	**1573.17**
	其中	人工费（元）			1228.78	1226.94	874.92	873.08
		材料费（元）			156.51	171.50	174.25	189.24
		施工机具使用费（元）			1.69	0.93	1.69	1.39
		企业管理费（元）			480.86	479.85	342.58	341.74
		利润（元）			211.39	210.95	150.60	150.23
		一般风险费（元）			24.61	24.56	17.53	17.49
	编码	名称	单位	单价(元)	消耗量			
人工	000300100	砌筑综合工	工日	115.00	10.685	10.669	7.608	7.592
材料	810104010	M5.0 水泥砂浆(特 稠度 70～90mm)	m^3	183.45	0.040	—	0.040	—
	850301010	干混商品砌筑砂浆 M5.0	t	228.16	—	0.068	—	0.068
	041100020	毛条石	m^3	155.34	0.940	0.940	—	—
	041100610	清条石	m^3	180.00	—	—	0.910	0.910
	341100100	水	m^3	4.42	0.400	1.943	0.400	1.943
	002000010	其他材料费	元	—	1.38	1.38	1.34	1.34
机械	990610010	灰浆搅拌机 200L	台班	187.56	0.009	—	0.009	—
	990611010	干混砂浆罐式搅拌机 20000L	台班	232.40	—	0.004	—	0.006

工作内容：放样、选修石料、调制砂浆、砌筑、场内水平运输。 计量单位：10m

定额编号					DC0498	DC0499	DC0500	DC0501
项目名称					石砌平台			
					毛条石		清条石	
					水泥砂浆 M5.0			
					现拌砂浆	商品砂浆	现拌砂浆	商品砂浆
费用	综合单价（元）				**2428.57**	**2468.81**	**1972.54**	**2012.79**
	其中	人工费（元）			1197.50	1190.02	871.01	863.54
		材料费（元）			525.40	579.24	586.07	639.91
		施工机具使用费（元）			5.06	3.95	5.06	3.95
		企业管理费（元）			469.96	466.60	342.37	339.01
		利润（元）			206.60	205.12	150.51	149.03
		一般风险费（元）			24.05	23.88	17.52	17.35
	编码	名称	单位	单价(元)	消耗量			
人工	000300100	砌筑综合工	工日	115.00	10.413	10.348	7.574	7.509
材料	810104010	M5.0 水泥砂浆(特 稠度 70～90mm)	m^3	183.45	0.170	—	0.170	—
	850301010	干混商品砌筑砂浆 M5.0	t	228.16	—	0.289	—	0.289
	041100020	毛条石	m^3	155.34	3.120	3.120	—	—
	041100610	清条石	m^3	180.00	—	—	3.030	3.030
	341100100	水	m^3	4.42	1.120	5.440	1.120	5.440
	002000010	其他材料费	元	—	4.60	4.60	4.53	4.53
机械	990610010	灰浆搅拌机 200L	台班	187.56	0.027	—	0.027	—
	990611010	干混砂浆罐式搅拌机 20000L	台班	232.40	—	0.017	—	0.017

C.5.3.9 石表面加工

工作内容：画线、扁光、钻路、打麻。 **计量单位**：10m

定额编号					DC0502	DC0503	DC0504
项目名称					倒水扁光		
					斜面宽(cm 以内)		
					5	10	15
费用	综合单价（元）				**137.96**	**232.42**	**289.01**
	其中	人工费（元）			87.17	146.86	182.62
		材料费（元）			—	—	—
		施工机具使用费（元）			—	—	—
		企业管理费（元）			34.07	57.39	71.37
		利润（元）			14.98	25.23	31.37
		一般风险费（元）			1.74	2.94	3.65
	编码	名称	单位	单价(元)	消耗量		
人工	000700010	市政综合工	工日	115.00	0.758	1.277	1.588

工作内容：画线、扁光、钻路、打麻。 **计量单位**：$10m^2$

定额编号					DC0505	DC0506	DC0507
项目名称					扁光	钉麻面或打钻路	整石扁光
费用	综合单价（元）				**1151.88**	**839.38**	**1777.23**
	其中	人工费（元）			727.84	530.38	1122.98
		材料费（元）			—	—	—
		施工机具使用费（元）			—	—	—
		企业管理费（元）			284.44	207.27	438.86
		利润（元）			125.04	91.12	192.93
		一般风险费（元）			14.56	10.61	22.46
	编码	名称	单位	单价(元)	消耗量		
人工	000700010	市政综合工	工日	115.00	6.329	4.612	9.765

C.5.3.10 勾缝

工作内容:清理砌体表面、剔缝、刷洗、调制砂浆、勾缝,养护等。　　　　**计量单位**:100m²

定额编号					DC0508	DC0509	DC0510	DC0511
项目名称					勾平缝、凹缝			
					块石		条石、预制块	
					现拌砂浆	商品砂浆	现拌砂浆	商品砂浆
费用	综合单价(元)				**1210.63**	**1243.64**	**1360.69**	**1435.03**
	其中	人工费(元)			701.85	690.81	779.36	761.30
		材料费(元)			78.81	141.17	111.54	215.11
		施工机具使用费(元)			13.32	5.81	9.94	9.53
		企业管理费(元)			279.49	272.24	308.46	301.24
		利润(元)			122.86	119.68	135.60	132.43
		一般风险费(元)			14.30	13.93	15.79	15.42
	编码	名称	单位	单价(元)	消耗量			
人工	000700010	市政综合工	工日	115.00	6.103	6.007	6.777	6.620
材料	810104030	M10.0 水泥砂浆(特 稠度 70～90mm)	m³	209.07	0.250	—	0.410	—
	850301030	干混商品抹灰砂浆 M10.0	t	271.84	—	0.425	—	0.697
	341100100	水	m³	4.42	5.675	5.800	5.595	5.800
	002000010	其他材料费	元	—	1.46	—	1.09	—
机械	990610010	灰浆搅拌机 200L	台班	187.56	0.071	—	0.053	—
	990611010	干混砂浆罐式搅拌机 20000L	台班	232.40	—	0.025	—	0.041

工作内容:清理砌体表面、剔缝、刷洗、调制砂浆、勾缝,养护等。　　　　**计量单位**:100m²

定额编号					DC0512	DC0513	DC0514	DC0515	DC0516	DC0517
项目名称					勾凸缝				开槽勾缝	
					块石		条石、预制块		现拌砂浆	商品砂浆
					现拌砂浆	商品砂浆	现拌砂浆	商品砂浆		
费用	综合单价(元)				**1706.10**	**1790.64**	**1988.24**	**2159.37**	**4837.32**	**5343.23**
	其中	人工费(元)			971.41	948.18	1112.17	1073.99	2730.56	2628.67
		材料费(元)			137.29	270.56	207.04	427.69	505.55	1097.77
		施工机具使用费(元)			19.88	12.32	13.32	20.22	6.56	53.92
		企业管理费(元)			387.39	375.36	439.84	427.61	1069.67	1048.35
		利润(元)			170.30	165.01	193.36	187.98	470.24	460.87
		一般风险费(元)			19.83	19.21	22.51	21.88	54.74	53.65
	编码	名称	单位	单价(元)	消耗量					
人工	000700010	市政综合工	工日	115.00	8.447	8.245	9.671	9.339	23.744	22.858
材料	810104030	M10.0 水泥砂浆(特 稠度 70～90mm)	m³	209.07	0.530	—	0.870	—	2.320	—
	850301030	干混商品抹灰砂浆 M10.0	t	271.84	—	0.901	—	1.479	—	3.944
	341100100	水	m³	4.42	5.535	5.800	5.365	5.800	4.640	5.800
	002000010	其他材料费	元	—	2.02	—	1.44	—	—	—
机械	990610010	灰浆搅拌机 200L	台班	187.56	0.106	—	0.071	—	0.035	—
	990611010	干混砂浆罐式搅拌机 20000L	台班	232.40	—	0.053	—	0.087	—	0.232

C.5.4 砖砌体(编码:040305004)

C.5.4.1 基础、护拱、拱圈

工作内容:调制砂浆、铺砂浆、淋砖、运砖、砌砖、勾缝等。 **计量单位**:10m³

定额编号					DC0518	DC0519	DC0520	DC0521
项目名称					基础、护拱		拱圈	
					水泥砂浆			
					M5.0			
					现拌砂浆	商品砂浆	现拌砂浆	商品砂浆
费用	综合单价(元)				**4144.91**	**4394.28**	**5664.03**	**5966.82**
	其中	人工费(元)			852.38	748.65	1561.70	1473.15
		材料费(元)			2680.16	3173.42	2734.71	3241.41
		施工机具使用费(元)			73.15	22.78	289.26	248.96
		企业管理费(元)			361.70	301.47	723.35	673.00
		利润(元)			159.01	132.53	317.99	295.86
		一般风险费(元)			18.51	15.43	37.02	34.44
	编码	名称	单位	单价(元)	消耗量			
人工	000300100	砌筑综合工	工日	115.00	7.412	6.510	13.580	12.810
材料	041300010	标准砖 240×115×53	千块	422.33	5.310	5.310	5.310	5.310
	810104010	M5.0 水泥砂浆(特 稠度 70~90mm)	m³	183.45	2.360	—	2.015	—
	850301010	干混商品砌筑砂浆 M5.0	t	228.16	—	4.012	—	3.426
	050302560	板枋材	m³	1111.11	—	—	0.100	0.100
	030190010	圆钉 综合	kg	6.60	—	—	1.000	1.000
	341100100	水	m³	4.42	1.050	3.500	1.080	22.500
机械	990610010	灰浆搅拌机 200L	台班	187.56	0.390	—	0.340	—
	990611010	干混砂浆罐式搅拌机 20000L	台班	232.40	—	0.098	—	0.101
	990302015	履带式起重机 15t	台班	704.65	—	—	0.320	0.320

C.5.4.2 墩、台、墙

工作内容:调制砂浆、铺砂浆、淋砖、运砖、砌砖、勾缝等。 **计量单位**:10m³

定额编号					DC0522	DC0523
项目名称					墩、台、墙	
					水泥砂浆	
					M5.0	
					现拌砂浆	商品砂浆
费用	综合单价(元)				**4991.71**	**5253.84**
	其中	人工费(元)			1220.84	1118.95
		材料费(元)			2672.86	3175.59
		施工机具使用费(元)			244.38	194.24
		企业管理费(元)			572.61	513.19
		利润(元)			251.72	225.61
		一般风险费(元)			29.30	26.26
	编码	名称	单位	单价(元)	消耗量	
人工	000300100	砌筑综合工	工日	115.00	10.616	9.730
材料	041300010	标准砖 240×115×53	千块	422.33	5.310	5.310
	810104010	M5.0 水泥砂浆(特 稠度 70~90mm)	m³	183.45	2.320	—
	850301010	干混商品砌筑砂浆 M5.0	t	228.16	—	3.944
	341100100	水	m³	4.42	1.060	7.500
机械	990610010	灰浆搅拌机 200L	台班	187.56	0.390	—
	990611010	干混砂浆罐式搅拌机 20000L	台班	232.40	—	0.099
	990302015	履带式起重机 15t	台班	704.65	0.243	0.243

C.5.4.3 **栏杆、帽石、缘石**

工作内容：调制砂浆、铺砂浆、淋砖、运砖、砌砖、勾缝等。 **计量单位**：$10m^3$

					DC0524	DC0525	DC0526	DC0527
定额编号					DC0524	DC0525	DC0526	DC0527
项目名称					栏杆		帽石、缘石	
					水泥砂浆			
					M5.0			
					现拌砂浆	商品砂浆	现拌砂浆	商品砂浆
费用	综合单价（元）				**5878.81**	**6162.56**	**4590.88**	**4863.41**
	其中	人工费（元）			1984.33	1891.64	1183.24	1094.69
		材料费（元）			2634.51	3129.49	2617.36	3093.44
		施工机具使用费（元）			65.65	24.87	63.77	23.70
		企业管理费（元）			801.13	748.97	487.33	437.07
		利润（元）			352.19	329.26	214.24	192.14
		一般风险费（元）			41.00	38.33	24.94	22.37
	编码	名称	单位	单价（元）	消耗量			
人工	000300100	砌筑综合工	工日	115.00	17.255	16.449	10.289	9.519
材料	041300010	标准砖 240×115×53	千块	422.33	5.310	5.310	5.310	5.310
	810104010	M5.0 水泥砂浆(特 稠度 70～90mm)	m^3	183.45	2.110	—	2.017	—
	850301010	干混商品砌筑砂浆 M5.0	t	228.16	—	3.587	—	3.429
	341100100	水	m^3	4.42	1.100	15.500	1.080	15.500
机械	990610010	灰浆搅拌机 200L	台班	187.56	0.350	—	0.340	—
	990611010	干混砂浆罐式搅拌机 20000L	台班	232.40	—	0.107	—	0.102

C.5.4.4 **台阶**

工作内容：调制砂浆、铺砂浆、淋砖、运砖、砌砖等。 **计量单位**：$10m^3$

定额编号					DC0528	DC0529	DC0530
项目名称					砖砌台阶		
					混合砂浆	水泥砂浆	
					M5.0		
					现拌砂浆		商品砂浆
费用	综合单价（元）				**1357.86**	**1362.53**	**1434.44**
	其中	人工费（元）			463.45	463.45	439.30
		材料费（元）			600.66	605.33	718.98
		施工机具使用费（元）			15.00	15.00	12.78
		企业管理费（元）			186.98	186.98	176.67
		利润（元）			82.20	82.20	77.67
		一般风险费（元）			9.57	9.57	9.04
	编码	名称	单位	单价（元）	消耗量		
人工	000300100	砌筑综合工	工日	115.00	4.030	4.030	3.820
材料	041300010	标准砖 240×115×53	千块	422.33	1.192	1.192	1.192
	810105010	M5.0 混合砂浆	m^3	174.96	0.550	—	—
	810104010	M5.0 水泥砂浆(特 稠度 70～90mm)	m^3	183.45	—	0.550	—
	850301010	干混商品砌筑砂浆 M5.0	t	228.16	—	—	0.935
	341100100	水	m^3	4.42	0.230	0.230	0.505
机械	990610010	灰浆搅拌机 200L	台班	187.56	0.080	0.080	—
	990611010	干混砂浆罐式搅拌机 20000L	台班	232.40	—	—	0.055

C.5.4.5 **地沟**

工作内容:调制砂浆、铺砂浆、淋砖、运砖、砌砖等。　　　　**计量单位**:10m³

定额编号					DC0531	DC0532
项目名称					砖地沟	
					水泥砂浆	
					M5.0	
					现拌砂浆	商品砂浆
费用	**综合单价(元)**				**4872.64**	**5185.00**
	其中	人工费(元)			1185.65	1075.37
		材料费(元)			2872.16	3390.81
		施工机具使用费(元)			78.40	58.33
		企业管理费(元)			493.99	443.05
		利润(元)			217.16	194.77
		一般风险费(元)			25.28	22.67
	编码	名称	单位	单价(元)	消耗量	
人工	000300100	砌筑综合工	工日	115.00	10.310	9.351
材料	041300010	标准砖 240×115×53	千块	422.33	5.700	5.700
	810104010	M5.0 水泥砂浆(特 稠度 70～90mm)	m³	183.45	2.510	—
	850301010	干混商品砌筑砂浆 M5.0	t	228.16	—	4.267
	341100100	水	m³	4.42	1.000	2.255
机械	990610010	灰浆搅拌机 200L	台班	187.56	0.418	—
	990611010	干混砂浆罐式搅拌机 20000L	台班	232.40	—	0.251

C.5.4.6 **零星砌体**

工作内容:调制砂浆、铺砂浆、淋砖、运砖、砌砖等。　　　　**计量单位**:10m³

定额编号					DC0533	DC0534
项目名称					零星砌体	
					水泥砂浆	
					M5.0	
					现拌砂浆	商品砂浆
费用	**综合单价(元)**				**5924.67**	**6191.41**
	其中	人工费(元)			1953.85	1859.78
		材料费(元)			2726.54	3169.05
		施工机具使用费(元)			66.96	49.97
		企业管理费(元)			789.73	746.33
		利润(元)			347.17	328.09
		一般风险费(元)			40.42	38.19
	编码	名称	单位	单价(元)	消耗量	
人工	000300100	砌筑综合工	工日	115.00	16.990	16.172
材料	041300010	标准砖 240×115×53	千块	422.33	5.514	5.514
	810104010	M5.0 水泥砂浆(特 稠度 70～90mm)	m³	183.45	2.142	—
	850301010	干混商品砌筑砂浆 M5.0	t	228.16	—	3.641
	341100100	水	m³	4.42	1.100	2.171
机械	990610010	灰浆搅拌机 200L	台班	187.56	0.357	—
	990611010	干混砂浆罐式搅拌机 20000L	台班	232.40	—	0.215

C.5.5　护坡(编码:040305005)

C.5.5.1　砌筑护坡

工作内容:选修砌料、调制砂浆、砌筑、勾缝、场内水平运输。　　　　**计量单位:**10m³

定额编号					DC0535	DC0536	DC0537	DC0538	DC0539
项目名称					块(片)石	块(片)石		预制块	
					干砌	水泥砂浆 M5.0			
						现拌砂浆	商品砂浆	现拌砂浆	商品砂浆
费用	综合单价(元)				**2375.26**	**4136.23**	**4729.89**	**6655.43**	**6890.76**
	其中	人工费(元)			925.18	1428.53	1236.25	1190.37	1111.25
		材料费(元)			911.07	1714.86	2612.30	4682.51	5053.02
		施工机具使用费(元)			—	101.47	101.79	56.27	49.97
		企业管理费(元)			361.56	597.92	522.91	487.18	453.80
		利润(元)			158.95	262.85	229.88	214.17	199.50
		一般风险费(元)			18.50	30.60	26.76	24.93	23.22
	编码	名称	单位	单价(元)	消耗量				
人工	000300100	砌筑综合工	工日	115.00	8.045	12.422	10.750	10.351	9.663
材料	810104010	M5.0 水泥砂浆(特 稠度 70~90mm)	m³	183.45	—	4.377	—	1.800	—
	850301010	干混商品砌筑砂浆 M5.0	t	228.16	—	—	7.441	—	3.060
	041100310	块(片)石	m³	77.67	11.730	11.730	11.730	—	—
	041503400	混凝土块	m³	450.00	—	—	—	9.670	9.670
	341100100	水	m³	4.42	—	0.188	0.790	0.180	0.758
机械	990610010	灰浆搅拌机 200L	台班	187.56	—	0.541	—	0.300	—
	990611010	干混砂浆罐式搅拌机 20000L	台班	232.40	—	—	0.438	—	0.215

C.5.5.2　砌筑锥坡、填腹

工作内容:选修砌料、调制砂浆、砌筑、勾缝、场内水平运输。　　　　**计量单位:**10m³

定额编号					DC0540	DC0541	DC0542	DC0543	DC0544
项目名称					锥坡				
					块(片)石	块(片)石		预制块	
					干砌	水泥砂浆 M5.0			
						现拌砂浆	商品砂浆	现拌砂浆	商品砂浆
费用	综合单价(元)				**3246.85**	**3755.93**	**4328.02**	**6451.55**	**6538.09**
	其中	人工费(元)			1475.91	1265.81	1104.58	1116.31	1056.51
		材料费(元)			911.07	1592.07	2350.41	4650.74	4816.04
		施工机具使用费(元)			—	101.47	145.02	21.57	31.61
		企业管理费(元)			576.79	534.33	488.34	444.68	425.23
		利润(元)			253.56	234.90	214.68	195.49	186.94
		一般风险费(元)			29.52	27.35	24.99	22.76	21.76
	编码	名称	单位	单价(元)	消耗量				
人工	000300100	砌筑综合工	工日	115.00	12.834	11.007	9.605	9.707	9.187
材料	810104010	M5.0 水泥砂浆(特 稠度 70~90mm)	m³	183.45	—	3.670	—	0.800	—
	850301010	干混商品砌筑砂浆 M5.0	t	228.16	—	—	6.239	—	1.360
	041100310	块(片)石	m³	77.67	11.730	11.730	11.730	—	—
	041503400	混凝土块	m³	450.00	—	—	—	10.000	10.000
	341100100	水	m³	4.42	—	1.750	3.585	0.900	1.300
机械	990610010	灰浆搅拌机 200L	台班	187.56	—	0.541	—	0.115	—
	990611010	干混砂浆罐式搅拌机 20000L	台班	232.40	—	—	0.624	—	0.136

工作内容：选修砌料、调制砂浆、砌筑、勾缝、场内水平运输。　　　　**计量单位**：$10m^3$

					DC0545	DC0546
定额编号					DC0545	DC0546
项目名称					填腹	
					块(片)石	
					水泥砂浆 M5.0	
					现拌砂浆	商品砂浆
费用	综合单价（元）				**3460.93**	**3926.42**
	其中	人工费（元）			1118.38	961.52
		材料费（元）			1535.74	2273.42
		施工机具使用费（元）			98.09	82.97
		企业管理费（元）			475.40	408.18
		利润（元）			208.99	179.44
		一般风险费（元）			24.33	20.89
	编码	名称	单位	单价(元)	消耗量	
人工	000300100	砌筑综合工	工日	115.00	9.725	8.361
材料	810104010	M5.0 水泥砂浆(特 稠度 70～90mm)	m^3	183.45	3.570	—
	850301010	干混商品砌筑砂浆 M5.0	t	228.16	—	6.069
	041100310	块(片)石	m^3	77.67	11.220	11.220
	341100100	水	m^3	4.42	2.120	3.905
机械	990610010	灰浆搅拌机 200L	台班	187.56	0.523	—
	990611010	干混砂浆罐式搅拌机 20000L	台班	232.40	—	0.357

C.5.5.3　格构混凝土护坡

工作内容：混凝土浇筑、捣固、抹面、养护等。
复合模板制作、安装、涂脱模剂；模板拆除、修理、整堆等。

					DC0547	DC0548
定额编号					DC0547	DC0548
项目名称					现浇砼	模板
单位					$10m^3$	$10m^2$
费用	综合单价（元）				**3862.51**	**972.44**
	其中	人工费（元）			715.30	405.00
		材料费（元）			2730.47	248.82
		施工机具使用费（元）			—	52.24
		企业管理费（元）			279.54	178.69
		利润（元）			122.89	78.55
		一般风险费（元）			14.31	9.14
	编码	名称	单位	单价(元)	消耗量	
人工	000300080	混凝土综合工	工日	115.00	6.220	—
	000300060	模板综合工	工日	120.00	—	3.375
材料	840201140	商品砼	m^3	266.99	10.150	—
	341100100	水	m^3	4.42	3.280	—
	350100011	复合模板	m^2	23.93	—	2.737
	050303800	木材 锯材	m^3	1547.01	—	0.082
	032102830	支撑钢管及扣件	kg	3.68	—	2.495
	032130010	铁件 综合	kg	3.68	—	0.899
	002000010	其他材料费	元	—	6.02	43.98
机械	990401025	载重汽车 6t	台班	422.13	—	0.010
	990706010	木工圆锯机 直径 500mm	台班	25.81	—	0.004
	990302015	履带式起重机 15t	台班	704.65	—	0.068

C.6 立交箱涵(编码:040306)

C.6.1 透水管(编码:040306001)

工作内容:钢透水管:钢管钻孔、涂防锈漆、钢管埋设、碎石充填等。
混凝土透水管:浇捣管道垫层、透水管铺设、接口坞砂浆、填砂等。

计量单位:10m

定额编号					DC0549	DC0550	DC0551	DC0552	DC0553
项目名称					钢透水管		混凝土透水管		
					$\phi \leqslant 100$	$\phi \leqslant 200$	$\phi \leqslant 300$	$\phi \leqslant 380$	$\phi \leqslant 450$
费用	综合单价(元)				**1323.24**	**2667.08**	**1731.69**	**2187.64**	**2696.61**
	其中	人工费(元)			454.25	723.24	536.94	672.98	773.26
		材料费(元)			588.53	1504.93	897.19	1141.70	1494.81
		施工机具使用费(元)			18.48	24.51	—	—	—
		企业管理费(元)			159.40	252.14	181.05	226.93	260.74
		利润(元)			95.49	151.04	108.46	135.94	156.20
		一般风险费(元)			7.09	11.22	8.05	10.09	11.60
	编码	名称	单位	单价(元)	消耗量				
人工	000700010	市政综合工	工日	115.00	3.950	6.289	4.669	5.852	6.724
材料	170700200	热轧无缝钢管 综合	kg	3.68	104.650	321.500	—	—	—
	130500700	防锈漆	kg	12.82	1.830	3.250	—	—	—
	040500150	碎石 30~50	m^3	101.94	1.680	2.530	—	—	—
	341100400	电	kW·h	0.70	—	—	0.876	0.952	1.219
	172900400	混凝土透水管 D450	m	64.10	—	—	—	—	10.250
	172900300	混凝土透水管 D380	m	42.74	—	—	—	10.250	—
	172900200	混凝土透水管 D300	m	29.91	—	—	10.250	—	—
	840201030	预拌混凝土 C15	m^3	247.57	—	—	1.061	1.182	1.444
	010900013	圆钢 综合	t	2350.43	—	—	0.022	0.022	0.022
	850301040	预拌砂浆(干拌)	m^3	291.16	—	—	0.052	0.062	0.067
	040300160	中粗砂	m^3	134.87	—	—	1.833	2.400	2.863
	002000020	其他材料费	元	—	8.70	22.24	13.26	16.87	22.09
机械	990727030	立式钻床 钻孔直径 50mm	台班	20.04	0.922	1.223	—	—	—

C.6.2 箱涵底板(编码:040306003)

工作内容:混凝土:浇筑、捣固、抹平、养护等。
模板:模板制作、安装、涂脱模剂、拆除、修理、整堆等。

定额编号					DC0554	DC0555
项目名称					现浇砼	
					底板	
					商品砼	模板
单位					$10m^3$	$10m^2$
费用	综合单价(元)				**3368.53**	**553.58**
	其中	人工费(元)			387.78	287.88
		材料费(元)			2765.84	105.80
		施工机具使用费(元)			—	0.23
		企业管理费(元)			130.76	97.15
		利润(元)			78.33	58.20
		一般风险费(元)			5.82	4.32
	编码	名称	单位	单价(元)	消耗量	
人工	000300080	混凝土综合工	工日	115.00	3.372	—
	000300060	模板综合工	工日	120.00	—	2.399
材料	840201140	商品砼	m^3	266.99	10.150	—
	350100011	复合模板	m^2	23.93	—	2.468
	330101900	钢支撑	kg	3.42	—	2.090
	050303800	木材 锯材	m^3	1547.01	—	0.016
	341100100	水	m^3	4.42	1.134	—
	341100400	电	kW•h	0.70	4.229	—
	002000010	其他材料费	元	—	47.92	14.84
机械	990706010	木工圆锯机 直径500mm	台班	25.81	—	0.009

C.6.3 箱涵侧墙(编码:040306004)

工作内容:混凝土:浇筑、捣固、抹平、养护等。
模板:模板制作、安装、涂脱模剂、拆除、修理、整堆等。

定额编号					DC0556	DC0557
项目名称					现浇砼	
					墙身	
					商品砼	模板
单位					$10m^3$	$10m^2$
费用	综合单价(元)				**3468.76**	**705.54**
	其中	人工费(元)			448.62	308.40
		材料费(元)			2771.52	117.32
		施工机具使用费(元)			—	70.07
		企业管理费(元)			151.27	127.62
		利润(元)			90.62	76.45
		一般风险费(元)			6.73	5.68
	编码	名称	单位	单价(元)	消耗量	
人工	000300080	混凝土综合工	工日	115.00	3.901	—
	000300060	模板综合工	工日	120.00	—	2.570
材料	840201140	商品砼	m^3	266.99	10.150	—
	050303800	木材 锯材	m^3	1547.01	—	0.016
	350100011	复合模板	m^2	23.93	—	2.468
	330101900	钢支撑	kg	3.42	—	5.260
	341100100	水	m^3	4.42	3.392	—
	341100400	电	kW•h	0.70	3.657	—
	002000010	其他材料费	元	—	44.02	15.52
机械	990302015	履带式起重机 15t	台班	704.65	—	0.099
	990706010	木工圆锯机 直径500mm	台班	25.81	—	0.012

C.6.4 箱涵顶板(编码:040306005)

工作内容:混凝土:浇筑、捣固、抹平、养护等。
模板:模板制作、安装、涂脱模剂、拆除、修理、整堆等。

定额编号						DC0558	DC0559	DC0560	DC0561
项目名称						现浇砼			
						盖板		墙帽	
						商品砼	模板	商品砼	模板
单位						$10m^3$	$10m^2$	$10m^3$	$10m^2$
费用	综合单价(元)					**3410.56**	**982.92**	**3615.67**	**1042.26**
	其中	人工费(元)				408.25	338.64	561.32	432.24
		材料费(元)				2776.06	201.34	2743.26	154.35
		施工机具使用费(元)				—	164.25	—	139.06
		企业管理费(元)				137.66	169.57	189.28	192.64
		利润(元)				82.47	101.58	113.39	115.40
		一般风险费(元)				6.12	7.54	8.42	8.57
	编码	名称	单位	单价(元)		消耗量			
人工	000300080	混凝土综合工	工日	115.00		3.550	—	4.881	—
	000300060	模板综合工	工日	120.00		—	2.822	—	3.602
材料	840201140	商品砼	m^3	266.99		10.150	—	10.150	—
	050303800	木材 锯材	m^3	1547.01		—	0.072	—	0.041
	350100011	复合模板	m^2	23.93		—	2.468	—	2.468
	330101900	钢支撑	kg	3.42		—	4.130	—	3.621
	341100100	水	m^3	4.42		3.051	—	4.179	—
	341100400	电	kW·h	0.70		4.686	—	5.638	—
	002000010	其他材料费	元	—		49.35	16.77	10.89	19.48
机械	990302015	履带式起重机 15t	台班	704.65		—	0.231	—	0.192
	990706010	木工圆锯机 直径 500mm	台班	25.81		—	0.057	—	0.146

C.6.5 箱涵接缝(编码:040306007)

工作内容:混凝土表面处理,材料调制、涂刷,嵌缝等。

定额编号					DC0562	DC0563	DC0564	DC0565	DC0566
项目名称					石棉水泥嵌缝	嵌防水膏	沥青二度	沥青封口	嵌沥青木丝板
单位					10m		$10m^2$		
费用	综合单价(元)				**281.25**	**559.57**	**681.48**	**3102.11**	**397.02**
	其中	人工费(元)			136.05	251.28	74.87	1034.66	45.31
		材料费(元)			69.81	169.03	565.13	1494.04	326.60
		施工机具使用费(元)			—	—	—	—	—
		企业管理费(元)			45.87	84.73	25.24	348.89	15.28
		利润(元)			27.48	50.76	15.12	209.00	9.15
		一般风险费(元)			2.04	3.77	1.12	15.52	0.68
	编码	名称	单位	单价(元)	消耗量				
人工	000700010	市政综合工	工日	115.00	1.183	2.185	0.651	8.997	0.394
材料	150102200	石棉绒 综合	kg	2.14	32.130	—	—	—	—
	040100100	普通硅酸盐水泥 P.O 42.5	kg	0.32	0.075	—	—	—	—
	133501600	沥青防水油膏	kg	2.01	—	79.800	—	—	—
	133505070	冷底子油 30:70	kg	2.99	—	2.050	5.130	—	—
	133100700	石油沥青 30#	kg	2.56	—	—	194.000	556.000	82.000
	341100010	木柴	kg	0.56	—	—	80.000	54.000	8.000
	341100500	煤	kg	0.34	—	—	—	54.000	8.000
	051500110	木丝板	m^2	10.26	—	—	—	—	10.200
	002000020	其他材料费	元	—	1.03	2.50	8.35	22.08	4.83

C.6.6 预制箱涵(编码:040306008)

工作内容:混凝土:浇筑、捣固、抹平、养护等。
模板:模板制作、安装、涂脱模剂、拆除、修理、整堆等。
调、运、铺砂浆、就位安装、标高校正。

计量单位:10m³

定额编号					DC0567	DC0568	DC0569	DC0570	DC0571	DC0572
项目名称					预制砼					
					砼预制构件制作	砼预制构件模板		砼安装		
						墙身	盖板	墙身	盖板	墙帽
费用	综合单价(元)				**4373.44**	**2773.06**	**7596.50**	**6905.19**	**5788.66**	**7760.13**
	其中	人工费(元)			794.65	1608.12	4302.24	1607.93	889.53	2158.44
		材料费(元)			2807.11	212.28	740.87	4375.83	4375.83	4375.17
		施工机具使用费(元)			213.15	39.53	108.79	19.51	19.51	19.51
		企业管理费(元)			339.83	555.59	1487.40	548.77	306.53	734.40
		利润(元)			203.58	332.83	891.03	328.74	183.62	439.94
		一般风险费(元)			15.12	24.71	66.17	24.41	13.64	32.67
	编码	名称	单位	单价(元)	消耗量					
人工	000300080	混凝土综合工	工日	115.00	6.910	—	—	—	—	—
	000300060	模板综合工	工日	120.00	—	13.401	35.852	—	—	—
	000700010	市政综合工	工日	115.00	—	—	—	13.982	7.735	18.769
材料	042902310	预制混凝土构件	m³	423.00	—	—	—	10.000	10.000	10.000
	840201140	商品砼	m³	266.99	10.150	—	—	—	—	—
	810104020	M7.5 水泥砂浆(特 稠度 70~90mm)	m³	195.56	—	—	—	0.700	0.700	0.700
	050303800	木材 锯材	m³	1547.01	—	0.070	0.190	—	—	—
	350100100	钢模板	kg	4.53	—	21.800	58.320	—	—	—
	032102830	支撑钢管及扣件	kg	3.68	—	1.030	48.410	—	—	—
	341100100	水	m³	4.42	15.770	—	—	1.640	1.640	1.490
	002000010	其他材料费	元	—	27.46	1.44	4.60	1.69	1.69	1.69
机械	990304001	汽车式起重机 5t	台班	473.39	—	0.030	0.080	—	—	—
	990401025	载重汽车 6t	台班	422.13	—	0.060	0.168	—	—	—
	990406010	机动翻斗车 1t	台班	188.07	0.717	—	—	—	—	—
	990602020	双锥反转出料混凝土搅拌机 350L	台班	226.31	0.346	—	—	—	—	—
	990610010	灰浆搅拌机 200L	台班	187.56	—	—	—	0.104	0.104	0.104

C.7 钢结构(编码:040307)

C.7.1 钢箱梁(编码:040307001)

工作内容:跨缆吊机吊装:吊具下放与钢箱梁连接,垂直提升钢箱梁,挂梁,装垫板并精确定位,配合钢梁栓(焊)接,跨缆吊机移位;悬臂吊机吊装:吊索下放与钢箱梁连接,卷扬机垂直提升钢箱梁就位,装配件并精确定位,配合钢梁栓(焊)接,悬臂吊机移位;顶推钢箱梁:搭拆顶推工作机具,钢箱梁顶推、就位、落梁、校正。

计量单位:10t

		定额编号			DC0573	DC0574	DC0575
		项目名称			钢箱梁安装		
					跨缆吊机吊装	悬臂吊机吊装	顶推
费用		**综合单价(元)**			**79189.55**	**74497.50**	**74408.16**
	其中	人工费(元)			3264.00	1992.00	3240.00
		材料费(元)			68593.13	68427.81	68745.20
		施工机具使用费(元)			3431.58	1843.26	338.26
		企业管理费(元)			2616.63	1498.82	1398.38
		利润(元)			1150.30	658.90	614.75
		一般风险费(元)			133.91	76.71	71.57
	编码	名称	单位	单价(元)	消耗量		
人工	000700040	吊装综合工	工日	120.00	27.200	16.600	27.000
材料	050100500	原木	m^3	982.30	—	—	0.001
	050303800	木材 锯材	m^3	1547.01	—	—	0.003
	010700110	钢绞线 综合	t	3811.97	0.012	—	0.005
	010000100	型钢 综合	t	3085.47	0.004	0.009	0.008
	012900010	钢板 综合	t	3210.00	0.001	0.002	0.039
	010500030	钢丝绳	t	5598.29	0.007	0.044	—
	031350010	低碳钢焊条 综合	kg	4.19	—	—	1.000
	030125010	螺栓	kg	4.50	74.500	10.000	—
	330104000	钢箱梁	t	6800.00	10.000	10.000	10.000
	012902550	不锈钢板	kg	16.24	—	—	3.500
	143302120	聚四氟乙烯滑板	块	179.49	—	—	2.520
	002000010	其他材料费	元	—	157.40	102.30	57.30
机械	990503020	电动卷扬机 单筒慢速 30kN	台班	186.98	—	—	0.430
	990503040	电动卷扬机 单筒慢速 80kN	台班	234.74	—	7.740	—
	990319010	跨缆吊机	台班	3878.26	0.880	—	—
	990622010	桥梁顶推设备 600kN 以内	台班	74.63	—	—	3.250
	990901020	交流弧焊机 32kV·A	台班	85.07	0.220	0.310	0.180

C.7.2 钢桁梁(编码:040307003)

工作内容:备装干砂;节点喷砂除锈;选配及运输杆件;组拼钢桁;制、安、拆、移吊脚手;制、安、拆扒杆;插、上高强螺栓。

计量单位:10t

定额编号					DC0576	DC0577
项目名称					高强螺栓栓接钢桁梁	
					上承式	下承式
费用	综合单价(元)				**88033.96**	**84649.44**
	其中	人工费(元)			9216.00	8004.00
		材料费(元)			70736.08	69644.33
		施工机具使用费(元)			1714.04	1477.30
		企业管理费(元)			4271.46	3705.29
		利润(元)			1877.78	1628.89
		一般风险费(元)			218.60	189.63
	编码	名称	单位	单价(元)	消耗量	
人工	000700040	吊装综合工	工日	120.00	76.800	66.700
材料	050303800	木材 锯材	m^3	1547.01	0.031	0.031
	010900011	圆钢 综合	kg	2.35	3.000	3.000
	030125010	螺栓	kg	4.50	552.200	319.900
	330104100	钢桁梁	t	6800.00	10.000	10.000
	032130010	铁件 综合	kg	3.68	10.100	10.100
	010302150	镀锌铁丝 8#～12#	kg	3.08	3.800	3.800
	002000010	其他材料费	元	—	147.30	100.90
机械	990302010	履带式起重机 10t	台班	591.72	1.900	1.900
	991004030	内燃空气压缩机 $9m^3/min$	台班	415.33	1.420	0.850

C.7.3 钢拱(编码:040307004、5)

工作内容:拱肋安装:起吊,调整扣索应力,横撑定位焊接,拱肋合拢,调整线形;纵横梁安装:起吊,定位焊接,调整线形。

计量单位:10t

定额编号					DC0578	DC0579
项目名称					钢拱肋安装	钢纵横梁安装
费用	综合单价(元)				**107084.07**	**75204.41**
	其中	人工费(元)			10944.00	2880.00
		材料费(元)			85862.14	68560.93
		施工机具使用费(元)			2465.53	1317.82
		企业管理费(元)			5240.45	1640.51
		利润(元)			2303.76	721.19
		一般风险费(元)			268.19	83.96
	编码	名称	单位	单价(元)	消耗量	
人工	000700040	吊装综合工	工日	120.00	91.200	24.000
材料	050303800	木材 锯材	m^3	1547.01	0.035	—
	010900011	圆钢 综合	kg	2.35	0.002	10.000
	030125010	螺栓	kg	4.50	5.200	—
	180319000	钢管拱肋	t	8410.25	10.000	—
	010000100	型钢 综合	t	3085.47	0.127	—
	012900010	钢板 综合	t	3210.00	0.083	0.050
	330104300	钢纵横梁	t	6800.00	—	10.000
	031350010	低碳钢焊条 综合	kg	4.19	42.200	5.000
	010500030	钢丝绳	t	5598.29	0.010	0.010
	002000010	其他材料费	元	—	791.00	300.00
机械	990304020	汽车式起重机 20t	台班	968.56	—	0.700
	990503050	电动卷扬机 单筒慢速 100kN	台班	264.65	3.690	1.400
	990503030	电动卷扬机 单筒慢速 50kN	台班	192.37	0.910	1.400
	990705045	预应力钢筋拉伸机 3000kN	台班	102.73	12.790	—

C.7.4 叠合梁(编码:040307006)

工作内容:放样、画线、裁料、平直、钻孔、拼装、焊接、成品矫正、除锈、刷防锈漆一遍、成品编号堆放。

定额编号					DC0580	DC0581	DC0582
项目名称					钢结构叠合梁安装		
					加劲桁拼装	钢纵横梁安装	木桥面板制作及铺设
单位					t		$10m^3$
费用	综合单价(元)				**10240.80**	**9700.85**	**22208.11**
	其中	人工费(元)			868.80	681.60	2107.20
		材料费(元)			7227.06	6897.46	18873.26
		施工机具使用费(元)			1035.49	1089.78	—
		企业管理费(元)			744.20	692.26	823.49
		利润(元)			327.16	304.32	362.02
		一般风险费(元)			38.09	35.43	42.14
	编码	名称	单位	单价(元)	消耗量		
人工	000700040	吊装综合工	工日	120.00	7.240	5.680	17.560
材料	010900011	圆钢 综合	kg	2.35	—	1.000	—
	012900010	钢板 综合	t	3210.00	—	0.005	—
	031350010	低碳钢焊条 综合	kg	4.19	—	10.100	—
	050303800	木材 锯材	m^3	1547.01	0.045	0.017	11.500
	030125010	螺栓	kg	4.50	60.300	—	—
	330104100	钢桁梁	t	6800.00	1.000	—	—
	032130010	铁件 综合	kg	3.68	1.100	0.800	194.800
	330104300	钢纵横梁	t	6800.00	—	1.000	—
	040300750	特细砂	m^3	83.31	0.880	—	—
	010302150	镀锌铁丝 8#~12#	kg	3.08	0.400	—	—
	030100650	铁钉	kg	7.26	—	—	8.000
	002000010	其他材料费	元	—	7.50	7.50	307.70
机械	990503030	电动卷扬机 单筒慢速 50kN	台班	192.37	0.310	0.310	—
	990901020	交流弧焊机 32kV·A	台班	85.07	—	0.980	—
	990304001	汽车式起重机 5t	台班	473.39	2.000	2.000	—
	991004030	内燃空气压缩机 $9m^3/min$	台班	415.33	0.070	—	—

C.7.5 其他钢构件(编码:040307007)

工作内容:放样、画线、裁料、平直、钻孔、拼装、焊接、成品矫正、除锈、刷防锈漆一遍、成品编号堆放。 **计量单位:**t

定额编号					DC0583	DC0584	DC0585	DC0586
项目名称					钢结构制作			
					钢柱	天桥钢梁	平台梁	钢踏步
费用	综合单价(元)				**6013.16**	**6180.86**	**6310.67**	**7044.65**
	其中	人工费(元)			788.67	868.02	1035.00	1395.53
		材料费(元)			3755.05	3665.14	3665.26	3665.26
		施工机具使用费(元)			638.16	721.59	636.56	739.81
		企业管理费(元)			557.61	621.22	653.25	834.49
		利润(元)			245.13	273.10	287.17	366.85
		一般风险费(元)			28.54	31.79	33.43	42.71
	编码	名称	单位	单价(元)	消耗量			
人工	000700010	市政综合工	工日	115.00	6.858	7.548	9.000	12.135
材料	010000120	钢材	t	2957.26	1.060	1.060	1.060	1.060
	031350010	低碳钢焊条 综合	kg	4.19	75.910	55.920	55.920	55.920
	130500700	防锈漆	kg	12.82	11.600	11.600	11.600	11.600
	143901010	乙炔气	m^3	14.31	2.690	3.040	2.680	2.680
	140300400	汽油 综合	kg	6.75	3.000	3.000	3.000	3.000
	143900700	氧气	m^3	3.26	6.180	6.990	6.160	6.160
	030125010	螺栓	kg	4.50	1.740	—	1.740	1.740
	002000010	其他材料费	元	—	66.86	60.89	61.04	61.04
机械	990309020	门式起重机 10t	台班	430.32	0.351	0.350	0.350	0.350
	990309030	门式起重机 20t	台班	604.77	0.133	0.130	0.130	0.130
	991302030	轨道平板车 10t	台班	32.14	0.218	0.220	0.220	0.220
	990749010	型钢剪板机 剪断宽度 500mm	台班	260.86	0.016	0.016	0.086	0.086
	990732050	剪板机 厚度 40mm×宽度 3100mm	台班	601.00	0.086	0.086	0.016	0.016
	990751010	型钢矫正机 厚度 60mm×宽度 800mm	台班	233.82	0.172	0.016	0.086	0.086
	990733040	板料校平机 厚度 30×宽度 2600mm	台班	2153.09	—	0.086	0.016	0.016
	990736020	刨边机 加工长度 12000mm	台班	539.06	0.101	0.101	0.023	0.023
	990901040	交流弧焊机 42kV·A	台班	118.13	1.899	1.365	2.340	3.214
	990728020	摇臂钻床 钻孔直径 50mm	台班	21.15	0.109	0.109	0.109	0.109
	991003070	电动空气压缩机 10m^3/min	台班	363.27	0.062	0.062	0.062	0.062

工作内容：放样、画线、裁料、平直、钻孔、拼装、焊接、成品矫正、除锈、刷防锈漆一遍、成品编号堆放。　　　　计量单位：t

定额编号					DC0587	DC0588	DC0589
项目名称					钢结构制作		
					钢栏杆（型钢为主）	劲性骨架	非标件
费用	综合单价（元）				6766.60	6944.40	7952.91
	其中	人工费（元）			1361.14	1280.87	2216.28
		材料费（元）			3499.51	3604.22	3357.88
		施工机具使用费（元）			703.24	829.69	687.19
		企业管理费（元）			806.76	824.81	1134.67
		利润（元）			354.66	362.60	498.82
		一般风险费（元）			41.29	42.21	58.07
	编码	名称	单位	单价(元)	消耗量		
人工	000700010	市政综合工	工日	115.00	11.836	11.138	19.272
材料	010000120	钢材	t	2957.26	1.060	1.060	1.060
	031350010	低碳钢焊条 综合	kg	4.19	24.990	55.920	10.000
	130500700	防锈漆	kg	12.82	11.600	11.600	4.200
	143901010	乙炔气	m^3	14.31	1.340	2.680	5.210
	140300400	汽油 综合	kg	6.75	3.000	3.000	—
	143900700	氧气	m^3	3.26	3.080	6.160	12.000
	002000010	其他材料费	元	—	61.93	7.83	13.77
机械	990309020	门式起重机 10t	台班	430.32	0.351	0.386	—
	990309030	门式起重机 20t	台班	604.77	0.133	0.146	—
	991302030	轨道平板车 10t	台班	32.14	0.218	0.240	—
	990749010	型钢剪板机 剪断宽度 500mm	台班	260.86	0.086	0.094	—
	990732050	剪板机 厚度 40mm×宽度 3100mm	台班	601.00	0.016	0.017	0.197
	990751010	型钢矫正机 厚度 60mm×宽度 800mm	台班	233.82	0.086	0.094	—
	990733040	板料校平机 厚度 30×宽度 2600mm	台班	2153.09	0.016	0.017	—
	990736020	刨边机 加工长度 12000mm	台班	539.06	0.023	0.026	—
	990901040	交流弧焊机 42kV·A	台班	118.13	2.886	3.604	—
	990728020	摇臂钻床 钻孔直径 50mm	台班	21.15	0.109	0.120	0.043
	991003070	电动空气压缩机 $10m^3/min$	台班	363.27	0.062	0.088	—
	002000040	其他机械费	元	—	—	—	567.88

工作内容：安装：构件加固、吊装校正、拧紧螺栓、电焊固定、翻身就位。
拼装：搭拆拼装台，将工厂制作的梠段拼装成整体、校正、焊接、或螺栓固定。

计量单位：t

定额编号					DC0590	DC0591	DC0592	DC0593
项目名称					钢结构安装			
					钢柱	天桥钢梁	平台梁	钢栏杆、踏步
费用	综合单价（元）				**1030.65**	**493.94**	**1194.24**	**1148.42**
	其中	人工费（元）			526.24	264.50	700.35	672.41
		材料费（元）			87.28	16.70	56.24	57.35
		施工机具使用费（元）			69.85	37.05	18.72	17.01
		企业管理费（元）			232.95	117.85	281.01	269.42
		利润（元）			102.41	51.81	123.54	118.44
		一般风险费（元）			11.92	6.03	14.38	13.79
	编码	名称	单位	单价(元)	消耗量			
人工	000700010	市政综合工	工日	115.00	4.576	2.300	6.090	5.847
材料	031350010	低碳钢焊条 综合	kg	4.19	2.821	1.240	1.870	1.510
	050303800	木材 锯材	m^3	1547.01	0.006	0.004	0.010	0.020
	032130210	垫铁	kg	3.75	16.410	0.180	—	—
	010302120	镀锌铁丝 8#	kg	3.08	—	—	10.150	6.090
	002000010	其他材料费	元	—	4.64	4.64	1.67	1.33
机械	990901020	交流弧焊机 32kV·A	台班	85.07	0.170	0.110	0.220	0.200
	990303030	轮胎式起重机 20t	台班	923.12	0.060	0.030	—	—

工作内容：准备工作；装拆钻架、就位、移动；钻进、提钻、出渣、清孔；测量孔径、孔深等。

计量单位：t

定额编号					DC0594	DC0595
项目名称					钢结构安装	
					劲性骨架	非标件
费用	综合单价（元）				**2131.23**	**1310.13**
	其中	人工费（元）			515.43	663.32
		材料费（元）			87.09	30.13
		施工机具使用费（元）			776.21	145.47
		企业管理费（元）			504.77	316.08
		利润（元）			221.90	138.95
		一般风险费（元）			25.83	16.18
	编码	名称	单位	单价(元)	消耗量	
人工	000700010	市政综合工	工日	115.00	4.482	5.768
材料	031350010	低碳钢焊条 综合	kg	4.19	20.260	6.230
	002000010	其他材料费	元	—	2.20	4.03
机械	990303030	轮胎式起重机 20t	台班	923.12	0.710	—
	990901020	交流弧焊机 32kV·A	台班	85.07	1.420	1.710

工作内容：装车绑扎、运输、按指定地点卸车堆放。　　　　计量单位：10t

定额编号					DC0596	DC0597	DC0598	DC0599	DC0600	DC0601
项目名称					钢结构运输					
					I类构件		II类构件		III类构件	
					1km以内	每增加1km	1km以内	每增加1km	1km以内	每增加1km
费用	综合单价（元）				**1082.73**	**113.06**	**658.22**	**55.72**	**1137.25**	**68.70**
	其中	人工费（元）			144.90	20.70	105.80	11.50	170.20	14.95
		材料费（元）			57.08	—	63.29	—	34.57	—
		施工机具使用费（元）			503.18	50.74	270.12	23.71	526.55	28.46
		企业管理费（元）			253.27	27.92	146.91	13.76	272.29	16.96
		利润（元）			111.34	12.27	64.58	6.05	119.70	7.46
		一般风险费（元）			12.96	1.43	7.52	0.70	13.94	0.87
	编码	名称	单位	单价(元)	消耗量					
人工	000700010	市政综合工	工日	115.00	1.260	0.180	0.920	0.100	1.480	0.130
材料	050303800	木材 锯材	m^3	1547.01	0.030	—	0.036	—	0.020	—
	010502470	加固钢丝绳	kg	5.38	0.180	—	0.210	—	0.430	—
	330500400	钢支架	kg	2.65	1.580	—	—	—	—	—
	002000010	其他材料费	元	—	5.51	—	6.47	—	1.32	—
机械	990401030	载重汽车 8t	台班	474.25	—	—	0.340	0.050	0.560	0.060
	990304004	汽车式起重机 8t	台班	705.33	—	—	—	—	0.370	—
	990304001	汽车式起重机 5t	台班	473.39	—	—	0.230	—	—	—
	990403020	平板拖车组 20t	台班	1014.84	0.310	0.050	—	—	—	—
	990304016	汽车式起重机 16t	台班	898.02	0.210	—	—	—	—	—

工作内容：调配、涂刷。　　　　计量单位：100kg

定额编号					DC0602	DC0603	DC0604	DC0605	DC0606	DC0607
项目名称					钢结构油漆（一般钢结构）					
					红丹防锈漆		银粉漆		调和漆	
					第一遍	第二遍	第一遍	第二遍	第一遍	第二遍
费用	综合单价（元）				**60.98**	**56.06**	**46.66**	**45.66**	**46.70**	**45.65**
	其中	人工费（元）			15.87	15.18	15.18	15.18	15.18	15.18
		材料费（元）			21.65	17.83	8.43	7.43	8.47	7.42
		施工机具使用费（元）			8.98	8.98	8.98	8.98	8.98	8.98
		企业管理费（元）			9.71	9.44	9.44	9.44	9.44	9.44
		利润（元）			4.27	4.15	4.15	4.15	4.15	4.15
		一般风险费（元）			0.50	0.48	0.48	0.48	0.48	0.48
	编码	名称	单位	单价(元)	消耗量					
人工	000700010	市政综合工	工日	115.00	0.138	0.132	0.132	0.132	0.132	0.132
材料	130500713	醇酸防锈漆 C53-1	kg	16.92	1.160	0.950	—	—	—	—
	130101500	酚醛清漆	kg	13.38	—	—	0.250	0.230	—	—
	142301500	银粉	kg	19.66	—	—	0.080	0.060	—	—
	140300440	汽油 90#	kg	6.75	0.300	0.260	0.520	0.470	0.090	0.080
	130101300	酚醛调和漆	kg	9.83	—	—	—	—	0.800	0.700
机械	990304016	汽车式起重机 16t	台班	898.02	0.010	0.010	0.010	0.010	0.010	0.010

工作内容：调配、涂刷。　　　　计量单位：100kg

定额编号					DC0608	DC0609	DC0610	DC0611	DC0612	DC0613
项目名称					钢结构油漆(一般钢结构)					
					耐酸漆		环氧富锌漆		醇酸磁漆	
					第一遍	第二遍	第一遍	第二遍	第一遍	第二遍
费用	综合单价（元）				**51.55**	**49.93**	**107.93**	**104.51**	**51.09**	**49.98**
	其中	人工费（元）			15.18	15.18	22.08	22.08	15.18	15.18
		材料费（元）			13.32	11.70	58.77	55.35	12.86	11.75
		施工机具使用费（元）			8.98	8.98	8.98	8.98	8.98	8.98
		企业管理费（元）			9.44	9.44	12.14	12.14	9.44	9.44
		利润（元）			4.15	4.15	5.34	5.34	4.15	4.15
		一般风险费（元）			0.48	0.48	0.62	0.62	0.48	0.48
	编码	名称	单位	单价(元)	消耗量					
人工	000700010	市政综合工	工日	115.00	0.132	0.132	0.192	0.192	0.132	0.132
材料	130100400	醇酸磁漆	kg	11.67	—	—	—	—	0.900	0.840
	130101400	酚醛耐酸漆	kg	22.22	0.560	0.490	—	—	—	—
	130302600	环氧富锌漆	kg	21.37	—	—	2.750	2.590	—	—
	143501500	醇酸稀释剂	kg	10.26	—	—	—	—	0.230	0.190
	140300440	汽油 90#	kg	6.75	0.130	0.120	—	—	—	—
机械	990304016	汽车式起重机 16t	台班	898.02	0.010	0.010	0.010	0.010	0.010	0.010

C.7.6 悬(斜拉)索(编码:040307008)

C.7.6.1 钢索吊桥

工作内容:钢丝绳拉直、截断、绑扎;绞移主索过河,调整垂度、就位;安拆临时运输索道及木索槽;悬吊系统构件、套筒及拉杆、抗风缆结构的安装;上油涂装;套筒灌锌。

	定额编号			DC0614	DC0615	DC0616	DC0617	DC0618
	项目名称			悬索安装				
				主索	悬吊系统构件	套筒及拉杆	抗风缆结构	套筒灌锌
	单位			t				10个
费用	**综合单价(元)**			**11958.40**	**11933.62**	**9723.96**	**9448.86**	**4953.37**
其中	人工费(元)			2654.40	2058.00	2412.00	2424.00	1560.00
	材料费(元)			6103.90	7073.80	5906.73	5524.34	2484.51
	施工机具使用费(元)			1044.89	1012.78	—	55.79	—
	企业管理费(元)			1445.68	1200.06	942.61	969.10	609.65
	利润(元)			635.54	527.56	414.38	426.03	268.01
	一般风险费(元)			73.99	61.42	48.24	49.60	31.20
	编码	名称	单位	单价(元)	消耗量			
人工	000700040	吊装综合工	工日	120.00	22.120	17.150	20.100	20.200	13.000
材料	050100500	原木	m^3	982.30	0.048	—	—	—	—
	050303800	木材 锯材	m^3	1547.01	0.038	—	—	—	—
	032130010	铁件 综合	kg	3.68	0.500	56.400	4.600	13.400	—
	010302150	镀锌铁丝 8#～12#	kg	3.08	1.300	—	—	—	—
	010900011	圆钢 综合	kg	2.35	—	—	—	0.027	—
	012900010	钢板 综合	t	3210.00	—	—	—	0.015	—
	010500030	钢丝绳	t	5598.29	1.040	—	—	0.939	—
	031350010	低碳钢焊条 综合	kg	4.19	—	0.800	—	—	—
	016300100	铸铁	kg	2.74	—	—	—	43.000	—
	015900100	锌粉	kg	18.39	—	—	—	—	134.900
	182902100	套管及拉杆构件	t	5837.60	—	—	1.000	—	—
	330104500	悬吊系统构件	t	6800.00	—	1.000	—	—	—
	002000010	其他材料费	元	—	169.90	62.90	52.20	52.20	3.70
机械	990304001	汽车式起重机 5t	台班	473.39	2.000	2.000	—	—	—
	990503030	电动卷扬机 单筒慢速 50kN	台班	192.37	0.510	0.290	—	0.290	—
	990901020	交流弧焊机 32kV·A	台班	85.07	—	0.120	—	—	—

C.7.6.2 悬索桥

工作内容：钢格栅：场内运输、吊装、纵移、精确定位；浇筑钢格栅内混凝土；索鞍顶推到位后割除反力架。
索鞍：场内运输、底板安装、浇筑底板空格内高强混凝土；承板安装、索鞍吊装、精确定位、临时支撑。
索股架设完成后将锌填块填平鞍槽、安装压紧梁、安装拉杆固定；索鞍鞍罩：鞍。

定额编号					DC0619	DC0620	DC0621	DC0622	DC0623
项目名称					悬索桥索鞍				
					钢格栅	散索鞍	主索鞍		主索鞍鞍罩
							岸上塔	水中塔	
单位					10t				个
费用	综合单价（元）				**87169.86**	**121723.97**	**129650.19**	**130935.17**	**218298.28**
	其中	人工费（元）			10296.00	8880.00	14076.00	14076.00	9708.00
		材料费（元）			66761.78	104606.10	103932.32	103932.32	199390.23
		施工机具使用费（元）			2599.28	1936.29	2174.39	2986.33	2239.46
		企业管理费（元）			5039.48	4227.01	6350.65	6667.96	4669.07
		利润（元）			2215.41	1858.24	2791.82	2931.31	2052.57
		一般风险费（元）			257.91	216.33	325.01	341.25	238.95
	编码	名称	单位	单价(元)	消耗量				
人工	000700040	吊装综合工	工日	120.00	85.800	74.000	117.300	117.300	80.900
材料	012900010	钢板 综合	t	3210.00	0.173	0.164	0.015	0.015	1.133
	010500030	钢丝绳	t	5598.29	0.116	0.143	0.011	0.011	0.013
	050100500	原木	m^3	982.30	0.001	—	—	—	—
	050303800	木材 锯材	m^3	1547.01	0.173	0.267	0.833	0.833	0.294
	170100800	钢管	t	3085.00	—	—	—	—	0.327
	040100019	水泥 42.5	t	324.79	0.346	0.023	—	—	—
	040100021	水泥 52.5	t	341.88	0.406	0.156	—	—	—
	341100120	水	t	4.42	1.000	1.000	—	—	—
	031350010	低碳钢焊条 综合	kg	4.19	2.890	6.800	4.000	4.000	223.200
	093700900	钢格栅	t	6410.26	10.000	—	—	—	—
	330103800	索鞍构件	t	10200.00	—	10.000	10.000	10.000	—
	010700110	钢绞线 综合	t	3811.97	—	—	0.060	0.060	—
	040300750	特细砂	m^3	83.31	0.310	0.120	—	—	—
	010000100	型钢 综合	t	3085.47	0.289	0.247	0.038	0.038	8.523
	012902550	不锈钢板	kg	16.24	—	—	—	—	10276.000
	002000010	其他材料费	元	—	0.60	0.23	171.20	171.20	102.00
机械	990503030	电动卷扬机 单筒慢速 50kN	台班	192.37	—	0.510	0.450	0.450	—
	990503040	电动卷扬机 单筒慢速 80kN	台班	234.74	1.650	0.860	0.450	0.450	—
	990403050	平板拖车组 100t	台班	2632.52	—	0.270	0.290	0.260	—
	990403020	平板拖车组 20t	台班	1014.84	1.650	—	—	—	—
	990304016	汽车式起重机 16t	台班	898.02	—	—	—	—	0.790
	990401035	载重汽车 10t	台班	522.86	—	—	—	—	0.790
	990705055	预应力钢筋拉伸机 5000kN	台班	186.31	—	—	1.340	1.340	—
	990901020	交流弧焊机 32kV·A	台班	85.07	1.650	1.130	0.920	0.920	13.130
	990304052	汽车式起重机 75t	台班	3071.85	—	0.270	0.290	0.260	—
	991215040	内燃拖轮 221kW	台班	2240.93	—	—	—	0.300	—
	991216040	工程驳船 300t	台班	706.36	—	—	—	0.440	—
	990304020	汽车式起重机 20t	台班	968.56	0.410	—	—	—	—

工作内容：锚室平台架搭设与拆除；索股运输、放索；索股的牵引、索股提起、横移、整形、临时锚固、入锚；线性调整、张拉、固定。

计量单位：10m

定额编号						DC0624	DC0625	DC0626
项目名称						悬索桥牵引系统		
						牵引系统		
						主跨跨径		
						1000m 以内	1500m 以内	2000m 以内
费用	综合单价（元）					**3258.92**	**3755.50**	**4125.16**
	其中	人工费（元）				672.00	936.00	1140.00
		材料费（元）				1887.48	1887.48	1887.48
		施工机具使用费（元）				194.57	244.35	273.93
		企业管理费（元）				338.66	461.28	552.56
		利润（元）				148.88	202.78	242.91
		一般风险费（元）				17.33	23.61	28.28
	编码	名称		单位	单价（元）	消耗量		
人工	000700040	吊装综合工		工日	120.00	5.600	7.800	9.500
材料	010000100	型钢 综合		t	3085.47	0.013	0.013	0.013
	012900010	钢板 综合		t	3210.00	0.006	0.006	0.006
	010500030	钢丝绳		t	5598.29	0.090	0.090	0.090
	031350010	低碳钢焊条 综合		kg	4.19	0.400	0.400	0.400
	032130010	铁件 综合		kg	3.68	0.100	0.100	0.100
	010302150	镀锌铁丝 8#～12#		kg	3.08	0.200	0.200	0.200
	002000010	其他材料费		元	—	131.20	131.20	131.20
	002000080	设备摊销费		元	—	1190.40	1190.40	1190.40
机械	990503040	电动卷扬机 单筒慢速 80kN		台班	234.74	0.290	0.450	0.550
	990503070	电动卷扬机 单筒慢速 300kN		台班	610.94	0.040	0.060	0.070
	990901020	交流弧焊机 32kV·A		台班	85.07	0.080	0.080	0.080
	991215050	内燃拖轮 294kW		台班	2703.61	0.010	0.010	0.010
	991230010	机动艇 198kW		台班	1567.49	0.030	0.030	0.030
	991216040	工程驳船 300t		台班	706.36	0.030	0.030	0.030

工作内容：锚室平台架搭设与拆除；索股运输、放索；索股的牵引、索股提起、横移、整形、临时锚固、入锚；线性调整、张拉、固定。

计量单位：10t

定额编号					DC0627	DC0628	DC0629
项目名称					悬索桥主缆		
					主跨跨径		
					1000m 以内	1500m 以内	2000m 以内
费用	综合单价（元）				**121181.90**	**120423.14**	**119568.63**
	其中	人工费（元）			4435.20	3988.80	3513.60
		材料费（元）			111995.46	111995.46	111995.46
		施工机具使用费（元）			1369.45	1336.42	1271.67
		企业管理费（元）			2268.46	2081.09	1870.08
		利润（元）			997.24	914.87	822.11
		一般风险费（元）			116.09	106.50	95.71
	编码	名称	单位	单价(元)	消耗量		
人工	000700040	吊装综合工	工日	120.00	36.960	33.240	29.280
材料	010000100	型钢 综合	t	3085.47	0.010	0.010	0.010
	010701200	主缆索股	t	11111.11	10.000	10.000	10.000
	012900010	钢板 综合	t	3210.00	0.006	0.006	0.006
	010500030	钢丝绳	t	5598.29	0.017	0.017	0.017
	170100800	钢管	t	3085.00	0.017	0.017	0.017
	032130010	铁件 综合	kg	3.68	0.200	0.200	0.200
	010302150	镀锌铁丝 8# ～12#	kg	3.08	0.300	0.300	0.300
	050303800	木材 锯材	m^3	1547.01	0.010	0.010	0.010
	002000010	其他材料费	元	—	669.50	669.50	669.50
机械	990503040	电动卷扬机 单筒慢速 80kN	台班	234.74	1.540	1.420	1.220
	990503070	电动卷扬机 单筒慢速 300kN	台班	610.94	0.250	0.230	0.200
	990304016	汽车式起重机 16t	台班	898.02	0.110	0.110	0.110
	990309070	门式起重机 75t	台班	1268.22	0.110	0.110	0.110
	990403050	平板拖车组 100t	台班	2632.52	0.190	0.190	0.190
	990503030	电动卷扬机 单筒慢速 50kN	台班	192.37	0.130	0.120	0.100
	990705010	预应力钢筋拉伸机 650kN	台班	25.77	3.560	3.920	4.090

工作内容:预紧缆、紧缆机安装;正式紧缆,测定空隙率、打钢带、紧缆完成后拆除紧缆机。　　**计量单位**:10m

			定额编号			DC0630	DC0631	DC0632	DC0633
			项目名称			悬索桥主缆紧缆			
						主缆直径			
						600 以内	700 以内	800 以内	900 以内
费用			**综合单价(元)**			**4463.64**	**4769.93**	**5190.37**	**5527.19**
	其中		人工费(元)			2073.60	2160.00	2275.20	2361.60
			材料费(元)			402.13	402.13	402.13	402.13
			施工机具使用费(元)			492.75	599.89	750.35	876.78
			企业管理费(元)			1002.93	1078.56	1182.39	1265.56
			利润(元)			440.90	474.15	519.79	556.35
			一般风险费(元)			51.33	55.20	60.51	64.77
	编码		名称	单位	单价(元)	消耗量			
人工	000700040		吊装综合工	工日	120.00	17.280	18.000	18.960	19.680
材料	010000100		型钢 综合	t	3085.47	0.014	0.014	0.014	0.014
	010500030		钢丝绳	t	5598.29	0.013	0.013	0.013	0.013
	013100400		紧缆钢带	t	16239.32	0.016	0.016	0.016	0.016
	050303800		木材 锯材	m^3	1547.01	0.007	0.007	0.007	0.007
	002000010		其他材料费	元	—	15.50	15.50	15.50	15.50
机械	990401030		载重汽车 8t	台班	474.25	0.030	0.040	0.040	0.040
	990304020		汽车式起重机 20t	台班	968.56	0.030	0.030	0.030	0.030
	990791010		钢缆压紧机 缆径 800mm	台班	1009.44	0.390	0.480	0.610	0.720
	990503030		电动卷扬机 单筒慢速 50kN	台班	192.37	0.290	0.350	0.450	0.530

工作内容:运输至安装位置、安装、定位、张拉、调整。　　**计量单位**:10t

		定额编号			DC0634	DC0635	DC0636	DC0637
		项目名称			悬索桥索夹及吊索			
					索夹	吊索		
						长度(m)		
						100 以内	200 以内	300 以内
费用		**综合单价(元)**			**97360.97**	**152502.16**	**151288.18**	**149821.22**
	其中	人工费(元)			6168.00	7452.00	6708.00	5808.00
		材料费(元)			86504.96	139244.49	139244.49	139244.49
		施工机具使用费(元)			691.61	925.15	902.07	875.14
		企业管理费(元)			2680.73	3273.79	2974.01	2611.77
		利润(元)			1178.48	1439.19	1307.41	1148.16
		一般风险费(元)			137.19	167.54	152.20	133.66
	编码	名称	单位	单价(元)	消耗量			
人工	000700040	吊装综合工	工日	120.00	51.400	62.100	55.900	48.400
材料	012900010	钢板 综合	t	3210.00	—	0.115	0.115	0.115
	170100800	钢管	t	3085.00	—	0.054	0.054	0.054
	010500030	钢丝绳	t	5598.29	0.036	0.333	0.333	0.333
	032142150	索夹	t	8450.00	10.000	—	—	—
	032130010	铁件 综合	kg	3.68	—	5.300	5.300	5.300
	020300210	橡胶条	kg	6.67	51.300	3.900	3.900	3.900
	010101630	预应力粗钢筋	t	4444.44	0.104	—	—	—
	010701100	吊索	t	13675.21	—	10.000	10.000	10.000
	050303800	木材 锯材	m^3	1547.01	0.575	—	—	—
	002000010	其他材料费	元	—	109.50	46.90	46.90	46.90
机械	990304016	汽车式起重机 16t	台班	898.02	—	0.490	0.490	0.490
	990401035	载重汽车 10t	台班	522.86	—	0.490	0.490	0.490
	990705020	预应力钢筋拉伸机 900kN	台班	39.93	4.650	—	—	—
	990503030	电动卷扬机 单筒慢速 50kN	台班	192.37	2.630	1.190	1.070	0.930

工作内容：缠丝机安拆；倒盘、丝盘转运；缠丝机缠丝、固定已缠好的钢丝、打磨焊点、缠丝机过索夹；手动缠丝机配合。

计量单位：10m

定额编号					DC0638	DC0639	DC0640	DC0641
项目名称					悬索桥主缆缠丝			
					主缆直径(mm)			
					600 以内	700 以内	800 以内	900 以内
费用	综合单价（元）				**11277.36**	**13499.91**	**17487.35**	**19390.21**
	其中	人工费（元）			4176.00	4651.20	6048.00	6681.60
		材料费（元）			2432.97	3565.90	4298.03	4743.22
		施工机具使用费（元）			1412.52	1625.82	2285.96	2573.42
		企业管理费（元）			2183.99	2453.06	3256.91	3616.86
		利润（元）			960.11	1078.39	1431.77	1590.01
		一般风险费（元）			111.77	125.54	166.68	185.10
	编码	名称	单位	单价(元)	消耗量			
人工	000700040	吊装综合工	工日	120.00	34.800	38.760	50.400	55.680
材料	010306000	镀锌高强钢丝	t	3333.33	0.435	0.655	0.776	0.878
	010500030	钢丝绳	t	5598.29	0.015	0.017	0.019	0.024
	002000010	其他材料费	元	—	899.00	1287.40	1605.00	1682.20
机械	990401030	载重汽车 8t	台班	474.25	0.030	0.030	0.030	0.030
	990792010	钢缆缠丝机 缆径 800mm	台班	1107.62	1.020	1.190	1.720	1.950
	990910030	对焊机 75kV·A	台班	109.41	0.870	0.870	0.870	0.870
	990304020	汽车式起重机 20t	台班	968.56	0.030	0.030	0.030	0.030
	990503030	电动卷扬机 单筒慢速 50kN	台班	192.37	0.750	0.880	1.260	1.430

工作内容：缆套：缆套场内运输、吊装至安装位置，定位、安装缆套、橡胶条；检修道：扶手绳、栏杆绳、立柱组件、锚板安装，检修道支架，锚室处防水套制作、安装，爬梯制作、安装，矢度和张力调整。

定额编号					DC0642	DC0643
项目名称					悬索桥主缆附属结构	
					缆套	检修道
单位					t	10m
费用	综合单价（元）				**7181.58**	**2773.23**
	其中	人工费（元）			540.00	180.00
		材料费（元）			6000.82	2430.41
		施工机具使用费（元）			206.09	36.62
		企业管理费（元）			291.57	84.65
		利润（元）			128.18	37.22
		一般风险费（元）			14.92	4.33
	编码	名称	单位	单价(元)	消耗量	
人工	000700040	吊装综合工	工日	120.00	4.500	1.500
材料	010000100	型钢 综合	t	3085.47	—	0.012
	012900010	钢板 综合	t	3210.00	—	0.031
	010500030	钢丝绳	t	5598.29	0.013	0.124
	182902100	套管及拉杆构件	t	5837.60	1.000	—
	031350010	低碳钢焊条 综合	kg	4.19	—	1.900
	020300210	橡胶条	kg	6.67	8.500	—
	050303800	木材 锯材	m^3	1547.01	—	0.007
	010900011	圆钢 综合	kg	2.35	3.000	—
	002000010	其他材料费	元	—	26.70	1580.90
机械	990901020	交流弧焊机 32kV·A	台班	85.07	—	0.040
	990401030	载重汽车 8t	台班	474.25	0.110	0.020
	990304016	汽车式起重机 16t	台班	898.02	0.090	0.020
	990503030	电动卷扬机 单筒慢速 50kN	台班	192.37	0.380	0.030

工作内容：挂索平台、张拉平台搭折；钢绞线场内运输，下料制索，挂索，单根张拉，穿套管，整体张拉，索力调整，封锚，场内50m以内运输。

定额编号					DC0644	DC0645	DC0646	DC0647	DC0648
项目名称					平行钢丝斜拉索				减震器安装
					斜拉索长度(m)				
					150以内		350以内		
					每10t 2.305束	每增减1束	每10t 2.305束	每增减1束	
单位					10t				个
费用	综合单价(元)				**176951.52**	**8244.85**	**162860.12**	**13339.75**	**348.49**
其中	人工费(元)				15519.60	4296.00	10416.00	6408.00	204.00
	材料费(元)				132184.56	—	132122.21	—	25.64
	施工机具使用费(元)				12767.37	913.69	9006.41	2021.01	—
	企业管理费(元)				11054.55	2035.95	7590.28	3294.06	79.72
	利润(元)				4859.70	895.02	3336.77	1448.10	35.05
	一般风险费(元)				565.74	104.19	388.45	168.58	4.08
	编码	名称	单位	单价(元)	消耗量				
人工	000700040	吊装综合工	工日	120.00	129.330	35.800	86.800	53.400	1.700
材料	010000100	型钢 综合	t	3085.47	0.140	—	0.142	—	—
	012900010	钢板 综合	t	3210.00	0.007	—	0.008	—	—
	170100800	钢管	t	3085.00	0.040	—	0.041	—	—
	010500030	钢丝绳	t	5598.29	0.041	—	0.042	—	—
	031350010	低碳钢焊条 综合	kg	4.19	8.500	—	3.700	—	—
	010701000	平行钢丝斜拉索	t	13076.92	10.000	—	10.000	—	—
	363101850	斜拉索减震器	个	25.64	—	—	—	—	1.000
	050303800	木材 锯材	m^3	1547.01	0.025	—	0.025	—	—
	002000010	其他材料费	元	—	533.70	—	473.40	—	—
机械	990503040	电动卷扬机 单筒慢速 80kN	台班	234.74	9.680	0.260	7.230	0.260	—
	990901020	交流弧焊机 32kV·A	台班	85.07	34.750	—	14.490	—	—
	990403025	平板拖车组 30t	台班	1169.86	0.610	—	0.700	—	—
	990705030	预应力钢筋拉伸机 1200kN	台班	58.06	—	—	3.320	—	—
	990705045	预应力钢筋拉伸机 3000kN	台班	102.73	19.140	8.300	—	—	—
	990304036	汽车式起重机 40t	台班	1456.19	0.610	—	0.700	—	—
	990304020	汽车式起重机 20t	台班	968.56	0.610	—	0.700	—	—
	990705055	预应力钢筋拉伸机 5000kN	台班	186.31	—	—	9.340	10.520	—
	990503030	电动卷扬机 单筒慢速 50kN	台班	192.37	17.570	—	8.460	—	—

工作内容：挂索平台、张拉平台搭拆；钢绞线场内运输，下料制索，挂索，单根张拉，穿套管，整体张拉，索力调整，封锚，场内 50m 以内运输。

计量单位：10t

定额编号					DC0649	DC0650
项目名称					钢绞线斜拉索	
					每 10t2.305 束	每增减 1 束
费用	综合单价（元）				**191641.56**	**12438.24**
	其中	人工费（元）			20944.80	6933.60
		材料费（元）			138814.66	—
		施工机具使用费（元）			12435.02	925.77
		企业管理费（元）			13044.83	3071.44
		利润（元）			5734.65	1350.24
		一般风险费（元）			667.60	157.19
	编码	名称	单位	单价（元）	消耗量	
人工	000700040	吊装综合工	工日	120.00	174.540	57.780
材料	010000100	型钢 综合	t	3085.47	0.248	—
	012900010	钢板 综合	t	3210.00	0.097	—
	170100800	钢管	t	3085.00	0.028	—
	010500030	钢丝绳	t	5598.29	0.029	—
	031350010	低碳钢焊条 综合	kg	4.19	2.100	—
	010700900	钢绞线斜拉索	t	13675.21	10.000	—
	050303800	木材 锯材	m^3	1547.01	0.044	—
	002000010	其他材料费	元	—	660.40	—
机械	990110020	轮胎式装载机 $1m^3$	台班	517.33	3.168	—
	990401030	载重汽车 8t	台班	474.25	2.958	—
	990304016	汽车式起重机 16t	台班	898.02	3.222	—
	990705020	预应力钢筋拉伸机 900kN	台班	39.93	7.152	4.092
	990503020	电动卷扬机 单筒慢速 30kN	台班	186.98	16.164	—
	990705055	预应力钢筋拉伸机 5000kN	台班	186.31	7.152	4.092
	990503030	电动卷扬机 单筒慢速 50kN	台班	192.37	9.666	—

C.8 装饰（编码：040308）

C.8.1 水泥砂浆抹面（编码：040308001）

工作内容：清理、湿润基层，墙眼堵塞，调制砂浆，分层抹灰找平、洒水湿润、罩面压光。
清理、湿润基层，墙眼堵塞，调运干混商品砂浆，分层抹灰找平、洒水湿润、罩面压光。
清理、湿润基层，墙眼堵塞，运湿拌商品砂浆，分层抹灰找平、洒水湿润、罩面压光。

计量单位：$100m^2$

定额编号					DC0651	DC0652	DC0653
项目名称					墙面		
					砖墙		
					现拌砂浆	干混商品砂浆	湿拌商品砂浆
费用	综合单价（元）				**2610.81**	**3006.03**	**2264.86**
	其中	人工费（元）			1224.38	1102.00	857.13
		材料费（元）			570.39	1134.74	831.13
		施工机具使用费（元）			64.90	80.41	48.80
		企业管理费（元）			503.85	462.09	354.04
		利润（元）			221.50	203.14	155.64
		一般风险费（元）			25.79	23.65	18.12
	编码	名称	单位	单价（元）	消耗量		
人工	000300110	抹灰综合工	工日	125.00	9.795	8.816	6.857
材料	810201040	水泥砂浆 1:2.5（特）	m^3	232.40	0.690	—	—
	810201050	水泥砂浆 1:3（特）	m^3	213.87	1.620	—	—
	810425010	素水泥浆	m^3	479.39	0.110	0.110	0.110
	850301030	干混商品抹灰砂浆 M10.0	t	271.84	—	3.927	—
	850302020	湿拌商品抹灰砂浆 M10.0	m^3	325.24	—	—	2.360
	050303800	木材 锯材	m^3	1547.01	0.005	0.005	0.005
	341100100	水	m^3	4.42	0.700	1.528	0.700
机械	990610010	灰浆搅拌机 200L	台班	187.56	0.346	—	—
	990611010	干混砂浆罐式搅拌机 20000L	台班	232.40	—	0.346	—
	990621010	砂浆喷涂机 UBJ3A	台班	211.25	—	—	0.231

工作内容:清理、湿润基层,墙眼堵塞,调制砂浆,分层抹灰找平、洒水湿润、罩面压光。
清理、湿润基层,墙眼堵塞,调运干混商品砂浆,分层抹灰找平、洒水湿润、罩面压光。
清理、湿润基层,墙眼堵塞,运湿拌商品砂浆,分层抹灰找平、洒水湿润、罩面压光。

计量单位:100m²

定额编号					DC0654	DC0655	DC0656
项目名称					墙面		
					砼墙		
					现拌砂浆	干混商品砂浆	湿拌商品砂浆
费用	综合单价(元)				**2860.39**	**3324.90**	**2484.01**
	其中	人工费(元)			1320.75	1188.63	924.50
		材料费(元)			651.73	1297.02	943.66
		施工机具使用费(元)			74.84	92.73	48.80
		企业管理费(元)			545.40	500.75	380.37
		利润(元)			239.76	220.14	167.21
		一般风险费(元)			27.91	25.63	19.47
	编码	名称	单位	单价(元)	消	耗	量
人工	000300110	抹灰综合工	工日	125.00	10.566	9.509	7.396
材料	810201040	水泥砂浆 1:2.5(特)	m³	232.40	1.040	—	—
	810201050	水泥砂浆 1:3(特)	m³	213.87	1.620	—	—
	810425010	素水泥浆	m³	479.39	0.110	0.110	0.110
	850301030	干混商品抹灰砂浆 M10.0	t	271.84	—	4.522	—
	850302020	湿拌商品抹灰砂浆 M10.0	m³	325.24	—	—	2.706
	050303800	木材 锯材	m³	1547.01	0.005	0.005	0.005
	341100100	水	m³	4.42	0.700	1.650	0.700
机械	990610010	灰浆搅拌机 200L	台班	187.56	0.399	—	—
	990611010	干混砂浆罐式搅拌机 20000L	台班	232.40	—	0.399	—
	990621010	砂浆喷涂机 UBJ3A	台班	211.25	—	—	0.231

工作内容:清理、湿润基层,墙眼堵塞,调制砂浆,分层抹灰找平、洒水湿润、罩面压光。
清理、湿润基层,墙眼堵塞,调运干混商品砂浆,分层抹灰找平、洒水湿润、罩面压光。
清理、湿润基层,墙眼堵塞,运湿拌商品砂浆,分层抹灰找平、洒水湿润、罩面压光。

计量单位:100m²

定额编号					DC0657	DC0658	DC0659
项目名称					柱面		
					砖柱面		
					现拌砂浆	干混商品砂浆	湿拌商品砂浆
费用	综合单价(元)				**3134.61**	**3511.57**	**2663.19**
	其中	人工费(元)			1570.88	1451.75	1129.13
		材料费(元)			551.17	1093.39	799.00
		施工机具使用费(元)			61.52	76.23	48.80
		企业管理费(元)			637.94	597.13	460.33
		利润(元)			280.45	262.51	202.37
		一般风险费(元)			32.65	30.56	23.56
	编码	名称	单位	单价(元)	消	耗	量
人工	000300110	抹灰综合工	工日	125.00	12.567	11.614	9.033
材料	810201040	水泥砂浆 1:2.5(特)	m³	232.40	0.670	—	—
	810201050	水泥砂浆 1:3(特)	m³	213.87	1.550	—	—
	810425010	素水泥浆	m³	479.39	0.110	0.110	0.110
	850301030	干混商品抹灰砂浆 M10.0	t	271.84	—	3.774	—
	850302020	湿拌商品抹灰砂浆 M10.0	m³	325.24	—	—	2.260
	050303800	木材 锯材	m³	1547.01	0.005	0.005	0.005
	341100100	水	m³	4.42	0.790	1.583	0.790
机械	990610010	灰浆搅拌机 200L	台班	187.56	0.328	—	—
	990611010	干混砂浆罐式搅拌机 20000L	台班	232.40	—	0.328	—
	990621010	砂浆喷涂机 UBJ3A	台班	211.25	—	—	0.231

工作内容:清理、湿润基层,墙眼堵塞,调制砂浆,分层抹灰找平、洒水湿润、罩面压光。
清理、湿润基层,墙眼堵塞,调运干混商品砂浆,分层抹灰找平、洒水湿润、罩面压光。
清理、湿润基层,墙眼堵塞,运湿拌商品砂浆,分层抹灰找平、洒水湿润、罩面压光。

计量单位:$100m^2$

定额编号					DC0660	DC0661	DC0662
项目名称					柱、梁面		
					砼柱、梁面		
					现拌砂浆	干混商品砂浆	湿拌商品砂浆
费用	综合单价(元)				**3469.75**	**4032.27**	**3041.19**
	其中	人工费(元)			1704.38	1635.88	1272.38
		材料费(元)			659.01	1302.83	950.30
		施工机具使用费(元)			71.65	88.78	48.80
		企业管理费(元)			694.07	673.99	516.31
		利润(元)			305.12	296.30	226.98
		一般风险费(元)			35.52	34.49	26.42
	编码	名称	单位	单价(元)	消耗量		
人工	000300110	抹灰综合工	工日	125.00	13.635	13.087	10.179
材料	810201040	水泥砂浆 1:2.5(特)	m^3	232.40	1.110	—	—
	810201050	水泥砂浆 1:3(特)	m^3	213.87	1.550	—	—
	810424010	水泥建筑胶浆 1:0.1:0.2	m^3	530.19	0.110	0.110	0.110
	850301030	干混商品抹灰砂浆 M10.0	t	271.84	—	4.522	—
	850302020	湿拌商品抹灰砂浆 M10.0	m^3	325.24	—	—	2.708
	050303800	木材 锯材	m^3	1547.01	0.005	0.005	0.005
	341100100	水	m^3	4.42	0.790	1.700	0.790
机械	990610010	灰浆搅拌机 200L	台班	187.56	0.382	—	—
	990611010	干混砂浆罐式搅拌机 20000L	台班	232.40	—	0.382	—
	990621010	砂浆喷涂机 UBJ3A	台班	211.25	—	—	0.231

工作内容:清理、湿润基层,墙眼堵塞,调制砂浆,分层抹灰找平、洒水湿润、罩面压光。
清理、湿润基层,墙眼堵塞,调运干混商品砂浆,分层抹灰找平、洒水湿润、罩面压光。
清理、湿润基层,墙眼堵塞,运湿拌商品砂浆,分层抹灰找平、洒水湿润、罩面压光。

计量单位:$100m^2$

定额编号					DC0663	DC0664	DC0665
项目名称					零星项目		
					现拌砂浆	干混商品砂浆	湿拌商品砂浆
费用	综合单价(元)				**4769.00**	**5209.44**	**4604.43**
	其中	人工费(元)			2608.50	2529.38	2388.88
		材料费(元)			543.43	1085.81	823.79
		施工机具使用费(元)			61.52	76.23	—
		企业管理费(元)			1043.44	1018.27	933.57
		利润(元)			458.71	447.64	410.41
		一般风险费(元)			53.40	52.11	47.78
	编码	名称	单位	单价(元)	消耗量		
人工	000300110	抹灰综合工	工日	125.00	20.868	20.235	19.111
材料	810201040	水泥砂浆 1:2.5(特)	m^3	232.40	0.670	—	—
	810201050	水泥砂浆 1:3(特)	m^3	213.87	1.550	—	—
	810425010	素水泥浆	m^3	479.39	0.110	0.110	0.110
	850301030	干混商品抹灰砂浆 M10.0	t	271.84	—	3.774	—
	850302020	湿拌商品抹灰砂浆 M10.0	m^3	325.24	—	—	2.360
	341100100	水	m^3	4.42	0.790	1.618	0.790
机械	990610010	灰浆搅拌机 200L	台班	187.56	0.328	—	—
	990611010	干混砂浆罐式搅拌机 20000L	台班	232.40	—	0.328	—

C.8.2 细石混凝土饰面(编码:040308002)

工作内容:清理基层、找平;画线、调制砂浆、抹砂浆格子;选料、调制有色细石混凝土、抹细石混凝土;勾缝、养护;钉路、打麻、清理。

计量单位:100m²

定额编号					DC0666	DC0667
项目名称					仿青条石饰面	
					现拌砂浆	商品砂浆
费用	综合单价(元)				**12127.99**	**12195.21**
	其中	人工费(元)			6187.50	6169.63
		材料费(元)			2217.47	2312.36
		施工机具使用费(元)			74.68	75.07
		企业管理费(元)			2447.26	2440.42
		利润(元)			1075.84	1072.84
		一般风险费(元)			125.24	124.89
	编码	名称	单位	单价(元)	消耗量	
人工	000300020	装饰综合工	工日	125.00	49.500	49.357
材料	800210020	砼 C20(塑、特、碎 5~10、坍 35~50)	m³	235.62	4.202	4.202
	810104030	M10.0 水泥砂浆(特 稠度 70~90mm)	m³	209.07	0.374	—
	850301030	干混商品抹灰砂浆 M10.0	t	271.84	—	0.636
	050303800	木材 锯材	m³	1547.01	0.673	0.673
	142302200	铁绿粉	kg	2.14	25.212	25.212
	002000010	其他材料费	元	—	54.11	54.30
机械	990602020	双锥反转出料混凝土搅拌机 350L	台班	226.31	0.330	—
	990611010	干混砂浆罐式搅拌机 20000L	台班	232.40	—	0.323

C.8.3 镶贴面层(编码:040308003)

工作内容:清理基层、调制砂浆、抹灰找平;选料、抹结合层砂浆、贴块料面层、擦缝、清理。放样、选修砌料、调制砂浆、砌筑、场内水平运输等。

计量单位:100m²

定额编号					DC0668	DC0669	DC0670	DC0671
项目名称					仿青条石面砖饰面		清条石镶面	
					现拌砂浆	商品砂浆	现拌砂浆	商品砂浆
费用	综合单价(元)				**10297.66**	**10654.68**	**4499.80**	**4619.74**
	其中	人工费(元)			4069.50	3946.88	1831.63	1798.13
		材料费(元)			3746.55	4313.83	1569.60	1748.28
		施工机具使用费(元)			69.96	59.73	19.88	16.27
		企业管理费(元)			1617.70	1565.78	723.57	709.06
		利润(元)			711.16	688.33	318.09	311.71
		一般风险费(元)			82.79	80.13	37.03	36.29
	编码	名称	单位	单价(元)	消耗量			
人工	000300020	装饰综合工	工日	125.00	32.556	31.575	14.653	14.385
材料	810201010	水泥砂浆 1:1(特)	m³	334.13	0.210	—	—	—
	810201020	水泥砂浆 1:1.5(特)	m³	290.25	0.670	—	—	—
	810201050	水泥砂浆 1:3(特)	m³	213.87	1.690	—	—	—
	810104030	M10.0 水泥砂浆(特 稠度 70~90mm)	m³	209.07	—	—	0.700	—
	850301030	干混商品抹灰砂浆 M10.0	t	271.84	—	4.369	—	1.190
	070101300	面砖	m²	30.00	103.500	103.500	—	—
	041100620	镶面条石	m³	141.75	—	—	10.000	10.000
	341100100	水	m³	4.42	1.350	2.635	1.300	1.650
	002000010	其他材料费	元	—	9.51	9.51	—	—
机械	990610010	灰浆搅拌机 200L	台班	187.56	0.373	—	0.106	—
	990611010	干混砂浆罐式搅拌机 20000L	台班	232.40	—	0.257	—	0.070

C.8.4 涂料(编码:040308004)

C.8.4.1 混凝土面喷刷涂料

工作内容:清理基层、找平;调制涂料;喷(刷)涂料;养护。　　计量单位:100m²

定额编号					DC0672	DC0673
项目名称					普通型水泥基涂料	结晶渗透型水泥基涂料
费用	综合单价(元)				**3241.45**	**5394.78**
	其中	人工费(元)			1174.88	822.50
		材料费(元)			1381.29	4092.75
		施工机具使用费(元)			0.50	0.22
		企业管理费(元)			459.34	321.52
		利润(元)			201.93	141.34
		一般风险费(元)			23.51	16.45
	编码	名称	单位	单价(元)	消耗量	
人工	000300020	装饰综合工	工日	125.00	9.399	6.580
材料	130503110	水泥基涂料(水性)	kg	9.31	140.170	—
	130503120	水泥基涂料(粉状)	kg	12.68	—	321.000
	040100120	普通硅酸盐水泥 P.O 32.5	kg	0.30	234.330	—
	341100100	水	m³	4.42	0.065	1.445
	002000010	其他材料费	元	—	5.72	16.08
机械	991235010	电锤 0.52kW	台班	10.82	0.046	0.020

C.8.5 油漆(编码:040308005)

C.8.5.1 混凝土面喷刷油漆

工作内容:清理表层、调料、喷(刷)涂料。　　计量单位:100m²

定额编号					DC0674	DC0675	DC0676	DC0677	DC0678	DC0679
项目名称					混凝土面喷(刷)油漆					
					底漆		面漆		封闭涂层漆	
					厚度 10mm	每增减 5mm	厚度 10mm	每增减 5mm	厚度 5mm	每增减 2.5mm
费用	综合单价(元)				**2022.74**	**913.84**	**1806.34**	**891.54**	**4792.40**	**2396.22**
	其中	人工费(元)			595.00	236.38	518.50	252.13	472.75	236.38
		材料费(元)			1033.30	515.80	945.90	472.95	4008.00	2004.00
		施工机具使用费(元)			30.20	15.13	25.19	12.37	22.89	11.45
		企业管理费(元)			244.33	98.29	212.47	103.36	193.70	96.85
		利润(元)			107.41	43.21	93.41	45.44	85.15	42.58
		一般风险费(元)			12.50	5.03	10.87	5.29	9.91	4.96
	编码	名称	单位	单价(元)	消耗量					
人工	000300140	油漆综合工	工日	125.00	4.760	1.891	4.148	2.017	3.782	1.891
材料	130105570	氟碳树脂漆	kg	40.03	—	—	—	—	100.000	50.000
	143304000	有机硅烷类	kg	8.55	120.000	60.000	110.000	55.000	—	—
	002000010	其他材料费	元	—	7.30	2.80	5.40	2.70	5.00	2.50
机械	991003030	电动空气压缩机 1m³/min	台班	51.10	0.591	0.296	0.493	0.242	0.448	0.224

C.9 其他(编码:040309)

C.9.1 金属栏杆(编码:040309001)

工作内容:制作、安装、刷漆等。 **计量单位**:t

					DC0680	DC0681	DC0682	DC0683
定额编号					DC0680	DC0681	DC0682	DC0683
项目名称					铸铁柱及栏杆安装	钢管栏杆	不锈钢栏杆	防撞护栏钢管扶手
费用	综合单价(元)				**5346.33**	**7881.05**	**36958.13**	**6646.22**
	其中	人工费(元)			1247.64	2359.68	5104.44	1743.48
		材料费(元)			3371.82	3679.67	27873.17	3617.93
		施工机具使用费(元)			—	295.06	636.09	170.01
		企业管理费(元)			487.58	1037.47	2243.40	747.79
		利润(元)			214.34	456.08	986.22	328.74
		一般风险费(元)			24.95	53.09	114.81	38.27
	编码	名称	单位	单价(元)	消耗量			
人工	000300160	金属制安综合工	工日	120.00	10.397	19.664	42.537	14.529
材料	016300110	成品铸铁	kg	2.74	652.000	—	—	—
	170100800	钢管	t	3085.00	0.362	—	—	—
	170500010	不锈钢管 综合	t	24017.00	—	—	1.060	—
	143900600	氩气	m^3	12.72	—	—	27.330	—
	016100200	钨棒	kg	192.31	—	—	4.039	—
	170100500	焊接钢管 综合	t	3120.00	—	0.954	—	0.848
	012901400	中厚钢板 δ=15 以内	kg	3.25	—	74.200	—	212.000
	010100315	钢筋 ϕ10 以外	t	2960.00	—	0.032	—	—
	032130010	铁件 综合	kg	3.68	90.000	—	—	—
	130500700	防锈漆	kg	12.82	8.100	10.180	—	10.180
	140500800	油漆溶剂油	kg	3.04	8.100	—	—	—
	143900700	氧气	m^3	3.26	—	5.750	—	—
	143901010	乙炔气	m^3	14.31	—	2.054	—	—
	031350010	低碳钢焊条 综合	kg	4.19	—	19.263	—	11.100
	031360710	不锈钢焊丝	kg	48.63	—	—	9.727	—
	002000010	其他材料费	元	—	8.90	107.96	817.75	106.15
机械	990912010	氩弧焊机 500A	台班	93.99	—	—	3.724	—
	990919010	电焊条烘干箱 450×350×450	台班	17.13	—	0.340	—	0.196
	990901020	交流弧焊机 32kV·A	台班	85.07	—	3.400	—	1.959
	990747020	管子切断机 管径 150mm	台班	33.58	—	—	8.519	—

C.9.2 橡胶支座(编码:040309004)

工作内容:安装,定位、固定、焊接等。　　　　**计量单位**:$100cm^3$

		定额编号			DC0684	DC0685
		项目名称			板式橡胶支座	四氟板式橡胶支座
费用		**综合单价(元)**			**7.88**	**9.16**
	其中	人工费(元)			1.04	1.84
		材料费(元)			6.24	6.24
		施工机具使用费(元)			—	—
		企业管理费(元)			0.40	0.72
		利润(元)			0.18	0.32
		一般风险费(元)			0.02	0.04
	编码	名称	单位	单价(元)	消耗量	
人工	000700010	市政综合工	工日	115.00	0.009	0.016
材料	363100110	板式橡胶支座	$100cm^3$	6.15	1.000	—
	363101310	四氟板式橡胶支座	$100cm^3$	6.15	—	1.000
	002000020	其他材料费	元	—	0.09	0.09

C.9.3 钢支座(编码:040309005)

工作内容:安装,定位、固定、焊接等。　　　　**计量单位**:t

		定额编号			DC0686	DC0687	DC0688
		项目名称			辊轴钢支座	切线支座	摆式支座
费用		**综合单价(元)**			**5458.93**	**10799.53**	**10350.26**
	其中	人工费(元)			1456.82	3584.09	2988.97
		材料费(元)			3127.27	3550.65	4813.71
		施工机具使用费(元)			16.49	996.27	509.42
		企业管理费(元)			575.77	1790.00	1367.17
		利润(元)			253.11	786.91	601.02
		一般风险费(元)			29.47	91.61	69.97
	编码	名称	单位	单价(元)	消耗量		
人工	000700010	市政综合工	工日	115.00	12.668	31.166	25.991
材料	330102300	辊轴钢支座	t	2735.04	1.000	—	—
	330102500	切线钢支座	t	2735.04	—	1.000	—
	363100010	摆式支座	t	4273.50	—	—	1.000
	031350010	低碳钢焊条 综合	kg	4.19	0.600	35.900	18.700
	032130010	铁件 综合	kg	3.68	13.200	—	—
	010100315	钢筋 ϕ10 以外	t	2960.00	0.037	0.207	0.132
	010000010	型钢 综合	kg	3.09	60.000	—	—
	002000020	其他材料费	元	—	46.22	52.47	71.14
机械	990901020	交流弧焊机 32kV·A	台班	85.07	0.190	11.480	5.870
	990919010	电焊条烘干箱 450×350×450	台班	17.13	0.019	1.148	0.587

C.9.4 盆式支座(编码:040309006)

工作内容:安装,定位、固定、焊接等。　　　　计量单位:个

		定额编号			DC0689	DC0690	DC0691	DC0692	DC0693	DC0694
		项目名称			盆式金属橡胶组合支座					
					3000kN以内	4000kN以内	5000kN以内	7000kN以内	10000kN以内	15000kN以内
费用		综合单价(元)			**3211.26**	**4777.07**	**6727.94**	**9551.67**	**15228.87**	**22446.83**
	其中	人工费(元)			437.23	661.83	1049.95	1571.36	2487.11	4094.81
		材料费(元)			2259.38	3451.66	4770.22	6749.32	10720.02	15353.37
		施工机具使用费(元)			164.24	175.66	187.08	199.37	361.91	387.35
		企业管理费(元)			235.05	327.29	483.43	692.00	1113.39	1751.63
		利润(元)			103.33	143.88	212.52	304.21	489.46	770.03
		一般风险费(元)			12.03	16.75	24.74	35.41	56.98	89.64
	编码	名称	单位	单价(元)	消耗量					
人工	000700010	市政综合工	工日	115.00	3.802	5.755	9.130	13.664	21.627	35.607
材料	363100700	钢盆式橡胶支座 支座反力≤3000kN	个	1709.40	1.000	—	—	—	—	—
	363100800	钢盆式橡胶支座 支座反力≤4000kN	个	2735.04	—	1.000	—	—	—	—
	363100900	钢盆式橡胶支座 支座反力≤5000kN	个	3846.15	—	—	1.000	—	—	—
	363101000	钢盆式橡胶支座 支座反力≤7000kN	个	5470.08	—	—	—	1.000	—	—
	363101100	钢盆式橡胶支座 支座反力≤10000kN	个	8974.35	—	—	—	—	1.000	—
	363101200	钢盆式橡胶支座 支座反力≤15000kN	个	12820.50	—	—	—	—	—	1.000
	840201140	商品砼	m^3	266.99	0.360	0.490	0.640	0.960	1.240	1.760
	010100315	钢筋 ϕ10 以外	t	2960.00	0.045	0.058	0.073	0.103	0.131	0.182
	010000010	型钢 综合	kg	3.09	1.000	1.000	1.000	1.000	1.000	2.000
	012901400	中厚钢板 δ=15 以内	kg	3.25	77.000	100.000	124.000	170.000	239.000	369.000
	031350010	低碳钢焊条 综合	kg	4.19	1.800	1.900	2.100	2.300	2.600	3.000
	350100011	复合模板	m^2	23.93	1.000	1.000	2.000	2.000	3.000	3.000
	032130010	铁件 综合	kg	3.68	0.500	0.600	0.800	1.000	1.100	1.300
	002000010	其他材料费	元	—	34.01	51.93	71.42	101.28	160.27	229.67
机械	990304028	汽车式起重机 30t	台班	1062.16	—	—	—	—	0.260	0.260
	990901020	交流弧焊机 32kV·A	台班	85.07	0.330	0.350	0.370	0.400	0.430	0.500
	990304020	汽车式起重机 20t	台班	968.56	0.140	0.150	0.160	0.170	0.050	0.070
	990919010	电焊条烘干箱 450×350×450	台班	17.13	0.033	0.035	0.037	0.040	0.043	0.050

C.9.5 桥梁伸缩装置(编码:040309007)

工作内容:焊接、安装,切割临时接头,涂拌沥青及油浸,沥青玛蹄脂嵌缝,铁皮加工,固定等。 计量单位:10m

	编码	名称	单位	单价(元)	DC0695	DC0696	DC0697	DC0698	DC0699	DC0700
项目名称					桥梁伸缩装置					
					梳型钢板	钢板	橡胶板	毛勒	镀锌铁皮沥青玛蹄脂	沥青麻丝
费用		**综合单价(元)**			**3601.50**	**2849.46**	**2320.08**	**3223.06**	**819.84**	**278.42**
其中		人工费(元)			900.45	565.34	766.25	422.40	325.57	165.60
其中		材料费(元)			1764.02	1588.36	927.49	2062.39	304.60	16.34
其中		施工机具使用费(元)			260.60	231.51	113.69	310.99	—	—
其中		企业管理费(元)			453.74	311.41	343.88	286.61	127.23	64.72
其中		利润(元)			199.47	136.90	151.17	126.00	55.93	28.45
其中		一般风险费(元)			23.22	15.94	17.60	14.67	6.51	3.31
	编码	名称	单位	单价(元)	消耗量					
人工	000700010	市政综合工	工日	115.00	7.830	4.916	6.663	3.673	2.831	1.440
材料	332100200	梳型钢板伸缩缝	m	145.30	10.000	—	—	—	—	—
材料	332100010	钢板伸缩缝	m	145.30	—	10.000	—	—	—	—
材料	332100300	橡胶板伸缩缝	m	85.47	—	—	10.000	—	—	—
材料	332100100	毛勒伸缩缝	m	200.00	—	—	—	10.000	—	—
材料	840301040	沥青砂	t	728.16	0.047	—	—	—	—	—
材料	133501710	石油沥青玛蹄脂	kg	1.75	—	—	—	—	92.400	—
材料	133100920	石油沥青	kg	2.56	50.000	—	—	—	—	1.600
材料	010100013	钢筋	t	3070.18	0.007	0.005	0.002	—	—	—
材料	142100400	环氧树脂	kg	18.89	—	—	0.500	—	—	—
材料	012903069	镀锌铁皮	m^2	27.68	—	—	—	—	5.000	—
材料	022901100	油麻丝	kg	8.00	—	—	—	—	—	1.500
材料	031350010	低碳钢焊条 综合	kg	4.19	24.160	23.040	10.380	7.616	—	—
材料	002000020	其他材料费	元	—	26.07	23.47	13.71	30.48	4.50	0.24
机械	990901020	交流弧焊机 32kV·A	台班	85.07	3.003	2.665	1.310	0.676	—	—
机械	990304001	汽车式起重机 5t	台班	473.39	—	—	—	0.533	—	—
机械	990919010	电焊条烘干箱 450×350×450	台班	17.13	0.300	0.280	0.131	0.068	—	—

C.9.6 桥面排(泄)水管(编码:040309009)

工作内容:1.泄水孔:清孔,涂沥青,绑扎,地漏安装等。
2.排水管:画线、截料,打眼钻孔,安装管箍、集水斗、PVC管、接口涂胶等。 计量单位:10m

	编码	名称	单位	单价(元)	DC0701	DC0702	DC0703	DC0704
项目名称					泄水孔			排水管
					钢管	铸铁管	塑料管	高架桥排水管
费用		**综合单价(元)**			**700.49**	**1076.21**	**365.71**	**949.07**
其中		人工费(元)			76.59	87.98	57.73	139.27
其中		材料费(元)			579.28	936.98	274.35	511.21
其中		施工机具使用费(元)			—	—	—	137.41
其中		企业管理费(元)			29.93	34.38	22.56	108.12
其中		利润(元)			13.16	15.11	9.92	47.53
其中		一般风险费(元)			1.53	1.76	1.15	5.53
	编码	名称	单位	单价(元)	消耗量			
人工	000700010	市政综合工	工日	115.00	0.666	0.765	0.502	1.211
材料	171100100	铸铁管 $\phi 150$	m	81.20	—	10.200	—	—
材料	170100670	焊接钢管 $DN150$	m	46.65	10.200	—	—	—
材料	133100920	石油沥青	kg	2.56	37.068	37.068	—	—
材料	172506870	硬塑料管 $\phi 150$	m	26.50	—	—	10.200	10.200
材料	030133027	膨胀螺栓 M12	套	1.54	—	—	—	2.400
材料	182506400	熟铁管箍	个	4.27	—	—	—	11.000
材料	180908950	PVC管弯头 $\phi 150$	个	18.80	—	—	—	5.400
材料	181510500	PVC管缩节 $\phi 150$	只	25.64	—	—	—	3.100
材料	144100900	PVC胶水	kg	21.07	—	—	—	0.080
材料	002000020	其他材料费	元	—	8.56	13.85	4.05	7.55
机械	990512010	平台作业升降车 提升高度9m	台班	274.82	—	—	—	0.500

C.9.7 防水层(编码:040309010)

工作内容:清理面层,涂沥青,铺油毡或玻璃布,防水砂浆配拌、运料、抹平,涂粘结剂,橡胶裁剪、铺设等。

计量单位:100m²

定额编号					DC0705	DC0706	DC0707	DC0708	DC0709
项目名称					防水层				
					一涂沥青	一层油毡	防水砂浆 2cm	防水橡胶板 2mm	聚氨酯防水涂料
费用	综合单价(元)				**1149.79**	**623.72**	**1673.03**	**3291.38**	**3015.52**
	其中	人工费(元)			368.69	25.99	645.96	254.50	664.01
		材料费(元)			566.31	582.58	619.84	2888.61	1964.65
		施工机具使用费(元)			—	—	19.52	—	—
		企业管理费(元)			144.08	10.16	260.07	99.46	259.50
		利润(元)			63.34	4.47	114.33	43.72	114.08
		一般风险费(元)			7.37	0.52	13.31	5.09	13.28
	编码	名称	单位	单价(元)	消耗量				
人工	000700010	市政综合工	工日	115.00	3.206	0.226	5.617	2.213	5.774
材料	133100920	石油沥青	kg	2.56	210.000	—	—	—	—
	341100600	煤	t	336.28	0.043	—	—	—	—
	022701200	油毛毡	m²	5.04	—	112.200	—	—	—
	810205010	M15.0 水泥砂浆(机细 稠度 70～90mm)	m³	196.77	—	—	2.500	—	—
	143502200	防水剂	kg	2.65	—	—	41.410	—	—
	020100200	橡胶板 2	m²	17.43	—	—	—	102.000	—
	144104100	氯丁橡胶粘接剂	kg	8.55	—	—	—	120.000	—
	130501510	聚氨酯防水涂料	kg	10.09	—	—	—	—	189.000
	002000010	其他材料费	元	—	14.25	17.09	18.18	84.75	57.64
机械	990611010	干混砂浆罐式搅拌机 20000L	台班	232.40	—	—	0.084	—	—

C.9.8 冷却水管(编码:040309011)

工作内容:安装、定位、通水(含更换通水方向)、混凝土浇筑完成后通水管内灌浆封孔。

计量单位:t

定额编号					DC0710
项目名称					混凝土降温冷却水管
费用	综合单价(元)				**5014.80**
	其中	人工费(元)			463.91
		材料费(元)			3621.41
		施工机具使用费(元)			416.53
		企业管理费(元)			344.08
		利润(元)			151.26
		一般风险费(元)			17.61
	编码	名称	单位	单价(元)	消耗量
人工	000700010	市政综合工	工日	115.00	4.034
材料	040100013	水泥 32.5	t	299.15	0.786
	010100010	钢筋 综合	kg	3.07	46.000
	031350010	低碳钢焊条 综合	kg	4.19	0.600
	170100800	钢管	t	3085.00	1.040
	341100100	水	m³	4.42	2.000
	002000010	其他材料费	元	—	25.30
机械	990801030	电动单级离心清水泵 出口直径 150mm	台班	56.20	6.794
	990901020	交流弧焊机 32kV·A	台班	85.07	0.408

D　隧道工程

说　　明

一、一般说明

1.本定额的岩石分类,见“土石方工程”章节中“岩石分类表”。

2.本章结合重庆地区实际情况仅编制了隧道岩石开挖、岩石隧道衬砌的内容。实际施工采用盾构掘进及有地下混凝土结构的工程项目,执行《重庆市城市轨道交通工程计价定额》的相关子目。实际施工采用管节顶升(旁通道)、沉管隧道、隧道沉井施工的工程项目,按照住房和城乡建设部颁布的《市政工程消耗量定额》(ZYA 1－31－2015)编制补充定额。

3.凡隧道洞内工程定额缺项时应先采用本定额其他章节定额子目,再缺项时可采用其他专业定额的相关定额子目,洞外工程用于洞内工程时定额人工、机械均乘以系数1.2;隧道洞内工程定额子目用于洞外工程时,定额人工、机械乘以系数0.8。

4.本定额不包括隧道施工过程中发生的地震、瓦斯、涌水、流砂、坍塌和溶洞等地质灾害造成的损失(含停工、窝工)及处理措施,发生时另行计算。

二、隧道岩石开挖

1.平洞全断面开挖适用于坡度在5°以内的洞;斜井全断面开挖适用于坡度在90°以内的井。竖井全断面开挖适用于垂直度为90°的井。

2.平洞开挖与出渣不分洞长均执行本定额。斜井开挖与出渣适用于长度在100m内的斜井;竖井开挖与出渣适用于长度在50m以内的竖井。

3.隧道钻爆开挖单头掘进长度超过1000m时,超长施工增加的人工和机械消耗量另按相应子目执行。

4.平洞各断面爆破开挖的施工方法、斜井的上行和下行开挖、竖井的正井和反井开挖,均已综合考虑。

5.洞内地沟爆破开挖项目,只适用于独立开挖的地沟,非独立开挖地沟不得执行本定额。

6.爆破材料现场的运输用工已包含在本定额内,但未包括由相关部门规定配送而发生的配送费,发生时按实计算。

7.与平洞悬臂式掘进机配套使用的变压器、电缆的安拆、移动及使用摊销费用已综合考虑在定额内,不再另行计算。

8.平洞出渣“人力、机械装渣,轻轨斗车运输”项目,已综合考虑坡度在2.5%以内重车上坡的工效降低因素。

9.平洞、斜井和竖井出渣,若出洞后,改变了运输方式,执行“土石方工程”章节相应子目。

10.竖井出渣项目已包含卷扬机、吊斗及吊架的耗量,不再另行计算。

11.斜井出渣项目已综合考虑出渣方向,无论实际向上或向下出渣均按本定额执行。若从斜井底通过平洞出渣时,其平洞段运输执行相应的平洞运输定额子目。

12.斜井和竖井出渣均包括洞口外50m运输,若出洞口后运距超过50m,运输方式未发生变化的,超过部分执行平洞出渣超运距相应子目;运输方式发生变化的,按变化后的运输方式执行相应子目。

13.本定额按无地下水编制(不含施工湿式作业积水),如果施工出现地下水时,积水的排水费和施工的防水措施费另行计算。

14.隧道洞口以外工程项目和明槽开挖项目,执行其他章节相应定额子目。

三、岩石隧道衬砌

1.本节定额包括混凝土及钢筋混凝土衬砌拱部、混凝土及钢筋混凝土衬砌边墙、混凝土模板台车衬砌及制安、仰拱、底板混凝土衬砌、竖井混凝土及钢筋混凝土衬砌等子目。

2.洞内现浇混凝土及钢筋混凝土边墙、拱部,喷射混凝土边墙、拱部,已综合考虑了施工操作平台和竖井采用的脚手架。

3.现浇混凝土及钢筋混凝土边墙、拱部衬砌,已综合考虑了先拱后墙、先墙后拱的衬砌方法。

4.现浇混凝土及钢筋混凝土边墙为弧形时,弧形段模板按边墙模板定额子目的人工和机械乘以系数 1.2。砌筑弧形段边墙按定额子目每 10 m^3 砌筑体积人工增加 1.3 工日。

5.喷射混凝土是按湿喷工艺考虑,填平找齐、回弹、施工损耗已综合考虑在定额子目中。喷射钢纤维混凝土中钢纤维掺量按照混凝土质量的 3%考虑,当设计采用的掺入量与本定额不同或采用其他材料时可作换算,其余不变。

6.岩石隧道工程的钢筋制作和安装,执行“钢筋工程”章节中相应定额子目,其中人工和机械乘以系数 1.2。

7.砂浆锚杆及药卷锚杆定额项目中未包括垫板的制作、安装,执行“钢筋工程”中预埋铁件定额子目,其中人工和机械乘以系数 1.2。

8.临时钢支撑执行钢支撑相应定额子目。其中型钢、钢筋材料消耗量按 35%计算。

9.钢支撑中未包含连接钢筋数量,连接钢筋执行“钢筋工程”章节中相应定额子目,其中人工和机械乘以系数 1.2。

10.砂浆锚杆及药卷锚杆按照 ϕ22 编制,若实际不同时,人工、机械消耗量应按下列系数调整。

锚杆直径	ϕ28	ϕ25	ϕ22	ϕ20	ϕ18	ϕ16
调整系数	0.62	0.78	1.00	1.21	1.49	1.89

11.预应力锚杆直径按 ϕ25 编制,若实际不同时,锚杆可以换算,定额人工、机械按下列系数调整。

锚杆直径	ϕ20	ϕ22	ϕ25	ϕ28	ϕ32	ϕ40
调整系数	0.62	0.78	1.00	1.21	1.49	1.89

12.本节定额中防水板是按复合式防水板考虑的,如设计不同时允许换算。

13.本节定额中止水胶是按照单条 2cm^2 考虑,每米用量为 0.3kg。如设计的材料品种及数量不同时,允许按设计要求进行换算。

14.本节定额中排水管材料如设计采用的材质、管径不同时,允许按设计要求进行换算。

15.横向排水管定额项目是按 2m/支编制,如设计不同时,允许对定额材料消耗量进行换算。

工程量计算规则

一、隧道岩石开挖

1.隧道的平洞、斜井和竖井开挖与出渣工程量，按设计图示断面尺寸加允许超挖量以“m^3”计算。

若设计有开挖预留变形量，预留变形量和允许超挖量不得重复计算。当设计预留变形量大于允许超挖量时，允许超挖量按预留变形量计算；当设计预留变形量小于允许超挖量时，按允许超挖量计算。

允许超挖量表

单位：mm

名称	拱部	边墙	仰拱
钻爆开挖	50	100	100
非爆开挖	50	50	50
掘进机开挖	120	80	80

2.隧道内地沟的开挖和出渣工程量，按设计断面尺寸以“m^3”计算。

3.平洞出渣的运距，按装渣重心至卸渣重心的距离计算。其中洞内段按洞内轴线长度计算，洞外段按洞外运输线路长度计算。

4.平洞弃渣通过斜井或竖井出渣时，应分别执行平洞出渣及平洞弃渣经斜井或竖井出渣相应项目。

5.斜井出渣的运距，按装渣重心至斜井口摘钩点的斜距离计算。

6.竖井的提升运距，按装渣重心至井口吊斗摘钩点的垂直距离计算。

二、岩石隧道衬砌

1.现浇混凝土衬砌工程量按照设计图示尺寸体积加允许超挖量以“m^3”计算，不扣除 $0.3m^2$ 以内孔洞所占体积。

2.石料衬砌工程量按照设计图示尺寸以“m^3”计算。

3.隧道边墙为直墙时，以起拱线为分界线，以下为边墙，以上为拱部；隧道为单心圆或多心圆断面时，以拱部 120°为分界线，以下为边墙，以上为拱部。

4.模板工程量按模板与混凝土接触面以“m^2”计算。

5.模板台车移动就位按每浇筑一循环混凝土移动一次计算。

6.喷射混凝土工程量按设计图示尺寸以“m^2”计算。

7.砂浆锚杆及药卷锚杆工程量按设计图示锚杆理论质量以“t”计算；中空注浆锚杆、自进式锚杆按设计图示尺寸以“m”计算。

8.预应力锚杆按设计图示尺寸以“m”计算，锚杆按净长计算不加损耗。

9.钢支撑按设计图示尺寸理论质量以“t”计算。

10.管棚、小导管按设计图示尺寸以“m”计算。

11.注浆按注浆浆液体积计算。

12.防水卷材按设计图示尺寸以“m^2”计算，防水卷材搭接长度已包含在子目消耗量中，不另计算。

13.细石混凝土保护层按设计图示尺寸以“m^3”计算。

14.止水带(条)、止水胶按图示尺寸以“m”计算。

15.排水管按图示尺寸以“m”计算。

16.横向排水管按设计图示数量以“支”计算。

D.1 隧道岩石开挖(编码:040401)

D.1.1 平洞开挖(编码:040401001)

D.1.1.1 平洞钻爆开挖

工作内容:选孔位、钻孔、装药、放炮、安全处理、爆破材料的领退。　　**计量单位:**100m³

定额编号					DD0001	DD0002	DD0003
项目名称					4m² 以内		
					极软岩、软岩、较软岩	较硬岩	坚硬岩
费用	综合单价(元)				**21392.56**	**30532.84**	**38626.79**
	其中	人工费(元)			7628.50	11038.00	14014.13
		材料费(元)			4935.92	6437.81	7698.31
		施工机具使用费(元)			3599.33	5401.26	7087.38
		企业管理费(元)			3577.19	5237.55	6722.94
		利润(元)			1427.06	2089.43	2682.00
		一般风险费(元)			224.56	328.79	422.03
	编码	名称	单位	单价(元)	消耗量		
人工	000700020	爆破综合工	工日	125.00	61.028	88.304	112.113
材料	340300710	乳化炸药	kg	11.11	199.319	262.600	328.250
	340300600	非电毫秒雷管	个	4.62	385.428	476.776	510.831
	340300520	导爆索	m	2.05	89.808	111.093	119.029
	280306200	铜芯聚氯乙烯绝缘软导线 BVR-2.5mm²	m	1.32	63.740	63.740	63.740
	031391310	合金钢钻头 一字型	个	25.56	12.644	19.306	27.018
	011500030	六角空心钢 22～25	kg	3.93	20.084	30.666	42.915
	172700820	高压胶皮风管 ϕ25-6P-20m	m	7.69	3.367	5.050	6.613
	172702130	高压胶皮水管 ϕ19-6P-20m	m	2.84	3.367	5.050	6.613
	341100100	水	m³	4.42	33.665	50.497	66.127
	341100400	电	kW·h	0.70	18.947	28.931	40.486
	002000020	其他材料费	元	—	72.94	95.14	113.77
机械	990128010	风动凿岩机 气腿式	台班	14.30	20.947	31.420	41.146
	990766010	风动锻钎机	台班	25.46	0.436	0.665	0.931
	991003070	电动空气压缩机 10m³/min	台班	363.27	9.053	13.585	17.825

工作内容:选孔位、钻孔、装药、放炮、安全处理、爆破材料的领退。　　　　**计量单位**:$100m^3$

定额编号					DD0004	DD0005	DD0006
项目名称					$4m^2$ 以内		
					洞长 1000m 以上,每增加 1000m		
					极软岩、软岩、较软岩	较硬岩	坚硬岩
费用	综合单价(元)				**425.51**	**623.68**	**802.24**
	其中	人工费(元)			181.75	262.88	333.63
		材料费(元)			—	—	—
		施工机具使用费(元)			108.56	162.64	213.71
		企业管理费(元)			92.49	135.57	174.38
		利润(元)			36.90	54.08	69.57
		一般风险费(元)			5.81	8.51	10.95
	编码	名称	单位	单价(元)	消耗量		
人工	000700020	爆破综合工	工日	125.00	1.454	2.103	2.669
机械	990128010	风动凿岩机 气腿式	台班	14.30	0.250	0.374	0.490
	991003070	电动空气压缩机 $10m^3/min$	台班	363.27	0.289	0.433	0.569

工作内容:选孔位、钻孔、装药、放炮、安全处理、爆破材料的领退。　　　　**计量单位**:$100m^3$

定额编号					DD0007	DD0008	DD0009
项目名称					$6m^2$ 以内		
					极软岩、软岩、较软岩	较硬岩	坚硬岩
费用	综合单价(元)				**18856.14**	**27043.82**	**34105.94**
	其中	人工费(元)			6789.13	9894.25	12467.50
		材料费(元)			4238.18	5537.74	6641.95
		施工机具使用费(元)			3184.24	4778.65	6270.30
		企业管理费(元)			3177.51	4674.79	5969.86
		利润(元)			1267.61	1864.93	2381.57
		一般风险费(元)			199.47	293.46	374.76
	编码	名称	单位	单价(元)	消耗量		
人工	000700020	爆破综合工	工日	125.00	54.313	79.154	99.740
材料	340300710	乳化炸药	kg	11.11	176.321	232.300	290.375
	340300600	非电毫秒雷管	个	4.62	314.766	389.366	417.178
	340300520	导爆索	m	2.05	79.456	98.287	105.307
	280306200	铜芯聚氯乙烯绝缘软导线 BVR—$2.5mm^2$	m	1.32	52.306	52.306	52.306
	031391310	合金钢钻头 一字型	个	25.56	11.186	17.081	23.903
	011500030	六角空心钢 22~25	kg	3.93	17.768	27.131	37.968
	172700820	高压胶皮风管 ϕ25—6P—20m	m	7.69	2.978	4.468	5.850
	172702130	高压胶皮水管 ϕ19—6P—20m	m	2.84	2.978	4.468	5.850
	341100100	水	m^3	4.42	29.784	44.676	58.504
	341100400	电	kW·h	0.70	16.763	25.596	35.819
	002000020	其他材料费	元	—	62.63	81.84	98.16
机械	990128010	风动凿岩机 气腿式	台班	14.30	18.532	27.798	36.402
	990766010	风动锻钎机	台班	25.46	0.385	0.589	0.824
	991003070	电动空气压缩机 $10m^3/min$	台班	363.27	8.009	12.019	15.770

工作内容：选孔位、钻孔、装药、放炮、安全处理、爆破材料的领退。　　计量单位：100m³

定额编号					DD0010	DD0011	DD0012
项目名称					6m² 以内		
					洞长 1000m 以上，每增加 1000m		
					极软岩、软岩、较软岩	较硬岩	坚硬岩
费用	综合单价（元）				**377.81**	**556.05**	**711.84**
	其中	人工费（元）			161.63	235.50	296.75
		材料费（元）			—	—	—
		施工机具使用费（元）			96.14	143.87	188.92
		企业管理费（元）			82.12	120.87	154.73
		利润（元）			32.76	48.22	61.73
		一般风险费（元）			5.16	7.59	9.71
	编码	名称	单位	单价（元）	消耗量		
人工	000700020	爆破综合工	工日	125.00	1.293	1.884	2.374
机械	990128010	风动凿岩机 气腿式	台班	14.30	0.220	0.331	0.433
	991003070	电动空气压缩机 10m³/min	台班	363.27	0.256	0.383	0.503

工作内容：选孔位、钻孔、装药、放炮、安全处理、爆破材料的领退。　　计量单位：100m³

定额编号					DD0013	DD0014	DD0015
项目名称					10m² 以内		
					极软岩、软岩、较软岩	较硬岩	坚硬岩
费用	综合单价（元）				**16230.06**	**23319.24**	**29362.91**
	其中	人工费（元）			5832.63	8548.13	10725.00
		材料费（元）			3624.01	4701.69	5654.58
		施工机具使用费（元）			2768.08	4154.03	5450.43
		企业管理费（元）			2740.18	4046.91	5153.49
		利润（元）			1093.15	1614.44	2055.90
		一般风险费（元）			172.01	254.04	323.51
	编码	名称	单位	单价（元）	消耗量		
人工	000700020	爆破综合工	工日	125.00	46.661	68.385	85.800
材料	340300710	乳化炸药	kg	11.11	153.322	202.000	252.500
	340300600	非电毫秒雷管	个	4.62	259.415	314.282	336.731
	340300520	导爆索	m	2.05	74.481	91.538	98.077
	280306200	铜芯聚氯乙烯绝缘软导线 BVR－2.5mm²	m	1.32	38.003	36.414	36.414
	031391310	合金钢钻头 一字型	个	25.56	9.853	14.847	20.778
	011500030	六角空心钢 22～25	kg	3.93	15.650	23.584	33.004
	172700820	高压胶皮风管 ϕ25－6P－20m	m	7.69	2.589	3.883	5.085
	172702130	高压胶皮水管 ϕ19－6P－20m	m	2.84	2.589	3.883	5.085
	341100100	水	m³	4.42	25.890	38.834	50.855
	341100400	电	kW·h	0.70	15.213	22.249	31.136
	002000020	其他材料费	元	—	53.56	69.48	83.57
机械	990128010	风动凿岩机 气腿式	台班	14.30	16.109	24.164	31.643
	990766010	风动锻钎机	台班	25.46	0.339	0.512	0.716
	991003070	电动空气压缩机 10m³/min	台班	363.27	6.962	10.448	13.708

工作内容：选孔位、钻孔、装药、放炮、安全处理、爆破材料的领退。

计量单位：$100m^3$

定额编号					DD0016	DD0017	DD0018
项目名称					$10m^2$ 以内		
					洞长 1000m 以上，每增加 1000m		
					极软岩、软岩、较软岩	较硬岩	坚硬岩
费用	综合单价（元）				**325.58**	**481.61**	**614.89**
	其中	人工费（元）			138.75	203.50	255.38
		材料费（元）			—	—	—
		施工机具使用费（元）			83.39	125.09	164.14
		企业管理费（元）			70.77	104.69	133.66
		利润（元）			28.23	41.76	53.32
		一般风险费（元）			4.44	6.57	8.39
	编码	名称	单位	单价（元）	消耗量		
人工	000700020	爆破综合工	工日	125.00	1.110	1.628	2.043
机械	990128010	风动凿岩机 气腿式	台班	14.30	0.192	0.288	0.377
	991003070	电动空气压缩机 $10m^3/min$	台班	363.27	0.222	0.333	0.437

工作内容：选孔位、钻孔、装药、放炮、安全处理、爆破材料的领退。

计量单位：$100m^3$

定额编号					DD0019	DD0020	DD0021
项目名称					$20m^2$ 以内		
					极软岩、软岩、较软岩	较硬岩	坚硬岩
费用	综合单价（元）				**12686.22**	**17677.00**	**22230.74**
	其中	人工费（元）			4524.75	6230.00	7784.50
		材料费（元）			2810.75	3678.00	4433.76
		施工机具使用费（元）			2212.97	3321.07	4357.80
		企业管理费（元）			2146.64	3042.97	3868.54
		利润（元）			856.36	1213.94	1543.29
		一般风险费（元）			134.75	191.02	242.85
	编码	名称	单位	单价（元）	消耗量		
人工	000700020	爆破综合工	工日	125.00	36.198	49.840	62.276
材料	340300710	乳化炸药	kg	11.11	123.001	161.600	202.000
	340300600	非电毫秒雷管	个	4.62	189.590	234.523	251.275
	340300520	导爆索	m	2.05	55.220	68.308	73.187
	280306200	铜芯聚氯乙烯绝缘软导线 BVR－$2.5mm^2$	m	1.32	33.966	33.966	33.966
	031391310	合金钢钻头 一字型	个	25.56	7.774	11.871	16.612
	011500030	六角空心钢 22～25	kg	3.93	12.349	18.856	26.387
	172700820	高压胶皮风管 ϕ25－6P－20m	m	7.69	2.070	3.105	4.066
	172702130	高压胶皮水管 ϕ19－6P－20m	m	2.84	2.070	3.105	4.066
	341100100	水	m^3	4.42	20.700	31.049	40.659
	341100400	电	kW·h	0.70	11.713	17.789	24.893
	002000020	其他材料费	元	—	41.54	54.35	65.52
机械	990128010	风动凿岩机 气腿式	台班	14.30	12.880	19.319	25.299
	990766010	风动锻钎机	台班	25.46	0.268	0.409	0.573
	991003070	电动空气压缩机 $10m^3/min$	台班	363.27	5.566	8.353	10.960

工作内容：选孔位、钻孔、装药、放炮、安全处理、爆破材料的领退。　　　　计量单位：$100m^3$

定额编号					DD0022	DD0023	DD0024
项目名称					20m² 以内		
					洞长 1000m 以上，每增加 1000m		
					极软岩、软岩、较软岩	较硬岩	坚硬岩
费用	综合单价（元）				**255.74**	**364.45**	**464.18**
	其中	人工费（元）			107.63	148.38	185.25
		材料费（元）			—	—	—
		施工机具使用费（元）			66.85	100.28	131.45
		企业管理费（元）			55.59	79.22	100.90
		利润（元）			22.18	31.60	40.25
		一般风险费（元）			3.49	4.97	6.33
	编码	名称	单位	单价（元）	消耗量		
人工	000700020	爆破综合工	工日	125.00	0.861	1.187	1.482
机械	990128010	风动凿岩机 气腿式	台班	14.30	0.153	0.230	0.301
	991003070	电动空气压缩机 10m³/min	台班	363.27	0.178	0.267	0.350

工作内容：选孔位、钻孔、装药、放炮、安全处理、爆破材料的领退。　　　　计量单位：$100m^3$

定额编号					DD0025	DD0026	DD0027
项目名称					35m² 以内		
					极软岩、软岩、较软岩	较硬岩	坚硬岩
费用	综合单价（元）				**11492.71**	**16213.52**	**20160.06**
	其中	人工费（元）			4126.00	5809.13	7097.25
		材料费（元）			2508.19	3291.19	3973.61
		施工机具使用费（元）			2003.85	3007.36	3946.24
		企业管理费（元）			1952.97	2808.93	3518.46
		利润（元）			779.10	1120.58	1403.63
		一般风险费（元）			122.60	176.33	220.87
	编码	名称	单位	单价（元）	消耗量		
人工	000700020	爆破综合工	工日	125.00	33.008	46.473	56.778
材料	340300710	乳化炸药	kg	11.11	111.159	146.450	183.063
	340300600	非电毫秒雷管	个	4.62	166.140	205.516	220.196
	340300520	导爆索	m	2.05	50.003	61.854	66.272
	280306200	铜芯聚氯乙烯绝缘软导线 BVR－2.5mm²	m	1.32	24.398	24.398	24.398
	031391310	合金钢钻头 一字型	个	25.56	7.040	10.749	15.043
	011500030	六角空心钢 22～25	kg	3.93	11.182	17.074	23.894
	172700820	高压胶皮风管 ϕ25－6P－20m	m	7.69	1.875	2.812	3.682
	172702130	高压胶皮水管 ϕ19－6P－20m	m	2.84	1.875	2.812	3.682
	341100100	水	m³	4.42	18.744	28.116	36.818
	341100400	电	kW·h	0.70	10.550	16.108	22.542
	002000020	其他材料费	元	—	37.07	48.64	58.72
机械	990128010	风动凿岩机 气腿式	台班	14.30	11.663	17.494	22.909
	990766010	风动锻钎机	台班	25.46	0.243	0.370	0.518
	991003070	电动空气压缩机 10m³/min	台班	363.27	5.040	7.564	9.925

工作内容:选孔位、钻孔、装药、放炮、安全处理、爆破材料的领退。 **计量单位**:$100m^3$

定额编号					DD0028	DD0029	DD0030
项目名称					$35m^2$ 以内		
					洞长1000m以上,每增加1000m		
					极软岩、软岩、较软岩	较硬岩	坚硬岩
费用	**综合单价(元)**				**232.63**	**335.50**	**422.21**
	其中	人工费(元)			98.25	138.38	169.00
		材料费(元)			—	—	—
		施工机具使用费(元)			60.47	90.52	119.06
		企业管理费(元)			50.57	72.93	91.78
		利润(元)			20.17	29.09	36.61
		一般风险费(元)			3.17	4.58	5.76
	编码	名称	单位	单价(元)	消耗量		
人工	000700020	爆破综合工	工日	125.00	0.786	1.107	1.352
机械	990128010	风动凿岩机 气腿式	台班	14.30	0.139	0.208	0.273
	991003070	电动空气压缩机 $10m^3/min$	台班	363.27	0.161	0.241	0.317

工作内容:选孔位、钻孔、装药、放炮、安全处理、爆破材料的领退。 **计量单位**:$100m^3$

定额编号					DD0031	DD0032	DD0033
项目名称					$65m^2$ 以内		
					极软岩、软岩、较软岩	较硬岩	坚硬岩
费用	**综合单价(元)**				**9593.41**	**13331.35**	**16736.20**
	其中	人工费(元)			3483.25	4764.38	5926.25
		材料费(元)			2056.27	2699.59	3262.60
		施工机具使用费(元)			1659.10	2489.33	3266.36
		企业管理费(元)			1638.35	2311.03	2928.76
		利润(元)			653.59	921.95	1168.38
		一般风险费(元)			102.85	145.07	183.85
	编码	名称	单位	单价(元)	消耗量		
人工	000700020	爆破综合工	工日	125.00	27.866	38.115	47.410
材料	340300710	乳化炸药	kg	11.11	91.993	121.200	151.500
	340300600	非电毫秒雷管	个	4.62	133.225	164.800	176.571
	340300520	导爆索	m	2.05	41.391	51.200	54.857
	280306200	铜芯聚氯乙烯绝缘软导线 BVR-$2.5mm^2$	m	1.32	20.563	20.563	20.563
	031391310	合金钢钻头 一字型	个	25.56	5.827	8.898	12.452
	011500030	六角空心钢 22~25	kg	3.93	9.256	14.133	19.778
	172700820	高压胶皮风管 ϕ25-6P-20m	m	7.69	1.552	2.327	3.048
	172702130	高压胶皮水管 ϕ19-6P-20m	m	2.84	1.552	2.327	3.048
	341100100	水	m^3	4.42	15.515	23.273	30.476
	341100400	电	kW·h	0.70	8.732	13.333	18.659
	002000020	其他材料费	元	—	30.39	39.90	48.22
机械	990128010	风动凿岩机 气腿式	台班	14.30	9.654	14.481	18.963
	990766010	风动锻钎机	台班	25.46	0.201	0.307	0.429
	991003070	电动空气压缩机 $10m^3/min$	台班	363.27	4.173	6.261	8.215

工作内容:选孔位、钻孔、装药、放炮、安全处理、爆破材料的领退。　　　　**计量单位:**$100m^3$

定额编号						DD0034	DD0035	DD0036
项目名称						65m² 以内		
						洞长 1000m 以上,每增加 1000m		
						极软岩、软岩、较软岩	较硬岩	坚硬岩
费用	**综合单价(元)**					**194.88**	**276.44**	**351.09**
	其中	人工费(元)				83.00	113.50	141.13
		材料费(元)				—	—	—
		施工机具使用费(元)				49.96	75.11	98.41
		企业管理费(元)				42.36	60.09	76.32
		利润(元)				16.90	23.97	30.44
		一般风险费(元)				2.66	3.77	4.79
	编码	名称		单位	单价(元)	消耗量		
人工	000700020	爆破综合工		工日	125.00	0.664	0.908	1.129
机械	990128010	风动凿岩机 气腿式		台班	14.30	0.115	0.172	0.226
	991003070	电动空气压缩机 $10m^3/min$		台班	363.27	0.133	0.200	0.262

工作内容:选孔位、钻孔、装药、放炮、安全处理、爆破材料的领退。　　　　**计量单位:**$100m^3$

定额编号						DD0037	DD0038	DD0039
项目名称						100m² 以内		
						极软岩、软岩、较软岩	较硬岩	坚硬岩
费用	**综合单价(元)**					**8829.06**	**12164.56**	**15200.23**
	其中	人工费(元)				3211.75	4319.00	5319.75
		材料费(元)				1874.54	2462.43	2978.64
		施工机具使用费(元)				1533.09	2300.45	3018.65
		企业管理费(元)				1511.71	2108.96	2656.61
		利润(元)				603.07	841.33	1059.81
		一般风险费(元)				94.90	132.39	166.77
	编码	名称		单位	单价(元)	消耗量		
人工	000700020	爆破综合工		工日	125.00	25.694	34.552	42.558
材料	340300710	乳化炸药		kg	11.11	84.327	111.100	138.875
	340300600	非电毫秒雷管		个	4.62	119.383	147.677	158.226
	340300520	导爆索		m	2.05	38.249	47.314	50.694
	280306200	铜芯聚氯乙烯绝缘软导线 BVR-$2.5mm^2$		m	1.32	18.666	18.666	18.666
	031391310	合金钢钻头 一字型		个	25.56	5.385	8.222	11.507
	011500030	六角空心钢 22~25		kg	3.93	8.553	13.061	18.277
	172700820	高压胶皮风管 ϕ25-6P-20m		m	7.69	1.433	2.151	2.816
	172702130	高压胶皮水管 ϕ19-6P-20m		m	2.84	1.433	2.151	2.816
	341100100	水		m^3	4.42	14.338	21.506	28.163
	341100400	电		kW·h	0.70	8.069	12.321	17.243
	002000020	其他材料费		元	—	27.70	36.39	44.02
机械	990128010	风动凿岩机 气腿式		台班	14.30	8.922	13.382	17.524
	990766010	风动锻钎机		台班	25.46	0.186	0.283	0.397
	991003070	电动空气压缩机 $10m^3/min$		台班	363.27	3.856	5.786	7.592

工作内容：选孔位、钻孔、装药、放炮、安全处理、爆破材料的领退。 计量单位：$100m^3$

定额编号					DD0040	DD0041	DD0042
项目名称					$100m^2$ 以内		
					洞长 1000m 以上，每增加 1000m		
					极软岩、软岩、较软岩	较硬岩	坚硬岩
费用	综合单价（元）				**192.30**	**258.64**	**339.52**
	其中	人工费（元）			85.00	114.25	140.75
		材料费（元）			—	—	—
		施工机具使用费（元）			46.20	62.21	90.90
		企业管理费（元）			41.80	56.22	73.80
		利润（元）			16.68	22.43	29.44
		一般风险费（元）			2.62	3.53	4.63
	编码	名称	单位	单价（元）	消耗量		
人工	000700020	爆破综合工	工日	125.00	0.680	0.914	1.126
机械	990128010	风动凿岩机 气腿式	台班	14.30	0.106	0.159	0.209
	991003070	电动空气压缩机 $10m^3/min$	台班	363.27	0.123	0.165	0.242

工作内容：选孔位、钻孔、装药、放炮、安全处理、爆破材料的领退。 计量单位：$100m^3$

定额编号					DD0043	DD0044	DD0045
项目名称					$200m^2$ 以内		
					极软岩、软岩、较软岩	较硬岩	坚硬岩
费用	综合单价（元）				**8254.29**	**11348.23**	**14191.42**
	其中	人工费（元）			2976.63	3980.75	4905.00
		材料费（元）			1760.39	2316.09	2806.20
		施工机具使用费（元）			1453.95	2181.59	2862.77
		企业管理费（元）			1411.58	1963.32	2474.81
		利润（元）			563.13	783.23	987.28
		一般风险费（元）			88.61	123.25	155.36
	编码	名称	单位	单价（元）	消耗量		
人工	000700020	爆破综合工	工日	125.00	23.813	31.846	39.240
材料	340300710	乳化炸药	kg	11.11	80.494	106.050	132.563
	340300600	非电毫秒雷管	个	4.62	109.890	135.935	145.645
	340300520	导爆索	m	2.05	36.275	44.872	48.077
	280306200	铜芯聚氯乙烯绝缘软导线 BVR—$2.5mm^2$	m	1.32	11.995	11.995	11.995
	031391310	合金钢钻头 一字型	个	25.56	5.107	7.798	10.913
	011500030	六角空心钢 22～25	kg	3.93	8.112	12.386	17.334
	172700820	高压胶皮风管 ϕ25—6P—20m	m	7.69	1.360	2.040	2.671
	172702130	高压胶皮水管 ϕ19—6P—20m	m	2.84	1.360	2.040	2.671
	341100100	水	m^3	4.42	13.598	20.396	26.709
	341100400	电	kW·h	0.70	7.653	11.685	16.353
	002000020	其他材料费	元	—	26.02	34.23	41.47
机械	990128010	风动凿岩机 气腿式	台班	14.30	8.461	12.691	16.619
	990766010	风动锻钎机	台班	25.46	0.176	0.269	0.376
	991003070	电动空气压缩机 $10m^3/min$	台班	363.27	3.657	5.487	7.200

工作内容:选孔位、钻孔、装药、放炮、安全处理、爆破材料的领退。 **计量单位**:$100m^3$

定额编号					DD0046	DD0047	DD0048
项目名称					200m² 以内		
					洞长 1000m 以上,每增加 1000m		
					极软岩、软岩、较软岩	较硬岩	坚硬岩
费用	**综合单价(元)**				**185.35**	**258.86**	**326.86**
	其中	人工费(元)			82.88	110.88	136.63
		材料费(元)			—	—	—
		施工机具使用费(元)			43.58	65.73	86.38
		企业管理费(元)			40.29	56.27	71.05
		利润(元)			16.07	22.45	28.34
		一般风险费(元)			2.53	3.53	4.46
	编码	名称	单位	单价(元)	消耗量		
人工	000700020	爆破综合工	工日	125.00	0.663	0.887	1.093
机械	990128010	风动凿岩机 气腿式	台班	14.30	0.101	0.151	0.198
	991003070	电动空气压缩机 $10m^3/min$	台班	363.27	0.116	0.175	0.230

D.1.1.2 平洞非爆开挖

工作内容:机械定位、钻孔、凿打岩石、清理、堆积、安全处理。 **计量单位**:$100m^3$

定额编号					DD0049	DD0050	DD0051
项目名称					岩石破碎机开挖		
					35m² 以内		
					极软岩、软岩、较软岩	较硬岩	坚硬岩
费用	**综合单价(元)**				**26918.59**	**39057.42**	**50767.85**
	其中	人工费(元)			6386.64	9216.00	11980.68
		材料费(元)			66.80	83.66	101.68
		施工机具使用费(元)			11933.47	17374.54	22587.22
		企业管理费(元)			5836.79	8471.75	11013.33
		利润(元)			2328.49	3379.66	4393.58
		一般风险费(元)			366.40	531.81	691.36
	编码	名称	单位	单价(元)	消耗量		
人工	000300030	机械综合工	工日	120.00	53.222	76.800	99.839
材料	050303800	木材 锯材	m^3	1547.01	0.021	0.021	0.021
	341100100	水	m^3	4.42	7.763	11.578	15.654
机械	990225010	平行水钻机 4.5kW	台班	36.52	22.011	31.762	41.290
	990149040	履带式单斗液压岩石破碎机	台班	1150.53	8.481	12.356	16.063
	990106030	履带式单斗液压挖掘机 $1m^3$	台班	1078.60	1.272	1.853	2.409

工作内容：机械定位、钻孔、凿打岩石、清理、堆积、安全处理。　　　　计量单位：$100m^3$

定额编号					DD0052	DD0053	DD0054
项目名称					岩石破碎机开挖		
					$65m^2$ 以内		
					极软岩、软岩、较软岩	较硬岩	坚硬岩
费用	综合单价（元）				**20585.30**	**30783.47**	**40009.79**
	其中	人工费（元）			4482.60	7088.28	9214.56
		材料费（元）			59.45	72.69	86.80
		施工机具使用费（元）			9521.53	13864.70	18023.62
		企业管理费（元）			4461.72	6675.62	8678.08
		利润（元）			1779.92	2663.12	3461.97
		一般风险费（元）			280.08	419.06	544.76
	编码	名称	单位	单价(元)	消耗量		
人工	000300030	机械综合工	工日	120.00	37.355	59.069	76.788
材料	050303800	木材 锯材	m^3	1547.01	0.021	0.021	0.021
	341100100	水	m^3	4.42	6.101	9.095	12.288
机械	990225010	平行水钻机 4.5kW	台班	36.52	16.929	24.429	31.757
	990149040	履带式单斗液压岩石破碎机	台班	1150.53	6.785	9.885	12.850
	990106030	履带式单斗液压挖掘机 $1m^3$	台班	1078.60	1.017	1.483	1.928

工作内容：机械定位、钻孔、凿打岩石、清理、堆积、安全处理。　　　　计量单位：$100m^3$

定额编号					DD0055	DD0056	DD0057
项目名称					岩石破碎机开挖		
					$100m^2$ 以内		
					极软岩、软岩、较软岩	较硬岩	坚硬岩
费用	综合单价（元）				**15682.22**	**21677.26**	**27469.18**
	其中	人工费（元）			3169.32	4573.44	5945.40
		材料费（元）			52.16	60.50	69.42
		施工机具使用费（元）			7494.57	10174.98	12748.58
		企业管理费（元）			3397.51	4698.85	5955.90
		利润（元）			1355.38	1874.52	2376.00
		一般风险费（元）			213.28	294.97	373.88
	编码	名称	单位	单价(元)	消耗量		
人工	000300030	机械综合工	工日	120.00	26.411	38.112	49.545
材料	050303800	木材 锯材	m^3	1547.01	0.021	0.021	0.021
	341100100	水	m^3	4.42	4.451	6.337	8.355
机械	990225010	平行水钻机 4.5kW	台班	36.52	10.923	15.762	20.490
	990149040	履带式单斗液压岩石破碎机	台班	1150.53	5.407	7.315	9.144
	990106030	履带式单斗液压挖掘机 $1m^3$	台班	1078.60	0.811	1.097	1.372

工作内容：布孔、钻孔、验孔、装膨胀剂、填塞、破碎、撬移、安全处理。

计量单位：100m³

定额编号					DD0058	DD0059	DD0060
项目名称					静力破碎开挖		
					极软岩、软岩、较软岩	较硬岩	坚硬岩
费用	综合单价（元）				**33239.66**	**52036.26**	**59057.99**
	其中	人工费（元）			14735.38	23339.50	25404.75
		材料费（元）			2113.86	2863.37	3293.15
		施工机具使用费（元）			6500.76	10209.58	12641.81
		企业管理费（元）			6765.83	10688.74	12121.63
		利润（元）			2699.11	4264.09	4835.72
		一般风险费（元）			424.72	670.98	760.93
	编码	名称	单位	单价(元)	消耗量		
人工	000700020	爆破综合工	工日	125.00	117.883	186.716	203.238
材料	143504800	膨胀剂	kg	0.85	1720.845	2176.000	2352.000
	031391310	合金钢钻头 一字型	个	25.56	16.820	27.700	36.200
	032102850	钢钎 ϕ22～25	kg	6.50	9.166	17.800	25.100
	341100100	水	m³	4.42	36.570	43.000	46.500
机械	990128010	风动凿岩机 气腿式	台班	14.30	25.797	40.900	49.600
	990768010	电动修钎机	台班	106.13	9.261	14.700	20.700
	991003070	电动空气压缩机 10m³/min	台班	363.27	14.174	22.200	26.800

工作内容：1.测量放线、机械定位、切割岩石、清理机下余土、工作面排水、移动机械。

2.变压器、动力电缆的安装、移动及拆除。

计量单位：100m³

定额编号					DD0061	DD0062	DD0063	DD0064
项目名称					悬臂式掘进机开挖			
					35m² 以内		65m² 以内	
					较软岩	较硬岩	较软岩	较硬岩
费用	综合单价（元）				**27142.04**	**36478.37**	**21857.92**	**28505.62**
	其中	人工费（元）			1891.44	3175.56	1296.96	2023.68
		材料费（元）			3945.53	5999.43	2921.95	4464.87
		施工机具使用费（元）			13934.80	17619.24	11622.44	14378.56
		企业管理费（元）			5042.24	6625.22	4116.12	5225.75
		利润（元）			2011.51	2643.02	1642.06	2084.72
		一般风险费（元）			316.52	415.90	258.39	328.04
	编码	名称	单位	单价(元)	消耗量			
人工	000300030	机械综合工	工日	120.00	15.762	26.463	10.808	16.864
材料	031395440	截齿 P5MS－3880－1770	个	324.79	4.610	8.560	2.790	5.900
	341100100	水	m³	4.42	36.320	69.400	26.010	40.800
	002000020	其他材料费	元	—	77.36	117.64	57.29	87.55
	341100400	电	kW·h	0.70	3157.653	3992.635	2633.611	3258.172
机械	991123010	悬臂式掘进机 318kW	台班	4982.47	2.356	2.979	1.965	2.431
	990106020	履带式单斗液压挖掘机 0.8m³	台班	987.01	2.225	2.813	1.856	2.296

注：表格中消耗量均不含通风、除尘设备运行费用，若发生应另行计算。

D.1.1.3 平洞出渣

工作内容:石渣装、运、卸,清理道路。

计量单位:100m³

定额编号					DD0065	DD0066
项目名称					人装双轮车运输	
					运距60m内	运距20m内
费用	综合单价(元)				**9217.29**	**735.24**
	其中	人工费(元)			6288.66	501.63
		材料费(元)			—	—
		施工机具使用费(元)			—	—
		企业管理费(元)			2003.57	159.82
		利润(元)			799.29	63.76
		一般风险费(元)			125.77	10.03
	编码	名称	单位	单价(元)	消耗量	
人工	000700010	市政综合工	工日	115.00	54.684	4.362

工作内容:石渣装、运、卸,清理道路。

计量单位:100m³

定额编号					DD0067	DD0068	DD0069
项目名称					人力、机械装渣、轻轨斗车运输		
					机装	人力装	每增运50m
					运距100m内		
费用	综合单价(元)				**7368.77**	**7640.29**	**771.93**
	其中	人工费(元)			3234.15	4828.85	483.58
		材料费(元)			225.38	225.38	—
		施工机具使用费(元)			1639.56	230.11	43.09
		企业管理费(元)			1552.76	1611.78	167.79
		利润(元)			619.45	642.99	66.94
		一般风险费(元)			97.47	101.18	10.53
	编码	名称	单位	单价(元)	消耗量		
人工	000700010	市政综合工	工日	115.00	28.123	41.990	4.205
材料	050303800	木材 锯材	m³	1547.01	0.140	0.140	—
	002000010	其他材料费	元	—	8.80	8.80	—
机械	990135010	电动装岩机 0.2m³	台班	441.67	3.278	—	—
	990227010	矿用斗车 0.6m³	台班	29.25	6.556	7.867	1.473

工作内容：石渣装、运、卸，清理道路。 计量单位：$100m^3$

定额编号						DD0070	DD0071
项目名称						机装、电瓶车运输	
						运距500m内	每增运200m内
费用	综合单价（元）					**7559.49**	**787.05**
	其中	人工费（元）				2035.73	323.84
		材料费（元）				225.38	—
		施工机具使用费（元）				2968.09	213.14
		企业管理费（元）				1594.22	171.08
		利润（元）				635.99	68.25
		一般风险费（元）				100.08	10.74
	编码	名称		单位	单价（元）	消耗量	
人工	000700010	市政综合工		工日	115.00	17.702	2.816
材料	050303800	木材 锯材		m^3	1547.01	0.140	—
	002000010	其他材料费		元	—	8.80	—
机械	990135010	电动装岩机 $0.2m^3$		台班	441.67	3.457	—
	990227010	矿用斗车 $0.6m^3$		台班	29.25	10.924	1.821
	990414030	电瓶车 7t		台班	263.38	3.642	0.607
	991208010	硅整流充电机 90A/190V		台班	66.81	2.432	—

工作内容：石渣装、运、卸，清理道路。 计量单位：$100m^3$

定额编号						DD0072	DD0073
项目名称						机装、自卸汽车运输	
						运距1000m内	每增运1000m内
费用	综合单价（元）					**2982.80**	**655.74**
	其中	人工费（元）				119.83	23.92
		材料费（元）				—	—
		施工机具使用费（元）				1915.24	423.47
		企业管理费（元）				648.37	142.54
		利润（元）				258.66	56.86
		一般风险费（元）				40.70	8.95
	编码	名称		单位	单价（元）	消耗量	
人工	000700010	市政综合工		工日	115.00	1.042	0.208
机械	990110040	轮胎式装载机 $2m^3$		台班	683.28	0.493	—
	990402025	自卸汽车 8t		台班	583.29	2.706	0.726

工作内容：装、卷扬机提升、卸(含扒平)及人工推运(距井口 50m 内)。

计量单位：100m³

定额编号					DD0074	DD0075
项目名称					平洞石渣	
					经斜井运输	
					运距 25m 内	每增运 25m 内
费用	综合单价（元）				**3063.34**	**801.13**
	其中	人工费（元）			1341.36	447.12
		材料费（元）			—	—
		施工机具使用费（元）			748.66	99.47
		企业管理费（元）			665.88	174.14
		利润（元）			265.64	69.47
		一般风险费（元）			41.80	10.93
	编码	名称	单位	单价(元)	消耗量	
人工	000700010	市政综合工	工日	115.00	11.664	3.888
机械	990503020	电动卷扬机 单筒慢速 30kN	台班	186.98	3.833	0.532
	990227010	矿用斗车 $0.6m^3$	台班	29.25	1.093	—

工作内容：1.吊架及吊斗安、搭、拆。
2.装、卷扬机提升、卸(含扒平)及人工推运(距井口 50m 内)。

计量单位：100m³

定额编号					DD0076	DD0077
项目名称					平洞石渣	
					经竖井运输	
					运距 25m 内	每增运 25m 内
费用	综合单价（元）				**2951.77**	**665.62**
	其中	人工费（元）			1207.27	362.14
		材料费（元）			131.81	—
		施工机具使用费（元）			716.69	91.99
		企业管理费（元）			612.98	144.69
		利润（元）			244.54	57.72
		一般风险费（元）			38.48	9.08
	编码	名称	单位	单价(元)	消耗量	
人工	000700010	市政综合工	工日	115.00	10.498	3.149
材料	350901630	吊斗(吊架)摊销	kg	2.48	53.150	—
机械	990503020	电动卷扬机 单筒慢速 30kN	台班	186.98	3.833	0.492

D.1.2 斜井开挖(编码:040401002)

D.1.2.1 斜井钻爆开挖

工作内容:选孔位、钻孔、装药、放炮、安全处理、爆破材料的领退。

计量单位:100m³

	编码	名称	单位	单价(元)	
定额编号					DD0078
项目名称					断面 5m² 以内 极软岩、软岩、较软岩
费用		综合单价(元)			**25410.03**
	其中	人工费(元)			9257.13
		材料费(元)			5255.81
		施工机具使用费(元)			4493.45
		企业管理费(元)			4380.93
		利润(元)			1747.70
		一般风险费(元)			275.01
	编码	名称	单位	单价(元)	消耗量
人工	000700020	爆破综合工	工日	125.00	74.057
材料	340300710	乳化炸药	kg	11.11	212.236
	340300600	非电毫秒雷管	个	4.62	410.554
	340300520	导爆索	m	2.05	95.663
	280306200	铜芯聚氯乙烯绝缘软导线 BVR-2.5mm²	m	1.32	40.808
	031391310	合金钢钻头 一字型	个	25.56	13.468
	011500030	六角空心钢 22~25	kg	3.93	21.393
	172700820	高压胶皮风管 ϕ25-6P-20m	m	7.69	4.221
	172702130	高压胶皮水管 ϕ19-6P-20m	m	2.84	4.221
	341100100	水	m³	4.42	42.210
	341100400	电	kW·h	0.70	20.182
	002000020	其他材料费	元	—	77.67
机械	990128010	风动凿岩机 气腿式	台班	14.30	26.264
	990766010	风动锻钎机	台班	25.46	0.465
	991003070	电动空气压缩机 10m³/min	台班	363.27	11.303

工作内容:选孔位、钻孔、装药、放炮、安全处理、爆破材料的领退。

计量单位:100m³

	编码	名称	单位	单价(元)		
定额编号					DD0079	DD0080
项目名称					断面 5m² 以内	
					较硬岩	坚硬岩
费用		综合单价(元)			**36527.52**	**47645.35**
	其中	人工费(元)			13228.38	17222.38
		材料费(元)			6886.49	8274.24
		施工机具使用费(元)			6994.74	9639.27
		企业管理费(元)			6443.09	8558.12
		利润(元)			2570.36	3414.11
		一般风险费(元)			404.46	537.23
	编码	名称	单位	单价(元)	消耗量	
人工	000700020	爆破综合工	工日	125.00	105.827	137.779
材料	340300710	乳化炸药	kg	11.11	279.619	349.523
	340300600	非电毫秒雷管	个	4.62	507.857	544.133
	340300520	导爆索	m	2.05	118.336	126.788
	280306200	铜芯聚氯乙烯绝缘软导线 BVR-2.5mm²	m	1.32	40.808	40.808
	031391310	合金钢钻头 一字型	个	25.56	20.565	28.779
	011500030	六角空心钢 22~25	kg	3.93	32.666	45.713
	172700820	高压胶皮风管 ϕ25-6P-20m	m	7.69	6.574	9.056
	172702130	高压胶皮水管 ϕ19-6P-20m	m	2.84	6.574	9.056
	341100100	水	m³	4.42	65.742	90.563
	341100400	电	kW·h	0.70	30.817	43.125
	002000020	其他材料费	元	—	101.77	122.28
机械	990128010	风动凿岩机 气腿式	台班	14.30	40.906	56.350
	990766010	风动锻钎机	台班	25.46	0.709	0.992
	991003070	电动空气压缩机 10m³/min	台班	363.27	17.595	24.247

工作内容:选孔位、钻孔、装药、放炮、安全处理、爆破材料的领退。

计量单位:$100m^3$

	编码	名称	单位	单价(元)	消耗量
定额编号					DD0081
项目名称					断面 $10m^2$ 以内 极软岩、软岩、较软岩
费用		综合单价(元)			**20869.35**
	其中	人工费(元)			7806.00
		材料费(元)			4055.22
		施工机具使用费(元)			3665.74
		企业管理费(元)			3654.90
		利润(元)			1458.06
		一般风险费(元)			229.43
人工	000700020	爆破综合工	工日	125.00	62.448
材料	340300710	乳化炸药	kg	11.11	173.255
	340300600	非电毫秒雷管	个	4.62	287.096
	340300520	导爆索	m	2.05	78.046
	280306200	铜芯聚氯乙烯绝缘软导线 BVR－$2.5mm^2$	m	1.32	26.218
	031391310	合金钢钻头 一字型	个	25.56	10.988
	011500030	六角空心钢 22～25	kg	3.93	17.453
	172700820	高压胶皮风管 ϕ25－6P－20m	m	7.69	3.444
	172702130	高压胶皮水管 ϕ19－6P－20m	m	2.84	3.444
	341100100	水	m^3	4.42	34.437
	341100400	电	kW·h	0.70	16.465
	002000020	其他材料费	元	—	59.93
机械	990128010	风动凿岩机 气腿式	台班	14.30	21.427
	990766010	风动锻钎机	台班	25.46	0.378
	991003070	电动空气压缩机 $10m^3/min$	台班	363.27	9.221

工作内容:选孔位、钻孔、装药、放炮、安全处理、爆破材料的领退。

计量单位:$100m^3$

	编码	名称	单位	单价(元)	消耗量	
定额编号					DD0082	DD0083
项目名称					断面 $10m^2$ 以内	
					较硬岩	坚硬岩
费用		综合单价(元)			**29941.07**	**38985.28**
	其中	人工费(元)			11083.13	14337.00
		材料费(元)			5332.76	6445.49
		施工机具使用费(元)			5706.33	7863.85
		企业管理费(元)			5349.12	7073.19
		利润(元)			2133.94	2821.73
		一般风险费(元)			335.79	444.02
人工	000700020	爆破综合工	工日	125.00	88.665	114.696
材料	340300710	乳化炸药	kg	11.11	228.260	285.325
	340300600	非电毫秒雷管	个	4.62	355.139	380.506
	340300520	导爆索	m	2.05	96.543	103.438
	280306200	铜芯聚氯乙烯绝缘软导线 BVR－$2.5mm^2$	m	1.32	26.218	26.218
	031391310	合金钢钻头 一字型	个	25.56	16.778	23.479
	011500030	六角空心钢 22～25	kg	3.93	26.650	37.294
	172700820	高压胶皮风管 ϕ25－6P－20m	m	7.69	5.363	7.388
	172702130	高压胶皮水管 ϕ19－6P－20m	m	2.84	5.363	7.388
	341100100	水	m^3	4.42	53.635	73.885
	341100400	电	kW·h	0.70	25.141	35.183
	002000020	其他材料费	元	—	78.81	95.25
机械	990128010	风动凿岩机 气腿式	台班	14.30	33.373	45.973
	990766010	风动锻钎机	台班	25.46	0.578	0.809
	991003070	电动空气压缩机 $10m^3/min$	台班	363.27	14.354	19.781

工作内容：选孔位、钻孔、装药、放炮、安全处理、爆破材料的领退。 计量单位：$100m^3$

定额编号					DD0084
项目名称					断面 $20m^2$ 以内
					极软岩、软岩、较软岩
费用	综合单价（元）				**16949.64**
	其中	人工费（元）			6472.13
		材料费（元）			3167.90
		施工机具使用费（元）			2930.71
		企业管理费（元）			2995.74
		利润（元）			1195.10
		一般风险费（元）			188.06
	编码	名称	单位	单价(元)	消耗量
人工	000700020	爆破综合工	工日	125.00	51.777
材料	340300710	乳化炸药	kg	11.11	138.603
	340300600	非电毫秒雷管	个	4.62	214.237
	340300520	导爆索	m	2.05	62.399
	280306200	铜芯聚氯乙烯绝缘软导线 BVR－$2.5mm^2$	m	1.32	18.342
	031391310	合金钢钻头 一字型	个	25.56	8.785
	011500030	六角空心钢 22～25	kg	3.93	13.954
	172700820	高压胶皮风管 ϕ25－6P－20m	m	7.69	2.754
	172702130	高压胶皮水管 ϕ19－6P－20m	m	2.84	2.754
	341100100	水	m^3	4.42	27.533
	341100400	电	kW·h	0.70	13.164
	002000020	其他材料费	元	—	46.82
机械	990128010	风动凿岩机 气腿式	台班	14.30	17.131
	990766010	风动锻钎机	台班	25.46	0.303
	991003070	电动空气压缩机 $10m^3/min$	台班	363.27	7.372

工作内容：选孔位、钻孔、装药、放炮、安全处理、爆破材料的领退。 计量单位：$100m^3$

定额编号					DD0085	DD0086
项目名称					断面 $20m^2$ 以内	
					较硬岩	坚硬岩
费用	综合单价（元）				**24241.41**	**31524.65**
	其中	人工费（元）			9129.75	11771.00
		材料费（元）			4172.59	5056.22
		施工机具使用费（元）			4562.56	6287.56
		企业管理费（元）			4362.37	5753.46
		利润（元）			1740.29	2295.24
		一般风险费（元）			273.85	361.17
	编码	名称	单位	单价(元)	消耗量	
人工	000700020	爆破综合工	工日	125.00	73.038	94.168
材料	340300710	乳化炸药	kg	11.11	182.608	228.260
	340300600	非电毫秒雷管	个	4.62	265.011	283.940
	340300520	导爆索	m	2.05	77.188	82.701
	280306200	铜芯聚氯乙烯绝缘软导线 BVR－$2.5mm^2$	m	1.32	18.342	18.342
	031391310	合金钢钻头 一字型	个	25.56	13.414	18.772
	011500030	六角空心钢 22～25	kg	3.93	21.307	29.817
	172700820	高压胶皮风管 ϕ25－6P－20m	m	7.69	4.288	5.907
	172702130	高压胶皮水管 ϕ19－6P－20m	m	2.84	4.288	5.907
	341100100	水	m^3	4.42	42.882	59.072
	341100400	电	kW·h	0.70	20.101	28.130
	002000020	其他材料费	元	—	61.66	74.72
机械	990128010	风动凿岩机 气腿式	台班	14.30	26.682	36.756
	990766010	风动锻钎机	台班	25.46	0.462	0.647
	991003070	电动空气压缩机 $10m^3/min$	台班	363.27	11.477	15.816

D.1.2.2 斜井非爆开挖

工作内容：钻孔、机械凿打岩石、清理、堆积、安全处理。　　　　计量单位：100m³

定额编号					DD0087	DD0088	DD0089
项目名称					斜井开挖		
					极软岩、软岩、较软岩	较硬岩	坚硬岩
费用	综合单价（元）				**25259.92**	**38096.75**	**49519.75**
	其中	人工费（元）			5866.56	8465.64	11005.44
		材料费（元）			64.13	81.29	98.29
		施工机具使用费（元）			11323.72	17471.09	22713.24
		企业管理费（元）			5476.82	8263.44	10742.77
		利润（元）			2184.88	3296.56	4285.64
		一般风险费（元）			343.81	518.73	674.37
	编码	名称	单位	单价(元)	消耗量		
人工	000300030	机械综合工	工日	120.00	48.888	70.547	91.712
材料	050303800	木材 锯材	m³	1547.01	0.021	0.021	0.021
	341100100	水	m³	4.42	7.158	11.042	14.888
机械	990225010	平行水钻机 4.5kW	台班	36.52	19.470	28.095	36.524
	990149040	履带式单斗液压岩石破碎机	台班	1150.53	8.087	12.531	16.291
	990106030	履带式单斗液压挖掘机 1m³	台班	1078.60	1.213	1.880	2.444

D.1.2.3 开挖斜井出渣

工作内容：装、卷扬机提升、卸(含扒平)及人工推运(距井口50m内)。　　　　计量单位：100m³

定额编号					DD0090	DD0091
项目名称					斜井人装、卷扬机轻轨运输	
					运距25m内	每增运25m内
费用	综合单价（元）				**15312.12**	**3354.61**
	其中	人工费（元）			8419.04	1798.26
		材料费（元）			251.46	—
		施工机具使用费（元）			1856.37	490.49
		企业管理费（元）			3273.74	729.19
		利润（元）			1306.00	290.90
		一般风险费（元）			205.51	45.77
	编码	名称	单位	单价(元)	消耗量	
人工	000700010	市政综合工	工日	115.00	73.209	15.637
材料	050303800	木材 锯材	m³	1547.01	0.140	—
	030104110	抓钉	kg	4.27	2.060	—
	010000130	托绳地滚钢材	kg	3.15	8.280	—
机械	990503020	电动卷扬机 单筒慢速 30kN	台班	186.98	7.467	2.252
	990227010	矿用斗车 0.6m³	台班	29.25	15.733	2.373

D.1.3 竖井开挖(编码:040401003)

D.1.3.1 竖井钻爆开挖

工作内容:选孔位、钻孔、装药、放炮、安全处理、爆破材料的领退。　　计量单位:$100m^3$

定额编号					DD0092	DD0093	DD0094
项目名称					断面 $5m^2$ 以内		
					极软岩、软岩、较软岩	较硬岩	坚硬岩
综合单价(元)					**23237.74**	**33257.67**	**43280.51**
费用	其中	人工费(元)			8558.38	12162.88	15774.75
		材料费(元)			4757.35	6221.91	7468.65
		施工机具使用费(元)			4050.20	6282.75	8658.53
		企业管理费(元)			4017.09	5876.78	7784.44
		利润(元)			1602.55	2344.44	3105.47
		一般风险费(元)			252.17	368.91	488.67
	编码	名称	单位	单价(元)	消耗量		
人工	000700020	爆破综合工	工日	125.00	68.467	97.303	126.198
材料	340300710	乳化炸药	kg	11.11	190.641	251.162	313.959
	340300600	非电毫秒雷管	个	4.62	368.779	456.163	488.766
	340300520	导爆索	m	2.05	85.929	106.290	113.887
	280306200	铜芯聚氯乙烯绝缘软导线 BVR-$2.5mm^2$	m	1.32	63.763	63.763	63.763
	031391310	合金钢钻头 一字型	个	25.56	12.098	18.472	25.851
	011500030	六角空心钢 22~25	kg	3.93	19.216	29.341	41.061
	172700820	高压胶皮风管 ϕ25-6P-20m	m	7.69	3.791	5.905	8.135
	172702130	高压胶皮水管 ϕ19-6P-20m	m	2.84	3.791	5.905	8.135
	341100100	水	m^3	4.42	37.915	59.050	81.348
	341100400	电	kW·h	0.70	18.129	27.680	38.737
	002000020	其他材料费	元	—	70.31	91.95	110.37
机械	990128010	风动凿岩机 气腿式	台班	14.30	24.592	36.742	50.617
	990766010	风动锻钎机	台班	25.46	0.417	0.637	0.891
	991003070	电动空气压缩机 $10m^3/min$	台班	363.27	10.152	15.804	21.780

工作内容:选孔位、钻孔、装药、放炮、安全处理、爆破材料的领退。　　计量单位:$100m^3$

定额编号					DD0095	DD0096	DD0097
项目名称					断面 $10m^2$ 以内		
					极软岩、软岩、较软岩	较硬岩	坚硬岩
综合单价(元)					**19104.96**	**27303.94**	**35455.48**
费用	其中	人工费(元)			7230.75	10208.38	13150.25
		材料费(元)			3681.02	4828.54	5828.05
		施工机具使用费(元)			3292.50	5125.87	7063.59
		企业管理费(元)			3352.71	4885.49	6440.13
		利润(元)			1337.51	1948.98	2569.18
		一般风险费(元)			210.47	306.68	404.28
	编码	名称	单位	单价(元)	消耗量		
人工	000700020	爆破综合工	工日	125.00	57.846	81.667	105.202
材料	340300710	乳化炸药	kg	11.11	155.622	205.030	256.288
	340300600	非电毫秒雷管	个	4.62	257.878	318.996	341.782
	340300520	导爆索	m	2.05	70.103	86.717	92.912
	280306200	铜芯聚氯乙烯绝缘软导线 BVR-$2.5mm^2$	m	1.32	52.291	52.291	52.291
	031391310	合金钢钻头 一字型	个	25.56	9.870	15.070	21.089
	011500030	六角空心钢 22~25	kg	3.93	15.677	23.938	33.499
	172700820	高压胶皮风管 ϕ25-6P-20m	m	7.69	3.093	4.818	6.637
	172702130	高压胶皮水管 ϕ19-6P-20m	m	2.84	3.093	4.818	6.637
	341100100	水	m^3	4.42	30.932	48.176	66.365
	341100400	电	kW·h	0.70	14.790	22.583	31.603
	002000020	其他材料费	元	—	54.40	71.36	86.13
机械	990128010	风动凿岩机 气腿式	台班	14.30	19.246	29.976	41.294
	990766010	风动锻钎机	台班	25.46	0.341	0.519	0.727
	991003070	电动空气压缩机 $10m^3/min$	台班	363.27	8.282	12.894	17.768

工作内容：选孔位、钻孔、装药、放炮、安全处理、爆破材料的领退。　　　　计量单位：$100m^3$

定额编号						DD0098	DD0099	DD0100
项目名称						断面 $25m^2$ 以内		
						较软岩	较硬岩	坚硬岩
费用	综合单价（元）					**15014.25**	**21391.99**	**27769.59**
	其中	人工费（元）				5785.75	8117.25	10438.63
		材料费（元）				2787.26	3662.50	4432.20
		施工机具使用费（元）				2556.33	3979.01	5483.72
		企业管理费（元）				2657.79	3853.87	5072.86
		利润（元）				1060.28	1537.43	2023.73
		一般风险费（元）				166.84	241.93	318.45
	编码	名称		单位	单价（元）	消耗量		
人工	000700020	爆破综合工		工日	125.00	46.286	64.938	83.509
材料	340300710	乳化炸药		kg	11.11	120.611	158.898	198.629
	340300600	非电毫秒雷管		个	4.62	186.845	231.129	247.638
	340300520	导爆索		m	2.05	54.421	67.319	72.128
	280306200	铜芯聚氯乙烯绝缘软导线 BVR－$2.5mm^2$		m	1.32	36.494	36.494	36.494
	031391310	合金钢钻头 一字型		个	25.56	7.662	11.699	16.372
	011500030	六角空心钢 22～25		kg	3.93	12.170	18.583	26.005
	172700820	高压胶皮风管 ϕ25－6P－20m		m	7.69	2.401	3.740	5.152
	172702130	高压胶皮水管 ϕ19－6P－20m		m	2.84	2.401	3.740	5.152
	341100100	水		m^3	4.42	24.013	37.400	51.520
	341100400	电		kW·h	0.70	11.481	17.531	24.533
	002000020	其他材料费		元	—	41.19	54.13	65.50
机械	990128010	风动凿岩机 气腿式		台班	14.30	14.950	23.271	32.057
	990766010	风动锻钎机		台班	25.46	0.264	0.403	0.564
	991003070	电动空气压缩机 $10m^3/min$		台班	363.27	6.430	10.009	13.794

D.1.3.2　竖井非爆开挖

工作内容：切割、开凿石方、清理、堆积岩石、安全处理。　　　　计量单位：$100m^3$

定额编号						DD0101	DD0102	DD0103
项目名称						竖井开挖		
						较软岩	较硬岩	坚硬岩
费用	综合单价（元）					**23029.42**	**33719.66**	**45632.41**
	其中	人工费（元）				14647.44	21371.83	29099.37
		材料费（元）				1000.67	1531.68	1901.61
		施工机具使用费（元）				382.07	588.99	736.75
		企业管理费（元）				4788.40	6996.72	9505.79
		利润（元）				1910.25	2791.22	3792.17
		一般风险费（元）				300.59	439.22	596.72
	编码	名称		单位	单价（元）	消耗量		
人工	000700010	市政综合工		工日	115.00	127.369	185.842	253.038
材料	340900630	刀片 D1500		片	1282.05	0.714	1.099	1.378
	341100100	水		m^3	4.42	19.296	27.761	30.530
机械	990772010	岩石切割机 3kW		台班	47.48	8.047	12.405	15.517

D.1.3.3 开挖竖井出渣

工作内容:装、卷扬机提升、卸(含扒平)及人工推运(距井口50m内)。　　**计量单位:**100m³

定额编号					DD0104	DD0105
项目名称					竖井人装、卷扬机吊斗提升	
					运距25m内	每增运25m内
费用	综合单价(元)				**14392.81**	**2910.00**
	其中	人工费(元)			8018.03	1712.70
		材料费(元)			489.00	—
		施工机具使用费(元)			1468.09	272.70
		企业管理费(元)			3022.28	632.55
		利润(元)			1205.69	252.34
		一般风险费(元)			189.72	39.71
	编码	名称	单位	单价(元)	消耗量	
人工	000700010	市政综合工	工日	115.00	69.722	14.893
材料	350901630	吊斗(吊架)摊销	kg	2.48	106.300	—
	050303800	木材 锯材	m³	1547.01	0.140	—
	030104110	抓钉	kg	4.27	2.060	—
机械	990504010	电动卷扬机 双筒慢速 牵引30kN	台班	196.61	7.467	1.387

D.1.4 地沟开挖(编码:040401004)

D.1.4.1 洞内地沟钻爆开挖

工作内容:选孔位、钻孔、装药、放炮、安全处理、爆破材料的领退,弃渣堆放在沟边。　　**计量单位:**100m³

定额编号					DD0106
项目名称					爆破开挖
					深1m以内
					极软岩、软岩、较软岩
费用	综合单价(元)				**20812.46**
	其中	人工费(元)			8751.38
		材料费(元)			3862.17
		施工机具使用费(元)			2813.26
		企业管理费(元)			3684.49
		利润(元)			1469.87
		一般风险费(元)			231.29
	编码	名称	单位	单价(元)	消耗量
人工	000700020	爆破综合工	工日	125.00	70.011
材料	340300710	乳化炸药	kg	11.11	126.760
	340300600	非电毫秒雷管	个	4.62	402.022
	280306200	铜芯聚氯乙烯绝缘软导线 BVR－2.5mm²	m	1.32	36.414
	031391310	合金钢钻头 一字型	个	25.56	12.105
	011500030	六角空心钢 22～25	kg	3.93	15.382
	172700820	高压胶皮风管 ϕ25－6P－20m	m	7.69	2.633
	172702130	高压胶皮水管 ϕ19－6P－20m	m	2.84	2.633
	341100100	水	m³	4.42	19.307
	341100400	电	kW·h	0.70	12.093
	002000020	其他材料费	元	—	57.08
机械	990128010	风动凿岩机 气腿式	台班	14.30	16.382
	990766010	风动锻钎机	台班	25.46	0.334
	991003070	电动空气压缩机 10m³/min	台班	363.27	7.076

工作内容：选孔位、钻孔、装药、放炮、安全处理、爆破材料的领退，弃渣堆放在沟边。　　计量单位：$100m^3$

定额编号					DD0107	DD0108
项目名称					爆破开挖	
					深 1m 以内	
					较硬岩	坚硬岩
费用	综合单价（元）				**27446.99**	**36341.43**
	其中	人工费（元）			10958.25	13988.38
		材料费（元）			4969.65	6079.15
		施工机具使用费（元）			4377.32	6658.60
		企业管理费（元）			4885.91	6578.13
		利润（元）			1949.15	2624.23
		一般风险费（元）			306.71	412.94
	编码	名称	单位	单价(元)	消耗量	
人工	000700020	爆破综合工	工日	125.00	87.666	111.907
材料	340300710	乳化炸药	kg	11.11	157.116	183.820
	340300600	非电毫秒雷管	个	4.62	508.173	594.545
	280306200	铜芯聚氯乙烯绝缘软导线 BVR－$2.5mm^2$	m	1.32	36.414	36.414
	031391310	合金钢钻头 一字型	个	25.56	18.520	28.301
	011500030	六角空心钢 22～25	kg	3.93	23.534	35.962
	172700820	高压胶皮风管 ϕ25－6P－20m	m	7.69	4.099	6.234
	172702130	高压胶皮水管 ϕ19－6P－20m	m	2.84	4.099	6.234
	341100100	水	m^3	4.42	30.058	45.716
	341100400	电	kW·h	0.70	18.501	28.272
	002000020	其他材料费	元	—	73.44	89.84
机械	990128010	风动凿岩机 气腿式	台班	14.30	25.504	38.790
	990766010	风动锻钎机	台班	25.46	0.511	0.780
	991003070	电动空气压缩机 $10m^3/min$	台班	363.27	11.010	16.748

工作内容：选孔位、钻孔、装药、放炮、安全处理、爆破材料的领退，弃渣堆放在沟边。　　计量单位：$100m^3$

定额编号					DD0109
项目名称					爆破开挖
					深 2m 以内
					极软岩、软岩、较软岩
费用	综合单价（元）				**21703.11**
	其中	人工费（元）			10689.63
		材料费（元）			2633.97
		施工机具使用费（元）			2320.63
		企业管理费（元）			4145.07
		利润（元）			1653.60
		一般风险费（元）			260.21
	编码	名称	单位	单价(元)	消耗量
人工	000700020	爆破综合工	工日	125.00	85.517
材料	340300710	乳化炸药	kg	11.11	114.918
	340300600	非电毫秒雷管	个	4.62	187.900
	280306200	铜芯聚氯乙烯绝缘软导线 BVR－$2.5mm^2$	m	1.32	33.966
	031391310	合金钢钻头 一字型	个	25.56	9.986
	011500030	六角空心钢 22～25	kg	3.93	12.689
	172700820	高压胶皮风管 ϕ25－6P－20m	m	7.69	2.172
	172702130	高压胶皮水管 ϕ19－6P－20m	m	2.84	2.172
	341100100	水	m^3	4.42	15.928
	341100400	电	kW·h	0.70	9.976
	002000020	其他材料费	元	—	38.93
机械	990128010	风动凿岩机 气腿式	台班	14.30	13.514
	990766010	风动锻钎机	台班	25.46	0.274
	991003070	电动空气压缩机 $10m^3/min$	台班	363.27	5.837

工作内容：选孔位、钻孔、装药、放炮、安全处理、爆破材料的领退，弃渣堆放在沟边。 **计量单位**：100m³

定额编号					DD0110	DD0111
项目名称					爆破开挖	
					深 2m 以内	
					较硬岩	坚硬岩
费用	综合单价（元）				**27107.68**	**34391.42**
	其中	人工费（元）			12580.25	15128.00
		材料费（元）			3375.93	4167.32
		施工机具使用费（元）			3611.16	5492.93
		企业管理费（元）			5158.58	6569.83
		利润（元）			2057.93	2620.92
		一般风险费（元）			323.83	412.42
	编码	名称	单位	单价（元）	消耗量	
人工	000700020	爆破综合工	工日	125.00	100.642	121.024
材料	340300710	乳化炸药	kg	11.11	142.440	166.650
	340300600	非电毫秒雷管	个	4.62	232.902	272.487
	280306200	铜芯聚氯乙烯绝缘软导线 BVR－2.5mm²	m	1.32	33.966	33.966
	031391310	合金钢钻头 一字型	个	25.56	15.278	23.347
	011500030	六角空心钢 22～25	kg	3.93	19.415	29.668
	172700820	高压胶皮风管 ϕ25－6P－20m	m	7.69	3.381	5.143
	172702130	高压胶皮水管 ϕ19－6P－20m	m	2.84	3.381	5.143
	341100100	水	m³	4.42	24.796	37.714
	341100400	电	kW·h	0.70	15.263	23.324
	002000020	其他材料费	元	—	49.89	61.59
机械	990128010	风动凿岩机 气腿式	台班	14.30	21.039	32.000
	990766010	风动锻钎机	台班	25.46	0.421	0.644
	991003070	电动空气压缩机 10m³/min	台班	363.27	9.083	13.816

D.1.4.2 洞内地沟非爆开挖

工作内容：机械开挖、弃渣堆放在沟边。 **计量单位**：100m³

定额编号					DD0112
项目名称					机械开挖
					极软岩、软岩、较软岩
费用	综合单价（元）				**14728.79**
	其中	人工费（元）			2888.46
		材料费（元）			123.82
		施工机具使用费（元）			7076.04
		企业管理费（元）			3174.69
		利润（元）			1266.49
		一般风险费（元）			199.29
	编码	名称	单位	单价（元）	消耗量
人工	000700010	市政综合工	工日	115.00	25.117
材料	340900610	刀片 D100	片	427.35	0.222
	341100100	水	m³	4.42	6.000
	002000020	其他材料费	元	—	2.43
机械	990149040	履带式单斗液压岩石破碎机	台班	1150.53	5.444
	990106010	履带式单斗液压挖掘机 0.6m³	台班	766.15	0.870
	990772010	岩石切割机 3kW	台班	47.48	3.075

工作内容:机械开挖、弃渣堆放在沟边。 **计量单位**:$100m^3$

定额编号					DD0113	DD0114
项目名称					机械开挖	
					较硬岩	坚硬岩
费用	综合单价(元)				**23089.33**	**33764.40**
	其中	人工费(元)			5465.84	9555.35
		材料费(元)			152.31	193.42
		施工机具使用费(元)			10183.36	13349.05
		企业管理费(元)			4985.83	7297.34
		利润(元)			1989.01	2911.15
		一般风险费(元)			312.98	458.09
	编码	名称	单位	单价(元)	消耗量	
人工	000700010	市政综合工	工日	115.00	47.529	83.090
材料	340900610	刀片 D100	片	427.35	0.277	0.361
	341100100	水	m^3	4.42	7.000	8.000
	002000020	其他材料费	元	—	2.99	3.79
机械	990149040	履带式单斗液压岩石破碎机	台班	1150.53	8.100	10.800
	990106010	履带式单斗液压挖掘机 $0.6m^3$	台班	766.15	0.870	0.870
	990772010	岩石切割机 3kW	台班	47.48	4.160	5.408

D.1.5 小导管(编码:040401005)

工作内容:搭拆脚手架、布眼、钻孔、清孔、钢管制作、运输、就位、顶进安装。 **计量单位**:100m

定额编号					DD0115
项目名称					小导管
					ϕ42
费用	综合单价(元)				**5721.34**
	其中	人工费(元)			1923.72
		材料费(元)			1673.12
		施工机具使用费(元)			838.25
		企业管理费(元)			879.96
		利润(元)			351.05
		一般风险费(元)			55.24
	编码	名称	单位	单价(元)	消耗量
人工	000700010	市政综合工	工日	115.00	16.728
材料	011500030	六角空心钢 22~25	kg	3.93	1.500
	031391310	合金钢钻头 一字型	个	25.56	1.600
	170701250	热轧无缝钢管 D42×3.5	kg	3.87	338.997
	010302110	镀锌铁丝 综合	kg	3.08	1.000
	143900700	氧气	m^3	3.26	3.500
	143901000	乙炔气	kg	12.01	2.000
	341100100	水	m^3	4.42	54.999
	002000020	其他材料费	元	—	32.81
机械	990727010	立式钻床 钻孔直径 25mm	台班	6.66	0.531
	990128010	风动凿岩机 气腿式	台班	14.30	2.654
	990747010	管子切断机 管径 60mm	台班	16.73	0.265
	991003070	电动空气压缩机 $10m^3/min$	台班	363.27	2.061
	990406010	机动翻斗车 1t	台班	188.07	0.232

D.1.6 管棚(编码:040401006)

工作内容:制作、洞内及垂直运输、布眼、钻孔、安放就位。 **计量单位**:10m

定额编号					DD0116	DD0117	DD0118	DD0119
项目名称					管棚			
					管径			
					ϕ89	ϕ108	ϕ159	ϕ203
费用	综合单价(元)				**1893.64**	**2083.53**	**2614.60**	**3051.25**
	其中	人工费(元)			645.15	683.45	786.14	874.69
		材料费(元)			621.26	736.31	1059.22	1317.56
		施工机具使用费(元)			222.95	235.72	275.05	308.15
		企业管理费(元)			276.58	292.84	338.09	376.85
		利润(元)			110.34	116.83	134.88	150.34
		一般风险费(元)			17.36	18.38	21.22	23.66
	编码	名称	单位	单价(元)	消耗量			
人工	000700010	市政综合工	工日	115.00	5.610	5.943	6.836	7.606
材料	170704200	无缝钢管 $D89\times6$	kg	3.61	125.287	—	—	—
	170704230	无缝钢管 $D108\times6$	kg	3.61	—	153.969	—	—
	170702250	热轧无缝钢管 $D159\times6$	kg	3.67	—	—	230.949	—
	170704330	无缝钢管 $D203\times6$	kg	3.63	—	—	—	297.367
	031391110	合金钢钻头	个	17.09	0.530	0.560	0.640	0.710
	032102650	水平定向钻杆	kg	18.24	0.379	0.400	0.460	0.510
	341100100	水	m^3	4.42	31.860	33.750	38.810	43.180
	002000020	其他材料费	元	—	12.18	14.44	20.77	25.83
机械	990747020	管子切断机 管径150mm	台班	33.58	0.035	0.035	—	—
	990747030	管子切断机 管径250mm	台班	43.03	—	—	0.044	0.053
	991116010	工程地质液压钻机	台班	631.13	0.336	0.354	0.408	0.454
	990727010	立式钻床 钻孔直径25mm	台班	6.66	0.203	0.212	0.248	0.274
	990748010	管子切断套丝机 管径159mm	台班	21.58	0.080	0.088	0.106	0.124
	990401015	载重汽车 4t	台班	390.44	0.017	0.020	0.030	0.038

D.1.7 套拱(编码:040402002)

工作内容:模板安装、拆除、清理,混凝土浇筑、振捣、清理、养护,孔口管制作、安装等。

定额编号					DD0120	DD0121	DD0122
项目名称					套拱		
					混凝土	模板	孔口管
单位					$10m^3$	$10m^2$	10m
费用	综合单价(元)				**3519.16**	**1144.73**	**791.14**
费用	其中	人工费(元)			488.75	512.16	96.26
费用	其中	材料费(元)			2802.79	234.56	615.92
费用	其中	施工机具使用费(元)			—	108.82	23.29
费用	其中	企业管理费(元)			155.72	197.84	38.09
费用	其中	利润(元)			62.12	78.93	15.19
费用	其中	一般风险费(元)			9.78	12.42	2.39
	编码	名称	单位	单价(元)	消耗量		
人工	000300080	混凝土综合工	工日	115.00	4.250	—	—
人工	000300060	模板综合工	工日	120.00	—	4.268	—
人工	000700010	市政综合工	工日	115.00	—	—	0.837
材料	840201140	商品砼	m^3	266.99	10.150	—	—
材料	010100315	钢筋 ϕ10 以外	t	2960.00	—	—	0.073
材料	050303800	木材 锯材	m^3	1547.01	—	0.108	—
材料	170100800	钢管	t	3085.00	—	—	0.126
材料	350100100	钢模板	kg	4.53	—	7.340	—
材料	292103200	钢模板连接件	kg	2.99	—	2.056	—
材料	330100900	钢拱架	kg	2.48	—	6.998	—
材料	030190910	扒钉	kg	3.83	—	0.703	—
材料	030190010	圆钉 综合	kg	6.60	—	0.109	—
材料	010302400	铁丝 综合	kg	2.74	—	1.490	—
材料	341100100	水	m^3	4.42	12.250	—	—
材料	031350010	低碳钢焊条 综合	kg	4.19	—	—	1.200
材料	002000020	其他材料费	元	—	38.70	3.24	6.10
机械	990706010	木工圆锯机 直径 500mm	台班	25.81	—	0.009	—
机械	990709010	木工平刨床 刨削宽度 300mm	台班	10.60	—	0.009	—
机械	990401015	载重汽车 4t	台班	390.44	—	0.161	—
机械	990304004	汽车式起重机 8t	台班	705.33	—	0.062	—
机械	990406010	机动翻斗车 1t	台班	188.07	—	—	0.050
机械	990901020	交流弧焊机 32kV·A	台班	85.07	—	—	0.160
机械	990919010	电焊条烘干箱 450×350×450	台班	17.13	—	—	0.016
机械	990401030	载重汽车 8t	台班	474.25	—	0.004	—

D.1.8 注浆(编码:040401007)

D.1.8.1 注浆(管棚及小导管)

工作内容:浆液制作、压浆、检查、堵孔。 **计量单位:**$10m^3$

定额编号					DD0123	DD0124
项目名称					注浆	
					水泥浆	水泥水玻璃浆
费用	综合单价(元)				**5848.82**	**8500.24**
	其中	人工费(元)			1473.84	1852.88
		材料费(元)			2746.91	4539.21
		施工机具使用费(元)			642.49	849.60
		企业管理费(元)			674.26	861.01
		利润(元)			268.99	343.49
		一般风险费(元)			42.33	54.05
	编码	名称	单位	单价(元)	消耗量	
人工	000700010	市政综合工	工日	115.00	12.816	16.112
材料	050303800	木材 锯材	m^3	1547.01	0.112	0.140
	040100019	水泥 42.5	t	324.79	7.711	4.410
	341100100	水	m^3	4.42	9.500	7.300
	143101300	硅酸钠(水玻璃)	kg	0.69	—	3900.000
	143101800	磷酸氢二钠	kg	1.85	—	66.000
	002000020	其他材料费	元	—	27.20	44.94
机械	990610020	灰浆搅拌机 400L	台班	193.72	1.242	1.420
	991138010	液压注浆泵 HYB50/50-1 型	台班	323.58	1.242	—
	991137010	双液压注浆泵 PH2X5	台班	404.59	—	1.420

D.2　岩石隧道衬砌(编码:040402)

D.2.1　混凝土仰拱衬砌(编码:040402001)

D.2.1.1　仰拱、底板混凝土

工作内容:模板制作、安装、拆除、清理,混凝土浇筑、振捣、清理、养护。

定额编号					DD0125	DD0126	DD0127
项目名称					仰拱混凝土衬砌	仰拱、底板混凝土衬砌	
					混凝土		模板
单位					10m³		10m²
费用	综合单价(元)				**3308.92**	**3323.59**	**714.34**
费用	其中	人工费(元)			359.49	369.50	354.36
费用	其中	材料费(元)			2782.02	2782.02	119.45
费用	其中	施工机具使用费(元)			—	—	51.51
费用	其中	企业管理费(元)			114.53	117.72	129.31
费用	其中	利润(元)			45.69	46.96	51.59
费用	其中	一般风险费(元)			7.19	7.39	8.12
	编码	名称	单位	单价(元)	消耗量		
人工	000300080	混凝土综合工	工日	115.00	3.126	3.213	—
人工	000300060	模板综合工	工日	120.00	—	—	2.953
材料	840201140	商品砼	m³	266.99	10.150	10.150	—
材料	050303800	木材 锯材	m³	1547.01	—	—	0.041
材料	350100100	钢模板	kg	4.53	—	—	7.340
材料	292103200	钢模板连接件	kg	2.99	—	—	2.136
材料	330101900	钢支撑	kg	3.42	—	—	3.060
材料	030190010	圆钉 综合	kg	6.60	—	—	0.129
材料	010302400	铁丝 综合	kg	2.74	—	—	1.420
材料	341100100	水	m³	4.42	8.770	8.770	—
材料	341100400	电	kW·h	0.70	8.240	8.240	—
材料	002000020	其他材料费	元	—	27.54	27.54	1.18
机械	990706010	木工圆锯机 直径500mm	台班	25.81	—	—	0.009
机械	990709010	木工平刨床 刨削宽度300mm	台班	10.60	—	—	0.009
机械	990401015	载重汽车 4t	台班	390.44	—	—	0.063
机械	990304004	汽车式起重机 8t	台班	705.33	—	—	0.035
机械	990401030	载重汽车 8t	台班	474.25	—	—	0.004

D.2.2 混凝土拱部衬砌(编码:040402002)

D.2.2.1 混凝土及钢筋混凝土衬砌拱部

工作内容:钢拱架、模板安装、拆除、清理,混凝土浇筑、振捣、清理、养护,操作平台制作、安装、拆除等。 **计量单位**:10m³

定额编号					DD0128	DD0129	DD0130
项目名称					洞内		
					跨径10m以内,混凝土衬砌		
					厚度		
					500mm以内	800mm以内	800mm以上
费用	综合单价(元)				**3476.64**	**3450.05**	**3431.69**
	其中	人工费(元)			454.60	442.87	434.93
		材料费(元)			2810.34	2800.93	2794.21
		施工机具使用费(元)			—	—	—
		企业管理费(元)			144.83	141.10	138.57
		利润(元)			57.78	56.29	55.28
		一般风险费(元)			9.09	8.86	8.70
	编码	名称	单位	单价(元)	消耗量		
人工	000300080	混凝土综合工	工日	115.00	3.953	3.851	3.782
材料	840201140	商品砼	m³	266.99	10.150	10.150	10.150
	341100100	水	m³	4.42	12.250	10.150	8.650
	341100400	电	kW·h	0.70	10.640	10.640	10.640
	002000020	其他材料费	元	—	38.80	38.67	38.58

工作内容:钢拱架、模板安装、拆除、清理,混凝土浇筑、振捣、清理、养护,操作平台制作、安装、拆除等。 **计量单位**:10m²

定额编号					DD0131
项目名称					洞内
					跨径10m以内,混凝土衬砌
					模板
费用	综合单价(元)				**1197.78**
	其中	人工费(元)			544.92
		材料费(元)			225.15
		施工机具使用费(元)			118.68
		企业管理费(元)			211.42
		利润(元)			84.34
		一般风险费(元)			13.27
	编码	名称	单位	单价(元)	消耗量
人工	000300060	模板综合工	工日	120.00	4.541
材料	050303800	木材 锯材	m³	1547.01	0.102
	350100100	钢模板	kg	4.53	7.340
	292103200	钢模板连接件	kg	2.99	2.056
	330100900	钢拱架	kg	2.48	6.983
	030190910	扒钉	kg	3.83	0.713
	030190010	圆钉综合	kg	6.60	0.109
	010302400	铁丝 综合	kg	2.74	1.490
	002000020	其他材料费	元	—	3.11
机械	990706010	木工圆锯机 直径500mm	台班	25.81	0.009
	990709010	木工平刨床 刨削宽度300mm	台班	10.60	0.009
	990401015	载重汽车 4t	台班	390.44	0.170
	990304004	汽车式起重机 8t	台班	705.33	0.071
	990401030	载重汽车 8t	台班	474.25	0.004

工作内容：钢拱架、模板安装、拆除、清理，混凝土浇筑、振捣、清理、养护，操作平台制作、安装、拆除等。 计量单位：$10m^3$

定额编号							DD0132	DD0133	DD0134
项目名称							明洞		
							跨径 10m 以内，混凝土衬砌		
							厚度		
							500mm 以内	800mm 以内	800mm 以上
费用	综合单价（元）						**3525.69**	**3482.07**	**3452.58**
	其中	人工费（元）					488.06	464.72	449.19
		材料费（元）					2810.34	2800.93	2794.21
		施工机具使用费（元）					—	—	—
		企业管理费（元）					155.50	148.06	143.11
		利润（元）					62.03	59.07	57.09
		一般风险费（元）					9.76	9.29	8.98
	编码	名称		单位	单价(元)		消耗量		
人工	000300080	混凝土综合工		工日	115.00		4.244	4.041	3.906
材料	840201140	商品砼		m^3	266.99		10.150	10.150	10.150
	341100100	水		m^3	4.42		12.250	10.150	8.650
	341100400	电		kW·h	0.70		10.640	10.640	10.640
	002000020	其他材料费		元	—		38.80	38.67	38.58

工作内容：钢拱架、模板安装、拆除、清理，混凝土浇筑、振捣、清理、养护，操作平台制作、安装、拆除等。 计量单位：$10m^2$

定额编号					DD0135
项目名称					明洞
					跨径 10m 以内，混凝土衬砌
					模板
费用	综合单价（元）				**1151.32**
	其中	人工费（元）			523.08
		材料费（元）			225.15
		施工机具使用费（元）			108.82
		企业管理费（元）			201.32
		利润（元）			80.31
		一般风险费（元）			12.64
	编码	名称	单位	单价(元)	消耗量
人工	000300060	模板综合工	工日	120.00	4.359
材料	050303800	木材 锯材	m^3	1547.01	0.102
	350100100	钢模板	kg	4.53	7.340
	292103200	钢模板连接件	kg	2.99	2.056
	330100900	钢拱架	kg	2.48	6.983
	030190910	扒钉	kg	3.83	0.713
	030190010	圆钉 综合	kg	6.60	0.109
	010302400	铁丝 综合	kg	2.74	1.490
	002000020	其他材料费	元	—	3.11
机械	990706010	木工圆锯机 直径 500mm	台班	25.81	0.009
	990709010	木工平刨床 刨削宽度 300mm	台班	10.60	0.009
	990401015	载重汽车 4t	台班	390.44	0.161
	990304004	汽车式起重机 8t	台班	705.33	0.062
	990401030	载重汽车 8t	台班	474.25	0.004

工作内容:钢拱架、模板安装、拆除、清理,混凝土浇筑、振捣、清理、养护,操作平台制作、安装、拆除等。 **计量单位**:$10m^3$

定额编号						DD0136	DD0137	DD0138
项目名称						洞内		
						跨径 10m 以上,混凝土衬砌		
						厚度		
						500mm 以内	800mm 以内	800mm 以上
费用	综合单价(元)					**3460.51**	**3431.92**	**3416.17**
	其中	人工费(元)				454.94	443.33	435.62
		材料费(元)				2793.71	2782.13	2777.68
		施工机具使用费(元)				—	—	—
		企业管理费(元)				144.94	141.24	138.79
		利润(元)				57.82	56.35	55.37
		一般风险费(元)				9.10	8.87	8.71
	编码	名称		单位	单价(元)	消耗量		
人工	000300080	混凝土综合工		工日	115.00	3.956	3.855	3.788
材料	840201140	商品砼		m^3	266.99	10.150	10.150	10.150
	341100100	水		m^3	4.42	12.250	9.650	8.650
	341100400	电		kW·h	0.70	10.640	10.640	10.640
	002000020	其他材料费		元	—	22.17	22.08	22.05

工作内容:钢拱架、模板安装、拆除、清理,混凝土浇筑、振捣、清理、养护,操作平台制作、安装、拆除等。 **计量单位**:$10m^2$

定额编号					DD0139
项目名称					洞内
					跨径 10m 以上,混凝土衬砌
					模板
费用	综合单价(元)				**1067.59**
	其中	人工费(元)			514.56
		材料费(元)			203.54
		施工机具使用费(元)			74.95
		企业管理费(元)			187.82
		利润(元)			74.93
		一般风险费(元)			11.79
	编码	名称	单位	单价(元)	消耗量
人工	000300060	模板综合工	工日	120.00	4.288
材料	050303800	木材 锯材	m^3	1547.01	0.085
	350100100	钢模板	kg	4.53	6.900
	292103200	钢模板连接件	kg	2.99	2.056
	330100900	钢拱架	kg	2.48	10.403
	030190910	扒钉	kg	3.83	0.535
	030190010	圆钉 综合	kg	6.60	0.178
	010302400	铁丝 综合	kg	2.74	1.460
	002000020	其他材料费	元	—	1.62
机械	990706010	木工圆锯机 直径 500mm	台班	25.81	0.009
	990709010	木工平刨床 刨削宽度 300mm	台班	10.60	0.009
	990401015	载重汽车 4t	台班	390.44	0.170
	990304004	汽车式起重机 8t	台班	705.33	0.009
	990401030	载重汽车 8t	台班	474.25	0.004

工作内容：钢拱架、模板安装、拆除、清理，混凝土浇筑、振捣、清理、养护，操作平台制作、安装、拆除等。 计量单位：$10m^3$

定额编号					DD0140	DD0141	DD0142
项目名称					明洞		
					跨径 10m 以上，混凝土衬砌		
					厚度		
					500mm 以内	800mm 以内	800mm 以上
费用	综合单价（元）				**3510.08**	**3464.44**	**3437.24**
	其中	人工费（元）			488.75	465.52	450.00
		材料费（元）			2793.71	2782.13	2777.68
		施工机具使用费（元）			—	—	—
		企业管理费（元）			155.72	148.31	143.37
		利润（元）			62.12	59.17	57.19
		一般风险费（元）			9.78	9.31	9.00
	编码	名称	单位	单价（元）	消耗量		
人工	000300080	混凝土综合工	工日	115.00	4.250	4.048	3.913
材料	840201140	商品砼	m^3	266.99	10.150	10.150	10.150
	341100100	水	m^3	4.42	12.250	9.650	8.650
	341100400	电	kW·h	0.70	10.640	10.640	10.640
	002000020	其他材料费	元	—	22.17	22.08	22.05

工作内容：钢拱架、模板安装、拆除、清理，混凝土浇筑、振捣、清理、养护，操作平台制作、安装、拆除等。 计量单位：$10m^2$

定额编号					DD0143
项目名称					明洞
					跨径 10m 以上，混凝土衬砌
					模板
费用	综合单价（元）				**1121.47**
	其中	人工费（元）			495.60
		材料费（元）			203.54
		施工机具使用费（元）			130.67
		企业管理费（元）			199.53
		利润（元）			79.60
		一般风险费（元）			12.53
	编码	名称	单位	单价（元）	消耗量
人工	000300060	模板综合工	工日	120.00	4.130
材料	050303800	木材 锯材	m^3	1547.01	0.085
	350100100	钢模板	kg	4.53	6.900
	292103200	钢模板连接件	kg	2.99	2.056
	330100900	钢拱架	kg	2.48	10.403
	030190910	扒钉	kg	3.83	0.535
	030190010	圆钉综合	kg	6.60	0.178
	010302400	铁丝 综合	kg	2.74	1.460
	002000020	其他材料费	元	—	1.62
机械	990706010	木工圆锯机 直径 500mm	台班	25.81	0.009
	990709010	木工平刨床 刨削宽度 300mm	台班	10.60	0.009
	990401015	载重汽车 4t	台班	390.44	0.170
	990304004	汽车式起重机 8t	台班	705.33	0.088
	990401030	载重汽车 8t	台班	474.25	0.004

D.2.2.2 **斜井拱部混凝土及钢筋混凝土衬砌**

工作内容：模板安装、拆除、清理，混凝土浇筑、振捣、清理、养护，操作平台制作、安装、拆除等。

		定额编号			DD0144	DD0145	DD0146
		项目名称			拱部混凝土衬砌		
					厚 500mm 以内	厚 800mm 以内	模板
		单位			$10m^3$		$10m^2$
费用		**综合单价（元）**			**3821.55**	**3786.48**	**1758.38**
	其中	人工费（元）			681.84	664.36	899.16
		材料费（元）			2822.18	2812.73	246.94
		施工机具使用费（元）			—	—	132.05
		企业管理费（元）			217.23	211.66	328.54
		利润（元）			86.66	84.44	131.07
		一般风险费（元）			13.64	13.29	20.62
	编码	名称	单位	单价(元)	消耗量		
人工	000300080	混凝土综合工	工日	115.00	5.929	5.777	—
	000300060	模板综合工	工日	120.00	—	—	7.493
材料	840201140	商品砼	m^3	266.99	10.150	10.150	—
	050303800	木材 锯材	m^3	1547.01	—	—	0.112
	350100100	钢模板	kg	4.53	—	—	8.070
	292103200	钢模板连接件	kg	2.99	—	—	2.264
	330100900	钢拱架	kg	2.48	—	—	7.140
	030190910	扒钉	kg	3.83	—	—	0.782
	030190010	圆钉 综合	kg	6.60	—	—	0.119
	010302400	铁丝 综合	kg	2.74	—	—	1.640
	341100100	水	m^3	4.42	12.250	10.150	—
	341100400	电	kW·h	0.70	11.700	11.700	—
	002000020	其他材料费	元	—	49.90	49.73	4.37
机械	990401030	载重汽车 8t	台班	474.25	—	—	0.004
	990706010	木工圆锯机 直径 500mm	台班	25.81	—	—	0.009
	990709010	木工平刨床 刨削宽度 300mm	台班	10.60	—	—	0.009
	990401015	载重汽车 4t	台班	390.44	—	—	0.188
	990304004	汽车式起重机 8t	台班	705.33	—	—	0.080

D.2.3 混凝土边墙衬砌(编码:040402003)

D.2.3.1 混凝土及钢筋混凝土衬砌边墙

工作内容:模板安装、拆除、清理,混凝土浇筑、振捣、清理、养护,操作平台制作、安装、拆除等。 **计量单位:**$10m^3$

定额编号					DD0147	DD0148	DD0149
项目名称					边墙混凝土衬砌		
					厚度		
					500mm 以内	800mm 以内	800mm 以上
费用	**综合单价(元)**				**3457.41**	**3437.88**	**3420.23**
	其中	人工费(元)			455.63	445.40	437.92
		材料费(元)			2789.60	2785.06	2778.37
		施工机具使用费(元)			—	—	—
		企业管理费(元)			145.16	141.90	139.52
		利润(元)			57.91	56.61	55.66
		一般风险费(元)			9.11	8.91	8.76
	编码	名称	单位	单价(元)	消耗量		
人工	000300080	混凝土综合工	工日	115.00	3.962	3.873	3.808
材料	840201140	商品砼	m^3	266.99	10.150	10.150	10.150
	341100100	水	m^3	4.42	9.850	9.450	7.950
	341100400	电	kW·h	0.70	8.240	8.240	8.240
	002000020	其他材料费	元	—	30.35	27.57	27.51

工作内容:模板安装、拆除、清理,混凝土浇筑、振捣、清理、养护,操作平台制作、安装、拆除等。 **计量单位:**$10m^2$

定额编号					DD0150
项目名称					边墙混凝土衬砌
					模板
费用	**综合单价(元)**				**898.29**
	其中	人工费(元)			468.48
		材料费(元)			131.99
		施工机具使用费(元)			54.34
		企业管理费(元)			166.57
		利润(元)			66.45
		一般风险费(元)			10.46
	编码	名称	单位	单价(元)	消耗量
人工	000300060	模板综合工	工日	120.00	3.904
材料	050303800	木材 锯材	m^3	1547.01	0.050
	350100100	钢模板	kg	4.53	7.340
	292103200	钢模板连接件	kg	2.99	2.136
	330101900	钢支撑	kg	3.42	3.060
	030190010	圆钉 综合	kg	6.60	0.198
	010302400	铁丝 综合	kg	2.74	0.700
	002000020	其他材料费	元	—	1.31
机械	990401030	载重汽车 8t	台班	474.25	0.004
	990706010	木工圆锯机 直径 500mm	台班	25.81	0.009
	990709010	木工平刨床 刨削宽度 300mm	台班	10.60	0.009
	990401015	载重汽车 4t	台班	390.44	0.054
	990304004	汽车式起重机 8t	台班	705.33	0.044

D.2.3.2 **混凝土及钢筋混凝土中隔墙**

工作内容：模板安装、拆除、清理，混凝土浇筑、振捣、清理、养护，操作平台制作、安装、拆除等。

		定额编号			DD0151	DD0152
		项目名称			中隔墙	
					混凝土	模板
		单位			$10m^3$	$10m^2$
费用		**综合单价（元）**			**3515.04**	**845.25**
	其中	人工费（元）			514.74	490.32
		材料费（元）			2760.59	83.69
		施工机具使用费（元）			—	29.27
		企业管理费（元）			164.00	165.54
		利润（元）			65.42	66.04
		一般风险费（元）			10.29	10.39
	编码	名称	单位	单价(元)	消耗量	
人工	000300080	混凝土综合工	工日	115.00	4.476	—
	000300060	模板综合工	工日	120.00	—	4.086
材料	840201140	商品砼	m^3	266.99	10.150	—
	350100100	钢模板	kg	4.53	—	8.446
	050303800	木材 锯材	m^3	1547.01	—	0.015
	032140460	零星卡具	kg	6.67	—	2.195
	340500400	草板纸 80#	张	0.68	—	3.346
	350100011	复合模板	m^2	23.93	—	0.187
	341100100	水	m^3	4.42	3.970	—
	341100400	电	kW·h	0.70	8.240	—
	002000020	其他材料费	元	—	27.33	0.83
机械	990401030	载重汽车 8t	台班	474.25	—	0.004
	990706010	木工圆锯机 直径 500mm	台班	25.81	—	0.001
	990401025	载重汽车 6t	台班	422.13	—	0.018
	990304004	汽车式起重机 8t	台班	705.33	—	0.028

D.2.3.3 **斜井边墙混凝土及钢筋混凝土衬砌**

工作内容：模板安装、拆除、清理，混凝土浇筑、振捣、清理、养护，操作平台制作、安装、拆除等。

		定额编号			DD0153	DD0154	DD0155
		项目名称			斜井边墙混凝土衬砌		
					厚 500mm 以内	厚 800mm 以内	模板
		单位			$10m^3$		$10m^2$
费用		**综合单价（元）**			**3791.93**	**3767.89**	**1374.17**
	其中	人工费（元）			683.45	668.27	773.04
		材料费（元）			2790.19	2788.40	147.03
		施工机具使用费（元）			—	—	64.20
		企业管理费（元）			217.75	212.91	266.75
		利润（元）			86.87	84.94	106.41
		一般风险费（元）			13.67	13.37	16.74
	编码	名称	单位	单价(元)	消耗量		
人工	000300080	混凝土综合工	工日	115.00	5.943	5.811	—
	000300060	模板综合工	工日	120.00	—	—	6.442
材料	840201140	商品砼	m^3	266.99	10.150	10.150	—
	050303800	木材 锯材	m^3	1547.01	—	—	0.056
	350100100	钢模板	kg	4.53	—	—	8.100
	292103200	钢模板连接件	kg	2.99	—	—	2.352
	330101900	钢支撑	kg	3.42	—	—	3.368
	030190010	圆钉 综合	kg	6.60	—	—	0.218
	010302400	铁丝 综合	kg	2.74	—	—	0.770
	341100100	水	m^3	4.42	9.850	9.450	—
	341100400	电	kW·h	0.70	9.060	9.060	—
	002000020	其他材料费	元	—	30.36	30.34	1.60
机械	990401030	载重汽车 8t	台班	474.25	—	—	0.004
	990706010	木工圆锯机 直径 500mm	台班	25.81	—	—	0.009
	990709010	木工平刨床 刨削宽度 300mm	台班	10.60	—	—	0.009
	990401015	载重汽车 4t	台班	390.44	—	—	0.063
	990304004	汽车式起重机 8t	台班	705.33	—	—	0.053

D.2.3.4 混凝土模板台车衬砌及制安

工作内容：1.混凝土浇筑、振捣、清理、养护，人工配合混凝土泵送等。
2.模板台车和横架制作、安装、拆除、移动就位、调校、维护等。
3.挡头模板制作、安装、拆除。

		定额编号			DD0156	DD0157	DD0158	DD0159	DD0160	DD0161
		项目名称			混凝土衬砌					
					混凝土	模板台车	模板台车			模板台车
						挡头模板	台车			移动就位
							制作	安装	拆除	
		单位			$10m^3$	$10m^2$	t			次
费用		**综合单价（元）**			**3454.45**	**1008.55**	**9357.41**	**1669.49**	**1336.66**	**592.93**
费用	其中	人工费（元）			454.94	544.92	2882.64	766.44	613.56	390.60
费用	其中	材料费（元）			2787.65	132.98	3721.65	—	—	20.42
费用	其中	施工机具使用费（元）			—	52.45	962.46	372.60	298.40	—
费用	其中	企业管理费（元）			144.94	190.32	1225.05	362.90	290.55	124.45
费用	其中	利润（元）			57.82	75.93	488.71	144.77	115.91	49.65
费用	其中	一般风险费（元）			9.10	11.95	76.90	22.78	18.24	7.81
	编码	名称	单位	单价(元)	消耗量					
人工	000300080	混凝土综合工	工日	115.00	3.956	—	—	—	—	—
人工	000300060	模板综合工	工日	120.00	—	4.541	—	—	—	—
人工	000300160	金属制安综合工	工日	120.00	—	—	24.022	6.387	5.113	3.255
材料	840201140	商品砼	m^3	266.99	10.150	—	—	—	—	—
材料	341100100	水	m^3	4.42	9.650	—	—	—	—	—
材料	050303800	木材 锯材	m^3	1547.01	—	0.050	—	—	—	—
材料	350100100	钢模板	kg	4.53	—	7.556	—	—	—	—
材料	012900030	钢板 综合	kg	3.21	—	—	660.162	—	—	—
材料	292103200	钢模板连接件	kg	2.99	—	2.136	—	—	—	—
材料	330101900	钢支撑	kg	3.42	—	3.060	—	—	—	—
材料	010000010	型钢 综合	kg	3.09	—	—	390.027	—	—	—
材料	010101010	不锈钢圆钢	kg	17.09	—	—	0.016	—	—	—
材料	170700200	热轧无缝钢管 综合	kg	3.68	—	—	11.457	—	—	—
材料	030190010	圆钉 综合	kg	6.60	—	0.198	—	—	—	—
材料	010302400	铁丝 综合	kg	2.74	—	0.700	—	—	—	—
材料	341100400	电	kW·h	0.70	10.640	—	—	—	—	28.600
材料	031350010	低碳钢焊条 综合	kg	4.19	—	—	75.910	—	—	—
材料	002000020	其他材料费	元	—	27.60	1.32	36.85	—	—	0.40
机械	990706010	木工圆锯机 直径 500mm	台班	25.81	—	0.009	—	—	—	—
机械	990709010	木工平刨床 刨削宽度 300mm	台班	10.60	—	0.009	—	—	—	—
机械	990401015	载重汽车 4t	台班	390.44	—	0.054	1.120	—	—	—
机械	990304004	汽车式起重机 8t	台班	705.33	—	0.044	0.009	—	—	—
机械	990901020	交流弧焊机 32kV·A	台班	85.07	—	—	4.279	—	—	—
机械	990919010	电焊条烘干箱 450×350×450	台班	17.13	—	—	0.429	—	—	—
机械	990302025	履带式起重机 25t	台班	764.02	—	—	0.193	—	—	—
机械	990304012	汽车式起重机 12t	台班	797.85	—	—	—	0.467	0.374	—

D.2.4 竖井混凝土衬砌(编码:040402004)

工作内容:模板安装、拆除、清理,混凝土浇筑、振捣、清理、养护,操作平台制作、安装、拆除等。

定额编号					DD0162	DD0163	DD0164	DD0165
项目名称					竖井混凝土及钢筋混凝土衬砌			
					厚 250mm 以内	厚 350mm 以内	厚 450mm 以内	模板
单位					$10m^3$			$10m^2$
费用	综合单价(元)				**3515.73**	**3495.81**	**3483.84**	**1108.21**
	其中	人工费(元)			501.17	490.02	481.85	702.72
		材料费(元)			2781.17	2777.59	2777.59	45.55
		施工机具使用费(元)			—	—	—	22.30
		企业管理费(元)			159.67	156.12	153.52	230.99
		利润(元)			63.70	62.28	61.24	92.15
		一般风险费(元)			10.02	9.80	9.64	14.50
	编码	名称	单位	单价(元)	消耗量			
人工	000300080	混凝土综合工	工日	115.00	4.358	4.261	4.190	—
	000300060	模板综合工	工日	120.00	—	—	—	5.856
材料	840201140	商品砼	m^3	266.99	10.150	10.150	10.150	—
	350301110	扣件	套	5.00	—	—	—	0.136
	350100100	钢模板	kg	4.53	—	—	—	8.190
	330101900	钢支撑	kg	3.42	—	—	—	0.600
	292103200	钢模板连接件	kg	2.99	—	—	—	1.760
	341100100	水	m^3	4.42	8.450	7.650	7.650	—
	341100400	电	kW·h	0.70	9.040	9.040	9.040	—
	002000020	其他材料费	元	—	27.54	27.50	27.50	0.45
机械	990401030	载重汽车 8t	台班	474.25	—	—	—	0.004
	990401015	载重汽车 4t	台班	390.44	—	—	—	0.036
	990304004	汽车式起重机 8t	台班	705.33	—	—	—	0.009

D.2.5 混凝土沟道(编码:040402005)

工作内容:模板安装、拆除、清理,混凝土浇筑、振捣、清理、养护。　　　　**计量单位:**$10m^3$

定额编号					DD0166	DD0167
项目名称					水沟	
					混凝土浇筑	
					混凝土	模板
费用	综合单价(元)				**3451.89**	**6826.75**
	其中	人工费(元)			452.76	3607.80
		材料费(元)			2788.27	1033.47
		施工机具使用费(元)			—	344.77
		企业管理费(元)			144.25	1259.29
		利润(元)			57.55	502.37
		一般风险费(元)			9.06	79.05
	编码	名称	单位	单价(元)	消耗量	
人工	000300080	混凝土综合工	工日	115.00	3.937	—
	000300060	模板综合工	工日	120.00	—	30.065
材料	840201140	商品砼	m^3	266.99	10.150	—
	050303800	木材 锯材	m^3	1547.01	—	0.304
	350100100	钢模板	kg	4.53	—	94.240
	292103200	钢模板连接件	kg	2.99	—	38.800
	341100100	水	m^3	4.42	5.350	—
	002000020	其他材料费	元	—	54.67	20.26
机械	990304004	汽车式起重机 8t	台班	705.33	—	0.216
	990401030	载重汽车 8t	台班	474.25	—	0.404
	990706010	木工圆锯机 直径 500mm	台班	25.81	—	0.032

D.2.6 拱部喷射混凝土(编码:040402006)

工作内容:搭拆喷射平台、喷射机操作、喷射混凝土、清洗岩面。　　　　**计量单位:**$100m^2$

定额编号					DD0168	DD0169	DD0170	DD0171	DD0172	DD0173
项目名称					喷射混凝土支护					
					拱部					
					混凝土(无筋)		钢纤维混凝土		混凝土(有筋)	
					厚 50mm	每增减 10mm	厚 50mm	每增减 10mm	厚 50mm	每增减 10mm
费用	综合单价(元)				**8162.59**	**1132.35**	**10383.52**	**1446.84**	**8677.83**	**1204.31**
	其中	人工费(元)			1781.81	237.59	1959.95	261.28	1899.69	253.23
		材料费(元)			3829.57	541.02	5651.85	801.27	4066.79	574.74
		施工机具使用费(元)			1174.47	165.85	1268.32	179.17	1246.28	176.31
		企业管理费(元)			941.87	128.54	1028.52	140.33	1002.30	136.85
		利润(元)			375.74	51.28	410.31	55.98	399.85	54.59
		一般风险费(元)			59.13	8.07	64.57	8.81	62.92	8.59
	编码	名称	单位	单价(元)	消耗量					
人工	000300080	混凝土综合工	工日	115.00	15.494	2.066	17.043	2.272	16.519	2.202
材料	800901020	砼 C25(喷、机粗、碎 5～10)	m^3	383.31	9.362	1.337	9.362	1.337	9.960	1.422
	155501200	钢纤维	kg	3.08	—	—	578.684	82.643	—	—
	172702010	高压胶管 D50	m	17.35	3.022	0.432	3.264	0.467	3.215	0.460
	050303800	木材 锯材	m^3	1547.01	0.021	—	0.021	—	0.021	—
	350300100	脚手架钢管	kg	3.09	2.586	—	2.586	—	2.586	—
	341100100	水	m^3	4.42	16.521	2.359	16.521	2.359	16.521	2.359
	002000020	其他材料费	元	—	75.09	10.61	110.82	15.71	79.74	11.27
机械	990609010	混凝土湿喷机 $5m^3/h$	台班	367.25	1.314	0.188	1.419	0.203	1.398	0.200
	991003070	电动空气压缩机 $10m^3/min$	台班	363.27	1.127	0.161	1.217	0.174	1.192	0.171
	991201020	轴流通风机 30kW	台班	134.46	2.101	0.285	2.269	0.308	2.230	0.303

D.2.7 边墙喷射混凝土(编码:040402007)

工作内容:搭拆喷射平台、喷射机操作、喷射混凝土、清洗岩面。　　　　**计量单位:**$100m^2$

定额编号					DD0174	DD0175	DD0176	DD0177	DD0178	DD0179
项目名称					喷射混凝土支护					
					边墙					
					混凝土(无筋)		钢纤维混凝土		混凝土(有筋)	
					厚 50mm	每增减 10mm	厚 50mm	每增减 10mm	厚 50mm	每增减 10mm
费用	综合单价(元)				**7243.95**	**1006.63**	**9258.95**	**1292.61**	**7374.45**	**989.18**
	其中	人工费(元)			1460.04	195.27	1606.09	214.82	1470.97	189.18
		材料费(元)			3533.19	498.67	5208.43	737.93	3560.35	501.82
		施工机具使用费(元)			1071.70	151.29	1157.45	163.62	1131.28	143.33
		企业管理费(元)			806.61	110.42	880.46	120.57	829.07	105.94
		利润(元)			321.78	44.05	351.25	48.10	330.74	42.26
		一般风险费(元)			50.63	6.93	55.27	7.57	52.04	6.65
	编码	名称	单位	单价(元)	消耗量					
人工	000300080	混凝土综合工	工日	115.00	12.696	1.698	13.966	1.868	12.791	1.645
材料	800901020	砼 C25(喷、机粗、碎 5～10)	m^3	383.31	8.613	1.230	8.613	1.230	8.677	1.239
	155501200	钢纤维	kg	3.08	—	—	532.387	76.029	—	—
	172702010	高压胶管 D50	m	17.35	2.822	0.403	2.974	0.426	2.943	0.382
	050303800	木材 锯材	m^3	1547.01	0.021	—	0.021	—	0.021	—
	350300100	脚手架钢管	kg	3.09	2.586	—	2.586	—	2.586	—
	341100100	水	m^3	4.42	16.521	2.359	16.521	2.359	16.521	2.359
	002000020	其他材料费	元	—	69.28	9.78	102.13	14.47	69.81	9.84
机械	990609010	混凝土湿喷机 $5m^3/h$	台班	367.25	1.197	0.171	1.293	0.185	1.277	0.161
	991003070	电动空气压缩机 $10m^3/min$	台班	363.27	1.029	0.147	1.111	0.159	1.074	0.140
	991201020	轴流通风机 30kW	台班	134.46	1.921	0.261	2.075	0.282	2.024	0.248

D.2.8 拱圈(拱部)砌筑(编码:040402008)

工作内容:运料、拌浆、表面修凿、砌筑,搭拆简易脚手架、养护等。(拱部包括钢拱架制作及拆除) **计量单位:**10m^3

定额编号					DD0180	DD0181
项目名称					拱部	
					浆砌拱石	浆砌混凝土预制块
费用	综合单价(元)				**8684.61**	**11820.19**
	其中	人工费(元)			4150.47	3943.01
		材料费(元)			2350.47	5790.13
		施工机具使用费(元)			171.11	171.11
		企业管理费(元)			1376.86	1310.76
		利润(元)			549.27	522.90
		一般风险费(元)			86.43	82.28
	编码	名称	单位	单价(元)	消耗量	
人工	000300100	砌筑综合工	工日	115.00	36.091	34.287
材料	850301100	干混商品砌筑砂浆 M7.5	t	213.68	1.190	1.190
	041100850	拱石	m^3	116.50	10.100	—
	041503300	混凝土预制块 综合	m^3	480.00	—	10.100
	050303800	木材 锯材	m^3	1547.01	0.508	0.356
	341100100	水	m^3	4.42	9.184	9.184
	030190910	扒钉	kg	3.83	1.683	1.683
	030190010	圆钉 综合	kg	6.60	6.139	6.139
	010302400	铁丝 综合	kg	2.74	0.900	0.909
	330100900	钢拱架	kg	2.48	16.650	16.650
	002000020	其他材料费	元	—	2.35	5.78
机械	990401015	载重汽车 4t	台班	390.44	0.421	0.421
	990611010	干混砂浆罐式搅拌机 20000L	台班	232.40	0.029	0.029

D.2.9 边墙砌筑(编码:040402009)

工作内容:运料、拌浆、表面修凿、砌筑、搭拆简易脚手架、养护等。 **计量单位:**10m^3

定额编号					DD0182	DD0183	DD0184
项目名称					边墙		
					浆砌块石	浆砌清条石	浆砌混凝土预制块
费用	综合单价(元)				**6370.25**	**5974.38**	**8588.11**
	其中	人工费(元)			2684.22	2440.30	2318.29
		材料费(元)			2381.15	2380.94	5180.32
		施工机具使用费(元)			37.42	11.39	6.74
		企业管理费(元)			867.11	781.11	740.75
		利润(元)			345.92	311.61	295.51
		一般风险费(元)			54.43	49.03	46.50
	编码	名称	单位	单价(元)	消耗量		
人工	000300100	砌筑综合工	工日	115.00	23.341	21.220	20.159
材料	850301100	干混商品砌筑砂浆 M7.5	t	213.68	6.681	2.023	1.190
	041100310	块(片)石	m^3	77.67	11.220	—	—
	041100610	清条石	m^3	180.00	—	10.400	—
	041503300	混凝土预制块 综合	m^3	480.00	—	—	10.100
	050303800	木材 锯材	m^3	1547.01	0.028	0.028	0.028
	341100100	水	m^3	4.42	8.236	7.006	6.684
	002000020	其他材料费	元	—	2.38	2.38	5.18
机械	990611010	干混砂浆罐式搅拌机 20000L	台班	232.40	0.161	0.049	0.029

D.2.10 砌筑沟道(编码:040402010)

工作内容:运料、拌浆、表面修凿、砌筑。　　　　**计量单位**:10m³

定额编号					DD0185	DD0186	DD0187	DD0188	DD0189
项目名称					浆砌水沟				
					块(片)石	毛条石	清条石	砖	混凝土预制块
费用	综合单价(元)				**4465.76**	**4260.07**	**3848.89**	**5204.93**	**7059.05**
	其中	人工费(元)			1303.18	1442.22	1176.91	1331.59	1308.70
		材料费(元)			2330.88	2078.09	2083.01	3123.78	5131.01
		施工机具使用费(元)			153.38	46.48	27.89	88.31	6.74
		企业管理费(元)			464.06	474.30	383.85	452.38	419.10
		利润(元)			185.13	189.21	153.13	180.47	167.19
		一般风险费(元)			29.13	29.77	24.10	28.40	26.31
	编码	名称	单位	单价(元)	消耗量				
人工	000300100	砌筑综合工	工日	115.00	11.332	12.541	10.234	11.579	11.380
材料	850301100	干混商品砌筑砂浆 M7.5	t	213.68	6.681	2.023	1.190	3.876	1.190
	041100310	块(片)石	m³	77.67	11.220	—	—	—	—
	041100020	毛条石	m³	155.34	—	10.400	—	—	—
	041100610	清条石	m³	180.00	—	—	10.000	—	—
	041300010	标准砖 240×115×53	千块	422.33	—	—	—	5.340	—
	041503300	混凝土预制块 综合	m³	480.00	—	—	—	—	10.100
	341100100	水	m³	4.42	7.200	6.850	6.500	9.120	6.500
机械	990611010	干混砂浆罐式搅拌机 20000L	台班	232.40	0.660	0.200	0.120	0.380	0.029

D.2.11 砌筑洞门(编码:040402011)

工作内容:运料、拌浆、表面修凿、砌筑、搭拆简易脚手架、养护等。　　　　**计量单位**:10m³

定额编号					DD0190	DD0191	DD0192
项目名称					洞门		
					浆砌块石	浆砌清条石	浆砌混凝土预制块
费用	综合单价(元)				**6495.24**	**6086.59**	**7881.94**
	其中	人工费(元)			2777.94	2525.29	1844.95
		材料费(元)			2368.77	2368.59	5167.92
		施工机具使用费(元)			37.42	11.39	6.74
		企业管理费(元)			896.97	808.18	589.95
		利润(元)			357.83	322.41	235.35
		一般风险费(元)			56.31	50.73	37.03
	编码	名称	单位	单价(元)	消耗量		
人工	000300100	砌筑综合工	工日	115.00	24.156	21.959	16.043
材料	850301100	干混商品砌筑砂浆 M7.5	t	213.68	6.681	2.023	1.190
	041100310	块(片)石	m³	77.67	11.220	—	—
	041100610	清条石	m³	180.00	—	10.400	—
	041503300	混凝土预制块 综合	m³	480.00	—	—	10.100
	050303800	木材 锯材	m³	1547.01	0.020	0.020	0.020
	341100100	水	m³	4.42	8.236	7.014	6.684
	002000020	其他材料费	元	—	2.37	2.37	5.16
机械	990611010	干混砂浆罐式搅拌机 20000L	台班	232.40	0.161	0.049	0.029

D.2.12 锚杆(编码:040402012)

工作内容:1.砂浆锚杆:选孔位、打眼、洗眼、调制砂浆、灌浆、顶装锚杆。
2.药卷锚杆:选孔位、打眼、洗眼、浸泡、灌装药卷、顶装锚杆。
3.选孔位、打眼、洗眼、调制砂浆、灌浆、顶装锚杆、安装附件。
4.选孔位、锚杆钻进、调制砂浆、灌浆、安装附件。

	定额编号			DD0193	DD0194	DD0195	DD0196	DD0197
	项目名称			锚杆				
				砂浆锚杆	药卷锚杆	中空注浆锚杆	自进式锚杆	预应力锚杆
	单位			t		100m		
费用	**综合单价(元)**			**18156.20**	**12615.13**	**5161.79**	**4750.30**	**5666.39**
其中	人工费(元)			4981.00	1767.21	1413.93	1200.49	1534.79
	材料费(元)			4737.64	5138.06	1721.85	1623.20	1993.47
	施工机具使用费(元)			4174.05	3334.16	933.03	933.03	971.13
	企业管理费(元)			2916.80	1625.29	747.74	679.74	798.38
	利润(元)			1163.61	648.38	298.30	271.17	318.50
	一般风险费(元)			183.10	102.03	46.94	42.67	50.12
编码	名称	单位	单价(元)	消耗量				
人工 000700010	市政综合工	工日	115.00	43.313	15.367	12.295	10.439	13.346
材料 810304010	锚固砂浆 M30	m^3	382.05	0.490	—	—	—	0.500
043100010	锚固药卷	kg	1.45	—	399.840	—	—	—
810425010	素水泥浆	m^3	479.39	—	—	0.240	0.240	—
050100500	原木	m^3	982.30	—	—	0.007	0.007	—
050303800	木材 锯材	m^3	1547.01	—	—	0.013	0.013	—
011500030	六角空心钢 22～25	kg	3.93	17.940	17.940	5.100	—	—
031391310	合金钢钻头 一字型	个	25.56	10.230	10.230	3.000	—	—
032131550	锚杆铁件	kg	3.85	1040.000	1040.000	—	—	413.400
030190010	圆钉 综合	kg	6.60	—	—	0.100	0.100	—
032131520	中空注浆锚杆	m	14.10	—	—	101.000	—	—
032131530	自进式锚杆	m	14.10	—	—	—	101.000	—
031350010	低碳钢焊条 综合	kg	4.19	—	—	—	—	10.000
172700820	高压胶皮风管 ϕ25－6P－20m	m	7.69	5.130	5.130	—	—	12.000
341100100	水	m^3	4.42	16.000	16.000	5.000	5.000	—
341100400	电	kW·h	0.70	16.270	16.270	—	—	—
010302400	铁丝 综合	kg	2.74	—	—	0.900	0.900	—
002000020	其他材料费	元	—	92.89	100.75	33.76	31.83	76.67
机械 990128010	风动凿岩机 气腿式	台班	14.30	21.434	21.434	2.787	2.787	—
990219010	电动灌浆机	台班	24.79	4.880	—	—	—	—
990766010	风动锻钎机	台班	25.46	0.480	0.480	—	—	—
990406010	机动翻斗车 1t	台班	188.07	0.440	0.440	0.152	0.152	—
990133020	履带式锚杆钻孔机 锚杆直径 32mm	台班	1874.38	—	—	—	—	0.400
990610010	灰浆搅拌机 200L	台班	187.56	3.833	—	—	—	0.100
990702010	钢筋切断机 40mm	台班	41.85	—	—	—	—	0.100
991003070	电动空气压缩机 10m^3/min	台班	363.27	8.073	8.073	1.353	1.353	—
991138010	液压注浆泵 HYB50/50－1 型	台班	323.58	—	—	1.153	1.153	—
990705010	预应力钢筋拉伸机 650kN	台班	25.77	—	—	—	—	0.300
990904040	直流弧焊机 32kV·A	台班	89.62	—	—	—	—	0.200
991137010	双液压注浆泵 PH2X5	台班	404.59	—	—	—	—	0.400
990910030	对焊机 75kV·A	台班	109.41	—	—	—	—	0.100

D.2.13 充填压浆(编码:040402013)

D.2.13.1 拱、墙背后压浆

工作内容:搭拆操作平台、钻孔、砂浆制作、压浆、检查、堵孔。　　计量单位:10m³

定额编号					DD0198	DD0199
项目名称					拱、墙背后压浆	
					预留孔压浆	钻孔压浆
费用	综合单价(元)				**5951.13**	**6467.30**
	其中	人工费(元)			1543.65	1858.17
		材料费(元)			2746.91	2752.34
		施工机具使用费(元)			642.49	676.43
		企业管理费(元)			696.50	807.52
		利润(元)			277.86	322.15
		一般风险费(元)			43.72	50.69
	编码	名称	单位	单价(元)	消耗量	
人工	000700010	市政综合工	工日	115.00	13.423	16.158
材料	050303800	木材 锯材	m³	1547.01	0.112	0.112
	341100100	水	m³	4.42	9.500	9.500
	040100019	水泥 42.5	t	324.79	7.711	7.711
	031391110	合金钢钻头	个	17.09	—	0.315
	002000020	其他材料费	元	—	27.20	27.25
机械	990128010	风动凿岩机 气腿式	台班	14.30	—	0.240
	991003070	电动空气压缩机 10m³/min	台班	363.27	—	0.084
	990610020	灰浆搅拌机 400L	台班	193.72	1.242	1.242
	991138010	液压注浆泵 HYB50/50—1型	台班	323.58	1.242	1.242

D.2.14 仰拱填充(编码:040402014)

工作内容:选、修、洗、铺设块(片)石、混凝土浇筑、振捣、清理、养护。　　计量单位:10m³

定额编号					DD0200	DD0201
项目名称					仰拱回填	
					混凝土	片石混凝土
费用	综合单价(元)				**3270.38**	**2988.98**
	其中	人工费(元)			352.02	421.02
		材料费(元)			2754.43	2371.89
		施工机具使用费(元)			—	—
		企业管理费(元)			112.15	134.14
		利润(元)			44.74	53.51
		一般风险费(元)			7.04	8.42
	编码	名称	单位	单价(元)	消耗量	
人工	000300080	混凝土综合工	工日	115.00	3.061	3.661
材料	840201140	商品砼	m³	266.99	10.150	8.110
	041100310	块(片)石	m³	77.67	—	2.200
	341100100	水	m³	4.42	2.590	2.770
	341100400	电	kW·h	0.70	8.240	—
	002000020	其他材料费	元	—	27.27	23.48

D.2.15 排水管沟(编码:040402015)

D.2.15.1 排水管

工作内容:搭拆、移动工作平台、材料下料、安装、固定等。

定额编号					DD0202	DD0203	DD0204	DD0205	DD0206	DD0207
项目名称					排水管					
					纵向排水管		横向排水管	环向排水管		
					弹簧管	HPDE 管		弹簧管	无纺布	塑料盲沟
单位					100m		支	100m		
费用	综合单价(元)				**2344.51**	**1801.79**	**44.82**	**3725.85**	**2510.22**	**3150.37**
	其中	人工费(元)			363.63	363.63	10.70	1967.88	1443.83	1518.69
		材料费(元)			1811.54	1268.82	29.14	841.52	394.00	924.43
		施工机具使用费(元)			—	—	—	—	—	—
		企业管理费(元)			115.85	115.85	3.41	626.97	460.00	483.85
		利润(元)			46.22	46.22	1.36	250.12	183.51	193.03
		一般风险费(元)			7.27	7.27	0.21	39.36	28.88	30.37
	编码	名称	单位	单价(元)	消耗量					
人工	000700010	市政综合工	工日	115.00	3.162	3.162	0.093	17.112	12.555	13.206
材料	030131517	膨胀螺栓 M8×60	套	0.28	—	—	—	416.000	416.000	—
	022700700	土工布	m^2	5.29	—	—	0.070	—	51.000	—
	172506990	PVC 塑料管 ϕ100	m	14.10	—	—	2.000	—	—	—
	172513000	塑料弹簧软管 ϕ50	m	6.84	—	—	—	106.000	—	—
	172513100	塑料弹簧软管 ϕ110	m	17.09	106.000	—	—	—	—	—
	172103100	塑料打孔波纹管 ϕ100	m	11.97	—	106.000	—	—	—	—
	360102950	MF12 塑料盲沟	m	8.55	—	—	—	—	—	106.000
	002000020	其他材料费	元	—	—	—	0.57	—	7.73	18.13

D.2.15.2 排水沟

工作内容:搭拆、移动工作平台、材料下料、安装、固定等。　　**计量单位:**100m

定额编号					DD0208
项目名称					排水管
					侧式排水沟
					单(双)壁打孔波纹管
费用	综合单价(元)				**12300.64**
	其中	人工费(元)			765.33
		材料费(元)			10613.80
		施工机具使用费(元)			385.54
		企业管理费(元)			366.67
		利润(元)			146.28
		一般风险费(元)			23.02
	编码	名称	单位	单价(元)	消耗量
人工	000700010	市政综合工	工日	115.00	6.655
材料	022700700	土工布	m^2	5.29	86.700
	172103200	塑料打孔波纹管 ϕ400	m	75.21	106.000
	840201150	商品砼 C15	m^3	247.57	7.727
	041100310	块(片)石	m^3	77.67	1.610
	341100100	水	m^3	4.42	9.000
	002000020	其他材料费	元	—	105.09
机械	990406010	机动翻斗车 1t	台班	188.07	2.050

D.2.16 止水带(条)、止水胶(编码:040402017)

D.2.16.1 止水带、止水条、止水胶

工作内容:搭拆工作平台、敷设、安装止水带(条)。 **计量单位**:100m

定额编号					DD0209	DD0210	DD0211
项目名称					止水带(条)		止水胶
					橡胶止水带	遇水膨胀止水条	
费用	综合单价(元)				**7303.83**	**4692.88**	**4562.89**
	其中	人工费(元)			2459.85	2192.48	2556.11
		材料费(元)			3698.42	1479.37	816.40
		施工机具使用费(元)			—	—	—
		企业管理费(元)			783.71	698.52	814.38
		利润(元)			312.65	278.66	324.88
		一般风险费(元)			49.20	43.85	51.12
	编码	名称	单位	单价(元)	消耗量		
人工	000700010	市政综合工	工日	115.00	21.390	19.065	22.227
材料	133700600	橡胶止水带	m	35.90	101.000	—	—
	133700800	遇水膨胀止水条 30×20	m	14.36	—	101.000	—
	144104330	密封止水胶	kg	12.82	—	—	30.600
	172504000	塑料注浆阀管 ϕ32	m	3.85	—	—	106.000
	002000020	其他材料费	元	—	72.52	29.01	16.01

D.2.17 柔性防水层(编码:040402019)

D.2.17.1 防水板

工作内容:1.搭拆工作平台、敷设、固锚及焊接防水板。
2.基层清理、混凝土浇筑及养护。

定额编号					DD0212	DD0213
项目名称					防水板	
					复合式防水板	细石砼保护层
单位					100m^2	10m^3
费用	综合单价(元)				**3656.68**	**7678.56**
	其中	人工费(元)			1459.93	3352.94
		材料费(元)			1516.86	2764.15
		施工机具使用费(元)			—	—
		企业管理费(元)			465.13	1068.25
		利润(元)			185.56	426.16
		一般风险费(元)			29.20	67.06
	编码	名称	单位	单价(元)	消耗量	
人工	000700010	市政综合工	工日	115.00	12.695	—
	000300080	混凝土综合工	工日	115.00	—	29.156
材料	090901000	复合式防水板	m^2	12.82	116.000	—
	840201140	商品砼	m^3	266.99	—	10.150
	002000020	其他材料费	元	—	29.74	54.20

D.2.18 钢支撑

工作内容:下料、制作、校正、洞内及垂直运输、安装拆除、整理、堆放等。　　　　**计量单位:**t

					DD0214	DD0215	DD0216	DD0217	DD0218	DD0219
定额编号					DD0214	DD0215	DD0216	DD0217	DD0218	DD0219
项目名称					钢支撑					
					型钢钢架			格栅钢架		
					制作	安装	拆除	制作	安装	拆除
费用	综合单价(元)				**6010.56**	**1020.13**	**358.98**	**6694.48**	**969.12**	**341.03**
费用	其中	人工费(元)			1608.24	696.00	244.92	1716.24	661.20	232.68
费用	其中	材料费(元)			3341.39	—	—	3695.44	—	—
费用	其中	施工机具使用费(元)			212.85	—	—	329.91	—	—
费用	其中	企业管理费(元)			580.20	221.75	78.03	651.90	210.66	74.13
费用	其中	利润(元)			231.46	88.46	31.13	260.07	84.04	29.57
费用	其中	一般风险费(元)			36.42	13.92	4.90	40.92	13.22	4.65
	编码	名称	单位	单价(元)	消耗量					
人工	000300160	金属制安综合工	工日	120.00	13.402	5.800	2.041	14.302	5.510	1.939
材料	010000100	型钢 综合	t	3085.47	1.060	—	—	0.148	—	—
材料	010100013	钢筋	t	3070.18	—	—	—	0.894	—	—
材料	031350010	低碳钢焊条 综合	kg	4.19	9.000	—	—	46.000	—	—
材料	143900700	氧气	m^3	3.26	—	—	—	0.745	—	—
材料	143901010	乙炔气	m^3	14.31	—	—	—	0.248	—	—
材料	030125127	螺栓带螺母	kg	7.61	—	—	—	34.000	—	—
材料	002000020	其他材料费	元	—	33.08	—	—	36.59	—	—
机械	990703010	钢筋弯曲机 40mm	台班	25.84	—	—	—	0.251	—	—
机械	990702010	钢筋切断机 40mm	台班	41.85	—	—	—	0.156	—	—
机械	990901020	交流弧焊机 32kV·A	台班	85.07	0.545	—	—	1.780	—	—
机械	990919010	电焊条烘干箱 450×350×450	台班	17.13	0.055	—	—	0.178	—	—
机械	990401015	载重汽车 4t	台班	390.44	0.424	—	—	0.416	—	—

D.2.19 金属网

工作内容:制作、挂网、绑扎、点焊、移动脚手架。　　　　**计量单位:**t

					DD0220	DD0221
定额编号					DD0220	DD0221
项目名称					金属网	
					钢筋	铁丝
费用	综合单价(元)				**5593.87**	**5588.48**
费用	其中	人工费(元)			1459.68	1667.28
费用	其中	材料费(元)			3195.06	3144.74
费用	其中	施工机具使用费(元)			176.95	—
费用	其中	企业管理费(元)			521.43	531.20
费用	其中	利润(元)			208.02	211.91
费用	其中	一般风险费(元)			32.73	33.35
	编码	名称	单位	单价(元)	消耗量	
人工	000300070	钢筋综合工	工日	120.00	12.164	13.894
材料	010100013	钢筋	t	3070.18	1.030	—
材料	031350010	低碳钢焊条 综合	kg	4.19	6.300	—
材料	010302150	镀锌铁丝 8#～12#	kg	3.08	—	1020.000
材料	002000020	其他材料费	元	—	6.38	3.14
机械	990901020	交流弧焊机 32kV·A	台班	85.07	2.080	—

D.2.20 洞内材料运输

工作内容：人工装、卸车、运走、堆码、空回。　　　　**计量单位**：100t

		定额编号			DD0222	DD0223
		项目名称			轨道平车	
					100m 以内	每增运 100m
费用		**综合单价（元）**			**2848.49**	**668.82**
	其中	人工费（元）			1806.42	381.80
		材料费（元）			—	—
		施工机具使用费（元）			137.01	74.51
		企业管理费（元）			619.18	145.38
		利润（元）			247.01	58.00
		一般风险费（元）			38.87	9.13
	编码	名称	单位	单价(元)	消耗量	
人工	000700010	市政综合工	工日	115.00	15.708	3.320
机械	991302010	轨道平板车 5t	台班	18.49	7.410	4.030

E　管网工程

说　明

一、一般说明

本章现浇混凝土定额内包括 150m 运输，运距超过 150m 时，执行"道路工程"章节中相应定额项目。

二、管道铺设

1.本节包括管道、沟渠、井池垫层及基础，混凝土管道铺设，钢管管道铺设，铸铁管管道铺设，塑料管管道铺设，顶管，新旧管连接，渠砌筑方沟，砌筑渠道，混凝土渠道，混凝土排水管道接口、闭水试验、试压、吹扫等内容。

2.本节工作内容除另有说明外，均包括沿沟排管、清沟底、外观检查及清扫管材。

3.本节的管道的管节长度是综合取定的，实际不同时，不作调整。

4.本节管道安装均不包括管件(指三通、弯头、异径管)、阀门的安装。管件安装按"管网工程"章节中管件、阀门及附件安装的相应定额子目执行。

5.管道铺设采用胶圈接口时，胶圈按未计价材料考虑。如管材为成套购置，即管材单价中已包括了胶圈价格，计算时不应计取胶圈价值。

6.如在沟槽土基上直接铺设混凝土管道时，其人工、机械乘以系数 1.18。

7.如混凝土管道需进行满包混凝土加固，满包混凝土加固可执行现浇混凝土枕基项目，定额乘系数 1.2。

8.套管内的管道铺设按相应的管道安装人工、机械乘以系数 1.2。

9.顶管工程：

(1)本定额是按无地下水考虑的，如遇地下水，排(降)水的措施按施工组织设计另行计算。

(2)本定额不包含顶管工作坑挖土石方、回填、机械挖工作坑，根据设计或经批准的施工方案，执行"土石方工程"有关项目；深度大于 8m 的执行竖井相应定额子目。

(3)顶管是指顶进岩土内的管道、工作坑内的管道明敷，应根据管径、接口做法执行管道铺设相应定额。

(4)工作坑垫层、基础执行本章管道相应项目，人工费乘以系数 1.1，其他不变。

(5)顶进定额仅包括土石方出坑，不包括土石方外运费用；顶管泥浆、土石方外运，按照土石方工程"余方弃置"的定额子目执行。

(6)顶管工程中的材料运距是按 50m 运距、坑边取料考虑的，如因场地等情况，运距超过 50m 时，超运距按相应定额另行计算。

(7)人工挖土方、石方的顶管项目已包括顶管设备、千斤顶，高压油泵的安拆及进出场的消耗量，执行定额不作调整。

(8)人工开挖顶管采用中继间时，顶进定额的人工费与机械费乘以下列系数分级计算。

中继间	一级顶进	二级顶进	三级顶进	四级顶进	超过级顶进
人工费与机械费调整系数	1.36	1.64	2.15	2.80	另计

(9)钢套环制作项目以"t"为单位，适用于永久接口内、外套环和中继间套环、触变泥浆密闭套环的制作。

(10)顶管工程中钢板内、外套环接口项目，仅适用于设计所要求的永久性套环管口。顶进中为防止错口，在管内接口处所设置的工具式临时性钢胀圈不得套用。

(11)本定额不包括弧形顶进、浅层顶进等特殊措施项目，发生时根据施工组织设计和签证另行计算。

(12)单位工程中，管径 1650mm 以内敞开式顶进在 100m 以内、封闭式顶进(不分管径)在 50m 以内时，顶进的人工、机械乘以系数 1.3。

10.新旧管线连接所指的管径是指新旧管中最大的管径。

11.本节中石砌体均按块石考虑，如采用片石时，项目的块石和砂浆用量分别乘以系数 1.09 和1.19，其他不变。

12.现浇混凝土渠道底板，执行渠(管)道基础中平基相应项目。

13.圆(弧)形混凝土盖板的安装，按相应矩形板子目人工、机械系数乘以系数1.15。

14.钢丝网水泥砂浆接口均不包括内抹口，如设计要求内抹口时，按抹口周长每100m增加水泥砂浆$0.042m^3$、人工9.22工日计算。

15.钢丝网水泥砂浆接口按管座120°和180°编制。如管座角度为90°和135°，按管座120°定额分别乘以系数1.33和0.89。

16.闭水试验、试压、吹扫：

(1)液压试验、气压试验、气密性试验，均摊销了管道两端所需的卡具、盲(堵)板及临时管线用的钢管、阀门、螺栓等材料的摊销量，也包括了一次试压的人工、材料和机械台班的耗用量。

(2)管道试压、气密性试验分段试验合格后，如需总体试压和发生两次或两次以上试压时，应再套用相应项目计算试压费用。

(3)闭水试验水源是按自来水考虑的，液压试验是按普通水考虑的，如试压介质有特殊要求，介质可按实调整。

(4)试压水如需加温，热源费用及排水设施另行计算。

(5)如冲洗后水质达不到饮用水标准，消毒冲洗水量不足时，可按实调整，其他不变。

17.其他有关说明：

闭水试验、试压、消毒冲洗、新旧管道连接的排水工作内容，排水应按批准的施工组织设计另计。

三、管件、阀门及附件安装

1.本节定额包括铸铁管管件安装、钢管管件制作安装、塑料管管件安装、转换件安装、阀门安装、法兰安装、盲堵板制作安装、套管制作安装、补偿器(波纹管)安装、凝水缸制作安装、调压器安装、过滤器安装、分离器安装、安全水封安装、检漏(水)管安装、附件等内容。

2.铸铁管件安装适用于铸铁三通、弯头、套管、乙字管、渐缩管、短管的安装。定额中综合考虑了承口、插口、带盘的接口，但与盘连接的阀门或法兰应另计。

3.钢管管件制作安装：

(1)三通、异径管的制作、安装以大口径为准，长度已经综合取定。异径管制作不分同心偏心，均执行同一项目。

(2)45°、60°焊接弯头制作项目应按设计度数选用对应的未计价材料。

4.塑料管安装适用于塑料三通、弯头、变径、短管等的安装。法兰根(包括一个钢制法兰)执行塑料管件安装项目，人工乘以系数0.5。

5.法兰、阀门安装：

(1)阀门安装包括阀门安装、阀门水压试验、操作装置安装等内容。

(2)电动阀门安装不包括阀体与电动机分立组合的电动机安装。

(3)阀门压力试验介质是按水考虑的，如设计要求其他介质，可按实调整。

(4)法兰、阀门安装以低压考虑，中压法兰、阀门安装执行低压相应项目，人工乘以系数1.2。法兰、阀门安装定额中的垫片均按石棉橡胶板考虑，如与实际不符时，可按实调整。

(5)各种法兰、阀门安装，定额中只包括一个垫片，不包括螺栓使用量，螺栓用量按下列表格计算。下列表中螺栓用量以一副法兰为计量单位，当单片安装(如法兰与阀门或设备连接时)执行法兰安装定额乘以系数0.61，螺栓数量不变。

0.6MPa 平焊法兰安装用螺栓用量表

单位:副

公称直径(mm)	规格	套	公称直径(mm)	规格	套
50	M12×50	4	350	M20×75	16
65	M12×50	4	400	M20×80	16
80	M16×55	8	450	M20×80	20
100	M16×55	8	500	M20×85	20
125	M16×60	8	600	M22×85	20
150	M16×60	8	700	M22×90	24
200	M16×65	12	800	M27×95	24
250	M16×70	12	900	M27×100	28
300	M20×70	16	1000	M27×105	28

1.0MPa 平焊法兰安装用螺栓用量表

单位:副

公称直径(mm)	规格	套	公称直径(mm)	规格	套
50	M12×55	4	250	M20×75	12
65	M12×60	4	300	M20×80	12
80	M16×60	4	350	M20×80	16
100	M16×65	8	400	M22×85	16
125	M16×70	8	450	M22×85	20
150	M20×70	8	500	M22×90	20
200	M20×70	8	600	M27×105	20

1.6MPa平焊法兰安装用螺栓用量表

单位:副

公称直径(mm)	规格	套	公称直径(mm)	规格	套
50	M16×65	4	250	M20×75	12
65	M16×70	4	300	M20×80	12
80	M16×70	8	350	M20×80	16
100	M16×70	8	400	M22×85	16
125	M16×75	8	450	M22×85	20
150	M20×80	8	500	M22×90	20
200	M20×85	12	600	M27×105	20

0.6MPa对焊法兰安装用螺栓用量表

单位:副

公称直径(mm)	规格	套	公称直径(mm)	规格	套
50	M12×50	4	300	M20×75	16
65	M12×50	4	350	M20×75	16
80	M16×55	8	400	M20×75	16
100	M16×55	8	450	M20×75	20
125	M16×60	8	500	M20×80	20
150	M16×60	8	600	M22×80	20
200	M16×65	8	700	M22×80	24
250	M16×70	12	800	M27×85	24

1.0MPa 对焊法兰安装用螺栓用量表

单位：副

公称直径(mm)	规格	套	公称直径(mm)	规格	套
50	M16×60	4	300	M20×85	12
65	M16×65	4	350	M20×85	16
80	M16×65	4	400	M22×85	16
100	M16×70	8	450	M22×90	20
125	M16×75	8	500	M22×90	20
150	M20×75	8	600	M27×95	20
200	M20×75	8	700	M27×100	24
250	M20×80	12	800	M30×110	24

1.6MPa 对焊法兰安装用螺栓用量表

单位：副

公称直径(mm)	规格	套	公称直径(mm)	规格	套
50	M16×60	4	300	M22×90	12
65	M16×65	4	350	M22×100	16
80	M16×70	8	400	M27×115	16
100	M16×70	8	450	M27×120	20
125	M16×80	8	500	M30×130	20
150	M20×80	8	600	M36×140	20
200	M20×80	12	700	M36×140	24
250	M22×85	12	800	M36×150	24

6.盲板安装、钢塑过渡接头(法兰连接)安装不包括螺栓用量，螺栓数量按本章螺栓用量计算。

7.焊接盲板(封头)执行管件连接弯头相应定额乘以系数 0.6.

8.法兰水表安装：

(1)参照国家建筑标准设计图集 07MS101 编制，如实际安装形式与本定额不同时，可按实际调整。

(2)水表安装不分冷、热水表，均执行水表组成安装，如阀门或管件材质不同时，可按实际调整。

9.碳钢波纹补偿器是按焊接法兰考虑的，如直接焊接时，应扣减法兰安装用材料，其他不变。法兰用螺栓按本章螺栓用量表计算。

10.凝水缸安装：

(1)碳钢、铸铁凝水缸安装如使用成品头部装置时，可按实际调整材料费，其他不变。

(2)碳钢凝水缸安装未包括缸体、套管、抽水管的刷油、防腐，应按不同设计要求执行《安装工程定额标准》的有关项目。

11.调压器安装：

(1)雷诺式调压器、T型调压器(TMJ、TMZ)安装是指调压器成品安装，调压站组装的各种管道、管件、各种阀门根据不同设计要求，执行相应定额。

(2)各类调压器安装均不包括过滤器、萘油分离器(脱萘筒)、安全放置装置(包括水封)安装，发生时执行相应定额。

12.检漏管安装是按在套管上钻眼攻丝安装考虑的，已包括小井砌筑。

13.马鞍卡子安装所列直径是指主管直径。

14.挖眼接管焊接加强筋已在定额中综合考虑。

15.中频煨弯不包括煨制时胎具更换。

16.平面法兰式伸缩套、铸铁管连接套接头安装按自带螺栓考虑，如果不带螺栓，螺栓数量按本章螺栓用量表计算。

17.煤气调长器是按焊接法兰考虑的，如采用直接对焊时，应扣减法兰安装用材料，其他不变。

18.煤气调长器是按三波考虑的，如安装三波以上者，人工乘以系数1.33，其他不变。

四、管道支墩与管桥跨越

本节定额只编制管道混凝土支墩。

五、管道附属构筑物

1.本节定额包括定型井、砌筑非定型井、混凝土井、砖砌井筒、预制混凝土井筒、砌体出水口、雨水口等内容。

2.本节各类井是按《市政给水管道工程及附属设施》(07MS101)、《市政排水工程及附属设施》(06MS201)图集编制的。设计与之不同时，砌筑井执行本节非定型井相应项目，混凝土井执行《水处理工程》构筑物相应项目。

3.各种井的井盖、井座是按重型球墨铸铁考虑的，如设计要求不同时，材料可以换算。

4.各类井是按设在铺装路面考虑的，如设在非铺装路面，应浇筑混凝土井圈，井圈执行非定型井相应项目。

5.跌水井跌水部位的抹灰，执行流槽抹面相应项目。

6.各类井按标准图集计列了抹灰，如设计要求与之不同时，执行非定型井相应项目。

7.抹灰项目适用于井内抹灰，井外壁抹灰时执行井内侧抹灰相应项目，人工乘以系数0.8，其他不变。

8.石砌井执行非定型井相应项目，石砌体均按块石考虑。采用片石或平石时，项目中的块石和砂浆用量分别乘以系数1.09和1.19，其他不变。

9.各类井的井深是指井盖顶面到井基础或混凝土底板顶面的距离，没有基础的到井垫层顶面。

10井深大于1.5m的井，均不包括井字架的搭拆费用，井字架的搭拆费用执行“措施项目”章节的相应项目。

11.本节不包括以下内容：

(1)钢筋制作安装执行“钢筋工程”有关定额子目。

(2)成型钢筋的场外运输。

(3)排泥湿井的进水管、溢流管的安装执行“管道铺设”的相应定额子目。

工程量计算规则

一、管道铺设

1.本节所列各定额的工程量均以施工图为准计算，其中：

(1)管道(渠)垫层和基础按体积以“m^3”为单位计算。

(2)各类混凝土盖板的制作安装按体积以“m^3”为单位计算。

2.排水管道铺设工程量，按设计井中至井中的中心线长度扣除井的长度计算。

1.6MPa 对焊法兰安装用螺栓用量表

检查井规格(mm)	扣除长度(m)	检查井规格	扣除长度(m)
ϕ700	0.4	各种矩形井	1
ϕ1000	0.7	各种交汇井	1.2
ϕ1250	0.95	各种扇形井	1
ϕ1500	1.2	圆形跌水井	1.6
ϕ2000	1.7	矩形跌水井	1.7
ϕ2500	2.2	阶梯式跌水井	按实扣

3.给水管道铺设工程量按设计管道中心线长度以“延长米”计算(支管长度从主管中心开始计算到支管末端交接处的中心)，不扣除管件、阀门、法兰所占长度。

4.燃气管道铺设工程量按设计管道中心线长度以“延长米”计算，不扣除管件、阀门、法兰、煤气调长器所占的长度。

5.塑料管与检查井的连接：区分做法按照砂浆或混凝土成品体积以“m^3”为计量单位计算。

6.顶管：

(1)各种材质管道的顶管工程量，按设计顶进长度以“延长米”计算。

(2)顶管接口应区分接口材质分别以实际接口的个数或断面积计算。

(3)钢板内、外套环的制作，按套环设计重量以“t”为计量单位计算。

7.新旧管连接时，管道安装工程量计算到碰头的阀门处，阀门及与阀门相连的承(插)盘短管、法兰盘的安装均包括在新旧管连接内，不再另计。

8.混凝土排水管道接口区分管径和做法，以实际接口个数计算。

9.管道闭水试验以实际闭水长度计算，不扣除各种井所占长度。

10.各种管道试验、吹扫的工程量均按设计管道中心线长度以“延长米”计算，不扣除管件、阀门、法兰、煤气调长器等所占的长度。

11.渠道沉降缝应区分材质按设计图示尺寸以“m^2”计算；各种材质的施工缝填缝及盖缝不分断面面积按设计长度计算。

12.警示(示踪)带以铺设长度计算，以“100m”为计量单位。

13.混凝土管截断：按照有筋、无筋区分管径以“10 根”为计量单位计算。

二、管件、阀门及附件安装

1.管件、分水栓、马鞍卡子的安装按设计图示数量以“个”或“组”为计量单位计算。

2.弯头、异径管、三通制作、安装按设计图示数量以“个”为计量单位计算。

3.法兰、阀门安装按设计图示数量以“副”“个”为计量单位计算。螺栓按实际用量加损耗计算，螺栓损耗率按 2%计算。

4.阀门水压试验按实际发生数量以“个”为计量单位计算。

5.凝水缸、调压器、过滤器、分离器、安全水封、检漏管的安装按设计图示数量以“组”为计量单位计算。

6.挖眼接管以支管管径为准,按接管个数计算。

三、管道支墩与管桥跨越

管道混凝土支墩按设计图示尺寸以体积计算,计量单位为“m^3”。

四、管道附属构筑物

1.各类砌筑的定型井均按设计图示数量以“座”为单位计算。

2.非定型井各项目的工程量按设计图示尺寸计算,其中:

(1)砌筑按体积计算,扣除管道所占体积。

(2)抹灰、勾缝按面积计算,扣除管道所占面积。

3.井深及井筒调增按实际发生数量以“座”为计量单位计算。

4.检查井筒砌筑适用于井深不同的调整和方沟井筒的砌筑,区分高度按数量计算,高度不同时采用每增减0.2m计算。

5.各类现浇混凝土井的工程量均以施工图为准按图或图集,以“m^3”为单位计算。

6.混凝土井、池构件制作按设计计算,以“m^3”为计量单位。

7.各类混凝土盖板的制作按体积以“m^3”为单位计算,安装应区分单件(块)体积以“m^3”为单位计算。

8.井壁(墙)凿洞按实际凿除面积以“m^2”为单位计算。

9.井、池渗漏试验按井、池容量以体积计算。

E.1 管道铺设(编码:040501)

E.1.1 混凝土管(编码:040501001)

E.1.1.1 管道、沟、渠的垫层

工作内容:清底、检查标高、摊铺、灌浆、夯实、材料场内运输等。　　　　**计量单位:**10m³

定额编号					DE0001	DE0002	DE0003	DE0004	DE0005
项目名称					管道、沟、渠的垫层				
					毛石	碎石	碎石	碎砖	
					灌浆		干铺	灌浆	干铺
					现拌砂浆				
费用		**综合单价(元)**			**3125.13**	**3234.21**	**2396.85**	**2402.33**	**1574.16**
	其中	人工费(元)			616.17	470.01	582.48	550.85	562.12
		材料费(元)			2043.26	2402.57	1378.75	1446.32	592.69
		施工机具使用费(元)			34.46	30.14	29.80	24.09	28.13
		企业管理费(元)			291.81	224.31	274.61	257.86	264.73
		利润(元)			129.67	99.68	122.03	114.59	117.64
		一般风险费(元)			9.76	7.50	9.18	8.62	8.85
	编码	名称	单位	单价(元)	消耗量				
人工	000700010	市政综合工	工日	115.00	5.358	4.087	5.065	4.790	4.888
材料	040500400	碎石 40	m³	101.94	—	11.120	13.260	—	—
	040700200	碎砖	m³	37.61	—	—	—	13.200	15.450
	041100010	毛石 综合	m³	68.93	12.240	—	—	—	—
	341100100	水	m³	4.42	1.606	1.639	—	2.895	—
	850301090	干混商品砌筑砂浆 M10	t	252.00	4.573	4.820	—	3.606	—
	002000020	其他材料费	元	—	40.06	47.11	27.03	28.36	11.62
机械	990123010	电动夯实机 250N·m	台班	26.61	0.439	0.233	1.120	0.233	1.057
	990611010	干混砂浆罐式搅拌机 20000L	台班	232.40	0.098	0.103	—	0.077	—

工作内容:清底、检查标高、浇筑、捣固、摊铺、夯实、材料场内运输等。　　　　**计量单位:**10m³

定额编号					DE0006	DE0007	DE0008	DE0009	DE0010
项目名称					管道、沟、渠的垫层				
					混凝土	炉渣	砂砾石	砂	砾石
费用		**综合单价(元)**			**3045.33**	**1206.21**	**2635.10**	**2410.80**	**2335.25**
	其中	人工费(元)			285.89	408.37	521.76	385.02	497.26
		材料费(元)			2569.95	495.45	1723.50	1738.86	1464.33
		施工机具使用费(元)			—	19.08	26.48	19.08	26.50
		企业管理费(元)			128.22	191.71	245.88	181.24	234.91
		利润(元)			56.98	85.19	109.26	80.54	104.39
		一般风险费(元)			4.29	6.41	8.22	6.06	7.86
	编码	名称	单位	单价(元)	消耗量				
人工	000700010	市政综合工	工日	115.00	2.486	3.551	4.537	3.348	4.324
材料	040300150	中砂	m³	134.87	—	—	4.292	12.640	—
	040502260	砂砾石	m³	108.80	—	—	10.210	—	13.260
	040700250	煤渣	m³	29.91	—	16.320	—	—	—
	341100100	水	m³	4.42	3.119	—	—	—	—
	341100400	电	kW·h	0.70	7.642	—	—	—	—
	840201150	商品砼 C15	m³	247.57	10.150	—	—	—	—
	002000020	其他材料费	元	—	37.98	7.32	33.79	34.10	21.64
机械	990123010	电动夯实机 250N·m	台班	26.61	—	0.717	0.995	0.717	0.996

工作内容：清底、检查标高、浇筑、捣固、摊铺、夯实、材料场内运输等。 **计量单位：**$10m^3$

定额编号						DE0011	DE0012	DE0013
项目名称						管道、沟、渠的垫层		
						连槽石	沟槽回填灰土	
							含灰量 8%	含灰量 10%
费用	综合单价（元）					**1414.35**	**2379.08**	**2998.68**
	其中	人工费（元）				520.84	596.16	596.16
		材料费（元）				497.31	1262.12	1878.05
		施工机具使用费（元）				30.67	75.57	77.78
		企业管理费（元）				247.35	301.27	302.26
		利润（元）				109.91	133.88	134.32
		一般风险费（元）				8.27	10.08	10.11
	编码	名称		单位	单价(元)	消耗量		
人工	000700010	市政综合工		工日	115.00	4.529	5.184	5.184
材料	040900150	生石灰		t	582.52	—	1.400	2.530
	040300760	特细砂		t	63.11	2.940	—	—
	040900350	素土		m^3	33.98	—	12.361	10.848
	041100800	连槽石		m^3	27.18	11.200	—	—
	341100100	水		m^3	4.42	—	1.790	1.790
	002000020	其他材料费		元	—	7.35	18.65	27.75
机械	990123020	电动夯实机 200～620N·m		台班	27.58	1.112	2.740	2.820

E.1.1.2 **管道、沟、渠基础**

E.1.1.2.1 管道混凝土基础

工作内容：清底，检查标高，混凝土浇筑、捣固、抹平、养生，材料场内运输等。 **计量单位：**$10m^3$

定额编号						DE0014	DE0015	DE0016
项目名称						管道混凝土带基		
						混凝土带基(管径)		
						ϕ450mm 以内	ϕ500～1000mm 以内	ϕ1100～2200mm 以内
						商品砼		
费用	综合单价（元）					**3957.45**	**3553.21**	**3234.25**
	其中	人工费（元）				819.72	576.61	384.79
		材料费（元）				2594.42	2594.42	2594.42
		施工机具使用费（元）				—	—	—
		企业管理费（元）				367.64	258.61	172.58
		利润（元）				163.37	114.92	76.69
		一般风险费（元）				12.30	8.65	5.77
	编码	名称		单位	单价(元)	消耗量		
人工	000700010	市政综合工		工日	115.00	7.128	5.014	3.346
材料	840201150	商品砼 C15		m^3	247.57	10.150	10.150	10.150
	341100100	水		m^3	4.42	8.580	8.580	8.580
	341100400	电		kW·h	0.70	7.600	7.600	7.600
	002000020	其他材料费		元	—	38.34	38.34	38.34

工作内容:清底,检查标高,混凝土浇筑、捣固、抹平、养生,材料场内运输等。　　　　**计量单位**:$10m^3$

定额编号					DE0017	DE0018	DE0019
项目名称					管道混凝土基础		
					混凝土枕基(管径)		
					ϕ450mm 以内	ϕ500～1000mm 以内	ϕ1100～2200mm 以内
					商品砼		
费用	综合单价(元)				**4216.95**	**3772.35**	**3347.45**
	其中	人工费(元)			975.78	708.40	452.87
		材料费(元)			2594.42	2594.42	2594.42
		施工机具使用费(元)			—	—	—
		企业管理费(元)			437.64	317.72	203.11
		利润(元)			194.47	141.18	90.26
		一般风险费(元)			14.64	10.63	6.79
	编码	名称	单位	单价(元)	消耗量		
人工	000700010	市政综合工	工日	115.00	8.485	6.160	3.938
材料	840201150	商品砼 C15	m^3	247.57	10.150	10.150	10.150
	341100100	水	m^3	4.42	8.580	8.580	8.580
	341100400	电	kW·h	0.70	7.600	7.600	7.600
	002000020	其他材料费	元	—	38.34	38.34	38.34

E.1.1.2.2 管道、沟、渠基础

工作内容:清底,检查标高,混凝土浇筑、捣固、抹平、养生,材料场内运输。　　　　**计量单位**:$10m^3$

定额编号					DE0020	DE0021	DE0022
项目名称					管道、沟、渠基础		
					混凝土基础		
					毛石混凝土	商品砼	钢筋混凝土
费用	综合单价(元)				**3585.81**	**3870.97**	**4093.13**
	其中	人工费(元)			876.53	778.44	912.07
		材料费(元)			2128.32	2576.58	2576.55
		施工机具使用费(元)			—	—	—
		企业管理费(元)			393.12	349.13	409.06
		利润(元)			174.69	155.14	181.77
		一般风险费(元)			13.15	11.68	13.68
	编码	名称	单位	单价(元)	消耗量		
人工	000700010	市政综合工	工日	115.00	7.622	6.769	7.931
材料	840201160	商品砼 C20	m^3	247.57	7.613	10.150	10.150
	041100010	毛石 综合	m^3	68.93	2.754	—	—
	020900900	塑料薄膜	m^2	0.45	29.026	29.026	29.026
	341100100	水	m^3	4.42	1.187	1.640	1.640
	341100400	电	kW·h	0.70	5.676	7.642	7.600
	002000020	其他材料费	元	—	31.45	38.08	38.08

工作内容：清底、挂线、调制砂浆、砌砖石、捣固、养生、材料场内运输、清理场地等。　　　　**计量单位**：$10m^3$

定额编号					DE0023	DE0024	DE0025	DE0026	DE0027	DE0028
项目名称					管道、沟、渠基础					
					砖石基础			砂基础	砂石基础	
					砖	块石	条石	中砂	天然级配	人工级配
费用	综合单价（元）				**4891.76**	**3820.33**	**4240.53**	**2425.41**	**2173.96**	**2499.87**
费用	其中	人工费（元）			888.26	750.61	1135.97	398.25	511.52	529.46
费用	其中	材料费（元）			3380.75	2520.82	2261.99	1730.33	1280.66	1576.75
费用	其中	施工机具使用费（元）			20.45	30.91	53.92	19.77	25.70	25.70
费用	其中	企业管理费（元）			407.56	350.51	533.66	187.48	240.95	248.99
费用	其中	利润（元）			181.11	155.76	237.14	83.31	107.07	110.64
费用	其中	一般风险费（元）			13.63	11.72	17.85	6.27	8.06	8.33
	编码	名称	单位	单价(元)	消耗量					
人工	000700010	市政综合工	工日	115.00	7.724	6.527	9.878	3.463	4.448	4.604
材料	041300010	标准砖 240×115×53	千块	422.33	5.377	—	—	—	—	—
材料	041100320	小方块石	m^3	77.67	—	11.526	—	—	—	—
材料	041100020	毛条石	m^3	155.34	—	—	10.400	—	—	—
材料	040300150	中砂	m^3	134.87	—	—	—	12.640	—	4.698
材料	040500211	碎石 5～60	t	67.96	—	—	—	—	18.380	13.349
材料	341100100	水	m^3	4.42	1.667	0.891	1.500	—	2.857	2.857
材料	850301090	干混商品砌筑砂浆 M10	t	252.00	4.112	6.239	2.363	—	—	—
材料	002000020	其他材料费	元	—	66.29	49.43	44.35	25.57	18.93	23.30
机械	990123020	电动夯实机 200～620N·m	台班	27.58	—	—	—	0.717	0.932	0.932
机械	990611010	干混砂浆罐式搅拌机 20000L	台班	232.40	0.088	0.133	0.232	—	—	—

E.1.1.3　预应力(自应力)混凝土管安装(胶圈接口)

工作内容：检查及清扫管材、管道安装、上胶圈、对口、调直、牵引、材料场内运输等。　　　　**计量单位**：10m

定额编号					DE0029	DE0030	DE0031	DE0032	DE0033	DE0034
项目名称					预应力(自应力)混凝土给水管安装(胶圈接口)					
					$\phi300$	$\phi400$	$\phi500$	$\phi600$	$\phi700$	$\phi800$
费用	综合单价（元）				**414.85**	**592.31**	**732.70**	**865.58**	**1151.40**	**1252.19**
费用	其中	人工费（元）			156.25	236.88	294.38	355.50	464.75	483.00
费用	其中	材料费（元）			30.54	45.72	62.30	72.43	108.31	147.78
费用	其中	施工机具使用费（元）			74.87	91.84	108.80	121.50	162.56	181.19
费用	其中	企业管理费（元）			103.66	147.43	180.82	213.93	281.35	297.89
费用	其中	利润（元）			46.06	65.51	80.35	95.07	125.02	132.37
费用	其中	一般风险费（元）			3.47	4.93	6.05	7.15	9.41	9.96
	编码	名称	单位	单价(元)	消耗量					
人工	000300150	管工综合工	工日	125.00	1.250	1.895	2.355	2.844	3.718	3.864
材料	042900510	预应力混凝土管	m	—	(10.000)	(10.000)	(10.000)	(10.000)	(10.000)	(10.000)
材料	020500021	橡胶圈(给水) *DN*300	个	14.33	2.060	—	—	—	—	—
材料	020500025	橡胶圈(给水) *DN*400	个	21.55	—	2.060	—	—	—	—
材料	020500029	橡胶圈(给水) *DN*500	个	29.41	—	—	2.060	—	—	—
材料	020500031	橡胶圈(给水)*DN*600	个	34.19	—	—	—	2.060	—	—
材料	020500033	橡胶圈(给水)*DN*700	个	51.28	—	—	—	—	2.060	—
材料	020500035	橡胶圈(给水)*DN*800	个	70.09	—	—	—	—	—	2.060
材料	140701500	润滑油	kg	3.58	0.160	0.180	0.221	0.260	0.300	0.340
材料	002000020	其他材料费	元	—	0.45	0.68	0.92	1.07	1.60	2.18
机械	990304004	汽车式起重机 8t	台班	705.33	0.088	0.106	0.124	0.142	—	—
机械	990304012	汽车式起重机 12t	台班	797.85	—	—	—	—	0.177	0.195
机械	990401030	载重汽车 8t	台班	474.25	0.027	0.036	0.045	0.045	0.045	0.054

工作内容：检查及清扫管材、管道安装、上胶圈、对口、调直、牵引、材料场内运输等。　　计量单位：10m

定额编号						DE0035	DE0036	DE0037	DE0038	DE0039	DE0040
项目名称						预应力(自应力)混凝土给水管安装(胶圈接口)					
						ϕ900	ϕ1000	ϕ1200	ϕ1400	ϕ1600	ϕ1800
费用	综合单价(元)					1711.64	1885.21	2462.94	3264.43	4123.63	5395.05
	其中	人工费(元)				691.63	714.50	936.13	1127.88	1351.50	1619.38
		材料费(元)				189.01	233.85	377.11	681.29	896.02	1092.89
		施工机具使用费(元)				224.07	278.62	318.28	425.61	589.57	967.92
		企业管理费(元)				410.69	445.41	562.60	696.74	870.57	1160.40
		利润(元)				182.50	197.93	250.00	309.61	386.85	515.65
		一般风险费(元)				13.74	14.90	18.82	23.30	29.12	38.81
	编码	名称		单位	单价(元)	消耗量					
人工	000300150	管工综合工		工日	125.00	5.533	5.716	7.489	9.023	10.812	12.955
材料	042900510	预应力混凝土管		m	—	(10.000)	(10.000)	(10.000)	(10.000)	(10.000)	(10.000)
	020500037	橡胶圈(给水)*DN*900		个	89.74	2.060	—	—	—	—	—
	020500039	橡胶圈(给水)*DN*1000		个	111.11	—	2.060	—	—	—	—
	020500043	橡胶圈(给水)*DN*1200		个	179.49	—	—	2.060	—	—	—
	020500047	橡胶圈(给水)*DN*1400		个	324.79	—	—	—	2.060	—	—
	020500051	橡胶圈(给水)*DN*1600		个	427.35	—	—	—	—	2.060	—
	020500055	橡胶圈(给水)*DN*1800		个	521.37	—	—	—	—	—	2.060
	140701500	润滑油		kg	3.58	0.380	0.420	0.500	0.600	0.680	0.760
	002000020	其他材料费		元	—	2.79	3.46	5.57	10.07	13.24	16.15
机械	990304016	汽车式起重机 16t		台班	898.02	0.221	—	—	—	—	—
	990304020	汽车式起重机 20t		台班	968.56	—	0.248	—	—	—	—
	990304024	汽车式起重机 25t		台班	1021.41	—	—	0.274	—	—	—
	990304032	汽车式起重机 32t		台班	1190.79	—	—	—	0.310	—	—
	990304036	汽车式起重机 40t		台班	1456.19	—	—	—	—	0.336	—
	990304040	汽车式起重机 50t		台班	2390.17	—	—	—	—	—	0.363
	990401030	载重汽车 8t		台班	474.25	0.054	0.081	0.081	—	—	—
	990401035	载重汽车 10t		台班	522.86	—	—	—	0.108	—	—
	990401045	载重汽车 15t		台班	748.42	—	—	—	—	0.134	0.134

E.1.1.4 平接(企口式)混凝土管道铺设

工作内容:排管、下管、调直、找平、槽上搬运、管口打麻面、接口养护、材料场内运输等。　　**计量单位:**100m

	定额编号				DE0041	DE0042	DE0043	DE0044	DE0045	DE0046
项目名称					平接(企口式)混凝土管道铺设					
					钢筋混凝土管管径(mm)					
					ϕ300	ϕ400	ϕ500	ϕ600	ϕ700	ϕ800
费用	综合单价(元)				**9838.21**	**12440.03**	**14330.53**	**16541.63**	**19411.82**	**22169.60**
费用	其中	人工费(元)			1174.38	1377.82	1651.63	1246.14	1489.37	1802.28
费用	其中	材料费(元)			7885.45	10148.99	11584.20	13634.50	15992.34	17940.13
费用	其中	施工机具使用费(元)			—	—	—	502.19	567.09	741.30
费用	其中	企业管理费(元)			526.71	617.95	740.76	784.13	922.32	1140.80
费用	其中	利润(元)			234.05	274.60	329.17	348.44	409.85	506.94
费用	其中	一般风险费(元)			17.62	20.67	24.77	26.23	30.85	38.15
	编码	名称	单位	单价(元)	消耗量					
人工	000700010	市政综合工	工日	115.00	10.212	11.981	14.362	10.836	12.951	15.672
材料	172900800	钢筋混凝土管 D300	m	76.92	101.000	—	—	—	—	—
材料	172900900	钢筋混凝土管 D400	m	99.00	—	101.000	—	—	—	—
材料	172900910	钢筋混凝土管 D500	m	113.00	—	—	101.000	—	—	—
材料	172900915	钢筋混凝土管 D600	m	133.00	—	—	—	101.000	—	—
材料	172900920	钢筋混凝土管 D700	m	156.00	—	—	—	—	101.000	—
材料	172900925	钢筋混凝土管 D800	m	175.00	—	—	—	—	—	101.000
材料	002000020	其他材料费	元	—	116.53	149.99	171.20	201.50	236.34	265.13
机械	990304004	汽车式起重机 8t	台班	705.33	—	—	—	0.712	0.804	1.051

工作内容:排管、下管、调直、找平、槽上搬运、管口打麻面、接口养护、材料场内运输等。　　**计量单位:**100m

	定额编号				DE0047	DE0048	DE0049	DE0050	DE0051
项目名称					平接(企口式)混凝土管道铺设				
					钢筋混凝土管管径(mm)				
					ϕ900	ϕ1000	ϕ1100	ϕ1200	ϕ1350
费用	综合单价(元)				**30079.40**	**37519.25**	**44446.57**	**52857.11**	**68604.41**
费用	其中	人工费(元)			2097.14	2423.97	2273.67	2377.40	2666.51
费用	其中	材料费(元)			25013.66	31574.62	38289.35	46439.30	61303.97
费用	其中	施工机具使用费(元)			949.37	1151.10	1429.26	1482.24	1723.94
费用	其中	企业管理费(元)			1366.36	1603.42	1660.76	1731.05	1969.11
费用	其中	利润(元)			607.17	712.51	737.99	769.23	875.02
费用	其中	一般风险费(元)			45.70	53.63	55.54	57.89	65.86
	编码	名称	单位	单价(元)	消耗量				
人工	000700010	市政综合工	工日	115.00	18.236	21.078	19.771	20.673	23.187
材料	172900930	钢筋混凝土管 D900	m	244.00	101.000	—	—	—	—
材料	172900935	钢筋混凝土管 D1000	m	308.00	—	101.000	—	—	—
材料	172900940	钢筋混凝土管 D1100	m	373.50	—	—	101.000	—	—
材料	172900945	钢筋混凝土管 D1200	m	453.00	—	—	—	101.000	—
材料	172900950	钢筋混凝土管 D1350	m	598.00	—	—	—	—	101.000
材料	002000020	其他材料费	元	—	369.66	466.62	565.85	686.30	905.97
机械	990304004	汽车式起重机 8t	台班	705.33	1.346	1.632	—	—	—
机械	990304012	汽车式起重机 12t	台班	797.85	—	—	1.695	1.758	—
机械	990304016	汽车式起重机 16t	台班	898.02	—	—	—	—	1.827
机械	990305010	叉式起重机 3t	台班	452.38	—	—	0.170	0.176	—
机械	990305020	叉式起重机 5t	台班	454.96	—	—	—	—	0.183

工作内容：排管、下管、调直、找平、槽上搬运、管口打麻面、接口养护、材料场内运输等。　　　　**计量单位**：100m

定额编号					DE0052	DE0053	DE0054	DE0055	DE0056
项目名称					平接(企口式)混凝土管道铺设				
					钢筋混凝土管管径(mm)				
					$\phi1500$	$\phi1650$	$\phi1800$	$\phi2000$	$\phi2200$
费用	综合单价(元)				**93282.84**	**121943.05**	**152043.82**	**194558.09**	**216485.50**
	其中	人工费(元)			3264.97	3785.34	4156.45	5127.39	6323.97
		材料费(元)			83652.24	110408.66	138395.25	176120.77	190985.45
		施工机具使用费(元)			2526.83	3151.39	4051.74	5960.73	9011.64
		企业管理费(元)			2597.62	3111.12	3681.37	4973.02	6878.02
		利润(元)			1154.30	1382.49	1635.89	2209.86	3056.39
		一般风险费(元)			86.88	104.05	123.12	166.32	230.03
	编码	名称	单位	单价(元)	消耗量				
人工	000700010	市政综合工	工日	115.00	28.391	32.916	36.143	44.586	54.991
材料	172900955	钢筋混凝土管 *D*1500	m	816.00	101.000	—	—	—	—
	172900960	钢筋混凝土管 *D*1650	m	1077.00	—	101.000	—	—	—
	172900965	钢筋混凝土管 *D*1800	m	1350.00	—	—	101.000	—	—
	172900970	钢筋混凝土管 *D*2000	m	1718.00	—	—	—	101.000	—
	172900975	钢筋混凝土管 *D*2200	m	1863.00	—	—	—	—	101.000
	002000020	其他材料费	元	—	1236.24	1631.66	2045.25	2602.77	2822.45
机械	990304016	汽车式起重机 16t	台班	898.02	2.678	—	—	—	1.827
	990304020	汽车式起重机 20t	台班	968.56	—	3.096	—	—	—
	990304024	汽车式起重机 25t	台班	1021.41	—	—	3.784	—	—
	990304032	汽车式起重机 32t	台班	1190.79	—	—	—	4.730	5.849
	990305020	叉式起重机 5t	台班	454.96	0.268	—	—	—	—
	990305030	叉式起重机 6t	台班	492.67	—	0.310	0.379	—	—
	990305040	叉式起重机 10t	台班	694.07	—	—	—	0.473	0.585

工作内容：排管、下管、调直、找平、槽上搬运、管口打麻面、接口养护、材料场内运输等。　　　　**计量单位**：100m

定额编号					DE0057	DE0058	DE0059	DE0060
项目名称					平接(企口式)混凝土管道铺设			
					钢筋混凝土管管径(mm)			
					$\phi2400$	$\phi2600$	$\phi2800$	$\phi3000$
费用	综合单价(元)				**249331.78**	**285930.36**	**343679.70**	**388261.50**
	其中	人工费(元)			7527.56	8643.52	9787.65	10956.86
		材料费(元)			219074.56	251161.75	290117.45	319846.80
		施工机具使用费(元)			10668.99	12266.15	22424.43	30187.42
		企业管理费(元)			8161.15	9377.99	14447.12	18453.21
		利润(元)			3626.57	4167.30	6419.87	8200.05
		一般风险费(元)			272.95	313.65	483.18	617.16
	编码	名称	单位	单价(元)	消耗量			
人工	000700010	市政综合工	工日	115.00	65.457	75.161	85.110	95.277
材料	172900980	钢筋混凝土管 *D*2400	m	2137.00	101.000	—	—	—
	172900985	钢筋混凝土管 *D*2600	m	2450.00	—	101.000	—	—
	172900990	钢筋混凝土管 *D*2800	m	2830.00	—	—	101.000	—
	172900995	钢筋混凝土管 *D*3000	m	3120.00	—	—	—	101.000
	002000020	其他材料费	元	—	3237.56	3711.75	4287.45	4726.80
机械	990304036	汽车式起重机 40t	台班	1456.19	6.993	8.063	—	—
	990304040	汽车式起重机 50t	台班	2390.17	—	—	9.133	—
	990305040	叉式起重机 10t	台班	694.07	0.700	—	—	0.473
	990304044	汽车式起重机 60t	台班	2851.01	—	—	—	10.202
	990401040	载重汽车 12t	台班	643.25	—	0.816	0.925	—
	990401045	载重汽车 15t	台班	748.42	—	—	—	1.033

E.1.1.5　**套箍式钢筋混凝土管安装**

工作内容:排管、下管、调直、找平、槽上搬运、材料场内运输等。　　**计量单位:**100m

定额编号					DE0061	DE0062	DE0063	DE0064	DE0065
项目名称					套箍式钢筋混凝土管安装				
					管径(mm)				
					$\phi300$	$\phi400$	$\phi500$	$\phi600$	$\phi700$
费用	综合单价(元)				**9535.90**	**12142.67**	**14213.13**	**16325.19**	**19197.61**
	其中	人工费(元)			992.57	1198.99	1581.02	1072.95	1297.78
		材料费(元)			7885.45	10148.99	11584.20	13634.50	15992.34
		施工机具使用费(元)			—	—	—	545.22	629.86
		企业管理费(元)			445.17	537.75	709.09	725.75	864.54
		利润(元)			197.82	238.96	315.10	322.50	384.18
		一般风险费(元)			14.89	17.98	23.72	24.27	28.91
	编码	名称	单位	单价(元)	消耗量				
人工	000700010	市政综合工	工日	115.00	8.631	10.426	13.748	9.330	11.285
材料	172900800	钢筋混凝土管 D300	m	76.92	101.000	—	—	—	—
	172900900	钢筋混凝土管 D400	m	99.00	—	101.000	—	—	—
	172900910	钢筋混凝土管 D500	m	113.00	—	—	101.000	—	—
	172900915	钢筋混凝土管 D600	m	133.00	—	—	—	101.000	—
	172900920	钢筋混凝土管 D700	m	156.00	—	—	—	—	101.000
	002000020	其他材料费	元	—	116.53	149.99	171.20	201.50	236.34
机械	990304004	汽车式起重机 8t	台班	705.33	—	—	—	0.773	0.893

工作内容:排管、下管、调直、找平、槽上搬运、材料场内运输等。　　**计量单位:**100m

定额编号					DE0066	DE0067	DE0068	DE0069	DE0070
项目名称					套箍式钢筋混凝土管安装				
					管径(mm)				
					$\phi800$	$\phi900$	$\phi1000$	$\phi1100$	$\phi1200$
费用	综合单价(元)				**21931.23**	**30150.48**	**37623.28**	**45231.96**	**53865.17**
	其中	人工费(元)			1577.11	2035.50	2358.88	2588.65	2820.61
		材料费(元)			17940.13	25013.66	31574.62	38289.35	46439.30
		施工机具使用费(元)			823.12	1053.76	1278.76	1586.60	1645.27
		企业管理费(元)			1076.50	1385.53	1631.48	1872.60	2002.95
		利润(元)			478.37	615.69	724.98	832.13	890.05
		一般风险费(元)			36.00	46.34	54.56	62.63	66.99
	编码	名称	单位	单价(元)	消耗量				
人工	000700010	市政综合工	工日	115.00	13.714	17.700	20.512	22.510	24.527
材料	172900925	钢筋混凝土管 D800	m	175.00	101.000	—	—	—	—
	172900930	钢筋混凝土管 D900	m	244.00	—	101.000	—	—	—
	172900935	钢筋混凝土管 D1000	m	308.00	—	—	101.000	—	—
	172900940	钢筋混凝土管 D1100	m	373.50	—	—	—	101.000	—
	172900945	钢筋混凝土管 D1200	m	453.00	—	—	—	—	101.000
	002000020	其他材料费	元	—	265.13	369.66	466.62	565.85	686.30
机械	990304004	汽车式起重机 8t	台班	705.33	1.167	1.494	1.813	—	—
	990304012	汽车式起重机 12t	台班	797.85	—	—	—	1.882	1.951
	990305010	叉式起重机 3t	台班	452.38	—	—	—	0.188	0.196

工作内容:排管、下管、调直、找平、槽上搬运、材料场内运输等。　　　　**计量单位**:100m

定额编号					DE0071	DE0072	DE0073	DE0074	DE0075
项目名称					套箍式钢筋混凝土管安装				
					管径(mm)				
					ϕ1350	ϕ1500	ϕ1650	ϕ1800	ϕ2000
费用	综合单价(元)				**70191.26**	**93691.04**	**122647.81**	**153447.83**	**196560.71**
	其中	人工费(元)			3053.83	3229.66	3799.14	4554.69	5675.25
		材料费(元)			61303.97	83652.24	110408.66	138395.25	176120.77
		施工机具使用费(元)			2290.95	2807.63	3561.43	4497.86	6617.23
		企业管理费(元)			2397.13	2707.72	3301.21	4060.07	5513.18
		利润(元)			1065.21	1203.23	1466.96	1804.17	2449.89
		一般风险费(元)			80.17	90.56	110.41	135.79	184.39
	编码	名称	单位	单价(元)	消耗量				
人工	000700010	市政综合工	工日	115.00	26.555	28.084	33.036	39.606	49.350
材料	172900950	钢筋混凝土管 *D*1350	m	598.00	101.000	—	—	—	—
	172900955	钢筋混凝土管 *D*1500	m	816.00	—	101.000	—	—	—
	172900960	钢筋混凝土管 *D*1650	m	1077.00	—	—	101.000	—	—
	172900965	钢筋混凝土管 *D*1800	m	1350.00	—	—	—	101.000	—
	172900970	钢筋混凝土管 *D*2000	m	1718.00	—	—	—	—	101.000
	002000020	其他材料费	元	—	905.97	1236.24	1631.66	2045.25	2602.77
机械	990304016	汽车式起重机 16t	台班	898.02	2.428	2.976	—	—	—
	990304020	汽车式起重机 20t	台班	968.56	—	—	3.499	—	—
	990304024	汽车式起重机 25t	台班	1021.41	—	—	—	4.201	—
	990304032	汽车式起重机 32t	台班	1190.79	—	—	—	—	5.251
	990305020	叉式起重机 5t	台班	454.96	0.243	0.297	—	—	—
	990305030	叉式起重机 6t	台班	492.67	—	—	0.350	0.420	—
	990305040	叉式起重机 10t	台班	694.07	—	—	—	—	0.525

工作内容:排管、下管、调直、找平、槽上搬运、材料场内运输等。　　　　**计量单位**:100m

定额编号					DE0076	DE0077	DE0078	DE0079	DE0080
项目名称					套箍式钢筋混凝土管安装				
					管径(mm)				
					ϕ2200	ϕ2400	ϕ2600	ϕ2800	ϕ3000
费用	综合单价(元)				**216511.75**	**255846.78**	**292436.23**	**352758.95**	**397493.07**
	其中	人工费(元)			7080.44	9094.78	10200.96	11427.78	12259.00
		材料费(元)			190985.45	219074.56	251161.75	290117.45	319846.80
		施工机具使用费(元)			8270.96	13019.86	14621.32	26244.52	34437.10
		企业管理费(元)			6885.10	9918.41	11132.79	16896.03	20943.20
		利润(元)			3059.53	4407.45	4947.08	7508.09	9306.53
		一般风险费(元)			230.27	331.72	372.33	565.08	700.44
	编码	名称	单位	单价(元)	消耗量				
人工	000700010	市政综合工	工日	115.00	61.569	79.085	88.704	99.372	106.600
材料	172900975	钢筋混凝土管 *D*2200	m	1863.00	101.000	—	—	—	—
	172900980	钢筋混凝土管 *D*2400	m	2137.00	—	101.000	—	—	—
	172900985	钢筋混凝土管 *D*2600	m	2450.00	—	—	101.000	—	—
	172900990	钢筋混凝土管 *D*2800	m	2830.00	—	—	—	101.000	—
	172900995	钢筋混凝土管 *D*3000	m	3120.00	—	—	—	—	101.000
	002000020	其他材料费	元	—	2822.45	3237.56	3711.75	4287.45	4726.80
机械	990304032	汽车式起重机 32t	台班	1190.79	6.564	—	—	—	—
	990304036	汽车式起重机 40t	台班	1456.19	—	8.534	9.611	—	—
	990304040	汽车式起重机 50t	台班	2390.17	—	—	—	10.689	—
	990304044	汽车式起重机 60t	台班	2851.01	—	—	—	—	11.766
	990305040	叉式起重机 10t	台班	694.07	0.655	0.854	—	—	—
	990401040	载重汽车 12t	台班	643.25	—	—	0.973	1.082	—
	990401045	载重汽车 15t	台班	748.42	—	—	—	—	1.192

E.1.1.6 承插式混凝土管铺设

工作内容:排管、下管、调直、找平、槽上搬运、材料场内运输等。　　　　**计量单位**:100m

定额编号					DE0081	DE0082	DE0083	DE0084	DE0085	DE0086
项目名称					承插式混凝土管铺设					
					管径(mm)					
					$\phi200$	$\phi250$	$\phi300$	$\phi400$	$\phi500$	$\phi600$
费用	综合单价(元)				**3998.45**	**6022.38**	**7955.98**	**11418.15**	**15139.90**	**18008.02**
	其中	人工费(元)			548.90	766.25	982.45	648.26	815.12	1032.24
		材料费(元)			3085.75	4748.27	6322.36	9944.98	13309.52	15648.91
		施工机具使用费(元)			—	—	—	237.70	285.66	386.52
		企业管理费(元)			246.18	343.66	440.63	397.35	493.70	636.31
		利润(元)			109.39	152.71	195.80	176.57	219.39	282.76
		一般风险费(元)			8.23	11.49	14.74	13.29	16.51	21.28
	编码	名称	单位	单价(元)	消耗量					
人工	000700010	市政综合工	工日	115.00	4.773	6.663	8.543	5.637	7.088	8.976
材料	172901055	钢筋混凝土排水管 承插口 D200	m	29.66	102.500	—	—	—	—	—
	172901060	钢筋混凝土排水管 承插口 D250	m	45.64	—	102.500	—	—	—	—
	172901065	钢筋混凝土排水管 承插口 D300	m	60.77	—	—	102.500	—	—	—
	172901070	钢筋混凝土排水管 承插口 D400	m	97.01	—	—	—	101.000	—	—
	172901100	钢筋混凝土排水管 承插口 D500	m	129.83	—	—	—	—	101.000	—
	172901200	钢筋混凝土排水管 承插口 D600	m	152.65	—	—	—	—	—	101.000
	002000020	其他材料费	元	—	45.60	70.17	93.43	146.97	196.69	231.26
机械	990304004	汽车式起重机 8t	台班	705.33	—	—	—	0.337	0.405	0.548

工作内容:排管、下管、调直、找平、槽上搬运、材料场内运输等。　　　　**计量单位**:100m

定额编号					DE0087	DE0088	DE0089	DE0090	DE0091	DE0092
项目名称					承插式混凝土管铺设					
					管径(mm)					
					$\phi700$	$\phi800$	$\phi900$	$\phi1000$	$\phi1100$	$\phi1200$
费用	综合单价(元)				**22683.46**	**26801.73**	**34639.48**	**44712.95**	**53173.11**	**61613.45**
	其中	人工费(元)			1099.86	1179.44	1446.01	1752.83	1836.09	1919.12
		材料费(元)			19889.96	23680.97	30651.99	39878.34	47977.02	56075.71
		施工机具使用费(元)			580.14	697.37	952.05	1154.68	1288.82	1411.25
		企业管理费(元)			753.48	841.75	1075.53	1304.02	1401.52	1493.67
		利润(元)			334.82	374.05	477.93	579.47	622.79	663.74
		一般风险费(元)			25.20	28.15	35.97	43.61	46.87	49.96
	编码	名称	单位	单价(元)	消耗量					
人工	000700010	市政综合工	工日	115.00	9.564	10.256	12.574	15.242	15.966	16.688
材料	172901300	钢筋混凝土排水管 承插口 D700	m	194.02	101.000	—	—	—	—	—
	172901400	钢筋混凝土排水管 承插口 D800	m	231.00	—	101.000	—	—	—	—
	172901500	钢筋混凝土排水管 承插口 D900	m	299.00	—	—	101.000	—	—	—
	172901600	钢筋混凝土排水管 承插口 D1000	m	389.00	—	—	—	101.000	—	—
	172901700	钢筋混凝土排水管 承插口 D1100	m	468.00	—	—	—	—	101.000	—
	172901800	钢筋混凝土排水管 承插口 D1200	m	547.00	—	—	—	—	—	101.000
	002000020	其他材料费	元	—	293.94	349.97	452.99	589.34	709.02	828.71
机械	990304012	汽车式起重机 12t	台班	797.85	0.688	0.827	—	—	—	—
	990304016	汽车式起重机 16t	台班	898.02	—	—	1.009	1.224	—	—
	990304020	汽车式起重机 20t	台班	968.56	—	—	—	—	1.271	—
	990304024	汽车式起重机 25t	台班	1021.41	—	—	—	—	—	1.318
	990305010	叉式起重机 3t	台班	452.38	0.069	0.083	—	—	—	—
	990305020	叉式起重机 5t	台班	454.96	—	—	0.101	0.122	0.127	—
	990305030	叉式起重机 6t	台班	492.67	—	—	—	—	—	0.132

工作内容：排管、下管、调直、找平、槽上搬运、材料场内运输等。　　计量单位：100m

		定额编号			DE0093	DE0094	DE0095	DE0096	DE0097
项目名称					承插式混凝土管铺设				
					管径(mm)				
					ϕ1350	ϕ1500	ϕ1650	ϕ1800	ϕ2000
费用		**综合单价(元)**			**71728.56**	**84748.49**	**96830.77**	**113460.49**	**132441.17**
	其中	人工费(元)			2391.20	2909.16	3376.40	4112.75	4738.00
		材料费(元)			64312.79	75703.23	85341.69	94980.15	108122.57
		施工机具使用费(元)			2068.61	2530.61	3533.08	7001.24	9887.09
		企业管理费(元)			2000.22	2439.74	3098.90	4984.62	6559.35
		利润(元)			888.84	1084.15	1377.06	2215.02	2914.78
		一般风险费(元)			66.90	81.60	103.64	166.71	219.38
	编码	名称	单位	单价(元)	消耗量				
人工	000700010	市政综合工	工日	115.00	20.793	25.297	29.360	35.763	41.200
材料	172901900	钢筋混凝土排水管 承插口 *D*1350	m	627.35	101.000	—	—	—	—
	172902000	钢筋混凝土排水管 承插口 *D*1500	m	738.46	—	101.000	—	—	—
	172902100	钢筋混凝土排水管 承插口 *D*1650	m	832.48	—	—	101.000	—	—
	172902200	钢筋混凝土排水管 承插口 *D*1800	m	926.50	—	—	—	101.000	—
	172902300	钢筋混凝土排水管 承插口 *D*2000	m	1054.70	—	—	—	—	101.000
	002000020	其他材料费	元	—	950.44	1118.77	1261.21	1403.65	1597.87
机械	990304032	汽车式起重机 32t	台班	1190.79	1.641	2.008	—	—	—
	990304036	汽车式起重机 40t	台班	1456.19	—	—	2.322	—	—
	990304040	汽车式起重机 50t	台班	2390.17	—	—	—	2.839	4.011
	990305040	叉式起重机 10t	台班	694.07	0.165	0.201	—	—	—
	990401040	载重汽车 12t	台班	643.25	—	—	0.236	—	—
	990401045	载重汽车 15t	台班	748.42	—	—	—	0.288	0.401

工作内容：排管、下管、调直、找平、槽上搬运、材料场内运输等。　　计量单位：100m

		定额编号			DE0098	DE0099	DE0100	DE0101	DE0102
项目名称					承插式混凝土管铺设				
					管径(mm)				
					ϕ2200	ϕ2400	ϕ2600	ϕ2800	ϕ3000
费用		**综合单价(元)**			**148336.64**	**166988.15**	**191056.36**	**225714.14**	**238669.77**
	其中	人工费(元)			6028.76	7053.99	8065.41	9048.20	10057.56
		材料费(元)			117761.03	128538.43	147551.89	170945.81	178218.23
		施工机具使用费(元)			12359.27	16069.49	18097.97	23889.21	26297.71
		企业管理费(元)			8247.03	10370.88	11734.28	14772.43	16305.34
		利润(元)			3664.73	4608.51	5214.36	6564.43	7245.60
		一般风险费(元)			275.82	346.85	392.45	494.06	545.33
	编码	名称	单位	单价(元)	消耗量				
人工	000700010	市政综合工	工日	115.00	52.424	61.339	70.134	78.680	87.457
材料	172902310	钢筋混凝土排水管 承插口 *D*2200	m	1148.72	101.000	—	—	—	—
	172902320	钢筋混凝土排水管 承插口 *D*2400	m	1253.85	—	101.000	—	—	—
	172902330	钢筋混凝土排水管 承插口 *D*2600	m	1439.32	—	—	101.000	—	—
	172902340	钢筋混凝土排水管 承插口 *D*2800	m	1667.52	—	—	—	101.000	—
	172902350	钢筋混凝土排水管 承插口 *D*3000	m	1738.46	—	—	—	—	101.000
	002000020	其他材料费	元	—	1740.31	1899.58	2180.57	2526.29	2633.77
机械	990304040	汽车式起重机 50t	台班	2390.17	5.014	6.519	7.342	—	—
	990304044	汽车式起重机 60t	台班	2851.01	—	—	—	8.165	8.988
	990401045	载重汽车 15t	台班	748.42	0.501	0.652	0.734	0.816	0.899

E.1.1.7　混凝土排水管道接口

E.1.1.7.1　水泥砂浆接口

工作内容:清理管口、调配砂浆、填缝、抹带、压实、养生等。　　　　**计量单位**:10个口

定额编号					DE0103	DE0104	DE0105	DE0106	DE0107
项目名称					混凝土排水管道水泥砂浆接口				
					管径(mm)				
					ϕ150	ϕ200	ϕ250	ϕ300	ϕ350
费用	综合单价(元)				**44.94**	**56.73**	**65.58**	**89.70**	**96.09**
	其中	人工费(元)			25.53	31.63	36.11	49.22	51.41
		材料费(元)			2.49	4.15	5.53	7.47	10.23
		施工机具使用费(元)			—	—	—	0.23	0.23
		企业管理费(元)			11.45	14.18	16.20	22.18	23.16
		利润(元)			5.09	6.30	7.20	9.86	10.29
		一般风险费(元)			0.38	0.47	0.54	0.74	0.77
	编码	名称	单位	单价(元)	消耗量				
人工	000700010	市政综合工	工日	115.00	0.222	0.275	0.314	0.428	0.447
材料	341100100	水	m^3	4.42	0.001	0.002	0.003	0.004	0.005
	850301030	干混商品抹灰砂浆 M10	t	271.84	0.009	0.015	0.020	0.027	0.037
	002000020	其他材料费	元	—	0.04	0.06	0.08	0.11	0.15
机械	990611010	干混砂浆罐式搅拌机 20000L	台班	232.40	—	—	—	0.001	0.001

工作内容:清理管口、调配砂浆、填缝、抹带、压实、养生等。　　　　**计量单位**:10个口

定额编号					DE0108	DE0109	DE0110	DE0111
项目名称					混凝土排水管道水泥砂浆接口			
					管径(mm)			
					ϕ400	ϕ450	ϕ500	ϕ600
费用	综合单价(元)				**98.07**	**106.18**	**109.30**	**124.01**
	其中	人工费(元)			50.60	53.48	53.13	57.16
		材料费(元)			13.55	16.87	20.19	28.21
		施工机具使用费(元)			0.23	0.23	0.46	0.46
		企业管理费(元)			22.80	24.09	24.04	25.84
		利润(元)			10.13	10.70	10.68	11.48
		一般风险费(元)			0.76	0.81	0.80	0.86
	编码	名称	单位	单价(元)	消耗量			
人工	000700010	市政综合工	工日	115.00	0.440	0.465	0.462	0.497
材料	341100100	水	m^3	4.42	0.007	0.009	0.010	0.015
	850301030	干混商品抹灰砂浆 M10	t	271.84	0.049	0.061	0.073	0.102
	002000020	其他材料费	元	—	0.20	0.25	0.30	0.42
机械	990611010	干混砂浆罐式搅拌机 20000L	台班	232.40	0.001	0.001	0.002	0.002

E.1.1.7.2 钢丝网水泥砂浆抹带接口(120°混凝土基础)

工作内容:清理管口、调配砂浆、填缝、抹带、压实、养生等。 **计量单位**:10个口

定额编号					DE0112	DE0113	DE0114	DE0115	DE0116	DE0117
项目名称					混凝土排水管道接口钢丝网水泥砂浆抹带(120°混凝土基础)					
					管径(mm)					
					ϕ600	ϕ700	ϕ800	ϕ900	ϕ1000	ϕ1100
费用	综合单价(元)				**509.83**	**601.37**	**695.86**	**793.47**	**891.10**	**1040.88**
	其中	人工费(元)			270.83	319.13	369.84	422.05	472.42	519.69
		材料费(元)			58.34	69.18	78.96	89.75	103.24	172.49
		施工机具使用费(元)			0.70	0.93	1.16	1.16	1.39	2.56
		企业管理费(元)			121.78	143.54	166.39	189.81	212.51	234.23
		利润(元)			54.11	63.79	73.94	84.35	94.43	104.08
		一般风险费(元)			4.07	4.80	5.57	6.35	7.11	7.83
	编码	名称	单位	单价(元)	消耗量					
人工	000700010	市政综合工	工日	115.00	2.355	2.775	3.216	3.670	4.108	4.519
材料	020900900	塑料薄膜	m^2	0.45	10.059	11.626	13.192	14.761	16.328	18.157
	032100960	钢丝网 0.3	m^2	2.56	3.535	4.011	4.486	4.961	5.436	7.224
	341100100	水	m^3	4.42	0.249	0.289	0.328	0.368	0.410	0.586
	850301010	干混商品砌筑砂浆 M5	t	228.16	0.022	0.031	0.039	0.049	0.073	0.090
	850301030	干混商品抹灰砂浆 M10	t	271.84	0.139	0.163	0.184	0.207	0.228	0.442
	002000020	其他材料费	元	—	0.86	1.02	1.17	1.33	1.53	2.55
机械	990611010	干混砂浆罐式搅拌机 20000L	台班	232.40	0.003	0.004	0.005	0.005	0.006	0.011

工作内容:清理管口、调配砂浆、填缝、抹带、压实、养生等。 **计量单位**:10个口

定额编号					DE0118	DE0119	DE0120	DE0121	DE0122	DE0123
项目名称					混凝土排水管道接口钢丝网水泥砂浆抹带(120°混凝土基础)					
					管径(mm)					
					ϕ1200	ϕ1350	ϕ1500	ϕ1650	ϕ1800	ϕ2000
费用	综合单价(元)				**932.96**	**1063.48**	**1232.25**	**1347.97**	**1543.16**	**1800.21**
	其中	人工费(元)			443.67	506.35	590.76	643.31	742.79	873.08
		材料费(元)			190.20	216.13	243.75	271.32	300.33	339.56
		施工机具使用费(元)			3.02	3.25	3.72	4.18	4.65	5.35
		企业管理费(元)			200.34	228.55	266.62	290.40	335.22	393.97
		利润(元)			89.03	101.56	118.48	129.05	148.96	175.07
		一般风险费(元)			6.70	7.64	8.92	9.71	11.21	13.18
	编码	名称	单位	单价(元)	消耗量					
人工	000700010	市政综合工	工日	115.00	3.858	4.403	5.137	5.594	6.459	7.592
材料	020900900	塑料薄膜	m^2	0.45	19.723	22.075	24.427	26.777	29.129	32.264
	032100960	钢丝网 0.3	m^2	2.56	7.805	8.676	9.547	10.417	11.289	12.450
	341100100	水	m^3	4.42	0.638	0.715	0.794	0.874	0.954	1.060
	850301030	干混商品抹灰砂浆 M10	t	271.84	0.483	0.541	0.600	0.658	0.717	0.796
	850301010	干混商品砌筑砂浆 M5	t	228.16	0.107	0.134	0.167	0.201	0.240	0.294
	002000020	其他材料费	元	—	2.81	3.19	3.60	4.01	4.44	5.02
机械	990611010	干混砂浆罐式搅拌机 20000L	台班	232.40	0.013	0.014	0.016	0.018	0.020	0.023

工作内容：清理管口、调配砂浆、填缝、抹带、压实、养生等。 计量单位：10个口

		定额编号			DE0124	DE0125	DE0126	DE0127	DE0128
项目名称					混凝土排水管道接口钢丝网水泥砂浆抹带(120°混凝土基础)				
					管径(mm)				
					ϕ2200	ϕ2400	ϕ2600	ϕ2800	ϕ3000
费用	综合单价(元)				**2145.39**	**2490.19**	**2691.24**	**2895.64**	**3106.05**
	其中	人工费(元)			1055.24	1240.39	1341.59	1436.47	1535.25
		材料费(元)			380.69	416.46	448.48	493.56	538.55
		施工机具使用费(元)			6.04	6.74	7.20	8.13	8.83
		企业管理费(元)			475.99	559.34	604.93	647.90	692.52
		利润(元)			211.51	248.55	268.81	287.91	307.74
		一般风险费(元)			15.92	18.71	20.23	21.67	23.16
	编码	名称	单位	单价(元)	消耗量				
人工	000700010	市政综合工	工日	115.00	9.176	10.786	11.666	12.491	13.350
材料	020900900	塑料薄膜	m^2	0.45	35.400	38.273	41.015	44.150	47.286
	032100960	钢丝网 0.3	m^2	2.56	13.610	14.675	15.691	16.853	18.013
	341100100	水	m^3	4.42	1.168	1.266	1.359	1.469	1.579
	850301030	干混商品抹灰砂浆 M10	t	271.84	0.876	0.949	1.015	1.095	1.173
	850301010	干混商品砌筑砂浆 M5	t	228.16	0.355	0.403	0.444	0.522	0.602
	002000020	其他材料费	元	—	5.63	6.15	6.63	7.29	7.96
机械	990611010	干混砂浆罐式搅拌机 20000L	台班	232.40	0.026	0.029	0.031	0.035	0.038

E.1.1.7.3 钢丝网水泥砂浆抹带(180°混凝土基础)

工作内容：清理管口、调配砂浆、填缝、抹带、压实、养生等。 计量单位：10个口

		定额编号			DE0129	DE0130	DE0131	DE0132	DE0133	DE0134
项目名称					混凝土排水管道接口钢丝网水泥砂浆抹带(180°混凝土基础)					
					管径(mm)					
					ϕ600	ϕ700	ϕ800	ϕ900	ϕ1000	ϕ1100
费用	综合单价(元)				**347.19**	**409.01**	**471.07**	**539.16**	**606.85**	**713.85**
	其中	人工费(元)			180.67	212.98	245.18	280.95	314.30	345.92
		材料费(元)			45.61	53.70	61.84	70.45	82.31	135.18
		施工机具使用费(元)			0.70	0.70	0.93	0.93	1.16	2.09
		企业管理费(元)			81.34	95.83	110.38	126.42	141.48	156.08
		利润(元)			36.15	42.59	49.05	56.18	62.87	69.36
		一般风险费(元)			2.72	3.21	3.69	4.23	4.73	5.22
	编码	名称	单位	单价(元)	消耗量					
人工	000700010	市政综合工	工日	115.00	1.571	1.852	2.132	2.443	2.733	3.008
材料	020900900	塑料薄膜	m^2	0.45	7.543	8.719	9.895	11.071	12.245	13.619
	032100960	钢丝网 0.3	m^2	2.56	2.794	3.150	3.506	3.862	4.219	5.591
	341100100	水	m^3	4.42	0.188	0.217	0.247	0.278	0.309	0.442
	850301030	干混商品抹灰砂浆 M10	t	271.84	0.105	0.121	0.138	0.155	0.172	0.332
	850301010	干混商品砌筑砂浆 M5	t	228.16	0.022	0.031	0.039	0.049	0.073	0.090
	002000020	其他材料费	元	—	0.67	0.79	0.91	1.04	1.22	2.00
机械	990611010	干混砂浆罐式搅拌机 20000L	台班	232.40	0.003	0.003	0.004	0.004	0.005	0.009

工作内容：清理管口、调配砂浆、填缝、抹带、压实、养生等。　　计量单位：10个口

定额编号					DE0135	DE0136	DE0137	DE0138	DE0139	DE0140
项目名称					混凝土排水管道接口钢丝网水泥砂浆抹带(180°混凝土基础)					
					管径(mm)					
					ϕ1200	ϕ1350	ϕ1500	ϕ1650	ϕ1800	ϕ2000
费用	综合单价(元)				**768.47**	**876.17**	**1016.30**	**1111.77**	**1274.95**	**1488.16**
	其中	人工费(元)			370.07	421.82	491.97	535.21	618.47	726.69
		材料费(元)			149.25	170.13	193.24	216.02	239.98	272.47
		施工机具使用费(元)			2.32	2.79	3.02	3.49	3.95	4.42
		企业管理费(元)			167.02	190.44	222.00	241.61	279.16	327.90
		利润(元)			74.22	84.62	98.65	107.36	124.05	145.71
		一般风险费(元)			5.59	6.37	7.42	8.08	9.34	10.97
	编码	名称	单位	单价(元)	消耗量					
人工	000700010	市政综合工	工日	115.00	3.218	3.668	4.278	4.654	5.378	6.319
材料	020900900	塑料薄膜	m²	0.45	14.792	16.556	18.320	20.084	21.846	24.198
	032100960	钢丝网 0.3	m²	2.56	6.027	6.680	7.335	7.986	8.639	9.510
	341100100	水	m³	4.42	0.482	0.542	0.601	0.662	0.724	0.807
	850301030	干混商品抹灰砂浆 M10	t	271.84	0.362	0.405	0.451	0.495	0.539	0.598
	850301010	干混商品砌筑砂浆 M5	t	228.16	0.107	0.134	0.167	0.201	0.240	0.294
	002000020	其他材料费	元	—	2.21	2.51	2.86	3.19	3.55	4.03
机械	990611010	干混砂浆罐式搅拌机 20000L	台班	232.40	0.010	0.012	0.013	0.015	0.017	0.019

工作内容：清理管口、调配砂浆、填缝、抹带、压实、养生等。　　计量单位：10个口

定额编号					DE0141	DE0142	DE0143	DE0144	DE0145
项目名称					混凝土排水管道接口钢丝网水泥砂浆抹带(180°混凝土基础)				
					管径(mm)				
					ϕ2200	ϕ2400	ϕ2600	ϕ2800	ϕ3000
费用	综合单价(元)				**1774.98**	**2061.11**	**2228.27**	**2405.36**	**2583.77**
	其中	人工费(元)			878.14	1031.90	1115.85	1198.76	1282.02
		材料费(元)			306.31	335.99	362.79	400.85	439.66
		施工机具使用费(元)			5.11	5.58	6.04	6.74	7.44
		企业管理费(元)			396.14	465.31	503.17	540.67	578.32
		利润(元)			176.03	206.77	223.59	240.26	256.99
		一般风险费(元)			13.25	15.56	16.83	18.08	19.34
	编码	名称	单位	单价(元)	消耗量				
人工	000700010	市政综合工	工日	115.00	7.636	8.973	9.703	10.424	11.148
材料	020900900	塑料薄膜	m²	0.45	26.550	28.705	30.763	33.113	35.465
	032100960	钢丝网 0.3	m²	2.56	10.381	11.179	11.942	12.812	13.684
	341100100	水	m³	4.42	0.889	0.964	1.035	1.120	1.206
	850301030	干混商品抹灰砂浆 M10	t	271.84	0.656	0.711	0.762	0.821	0.881
	850301010	干混商品砌筑砂浆 M5	t	228.16	0.355	0.403	0.444	0.522	0.602
	002000020	其他材料费	元	—	4.53	4.97	5.36	5.92	6.50
机械	990611010	干混砂浆罐式搅拌机 20000L	台班	232.40	0.022	0.024	0.026	0.029	0.032

E.1.1.7.4　膨胀水泥砂浆接口

工作内容：清理管口、调配砂浆、填缝、抹带、压实、养生等。　　　　**计量单位：**10 个口

定额编号					DE0146	DE0147	DE0148	DE0149	DE0150
项目名称					混凝土排水管道接口(膨胀水泥砂浆接口)				
					管径(mm)				
					ϕ1000	ϕ1100	ϕ1200	ϕ1350	ϕ1500
费用	综合单价(元)				**328.21**	**402.21**	**475.78**	**591.25**	**737.22**
	其中	人工费(元)			179.63	219.77	259.90	322.92	403.08
		材料费(元)			29.13	36.39	43.24	53.92	66.21
		施工机具使用费(元)			0.23	0.23	0.23	0.23	0.46
		企业管理费(元)			80.67	98.67	116.67	144.93	180.99
		利润(元)			35.85	43.85	51.84	64.40	80.43
		一般风险费(元)			2.70	3.30	3.90	4.85	6.05
	编码	名称	单位	单价(元)	消耗量				
人工	000700010	市政综合工	工日	115.00	1.562	1.911	2.260	2.808	3.505
材料	020900900	塑料薄膜	m^2	0.45	1.874	2.066	2.242	2.530	2.802
	341100100	水	m^3	4.42	0.005	0.007	0.008	0.010	0.012
	850301030	干混商品抹灰砂浆 M10	t	271.84	0.037	0.046	0.056	0.070	0.085
	850201060	预拌膨胀水泥砂浆 1∶1	m^3	658.25	0.027	0.034	0.040	0.050	0.062
	002000020	其他材料费	元	—	0.43	0.54	0.64	0.80	0.98
机械	990611010	干混砂浆罐式搅拌机 20000L	台班	232.40	0.001	0.001	0.001	0.001	0.002

工作内容：清理管口、调配砂浆、填缝、抹带、压实、养生等。　　　　**计量单位：**10 个口

定额编号					DE0151	DE0152	DE0153	DE0154	DE0155
项目名称					混凝土排水管道接口(膨胀水泥砂浆接口)				
					管径(mm)				
					ϕ1650	ϕ1800	ϕ2000	ϕ2200	ϕ2400
费用	综合单价(元)				**824.79**	**933.23**	**1072.12**	**1254.45**	**1373.26**
	其中	人工费(元)			447.12	502.90	573.39	668.15	727.72
		材料费(元)			80.56	95.85	117.52	141.90	161.28
		施工机具使用费(元)			0.46	0.70	0.70	0.93	1.16
		企业管理费(元)			200.74	225.86	257.48	300.08	326.90
		利润(元)			89.20	100.37	114.42	133.35	145.27
		一般风险费(元)			6.71	7.55	8.61	10.04	10.93
	编码	名称	单位	单价(元)	消耗量				
人工	000700010	市政综合工	工日	115.00	3.888	4.373	4.986	5.810	6.328
材料	020900900	塑料薄膜	m^2	0.45	3.091	3.363	3.747	4.116	4.484
	341100100	水	m^3	4.42	0.015	0.018	0.022	0.026	0.030
	850301030	干混商品抹灰砂浆 M10	t	271.84	0.105	0.126	0.153	0.185	0.211
	850201060	预拌膨胀水泥砂浆 1∶1	m^3	658.25	0.075	0.089	0.110	0.133	0.151
	002000020	其他材料费	元	—	1.19	1.42	1.74	2.10	2.38
机械	990611010	干混砂浆罐式搅拌机 20000L	台班	232.40	0.002	0.003	0.003	0.004	0.005

工作内容:清理管口、调配砂浆、填缝、抹带、压实、养生等。 计量单位:10 个口

定额编号					DE0156	DE0157	DE0158
项目名称					混凝土排水管道接口(膨胀水泥砂浆接口)		
					管径(mm)		
					ϕ2600	ϕ2800	ϕ3000
费用	综合单价(元)				**1490.61**	**1619.14**	**1751.18**
	其中	人工费(元)			788.10	847.32	907.12
		材料费(元)			178.23	207.90	240.12
		施工机具使用费(元)			1.16	1.39	1.63
		企业管理费(元)			353.98	380.65	407.57
		利润(元)			157.30	169.15	181.11
		一般风险费(元)			11.84	12.73	13.63
	编码	名称	单位	单价(元)	消耗量		
人工	000700010	市政综合工	工日	115.00	6.853	7.368	7.888
材料	020900900	塑料薄膜	m^2	0.45	4.868	5.237	5.605
	341100100	水	m^3	4.42	0.033	0.039	0.045
	850301030	干混商品抹灰砂浆 M10	t	271.84	0.233	0.272	0.313
	850201060	预拌膨胀水泥砂浆 1:1	m^3	658.25	0.167	0.195	0.226
	002000020	其他材料费	元	—	2.63	3.07	3.55
机械	990611010	干混砂浆罐式搅拌机 20000L	台班	232.40	0.005	0.006	0.007

E.1.1.7.5 预拌混凝土(现浇)套环接口(120°管基)

工作内容:清理管口、浇筑、压实、养生等。 计量单位:10 个口

定额编号					DE0159	DE0160	DE0161	DE0162	DE0163	DE0164
项目名称					预拌混凝土(现浇)套环接口(120°管基)					
					管径(mm)					
					ϕ600	ϕ700	ϕ800	ϕ900	ϕ1000	ϕ1100
费用	综合单价(元)				**305.94**	**348.93**	**401.61**	**453.32**	**517.20**	**750.71**
	其中	人工费(元)			115.69	129.15	146.05	163.76	186.53	309.81
		材料费(元)			113.19	133.80	157.99	180.26	205.88	234.01
		施工机具使用费(元)			0.23	0.23	0.46	0.46	0.70	0.93
		企业管理费(元)			51.99	58.03	65.71	73.65	83.97	139.37
		利润(元)			23.10	25.78	29.20	32.73	37.31	61.93
		一般风险费(元)			1.74	1.94	2.20	2.46	2.81	4.66
	编码	名称	单位	单价(元)	消耗量					
人工	000700010	市政综合工	工日	115.00	1.006	1.123	1.270	1.424	1.622	2.694
材料	020900900	塑料薄膜	m^2	0.45	7.132	8.068	8.986	9.923	10.857	11.794
	341100100	水	m^3	4.42	0.166	0.189	0.212	0.237	0.262	0.286
	341100400	电	kW·h	0.70	0.290	0.335	0.389	0.434	0.488	0.549
	850301030	干混商品抹灰砂浆 M10	t	271.84	0.048	0.066	0.087	0.111	0.138	0.165
	840201040	预拌混凝土 C20	m^3	247.57	0.381	0.441	0.512	0.572	0.642	0.722
	002000020	其他材料费	元	—	1.67	1.98	2.33	2.66	3.04	3.46
机械	990611010	干混砂浆罐式搅拌机 20000L	台班	232.40	0.001	0.001	0.002	0.002	0.003	0.004

工作内容:清理管口、浇筑、压实、养生等。　　　　　　**计量单位**:10 个口

定额编号					DE0165	DE0166	DE0167	DE0168	DE0169	DE0170
项目名称					预拌混凝土(现浇)套环接口(120°管基)					
					管径(mm)					
					ϕ1200	ϕ1350	ϕ1500	ϕ1650	ϕ1800	ϕ2000
费用	综合单价(元)				**675.21**	**1332.00**	**1530.60**	**1629.45**	**1783.63**	**1987.41**
	其中	人工费(元)			248.17	458.51	532.34	566.95	619.85	689.08
		材料费(元)			261.00	567.66	642.72	683.64	749.47	836.97
		施工机具使用费(元)			0.93	1.16	1.63	1.86	2.09	2.79
		企业管理费(元)			111.72	206.16	239.48	255.11	278.94	310.30
		利润(元)			49.65	91.61	106.42	113.36	123.95	137.89
		一般风险费(元)			3.74	6.90	8.01	8.53	9.33	10.38
	编码	名称	单位	单价(元)	消耗量					
人工	000700010	市政综合工	工日	115.00	2.158	3.987	4.629	4.930	5.390	5.992
材料	020900900	塑料薄膜	m^2	0.45	12.711	14.883	16.286	17.672	19.076	20.929
	341100100	水	m^3	4.42	0.311	0.531	0.586	0.640	0.698	0.775
	341100400	电	kW·h	0.70	0.602	1.482	1.657	1.726	1.863	2.042
	850301030	干混商品抹灰砂浆 M10	t	271.84	0.197	0.248	0.306	0.369	0.440	0.542
	840201040	预拌混凝土 C20	m^3	247.57	0.792	1.946	2.177	2.267	2.447	2.678
	002000020	其他材料费	元	—	3.86	8.39	9.50	10.10	11.08	12.37
机械	990611010	干混砂浆罐式搅拌机 20000L	台班	232.40	0.004	0.005	0.007	0.008	0.009	0.012

工作内容:清理管口、浇筑、压实、养生等。　　　　　　**计量单位**:10 个口

定额编号					DE0171	DE0172	DE0173	DE0174	DE0175
项目名称					预拌混凝土(现浇)套环接口(120°管基)				
					管径(mm)				
					ϕ2200	ϕ2400	ϕ2600	ϕ2800	ϕ3000
费用	综合单价(元)				**2216.15**	**2396.13**	**2561.00**	**2758.51**	**2962.91**
	其中	人工费(元)			770.04	830.42	887.11	947.60	1009.36
		材料费(元)			930.32	1009.13	1078.96	1174.72	1275.27
		施工机具使用费(元)			3.25	3.72	4.18	4.88	5.58
		企业管理费(元)			346.82	374.11	399.75	427.19	455.20
		利润(元)			154.12	166.24	177.63	189.83	202.28
		一般风险费(元)			11.60	12.51	13.37	14.29	15.22
	编码	名称	单位	单价(元)	消耗量				
人工	000700010	市政综合工	工日	115.00	6.696	7.221	7.714	8.240	8.777
材料	020900900	塑料薄膜	m^2	0.45	22.802	24.505	26.132	27.987	29.858
	341100100	水	m^3	4.42	0.853	0.923	0.987	1.069	1.153
	341100400	电	kW·h	0.70	2.225	2.385	2.530	2.697	2.872
	850301030	干混商品抹灰砂浆 M10	t	271.84	0.656	0.746	0.821	0.962	1.112
	840201040	预拌混凝土 C20	m^3	247.57	2.919	3.129	3.320	3.541	3.771
	002000020	其他材料费	元	—	13.75	14.91	15.95	17.36	18.85
机械	990611010	干混砂浆罐式搅拌机 20000L	台班	232.40	0.014	0.016	0.018	0.021	0.024

E.1.1.7.6 预拌混凝土(现浇)套环接口(180°管基)

工作内容:清理管口、浇筑、压实、养生等。　　　　计量单位:10 个口

定额编号					DE0176	DE0177	DE0178	DE0179	DE0180	DE0181
项目名称					预拌混凝土(现浇)套环接口(180°管基)					
					管径(mm)					
					φ600	φ700	φ800	φ900	φ1000	φ1100
费用	综合单价(元)				**260.44**	**303.79**	**347.72**	**396.54**	**452.77**	**526.51**
	其中	人工费(元)			99.13	112.59	126.73	142.72	162.27	190.67
		材料费(元)			95.23	115.81	135.83	158.07	181.41	207.53
		施工机具使用费(元)			0.23	0.46	0.70	0.70	0.93	1.16
		企业管理费(元)			44.56	50.70	57.15	64.32	73.19	86.04
		利润(元)			19.80	22.53	25.40	28.58	32.52	38.23
		一般风险费(元)			1.49	1.70	1.91	2.15	2.45	2.88
	编码	名称	单位	单价(元)	消耗量					
人工	000700010	市政综合工	工日	115.00	0.862	0.979	1.102	1.241	1.411	1.658
材料	020900900	塑料薄膜	m^2	0.45	7.132	8.068	8.986	9.923	10.857	11.794
	341100100	水	m^3	4.42	0.168	0.193	0.218	0.243	0.270	0.295
	341100400	电	kW•h	0.70	0.221	0.259	0.297	0.335	0.373	0.419
	850301030	干混商品抹灰砂浆 M10	t	271.84	0.065	0.092	0.117	0.150	0.187	0.224
	840201040	预拌混凝土 C20	m^3	247.57	0.291	0.341	0.391	0.441	0.491	0.552
	002000020	其他材料费	元	—	1.41	1.71	2.01	2.34	2.68	3.07
机械	990611010	干混砂浆罐式搅拌机 20000L	台班	232.40	0.001	0.002	0.003	0.003	0.004	0.005

工作内容:清理管口、浇筑、压实、养生等。　　　　计量单位:10 个口

定额编号					DE0182	DE0183	DE0184	DE0185	DE0186	DE0187
项目名称					预拌混凝土(现浇)套环接口(180°管基)					
					管径(mm)					
					φ1200	φ1350	φ1500	φ1650	φ1800	φ2000
费用	综合单价(元)				**596.79**	**1123.86**	**1297.46**	**1448.27**	**1610.97**	**1832.79**
	其中	人工费(元)			217.35	386.52	450.57	498.76	552.23	622.96
		材料费(元)			233.06	478.45	544.77	614.68	687.70	790.75
		施工机具使用费(元)			1.39	1.63	2.09	2.56	3.02	3.72
		企业管理费(元)			98.11	174.08	203.02	224.84	249.03	281.06
		利润(元)			43.60	77.36	90.22	99.91	110.66	124.90
		一般风险费(元)			3.28	5.82	6.79	7.52	8.33	9.40
	编码	名称	单位	单价(元)	消耗量					
人工	000700010	市政综合工	工日	115.00	1.890	3.361	3.918	4.337	4.802	5.417
材料	020900900	塑料薄膜	m^2	0.45	12.711	14.883	16.286	17.672	19.076	20.929
	341100100	水	m^3	4.42	0.321	0.545	0.604	0.660	0.722	0.804
	341100400	电	kW•h	0.70	0.457	1.139	1.269	1.406	1.543	1.733
	850301030	干混商品抹灰砂浆 M10	t	271.84	0.269	0.337	0.418	0.503	0.600	0.740
	840201040	预拌混凝土 C20	m^3	247.57	0.602	1.494	1.665	1.846	2.026	2.277
	002000020	其他材料费	元	—	3.44	7.07	8.05	9.08	10.16	11.69
机械	990611010	干混砂浆罐式搅拌机 20000L	台班	232.40	0.006	0.007	0.009	0.011	0.013	0.016

工作内容:清理管口、浇筑、压实、养生等。　　　　　　　　计量单位:10个口

定额编号					DE0188	DE0189	DE0190	DE0191	DE0192
项目名称					预拌混凝土(现浇)套环接口(180°管基)				
					管径(mm)				
					ϕ2200	ϕ2400	ϕ2600	ϕ2800	ϕ3000
费用	综合单价(元)				**2082.80**	**2287.76**	**2485.03**	**2726.56**	**2970.71**
	其中	人工费(元)			706.79	771.77	836.05	905.05	973.94
		材料费(元)			900.20	995.97	1085.57	1210.83	1338.87
		施工机具使用费(元)			4.42	5.11	5.58	6.51	7.44
		企业管理费(元)			318.98	348.43	377.47	408.83	440.15
		利润(元)			141.74	154.83	167.74	181.67	195.59
		一般风险费(元)			10.67	11.65	12.62	13.67	14.72
	编码	名称	单位	单价(元)	消耗量				
人工	000700010	市政综合工	工日	115.00	6.146	6.711	7.270	7.870	8.469
材料	020900900	塑料薄膜	m^2	0.45	22.802	24.505	26.132	27.987	29.858
	341100100	水	m^3	4.42	0.888	0.963	1.030	1.120	1.211
	341100400	电	kW•h	0.70	1.935	2.118	2.301	2.514	2.728
	850301030	干混商品抹灰砂浆 M10	t	271.84	0.894	1.018	1.119	1.312	1.515
	840201040	预拌混凝土 C20	m^3	247.57	2.538	2.778	3.019	3.300	3.581
	002000020	其他材料费	元	—	13.30	14.72	16.04	17.89	19.79
机械	990611010	干混砂浆罐式搅拌机 20000L	台班	232.40	0.019	0.022	0.024	0.028	0.032

E.1.1.7.7　预拌混凝土(现浇)套环柔性接口(120°、180°管基)

工作内容：清理管口、捣固混凝土、调制砂浆、熬制沥青、调配沥青麻丝、填塞、安放止水带、内外抹口、压实、养生等。

计量单位：10个口

定额编号					DE0193	DE0194	DE0195	DE0196	DE0197	DE0198
项目名称					混凝土排水管道(现浇)套环柔性接口(120°、180°管基)					
					管径(mm)					
					ϕ600	ϕ700	ϕ800	ϕ900	ϕ1000	ϕ1100
费用	综合单价(元)				**6544.85**	**7329.14**	**8180.58**	**9046.86**	**9921.06**	**12057.58**
	其中	人工费(元)			1790.32	2012.62	2256.76	2506.89	2761.38	3435.05
		材料费(元)			3567.52	3982.18	4427.66	4878.02	5329.06	6345.40
		施工机具使用费(元)			0.23	0.23	0.23	0.23	0.23	0.23
		企业管理费(元)			803.06	902.76	1012.26	1124.44	1238.58	1540.72
		利润(元)			356.86	401.16	449.82	499.67	550.39	684.65
		一般风险费(元)			26.86	30.19	33.85	37.61	41.42	51.53
	编码	名称	单位	单价(元)	消耗量					
人工	000700010	市政综合工	工日	115.00	15.568	17.501	19.624	21.799	24.012	29.870
材料	020900900	塑料薄膜	m²	0.45	10.240	11.157	12.094	13.028	13.965	14.883
	021901300	低发泡聚乙烯	m³	339.32	0.302	0.338	0.374	0.410	0.445	0.481
	022900900	麻丝	kg	8.85	2.387	3.690	5.246	7.056	9.120	11.438
	133100700	石油沥青 30#	kg	2.56	9.370	14.485	20.596	27.703	35.805	44.904
	133700600	橡胶止水带	m	35.90	33.600	37.590	41.580	45.570	49.455	53.445
	142100400	环氧树脂	kg	18.89	7.600	7.600	7.600	7.600	7.600	7.600
	143300300	丙酮	kg	5.13	7.600	7.600	7.600	7.600	7.600	7.600
	143301800	甲苯	kg	3.68	6.000	6.000	6.000	6.000	6.000	6.000
	143303000	乙二胺	kg	13.68	0.600	0.600	0.600	0.600	0.600	0.600
	341100010	木柴	kg	0.56	4.290	6.632	9.429	12.683	16.393	20.558
	341100100	水	m³	4.42	0.212	0.231	0.250	0.269	0.288	0.300
	341100400	电	kW·h	0.70	5.931	6.625	7.390	8.160	8.930	11.379
	850301030	干混商品抹灰砂浆 M10	t	271.84	0.032	0.037	0.043	0.048	0.053	0.058
	840201030	预拌混凝土 C15	m³	247.57	1.165	1.271	1.377	1.483	1.589	1.695
	840201040	预拌混凝土 C20	m³	247.57	6.620	7.422	8.325	9.228	10.130	13.240
	002000020	其他材料费	元	—	52.72	58.85	65.43	72.09	78.75	93.77
机械	990611010	干混砂浆罐式搅拌机 20000L	台班	232.40	0.001	0.001	0.001	0.001	0.001	0.001

工作内容：清理管口、捣固混凝土、调制砂浆、熬制沥青、调配沥青麻丝、填塞、安放止水带、内外抹口、压实、养生等。

计量单位：10 个口

定额编号					DE0199	DE0200	DE0201	DE0202	DE0203	DE0204
项目名称					混凝土排水管道(现浇)套环柔性接口(120°、180°管基)					
					管径(mm)					
					ϕ1200	ϕ1350	ϕ1500	ϕ1650	ϕ1800	ϕ2000
费用	综合单价(元)				**13082.74**	**14668.17**	**16352.89**	**18027.36**	**19794.08**	**22165.12**
	其中	人工费(元)			3741.53	4218.43	4730.41	5231.70	5764.26	6480.14
		材料费(元)			6860.94	7653.38	8486.40	9327.33	10208.50	11389.18
		施工机具使用费(元)			0.23	0.23	0.46	0.46	0.46	0.46
		企业管理费(元)			1678.18	1892.07	2121.80	2346.62	2585.48	2906.55
		利润(元)			745.73	840.78	942.86	1042.77	1148.91	1291.58
		一般风险费(元)			56.13	63.28	70.96	78.48	86.47	97.21
	编码	名称	单位	单价(元)	消耗量					
人工	000700010	市政综合工	工日	115.00	32.535	36.682	41.134	45.493	50.124	56.349
材料	020900900	塑料薄膜	m^2	0.45	15.819	17.222	18.608	20.011	21.397	23.268
	021901300	低发泡聚乙烯	m^3	339.32	0.517	0.570	0.624	0.677	0.730	0.801
	022900900	麻丝	kg	8.85	14.009	18.341	23.245	28.719	34.763	43.711
	133100700	石油沥青 30#	kg	2.56	54.998	72.007	91.256	112.746	136.477	171.603
	133700600	橡胶止水带	m	35.90	57.435	63.315	69.300	75.180	81.165	89.040
	142100400	环氧树脂	kg	18.89	7.600	7.600	7.600	7.600	7.600	7.600
	143300300	丙酮	kg	5.13	7.600	7.600	7.600	7.600	7.600	7.600
	143301800	甲苯	kg	3.68	6.000	6.000	6.000	6.000	6.000	6.000
	143303000	乙二胺	kg	13.68	0.600	0.600	0.600	0.600	0.600	0.600
	341100010	木柴	kg	0.56	25.180	32.967	41.780	51.618	62.483	78.565
	341100100	水	m^3	4.42	0.318	0.345	0.371	0.398	0.425	0.460
	341100400	电	kW·h	0.70	12.301	13.718	15.215	16.712	18.286	20.358
	850301030	干混商品抹灰砂浆 M10	t	271.84	0.061	0.070	0.077	0.085	0.092	0.102
	840201030	预拌混凝土 C15	m^3	247.57	1.801	1.959	2.118	2.277	2.436	2.648
	840201040	预拌混凝土 C20	m^3	247.57	14.343	16.048	17.853	19.659	21.565	24.072
	002000020	其他材料费	元	—	101.39	113.10	125.41	137.84	150.86	168.31
机械	990611010	干混砂浆罐式搅拌机 20000L	台班	232.40	0.001	0.001	0.002	0.002	0.002	0.002

工作内容：清理管口、捣固混凝土、调制砂浆、熬制沥青、调配沥青麻丝、填塞、安放止水带、内外抹口、压实、养生等。

计量单位：10个口

					DE0205	DE0206	DE0207	DE0208	DE0209
定额编号					DE0205	DE0206	DE0207	DE0208	DE0209
项目名称					混凝土排水管道(现浇)套环柔性接口(120°、180°管基)				
					管径(mm)				
					ϕ2200	ϕ2400	ϕ2600	ϕ2800	ϕ3000
费用	综合单价(元)				**24714.31**	**26971.77**	**29147.23**	**31869.38**	**34694.58**
费用	其中	人工费(元)			7257.88	7938.45	8594.30	9419.54	10276.98
费用	其中	材料费(元)			12645.13	13770.55	14855.48	16205.42	17604.85
费用	其中	施工机具使用费(元)			0.46	0.70	0.70	0.70	0.70
费用	其中	企业管理费(元)			3255.37	3560.71	3854.85	4224.97	4609.54
费用	其中	利润(元)			1446.59	1582.27	1712.98	1877.45	2048.34
费用	其中	一般风险费(元)			108.88	119.09	128.92	141.30	154.17
	编码	名称	单位	单价(元)	消耗量				
人工	000700010	市政综合工	工日	115.00	63.112	69.030	74.733	81.909	89.365
材料	020900900	塑料薄膜	m^2	0.45	25.122	26.825	28.455	30.326	32.180
材料	021901300	低发泡聚乙烯	m^3	339.32	0.873	0.938	1.001	1.072	1.143
材料	022900900	麻丝	kg	8.85	53.673	61.340	67.719	80.033	93.362
材料	133100700	石油沥青 30#	kg	2.56	210.713	240.815	265.858	314.202	366.529
材料	133700600	橡胶止水带	m	35.90	97.020	104.265	111.195	119.070	127.050
材料	142100400	环氧树脂	kg	18.89	7.600	7.600	7.600	7.600	7.600
材料	143300300	丙酮	kg	5.13	7.600	7.600	7.600	7.600	7.600
材料	143301800	甲苯	kg	3.68	6.000	6.000	6.000	6.000	6.000
材料	143303000	乙二胺	kg	13.68	0.600	0.600	0.600	0.600	0.600
材料	341100010	木柴	kg	0.56	96.470	110.252	121.717	143.850	167.807
材料	341100100	水	m^3	4.42	0.495	0.527	0.557	0.592	0.626
材料	341100400	电	kW·h	0.70	22.583	24.640	26.693	29.070	31.524
材料	850301030	干混商品抹灰砂浆 M10	t	271.84	0.112	0.122	0.133	0.143	0.153
材料	840201030	预拌混凝土 C15	m^3	247.57	2.860	3.054	3.239	3.451	3.663
材料	840201040	预拌混凝土 C20	m^3	247.57	26.780	29.288	31.795	34.704	37.713
材料	002000020	其他材料费	元	—	186.87	203.51	219.54	239.49	260.17
机械	990611010	干混砂浆罐式搅拌机 20000L	台班	232.40	0.002	0.003	0.003	0.003	0.003

E.1.1.8 混凝土给水管道接口

E.1.1.8.1 橡胶圈接口(承插口、企口)

工作内容:选胶圈、清洗管口、套胶圈等。 **计量单位:**10 个口

定额编号					DE0210	DE0211	DE0212	DE0213	DE0214	DE0215
项目名称					混凝土给水管道橡胶圈接口(承插口、企口)					
					管径(mm)					
					ϕ200	ϕ300	ϕ400	ϕ500	ϕ600	ϕ700
费用	综合单价(元)				**285.52**	**545.13**	**881.86**	**1126.76**	**1337.25**	**1695.83**
	其中	人工费(元)			109.63	234.75	390.75	487.50	583.13	689.38
		材料费(元)			103.23	154.78	232.12	316.15	367.62	549.54
		施工机具使用费(元)			—	—	—	—	—	—
		企业管理费(元)			49.17	105.29	175.25	218.64	261.53	309.18
		利润(元)			21.85	46.79	77.88	97.16	116.22	137.39
		一般风险费(元)			1.64	3.52	5.86	7.31	8.75	10.34
	编码	名称	单位	单价(元)	消耗量					
人工	000300150	管工综合工	工日	125.00	0.877	1.878	3.126	3.900	4.665	5.515
材料	020500017	橡胶圈(给水) DN200	个	9.54	10.300	—	—	—	—	—
	020500021	橡胶圈(给水) DN300	个	14.33	—	10.300	—	—	—	—
	020500025	橡胶圈(给水) DN400	个	21.55	—	—	10.300	—	—	—
	020500029	橡胶圈(给水) DN500	个	29.41	—	—	—	10.300	—	—
	020500031	橡胶圈(给水)DN600	个	34.19	—	—	—	—	10.300	—
	020500033	橡胶圈(给水)DN700	个	51.28	—	—	—	—	—	10.300
	140701500	润滑油	kg	3.58	0.547	0.747	0.947	1.122	1.328	1.493
	002000020	其他材料费	元	—	3.01	4.51	6.76	9.21	10.71	16.01

工作内容:选胶圈、清洗管口、套胶圈等。 **计量单位:**10 个口

定额编号					DE0216	DE0217	DE0218	DE0219	DE0220	DE0221
项目名称					混凝土给水管道橡胶圈接口(承插口、企口)					
					管径(mm)					
					ϕ800	ϕ900	ϕ1000	ϕ1100	ϕ1200	ϕ1350
费用	综合单价(元)				**2131.68**	**2572.45**	**3039.17**	**3628.63**	**4147.90**	**5428.62**
	其中	人工费(元)			831.00	970.25	1114.13	1195.50	1343.75	1622.25
		材料费(元)			749.89	959.12	1186.59	1640.76	1913.51	2731.15
		施工机具使用费(元)			—	—	—	—	—	—
		企业管理费(元)			372.70	435.16	499.69	536.18	602.67	727.58
		利润(元)			165.62	193.37	222.05	238.26	267.81	323.31
		一般风险费(元)			12.47	14.55	16.71	17.93	20.16	24.33
	编码	名称	单位	单价(元)	消耗量					
人工	000300150	管工综合工	工日	125.00	6.648	7.762	8.913	9.564	10.750	12.978
材料	020500035	橡胶圈(给水)DN800	个	70.09	10.300	—	—	—	—	—
	020500037	橡胶圈(给水)DN900	个	89.74	—	10.300	—	—	—	—
	020500039	橡胶圈(给水)DN1000	个	111.11	—	—	10.300	—	—	—
	020500041	橡胶圈(给水)DN1100	个	153.85	—	—	—	10.300	—	—
	020500043	橡胶圈(给水)DN1200	个	179.49	—	—	—	—	10.300	—
	020500045	橡胶圈(给水)DN1350	个	256.41	—	—	—	—	—	10.300
	140701500	润滑油	kg	3.58	1.709	1.917	2.121	2.322	2.523	2.954
	002000020	其他材料费	元	—	21.84	27.94	34.56	47.79	55.73	79.55

工作内容:选胶圈、清洗管口、套胶圈等。　　　　**计量单位:**10个口

定额编号					DE0222	DE0223	DE0224	DE0225	DE0226	DE0227
项目名称					混凝土给水管道橡胶圈接口(承插口、企口)					
					管径(mm)					
					ϕ1500	ϕ1650	ϕ1800	ϕ2000	ϕ2200	ϕ2400
费用	综合单价(元)				**7073.49**	**8266.16**	**9047.01**	**9876.12**	**10432.91**	**11253.99**
	其中	人工费(元)			1793.00	1964.50	2106.00	2276.50	2446.50	2612.13
		材料费(元)			4092.09	4999.59	5545.15	6090.75	6364.86	6910.54
		施工机具使用费(元)			—	—	—	—	—	—
		企业管理费(元)			804.16	881.08	944.54	1021.01	1097.26	1171.54
		利润(元)			357.34	391.52	419.73	453.71	487.59	520.60
		一般风险费(元)			26.90	29.47	31.59	34.15	36.70	39.18
	编码	名称	单位	单价(元)	消耗量					
人工	000300150	管工综合工	工日	125.00	14.344	15.716	16.848	18.212	19.572	20.897
材料	020500049	橡胶圈(给水)DN1500	个	384.62	10.300	—	—	—	—	—
	020500053	橡胶圈(给水)DN1650	个	470.09	—	10.300	—	—	—	—
	020500055	橡胶圈(给水)DN1800	个	521.37	—	—	10.300	—	—	—
	020500057	橡胶圈(给水)DN2000	个	572.65	—	—	—	10.300	—	—
	020500059	橡胶圈(给水)DN2200	个	598.29	—	—	—	—	10.300	—
	020500061	橡胶圈(给水)DN2400	个	649.57	—	—	—	—	—	10.300
	140701500	润滑油	kg	3.58	3.159	3.363	3.780	4.205	4.774	5.220
	002000020	其他材料费	元	—	119.19	145.62	161.51	177.40	185.38	201.28

工作内容:选胶圈、清洗管口、套胶圈等。　　　　**计量单位:**10个口

定额编号					DE0228	DE0229	DE0230
项目名称					混凝土给水管道橡胶圈接口(承插口、企口)		
					管径(mm)		
					ϕ2600	ϕ2800	ϕ3000
费用	综合单价(元)				**11782.63**	**12728.91**	**13460.81**
	其中	人工费(元)			2656.38	2842.75	2954.75
		材料费(元)			7365.60	8001.99	8547.65
		施工机具使用费(元)			—	—	—
		企业管理费(元)			1191.38	1274.97	1325.21
		利润(元)			529.42	566.56	588.88
		一般风险费(元)			39.85	42.64	44.32
	编码	名称	单位	单价(元)	消耗量		
人工	000300150	管工综合工	工日	125.00	21.251	22.742	23.638
材料	020500063	橡胶圈(给水)DN2600	个	692.31	10.300	—	—
	020500065	橡胶圈(给水)DN2800	个	752.14	—	10.300	—
	020500067	橡胶圈(给水)DN3000	个	803.42	—	—	10.300
	140701500	润滑油	kg	3.58	5.665	6.110	6.555
	002000020	其他材料费	元	—	214.53	233.07	248.96

E.1.1.8.2　橡胶圈接口(钢承口)

工作内容:选胶圈、清洗管口、套胶圈、安衬垫、填缝等。　　**计量单位**:10个口

定额编号					DE0231	DE0232	DE0233	DE0234	DE0235
项目名称					混凝土给水管道橡胶圈接口(钢承口)				
					管径(mm)				
					ϕ1000	ϕ1100	ϕ1200	ϕ1350	ϕ1500
费用	综合单价(元)				**3471.22**	**4139.98**	**4731.47**	**6171.00**	**7954.82**
	其中	人工费(元)			1175.00	1259.25	1415.88	1709.13	1890.38
		材料费(元)			1517.42	2046.10	2377.15	3329.06	4811.50
		施工机具使用费(元)			—	—	—	—	—
		企业管理费(元)			526.99	564.77	635.02	766.54	847.83
		利润(元)			234.18	250.97	282.18	340.63	376.75
		一般风险费(元)			17.63	18.89	21.24	25.64	28.36
	编码	名称	单位	单价(元)	消耗量				
人工	000300150	管工综合工	工日	125.00	9.400	10.074	11.327	13.673	15.123
材料	020500039	橡胶圈(给水)DN1000	个	111.11	10.300	—	—	—	—
	020500041	橡胶圈(给水)DN1100	个	153.85	—	10.300	—	—	—
	020500043	橡胶圈(给水)DN1200	个	179.49	—	—	10.300	—	—
	020500045	橡胶圈(给水)DN1350	个	256.41	—	—	—	10.300	—
	020500049	橡胶圈(给水)DN1500	个	384.62	—	—	—	—	10.300
	020100420	橡胶板 12	kg	5.81	38.156	48.913	56.959	76.857	94.619
	140701500	润滑油	kg	3.58	2.121	2.322	2.523	2.954	3.159
	133501210	聚氨酯密封膏	kg	15.38	6.470	7.110	7.750	8.710	9.670
	002000020	其他材料费	元	—	44.20	59.60	69.24	96.96	140.14

工作内容:选胶圈、清洗管口、套胶圈、安衬垫、填缝等。　　**计量单位**:10个口

定额编号					DE0236	DE0237	DE0238	DE0239
项目名称					混凝土给水管道橡胶圈接口(钢承口)			
					管径(mm)			
					ϕ1650	ϕ1800	ϕ2000	ϕ2200
费用	综合单价(元)				**9326.54**	**10267.84**	**11376.35**	**12200.93**
	其中	人工费(元)			2070.13	2220.00	2398.88	2578.38
		材料费(元)			5884.33	6576.42	7387.49	7913.60
		施工机具使用费(元)			—	—	—	—
		企业管理费(元)			928.45	995.67	1075.90	1156.40
		利润(元)			412.58	442.45	478.10	513.87
		一般风险费(元)			31.05	33.30	35.98	38.68
	编码	名称	单位	单价(元)	消耗量			
人工	000300150	管工综合工	工日	125.00	16.561	17.760	19.191	20.627
材料	020500053	橡胶圈(给水)DN1650	个	470.09	10.300	—	—	—
	020500055	橡胶圈(给水)DN1800	个	521.37	—	10.300	—	—
	020500057	橡胶圈(给水)DN2000	个	572.65	—	—	10.300	—
	020500059	橡胶圈(给水)DN2200	个	598.29	—	—	—	10.300
	020100420	橡胶板 12	kg	5.81	119.705	141.647	182.648	221.369
	140701500	润滑油	kg	3.58	3.363	3.780	4.205	4.774
	133501210	聚氨酯密封膏	kg	15.38	10.630	11.590	12.860	14.140
	002000020	其他材料费	元	—	171.39	191.55	215.17	230.49

工作内容：选胶圈、清洗管口、套胶圈、安衬垫、填缝等。　　　　计量单位：10 个口

定额编号				DE0240	DE0241	DE0242	DE0243
项目名称				混凝土给水管道橡胶圈接口(钢承口)			
				管径(mm)			
				ϕ2400	ϕ2600	ϕ2800	ϕ3000
费用	综合单价(元)			**13316.60**	**14326.11**	**15485.56**	**16570.54**
	其中	人工费(元)		2756.25	2880.13	3000.63	3117.50
		材料费(元)		8733.51	9537.03	10496.12	11386.76
		施工机具使用费(元)		—	—	—	—
		企业管理费(元)		1236.18	1291.74	1345.78	1398.20
		利润(元)		549.32	574.01	598.02	621.32
		一般风险费(元)		41.34	43.20	45.01	46.76
	编码	名称	单位	单价(元)	消耗量		
人工	000300150	管工综合工	工日	125.00	22.050	23.041	24.005	24.940
材料	020500061	橡胶圈(给水)DN2400	个	649.57	10.300	—	—	—
	020500063	橡胶圈(给水)DN2600	个	692.31	—	10.300	—	—
	020500065	橡胶圈(给水)DN2800	个	752.14	—	—	10.300	—
	020500067	橡胶圈(给水)DN3000	个	803.42	—	—	—	10.300
	020100420	橡胶板 12	kg	5.81	263.808	318.645	369.185	423.442
	140701500	润滑油	kg	3.58	5.220	5.665	6.110	6.555
	133501210	聚氨酯密封膏	kg	15.38	15.420	16.700	17.980	19.260
	002000020	其他材料费	元	—	254.37	277.78	305.71	331.65

E.1.1.8.3　橡胶圈接口(双插口)

工作内容：清理管口、安放橡胶圈、安放钢制外套环等。　　　　计量单位：10 个口

定额编号					DE0244	DE0245	DE0246	DE0247	DE0248
项目名称					混凝土给水管道橡胶圈接口(双插口)				
					管径(mm)				
					ϕ1000	ϕ1100	ϕ1200	ϕ1350	ϕ1500
费用	综合单价(元)				**6847.98**	**8358.10**	**9558.94**	**12802.96**	**16037.49**
	其中	人工费(元)			1436.00	1556.00	1674.75	2475.00	2530.25
		材料费(元)			4201.00	5511.58	6514.97	8428.34	11570.99
		施工机具使用费(元)			155.88	155.88	155.88	155.88	155.88
		企业管理费(元)			713.96	767.78	821.04	1179.95	1204.73
		利润(元)			317.26	341.18	364.84	524.33	535.35
		一般风险费(元)			23.88	25.68	27.46	39.46	40.29
	编码	名称	单位	单价(元)	消耗量				
人工	000300150	管工综合工	工日	125.00	11.488	12.448	13.398	19.800	20.242
材料	020500039	橡胶圈(给水)DN1000	个	111.11	20.600	—	—	—	—
	020500041	橡胶圈(给水)DN1100	个	153.85	—	20.600	—	—	—
	020500043	橡胶圈(给水)DN1200	个	179.49	—	—	20.600	—	—
	020500045	橡胶圈(给水)DN1350	个	256.41	—	—	—	20.600	—
	020500049	橡胶圈(给水)DN1500	个	384.62	—	—	—	—	20.600
	182505310	钢板外套环 DN1000	个	123.93	10.000	—	—	—	—
	182505315	钢板外套环 DN1100	个	149.57	—	10.000	—	—	—
	182505320	钢板外套环 DN1200	个	183.76	—	—	10.000	—	—
	182505325	钢板外套环 DN1350	个	186.32	—	—	—	10.000	—
	182505335	钢板外套环 DN1500	个	205.13	—	—	—	—	10.000
	020100420	橡胶板 12	kg	5.81	76.312	97.827	113.917	153.713	189.237
	140701500	润滑油	kg	3.58	2.121	2.322	2.532	2.954	3.159
	133501210	聚氨酯密封膏	kg	15.38	6.470	7.110	7.750	8.710	9.670
	002000020	其他材料费	元	—	122.36	160.53	189.76	245.49	337.02
机械	990304004	汽车式起重机 8t	台班	705.33	0.221	0.221	0.221	0.221	0.221

工作内容:清理管口、安放橡胶圈、安放钢制外套环等。　　　　计量单位:10个口

定额编号					DE0249	DE0250	DE0251	DE0252
项目名称					混凝土给水管道橡胶圈接口(双插口)			
					管径(mm)			
					ϕ1650	ϕ1800	ϕ2000	ϕ2200
费用	综合单价(元)				**18697.12**	**20432.61**	**22588.71**	**24303.46**
	其中	人工费(元)			2584.25	2678.50	2925.88	3173.63
		材料费(元)			14140.83	15719.60	17443.26	18746.05
		施工机具使用费(元)			155.88	155.88	168.57	168.57
		企业管理费(元)			1228.95	1271.22	1387.86	1498.98
		利润(元)			546.11	564.89	616.72	666.10
		一般风险费(元)			41.10	42.52	46.42	50.13
	编码	名称	单位	单价(元)	消耗量			
人工	000300150	管工综合工	工日	125.00	20.674	21.428	23.407	25.389
材料	020500053	橡胶圈(给水)DN1650	个	470.09	20.600	—	—	—
	020500055	橡胶圈(给水)DN1800	个	521.37	—	20.600	—	—
	020500057	橡胶圈(给水)DN2000	个	572.65	—	—	20.600	—
	020500059	橡胶圈(给水)DN2200	个	598.29	—	—	—	20.600
	182505345	钢板外套环DN1650	个	247.86	10.000	—	—	—
	182505350	钢板外套环DN1800	个	268.38	—	10.000	—	—
	182505355	钢板外套环DN2000	个	280.34	—	—	10.000	—
	182505360	钢板外套环DN2200	个	306.84	—	—	—	10.000
	020100420	橡胶板12	kg	5.81	239.411	283.294	365.296	442.738
	140701500	润滑油	kg	3.58	3.363	3.780	4.205	4.774
	133501210	聚氨酯密封膏	kg	15.38	10.630	11.590	12.860	14.140
	002000020	其他材料费	元	—	411.87	457.85	508.06	546.00
机械	990304004	汽车式起重机8t	台班	705.33	0.221	0.221	0.239	0.239

工作内容:清理管口、安放橡胶圈、安放钢制外套环等。　　　　计量单位:10个口

定额编号					DE0253	DE0254	DE0255	DE0256
项目名称					混凝土给水管道橡胶圈接口(双插口)			
					管径(mm)			
					ϕ2400	ϕ2600	ϕ2800	ϕ3000
费用	综合单价(元)				**26517.65**	**28657.22**	**31177.78**	**33562.05**
	其中	人工费(元)			3431.63	3648.63	3865.25	4082.25
		材料费(元)			20531.24	22309.98	24470.34	26493.79
		施工机具使用费(元)			168.57	168.57	168.57	168.57
		企业管理费(元)			1614.69	1712.01	1809.17	1906.49
		利润(元)			717.52	760.77	803.94	847.19
		一般风险费(元)			54.00	57.26	60.51	63.76
	编码	名称	单位	单价(元)	消耗量			
人工	000300150	管工综合工	工日	125.00	27.453	29.189	30.922	32.658
材料	020500061	橡胶圈(给水)DN2400	个	649.57	20.600	—	—	—
	020500063	橡胶圈(给水)DN2600	个	692.31	—	20.600	—	—
	020500065	橡胶圈(给水)DN2800	个	752.14	—	—	20.600	—
	020500067	橡胶圈(给水)DN3000	个	803.42	—	—	—	20.600
	182505365	钢板外套环DN2400	个	323.08	10.000	—	—	—
	182505370	钢板外套环DN2600	个	341.88	—	10.000	—	—
	182505375	钢板外套环DN2800	个	367.52	—	—	10.000	—
	182505380	钢板外套环DN3000	个	393.16	—	—	—	10.000
	020100420	橡胶板12	kg	5.81	527.616	637.291	738.369	846.884
	140701500	润滑油	kg	3.58	5.220	5.665	6.110	6.555
	133501210	聚氨酯密封膏	kg	15.38	15.420	16.700	17.980	19.260
	002000020	其他材料费	元	—	598.00	649.81	712.73	771.66
机械	990304004	汽车式起重机8t	台班	705.33	0.239	0.239	0.239	0.239

E.1.1.9 管道闭水试验

工作内容：调制砂浆、砌堵、抹灰、注水、排水、拆堵、清理现场等。　　计量单位：100m

定额编号					DE0257	DE0258	DE0259	DE0260	DE0261
项目名称					管道闭水试验				
					管径(mm 以内)				
					ϕ400	ϕ600	ϕ800	ϕ1000	ϕ1200
费用	综合单价（元）				**420.04**	**731.88**	**1096.34**	**1586.31**	**2168.80**
	其中	人工费（元）			169.86	268.99	381.46	537.17	704.49
		材料费（元）			136.84	283.44	460.12	690.01	992.74
		施工机具使用费（元）			0.46	0.70	1.16	1.86	2.79
		企业管理费（元）			76.39	120.95	171.60	241.75	317.21
		利润（元）			33.94	53.75	76.26	107.43	140.96
		一般风险费（元）			2.55	4.05	5.74	8.09	10.61
	编码	名称	单位	单价(元)	消耗量				
人工	000700010	市政综合工	工日	115.00	1.477	2.339	3.317	4.671	6.126
材料	010302380	镀锌铁丝 ϕ3.5	kg	3.08	0.680	0.680	0.680	0.680	0.680
	041300010	标准砖 240×115×53	千块	422.33	0.073	0.165	0.290	0.456	0.657
	170100580	焊接钢管 *DN*40	m	9.48	0.030	0.030	0.030	0.030	0.030
	172701400	橡胶管 *D*13～50	m	14.10	1.500	1.500	1.500	1.500	1.500
	341100100	水	m^3	4.42	14.290	34.160	55.736	83.247	121.991
	850301030	干混商品抹灰砂浆 M10	t	271.84	0.010	0.024	0.039	0.063	0.090
	850301010	干混商品砌筑砂浆 M5	t	228.16	0.061	0.119	0.211	0.330	0.476
	002000020	其他材料费	元	—	2.68	5.56	9.02	13.53	19.47
机械	990611010	干混砂浆罐式搅拌机 20000L	台班	232.40	0.002	0.003	0.005	0.008	0.012

工作内容：调制砂浆、砌堵、抹灰、注水、排水、拆堵、清理现场等。　　计量单位：100m

定额编号					DE0262	DE0263	DE0264	DE0265	DE0266
项目名称					管道闭水试验				
					管径(mm 以内)				
					ϕ1350	ϕ1500	ϕ1650	ϕ1800	ϕ2000
费用	综合单价（元）				**2696.97**	**3248.36**	**4948.24**	**5864.83**	**7162.42**
	其中	人工费（元）			856.64	1025.11	1641.28	1896.12	2298.51
		材料费（元）			1265.99	1535.69	2204.05	2694.19	3318.43
		施工机具使用费（元）			3.95	4.88	9.06	10.69	13.25
		企业管理费（元）			385.97	461.95	740.18	855.20	1036.82
		利润（元）			171.51	205.28	328.91	380.03	460.73
		一般风险费（元）			12.91	15.45	24.76	28.60	34.68
	编码	名称	单位	单价(元)	消耗量				
人工	000700010	市政综合工	工日	115.00	7.449	8.914	14.272	16.488	19.987
材料	010302380	镀锌铁丝 ϕ3.5	kg	3.08	0.680	0.680	0.680	0.680	0.680
	041300010	标准砖 240×115×53	千块	422.33	0.832	1.027	1.890	2.251	2.778
	170100580	焊接钢管 *DN*40	m	9.48	0.030	0.030	0.030	0.030	0.030
	172701400	橡胶管 *D*13～50	m	14.10	1.500	1.500	1.500	1.500	1.500
	341100100	水	m^3	4.42	157.900	190.150	217.814	275.667	340.329
	850301030	干混商品抹灰砂浆 M10	t	271.84	0.114	0.141	0.170	0.202	0.250
	850301010	干混商品砌筑砂浆 M5	t	228.16	0.602	0.743	1.447	1.726	2.123
	002000020	其他材料费	元	—	24.82	30.11	43.22	52.83	65.07
机械	990611010	干混砂浆罐式搅拌机 20000L	台班	232.40	0.017	0.021	0.039	0.046	0.057

工作内容：调制砂浆、砌堵、抹灰、注水、排水、拆堵、清理现场等。　　计量单位：100m

定额编号						DE0267	DE0268	DE0269	DE0270	DE0271
项目名称						管道闭水试验				
						管径(mm 以内)				
						ϕ2200	ϕ2400	ϕ2500	ϕ2800	ϕ3000
费用	综合单价（元）					**8594.29**	**10135.49**	**11659.15**	**13352.91**	**15158.39**
	其中	人工费（元）				2741.72	3228.51	3638.60	4158.52	4712.24
		材料费（元）				4011.78	4740.08	5576.04	6400.65	7280.37
		施工机具使用费（元）				14.18	16.27	19.75	22.54	25.56
		企业管理费（元）				1236.02	1455.28	1640.77	1875.20	2124.91
		利润（元）				549.25	646.68	729.11	833.28	944.24
		一般风险费（元）				41.34	48.67	54.88	62.72	71.07
	编码	名称		单位	单价(元)	消耗量				
人工	000700010	市政综合工		工日	115.00	23.841	28.074	31.640	36.161	40.976
材料	010302380	镀锌铁丝 ϕ3.5		kg	3.08	0.680	0.680	0.680	0.680	0.680
	041300010	标准砖 240×115×53		千块	422.33	3.361	4.001	4.680	5.320	6.000
	170100580	焊接钢管 DN40		m	9.48	0.030	0.030	0.030	0.030	0.030
	172701400	橡胶管 D13～50		m	14.10	1.500	1.500	1.500	1.500	1.500
	341100100	水		m^3	4.42	412.204	490.497	574.854	667.315	766.446
	850301030	干混商品抹灰砂浆 M10		t	271.84	0.301	0.359	0.401	0.466	0.534
	850301010	干混商品砌筑砂浆 M5		t	228.16	2.570	2.929	3.580	4.070	4.590
	002000020	其他材料费		元	—	78.66	92.94	109.33	125.50	142.75
机械	990611010	干混砂浆罐式搅拌机 20000L		台班	232.40	0.061	0.070	0.085	0.097	0.110

E.1.1.10　混凝土管截断

E.1.1.10.1　有筋

工作内容：清扫管内杂物、画线、凿管、截断钢筋等操作过程。　　计量单位：10 根

定额编号						DE0272	DE0273	DE0274	DE0275	DE0276	DE0277
项目名称						混凝土管道截断(有筋)					
						管径(mm 以内)					
						ϕ300	ϕ600	ϕ800	ϕ1000	ϕ1200	ϕ1500
费用	综合单价（元）					**262.74**	**434.84**	**655.33**	**1006.79**	**1634.37**	**2611.71**
	其中	人工费（元）				158.01	261.51	394.11	605.48	982.91	1570.67
		材料费（元）				—	—	—	—	—	—
		施工机具使用费（元）				—	—	—	—	—	—
		企业管理费（元）				70.87	117.29	176.76	271.56	440.83	704.45
		利润（元）				31.49	52.12	78.55	120.67	195.89	313.03
		一般风险费（元）				2.37	3.92	5.91	9.08	14.74	23.56
	编码	名称		单位	单价(元)	消耗量					
人工	000700010	市政综合工		工日	115.00	1.374	2.274	3.427	5.265	8.547	13.658

工作内容：清扫管内杂物、画线、凿管、截断钢筋等操作过程。　　　　计量单位：10 根

定额编号					DE0278	DE0279	DE0280	DE0281	DE0282
项目名称					混凝土管道截断(有筋)				
					管径(mm 以内)				
					ϕ1650	ϕ1800	ϕ2000	ϕ2200	ϕ2400
费用	综合单价（元）				**2895.49**	**3256.71**	**3721.00**	**4327.36**	**5191.49**
	其中	人工费（元）			1741.33	1958.57	2237.79	2602.45	3122.14
		材料费（元）			—	—	—	—	—
		施工机具使用费（元）			—	—	—	—	—
		企业管理费（元）			780.99	878.42	1003.65	1167.20	1400.28
		利润（元）			347.05	390.34	445.99	518.67	622.24
		一般风险费（元）			26.12	29.38	33.57	39.04	46.83
	编码	名称	单位	单价(元)	消耗量				
人工	000700010	市政综合工	工日	115.00	15.142	17.031	19.459	22.630	27.149

E.1.1.10.2　无筋

工作内容：清扫管内杂物、画线、凿管、截断等操作过程。　　　　计量单位：10 根

定额编号					DE0283	DE0284
项目名称					混凝土管道截断(无筋)	
					管径(mm 以内)	
					ϕ300	ϕ600
费用	综合单价（元）				**187.98**	**328.14**
	其中	人工费（元）			113.05	197.34
		材料费（元）			—	—
		施工机具使用费（元）			—	—
		企业管理费（元）			50.70	88.51
		利润（元）			22.53	39.33
		一般风险费（元）			1.70	2.96
	编码	名称	单位	单价(元)	消耗量	
人工	000700010	市政综合工	工日	115.00	0.983	1.716

E.1.2 钢管(编码:040501002)

E.1.2.1 碳钢管安装

E.1.2.1.1 电弧焊

工作内容:切管、坡口、对口、调直、焊接、找坡、找正、安装等操作过程。　　**计量单位:**10m

定额编号					DE0285	DE0286	DE0287	DE0288	DE0289	DE0290
项目名称					碳钢管安装(电弧焊)					
					管外径×壁厚(mm×mm 以内)					
					57×3.5	75×4	89×4	114×4	133×4.5	159×5
费用	综合单价(元)				**81.46**	**106.17**	**125.62**	**139.60**	**161.88**	**195.08**
	其中	人工费(元)			49.88	63.88	75.75	83.00	94.75	110.88
		材料费(元)			2.07	2.99	3.42	4.14	5.53	6.96
		施工机具使用费(元)			4.60	7.40	8.62	11.02	14.29	21.87
		企业管理费(元)			13.20	16.90	20.04	21.96	25.07	29.34
		利润(元)			10.31	13.21	15.67	17.16	19.59	22.93
		一般风险费(元)			1.40	1.79	2.12	2.32	2.65	3.10
	编码	名称	单位	单价(元)	消耗量					
人工	000300150	管工综合工	工日	125.00	0.399	0.511	0.606	0.664	0.758	0.887
材料	170103750	碳钢管	m	—	(10.150)	(10.140)	(10.130)	(10.120)	(10.110)	(10.100)
	022700010	棉纱	kg	9.64	0.011	0.014	0.018	0.021	0.025	0.031
	031310610	尼龙砂轮片 ϕ100	片	1.93	0.014	0.021	0.025	0.034	0.043	0.056
	031350010	低碳钢焊条 综合	kg	4.19	0.097	0.173	0.205	0.264	0.423	0.538
	010302370	镀锌铁丝 ϕ4～2.8	kg	3.08	0.077	0.077	0.077	0.077	0.077	0.077
	143900700	氧气	m^3	3.26	0.170	0.250	0.283	0.340	0.429	0.545
	143901000	乙炔气	kg	12.01	0.059	0.083	0.094	0.113	0.143	0.182
	002000020	其他材料费	元	—	0.03	0.04	0.05	0.06	0.08	0.10
机械	990904030	直流弧焊机 20kV·A	台班	72.88	0.060	0.097	0.113	0.144	0.187	0.233
	990919030	电焊条烘干箱 600×500×750	台班	26.74	0.006	0.010	0.011	0.014	0.019	0.023
	990788020	砂轮切割机 砂轮片直径 400mm	台班	21.47	0.003	0.003	0.004	0.007	0.007	—
	990744010	半自动切割机 厚度 100mm	台班	85.51	—	—	—	—	—	0.050

工作内容:切管、坡口、对口、调直、焊接、找坡、找正、安装等操作过程。　　**计量单位:**10m

定额编号					DE0291	DE0292	DE0293	DE0294	DE0295	DE0296
项目名称					碳钢管安装(电弧焊)					
					管外径×壁厚(mm×mm 以内)					
					219×5	219×6	219×7	273×6	273×7	273×8
费用	综合单价(元)				**216.64**	**257.56**	**280.80**	**300.88**	**306.89**	**328.56**
	其中	人工费(元)			120.38	143.75	155.38	163.25	167.63	178.00
		材料费(元)			9.39	11.01	13.05	17.47	16.25	17.90
		施工机具使用费(元)			26.76	31.00	34.78	38.63	39.31	43.77
		企业管理费(元)			31.85	38.04	41.11	43.20	44.35	47.10
		利润(元)			24.89	29.73	32.13	33.76	34.66	36.81
		一般风险费(元)			3.37	4.03	4.35	4.57	4.69	4.98
	编码	名称	单位	单价(元)	消耗量					
人工	000300150	管工综合工	工日	125.00	0.963	1.150	1.243	1.306	1.341	1.424
材料	170103750	碳钢管	m	—	(10.090)	(10.090)	(10.090)	(10.080)	(10.080)	(10.080)
	012100010	角钢 综合	kg	2.78	0.127	0.127	0.127	0.127	0.127	0.127
	022700010	棉纱	kg	9.64	0.041	0.041	0.041	0.050	0.050	0.050
	031310610	尼龙砂轮片 ϕ100	片	1.93	0.076	0.091	0.106	0.116	0.120	0.136
	031350010	低碳钢焊条 综合	kg	4.19	0.776	0.919	1.070	1.355	1.580	1.806
	010302370	镀锌铁丝 ϕ4～2.8	kg	3.08	0.077	0.077	0.077	0.077	0.077	0.077
	143900700	氧气	m^3	3.26	0.670	0.805	0.990	1.805	1.114	1.202
	143901000	乙炔气	kg	12.01	0.223	0.268	0.330	0.362	0.371	0.401
	002000020	其他材料费	元	—	0.14	0.16	0.19	0.26	0.24	0.26
机械	990904030	直流弧焊机 20kV·A	台班	72.88	0.274	0.330	0.380	0.398	0.407	0.466
	990919030	电焊条烘干箱 600×500×750	台班	26.74	0.027	0.033	0.038	0.040	0.041	0.047
	990744010	半自动切割机 厚度 100mm	台班	85.51	0.071	0.071	0.071	0.100	0.100	0.100

工作内容：切管、坡口、对口、调直、焊接、找坡、找正、安装等操作过程。 计量单位：10m

定额编号					DE0297	DE0298	DE0299	DE0300	DE0301	DE0302
项目名称					碳钢管安装(电弧焊)					
					管外径×壁厚(mm×mm 以内)					
					325×7	325×8	325×9	377×8	377×9	377×10
费用	综合单价(元)				**384.19**	**427.36**	**435.84**	**442.67**	**458.74**	**497.27**
	其中	人工费(元)			182.00	203.63	205.63	209.13	215.63	239.13
		材料费(元)			19.49	20.80	20.99	21.54	27.19	29.21
		施工机具使用费(元)			91.80	101.24	106.53	107.56	108.24	109.51
		企业管理费(元)			48.16	53.88	54.41	55.33	57.05	63.27
		利润(元)			37.64	42.11	42.52	43.25	44.59	49.45
		一般风险费(元)			5.10	5.70	5.76	5.86	6.04	6.70
	编码	名称	单位	单价(元)	消耗量					
人工	000300150	管工综合工	工日	125.00	1.456	1.629	1.645	1.673	1.725	1.913
材料	170103750	碳钢管	m	—	(10.070)	(10.070)	(10.070)	(10.060)	(10.060)	(10.060)
	012100010	角钢 综合	kg	2.78	0.167	0.167	0.167	0.167	0.167	0.167
	022700010	棉纱	kg	9.64	0.058	0.058	0.058	0.079	0.079	0.079
	031310610	尼龙砂轮片 ϕ100	片	1.93	0.143	0.163	0.168	0.171	0.184	0.204
	031350010	低碳钢焊条 综合	kg	4.19	1.886	2.155	2.176	2.214	3.349	3.711
	010302370	镀锌铁丝 ϕ4～2.8	kg	3.08	0.077	0.077	0.077	0.077	0.077	0.077
	143900700	氧气	m^3	3.26	1.344	1.361	1.374	1.398	1.506	1.566
	143901000	乙炔气	kg	12.01	0.448	0.454	0.458	0.466	0.502	0.522
	002000020	其他材料费	元	—	0.29	0.31	0.31	0.32	0.40	0.43
机械	990304004	汽车式起重机 8t	台班	705.33	0.047	0.053	0.053	0.053	0.053	0.053
	990401030	载重汽车 8t	台班	474.25	0.027	0.027	0.027	0.027	0.027	0.027
	990904030	直流弧焊机 20kV·A	台班	72.88	0.489	0.558	0.628	0.637	0.646	0.663
	990919030	电焊条烘干箱 600×500×750	台班	26.74	0.049	0.056	0.063	0.064	0.065	0.066
	990744010	半自动切割机 厚度 100mm	台班	85.51	0.104	0.104	0.104	0.108	0.108	0.108

工作内容：切管、坡口、对口、调直、焊接、找坡、找正、安装等操作过程。 计量单位：10m

定额编号					DE0303	DE0304	DE0305	DE0306	DE0307	DE0308
项目名称					碳钢管安装(电弧焊)					
					管外径×壁厚(mm×mm 以内)					
					426×8	426×9	426×10	478×8	478×9	478×10
费用	综合单价(元)				**506.18**	**530.43**	**579.46**	**588.56**	**625.46**	**731.70**
	其中	人工费(元)			238.88	251.38	278.38	281.75	300.75	308.75
		材料费(元)			27.69	29.90	33.00	30.68	36.43	38.90
		施工机具使用费(元)			120.31	123.62	129.06	135.42	138.08	229.85
		企业管理费(元)			63.21	66.51	73.66	74.55	79.58	81.70
		利润(元)			49.40	51.98	57.57	58.27	62.20	63.85
		一般风险费(元)			6.69	7.04	7.79	7.89	8.42	8.65
	编码	名称	单位	单价(元)	消耗量					
人工	000300150	管工综合工	工日	125.00	1.911	2.011	2.227	2.254	2.406	2.470
材料	170103750	碳钢管	m	—	(10.050)	(10.050)	(10.050)	(10.040)	(10.040)	(10.040)
	012100010	角钢 综合	kg	2.78	0.167	0.167	0.167	0.167	0.167	0.167
	022700010	棉纱	kg	9.64	0.079	0.079	0.079	0.088	0.088	0.088
	031310610	尼龙砂轮片 ϕ100	片	1.93	0.192	0.250	0.276	0.240	0.282	0.299
	031350010	低碳钢焊条 综合	kg	4.19	3.420	3.490	3.864	3.511	3.950	4.375
	010302370	镀锌铁丝 ϕ4～2.8	kg	3.08	0.077	0.077	0.077	0.077	0.077	0.077
	143900700	氧气	m^3	3.26	1.530	1.780	1.972	1.860	2.380	2.460
	143901000	乙炔气	kg	12.01	0.510	0.590	0.657	0.620	0.790	0.820
	002000020	其他材料费	元	—	0.41	0.44	0.49	0.45	0.54	0.57
机械	990304004	汽车式起重机 8t	台班	705.33	0.062	0.062	0.062	0.071	0.071	0.071
	990401030	载重汽车 8t	台班	474.25	0.036	0.036	0.036	0.036	0.036	0.036
	990904030	直流弧焊机 20kV·A	台班	72.88	0.655	0.699	0.771	0.752	0.787	0.870
	990919030	电焊条烘干箱 600×500×750	台班	26.74	0.066	0.070	0.077	0.075	0.079	0.087
	990744010	半自动切割机 厚度 100mm	台班	85.51	0.117	0.117	0.117	0.134	0.134	1.134

工作内容：切管、坡口、对口、调直、焊接、找坡、找正、安装等操作过程。　　计量单位：10m

定额编号					DE0309	DE0310	DE0311
项目名称					碳钢管安装（电弧焊）		
					管外径×壁厚(mm×mm 以内)		
					529×9	529×10	529×12
费用	综合单价（元）				**701.09**	**719.31**	**830.24**
	其中	人工费（元）			335.50	337.63	406.38
		材料费（元）			38.18	43.16	48.88
		施工机具使用费（元）			159.87	169.91	172.03
		企业管理费（元）			88.77	89.34	107.53
		利润（元）			69.38	69.82	84.04
		一般风险费（元）			9.39	9.45	11.38
	编码	名称	单位	单价(元)	消耗量		
人工	000300150	管工综合工	工日	125.00	2.684	2.701	3.251
材料	170103750	碳钢管	m	—	(10.030)	(10.030)	(10.030)
	012100010	角钢 综合	kg	2.78	0.167	0.167	0.167
	022700010	棉纱	kg	9.64	0.097	0.097	0.097
	031310610	尼龙砂轮片 ϕ100	片	1.93	0.293	0.320	0.353
	031350010	低碳钢焊条 综合	kg	4.19	4.260	5.250	6.321
	010302370	镀锌铁丝 ϕ4～2.8	kg	3.08	0.077	0.077	0.077
	143900700	氧气	m^3	3.26	2.420	2.510	2.665
	143901000	乙炔气	kg	12.01	0.806	0.840	0.888
	002000020	其他材料费	元	—	0.56	0.64	0.72
机械	990304004	汽车式起重机 8t	台班	705.33	0.088	0.088	0.088
	990401030	载重汽车 8t	台班	474.25	0.045	0.045	0.045
	990904030	直流弧焊机 20kV·A	台班	72.88	0.840	0.973	1.001
	990919030	电焊条烘干箱 600×500×750	台班	26.74	0.084	0.097	0.100
	990744010	半自动切割机 厚度100mm	台班	85.51	0.152	0.152	0.152

E.1.2.1.2 氩电联焊

工作内容:切管、坡口、对口、调直、焊接、找坡、找正、安装等操作过程。 **计量单位**:10m

定额编号					DE0312	DE0313	DE0314	DE0315	DE0316	DE0317
项目名称					碳钢管安装(氩电联焊)					
					管外径×壁厚(mm×mm 以内)					
					57×3.5	75×4	89×4	114×4	133×4.5	159×5
费用	综合单价(元)				**97.17**	**124.54**	**146.12**	**174.66**	**188.47**	**207.02**
	其中	人工费(元)			57.38	74.25	87.50	103.00	108.75	113.88
		材料费(元)			3.58	4.34	5.03	6.26	8.21	10.13
		施工机具使用费(元)			7.55	8.87	9.89	13.97	17.19	26.14
		企业管理费(元)			15.18	19.65	23.15	27.25	28.78	30.13
		利润(元)			11.87	15.35	18.10	21.30	22.49	23.55
		一般风险费(元)			1.61	2.08	2.45	2.88	3.05	3.19
	编码	名称	单位	单价(元)	消耗量					
人工	000300150	管工综合工	工日	125.00	0.459	0.594	0.700	0.824	0.870	0.911
材料	170103750	碳钢管	m	—	(10.150)	(10.140)	(10.130)	(10.120)	(10.110)	(10.100)
	016100300	铈钨棒	g	0.36	0.198	0.208	0.247	0.313	0.373	0.447
	022700010	棉纱	kg	9.64	0.011	0.014	0.018	0.021	0.025	0.031
	031310610	尼龙砂轮片 ϕ100	片	1.93	0.014	0.021	0.025	0.034	0.043	0.056
	031360030	碳钢氩弧焊丝	kg	8.08	0.035	0.037	0.043	0.057	0.067	0.080
	031350010	低碳钢焊条 综合	kg	4.19	0.070	0.088	0.107	0.151	0.325	0.383
	010302370	镀锌铁丝 ϕ4～2.8	kg	3.08	0.077	0.077	0.077	0.077	0.077	0.077
	143900600	氩气	m^3	12.72	0.098	0.103	0.123	0.157	0.187	0.233
	143900700	氧气	m^3	3.26	0.170	0.250	0.283	0.340	0.429	0.545
	143901000	乙炔气	kg	12.01	0.059	0.083	0.094	0.113	0.143	0.182
	002000020	其他材料费	元	—	0.05	0.06	0.07	0.09	0.12	0.15
机械	990904030	直流弧焊机 20kV·A	台班	72.88	0.041	0.051	0.058	0.093	0.118	0.160
	990912010	氩弧焊机 500A	台班	93.99	0.047	0.053	0.058	0.073	0.087	0.104
	990744010	半自动切割机 厚度 100mm	台班	85.51	—	—	—	—	—	0.050
	990788010	砂轮切割机 砂轮片直径 350mm	台班	12.85	0.003	0.003	0.004	0.007	0.007	—
	990919030	电焊条烘干箱 600×500×750	台班	26.74	0.004	0.005	0.006	0.009	0.012	0.016

工作内容：切管、坡口、对口、调直、焊接、找坡、找正、安装等操作过程。　　　计量单位：10m

定额编号					DE0318	DE0319	DE0320	DE0321	DE0322	DE0323
项目名称					碳钢管安装（氩电联焊）					
					管外径×壁厚（mm×mm 以内）					
					219×5	219×6	219×7	273×6	273×7	273×8
费用	综合单价（元）				**228.84**	**271.44**	**291.31**	**312.53**	**320.98**	**343.72**
	其中	人工费（元）			121.00	145.50	157.25	162.25	166.63	177.75
		材料费（元）			13.54	15.17	13.64	20.19	21.37	23.01
		施工机具使用费（元）			33.87	38.11	41.89	49.07	49.76	54.19
		企业管理费（元）			32.02	38.50	41.61	42.93	44.09	47.03
		利润（元）			25.02	30.09	32.52	33.55	34.46	36.76
		一般风险费（元）			3.39	4.07	4.40	4.54	4.67	4.98
	编码	名称	单位	单价（元）	消耗量					
人工	000300150	管工综合工	工日	125.00	0.968	1.164	1.258	1.298	1.333	1.422
材料	170103750	碳钢管	m	—	(10.090)	(10.090)	(10.090)	(10.080)	(10.080)	(10.080)
	012100010	角钢 综合	kg	2.78	0.127	0.127	0.127	0.127	0.127	0.127
	016100300	铈钨棒	g	0.36	0.617	0.617	0.617	0.763	0.763	0.763
	022700010	棉纱	kg	9.64	0.041	0.041	0.041	0.050	0.050	0.050
	031310610	尼龙砂轮片 ϕ100	片	1.93	0.076	0.091	0.106	0.116	0.120	0.136
	031360030	碳钢氩弧焊丝	kg	8.08	0.110	0.110	0.110	0.137	0.137	0.137
	031350010	低碳钢焊条 综合	kg	4.19	0.554	0.697	0.848	1.067	1.292	1.518
	010302370	镀锌铁丝 ϕ4～2.8	kg	3.08	0.077	0.077	0.077	0.077	0.077	0.077
	143900600	氩气	m^3	12.72	0.308	0.308	0.031	0.382	0.382	0.382
	143900700	氧气	m^3	3.26	0.670	0.805	0.990	1.085	1.114	1.202
	143901000	乙炔气	kg	12.01	0.223	0.268	0.330	0.362	0.371	0.401
	002000020	其他材料费	元	—	0.20	0.22	0.20	0.30	0.32	0.34
机械	990904030	直流弧焊机 20kV·A	台班	72.88	0.190	0.246	0.296	0.316	0.325	0.384
	990912010	氩弧焊机 500A	台班	93.99	0.143	0.143	0.143	0.177	0.177	0.177
	990744010	半自动切割机 厚度 100mm	台班	85.51	0.071	0.071	0.071	0.100	0.100	0.100
	990919030	电焊条烘干箱 600×500×750	台班	26.74	0.019	0.025	0.030	0.032	0.033	0.038

工作内容：切管、坡口、对口、调直、焊接、找坡、找正、安装等操作过程。　　计量单位：10m

定额编号					DE0324	DE0325	DE0326	DE0327	DE0328	DE0329
项目名称					碳钢管安装(氩电联焊)					
					管外径×壁厚(mm×mm以内)					
					325×7	325×8	325×9	377×8	377×9	377×10
费用	综合单价(元)				**402.73**	**446.49**	**454.42**	**493.86**	**511.25**	**549.79**
	其中	人工费(元)			183.38	205.38	207.00	231.75	239.13	262.63
		材料费(元)			24.68	26.00	26.20	26.82	32.47	34.49
		施工机具使用费(元)			103.10	112.55	117.84	119.55	120.23	121.52
		企业管理费(元)			48.52	54.34	54.77	61.32	63.27	69.49
		利润(元)			37.92	42.47	42.81	47.93	49.45	54.31
		一般风险费(元)			5.13	5.75	5.80	6.49	6.70	7.35
	编码	名称	单位	单价(元)	消耗量					
人工	000300150	管工综合工	工日	125.00	1.467	1.643	1.656	1.854	1.913	2.101
材料	170103750	碳钢管	m	—	(10.070)	(10.070)	(10.070)	(10.060)	(10.060)	(10.060)
	012100010	角钢 综合	kg	2.78	0.167	0.167	0.167	0.167	0.167	0.167
	016100300	铈钨棒	g	0.36	0.787	0.787	0.787	0.808	0.808	0.808
	022700010	棉纱	kg	9.64	0.058	0.058	0.058	0.079	0.079	0.079
	031310610	尼龙砂轮片 ϕ100	片	1.93	0.143	0.163	0.168	0.171	0.184	0.204
	031360030	碳钢氩弧焊丝	kg	8.08	0.140	0.140	0.140	0.143	0.143	0.143
	031350010	低碳钢焊条 综合	kg	4.19	1.578	1.847	1.868	1.886	3.021	3.383
	010302370	镀锌铁丝 ϕ4～2.8	kg	3.08	0.077	0.077	0.077	0.077	0.077	0.077
	143900600	氩气	m^3	12.72	0.393	0.393	0.393	0.403	0.403	0.403
	143900700	氧气	m^3	3.26	1.344	1.361	1.374	1.398	1.506	1.566
	143901000	乙炔气	kg	12.01	0.448	0.454	0.458	0.466	0.502	0.522
	002000020	其他材料费	元	—	0.36	0.38	0.39	0.40	0.48	0.51
机械	990304004	汽车式起重机 8t	台班	705.33	0.047	0.053	0.053	0.053	0.053	0.053
	990401030	载重汽车 8t	台班	474.25	0.027	0.027	0.027	0.027	0.027	0.027
	990904030	直流弧焊机 20kV·A	台班	72.88	0.411	0.480	0.550	0.562	0.571	0.588
	990912010	氩弧焊机 500A	台班	93.99	0.183	0.183	0.183	0.188	0.188	0.188
	990744010	半自动切割机 厚度100mm	台班	85.51	0.104	0.104	0.104	0.108	0.108	0.108
	990919030	电焊条烘干箱 600×500×750	台班	26.74	0.041	0.048	0.055	0.056	0.057	0.059

工作内容：切管、坡口、对口、调直、焊接、找坡、找正、安装等操作过程。　　计量单位：10m

定额编号					DE0330	DE0331	DE0332	DE0333	DE0334	DE0335
项目名称					碳钢管安装(氩电联焊)					
					管外径×壁厚(mm×mm以内)					
					426×8	426×9	426×10	478×8	478×9	478×10
费用	综合单价(元)				**529.90**	**554.17**	**604.53**	**617.09**	**655.11**	**676.01**
费用	其中	人工费(元)			241.63	254.13	282.00	285.38	305.13	313.25
费用	其中	材料费(元)			33.69	35.90	39.00	37.31	43.06	45.52
费用	其中	施工机具使用费(元)			133.91	137.23	142.69	151.88	154.54	160.80
费用	其中	企业管理费(元)			63.93	67.24	74.62	75.51	80.74	82.89
费用	其中	利润(元)			49.97	52.55	58.32	59.02	63.10	64.78
费用	其中	一般风险费(元)			6.77	7.12	7.90	7.99	8.54	8.77
	编码	名称	单位	单价(元)	消耗量					
人工	000300150	管工综合工	工日	125.00	1.933	2.033	2.256	2.283	2.441	2.506
材料	170103750	碳钢管	m	—	(10.050)	(10.050)	(10.050)	(10.040)	(10.040)	(10.040)
材料	012100010	角钢 综合	kg	2.78	0.167	0.167	0.167	0.167	0.167	0.167
材料	016100300	铈钨棒	g	0.36	0.919	0.919	0.919	1.032	1.032	1.032
材料	022700010	棉纱	kg	9.64	0.079	0.079	0.079	0.088	0.088	0.088
材料	031310610	尼龙砂轮片 ϕ100	片	1.93	0.192	0.250	0.276	0.240	0.282	0.299
材料	031360030	碳钢氩弧焊丝	kg	8.08	0.163	0.163	0.163	0.183	0.183	0.183
材料	031350010	低碳钢焊条 综合	kg	4.19	3.048	3.118	3.492	3.058	3.497	3.922
材料	010302370	镀锌铁丝 ϕ4～2.8	kg	3.08	0.077	0.077	0.077	0.077	0.077	0.077
材料	143900600	氩气	m^3	12.72	0.458	0.458	0.458	0.517	0.517	0.517
材料	143900700	氧气	m^3	3.26	1.530	1.780	1.972	1.860	2.380	2.460
材料	143901000	乙炔气	kg	12.01	0.510	0.590	0.657	0.620	0.790	0.820
材料	002000020	其他材料费	元	—	0.50	0.53	0.58	0.55	0.64	0.67
机械	990304004	汽车式起重机 8t	台班	705.33	0.062	0.062	0.062	0.071	0.071	0.071
机械	990401030	载重汽车 8t	台班	474.25	0.036	0.036	0.036	0.036	0.036	0.036
机械	990904030	直流弧焊机 20kV·A	台班	72.88	0.569	0.613	0.685	0.670	0.705	0.788
机械	990912010	氩弧焊机 500A	台班	93.99	0.214	0.214	0.214	0.241	0.241	0.241
机械	990744010	半自动切割机 厚度100mm	台班	85.51	0.117	0.117	0.117	0.134	0.134	0.134
机械	990919030	电焊条烘干箱 600×500×750	台班	26.74	0.057	0.061	0.069	0.067	0.071	0.079

工作内容：切管、坡口、对口、调直、焊接、找坡、找正、安装等操作过程。　　　　计量单位：10m

定额编号					DE0336	DE0337	DE0338
项目名称					碳钢管安装（氩电联焊）		
					管外径×壁厚（mm×mm 以内）		
					529×9	529×10	529×12
费用	综合单价（元）				**734.17**	**762.31**	**864.61**
	其中	人工费（元）			340.63	349.38	412.38
		材料费（元）			45.52	50.51	56.22
		施工机具使用费（元）			177.91	187.95	190.07
		企业管理费（元）			90.13	92.44	109.11
		利润（元）			70.44	72.25	85.28
		一般风险费（元）			9.54	9.78	11.55
	编码	名称	单位	单价（元）	消耗量		
人工	000300150	管工综合工	工日	125.00	2.725	2.795	3.299
材料	170103750	碳钢管	m	—	(10.030)	(10.030)	(10.030)
	012100010	角钢 综合	kg	2.78	0.167	0.167	0.167
	016100300	铈钨棒	g	0.36	1.144	1.144	1.144
	022700010	棉纱	kg	9.64	0.097	0.097	0.097
	031310610	尼龙砂轮片 ϕ100	片	1.93	0.293	0.320	0.353
	031360030	碳钢氩弧焊丝	kg	8.08	0.203	0.203	0.203
	031350010	低碳钢焊条 综合	kg	4.19	3.760	4.750	5.821
	010302370	镀锌铁丝 ϕ4～2.8	kg	3.08	0.077	0.077	0.077
	143900600	氩气	m^3	12.72	0.572	0.572	0.572
	143900700	氧气	m^3	3.26	2.420	2.510	2.665
	143901000	乙炔气	kg	12.01	0.806	0.840	0.888
	002000020	其他材料费	元	—	0.67	0.75	0.83
机械	990304004	汽车式起重机 8t	台班	705.33	0.088	0.088	0.088
	990401030	载重汽车 8t	台班	474.25	0.045	0.045	0.045
	990904030	直流弧焊机 20kV·A	台班	72.88	0.749	0.882	0.910
	990912010	氩弧焊机 500A	台班	93.99	0.265	0.265	0.265
	990744010	半自动切割机 厚度 100mm	台班	85.51	0.152	0.152	0.152
	990919030	电焊条烘干箱 600×500×750	台班	26.74	0.075	0.088	0.091

E.1.2.2 **碳素钢板卷管安装**

工作内容:切管、坡口、对口、调直、焊接、找坡、找正、直管安装等操作过程。　　**计量单位**:10m

		定额编号			DE0339	DE0340	DE0341	DE0342	DE0343	DE0344
项目名称					碳素钢板卷管安装					
					管外径×壁厚(mm×mm 以内)					
					219×5	219×6	219×7	273×6	273×7	273×8
费用		**综合单价(元)**			**190.95**	**195.01**	**202.87**	**228.55**	**237.97**	**244.40**
	其中	人工费(元)			111.63	113.13	116.00	131.50	135.25	137.50
		材料费(元)			10.04	11.64	13.61	14.30	16.14	18.19
		施工机具使用费(元)			13.53	13.75	15.33	17.09	19.03	20.04
		企业管理费(元)			29.54	29.93	30.69	34.79	35.79	36.38
		利润(元)			23.08	23.39	23.99	27.19	27.97	28.44
		一般风险费(元)			3.13	3.17	3.25	3.68	3.79	3.85
	编码	名称	单位	单价(元)	消耗量					
人工	000300150	管工综合工	工日	125.00	0.893	0.905	0.928	1.052	1.082	1.100
材料	170103500	普碳钢板卷管	m	—	(10.390)	(10.390)	(10.390)	(10.385)	(10.385)	(10.385)
	012100010	角钢 综合	kg	2.78	0.156	0.156	0.156	0.156	0.156	0.156
	022700010	棉纱	kg	9.64	0.044	0.044	0.044	0.054	0.054	0.054
	031310610	尼龙砂轮片 ϕ100	片	1.93	0.076	0.080	0.085	0.100	0.107	0.115
	031350010	低碳钢焊条 综合	kg	4.19	0.696	0.861	1.129	1.223	1.427	1.693
	143900700	氧气	m^3	3.26	0.823	0.943	1.055	1.075	1.206	1.329
	143901000	乙炔气	kg	12.01	0.274	0.314	0.351	0.359	0.402	0.443
	002000020	其他材料费	元	—	0.15	0.17	0.20	0.21	0.24	0.27
机械	990904030	直流弧焊机 20kV·A	台班	72.88	0.179	0.182	0.203	0.226	0.252	0.265
	990919030	电焊条烘干箱 600×500×750	台班	26.74	0.018	0.018	0.020	0.023	0.025	0.027

工作内容:切管、坡口、对口、调直、焊接、找坡、找正、直管安装等操作过程。　　**计量单位**:10m

		定额编号			DE0345	DE0346	DE0347	DE0348	DE0349	DE0350
项目名称					碳素钢板卷管安装					
					管外径×壁厚(mm×mm 以内)					
					325×6	325×7	325×8	377×8	377×9	377×10
费用		**综合单价(元)**			**315.89**	**330.47**	**337.40**	**382.27**	**391.00**	**398.49**
	其中	人工费(元)			155.13	159.50	161.75	187.38	190.50	192.75
		材料费(元)			17.62	18.39	20.80	23.39	26.07	29.14
		施工机具使用费(元)			65.67	72.93	74.07	77.92	79.29	80.34
		企业管理费(元)			41.05	42.20	42.80	49.58	50.41	51.00
		利润(元)			32.08	32.98	33.45	38.75	39.40	39.86
		一般风险费(元)			4.34	4.47	4.53	5.25	5.33	5.40
	编码	名称	单位	单价(元)	消耗量					
人工	000300150	管工综合工	工日	125.00	1.241	1.276	1.294	1.499	1.524	1.542
材料	170103500	普碳钢板卷管	m	—	(10.380)	(10.380)	(10.380)	(10.374)	(10.374)	(10.374)
	012100010	角钢 综合	kg	2.78	0.156	0.156	0.156	0.156	0.156	0.156
	022700010	棉纱	kg	9.64	0.066	0.066	0.066	0.075	0.075	0.075
	031310610	尼龙砂轮片 ϕ100	片	1.93	0.110	0.127	0.137	0.169	0.184	0.193
	031350010	低碳钢焊条 综合	kg	4.19	1.580	1.702	2.020	2.346	2.715	3.190
	143900700	氧气	m^3	3.26	1.302	1.332	1.472	1.615	1.762	1.902
	143901000	乙炔气	kg	12.01	0.434	0.444	0.491	0.538	0.587	0.634
	002000020	其他材料费	元	—	0.26	0.27	0.31	0.35	0.39	0.43
机械	990304004	汽车式起重机 8t	台班	705.33	0.047	0.053	0.053	0.053	0.053	0.053
	990401030	载重汽车 8t	台班	474.25	0.027	0.027	0.027	0.027	0.027	0.027
	990904030	直流弧焊机 20kV·A	台班	72.88	0.261	0.301	0.316	0.367	0.385	0.399
	990919030	电焊条烘干箱 600×500×750	台班	26.74	0.026	0.030	0.032	0.037	0.039	0.040

工作内容：切管、坡口、对口、调直、焊接、找坡、找正、直管安装等操作过程。

计量单位：10m

定额编号					DE0351	DE0352	DE0353	DE0354	DE0355	DE0356
项目名称					碳素钢板卷管安装					
					管外径×壁厚(mm×mm 以内)					
					426×8	426×9	426×10	478×8	478×9	478×10
费用	**综合单价（元）**				**445.32**	**455.41**	**463.50**	**530.14**	**544.68**	**553.63**
费用	其中	人工费（元）			218.38	221.25	224.25	268.38	272.00	275.00
费用	其中	材料费（元）			27.55	29.91	32.31	28.39	32.52	35.61
费用	其中	施工机具使用费（元）			90.34	93.76	94.95	99.35	104.32	105.68
费用	其中	企业管理费（元）			57.78	58.54	59.34	71.01	71.97	72.77
费用	其中	利润（元）			45.16	45.75	46.37	55.50	56.25	56.87
费用	其中	一般风险费（元）			6.11	6.20	6.28	7.51	7.62	7.70
	编码	名称	单位	单价(元)	消耗量					
人工	000300150	管工综合工	工日	125.00	1.747	1.770	1.794	2.147	2.176	2.200
材料	170103500	普碳钢板卷管	m	—	(10.369)	(10.369)	(10.369)	(10.364)	(10.364)	(10.364)
材料	012100010	角钢 综合	kg	2.78	0.156	0.156	0.156	0.156	0.156	0.156
材料	022700010	棉纱	kg	9.64	0.084	0.084	0.084	0.094	0.094	0.094
材料	031310610	尼龙砂轮片 $\phi100$	片	1.93	0.191	0.209	0.218	0.203	0.246	0.257
材料	031350010	低碳钢焊条 综合	kg	4.19	2.920	3.320	3.610	2.981	3.621	4.055
材料	143900700	氧气	m^3	3.26	1.830	1.914	2.070	1.894	2.073	2.238
材料	143901000	乙炔气	kg	12.01	0.610	0.639	0.690	0.631	0.691	0.746
材料	002000020	其他材料费	元	—	0.41	0.44	0.48	0.42	0.48	0.53
机械	990304004	汽车式起重机 8t	台班	705.33	0.062	0.062	0.062	0.071	0.071	0.071
机械	990401030	载重汽车 8t	台班	474.25	0.036	0.036	0.036	0.036	0.036	0.036
机械	990904030	直流弧焊机 20kV·A	台班	72.88	0.391	0.436	0.452	0.426	0.492	0.510
机械	990919030	电焊条烘干箱 600×500×750	台班	26.74	0.039	0.044	0.045	0.043	0.049	0.051

工作内容：切管、坡口、对口、调直、焊接、找坡、找正、直管安装等操作过程。

计量单位：10m

定额编号					DE0357	DE0358	DE0359	DE0360	DE0361	DE0362
项目名称					碳素钢板卷管安装					
					管外径×壁厚(mm×mm 以内)					
					529×8	529×9	529×10	630×8	630×9	630×10
费用	**综合单价（元）**				**624.26**	**635.78**	**691.71**	**790.98**	**838.32**	**863.49**
费用	其中	人工费（元）			315.25	320.13	351.13	410.38	414.25	416.38
费用	其中	材料费（元）			32.50	34.96	38.97	38.13	45.45	50.19
费用	其中	施工机具使用费（元）			119.07	120.82	126.26	137.52	171.74	188.98
费用	其中	企业管理费（元）			83.42	84.71	92.91	108.59	109.61	110.17
费用	其中	利润（元）			65.19	66.20	72.61	84.87	85.67	86.11
费用	其中	一般风险费（元）			8.83	8.96	9.83	11.49	11.60	11.66
	编码	名称	单位	单价(元)	消耗量					
人工	000300150	管工综合工	工日	125.00	2.522	2.561	2.809	3.283	3.314	3.331
材料	170103500	普碳钢板卷管	m	—	(10.359)	(10.359)	(10.359)	(10.354)	(10.354)	(10.354)
材料	012100010	角钢 综合	kg	2.78	0.156	0.156	0.156	0.156	0.156	0.156
材料	022700010	棉纱	kg	9.64	0.103	0.103	0.103	0.125	0.125	0.125
材料	030145260	六角螺母带螺栓 M6×(30～50)	10套	2.82	—	—	—	0.038	0.038	0.038
材料	031310610	尼龙砂轮片 $\phi100$	片	1.93	0.220	0.285	0.297	0.292	0.356	0.370
材料	031350010	低碳钢焊条 综合	kg	4.19	3.610	3.905	4.525	4.360	5.448	6.186
材料	143900700	氧气	m^3	3.26	2.072	2.212	2.400	2.340	2.687	2.901
材料	143901000	乙炔气	kg	12.01	0.690	0.740	0.800	0.780	0.896	0.967
材料	002000020	其他材料费	元	—	0.48	0.52	0.58	0.56	0.67	0.74
机械	990304004	汽车式起重机 8t	台班	705.33	0.088	0.088	0.088	0.106	0.133	0.150
机械	990401030	载重汽车 8t	台班	474.25	0.045	0.045	0.045	0.045	0.045	0.054
机械	990904030	直流弧焊机 20kV·A	台班	72.88	0.472	0.495	0.567	0.548	0.749	0.762
机械	990919030	电焊条烘干箱 600×500×750	台班	26.74	0.047	0.050	0.057	0.055	0.075	0.076

工作内容：切管、坡口、对口、调直、焊接、找坡、找正、直管安装等操作过程。　　　　计量单位：10m

定额编号					DE0363	DE0364	DE0365	DE0366	DE0367	DE0368
项目名称					碳素钢板卷管安装					
					管外径×壁厚(mm×mm 以内)					
					720×8	720×9	720×10	820×9	820×10	820×12
费用	综合单价（元）				**952.18**	**974.87**	**998.50**	**1102.47**	**1131.20**	**1180.29**
	其中	人工费（元）			478.63	482.13	485.13	547.88	550.75	559.63
		材料费（元）			46.16	51.39	56.79	58.64	64.80	77.88
		施工机具使用费（元）			188.37	200.58	214.32	222.34	240.60	263.30
		企业管理费（元）			126.64	127.57	128.36	144.97	145.73	148.08
		利润（元）			98.98	99.70	100.32	113.30	113.90	115.73
		一般风险费（元）			13.40	13.50	13.58	15.34	15.42	15.67
	编码	名称	单位	单价(元)	消耗量					
人工	000300150	管工综合工	工日	125.00	3.829	3.857	3.881	4.383	4.406	4.477
材料	170103500	普碳钢板卷管	m	—	(10.349)	(10.349)	(10.349)	(10.344)	(10.344)	(10.344)
	012100010	角钢 综合	kg	2.78	0.172	0.172	0.172	0.172	0.172	0.172
	022700010	棉纱	kg	9.64	0.140	0.140	0.140	0.162	0.162	0.162
	030145260	六角螺母带螺栓 M6×(30～50)	10套	2.82	0.038	0.038	0.038	0.038	0.038	0.038
	031310610	尼龙砂轮片 ϕ100	片	1.93	0.366	0.407	0.424	0.503	0.522	0.555
	031350010	低碳钢焊条 综合	kg	4.19	5.456	6.234	7.080	7.173	8.138	10.301
	143900700	氧气	m^3	3.26	2.750	3.000	3.240	3.387	3.660	4.179
	143901000	乙炔气	kg	12.01	0.917	1.000	1.080	1.129	1.220	1.393
	002000020	其他材料费	元	—	0.68	0.76	0.84	0.87	0.96	1.15
机械	990304004	汽车式起重机 8t	台班	705.33	0.150	0.150	0.168	0.168	0.186	0.212
	990401030	载重汽车 8t	台班	474.25	0.054	0.063	0.063	0.063	0.072	0.072
	990904030	直流弧焊机 20kV·A	台班	72.88	0.754	0.859	0.873	0.979	0.996	1.054
	990919030	电焊条烘干箱 600×500×750	台班	26.74	0.075	0.086	0.087	0.098	0.100	0.105

工作内容：切管、坡口、对口、调直、焊接、找坡、找正、直管安装等操作过程。　　　　计量单位：10m

定额编号					DE0369	DE0370	DE0371	DE0372	DE0373	DE0374
项目名称					碳素钢板卷管安装					
					管外径×壁厚(mm×mm 以内)					
					920×9	920×10	920×12	1020×10	1020×12	1020×14
费用	综合单价（元）				**1229.10**	**1259.70**	**1310.44**	**1379.44**	**1465.85**	**1550.18**
	其中	人工费（元）			613.38	617.00	626.63	683.25	694.13	717.75
		材料费（元）			65.85	71.84	87.13	80.37	96.77	114.46
		施工机具使用费（元）			243.55	262.72	283.74	274.60	328.29	359.52
		企业管理费（元）			162.30	163.26	165.80	180.79	183.67	189.92
		利润（元）			126.85	127.60	129.59	141.30	143.55	148.43
		一般风险费（元）			17.17	17.28	17.55	19.13	19.44	20.10
	编码	名称	单位	单价(元)	消耗量					
人工	000300150	管工综合工	工日	125.00	4.907	4.936	5.013	5.466	5.553	5.742
材料	170103500	普碳钢板卷管	m	—	(10.339)	(10.339)	(10.339)	(10.333)	(10.333)	(10.333)
	012100010	角钢 综合	kg	2.78	0.172	0.172	0.172	0.172	0.172	0.172
	022700010	棉纱	kg	9.64	0.181	0.181	0.181	0.233	0.233	0.233
	030145260	六角螺母带螺栓 M6×(30～50)	10套	2.82	0.038	0.038	0.038	0.038	0.038	0.038
	031310610	尼龙砂轮片 ϕ100	片	1.93	0.542	0.552	0.623	0.602	0.692	0.735
	031350010	低碳钢焊条 综合	kg	4.19	8.145	9.139	11.570	10.140	12.839	15.923
	143900700	氧气	m^3	3.26	3.769	3.922	4.658	4.482	5.125	5.735
	143901000	乙炔气	kg	12.01	1.256	1.358	1.552	1.506	1.721	1.924
	002000020	其他材料费	元	—	0.97	1.06	1.29	1.19	1.43	1.69
机械	990304004	汽车式起重机 8t	台班	705.33	0.186	0.212	0.221	0.221	—	—
	990304012	汽车式起重机 12t	台班	797.85	—	—	—	—	0.239	0.257
	990401030	载重汽车 8t	台班	474.25	0.072	0.072	0.081	0.081	0.081	0.081
	990904030	直流弧焊机 20kV·A	台班	72.88	1.035	1.046	1.184	1.063	1.313	1.536
	990919030	电焊条烘干箱 600×500×750	台班	26.74	0.104	0.105	0.118	0.106	0.131	0.154

工作内容：切管、坡口、对口、调直、焊接、找坡、找正、直管安装等操作过程。

计量单位：10m

定额编号					DE0375	DE0376	DE0377	DE0378	DE0379	DE0380
项目名称					碳素钢板卷管安装					
					管外径×壁厚(mm×mm 以内)					
					1220×10	1220×12	1220×14	1420×10	1420×12	1420×14
费用	综合单价(元)				**1802.38**	**1941.04**	**2109.68**	**2252.83**	**2341.28**	**2476.93**
	其中	人工费(元)			908.50	924.00	961.38	1106.13	1117.88	1161.25
		材料费(元)			97.81	153.08	181.47	146.63	175.12	209.87
		施工机具使用费(元)			342.36	402.52	486.72	447.67	490.01	525.87
		企业管理费(元)			240.39	244.49	254.38	292.68	295.79	307.27
		利润(元)			187.88	191.08	198.81	228.75	231.18	240.15
		一般风险费(元)			25.44	25.87	26.92	30.97	31.30	32.52
	编码	名称	单位	单价(元)	消耗量					
人工	000300150	管工综合工	工日	125.00	7.268	7.392	7.691	8.849	8.943	9.290
材料	170103500	普碳钢板卷管	m	—	(10.328)	(10.328)	(10.328)	(10.323)	(10.323)	(10.323)
	012100010	角钢 综合	kg	2.78	0.306	0.306	0.306	0.306	0.306	0.306
	022700010	棉纱	kg	9.64	0.320	0.320	0.320	0.371	0.371	0.371
	030145260	六角螺母带螺栓 M6×(30～50)	10套	2.82	0.050	0.050	0.050	0.050	0.050	0.050
	031310610	尼龙砂轮片 ϕ100	片	1.93	0.690	1.045	1.175	1.043	1.163	1.336
	031350010	低碳钢焊条 综合	kg	4.19	12.830	20.469	25.427	18.856	23.846	29.628
	143900700	氧气	m^3	3.26	5.120	8.117	9.075	8.105	9.060	10.391
	143901000	乙炔气	kg	12.01	1.707	2.706	3.024	2.702	3.020	3.464
	002000020	其他材料费	元	—	1.45	2.26	2.68	2.17	2.59	3.10
机械	990304012	汽车式起重机 12t	台班	797.85	0.257	0.257	—	—	—	—
	990304016	汽车式起重机 16t	台班	898.02	—	—	0.292	0.292	0.292	0.292
	990401030	载重汽车 8t	台班	474.25	0.081	0.081	0.081	0.081	0.090	0.099
	990904030	直流弧焊机 20kV·A	台班	72.88	1.309	2.105	2.463	1.946	2.450	2.868
	990919030	电焊条烘干箱 600×500×750	台班	26.74	0.131	0.211	0.246	0.195	0.245	0.287

工作内容：切管、坡口、对口、调直、焊接、找坡、找正、直管安装等操作过程。

计量单位：10m

定额编号					DE0381	DE0382	DE0383	DE0384	DE0385	DE0386
项目名称					碳素钢板卷管安装					
					管外径×壁厚(mm×mm 以内)					
					1620×10	1620×12	1620×14	1820×12	1820×14	1820×16
费用	综合单价(元)				**2668.48**	**2763.19**	**2970.70**	**3224.93**	**3512.86**	**3641.09**
	其中	人工费(元)			1309.88	1330.38	1380.13	1565.13	1619.88	1631.63
		材料费(元)			165.89	200.39	241.46	228.12	270.59	325.62
		施工机具使用费(元)			538.56	568.03	659.88	650.06	813.42	869.00
		企业管理费(元)			346.59	352.02	365.18	414.13	428.62	431.73
		利润(元)			270.88	275.12	285.41	323.67	334.99	337.42
		一般风险费(元)			36.68	37.25	38.64	43.82	45.36	45.69
	编码	名称	单位	单价(元)	消耗量					
人工	000300150	管工综合工	工日	125.00	10.479	10.643	11.041	12.521	12.959	13.053
材料	170103500	普碳钢板卷管	m	—	(10.318)	(10.318)	(10.318)	(10.313)	(10.313)	(10.313)
	012100010	角钢 综合	kg	2.78	0.371	0.371	0.371	0.371	0.371	0.371
	022700010	棉纱	kg	9.64	0.424	0.424	0.424	0.474	0.474	0.474
	030145260	六角螺母带螺栓 M6×(30～50)	10套	2.82	0.098	0.098	0.098	0.098	0.098	0.098
	031310610	尼龙砂轮片 ϕ100	片	1.93	1.142	1.324	1.565	1.521	1.761	1.891
	031350010	低碳钢焊条 综合	kg	4.19	21.524	27.224	33.827	30.600	38.027	48.561
	143900700	氧气	m^3	3.26	9.040	10.382	12.079	12.078	13.488	14.844
	143901000	乙炔气	kg	12.01	3.013	3.461	4.027	4.026	4.497	4.948
	002000020	其他材料费	元	—	2.45	2.96	3.57	3.37	4.00	4.81
机械	990304016	汽车式起重机 16t	台班	898.02	0.345	0.345	0.398	0.398	—	—
	990304020	汽车式起重机 20t	台班	968.56	—	—	—	—	0.487	0.540
	990401030	载重汽车 8t	台班	474.25	0.099	0.099	0.116	0.116	0.134	0.134
	990904030	直流弧焊机 20kV·A	台班	72.88	2.406	2.796	3.275	3.145	3.682	3.738
	990919030	电焊条烘干箱 600×500×750	台班	26.74	0.241	0.280	0.328	0.315	0.368	0.374

工作内容：切管、坡口、对口、调直、焊接、找坡、找正、直管安装等操作过程。 计量单位：10m

定额编号					DE0387	DE0388	DE0389	DE0390	DE0391	DE0392
项目名称					碳素钢板卷管安装					
					管外径×壁厚(mm×mm 以内)					
					2020×12	2020×14	2020×16	2220×12	2220×14	2220×16
费用	**综合单价(元)**				**3693.69**	**3949.08**	**4215.61**	**4643.65**	**4985.65**	**5397.70**
	其中	人工费(元)			1793.88	1855.50	1867.88	2301.25	2389.38	2407.63
		材料费(元)			252.74	299.02	360.90	276.93	332.13	527.78
		施工机具使用费(元)			751.21	867.92	1054.01	916.22	1070.89	1259.92
		企业管理费(元)			474.66	490.97	494.24	608.91	632.23	637.06
		利润(元)			370.97	383.72	386.28	475.90	494.12	497.90
		一般风险费(元)			50.23	51.95	52.30	64.44	66.90	67.41
	编码	名称	单位	单价(元)	消耗量					
人工	000300150	管工综合工	工日	125.00	14.351	14.844	14.943	18.410	19.115	19.261
材料	170103500	普碳钢板卷管	m	—	(10.308)	(10.308)	(10.308)	(10.303)	(10.303)	(10.303)
	012100010	角钢 综合	kg	2.78	0.371	0.371	0.371	0.603	0.603	0.603
	022700010	棉纱	kg	9.64	0.529	0.529	0.529	0.680	0.680	0.680
	030145260	六角螺母带螺栓 M6×(30～50)	10套	2.82	0.098	0.098	0.098	0.131	0.131	0.131
	031310610	尼龙砂轮片 ϕ100	片	1.93	1.752	1.860	2.101	1.840	2.010	3.093
	031350010	低碳钢焊条 综合	kg	4.19	33.980	42.228	53.928	38.260	48.610	79.049
	143900700	氧气	m^3	3.26	13.333	14.824	16.404	13.820	15.280	23.983
	143901000	乙炔气	kg	12.01	4.444	4.941	5.468	4.607	5.100	7.994
	002000020	其他材料费	元	—	3.74	4.42	5.33	4.09	4.91	7.80
机械	990304020	汽车式起重机 20t	台班	968.56	0.442	0.540	0.690	0.593	0.708	0.743
	990401030	载重汽车 8t	台班	474.25	0.125	0.134	0.152	0.143	0.161	0.170
	990904030	直流弧焊机 20kV·A	台班	72.88	3.492	3.724	4.151	3.627	4.087	6.084
	990919030	电焊条烘干箱 600×500×750	台班	26.74	0.349	0.372	0.415	0.363	0.409	0.608

E.1.2.3 套管内铺设钢板卷管

工作内容：铺设工具制作、安装、焊口、直管安装、牵引推进等操作过程。

计量单位：10m

定额编号					DE0393	DE0394	DE0395	DE0396	DE0397	DE0398
项目名称					套管内铺设钢板卷管					
					管外径(mm 以内)					
					ϕ219	ϕ273	ϕ325	ϕ377	ϕ426	ϕ529
费用	综合单价（元）				**717.11**	**835.30**	**1125.04**	**1271.08**	**1407.83**	**1853.27**
	其中	人工费（元）			366.75	426.13	553.88	610.50	673.38	902.75
		材料费（元）			135.25	156.10	181.23	201.35	221.34	270.23
		施工机具使用费（元）			31.96	40.27	113.32	154.35	176.83	229.45
		企业管理费（元）			97.04	112.75	146.56	161.54	178.18	238.87
		利润（元）			75.84	88.12	114.54	126.25	139.25	186.69
		一般风险费（元）			10.27	11.93	15.51	17.09	18.85	25.28
	编码	名称	单位	单价(元)	消耗量					
人工	000300150	管工综合工	工日	125.00	2.934	3.409	4.431	4.884	5.387	7.222
材料	170103500	普碳钢板卷管	m	—	(10.400)	(10.390)	(10.380)	(10.369)	(10.359)	(10.339)
	030160110	垫圈 综合	kg	5.42	0.854	0.854	0.854	0.854	0.854	0.854
	030330110	滚轮	套	2.39	2.000	2.000	2.000	2.000	2.000	2.000
	011300050	扁钢 10×100	kg	3.26	33.080	38.750	44.210	49.510	54.810	65.620
	012100010	角钢 综合	kg	2.78	0.156	0.156	0.156	0.156	0.156	0.156
	022700010	棉纱	kg	9.64	0.044	0.054	0.066	0.075	0.084	0.103
	030124853	精制六角带帽螺栓 M16×90	套	1.13	4.000	4.000	4.000	4.000	4.000	4.000
	031310610	尼龙砂轮片 ϕ100	片	1.93	0.080	0.100	0.137	0.169	0.191	0.297
	031350010	低碳钢焊条 综合	kg	4.19	0.861	1.092	2.020	2.346	2.654	4.525
	143900700	氧气	m^3	3.26	0.943	1.075	1.472	1.615	1.753	2.400
	143901000	乙炔气	kg	12.01	0.315	0.359	0.491	0.538	0.584	0.800
	002000020	其他材料费	元	—	2.00	2.31	2.68	2.98	3.27	3.99
机械	990304004	汽车式起重机 8t	台班	705.33	—	—	0.071	0.106	0.115	0.150
	990401030	载重汽车 8t	台班	474.25	—	—	0.027	0.036	0.045	0.045
	990503020	电动卷扬机 单筒慢速 30kN	台班	186.98	0.097	0.124	0.142	0.186	0.230	0.318
	990904030	直流弧焊机 20kV·A	台班	72.88	0.183	0.226	0.316	0.367	0.415	0.567
	990919030	电焊条烘干箱 600×500×750	台班	26.74	0.018	0.023	0.032	0.037	0.042	0.057

工作内容：铺设工具制作、安装、焊口、直管安装、牵引推进等操作过程。　　　　**计量单位**：10m

定额编号					DE0399	DE0400	DE0401	DE0402	DE0403	DE0404
项目名称					套管内铺设钢板卷管					
					管外径(mm 以内)					
					ϕ630	ϕ720	ϕ820	ϕ920	ϕ1020	ϕ1220
费用	综合单价(元)				**2313.06**	**2647.87**	**3091.96**	**3482.22**	**3689.51**	**4715.95**
费用	其中	人工费(元)			1143.13	1313.50	1535.63	1724.25	1807.75	2290.88
费用	其中	材料费(元)			317.51	355.38	398.09	439.33	483.25	625.75
费用	其中	施工机具使用费(元)			281.54	323.03	391.34	457.55	495.72	655.26
费用	其中	企业管理费(元)			302.47	347.55	406.33	456.24	478.33	606.17
费用	其中	利润(元)			236.40	271.63	317.57	356.57	373.84	473.75
费用	其中	一般风险费(元)			32.01	36.78	43.00	48.28	50.62	64.14
	编码	名称	单位	单价(元)	消耗量					
人工	000300150	管工综合工	工日	125.00	9.145	10.508	12.285	13.794	14.462	18.327
材料	170103500	普碳钢板卷管	m	—	(10.328)	(10.318)	(10.308)	(10.298)	(10.287)	(10.277)
材料	030160110	垫圈 综合	kg	5.42	0.854	0.854	0.854	0.854	0.854	0.854
材料	030330110	滚轮	套	2.39	2.000	2.000	2.000	2.000	2.000	2.000
材料	011300050	扁钢 10×100	kg	3.26	76.220	85.670	96.160	106.670	117.160	138.150
材料	012100010	角钢 综合	kg	2.78	0.156	0.172	0.172	0.172	0.172	0.306
材料	022700010	棉纱	kg	9.64	0.125	0.140	0.162	0.181	0.233	0.320
材料	030124853	精制六角带帽螺栓 M16×90	套	1.13	4.000	4.000	4.000	4.000	4.000	4.000
材料	030125040	螺栓综合	10套	28.21	0.038	0.038	0.038	0.038	0.038	0.050
材料	031310610	尼龙砂轮片 ϕ100	片	1.93	0.370	0.424	0.522	0.587	0.651	1.105
材料	031350010	低碳钢焊条 综合	kg	4.19	6.186	7.080	8.138	9.139	10.140	20.469
材料	143900700	氧气	m^3	3.26	2.901	3.240	3.660	3.722	4.482	8.117
材料	143901000	乙炔气	kg	12.01	0.967	1.080	1.220	1.358	1.506	2.706
材料	002000020	其他材料费	元	—	4.69	5.25	5.88	6.49	7.14	9.25
机械	990304004	汽车式起重机 8t	台班	705.33	0.177	0.203	0.257	0.292	0.327	0.398
机械	990401030	载重汽车 8t	台班	474.25	0.045	0.045	0.054	0.063	0.072	0.081
机械	990503020	电动卷扬机 单筒慢速 30kN	台班	186.98	0.416	0.495	0.584	0.734	0.734	0.947
机械	990904030	直流弧焊机 20kV·A	台班	72.88	0.762	0.873	0.996	1.118	1.240	2.105
机械	990919030	电焊条烘干箱 600×500×750	台班	26.74	0.076	0.087	0.100	0.112	0.124	0.211

E.1.2.4 管道试压

E.1.2.4.1 液压试验

工作内容:制堵盲板、安拆打压设备、灌水加压、清理现场等操作过程。　　计量单位:100m

定额编号					DE0405	DE0406	DE0407	DE0408	DE0409	DE0410
项目名称					管道试压(液压试验)					
					公称直径(mm 以内)					
					ϕ100	ϕ200	ϕ300	ϕ400	ϕ500	ϕ600
费用	综合单价(元)				**245.34**	**379.02**	**459.95**	**617.35**	**760.56**	**936.60**
	其中	人工费(元)			133.38	205.75	243.00	312.38	380.13	451.75
		材料费(元)			36.60	59.69	84.72	136.04	177.61	242.88
		施工机具使用费(元)			8.76	10.83	10.88	12.93	12.99	16.37
		企业管理费(元)			35.29	54.44	64.30	82.65	100.58	119.53
		利润(元)			27.58	42.55	50.25	64.60	78.61	93.42
		一般风险费(元)			3.73	5.76	6.80	8.75	10.64	12.65
	编码	名称	单位	单价(元)	消耗量					
人工	000300150	管工综合工	工日	125.00	1.067	1.646	1.944	2.499	3.041	3.614
材料	012900084	钢板 δ=4.5～10	kg	3.43	0.817	2.460	3.873	4.737	6.020	6.930
	020101650	石棉橡胶板 高压 δ=1～6	kg	16.38	0.600	0.897	0.950	2.100	2.100	2.100
	030105450	六角螺栓带螺母 综合	kg	5.43	0.150	0.240	0.380	0.670	1.110	1.560
	031350010	低碳钢焊条 综合	kg	4.19	0.300	0.300	0.300	0.480	0.600	1.090
	143900700	氧气	m^3	3.26	0.264	0.385	0.385	0.517	0.649	0.781
	143901000	乙炔气	kg	12.01	0.088	0.128	0.128	0.172	0.216	0.260
	170300500	镀锌钢管 *DN*50	m	14.80	1.020	1.020	1.020	1.020	1.020	2.040
	190001780	法兰阀门 *DN*50	个	72.65	0.007	0.007	0.007	0.007	0.007	0.013
	200103200	平焊法兰 1.6MPa *DN*50	片	15.52	0.013	0.013	0.013	0.013	0.013	0.026
	341100100	水	m^3	4.42	0.823	3.286	7.400	13.162	20.562	29.610
	002000020	其他材料费	元	—	0.54	0.88	1.25	2.01	2.62	3.59
机械	990727010	立式钻床 钻孔直径 25mm	台班	6.66	0.018	0.027	0.035	0.044	0.053	0.053
	990813030	试压泵 压力 25MPa	台班	22.57	0.088	0.177	0.177	0.265	0.265	0.265
	990904030	直流弧焊机 20kV·A	台班	72.88	0.088	0.088	0.088	0.088	0.088	0.133
	990919030	电焊条烘干箱 600×500×750	台班	26.74	0.009	0.009	0.009	0.009	0.009	0.013

工作内容:制堵盲板、安拆打压设备、灌水加压、清理现场等操作过程。　　　　**计量单位:**100m

定额编号					DE0411	DE0412	DE0413	DE0414	DE0415	DE0416
项目名称					管道试压(液压试验)					
					公称直径(mm以内)					
					ϕ800	ϕ1000	ϕ1200	ϕ1400	ϕ1600	ϕ1800
费用	综合单价(元)				**1332.72**	**1673.73**	**2065.56**	**2498.51**	**3009.43**	**3576.01**
费用	其中	人工费(元)			624.25	732.38	843.75	978.00	1135.63	1317.50
费用	其中	材料费(元)			380.29	523.95	739.10	961.11	1216.27	1498.69
费用	其中	施工机具使用费(元)			16.43	51.64	61.33	70.99	90.39	101.86
费用	其中	企业管理费(元)			165.18	193.79	223.26	258.78	300.49	348.61
费用	其中	利润(元)			129.09	151.46	174.49	202.25	234.85	272.46
费用	其中	一般风险费(元)			17.48	20.51	23.63	27.38	31.80	36.89
	编码	名称	单位	单价(元)	消耗量					
人工	000300150	管工综合工	工日	125.00	4.994	5.859	6.750	7.824	9.085	10.540
材料	012901680	热轧厚钢板 $\delta=10\sim20$	kg	3.08	8.793	10.470	12.560	14.653	16.747	—
材料	012900055	钢板 $\delta=21\sim30$	kg	3.08	—	—	—	—	—	18.840
材料	020101650	石棉橡胶板 高压 $\delta=1\sim6$	kg	16.38	3.700	3.700	4.900	6.100	7.300	8.500
材料	030105450	六角螺栓带螺母 综合	kg	5.43	1.770	2.050	2.340	2.630	2.920	3.210
材料	031350010	低碳钢焊条 综合	kg	4.19	1.340	1.850	2.000	2.040	2.920	3.280
材料	143900700	氧气	m^3	3.26	1.045	1.300	1.562	1.815	2.080	2.343
材料	143901000	乙炔气	kg	12.01	0.348	0.433	0.521	0.605	0.693	0.781
材料	170300500	镀锌钢管 $DN50$	m	14.80	2.040	2.040	—	—	—	—
材料	170300600	镀锌钢管 $DN80$	m	24.35	—	—	2.040	2.040	2.040	2.040
材料	190001780	法兰阀门 $DN50$	个	72.65	0.013	0.013	—	—	—	—
材料	190001790	法兰阀门 $DN80$	个	239.32	—	—	0.013	0.013	0.013	0.013
材料	200103200	平焊法兰 1.6MPa $DN50$	片	15.52	0.026	0.026	—	—	—	—
材料	200103310	平焊法兰 1.6MPa $DN80$	片	23.28	—	—	0.026	0.026	0.026	0.026
材料	341100100	水	m^3	4.42	52.632	82.238	118.419	161.190	210.533	266.448
材料	002000020	其他材料费	元	—	5.62	7.74	10.92	14.20	17.97	22.15
机械	990304004	汽车式起重机 8t	台班	705.33	—	0.044	0.053	0.062	—	—
机械	990304016	汽车式起重机 16t	台班	898.02	—	—	—	—	0.062	0.071
机械	990727010	立式钻床 钻孔直径 25mm	台班	6.66	0.062	0.088	0.088	0.088	0.106	0.106
机械	990813030	试压泵 压力 25MPa	台班	22.57	0.265	0.442	0.442	0.442	0.619	0.619
机械	990904030	直流弧焊机 20kV·A	台班	72.88	0.133	0.133	0.177	0.221	0.265	0.310
机械	990919030	电焊条烘干箱 600×500×750	台班	26.74	0.013	0.013	0.018	0.022	0.027	0.031

工作内容：制堵盲板、安拆打压设备、灌水加压、清理现场等操作过程。

计量单位：100m

定额编号					DE0417	DE0418	DE0419	DE0420	DE0421	DE0422
项目名称					管道试压(液压试验)					
					公称直径(mm 以内)					
					ϕ2000	ϕ2200	ϕ2400	ϕ2600	ϕ2800	ϕ3000
费用	综合单价(元)				**4218.51**	**4965.14**	**5780.62**	**6702.56**	**7735.47**	**8889.60**
	其中	人工费(元)			1530.25	1773.38	2059.38	2396.25	2787.75	3242.75
		材料费(元)			1810.62	2179.18	2551.43	2952.41	3382.86	3842.71
		施工机具使用费(元)			113.43	126.96	141.36	157.21	172.65	184.71
		企业管理费(元)			404.90	469.24	544.91	634.05	737.64	858.03
		利润(元)			316.46	366.73	425.88	495.54	576.51	670.60
		一般风险费(元)			42.85	49.65	57.66	67.10	78.06	90.80
	编码	名称	单位	单价(元)	消耗量					
人工	000300150	管工综合工	工日	125.00	12.242	14.187	16.475	19.170	22.302	25.942
材料	012900055	钢板 δ=21～30	kg	3.08	20.930	23.030	25.120	27.210	29.310	31.400
	020101650	石棉橡胶板 高压 δ=1～6	kg	16.38	9.700	11.000	12.100	13.300	14.500	15.700
	030105450	六角螺栓带螺母 综合	kg	5.43	3.500	3.700	4.080	4.370	4.660	4.950
	031350010	低碳钢焊条 综合	kg	4.19	3.650	4.400	5.370	5.810	6.255	6.700
	143900700	氧气	m^3	3.26	2.596	2.860	3.124	3.377	3.652	3.905
	143901000	乙炔气	kg	12.01	0.865	0.953	1.041	1.126	1.217	1.302
	170300600	镀锌钢管 *DN*80	m	24.35	2.040	—	—	—	—	—
	170300700	镀锌钢管 *DN*100	m	35.53	—	2.040	2.040	2.040	2.040	2.040
	190001790	法兰阀门 *DN*80	个	239.32	0.013	—	—	—	—	—
	190001800	法兰阀门 *DN*100	个	307.69	—	0.013	0.013	0.013	0.013	0.013
	200103310	平焊法兰 1.6MPa *DN*80	片	23.28	0.026	—	—	—	—	—
	200103400	平焊法兰 1.6MPa *DN*100	片	31.04	—	0.026	0.026	0.026	0.026	0.026
	341100100	水	m^3	4.42	328.952	398.029	473.648	555.933	644.743	740.143
	002000020	其他材料费	元	—	26.76	32.20	37.71	43.63	49.99	56.79
机械	990304016	汽车式起重机 16t	台班	898.02	0.080	0.088	0.097	—	—	—
	990304020	汽车式起重机 20t	台班	968.56	—	—	—	0.106	0.115	0.124
	990727010	立式钻床 钻孔直径 25mm	台班	6.66	0.133	0.133	0.133	0.177	0.177	0.177
	990813030	试压泵 压力 25MPa	台班	22.57	0.619	0.752	0.885	0.885	0.885	0.885
	990904030	直流弧焊机 20kV·A	台班	72.88	0.354	0.398	0.442	0.442	0.531	0.575
	990919030	电焊条烘干箱 600×500×750	台班	26.74	0.035	0.040	0.044	0.044	0.053	0.058

E.1.2.4.2　气压试验

工作内容：准备工具、材料，装、拆临时管线，制、安盲堵板，充气加压，找漏，清理现场等操作过程。　　**计量单位：**100m

定额编号					DE0423	DE0424	DE0425	DE0426	DE0427	DE0428
项目名称					管道试压（气压试验）					
					公称直径（mm 以内）					
					ϕ50	ϕ100	ϕ150	ϕ200	ϕ300	ϕ400
费用	综合单价（元）				**282.86**	**329.65**	**373.18**	**410.46**	**488.11**	**680.08**
	其中	人工费（元）			142.75	169.13	188.88	207.75	248.25	327.38
		材料费（元）			51.13	55.57	63.57	70.55	81.52	139.04
		施工机具使用费（元）			17.69	20.48	26.40	28.41	34.36	50.17
		企业管理费（元）			37.77	44.75	49.98	54.97	65.69	86.62
		利润（元）			29.52	34.98	39.06	42.96	51.34	67.70
		一般风险费（元）			4.00	4.74	5.29	5.82	6.95	9.17
	编码	名称	单位	单价（元）	消耗量					
人工	000300150	管工综合工	工日	125.00	1.142	1.353	1.511	1.662	1.986	2.619
材料	012900950	热轧薄钢板 δ=3.5～4.0	kg	3.42	0.050	0.270	1.340	2.000	4.660	13.000
	031310610	尼龙砂轮片 ϕ100	片	1.93	0.008	0.013	0.023	0.030	0.045	0.075
	031350010	低碳钢焊条 综合	kg	4.19	0.040	0.090	0.520	0.700	1.050	2.710
	143900700	氧气	m^3	3.26	0.040	0.070	0.180	0.270	0.300	0.570
	143901000	乙炔气	kg	12.01	0.013	0.023	0.060	0.090	0.100	0.190
	020101600	石棉橡胶板 中压 δ=0.8～6	kg	15.98	0.400	0.600	0.700	0.900	0.900	2.100
	170700900	热轧无缝钢管 $D22\times2.5$	m	5.64	1.500	1.500	1.500	1.500	1.500	1.500
	180309650	镀锌三通 $DN20$	个	2.14	0.400	0.400	0.400	0.400	0.400	0.400
	192300010	螺纹旋塞阀 X13T−10 $DN15$	个	13.25	0.200	0.200	0.200	0.200	0.200	0.200
	192300100	螺纹旋塞阀 X13T−10 $DN50$	个	102.56	0.200	0.200	0.200	0.200	0.200	0.200
	240900500	温度计 0～120℃	支	13.25	0.200	0.200	0.200	0.200	0.200	0.200
	241101320	压力表 0～16MPa $DN50$	块	41.03	0.200	0.200	0.200	0.200	0.200	0.200
	002000020	其他材料费	元	—	0.76	0.82	0.94	1.04	1.20	2.05
机械	990727010	立式钻床 钻孔直径 25mm	台班	6.66	0.009	0.018	0.022	0.027	0.035	0.044
	990904030	直流弧焊机 20kV·A	台班	72.88	0.007	0.018	0.071	0.097	0.150	0.336
	991003050	电动空气压缩机 $6m^3/min$	台班	211.03	0.081	0.090	0.099	0.099	0.108	0.116
	990919030	电焊条烘干箱 600×500×750	台班	26.74	0.001	0.002	0.007	0.010	0.015	0.034

工作内容：准备工具、材料，装、拆临时管线，制、安盲堵板，充气加压，找漏，清理现场等操作过程。 计量单位：100m

定额编号					DE0429	DE0430	DE0431	DE0432	DE0433	DE0434
项目名称					管道试压(气压试验)					
					公称直径(mm 以内)					
					ϕ500	ϕ600	ϕ700	ϕ800	ϕ900	ϕ1000
费用	综合单价(元)				**798.46**	**912.93**	**1027.80**	**1192.84**	**1342.82**	**1457.47**
	其中	人工费(元)			365.88	410.75	442.50	474.88	520.38	565.00
		材料费(元)			183.02	220.29	277.62	382.12	453.19	490.96
		施工机具使用费(元)			66.85	76.77	86.69	98.69	109.38	119.35
		企业管理费(元)			96.81	108.68	117.09	125.65	137.69	149.50
		利润(元)			75.66	84.94	91.51	98.20	107.61	116.84
		一般风险费(元)			10.24	11.50	12.39	13.30	14.57	15.82
	编码	名称	单位	单价(元)	消耗量					
人工	000300150	管工综合工	工日	125.00	2.927	3.286	3.540	3.799	4.163	4.520
材料	012900090	钢板 δ=10	kg	3.43	23.300	32.620	44.270	66.570	85.200	94.530
	031310610	尼龙砂轮片 ϕ100	片	1.93	0.110	0.133	0.155	0.198	0.220	0.245
	031350010	低碳钢焊条 综合	kg	4.19	4.320	5.180	6.050	8.930	10.040	11.160
	143900700	氧气	m^3	3.26	0.710	0.860	0.880	1.090	1.280	1.340
	143901000	乙炔气	kg	12.01	0.240	0.290	0.290	0.360	0.427	0.450
	020101600	石棉橡胶板 中压 δ=0.8～6	kg	15.98	2.100	2.100	2.900	3.700	3.700	3.700
	170700900	热轧无缝钢管 $D22\times2.5$	m	5.64	1.500	1.500	1.500	1.500	1.500	1.500
	180309650	镀锌三通 $DN20$	个	2.14	0.400	0.400	0.400	0.400	0.400	0.400
	192300010	螺纹旋塞阀 X13T－10 $DN15$	个	13.25	0.200	0.200	0.200	0.200	0.200	0.200
	192300100	螺纹旋塞阀 X13T－10 $DN50$	个	102.56	0.200	0.200	0.200	0.200	0.200	0.200
	240900500	温度计 0～120℃	支	13.25	0.200	0.200	0.200	0.200	0.200	0.200
	241101320	压力表 0～16MPa $DN50$	块	41.03	0.200	0.200	0.200	0.200	0.200	0.200
	002000020	其他材料费	元	—	2.70	3.26	4.10	5.65	6.70	7.26
机械	990727010	立式钻床 钻孔直径 25mm	台班	6.66	0.053	0.053	0.058	0.062	0.080	0.088
	990904030	直流弧焊机 20kV·A	台班	72.88	0.531	0.637	0.743	0.876	0.991	1.097
	991003050	电动空气压缩机 $6m^3/min$	台班	211.03	0.125	0.134	0.143	0.152	0.161	0.170
	990919030	电焊条烘干箱 600×500×750	台班	26.74	0.053	0.064	0.074	0.088	0.099	0.110

工作内容：准备工具、材料，装、拆临时管线，制、安盲堵板，充气加压，找漏，清理现场等操作过程。　　**计量单位**：100m

		定额编号			DE0435	DE0436	DE0437	DE0438	DE0439	DE0440
		项目名称			管道试压（气压试验）					
					公称直径（mm 以内）					
					ϕ1200	ϕ1400	ϕ1600	ϕ1800	ϕ2000	ϕ2200
费用		**综合单价（元）**			**1859.64**	**2113.46**	**2259.29**	**2697.11**	**3001.27**	**3442.46**
	其中	人工费（元）			743.25	872.75	936.38	1071.75	1134.88	1269.75
		材料费（元）			622.31	682.56	717.87	903.36	1076.75	1277.41
		施工机具使用费（元）			122.91	122.30	137.42	186.76	222.88	261.19
		企业管理费（元）			196.66	230.93	247.76	283.59	300.29	335.98
		利润（元）			153.70	180.48	193.64	221.64	234.69	262.58
		一般风险费（元）			20.81	24.44	26.22	30.01	31.78	35.55
	编码	名称	单位	单价（元）	消耗量					
人工	000300150	管工综合工	工日	125.00	5.946	6.982	7.491	8.574	9.079	10.158
材料	012900090	钢板 δ=10	kg	3.43	123.090	—	—	—	—	—
	012900045	钢板 δ=12～20	kg	3.08	—	150.450	160.770	203.470	251.200	303.950
	031310610	尼龙砂轮片 ϕ100	片	1.93	0.295	—	—	—	—	—
	031350010	低碳钢焊条 综合	kg	4.19	13.390	13.899	14.295	19.853	22.035	26.796
	143900700	氧气	m^3	3.26	1.730	2.130	2.320	2.730	3.040	3.350
	143901000	乙炔气	kg	12.01	0.580	0.710	0.770	0.910	1.010	1.120
	020101600	石棉橡胶板 中压 δ=0.8～6	kg	15.98	4.900	5.760	5.760	7.320	8.100	8.910
	170700900	热轧无缝钢管 $D22\times2.5$	m	5.64	1.500	1.500	1.500	1.500	1.500	1.500
	180309650	镀锌三通 $DN20$	个	2.14	0.400	0.400	0.400	0.400	0.400	0.400
	192300010	螺纹旋塞阀 X13T－10 $DN15$	个	13.25	0.200	0.200	0.200	0.200	0.200	0.200
	192300100	螺纹旋塞阀 X13T－10 $DN50$	个	102.56	0.200	0.200	0.200	0.200	0.200	0.200
	240900500	温度计 0～120℃	支	13.25	0.200	0.200	0.200	0.200	0.200	0.200
	241101320	压力表 0～16MPa $DN50$	块	41.03	0.200	0.200	0.200	0.200	0.200	0.200
	002000020	其他材料费	元	—	9.20	10.09	10.61	13.35	15.91	18.88
机械	990727010	立式钻床 钻孔直径 25mm	台班	6.66	0.088	0.086	0.106	0.106	0.106	0.133
	990904030	直流弧焊机 20kV·A	台班	72.88	1.119	1.135	1.165	1.602	1.777	2.152
	991003050	电动空气压缩机 $6m^3/min$	台班	211.03	0.179	—	—	—	—	—
	991003070	电动空气压缩机 $10m^3/min$	台班	363.27	—	0.099	0.134	0.179	0.242	0.269
	990919030	电焊条烘干箱 600×500×750	台班	26.74	0.112	0.114	0.117	0.160	0.178	0.215

工作内容：准备工具、材料，装、拆临时管线，制、安盲堵板，充气加压，找漏，清理现场等操作过程。 计量单位：100m

定额编号					DE0441	DE0442	DE0443	DE0444
项目名称					管道试压(气压试验)			
					公称直径(mm 以内)			
					ϕ2400	ϕ2600	ϕ2800	ϕ3000
费用	综合单价(元)				**3874.22**	**4323.16**	**4837.52**	**5354.89**
	其中	人工费(元)			1397.63	1524.38	1658.13	1784.88
		材料费(元)			1486.41	1714.52	1976.98	2252.69
		施工机具使用费(元)			292.21	322.99	374.34	425.95
		企业管理费(元)			369.81	403.35	438.74	472.28
		利润(元)			289.03	315.24	342.90	369.11
		一般风险费(元)			39.13	42.68	46.43	49.98
	编码	名称	单位	单价(元)	消耗量			
人工	000300150	管工综合工	工日	125.00	11.181	12.195	13.265	14.279
材料	012900045	钢板 δ=12～20	kg	3.08	361.730	424.530	492.350	562.970
	031350010	低碳钢焊条 综合	kg	4.19	29.209	31.623	37.465	43.190
	143900700	氧气	m^3	3.26	3.650	3.950	4.260	4.560
	143901000	乙炔气	kg	12.01	1.220	1.320	1.420	1.520
	020101600	石棉橡胶板 中压 δ=0.8～6	kg	15.98	9.890	11.080	12.520	14.270
	170700900	热轧无缝钢管 D22×2.5	m	5.64	1.500	1.500	1.500	1.500
	180309650	镀锌三通 DN20	个	2.14	0.400	0.400	0.400	0.400
	192300010	螺纹旋塞阀 X13T－10 DN15	个	13.25	0.200	0.200	0.200	0.200
	192300100	螺纹旋塞阀 X13T－10 DN50	个	102.56	0.200	0.200	0.200	0.200
	240900500	温度计 0～120℃	支	13.25	0.200	0.200	0.200	0.200
	241101320	压力表 0～16MPa DN50	块	41.03	0.200	0.200	0.200	0.200
	002000020	其他材料费	元	—	21.97	25.34	29.22	33.29
机械	990727010	立式钻床 钻孔直径 25mm	台班	6.66	0.133	0.133	0.133	0.133
	990904030	直流弧焊机 20kV·A	台班	72.88	2.346	2.542	3.005	3.472
	991003070	电动空气压缩机 10m^3/min	台班	363.27	0.314	0.358	0.403	0.448
	990919030	电焊条烘干箱 600×500×750	台班	26.74	0.235	0.254	0.301	0.347

E.1.2.4.3　气密性试验

工作内容：准备工具、材料，装、拆临时管线，制、安盲（堵）板，充气试验，清理现场等操作过程。　　**计量单位：**100m

定额编号					DE0445	DE0446	DE0447	DE0448	DE0449	DE0450
项目名称					管道气密性试验					
					公称直径（mm以内）					
					ϕ50	ϕ100	ϕ150	ϕ200	ϕ300	ϕ400
费用	综合单价（元）				**453.26**	**532.67**	**601.55**	**665.45**	**793.74**	**1085.31**
	其中	人工费（元）			258.63	306.75	343.38	380.00	454.25	599.75
		材料费（元）			47.79	52.24	60.29	67.27	78.28	135.88
		施工机具使用费（元）			17.69	20.48	26.40	28.41	34.36	50.17
		企业管理费（元）			68.43	81.17	90.86	100.55	120.19	158.69
		利润（元）			53.48	63.44	71.01	78.58	93.94	124.03
		一般风险费（元）			7.24	8.59	9.61	10.64	12.72	16.79
	编码	名称	单位	单价（元）	消耗量					
人工	000300150	管工综合工	工日	125.00	2.069	2.454	2.747	3.040	3.634	4.798
材料	012900079	钢板 δ=4	kg	3.43	0.050	0.270	1.340	2.000	4.660	13.000
	240900500	温度计 0～120℃	支	13.25	0.200	0.200	0.200	0.200	0.200	0.200
	241101320	压力表 0～16MPa *DN*50	块	41.03	0.200	0.200	0.200	0.200	0.200	0.200
	031310610	尼龙砂轮片 ϕ100	片	1.93	0.008	0.013	0.023	0.030	0.045	0.075
	031350010	低碳钢焊条 综合	kg	4.19	0.040	0.090	0.520	0.700	1.050	2.710
	143900700	氧气	m^3	3.26	0.040	0.070	0.180	0.270	0.300	0.570
	143901000	乙炔气	kg	12.01	0.010	0.020	0.060	0.090	0.100	0.190
	020101600	石棉橡胶板 中压 δ=0.8～6	kg	15.98	0.400	0.600	0.700	0.900	0.900	2.100
	170700900	热轧无缝钢管 *D*22×2.5	m	5.64	1.000	1.000	1.000	1.000	1.000	1.000
	180309650	镀锌三通 *DN*20	个	2.14	0.200	0.200	0.200	0.200	0.200	0.200
	192300010	螺纹旋塞阀 X13T－10 *DN*15	个	13.25	0.200	0.200	0.200	0.200	0.200	0.200
	192300100	螺纹旋塞阀 X13T－10 *DN*50	个	102.56	0.200	0.200	0.200	0.200	0.200	0.200
	002000020	其他材料费	元	—	0.71	0.77	0.89	0.99	1.16	2.01
机械	990727010	立式钻床 钻孔直径 25mm	台班	6.66	0.009	0.018	0.022	0.027	0.035	0.044
	990904030	直流弧焊机 20kV·A	台班	72.88	0.007	0.018	0.071	0.097	0.150	0.336
	991003050	电动空气压缩机 6m^3/min	台班	211.03	0.081	0.090	0.099	0.099	0.108	0.116
	990919030	电焊条烘干箱 600×500×750	台班	26.74	0.001	0.002	0.007	0.010	0.015	0.034

工作内容：准备工具、材料，装、拆临时管线，制、安盲(堵)板，充气试验，清理现场等操作过程。　　计量单位：100m

定额编号					DE0451	DE0452	DE0453	DE0454
项目名称					管道气密性试验			
					公称直径(mm 以内)			
					ϕ500	ϕ600	ϕ700	ϕ800
费用	综合单价(元)				**1254.18**	**1433.36**	**1604.57**	**1838.59**
	其中	人工费(元)			672.00	750.75	829.38	907.75
		材料费(元)			179.73	230.91	274.32	378.82
		施工机具使用费(元)			66.85	76.77	86.69	98.69
		企业管理费(元)			177.81	198.65	219.45	240.19
		利润(元)			138.97	155.26	171.51	187.72
		一般风险费(元)			18.82	21.02	23.22	25.42
	编码	名称	单位	单价(元)	消耗量			
人工	000300150	管工综合工	工日	125.00	5.376	6.006	6.635	7.262
材料	012900090	钢板 $\delta=10$	kg	3.43	23.300	36.620	44.270	66.570
	031310610	尼龙砂轮片 ϕ100	片	1.93	0.110	0.133	0.155	0.198
	031350010	低碳钢焊条 综合	kg	4.19	4.320	5.180	6.050	8.930
	143900700	氧气	m^3	3.26	0.710	0.860	0.880	1.090
	143901000	乙炔气	kg	12.01	0.240	0.290	0.290	0.360
	020101600	石棉橡胶板 中压 $\delta=0.8\sim6$	kg	15.98	2.100	2.100	2.900	3.700
	170700900	热轧无缝钢管 $D22\times2.5$	m	5.64	1.000	1.000	1.000	1.000
	180309650	镀锌三通 $DN20$	个	2.14	0.200	0.200	0.200	0.200
	192300010	螺纹旋塞阀 X13T－10 $DN15$	个	13.25	0.200	0.200	0.200	0.200
	192300100	螺纹旋塞阀 X13T－10 $DN50$	个	102.56	0.200	0.200	0.200	0.200
	240900500	温度计 0～120℃	支	13.25	0.200	0.200	0.200	0.200
	241101320	压力表 0～16MPa $DN50$	块	41.03	0.200	0.200	0.200	0.200
	002000020	其他材料费	元	—	2.66	3.41	4.05	5.60
机械	990727010	立式钻床 钻孔直径 25mm	台班	6.66	0.053	0.053	0.058	0.062
	990904030	直流弧焊机 20kV·A	台班	72.88	0.531	0.637	0.743	0.876
	991003050	电动空气压缩机 $6m^3/min$	台班	211.03	0.125	0.134	0.143	0.152
	990919030	电焊条烘干箱 $600\times500\times750$	台班	26.74	0.053	0.064	0.074	0.088

工作内容：准备工具、材料，装、拆临时管线，制、安盲（堵）板，充气试验，清理现场等操作过程。　　计量单位：100m

		定额编号			DE0455	DE0456	DE0457
项目名称					管道气密性试验		
					公称直径（mm 以内）		
					ϕ900	ϕ1000	ϕ1200
费用	综合单价（元）				**2037.29**	**2202.20**	**2468.73**
	其中	人工费（元）			985.88	1063.88	1141.63
		材料费（元）			449.69	487.67	619.02
		施工机具使用费（元）			109.38	119.35	137.95
		企业管理费（元）			260.86	281.50	302.07
		利润（元）			203.88	220.01	236.09
		一般风险费（元）			27.60	29.79	31.97
	编码	名称	单位	单价（元）	消耗量		
人工	000300150	管工综合工	工日	125.00	7.887	8.511	9.133
材料	012900090	钢板 δ=10	kg	3.43	85.200	94.530	123.090
	031310610	尼龙砂轮片 ϕ100	片	1.93	0.220	0.245	0.295
	031350010	低碳钢焊条 综合	kg	4.19	10.040	11.160	13.390
	143900700	氧气	m^3	3.26	1.280	1.340	1.730
	143901000	乙炔气	kg	12.01	0.410	0.450	0.580
	020101600	石棉橡胶板 中压 δ=0.8～6	kg	15.98	3.700	3.700	4.900
	170700900	热轧无缝钢管 $D22\times2.5$	m	5.64	1.000	1.000	1.000
	180309650	镀锌三通 $DN20$	个	2.14	0.200	0.200	0.200
	192300010	螺纹旋塞阀 X13T－10 $DN15$	个	13.25	0.200	0.200	0.200
	192300100	螺纹旋塞阀 X13T－10 $DN50$	个	102.56	0.200	0.200	0.200
	240900500	温度计 0～120℃	支	13.25	0.200	0.200	0.200
	241101320	压力表 0～16MPa $DN50$	块	41.03	0.200	0.200	0.200
	002000020	其他材料费	元	—	6.65	7.21	9.15
机械	990727010	立式钻床 钻孔直径 25mm	台班	6.66	0.080	0.088	0.088
	990904030	直流弧焊机 20kV·A	台班	72.88	0.991	1.097	1.318
	991003050	电动空气压缩机 $6m^3/min$	台班	211.03	0.161	0.170	0.179
	990919030	电焊条烘干箱 600×500×750	台班	26.74	0.099	0.110	0.132

E.1.2.5 **管道吹扫**

工作内容:准备工具、材料,装、拆临时管线,制、安盲(堵)板,吹扫、加压,清理现场等操作过程。 **计量单位**:100m

					DE0458	DE0459	DE0460	DE0461	DE0462	DE0463
定额编号					DE0458	DE0459	DE0460	DE0461	DE0462	DE0463
项目名称					管道吹扫					
					公称直径(mm 以内)					
					$\phi 50$	$\phi 100$	$\phi 200$	$\phi 300$	$\phi 400$	$\phi 500$
费用	**综合单价(元)**				**214.72**	**259.77**	**355.03**	**439.16**	**578.46**	**645.36**
	其中	人工费(元)			104.00	123.25	152.25	181.88	239.75	267.75
		材料费(元)			38.77	53.00	102.81	142.48	193.04	215.99
		施工机具使用费(元)			20.01	21.97	23.93	23.98	25.94	27.90
		企业管理费(元)			27.52	32.61	40.29	48.12	63.44	70.85
		利润(元)			21.51	25.49	31.49	37.61	49.58	55.37
		一般风险费(元)			2.91	3.45	4.26	5.09	6.71	7.50
	编码	名称	单位	单价(元)	消耗量					
人工	000300150	管工综合工	工日	125.00	0.832	0.986	1.218	1.455	1.918	2.142
材料	012900045	钢板 $\delta=12\sim20$	kg	3.08	0.610	2.450	7.380	16.640	21.320	26.380
	030104250	六角螺栓综合	10 套	4.70	0.320	0.470	1.050	2.820	4.070	4.380
	031350010	低碳钢焊条 综合	kg	4.19	0.200	0.200	0.200	0.200	0.200	0.200
	143900700	氧气	m^3	3.26	0.150	0.300	0.460	0.460	0.610	0.760
	143901000	乙炔气	kg	12.01	0.050	0.100	0.150	0.150	0.200	0.250
	020101600	石棉橡胶板 中压 $\delta=0.8\sim6$	kg	15.98	0.540	0.950	1.560	1.700	3.480	3.760
	170701100	热轧无缝钢管 $D32\times3.5$	m	10.14	0.500	0.500	—	—	—	—
	170701550	热轧无缝钢管 $D57\times3.5$	m	18.00	—	—	0.500	0.500	0.500	0.500
	190102000	螺纹截止阀 J11T－16 *DN*32	个	56.44	0.200	0.200	—	—	—	—
	190102100	螺纹截止阀 J11T－16 *DN*50	个	115.70	—	—	0.200	0.200	0.200	0.200
	200103100	平焊法兰 1.6MPa *DN*32	片	9.88	0.800	0.800	—	—	—	—
	200103200	平焊法兰 1.6MPa *DN*50	片	15.52	—	—	0.800	0.800	0.800	0.800
	002000020	其他材料费	元	—	0.57	0.78	1.52	2.11	2.85	3.19
机械	990727010	立式钻床 钻孔直径 25mm	台班	6.66	0.009	0.018	0.027	0.035	0.044	0.053
	990904030	直流弧焊机 20kV·A	台班	72.88	0.088	0.088	0.088	0.088	0.088	0.088
	991003050	电动空气压缩机 $6m^3/min$	台班	211.03	0.063	0.072	0.081	0.081	0.090	0.099
	990919030	电焊条烘干箱 600×500×750	台班	26.74	0.009	0.009	0.009	0.009	0.009	0.009

工作内容：准备工具、材料，装、拆临时管线，制、安盲（堵）板，吹扫、加压，清理现场等操作过程。　　　　**计量单位**：100m

定额编号					DE0464	DE0465	DE0466	DE0467	DE0468	DE0469
项目名称					管道吹扫					
					公称直径(mm 以内)					
					ϕ600	ϕ700	ϕ800	ϕ900	ϕ1000	ϕ1200
费用	综合单价（元）				**739.58**	**796.55**	**850.64**	**947.66**	**1045.87**	**1348.40**
	其中	人工费（元）			300.88	324.88	348.25	381.00	414.50	544.63
		材料费（元）			255.27	274.50	293.54	339.50	385.46	487.64
		施工机具使用费（元）			33.18	34.93	34.93	36.89	38.90	44.14
		企业管理费（元）			79.61	85.96	92.15	100.81	109.68	144.11
		利润（元）			62.22	67.18	72.02	78.79	85.72	112.63
		一般风险费（元）			8.42	9.10	9.75	10.67	11.61	15.25
	编码	名称	单位	单价(元)	消耗量					
人工	000300150	管工综合工	工日	125.00	2.407	2.599	2.786	3.048	3.316	4.357
材料	012900045	钢板 δ=12～20	kg	3.08	31.650	36.930	42.200	52.500	62.800	90.430
	031350010	低碳钢焊条 综合	kg	4.19	0.300	0.300	0.300	0.300	0.300	0.400
	143900700	氧气	m^3	3.26	0.910	1.070	1.220	1.370	1.520	1.830
	143901000	乙炔气	kg	12.01	0.300	0.360	0.410	0.460	0.510	0.610
	020101600	石棉橡胶板 中压 δ=0.8～6	kg	15.98	6.360	6.450	6.540	7.320	8.100	8.910
	170701550	热轧无缝钢管 $D57\times3.5$	m	18.00	0.500	0.500	0.500	0.500	0.500	0.500
	190102100	螺纹截止阀 J11T－16 DN50	个	115.70	0.200	0.200	0.200	0.200	0.200	0.200
	200103200	平焊法兰 1.6MPa DN50	片	15.52	0.800	0.800	0.800	0.800	0.800	0.800
	002000020	其他材料费	元	—	3.77	4.06	4.34	5.02	5.70	7.21
机械	990727010	立式钻床 钻孔直径 25mm	台班	6.66	0.053	0.062	0.062	0.071	0.088	0.088
	990904030	直流弧焊机 20kV·A	台班	72.88	0.133	0.133	0.133	0.133	0.133	0.177
	991003050	电动空气压缩机 $6m^3$/min	台班	211.03	0.108	0.116	0.116	0.125	0.134	0.143
	990919030	电焊条烘干箱 600×500×750	台班	26.74	0.013	0.013	0.013	0.013	0.013	0.018

E.1.3 铸铁管(编码:040501003)

E.1.3.1 铸铁管(球墨铸铁管)安装

E.1.3.1.1 活动法兰铸铁管(机械接口)

工作内容:上法兰、胶圈,紧螺栓,安装等操作过程。 计量单位:10m

	定额编号				DE0470	DE0471	DE0472	DE0473	DE0474	DE0475
	项目名称				活动法兰铸铁管安装(机械接口)					
					公称直径(mm 以内)					
					ϕ75	ϕ100	ϕ150	ϕ200	ϕ250	ϕ300
费用	综合单价(元)				**141.48**	**156.63**	**206.28**	**230.55**	**277.04**	**432.48**
	其中	人工费(元)			73.75	78.38	100.88	110.00	132.25	177.00
		材料费(元)			30.90	39.11	55.03	65.61	78.75	112.63
		施工机具使用费(元)			—	—	—	—	—	54.46
		企业管理费(元)			19.51	20.74	26.69	29.11	34.99	46.83
		利润(元)			15.25	16.21	20.86	22.75	27.35	36.60
		一般风险费(元)			2.07	2.19	2.82	3.08	3.70	4.96
	编码	名称	单位	单价(元)	消耗量					
人工	000300150	管工综合工	工日	125.00	0.590	0.627	0.807	0.880	1.058	1.416
材料	171101800	活动法兰铸铁管	m	—	(10.000)	(10.000)	(10.000)	(10.000)	(10.000)	(10.000)
	200000600	活动法兰	片	—	(2.000)	(2.000)	(2.000)	(2.000)	(2.000)	(2.000)
	215500200	支撑圈 *DN*75	套	1.54	2.060	—	—	—	—	—
	020503210	胶圈(机接)*DN*75	个	8.53	2.060	—	—	—	—	—
	215500300	支撑圈 *DN*100	套	2.74	—	2.060	—	—	—	—
	020503220	胶圈(机接)*DN*100	个	11.17	—	2.060	—	—	—	—
	215500400	支撑圈 *DN*150	套	4.27	—	—	2.060	—	—	—
	020503230	胶圈(机接)*DN*150	个	15.26	—	—	2.060	—	—	—
	215500500	支撑圈 *DN*200	套	5.13	—	—	—	2.060	—	—
	020503240	胶圈(机接)*DN*200	个	19.11	—	—	—	2.060	—	—
	215500600	支撑圈 *DN*250	套	6.41	—	—	—	—	2.060	—
	020503250	胶圈(机接)*DN*250	个	23.84	—	—	—	—	2.060	—
	215500700	支撑圈 *DN*300	套	7.69	—	—	—	—	—	2.060
	020503260	胶圈(机接)*DN*300	个	28.85	—	—	—	—	—	2.060
	010302280	镀锌铁丝 ϕ1.2～0.7	kg	3.08	0.010	0.020	0.030	0.030	0.040	0.050
	020901110	塑料布	m^2	1.23	0.230	0.240	0.330	0.420	0.540	0.660
	022701800	破布 一级	kg	4.40	0.250	0.260	0.290	0.370	0.400	0.430
	030133420	带帽玛铁螺栓 M12×100	套	0.90	8.240	8.240	12.360	12.360	12.360	—
	030133430	带帽玛铁螺栓 M20×100	套	1.88	—	—	—	—	—	16.480
	010302370	镀锌铁丝 ϕ4～2.8	kg	3.08	0.050	0.060	0.060	0.060	0.060	0.060
	140900300	黄甘油	kg	6.44	0.111	0.120	0.140	0.180	0.220	0.260
	002000020	其他材料费	元	—	0.46	0.58	0.81	0.97	1.16	1.66
机械	990304004	汽车式起重机 8t	台班	705.33	—	—	—	—	—	0.053
	990401030	载重汽车 8t	台班	474.25	—	—	—	—	—	0.036

工作内容：上法兰、胶圈，紧螺栓，安装等操作过程。　　计量单位：10m

定额编号					DE0476	DE0477	DE0478	DE0479	DE0480
项目名称					活动法兰铸铁管安装(机械接口)				
					公称直径(mm 以内)				
					ϕ350	ϕ400	ϕ450	ϕ500	ϕ600
费用	综合单价(元)				**510.65**	**645.75**	**798.12**	**1050.63**	**1237.24**
	其中	人工费(元)			215.50	276.00	332.50	454.38	529.88
		材料费(元)			126.73	164.76	226.07	285.93	346.63
		施工机具使用费(元)			60.80	67.15	73.50	83.41	96.11
		企业管理费(元)			57.02	73.03	87.98	120.23	140.20
		利润(元)			44.57	57.08	68.76	93.96	109.58
		一般风险费(元)			6.03	7.73	9.31	12.72	14.84
	编码	名称	单位	单价(元)	消耗量				
人工	000300150	管工综合工	工日	125.00	1.724	2.208	2.660	3.635	4.239
材料	171101800	活动法兰铸铁管	m	—	(10.000)	(10.000)	(10.000)	(10.000)	(10.000)
	200000600	活动法兰	片	—	(2.000)	(2.000)	(2.000)	(2.000)	(2.000)
	215500800	支撑圈 DN350	套	8.97	2.060	—	—	—	—
	020503270	胶圈(机接)DN350	个	34.03	2.060	—	—	—	—
	215500900	支撑圈 DN400	套	17.09	—	2.060	—	—	—
	020503280	胶圈(机接)DN400	个	40.06	—	2.060	—	—	—
	215501000	支撑圈 DN450	套	41.03	—	—	2.060	—	—
	020503290	胶圈(机接)DN450	个	44.98	—	—	2.060	—	—
	215501100	支撑圈 DN500	套	55.56	—	—	—	2.060	—
	020503300	胶圈(机接)DN500	个	51.09	—	—	—	2.060	—
	215501200	支撑圈 DN600	套	72.65	—	—	—	—	2.060
	020503310	胶圈(机接)DN600	个	58.45	—	—	—	—	2.060
	010302280	镀锌铁丝 ϕ1.2～0.7	kg	3.08	0.055	0.060	0.070	0.080	0.100
	020901110	塑料布	m^2	1.23	0.800	0.940	1.111	1.280	1.520
	022701800	破布 一级	kg	4.40	0.445	0.460	0.520	0.580	0.710
	030133430	带帽玛铁螺栓 M20×100	套	1.88	16.480	20.600	20.600	28.840	32.960
	010302370	镀锌铁丝 ϕ4～2.8	kg	3.08	0.060	0.060	0.060	0.060	0.060
	140900300	黄甘油	kg	6.44	0.310	0.360	0.430	0.500	0.620
	002000020	其他材料费	元	—	1.87	2.43	3.34	4.23	5.12
机械	990304004	汽车式起重机 8t	台班	705.33	0.062	0.071	0.080	0.088	0.106
	990401030	载重汽车 8t	台班	474.25	0.036	0.036	0.036	0.045	0.045

E.1.3.2　承插铸铁管(球墨铸铁管)安装

E.1.3.2.1　承插铸铁管安装(膨胀水泥接口)

工作内容:检查及清扫管材、切管、管道安装、调制接口材料、接口、养护等。　　计量单位:10m

		定额编号			DE0481	DE0482	DE0483	DE0484
		项目名称			承插铸铁管(膨胀水泥接口)			
					公称直径(mm 以内)			
					ϕ75	ϕ100	ϕ150	ϕ200
费用		**综合单价(元)**			**84.09**	**87.07**	**111.16**	**175.98**
	其中	人工费(元)			53.63	54.88	69.50	111.13
		材料费(元)			3.68	4.78	6.95	9.36
		施工机具使用费(元)			—	—	—	—
		企业管理费(元)			14.19	14.52	18.39	29.40
		利润(元)			11.09	11.35	14.37	22.98
		一般风险费(元)			1.50	1.54	1.95	3.11
	编码	名称	单位	单价(元)	消耗量			
人工	000300150	管工综合工	工日	125.00	0.429	0.439	0.556	0.889
材料	171100010	铸铁管	m	—	(10.000)	(10.000)	(10.000)	(10.000)
	022901100	油麻丝	kg	8.00	0.231	0.284	0.420	0.536
	040100550	膨胀水泥	kg	0.79	1.749	2.178	3.201	4.114
	143900700	氧气	m^3	3.26	0.055	0.099	0.132	0.231
	143901000	乙炔气	kg	12.01	0.018	0.033	0.044	0.077
	002000020	其他材料费	元	—	0.05	0.07	0.10	0.14

工作内容:检查及清扫管材、切管、管道安装、调制接口材料、接口、养护等。　　计量单位:10m

		定额编号			DE0485	DE0486	DE0487	DE0488
		项目名称			承插铸铁管(膨胀水泥接口)			
					公称直径(mm 以内)			
					ϕ300	ϕ400	ϕ500	ϕ600
费用		**综合单价(元)**			**209.52**	**278.66**	**350.87**	**414.27**
	其中	人工费(元)			95.25	129.25	164.88	192.00
		材料费(元)			12.24	17.71	24.50	30.27
		施工机具使用费(元)			54.46	67.15	79.14	96.11
		企业管理费(元)			25.20	34.20	43.63	50.80
		利润(元)			19.70	26.73	34.10	39.71
		一般风险费(元)			2.67	3.62	4.62	5.38
	编码	名称	单位	单价(元)	消耗量			
人工	000300150	管工综合工	工日	125.00	0.762	1.034	1.319	1.536
材料	171100010	铸铁管	m	—	(10.000)	(10.000)	(10.000)	(10.000)
	022901100	油麻丝	kg	8.00	0.725	0.987	1.397	1.733
	040100550	膨胀水泥	kg	0.79	5.500	7.546	10.648	13.222
	143900700	氧气	m^3	3.26	0.264	0.495	0.627	0.759
	143901000	乙炔气	kg	12.01	0.088	0.165	0.209	0.253
	002000020	其他材料费	元	—	0.18	0.26	0.36	0.45
机械	990304004	汽车式起重机 8t	台班	705.33	0.053	0.071	0.088	0.106
	990401030	载重汽车 8t	台班	474.25	0.036	0.036	0.036	0.045

工作内容：检查及清扫管材、切管、管道安装、调制接口材料、接口、养护等。　　　　**计量单位**：10m

定额编号					DE0489	DE0490	DE0491
项目名称					承插铸铁管(膨胀水泥接口)		
					公称直径(mm 以内)		
					ϕ700	ϕ800	ϕ900
费用	综合单价(元)				**547.53**	**578.24**	**706.83**
	其中	人工费(元)			264.13	273.38	351.00
		材料费(元)			36.34	42.57	49.13
		施工机具使用费(元)			115.15	125.77	131.41
		企业管理费(元)			69.89	72.34	92.87
		利润(元)			54.62	56.53	72.59
		一般风险费(元)			7.40	7.65	9.83
	编码	名称	单位	单价(元)	消耗量		
人工	000300150	管工综合工	工日	125.00	2.113	2.187	2.808
材料	171100010	铸铁管	m	—	(10.000)	(10.000)	(10.000)
	022901100	油麻丝	kg	8.00	2.090	2.478	2.877
	040100550	膨胀水泥	kg	0.79	15.961	18.898	22.011
	143900700	氧气	m^3	3.26	0.891	0.990	1.100
	143901000	乙炔气	kg	12.01	0.297	0.330	0.367
	002000020	其他材料费	元	—	0.54	0.63	0.73
机械	990304004	汽车式起重机 8t	台班	705.33	0.133	0.142	0.150
	990401030	载重汽车 8t	台班	474.25	0.045	0.054	0.054

工作内容：检查及清扫管材、切管、管道安装、调制接口材料、接口、养护等。　　　　**计量单位**：10m

定额编号					DE0492	DE0493	DE0494	DE0495
项目名称					承插铸铁管(膨胀水泥接口)			
					公称直径(mm 以内)			
					ϕ1000	ϕ1200	ϕ1400	ϕ1600
费用	综合单价(元)				**747.77**	**884.75**	**1145.24**	**1393.29**
	其中	人工费(元)			337.75	413.63	547.13	688.63
		材料费(元)			60.14	75.27	97.77	116.88
		施工机具使用费(元)			181.20	189.28	227.10	243.88
		企业管理费(元)			89.37	109.45	144.77	182.21
		利润(元)			69.85	85.54	113.15	142.41
		一般风险费(元)			9.46	11.58	15.32	19.28
	编码	名称	单位	单价(元)	消耗量			
人工	000300150	管工综合工	工日	125.00	2.702	3.309	4.377	5.509
材料	171100010	铸铁管	m	—	(10.000)	(10.000)	(10.000)	(10.000)
	022901100	油麻丝	kg	8.00	3.581	4.589	6.111	7.382
	040100550	膨胀水泥	kg	0.79	27.401	35.068	46.706	56.441
	143900700	氧气	m^3	3.26	1.232	1.342	1.452	1.584
	143901000	乙炔气	kg	12.01	0.411	0.447	0.484	0.528
	002000020	其他材料费	元	—	0.89	1.11	1.44	1.73
机械	990304016	汽车式起重机 16t	台班	898.02	0.159	0.168	—	—
	990304020	汽车式起重机 20t	台班	968.56	—	—	0.186	0.195
	990401030	载重汽车 8t	台班	474.25	0.081	0.081	0.099	0.116

E.1.3.2.2 承插铸铁管安装(胶圈接口)

工作内容:检查及清扫管材、切管、管道安装、上胶圈等。 **计量单位**:10m

定额编号					DE0496	DE0497	DE0498	DE0499	DE0500
项目名称					承插铸铁管安装(胶圈接口)				
					公称直径(mm 以内)				
					ϕ100	ϕ150	ϕ200	ϕ300	ϕ400
费用	**综合单价(元)**				**84.14**	**110.40**	**166.99**	**216.63**	**299.59**
	其中	人工费(元)			55.63	73.00	110.25	106.75	152.63
		材料费(元)			0.73	0.94	1.68	2.10	3.60
		施工机具使用费(元)			—	—	—	54.46	67.15
		企业管理费(元)			14.72	19.32	29.17	28.25	40.38
		利润(元)			11.50	15.10	22.80	22.08	31.56
		一般风险费(元)			1.56	2.04	3.09	2.99	4.27
	编码	名称	单位	单价(元)	消耗量				
人工	000300150	管工综合工	工日	125.00	0.445	0.584	0.882	0.854	1.221
材料	171100010	铸铁管	m	—	(10.000)	(10.000)	(10.000)	(10.000)	(10.000)
	020500010	橡胶圈	个	—	(1.720)	(1.720)	(1.720)	(1.720)	(1.720)
	140701500	润滑油	kg	3.58	0.067	0.088	0.158	0.133	0.151
	143900700	氧气	m^3	3.26	0.066	0.085	0.151	0.220	0.414
	143901000	乙炔气	kg	12.01	0.022	0.028	0.050	0.073	0.138
	002000020	其他材料费	元	—	0.01	0.01	0.02	0.03	0.05
机械	990304004	汽车式起重机 8t	台班	705.33	—	—	—	0.053	0.071
	990401030	载重汽车 8t	台班	474.25	—	—	—	0.036	0.036

工作内容:检查及清扫管材、切管、管道安装、上胶圈等。 **计量单位**:10m

定额编号					DE0501	DE0502	DE0503	DE0504	DE0505
项目名称					承插铸铁管安装(胶圈接口)				
					公称直径(mm 以内)				
					ϕ500	ϕ600	ϕ700	ϕ800	ϕ900
费用	**综合单价(元)**				**368.17**	**429.00**	**572.67**	**600.52**	**718.54**
	其中	人工费(元)			189.75	218.38	300.88	311.88	386.25
		材料费(元)			4.52	5.46	6.39	7.12	7.98
		施工机具使用费(元)			79.14	96.11	115.15	125.77	131.41
		企业管理费(元)			50.21	57.78	79.61	82.52	102.20
		利润(元)			39.24	45.16	62.22	64.50	79.88
		一般风险费(元)			5.31	6.11	8.42	8.73	10.82
	编码	名称	单位	单价(元)	消耗量				
人工	000300150	管工综合工	工日	125.00	1.518	1.747	2.407	2.495	3.090
材料	171100010	铸铁管	m	—	(10.000)	(10.000)	(10.000)	(10.000)	(10.000)
	020500010	橡胶圈	个	—	(1.720)	(1.720)	(1.720)	(1.720)	(1.720)
	140701500	润滑油	kg	3.58	0.184	0.218	0.251	0.285	0.332
	143900700	氧气	m^3	3.26	0.521	0.633	0.743	0.825	0.919
	143901000	乙炔气	kg	12.01	0.174	0.211	0.248	0.275	0.306
	002000020	其他材料费	元	—	0.07	0.08	0.09	0.11	0.12
机械	990304004	汽车式起重机 8t	台班	705.33	0.088	0.106	0.133	0.142	0.150
	990401030	载重汽车 8t	台班	474.25	0.036	0.045	0.045	0.054	0.054

工作内容:检查及清扫管材、切管、管道安装、上胶圈。　　计量单位:10m

定额编号					DE0506	DE0507	DE0508	DE0509
项目名称					承插铸铁管安装(胶圈接口)			
					公称直径(mm 以内)			
					ϕ1000	ϕ1200	ϕ1400	ϕ1600
费用	综合单价(元)				**818.12**	**963.38**	**1193.73**	**1446.59**
	其中	人工费(元)			418.88	509.75	637.50	794.25
		材料费(元)			8.86	9.78	10.76	11.81
		施工机具使用费(元)			181.20	189.28	227.10	243.88
		企业管理费(元)			110.83	134.88	168.68	210.16
		利润(元)			86.62	105.42	131.84	164.25
		一般风险费(元)			11.73	14.27	17.85	22.24
	编码	名称	单位	单价(元)	消耗量			
人工	000300150	管工综合工	工日	125.00	3.351	4.078	5.100	6.354
材料	171100010	铸铁管	m	—	(10.000)	(10.000)	(10.000)	(10.000)
	020500010	橡胶圈	个	—	(1.720)	(1.720)	(1.720)	(1.720)
	140701500	润滑油	kg	3.58	0.351	0.418	0.502	0.568
	143900700	氧气	m^3	3.26	1.029	1.121	1.212	1.322
	143901000	乙炔气	kg	12.01	0.343	0.374	0.404	0.441
	002000020	其他材料费	元	—	0.13	0.14	0.16	0.17
机械	990304016	汽车式起重机 16t	台班	898.02	0.159	0.168	—	—
	990304020	汽车式起重机 20t	台班	968.56	—	—	0.186	0.195
	990401030	载重汽车 8t	台班	474.25	0.081	0.081	0.099	0.116

E.1.3.3 套管内铺设铸铁管(机械接口)

工作内容:铺设工具制安、焊口、直管安装、牵引推进等操作过程。

计量单位:10m

定额编号					DE0510	DE0511	DE0512	DE0513	DE0514
项目名称					套管内铺设铸铁管(机械接口)				
					公称直径(mm以内)				
					ϕ100	ϕ150	ϕ200	ϕ250	ϕ300
费用	综合单价(元)				**423.42**	**454.21**	**548.02**	**608.04**	**770.39**
	其中	人工费(元)			247.13	264.88	314.75	346.00	408.00
		材料费(元)			36.42	40.59	56.27	64.38	76.14
		施工机具使用费(元)			16.45	16.45	19.82	24.87	82.50
		企业管理费(元)			65.39	70.09	83.28	91.55	107.96
		利润(元)			51.11	54.78	65.09	71.55	84.37
		一般风险费(元)			6.92	7.42	8.81	9.69	11.42
	编码	名称	单位	单价(元)	消耗量				
人工	000300150	管工综合工	工日	125.00	1.977	2.119	2.518	2.768	3.264
材料	052500955	滑杆	kg	—	(12.600)	(12.600)	(12.600)	(12.600)	(12.600)
	020500010	橡胶圈	个	—	(2.060)	(2.060)	(2.060)	(2.060)	(2.060)
	171101800	活动法兰铸铁管	m	—	(10.000)	(10.000)	(10.000)	(10.000)	(10.000)
	200000600	活动法兰	片	—	(2.000)	(2.000)	(2.000)	(2.000)	(2.000)
	010302350	镀锌铁丝 ϕ2.5～4.0	kg	3.08	0.060	0.060	0.060	0.060	0.060
	010302280	镀锌铁丝 ϕ1.2～0.7	kg	3.08	0.020	0.030	0.030	0.040	0.050
	011300020	扁钢 综合	kg	3.26	5.080	5.080	9.610	11.875	14.140
	020901110	塑料布	m^2	1.23	0.240	0.330	0.420	0.540	0.660
	022701800	破布 一级	kg	4.40	0.260	0.290	0.360	0.400	0.410
	030105450	六角螺栓带螺母 综合	kg	5.43	1.740	1.740	1.740	1.740	1.740
	030133420	带帽玛铁螺栓 M12×100	套	0.90	8.240	12.360	12.360	12.360	16.480
	140900300	黄甘油	kg	6.44	0.120	0.140	0.180	0.220	0.260
	002000020	其他材料费	元	—	0.54	0.60	0.83	0.95	1.13
机械	990304004	汽车式起重机 8t	台班	705.33	—	—	—	—	0.053
	990401030	载重汽车 8t	台班	474.25	—	—	—	—	0.036
	990503020	电动卷扬机 单筒慢速 30kN	台班	186.98	0.088	0.088	0.106	0.133	0.150

工作内容：铺设工具制安、焊口、直管安装、牵引推进等操作过程。　　　　计量单位：10m

定额编号					DE0515	DE0516	DE0517	DE0518	DE0519
项目名称					套管内铺设铸铁管(机械接口)				
					公称直径(mm 以内)				
					ϕ350	ϕ400	ϕ450	ϕ500	ϕ600
费用	综合单价(元)				**889.17**	**1062.77**	**1220.50**	**1526.28**	**1766.68**
	其中	人工费(元)			471.50	569.00	659.25	840.88	968.13
		材料费(元)			83.44	94.40	102.24	117.55	136.31
		施工机具使用费(元)			98.76	115.21	129.78	147.92	178.75
		企业管理费(元)			124.76	150.56	174.44	222.50	256.17
		利润(元)			97.51	117.67	136.33	173.89	200.21
		一般风险费(元)			13.20	15.93	18.46	23.54	27.11
	编码	名称	单位	单价(元)	消耗量				
人工	000300150	管工综合工	工日	125.00	3.772	4.552	5.274	6.727	7.745
材料	052500955	滑杆	kg	—	(12.600)	(12.600)	(12.600)	(12.600)	(12.600)
	020500010	橡胶圈	个	—	(2.060)	(2.060)	(2.060)	(2.060)	(2.060)
	171101800	活动法兰铸铁管	m	—	(10.000)	(10.000)	(10.000)	(10.000)	(10.000)
	200000600	活动法兰	片	—	(2.000)	(2.000)	(2.000)	(2.000)	(2.000)
	010302350	镀锌铁丝 ϕ2.5～4.0	kg	3.08	0.060	0.060	0.060	0.060	0.060
	010302280	镀锌铁丝 ϕ1.2～0.7	kg	3.08	0.050	0.062	0.070	0.080	0.100
	011300020	扁钢 综合	kg	3.26	16.150	18.160	20.220	22.280	26.330
	020901110	塑料布	m^2	1.23	0.800	0.944	1.110	1.280	1.520
	022701800	破布 一级	kg	4.40	0.445	0.445	0.520	0.580	0.680
	030105450	六角螺栓带螺母 综合	kg	5.43	1.740	1.740	1.740	1.740	1.740
	030133420	带帽玛铁螺栓 M12×100	套	0.90	16.480	20.600	20.600	28.840	32.960
	140900300	黄甘油	kg	6.44	0.310	0.360	0.430	0.500	0.620
	002000020	其他材料费	元	—	1.23	1.40	1.51	1.74	2.01
机械	990304004	汽车式起重机 8t	台班	705.33	0.062	0.071	0.080	0.088	0.106
	990401030	载重汽车 8t	台班	474.25	0.036	0.036	0.036	0.045	0.045
	990503020	电动卷扬机 单筒慢速 30kN	台班	186.98	0.203	0.257	0.301	0.345	0.442

E.1.3.4 管道消毒冲洗

工作内容：溶解漂白粉、灌水消毒、冲洗等。　　　　计量单位：100m

定额编号					DE0520	DE0521	DE0522	DE0523	DE0524	DE0525
项目名称					管道消毒冲洗					
					公称直径(mm 以内)					
					ϕ100	ϕ200	ϕ300	ϕ400	ϕ500	ϕ600
费用	综合单价(元)				**189.34**	**300.28**	**425.49**	**597.84**	**809.90**	**1089.03**
	其中	人工费(元)			103.13	136.25	161.13	179.75	201.38	235.75
		材料费(元)			34.70	95.98	183.90	328.33	507.96	735.55
		施工机具使用费(元)			—	—	—	—	—	—
		企业管理费(元)			27.29	36.05	42.63	47.56	53.28	62.38
		利润(元)			21.33	28.18	33.32	37.17	41.64	48.75
		一般风险费(元)			2.89	3.82	4.51	5.03	5.64	6.60
	编码	名称	单位	单价(元)	消耗量					
人工	000300150	管工综合工	工日	125.00	0.825	1.090	1.289	1.438	1.611	1.886
材料	143504900	漂白粉 综合	kg	3.68	0.140	0.530	1.190	2.110	3.300	4.750
	341100100	水	m^3	4.42	7.619	20.952	40.000	71.429	110.476	160.000
	002000020	其他材料费	元	—	0.51	1.42	2.72	4.85	7.51	10.87

工作内容：溶解漂白粉、灌水消毒、冲洗等。 计量单位：100m

定额编号				DE0526	DE0527	DE0528	DE0529	DE0530	DE0531
项目名称				管道消毒冲洗					
				公称直径(mm以内)					
				ϕ800	ϕ1000	ϕ1200	ϕ1400	ϕ1600	ϕ1800
费用	综合单价（元）			**1698.11**	**2499.37**	**3558.60**	**4423.32**	**6174.76**	**8957.58**
	其中	人工费（元）		270.88	323.25	394.00	461.00	536.75	563.75
		材料费（元）		1291.96	2014.69	2967.84	3732.10	5369.96	8112.29
		施工机具使用费（元）		—	—	—	—	—	—
		企业管理费（元）		71.67	85.53	104.25	121.98	142.02	149.17
		利润（元）		56.02	66.85	81.48	95.33	111.00	116.58
		一般风险费（元）		7.58	9.05	11.03	12.91	15.03	15.79
	编码	名称	单位	单价(元)	消耗量				
人工	000300150	管工综合工	工日	125.00	2.167	2.586	3.152	3.688	4.294	4.510
材料	143504900	漂白粉 综合	kg	3.68	8.441	13.190	19.000	20.000	26.100	32.770
	341100100	水	m^3	4.42	280.952	438.095	645.714	815.238	1175.238	1780.952
	002000020	其他材料费	元	—	19.09	29.77	43.86	55.15	79.36	119.89

工作内容：溶解漂白粉、灌水消毒、冲洗等。 计量单位：100m

定额编号				DE0532	DE0533	DE0534	DE0535	DE0536	DE0537
项目名称				管道消毒冲洗					
				公称直径(mm以内)					
				ϕ2000	ϕ2200	ϕ2400	ϕ2600	ϕ2800	ϕ3000
费用	综合单价（元）			**10898.03**	**12842.14**	**14784.14**	**16727.80**	**17731.20**	**18733.03**
	其中	人工费（元）		590.63	618.25	647.88	679.75	712.38	747.00
		材料费（元）		10012.44	11915.14	13812.71	15708.59	16663.06	17612.97
		施工机具使用费（元）		—	—	—	—	—	—
		企业管理费（元）		156.28	163.59	171.43	179.86	188.49	197.66
		利润（元）		122.14	127.85	133.98	140.57	147.32	154.48
		一般风险费（元）		16.54	17.31	18.14	19.03	19.95	20.92
	编码	名称	单位	单价(元)	消耗量				
人工	000300150	管工综合工	工日	125.00	4.725	4.946	5.183	5.438	5.699	5.976
材料	143504900	漂白粉 综合	kg	3.68	40.460	48.830	55.830	63.521	67.400	71.200
	341100100	水	m^3	4.42	2198.095	2615.238	3032.381	3448.571	3658.095	3866.667
	002000020	其他材料费	元	—	147.97	176.09	204.13	232.15	246.25	260.29

E.1.4 塑料管(编码:040501004)

E.1.4.1 高密度聚乙烯缠绕管铺设(热熔接口)

工作内容:检查及清扫管材、切管、场内转运、管道安装、熔接等。 **计量单位:**100m

定额编号					DE0538	DE0539	DE0540	DE0541	DE0542	DE0543
项目名称					高密度聚乙烯缠绕排水管铺设(热熔接口)					
					管外径(mm 以内)					
					φ300	φ400	φ500	φ600	φ700	φ800
费用	综合单价(元)				**11451.74**	**16239.50**	**22551.42**	**28936.05**	**37099.74**	**52426.75**
	其中	人工费(元)			630.20	796.26	1058.00	1253.04	1483.39	1762.15
		材料费(元)			10358.82	14848.38	20718.65	26761.62	34530.73	49206.40
		施工机具使用费(元)			147.99	197.20	246.41	295.62	344.83	578.19
		企业管理费(元)			166.75	210.69	279.95	331.55	392.50	466.26
		利润(元)			130.33	164.67	218.79	259.13	306.76	364.41
		一般风险费(元)			17.65	22.30	29.62	35.09	41.53	49.34
	编码	名称	单位	单价(元)	消耗量					
人工	000700010	市政综合工	工日	115.00	5.480	6.924	9.200	10.896	12.899	15.323
材料	172507200	高密度聚乙烯缠绕管 φ300	m	102.56	100.500	—	—	—	—	—
	172507300	高密度聚乙烯缠绕管 φ400	m	147.01	—	100.500	—	—	—	—
	172507400	高密度聚乙烯缠绕管 φ500	m	205.13	—	—	100.500	—	—	—
	172507500	高密度聚乙烯缠绕管 φ600	m	264.96	—	—	—	100.500	—	—
	172507600	高密度聚乙烯缠绕管 φ700	m	341.88	—	—	—	—	100.500	—
	172507700	高密度聚乙烯缠绕管 φ800	m	487.18	—	—	—	—	—	100.500
	002000020	其他材料费	元	—	51.54	73.87	103.08	133.14	171.79	244.81
机械	990304001	汽车式起重机 5t	台班	473.39	—	—	—	—	—	0.389
	991232010	电熔管件熔接机	台班	35.66	4.150	5.530	6.910	8.290	9.670	11.050

工作内容:检查及清扫管材、切管、场内转运、管道安装、熔接等。 **计量单位:**100m

定额编号					DE0544	DE0545	DE0546	DE0547	DE0548	DE0549
项目名称					高密度聚乙烯缠绕排水管铺设(热熔接口)					
					管外径(mm 以内)					
					φ900	φ1000	φ1100	φ1200	φ1400	φ1500
费用	综合单价(元)				**68687.85**	**82900.68**	**96482.22**	**114387.56**	**154191.51**	**181385.31**
	其中	人工费(元)			2154.87	2909.39	3242.20	3580.30	4069.51	4816.89
		材料费(元)			64745.64	77694.16	90643.68	107909.05	146755.63	172653.67
		施工机具使用费(元)			711.19	844.19	977.19	1110.20	1334.06	1509.20
		企业管理费(元)			570.18	769.82	857.88	947.35	1076.79	1274.55
		利润(元)			445.63	601.66	670.49	740.41	841.57	996.13
		一般风险费(元)			60.34	81.46	90.78	100.25	113.95	134.87
	编码	名称	单位	单价(元)	消耗量					
人工	000700010	市政综合工	工日	115.00	18.738	25.299	28.193	31.133	35.387	41.886
材料	172507800	高密度聚乙烯缠绕管 φ900	m	641.03	100.500	—	—	—	—	—
	172507900	高密度聚乙烯缠绕管 φ1000	m	769.23	—	100.500	—	—	—	—
	172508000	高密度聚乙烯缠绕管 φ1100	m	897.44	—	—	100.500	—	—	—
	172508100	高密度聚乙烯缠绕管 φ1200	m	1068.38	—	—	—	100.500	—	—
	172508200	高密度聚乙烯缠绕管 φ1400	m	1452.99	—	—	—	—	100.500	—
	172508300	高密度聚乙烯缠绕管 φ1500	m	1709.40	—	—	—	—	—	100.500
	002000020	其他材料费	元	—	322.12	386.54	450.96	536.86	730.13	858.97
机械	990304001	汽车式起重机 5t	台班	473.39	0.566	0.743	0.920	1.097	1.362	1.628
	991232010	电熔管件熔接机	台班	35.66	12.430	13.810	15.190	16.570	19.330	20.710

工作内容：检查及清扫管材、切管、场内转运、管道安装、熔接等。　　　　计量单位：100m

定额编号					DE0550	DE0551	DE0552	DE0553	DE0554
项目名称					高密度聚乙烯缠绕排水管铺设(热熔接口)				
					管外径(mm 以内)				
					ϕ1600	ϕ1800	ϕ2000	ϕ2200	ϕ2400
费用	综合单价(元)				**208284.40**	**235185.57**	**305288.10**	**341023.98**	**385462.96**
	其中	人工费(元)			5631.55	6185.62	6794.20	7466.38	8196.97
		材料费(元)			198156.60	224003.11	292927.14	327389.16	370466.69
		施工机具使用费(元)			1683.86	1907.73	2173.73	2439.73	2705.73
		企业管理费(元)			1490.11	1636.72	1797.75	1975.60	2168.92
		利润(元)			1164.60	1279.19	1405.04	1544.05	1695.13
		一般风险费(元)			157.68	173.20	190.24	209.06	229.52
	编码	名称	单位	单价(元)	消耗量				
人工	000700010	市政综合工	工日	115.00	48.970	53.788	59.080	64.925	71.278
材料	172508400	高密度聚乙烯缠绕管 ϕ1600	m	1965.81	100.500	—	—	—	—
	172508500	高密度聚乙烯缠绕管 ϕ1800	m	2222.22	—	100.500	—	—	—
	172508600	高密度聚乙烯缠绕管 ϕ2000	m	2905.98	—	—	100.500	—	—
	172508700	高密度聚乙烯缠绕管 ϕ2200	m	3247.86	—	—	—	100.500	—
	172508800	高密度聚乙烯缠绕管 ϕ2400	m	3675.21	—	—	—	—	100.500
	002000020	其他材料费	元	—	592.69	670.00	876.15	979.23	1108.08
机械	990304001	汽车式起重机 5t	台班	473.39	1.893	2.158	2.512	2.866	3.220
	991232010	电熔管件熔接机	台班	35.66	22.090	24.850	27.610	30.370	33.130

E.1.4.2　UPVC 管道铺设(对接)

工作内容：清扫基座、下管、铺管、调直、安装、连接件安装及焊接、场内转运等。　　　　计量单位：100m

定额编号					DE0555	DE0556	DE0557	DE0558	DE0559
项目名称					UPVC 排水管道铺设(对接)				
					管外径(mm 以内)				
					ϕ300	ϕ400	ϕ500	ϕ600	ϕ700
费用	综合单价(元)				**8721.71**	**16663.27**	**24150.52**	**31663.48**	**40072.58**
	其中	人工费(元)			330.74	430.33	515.43	617.67	739.91
		材料费(元)			8225.80	16018.03	23377.69	30737.36	38963.16
		施工机具使用费(元)			—	—	—	—	—
		企业管理费(元)			87.51	113.87	136.38	163.43	195.78
		利润(元)			68.40	88.99	106.59	127.73	153.01
		一般风险费(元)			9.26	12.05	14.43	17.29	20.72
	编码	名称	单位	单价(元)	消耗量				
人工	000700010	市政综合工	工日	115.00	2.876	3.742	4.482	5.371	6.434
材料	172509000	UPVC 管 ϕ300	m	81.20	101.000	—	—	—	—
	172509100	UPVC 管 ϕ400	m	158.12	—	101.000	—	—	—
	172509200	UPVC 管 ϕ500	m	230.77	—	—	101.000	—	—
	172509300	UPVC 管 ϕ600	m	303.42	—	—	—	101.000	—
	172509400	UPVC 管 ϕ700	m	384.62	—	—	—	—	101.000
	002000020	其他材料费	元	—	24.60	47.91	69.92	91.94	116.54

工作内容：清扫基座、下管、铺管、调直、安装、连接件安装及焊接、场内转运等。　　计量单位：100m

定额编号					DE0560	DE0561	DE0562	DE0563	DE0564
项目名称					UPVC 排水管道铺设(对接)				
					管外径(mm 以内)				
					ϕ800	ϕ900	ϕ1000	ϕ1100	ϕ1200
费用	综合单价（元）				**55367.88**	**66712.09**	**84139.01**	**97281.29**	**106111.70**
	其中	人工费（元）			859.51	886.88	926.90	999.81	1078.24
		材料费（元）			53681.47	64938.26	82255.00	95242.04	103900.41
		施工机具使用费（元）			397.65	444.04	494.22	540.14	594.58
		企业管理费（元）			227.43	234.67	245.26	264.55	285.30
		利润（元）			177.75	183.41	191.68	206.76	222.98
		一般风险费（元）			24.07	24.83	25.95	27.99	30.19
	编码	名称	单位	单价(元)	消耗量				
人工	000700010	市政综合工	工日	115.00	7.474	7.712	8.060	8.694	9.376
材料	172509500	UPVC 管 ϕ800	m	529.91	101.000	—	—	—	—
	172509600	UPVC 管 ϕ900	m	641.03	—	101.000	—	—	—
	172509700	UPVC 管 ϕ1000	m	811.97	—	—	101.000	—	—
	172509800	UPVC 管 ϕ1100	m	940.17	—	—	—	101.000	—
	172509900	UPVC 管 ϕ1200	m	1025.64	—	—	—	—	101.000
	002000020	其他材料费	元	—	160.56	194.23	246.03	284.87	310.77
机械	990304001	汽车式起重机 5t	台班	473.39	0.840	0.938	1.044	1.141	1.256

工作内容：清扫基座、下管、铺管、调直、安装、连接件安装及焊接、场内转运等。　　计量单位：100m

定额编号					DE0565	DE0566	DE0567	DE0568
项目名称					UPVC 排水管道铺设(对接)			
					管外径(mm 以内)			
					ϕ1400	ϕ1500	ϕ1600	ϕ1800
费用	综合单价（元）				**128150.27**	**141356.28**	**163241.05**	**185146.07**
	其中	人工费（元）			1255.80	1354.47	1460.39	1574.81
		材料费（元）			125546.83	138533.88	160180.30	181825.72
		施工机具使用费（元）			720.50	791.51	871.04	959.09
		企业管理费（元）			332.28	358.39	386.42	416.69
		利润（元）			259.70	280.10	302.01	325.67
		一般风险费（元）			35.16	37.93	40.89	44.09
	编码	名称	单位	单价(元)	消耗量			
人工	000700010	市政综合工	工日	115.00	10.920	11.778	12.699	13.694
材料	172510000	UPVC 管 ϕ1400	m	1239.32	101.000	—	—	—
	172510100	UPVC 管 ϕ1500	m	1367.52	—	101.000	—	—
	172510200	UPVC 管 ϕ1600	m	1581.20	—	—	101.000	—
	172510300	UPVC 管 ϕ1800	m	1794.87	—	—	—	101.000
	002000020	其他材料费	元	—	375.51	414.36	479.10	543.85
机械	990304001	汽车式起重机 5t	台班	473.39	1.522	1.672	1.840	2.026

E.1.4.3 双壁波纹管铺设(承插接口)

工作内容:下管、铺管、调直、场内转运、安装、接口等。

计量单位:100m

定额编号					DE0569	DE0570	DE0571	DE0572	DE0573	DE0574
项目名称					双壁波纹排水管铺设(承插接口)					
					管外径(mm 以内)					
					ϕ300	ϕ400	ϕ500	ϕ600	ϕ700	ϕ800
费用	综合单价(元)				**4821.97**	**6701.70**	**10244.43**	**19903.15**	**27734.93**	**43621.89**
	其中	人工费(元)			901.37	999.81	1109.52	1141.26	1173.69	1207.04
		材料费(元)			3470.46	5202.59	8580.81	18191.94	25975.10	41539.85
		施工机具使用费(元)			—	—	—	—	—	272.20
		企业管理费(元)			238.50	264.55	293.58	301.98	310.56	319.38
		利润(元)			186.40	206.76	229.45	236.01	242.72	249.62
		一般风险费(元)			25.24	27.99	31.07	31.96	32.86	33.80
	编码	名称	单位	单价(元)	消耗量					
人工	000700010	市政综合工	工日	115.00	7.838	8.694	9.648	9.924	10.206	10.496
材料	172101600	双壁波纹管 ϕ300	m	34.19	101.000	—	—	—	—	—
	172101700	双壁波纹管 ϕ400	m	51.28	—	101.000	—	—	—	—
	172101800	双壁波纹管 ϕ500	m	84.62	—	—	101.000	—	—	—
	172101900	双壁波纹管 ϕ600	m	179.49	—	—	—	101.000	—	—
	172102000	双壁波纹管 ϕ700	m	256.41	—	—	—	—	101.000	—
	172102100	双壁波纹管 ϕ800	m	410.26	—	—	—	—	—	101.000
	002000020	其他材料费	元	—	17.27	23.31	34.19	63.45	77.69	103.59
机械	990304001	汽车式起重机 5t	台班	473.39	—	—	—	—	—	0.575

工作内容:下管、铺管、调直、场内转运、安装、接口等。

计量单位:100m

定额编号					DE0575	DE0576	DE0577	DE0578	DE0579	DE0580
项目名称					双壁波纹排水管铺设(承插接口)					
					管外径(mm 以内)					
					ϕ900	ϕ1000	ϕ1100	ϕ1200	ϕ1400	ϕ1500
费用	综合单价(元)				**49880.97**	**63926.76**	**68455.64**	**76431.24**	**98788.54**	**107809.03**
	其中	人工费(元)			1241.77	1276.85	1313.07	1336.88	1574.35	1690.96
		材料费(元)			47583.54	61413.42	65724.66	73501.24	95109.10	103745.02
		施工机具使用费(元)			435.52	598.84	762.16	925.48	1318.86	1528.58
		企业管理费(元)			328.57	337.85	347.44	353.74	416.57	447.43
		利润(元)			256.80	264.05	271.54	276.47	325.58	349.69
		一般风险费(元)			34.77	35.75	36.77	37.43	44.08	47.35
	编码	名称	单位	单价(元)	消耗量					
人工	000700010	市政综合工	工日	115.00	10.798	11.103	11.418	11.625	13.690	14.704
材料	172102200	双壁波纹管 ϕ900	m	470.09	101.000	—	—	—	—	—
	172102300	双壁波纹管 ϕ1000	m	606.84	—	101.000	—	—	—	—
	172102400	双壁波纹管 ϕ1100	m	649.57	—	—	101.000	—	—	—
	172102500	双壁波纹管 ϕ1200	m	726.50	—	—	—	101.000	—	—
	172102600	双壁波纹管 ϕ1400	m	940.17	—	—	—	—	101.000	—
	172102700	双壁波纹管 ϕ1500	m	1025.64	—	—	—	—	—	101.000
	002000020	其他材料费	元	—	104.45	122.58	118.09	124.74	151.93	155.38
机械	990304001	汽车式起重机 5t	台班	473.39	0.920	1.265	1.610	1.955	2.786	3.229

工作内容：下管、铺管、调直、安装、接口养护、场内转运等。　　计量单位：100m

定额编号					DE0581	DE0582	DE0583
项目名称					双壁波纹排水管铺设(承插接口)		
					管外径(mm 以内)		
					ϕ1600	ϕ1800	ϕ2000
费用	综合单价（元）				**121653.02**	**148448.69**	**179606.46**
	其中	人工费（元）			2173.62	2654.78	3144.45
		材料费（元）			116702.00	142621.43	172856.58
		施工机具使用费（元）			1691.90	1846.69	2035.10
		企业管理费（元）			575.14	702.45	832.02
		利润（元）			449.50	549.01	650.27
		一般风险费（元）			60.86	74.33	88.04
	编码	名称	单位	单价(元)	消耗量		
人工	000700010	市政综合工	工日	115.00	18.901	23.085	27.343
材料	172102800	双壁波纹管 ϕ1600	m	1153.85	101.000	—	—
	172102900	双壁波纹管 ϕ1800	m	1410.26	—	101.000	—
	172103000	双壁波纹管 ϕ2000	m	1709.40	—	—	101.000
	002000020	其他材料费	元	—	163.15	185.17	207.18
机械	990304001	汽车式起重机 5t	台班	473.39	3.574	3.901	4.299

E.1.4.4 玻璃钢夹砂管铺设(胶圈接口)

工作内容：下管、铺管、切管、上胶圈、对口、安装、调直、场内运输等。　　计量单位：100m

定额编号					DE0584	DE0585	DE0586	DE0587	DE0588
项目名称					玻璃钢夹砂排水管铺设(胶圈接口)				
					管外径(mm 以内)				
					ϕ300	ϕ400	ϕ500	ϕ600	ϕ800
费用	综合单价（元）				**14871.61**	**19821.56**	**26401.38**	**31351.52**	**47598.71**
	其中	人工费（元）			1065.13	1146.09	1271.67	1324.80	1433.25
		材料费（元）			12669.44	17366.05	23625.63	28312.73	44187.77
		施工机具使用费（元）			605.12	737.06	869.01	1052.39	1261.92
		企业管理费（元）			281.83	303.26	336.48	350.54	379.24
		利润（元）			220.27	237.01	262.98	273.97	296.40
		一般风险费（元）			29.82	32.09	35.61	37.09	40.13
	编码	名称	单位	单价(元)	消耗量				
人工	000700010	市政综合工	工日	115.00	9.262	9.966	11.058	11.520	12.463
材料	022500200	玻璃钢夹砂管 ϕ300	m	123.42	101.000	—	—	—	—
	022500210	玻璃钢夹砂管 ϕ400	m	169.70	—	101.000	—	—	—
	022500220	玻璃钢夹砂管 ϕ500	m	231.41	—	—	101.000	—	—
	022500230	玻璃钢夹砂管 ϕ600	m	277.69	—	—	—	101.000	—
	022500240	玻璃钢夹砂管 ϕ800	m	434.28	—	—	—	—	101.000
	020500010	橡胶圈	个	6.84	17.170	17.170	17.170	17.170	17.170
	140701500	润滑油	kg	3.58	1.330	1.490	1.830	2.160	2.820
	002000020	其他材料费	元	—	81.82	103.57	129.23	140.86	197.95
机械	990304004	汽车式起重机 8t	台班	705.33	0.710	0.850	0.990	1.250	1.500
	990401030	载重汽车 8t	台班	474.25	0.220	0.290	0.360	0.360	0.430

工作内容：下管、铺管、切管、上胶圈、对口、安装、调直、场内运输等。 计量单位：100m

定额编号					DE0589	DE0590	DE0591	DE0592	DE0593	DE0594
项目名称					玻璃钢夹砂排水管铺设(胶圈接口)					
					管外径(mm 以内)					
					ϕ1000	ϕ1200	ϕ1400	ϕ1600	ϕ1800	ϕ2000
费用	综合单价(元)				**72219.75**	**103011.61**	**131850.98**	**171642.13**	**209779.31**	**237171.95**
	其中	人工费(元)			1486.03	1539.16	1770.77	2509.76	3068.66	3625.95
		材料费(元)			68103.59	98640.26	126569.92	164761.38	201857.15	228366.15
		施工机具使用费(元)			1888.01	2063.53	2625.96	3117.62	3321.01	3369.04
		企业管理费(元)			393.20	407.26	468.55	664.08	811.97	959.43
		利润(元)			307.31	318.30	366.20	519.02	634.60	749.85
		一般风险费(元)			41.61	43.10	49.58	70.27	85.92	101.53
	编码	名称	单位	单价(元)	消耗量					
人工	000700010	市政综合工	工日	115.00	12.922	13.384	15.398	21.824	26.684	31.530
材料	022500250	玻璃钢夹砂管 ϕ1000	m	670.32	101.000	—	—	—	—	—
	022500260	玻璃钢夹砂管 ϕ1200	m	971.92	—	101.000	—	—	—	—
	022500270	玻璃钢夹砂管 ϕ1400	m	1248.08	—	—	101.000	—	—	—
	022500280	玻璃钢夹砂管 ϕ1600	m	1625.87	—	—	—	101.000	—	—
	022500290	玻璃钢夹砂管 ϕ1800	m	1993.21	—	—	—	—	101.000	—
	022500300	玻璃钢夹砂管 ϕ2000	m	2256.25	—	—	—	—	—	101.000
	020500010	橡胶圈	个	6.84	17.170	17.170	17.170	17.170	17.170	17.170
	140701500	润滑油	kg	3.58	3.490	4.150	4.980	5.640	6.310	7.100
	002000020	其他材料费	元	—	271.33	344.04	378.57	410.88	402.91	342.04
机械	990304012	汽车式起重机 12t	台班	797.85	1.980	2.200	—	—	—	—
	990304016	汽车式起重机 16t	台班	898.02	—	—	2.470	—	—	—
	990304020	汽车式起重机 20t	台班	968.56	—	—	—	2.690	2.900	2.930
	990401030	载重汽车 8t	台班	474.25	0.650	0.650	0.860	1.080	1.080	1.120

E.1.4.5 塑料管与检查井的连接

工作内容：清理墙面、配料、调制砂浆、抹面；混凝土浇捣、养生、安装(预制)、材料运输等。 计量单位：m^3

定额编号					DE0595	DE0596	DE0597	DE0598
项目名称					塑料管与检查井的连接			
					水泥砂浆	膨胀水泥砂浆	预制圈梁	现浇圈梁
费用	综合单价(元)				**2747.07**	**1368.00**	**450.01**	**740.12**
	其中	人工费(元)			1504.89	455.63	94.07	114.31
		材料费(元)			482.04	684.83	308.97	568.72
		施工机具使用费(元)			8.60	—	—	—
		企业管理费(元)			398.19	120.56	24.89	30.25
		利润(元)			311.21	94.22	19.45	23.64
		一般风险费(元)			42.14	12.76	2.63	3.20
	编码	名称	单位	单价(元)	消耗量			
人工	000700010	市政综合工	工日	115.00	13.086	3.962	0.818	0.994
材料	020901000	塑料薄膜	kg	7.26	—	—	6.500	5.584
	341100120	水	t	4.42	0.249	—	0.240	0.733
	341100400	电	kW·h	0.70	—	—	0.583	4.686
	850301030	干混商品抹灰砂浆 M10	t	271.84	1.743	—	—	—
	850101030	膨胀水泥砂浆 1:1	m^3	658.25	—	1.025	—	—
	840201040	预拌混凝土 C20	m^3	247.57	—	—	1.033	1.038
	020500720	遇水膨胀橡胶密封圈	m	7.26	—	—	—	35.300
	002000020	其他材料费	元	—	7.12	10.12	4.57	8.40
机械	990611010	干混砂浆罐式搅拌机 20000L	台班	232.40	0.037	—	—	—

E.1.4.6 中央分隔带排水

工作内容：挖沟、安放排水管、回填夯实。　　　　计量单位：10m

定额编号					DE0599	DE0600
项目名称					中央分隔带排水	
					横向	纵向
费用	综合单价（元）				**320.32**	**1398.32**
	其中	人工费（元）			62.56	387.90
		材料费（元）			226.52	816.70
		施工机具使用费（元）			—	—
		企业管理费（元）			16.55	102.64
		利润（元）			12.94	80.22
		一般风险费（元）			1.75	10.86
	编码	名称	单位	单价(元)	消耗量	
人工	000700010	市政综合工	工日	115.00	0.544	3.373
材料	040500205	碎石 5～20	t	67.96	—	0.620
	022700700	土工布	m^2	5.29	—	103.600
	171901200	透水软管 ϕ110	m	21.37	10.600	10.600

E.1.4.7 一般塑料管安装

E.1.4.7.1 粘接

工作内容：检查及清扫管材、切管、安装、粘接、调直等。　　　　计量单位：10m

定额编号					DE0601	DE0602	DE0603	DE0604
项目名称					塑料管安装(粘接)			
					管外径(mm 以内)			
					ϕ25	ϕ32	ϕ50	ϕ75
费用	综合单价（元）				**45.07**	**48.56**	**66.15**	**88.78**
	其中	人工费（元）			29.88	32.13	43.75	58.63
		材料费（元）			0.27	0.39	0.54	0.80
		施工机具使用费（元）			—	—	—	0.08
		企业管理费（元）			7.90	8.50	11.58	15.51
		利润（元）			6.18	6.64	9.05	12.12
		一般风险费（元）			0.84	0.90	1.23	1.64
	编码	名称	单位	单价(元)	消耗量			
人工	000300150	管工综合工	工日	125.00	0.239	0.257	0.350	0.469
材料	172500400	塑料管	m	—	(10.000)	(10.000)	(10.000)	(10.000)
	031392810	钢锯条	条	0.43	0.015	0.019	0.024	—
	144107900	三元乙丙粘接剂	kg	15.23	0.005	0.007	0.010	0.016
	143300300	丙酮	kg	5.13	0.008	0.010	0.015	0.023
	031340230	砂布	张	0.83	0.174	0.261	0.348	0.522
	002000020	其他材料费	元	—	—	0.01	0.01	0.01
机械	990706010	木工圆锯机 直径 500mm	台班	25.81	—	—	—	0.003

工作内容：检查及清扫管材、切管、安装、粘接、调直等。

计量单位：10m

定额编号					DE0605	DE0606	DE0607	DE0608
项目名称					塑料管安装(粘接)			
					管外径(mm以内)			
					ϕ110	ϕ125	ϕ140	ϕ160
费用	综合单价(元)				**116.91**	**133.44**	**145.80**	**167.85**
	其中	人工费(元)			77.13	88.00	96.13	110.75
		材料费(元)			1.18	1.42	1.59	1.70
		施工机具使用费(元)			0.08	0.08	0.08	0.10
		企业管理费(元)			20.41	23.28	25.43	29.30
		利润(元)			15.95	18.20	19.88	22.90
		一般风险费(元)			2.16	2.46	2.69	3.10
	编码	名称	单位	单价(元)	消耗量			
人工	000300150	管工综合工	工日	125.00	0.617	0.704	0.769	0.886
材料	172500400	塑料管	m	—	(10.000)	(10.000)	(10.000)	(10.000)
	144107900	三元乙丙粘接剂	kg	15.23	0.032	0.036	0.043	0.048
	031340230	砂布	张	0.83	0.522	0.696	0.696	0.696
	143300300	丙酮	kg	5.13	0.047	0.054	0.065	0.070
	002000020	其他材料费	元	—	0.02	0.02	0.02	0.03
机械	990706010	木工圆锯机 直径500mm	台班	25.81	0.003	0.003	0.003	0.004

E.1.4.7.2 胶圈接口

工作内容：检查及清扫管材、切管、安装、上胶圈、对口、调直等。

计量单位：10m

定额编号					DE0609	DE0610	DE0611	DE0612	DE0613	DE0614
项目名称					塑料管安装(胶圈接口)					
					管外径(mm以内)					
					ϕ100	ϕ150	ϕ200	ϕ250	ϕ300	ϕ350
费用	综合单价(元)				**99.59**	**113.15**	**142.73**	**232.15**	**278.90**	**335.06**
	其中	人工费(元)			56.38	64.25	81.25	138.25	165.00	198.25
		材料费(元)			15.05	16.81	20.90	24.86	31.50	37.80
		施工机具使用费(元)			—	—	—	—	—	—
		企业管理费(元)			14.92	17.00	21.50	36.58	43.66	52.46
		利润(元)			11.66	13.29	16.80	28.59	34.12	41.00
		一般风险费(元)			1.58	1.80	2.28	3.87	4.62	5.55
	编码	名称	单位	单价(元)	消耗量					
人工	000300150	管工综合工	工日	125.00	0.451	0.514	0.650	1.106	1.320	1.586
材料	172500400	塑料管	m	—	(10.000)	(10.000)	(10.000)	(10.000)	(10.000)	(10.000)
	020500013	橡胶圈(给水) *DN*100	个	6.86	2.060	—	—	—	—	—
	020500015	橡胶圈(给水) *DN*150	个	7.62	—	2.060	—	—	—	—
	020500017	橡胶圈(给水) *DN*200	个	9.54	—	—	2.060	—	—	—
	020500019	橡胶圈(给水) *DN*250	个	11.20	—	—	—	2.060	—	—
	020500021	橡胶圈(给水) *DN*300	个	14.33	—	—	—	—	2.060	—
	020500023	橡胶圈(给水) *DN*350	个	17.24	—	—	—	—	—	2.060
	031340230	砂布	张	0.83	0.522	0.696	0.696	1.104	1.217	1.304
	140701500	润滑油	kg	3.58	0.074	0.080	0.101	0.141	0.141	0.181
	002000020	其他材料费	元	—	0.22	0.25	0.31	0.37	0.47	0.56

工作内容:检查及清扫管材、切管、安装、上胶圈、对口、调直等。　　计量单位:10m

定额编号					DE0615	DE0616	DE0617	DE0618	DE0619	DE0620
项目名称					塑料管安装(胶圈接口)					
					管外径(mm 以内)					
					ϕ400	ϕ500	ϕ600	ϕ700	ϕ800	ϕ900
费用	综合单价(元)				**373.82**	**440.15**	**501.06**	**593.25**	**684.27**	**782.50**
	其中	人工费(元)			218.00	251.13	267.50	298.38	329.38	360.25
		材料费(元)			46.96	63.61	73.87	109.85	149.45	190.79
		施工机具使用费(元)			—	—	26.10	36.02	40.96	51.55
		企业管理费(元)			57.68	66.45	70.78	78.95	87.15	95.32
		利润(元)			45.08	51.93	55.32	61.70	68.11	74.50
		一般风险费(元)			6.10	7.03	7.49	8.35	9.22	10.09
	编码	名称	单位	单价(元)	消耗量					
人工	000300150	管工综合工	工日	125.00	1.744	2.009	2.140	2.387	2.635	2.882
材料	172500400	塑料管	m	—	(10.000)	(10.000)	(10.000)	(10.000)	(10.000)	(10.000)
	020500025	橡胶圈(给水) *DN*400	个	21.55	2.060	—	—	—	—	—
	020500029	橡胶圈(给水) *DN*500	个	29.41	—	2.060	—	—	—	—
	020500031	橡胶圈(给水)*DN*600	个	34.19	—	—	2.060	—	—	—
	020500033	橡胶圈(给水)*DN*700	个	51.28	—	—	—	2.060	—	—
	020500035	橡胶圈(给水)*DN*800	个	70.09	—	—	—	—	2.060	—
	020500037	橡胶圈(给水)*DN*900	个	89.74	—	—	—	—	—	2.060
	031340230	砂布	张	0.83	1.478	1.565	1.655	1.745	1.835	1.925
	140701500	润滑油	kg	3.58	0.181	0.221	0.271	0.321	0.371	0.421
	002000020	其他材料费	元	—	0.69	0.94	1.09	1.62	2.21	2.82
机械	990304004	汽车式起重机 8t	台班	705.33	—	—	0.037	0.043	0.050	0.063
	990401030	载重汽车 8t	台班	474.25	—	—	—	0.012	0.012	0.015

工作内容:检查及清扫管材、切管、安装、上胶圈、对口、调直等。　　计量单位:10m

定额编号					DE0621	DE0622	DE0623	DE0624	DE0625
项目名称					塑料管安装(胶圈接口)				
					管外径(mm 以内)				
					ϕ1000	ϕ1200	ϕ1500	ϕ1800	ϕ2000
费用	综合单价(元)				**892.37**	**1077.48**	**1562.72**	**1964.92**	**2179.99**
	其中	人工费(元)			396.50	415.75	432.00	468.13	504.00
		材料费(元)			235.72	378.78	807.87	1094.06	1201.59
		施工机具使用费(元)			62.14	75.32	107.10	168.94	222.70
		企业管理费(元)			104.91	110.01	114.31	123.87	133.36
		利润(元)			82.00	85.98	89.34	96.81	104.23
		一般风险费(元)			11.10	11.64	12.10	13.11	14.11
	编码	名称	单位	单价(元)	消耗量				
人工	000300150	管工综合工	工日	125.00	3.172	3.326	3.456	3.745	4.032
材料	172500400	塑料管	m	—	(10.000)	(10.000)	(10.000)	(10.000)	(10.000)
	020500039	橡胶圈(给水)*DN*1000	个	111.11	2.060	—	—	—	—
	020500043	橡胶圈(给水)*DN*1200	个	179.49	—	2.060	—	—	—
	020500049	橡胶圈(给水)*DN*1500	个	384.62	—	—	2.060	—	—
	020500055	橡胶圈(给水)*DN*1800	个	521.37	—	—	—	2.060	—
	020500057	橡胶圈 (给水) *DN*2000	个	572.65	—	—	—	—	2.060
	031340230	砂布	张	0.83	2.010	2.015	2.105	2.205	2.305
	140701500	润滑油	kg	3.58	0.470	0.490	0.520	0.570	0.630
	002000020	其他材料费	元	—	3.48	5.60	11.94	16.17	17.76
机械	990304004	汽车式起重机 8t	台班	705.33	0.076	0.092	—	—	—
	990304012	汽车式起重机 12t	台班	797.85	—	—	0.117	—	—
	990304016	汽车式起重机 16t	台班	898.02	—	—	—	0.167	0.220
	990401030	载重汽车 8t	台班	474.25	0.018	0.022	0.029	0.040	0.053

E.1.4.7.3 对接熔接

工作内容:管口切削、对口、升温、熔接等操作过程。

计量单位:10m

		定额编号			DE0626	DE0627	DE0628	DE0629	DE0630	DE0631
		项目名称			塑料管安装(对接熔接)					
					管外径(mm 以内)					
					ϕ110	ϕ125	ϕ160	ϕ200	ϕ250	ϕ315
费用		**综合单价(元)**			**44.96**	**55.53**	**70.86**	**86.22**	**113.26**	**164.80**
	其中	人工费(元)			26.13	31.88	40.50	49.13	65.00	95.00
		材料费(元)			0.17	0.29	0.36	0.42	0.68	0.76
		施工机具使用费(元)			5.62	7.45	9.77	12.13	15.12	21.59
		企业管理费(元)			6.91	8.43	10.72	13.00	17.20	25.14
		利润(元)			5.40	6.59	8.38	10.16	13.44	19.65
		一般风险费(元)			0.73	0.89	1.13	1.38	1.82	2.66
	编码	名称	单位	单价(元)	消耗量					
人工	000300150	管工综合工	工日	125.00	0.209	0.255	0.324	0.393	0.520	0.760
材料	172500400	塑料管	m	—	(10.000)	(10.000)	(10.000)	(10.000)	(10.000)	(10.000)
	143302500	三氯乙烯	kg	10.00	0.010	0.020	0.020	0.020	0.040	0.040
	022701800	破布 一级	kg	4.40	0.017	0.020	0.034	0.047	0.061	0.079
	002000020	其他材料费	元	—	—	—	0.01	0.01	0.01	0.01
机械	990911030	热熔对接焊机 直径 630mm	台班	44.60	0.126	0.167	0.219	0.272	0.339	0.484

工作内容:管口切削、对口、升温、熔接等操作过程。

计量单位:10m

		定额编号			DE0632	DE0633	DE0634	DE0635	DE0636	DE0637
		项目名称			塑料管安装(对接熔接)					
					管外径(mm 以内)					
					ϕ355	ϕ400	ϕ450	ϕ500	ϕ560	ϕ630
费用		**综合单价(元)**			**238.91**	**301.65**	**397.53**	**465.18**	**509.27**	**578.13**
	其中	人工费(元)			141.13	176.88	237.75	276.13	301.63	326.25
		材料费(元)			0.86	1.21	1.39	1.61	1.70	1.79
		施工机具使用费(元)			26.45	35.23	39.65	49.55	55.30	87.15
		企业管理费(元)			37.34	46.80	62.91	73.06	79.81	86.33
		利润(元)			29.18	36.58	49.17	57.10	62.38	67.47
		一般风险费(元)			3.95	4.95	6.66	7.73	8.45	9.14
	编码	名称	单位	单价(元)	消耗量					
人工	000300150	管工综合工	工日	125.00	1.129	1.415	1.902	2.209	2.413	2.610
材料	172500400	塑料管	m	—	(10.000)	(10.000)	(10.000)	(10.000)	(10.000)	(10.000)
	143302500	三氯乙烯	kg	10.00	0.040	0.060	0.060	0.060	0.063	0.066
	022701800	破布 一级	kg	4.40	0.103	0.133	0.174	0.226	0.237	0.249
	002000020	其他材料费	元	—	0.01	0.02	0.02	0.02	0.03	0.03
机械	990304004	汽车式起重机 8t	台班	705.33	—	—	—	—	—	0.037
	990911030	热熔对接焊机 直径 630mm	台班	44.60	0.593	0.790	0.889	1.111	1.240	1.369

E.1.4.7.4 电熔管件熔接

工作内容：管口切削、上电熔管件、升温、熔接等操作过程。 **计量单位**：10m

定额编号					DE0638	DE0639	DE0640	DE0641	DE0642	DE0643
项目名称					塑料管安装(电熔管件熔接)					
					管外径(mm 以内)					
					ϕ110	ϕ125	ϕ160	ϕ200	ϕ250	ϕ315
费用	综合单价(元)				**44.48**	**54.06**	**69.65**	**83.40**	**108.85**	**134.26**
	其中	人工费(元)			24.88	30.25	39.00	47.25	64.13	81.00
		材料费(元)			2.69	2.71	2.77	2.83	2.96	3.08
		施工机具使用费(元)			4.49	5.99	8.40	9.73	9.73	9.73
		企业管理费(元)			6.58	8.00	10.32	12.50	16.97	21.43
		利润(元)			5.14	6.26	8.07	9.77	13.26	16.75
		一般风险费(元)			0.70	0.85	1.09	1.32	1.80	2.27
	编码	名称	单位	单价(元)	消耗量					
人工	000300150	管工综合工	工日	125.00	0.199	0.242	0.312	0.378	0.513	0.648
材料	172500400	塑料管	m	—	(10.000)	(10.000)	(10.000)	(10.000)	(10.000)	(10.000)
	180913500	电熔套筒	个	2.56	1.000	1.000	1.000	1.000	1.000	1.000
	143302500	三氯乙烯	kg	10.00	0.002	0.002	0.002	0.002	0.003	0.003
	022701800	破布 一级	kg	4.40	0.017	0.020	0.034	0.047	0.074	0.101
	002000020	其他材料费	元	—	0.04	0.04	0.04	0.04	0.04	0.05
机械	990920010	电熔焊接机 DRH－160A	台班	35.89	0.125	0.167	0.234	0.271	0.271	0.271

工作内容：管口切削、上电熔管件、升温、熔接等操作过程。 **计量单位**：10m

定额编号					DE0644	DE0645	DE0646	DE0647
项目名称					塑料管安装(电熔管件熔接)			
					管外径(mm 以内)			
					ϕ400	ϕ500	ϕ600	ϕ700
费用	综合单价(元)				**163.25**	**188.50**	**244.22**	**279.38**
	其中	人工费(元)			97.75	114.50	131.25	148.00
		材料费(元)			3.20	3.32	3.45	3.58
		施工机具使用费(元)			13.49	13.49	43.97	53.89
		企业管理费(元)			25.86	30.30	34.73	39.16
		利润(元)			20.21	23.68	27.14	30.61
		一般风险费(元)			2.74	3.21	3.68	4.14
	编码	名称	单位	单价(元)	消耗量			
人工	000300150	管工综合工	工日	125.00	0.782	0.916	1.050	1.184
材料	172500400	塑料管	m	—	(10.000)	(10.000)	(10.000)	(10.000)
	180913500	电熔套筒	个	2.56	1.000	1.000	1.000	1.000
	143302500	三氯乙烯	kg	10.00	0.003	0.003	0.004	0.004
	022701800	破布 一级	kg	4.40	0.128	0.155	0.182	0.212
	002000020	其他材料费	元	—	0.05	0.05	0.05	0.05
机械	990304004	汽车式起重机 8t	台班	705.33	—	—	0.037	0.043
	990401030	载重汽车 8t	台班	474.25	—	—	—	0.012
	990920010	电熔焊接机 DRH－160A	台班	35.89	0.376	0.376	0.498	0.498

工作内容：管口切削、上电熔管件、升温、熔接等操作过程。

计量单位：10m

定额编号					DE0648	DE0649	DE0650	DE0651
项目名称					塑料管安装(电熔管件熔接)			
					管外径(mm 以内)			
					ϕ800	ϕ900	ϕ1000	ϕ1200
费用	综合单价（元）				**309.38**	**349.43**	**384.83**	**422.86**
	其中	人工费（元）			164.63	181.25	197.75	214.25
		材料费（元）			3.71	3.86	3.94	4.03
		施工机具使用费（元）			58.83	73.80	84.39	97.58
		企业管理费（元）			43.56	47.96	52.32	56.69
		利润（元）			34.04	37.48	40.89	44.31
		一般风险费（元）			4.61	5.08	5.54	6.00
	编码	名称	单位	单价(元)	消耗量			
人工	000300150	管工综合工	工日	125.00	1.317	1.450	1.582	1.714
材料	172500400	塑料管	m	—	(10.000)	(10.000)	(10.000)	(10.000)
	180913500	电熔套筒	个	2.56	1.000	1.000	1.000	1.000
	143302500	三氯乙烯	kg	10.00	0.004	0.004	0.004	0.004
	022701800	破布 一级	kg	4.40	0.242	0.272	0.292	0.312
	002000020	其他材料费	元	—	0.05	0.06	0.06	0.06
机械	990304004	汽车式起重机 8t	台班	705.33	0.050	0.063	0.076	0.092
	990401030	载重汽车 8t	台班	474.25	0.012	0.015	0.018	0.022
	990920010	电熔焊接机 DRH－160A	台班	35.89	0.498	0.620	0.620	0.620

E.1.4.7.5 电熔连接

工作内容：管口切削、清理管口、组对、上电熔管件、升温、熔接等操作过程。

计量单位：10m

定额编号					DE0652	DE0653	DE0654	DE0655	DE0656
项目名称					塑料管安装(电熔连接)				
					管外径(mm 以内)				
					ϕ160	ϕ200	ϕ315	ϕ400	ϕ500
费用	综合单价（元）				**53.68**	**63.56**	**87.53**	**113.30**	**144.34**
	其中	人工费（元）			30.50	35.75	47.50	60.88	76.25
		材料费（元）			0.13	0.23	0.52	0.95	1.79
		施工机具使用费（元）			7.82	9.73	15.79	21.07	28.21
		企业管理费（元）			8.07	9.46	12.57	16.11	20.18
		利润（元）			6.31	7.39	9.82	12.59	15.77
		一般风险费（元）			0.85	1.00	1.33	1.70	2.14
	编码	名称	单位	单价(元)	消耗量				
人工	000300150	管工综合工	工日	125.00	0.244	0.286	0.380	0.487	0.610
材料	172500400	塑料管	m	—	(10.000)	(10.000)	(10.000)	(10.000)	(10.000)
	022701800	破布 一级	kg	4.40	0.025	0.047	0.108	0.206	0.392
	143302500	三氯乙烯	kg	10.00	0.002	0.002	0.003	0.003	0.004
	002000020	其他材料费	元	—	—	—	0.01	0.01	0.03
机械	990920010	电熔焊接机 DRH－160A	台班	35.89	0.218	0.271	0.440	0.587	0.786

工作内容:管口切削、清理管口、组对、上电熔管件、升温、熔接等操作过程。 **计量单位**:10m

		定额编号			DE0657	DE0658	DE0659	DE0660	DE0661	DE0662
		项目名称			塑料管安装(电熔连接)					
					管外径(mm以内)					
					ϕ600	ϕ700	ϕ800	ϕ900	ϕ1000	ϕ1200
费用		**综合单价(元)**			**223.79**	**260.49**	**290.87**	**328.16**	**365.06**	**404.54**
	其中	人工费(元)			106.50	119.00	130.63	143.13	155.38	167.63
		材料费(元)			2.63	3.47	4.31	5.08	5.85	6.61
		施工机具使用费(元)			61.48	78.59	90.70	108.47	126.24	146.60
		企业管理费(元)			28.18	31.49	34.56	37.87	41.11	44.35
		利润(元)			22.02	24.61	27.01	29.60	32.13	34.66
		一般风险费(元)			2.98	3.33	3.66	4.01	4.35	4.69
	编码	名称	单位	单价(元)	消耗量					
人工	000300150	管工综合工	工日	125.00	0.852	0.952	1.045	1.145	1.243	1.341
材料	172500400	塑料管	m	—	(10.000)	(10.000)	(10.000)	(10.000)	(10.000)	(10.000)
	022701800	破布 一级	kg	4.40	0.578	0.764	0.951	1.119	1.288	1.457
	143302500	三氯乙烯	kg	10.00	0.005	0.006	0.007	0.008	0.009	0.010
	002000020	其他材料费	元	—	0.04	0.05	0.06	0.08	0.09	0.10
机械	990304004	汽车式起重机 8t	台班	705.33	0.037	0.043	0.050	0.063	0.076	0.092
	990401030	载重汽车 8t	台班	474.25	—	0.012	0.012	0.015	0.018	0.022
	990920010	电熔焊接机 DRH−160A	台班	35.89	0.986	1.186	1.386	1.586	1.786	1.986

工作内容:管口切削、清理管口、组对、上电熔管件、升温、熔接等操作过程。 **计量单位**:10m

		定额编号			DE0663	DE0664	DE0665	DE0666	DE0667
		项目名称			塑料管安装(电熔连接)				
					管外径(mm以内)				
					ϕ1500	ϕ1800	ϕ2000	ϕ2500	ϕ3000
费用		**综合单价(元)**			**450.69**	**517.48**	**586.35**	**649.38**	**685.09**
	其中	人工费(元)			179.13	191.38	203.63	215.75	227.25
		材料费(元)			7.37	8.13	8.62	9.33	10.03
		施工机具使用费(元)			174.73	222.39	272.41	316.55	334.32
		企业管理费(元)			47.40	50.64	53.88	57.09	60.13
		利润(元)			37.04	39.58	42.11	44.62	47.00
		一般风险费(元)			5.02	5.36	5.70	6.04	6.36
	编码	名称	单位	单价(元)	消耗量				
人工	000300150	管工综合工	工日	125.00	1.433	1.531	1.629	1.726	1.818
材料	172500400	塑料管	m	—	(10.000)	(10.000)	(10.000)	(10.000)	(10.000)
	022701800	破布 一级	kg	4.40	1.626	1.793	1.901	2.056	2.212
	143302500	三氯乙烯	kg	10.00	0.011	0.012	0.013	0.014	0.015
	002000020	其他材料费	元	—	0.11	0.12	0.13	0.14	0.15
机械	990304004	汽车式起重机 8t	台班	705.33	0.117	0.167	0.219	0.264	0.277
	990401030	载重汽车 8t	台班	474.25	0.029	0.040	0.053	0.064	0.067
	990920010	电熔焊接机 DRH−160A	台班	35.89	2.186	2.386	2.586	2.786	2.986

E.1.5 顶管(编码:040501012)

E.1.5.1 接收坑支撑安拆

工作内容:备料、场内运输、支撑安拆、整理、指定地点堆放等。 **计量单位:**每坑

		定额编号			DE0668	DE0669	DE0670	DE0671
		项目名称			接收坑支撑安拆			
					坑深 4m		坑深 6m	
					管径(mm)			
					ϕ800~1400	ϕ1600~2400	ϕ800~1400	ϕ1600~2400
费用		**综合单价(元)**			**3907.24**	**5201.44**	**5104.76**	**6740.76**
	其中	人工费(元)			1093.77	1590.91	1427.96	2143.60
		材料费(元)			720.18	741.21	787.93	844.93
		施工机具使用费(元)			822.92	1091.45	1168.16	1402.12
		企业管理费(元)			859.63	1203.04	1164.36	1590.26
		利润(元)			381.99	534.59	517.41	706.66
		一般风险费(元)			28.75	40.24	38.94	53.19
	编码	名称	单位	单价(元)	消耗量			
人工	000700010	市政综合工	工日	115.00	9.511	13.834	12.417	18.640
材料	050100500	原木	m^3	982.30	0.015	0.017	0.020	0.022
	050302560	板枋材	m^3	1111.11	0.047	0.050	0.053	0.055
	330104800	槽型钢板桩	t	2307.69	0.076	0.076	0.076	0.076
	350900500	铁撑板	t	3888.89	0.010	0.010	0.010	0.010
	170700200	热轧无缝钢管 综合	kg	3.68	12.552	12.552	12.552	12.552
	182700500	套筒钢管支撑设备	kg	4.70	9.610	13.150	16.690	20.780
	330105400	方钢支撑 20a 槽钢对焊	t	3076.92	0.020	0.022	0.025	0.030
	122100850	钢管栏杆	kg	2.74	63.000	63.000	63.000	63.000
	031350010	低碳钢焊条 综合	kg	4.19	9.560	11.060	12.810	14.750
	330103000	铁簸箕 0.2×0.2×0.16	kg	1.97	14.700	17.640	20.580	23.520
	010302020	镀锌铁丝 22#	kg	3.08	4.020	4.740	5.210	6.600
	030124895	精制六角带帽螺栓 >M12	kg	5.66	5.660	1.887	1.887	1.887
机械	990302005	履带式起重机 5t	台班	479.40	1.672	2.220	2.220	2.671
	990904040	直流弧焊机 32kV·A	台班	89.62	0.072	0.080	0.920	1.060
	990316010	立式油压千斤顶 100t	台班	10.21	1.460	1.960	2.100	2.610

E.1.5.2 顶进后座及坑内平台安拆

工作内容:1.枋木后座:安拆顶进后座、安拆人工操作平台及千斤顶平台、清理现场等。
2.钢筋混凝土后座:模板制、安、拆,钢筋除锈、制作、安装,混凝土、浇捣、养护,安拆钢板后靠,搭拆人工操作平台及千斤顶平台,拆除混凝土后座,清理现场等。

定额编号					DE0672	DE0673	DE0674	DE0675
项目名称					顶进后座及坑内平台安拆			
					每坑管径(mm)			钢筋混凝土后座
					ϕ800～1200	ϕ1400～1800	ϕ2000～2400	
单位					套			10m³
费用	综合单价(元)				**4370.44**	**6915.62**	**9366.83**	**18439.09**
	其中	人工费(元)			1042.71	1641.51	2058.16	4002.35
		材料费(元)			714.45	773.27	1047.27	4385.46
		施工机具使用费(元)			1155.99	2052.47	2945.18	4449.44
		企业管理费(元)			986.11	1656.75	2244.00	3790.62
		利润(元)			438.20	736.21	997.17	1684.44
		一般风险费(元)			32.98	55.41	75.05	126.78
	编码	名称	单位	单价(元)	消耗量			
人工	000700010	市政综合工	工日	115.00	9.067	14.274	17.897	34.803
材料	012900059	钢板 $\delta \geqslant 30$	t	3102.56	0.149	0.149	0.203	0.181
	350100030	木模板	m³	1581.20	0.002	0.004	0.005	0.153
	050302650	枕木	m³	683.76	0.182	0.255	0.346	0.096
	840201040	预拌混凝土 C20	m³	247.57	—	—	—	10.150
	040500205	碎石 5～20	t	67.96	1.510	1.510	2.050	—
	030190910	扒钉	kg	3.83	0.467	0.935	1.403	0.940
	010302020	镀锌铁丝 22#	kg	3.08	—	—	—	0.880
	133301600	石油沥青油毡 350g	m²	2.99	—	—	—	22.230
	030190010	圆钉综合	kg	6.60	—	—	—	4.650
	010100315	钢筋 ϕ10 以外	t	2960.00	—	—	—	0.290
	020900900	塑料薄膜	m²	0.45	—	—	—	4.200
	350900500	铁撑板	t	3888.89	0.005	0.006	0.007	0.005
	341100400	电	kW·h	0.70	—	—	—	5.280
	341100100	水	m³	4.42	—	—	—	1.972
	002000020	其他材料费	元	—	0.71	0.77	1.05	7.88
机械	990904040	直流弧焊机 32kV·A	台班	89.62	—	—	—	3.320
	990304004	汽车式起重机 8t	台班	705.33	0.980	1.740	—	4.500
	990304012	汽车式起重机 12t	台班	797.85	—	—	2.230	—
	990401030	载重汽车 8t	台班	474.25	0.980	1.740	—	1.958
	990401035	载重汽车 10t	台班	522.86	—	—	2.230	—
	990129010	风动凿岩机 手持式	台班	12.25	—	—	—	3.320
	990701010	钢筋调直机 14mm	台班	36.89	—	—	—	0.110
	990702010	钢筋切断机 40mm	台班	41.85	—	—	—	0.110

E.1.5.3 中继间安拆

工作内容:安装、吊卸中继间,装油泵、油管,接缝防水,拆除中继间内的全部设备,吊出井口等。 **计量单位**:套

			定额编号			DE0676	DE0677	DE0678	DE0679	DE0680
			项目名称			中继间安拆				
						管径(mm 以内)				
						ϕ800	ϕ1000	ϕ1200	ϕ1400	ϕ1600
费用			**综合单价(元)**			**10173.23**	**11639.35**	**13799.76**	**17488.19**	**23676.84**
	其中		人工费(元)			341.21	351.33	558.67	614.91	685.06
			材料费(元)			7360.40	8809.68	9850.05	13113.64	18612.76
			施工机具使用费(元)			1350.42	1350.42	1816.67	2015.93	2360.46
			企业管理费(元)			758.69	763.23	1065.34	1179.93	1365.91
			利润(元)			337.14	339.16	473.40	524.32	606.97
			一般风险费(元)			25.37	25.53	35.63	39.46	45.68
	编码		名称	单位	单价(元)	消耗量				
人工	000700010		市政综合工	工日	115.00	2.967	3.055	4.858	5.347	5.957
材料	012901680		热轧厚钢板 10~20	kg	3.08	669.000	862.000	950.000	1510.000	1880.000
	183102900		中继间 ϕ800	套	5299.14	1.000	—	—	—	—
	183103000		中继间 ϕ1000	套	6153.84	—	1.000	—	—	—
	183103100		中继间 ϕ1200	套	6923.07	—	—	1.000	—	—
	183103200		中继间 ϕ1400	套	8461.53	—	—	—	1.000	—
	183103300		中继间 ϕ1600	套	12820.50	—	—	—	—	1.000
	002000020		其他材料费	元	—	0.74	0.88	0.98	1.31	1.86
机械	990304004		汽车式起重机 8t	台班	705.33	0.717	0.717	0.964	1.070	—
	990304012		汽车式起重机 12t	台班	797.85	—	—	—	—	1.194
	990401030		载重汽车 8t	台班	474.25	0.726	0.726	0.977	1.084	1.210
	991236010		油泵车	台班	689.24	0.726	0.726	0.977	1.084	1.210

工作内容:安装、吊卸中继间,装油泵、油管,接缝防水,拆除中继间内的全部设备,吊出井口等。 **计量单位**:套

		定额编号			DE0681	DE0682	DE0683	DE0684
		项目名称			中继间安拆			
					管径(mm 以内)			
					ϕ1800	ϕ2000	ϕ2200	ϕ2400
费用		**综合单价(元)**			**27414.60**	**31337.24**	**36109.93**	**38420.90**
	其中	人工费(元)			851.12	1111.02	1189.56	1278.69
		材料费(元)			21116.28	23626.73	27626.20	29011.26
		施工机具使用费(元)			2936.66	3526.04	3912.52	4380.23
		企业管理费(元)			1698.82	2079.72	2288.28	2538.02
		利润(元)			754.90	924.17	1016.84	1127.82
		一般风险费(元)			56.82	69.56	76.53	84.88
	编码	名称	单位	单价(元)	消耗量			
人工	000700010	市政综合工	工日	115.00	7.401	9.661	10.344	11.119
材料	012901680	热轧厚钢板 10~20	kg	3.08	2554.000	2925.000	3624.000	3724.000
	183103400	中继间 ϕ1800	套	13247.85	1.000	—	—	—
	183103500	中继间 ϕ2000	套	14615.37	—	1.000	—	—
	183103550	中继间 ϕ2200	套	16461.52	—	—	1.000	—
	183103600	中继间 ϕ2400	套	17538.44	—	—	—	1.000
	002000020	其他材料费	元	—	2.11	2.36	2.76	2.90
机械	990304012	汽车式起重机 12t	台班	797.85	1.486	—	—	—
	990304016	汽车式起重机 16t	台班	898.02	—	1.698	—	—
	990304020	汽车式起重机 20t	台班	968.56	—	—	1.822	—
	990304028	汽车式起重机 30t	台班	1062.16	—	—	—	1.955
	990401030	载重汽车 8t	台班	474.25	1.505	1.720	1.846	1.980
	991236010	油泵车	台班	689.24	1.505	1.720	1.846	1.980

E.1.5.4 **顶进触变泥浆减阻**

工作内容:安拆操作机械、取料、拌浆、压浆、清理等。 **计量单位**:10m

定额编号					DE0685	DE0686	DE0687	DE0688	DE0689
项目名称					顶进触变泥浆减阻				
					管径(mm 以内)				
					ϕ800	ϕ1000	ϕ1200	ϕ1400	ϕ1600
费用	综合单价(元)				**3570.79**	**4312.45**	**4915.21**	**5529.29**	**6703.79**
	其中	人工费(元)			266.92	320.28	361.79	404.80	469.55
		材料费(元)			457.49	573.12	688.73	794.29	1206.52
		施工机具使用费(元)			1605.41	1928.54	2179.99	2442.81	2836.49
		企业管理费(元)			839.74	1008.59	1139.99	1277.15	1482.75
		利润(元)			373.15	448.19	506.58	567.53	658.89
		一般风险费(元)			28.08	33.73	38.13	42.71	49.59
	编码	名称	单位	单价(元)	消耗量				
人工	000700010	市政综合工	工日	115.00	2.321	2.785	3.146	3.520	4.083
材料	040900420	膨润土 200 目	kg	0.09	101.250	126.630	152.250	175.500	266.630
	341100100	水	m^3	4.42	0.771	0.970	1.160	1.337	2.031
	850401140	触变泥浆	m^3	481.55	0.910	1.140	1.370	1.580	2.400
	002000020	其他材料费	元	—	6.76	8.47	10.18	11.74	17.83
机械	991113010	泥浆制作循环设备	台班	1137.78	1.411	1.695	1.916	2.147	2.493

工作内容:安拆操作机械、取料、拌浆、压浆、清理等。

定额编号					DE0690	DE0691	DE0692	DE0693	DE0694
项目名称					顶进触变泥浆减阻				
					管径(mm 以内)				压浆孔制作与封孔
					ϕ1800	ϕ2000	ϕ2200	ϕ2400	
单位					10m				只
费用	综合单价(元)				**7529.13**	**8650.53**	**10240.59**	**11974.53**	**124.46**
	其中	人工费(元)			527.39	610.08	734.16	866.30	42.55
		材料费(元)			1347.29	1493.09	1633.85	1789.68	36.77
		施工机具使用费(元)			3190.34	3694.37	4441.89	5258.82	10.19
		企业管理费(元)			1667.40	1930.54	2321.46	2747.11	23.65
		利润(元)			740.94	857.88	1031.59	1220.74	10.51
		一般风险费(元)			55.77	64.57	77.64	91.88	0.79
	编码	名称	单位	单价(元)	消耗量				
人工	000700010	市政综合工	工日	115.00	4.586	5.305	6.384	7.533	0.370
材料	040900420	膨润土 200 目	kg	0.09	297.750	330.000	361.130	395.500	—
	142100510	环氧树脂 E44	kg	23.50	—	—	—	—	1.010
	180309000	镀锌外接头 *DN*50	个	6.41	—	—	—	—	1.000
	180309450	镀锌丝堵 *DN*50(堵头)	个	4.87	—	—	—	—	1.000
	341100100	水	m^3	4.42	2.269	2.514	2.751	3.013	—
	850401140	触变泥浆	m^3	481.55	2.680	2.970	3.250	3.560	—
	002000020	其他材料费	元	—	19.91	22.07	24.15	26.45	1.75
机械	990129010	风动凿岩机 手持式	台班	12.25	—	—	—	—	0.160
	991003030	电动空气压缩机 $1m^3/min$	台班	51.10	—	—	—	—	0.161
	991113010	泥浆制作循环设备	台班	1137.78	2.804	3.247	3.904	4.622	—

E.1.5.5 顶管顶进

E.1.5.5.1 混凝土管顶进土方

工作内容：下管、固定胀圈，安、拆、换顶铁，挖、运、吊土，顶进，纠偏等。

计量单位：10m

		定额编号			DE0695	DE0696	DE0697	DE0698	DE0699	DE0700
		项目名称			顶管顶进(混凝土管顶进土方)					
					管径(mm 以内)					
					ϕ800	ϕ1000	ϕ1100	ϕ1200	ϕ1350	ϕ1500
费用		**综合单价(元)**			**10542.93**	**12495.48**	**13389.60**	**14581.46**	**15885.23**	**18105.43**
	其中	人工费(元)			3461.39	3526.82	3600.77	3670.11	3830.88	3999.82
		材料费(元)			1401.90	2716.24	3241.93	3942.93	4556.17	5607.67
		施工机具使用费(元)			2035.98	2354.37	2501.99	2727.85	2982.36	3516.27
		企业管理费(元)			2465.57	2637.71	2737.09	2869.49	3055.74	3370.97
		利润(元)			1095.63	1172.12	1216.28	1275.11	1357.88	1497.96
		一般风险费(元)			82.46	88.22	91.54	95.97	102.20	112.74
	编码	名称	单位	单价(元)	消耗量					
人工	000700010	市政综合工	工日	115.00	30.099	30.668	31.311	31.914	33.312	34.781
材料	172901000	加强钢筋混凝土管 ϕ800	m	136.75	10.100	—	—	—	—	—
	172901005	加强钢筋混凝土管 ϕ1000	m	264.96	—	10.100	—	—	—	—
	172901010	加强钢筋混凝土管 ϕ1100	m	316.24	—	—	10.100	—	—	—
	172901015	加强钢筋混凝土管 ϕ1200	m	384.62	—	—	—	10.100	—	—
	172901020	加强钢筋混凝土管 ϕ1350	m	444.44	—	—	—	—	10.100	—
	172901025	加强钢筋混凝土管 ϕ1500	m	547.01	—	—	—	—	—	10.100
	002000020	其他材料费	元	—	20.72	40.14	47.91	58.27	67.33	82.87
机械	990304004	汽车式起重机 8t	台班	705.33	0.797	0.964	—	—	—	—
	990304012	汽车式起重机 12t	台班	797.85	—	—	0.982	—	—	—
	990304016	汽车式起重机 16t	台班	898.02	—	—	—	1.079	1.141	—
	990304020	汽车式起重机 20t	台班	968.56	—	—	—	—	—	1.424
	990504010	电动卷扬机 双筒慢速 牵引 30kN	台班	196.61	3.247	3.689	3.786	3.875	3.963	4.326
	990811010	高压油泵 压力 50MPa	台班	106.91	3.247	3.689	3.786	3.875	3.963	4.326
	990316020	立式油压千斤顶 200t	台班	11.50	6.493	7.374	7.572	7.749	7.926	8.652
	991121010	人工挖土法顶管设备 管径 1200mm	台班	127.39	3.247	3.689	3.786	3.875	—	—
	991121020	人工挖土法顶管设备 管径 1650mm	台班	167.48	—	—	—	—	3.963	4.326

工作内容：下管、固定胀圈，安、拆、换顶铁，挖、运、吊土，顶进，纠偏等。　　　　计量单位：10m

定额编号					DE0701	DE0702	DE0703	DE0704	DE0705
项目名称					顶管顶进(混凝土管顶进土方)				
					管径(mm 以内)				
					ϕ1650	ϕ1800	ϕ2000	ϕ2200	ϕ2400
费用	综合单价(元)				**19893.58**	**22776.94**	**25948.71**	**29203.69**	**37443.66**
	其中	人工费(元)			4159.09	4402.09	4897.74	5389.25	5903.53
		材料费(元)			6659.07	7973.41	9024.80	10076.30	12266.74
		施工机具使用费(元)			3800.08	4500.69	5280.22	6113.87	9237.75
		企业管理费(元)			3569.69	3992.89	4564.81	5159.15	6790.86
		利润(元)			1586.26	1774.32	2028.47	2292.57	3017.66
		一般风险费(元)			119.39	133.54	152.67	172.55	227.12
	编码	名称	单位	单价(元)	消耗量				
人工	000700010	市政综合工	工日	115.00	36.166	38.279	42.589	46.863	51.335
材料	172901030	加强钢筋混凝土管 ϕ1650	m	649.57	10.100	—	—	—	—
	172901035	加强钢筋混凝土管 ϕ1800	m	777.78	—	10.100	—	—	—
	172901040	加强钢筋混凝土管 ϕ2000	m	880.34	—	—	10.100	—	—
	172901045	加强钢筋混凝土管 ϕ2200	m	982.91	—	—	—	10.100	—
	172901050	加强钢筋混凝土管 ϕ2400	m	1196.58	—	—	—	—	10.100
	002000020	其他材料费	元	—	98.41	117.83	133.37	148.91	181.28
机械	990304020	汽车式起重机 20t	台班	968.56	1.530	—	—	—	—
	990304032	汽车式起重机 32t	台班	1190.79	—	1.601	—	—	—
	990304036	汽车式起重机 40t	台班	1456.19	—	—	1.743	2.088	—
	990304040	汽车式起重机 50t	台班	2390.17	—	—	—	—	2.459
	990504010	电动卷扬机 双筒慢速 牵引 30kN	台班	196.61	4.494	4.653	4.918	5.396	5.900
	990811010	高压油泵 压力 50MPa	台班	106.91	4.494	4.653	4.918	5.396	5.900
	990316020	立式油压千斤顶 200t	台班	11.50	8.988	9.306	9.837	—	—
	990316030	立式油压千斤顶 300t	台班	16.48	—	—	—	10.792	11.792
	991121020	人工挖土法顶管设备 管径 1650mm	台班	167.48	5.080	—	—	—	—
	991121030	人工挖土法顶管设备 管径 2000mm	台班	204.36	—	5.260	5.560	—	—
	991121040	人工挖土法顶管设备 管径 2460mm	台班	206.18	—	—	—	6.100	6.670

E.1.5.5.2 混凝土管顶进较软岩

工作内容：下管、固定胀圈，安、拆、换顶铁，人工凿、装、运石渣，顶进，测量，纠偏等。

计量单位：10m

定额编号					DE0706	DE0707	DE0708	DE0709	DE0710	DE0711
项目名称					混凝土管顶进较软岩					
					管径(mm 以内)					
					ϕ800	ϕ1000	ϕ1100	ϕ1200	ϕ1350	ϕ1500
费用	综合单价（元）				**20840.36**	**25097.53**	**26283.23**	**27615.93**	**30519.99**	**35272.43**
	其中	人工费（元）			6947.73	7085.04	7222.81	7351.95	7680.51	8016.31
		材料费（元）			1401.90	2716.24	3241.93	3942.93	4556.17	5607.67
		施工机具使用费（元）			4742.47	6374.96	6634.12	6884.88	7934.01	9823.94
		企业管理费（元）			5243.05	6036.81	6214.83	6385.22	7003.11	8001.35
		利润（元）			2329.86	2682.58	2761.69	2837.40	3111.97	3555.56
		一般风险费（元）			175.35	201.90	207.85	213.55	234.22	267.60
	编码	名称	单位	单价(元)	消耗量					
人工	000700010	市政综合工	工日	115.00	60.415	61.609	62.807	63.930	66.787	69.707
材料	172901000	加强钢筋混凝土管 ϕ800	m	136.75	10.100	—	—	—	—	—
	172901005	加强钢筋混凝土管 ϕ1000	m	264.96	—	10.100	—	—	—	—
	172901010	加强钢筋混凝土管 ϕ1100	m	316.24	—	—	10.100	—	—	—
	172901015	加强钢筋混凝土管 ϕ1200	m	384.62	—	—	—	10.100	—	—
	172901020	加强钢筋混凝土管 ϕ1350	m	444.44	—	—	—	—	10.100	—
	172901025	加强钢筋混凝土管 ϕ1500	m	547.01	—	—	—	—	—	10.100
	002000020	其他材料费	元	—	20.72	40.14	47.91	58.27	67.33	82.87
机械	990304001	汽车式起重机 5t	台班	473.39	3.255	—	—	—	—	—
	990304004	汽车式起重机 8t	台班	705.33	—	3.881	4.112	4.344	—	—
	990304012	汽车式起重机 12t	台班	797.85	—	—	—	—	4.593	—
	990304016	汽车式起重机 16t	台班	898.02	—	—	—	—	—	5.750
	990811010	高压油泵 压力 50MPa	台班	106.91	7.386	8.392	8.614	8.815	9.016	9.841
	990316020	立式油压千斤顶 200t	台班	11.50	14.772	16.784	17.227	17.630	18.032	19.682
	990504010	电动卷扬机 双筒慢速 牵引 30kN	台班	196.61	6.618	7.519	7.718	7.898	8.078	8.818
	991121010	人工挖土法顶管设备 管径 1200mm	台班	127.39	7.386	8.392	8.614	8.815	—	—
	991121020	人工挖土法顶管设备 管径 1650mm	台班	167.48	—	—	—	—	9.016	9.841

工作内容：下管、固定胀圈，安、拆、换顶铁，人工凿、装、运、石渣，顶进，测量、纠偏等。 计量单位：10m

定额编号					DE0712	DE0713	DE0714	DE0715	DE0716
项目名称					混凝土管顶进较软岩				
					管径(mm 以内)				
					ϕ1650	ϕ1800	ϕ2000	ϕ2200	ϕ2400
费用	综合单价（元）				**37763.45**	**41998.39**	**48748.82**	**59062.06**	**82905.63**
	其中	人工费（元）			8333.48	8817.63	9805.59	10788.04	11814.64
		材料费（元）			6659.07	7973.41	9024.80	10076.30	12266.74
		施工机具使用费（元）			10372.55	11644.83	14084.25	18671.76	30667.25
		企业管理费（元）			8389.65	9177.41	10714.59	13212.72	19053.13
		利润（元）			3728.11	4078.17	4761.24	5871.34	8466.64
		一般风险费（元）			280.59	306.94	358.35	441.90	637.23
	编码	名称	单位	单价(元)	消耗量				
人工	000700010	市政综合工	工日	115.00	72.465	76.675	85.266	93.809	102.736
材料	172901030	加强钢筋混凝土管 ϕ1650	m	649.57	10.100	—	—	—	—
	172901035	加强钢筋混凝土管 ϕ1800	m	777.78	—	10.100	—	—	—
	172901040	加强钢筋混凝土管 ϕ2000	m	880.34	—	—	10.100	—	—
	172901045	加强钢筋混凝土管 ϕ2200	m	982.91	—	—	—	10.100	—
	172901050	加强钢筋混凝土管 ϕ2400	m	1196.58	—	—	—	—	10.100
	002000020	其他材料费	元	—	98.41	117.83	133.37	148.91	181.28
机械	990304016	汽车式起重机 16t	台班	898.02	6.159	—	—	—	—
	990304020	汽车式起重机 20t	台班	968.56	—	6.444	—	—	—
	990304032	汽车式起重机 32t	台班	1190.79	—	—	7.014	—	—
	990304036	汽车式起重机 40t	台班	1456.19	—	—	—	8.420	—
	990304040	汽车式起重机 50t	台班	2390.17	—	—	—	—	9.898
	990316020	立式油压千斤顶 200t	台班	11.50	20.447	21.172	22.379	—	—
	990316030	立式油压千斤顶 300t	台班	16.48	—	—	—	24.553	26.827
	990504010	电动卷扬机 双筒慢速 牵引 30kN	台班	196.61	9.161	9.485	10.026	10.999	12.027
	990811010	高压油泵 压力 50MPa	台班	106.91	10.224	10.586	11.190	12.276	13.423
	991121020	人工挖土法顶管设备 管径 1650mm	台班	167.48	10.224	—	—	—	—
	991121030	人工挖土法顶管设备 管径 2000mm	台班	204.36	—	10.586	—	—	—
	991121040	人工挖土法顶管设备 管径 2460mm	台班	206.18	—	—	11.190	12.276	13.423

E.1.5.5.3 混凝土管顶进较硬岩

工作内容:下管、固定胀圈,安、拆、换顶铁,人工凿、装、运石渣,顶进,测量、纠偏等。

计量单位:10m

		定额编号			DE0717	DE0718	DE0719	DE0720	DE0721	DE0722
		项目名称			混凝土管顶进较硬岩					
					管径(mm 以内)					
					ϕ800	ϕ1000	ϕ1100	ϕ1200	ϕ1350	ϕ1500
费用		综合单价(元)			**39363.49**	**46471.67**	**48291.54**	**50231.47**	**55346.23**	**63681.76**
	其中	人工费(元)			13466.96	13732.84	13999.30	14249.19	14885.60	15536.04
		材料费(元)			1401.90	2716.24	3241.93	3942.93	4556.17	5607.67
		施工机具使用费(元)			9362.96	12581.47	13093.32	13588.52	15659.30	19389.44
		企业管理费(元)			10239.22	11801.97	12151.04	12485.21	13699.39	15664.08
		利润(元)			4550.00	5244.44	5399.56	5548.05	6087.60	6960.65
		一般风险费(元)			342.45	394.71	406.39	417.57	458.17	523.88
	编码	名称	单位	单价(元)	消耗量					
人工	000700010	市政综合工	工日	115.00	117.104	119.416	121.733	123.906	129.440	135.096
材料	172901000	加强钢筋混凝土管 ϕ800	m	136.75	10.100	—	—	—	—	—
	172901005	加强钢筋混凝土管 ϕ1000	m	264.96	—	10.100	—	—	—	—
	172901010	加强钢筋混凝土管 ϕ1100	m	316.24	—	—	10.100	—	—	—
	172901015	加强钢筋混凝土管 ϕ1200	m	384.62	—	—	—	10.100	—	—
	172901020	加强钢筋混凝土管 ϕ1350	m	444.44	—	—	—	—	10.100	—
	172901025	加强钢筋混凝土管 ϕ1500	m	547.01	—	—	—	—	—	10.100
	002000020	其他材料费	元	—	20.72	40.14	47.91	58.27	67.33	82.87
机械	990304001	汽车式起重机 5t	台班	473.39	6.431	—	—	—	—	—
	990304004	汽车式起重机 8t	台班	705.33	—	7.659	8.116	8.574	—	—
	990304012	汽车式起重机 12t	台班	797.85	—	—	—	—	9.065	—
	990304016	汽车式起重机 16t	台班	898.02	—	—	—	—	—	11.349
	990811010	高压油泵 压力 50MPa	台班	106.91	14.577	16.563	17.000	17.397	17.795	19.423
	990316020	立式油压千斤顶 200t	台班	11.50	29.154	33.126	34.000	34.795	35.589	38.846
	990504010	电动卷扬机 双筒慢速 牵引 30kN	台班	196.61	13.061	14.840	15.232	15.588	15.944	17.403
	991121010	人工挖土法顶管设备 管径 1200mm	台班	127.39	14.577	16.563	17.000	17.397	—	—
	991121020	人工挖土法顶管设备 管径 1650mm	台班	167.48	—	—	—	—	17.795	19.423

工作内容：下管、固定胀圈，安、拆、换顶铁，人工凿、装、运石渣，顶进，测量、纠偏等。　　计量单位：10m

定额编号					DE0723	DE0724	DE0725	DE0726	DE0727
项目名称					混凝土管顶进较硬岩				
					管径(mm 以内)				
					ϕ1650	ϕ1800	ϕ2000	ϕ2200	ϕ2400
费用	综合单价（元）				**67555.36**	**74605.96**	**86848.76**	**106120.84**	**150982.47**
	其中	人工费（元）			16150.26	17087.97	19005.13	20906.20	22894.43
		材料费（元）			6659.07	7973.41	9024.80	10076.30	12266.74
		施工机具使用费（元）			20472.48	22984.53	27797.83	36854.53	60528.55
		企业管理费（元）			16425.30	17972.51	20991.13	25905.69	37415.21
		利润（元）			7298.91	7986.45	9327.83	11511.71	16626.20
		一般风险费（元）			549.34	601.09	702.04	866.41	1251.34
	编码	名称	单位	单价(元)	消耗量				
人工	000700010	市政综合工	工日	115.00	140.437	148.591	165.262	181.793	199.082
材料	172901030	加强钢筋混凝土管 ϕ1650	m	649.57	10.100	—	—	—	—
	172901035	加强钢筋混凝土管 ϕ1800	m	777.78	—	10.100	—	—	—
	172901040	加强钢筋混凝土管 ϕ2000	m	880.34	—	—	10.100	—	—
	172901045	加强钢筋混凝土管 ϕ2200	m	982.91	—	—	—	10.100	—
	172901050	加强钢筋混凝土管 ϕ2400	m	1196.58	—	—	—	—	10.100
	002000020	其他材料费	元	—	98.41	117.83	133.37	148.91	181.28
机械	990304016	汽车式起重机 16t	台班	898.02	12.157	—	—	—	—
	990304020	汽车式起重机 20t	台班	968.56	—	12.720	—	—	—
	990304032	汽车式起重机 32t	台班	1190.79	—	—	13.844	—	—
	990304036	汽车式起重机 40t	台班	1456.19	—	—	—	16.620	—
	990304040	汽车式起重机 50t	台班	2390.17	—	—	—	—	19.536
	990811010	高压油泵 压力 50MPa	台班	106.91	20.178	20.893	22.084	24.229	26.493
	990316020	立式油压千斤顶 200t	台班	11.50	40.356	41.786	44.168	—	—
	990316030	立式油压千斤顶 300t	台班	16.48	—	—	—	48.458	52.947
	990504010	电动卷扬机 双筒慢速 牵引 30kN	台班	196.61	18.079	18.720	19.787	21.709	23.737
	991121020	人工挖土法顶管设备 管径 1650mm	台班	167.48	20.178	—	—	—	—
	991121030	人工挖土法顶管设备 管径 2000mm	台班	204.36	—	20.893	—	—	—
	991121040	人工挖土法顶管设备 管径 2460mm	台班	206.18	—	—	22.084	24.229	26.493

E.1.5.6　**封闭式顶进**

工作内容：卸管、接拆进水管、出泥浆管、照明设备、掘进、测量纠偏、泥浆出坑、场内运输等。　　**计量单位：**10m

定额编号						DE0728	DE0729	DE0730	DE0731
项目名称						封闭式顶进			
						水力机械			
						管径(mm以内)			
						ϕ800	ϕ1200	ϕ1650	ϕ1800
费用	综合单价（元）					**11722.97**	**15748.04**	**25206.54**	**29746.31**
	其中	人工费（元）				1551.47	1684.18	2136.36	2380.73
		材料费（元）				1544.70	4076.14	7091.35	8403.99
		施工机具使用费（元）				4569.69	5335.25	8758.03	10454.44
		企业管理费（元）				2745.34	3148.21	4886.13	5756.57
		利润（元）				1219.95	1398.97	2171.25	2558.05
		一般风险费（元）				91.82	105.29	163.42	192.53
	编码	名称		单位	单价(元)	消耗量			
人工	000700010	市政综合工		工日	115.00	13.491	14.645	18.577	20.702
材料	020500010	橡胶圈		个	6.84	—	—	5.000	5.000
	052500930	衬垫板		套	53.81	—	—	5.000	5.000
	172901000	加强钢筋混凝土管 ϕ800		m	136.75	10.050	—	—	—
	172901015	加强钢筋混凝土管 ϕ1200		m	384.62	—	10.050	—	—
	172901030	加强钢筋混凝土管 ϕ1650		m	649.57	—	—	10.050	—
	172901035	加强钢筋混凝土管 ϕ1800		m	777.78	—	—	—	10.050
	030105450	六角螺栓带螺母 综合		kg	5.43	0.670	0.670	0.670	0.670
	140700500	机油 综合		kg	4.70	6.180	6.180	6.180	6.180
	170101000	钢管		kg	3.12	2.090	2.090	2.090	2.090
	181505900	柔性接头		套	142.82	0.067	0.067	0.067	0.067
	281100200	电力电缆 YHC $3\times16+1\times6mm^2$		m	59.83	0.150	0.150	0.150	0.150
	281100300	电力电缆 YHC $3\times50+1\times6mm^2$		m	153.85	0.150	0.150	0.150	0.150
	281100400	电力电缆 YHC $3\times70+1\times25mm^2$		m	222.22	0.150	0.150	0.150	0.150
	341100400	电		kW·h	0.70	47.676	51.867	58.514	65.276
	002000020	其他材料费		元	—	22.83	60.24	104.80	124.20
机械	990304004	汽车式起重机 8t		台班	705.33	1.407	1.583	—	—
	990304016	汽车式起重机 16t		台班	898.02	—	—	1.920	2.212
	990305030	叉式起重机 6t		台班	492.67	0.469	0.531	—	—
	990305040	叉式起重机 10t		台班	694.07	—	—	0.637	0.734
	990803040	电动多级离心清水泵 出口直径150mm 扬程180m以下		台班	263.60	1.407	1.583	1.920	2.212
	990809020	潜水泵 出口直径100mm		台班	28.35	1.407	1.583	1.920	2.212
	991120010	遥控顶管掘进机 管径800mm		台班	1384.33	1.411	—	—	—
	991120020	遥控顶管掘进机 管径1200mm		台班	1500.76	—	1.588	—	—
	991120040	遥控顶管掘进机 管径1650mm		台班	1740.63	—	—	1.925	—
	991120050	遥控顶管掘进机 管径1800mm		台班	1904.86	—	—	—	2.218
	991236010	油泵车		台班	689.24	1.425	1.613	3.889	4.480

工作内容：卸管、接拆进水管、出泥浆管、照明设备、掘进、测量纠偏、泥浆出坑、场内运输等。　　计量单位：10m

					DE0732	DE0733
定额编号					DE0732	DE0733
项目名称					封闭式顶进	
					切削机械	
					管径（mm 以内）	
					ϕ2200	ϕ2400
费用	综合单价（元）				34580.12	42793.32
	其中	人工费（元）			2814.86	3252.43
		材料费（元）			10699.52	12887.24
		施工机具使用费（元）			11546.82	14732.94
		企业管理费（元）			6441.21	8066.44
		利润（元）			2862.28	3584.49
		一般风险费（元）			215.43	269.78
	编码	名称	单位	单价(元)	消耗量	
人工	000700010	市政综合工	工日	115.00	24.477	28.282
材料	020500010	橡胶圈	个	6.84	5.000	5.000
	052500930	衬垫板	套	53.81	5.000	5.000
	172901045	加强钢筋混凝土管 ϕ2200	m	982.91	10.050	—
	172901050	加强钢筋混凝土管 ϕ2400	m	1196.58	—	10.050
	140700500	机油 综合	kg	4.70	51.550	51.550
	281100400	电力电缆 YHC $3\times70+1\times25mm^2$	m	222.22	0.300	0.300
	341100400	电	kW·h	0.70	69.562	80.990
	030331120	出土轨道	付	22.65	0.100	0.100
	002000020	其他材料费	元	—	158.12	190.45
机械	990304020	汽车式起重机 20t	台班	968.56	2.530	—
	990304032	汽车式起重机 32t	台班	1190.79	—	2.946
	990305020	叉式起重机 5t	台班	454.96	0.840	0.982
	990402015	自卸汽车 5t	台班	484.95	2.563	2.984
	990503020	电动卷扬机 单筒慢速 30kN	台班	186.98	2.530	2.946
	990809020	潜水泵 出口直径 100mm	台班	28.35	2.530	2.946
	991118045	刀盘式泥水平衡顶管掘进机 管径 2200mm	台班	1337.85	2.537	—
	991118050	刀盘式泥水平衡顶管掘进机 管径 2400mm	台班	1549.68	—	2.954
	991236010	油泵车	台班	689.24	5.125	5.976

E.1.5.7 钢管顶进

工作内容：下管，切口，焊口，安、拆、换顶铁，挖、吊土，顶进，纠偏等。

计量单位：10m

定额编号					DE0734	DE0735	DE0736	DE0737	DE0738	DE0739
项目名称					钢管顶进					
					公称直径(mm 以内)					
					ϕ800	ϕ900	ϕ1000	ϕ1200	ϕ1400	ϕ1600
费用	综合单价（元）				**12030.84**	**13229.87**	**14543.76**	**17218.58**	**20612.38**	**24292.81**
	其中	人工费（元）			2427.88	2538.40	2606.82	3095.00	3826.51	4338.38
		材料费（元）			4494.90	5069.99	5702.12	6876.15	7976.55	9501.15
		施工机具使用费（元）			2104.20	2368.91	2710.50	3124.89	3772.61	4557.26
		企业管理费（元）			2032.64	2200.93	2384.82	2789.62	3408.21	3989.69
		利润（元）			903.24	978.03	1059.74	1239.62	1514.51	1772.90
		一般风险费（元）			67.98	73.61	79.76	93.30	113.99	133.43
	编码	名称	单位	单价(元)	消耗量					
人工	000700010	市政综合工	工日	115.00	21.112	22.073	22.668	26.913	33.274	37.725
材料	170104255	螺旋碳钢板卷管 ϕ800	m	427.35	10.200	—	—	—	—	—
	170104260	螺旋碳钢板卷管 ϕ900	m	478.63	—	10.200	—	—	—	—
	170104265	螺旋碳钢板卷管 ϕ1000	m	538.46	—	—	10.200	—	—	—
	170104270	螺旋碳钢板卷管 ϕ1200	m	649.57	—	—	—	10.200	—	—
	170104275	螺旋碳钢板卷管 ϕ1400	m	752.14	—	—	—	—	10.200	—
	170104280	螺旋碳钢板卷管 ϕ1600	m	897.44	—	—	—	—	—	10.200
	031350340	低碳钢焊条 J427	kg	4.70	11.000	19.800	22.000	26.400	33.000	36.300
	143900700	氧气	m^3	3.26	2.450	2.750	3.050	3.420	4.370	4.990
	143901000	乙炔气	kg	12.01	0.817	0.917	1.017	1.140	1.457	1.663
	002000020	其他材料费	元	—	66.43	74.93	84.27	101.62	117.88	140.41
机械	990304004	汽车式起重机 8t	台班	705.33	0.797	0.964	—	—	—	—
	990304012	汽车式起重机 12t	台班	797.85	—	—	0.982	—	—	—
	990304016	汽车式起重机 16t	台班	898.02	—	—	—	1.079	1.185	—
	990304020	汽车式起重机 20t	台班	968.56	—	—	—	—	—	1.486
	990504010	电动卷扬机 双筒慢速 牵引 30kN	台班	196.61	2.636	2.884	3.034	3.247	3.592	4.149
	990811010	高压油泵 压力 50MPa	台班	106.91	2.636	2.884	3.034	3.247	3.592	4.149
	990904040	直流弧焊机 32kV·A	台班	89.62	3.733	4.105	5.945	7.378	10.102	11.553
	990316020	立式油压千斤顶 200t	台班	11.50	5.272	5.768	6.068	6.493	7.183	8.307
	991121010	人工挖土法顶管设备 管径 1200mm	台班	127.39	2.644	2.892	3.043	3.256	—	—
	991121020	人工挖土法顶管设备 管径 1650mm	台班	167.48	—	—	—	—	3.602	4.161
	990919030	电焊条烘干箱 600×500×750	台班	26.74	0.373	0.411	0.595	0.738	1.010	1.155

工作内容：下管，切口，焊口，安、拆、换顶铁，挖、吊土，顶进，纠偏等。　　　　计量单位：10m

		定额编号			DE0740	DE0741	DE0742	DE0743
		项目名称			钢管顶进			
					公称直径(mm以内)			
					ϕ1800	ϕ2000	ϕ2200	ϕ2400
费用		**综合单价(元)**			**28114.29**	**31550.50**	**35096.90**	**42694.40**
	其中	人工费(元)			5021.71	5594.87	6127.32	6737.51
		材料费(元)			10458.43	11374.92	12742.82	14179.52
		施工机具使用费(元)			5596.44	6538.63	7316.32	10411.20
		企业管理费(元)			4762.24	5441.87	6029.47	7691.20
		利润(元)			2116.20	2418.21	2679.32	3417.74
		一般风险费(元)			159.27	182.00	201.65	257.23
	编码	名称	单位	单价(元)	消耗量			
人工	000700010	市政综合工	工日	115.00	43.667	48.651	53.281	58.587
材料	170104285	螺旋碳钢板卷管 ϕ1800	m	982.91	10.200	—	—	—
	170104290	螺旋碳钢板卷管 ϕ2000	m	1068.38	—	10.200	—	—
	170104293	螺旋碳钢板卷管 ϕ2200	m	1196.58	—	—	10.200	—
	170104295	螺旋碳钢板卷管 ϕ2400	m	1324.79	—	—	—	10.200
	031350340	低碳钢焊条 J427	kg	4.70	49.500	55.000	62.700	82.500
	143900700	氧气	m^3	3.26	6.270	7.000	7.530	9.550
	143901000	乙炔气	kg	12.01	2.090	2.333	2.510	3.183
	002000020	其他材料费	元	—	154.56	168.10	188.32	209.55
机械	990304032	汽车式起重机 32t	台班	1190.79	1.601	—	—	—
	990304036	汽车式起重机 40t	台班	1456.19	—	1.743	2.088	—
	990304040	汽车式起重机 50t	台班	2390.17	—	—	—	2.459
	990504010	电动卷扬机 双筒慢速 牵引 30kN	台班	196.61	4.299	4.582	4.821	4.980
	990811010	高压油泵 压力 50MPa	台班	106.91	4.299	4.582	4.821	4.980
	990904040	直流弧焊机 32kV·A	台班	89.62	15.224	16.958	18.471	20.346
	990316020	立式油压千斤顶 200t	台班	11.50	8.598	9.165	9.642	9.961
	991121030	人工挖土法顶管设备 管径 2000mm	台班	204.36	4.312	4.596	—	—
	991121040	人工挖土法顶管设备 管径 2460mm	台班	206.18	—	—	4.835	4.995
	990919030	电焊条烘干箱 600×500×750	台班	26.74	1.522	1.696	1.847	2.035

E.1.5.8 混凝土管顶管接口

E.1.5.8.1 沥青麻丝膨胀水泥平口管接口

工作内容：配制沥青麻丝，调制砂浆，填、抹(打)管口，材料运输等。　　　　计量单位：10个口

定额编号					DE0744	DE0745	DE0746	DE0747	DE0748	DE0749
项目名称					混凝土管顶管接口(沥青麻丝膨胀水泥平口管接口)					
					管径(mm以内)					
					ϕ800	ϕ1000	ϕ1100	ϕ1200	ϕ1350	ϕ1500
费用	综合单价(元)				**498.54**	**581.29**	**651.29**	**726.38**	**961.70**	**1053.19**
	其中	人工费(元)			262.89	295.90	323.73	353.28	473.11	503.01
		材料费(元)			61.41	89.27	112.99	138.94	175.01	216.78
		施工机具使用费(元)			—	—	—	—	—	—
		企业管理费(元)			117.91	132.71	145.19	158.45	212.19	225.60
		利润(元)			52.39	58.97	64.52	70.41	94.29	100.25
		一般风险费(元)			3.94	4.44	4.86	5.30	7.10	7.55
	编码	名称	单位	单价(元)	消耗量					
人工	000700010	市政综合工	工日	115.00	2.286	2.573	2.815	3.072	4.114	4.374
材料	022900900	麻丝	kg	8.85	2.611	3.958	5.029	6.283	7.936	9.802
	133100700	石油沥青 30#	kg	2.56	10.240	15.518	19.748	24.656	31.143	38.489
	341100010	木柴	kg	0.56	4.686	7.106	9.042	11.286	14.256	17.622
	850101030	膨胀水泥砂浆 1:1	m^3	658.25	0.013	0.014	0.017	0.018	0.022	0.028
	002000020	其他材料费	元	—	0.91	1.32	1.67	2.05	2.59	3.20

工作内容：配制沥青麻丝，调制砂浆，填、抹(打)管口，材料运输等。　　　　计量单位：10个口

定额编号					DE0750	DE0751	DE0752	DE0753	DE0754
项目名称					混凝土管顶管接口(沥青麻丝膨胀水泥平口管接口)				
					管径(mm以内)				
					ϕ1650	ϕ1800	ϕ2000	ϕ2200	ϕ2400
费用	综合单价(元)				**1141.36**	**1321.08**	**1585.80**	**1876.21**	**2264.91**
	其中	人工费(元)			529.00	607.78	721.05	850.31	1027.99
		材料费(元)			261.73	310.46	386.83	462.32	555.57
		施工机具使用费(元)			—	—	—	—	—
		企业管理费(元)			237.26	272.59	323.39	381.36	461.05
		利润(元)			105.43	121.13	143.71	169.47	204.88
		一般风险费(元)			7.94	9.12	10.82	12.75	15.42
	编码	名称	单位	单价(元)	消耗量				
人工	000700010	市政综合工	工日	115.00	4.600	5.285	6.270	7.394	8.939
材料	022900900	麻丝	kg	8.85	11.863	14.076	17.626	20.930	25.214
	133100700	石油沥青 30#	kg	2.56	46.566	55.258	69.179	82.171	98.993
	341100010	木柴	kg	0.56	21.318	25.300	31.680	37.620	45.320
	850101030	膨胀水泥砂浆 1:1	m^3	658.25	0.033	0.039	0.046	0.059	0.069
	002000020	其他材料费	元	—	3.87	4.59	5.72	6.83	8.21

E.1.5.8.2 沥青麻丝石棉水泥平口管接口

工作内容：配制沥青麻丝，调制砂浆，填、抹(打)管口，材料运输等。 **计量单位**：10个口

定额编号					DE0755	DE0756	DE0757	DE0758	DE0759	DE0760
项目名称					混凝土管顶管接口(沥青麻丝石棉水泥平口管接口)					
					管径(mm以内)					
					ϕ800	ϕ1000	ϕ1100	ϕ1200	ϕ1350	ϕ1500
费用	综合单价(元)				**817.84**	**914.61**	**983.81**	**1060.38**	**1334.78**	**1426.31**
	其中	人工费(元)			459.20	501.06	529.46	560.40	705.18	737.15
		材料费(元)			54.28	81.45	103.43	128.54	162.21	200.58
		施工机具使用费(元)			—	—	—	—	—	—
		企业管理费(元)			205.95	224.72	237.46	251.34	316.27	330.61
		利润(元)			91.52	99.86	105.52	111.69	140.54	146.91
		一般风险费(元)			6.89	7.52	7.94	8.41	10.58	11.06
	编码	名称	单位	单价(元)	消耗量					
人工	000700010	市政综合工	工日	115.00	3.993	4.357	4.604	4.873	6.132	6.410
材料	850401130	石棉水泥 3:7	m^3	194.17	0.012	0.014	0.017	0.018	0.022	0.028
	341100010	木柴	kg	0.56	4.686	7.106	9.042	11.286	14.256	17.622
	133100700	石油沥青 30#	kg	2.56	10.240	15.518	19.748	24.656	31.143	38.489
	022900900	麻丝	kg	8.85	2.611	3.958	5.029	6.283	7.936	9.802

工作内容：配制沥青麻丝，调制砂浆，填、抹(打)管口，材料运输等。 **计量单位**：10个口

定额编号					DE0761	DE0762	DE0763	DE0764	DE0765
项目名称					混凝土管顶管接口(沥青麻丝石棉水泥平口管接口)				
					管径(mm以内)				
					ϕ1650	ϕ1800	ϕ2000	ϕ2200	ϕ2400
费用	综合单价(元)				**1606.72**	**1794.60**	**2178.08**	**2485.10**	**3116.73**
	其中	人工费(元)			820.41	906.20	1097.91	1237.06	1564.46
		材料费(元)			242.54	287.77	352.48	428.11	515.34
		施工机具使用费(元)			—	—	—	—	—
		企业管理费(元)			367.95	406.43	492.41	554.82	701.66
		利润(元)			163.51	180.61	218.81	246.55	311.80
		一般风险费(元)			12.31	13.59	16.47	18.56	23.47
	编码	名称	单位	单价(元)	消耗量				
人工	000700010	市政综合工	工日	115.00	7.134	7.880	9.547	10.757	13.604
材料	850401130	石棉水泥 3:7	m^3	194.17	0.033	0.039	0.046	0.059	0.069
	341100010	木柴	kg	0.56	21.318	25.300	31.680	37.620	45.320
	133100700	石油沥青 30#	kg	2.56	46.566	55.258	66.335	82.171	98.993
	022900900	麻丝	kg	8.85	11.863	14.076	17.626	20.930	25.214

E.1.5.8.3　沥青麻丝膨胀水泥企口管接口

工作内容：配制沥青麻丝，调制砂浆，填、抹(打)管口，材料运输。　　计量单位：10个口

定额编号					DE0766	DE0767	DE0768	DE0769	DE0770
项目名称					混凝土管顶管接口(沥青麻丝膨胀水泥企口管接口)				
					管径(mm以内)				
					ϕ1100	ϕ1200	ϕ1350	ϕ1500	ϕ1650
费用	综合单价(元)				**748.32**	**811.03**	**931.76**	**1079.04**	**1242.34**
	其中	人工费(元)			379.62	404.57	455.86	518.65	589.61
		材料费(元)			117.09	138.31	173.76	216.63	261.94
		施工机具使用费(元)			—	—	—	—	—
		企业管理费(元)			170.26	181.45	204.45	232.61	264.44
		利润(元)			75.66	80.63	90.85	103.37	117.51
		一般风险费(元)			5.69	6.07	6.84	7.78	8.84
	编码	名称	单位	单价(元)	消耗量				
人工	000700010	市政综合工	工日	115.00	3.301	3.518	3.964	4.510	5.127
材料	022900900	麻丝	kg	8.85	4.508	5.324	6.681	8.405	10.118
	133100700	石油沥青 30#	kg	2.56	17.681	20.903	26.235	33.008	39.739
	341100010	木柴	kg	0.56	8.096	9.570	12.012	15.114	18.194
	850101030	膨胀水泥砂浆 1:1	m^3	658.25	0.039	0.046	0.058	0.070	0.086
	002000020	其他材料费	元	—	1.73	2.04	2.57	3.20	3.87

工作内容：配制沥青麻丝，调制砂浆，填、抹(打)管口，材料运输等。　　计量单位：10个口

定额编号					DE0771	DE0772	DE0773	DE0774
项目名称					混凝土管顶管接口(沥青麻丝膨胀水泥企口管接口)			
					管径(mm以内)			
					ϕ1800	ϕ2000	ϕ2200	ϕ2400
费用	综合单价(元)				**1426.58**	**1697.98**	**2014.31**	**2413.79**
	其中	人工费(元)			672.29	790.17	933.46	1122.17
		材料费(元)			308.70	384.09	462.16	547.85
		施工机具使用费(元)			—	—	—	—
		企业管理费(元)			301.52	354.39	418.65	503.29
		利润(元)			133.99	157.48	186.04	223.65
		一般风险费(元)			10.08	11.85	14.00	16.83
	编码	名称	单位	单价(元)	消耗量			
人工	000700010	市政综合工	工日	115.00	5.846	6.871	8.117	9.758
材料	022900900	麻丝	kg	8.85	11.873	14.810	17.748	20.930
	133100700	石油沥青 30#	kg	2.56	46.608	58.141	69.674	82.171
	341100010	木柴	kg	0.56	21.340	26.620	31.900	37.620
	850101030	膨胀水泥砂浆 1:1	m^3	658.25	0.103	0.127	0.155	0.187
	002000020	其他材料费	元	—	4.56	5.68	6.83	8.10

E.1.5.8.4 沥青麻丝石棉水泥企口管接口

工作内容:配制沥青麻丝,拌和砂浆,填、抹(打)管口,材料运输等。 **计量单位**:10 个口

定额编号					DE0775	DE0776	DE0777	DE0778	DE0779
项目名称					混凝土管顶管接口(沥青麻丝石棉水泥企口管接口)				
					管径(mm 以内)				
					ϕ1100	ϕ1200	ϕ1350	ϕ1500	ϕ1650
费用	综合单价(元)				**1215.54**	**1278.70**	**1466.77**	**1620.66**	**1883.90**
	其中	人工费(元)			672.52	699.89	795.34	865.84	1001.77
		材料费(元)			97.27	114.92	144.28	180.94	218.16
		施工机具使用费(元)			—	—	—	—	—
		企业管理费(元)			301.63	313.90	356.71	388.33	449.29
		利润(元)			134.03	139.49	158.51	172.56	199.65
		一般风险费(元)			10.09	10.50	11.93	12.99	15.03
	编码	名称	单位	单价(元)	消耗量				
人工	000700010	市政综合工	工日	115.00	5.848	6.086	6.916	7.529	8.711
材料	850401130	石棉水泥 3:7	m^3	194.17	0.039	0.046	0.058	0.070	0.086
	341100010	木柴	kg	0.56	8.096	9.570	12.012	15.114	18.194
	133100700	石油沥青 30#	kg	2.56	17.681	20.903	26.235	33.008	39.739
	022900900	麻丝	kg	8.85	4.508	5.324	6.681	8.405	10.118

工作内容:配制沥青麻丝,拌和砂浆,填、抹(打)管口,材料运输等。 **计量单位**:10 个口

定额编号					DE0780	DE0781	DE0782	DE0783
项目名称					混凝土管顶管接口(沥青麻丝石棉水泥企口管接口)			
					管径(mm 以内)			
					ϕ1800	ϕ2000	ϕ2200	ϕ2400
费用	综合单价(元)				**2080.98**	**2187.34**	**2849.01**	**3580.22**
	其中	人工费(元)			1097.33	1123.32	1482.81	1880.71
		材料费(元)			256.34	319.48	383.40	452.97
		施工机具使用费(元)			—	—	—	—
		企业管理费(元)			492.15	503.81	665.04	843.50
		利润(元)			218.70	223.88	295.52	374.83
		一般风险费(元)			16.46	16.85	22.24	28.21
	编码	名称	单位	单价(元)	消耗量			
人工	000700010	市政综合工	工日	115.00	9.542	9.768	12.894	16.354
材料	850401130	石棉水泥 3:7	m^3	194.17	0.103	0.127	0.155	0.187
	341100010	木柴	kg	0.56	21.340	26.620	31.900	37.620
	133100700	石油沥青 30#	kg	2.56	46.608	58.141	69.674	82.171
	022900900	麻丝	kg	8.85	11.873	14.810	17.748	20.930

E.1.5.8.5 橡胶垫板膨胀水泥接口

工作内容:清理管口,调配嵌缝及粘接材料,制粘垫板、抹(打)管口,材料运输等。 **计量单位**:10 个口

定额编号					DE0784	DE0785	DE0786	DE0787	DE0788
项目名称					混凝土管顶管接口(橡胶垫板膨胀水泥接口)				
					管径(mm 以内)				
					ϕ1100	ϕ1200	ϕ1350	ϕ1500	ϕ1650
费用	综合单价(元)				**1099.56**	**1228.58**	**1532.82**	**1836.02**	**2152.63**
	其中	人工费(元)			417.68	450.23	513.59	591.91	677.93
		材料费(元)			405.04	479.94	678.82	851.79	1025.37
		施工机具使用费(元)			—	—	—	—	—
		企业管理费(元)			187.33	201.93	230.35	265.47	304.05
		利润(元)			83.24	89.73	102.36	117.97	135.11
		一般风险费(元)			6.27	6.75	7.70	8.88	10.17
	编码	名称	单位	单价(元)	消耗量				
人工	000700010	市政综合工	工日	115.00	3.632	3.915	4.466	5.147	5.895
材料	020100420	橡胶板 12	kg	5.81	52.920	62.640	91.680	115.440	138.840
	133504900	氯丁橡胶浆	kg	10.26	5.100	6.100	7.600	9.500	11.400
	143309000	三异氰酸酯	kg	6.84	0.800	0.910	1.110	1.400	1.700
	143303100	乙酸乙酯	kg	4.27	1.900	2.300	2.900	3.600	4.300
	850101030	膨胀水泥砂浆 1:1	m^3	658.25	0.039	0.046	0.058	0.070	0.086
	002000020	其他材料费	元	—	5.99	7.09	10.03	12.59	15.15

工作内容:清理管口,调配嵌缝及粘接材料,制粘垫板、抹(打)管口,材料运输等。 **计量单位**:10 个口

定额编号					DE0789	DE0790	DE0791	DE0792
项目名称					混凝土管顶管接口(橡胶垫板膨胀水泥接口)			
					管径(mm 以内)			
					ϕ1800	ϕ2000	ϕ2200	ϕ2400
费用	综合单价(元)				**2496.15**	**3198.79**	**3813.80**	**4536.41**
	其中	人工费(元)			776.48	919.66	1088.71	1305.14
		材料费(元)			1205.02	1669.58	2003.50	2366.23
		施工机具使用费(元)			—	—	—	—
		企业管理费(元)			348.25	412.47	488.28	585.35
		利润(元)			154.75	183.29	216.98	260.11
		一般风险费(元)			11.65	13.79	16.33	19.58
	编码	名称	单位	单价(元)	消耗量			
人工	000700010	市政综合工	工日	115.00	6.752	7.997	9.467	11.349
材料	020100420	橡胶板 12	kg	5.81	163.080	231.840	277.920	328.080
	133504900	氯丁橡胶浆	kg	10.26	13.300	16.600	19.900	23.400
	143309000	三异氰酸酯	kg	6.84	2.000	2.500	3.000	3.500
	143303100	乙酸乙酯	kg	4.27	5.100	6.300	7.600	8.900
	850101030	膨胀水泥砂浆 1:1	m^3	658.25	0.103	0.127	0.155	0.187
	002000020	其他材料费	元	—	17.81	24.67	29.61	34.97

E.1.5.8.6 橡胶垫板石棉水泥接口

工作内容：清理管口，调配嵌缝及粘接材料，制粘垫板，抹(打)管口，材料运输等。 **计量单位**：10个口

定额编号					DE0793	DE0794	DE0795	DE0796	DE0797
项目名称					混凝土管顶管接口(橡胶垫板石棉水泥接口)				
					管径(mm以内)				
					φ1100	φ1200	φ1350	φ1500	φ1650
费用	综合单价(元)				**1576.67**	**1705.15**	**2075.29**	**2381.82**	**2799.16**
	其中	人工费(元)			719.10	753.94	861.93	947.26	1099.86
		材料费(元)			380.95	451.50	642.08	806.72	970.31
		施工机具使用费(元)			—	—	—	—	—
		企业管理费(元)			322.51	338.14	386.57	424.84	493.29
		利润(元)			143.32	150.26	171.78	188.79	219.20
		一般风险费(元)			10.79	11.31	12.93	14.21	16.50
	编码	名称	单位	单价(元)	消耗量				
人工	000700010	市政综合工	工日	115.00	6.253	6.556	7.495	8.237	9.564
材料	850401130	石棉水泥 3:7	m^3	194.17	0.039	0.046	0.058	0.070	0.086
	020100420	橡胶板 12	kg	5.81	52.920	62.640	91.728	115.440	138.840
	133504900	氯丁橡胶浆	kg	10.26	5.100	6.100	7.600	9.500	11.400
	143309000	三异氰酸酯	kg	6.84	0.800	0.910	1.100	1.400	1.700
	143303100	乙酸乙酯	kg	4.27	1.900	2.300	2.900	3.600	4.300

工作内容：清理管口，调配嵌缝及粘接材料，制粘垫板，抹(打)管口，材料运输等。 **计量单位**：10个口

定额编号					DE0798	DE0799	DE0800	DE0801
项目名称					混凝土管顶管接口(橡胶垫板石棉水泥接口)			
					管径(mm以内)			
					φ1800	φ2000	φ2200	φ2400
费用	综合单价(元)				**3152.21**	**4018.12**	**4646.38**	**5703.69**
	其中	人工费(元)			1210.49	1462.69	1650.48	2080.35
		材料费(元)			1139.41	1585.97	1901.96	2244.48
		施工机具使用费(元)			—	—	—	—
		企业管理费(元)			542.90	656.01	740.24	933.04
		利润(元)			241.25	291.51	328.94	414.61
		一般风险费(元)			18.16	21.94	24.76	31.21
	编码	名称	单位	单价(元)	消耗量			
人工	000700010	市政综合工	工日	115.00	10.526	12.719	14.352	18.090
材料	850401130	石棉水泥 3:7	m^3	194.17	0.103	0.127	0.155	0.187
	020100420	橡胶板 12	kg	5.81	163.080	231.840	277.920	328.080
	133504900	氯丁橡胶浆	kg	10.26	13.300	16.600	19.900	23.400
	143309000	三异氰酸酯	kg	6.84	2.000	2.500	3.000	3.500
	143303100	乙酸乙酯	kg	4.27	5.100	6.300	7.600	8.900

E.1.5.9 顶管接口外套环

工作内容:清理管口,安放O型橡胶圈,安放钢制外套环等。

计量单位:10个口

定额编号					DE0802	DE0803	DE0804	DE0805
项目名称					顶管接口外套环			
					管径(mm以内)			
					ϕ1000	ϕ1200	ϕ1400	ϕ1600
费用	综合单价(元)				**5270.64**	**6581.36**	**7870.03**	**8937.28**
	其中	人工费(元)			1064.79	1243.73	1829.88	1917.51
		材料费(元)			3240.91	4254.10	4568.11	5489.65
		施工机具使用费(元)			155.88	155.88	155.88	155.88
		企业管理费(元)			547.47	627.72	890.61	929.91
		利润(元)			243.28	278.94	395.76	413.23
		一般风险费(元)			18.31	20.99	29.79	31.10
	编码	名称	单位	单价(元)	消耗量			
人工	000700010	市政综合工	工日	115.00	9.259	10.815	15.912	16.674
材料	182505310	钢板外套环 DN1000	个	123.93	10.000	—	—	—
	182505320	钢板外套环 DN1200	个	183.76	—	10.000	—	—
	182505330	钢板外套环 DN1400	个	188.89	—	—	10.000	—
	182505340	钢板外套环 DN1600	个	228.20	—	—	—	10.000
	020500800	O型橡胶圈 横截面 ϕ30	m	53.89	33.440	40.500	44.928	54.000
	030124980	带帽带垫螺栓 M14	套	0.90	10.000	10.000	10.000	10.000
	130500705	环氧沥青防锈漆	kg	12.65	11.275	12.813	14.350	16.400
	002000020	其他材料费	元	—	47.90	62.87	67.51	81.13
机械	990304004	汽车式起重机 8t	台班	705.33	0.221	0.221	0.221	0.221

工作内容:清理管口,安放O型橡胶圈,安放钢制外套环等。

计量单位:10个口

定额编号					DE0806	DE0807	DE0808	DE0809
项目名称					顶管接口外套环			
					管径(mm以内)			
					ϕ1800	ϕ2000	ϕ2200	ϕ2400
费用	综合单价(元)				**9771.42**	**10661.64**	**11722.13**	**12822.61**
	其中	人工费(元)			1988.35	2173.50	2357.39	2548.98
		材料费(元)			6206.00	6767.24	7521.97	8303.87
		施工机具使用费(元)			155.88	168.57	168.57	168.57
		企业管理费(元)			961.69	1050.42	1132.89	1218.82
		利润(元)			427.34	466.78	503.42	541.61
		一般风险费(元)			32.16	35.13	37.89	40.76
	编码	名称	单位	单价(元)	消耗量			
人工	000700010	市政综合工	工日	115.00	17.290	18.900	20.499	22.165
材料	182505350	钢板外套环 DN1800	个	268.38	10.000	—	—	—
	182505355	钢板外套环 DN2000	个	280.34	—	10.000	—	—
	182505360	钢板外套环 DN2200	个	306.84	—	—	10.000	—
	182505365	钢板外套环 DN2400	个	323.08	—	—	—	10.000
	020500800	O型橡胶圈 横截面 ϕ30	m	53.89	59.400	66.960	75.600	86.400
	030124980	带帽带垫螺栓 M14	套	0.90	10.000	10.000	10.000	10.000
	130500705	环氧沥青防锈漆	kg	12.65	17.425	19.475	20.500	22.550
	002000020	其他材料费	元	—	91.71	100.01	111.16	122.72
机械	990304004	汽车式起重机 8t	台班	705.33	0.221	0.239	0.239	0.239

E.1.5.10 顶管接口内套环

E.1.5.10.1 平口

工作内容:配制沥青麻丝,调制砂浆,安装内套环,填抹(打)管口,材料运输等。 **计量单位**:10 个口

		定额编号			DE0810	DE0811	DE0812	DE0813	DE0814
		项目名称			顶管接口内套环(平口)				
					管径(mm 以内)				
					ϕ1000	ϕ1100	ϕ1200	ϕ1350	ϕ1500
费用		综合单价(元)			**5679.99**	**6045.54**	**6358.38**	**6708.70**	**8533.56**
	其中	人工费(元)			2238.59	2353.94	2461.23	2733.21	3186.42
		材料费(元)			1957.66	2131.41	2265.85	2163.92	3235.18
		施工机具使用费(元)			—	—	—	—	—
		企业管理费(元)			1004.01	1055.74	1103.86	1225.84	1429.11
		利润(元)			446.15	469.14	490.52	544.73	635.05
		一般风险费(元)			33.58	35.31	36.92	41.00	47.80
	编码	名称	单位	单价(元)	消耗量				
人工	000700010	市政综合工	工日	115.00	19.466	20.469	21.402	23.767	27.708
材料	182505210	钢板内套环 *DN*1000	个	162.39	10.000	—	—	—	—
	182505215	钢板内套环 *DN*1100	个	175.21	—	10.000	—	—	—
	182505220	钢板内套环 *DN*1200	个	183.76	—	—	10.000	—	—
	182505225	钢板内套环 *DN*1350	个	166.67	—	—	—	10.000	—
	182505230	钢板内套环 *DN*1500	个	183.76	—	—	—	—	10.000
	010100360	钢筋 ϕ16	kg	2.85	—	—	—	—	222.664
	022900900	麻丝	kg	8.85	11.546	13.342	15.300	18.238	21.175
	133100700	石油沥青 30#	kg	2.56	45.315	52.375	60.282	71.582	83.178
	341100010	木柴	kg	0.56	20.746	24.046	27.500	32.780	38.060
	850101030	膨胀水泥砂浆 1∶1	m^3	658.25	0.083	0.091	0.099	0.114	0.130
	850301030	干混商品抹灰砂浆 M10	t	271.84	0.075	0.082	0.090	0.100	0.765
	002000020	其他材料费	元	—	28.93	31.50	33.49	31.98	47.81

工作内容:配制沥青麻丝,调制砂浆,安装内套环,填抹(打)管口,材料运输等。 **计量单位**:10 个口

		定额编号			DE0815	DE0816	DE0817	DE0818	DE0819
		项目名称			顶管接口内套环(平口)				
					管径(mm 以内)				
					ϕ1650	ϕ1800	ϕ2000	ϕ2200	ϕ2400
费用		综合单价(元)			**9894.76**	**10854.15**	**12914.37**	**14919.85**	**17300.74**
	其中	人工费(元)			3556.38	3875.39	4627.49	5395.34	6526.14
		材料费(元)			3981.21	4410.16	5219.78	5948.48	6449.08
		施工机具使用费(元)			—	—	—	—	—
		企业管理费(元)			1595.03	1738.11	2075.43	2419.81	2926.97
		利润(元)			708.79	772.36	922.26	1075.29	1300.66
		一般风险费(元)			53.35	58.13	69.41	80.93	97.89
	编码	名称	单位	单价(元)	消耗量				
人工	000700010	市政综合工	工日	115.00	30.925	33.699	40.239	46.916	56.749
材料	182505235	钢板内套环 *DN*1650	个	254.70	10.000	—	—	—	—
	182505240	钢板内套环 *DN*1800	个	266.67	—	10.000	—	—	—
	182505245	钢板内套环 *DN*2000	个	303.42	—	—	10.000	—	—
	182505250	钢板内套环 *DN*2200	个	312.82	—	—	—	10.000	—
	182505255	钢板内套环 *DN*2400	个	337.61	—	—	—	—	10.000
	010100360	钢筋 ϕ16	kg	2.85	245.752	268.944	468.416	516.984	562.909
	022900900	麻丝	kg	8.85	24.347	27.785	32.803	37.699	41.126
	133100700	石油沥青 30#	kg	2.56	95.580	109.085	128.779	148.008	161.454
	341100010	木柴	kg	0.56	43.758	50.028	58.960	67.760	73.920
	850101030	膨胀水泥砂浆 1∶1	m^3	658.25	0.145	0.162	0.183	0.210	0.229
	850301030	干混商品抹灰砂浆 M10	t	271.84	0.349	0.927	—	1.362	1.486
	002000020	其他材料费	元	—	58.84	65.17	77.14	87.91	95.31

E.1.5.10.2　企口

工作内容：配制沥青麻丝，调制砂浆，安装内套环，填抹（打）管口，材料运输等。

计量单位：10 个口

定额编号					DE0820	DE0821	DE0822	DE0823	DE0824
项目名称					顶管接口内套环(企口)				
					管径(mm 以内)				
					ϕ1100	ϕ1200	ϕ1350	ϕ1500	ϕ1650
费用	综合单价（元）				**6495.48**	**6836.30**	**7285.25**	**9523.41**	**11148.13**
费用	其中	人工费（元）			2621.66	2759.77	3079.93	3781.09	4227.17
费用	其中	材料费（元）			2136.19	2247.35	2163.94	3236.21	4119.19
费用	其中	施工机具使用费（元）			—	—	—	—	—
费用	其中	企业管理费（元）			1175.81	1237.76	1381.35	1695.82	1895.89
费用	其中	利润（元）			522.50	550.02	613.83	753.57	842.47
费用	其中	一般风险费（元）			39.32	41.40	46.20	56.72	63.41
	编码	名称	单位	单价(元)	消耗量				
人工	000700010	市政综合工	工日	115.00	22.797	23.998	26.782	32.879	36.758
材料	182505215	钢板内套环 *DN*1100	个	175.21	10.000	—	—	—	—
材料	182505220	钢板内套环 *DN*1200	个	183.76	—	10.000	—	—	—
材料	182505225	钢板内套环 *DN*1350	个	166.67	—	—	10.000	—	—
材料	182505230	钢板内套环 *DN*1500	个	183.76	—	—	—	10.000	—
材料	182505235	钢板内套环 *DN*1650	个	254.70	—	—	—	—	10.000
材料	010100360	钢筋 ϕ16	kg	2.85	—	—	—	222.664	245.752
材料	022900900	麻丝	kg	8.85	12.852	14.443	17.014	19.829	22.644
材料	133100700	石油沥青 30#	kg	2.56	50.456	56.466	66.791	77.698	88.733
材料	341100010	木柴	kg	0.56	23.100	25.960	30.580	35.640	40.700
材料	850101030	膨胀水泥砂浆 1:1	m^3	658.25	0.113	0.099	0.151	0.173	0.198
材料	850301030	干混商品抹灰砂浆 M10	t	271.84	0.082	0.090	0.100	0.765	0.847
材料	002000020	其他材料费	元	—	31.57	33.21	31.98	47.83	60.87

工作内容：配制沥青麻丝，调制砂浆，安装内套环，填抹（打）管口，材料运输等。

计量单位：10 个口

定额编号					DE0825	DE0826	DE0827	DE0828
项目名称					顶管接口内套环(企口)			
					管径(mm 以内)			
					ϕ1800	ϕ2000	ϕ2200	ϕ2400
费用	综合单价（元）				**12073.74**	**14644.68**	**16493.51**	**19276.89**
费用	其中	人工费（元）			4610.47	5469.86	6342.02	7682.00
费用	其中	材料费（元）			4407.45	5549.40	5948.00	6503.26
费用	其中	施工机具使用费（元）			—	—	—	—
费用	其中	企业管理费（元）			2067.79	2453.23	2844.40	3445.38
费用	其中	利润（元）			918.87	1090.14	1263.96	1531.02
费用	其中	一般风险费（元）			69.16	82.05	95.13	115.23
	编码	名称	单位	单价(元)	消耗量			
人工	000700010	市政综合工	工日	115.00	40.091	47.564	55.148	66.800
材料	182505240	钢板内套环 *DN*1800	个	266.67	10.000	—	—	—
材料	182505245	钢板内套环 *DN*2000	个	303.42	—	10.000	—	—
材料	182505250	钢板内套环 *DN*2200	个	312.82	—	—	10.000	—
材料	182505255	钢板内套环 *DN*2400	个	337.61	—	—	—	10.000
材料	010100360	钢筋 ϕ16	kg	2.85	268.944	468.416	516.984	565.344
材料	022900900	麻丝	kg	8.85	25.582	29.988	34.517	39.290
材料	133100700	石油沥青 30#	kg	2.56	99.828	117.734	135.394	154.251
材料	341100010	木柴	kg	0.56	45.980	53.900	62.040	70.620
材料	850101030	膨胀水泥砂浆 1:1	m^3	658.25	0.227	0.263	0.306	0.353
材料	850301030	干混商品抹灰砂浆 M10	t	271.84	0.927	1.207	1.362	1.491
材料	002000020	其他材料费	元	—	65.13	82.01	87.90	96.11

E.1.5.11 **顶管钢板套环制作**

工作内容:画线、下料、坡口、压头、圈圆、找圆、组对、点焊、焊接、除锈、刷油、场内运输等。 **计量单位:**t

定额编号					DE0829	DE0830	DE0831	DE0832
项目名称					顶管钢板套环制作			
					壁厚(mm 以内)			
					6	8	10	12
费用	**综合单价(元)**				**6094.67**	**5919.32**	**5386.01**	**5018.46**
	其中	人工费(元)			858.59	786.26	724.39	585.70
		材料费(元)			3843.01	3825.52	3429.58	3386.18
		施工机具使用费(元)			495.55	472.94	452.20	395.95
		企业管理费(元)			607.33	564.75	527.70	440.27
		利润(元)			269.88	250.96	234.49	195.64
		一般风险费(元)			20.31	18.89	17.65	14.72
	编码	名称	单位	单价(元)	消耗量			
人工	000700010	市政综合工	工日	115.00	7.466	6.837	6.299	5.093
材料	012900084	钢板 δ=4.5～10	kg	3.43	1050.000	1050.000	—	—
	012900093	钢板 δ=10～20	kg	3.08	—	—	1050.000	1050.000
	031310610	尼龙砂轮片 ϕ100	片	1.93	1.450	1.370	1.310	1.070
	031310310	砂轮片 ϕ200	片	11.32	0.330	0.380	0.380	0.160
	143300900	动力苯	kg	2.85	1.850	1.390	1.110	0.920
	031350010	低碳钢焊条 综合	kg	4.19	17.050	19.470	17.880	13.310
	143901000	乙炔气	kg	12.01	1.150	1.450	1.410	1.067
	143900700	氧气	m^3	3.26	3.450	4.350	4.230	3.200
	130500705	环氧沥青防锈漆	kg	12.65	10.530	7.900	6.320	5.270
机械	990309030	门式起重机 20t	台班	604.77	0.274	0.274	0.274	0.274
	990732035	剪板机 厚度 20mm×宽度 2500mm	台班	306.05	0.060	0.070	0.080	0.080
	990734015	卷板机 20mm×2500mm	台班	249.71	0.150	0.150	0.133	0.106
	990736020	刨边机 加工长度 12000mm	台班	539.06	0.106	0.080	0.062	0.035
	990904040	直流弧焊机 32kV·A	台班	89.62	2.420	2.290	2.180	1.790

E.1.5.12 泥水切削机械及附属设施安拆

工作内容：安拆工具管、千斤顶、顶铁、油泵、配电设备、进水泵、出泥泵、仪表操作台、油管闸阀、压力表、进水管、出泥管及铁梯等全部工序。

计量单位：套

		定额编号			DE0833	DE0834	DE0835
项目名称					泥水切削机械及附属设施安拆		
					管径（mm 以内）		
					ϕ800	ϕ1200	ϕ1600
费用	综合单价（元）				**27439.78**	**32106.18**	**42987.54**
	其中	人工费（元）			6034.86	6482.09	6998.33
		材料费（元）			1844.37	1844.37	1844.37
		施工机具使用费（元）			9358.10	11717.22	17744.98
		企业管理费（元）			6903.74	8162.39	11097.37
		利润（元）			3067.82	3627.12	4931.34
		一般风险费（元）			230.89	272.99	371.15
	编码	名称	单位	单价（元）	消耗量		
人工	000700010	市政综合工	工日	115.00	52.477	56.366	60.855
材料	030105450	六角螺栓带螺母 综合	kg	5.43	1.680	1.680	1.680
	170101000	钢管	kg	3.12	75.550	75.550	75.550
	181505900	柔性接头	套	142.82	0.400	0.400	0.400
	190001810	法兰阀门 DN150	个	383.76	1.000	1.000	1.000
	190900500	法兰止回阀 H44T－10 DN150	个	495.73	2.000	2.000	2.000
	241101310	压力表 0～2.5MPa DN50	块	47.86	1.000	1.000	1.000
	350900500	铁撑板	t	3888.89	0.007	0.007	0.007
	330104800	槽型钢板桩	t	2307.69	0.032	0.032	0.032
	002000020	其他材料费	元	—	18.26	18.26	18.26
机械	990304004	汽车式起重机 8t	台班	705.33	2.512	3.052	—
	990304016	汽车式起重机 16t	台班	898.02	—	—	2.787
	990304040	汽车式起重机 50t	台班	2390.17	—	—	1.389
	990401030	载重汽车 8t	台班	474.25	2.545	3.091	—
	990403020	平板拖车组 20t	台班	1014.84	—	—	1.344
	990803040	电动多级离心清水泵 出口直径 150mm 扬程 180m 以下	台班	263.60	0.893	0.893	0.893
	990809020	潜水泵 出口直径 100mm	台班	28.35	2.512	3.052	4.175
	991120010	遥控顶管掘进机 管径 800mm	台班	1384.33	2.919	—	—
	991120020	遥控顶管掘进机 管径 1200mm	台班	1500.76	—	3.540	—
	991120040	遥控顶管掘进机 管径 1650mm	台班	1740.63	—	—	4.188
	991236010	油泵车	台班	689.24	2.948	3.575	4.229

工作内容：安拆工具管、千斤顶、顶铁、油泵、配电设备、进水泵、出泥泵、仪表操作台、油管闸阀、压力表、进水管、出泥管及铁梯等全部工序。

计量单位：套

定额编号					DE0836	DE0837
项目名称					泥水切削机械及附属设施安拆	
					管径(mm 以内)	
					ϕ1800	ϕ2200
费用	综合单价（元）				**48969.56**	**55545.34**
	其中	人工费（元）			7449.24	6574.67
		材料费（元）			1844.37	401.69
		施工机具使用费（元）			20891.63	26588.46
		企业管理费（元）			12710.88	14873.66
		利润（元）			5648.33	6609.41
		一般风险费（元）			425.11	497.45
	编码	名称	单位	单价(元)	消耗量	
人工	000700010	市政综合工	工日	115.00	64.776	57.171
材料	030105450	六角螺栓带螺母 综合	kg	5.43	1.680	—
	030190910	扒钉	kg	3.83	—	2.040
	050302650	枕木	m^3	683.76	—	0.190
	170101000	钢管	kg	3.12	75.550	63.000
	181505900	柔性接头	套	142.82	0.400	—
	190001810	法兰阀门 *DN*150	个	383.76	1.000	—
	190900500	法兰止回阀 H44T—10 *DN*150	个	495.73	2.000	—
	241101310	压力表 0～2.5MPa *DN*50	块	47.86	1.000	—
	350900500	铁撑板	t	3888.89	0.007	0.008
	330104800	槽型钢板桩	t	2307.69	0.032	0.014
	002000020	其他材料费	元	—	18.26	3.98
机械	990304016	汽车式起重机 16t	台班	898.02	3.193	3.645
	990304040	汽车式起重机 50t	台班	2390.17	1.592	—
	990304052	汽车式起重机 75t	台班	3071.85	—	1.822
	990403020	平板拖车组 20t	台班	1014.84	1.344	—
	990403025	平板拖车组 30t	台班	1169.86	—	1.344
	990503020	电动卷扬机 单筒慢速 30kN	台班	186.98	—	5.467
	990803040	电动多级离心清水泵 出口直径 150mm 扬程 180m 以下	台班	263.60	0.893	—
	990809020	潜水泵 出口直径 100mm	台班	28.35	4.786	5.467
	991120050	遥控顶管掘进机 管径 1800mm	台班	1904.86	4.800	—
	991118045	刀盘式泥水平衡顶管掘进机 管径 2200mm	台班	1337.85	—	5.483
	991236010	油泵车	台班	689.24	4.847	11.075

工作内容：安拆工具管、千斤顶、顶铁、油泵、配电设备、进水泵、出泥泵、仪表操作台、油管闸阀、压力表、进水管、出泥管及铁梯等全部工序。

计量单位：套

定额编号					DE0838
项目名称					泥水切削机械及附属设施安拆
					管径(mm 以内)
					ϕ2400
费用	综合单价（元）				**76663.05**
	其中	人工费（元）			6967.51
		材料费（元）			401.76
		施工机具使用费（元）			38895.67
		企业管理费（元）			20569.63
		利润（元）			9140.53
		一般风险费（元）			687.95
	编码	名称	单位	单价(元)	消耗量
人工	000700010	市政综合工	工日	115.00	60.587
材料	030190910	扒钉	kg	3.83	2.060
	050302650	枕木	m^3	683.76	0.190
	170101000	钢管	kg	3.12	63.000
	350900500	铁撑板	t	3888.89	0.008
	330104800	槽型钢板桩	t	2307.69	0.014
	002000020	其他材料费	元	—	3.98
机械	990304016	汽车式起重机 16t	台班	898.02	3.830
	990304076	汽车式起重机 125t	台班	7974.70	1.911
	990403040	平板拖车组 60t	台班	1518.95	1.344
	990503020	电动卷扬机 单筒慢速 30kN	台班	186.98	5.741
	990809020	潜水泵 出口直径 100mm	台班	28.35	5.741
	991118050	刀盘式泥水平衡顶管掘进机 管径 2400mm	台班	1549.68	5.758
	991236010	油泵车	台班	689.24	11.630

E.1.6　新旧管连接(编码:040501014)

E.1.6.1　铸铁管新旧连接(膨胀水泥接口)

工作内容:定位、断管、安装管件、接口、临时加固等。　　　　计量单位:处

定额编号					DE0839	DE0840	DE0841	DE0842
项目名称					铸铁管新旧连接(膨胀水泥接口)			
					公称直径(mm 以内)			
					ϕ100	ϕ200	ϕ300	ϕ400
费用	综合单价(元)				**833.82**	**1259.35**	**2180.01**	**3074.36**
	其中	人工费(元)			477.00	716.38	1172.63	1670.75
		材料费(元)			40.66	68.16	98.56	154.09
		施工机具使用费(元)			—	—	79.14	85.49
		企业管理费(元)			213.93	321.29	561.42	787.67
		利润(元)			95.07	142.77	249.48	350.02
		一般风险费(元)			7.16	10.75	18.78	26.34
	编码	名称	单位	单价(元)	消耗量			
人工	000300150	管工综合工	工日	125.00	3.816	5.731	9.381	13.366
材料	190000200	法兰阀门	个	—	(1.000)	(1.000)	(1.000)	(1.000)
	180100010	铸铁三通 $DN50\sim DN200$	个	—	(1.000)	(1.000)	(1.000)	(1.000)
	290606200	铸铁套管	个	—	(1.000)	(1.000)	(1.000)	(1.000)
	180100200	铸铁插盘短管	个	—	(1.000)	(1.000)	(1.000)	(1.000)
	180100100	铸铁承盘短管	个	—	(1.000)	(1.000)	(1.000)	(1.000)
	010302380	镀锌铁丝 ϕ3.5	kg	3.08	0.309	0.309	0.412	0.412
	020101650	石棉橡胶板 高压 $\delta=1\sim6$	kg	16.38	0.340	0.660	0.800	1.380
	022901100	油麻丝	kg	8.00	0.452	0.809	1.292	1.838
	030105450	六角螺栓带螺母 综合	kg	5.43	2.866	5.096	8.293	14.504
	031392810	钢锯条	条	0.43	2.100	3.150	3.360	4.200
	040100550	膨胀水泥	kg	0.79	3.476	6.215	9.900	14.080
	050302560	板枋材	m^3	1111.11	0.009	0.012	0.014	0.015
	143900700	氧气	m^3	3.26	0.154	0.319	0.484	0.880
	143901000	乙炔气	kg	12.01	0.051	0.106	0.161	0.293
	002000020	其他材料费	元	—	0.20	0.34	0.49	0.77
机械	990304004	汽车式起重机 8t	台班	705.33	—	—	0.088	0.097
	990401030	载重汽车 8t	台班	474.25	—	—	0.036	0.036

工作内容：定位、断管、安装管件、接口、临时加固等。　　　　计量单位：处

定额编号					DE0843	DE0844	DE0845	DE0846
项目名称					铸铁管新旧连接(膨胀水泥接口)			
					公称直径(mm 以内)			
					ϕ500	ϕ600	ϕ700	ϕ800
费用	综合单价(元)				**3846.37**	**4617.86**	**5616.24**	**6613.72**
	其中	人工费(元)			2096.50	2468.63	3006.38	3525.75
		材料费(元)			189.96	321.55	405.83	511.49
		施工机具使用费(元)			102.45	115.15	127.14	144.10
		企业管理费(元)			986.23	1158.82	1405.38	1645.93
		利润(元)			438.25	514.95	624.51	731.40
		一般风险费(元)			32.98	38.76	47.00	55.05
	编码	名称	单位	单价(元)	消耗量			
人工	000300150	管工综合工	工日	125.00	16.772	19.749	24.051	28.206
材料	190000200	法兰阀门	个	—	(1.000)	(1.000)	(1.000)	(1.000)
	180100010	铸铁三通 $DN50 \sim DN200$	个	—	(1.000)	(1.000)	(1.000)	(1.000)
	290606200	铸铁套管	个	—	(1.000)	(1.000)	(1.000)	(1.000)
	180100200	铸铁插盘短管	个	—	(1.000)	(1.000)	(1.000)	(1.000)
	180100100	铸铁承盘短管	个	—	(1.000)	(1.000)	(1.000)	(1.000)
	010302380	镀锌铁丝 ϕ3.5	kg	3.08	0.515	0.515	0.618	0.721
	020101650	石棉橡胶板 高压 $\delta=1\sim6$	kg	16.38	1.660	1.680	2.060	2.320
	022901100	油麻丝	kg	8.00	2.352	3.024	3.759	4.494
	030105450	六角螺栓带螺母 综合	kg	5.43	18.136	35.894	47.206	62.628
	031392810	钢锯条	条	0.43	5.040	5.880	6.720	7.560
	040100550	膨胀水泥	kg	0.79	17.996	23.144	28.710	34.353
	050302560	板枋材	m^3	1111.11	0.017	0.037	0.040	0.044
	143900700	氧气	m^3	3.26	1.056	1.353	1.617	1.848
	143901000	乙炔气	kg	12.01	0.352	0.451	0.539	0.616
	002000020	其他材料费	元	—	0.95	1.60	2.02	2.54
机械	990304004	汽车式起重机 8t	台班	705.33	0.115	0.133	0.150	0.168
	990401030	载重汽车 8t	台班	474.25	0.045	0.045	0.045	0.054

工作内容：定位、断管、安装管件、接口、临时加固等。　　　　　　计量单位：处

定额编号					DE0847	DE0848	DE0849	DE0850	DE0851
项目名称					铸铁管新旧连接（膨胀水泥接口）				
					公称直径（mm 以内）				
					ϕ900	ϕ1000	ϕ1200	ϕ1400	ϕ1600
费用	综合单价（元）				**7701.80**	**8720.22**	**11113.24**	**13511.26**	**16167.65**
	其中	人工费（元）			4091.25	4630.25	5799.50	6758.63	7726.50
		材料费（元）			638.14	680.18	1103.58	1838.72	2842.56
		施工机具使用费（元）			156.80	204.99	220.26	261.18	287.15
		企业管理费（元）			1905.25	2168.61	2699.86	3148.38	3594.12
		利润（元）			846.64	963.66	1199.74	1399.05	1597.12
		一般风险费（元）			63.72	72.53	90.30	105.30	120.20
	编码	名称	单位	单价（元）	消耗量				
人工	000300150	管工综合工	工日	125.00	32.730	37.042	46.396	54.069	61.812
材料	190000200	法兰阀门	个	—	(1.000)	(1.000)	(1.000)	(1.000)	(1.000)
	180100010	铸铁三通 $DN50 \sim DN200$	个	—	(1.000)	(1.000)	(1.000)	(1.000)	(1.000)
	290606200	铸铁套管	个	—	(1.000)	(1.000)	(1.000)	(1.000)	(1.000)
	180100200	铸铁插盘短管	个	—	(1.000)	(1.000)	(1.000)	(1.000)	(1.000)
	180100100	铸铁承盘短管	个	—	(1.000)	(1.000)	(1.000)	(1.000)	(1.000)
	010302380	镀锌铁丝 ϕ3.5	kg	3.08	0.824	0.927	1.030	1.236	1.442
	020101650	石棉橡胶板 高压 $\delta=1\sim6$	kg	16.38	2.600	2.620	2.920	4.320	4.900
	022901100	油麻丝	kg	8.00	5.282	6.447	8.096	10.605	13.146
	030105450	六角螺栓带螺母 综合	kg	5.43	75.378	78.540	148.206	258.550	430.542
	031392810	钢锯条	条	0.43	8.400	9.240	10.920	12.600	14.280
	040100550	膨胀水泥	kg	0.79	40.359	49.236	61.842	81.037	100.430
	050302560	板枋材	m^3	1111.11	0.079	0.084	0.095	0.159	0.174
	143900700	氧气	m^3	3.26	2.068	2.310	2.541	2.772	3.014
	143901000	乙炔气	kg	12.01	0.689	0.770	0.847	0.924	1.005
	002000020	其他材料费	元	—	3.17	3.38	5.49	9.15	14.14
机械	990304004	汽车式起重机 8t	台班	705.33	0.186	—	—	—	—
	990304016	汽车式起重机 16t	台班	898.02	—	0.195	0.212	—	—
	990304020	汽车式起重机 20t	台班	968.56	—	—	—	0.230	0.248
	990401030	载重汽车 8t	台班	474.25	0.054	0.063	0.063	0.081	0.099

E.1.6.2 钢管新旧连接(焊接)

工作内容:定位、断管、安装管件、临时加固等。

计量单位:处

		定额编号			DE0852	DE0853	DE0854	DE0855
		项目名称			钢管新旧连接(焊接)			
					公称直径(mm 以内)			
					ϕ200	ϕ300	ϕ400	ϕ500
费用		**综合单价(元)**			**635.11**	**922.00**	**1281.41**	**1516.43**
	其中	人工费(元)			353.25	460.25	645.88	757.38
		材料费(元)			71.38	101.67	161.00	196.15
		施工机具使用费(元)			34.07	130.23	151.98	184.66
		企业管理费(元)			93.47	121.78	170.90	200.40
		利润(元)			73.05	95.18	133.57	156.63
		一般风险费(元)			9.89	12.89	18.08	21.21
	编码	名称	单位	单价(元)	消耗量			
人工	000300150	管工综合工	工日	125.00	2.826	3.682	5.167	6.059
材料	170103500	普碳钢板卷管	m	—	(0.420)	(0.471)	(0.523)	(0.574)
	190000200	法兰阀门	个	—	(1.000)	(1.000)	(1.000)	(1.000)
	200000010	法兰	个	—	(2.000)	(2.000)	(2.000)	(2.000)
	010302380	镀锌铁丝 ϕ3.5	kg	3.08	0.309	0.412	0.412	0.515
	020101650	石棉橡胶板 高压 δ=1～6	kg	16.38	0.660	0.800	1.380	1.659
	030105450	六角螺栓带螺母 综合	kg	5.43	5.096	8.293	14.504	18.136
	031310310	砂轮片 ϕ200	片	11.32	0.015	0.018	0.035	0.044
	031350010	低碳钢焊条 综合	kg	4.19	2.283	3.436	5.969	7.364
	050302560	板枋材	m^3	1111.11	0.012	0.014	0.015	0.017
	143900700	氧气	m^3	3.26	1.173	1.597	2.133	2.435
	143901000	乙炔气	kg	12.01	0.391	0.532	0.711	0.812
	002000020	其他材料费	元	—	0.36	0.51	0.80	0.98
机械	990304004	汽车式起重机 8t	台班	705.33	—	0.088	0.097	0.115
	990401030	载重汽车 8t	台班	474.25	—	0.036	0.036	0.045
	990904030	直流弧焊机 20kV·A	台班	72.88	0.451	0.676	0.880	1.088
	990919030	电焊条烘干箱 600×500×750	台班	26.74	0.045	0.068	0.088	0.109

工作内容：定位、断管、安装管件、临时加固等。　　　　　　计量单位：处

定额编号					DE0856	DE0857	DE0858	DE0859	DE0860
项目名称					钢管新旧连接(焊接)				
					公称直径(mm 以内)				
					ϕ600	ϕ700	ϕ800	ϕ900	ϕ1000
费用	综合单价(元)				**2028.44**	**2532.04**	**2925.39**	**3321.01**	**3679.63**
	其中	人工费(元)			986.00	1254.00	1435.75	1600.38	1813.25
		材料费(元)			328.57	407.00	512.93	635.91	672.17
		施工机具使用费(元)			221.46	244.79	259.70	285.49	288.67
		企业管理费(元)			260.90	331.81	379.90	423.46	479.79
		利润(元)			203.90	259.33	296.91	330.96	374.98
		一般风险费(元)			27.61	35.11	40.20	44.81	50.77
	编码	名称	单位	单价(元)	消耗量				
人工	000300150	管工综合工	工日	125.00	7.888	10.032	11.486	12.803	14.506
材料	170103500	普碳钢板卷管	m	—	(0.625)	(0.676)	(0.727)	(0.779)	(0.830)
	190000200	法兰阀门	个	—	(1.000)	(1.000)	(1.000)	(1.000)	(1.000)
	200000010	法兰	个	—	(2.000)	(2.000)	(2.000)	(2.000)	(2.000)
	010302380	镀锌铁丝 ϕ3.5	kg	3.08	0.618	0.618	0.721	0.824	0.927
	020101650	石棉橡胶板 高压 δ=1～6	kg	16.38	1.680	2.060	2.320	2.600	2.620
	030105450	六角螺栓带螺母 综合	kg	5.43	35.894	47.206	62.628	75.378	78.540
	031310310	砂轮片 ϕ200	片	11.32	0.059	0.068	0.079	0.088	0.105
	031350010	低碳钢焊条 综合	kg	4.19	9.563	10.577	12.991	14.492	16.283
	050302560	板枋材	m^3	1111.11	0.037	0.040	0.044	0.079	0.084
	143900700	氧气	m^3	3.26	2.860	3.232	3.562	3.968	4.658
	143901000	乙炔气	kg	12.01	0.953	1.077	1.187	1.323	1.553
	002000020	其他材料费	元	—	1.63	2.02	2.55	3.16	3.34
机械	990304004	汽车式起重机 8t	台班	705.33	0.133	0.150	0.168	0.186	0.195
	990401030	载重汽车 8t	台班	474.25	0.045	0.045	0.054	0.054	0.063
	990904030	直流弧焊机 20kV·A	台班	72.88	1.407	1.557	1.530	1.707	1.601
	990919030	电焊条烘干箱 600×500×750	台班	26.74	0.141	0.156	0.153	0.160	0.171

工作内容：定位、断管、安装管件、临时加固等。　　　　　　　　　　计量单位：处

定额编号					DE0861	DE0862	DE0863	DE0864	DE0865
项目名称					钢管新旧连接(焊接)				
					公称直径(mm 以内)				
					ϕ1200	ϕ1400	ϕ1600	ϕ1800	ϕ2000
费用	综合单价(元)				**4871.36**	**6175.82**	**7873.74**	**8946.24**	**9913.15**
费用	其中	人工费(元)			2282.75	2590.63	2951.25	3341.75	3727.00
费用	其中	材料费(元)			1104.78	1854.84	2872.22	3316.46	3644.91
费用	其中	施工机具使用费(元)			343.82	436.59	576.41	619.16	679.98
费用	其中	企业管理费(元)			604.02	685.48	780.90	884.23	986.16
费用	其中	利润(元)			472.07	535.74	610.32	691.07	770.74
费用	其中	一般风险费(元)			63.92	72.54	82.64	93.57	104.36
	编码	名称	单位	单价(元)	消耗量				
人工	000300150	管工综合工	工日	125.00	18.262	20.725	23.610	26.734	29.816
材料	170103500	普碳钢板卷管	m	—	(0.932)	(1.045)	(1.148)	(1.250)	(1.353)
材料	190000200	法兰阀门	个	—	(1.000)	(1.000)	(1.000)	(1.000)	(1.000)
材料	200000010	法兰	个	—	(2.000)	(2.000)	(2.000)	(2.000)	(2.000)
材料	010302380	镀锌铁丝 ϕ3.5	kg	3.08	1.030	1.236	1.442	1.442	1.545
材料	020101650	石棉橡胶板 高压 $\delta=1\sim6$	kg	16.38	2.920	4.320	4.900	5.200	5.799
材料	030105450	六角螺栓带螺母 综合	kg	5.43	148.206	258.550	430.542	486.336	535.092
材料	031310310	砂轮片 ϕ200	片	11.32	0.139	0.178	0.204	0.229	0.255
材料	031350010	低碳钢焊条 综合	kg	4.19	22.157	31.770	41.278	46.383	51.488
材料	050302560	板枋材	m^3	1111.11	0.095	0.159	0.174	0.268	0.288
材料	143900700	氧气	m^3	3.26	5.996	7.616	9.196	10.302	11.408
材料	143901000	乙炔气	kg	12.01	1.999	2.539	3.065	3.434	3.803
材料	002000020	其他材料费	元	—	5.50	9.23	14.29	16.50	18.13
机械	990304004	汽车式起重机 8t	台班	705.33	0.212	0.230	—	—	—
机械	990304016	汽车式起重机 16t	台班	898.02	—	—	0.248	0.265	0.283
机械	990401030	载重汽车 8t	台班	474.25	0.063	0.081	0.099	0.116	0.134
机械	990904030	直流弧焊机 20kV·A	台班	72.88	2.176	3.123	4.060	4.317	4.795
机械	990919030	电焊条烘干箱 600×500×750	台班	26.74	0.218	0.312	0.406	0.432	0.480

E.1.7 砌筑方沟(编码:040501016)

E.1.7.1 砖、石明暗支沟砌筑

工作内容:1.石沟:扫洗、铺浆安砌、养生等。
2.砖沟:铺砂浆、砌筑等全部操作过程。

计量单位:10m

定额编号					DE0866	DE0867
项目名称					砖、石明暗支沟砌筑	
					暗石支沟	
					300mm×300mm	
					清条石	块(片)石
费用	**综合单价(元)**				**1485.04**	**2332.74**
	其中	人工费(元)			429.64	644.81
		材料费(元)			760.59	1185.57
		施工机具使用费(元)			6.04	45.09
		企业管理费(元)			195.40	309.42
		利润(元)			86.83	137.50
		一般风险费(元)			6.54	10.35
	编码	名称	单位	单价(元)	消耗量	
人工	000700010	市政综合工	工日	115.00	3.736	5.607
材料	850301090	干混商品砌筑砂浆 M10	t	252.00	0.374	2.771
	041100610	清条石	m^3	180.00	1.870	—
	041100310	块(片)石	m^3	77.67	—	4.500
	041100820	板石	m^3	155.34	2.080	0.810
	341100100	水	m^3	4.42	1.500	2.700
机械	990611010	干混砂浆罐式搅拌机 20000L	台班	232.40	0.026	0.194

工作内容:1.石沟:扫洗、铺浆安砌、养生等。
2.砖沟:铺砂浆、砌筑等全部操作过程。

计量单位:10m

定额编号					DE0868	DE0869	DE0870
项目名称					砖、石明暗支沟砌筑		
					砖明沟		板石明沟
					300mm×360mm	300mm×600mm	30cm×40cm
					1/4 砖		
					有垫层	无垫层	
费用	**综合单价(元)**				**843.50**	**697.29**	**1424.51**
	其中	人工费(元)			333.96	235.41	481.97
		材料费(元)			279.69	296.96	613.43
		施工机具使用费(元)			5.11	5.35	5.81
		企业管理费(元)			152.07	107.98	218.77
		利润(元)			67.58	47.98	97.21
		一般风险费(元)			5.09	3.61	7.32
	编码	名称	单位	单价(元)	消耗量		
人工	000700010	市政综合工	工日	115.00	2.904	2.047	4.191
材料	850301090	干混商品砌筑砂浆 M10	t	252.00	—	—	0.357
	850301030	干混商品抹灰砂浆 M10	t	271.84	0.306	0.323	—
	040500209	碎石 5~40	t	67.96	0.810	—	—
	041100820	板石	m^3	155.34	—	—	3.330
	041300010	标准砖 240×115×53	千块	422.33	0.260	0.490	—
	040900100	生石灰	kg	0.58	50.000	—	—
	341100100	水	m^3	4.42	0.600	0.500	1.400
机械	990611010	干混砂浆罐式搅拌机 20000L	台班	232.40	0.022	0.023	0.025

E.1.8 砌筑渠道(编码:040501018)

E.1.8.1 砌筑沟、渠

工作内容:1.放样、安拆样架、选石、修石等。
2.调、运、铺砂浆、砌筑、养护等全部操作过程。

计量单位:$10m^3$

定额编号					DE0871	DE0872	DE0873	DE0874
项目名称					砌筑沟、渠			
					砌沟、渠(底板)			
					毛条石	清条石	砖	硅酸盐砌块
费用	综合单价(元)				**4527.86**	**3796.42**	**4927.99**	**3730.70**
	其中	人工费(元)			1345.73	948.64	830.88	852.96
		材料费(元)			2226.04	2179.61	3431.24	2272.99
		施工机具使用费(元)			38.58	23.70	69.26	23.70
		企业管理费(元)			620.86	436.09	403.71	393.18
		利润(元)			275.89	193.79	179.40	174.72
		一般风险费(元)			20.76	14.59	13.50	13.15
	编码	名称	单位	单价(元)	消耗量			
人工	000700010	市政综合工	工日	115.00	11.702	8.249	7.225	7.417
材料	850301090	干混商品砌筑砂浆 M10	t	252.00	2.363	1.445	4.369	1.445
	041100020	毛条石	m^3	155.34	10.400	—	—	—
	041100610	清条石	m^3	180.00	—	10.000	—	—
	041300010	标准砖 240×115×53	千块	422.33	—	—	5.450	—
	041503720	硅酸盐砌块	m^3	188.03	—	—	—	10.000
	341100100	水	m^3	4.42	3.400	3.500	6.460	6.460
机械	990611010	干混砂浆罐式搅拌机 20000L	台班	232.40	0.166	0.102	0.298	0.102

工作内容:1.放样、安拆样架、选石、修石等。
2.调、运、铺砂浆、砌筑、养护等全部操作过程。

计量单位:$10m^3$

定额编号					DE0875	DE0876	DE0877	DE0878
项目名称					砌筑沟、渠			
					砌沟、渠(墙身)			
					毛条石	清条石	砖	硅酸盐砌块
费用	综合单价(元)				**5271.72**	**4425.67**	**5162.91**	**4251.33**
	其中	人工费(元)			1853.11	1371.49	1066.28	1220.84
		材料费(元)			2135.50	2111.15	3284.01	2189.24
		施工机具使用费(元)			33.00	20.45	63.68	19.29
		企业管理费(元)			845.92	624.29	506.79	556.20
		利润(元)			375.90	277.41	225.20	247.16
		一般风险费(元)			28.29	20.88	16.95	18.60
	编码	名称	单位	单价(元)	消耗量			
人工	000700010	市政综合工	工日	115.00	16.114	11.926	9.272	10.616
材料	850301090	干混商品砌筑砂浆 M10	t	252.00	2.023	1.190	3.893	1.190
	041100020	毛条石	m^3	155.34	10.400	—	—	—
	041100610	清条石	m^3	180.00	—	10.000	—	—
	041300010	标准砖 240×115×53	千块	422.33	—	—	5.430	—
	041503720	硅酸盐砌块	m^3	188.03	—	—	—	10.000
	341100100	水	m^3	4.42	2.300	2.550	2.200	2.050
机械	990611010	干混砂浆罐式搅拌机 20000L	台班	232.40	0.142	0.088	0.274	0.083

工作内容：1.放样、安拆样架、选石、修石等。
2.调、运、铺砂浆、砌筑、养护等全部操作过程。

计量单位：10m³

定额编号					DE0879	DE0880	DE0881
项目名称					砌筑沟、渠		
					砌沟、渠(盖板)		墙帽
					毛条石	清条石	
费用	综合单价(元)				4018.07	3770.76	5112.01
	其中	人工费(元)			1099.17	980.84	1789.29
		材料费(元)			2135.50	2107.75	2104.70
		施工机具使用费(元)			33.00	19.29	19.29
		企业管理费(元)			507.78	448.56	811.15
		利润(元)			225.64	199.32	360.45
		一般风险费(元)			16.98	15.00	27.13
	编码	名称	单位	单价(元)	消耗量		
人工	000700010	市政综合工	工日	115.00	9.558	8.529	15.559
材料	850301090	干混商品砌筑砂浆 M10	t	252.00	2.023	1.190	1.190
	041100020	毛条石	m³	155.34	10.400	—	—
	041100610	清条石	m³	180.00	—	10.000	10.000
	341100100	水	m³	4.42	2.300	1.780	1.090
机械	990611010	干混砂浆罐式搅拌机 20000L	台班	232.40	0.142	0.083	0.083

E.1.8.2 抹灰

工作内容：润湿墙面、调制砂浆、抹灰、材料运输、清理现场等。

计量单位：100m²

定额编号					DE0882	DE0883	DE0884	DE0885	DE0886
项目名称					抹灰				
					底面	砖墙立面	石墙立面	正拱面	负拱面
费用	综合单价(元)				2284.33	3266.06	3537.03	3655.20	4125.02
	其中	人工费(元)			720.36	1310.77	1473.73	1544.80	1827.35
		材料费(元)			1052.12	1052.12	1052.12	1052.12	1052.12
		施工机具使用费(元)			20.68	20.68	20.68	20.68	20.68
		企业管理费(元)			332.36	597.16	670.24	702.12	828.84
		利润(元)			147.69	265.36	297.84	312.00	368.31
		一般风险费(元)			11.12	19.97	22.42	23.48	27.72
	编码	名称	单位	单价(元)	消耗量				
人工	000700010	市政综合工	工日	115.00	6.264	11.398	12.815	13.433	15.890
材料	850301030	干混商品抹灰砂浆 M10	t	271.84	3.696	3.696	3.696	3.696	3.696
	133500200	防水粉	kg	0.68	35.871	35.871	35.871	35.871	35.871
	341100100	水	m³	4.42	0.538	0.538	0.538	0.538	0.538
	002000020	其他材料费	元	—	20.63	20.63	20.63	20.63	20.63
机械	990611010	干混砂浆罐式搅拌机 20000L	台班	232.40	0.089	0.089	0.089	0.089	0.089

E.1.8.3 勾缝

工作内容：清理墙面、调制砂浆、砌筑脚手孔、勾缝、材料运输、清理场地等。

计量单位：100m²

定额编号						DE0887	DE0888	DE0889	DE0890
项目名称						勾缝			
						砖墙	片石墙		
							平缝	凹缝	凸缝
费用	综合单价（元）					**1108.07**	**1373.30**	**1955.20**	**2198.83**
	其中	人工费（元）				607.66	589.26	939.21	990.73
		材料费（元）				94.56	381.11	381.11	534.44
		施工机具使用费（元）				1.86	7.44	7.44	10.23
		企业管理费（元）				273.37	267.62	424.57	448.93
		利润（元）				121.48	118.92	188.67	199.49
		一般风险费（元）				9.14	8.95	14.20	15.01
	编码	名称	单位	单价(元)		消耗量			
人工	000700010	市政综合工	工日	115.00		5.284	5.124	8.167	8.615
材料	341100100	水	m³	4.42		0.052	0.211	0.211	0.296
	850301090	干混商品砌筑砂浆 M10	t	252.00		0.367	1.479	1.479	2.074
	002000020	其他材料费	元	—		1.85	7.47	7.47	10.48
机械	990611010	干混砂浆罐式搅拌机 20000L	台班	232.40		0.008	0.032	0.032	0.044

工作内容：清理墙面、调制砂浆、砌筑脚手孔、勾缝、材料运输、清理场地等。

计量单位：100m²

定额编号					DE0891	DE0892	DE0893
项目名称					勾缝		
					块石墙		
					平缝	凹缝	凸缝
费用	综合单价（元）				**1201.77**	**1781.94**	**2058.47**
	其中	人工费（元）			581.33	930.24	1039.37
		材料费（元）			227.79	227.79	319.78
		施工机具使用费（元）			4.42	4.42	6.27
		企业管理费（元）			262.70	419.19	468.97
		利润（元）			116.74	186.28	208.40
		一般风险费（元）			8.79	14.02	15.68
	编码	名称	单位	单价(元)	消耗量		
人工	000700010	市政综合工	工日	115.00	5.055	8.089	9.038
材料	341100100	水	m³	4.42	0.126	0.126	0.177
	850301090	干混商品砌筑砂浆 M10	t	252.00	0.884	0.884	1.241
	002000020	其他材料费	元	—	4.47	4.47	6.27
机械	990611010	干混砂浆罐式搅拌机 20000L	台班	232.40	0.019	0.019	0.027

E.1.9 混凝土渠道(编码:040501019)

E.1.9.1 现浇混凝土沟、渠

工作内容:商品混凝土:浇捣、养护。

计量单位:10m³

					DE0894	DE0895
定额编号					DE0894	DE0895
项目名称					现浇混凝土沟、渠	
					现浇砼	
					底板	墙身
					商品砼	
费用	综合单价(元)				**3329.18**	**4219.25**
	其中	人工费(元)			324.30	856.75
		材料费(元)			2789.94	2794.65
		施工机具使用费(元)			—	—
		企业管理费(元)			145.45	384.25
		利润(元)			64.63	170.75
		一般风险费(元)			4.86	12.85
	编码	名称	单位	单价(元)	消耗量	
人工	000700010	市政综合工	工日	115.00	2.820	7.450
材料	840201140	商品砼	m³	266.99	10.150	10.150
	341100100	水	m³	4.42	8.770	9.820
	002000020	其他材料费	元	—	41.23	41.30

工作内容:商品混凝土:浇捣、养护。

计量单位:10m³

					DE0896	DE0897
定额编号					DE0896	DE0897
项目名称					现浇混凝土沟、渠	
					现浇砼	
					盖板	墙帽
					商品砼	
费用	综合单价(元)				**3468.30**	**4263.62**
	其中	人工费(元)			405.26	883.43
		材料费(元)			2794.43	2794.65
		施工机具使用费(元)			—	—
		企业管理费(元)			181.76	396.22
		利润(元)			80.77	176.07
		一般风险费(元)			6.08	13.25
	编码	名称	单位	单价(元)	消耗量	
人工	000700010	市政综合工	工日	115.00	3.524	7.682
材料	840201140	商品砼	m³	266.99	10.150	10.150
	341100100	水	m³	4.42	9.770	9.820
	002000020	其他材料费	元	—	41.30	41.30

E.1.9.2 预制混凝土沟、渠

E.1.9.2.1 预制混凝土沟、渠制作

工作内容：商品混凝土：浇捣、养护。

计量单位：10m³

定额编号					DE0898
项目名称					预制混凝土沟、渠
					砼预制构件制作
费用	综合单价（元）				3866.56
	其中	人工费（元）			628.59
		材料费（元）			2821.34
		施工机具使用费（元）			—
		企业管理费（元）			281.92
		利润（元）			125.28
		一般风险费（元）			9.43
	编码	名称	单位	单价(元)	消耗量
人工	000700010	市政综合工	工日	115.00	5.466
材料	840201140	商品砼	m³	266.99	10.150
	341100100	水	m³	4.42	15.770
	002000020	其他材料费	元	—	41.69

E.1.9.2.2 预制混凝土沟、渠安装

工作内容：调、运、铺砂浆，就位安装，标高校正等。

计量单位：10m³

定额编号					DE0899	DE0900	DE0901
项目名称					预制混凝土沟、渠安装		
					墙身	盖板	墙帽
费用	综合单价（元）				2405.14	1459.92	3128.25
	其中	人工费（元）			1241.20	672.75	1676.47
		材料费（元）			308.82	308.82	308.16
		施工机具使用费（元）			19.52	19.52	19.52
		企业管理费（元）			565.43	310.48	760.65
		利润（元）			251.26	137.97	338.01
		一般风险费（元）			18.91	10.38	25.44
	编码	名称	单位	单价(元)	消耗量		
人工	000700010	市政综合工	工日	115.00	10.793	5.850	14.578
材料	042902310	预制混凝土构件	m³	—	(10.000)	(10.000)	(10.000)
	850301090	干混商品砌筑砂浆 M10	t	252.00	1.190	1.190	1.190
	341100100	水	m³	4.42	1.640	1.640	1.490
	002000010	其他材料费	元	—	1.69	1.69	1.69
机械	990611010	干混砂浆罐式搅拌机 20000L	台班	232.40	0.084	0.084	0.084

E.1.9.3 **钢筋混凝土盖板和过梁的预制**

工作内容:混凝土浇捣、养生等。 **计量单位**:$10m^3$

					DE0902	DE0903	DE0904	DE0905	DE0906
定额编号					DE0902	DE0903	DE0904	DE0905	DE0906
项目名称					钢筋混凝土盖板和过梁的预制				
					矩形盖板	弧形(拱)盖板	井室盖板	槽型盖板	过梁
费用	综合单价(元)				**4892.07**	**5294.82**	**5342.94**	**5542.51**	**4364.15**
	其中	人工费(元)			1286.39	1503.05	1547.44	1666.35	932.65
		材料费(元)			2753.05	2795.54	2769.86	2771.70	2813.34
		施工机具使用费(元)			—	—	—	—	—
		企业管理费(元)			576.95	674.12	694.03	747.36	418.29
		利润(元)			256.38	299.56	308.40	332.10	185.88
		一般风险费(元)			19.30	22.55	23.21	25.00	13.99
	编码	名称	单位	单价(元)	消耗量				
人工	000700010	市政综合工	工日	115.00	11.186	13.070	13.456	14.490	8.110
材料	020900900	塑料薄膜	m^2	0.45	144.144	199.355	162.490	164.128	228.018
	341100100	水	m^3	4.42	6.967	10.818	8.847	9.090	11.865
	341100400	电	kW·h	0.70	7.589	7.589	7.589	7.589	7.589
	840201050	预拌混凝土 C25	m^3	257.28	10.150	10.150	10.150	10.150	10.150
	002000020	其他材料费	元	—	40.69	41.31	40.93	40.96	41.58

E.1.9.4 **钢筋混凝土盖板和过梁的安装**

工作内容:调配砂浆、铺底灰、就位、勾抹缝隙等。 **计量单位**:$10m^3$

定额编号					DE0907	DE0908	DE0909	DE0910
项目名称					钢筋混凝土盖板和过梁的安装			
					渠道矩形盖板	渠道槽型盖板	井室矩形盖板	过梁
费用	综合单价(元)				**6585.26**	**6456.48**	**7413.61**	**8011.57**
	其中	人工费(元)			823.52	754.52	1221.42	1459.81
		材料费(元)			4682.87	4669.21	4844.18	5117.06
		施工机具使用费(元)			320.57	320.34	323.82	280.94
		企业管理费(元)			513.12	482.07	693.04	780.72
		利润(元)			228.02	214.22	307.97	346.93
		一般风险费(元)			17.16	16.12	23.18	26.11
	编码	名称	单位	单价(元)	消耗量			
人工	000700010	市政综合工	工日	115.00	7.161	6.561	10.621	12.694
材料	042900800	预制混凝土盖板	m^3	423.00	10.150	10.150	10.150	—
	042902100	预制混凝土过梁	m^3	423.00	—	—	—	10.150
	850301090	干混商品砌筑砂浆 M10	t	252.00	1.178	1.125	1.804	2.863
	341100100	水	m^3	4.42	0.168	0.161	0.258	0.409
	002000020	其他材料费	元	—	91.82	91.55	94.98	100.33
机械	990304004	汽车式起重机 8t	台班	705.33	0.416	0.416	0.416	0.354
	990401030	载重汽车 8t	台班	474.25	0.045	0.045	0.045	0.036
	990611010	干混砂浆罐式搅拌机 20000L	台班	232.40	0.025	0.024	0.039	0.061

E.1.9.5 渠道沉降缝

工作内容：熬制、裁料、涂刷底油、配料、拌制、铺贴安装、材料运输、清理现场等。

计量单位：$100m^2$

定额编号					DE0911	DE0912	DE0913	DE0914
项目名称					渠道沉降缝			
					二毡三油	每增减	二布三油	每增减
						一毡一油		一布一油
费用	综合单价（元）				**4109.59**	**1568.88**	**4143.78**	**1589.89**
费用	其中	人工费（元）			953.70	420.56	1183.35	520.95
费用	其中	材料费（元）			2523.78	869.57	2176.11	723.65
费用	其中	施工机具使用费（元）			—	—	—	—
费用	其中	企业管理费（元）			427.73	188.62	530.73	233.65
费用	其中	利润（元）			190.07	83.82	235.84	103.83
费用	其中	一般风险费（元）			14.31	6.31	17.75	7.81
	编码	名称	单位	单价(元)	消耗量			
人工	000700010	市政综合工	工日	115.00	8.293	3.657	10.290	4.530
材料	133100700	石油沥青 30#	kg	2.56	—	—	524.700	163.240
材料	133301600	石油沥青油毡 350g	m^2	2.99	239.760	116.490	—	—
材料	155501400	玻璃纤维布	m^2	2.14	—	—	250.300	121.760
材料	341100010	木柴	kg	0.56	240.900	70.400	214.500	61.600
材料	810321010	石油沥青玛蹄脂	m^3	2758.78	0.540	0.170	—	—
材料	133505070	冷底子油 30:70	kg	2.99	48.480	—	48.480	—
材料	002000020	其他材料费	元	—	37.30	12.85	32.16	10.69

工作内容：熬制、裁料、涂刷底油、配料、拌制、铺贴安装、材料运输、清理现场等。

计量单位：100m

定额编号					DE0915	DE0916	DE0917	DE0918
项目名称					渠道沉降缝			
					油浸麻丝	建筑油膏	预埋橡胶	预埋塑料
							止水带	
费用	综合单价（元）				**2082.54**	**1020.32**	**5417.38**	**3421.59**
费用	其中	人工费（元）			921.04	457.59	905.05	905.05
费用	其中	材料费（元）			551.04	259.44	3912.46	1916.67
费用	其中	施工机具使用费（元）			—	—	—	—
费用	其中	企业管理费（元）			413.08	205.23	405.91	405.91
费用	其中	利润（元）			183.56	91.20	180.38	180.38
费用	其中	一般风险费（元）			13.82	6.86	13.58	13.58
	编码	名称	单位	单价(元)	消耗量			
人工	000700010	市政综合工	工日	115.00	8.009	3.979	7.870	7.870
材料	133501000	建筑油膏	kg	2.74	—	87.770	—	—
材料	133700600	橡胶止水带	m	35.90	—	—	105.000	—
材料	133700400	塑料止水带	m	17.09	—	—	—	105.512
材料	142100400	环氧树脂	kg	18.89	—	—	3.040	3.040
材料	022900900	麻丝	kg	8.85	55.080	—	—	—
材料	143300300	丙酮	kg	5.13	—	—	3.040	3.040
材料	143301800	甲苯	kg	3.68	—	—	2.400	2.400
材料	143303000	乙二胺	kg	13.68	—	—	0.240	0.240
材料	341100010	木柴	kg	0.56	99.000	27.000	—	—
材料	002000020	其他材料费	元	—	8.14	3.83	57.82	28.33

E.1.9.6 **施工缝**

工作内容:熬制沥青、玛蹄脂,调配沥青麻丝、浸木丝板、拌和沥青砂浆,填塞、嵌缝、灌缝,材料场内运输等。

计量单位:100m

定额编号					DE0919	DE0920	DE0921	DE0922	DE0923	DE0924
项目名称					施工缝					
					油浸麻丝		油浸木丝板	玛碲脂	建筑油膏	沥青砂浆
					平面	立面				
费用	综合单价(元)				**2131.99**	**2634.33**	**1421.65**	**2367.98**	**1020.12**	**1414.88**
费用	其中	人工费(元)			618.70	920.81	483.00	548.09	457.47	541.42
费用	其中	材料费(元)			1103.21	1103.21	618.51	1456.62	259.44	514.60
费用	其中	施工机具使用费(元)			—	—	—	—	—	—
费用	其中	企业管理费(元)			277.49	412.98	216.63	245.82	205.18	242.83
费用	其中	利润(元)			123.31	183.52	96.26	109.23	91.17	107.91
费用	其中	一般风险费(元)			9.28	13.81	7.25	8.22	6.86	8.12
	编码	名称	单位	单价(元)	消耗量					
人工	000700010	市政综合工	工日	115.00	5.380	8.007	4.200	4.766	3.978	4.708
材料	051500110	木丝板	m^2	10.26	—	—	15.300	—	—	—
材料	133100700	石油沥青 30#	kg	2.56	216.240	216.240	163.240	—	—	—
材料	133501000	建筑油膏	kg	2.74	—	—	—	—	87.768	—
材料	341100010	木柴	kg	0.56	99.000	99.000	61.600	198.000	27.005	198.000
材料	850401070	石油沥青砂浆 1:2:7	m^3	825.24	—	—	—	—	—	0.480
材料	810321010	石油沥青玛蹄脂	m^3	2758.78	—	—	—	0.480	—	—
材料	022900900	麻丝	kg	8.85	54.000	54.000	—	—	—	—
材料	002000020	其他材料费	元	—	16.30	16.30	9.14	21.53	3.83	7.60

工作内容:清缝、隔纸、剪裁、焊接成型、涂胶、铺砂、熬灌胶泥等,止水带制作,接头安装等。

计量单位:100m

定额编号					DE0925	DE0926	DE0927
项目名称					施工缝		
					氯丁橡胶止水带	预埋式紫铜板止水片	聚氯乙烯胶泥
费用	综合单价(元)				**1853.88**	**38680.56**	**1779.14**
费用	其中	人工费(元)			294.63	2174.77	622.04
费用	其中	材料费(元)			1363.97	34920.00	744.82
费用	其中	施工机具使用费(元)			—	86.82	—
费用	其中	企业管理费(元)			132.14	1014.32	278.98
费用	其中	利润(元)			58.72	450.73	123.97
费用	其中	一般风险费(元)			4.42	33.92	9.33
	编码	名称	单位	单价(元)	消耗量		
人工	000700010	市政综合工	工日	115.00	2.562	18.911	5.409
材料	013500200	紫铜板 综合	kg	42.05	—	810.900	—
材料	020100200	橡胶板 2	m^2	17.43	31.820	—	—
材料	031351310	铜焊条 综合	kg	21.37	—	14.300	—
材料	040100017	水泥 42.5	kg	0.32	9.272	—	—
材料	040300150	中砂	m^3	134.87	0.158	—	—
材料	133504900	氯丁橡胶浆	kg	10.26	60.580	—	—
材料	143309000	三异氰酸酯	kg	6.84	9.090	—	—
材料	143303100	乙酸乙酯	kg	4.27	23.000	—	—
材料	340501010	牛皮纸	张	0.53	5.910	—	53.230
材料	850301090	干混商品砌筑砂浆 M10	t	252.00	—	—	0.102
材料	850501040	聚氯乙烯胶泥	kg	8.16	—	—	83.320
材料	002000020	其他材料费	元	—	—	516.06	11.01
机械	990732035	剪板机 厚度20mm×宽度2500mm	台班	306.05	—	0.097	—
机械	990904040	直流弧焊机 32kV·A	台班	89.62	—	0.619	—
机械	990919030	电焊条烘干箱 600×500×750	台班	26.74	—	0.062	—

工作内容：止水带制作，接头安装，清缝、剪裁、焊接成型等。　　计量单位：100m

		定额编号			DE0928	DE0929	DE0930	DE0931
		项目名称			施工缝			
					预埋式止水带			
					橡胶	塑料	钢板(平面)	钢板(立面)
费用		综合单价（元）			**5417.38**	**3421.59**	**6259.30**	**6628.56**
	其中	人工费（元）			905.05	905.05	1586.08	1808.15
		材料费（元）			3912.46	1916.67	3439.47	3439.47
		施工机具使用费（元）			—	—	109.75	109.75
		企业管理费（元）			405.91	405.91	760.58	860.18
		利润（元）			180.38	180.38	337.98	382.24
		一般风险费（元）			13.58	13.58	25.44	28.77
	编码	名称	单位	单价(元)	消耗量			
人工	000700010	市政综合工	工日	115.00	7.870	7.870	13.792	15.723
材料	133700600	橡胶止水带	m	35.90	105.000	—	—	—
	133700400	塑料止水带	m	17.09	—	105.512	—	—
	012900850	热轧薄钢板 $\delta=2.0\sim4.0$	t	3420.00	—	—	0.961	0.961
	031350340	低碳钢焊条 J427	kg	4.70	—	—	21.707	21.707
	142100400	环氧树脂	kg	18.89	3.040	3.040	—	—
	143300300	丙酮	kg	5.13	3.040	3.040	—	—
	143301800	甲苯	kg	3.68	2.400	2.400	—	—
	143303000	乙二胺	kg	13.68	0.240	0.240	—	—
	002000020	其他材料费	元	—	57.82	28.33	50.83	50.83
机械	990732050	剪板机 厚度 40mm×宽度 3100mm	台班	601.00	—	—	0.098	0.098
	990904040	直流弧焊机 32kV·A	台班	89.62	—	—	0.551	0.551
	990919030	电焊条烘干箱 600×500×750	台班	26.74	—	—	0.055	0.055

工作内容：止水带制作，接头安装，清缝、剪裁、焊接成型等。　　计量单位：100m

		定额编号			DE0932	DE0933
		项目名称			铁皮盖缝	
					平面	立面
费用		综合单价（元）			**4117.41**	**3018.92**
	其中	人工费（元）			603.75	532.22
		材料费（元）			3113.49	2133.95
		施工机具使用费（元）			—	—
		企业管理费（元）			270.78	238.70
		利润（元）			120.33	106.07
		一般风险费（元）			9.06	7.98
	编码	名称	单位	单价(元)	消耗量	
人工	000700010	市政综合工	工日	115.00	5.250	4.628
材料	012902060	镀锌薄钢板 综合	m^2	32.12	62.540	53.000
	030190010	圆钉 综合	kg	6.60	2.100	0.700
	031370110	焊锡	kg	34.48	4.060	3.440
	050302400	硬木板	m^3	726.50	1.149	0.301
	140100010	防腐油	kg	3.07	6.760	5.310
	143105310	盐酸 31% 合成	kg	2.13	0.860	0.740
	341100900	木炭	kg	2.56	18.561	15.728
	002000020	其他材料费	元	—	46.01	31.54

E.1.10 警示(示踪)带铺设(编码:040501020)

工作内容:放线、警示(示踪)带铺设等。 计量单位:100m

定额编号					DE0934
项目名称					警示(示踪)带铺设 警示带
费用	综合单价(元)				**272.51**
	其中	人工费(元)			22.75
		材料费(元)			238.40
		施工机具使用费(元)			—
		企业管理费(元)			6.02
		利润(元)			4.70
		一般风险费(元)			0.64
	编码	名称	单位	单价(元)	消耗量
人工	000300150	管工综合工	工日	125.00	0.182
材料	243300110	塑料警示带	m	2.30	103.000
	002000010	其他材料费	元	—	1.50

E.2 管件、阀门及附件安装(编码:040502)

E.2.1 铸铁管管件(编码:040502001)

E.2.1.1 铸铁管件安装

E.2.1.1.1 膨胀水泥接口

工作内容:切管、管口处理、管件安装、调制接口材料、接口、养护等。 计量单位:个

定额编号					DE0935	DE0936	DE0937	DE0938	DE0939
项目名称					铸铁管件安装(膨胀水泥接口)				
					公称直径(mm 以内)				
					ϕ75	ϕ100	ϕ150	ϕ200	ϕ300
费用	综合单价(元)				**50.33**	**52.49**	**73.68**	**131.11**	**120.00**
	其中	人工费(元)			31.63	32.50	45.50	82.50	65.50
		材料费(元)			2.90	3.76	5.46	7.41	12.12
		施工机具使用费(元)			—	—	—	—	9.67
		企业管理费(元)			8.37	8.60	12.04	21.83	17.33
		利润(元)			6.54	6.72	9.41	17.06	13.55
		一般风险费(元)			0.89	0.91	1.27	2.31	1.83
	编码	名称	单位	单价(元)	消耗量				
人工	000300150	管工综合工	工日	125.00	0.253	0.260	0.364	0.660	0.524
材料	180101900	铸铁管件	个	—	(1.000)	(1.000)	(1.000)	(1.000)	(1.000)
	022901100	油麻丝	kg	8.00	0.183	0.227	0.334	0.431	0.725
	040100550	膨胀水泥	kg	0.79	1.399	1.740	2.559	3.287	5.500
	143900700	氧气	m^3	3.26	0.044	0.075	0.101	0.183	0.264
	143901000	乙炔气	kg	12.01	0.015	0.025	0.034	0.061	0.088
	002000020	其他材料费	元	—	0.01	0.02	0.03	0.04	0.06
机械	990304004	汽车式起重机 8t	台班	705.33	—	—	—	—	0.009
	990401030	载重汽车 8t	台班	474.25	—	—	—	—	0.007

工作内容：切管、管口处理、管件安装、调制接口材料、接口、养护等。　　计量单位：个

定额编号					DE0940	DE0941	DE0942	DE0943	DE0944
项目名称					铸铁管件安装(膨胀水泥接口)				
					公称直径(mm 以内)				
					ϕ400	ϕ500	ϕ600	ϕ700	ϕ800
费用	综合单价(元)				**170.75**	**234.79**	**323.74**	**444.63**	**468.62**
	其中	人工费(元)			91.50	125.50	172.38	249.00	260.25
		材料费(元)			17.54	24.26	29.97	35.98	42.15
		施工机具使用费(元)			16.02	22.36	35.30	35.30	36.25
		企业管理费(元)			24.21	33.21	45.61	65.89	68.86
		利润(元)			18.92	25.95	35.65	51.49	53.82
		一般风险费(元)			2.56	3.51	4.83	6.97	7.29
	编码	名称	单位	单价(元)	消耗量				
人工	000300150	管工综合工	工日	125.00	0.732	1.004	1.379	1.992	2.082
材料	180101900	铸铁管件	个	—	(1.000)	(1.000)	(1.000)	(1.000)	(1.000)
	022901100	油麻丝	kg	8.00	0.987	1.397	1.733	2.090	2.478
	040100550	膨胀水泥	kg	0.79	7.546	10.648	13.222	15.961	18.898
	143900700	氧气	m^3	3.26	0.495	0.627	0.759	0.891	0.990
	143901000	乙炔气	kg	12.01	0.165	0.209	0.253	0.297	0.330
	002000020	其他材料费	元	—	0.09	0.12	0.15	0.18	0.21
机械	990304004	汽车式起重机 8t	台班	705.33	0.018	0.027	0.044	0.044	0.044
	990401030	载重汽车 8t	台班	474.25	0.007	0.007	0.009	0.009	0.011

工作内容：切管、管口处理、管件安装、调制接口材料、接口、养护等。　　计量单位：个

定额编号					DE0945	DE0946	DE0947	DE0948	DE0949
项目名称					铸铁管件安装(膨胀水泥接口)				
					公称直径(mm 以内)				
					ϕ900	ϕ1000	ϕ1200	ϕ1400	ϕ1600
费用	综合单价(元)				**617.46**	**699.38**	**907.29**	**1231.10**	**1789.53**
	其中	人工费(元)			343.00	379.88	498.38	694.25	1041.63
		材料费(元)			48.64	59.55	74.53	96.81	115.73
		施工机具使用费(元)			54.53	70.24	85.50	93.33	111.98
		企业管理费(元)			90.76	100.51	131.87	183.70	275.61
		利润(元)			70.93	78.56	103.06	143.57	215.41
		一般风险费(元)			9.60	10.64	13.95	19.44	29.17
	编码	名称	单位	单价(元)	消耗量				
人工	000300150	管工综合工	工日	125.00	2.744	3.039	3.987	5.554	8.333
材料	180101900	铸铁管件	个	—	(1.000)	(1.000)	(1.000)	(1.000)	(1.000)
	022901100	油麻丝	kg	8.00	2.877	3.581	4.589	6.111	7.382
	040100550	膨胀水泥	kg	0.79	22.011	27.401	35.068	46.706	56.441
	143900700	氧气	m^3	3.26	1.100	1.232	1.342	1.452	1.584
	143901000	乙炔气	kg	12.01	0.367	0.411	0.447	0.484	0.528
	002000020	其他材料费	元	—	0.24	0.30	0.37	0.48	0.58
机械	990304004	汽车式起重机 8t	台班	705.33	0.071	—	—	—	—
	990304016	汽车式起重机 16t	台班	898.02	—	0.071	0.088	—	—
	990304020	汽车式起重机 20t	台班	968.56	—	—	—	0.088	0.106
	990401020	载重汽车 5t	台班	404.73	0.011	0.016	0.016	0.020	0.023

E.2.1.1.2 胶圈接口

工作内容：选胶圈、清洗管口、上胶圈等。　　计量单位：个

					DE0950	DE0951	DE0952	DE0953	DE0954
定额编号					DE0950	DE0951	DE0952	DE0953	DE0954
项目名称					铸铁管件安装(胶圈接口)				
					公称直径(mm 以内)				
					ϕ100	ϕ150	ϕ200	ϕ300	ϕ400
费用	综合单价(元)				**89.82**	**101.80**	**119.00**	**161.97**	**247.26**
费用	其中	人工费(元)			49.88	56.63	65.00	80.13	121.63
费用	其中	材料费(元)			15.03	16.89	21.54	32.16	48.87
费用	其中	施工机具使用费(元)			—	—	—	9.67	16.02
费用	其中	企业管理费(元)			13.20	14.98	17.20	21.20	32.18
费用	其中	利润(元)			10.31	11.71	13.44	16.57	25.15
费用	其中	一般风险费(元)			1.40	1.59	1.82	2.24	3.41
	编码	名称	单位	单价(元)	消耗量				
人工	000300150	管工综合工	工日	125.00	0.399	0.453	0.520	0.641	0.973
材料	180101900	铸铁管件	个	—	(1.000)	(1.000)	(1.000)	(1.000)	(1.000)
材料	140701500	润滑油	kg	3.58	0.080	0.105	0.126	0.158	0.179
材料	143900700	氧气	m^3	3.26	0.075	0.101	0.183	0.264	0.495
材料	143901000	乙炔气	kg	12.01	0.025	0.034	0.061	0.088	0.165
材料	020500013	橡胶圈(给水) *DN*100	个	6.86	2.060	—	—	—	—
材料	020500015	橡胶圈(给水) *DN*150	个	7.62	—	2.060	—	—	—
材料	020500017	橡胶圈(给水) *DN*200	个	9.54	—	—	2.060	—	—
材料	020500021	橡胶圈(给水) *DN*300	个	14.33	—	—	—	2.060	—
材料	020500025	橡胶圈(给水) *DN*400	个	21.55	—	—	—	—	2.060
材料	002000020	其他材料费	元	—	0.07	0.08	0.11	0.16	0.24
机械	990304004	汽车式起重机 8t	台班	705.33	—	—	—	0.009	0.018
机械	990401030	载重汽车 8t	台班	474.25	—	—	—	0.007	0.007

工作内容：选胶圈、清洗管口、上胶圈等。　　计量单位：个

定额编号					DE0955	DE0956	DE0957	DE0958
项目名称					铸铁管件安装(胶圈接口)			
					公称直径(mm 以内)			
					ϕ500	ϕ600	ϕ700	ϕ800
费用	综合单价(元)				**323.66**	**405.33**	**580.53**	**626.49**
费用	其中	人工费(元)			156.75	195.25	287.75	291.25
费用	其中	材料费(元)			66.26	77.27	113.77	153.54
费用	其中	施工机具使用费(元)			22.36	35.30	35.30	36.25
费用	其中	企业管理费(元)			41.48	51.66	76.14	77.06
费用	其中	利润(元)			32.42	40.38	59.51	60.23
费用	其中	一般风险费(元)			4.39	5.47	8.06	8.16
	编码	名称	单位	单价(元)	消耗量			
人工	000300150	管工综合工	工日	125.00	1.254	1.562	2.302	2.330
材料	180101900	铸铁管件	个	—	(1.000)	(1.000)	(1.000)	(1.000)
材料	140701500	润滑油	kg	3.58	0.221	0.263	0.305	0.336
材料	143900700	氧气	m^3	3.26	0.627	0.759	0.891	0.990
材料	143901000	乙炔气	kg	12.01	0.209	0.253	0.297	0.330
材料	020500029	橡胶圈(给水) *DN*500	个	29.41	2.060	—	—	—
材料	020500031	橡胶圈(给水)*DN*600	个	34.19	—	2.060	—	—
材料	020500033	橡胶圈(给水)*DN*700	个	51.28	—	—	2.060	—
材料	020500035	橡胶圈(给水)*DN*800	个	70.09	—	—	—	2.060
材料	002000020	其他材料费	元	—	0.33	0.38	0.57	0.76
机械	990304004	汽车式起重机 8t	台班	705.33	0.027	0.044	0.044	0.044
机械	990401030	载重汽车 8t	台班	474.25	0.007	0.009	0.009	0.011

工作内容：选胶圈、清洗管口、上胶圈等。 计量单位：个

定额编号						DE0959	DE0960	DE0961	DE0962	DE0963
项目名称						铸铁管件安装(胶圈接口)				
						公称直径(mm 以内)				
						ϕ900	ϕ1000	ϕ1200	ϕ1400	ϕ1600
费用	综合单价(元)					**816.96**	**964.70**	**1361.03**	**2007.34**	**2762.51**
	其中	人工费(元)				377.75	435.38	594.38	818.63	1167.25
		材料费(元)				195.26	240.54	383.21	685.17	898.76
		施工机具使用费(元)				55.30	71.35	86.61	94.72	113.58
		企业管理费(元)				99.95	115.20	157.27	216.61	308.85
		利润(元)				78.12	90.04	122.92	169.29	241.39
		一般风险费(元)				10.58	12.19	16.64	22.92	32.68
	编码	名称		单位	单价(元)	消耗量				
人工	000300150	管工综合工		工日	125.00	3.022	3.483	4.755	6.549	9.338
材料	180101900	铸铁管件		个	—	(1.000)	(1.000)	(1.000)	(1.000)	(1.000)
	140701500	润滑油		kg	3.58	0.399	0.420	0.504	0.599	0.683
	143900700	氧气		m^3	3.26	1.100	1.232	1.342	1.452	1.584
	143901000	乙炔气		kg	12.01	0.367	0.411	0.447	0.484	0.528
	020500037	橡胶圈(给水)*DN*900		个	89.74	2.060	—	—	—	—
	020500039	橡胶圈(给水)*DN*1000		个	111.11	—	2.060	—	—	—
	020500043	橡胶圈(给水)*DN*1200		个	179.49	—	—	2.060	—	—
	020500047	橡胶圈(给水)*DN*1400		个	324.79	—	—	—	2.060	—
	020500051	橡胶圈(给水)*DN*1600		个	427.35	—	—	—	—	2.060
	002000020	其他材料费		元	—	0.97	1.20	1.91	3.41	4.47
机械	990304004	汽车式起重机 8t		台班	705.33	0.071	—	—	—	—
	990304016	汽车式起重机 16t		台班	898.02	—	0.071	0.088	—	—
	990304020	汽车式起重机 20t		台班	968.56	—	—	—	0.088	0.106
	990401030	载重汽车 8t		台班	474.25	0.011	0.016	0.016	0.020	0.023

E.2.1.1.3　机械接口

工作内容：管口处理，找正，找平，上胶圈、法兰，紧螺栓等操作过程。　　　　**计量单位**：个

定额编号					DE0964	DE0965	DE0966	DE0967	DE0968
项目名称					铸铁管件安装(机械接口)				
					公称直径(mm 以内)				
					ϕ75	ϕ100	ϕ150	ϕ200	ϕ250
费用	**综合单价(元)**				**105.52**	**118.80**	**138.77**	**152.33**	**187.99**
费用	其中	人工费(元)			47.00	49.38	50.50	51.50	62.38
费用	其中	材料费(元)			35.04	44.77	63.06	75.11	94.46
费用	其中	施工机具使用费(元)			—	—	—	—	—
费用	其中	企业管理费(元)			12.44	13.06	13.36	13.63	16.50
费用	其中	利润(元)			9.72	10.21	10.44	10.65	12.90
费用	其中	一般风险费(元)			1.32	1.38	1.41	1.44	1.75
	编码	名称	单位	单价(元)	消耗量				
人工	000300150	管工综合工	工日	125.00	0.376	0.395	0.404	0.412	0.499
材料	180101900	铸铁管件	个	—	(1.000)	(10.000)	(1.000)	(1.000)	(1.000)
材料	200000600	活动法兰	片	—	(2.300)	(2.300)	(2.300)	(2.300)	(2.300)
材料	215500200	支撑圈 DN75	套	1.54	2.369	—	—	—	—
材料	215500300	支撑圈 DN100	套	2.74	—	2.369	—	—	—
材料	215500400	支撑圈 DN150	套	4.27	—	—	2.369	—	—
材料	215500500	支撑圈 DN200	套	5.13	—	—	—	2.369	—
材料	215500600	支撑圈 DN250	套	6.41	—	—	—	—	2.369
材料	020503210	胶圈(机接)DN75	个	8.53	2.369	—	—	—	—
材料	020503220	胶圈(机接)DN100	个	11.17	—	2.369	—	—	—
材料	020503230	胶圈(机接)DN150	个	15.26	—	—	2.369	—	—
材料	020503240	胶圈(机接)DN200	个	19.11	—	—	—	2.369	—
材料	020503250	胶圈(机接)DN250	个	23.84	—	—	—	—	2.369
材料	010302350	镀锌铁丝 ϕ2.5～4.0	kg	3.08	0.069	0.069	0.069	0.069	0.069
材料	010302280	镀锌铁丝 ϕ1.2～0.7	kg	3.08	0.024	0.028	0.032	0.039	0.047
材料	020901110	塑料布	m^2	1.23	0.175	0.276	0.377	0.488	0.626
材料	022701800	破布 一级	kg	4.40	0.276	0.313	0.350	0.423	0.456
材料	030133420	带帽玛铁螺栓 M12×100	套	0.90	9.476	9.476	14.210	14.210	18.952
材料	140900300	黄甘油	kg	6.44	0.092	0.129	0.166	0.212	0.259
材料	002000020	其他材料费	元	—	0.35	0.44	0.62	0.74	0.94

工作内容：管口处理，找正，找平，上胶圈，法兰、紧螺栓等操作过程。　　　　计量单位：个

定额编号					DE0969	DE0970	DE0971	DE0972	DE0973	DE0974
项目名称					铸铁管件安装(机械接口)					
					公称直径(mm以内)					
					ϕ300	ϕ350	ϕ400	ϕ450	ϕ500	ϕ600
费用	综合单价(元)				**248.41**	**302.94**	**373.61**	**490.56**	**607.48**	**741.38**
	其中	人工费(元)			73.25	92.88	112.75	131.63	150.38	182.38
		材料费(元)			128.91	154.01	188.53	276.70	358.69	432.61
		施工机具使用费(元)			9.67	9.67	16.02	16.49	23.31	35.30
		企业管理费(元)			19.38	24.57	29.83	34.83	39.79	48.26
		利润(元)			15.15	19.21	23.32	27.22	31.10	37.72
		一般风险费(元)			2.05	2.60	3.16	3.69	4.21	5.11
	编码	名称	单位	单价(元)	消耗量					
人工	000300150	管工综合工	工日	125.00	0.586	0.743	0.902	1.053	1.203	1.459
材料	180101900	铸铁管件	个	—	(1.000)	(10.000)	(1.000)	(1.000)	(1.000)	(1.000)
	200000600	活动法兰	片	—	(2.300)	(2.300)	(2.300)	(2.300)	(2.300)	(2.300)
	215500700	支撑圈 *DN*300	套	7.69	2.369	—	—	—	—	—
	215500800	支撑圈 *DN*350	套	8.97	—	2.369	—	—	—	—
	215500900	支撑圈 *DN*400	套	17.09	—	—	2.369	—	—	—
	215501000	支撑圈 *DN*450	套	41.03	—	—	—	2.369	—	—
	215501100	支撑圈 *DN*500	套	55.56	—	—	—	—	2.369	—
	215501200	支撑圈 *DN*600	套	72.65	—	—	—	—	—	2.369
	020503260	胶圈(机接)*DN*300	个	28.85	2.369	—	—	—	—	—
	020503270	胶圈(机接)*DN*350	个	34.03	—	2.369	—	—	—	—
	020503280	胶圈(机接)*DN*400	个	40.06	—	—	2.369	—	—	—
	020503290	胶圈(机接)*DN*450	个	44.98	—	—	—	2.369	—	—
	020503300	胶圈(机接)*DN*500	个	51.09	—	—	—	—	2.369	—
	020503310	胶圈(机接)*DN*600	个	58.45	—	—	—	—	—	2.369
	010302350	镀锌铁丝 ϕ2.5～4.0	kg	3.08	0.069	0.069	0.069	0.069	0.069	0.069
	010302280	镀锌铁丝 ϕ1.2～0.7	kg	3.08	0.055	0.063	0.071	0.079	0.087	0.110
	020901110	塑料布	m^2	1.23	0.764	0.925	1.086	1.279	1.472	1.748
	022701800	破布 一级	kg	4.40	0.488	0.506	0.524	0.599	0.674	0.812
	030133430	带帽玛铁螺栓 M20×100	套	1.88	18.952	23.690	23.690	33.166	—	—
	030133440	带帽玛铁螺栓 M22×120	套	2.82	—	—	—	—	33.166	37.904
	140900300	黄甘油	kg	6.44	0.306	0.360	0.414	0.495	0.575	0.713
	002000020	其他材料费	元	—	1.28	1.52	1.87	2.74	3.55	4.28
机械	990304004	汽车式起重机 8t	台班	705.33	0.009	0.009	0.018	0.018	0.027	0.044
	990401030	载重汽车 8t	台班	474.25	0.007	0.007	0.007	0.008	0.009	0.009

E.2.1.2　马鞍卡子安装

工作内容：定位、安装、钻孔、通水试验等。　　**计量单位**：个

定额编号					DE0975	DE0976	DE0977	DE0978	DE0979	DE0980
项目名称					马鞍卡子安装					
					公称直径(mm 以内)					
					ϕ100	ϕ150	ϕ200	ϕ300	ϕ400	ϕ500
费用	综合单价(元)				**207.37**	**229.37**	**272.27**	**326.99**	**479.95**	**536.93**
	其中	人工费(元)			111.50	122.63	147.50	173.13	269.50	294.75
		材料费(元)			17.02	19.96	25.57	37.83	46.29	59.33
		施工机具使用费(元)			23.17	25.54	25.54	29.57	29.57	35.66
		企业管理费(元)			29.50	32.45	39.03	45.81	71.31	77.99
		利润(元)			23.06	25.36	30.50	35.80	55.73	60.95
		一般风险费(元)			3.12	3.43	4.13	4.85	7.55	8.25
	编码	名称	单位	单价(元)	消耗量					
人工	000300150	管工综合工	工日	125.00	0.892	0.981	1.180	1.385	2.156	2.358
材料	180102000	铸铁马鞍卡子	个	—	(1.000)	(1.000)	(1.000)	(1.000)	(1.000)	(1.000)
	020100310	橡胶板 3	kg	5.81	0.145	0.145	0.189	0.223	0.233	0.273
	022901100	油麻丝	kg	8.00	0.340	0.469	0.759	1.273	1.742	2.457
	030105450	六角螺栓带螺母 综合	kg	5.43	1.802	1.844	2.007	2.742	2.823	2.956
	040100550	膨胀水泥	kg	0.79	2.439	3.587	4.826	7.723	10.592	14.937
	150102200	石棉绒 综合	kg	2.14	0.736	1.082	1.605	2.331	3.197	4.509
	002000020	其他材料费	元	—	0.17	0.20	0.25	0.37	0.46	0.59
机械	990742010	开孔机 开孔直径 200mm	台班	263.31	0.088	0.097	0.097	—	—	—
	990742020	开孔机 开孔直径 400mm	台班	266.38	—	—	—	0.111	0.111	—
	990742030	开孔机 开孔直径 600mm	台班	268.11	—	—	—	—	—	0.133

工作内容：定位、安装、钻孔、通水试验等。　　**计量单位**：个

定额编号					DE0981	DE0982	DE0983	DE0984	DE0985
项目名称					马鞍卡子安装				
					公称直径(mm 以内)				
					ϕ600	ϕ700	ϕ800	ϕ900	ϕ1000
费用	综合单价(元)				**667.51**	**829.42**	**982.40**	**1181.13**	**1382.00**
	其中	人工费(元)			367.50	440.25	528.75	632.50	736.25
		材料费(元)			74.92	86.55	101.05	120.63	145.05
		施工机具使用费(元)			41.56	82.76	88.53	112.13	133.01
		企业管理费(元)			97.24	116.49	139.91	167.36	194.81
		利润(元)			76.00	91.04	109.35	130.80	152.26
		一般风险费(元)			10.29	12.33	14.81	17.71	20.62
	编码	名称	单位	单价(元)	消耗量				
人工	000300150	管工综合工	工日	125.00	2.940	3.522	4.230	5.060	5.890
材料	180102000	铸铁马鞍卡子	个	—	(1.000)	(1.000)	(1.000)	(1.000)	(1.000)
	020100310	橡胶板 3	kg	5.81	0.365	0.522	0.662	0.895	1.242
	022901100	油麻丝	kg	8.00	3.052	3.686	4.363	5.081	6.328
	030105450	六角螺栓带螺母 综合	kg	5.43	3.868	3.868	4.276	5.386	5.630
	040100550	膨胀水泥	kg	0.79	18.554	22.402	26.518	30.883	38.441
	150102200	石棉绒 综合	kg	2.14	5.601	6.763	8.005	9.324	11.605
	002000020	其他材料费	元	—	0.74	0.86	1.00	1.19	1.44
机械	990304004	汽车式起重机 8t	台班	705.33	—	0.044	0.044	0.071	—
	990304016	汽车式起重机 16t	台班	898.02	—	—	—	—	0.071
	990401030	载重汽车 8t	台班	474.25	—	0.009	0.011	0.011	0.016
	990742030	开孔机 开孔直径 600mm	台班	268.11	0.155	0.177	0.195	0.212	0.230

E.2.1.3 铸铁穿墙管安装

工作内容：切管、管件安装、接口、养护等。 计量单位：个

定额编号					DE0986	DE0987	DE0988	DE0989	DE0990	DE0991
项目名称					铸铁穿墙管安装					
					公称直径(mm以内)					
					法兰 DN100	承口 DN100	法兰 DN150	承口 DN150	法兰 DN200	承口 DN200
费用	综合单价（元）				**309.26**	**197.24**	**339.12**	**257.51**	**413.43**	**329.96**
	其中	人工费（元）			175.00	119.63	193.00	158.75	241.50	205.88
		材料费（元）			46.86	17.87	49.74	19.47	51.33	21.28
		施工机具使用费（元）			—	—	—	—	—	—
		企业管理费（元）			46.31	31.65	51.07	42.01	63.90	54.47
		利润（元）			36.19	24.74	39.91	32.83	49.94	42.57
		一般风险费（元）			4.90	3.35	5.40	4.45	6.76	5.76
	编码	名称	单位	单价(元)	消耗量					
人工	000300150	管工综合工	工日	125.00	1.400	0.957	1.544	1.270	1.932	1.647
材料	290606150	铸铁穿墙管	个	—	(1.000)	(1.000)	(1.000)	(1.000)	(1.000)	(1.000)
	012100010	角钢 综合	kg	2.78	5.050	5.050	5.050	5.050	5.050	5.050
	020101660	橡胶石棉板 δ=1～6	kg	14.27	0.350	—	0.550	—	0.660	—
	022901100	油麻丝	kg	8.00	—	0.240	—	0.340	—	0.440
	030105450	六角螺栓带螺母 综合	kg	5.43	5.040	—	5.040	—	5.040	—
	040100550	膨胀水泥	kg	0.79	—	1.640	—	2.280	—	2.980
	143900700	氧气	m^3	3.26	—	0.060	—	0.100	—	0.160
	143901000	乙炔气	kg	12.01	—	0.020	—	0.033	—	0.053
	002000020	其他材料费	元	—	0.46	0.18	0.49	0.19	0.51	0.21

工作内容：切管、管件安装、接口、养护等。 计量单位：个

定额编号					DE0992	DE0993	DE0994	DE0995	DE0996	DE0997
项目名称					铸铁穿墙管安装					
					公称直径(mm以内)					
					法兰 DN300	承口 DN300	法兰 DN400	承口 DN400	法兰 DN500	承口 DN500
费用	综合单价（元）				**579.53**	**444.62**	**789.49**	**639.67**	**1082.75**	**861.42**
	其中	人工费（元）			333.38	271.00	454.38	393.13	620.00	518.88
		材料费（元）			70.00	28.61	92.18	34.19	113.38	43.68
		施工机具使用费（元）			9.67	9.67	16.02	16.02	39.74	39.74
		企业管理费（元）			88.21	71.71	120.23	104.02	164.05	137.29
		利润（元）			68.94	56.04	93.96	81.30	128.22	107.30
		一般风险费（元）			9.33	7.59	12.72	11.01	17.36	14.53
	编码	名称	单位	单价(元)	消耗量					
人工	000300150	管工综合工	工日	125.00	2.667	2.168	3.635	3.145	4.960	4.151
材料	290606150	铸铁穿墙管	个	—	(1.000)	(1.000)	(1.000)	(1.000)	(1.000)	(1.000)
	012100010	角钢 综合	kg	2.78	6.060	6.060	6.060	6.060	6.060	6.060
	020101660	橡胶石棉板 δ=1～6	kg	14.27	0.800	—	1.380	—	1.660	—
	022901100	油麻丝	kg	8.00	—	0.720	—	0.980	—	1.400
	030105450	六角螺栓带螺母 综合	kg	5.43	7.560	—	10.080	—	12.600	—
	031350010	低碳钢焊条 综合	kg	4.19	—	—	—	—	0.790	0.790
	040100550	膨胀水泥	kg	0.79	—	5.040	—	7.000	—	9.900
	143900700	氧气	m^3	3.26	—	0.240	—	0.500	—	0.560
	143901000	乙炔气	kg	12.01	—	0.080	—	0.167	—	0.187
	002000020	其他材料费	元	—	0.69	0.28	0.91	0.34	1.12	0.43
机械	990304004	汽车式起重机 8t	台班	705.33	0.009	0.009	0.018	0.018	0.027	0.027
	990401030	载重汽车 8t	台班	474.25	0.007	0.007	0.007	0.007	0.007	0.007
	990904030	直流弧焊机 20kV·A	台班	72.88	—	—	—	—	0.230	0.230
	990919030	电焊条烘干箱 600×500×750	台班	26.74	—	—	—	—	0.023	0.023

工作内容：切管、管件安装、接口、养护等。　　　　计量单位：个

定额编号					DE0998	DE0999	DE1000	DE1001	DE1002	DE1003
项目名称					铸铁穿墙管安装					
					公称直径(mm 以内)					
					法兰 DN600	承口 DN600	法兰 DN700	承口 DN700	法兰 DN800	承口 DN800
费用	综合单价（元）				**1213.01**	**1010.90**	**1403.21**	**1159.19**	**1511.80**	**1299.72**
	其中	人工费（元）			688.63	606.25	781.38	679.00	849.50	768.00
		材料费（元）			127.80	49.21	172.89	82.38	178.38	88.52
		施工机具使用费（元）			52.68	52.68	58.72	58.72	59.67	59.67
		企业管理费（元）			182.21	160.41	206.75	179.66	224.78	203.21
		利润（元）			142.41	125.37	161.59	140.42	175.68	158.82
		一般风险费（元）			19.28	16.98	21.88	19.01	23.79	21.50
	编码	名称	单位	单价(元)	消耗量					
人工	000300150	管工综合工	工日	125.00	5.509	4.850	6.251	5.432	6.796	6.144
材料	290606150	铸铁穿墙管	个	—	(1.000)	(1.000)	(1.000)	(1.000)	(1.000)	(1.000)
	012100010	角钢 综合	kg	2.78	6.060	6.060	15.150	15.150	15.150	15.150
	020101660	橡胶石棉板 $\delta=1\sim6$	kg	14.27	2.660	—	2.980	—	3.360	—
	022901100	油麻丝	kg	8.00	—	1.740	—	2.160	—	2.580
	030105450	六角螺栓带螺母 综合	kg	5.43	12.600	—	15.120	—	15.120	—
	031350010	低碳钢焊条 综合	kg	4.19	0.790	0.790	1.060	1.060	1.060	1.060
	143900700	氧气	m^3	3.26	—	0.700	—	0.820	—	0.900
	040100550	膨胀水泥	kg	0.79	—	12.100	—	14.900	—	17.600
	143901000	乙炔气	kg	12.01	—	0.233	—	0.273	—	0.300
	002000020	其他材料费	元	—	1.27	0.49	1.71	0.82	1.77	0.88
机械	990304004	汽车式起重机 8t	台班	705.33	0.044	0.044	0.044	0.044	0.044	0.044
	990401030	载重汽车 8t	台班	474.25	0.009	0.009	0.009	0.009	0.011	0.011
	990904030	直流弧焊机 20kV·A	台班	72.88	0.230	0.230	0.310	0.310	0.310	0.310
	990919030	电焊条烘干箱 600×500×750	台班	26.74	0.023	0.023	0.031	0.031	0.031	0.031

工作内容：切管、管件安装、接口、养护等。　　　　计量单位：个

定额编号					DE1004	DE1005	DE1006	DE1007	DE1008	DE1009
项目名称					铸铁穿墙管安装					
					公称直径(mm 以内)					
					法兰 DN900	承口 DN900	法兰 DN1000	承口 DN1000	法兰 DN1200	承口 DN1200
费用	综合单价（元）				**1731.34**	**1565.33**	**1827.75**	**1728.61**	**2432.67**	**2262.55**
	其中	人工费（元）			963.75	922.38	1013.50	1012.13	1386.88	1347.00
		材料费（元）			204.26	100.28	210.03	112.94	235.81	125.48
		施工机具使用费（元）			82.03	82.03	98.08	98.08	117.37	117.37
		企业管理费（元）			255.01	244.06	268.17	267.81	366.97	356.42
		利润（元）			199.30	190.75	209.59	209.31	286.81	278.56
		一般风险费（元）			26.99	25.83	28.38	28.34	38.83	37.72
	编码	名称	单位	单价(元)	消耗量					
人工	000300150	管工综合工	工日	125.00	7.710	7.379	8.108	8.097	11.095	10.776
材料	290606150	铸铁穿墙管	个	—	(1.000)	(1.000)	(1.000)	(1.000)	(1.000)	(1.000)
	012100010	角钢 综合	kg	2.78	17.170	17.170	17.170	17.170	17.170	17.170
	020101660	橡胶石棉板 $\delta=1\sim6$	kg	14.27	3.760	—	4.160	—	4.940	—
	022901100	油麻丝	kg	8.00	—	2.940	—	3.900	—	4.620
	030105450	六角螺栓带螺母 综合	kg	5.43	17.640	—	17.640	—	20.160	—
	031350010	低碳钢焊条 综合	kg	4.19	1.210	1.210	1.210	1.210	1.380	1.380
	040100550	膨胀水泥	kg	0.79	—	19.880	—	24.920	—	31.520
	143900700	氧气	m^3	3.26	—	1.000	—	1.120	—	1.220
	143901000	乙炔气	kg	12.01	—	0.333	—	0.373	—	0.407
	002000020	其他材料费	元	—	2.02	0.99	2.08	1.12	2.33	1.24
机械	990304004	汽车式起重机 8t	台班	705.33	0.071	0.071	—	—	—	—
	990304016	汽车式起重机 16t	台班	898.02	—	—	0.071	0.071	0.088	0.088
	990401030	载重汽车 8t	台班	474.25	0.011	0.011	0.016	0.016	0.016	0.016
	990904030	直流弧焊机 20kV·A	台班	72.88	0.354	0.354	0.354	0.354	0.407	0.407
	990919030	电焊条烘干箱 600×500×750	台班	26.74	0.035	0.035	0.035	0.035	0.041	0.041

E.2.2 钢管管件制作、安装(编码:040502002)

E.2.2.1 管件制作

E.2.2.1.1 焊接弯头制作(30°)

工作内容:量尺寸、切管、组对、焊接成型、成品码垛等操作过程。

计量单位:个

定额编号						DE1010	DE1011	DE1012	DE1013	DE1014	DE1015
项目名称						焊接弯头制作(30°)					
						管外径×壁厚(mm×mm 以内)					
						219×5	219×6	219×7	273×6	273×7	273×8
费用	综合单价(元)					**57.35**	**61.08**	**68.02**	**73.63**	**81.66**	**87.16**
	其中	人工费(元)				27.00	28.38	31.25	34.38	37.63	39.75
		材料费(元)				8.27	9.68	11.34	11.11	13.08	14.79
		施工机具使用费(元)				8.60	8.85	9.82	10.97	12.16	12.77
		企业管理费(元)				7.14	7.51	8.27	9.10	9.96	10.52
		利润(元)				5.58	5.87	6.46	7.11	7.78	8.22
		一般风险费(元)				0.76	0.79	0.88	0.96	1.05	1.11
	编码	名称		单位	单价(元)	消耗量					
人工	000300150	管工综合工		工日	125.00	0.216	0.227	0.250	0.275	0.301	0.318
材料	170103500	普碳钢板卷管		m	—	(0.240)	(0.240)	(0.240)	(0.241)	(0.241)	(0.241)
	012100010	角钢 综合		kg	2.78	0.100	0.100	0.100	0.100	0.100	0.100
	022700030	棉纱线		kg	4.82	0.014	0.014	0.014	0.017	0.017	0.017
	031310610	尼龙砂轮片 ϕ100		片	1.93	0.048	0.051	0.055	0.064	0.068	0.074
	031350010	低碳钢焊条 综合		kg	4.19	0.446	0.551	0.723	0.699	0.914	1.084
	143900700	氧气		m^3	3.26	0.814	0.946	1.073	1.051	1.194	1.332
	143901000	乙炔气		kg	12.01	0.272	0.316	0.358	0.351	0.399	0.444
	002000020	其他材料费		元	—	0.04	0.05	0.06	0.06	0.07	0.07
机械	990904030	直流弧焊机 20kV·A		台班	72.88	0.114	0.117	0.130	0.145	0.161	0.169
	990919030	电焊条烘干箱 600×500×750		台班	26.74	0.011	0.012	0.013	0.015	0.016	0.017

工作内容:量尺寸、切管、组对、焊接成型、成品码垛等操作过程。

计量单位:个

定额编号						DE1016	DE1017	DE1018	DE1019	DE1020	DE1021
项目名称						焊接弯头制作(30°)					
						管外径×壁厚(mm×mm 以内)					
						325×6	325×7	325×8	377×8	377×9	377×10
费用	综合单价(元)					**88.46**	**97.63**	**104.11**	**118.05**	**124.78**	**130.77**
	其中	人工费(元)				41.75	45.38	47.88	54.38	56.75	58.75
		材料费(元)				12.80	15.02	16.99	18.75	21.01	23.32
		施工机具使用费(元)				13.06	14.57	15.33	17.77	18.67	19.35
		企业管理费(元)				11.05	12.01	12.67	14.39	15.02	15.55
		利润(元)				8.63	9.38	9.90	11.24	11.74	12.15
		一般风险费(元)				1.17	1.27	1.34	1.52	1.59	1.65
	编码	名称		单位	单价(元)	消耗量					
人工	000300150	管工综合工		工日	125.00	0.334	0.363	0.383	0.435	0.454	0.470
材料	170103500	普碳钢板卷管		m	—	(0.241)	(0.241)	(0.241)	(0.256)	(0.256)	(0.256)
	012100010	角钢 综合		kg	2.78	0.100	0.100	0.100	0.100	0.100	0.100
	022700030	棉纱线		kg	4.82	0.021	0.021	0.021	0.024	0.024	0.024
	031310610	尼龙砂轮片 ϕ100		片	1.93	0.076	0.082	0.088	0.108	0.118	0.123
	031350010	低碳钢焊条 综合		kg	4.19	0.834	1.090	1.293	1.502	1.760	2.041
	143900700	氧气		m^3	3.26	1.141	1.297	1.448	1.564	1.723	1.877
	143901000	乙炔气		kg	12.01	0.380	0.432	0.483	0.521	0.574	0.626
	002000010	其他材料费		元	—	0.50	0.50	0.50	0.50	0.50	0.50
机械	990904030	直流弧焊机 20kV·A		台班	72.88	0.173	0.193	0.203	0.235	0.247	0.256
	990919030	电焊条烘干箱 600×500×750		台班	26.74	0.017	0.019	0.020	0.024	0.025	0.026

工作内容：量尺寸、切管、组对、焊接成型、成品码垛等操作过程。　　计量单位：个

定额编号					DE1022	DE1023	DE1024	DE1025	DE1026	DE1027
项目名称					焊接弯头制作(30°)					
					管外径×壁厚(mm×mm以内)					
					426×8	426×9	426×10	478×8	478×9	478×10
费用	综合单价(元)				**131.89**	**139.60**	**145.80**	**148.63**	**157.07**	**164.71**
	其中	人工费(元)			61.00	63.75	65.63	69.13	72.13	74.75
		材料费(元)			20.39	22.93	25.56	22.30	25.11	27.99
		施工机具使用费(元)			20.04	21.08	21.84	22.67	23.81	24.64
		企业管理费(元)			16.14	16.87	17.36	18.29	19.08	19.78
		利润(元)			12.61	13.18	13.57	14.30	14.92	15.46
		一般风险费(元)			1.71	1.79	1.84	1.94	2.02	2.09
	编码	名称	单位	单价(元)	消耗量					
人工	000300150	管工综合工	工日	125.00	0.488	0.510	0.525	0.553	0.577	0.598
材料	170103500	普碳钢板卷管	m	—	(0.287)	(0.287)	(0.287)	(0.307)	(0.307)	(0.307)
	012100010	角钢 综合	kg	2.78	0.100	0.100	0.100	0.100	0.100	0.100
	022700030	棉纱线	kg	4.82	0.027	0.027	0.027	0.030	0.030	0.030
	031310610	尼龙砂轮片 ϕ100	片	1.93	0.122	0.134	0.140	0.145	0.158	0.165
	031350010	低碳钢焊条 综合	kg	4.19	1.699	1.991	2.310	1.908	2.237	2.595
	143900700	氧气	m^3	3.26	1.723	1.900	2.073	1.859	2.050	2.237
	143901000	乙炔气	kg	12.01	0.575	0.634	0.692	0.619	0.683	0.745
	002000020	其他材料费	元	—	0.10	0.11	0.13	0.11	0.12	0.14
机械	990904030	直流弧焊机 20kV·A	台班	72.88	0.265	0.279	0.289	0.300	0.315	0.326
	990919030	电焊条烘干箱 600×500×750	台班	26.74	0.027	0.028	0.029	0.030	0.032	0.033

工作内容：量尺寸、切管、组对、焊接成型、成品码垛等操作过程。　　计量单位：个

定额编号					DE1028	DE1029	DE1030	DE1031	DE1032	DE1033
项目名称					焊接弯头制作(30°)					
					管外径×壁厚(mm×mm以内)					
					529×8	529×9	529×10	630×8	630×9	630×10
费用	综合单价(元)				**162.89**	**173.19**	**181.43**	**206.39**	**214.87**	**223.74**
	其中	人工费(元)			75.63	79.63	82.38	93.13	95.75	98.75
		材料费(元)			24.27	27.35	30.48	31.46	35.11	38.87
		施工机具使用费(元)			25.22	26.44	27.42	35.29	36.19	36.80
		企业管理费(元)			20.01	21.07	21.80	24.64	25.34	26.13
		利润(元)			15.64	16.47	17.04	19.26	19.80	20.42
		一般风险费(元)			2.12	2.23	2.31	2.61	2.68	2.77
	编码	名称	单位	单价(元)	消耗量					
人工	000300150	管工综合工	工日	125.00	0.605	0.637	0.659	0.745	0.766	0.790
材料	170103500	普碳钢板卷管	m	—	(0.338)	(0.338)	(0.338)	(0.359)	(0.359)	(0.359)
	012100010	角钢 综合	kg	2.78	0.100	0.100	0.100	0.100	0.100	0.100
	022700030	棉纱线	kg	4.82	0.033	0.033	0.033	0.040	0.040	0.040
	030104250	六角螺栓 综合	10套	4.70	—	—	—	0.024	0.024	0.024
	031310610	尼龙砂轮片 ϕ100	片	1.93	0.168	0.183	0.190	0.210	0.228	0.237
	031350010	低碳钢焊条 综合	kg	4.19	2.133	2.499	2.895	3.052	3.487	3.959
	143900700	氧气	m^3	3.26	1.990	2.196	2.397	2.412	2.658	2.897
	143901000	乙炔气	kg	12.01	0.663	0.732	0.798	0.804	0.886	0.966
	002000020	其他材料费	元	—	0.12	0.14	0.15	0.16	0.17	0.19
机械	990904030	直流弧焊机 20kV·A	台班	72.88	0.334	0.350	0.363	0.467	0.479	0.487
	990919030	电焊条烘干箱 600×500×750	台班	26.74	0.033	0.035	0.036	0.047	0.048	0.049

工作内容：量尺寸、切管、组对、焊接成型、成品码垛等操作过程。

计量单位：个

定额编号					DE1034	DE1035	DE1036	DE1037	DE1038	DE1039
项目名称					焊接弯头制作(30°)					
					管外径×壁厚(mm×mm 以内)					
					720×8	720×9	720×10	820×9	820×10	820×12
费用	综合单价(元)				**233.95**	**244.20**	**253.50**	**280.29**	**290.62**	**314.05**
	其中	人工费(元)			105.75	109.25	112.13	126.00	129.13	136.25
		材料费(元)			34.88	38.91	43.13	44.05	48.79	58.74
		施工机具使用费(元)			40.51	41.48	42.24	47.31	48.21	51.01
		企业管理费(元)			27.98	28.91	29.67	33.34	34.17	36.05
		利润(元)			21.87	22.59	23.19	26.06	26.70	28.18
		一般风险费(元)			2.96	3.06	3.14	3.53	3.62	3.82
	编码	名称	单位	单价(元)	消耗量					
人工	000300150	管工综合工	工日	125.00	0.846	0.874	0.897	1.008	1.033	1.090
材料	170103500	普碳钢板卷管	m	—	(0.389)	(0.389)	(0.389)	(0.441)	(0.441)	(0.441)
	012100010	角钢 综合	kg	2.78	0.110	0.110	0.110	0.110	0.110	0.110
	022700030	棉纱线	kg	4.82	0.045	0.045	0.045	0.052	0.052	0.052
	030104250	六角螺栓 综合	10套	4.70	0.024	0.024	0.024	0.024	0.024	0.024
	031310610	尼龙砂轮片 ϕ100	片	1.93	0.241	0.261	0.271	0.322	0.334	0.355
	031350010	低碳钢焊条 综合	kg	4.19	3.492	3.990	4.531	4.591	5.209	6.593
	143900700	氧气	m^3	3.26	2.612	2.877	3.136	3.210	3.499	4.058
	143901000	乙炔气	kg	12.01	0.871	0.956	1.045	1.069	1.166	1.352
	002000020	其他材料费	元	—	0.17	0.19	0.21	0.22	0.24	0.29
机械	990904030	直流弧焊机 20kV·A	台班	72.88	0.536	0.549	0.559	0.626	0.638	0.675
	990919030	电焊条烘干箱 600×500×750	台班	26.74	0.054	0.055	0.056	0.063	0.064	0.068

工作内容：量尺寸、切管、组对、焊接成型、成品码垛等操作过程。

计量单位：个

定额编号					DE1040	DE1041	DE1042	DE1043	DE1044	DE1045
项目名称					焊接弯头制作(30°)					
					管外径×壁厚(mm×mm 以内)					
					920×9	920×10	920×12	1020×10	1020×12	1020×14
费用	综合单价(元)				**310.79**	**324.15**	**350.13**	**367.28**	**399.79**	**451.93**
	其中	人工费(元)			140.13	143.63	151.50	158.50	167.38	184.75
		材料费(元)			49.26	54.69	65.77	60.24	72.61	85.85
		施工机具使用费(元)			51.42	54.11	57.20	69.38	76.21	89.07
		企业管理费(元)			37.08	38.00	40.09	41.94	44.29	48.88
		利润(元)			28.98	29.70	31.33	32.78	34.61	38.21
		一般风险费(元)			3.92	4.02	4.24	4.44	4.69	5.17
	编码	名称	单位	单价(元)	消耗量					
人工	000300150	管工综合工	工日	125.00	1.121	1.149	1.212	1.268	1.339	1.478
材料	170103500	普碳钢板卷管	m	—	(0.471)	(0.471)	(0.471)	(0.492)	(0.492)	(0.492)
	012100010	角钢 综合	kg	2.78	0.110	0.110	0.110	0.110	0.110	0.110
	022700030	棉纱线	kg	4.82	0.058	0.058	0.058	0.064	0.064	0.064
	030104250	六角螺栓 综合	10套	4.70	0.024	0.024	0.024	0.024	0.024	0.024
	031310610	尼龙砂轮片 ϕ100	片	1.93	0.362	0.376	0.399	0.417	0.443	0.470
	031350010	低碳钢焊条 综合	kg	4.19	5.155	5.849	7.405	6.490	8.217	10.191
	143900700	氧气	m^3	3.26	3.581	3.941	4.535	4.284	4.976	5.644
	143901000	乙炔气	kg	12.01	1.194	1.302	1.512	1.436	1.667	1.889
	002000020	其他材料费	元	—	0.25	0.27	0.33	0.30	0.36	0.43
机械	990304012	汽车式起重机 12t	台班	797.85	—	—	—	0.010	0.013	0.015
	990401030	载重汽车 8t	台班	474.25	—	—	—	0.003	0.005	0.006
	990904030	直流弧焊机 20kV·A	台班	72.88	0.703	0.716	0.757	0.794	0.840	0.983
	990919030	电焊条烘干箱 600×500×750	台班	26.74	0.007	0.072	0.076	0.079	0.084	0.098

工作内容：量尺寸、切管、组对、焊接成型、成品码垛等操作过程。　　　　计量单位：个

定额编号					DE1046	DE1047	DE1048	DE1049	DE1050	DE1051
项目名称					焊接弯头制作(30°)					
					管外径×壁厚(mm×mm 以内)					
					1220×10	1220×12	1220×14	1420×10	1420×12	1420×14
费用	综合单价（元）				**449.40**	**488.35**	**551.61**	**520.30**	**564.14**	**635.17**
费用	其中	人工费（元）			193.00	203.63	224.00	222.13	233.38	257.75
费用	其中	材料费（元）			73.04	88.10	104.20	82.77	99.94	118.41
费用	其中	施工机具使用费（元）			86.98	94.93	111.55	104.47	114.28	130.29
费用	其中	企业管理费（元）			51.07	53.88	59.27	58.77	61.75	68.20
费用	其中	利润（元）			39.91	42.11	46.32	45.94	48.26	53.30
费用	其中	一般风险费（元）			5.40	5.70	6.27	6.22	6.53	7.22
	编码	名称	单位	单价(元)	消耗量					
人工	000300150	管工综合工	工日	125.00	1.544	1.629	1.792	1.777	1.867	2.062
材料	170103500	普碳钢板卷管	m	—	(0.594)	(0.594)	(0.594)	(0.661)	(0.661)	(0.661)
材料	012100010	角钢 综合	kg	2.78	0.147	0.147	0.147	0.147	0.147	0.147
材料	022700030	棉纱线	kg	4.82	0.077	0.077	0.077	0.089	0.089	0.089
材料	030104250	六角螺栓 综合	10套	4.70	0.024	0.024	0.024	0.024	0.024	0.024
材料	031310610	尼龙砂轮片 ϕ100	片	1.93	0.499	0.531	0.564	0.566	0.603	0.642
材料	031350010	低碳钢焊条 综合	kg	4.19	7.771	9.841	12.207	9.052	11.465	14.223
材料	143900700	氧气	m^3	3.26	5.267	6.127	6.959	5.836	6.786	7.733
材料	143901000	乙炔气	kg	12.01	1.756	2.043	2.320	1.945	2.262	2.567
材料	002000020	其他材料费	元	—	0.36	0.44	0.52	0.41	0.50	0.59
机械	990304012	汽车式起重机 12t	台班	797.85	0.015	0.019	—	—	—	—
机械	990304016	汽车式起重机 16t	台班	898.02	—	—	0.021	0.019	0.024	0.025
机械	990401030	载重汽车 8t	台班	474.25	0.006	0.007	0.007	0.007	0.008	0.008
机械	990904030	直流弧焊机 20kV·A	台班	72.88	0.955	1.012	1.183	1.113	1.177	1.377
机械	990919030	电焊条烘干箱 600×500×750	台班	26.74	0.096	0.101	0.118	0.111	0.118	0.138

工作内容：量尺寸、切管、组对、焊接成型、成品码垛等操作过程。　　　　计量单位：个

定额编号					DE1052	DE1053	DE1054	DE1055	DE1056	DE1057
项目名称					焊接弯头制作(30°)					
					管外径×壁厚(mm×mm 以内)					
					1620×10	1620×12	1620×14	1820×12	1820×14	1820×16
费用	综合单价（元）				**591.75**	**640.09**	**720.70**	**720.63**	**818.35**	**868.31**
费用	其中	人工费（元）			250.13	265.00	292.63	298.25	329.25	337.50
费用	其中	材料费（元）			95.41	113.97	136.03	128.89	152.52	182.29
费用	其中	施工机具使用费（元）			121.30	128.78	145.91	144.54	172.15	179.97
费用	其中	企业管理费（元）			66.18	70.12	77.43	78.92	87.12	89.30
费用	其中	利润（元）			51.73	54.80	60.51	61.68	68.09	69.80
费用	其中	一般风险费（元）			7.00	7.42	8.19	8.35	9.22	9.45
	编码	名称	单位	单价(元)	消耗量					
人工	000300150	管工综合工	工日	125.00	2.001	2.120	2.341	2.386	2.634	2.700
材料	170103500	普碳钢板卷管	m	—	(0.722)	(0.722)	(0.722)	(0.779)	(0.779)	(0.779)
材料	012100010	角钢 综合	kg	2.78	0.178	0.178	0.178	0.178	0.178	0.178
材料	022700030	棉纱线	kg	4.82	0.102	0.102	0.102	0.114	0.114	0.114
材料	030104250	六角螺栓 综合	10套	4.70	0.047	0.047	0.047	0.047	0.047	0.047
材料	031310610	尼龙砂轮片 ϕ100	片	1.93	0.665	0.707	0.752	0.795	0.845	0.908
材料	031350010	低碳钢焊条 综合	kg	4.19	10.333	13.089	16.239	14.712	18.256	23.313
材料	143900700	氧气	m^3	3.26	6.768	7.530	8.900	8.785	9.964	11.109
材料	143901000	乙炔气	kg	12.01	2.256	2.618	2.967	2.928	3.321	3.702
材料	002000020	其他材料费	元	—	0.47	0.57	0.68	0.64	0.76	0.91
机械	990304016	汽车式起重机 16t	台班	898.02	0.024	0.026	0.026	0.029	—	—
机械	990304020	汽车式起重机 20t	台班	968.56	—	—	—	—	0.035	0.040
机械	990401030	载重汽车 8t	台班	474.25	0.008	0.008	0.008	0.009	0.010	0.012
机械	990904030	直流弧焊机 20kV·A	台班	72.88	1.270	1.345	1.572	1.512	1.767	1.794
机械	990919030	电焊条烘干箱 600×500×750	台班	26.74	0.127	0.135	0.157	0.151	0.177	0.179

工作内容：量尺寸、切管、组对、焊接成型、成品码垛等操作过程。　　　　计量单位：个

定额编号					DE1058	DE1059	DE1060
项目名称					焊接弯头制作(30°)		
					管外径×壁厚(mm×mm以内)		
					2020×12	2020×14	2020×16
费用	综合单价(元)				**792.78**	**909.41**	**977.71**
	其中	人工费(元)			323.13	365.25	374.38
		材料费(元)			142.78	169.01	202.09
		施工机具使用费(元)			165.50	192.74	214.28
		企业管理费(元)			85.50	96.65	99.06
		利润(元)			66.82	75.53	77.42
		一般风险费(元)			9.05	10.23	10.48
	编码	名称	单位	单价(元)	消耗量		
人工	000300150	管工综合工	工日	125.00	2.585	2.922	2.995
材料	170103500	普碳钢板卷管	m	—	(0.840)	(0.840)	(0.840)
	012100010	角钢 综合	kg	2.78	0.178	0.178	0.178
	022700030	棉纱线	kg	4.82	0.127	0.127	0.127
	030104250	六角螺栓 综合	10套	4.70	0.047	0.047	0.047
	031310610	尼龙砂轮片 ϕ100	片	1.93	0.883	0.939	1.009
	031350010	低碳钢焊条 综合	kg	4.19	16.336	20.273	25.889
	143900700	氧气	m^3	3.26	9.718	11.026	12.298
	143901000	乙炔气	kg	12.01	3.240	3.675	4.100
	002000020	其他材料费	元	—	0.71	0.84	1.01
机械	990304020	汽车式起重机 20t	台班	968.56	0.035	0.040	0.059
	990401030	载重汽车 8t	台班	474.25	0.010	0.012	0.014
	990904030	直流弧焊机 20kV·A	台班	72.88	1.679	1.963	1.992
	990919030	电焊条烘干箱 600×500×750	台班	26.74	0.168	0.196	0.199

E.2.2.1.2　焊接弯头制作(45°、60°)

工作内容：量尺寸、切管、组对、焊接成型、成品码垛等操作过程。　　　　计量单位：个

定额编号					DE1061	DE1062	DE1063	DE1064	DE1065	DE1066
项目名称					焊接弯头制作(45°、60°)					
					管外径×壁厚(mm×mm以内)					
					219×5	219×6	219×7	273×6	273×7	273×8
费用	综合单价(元)				**112.40**	**119.12**	**131.80**	**144.44**	**159.38**	**169.43**
	其中	人工费(元)			53.25	55.75	60.88	67.88	73.88	77.63
		材料费(元)			15.26	17.86	20.95	20.75	24.28	27.50
		施工机具使用费(元)			17.30	17.67	19.57	21.91	24.32	25.54
		企业管理费(元)			14.09	14.75	16.11	17.96	19.55	20.54
		利润(元)			11.01	11.53	12.59	14.04	15.28	16.05
		一般风险费(元)			1.49	1.56	1.70	1.90	2.07	2.17
	编码	名称	单位	单价(元)	消耗量					
人工	000300150	管工综合工	工日	125.00	0.426	0.446	0.487	0.543	0.591	0.621
材料	170103600	钢板卷管 45°弯头用	m	—	(0.310)	(0.310)	(0.310)	(0.315)	(0.315)	(0.315)
	170103700	钢板卷管 60°弯头用	m	—	(0.390)	(0.390)	(0.390)	(0.390)	(0.390)	(0.390)
	012100010	角钢 综合	kg	2.78	0.200	0.200	0.200	0.200	0.200	0.200
	022700030	棉纱线	kg	4.82	0.028	0.028	0.028	0.034	0.034	0.034
	031310610	尼龙砂轮片 ϕ100	片	1.93	0.097	0.102	0.109	0.128	0.136	0.147
	031350010	低碳钢焊条 综合	kg	4.19	0.890	1.101	1.445	1.398	1.827	2.167
	143900700	氧气	m^3	3.26	1.457	1.689	1.919	1.886	2.137	2.378
	143901000	乙炔气	kg	12.01	0.485	0.563	0.636	0.639	0.712	0.793
	002000020	其他材料费	元	—	0.08	0.09	0.10	0.10	0.12	0.14
机械	990904030	直流弧焊机 20kV·A	台班	72.88	0.229	0.234	0.259	0.290	0.322	0.338
	990919030	电焊条烘干箱 600×500×750	台班	26.74	0.023	0.023	0.026	0.029	0.032	0.034

工作内容：量尺寸、切管、组对、焊接成型、成品码垛等操作过程。　　　　计量单位：个

		定额编号			DE1067	DE1068	DE1069	DE1070	DE1071	DE1072
		项目名称			焊接弯头制作(45°、60°)					
					管外径×壁厚(mm×mm 以内)					
					325×6	325×7	325×8	377×8	377×9	377×10
费用		**综合单价(元)**			**173.64**	**190.44**	**202.01**	**222.84**	**243.12**	**254.62**
	其中	人工费(元)			82.88	89.38	93.75	102.00	111.50	115.38
		材料费(元)			23.07	27.26	30.92	34.39	38.63	43.01
		施工机具使用费(元)			26.30	29.17	30.51	35.51	37.31	38.61
		企业管理费(元)			21.93	23.65	24.81	26.99	29.50	30.53
		利润(元)			17.14	18.48	19.39	21.09	23.06	23.86
		一般风险费(元)			2.32	2.50	2.63	2.86	3.12	3.23
	编码	名称	单位	单价(元)	消耗量					
人工	000300150	管工综合工	工日	125.00	0.663	0.715	0.750	0.816	0.892	0.923
材料	170103600	钢板卷管 45°弯头用	m	—	(0.315)	(0.315)	(0.315)	(0.340)	(0.340)	(0.340)
	170103700	钢板卷管 60°弯头用	m	—	(0.390)	(0.390)	(0.390)	(0.430)	(0.430)	(0.430)
	012100010	角钢 综合	kg	2.78	0.200	0.200	0.200	0.200	0.200	0.200
	022700030	棉纱线	kg	4.82	0.042	0.042	0.042	0.048	0.048	0.048
	031310610	尼龙砂轮片 ϕ100	片	1.93	0.152	0.163	0.176	0.216	0.236	0.247
	031350010	低碳钢焊条 综合	kg	4.19	1.667	2.179	2.585	3.003	3.521	4.083
	143900700	氧气	m^3	3.26	2.054	2.329	2.594	2.813	3.091	3.362
	143901000	乙炔气	kg	12.01	0.685	0.776	0.865	0.938	1.030	1.121
	002000020	其他材料费	元	—	0.11	0.14	0.15	0.17	0.19	0.21
机械	990904030	直流弧焊机 20kV·A	台班	72.88	0.348	0.386	0.404	0.470	0.494	0.511
	990919030	电焊条烘干箱 600×500×750	台班	26.74	0.035	0.039	0.040	0.047	0.049	0.051

工作内容：量尺寸、切管、组对、焊接成型、成品码垛等操作过程。　　　　计量单位：个

		定额编号			DE1073	DE1074	DE1075	DE1076	DE1077	DE1078
		项目名称			焊接弯头制作(45°、60°)					
					管外径×壁厚(mm×mm 以内)					
					426×8	426×9	426×10	478×8	478×9	478×10
费用		**综合单价(元)**			**258.10**	**272.51**	**285.39**	**291.61**	**307.88**	**321.98**
	其中	人工费(元)			119.88	125.00	129.25	136.38	142.25	146.88
		材料费(元)			38.16	42.92	47.84	41.80	47.06	52.50
		施工机具使用费(元)			40.19	42.16	43.75	45.33	47.53	49.26
		企业管理费(元)			31.72	33.08	34.20	36.08	37.64	38.86
		利润(元)			24.79	25.85	26.73	28.20	29.42	30.37
		一般风险费(元)			3.36	3.50	3.62	3.82	3.98	4.11
	编码	名称	单位	单价(元)	消耗量					
人工	000300150	管工综合工	工日	125.00	0.959	1.000	1.034	1.091	1.138	1.175
材料	170103600	钢板卷管 45°弯头用	m	—	(0.380)	(0.380)	(0.380)	(0.420)	(0.420)	(0.420)
	170103700	钢板卷管 60°弯头用	m	—	(0.480)	(0.480)	(0.480)	(0.530)	(0.530)	(0.530)
	012100010	角钢 综合	kg	2.78	0.200	0.200	0.200	0.200	0.200	0.200
	022700030	棉纱线	kg	4.82	0.054	0.054	0.054	0.060	0.060	0.060
	031310610	尼龙砂轮片 ϕ100	片	1.93	0.245	0.267	0.279	0.289	0.315	0.329
	031350010	低碳钢焊条 综合	kg	4.19	3.399	3.984	4.620	3.815	4.474	5.191
	143900700	氧气	m^3	3.26	3.089	3.399	3.701	3.332	3.667	3.994
	143901000	乙炔气	kg	12.01	1.030	1.133	1.234	1.111	1.222	1.331
	002000020	其他材料费	元	—	0.19	0.21	0.24	0.21	0.23	0.26
机械	990904030	直流弧焊机 20kV·A	台班	72.88	0.532	0.558	0.579	0.600	0.629	0.652
	990919030	电焊条烘干箱 600×500×750	台班	26.74	0.053	0.056	0.058	0.060	0.063	0.065

工作内容：量尺寸、切管、组对、焊接成型、成品码垛等操作过程。　　　　计量单位：个

定额编号						DE1079	DE1080	DE1081	DE1082	DE1083	DE1084
项目名称						焊接弯头制作(45°、60°)					
						管外径×壁厚(mm×mm 以内)					
						529×8	529×9	529×10	630×8	630×9	630×10
费用	综合单价（元）					**321.24**	**339.05**	**354.55**	**406.06**	**423.32**	**438.34**
	其中	人工费（元）				150.25	156.63	161.75	184.13	189.88	194.38
		材料费（元）				45.55	51.31	57.23	59.31	66.15	73.21
		施工机具使用费（元）				50.40	52.89	54.79	70.66	72.46	73.68
		企业管理费（元）				39.76	41.44	42.80	48.72	50.24	51.43
		利润（元）				31.07	32.39	33.45	38.08	39.27	40.20
		一般风险费（元）				4.21	4.39	4.53	5.16	5.32	5.44
	编码	名称		单位	单价(元)	消耗量					
人工	000300150	管工综合工		工日	125.00	1.202	1.253	1.294	1.473	1.519	1.555
材料	170103600	钢板卷管 45°弯头用		m	—	(0.460)	(0.460)	(0.460)	(0.500)	(0.500)	(0.500)
	170103700	钢板卷管 60°弯头用		m	—	(0.590)	(0.590)	(0.590)	(0.630)	(0.630)	(0.630)
	012100010	角钢 综合		kg	2.78	0.200	0.200	0.200	0.202	0.202	0.202
	022700030	棉纱线		kg	4.82	0.066	0.066	0.066	0.080	0.080	0.080
	030104250	六角螺栓 综合		10套	4.70	—	—	—	0.048	0.048	0.048
	031310610	尼龙砂轮片 ϕ100		片	1.93	0.337	0.365	0.381	0.421	0.455	0.474
	031350010	低碳钢焊条 综合		kg	4.19	4.267	4.998	5.791	6.104	6.973	7.918
	143900700	氧气		m^3	3.26	3.569	3.930	4.280	4.328	4.757	5.174
	143901000	乙炔气		kg	12.01	1.189	1.309	1.426	1.444	1.586	1.725
	002000020	其他材料费		元	—	0.23	0.26	0.28	0.30	0.33	0.36
机械	990904030	直流弧焊机 20kV•A		台班	72.88	0.667	0.700	0.725	0.935	0.959	0.975
	990919030	电焊条烘干箱 600×500×750		台班	26.74	0.067	0.070	0.073	0.094	0.096	0.098

工作内容：量尺寸、切管、组对、焊接成型、成品码垛等操作过程。　　　　计量单位：个

定额编号						DE1085	DE1086	DE1087	DE1088	DE1089	DE1090
项目名称						焊接弯头制作(45°、60°)					
						管外径×壁厚(mm×mm 以内)					
						720×8	720×9	720×10	820×9	820×10	820×12
费用	综合单价（元）					**460.91**	**480.28**	**497.30**	**550.78**	**571.90**	**617.60**
	其中	人工费（元）				209.38	215.75	220.88	242.75	248.50	261.88
		材料费（元）				66.05	73.74	81.65	83.59	92.59	111.47
		施工机具使用费（元）				80.92	83.04	84.47	103.21	106.71	113.47
		企业管理费（元）				55.40	57.09	58.44	64.23	65.75	69.29
		利润（元）				43.30	44.62	45.68	50.20	51.39	54.16
		一般风险费（元）				5.86	6.04	6.18	6.80	6.96	7.33
	编码	名称		单位	单价(元)	消耗量					
人工	000300150	管工综合工		工日	125.00	1.675	1.726	1.767	1.942	1.988	2.095
材料	170103600	钢板卷管 45°弯头用		m	—	(0.535)	(0.535)	(0.535)	(0.610)	(0.610)	(0.610)
	170103700	钢板卷管 60°弯头用		m	—	(0.690)	(0.690)	(0.690)	(0.790)	(0.790)	(0.790)
	012100010	角钢 综合		kg	2.78	0.220	0.220	0.220	0.220	0.220	0.220
	022700030	棉纱线		kg	4.82	0.090	0.090	0.090	0.104	0.104	0.104
	030104250	六角螺栓 综合		10套	4.70	0.048	0.048	0.048	0.048	0.048	0.048
	031310610	尼龙砂轮片 ϕ100		片	1.93	0.482	0.521	0.542	0.644	0.688	0.710
	031350010	低碳钢焊条 综合		kg	4.19	6.984	7.980	9.062	9.182	10.417	13.185
	143900700	氧气		m^3	3.26	4.717	5.184	5.640	5.799	6.309	7.291
	143901000	乙炔气		kg	12.01	1.572	1.728	1.879	1.933	2.102	2.431
	002000020	其他材料费		元	—	0.33	0.37	0.41	0.42	0.46	0.55
机械	990304004	汽车式起重机 8t		台班	705.33	—	—	—	0.010	0.012	0.013
	990401030	载重汽车 8t		台班	474.25	—	—	—	0.003	0.004	0.005
	990904030	直流弧焊机 20kV•A		台班	72.88	1.071	1.099	1.118	1.254	1.275	1.349
	990919030	电焊条烘干箱 600×500×750		台班	26.74	0.107	0.110	0.112	0.125	0.128	0.135

工作内容：量尺寸、切管、组对、焊接成型、成品码垛等操作过程。　　计量单位：个

定额编号					DE1091	DE1092	DE1093	DE1094	DE1095	DE1096
项目名称					焊接弯头制作(45°、60°)					
					管外径×壁厚(mm×mm 以内)					
					920×9	920×10	920×12	1020×10	1020×12	1020×14
费用	综合单价（元）				**614.93**	**637.09**	**690.47**	**705.82**	**765.22**	**864.34**
	其中	人工费（元）			270.00	276.13	291.13	304.63	321.38	355.13
		材料费（元）			93.42	103.49	124.75	114.31	137.86	163.24
		施工机具使用费（元）			116.67	119.58	129.21	134.75	145.48	168.62
		企业管理费（元）			71.44	73.06	77.03	80.60	85.04	93.97
		利润（元）			55.84	57.10	60.20	63.00	66.46	73.44
		一般风险费（元）			7.56	7.73	8.15	8.53	9.00	9.94
	编码	名称	单位	单价(元)	消耗量					
人工	000300150	管工综合工	工日	125.00	2.160	2.209	2.329	2.437	2.571	2.841
材料	170103600	钢板卷管 45°弯头用	m	—	(0.650)	(0.650)	(0.650)	(0.690)	(0.690)	(0.690)
	170103700	钢板卷管 60°弯头用	m	—	(0.830)	(0.830)	(0.830)	(0.880)	(0.880)	(0.880)
	012100010	角钢 综合	kg	2.78	0.220	0.220	0.220	0.220	0.220	0.220
	022700030	棉纱线	kg	4.82	0.116	0.116	0.116	0.128	0.128	0.128
	030104250	六角螺栓 综合	10套	4.70	0.048	0.048	0.048	0.048	0.048	0.048
	031310610	尼龙砂轮片 ϕ100	片	1.93	0.724	0.751	0.798	0.834	0.886	0.941
	031350010	低碳钢焊条 综合	kg	4.19	10.311	11.699	14.810	12.980	16.434	20.381
	143900700	氧气	m^3	3.26	6.467	7.038	8.143	7.725	8.943	10.144
	143901000	乙炔气	kg	12.01	2.155	2.346	2.714	2.590	2.997	3.388
	002000020	其他材料费	元	—	0.46	0.51	0.62	0.57	0.69	0.81
机械	990304004	汽车式起重机 8t	台班	705.33	0.012	0.013	0.017	0.017	—	—
	990304012	汽车式起重机 12t	台班	797.85	—	—	—	—	0.019	0.021
	990401030	载重汽车 8t	台班	474.25	0.004	0.005	0.006	0.006	0.007	0.007
	990904030	直流弧焊机 20kV·A	台班	72.88	1.407	1.430	1.514	1.587	1.681	1.966
	990919030	电焊条烘干箱 600×500×750	台班	26.74	0.141	0.143	0.151	0.159	0.168	0.197

工作内容：量尺寸、切管、组对、焊接成型、成品码垛等操作过程。　　计量单位：个

定额编号					DE1097	DE1098	DE1099	DE1100	DE1101	DE1102
项目名称					焊接弯头制作(45°、60°)					
					管外径×壁厚(mm×mm 以内)					
					1220×10	1220×12	1220×14	1420×10	1420×12	1420×14
费用	综合单价（元）				**858.95**	**926.74**	**1047.04**	**990.62**	**1066.50**	**1207.07**
	其中	人工费（元）			371.00	390.75	430.63	426.75	447.75	495.00
		材料费（元）			138.14	166.67	197.31	157.28	189.99	225.11
		施工机具使用费（元）			164.53	174.18	204.05	193.47	205.16	239.75
		企业管理费（元）			98.17	103.39	113.94	112.92	118.47	130.98
		利润（元）			76.72	80.81	89.05	88.25	92.59	102.37
		一般风险费（元）			10.39	10.94	12.06	11.95	12.54	13.86
	编码	名称	单位	单价(元)	消耗量					
人工	000300150	管工综合工	工日	125.00	2.968	3.126	3.445	3.414	3.582	3.960
材料	170103600	钢板卷管 45°弯头用	m	—	(0.810)	(0.810)	(0.810)	(0.910)	(0.910)	(0.910)
	170103700	钢板卷管 60°弯头用	m	—	(1.300)	(1.300)	(1.300)	(1.400)	(1.400)	(1.400)
	012100010	角钢 综合	kg	2.78	0.294	0.294	0.294	0.294	0.294	0.294
	022700030	棉纱线	kg	4.82	0.154	0.154	0.154	0.178	0.178	0.178
	030104250	六角螺栓 综合	10套	4.70	0.048	0.048	0.048	0.048	0.048	0.048
	031310610	尼龙砂轮片 ϕ100	片	1.93	0.999	1.062	1.128	1.132	1.223	1.283
	031350010	低碳钢焊条 综合	kg	4.19	15.542	19.681	24.414	18.104	22.929	28.447
	143900700	氧气	m^3	3.26	9.447	10.952	12.401	10.539	12.213	13.824
	143901000	乙炔气	kg	12.01	3.149	3.650	4.134	3.514	4.071	4.609
	002000020	其他材料费	元	—	0.69	0.83	0.98	0.78	0.95	1.12
机械	990304012	汽车式起重机 12t	台班	797.85	0.021	0.022	—	—	—	—
	990304016	汽车式起重机 16t	台班	898.02	—	—	0.024	0.024	0.026	0.030
	990401030	载重汽车 8t	台班	474.25	0.007	0.008	0.008	0.008	0.008	0.010
	990904030	直流弧焊机 20kV·A	台班	72.88	1.912	2.023	2.365	2.225	2.356	2.754
	990919030	电焊条烘干箱 600×500×750	台班	26.74	0.191	0.202	0.237	0.223	0.236	0.275

工作内容：量尺寸、切管、组对、焊接成型、成品码垛等操作过程。　　　　**计量单位**：个

定额编号					DE1103	DE1104	DE1105	DE1106	DE1107	DE1108
项目名称					焊接弯头制作(45°、60°)					
					管外径×壁厚(mm×mm 以内)					
					1620×10	1620×12	1620×14	1820×12	1820×14	1820×16
费用	综合单价(元)				**1126.91**	**1219.73**	**1379.91**	**1455.28**	**1568.21**	**1664.45**
其中	人工费(元)				480.88	508.00	561.50	623.38	631.63	646.50
	材料费(元)				181.40	218.70	258.86	250.51	290.19	347.64
	施工机具使用费(元)				224.49	239.34	279.14	270.08	330.95	347.45
	企业管理费(元)				127.24	134.42	148.57	164.95	167.13	171.06
	利润(元)				99.44	105.05	116.12	128.91	130.62	133.70
	一般风险费(元)				13.46	14.22	15.72	17.45	17.69	18.10
	编码	名称	单位	单价(元)	消耗量					
人工	000300150	管工综合工	工日	125.00	3.847	4.064	4.492	4.987	5.053	5.172
材料	170103600	钢板卷管 45°弯头用	m	—	(0.980)	(0.980)	(0.980)	(1.300)	(1.300)	(1.300)
	170103700	钢板卷管 60°弯头用	m	—	(1.500)	(1.500)	(1.500)	(1.600)	(1.600)	(1.600)
	012100010	角钢 综合	kg	2.78	0.356	0.356	0.356	0.356	0.356	0.356
	022700030	棉纱线	kg	4.82	0.204	0.204	0.204	0.228	0.228	0.228
	030104250	六角螺栓 综合	10 套	4.70	0.094	0.094	0.094	0.094	0.094	0.094
	031310610	尼龙砂轮片 $\phi100$	片	1.93	1.330	1.414	1.503	1.590	1.690	1.816
	031350010	低碳钢焊条 综合	kg	4.19	20.667	26.173	32.479	29.425	36.512	46.626
	143900700	氧气	m^3	3.26	12.242	14.154	15.993	15.827	17.894	19.896
	143901000	乙炔气	kg	12.01	4.081	4.718	5.331	5.726	5.965	6.632
	002000020	其他材料费	元	—	0.90	1.09	1.29	1.25	1.44	1.73
机械	990304016	汽车式起重机 16t	台班	898.02	0.031	0.035	0.040	0.040	—	—
	990304020	汽车式起重机 20t	台班	968.56	—	—	—	—	0.059	0.071
	990401030	载重汽车 8t	台班	474.25	0.010	0.010	0.012	0.012	0.014	0.016
	990904030	直流弧焊机 20kV·A	台班	72.88	2.540	2.689	3.144	3.024	3.536	3.588
	990919030	电焊条烘干箱 600×500×750	台班	26.74	0.254	0.269	0.314	0.302	0.354	0.359

工作内容：量尺寸、切管、组对、焊接成型、成品码垛等操作过程。　　　　**计量单位**：个

定额编号					DE1109	DE1110	DE1111
项目名称					焊接弯头制作(45°、60°)		
					管外径×壁厚(mm×mm 以内)		
					2020×12	2020×14	2020×16
费用	综合单价(元)				**1533.72**	**1747.87**	**1930.02**
其中	人工费(元)				633.88	700.25	772.00
	材料费(元)				271.24	321.54	385.36
	施工机具使用费(元)				312.04	376.37	387.12
	企业管理费(元)				167.72	185.29	204.27
	利润(元)				131.09	144.81	159.65
	一般风险费(元)				17.75	19.61	21.62
	编码	名称	单位	单价(元)	消耗量		
人工	000300150	管工综合工	工日	125.00	5.071	5.602	6.176
材料	170103600	钢板卷管 45°弯头用	m	—	(1.400)	(1.400)	(1.400)
	170103700	钢板卷管 60°弯头用	m	—	(1.700)	(1.700)	(1.700)
	012100010	角钢 综合	kg	2.78	0.356	0.356	0.356
	022700030	棉纱线	kg	4.82	0.254	0.254	0.254
	030104250	六角螺栓 综合	10 套	4.70	0.094	0.094	0.094
	031310610	尼龙砂轮片 $\phi100$	片	1.93	1.766	1.878	2.017
	031350010	低碳钢焊条 综合	kg	4.19	32.673	40.545	51.779
	143900700	氧气	m^3	3.26	17.449	19.795	22.019
	143901000	乙炔气	kg	12.01	5.832	6.598	7.340
	002000020	其他材料费	元	—	1.35	1.60	1.92
机械	990304020	汽车式起重机 20t	台班	968.56	0.054	0.074	0.080
	990401030	载重汽车 8t	台班	474.25	0.013	0.017	0.018
	990904030	直流弧焊机 20kV·A	台班	72.88	3.356	3.926	3.985
	990919030	电焊条烘干箱 600×500×750	台班	26.74	0.336	0.393	0.399

E.2.2.1.3　焊接弯头制作(90°)

工作内容:量尺寸、切管、组对、焊接成型、成品码垛等操作过程。　　　　**计量单位**:个

定额编号					DE1112	DE1113	DE1114	DE1115	DE1116	DE1117
项目名称					焊接弯头制作(90°)					
					管外径×壁厚(mm×mm 以内)					
					219×5	219×6	219×7	273×6	273×7	273×8
费用	综合单价(元)				**167.37**	**177.01**	**195.05**	**213.71**	**235.61**	**250.36**
	其中	人工费(元)			79.13	83.00	90.13	100.50	109.13	114.63
		材料费(元)			22.81	26.05	30.52	30.15	35.50	40.18
		施工机具使用费(元)			25.91	26.52	29.39	32.88	36.48	38.31
		企业管理费(元)			20.94	21.96	23.85	26.59	28.87	30.33
		利润(元)			16.36	17.16	18.64	20.78	22.57	23.70
		一般风险费(元)			2.22	2.32	2.52	2.81	3.06	3.21
	编码	名称	单位	单价(元)	消耗量					
人工	000300150	管工综合工	工日	125.00	0.633	0.664	0.721	0.804	0.873	0.917
材料	170103500	普碳钢板卷管	m	—	(0.528)	(0.528)	(0.528)	(0.543)	(0.543)	(0.543)
	012100010	角钢 综合	kg	2.78	0.300	0.300	0.300	0.300	0.300	0.300
	022700030	棉纱线	kg	4.82	0.042	0.042	0.042	0.051	0.051	0.051
	031310610	尼龙砂轮片 ϕ100	片	1.93	0.145	0.153	0.163	0.192	0.205	0.220
	031350010	低碳钢焊条 综合	kg	4.19	1.336	1.653	2.168	2.097	2.741	3.250
	143900700	氧气	m^3	3.26	2.099	2.429	2.745	2.721	3.079	3.423
	143901000	乙炔气	kg	12.01	0.745	0.811	0.915	0.907	1.026	1.141
	002000020	其他材料费	元	—	0.11	0.13	0.15	0.15	0.18	0.20
机械	990904030	直流弧焊机 20kV·A	台班	72.88	0.343	0.351	0.389	0.435	0.483	0.507
	990919030	电焊条烘干箱 600×500×750	台班	26.74	0.034	0.035	0.039	0.044	0.048	0.051

工作内容:量尺寸、切管、组对、焊接成型、成品码垛等操作过程。　　　　**计量单位**:个

定额编号					DE1118	DE1119	DE1120	DE1121	DE1122	DE1123
项目名称					焊接弯头制作(90°)					
					管外径×壁厚(mm×mm 以内)					
					325×6	325×7	325×8	377×8	377×9	377×10
费用	综合单价(元)				**256.63**	**282.35**	**299.41**	**341.17**	**359.98**	**376.61**
	其中	人工费(元)			122.88	132.50	138.88	158.38	165.00	170.50
		材料费(元)			33.03	39.93	45.30	50.42	56.67	63.08
		施工机具使用费(元)			39.36	43.75	45.87	53.28	55.91	57.89
		企业管理费(元)			32.51	35.06	36.75	41.91	43.66	45.11
		利润(元)			25.41	27.40	28.72	32.75	34.12	35.26
		一般风险费(元)			3.44	3.71	3.89	4.43	4.62	4.77
	编码	名称	单位	单价(元)	消耗量					
人工	000300150	管工综合工	工日	125.00	0.983	1.060	1.111	1.267	1.320	1.364
材料	170103500	普碳钢板卷管	m	—	(0.543)	(0.543)	(0.543)	(0.615)	(0.615)	(0.615)
	012100010	角钢 综合	kg	2.78	0.300	0.300	0.300	0.300	0.300	0.300
	022700030	棉纱线	kg	4.82	0.063	0.063	0.063	0.072	0.072	0.072
	031310610	尼龙砂轮片 ϕ100	片	1.93	0.228	0.245	0.264	0.324	0.354	0.370
	031350010	低碳钢焊条 综合	kg	4.19	2.500	3.269	3.878	4.505	5.282	6.124
	143900700	氧气	m^3	3.26	2.741	3.361	3.741	4.062	4.461	4.848
	143901000	乙炔气	kg	12.01	0.989	1.121	1.247	1.353	1.486	1.616
	002000020	其他材料费	元	—	0.16	0.20	0.23	0.25	0.28	0.31
机械	990904030	直流弧焊机 20kV·A	台班	72.88	0.521	0.579	0.607	0.705	0.740	0.766
	990919030	电焊条烘干箱 600×500×750	台班	26.74	0.052	0.058	0.061	0.071	0.074	0.077

工作内容:量尺寸、切管、组对、焊接成型、成品码垛等操作过程。

计量单位:个

		定额编号			DE1124	DE1125	DE1126	DE1127	DE1128	DE1129
		项目名称			焊接弯头制作(90°)					
					管外径×壁厚(mm×mm 以内)					
					426×8	426×9	426×10	478×8	478×9	478×10
费用		**综合单价(元)**			**382.30**	**403.57**	**425.96**	**572.28**	**603.32**	**631.09**
	其中	人工费(元)			177.50	185.00	193.63	267.38	278.25	287.50
		材料费(元)			55.93	62.93	70.13	80.78	90.99	101.50
		施工机具使用费(元)			60.22	63.25	65.51	90.59	95.13	98.51
		企业管理费(元)			46.97	48.95	51.23	70.75	73.62	76.07
		利润(元)			36.71	38.26	40.04	55.29	57.54	59.46
		一般风险费(元)			4.97	5.18	5.42	7.49	7.79	8.05
	编码	名称	单位	单价(元)	消耗量					
人工	000300150	管工综合工	工日	125.00	1.420	1.480	1.549	2.139	2.226	2.300
材料	170103500	普碳钢板卷管	m	—	(0.692)	(0.692)	(0.692)	(0.779)	(0.779)	(0.779)
	012100010	角钢 综合	kg	2.78	0.300	0.300	0.300	0.400	0.400	0.400
	022700030	棉纱线	kg	4.82	0.081	0.081	0.081	0.120	0.120	0.120
	031310610	尼龙砂轮片 ϕ100	片	1.93	0.367	0.401	0.419	0.579	0.630	0.658
	031350010	低碳钢焊条 综合	kg	4.19	5.098	5.975	6.930	7.630	8.949	10.381
	143900700	氧气	m^3	3.26	4.455	4.897	5.328	6.279	6.902	7.509
	143901000	乙炔气	kg	12.01	1.485	1.634	1.777	2.093	2.301	2.503
	002000020	其他材料费	元	—	0.28	0.31	0.35	0.40	0.45	0.50
机械	990904030	直流弧焊机 20kV·A	台班	72.88	0.797	0.837	0.867	1.199	1.259	1.304
	990919030	电焊条烘干箱 600×500×750	台班	26.74	0.080	0.084	0.087	0.120	0.126	0.130

工作内容:量尺寸、切管、组对、焊接成型、成品码垛等操作过程。

计量单位:个

		定额编号			DE1130	DE1131	DE1132	DE1133	DE1134	DE1135
		项目名称			焊接弯头制作(90°)					
					管外径×壁厚(mm×mm 以内)					
					529×8	529×9	529×10	630×8	630×9	630×10
费用		**综合单价(元)**			**636.02**	**671.35**	**702.86**	**806.52**	**841.86**	**871.41**
	其中	人工费(元)			294.75	306.75	316.75	361.50	372.38	381.00
		材料费(元)			88.12	99.26	110.76	114.96	128.23	141.90
		施工机具使用费(元)			105.96	112.14	117.17	149.53	155.28	158.24
		企业管理费(元)			77.99	81.17	83.81	95.65	98.53	100.81
		利润(元)			60.95	63.44	65.50	74.76	77.01	78.79
		一般风险费(元)			8.25	8.59	8.87	10.12	10.43	10.67
	编码	名称	单位	单价(元)	消耗量					
人工	000300150	管工综合工	工日	125.00	2.358	2.454	2.534	2.892	2.979	3.048
材料	170103500	普碳钢板卷管	m	—	(0.861)	(0.861)	(0.861)	(0.922)	(0.922)	(0.922)
	012100010	角钢 综合	kg	2.78	0.400	0.400	0.400	0.404	0.404	0.404
	022700030	棉纱线	kg	4.82	0.132	0.132	0.132	0.160	0.160	0.160
	030104250	六角螺栓 综合	10 套	4.70	—	—	—	0.096	0.096	0.096
	031310610	尼龙砂轮片 ϕ100	片	1.93	0.673	0.731	0.761	0.842	0.910	0.947
	031350010	低碳钢焊条 综合	kg	4.19	8.534	9.996	11.583	12.208	13.947	15.836
	143900700	氧气	m^3	3.26	6.728	7.397	8.048	8.161	8.956	9.729
	143901000	乙炔气	kg	12.01	2.243	2.466	2.683	2.720	2.985	3.243
	002000020	其他材料费	元	—	0.44	0.49	0.55	0.57	0.64	0.71
机械	990304004	汽车式起重机 8t	台班	705.33	0.006	0.007	0.008	0.009	0.012	0.012
	990401030	载重汽车 8t	台班	474.25	0.002	0.003	0.004	0.004	0.004	0.005
	990904030	直流弧焊机 20kV·A	台班	72.88	1.334	1.400	1.451	1.870	1.918	1.951
	990919030	电焊条烘干箱 600×500×750	台班	26.74	0.133	0.140	0.145	0.187	0.192	0.195

工作内容:量尺寸、切管、组对、焊接成型、成品码垛等操作过程。　　　　计量单位:个

					DE1136	DE1137	DE1138	DE1139	DE1140	DE1141
定额编号					DE1136	DE1137	DE1138	DE1139	DE1140	DE1141
项目名称					焊接弯头制作(90°)					
					管外径×壁厚(mm×mm 以内)					
					720×8	720×9	720×10	820×9	820×10	820×12
费用	综合单价(元)				**918.29**	**957.62**	**992.04**	**1083.96**	**1128.57**	**1210.11**
	其中	人工费(元)			411.13	423.38	433.25	477.00	488.00	514.00
		材料费(元)			128.41	143.31	158.71	162.68	180.13	216.96
		施工机具使用费(元)			173.44	179.50	183.71	206.07	216.74	222.46
		企业管理费(元)			108.78	112.03	114.64	126.21	129.12	136.00
		利润(元)			85.02	87.55	89.60	98.64	100.92	106.30
		一般风险费(元)			11.51	11.85	12.13	13.36	13.66	14.39
	编码	名称	单位	单价(元)	消耗量					
人工	000300150	管工综合工	工日	125.00	3.289	3.387	3.466	3.816	3.904	4.112
材料	170103500	普碳钢板卷管	m	—	(1.025)	(1.025)	(1.025)	(1.537)	(1.537)	(1.537)
	012100010	角钢 综合	kg	2.78	0.440	0.440	0.440	0.440	0.440	0.440
	022700030	棉纱线	kg	4.82	0.180	0.180	0.180	0.208	0.208	0.208
	030104250	六角螺栓 综合	10套	4.70	0.096	0.096	0.096	0.096	0.096	0.096
	031310610	尼龙砂轮片 ϕ100	片	1.93	0.963	1.042	1.085	1.288	1.337	1.420
	031350010	低碳钢焊条 综合	kg	4.19	13.968	15.959	18.124	18.364	20.834	26.370
	143900700	氧气	m^3	3.26	8.926	9.799	10.647	10.980	11.930	13.764
	143901000	乙炔气	kg	12.01	2.976	3.267	3.550	3.661	3.979	4.588
	002000020	其他材料费	元	—	0.64	0.71	0.79	0.81	0.90	1.08
机械	990304004	汽车式起重机 8t	台班	705.33	0.013	0.015	0.017	0.019	0.020	0.021
	990401030	载重汽车 8t	台班	474.25	0.005	0.006	0.006	0.007	0.007	0.008
	990904030	直流弧焊机 20kV·A	台班	72.88	2.143	2.198	2.235	2.506	2.638	2.698
	990919030	电焊条烘干箱 600×500×750	台班	26.74	0.214	0.220	0.224	0.251	0.264	0.270

工作内容:量尺寸、切管、组对、焊接成型、成品码垛等操作过程。　　　　计量单位:个

					DE1142	DE1143	DE1144	DE1145	DE1146	DE1147
定额编号					DE1142	DE1143	DE1144	DE1145	DE1146	DE1147
项目名称					焊接弯头制作(90°)					
					管外径×壁厚(mm×mm 以内)					
					920×9	920×10	920×12	1020×10	1020×12	1020×14
费用	综合单价(元)				**1207.13**	**1250.49**	**1347.62**	**1379.08**	**1493.78**	**1687.11**
	其中	人工费(元)			530.00	542.13	570.88	597.25	630.13	696.63
		材料费(元)			181.79	201.37	242.78	222.48	268.35	317.70
		施工机具使用费(元)			230.66	236.25	248.87	261.09	280.62	324.88
		企业管理费(元)			140.24	143.45	151.05	158.03	166.73	184.33
		利润(元)			109.60	112.11	118.06	123.51	130.31	144.06
		一般风险费(元)			14.84	15.18	15.98	16.72	17.64	19.51
	编码	名称	单位	单价(元)	消耗量					
人工	000300150	管工综合工	工日	125.00	4.240	4.337	4.567	4.778	5.041	5.573
材料	170103500	普碳钢板卷管	m	—	(1.639)	(1.639)	(1.639)	(1.742)	(1.742)	(1.742)
	012100010	角钢 综合	kg	2.78	0.440	0.440	0.440	0.440	0.440	0.440
	022700030	棉纱线	kg	4.82	0.232	0.232	0.232	0.256	0.256	0.256
	030104250	六角螺栓 综合	10套	4.70	0.096	0.096	0.096	0.096	0.096	0.096
	031310610	尼龙砂轮片 ϕ100	片	1.93	1.447	1.502	1.596	1.667	1.772	1.881
	031350010	低碳钢焊条 综合	kg	4.19	20.623	23.398	29.620	25.960	32.868	40.762
	143900700	氧气	m^3	3.26	12.238	13.305	15.363	14.606	16.876	19.053
	143901000	乙炔气	kg	12.01	4.080	4.435	5.121	4.901	5.658	6.384
	002000020	其他材料费	元	—	0.90	1.00	1.21	1.11	1.34	1.58
机械	990304004	汽车式起重机 8t	台班	705.33	0.021	0.023	0.023	0.024	—	—
	990304012	汽车式起重机 12t	台班	797.85	—	—	—	—	0.028	0.029
	990401030	载重汽车 8t	台班	474.25	0.007	0.008	0.008	0.009	0.009	0.010
	990904030	直流弧焊机 20kV·A	台班	72.88	2.813	2.862	3.029	3.175	3.362	3.931
	990919030	电焊条烘干箱 600×500×750	台班	26.74	0.281	0.286	0.303	0.318	0.336	0.393

工作内容：量尺寸、切管、组对、焊接成型、成品码垛等操作过程。

计量单位：个

		定额编号			DE1148	DE1149	DE1150	DE1151	DE1152	DE1153
		项目名称			焊接弯头制作(90°)					
					管外径×壁厚(mm×mm 以内)					
					1220×10	1220×12	1220×14	1420×10	1420×12	1420×14
费用		**综合单价（元）**			**1682.09**	**1817.69**	**2057.74**	**1942.97**	**2101.58**	**2379.99**
	其中	人工费（元）			728.13	766.13	845.38	836.50	878.00	971.13
		材料费（元）			268.35	325.65	383.54	306.83	370.03	438.65
		施工机具使用费（元）			321.98	343.31	406.64	381.89	415.08	485.23
		企业管理费（元）			192.66	202.72	223.69	221.34	232.32	256.96
		利润（元）			150.58	158.43	174.82	172.99	181.57	200.83
		一般风险费（元）			20.39	21.45	23.67	23.42	24.58	27.19
	编码	名称	单位	单价(元)	消耗量					
人工	000300150	管工综合工	工日	125.00	5.825	6.129	6.763	6.692	7.024	7.769
材料	170103500	普碳钢板卷管	m	—	(2.049)	(2.049)	(2.049)	(2.100)	(2.100)	(2.100)
	012100010	角钢 综合	kg	2.78	0.588	0.588	0.588	0.588	0.588	0.588
	022700030	棉纱线	kg	4.82	0.308	0.308	0.308	0.356	0.356	0.356
	030104250	六角螺栓 综合	10套	4.70	0.096	0.096	0.096	0.096	0.096	0.096
	031310610	尼龙砂轮片 ϕ100	片	1.93	1.998	2.124	2.256	2.264	2.411	2.566
	031350010	低碳钢焊条 综合	kg	4.19	31.085	39.363	48.828	36.209	45.869	56.894
	143900700	氧气	m^3	3.26	17.806	20.600	23.285	19.943	23.068	26.065
	143901000	乙炔气	kg	12.01	5.936	7.017	7.761	6.694	7.689	8.689
	002000020	其他材料费	元	—	1.34	1.62	1.91	1.53	1.84	2.18
机械	990304012	汽车式起重机 12t	台班	797.85	0.035	0.040	—	—	—	—
	990304016	汽车式起重机 16t	台班	898.02	—	—	0.048	0.044	0.059	0.069
	990401030	载重汽车 8t	台班	474.25	0.011	0.012	0.013	0.013	0.013	0.015
	990904030	直流弧焊机 20kV·A	台班	72.88	3.823	4.046	4.730	4.450	4.711	5.508
	990919030	电焊条烘干箱 600×500×750	台班	26.74	0.382	0.405	0.473	0.445	0.471	0.551

工作内容：量尺寸、切管、组对、焊接成型、成品码垛等操作过程。

计量单位：个

		定额编号			DE1154	DE1155	DE1156	DE1157	DE1158	DE1159
		项目名称			焊接弯头制作(90°)					
					管外径×壁厚(mm×mm 以内)					
					1620×10	1620×12	1620×14	1820×12	1820×14	1820×16
费用		**综合单价（元）**			**2223.50**	**2398.43**	**2602.38**	**2642.80**	**3067.71**	**3241.59**
	其中	人工费（元）			943.75	995.63	1101.13	1081.50	1238.00	1266.63
		材料费（元）			353.34	426.10	395.88	477.24	565.54	678.32
		施工机具使用费（元）			455.09	479.48	555.47	543.97	645.92	664.08
		企业管理费（元）			249.72	263.44	291.36	286.16	327.57	335.15
		利润（元）			195.17	205.90	227.71	223.65	256.02	261.94
		一般风险费（元）			26.43	27.88	30.83	30.28	34.66	35.47
	编码	名称	单位	单价(元)	消耗量					
人工	000300150	管工综合工	工日	125.00	7.550	7.965	8.809	8.652	9.904	10.133
材料	170103500	普碳钢板卷管	m	—	(2.254)	(2.254)	(2.254)	(2.459)	(2.459)	(2.459)
	012100010	角钢 综合	kg	2.78	0.712	0.712	0.712	0.712	0.712	0.712
	022700030	棉纱线	kg	4.82	0.408	0.408	0.408	0.456	0.456	0.456
	030104250	六角螺栓 综合	10套	4.70	0.188	0.188	0.188	0.188	0.188	0.188
	031310610	尼龙砂轮片 ϕ100	片	1.93	2.659	2.828	3.006	3.181	3.381	3.631
	031350010	低碳钢焊条 综合	kg	4.19	41.334	52.354	64.959	58.850	73.024	93.252
	143900700	氧气	m^3	3.26	23.189	26.755	30.178	29.909	33.755	37.471
	143901000	乙炔气	kg	12.01	7.730	8.918	1.059	9.957	11.252	12.490
	002000020	其他材料费	元	—	1.76	2.12	1.97	2.37	2.81	3.37
机械	990304016	汽车式起重机 16t	台班	898.02	0.071	0.073	0.080	0.088	—	—
	990304020	汽车式起重机 20t	台班	968.56	—	—	—	—	0.106	0.115
	990401030	载重汽车 8t	台班	474.25	0.016	0.016	0.018	0.017	0.019	0.022
	990904030	直流弧焊机 20kV·A	台班	72.88	5.079	5.378	6.288	6.047	7.071	7.177
	990919030	电焊条烘干箱 600×500×750	台班	26.74	0.508	0.538	0.629	0.605	0.707	0.718

工作内容：量尺寸、切管、组对、焊接成型、成品码垛等操作过程。 **计量单位**：个

		定额编号			DE1160	DE1161	DE1162
		项目名称			焊接弯头制作(90°)		
					管外径×壁厚(mm×mm以内)		
					2020×12	2020×14	2020×16
费用		综合单价(元)			**3019.20**	**3434.41**	**3660.52**
	其中	人工费(元)			1241.38	1372.75	1404.38
		材料费(元)			528.87	626.60	751.91
		施工机具使用费(元)			629.00	749.51	802.89
		企业管理费(元)			328.47	363.23	371.60
		利润(元)			256.72	283.88	290.42
		一般风险费(元)			34.76	38.44	39.32
	编码	名称	单位	单价(元)	消耗量		
人工	000300150	管工综合工	工日	125.00	9.931	10.982	11.235
材料	170103500	普碳钢板卷管	m	—	(2.562)	(2.562)	(2.562)
	012100010	角钢 综合	kg	2.78	0.712	0.712	0.712
	022700030	棉纱线	kg	4.82	0.508	0.508	0.508
	030104250	六角螺栓 综合	10套	4.70	0.188	0.188	0.188
	031310610	尼龙砂轮片 ϕ100	片	1.93	3.533	3.756	4.034
	031350010	低碳钢焊条 综合	kg	4.19	65.346	81.090	103.558
	143900700	氧气	m³	3.26	33.119	37.332	41.460
	143901000	乙炔气	kg	12.01	11.019	12.444	13.822
	002000020	其他材料费	元	—	2.63	3.12	3.74
机械	990304020	汽车式起重机 20t	台班	968.56	0.115	0.150	0.195
	990401030	载重汽车 8t	台班	474.25	0.022	0.023	0.025
	990904030	直流弧焊机 20kV·A	台班	72.88	6.713	7.853	7.970
	990919030	电焊条烘干箱 600×500×750	台班	26.74	0.671	0.785	0.797

E.2.2.2 异径管制作

工作内容：下料、切管、组对、焊接、成品堆放等操作过程。 **计量单位**：个

		定额编号			DE1163	DE1164	DE1165	DE1166	DE1167	DE1168
		项目名称			异径管制作					
					管外径×壁厚(mm×mm以内)					
					219×5	219×6	219×7	273×6	273×7	273×8
费用		综合单价(元)			**56.54**	**67.69**	**79.12**	**80.58**	**82.10**	**84.29**
	其中	人工费(元)			33.13	39.63	46.13	46.75	47.38	48.13
		材料费(元)			4.82	5.62	6.65	6.99	7.49	8.50
		施工机具使用费(元)			2.05	2.66	3.31	3.49	3.56	3.63
		企业管理费(元)			8.76	10.48	12.20	12.37	12.54	12.73
		利润(元)			6.85	8.19	9.54	9.67	9.80	9.95
		一般风险费(元)			0.93	1.11	1.29	1.31	1.33	1.35
	编码	名称	单位	单价(元)	消耗量					
人工	000300150	管工综合工	工日	125.00	0.265	0.317	0.369	0.374	0.379	0.385
材料	170103500	普碳钢板卷管	m	—	(0.266)	(0.266)	(0.266)	(0.287)	(0.287)	(0.287)
	031310610	尼龙砂轮片 ϕ100	片	1.93	0.060	0.070	0.080	0.084	0.088	0.090
	031350010	低碳钢焊条 综合	kg	4.19	0.190	0.210	0.250	0.270	0.282	0.320
	143900700	氧气	m³	3.26	0.530	0.630	0.740	0.780	0.835	0.952
	143901000	乙炔气	kg	12.01	0.180	0.210	0.250	0.260	0.281	0.320
	002000020	其他材料费	元	—	0.02	0.03	0.03	0.03	0.04	0.04
机械	990904030	直流弧焊机 20kV·A	台班	72.88	0.027	0.035	0.044	0.046	0.047	0.048
	990919030	电焊条烘干箱 600×500×750	台班	26.74	0.003	0.004	0.004	0.005	0.005	0.005

工作内容：下料、切管、组对、焊接、成品堆放等操作过程。

计量单位：个

定额编号					DE1169	DE1170	DE1171	DE1172	DE1173	DE1174
项目名称					异径管制作					
					管外径×壁厚(mm×mm 以内)					
					325×7	325×8	325×9	377×8	377×9	377×10
费用	综合单价（元）				**87.68**	**99.43**	**111.09**	**112.01**	**117.74**	**130.88**
	其中	人工费（元）			49.50	56.38	63.13	63.13	65.88	73.13
		材料费（元）			9.75	11.04	12.44	13.12	14.29	15.87
		施工机具使用费（元）			3.70	3.85	4.00	4.24	4.68	5.36
		企业管理费（元）			13.10	14.92	16.70	16.70	17.43	19.35
		利润（元）			10.24	11.66	13.05	13.05	13.62	15.12
		一般风险费（元）			1.39	1.58	1.77	1.77	1.84	2.05
	编码	名称	单位	单价(元)	消耗量					
人工	000300150	管工综合工	工日	125.00	0.396	0.451	0.505	0.505	0.527	0.585
材料	170103500	普碳钢板卷管	m	—	(0.328)	(0.328)	(0.328)	(0.359)	(0.359)	(0.359)
	031310610	尼龙砂轮片 ϕ100	片	1.93	0.092	0.094	0.105	0.109	0.112	0.125
	031350010	低碳钢焊条 综合	kg	4.19	0.340	0.360	0.410	0.420	0.430	0.480
	143900700	氧气	m^3	3.26	1.120	1.270	1.440	1.520	1.680	1.870
	143901000	乙炔气	kg	12.01	0.370	0.430	0.480	0.510	0.560	0.620
	002000020	其他材料费	元	—	0.05	0.05	0.06	0.07	0.07	0.08
机械	990904030	直流弧焊机 20kV·A	台班	72.88	0.049	0.051	0.053	0.056	0.062	0.071
	990919030	电焊条烘干箱 600×500×750	台班	26.74	0.005	0.005	0.005	0.006	0.006	0.007

工作内容：下料、切管、组对、焊接、成品堆放等操作过程。

计量单位：个

定额编号					DE1175	DE1176	DE1177	DE1178	DE1179	DE1180
项目名称					异径管制作					
					管外径×壁厚(mm×mm 以内)					
					426×8	426×9	426×10	478×8	478×9	478×10
费用	综合单价（元）				**108.44**	**123.65**	**139.05**	**115.56**	**132.04**	**144.83**
	其中	人工费（元）			58.63	66.50	75.13	62.13	70.00	77.88
		材料费（元）			15.54	18.26	20.36	17.04	20.74	21.41
		施工机具使用费（元）			5.00	5.68	6.04	5.36	6.34	6.65
		企业管理费（元）			15.51	17.60	19.88	16.44	18.52	20.61
		利润（元）			12.12	13.75	15.54	12.85	14.48	16.10
		一般风险费（元）			1.64	1.86	2.10	1.74	1.96	2.18
	编码	名称	单位	单价(元)	消耗量					
人工	000300150	管工综合工	工日	125.00	0.469	0.532	0.601	0.497	0.560	0.623
材料	170103500	普碳钢板卷管	m	—	(0.420)	(0.420)	(0.420)	(0.444)	(0.444)	(0.444)
	031310610	尼龙砂轮片 ϕ100	片	1.93	0.113	0.127	0.140	0.124	0.142	0.146
	031350010	低碳钢焊条 综合	kg	4.19	0.450	0.490	0.540	0.470	0.560	0.620
	143900700	氧气	m^3	3.26	1.840	2.180	2.440	2.020	2.480	2.520
	143901000	乙炔气	kg	12.01	0.613	0.730	0.814	0.680	0.827	0.850
	002000020	其他材料费	元	—	0.08	0.09	0.10	0.08	0.10	0.11
机械	990904030	直流弧焊机 20kV·A	台班	72.88	0.066	0.075	0.080	0.071	0.084	0.088
	990919030	电焊条烘干箱 600×500×750	台班	26.74	0.007	0.008	0.008	0.007	0.008	0.009

工作内容：下料、切管、组对、焊接、成品堆放等操作过程。　　计量单位：个

定额编号					DE1181	DE1182	DE1183	DE1184	DE1185	DE1186
项目名称					异径管制作					
					管外径×壁厚(mm×mm 以内)					
					529×8	529×9	529×10	630×8	630×9	630×10
费用	综合单价（元）				**119.47**	**133.57**	**149.42**	**139.16**	**155.68**	**170.97**
费用	其中	人工费（元）			62.75	70.63	78.38	73.38	81.88	91.13
费用	其中	材料费（元）			19.34	21.08	24.56	22.12	24.90	25.64
费用	其中	施工机具使用费（元）			6.04	6.58	7.34	7.02	8.02	8.70
费用	其中	企业管理费（元）			16.60	18.69	20.74	19.42	21.66	24.11
费用	其中	利润（元）			12.98	14.61	16.21	15.17	16.93	18.84
费用	其中	一般风险费（元）			1.76	1.98	2.19	2.05	2.29	2.55
	编码	名称	单位	单价(元)	消耗量					
人工	000300150	管工综合工	工日	125.00	0.502	0.565	0.627	0.587	0.655	0.729
材料	170103500	普碳钢板卷管	m	—	(0.463)	(0.463)	(0.463)	(0.491)	(0.491)	(0.491)
材料	031310610	尼龙砂轮片 ϕ100	片	1.93	0.140	0.141	0.176	0.156	0.200	0.220
材料	031350010	低碳钢焊条 综合	kg	4.19	0.530	0.610	0.730	0.640	0.760	0.810
材料	143900700	氧气	m^3	3.26	2.300	2.500	2.880	2.620	2.920	2.970
材料	143901000	乙炔气	kg	12.01	0.770	0.833	0.970	0.873	0.973	1.000
材料	002000020	其他材料费	元	—	0.10	0.10	0.12	0.11	0.12	0.13
机械	990904030	直流弧焊机 20kV·A	台班	72.88	0.080	0.087	0.097	0.093	0.106	0.115
机械	990919030	电焊条烘干箱 600×500×750	台班	26.74	0.008	0.009	0.010	0.009	0.011	0.012

工作内容：下料、切管、组对、焊接、成品堆放等操作过程。　　计量单位：个

定额编号					DE1187	DE1188	DE1189	DE1190	DE1191	DE1192
项目名称					异径管制作					
					管外径×壁厚(mm×mm 以内)					
					720×8	720×9	720×10	820×9	820×10	820×12
费用	综合单价（元）				**170.04**	**192.35**	**213.51**	**230.37**	**241.20**	**289.57**
费用	其中	人工费（元）			91.00	102.38	113.88	117.13	120.75	145.50
费用	其中	材料费（元）			25.21	29.48	32.72	35.89	39.92	47.85
费用	其中	施工机具使用费（元）			8.38	9.36	10.04	18.86	20.23	23.56
费用	其中	企业管理费（元）			24.08	27.09	30.13	30.99	31.95	38.50
费用	其中	利润（元）			18.82	21.17	23.55	24.22	24.97	30.09
费用	其中	一般风险费（元）			2.55	2.87	3.19	3.28	3.38	4.07
	编码	名称	单位	单价(元)	消耗量					
人工	000300150	管工综合工	工日	125.00	0.728	0.819	0.911	0.937	0.966	1.164
材料	170103500	普碳钢板卷管	m	—	(0.552)	(0.552)	(0.552)	(0.598)	(0.598)	(0.598)
材料	031310610	尼龙砂轮片 ϕ100	片	1.93	0.201	0.240	0.250	0.270	0.300	0.350
材料	031350010	低碳钢焊条 综合	kg	4.19	0.780	0.820	0.910	1.080	1.200	1.440
材料	143900700	氧气	m^3	3.26	2.950	3.490	3.880	4.210	4.680	5.620
材料	143901000	乙炔气	kg	12.01	0.983	1.170	1.300	1.410	1.570	1.880
材料	002000020	其他材料费	元	—	0.13	0.15	0.16	0.18	0.20	0.24
机械	990304004	汽车式起重机 8t	台班	705.33	—	—	—	0.010	0.010	0.011
机械	990401030	载重汽车 8t	台班	474.25	—	—	—	0.001	0.001	0.001
机械	990904030	直流弧焊机 20kV·A	台班	72.88	0.111	0.124	0.133	0.150	0.168	0.203
机械	990919030	电焊条烘干箱 600×500×750	台班	26.74	0.011	0.012	0.013	0.015	0.017	0.020

工作内容：下料、切管、组对、焊接、成品堆放等操作过程。　　　　计量单位：个

定额编号					DE1193	DE1194	DE1195	DE1196	DE1197	DE1198
项目名称					异径管制作					
					管外径×壁厚(mm×mm 以内)					
					920×9	920×10	920×12	1020×10	1020×12	1020×14
费用	综合单价(元)				**241.36**	**266.32**	**309.43**	**278.48**	**342.47**	**387.91**
	其中	人工费(元)			117.63	130.63	148.88	132.25	158.75	177.13
		材料费(元)			42.23	46.30	56.75	50.86	63.45	74.12
		施工机具使用费(元)			22.77	24.16	29.45	29.33	40.98	48.20
		企业管理费(元)			31.12	34.56	39.39	34.99	42.01	46.87
		利润(元)			24.32	27.01	30.79	27.35	32.83	36.63
		一般风险费(元)			3.29	3.66	4.17	3.70	4.45	4.96
	编码	名称	单位	单价(元)	消耗量					
人工	000300150	管工综合工	工日	125.00	0.941	1.045	1.191	1.058	1.270	1.417
材料	170103500	普碳钢板卷管	m	—	(0.628)	(0.628)	(0.628)	(0.636)	(0.636)	(0.636)
	031310610	尼龙砂轮片 ϕ100	片	1.93	0.320	0.340	0.370	0.360	0.440	0.510
	031350010	低碳钢焊条 综合	kg	4.19	1.220	1.250	1.800	1.760	2.690	3.140
	143900700	氧气	m^3	3.26	4.980	5.510	6.610	5.830	6.990	8.190
	143901000	乙炔气	kg	12.01	1.670	1.850	2.220	1.960	2.350	2.740
	002000020	其他材料费	元	—	0.21	0.23	0.28	0.25	0.32	0.37
机械	990304004	汽车式起重机 8t	台班	705.33	0.011	0.012	0.012	0.013	—	—
	990304012	汽车式起重机 12t	台班	797.85	—	—	—	—	0.013	0.015
	990401030	载重汽车 8t	台班	474.25	0.002	0.002	0.002	0.003	0.004	0.006
	990904030	直流弧焊机 20kV·A	台班	72.88	0.186	0.195	0.265	0.248	0.380	0.442
	990919030	电焊条烘干箱 600×500×750	台班	26.74	0.019	0.020	0.027	0.025	0.038	0.044

工作内容：下料、切管、组对、焊接、成品堆放等操作过程。　　　　计量单位：个

定额编号					DE1199	DE1200	DE1201	DE1202	DE1203	DE1204
项目名称					异径管制作					
					管外径×壁厚(mm×mm 以内)					
					1220×10	1220×12	1220×14	1420×10	1420×12	1420×14
费用	综合单价(元)				**307.91**	**370.91**	**432.91**	**323.54**	**389.29**	**452.00**
	其中	人工费(元)			139.00	166.75	194.63	139.75	168.13	196.38
		材料费(元)			59.45	72.04	85.26	66.71	79.72	93.24
		施工机具使用费(元)			40.04	48.85	55.82	47.29	57.47	64.31
		企业管理费(元)			36.78	44.12	51.50	36.98	44.49	51.96
		利润(元)			28.75	34.48	40.25	28.90	34.77	40.61
		一般风险费(元)			3.89	4.67	5.45	3.91	4.71	5.50
	编码	名称	单位	单价(元)	消耗量					
人工	000300150	管工综合工	工日	125.00	1.112	1.334	1.557	1.118	1.345	1.571
材料	170103500	普碳钢板卷管	m	—	(0.646)	(0.646)	(0.646)	(0.658)	(0.658)	(0.658)
	031310610	尼龙砂轮片 ϕ100	片	1.93	0.390	0.470	0.550	0.510	0.531	0.570
	031350010	低碳钢焊条 综合	kg	4.19	2.380	2.850	3.340	2.390	2.860	3.360
	143900700	氧气	m^3	3.26	6.380	8.100	9.580	7.630	9.140	10.690
	143901000	乙炔气	kg	12.01	2.300	2.700	3.210	2.540	3.040	3.560
	002000020	其他材料费	元	—	0.30	0.36	0.42	0.33	0.40	0.46
机械	990304012	汽车式起重机 12t	台班	797.85	0.015	0.019	—	—	—	—
	990304016	汽车式起重机 16t	台班	898.02	—	—	0.019	0.019	0.024	0.025
	990401030	载重汽车 8t	台班	474.25	0.006	0.007	0.007	0.007	0.008	0.008
	990904030	直流弧焊机 20kV·A	台班	72.88	0.334	0.402	0.469	0.356	0.425	0.504
	990919030	电焊条烘干箱 600×500×750	台班	26.74	0.033	0.040	0.047	0.036	0.043	0.050

工作内容：下料、切管、组对、焊接、成品堆放等操作过程。　　　　计量单位：个

					DE1205	DE1206	DE1207	DE1208	DE1209	DE1210
定额编号					DE1205	DE1206	DE1207	DE1208	DE1209	DE1210
项目名称					异径管制作					
					管外径×壁厚(mm×mm 以内)					
					1620×10	1620×12	1620×14	1820×12	1820×14	1820×16
费用	综合单价(元)				**363.02**	**640.60**	**498.62**	**445.51**	**515.59**	**550.69**
费用	其中	人工费(元)			155.38	186.50	217.88	189.63	219.38	233.50
费用	其中	材料费(元)			75.31	90.29	105.35	96.12	109.68	116.80
费用	其中	施工机具使用费(元)			54.74	270.67	66.58	65.07	76.97	83.78
费用	其中	企业管理费(元)			41.11	49.35	57.65	50.17	58.05	61.78
费用	其中	利润(元)			32.13	38.57	45.06	39.21	45.37	48.29
费用	其中	一般风险费(元)			4.35	5.22	6.10	5.31	6.14	6.54
	编码	名称	单位	单价(元)	消耗量					
人工	000300150	管工综合工	工日	125.00	1.243	1.492	1.743	1.517	1.755	1.868
材料	170103500	普碳钢板卷管	m	—	(0.669)	(0.669)	(0.669)	(0.680)	(0.680)	(0.680)
材料	031310610	尼龙砂轮片 ϕ100	片	1.93	0.442	0.521	0.613	0.540	0.643	0.721
材料	031350010	低碳钢焊条 综合	kg	4.19	2.430	2.880	3.400	2.920	3.480	3.520
材料	143900700	氧气	m^3	3.26	8.810	10.580	12.320	11.340	12.830	13.790
材料	143901000	乙炔气	kg	12.01	2.930	3.520	4.100	3.780	4.287	4.590
材料	002000020	其他材料费	元	—	0.37	0.45	0.52	0.48	0.55	0.58
机械	990304016	汽车式起重机 16t	台班	898.02	0.024	0.260	0.026	0.029	0.035	0.040
机械	990401030	载重汽车 8t	台班	474.25	0.008	0.008	0.008	0.009	0.010	0.012
机械	990904030	直流弧焊机 20kV·A	台班	72.88	0.389	0.442	0.522	0.460	0.540	0.558
机械	990919030	电焊条烘干箱 600×500×750	台班	26.74	0.039	0.044	0.052	0.046	0.054	0.056

工作内容：下料、切管、组对、焊接、成品堆放等操作过程。　　　　计量单位：个

					DE1211	DE1212	DE1213
定额编号					DE1211	DE1212	DE1213
项目名称					异径管制作		
					管外径×壁厚(mm×mm 以内)		
					2020×12	2020×14	2020×16
费用	综合单价(元)				**478.07**	**542.53**	**633.88**
费用	其中	人工费(元)			197.00	229.63	262.38
费用	其中	材料费(元)			107.84	112.23	132.47
费用	其中	施工机具使用费(元)			74.84	85.99	108.00
费用	其中	企业管理费(元)			52.13	60.76	69.42
费用	其中	利润(元)			40.74	47.49	54.26
费用	其中	一般风险费(元)			5.52	6.43	7.35
	编码	名称	单位	单价(元)	消耗量		
人工	000300150	管工综合工	工日	125.00	1.576	1.837	2.099
材料	170103500	普碳钢板卷管	m	—	(0.689)	(0.689)	(0.689)
材料	031310610	尼龙砂轮片 ϕ100	片	1.93	0.563	0.662	0.732
材料	031350010	低碳钢焊条 综合	kg	4.19	3.230	3.500	3.740
材料	143900700	氧气	m^3	3.26	12.760	13.080	15.260
材料	143901000	乙炔气	kg	12.01	4.253	4.420	5.410
材料	002000020	其他材料费	元	—	0.54	0.56	0.66
机械	990304020	汽车式起重机 20t	台班	968.56	0.035	0.040	0.059
机械	990401030	载重汽车 8t	台班	474.25	0.010	0.012	0.014
机械	990904030	直流弧焊机 20kV·A	台班	72.88	0.479	0.550	0.585
机械	990919030	电焊条烘干箱 600×500×750	台班	26.74	0.048	0.055	0.059

E.2.2.3 三通制作

工作内容：下料、切管、组对、焊接、成品堆放等操作过程。

计量单位：个

定额编号					DE1214	DE1215	DE1216	DE1217	DE1218	DE1219
项目名称					三通制作					
					管外径×壁厚(mm×mm 以内)					
					219×5	219×6	219×7	273×6	273×7	273×8
费用	综合单价（元）				**65.07**	**76.85**	**86.88**	**87.91**	**91.10**	**101.66**
	其中	人工费（元）			29.50	36.00	41.75	41.75	43.13	49.63
		材料费（元）			6.77	8.12	8.95	9.30	9.74	10.41
		施工机具使用费（元）			14.06	14.75	15.33	16.01	16.69	16.84
		企业管理费（元）			7.81	9.53	11.05	11.05	11.41	13.13
		利润（元）			6.10	7.44	8.63	8.63	8.92	10.26
		一般风险费（元）			0.83	1.01	1.17	1.17	1.21	1.39
	编码	名称	单位	单价(元)	消耗量					
人工	000300150	管工综合工	工日	125.00	0.236	0.288	0.334	0.334	0.345	0.397
材料	170103500	普碳钢板卷管	m	—	(0.572)	(0.572)	(0.572)	(0.573)	(0.573)	(0.573)
	031310610	尼龙砂轮片 ϕ100	片	1.93	0.130	0.152	0.162	0.163	0.166	0.168
	031350010	低碳钢焊条 综合	kg	4.19	0.970	1.160	1.240	1.300	1.360	1.400
	143900700	氧气	m^3	3.26	0.340	0.404	0.470	0.480	0.500	0.557
	143901000	乙炔气	kg	12.01	0.110	0.134	0.156	0.160	0.170	0.196
	002000020	其他材料费	元	—	0.03	0.04	0.04	0.05	0.05	0.05
机械	990904030	直流弧焊机 20kV·A	台班	72.88	0.186	0.195	0.203	0.212	0.221	0.223
	990919030	电焊条烘干箱 600×500×750	台班	26.74	0.019	0.020	0.020	0.021	0.022	0.022

工作内容：下料、切管、组对、焊接、成品堆放等操作过程。

计量单位：个

定额编号					DE1220	DE1221	DE1222	DE1223	DE1224	DE1225
项目名称					三通制作					
					管外径×壁厚(mm×mm 以内)					
					325×6	325×7	325×8	377×8	377×9	377×10
费用	综合单价（元）				**91.69**	**94.29**	**104.64**	**108.46**	**121.92**	**135.19**
	其中	人工费（元）			43.25	44.50	51.00	52.50	59.00	65.50
		材料费（元）			10.08	10.73	11.26	12.73	14.03	15.36
		施工机具使用费（元）			16.77	16.84	16.91	17.01	19.43	21.62
		企业管理费（元）			11.44	11.77	13.49	13.89	15.61	17.33
		利润（元）			8.94	9.20	10.55	10.86	12.20	13.55
		一般风险费（元）			1.21	1.25	1.43	1.47	1.65	1.83
	编码	名称	单位	单价(元)	消耗量					
人工	000300150	管工综合工	工日	125.00	0.346	0.356	0.408	0.420	0.472	0.524
材料	170103500	普碳钢板卷管	m	—	(0.626)	(0.626)	(0.626)	(0.639)	(0.639)	(0.639)
	031310610	尼龙砂轮片 ϕ100	片	1.93	0.167	0.170	0.182	0.185	0.195	0.220
	031350010	低碳钢焊条 综合	kg	4.19	1.380	1.430	1.479	1.800	2.020	2.250
	143900700	氧气	m^3	3.26	0.540	0.600	0.642	0.654	0.700	0.744
	143901000	乙炔气	kg	12.01	0.180	0.200	0.213	0.220	0.236	0.250
	002000020	其他材料费	元	—	0.05	0.05	0.06	0.06	0.07	0.08
机械	990904030	直流弧焊机 20kV·A	台班	72.88	0.222	0.223	0.224	0.225	0.257	0.286
	990919030	电焊条烘干箱 600×500×750	台班	26.74	0.022	0.022	0.022	0.023	0.026	0.029

工作内容:下料、切管、组对、焊接、成品堆放等操作过程。　　　　计量单位:个

					DE1226	DE1227	DE1228	DE1229	DE1230	DE1231
定额编号					DE1226	DE1227	DE1228	DE1229	DE1230	DE1231
项目名称					三通制作					
					管外径×壁厚(mm×mm 以内)					
					426×8	426×9	426×10	478×8	478×9	478×10
费用	综合单价(元)				**119.46**	**134.05**	**148.45**	**141.76**	**157.27**	**180.92**
	其中	人工费(元)			56.00	63.25	70.38	69.00	77.63	86.25
		材料费(元)			14.48	15.64	16.70	15.42	16.31	20.08
		施工机具使用费(元)			21.01	23.57	26.23	22.88	24.57	31.51
		企业管理费(元)			14.82	16.74	18.62	18.26	20.54	22.82
		利润(元)			11.58	13.08	14.55	14.27	16.05	17.84
		一般风险费(元)			1.57	1.77	1.97	1.93	2.17	2.42
	编码	名称	单位	单价(元)	消耗量					
人工	000300150	管工综合工	工日	125.00	0.448	0.506	0.563	0.552	0.621	0.690
材料	170103500	普碳钢板卷管	m	—	(0.692)	(0.692)	(0.692)	(0.835)	(0.835)	(0.835)
	031310610	尼龙砂轮片 ϕ100	片	1.93	0.200	0.220	0.240	0.210	0.230	0.280
	031350010	低碳钢焊条 综合	kg	4.19	2.100	2.300	2.400	2.280	2.380	2.880
	143900700	氧气	m^3	3.26	0.720	0.754	0.840	0.740	0.800	1.010
	143901000	乙炔气	kg	12.01	0.240	0.253	0.280	0.247	0.267	0.340
	002000020	其他材料费	元	—	0.07	0.08	0.08	0.08	0.08	0.10
机械	990904030	直流弧焊机 20kV·A	台班	72.88	0.278	0.312	0.347	0.303	0.325	0.417
	990919030	电焊条烘干箱 600×500×750	台班	26.74	0.028	0.031	0.035	0.030	0.033	0.042

工作内容:下料、切管、组对、焊接、成品堆放等操作过程。　　　　计量单位:个

					DE1232	DE1233	DE1234	DE1235	DE1236	DE1237
定额编号					DE1232	DE1233	DE1234	DE1235	DE1236	DE1237
项目名称					三通制作					
					管外径×壁厚(mm×mm 以内)					
					529×8	529×9	529×10	630×8	630×9	630×10
费用	综合单价(元)				**146.20**	**167.97**	**187.35**	**184.25**	**209.14**	**228.26**
	其中	人工费(元)			71.13	80.50	89.13	90.50	102.13	112.75
		材料费(元)			16.06	18.78	20.83	19.55	21.18	22.93
		施工机具使用费(元)			23.49	28.49	32.88	29.00	34.83	36.27
		企业管理费(元)			18.82	21.30	23.58	23.95	27.02	29.83
		利润(元)			14.71	16.65	18.43	18.72	21.12	23.32
		一般风险费(元)			1.99	2.25	2.50	2.53	2.86	3.16
	编码	名称	单位	单价(元)	消耗量					
人工	000300150	管工综合工	工日	125.00	0.569	0.644	0.713	0.724	0.817	0.902
材料	170103500	普碳钢板卷管	m	—	(0.866)	(0.866)	(0.866)	(0.956)	(0.956)	(0.956)
	031310610	尼龙砂轮片 ϕ100	片	1.93	0.220	0.270	0.320	0.290	0.340	0.360
	031350010	低碳钢焊条 综合	kg	4.19	2.360	2.680	2.980	2.800	3.000	3.320
	143900700	氧气	m^3	3.26	0.780	0.950	1.050	0.980	1.080	1.120
	143901000	乙炔气	kg	12.01	0.260	0.320	0.350	0.330	0.360	0.380
	002000020	其他材料费	元	—	0.08	0.09	0.10	0.10	0.11	0.11
机械	990904030	直流弧焊机 20kV·A	台班	72.88	0.311	0.377	0.435	0.384	0.461	0.480
	990919030	电焊条烘干箱 600×500×750	台班	26.74	0.031	0.038	0.044	0.038	0.046	0.048

工作内容：下料、切管、组对、焊接、成品堆放等操作过程。

计量单位：个

定额编号					DE1238	DE1239	DE1240	DE1241	DE1242	DE1243
项目名称					三通制作					
					管外径×壁厚(mm×mm 以内)					
					720×8	720×9	720×10	820×9	820×10	820×12
费用	综合单价（元）				**241.99**	**270.40**	**299.60**	**319.87**	**348.16**	**430.15**
	其中	人工费（元）			115.75	130.13	144.38	157.38	174.63	209.75
		材料费（元）			22.40	24.58	27.32	25.55	26.64	37.30
		施工机具使用费（元）			46.03	50.71	55.80	58.34	59.68	78.35
		企业管理费（元）			30.63	34.43	38.20	41.64	46.21	55.50
		利润（元）			23.94	26.91	29.86	32.55	36.11	43.38
		一般风险费（元）			3.24	3.64	4.04	4.41	4.89	5.87
	编码	名称	单位	单价(元)	消耗量					
人工	000300150	管工综合工	工日	125.00	0.926	1.041	1.155	1.259	1.397	1.678
材料	170103500	普碳钢板卷管	m	—	(1.068)	(1.068)	(1.068)	(1.157)	(1.157)	(1.157)
	031310610	尼龙砂轮片 ϕ100	片	1.93	0.350	0.380	0.430	0.400	0.420	0.570
	031350010	低碳钢焊条 综合	kg	4.19	3.250	3.650	4.060	3.750	3.950	5.820
	143900700	氧气	m^3	3.26	1.100	1.150	1.280	1.230	1.260	1.540
	143901000	乙炔气	kg	12.01	0.367	0.390	0.430	0.410	0.420	0.550
	002000020	其他材料费	元	—	0.11	0.12	0.14	0.13	0.13	0.19
机械	990304004	汽车式起重机 8t	台班	705.33	0.008	0.008	0.009	0.009	0.009	0.009
	990401030	载重汽车 8t	台班	474.25	0.009	0.009	0.009	0.018	0.018	0.018
	990904030	直流弧焊机 20kV·A	台班	72.88	0.478	0.540	0.598	0.575	0.593	0.840
	990919030	电焊条烘干箱 600×500×750	台班	26.74	0.048	0.054	0.060	0.058	0.059	0.084

工作内容：下料、切管、组对、焊接、成品堆放等操作过程。

计量单位：个

定额编号					DE1244	DE1245	DE1246	DE1247	DE1248	DE1249
项目名称					三通制作					
					管外径×壁厚(mm×mm 以内)					
					920×9	920×10	920×12	1020×10	1020×12	1020×14
费用	综合单价（元）				**351.16**	**390.58**	**491.52**	**431.12**	**527.37**	**615.91**
	其中	人工费（元）			166.00	184.75	221.38	194.00	232.88	271.75
		材料费（元）			30.95	34.24	43.30	41.00	58.34	67.99
		施工机具使用费（元）			71.31	79.33	116.28	99.24	119.85	140.45
		企业管理费（元）			43.92	48.88	58.58	51.33	61.62	71.91
		利润（元）			34.33	38.21	45.78	40.12	48.16	56.20
		一般风险费（元）			4.65	5.17	6.20	5.43	6.52	7.61
	编码	名称	单位	单价(元)	消耗量					
人工	000300150	管工综合工	工日	125.00	1.328	1.478	1.771	1.552	1.863	2.174
材料	170103500	普碳钢板卷管	m	—	(1.216)	(1.216)	(1.216)	(1.421)	(1.421)	(1.421)
	031310610	尼龙砂轮片 ϕ100	片	1.93	0.450	0.520	0.640	0.620	0.970	1.130
	031350010	低碳钢焊条 综合	kg	4.19	4.890	5.430	6.520	6.160	7.390	8.620
	143900700	氧气	m^3	3.26	1.300	1.420	2.000	1.900	3.460	4.030
	143901000	乙炔气	kg	12.01	0.433	0.473	0.667	0.633	1.160	1.350
	002000020	其他材料费	元	—	0.15	0.17	0.22	0.20	0.29	0.34
机械	990304004	汽车式起重机 8t	台班	705.33	0.010	0.010	0.010	—	—	—
	990304012	汽车式起重机 12t	台班	797.85	—	—	—	0.010	0.013	0.015
	990401030	载重汽车 8t	台班	474.25	0.027	0.027	0.027	0.003	0.004	0.006
	990904030	直流弧焊机 20kV·A	台班	72.88	0.681	0.787	1.276	1.189	1.424	1.663
	990919030	电焊条烘干箱 600×500×750	台班	26.74	0.068	0.079	0.128	0.119	0.142	0.166

E.2.2.4 弯头(异径管)安装

E.2.2.4.1 电弧焊

工作内容:管子切口、坡口加工、管口组对、焊接安装等操作过程。　　　　**计量单位:**个

定额编号					DE1250	DE1251	DE1252	DE1253	DE1254	DE1255
项目名称					弯头(异径管)安装(电弧焊)					
					管外径×壁厚(mm×mm 以内)					
					57×3.5	75×4	89×4	114×4	133×4.5	159×5
费用	综合单价(元)				**33.73**	**46.72**	**53.18**	**65.27**	**81.70**	**103.94**
费用	其中	人工费(元)			17.25	23.00	26.00	31.63	38.88	49.75
费用	其中	材料费(元)			2.36	3.38	3.90	4.78	6.49	8.27
费用	其中	施工机具使用费(元)			5.51	8.85	10.29	13.06	16.91	21.08
费用	其中	企业管理费(元)			4.56	6.09	6.88	8.37	10.29	13.16
费用	其中	利润(元)			3.57	4.76	5.38	6.54	8.04	10.29
费用	其中	一般风险费(元)			0.48	0.64	0.73	0.89	1.09	1.39
	编码	名称	单位	单价(元)	消耗量					
人工	000300150	管工综合工	工日	125.00	0.138	0.184	0.208	0.253	0.311	0.398
材料	180300350	弯头(异径管)	个	—	(1.000)	(1.000)	(1.000)	(1.000)	(1.000)	(1.000)
材料	022700030	棉纱线	kg	4.82	0.007	0.010	0.012	0.014	0.017	0.021
材料	031310610	尼龙砂轮片 ϕ100	片	1.93	0.017	0.025	0.030	0.041	0.052	0.067
材料	031350010	低碳钢焊条 综合	kg	4.19	0.116	0.208	0.246	0.317	0.507	0.645
材料	143900700	氧气	m^3	3.26	0.267	0.329	0.371	0.449	0.568	0.724
材料	143901000	乙炔气	kg	12.01	0.076	0.109	0.125	0.149	0.189	0.241
材料	002000020	其他材料费	元	—	0.02	0.03	0.04	0.05	0.06	0.08
机械	990904030	直流弧焊机 20kV·A	台班	72.88	0.073	0.117	0.136	0.173	0.224	0.279
机械	990919030	电焊条烘干箱 600×500×750	台班	26.74	0.007	0.012	0.014	0.017	0.022	0.028

工作内容:管子切口、坡口加工、管口组对、焊接安装等操作过程。　　　　**计量单位:**个

定额编号					DE1256	DE1257	DE1258	DE1259	DE1260	DE1261
项目名称					弯头(异径管)安装(电弧焊)					
					管外径×壁厚(mm×mm 以内)					
					219×5	219×6	219×7	273×6	273×7	273×8
费用	综合单价(元)				**98.19**	**102.73**	**112.67**	**125.89**	**136.68**	**145.81**
费用	其中	人工费(元)			45.38	46.75	50.38	57.50	61.75	64.63
费用	其中	材料费(元)			12.85	14.96	17.56	17.77	19.77	23.37
费用	其中	施工机具使用费(元)			17.30	17.67	19.57	21.91	24.32	25.54
费用	其中	企业管理费(元)			12.01	12.37	13.33	15.21	16.34	17.10
费用	其中	利润(元)			9.38	9.67	10.42	11.89	12.77	13.36
费用	其中	一般风险费(元)			1.27	1.31	1.41	1.61	1.73	1.81
	编码	名称	单位	单价(元)	消耗量					
人工	000300150	管工综合工	工日	125.00	0.363	0.374	0.403	0.460	0.494	0.517
材料	180300350	弯头(异径管)	个	—	(1.000)	(1.000)	(1.000)	(1.000)	(1.000)	(1.000)
材料	012100010	角钢 综合	kg	2.78	0.200	0.200	0.200	0.200	0.200	0.200
材料	022700030	棉纱线	kg	4.82	0.028	0.028	0.028	0.034	0.034	0.034
材料	031310610	尼龙砂轮片 ϕ100	片	1.93	0.097	0.102	0.109	0.128	0.136	0.147
材料	031350010	低碳钢焊条 综合	kg	4.19	0.891	1.102	1.445	1.447	1.667	2.167
材料	143900700	氧气	m^3	3.26	1.116	1.282	1.436	1.454	1.600	1.801
材料	143901000	乙炔气	kg	12.01	0.372	0.427	0.479	0.485	0.532	0.598
材料	002000020	其他材料费	元	—	0.13	0.15	0.17	0.18	0.20	0.23
机械	990904030	直流弧焊机 20kV·A	台班	72.88	0.229	0.234	0.259	0.290	0.322	0.338
机械	990919030	电焊条烘干箱 600×500×750	台班	26.74	0.023	0.023	0.026	0.029	0.032	0.034

工作内容:管子切口、坡口加工、管口组对、焊接安装等操作过程。　　计量单位:个

		定额编号			DE1262	DE1263	DE1264	DE1265	DE1266	DE1267
项目名称					弯头(异径管)安装(电弧焊)					
					管外径×壁厚(mm×mm 以内)					
					325×7	325×8	325×9	377×8	377×9	377×10
费用		**综合单价(元)**			**152.36**	**168.70**	**175.41**	**200.76**	**212.83**	**222.09**
	其中	人工费(元)			70.88	76.13	78.88	90.25	94.63	97.38
		材料费(元)			20.77	25.39	26.63	29.93	33.63	37.46
		施工机具使用费(元)			25.32	29.17	30.51	35.51	37.31	38.61
		企业管理费(元)			18.75	20.14	20.87	23.88	25.04	25.77
		利润(元)			14.66	15.74	16.31	18.66	19.57	20.14
		一般风险费(元)			1.98	2.13	2.21	2.53	2.65	2.73
	编码	名称	单位	单价(元)	消耗量					
人工	000300150	管工综合工	工日	125.00	0.567	0.609	0.631	0.722	0.757	0.779
材料	180300350	弯头(异径管)	个	—	(1.000)	(1.000)	(1.000)	(1.000)	(1.000)	(1.000)
	012100010	角钢 综合	kg	2.78	0.200	0.200	0.200	0.200	0.200	0.200
	022700030	棉纱线	kg	4.82	0.042	0.420	0.042	0.048	0.048	0.048
	031310610	尼龙砂轮片 ϕ100	片	1.93	0.140	0.163	0.176	0.216	0.236	0.247
	031350010	低碳钢焊条 综合	kg	4.19	1.827	2.179	2.585	3.003	3.521	4.083
	143900700	氧气	m^3	3.26	1.634	1.805	1.992	2.181	2.382	2.577
	143901000	乙炔气	kg	12.01	0.545	0.602	0.662	0.727	0.794	0.859
	002000020	其他材料费	元	—	0.21	0.25	0.26	0.30	0.33	0.37
机械	990904030	直流弧焊机 20kV·A	台班	72.88	0.335	0.386	0.404	0.470	0.494	0.511
	990919030	电焊条烘干箱 600×500×750	台班	26.74	0.034	0.039	0.040	0.047	0.049	0.051

工作内容:管子切口、坡口加工、管口组对、焊接安装等操作过程。　　计量单位:个

		定额编号			DE1268	DE1269	DE1270	DE1271	DE1272	DE1273
项目名称					弯头(异径管)安装(电弧焊)					
					管外径×壁厚(mm×mm 以内)					
					426×8	426×9	426×10	478×8	478×9	478×10
费用		**综合单价(元)**			**225.06**	**239.98**	**248.16**	**251.10**	**270.65**	**280.18**
	其中	人工费(元)			101.50	105.88	108.63	115.63	119.88	123.50
		材料费(元)			35.31	39.08	41.54	36.32	43.37	45.74
		施工机具使用费(元)			37.56	42.16	43.75	41.41	47.53	49.26
		企业管理费(元)			26.86	28.01	28.74	30.59	31.72	32.68
		利润(元)			20.99	21.89	22.46	23.91	24.79	25.54
		一般风险费(元)			2.84	2.96	3.04	3.24	3.36	3.46
	编码	名称	单位	单价(元)	消耗量					
人工	000300150	管工综合工	工日	125.00	0.812	0.847	0.869	0.925	0.959	0.988
材料	180300350	弯头(异径管)	个	—	(1.000)	(1.000)	(1.000)	(1.000)	(1.000)	(1.000)
	012100010	角钢 综合	kg	2.78	0.200	0.200	0.200	0.200	0.200	0.200
	022700030	棉纱线	kg	4.82	0.054	0.054	0.054	0.060	0.060	0.060
	031310610	尼龙砂轮片 ϕ100	片	1.93	0.245	0.267	0.279	0.262	0.315	0.329
	031350010	低碳钢焊条 综合	kg	4.19	3.720	4.340	4.620	3.815	4.840	5.191
	143900700	氧气	m^3	3.26	2.490	2.640	2.810	2.563	2.920	3.037
	143901000	乙炔气	kg	12.01	0.830	0.880	0.937	0.855	0.973	1.012
	002000020	其他材料费	元	—	0.35	0.39	0.41	0.36	0.43	0.45
机械	990904030	直流弧焊机 20kV·A	台班	72.88	0.497	0.558	0.579	0.548	0.629	0.652
	990919030	电焊条烘干箱 600×500×750	台班	26.74	0.050	0.056	0.058	0.055	0.063	0.065

工作内容：管子切口、坡口加工、管口组对、焊接安装等操作过程。　　　　计量单位：个

定额编号					DE1274	DE1275	DE1276	DE1277	DE1278	DE1279
项目名称					弯头(异径管)安装(电弧焊)					
					管外径×壁厚(mm×mm 以内)					
					529×8	529×9	529×10	630×8	630×9	630×10
费用	综合单价(元)				**276.76**	**291.19**	**308.92**	**337.57**	**373.11**	**384.64**
	其中	人工费(元)			126.88	131.88	136.13	157.25	161.63	164.38
		材料费(元)			39.68	44.71	50.02	48.29	58.30	64.50
		施工机具使用费(元)			46.84	48.75	54.79	53.50	72.46	73.68
		企业管理费(元)			33.57	34.89	36.02	41.61	42.77	43.49
		利润(元)			26.24	27.27	28.15	32.52	33.42	33.99
		一般风险费(元)			3.55	3.69	3.81	4.40	4.53	4.60
	编码	名称	单位	单价(元)	消耗量					
人工	000300150	管工综合工	工日	125.00	1.015	1.055	1.089	1.258	1.293	1.315
材料	180300350	弯头(异径管)	个	—	(1.000)	(1.000)	(1.000)	(1.000)	(1.000)	(1.000)
	012100010	角钢 综合	kg	2.78	0.200	0.200	0.200	0.202	0.202	0.202
	022700030	棉纱线	kg	4.82	0.066	0.066	0.066	0.080	0.080	0.080
	030104250	六角螺栓 综合	10 套	4.70	—	—	—	0.048	0.048	0.048
	031310610	尼龙砂轮片 ϕ100	片	1.93	0.307	0.320	0.381	0.360	0.455	0.474
	031350010	低碳钢焊条 综合	kg	4.19	4.267	4.998	5.791	5.600	6.973	7.918
	143900700	氧气	m^3	3.26	2.747	3.007	3.257	3.100	3.641	3.937
	143901000	乙炔气	kg	12.01	0.915	1.002	1.085	1.030	1.214	1.312
	002000020	其他材料费	元	—	0.39	0.44	0.50	0.48	0.58	0.64
机械	990904030	直流弧焊机 20kV·A	台班	72.88	0.620	0.645	0.725	0.708	0.959	0.975
	990919030	电焊条烘干箱 600×500×750	台班	26.74	0.062	0.065	0.073	0.071	0.096	0.098

工作内容：管子切口、坡口加工、管口组对、焊接安装等操作过程。　　　　计量单位：个

定额编号					DE1280	DE1281	DE1282	DE1283	DE1284	DE1285
项目名称					弯头(异径管)安装(电弧焊)					
					管外径×壁厚(mm×mm 以内)					
					720×8	720×9	720×10	820×9	820×10	820×12
费用	综合单价(元)				**400.91**	**424.67**	**438.58**	**490.99**	**507.69**	**548.97**
	其中	人工费(元)			179.13	184.00	187.63	207.88	212.13	223.00
		材料费(元)			58.89	65.74	72.78	74.91	82.91	99.95
		施工机具使用费(元)			73.43	83.04	84.47	104.39	106.71	114.65
		企业管理费(元)			47.40	48.69	49.65	55.00	56.13	59.01
		利润(元)			37.04	38.05	38.80	42.99	43.87	46.12
		一般风险费(元)			5.02	5.15	5.25	5.82	5.94	6.24
	编码	名称	单位	单价(元)	消耗量					
人工	000300150	管工综合工	工日	125.00	1.433	1.472	1.501	1.663	1.697	1.784
材料	180300350	弯头(异径管)	个	—	(1.000)	(1.000)	(1.000)	(1.000)	(1.000)	(1.000)
	012100010	角钢 综合	kg	2.78	0.220	0.220	0.220	0.220	0.220	0.220
	022700030	棉纱线	kg	4.82	0.090	0.090	0.090	0.104	0.104	0.104
	030104250	六角螺栓 综合	10 套	4.70	0.048	0.048	0.048	0.048	0.048	0.048
	031310610	尼龙砂轮片 ϕ100	片	1.93	0.460	0.521	0.543	0.644	0.668	0.710
	031350010	低碳钢焊条 综合	kg	4.19	6.984	7.980	9.062	9.182	10.417	13.185
	143900700	氧气	m^3	3.26	3.702	4.045	4.375	4.559	4.932	5.646
	143901000	乙炔气	kg	12.01	1.234	1.348	1.458	1.520	1.643	1.882
	002000020	其他材料费	元	—	0.58	0.65	0.72	0.74	0.82	0.99
机械	990304004	汽车式起重机 8t	台班	705.33	—	—	—	0.011	0.012	0.014
	990401030	载重汽车 8t	台班	474.25	—	—	—	0.004	0.004	0.006
	990904030	直流弧焊机 20kV·A	台班	72.88	0.972	1.099	1.118	1.254	1.275	1.349
	990919030	电焊条烘干箱 600×500×750	台班	26.74	0.097	0.110	0.112	0.125	0.128	0.135

工作内容:管子切口、坡口加工、管口组对、焊接安装等操作过程。

计量单位:个

定额编号					DE1286	DE1287	DE1288	DE1289	DE1290	DE1291
项目名称					弯头(异径管)安装(电弧焊)					
					管外径×壁厚(mm×mm 以内)					
					920×9	920×10	920×12	1020×10	1020×12	1020×14
费用	综合单价(元)				**542.71**	**560.00**	**614.23**	**622.64**	**679.04**	**770.75**
	其中	人工费(元)			231.63	235.88	248.13	260.38	273.00	302.88
		材料费(元)			83.59	92.59	111.80	102.41	123.74	146.72
		施工机具使用费(元)			111.81	113.74	130.39	129.81	145.96	169.90
		企业管理费(元)			61.29	62.41	65.65	68.90	72.24	80.14
		利润(元)			47.90	48.78	51.31	53.85	56.46	62.63
		一般风险费(元)			6.49	6.60	6.95	7.29	7.64	8.48
	编码	名称	单位	单价(元)	消耗量					
人工	000300150	管工综合工	工日	125.00	1.853	1.887	1.985	2.083	2.184	2.423
材料	180300350	弯头(异径管)	个	—	(1.000)	(1.000)	(1.000)	(1.000)	(1.000)	(1.000)
	012100010	角钢 综合	kg	2.78	0.220	0.220	0.220	0.220	0.220	0.220
	022700030	棉纱线	kg	4.82	0.116	0.116	0.116	0.128	0.128	0.128
	030104250	六角螺栓 综合	10 套	4.70	0.048	0.048	0.048	0.048	0.048	0.048
	031310610	尼龙砂轮片 ϕ100	片	1.93	0.680	0.700	0.798	0.780	0.886	0.941
	031350010	低碳钢焊条 综合	kg	4.19	10.311	11.700	14.810	12.980	16.434	20.381
	143900700	氧气	m^3	3.26	5.074	5.493	6.293	6.040	6.925	7.765
	143901000	乙炔气	kg	12.01	1.691	1.831	2.097	2.029	2.324	2.605
	002000020	其他材料费	元	—	0.83	0.92	1.11	1.01	1.23	1.45
机械	990304004	汽车式起重机 8t	台班	705.33	0.013	0.014	0.018	0.018	—	—
	990304012	汽车式起重机 12t	台班	797.85	—	—	—	—	0.019	0.022
	990401030	载重汽车 8t	台班	474.25	0.005	0.006	0.007	0.007	0.008	0.008
	990904030	直流弧焊机 20kV·A	台班	72.88	1.327	1.337	1.514	1.506	1.681	1.966
	990919030	电焊条烘干箱 600×500×750	台班	26.74	0.133	0.134	0.151	0.151	0.168	0.197

工作内容:管子切口、坡口加工、管口组对、焊接安装等操作过程。

计量单位:个

定额编号					DE1292	DE1293	DE1294	DE1295	DE1296	DE1297
项目名称					弯头(异径管)安装(电弧焊)					
					管外径×壁厚(mm×mm 以内)					
					1220×10	1220×12	1220×14	1420×10	1420×12	1420×14
费用	综合单价(元)				**728.23**	**831.39**	**933.23**	**872.20**	**950.12**	**1082.33**
	其中	人工费(元)			317.88	333.50	368.00	366.00	382.88	423.13
		材料费(元)			119.89	155.88	176.04	145.45	169.50	207.24
		施工机具使用费(元)			131.71	175.46	205.42	177.97	206.53	240.65
		企业管理费(元)			84.11	88.24	97.37	96.84	101.31	111.96
		利润(元)			65.74	68.97	76.10	75.69	79.18	87.50
		一般风险费(元)			8.90	9.34	10.30	10.25	10.72	11.85
	编码	名称	单位	单价(元)	消耗量					
人工	000300150	管工综合工	工日	125.00	2.543	2.668	2.944	2.928	3.063	3.385
材料	180300350	弯头(异径管)	个	—	(1.000)	(1.000)	(1.000)	(1.000)	(1.000)	(1.000)
	012100010	角钢 综合	kg	2.78	0.294	0.294	0.294	0.294	0.294	0.294
	022700030	棉纱线	kg	4.82	0.154	0.154	0.154	0.178	0.178	0.178
	030104250	六角螺栓 综合	10 套	4.70	0.048	0.048	0.048	0.048	0.048	0.048
	031310610	尼龙砂轮片 ϕ100	片	1.93	0.870	1.062	1.128	1.020	1.113	1.283
	031350010	低碳钢焊条 综合	kg	4.19	15.542	21.300	24.414	19.104	22.929	29.447
	143900700	氧气	m^3	3.26	6.900	8.347	9.368	8.272	9.320	10.659
	143901000	乙炔气	kg	12.01	2.300	2.835	3.123	2.758	3.107	3.554
	002000020	其他材料费	元	—	1.19	1.54	1.74	1.44	1.68	2.05
机械	990304012	汽车式起重机 12t	台班	797.85	0.002	0.023	—	—	—	—
	990304016	汽车式起重机 16t	台班	898.02	—	—	0.025	0.025	0.027	0.031
	990401030	载重汽车 8t	台班	474.25	0.008	0.009	0.009	0.009	0.009	0.010
	990904030	直流弧焊机 20kV·A	台班	72.88	1.672	2.023	2.365	2.002	2.356	2.754
	990919030	电焊条烘干箱 600×500×750	台班	26.74	0.167	0.202	0.237	0.200	0.236	0.275

工作内容：管子切口、坡口加工、管口组对、焊接安装等操作过程。　　　　计量单位：个

		定额编号			DE1298	DE1299	DE1300	DE1301	DE1302	DE1303
项目名称					弯头(异径管)安装(电弧焊)					
					管外径×壁厚(mm×mm 以内)					
					1620×10	1620×12	1620×14	1820×12	1820×14	1820×16
费用	综合单价(元)				**992.47**	**1083.98**	**1234.42**	**1223.46**	**1397.86**	**1471.31**
	其中	人工费(元)			414.75	434.50	480.38	489.38	540.00	551.25
		材料费(元)			159.56	192.68	233.62	218.24	261.82	314.47
		施工机具使用费(元)			211.04	239.81	280.52	271.45	326.37	330.29
		企业管理费(元)			109.74	114.97	127.11	129.49	142.88	145.86
		利润(元)			85.77	89.85	99.34	101.20	111.67	114.00
		一般风险费(元)			11.61	12.17	13.45	13.70	15.12	15.44
	编码	名称	单位	单价(元)	消耗量					
人工	000300150	管工综合工	工日	125.00	3.318	3.476	3.843	3.915	4.320	4.410
材料	180300350	弯头(异径管)	个	—	(1.000)	(1.000)	(1.000)	(1.000)	(1.000)	(1.000)
	012100010	角钢 综合	kg	2.78	0.356	0.356	0.356	0.356	0.356	0.356
	022700030	棉纱线	kg	4.82	0.204	0.204	0.204	0.228	0.228	0.228
	030104250	六角螺栓 综合	10套	4.70	0.094	0.094	0.094	0.094	0.094	0.094
	031310610	尼龙砂轮片 ϕ100	片	1.93	1.110	1.250	1.503	1.492	1.690	1.816
	031350010	低碳钢焊条 综合	kg	4.19	20.667	26.177	32.479	29.425	36.512	46.426
	143900700	氧气	m^3	3.26	9.200	10.500	12.378	12.030	13.828	15.255
	143901000	乙炔气	kg	12.01	3.067	3.500	4.126	4.010	4.611	5.085
	002000020	其他材料费	元	—	1.58	1.91	2.31	2.16	2.59	3.11
机械	990304016	汽车式起重机 16t	台班	898.02	0.032	0.035	0.041	0.041	0.058	0.058
	990401030	载重汽车 8t	台班	474.25	0.011	0.011	0.013	0.013	0.015	0.015
	990904030	直流弧焊机 20kV·A	台班	72.88	2.344	2.689	3.144	3.024	3.536	3.588
	990919030	电焊条烘干箱 600×500×750	台班	26.74	0.234	0.269	0.314	0.302	0.354	0.359

工作内容：管子切口、坡口加工、管口组对、焊接安装等操作过程。　　　　计量单位：个

		定额编号			DE1304	DE1305	DE1306
项目名称					弯头(异径管)安装(电弧焊)		
					管外径×壁厚(mm×mm 以内)		
					2020×12	2020×14	2020×16
费用	综合单价(元)				**1371.35**	**1536.89**	**1653.44**
	其中	人工费(元)			542.63	599.63	611.50
		材料费(元)			244.11	288.55	349.44
		施工机具使用费(元)			313.63	349.26	387.12
		企业管理费(元)			143.58	158.66	161.80
		利润(元)			112.21	124.00	126.46
		一般风险费(元)			15.19	16.79	17.12
	编码	名称	单位	单价(元)	消耗量		
人工	000300150	管工综合工	工日	125.00	4.341	4.797	4.892
材料	180300350	弯头(异径管)	个	—	(1.000)	(1.000)	(1.000)
	012100010	角钢 综合	kg	2.78	0.356	0.356	0.356
	022700030	棉纱线	kg	4.82	0.254	0.254	0.254
	030104250	六角螺栓 综合	10套	4.70	0.094	0.094	0.094
	031310610	尼龙砂轮片 ϕ100	片	1.93	1.650	1.802	2.017
	031350010	低碳钢焊条 综合	kg	4.19	32.673	40.545	51.779
	143900700	氧气	m^3	3.26	13.624	15.100	16.862
	143901000	乙炔气	kg	12.01	4.541	5.033	5.621
	002000020	其他材料费	元	—	2.42	2.86	3.46
机械	990304020	汽车式起重机 20t	台班	968.56	0.055	0.073	0.080
	990401030	载重汽车 8t	台班	474.25	0.014	0.018	0.018
	990904030	直流弧焊机 20kV·A	台班	72.88	3.358	3.574	3.985
	990919030	电焊条烘干箱 600×500×750	台班	26.74	0.336	0.357	0.399

E.2.2.4.2 氩电联焊

工作内容:管子切口、坡口加工、管口组对、焊接安装等操作过程。 **计量单位**:个

定额编号				DE1307	DE1308	DE1309	DE1310	DE1311	DE1312
项目名称				弯头(异径管)安装(氩电联焊)					
				管外径×壁厚(mm×mm 以内)					
				57×3.5	75×4	89×4	114×4	133×4.5	159×5
费用	综合单价(元)			**51.25**	**66.95**	**77.98**	**101.27**	**108.66**	**123.76**
其中	人工费(元)			25.25	34.50	39.50	51.50	52.25	53.63
	材料费(元)			4.17	5.00	5.83	7.30	9.69	12.06
	施工机具使用费(元)			9.22	10.22	12.92	16.75	20.62	31.29
	企业管理费(元)			6.68	9.13	10.45	13.63	13.83	14.19
	利润(元)			5.22	7.13	8.17	10.65	10.81	11.09
	一般风险费(元)			0.71	0.97	1.11	1.44	1.46	1.50
	编码	名称	单位	单价(元)	消耗量				
人工	000300150	管工综合工	工日	125.00	0.202	0.276	0.316	0.412	0.418	0.429
材料	180300350	弯头(异径管)	个	—	(1.000)	(1.000)	(1.000)	(1.000)	(1.000)	(1.000)
	016100300	钍钨棒	g	0.36	0.238	0.250	0.296	0.376	0.448	0.536
	022700030	棉纱线	kg	4.82	0.007	0.010	0.012	0.014	0.017	0.021
	031310610	尼龙砂轮片 ϕ100	片	1.93	0.017	0.025	0.030	0.041	0.052	0.067
	031360030	碳钢氩弧焊丝	kg	8.08	0.042	0.044	0.052	0.068	0.080	0.096
	031350010	低碳钢焊条 综合	kg	4.19	0.084	0.106	0.128	0.181	0.389	0.459
	143900600	氩气	m^3	12.72	0.118	0.124	0.148	0.188	0.224	0.280
	143900700	氧气	m^3	3.26	0.267	0.329	0.371	0.449	0.568	0.724
	143901000	乙炔气	kg	12.01	0.076	0.109	0.125	0.149	0.189	0.241
	002000020	其他材料费	元	—	0.04	0.05	0.06	0.07	0.10	0.12
机械	990904030	直流弧焊机 20kV·A	台班	72.88	0.050	0.062	0.071	0.111	0.141	0.192
	990912010	氩弧焊机 500A	台班	93.99	0.057	0.058	0.069	0.087	0.104	0.124
	990744010	半自动切割机 厚度 100mm	台班	85.51	—	—	—	—	—	0.060
	990788020	砂轮切割机 砂轮片直径 400mm	台班	21.47	0.004	0.004	0.050	0.009	0.009	—
	990919030	电焊条烘干箱 600×500×750	台班	26.74	0.005	0.006	0.007	0.011	0.014	0.019

工作内容:管子切口、坡口加工、管口组对、焊接安装等操作过程。 **计量单位**:个

定额编号				DE1313	DE1314	DE1315	DE1316	DE1317	DE1318
项目名称				弯头(异径管)安装(氩电联焊)					
				管外径×壁厚(mm×mm 以内)					
				219×5	219×6	219×7	273×6	273×7	273×8
费用	综合单价(元)			**116.34**	**122.02**	**131.75**	**147.59**	**159.48**	**168.62**
其中	人工费(元)			43.63	45.75	49.25	52.75	57.75	60.63
	材料费(元)			17.82	19.94	22.53	23.87	25.86	29.46
	施工机具使用费(元)			33.11	33.48	35.38	44.62	47.03	48.25
	企业管理费(元)			11.54	12.11	13.03	13.96	15.28	16.04
	利润(元)			9.02	9.46	10.18	10.91	11.94	12.54
	一般风险费(元)			1.22	1.28	1.38	1.48	1.62	1.70
	编码	名称	单位	单价(元)	消耗量				
人工	000300150	管工综合工	工日	125.00	0.349	0.366	0.394	0.422	0.462	0.485
材料	180300350	弯头(异径管)	个	—	(1.000)	(1.000)	(1.000)	(1.000)	(1.000)	(1.000)
	012100010	角钢 综合	kg	2.78	0.200	0.200	0.200	0.200	0.200	0.200
	016100300	钍钨棒	g	0.36	0.740	0.740	0.740	0.916	0.916	0.916
	022700030	棉纱线	kg	4.82	0.028	0.028	0.028	0.034	0.034	0.034
	031310610	尼龙砂轮片 ϕ100	片	1.93	0.097	0.102	0.109	0.128	0.136	0.147
	031360030	碳钢氩弧焊丝	kg	8.08	0.132	0.132	0.132	0.164	0.164	0.164
	031350010	低碳钢焊条 综合	kg	4.19	0.625	0.836	1.179	1.101	1.321	1.821
	143900600	氩气	m^3	12.72	0.370	0.370	0.370	0.458	0.458	0.458
	143900700	氧气	m^3	3.26	1.116	1.282	1.436	1.454	1.600	1.801
	143901000	乙炔气	kg	12.01	0.372	0.427	0.479	0.485	0.532	0.598
	002000020	其他材料费	元	—	0.18	0.20	0.22	0.24	0.26	0.29
机械	990904030	直流弧焊机 20kV·A	台班	72.88	0.128	0.133	0.158	0.191	0.223	0.239
	990912010	氩弧焊机 500A	台班	93.99	0.172	0.172	0.172	0.212	0.212	0.212
	990744010	半自动切割机 厚度 100mm	台班	85.51	0.085	0.085	0.085	0.120	0.120	0.120
	990919030	电焊条烘干箱 600×500×750	台班	26.74	0.013	0.013	0.016	0.019	0.022	0.024

工作内容:管子切口、坡口加工、管口组对、焊接安装等操作过程。 计量单位:个

	定额编号			DE1319	DE1320	DE1321	DE1322	DE1323	DE1324
	项目名称			弯头(异径管)安装(氩电联焊)					
				管外径×壁厚(mm×mm 以内)					
				325×7	325×8	325×9	377×8	377×9	377×10
费用	**综合单价(元)**			**179.14**	**193.00**	**202.78**	**266.55**	**277.24**	**287.67**
其中	人工费(元)			68.38	73.25	76.75	113.00	116.50	120.00
	材料费(元)			26.98	29.76	32.85	36.23	39.94	43.76
	施工机具使用费(元)			49.64	53.41	54.85	60.89	62.62	63.98
	企业管理费(元)			18.09	19.38	20.31	29.90	30.83	31.75
	利润(元)			14.14	15.15	15.87	23.37	24.09	24.82
	一般风险费(元)			1.91	2.05	2.15	3.16	3.26	3.36
编码	名称	单位	单价(元)	消耗量					
人工 000300150	管工综合工	工日	125.00	0.547	0.586	0.614	0.904	0.932	0.960
材料 180300350	弯头(异径管)	个	—	(1.000)	(1.000)	(1.000)	(1.000)	(1.000)	(1.000)
012100010	角钢 综合	kg	2.78	0.200	0.200	0.200	0.200	0.200	0.200
016100300	铈钨棒	g	0.36	0.944	0.944	0.944	0.970	0.970	0.970
022700030	棉纱线	kg	4.82	0.042	0.042	0.042	0.048	0.048	0.048
031310610	尼龙砂轮片 ϕ100	片	1.93	0.140	0.163	0.176	0.216	0.236	0.247
031360030	碳钢氩弧焊丝	kg	8.08	0.168	0.168	0.168	0.172	0.172	0.172
031350010	低碳钢焊条 综合	kg	4.19	1.457	1.809	2.215	2.609	3.127	3.689
143900600	氩气	m^3	12.72	0.472	0.472	0.472	0.484	0.484	0.484
143900700	氧气	m^3	3.26	1.634	1.805	1.992	2.181	2.382	2.577
143901000	乙炔气	kg	12.01	0.545	0.602	0.662	0.727	0.794	0.859
002000020	其他材料费	元	—	0.27	0.29	0.33	0.36	0.40	0.43
机械 990904030	直流弧焊机 20kV·A	台班	72.88	0.242	0.292	0.311	0.380	0.403	0.421
990912010	氩弧焊机 500A	台班	93.99	0.219	0.219	0.219	0.225	0.225	0.225
990744010	半自动切割机 厚度 100mm	台班	85.51	0.126	0.126	0.126	0.129	0.129	0.129
990919030	电焊条烘干箱 600×500×750	台班	26.74	0.024	0.029	0.031	0.038	0.040	0.042

工作内容:管子切口、坡口加工、管口组对、焊接安装等操作过程。 计量单位:个

	定额编号			DE1325	DE1326	DE1327	DE1328	DE1329	DE1330
	项目名称			弯头(异径管)安装(氩电联焊)					
				管外径×壁厚(mm×mm 以内)					
				426×8	426×9	426×10	478×8	478×9	478×10
费用	**综合单价(元)**			**258.60**	**273.16**	**282.37**	**289.92**	**309.65**	**319.00**
其中	人工费(元)			100.13	104.25	107.75	114.00	118.38	121.88
	材料费(元)			42.49	46.26	48.71	44.23	51.28	53.65
	施工机具使用费(元)			65.98	70.59	72.10	74.76	80.88	82.61
	企业管理费(元)			26.49	27.58	28.51	30.16	31.32	32.25
	利润(元)			20.71	21.56	22.28	23.58	24.48	25.20
	一般风险费(元)			2.80	2.92	3.02	3.19	3.31	3.41
编码	名称	单位	单价(元)	消耗量					
人工 000300150	管工综合工	工日	125.00	0.801	0.834	0.862	0.912	0.947	0.975
材料 180300350	弯头(异径管)	个	—	(1.000)	(1.000)	(1.000)	(1.000)	(1.000)	(1.000)
012100010	角钢 综合	kg	2.78	0.200	0.200	0.200	0.200	0.200	0.200
016100300	铈钨棒	g	0.36	1.102	1.102	1.102	1.238	1.238	1.238
022700030	棉纱线	kg	4.82	0.054	0.054	0.054	0.060	0.060	0.060
031310610	尼龙砂轮片 ϕ100	片	1.93	0.245	0.267	0.279	0.262	0.315	0.329
031360030	碳钢氩弧焊丝	kg	8.08	0.196	0.196	0.196	0.220	0.220	0.220
031350010	低碳钢焊条 综合	kg	4.19	3.274	3.894	4.174	3.271	4.296	4.647
143900600	氩气	m^3	12.72	0.550	0.550	0.550	0.620	0.620	0.620
143900700	氧气	m^3	3.26	2.490	2.640	2.810	2.563	2.920	3.037
143901000	乙炔气	kg	12.01	0.830	0.880	0.937	0.855	0.973	1.012
002000020	其他材料费	元	—	0.42	0.46	0.48	0.44	0.51	0.53
机械 990904030	直流弧焊机 20kV·A	台班	72.88	0.395	0.456	0.476	0.449	0.530	0.553
990912010	氩弧焊机 500A	台班	93.99	0.257	0.257	0.257	0.288	0.288	0.288
990744010	半自动切割机 厚度 100mm	台班	85.51	0.140	0.140	0.140	0.161	0.161	0.161
990919030	电焊条烘干箱 600×500×750	台班	26.74	0.040	0.046	0.048	0.045	0.053	0.055

工作内容：管子切口、坡口加工、管口组对、焊接安装等操作过程。　　计量单位：个

定额编号					DE1331	DE1332	DE1333
项目名称					弯头(异径管)安装(氩电联焊)		
					管外径×壁厚(mm×mm 以内)		
					529×8	529×9	529×10
费用	综合单价（元）				**321.17**	**335.60**	**352.27**
	其中	人工费（元）			125.88	130.88	134.38
		材料费（元）			48.45	53.48	58.78
		施工机具使用费（元）			83.98	85.89	92.00
		企业管理费（元）			33.31	34.63	35.56
		利润（元）			26.03	27.06	27.79
		一般风险费（元）			3.52	3.66	3.76
	编码	名称	单位	单价(元)	消耗量		
人工	000300150	管工综合工	工日	125.00	1.007	1.047	1.075
材料	180300350	弯头(异径管)	个	—	(1.000)	(1.000)	(1.000)
	012100010	角钢 综合	kg	2.78	0.200	0.200	0.200
	016100300	铈钨棒	g	0.36	1.372	1.372	1.372
	022700030	棉纱线	kg	4.82	0.066	0.066	0.066
	031310610	尼龙砂轮片 ϕ100	片	1.93	0.307	0.320	0.381
	031360030	碳钢氩弧焊丝	kg	8.08	0.244	0.244	0.244
	031350010	低碳钢焊条 综合	kg	4.19	3.667	4.398	5.191
	143900600	氩气	m^3	12.72	0.686	0.686	0.686
	143900700	氧气	m^3	3.26	2.747	3.007	3.257
	143901000	乙炔气	kg	12.01	0.915	1.002	1.085
	002000020	其他材料费	元	—	0.48	0.53	0.58
机械	990904030	直流弧焊机 20kV·A	台班	72.88	0.510	0.535	0.616
	990912010	氩弧焊机 500A	台班	93.99	0.318	0.318	0.318
	990744010	半自动切割机 厚度100mm	台班	85.51	0.182	0.182	0.182
	990919030	电焊条烘干箱 600×500×750	台班	26.74	0.051	0.054	0.062

E.2.2.5　三通安装

E.2.2.5.1　电弧焊

工作内容：管子切口、坡口加工、管口组对、焊接安装等操作过程。　　计量单位：个

定额编号					DE1334	DE1335	DE1336	DE1337	DE1338	DE1339
项目名称					三通安装(电弧焊)					
					管外径×壁厚(mm×mm 以内)					
					219×5	219×6	219×7	273×6	273×7	273×8
费用	综合单价（元）				**145.00**	**152.99**	**167.31**	**187.99**	**204.77**	**215.79**
	其中	人工费（元）			67.00	69.88	75.00	85.50	92.13	95.63
		材料费（元）			18.62	21.69	25.46	26.92	30.15	34.09
		施工机具使用费（元）			25.91	26.52	29.39	32.88	36.48	38.31
		企业管理费（元）			17.73	18.49	19.85	22.62	24.38	25.30
		利润（元）			13.86	14.45	15.51	17.68	19.05	19.78
		一般风险费（元）			1.88	1.96	2.10	2.39	2.58	2.68
	编码	名称	单位	单价(元)	消耗量					
人工	000300150	管工综合工	工日	125.00	0.536	0.559	0.600	0.684	0.737	0.765
材料	180300500	碳钢三通	个	—	(1.000)	(1.000)	(1.000)	(1.000)	(1.000)	(1.000)
	012100010	角钢 综合	kg	2.78	0.300	0.300	0.300	0.300	0.300	0.300
	022700030	棉纱线	kg	4.82	0.042	0.042	0.042	0.051	0.051	0.051
	031310610	尼龙砂轮片 ϕ100	片	1.93	0.145	0.153	0.163	0.192	0.205	0.220
	031350010	低碳钢焊条 综合	kg	4.19	1.336	1.653	2.168	2.421	2.741	3.250
	143900700	氧气	m^3	3.26	1.588	1.819	2.035	2.073	2.325	2.564
	143901000	乙炔气	kg	12.01	0.529	0.607	0.678	0.691	0.775	0.855
	002000020	其他材料费	元	—	0.18	0.21	0.25	0.27	0.30	0.34
机械	990904030	直流弧焊机 20kV·A	台班	72.88	0.343	0.351	0.389	0.435	0.483	0.507
	990919030	电焊条烘干箱 600×500×750	台班	26.74	0.034	0.035	0.039	0.044	0.048	0.051

工作内容：管子切口、坡口加工、管口组对、焊接安装等操作过程。　　　　**计量单位：**个

定额编号					DE1340	DE1341	DE1342	DE1343	DE1344	DE1345
项目名称					三通安装(电弧焊)					
					管外径×壁厚(mm×mm 以内)					
					325×6	325×7	325×8	377×8	377×9	377×10
费用	**综合单价（元）**				**226.87**	**247.48**	**260.21**	**299.04**	**314.61**	**328.76**
	其中	人工费（元）			105.50	112.75	117.00	134.75	139.75	144.13
		材料费（元）			31.12	34.67	38.90	43.72	49.16	54.75
		施工机具使用费（元）			37.56	43.75	45.87	53.28	55.91	57.89
		企业管理费（元）			27.92	29.83	30.96	35.65	36.98	38.14
		利润（元）			21.82	23.32	24.20	27.87	28.90	29.81
		一般风险费（元）			2.95	3.16	3.28	3.77	3.91	4.04
	编码	名称	单位	单价(元)	消耗量					
人工	000300150	管工综合工	工日	125.00	0.844	0.902	0.936	1.078	1.118	1.153
材料	180300500	碳钢三通	个	—	(1.000)	(1.000)	(1.000)	(1.000)	(1.000)	(1.000)
	012100010	角钢 综合	kg	2.78	0.300	0.300	0.300	0.300	0.300	0.300
	022700030	棉纱线	kg	4.82	0.063	0.063	0.063	0.072	0.072	0.072
	031310610	尼龙砂轮片 ϕ100	片	1.93	0.218	0.245	0.264	0.324	0.354	0.370
	031350010	低碳钢焊条 综合	kg	4.19	2.820	3.269	3.878	4.505	5.282	6.124
	143900700	氧气	m^3	3.26	2.400	2.620	2.838	3.114	3.397	3.670
	143901000	乙炔气	kg	12.01	0.800	0.873	0.946	1.037	1.132	1.223
	002000020	其他材料费	元	—	0.31	0.34	0.39	0.43	0.49	0.54
机械	990904030	直流弧焊机 20kV·A	台班	72.88	0.497	0.579	0.607	0.705	0.740	0.766
	990919030	电焊条烘干箱 600×500×750	台班	26.74	0.050	0.058	0.061	0.071	0.074	0.077

工作内容：管子切口、坡口加工、管口组对、焊接安装等操作过程。　　　　**计量单位：**个

定额编号					DE1346	DE1347	DE1348	DE1349	DE1350	DE1351
项目名称					三通安装(电弧焊)					
					管外径×壁厚(mm×mm 以内)					
					426×8	426×9	426×10	478×8	478×9	478×10
费用	**综合单价（元）**				**335.70**	**354.58**	**368.91**	**374.59**	**402.19**	**416.28**
	其中	人工费（元）			151.00	156.75	161.88	171.63	178.00	183.75
		材料费（元）			52.33	56.29	60.68	55.08	63.99	66.86
		施工机具使用费（元）			56.96	63.25	65.51	62.17	71.31	73.90
		企业管理费（元）			39.95	41.48	42.83	45.41	47.10	48.62
		利润（元）			31.23	32.42	33.48	35.49	36.81	38.00
		一般风险费（元）			4.23	4.39	4.53	4.81	4.98	5.15
	编码	名称	单位	单价(元)	消耗量					
人工	000300150	管工综合工	工日	125.00	1.208	1.254	1.295	1.373	1.424	1.470
材料	180300500	碳钢三通	个	—	(1.000)	(1.000)	(1.000)	(1.000)	(1.000)	(1.000)
	012100010	角钢 综合	kg	2.78	0.300	0.300	0.300	0.300	0.300	0.300
	022700030	棉纱线	kg	4.82	0.081	0.081	0.081	0.090	0.090	0.090
	031310610	尼龙砂轮片 ϕ100	片	1.93	0.367	0.401	0.419	0.393	0.473	0.493
	031350010	低碳钢焊条 综合	kg	4.19	5.820	6.420	6.930	6.200	7.320	7.786
	143900700	氧气	m^3	3.26	3.510	3.692	3.991	3.652	4.200	4.316
	143901000	乙炔气	kg	12.01	1.170	1.232	1.332	1.217	1.400	1.439
	002000020	其他材料费	元	—	0.52	0.56	0.60	0.55	0.63	0.66
机械	990904030	直流弧焊机 20kV·A	台班	72.88	0.754	0.837	0.867	0.823	0.944	0.978
	990919030	电焊条烘干箱 600×500×750	台班	26.74	0.075	0.084	0.087	0.082	0.094	0.098

工作内容：管子切口、坡口加工、管口组对、焊接安装等操作过程。

计量单位：个

定额编号					DE1352	DE1353	DE1354	DE1355	DE1356	DE1357
项目名称					三通安装(电弧焊)					
					管外径×壁厚(mm×mm 以内)					
					529×8	529×9	529×10	630×8	630×9	630×10
费用	综合单价(元)				**410.01**	**433.16**	**458.26**	**504.70**	**553.16**	**571.60**
	其中	人工费(元)			189.13	196.25	202.00	233.88	239.50	244.50
		材料费(元)			58.04	65.39	73.17	73.18	85.40	94.47
		施工机具使用费(元)			68.39	73.51	82.21	80.84	108.65	110.53
		企业管理费(元)			50.04	51.93	53.45	61.88	63.37	64.69
		利润(元)			39.11	40.58	41.77	48.37	49.53	50.56
		一般风险费(元)			5.30	5.50	5.66	6.55	6.71	6.85
	编码	名称	单位	单价(元)	消耗量					
人工	000300150	管工综合工	工日	125.00	1.513	1.570	1.616	1.871	1.916	1.956
材料	180300500	碳钢三通	个	—	(1.000)	(1.000)	(1.000)	(1.000)	(1.000)	(1.000)
	012100010	角钢 综合	kg	2.78	0.300	0.300	0.300	0.300	0.300	0.300
	022700030	棉纱线	kg	4.82	0.099	0.099	0.099	0.120	0.120	0.120
	030104250	六角螺栓 综合	10 套	4.70	—	—	—	0.072	0.072	0.072
	031310610	尼龙砂轮片 ϕ100	片	1.93	0.462	0.483	0.571	0.569	0.683	0.710
	031350010	低碳钢焊条 综合	kg	4.19	6.401	7.497	8.687	8.640	10.460	11.877
	143900700	氧气	m^3	3.26	3.915	4.279	4.630	4.600	5.183	5.596
	143901000	乙炔气	kg	12.01	1.306	1.427	1.544	1.533	1.728	1.865
	002000020	其他材料费	元	—	0.57	0.65	0.72	0.72	0.85	0.94
机械	990904030	直流弧焊机 20kV·A	台班	72.88	0.905	0.973	1.088	1.070	1.438	1.463
	990919030	电焊条烘干箱 600×500×750	台班	26.74	0.091	0.097	0.109	0.107	0.144	0.146

工作内容：管子切口、坡口加工、管口组对、焊接安装等操作过程。

计量单位：个

定额编号					DE1358	DE1359	DE1360	DE1361	DE1362	DE1363
项目名称					三通安装(电弧焊)					
					管外径×壁厚(mm×mm 以内)					
					720×8	720×9	720×10	820×9	820×10	820×12
费用	综合单价(元)				**612.93**	**649.37**	**670.92**	**735.89**	**761.59**	**821.22**
	其中	人工费(元)			266.75	274.00	279.63	309.75	315.50	331.25
		材料费(元)			86.48	96.52	106.87	110.10	121.87	146.91
		施工机具使用费(元)			126.49	142.02	144.77	161.35	166.66	177.63
		企业管理费(元)			70.58	72.50	73.99	81.96	83.48	87.65
		利润(元)			55.16	56.66	57.83	64.06	65.25	68.50
		一般风险费(元)			7.47	7.67	7.83	8.67	8.83	9.28
	编码	名称	单位	单价(元)	消耗量					
人工	000300150	管工综合工	工日	125.00	2.134	2.192	2.237	2.478	2.524	2.650
材料	180300500	碳钢三通	个	—	(1.000)	(1.000)	(1.000)	(1.000)	(1.000)	(1.000)
	012100010	角钢 综合	kg	2.78	0.330	0.330	0.330	0.330	0.330	0.330
	022700030	棉纱线	kg	4.82	0.135	0.135	0.135	0.156	0.156	0.156
	030104250	六角螺栓 综合	10 套	4.70	0.072	0.072	0.072	0.072	0.072	0.072
	031310610	尼龙砂轮片 ϕ100	片	1.93	0.692	0.782	0.814	0.966	1.002	1.065
	031350010	低碳钢焊条 综合	kg	4.19	10.476	11.969	13.593	13.773	15.626	19.778
	143900700	氧气	m^3	3.26	5.300	5.783	6.247	6.529	7.055	8.057
	143901000	乙炔气	kg	12.01	1.766	1.927	2.083	2.177	2.352	2.686
	002000020	其他材料费	元	—	0.86	0.96	1.06	1.09	1.21	1.45
机械	990304004	汽车式起重机 8t	台班	705.33	0.019	0.020	0.021	0.022	0.026	0.029
	990401030	载重汽车 8t	台班	474.25	0.007	0.007	0.007	0.008	0.008	0.009
	990904030	直流弧焊机 20kV·A	台班	72.88	1.453	1.649	1.676	1.880	1.913	2.024
	990919030	电焊条烘干箱 600×500×750	台班	26.74	0.145	0.165	0.168	0.188	0.191	0.202

工作内容：管子切口、坡口加工、管口组对、焊接安装等操作过程。　　计量单位：个

					定额编号	DE1364	DE1365	DE1366	DE1367	DE1368	DE1369
项目名称						三通安装（电弧焊）					
						管外径×壁厚（mm×mm 以内）					
						920×9	920×10	920×12	1020×10	1020×12	1020×14
费用	综合单价（元）					**811.96**	**838.51**	**918.74**	**925.73**	**1020.01**	**1166.94**
	其中	人工费（元）				344.25	351.25	368.25	386.88	406.00	450.00
		材料费（元）				125.28	136.08	164.33	150.53	181.90	215.76
		施工机具使用费（元）				170.51	175.76	202.26	195.11	229.35	276.45
		企业管理费（元）				91.09	92.94	97.44	102.37	107.43	119.07
		利润（元）				71.19	72.64	76.15	80.01	83.96	93.06
		一般风险费（元）				9.64	9.84	10.31	10.83	11.37	12.60
	编码	名称	单位	单价（元）		消耗量					
人工	000300150	管工综合工	工日	125.00		2.754	2.810	2.946	3.095	3.248	3.600
材料	180300500	碳钢三通	个	—		(1.000)	(1.000)	(1.000)	(1.000)	(1.000)	(1.000)
	012100010	角钢 综合	kg	2.78		0.330	0.330	0.330	0.330	0.330	0.330
	022700030	棉纱线	kg	4.82		0.174	0.174	0.174	0.192	0.192	0.192
	030104250	六角螺栓 综合	10套	4.70		0.072	0.072	0.072	0.072	0.072	0.072
	031310610	尼龙砂轮片 $\phi100$	片	1.93		1.085	1.062	1.197	1.162	1.329	1.411
	031350010	低碳钢焊条 综合	kg	4.19		16.010	17.549	22.215	19.470	24.651	30.572
	143900700	氧气	m^3	3.26		7.263	7.854	8.978	8.637	9.882	11.059
	143901000	乙炔气	kg	12.01		2.422	2.619	2.993	2.904	3.318	3.711
	002000020	其他材料费	元	—		1.24	1.35	1.63	1.49	1.80	2.14
机械	990304004	汽车式起重机 8t	台班	705.33		0.026	0.029	0.036	—	—	—
	990304012	汽车式起重机 12t	台班	797.85		—	—	—	0.035	0.041	0.059
	990401030	载重汽车 8t	台班	474.25		0.008	0.009	0.011	0.010	0.013	0.014
	990904030	直流弧焊机 20kV·A	台班	72.88		1.964	1.999	2.272	2.150	2.521	2.948
	990919030	电焊条烘干箱 600×500×750	台班	26.74		0.196	0.200	0.227	0.215	0.252	0.295

工作内容：管子切口、坡口加工、管口组对、焊接安装等操作过程。　　计量单位：个

					定额编号	DE1370	DE1371	DE1372	DE1373	DE1374	DE1375
项目名称						三通安装（电弧焊）					
						管外径×壁厚（mm×mm 以内）					
						1220×10	1220×12	1220×14	1420×10	1420×12	1420×14
费用	综合单价（元）					**1123.81**	**1264.40**	**1433.62**	**1323.53**	**1486.99**	**1682.92**
	其中	人工费（元）				473.38	495.13	546.88	544.63	570.00	629.38
		材料费（元）				175.82	230.52	258.50	207.32	265.49	298.70
		施工机具使用费（元）				238.21	291.49	355.14	299.59	366.84	440.54
		企业管理费（元）				125.26	131.01	144.70	144.11	150.82	166.53
		利润（元）				97.89	102.39	113.09	112.63	117.88	130.15
		一般风险费（元）				13.25	13.86	15.31	15.25	15.96	17.62
	编码	名称	单位	单价（元）		消耗量					
人工	000300150	管工综合工	工日	125.00		3.787	3.961	4.375	4.357	4.560	5.035
材料	180300500	碳钢三通	个	—		(1.000)	(1.000)	(1.000)	(1.000)	(1.000)	(1.000)
	012100010	角钢 综合	kg	2.78		0.441	0.441	0.441	0.441	0.441	0.441
	022700030	棉纱线	kg	4.82		0.231	0.231	0.231	0.267	0.267	0.267
	030104250	六角螺栓 综合	10套	4.70		0.072	0.072	0.072	0.072	0.072	0.072
	031310610	尼龙砂轮片 $\phi100$	片	1.93		1.310	1.593	1.692	1.580	1.689	1.925
	031350010	低碳钢焊条 综合	kg	4.19		23.314	32.522	36.621	27.057	38.394	42.670
	143900700	氧气	m^3	3.26		9.800	11.869	13.293	11.840	13.200	15.197
	143901000	乙炔气	kg	12.01		3.267	3.957	4.431	3.947	4.400	5.066
	002000020	其他材料费	元	—		1.74	2.28	2.56	2.05	2.63	2.96
机械	990304012	汽车式起重机 12t	台班	797.85		0.059	0.069	—	—	—	—
	990304016	汽车式起重机 16t	台班	898.02		—	—	0.087	0.077	0.097	0.124
	990401030	载重汽车 8t	台班	474.25		0.014	0.015	0.019	0.018	0.027	0.036
	990904030	直流弧焊机 20kV·A	台班	72.88		2.442	3.035	3.547	2.937	3.533	4.131
	990919030	电焊条烘干箱 600×500×750	台班	26.74		0.244	0.304	0.355	0.294	0.353	0.413

工作内容：管子切口、坡口加工、管口组对、焊接安装等操作过程。

计量单位：个

定额编号					DE1376	DE1377	DE1378	DE1379	DE1380	DE1381
项目名称					三通安装(电弧焊)					
					管外径×壁厚(mm×mm 以内)					
					1620×10	1620×12	1620×14	1820×12	1820×14	1820×16
费用	综合单价(元)				**1533.32**	**1698.07**	**1934.90**	**1939.13**	**2214.64**	**2338.47**
	其中	人工费(元)			616.38	646.13	713.75	727.88	804.13	818.88
		材料费(元)			233.48	283.72	343.80	324.35	385.26	464.47
		施工机具使用费(元)			375.64	445.55	520.90	523.40	623.67	646.18
		企业管理费(元)			163.09	170.96	188.86	192.60	212.77	216.67
		利润(元)			127.47	133.62	147.60	150.52	166.29	169.34
		一般风险费(元)			17.26	18.09	19.99	20.38	22.52	22.93
	编码	名称	单位	单价(元)	消耗量					
人工	000300150	管工综合工	工日	125.00	4.931	5.169	5.710	5.823	6.433	6.551
材料	180300500	碳钢三通	个	—	(1.000)	(1.000)	(1.000)	(1.000)	(1.000)	(1.000)
	012100010	角钢 综合	kg	2.78	0.534	0.534	0.534	0.534	0.534	0.534
	022700030	棉纱线	kg	4.82	0.306	0.306	0.306	0.342	0.342	0.342
	030104250	六角螺栓 综合	10套	4.70	0.141	0.141	0.141	0.141	0.141	0.141
	031310610	尼龙砂轮片 ϕ100	片	1.93	1.676	1.901	2.254	2.236	2.536	2.723
	031350010	低碳钢焊条 综合	kg	4.19	31.001	39.266	48.719	44.137	54.768	69.939
	143900700	氧气	m^3	3.26	13.000	15.020	17.662	17.634	19.726	21.721
	143901000	乙炔气	kg	12.01	4.333	5.007	5.888	5.879	6.576	7.241
	002000020	其他材料费	元	—	2.31	2.81	3.40	3.21	3.81	4.60
机械	990304016	汽车式起重机 16t	台班	898.02	0.115	0.133	0.150	0.168	—	—
	990304020	汽车式起重机 20t	台班	968.56	—	—	—	—	0.195	0.212
	990401030	载重汽车 8t	台班	474.25	0.036	0.045	0.063	0.063	0.072	0.072
	990904030	直流弧焊机 20kV·A	台班	72.88	3.379	4.034	4.716	4.535	5.303	5.383
	990919030	电焊条烘干箱 600×500×750	台班	26.74	0.338	0.403	0.472	0.454	0.530	0.538

工作内容：管子切口、坡口加工、管口组对、焊接安装等操作过程。

计量单位：个

定额编号					DE1382	DE1383	DE1384
项目名称					三通安装(电弧焊)		
					管外径×壁厚(mm×mm 以内)		
					2020×12	2020×14	2020×16
费用	综合单价(元)				**2180.24**	**2413.49**	**2600.27**
	其中	人工费(元)			807.00	892.25	909.75
		材料费(元)			358.96	425.11	514.70
		施工机具使用费(元)			611.26	650.54	721.49
		企业管理费(元)			213.53	236.09	240.72
		利润(元)			166.89	184.52	188.14
		一般风险费(元)			22.60	24.98	25.47
	编码	名称	单位	单价(元)	消耗量		
人工	000300150	管工综合工	工日	125.00	6.456	7.138	7.278
材料	180300500	碳钢三通	个	—	(1.000)	(1.000)	(1.000)
	012100010	角钢 综合	kg	2.78	0.534	0.534	0.534
	022700030	棉纱线	kg	4.82	0.381	0.381	0.381
	030104250	六角螺栓 综合	10套	4.70	0.141	0.141	0.141
	031310610	尼龙砂轮片 ϕ100	片	1.93	2.430	2.620	3.026
	031350010	低碳钢焊条 综合	kg	4.19	49.009	60.818	77.668
	143900700	氧气	m^3	3.26	19.466	21.620	24.005
	143901000	乙炔气	kg	12.01	6.489	7.207	8.001
	002000020	其他材料费	元	—	3.55	4.21	5.10
机械	990304020	汽车式起重机 20t	台班	968.56	0.203	0.221	0.239
	990401030	载重汽车 8t	台班	474.25	0.072	0.072	0.081
	990904030	直流弧焊机 20kV·A	台班	72.88	5.036	5.325	5.977
	990919030	电焊条烘干箱 600×500×750	台班	26.74	0.504	0.533	0.598

E.2.2.5.2 氩电联焊

工作内容:管子切口、坡口加工、管口组对、焊接安装等操作过程。 **计量单位**:个

					DE1385	DE1386	DE1387	DE1388	DE1389	DE1390
定额编号					DE1385	DE1386	DE1387	DE1388	DE1389	DE1390
项目名称					三通安装(氩电联焊)					
					管外径×壁厚(mm×mm 以内)					
					219×5	219×6	219×7	273×6	273×7	273×8
费用	综合单价(元)				**172.31**	**180.29**	**194.64**	**220.76**	**237.11**	**249.44**
	其中	人工费(元)			65.50	68.38	73.50	79.88	86.25	90.63
		材料费(元)			25.71	28.77	32.55	35.60	38.83	42.77
		施工机具使用费(元)			48.39	49.00	51.88	65.39	68.95	70.78
		企业管理费(元)			17.33	18.09	19.45	21.13	22.82	23.98
		利润(元)			13.55	14.14	15.20	16.52	17.84	18.74
		一般风险费(元)			1.83	1.91	2.06	2.24	2.42	2.54
	编码	名称	单位	单价(元)	消耗量					
人工	000300150	管工综合工	工日	125.00	0.524	0.547	0.588	0.639	0.690	0.725
材料	180300500	碳钢三通	个	—	(1.000)	(1.000)	(1.000)	(1.000)	(1.000)	(1.000)
	012100010	角钢 综合	kg	2.78	0.300	0.300	0.300	0.300	0.300	0.300
	016100300	铈钨棒	g	0.36	1.055	1.055	1.055	1.305	1.305	1.305
	022700030	棉纱线	kg	4.82	0.042	0.042	0.042	0.051	0.051	0.051
	031310610	尼龙砂轮片 ϕ100	片	1.93	0.145	0.153	0.163	0.192	0.205	0.220
	031360030	碳钢氩弧焊丝	kg	8.08	0.188	0.188	0.188	0.234	0.234	0.234
	031350010	低碳钢焊条 综合	kg	4.19	0.957	1.274	1.789	1.928	2.248	2.757
	143900600	氩气	m^3	12.72	0.527	0.527	0.527	0.653	0.653	0.653
	143900700	氧气	m^3	3.26	1.588	1.819	2.035	2.073	2.325	2.564
	143901000	乙炔气	kg	12.01	0.529	0.607	0.678	0.691	0.775	0.855
	002000020	其他材料费	元	—	0.25	0.28	0.32	0.35	0.38	0.42
机械	990904030	直流弧焊机 20kV•A	台班	72.88	0.200	0.208	0.246	0.294	0.341	0.365
	990912010	氩弧焊机 500A	台班	93.99	0.244	0.244	0.244	0.303	0.303	0.303
	990744010	半自动切割机 厚度 100mm	台班	85.51	0.121	0.121	0.121	0.172	0.172	0.172
	990919030	电焊条烘干箱 600×500×750	台班	26.74	0.020	0.021	0.025	0.029	0.034	0.037

工作内容:管子切口、坡口加工、管口组对、焊接安装等操作过程。 **计量单位**:个

					DE1391	DE1392	DE1393	DE1394	DE1395	DE1396
定额编号					DE1391	DE1392	DE1393	DE1394	DE1395	DE1396
项目名称					三通安装(氩电联焊)					
					管外径×壁厚(mm×mm 以内)					
					325×6	325×7	325×8	377×8	377×9	377×10
费用	综合单价(元)				**265.96**	**286.55**	**300.37**	**394.78**	**410.46**	**424.47**
	其中	人工费(元)			102.63	109.88	114.88	168.50	173.63	177.88
		材料费(元)			39.97	43.53	47.75	52.71	58.15	63.74
		施工机具使用费(元)			72.12	78.27	80.36	89.41	91.97	94.02
		企业管理费(元)			27.15	29.07	30.40	44.59	45.94	47.07
		利润(元)			21.22	22.72	23.76	34.85	35.91	36.78
		一般风险费(元)			2.87	3.08	3.22	4.72	4.86	4.98
	编码	名称	单位	单价(元)	消耗量					
人工	000300150	管工综合工	工日	125.00	0.821	0.879	0.919	1.348	1.389	1.423
材料	180300500	碳钢三通	个	—	(1.000)	(1.000)	(1.000)	(1.000)	(1.000)	(1.000)
	012100010	角钢 综合	kg	2.78	0.300	0.300	0.300	0.300	0.300	0.300
	016100300	铈钨棒	g	0.36	1.345	1.345	1.345	1.382	1.382	1.382
	022700030	棉纱线	kg	4.82	0.063	0.063	0.063	0.072	0.072	0.072
	031310610	尼龙砂轮片 ϕ100	片	1.93	0.218	0.245	0.264	0.324	0.354	0.370
	031360030	碳钢氩弧焊丝	kg	8.08	0.239	0.239	0.239	0.245	0.245	0.245
	031350010	低碳钢焊条 综合	kg	4.19	2.293	2.742	3.351	3.944	4.721	5.563
	143900600	氩气	m^3	12.72	0.673	0.673	0.673	0.690	0.690	0.690
	143900700	氧气	m^3	3.26	2.400	2.620	2.838	3.114	3.397	3.670
	143901000	乙炔气	kg	12.01	0.800	0.873	0.946	1.037	1.132	1.223
	002000020	其他材料费	元	—	0.40	0.43	0.47	0.52	0.58	0.63
机械	990904030	直流弧焊机 20kV•A	台班	72.88	0.364	0.445	0.473	0.577	0.611	0.638
	990912010	氩弧焊机 500A	台班	93.99	0.312	0.312	0.312	0.320	0.320	0.320
	990744010	半自动切割机 厚度 100mm	台班	85.51	0.179	0.179	0.179	0.184	0.184	0.184
	990919030	电焊条烘干箱 600×500×750	台班	26.74	0.036	0.045	0.047	0.058	0.061	0.064

工作内容：管子切口、坡口加工、管口组对、焊接安装等操作过程。

计量单位：个

定额编号					DE1397	DE1398	DE1399	DE1400	DE1401	DE1402
项目名称					三通安装(氩电联焊)					
					管外径×壁厚(mm×mm 以内)					
					426×8	426×9	426×10	478×8	478×9	478×10
费用	综合单价(元)				**385.31**	**404.15**	**418.28**	**432.23**	**459.85**	**473.90**
	其中	人工费(元)			150.38	156.13	161.13	170.88	177.25	183.00
		材料费(元)			62.56	66.52	70.90	66.36	75.28	78.13
		施工机具使用费(元)			97.27	103.53	105.79	109.66	118.80	121.39
		企业管理费(元)			39.79	41.31	42.63	45.21	46.90	48.42
		利润(元)			31.10	32.29	33.32	35.34	36.66	37.84
		一般风险费(元)			4.21	4.37	4.51	4.78	4.96	5.12
	编码	名称	单位	单价(元)	消耗量					
人工	000300150	管工综合工	工日	125.00	1.203	1.249	1.289	1.367	1.418	1.464
材料	180300500	碳钢三通	个	—	(1.000)	(1.000)	(1.000)	(1.000)	(1.000)	(1.000)
	012100010	角钢 综合	kg	2.78	0.300	0.300	0.300	0.300	0.300	0.300
	016100300	铈钨棒	g	0.36	1.570	1.570	1.570	1.764	1.764	1.764
	022700030	棉纱线	kg	4.82	0.081	0.081	0.081	0.090	0.090	0.090
	031310610	尼龙砂轮片 ϕ100	片	1.93	0.367	0.401	0.419	0.393	0.473	0.493
	031360030	碳钢氩弧焊丝	kg	8.08	0.279	0.279	0.279	0.314	0.314	0.314
	031350010	低碳钢焊条 综合	kg	4.19	5.184	5.784	6.294	5.425	6.545	7.011
	143900600	氩气	m^3	12.72	0.784	0.784	0.784	0.884	0.884	0.884
	143900700	氧气	m^3	3.26	3.510	3.692	3.991	3.652	4.200	4.316
	143901000	乙炔气	kg	12.01	1.170	1.232	1.332	1.217	1.400	1.439
	002000020	其他材料费	元	—	0.62	0.66	0.70	0.66	0.75	0.77
机械	990904030	直流弧焊机 20kV·A	台班	72.88	0.608	0.691	0.721	0.681	0.802	0.836
	990912010	氩弧焊机 500A	台班	93.99	0.365	0.365	0.365	0.411	0.411	0.411
	990744010	半自动切割机 厚度 100mm	台班	85.51	0.199	0.199	0.199	0.229	0.229	0.229
	990919030	电焊条烘干箱 600×500×750	台班	26.74	0.061	0.069	0.072	0.068	0.080	0.084

工作内容：管子切口、坡口加工、管口组对、焊接安装等操作过程。

计量单位：个

定额编号					DE1403	DE1404	DE1405
项目名称					三通安装(氩电联焊)		
					管外径×壁厚(mm×mm 以内)		
					529×8	529×9	529×10
费用	综合单价(元)				**474.41**	**497.86**	**522.93**
	其中	人工费(元)			188.38	195.63	201.38
		材料费(元)			70.54	77.89	85.67
		施工机具使用费(元)			121.42	126.64	135.32
		企业管理费(元)			49.84	51.76	53.28
		利润(元)			38.96	40.46	41.64
		一般风险费(元)			5.27	5.48	5.64
	编码	名称	单位	单价(元)	消耗量		
人工	000300150	管工综合工	工日	125.00	1.507	1.565	1.611
材料	180300500	碳钢三通	个	—	(1.000)	(1.000)	(1.000)
	012100010	角钢 综合	kg	2.78	0.300	0.300	0.300
	016100300	铈钨棒	g	0.36	1.955	1.955	1.955
	022700030	棉纱线	kg	4.82	0.099	0.099	0.099
	031310610	尼龙砂轮片 ϕ100	片	1.93	0.462	0.483	0.571
	031360030	碳钢氩弧焊丝	kg	8.08	0.348	0.348	0.348
	031350010	低碳钢焊条 综合	kg	4.19	5.546	6.642	7.832
	143900600	氩气	m^3	12.72	0.978	0.978	0.978
	143900700	氧气	m^3	3.26	3.915	4.279	4.630
	143901000	乙炔气	kg	12.01	1.306	1.427	1.544
	002000020	其他材料费	元	—	0.70	0.77	0.85
机械	990904030	直流弧焊机 20kV·A	台班	72.88	0.748	0.817	0.932
	990912010	氩弧焊机 500A	台班	93.99	0.454	0.454	0.454
	990744010	半自动切割机 厚度 100mm	台班	85.51	0.260	0.260	0.260
	990919030	电焊条烘干箱 600×500×750	台班	26.74	0.075	0.082	0.093

E.2.2.6 挖眼接管

E.2.2.6.1 电弧焊

工作内容:画线、切割、坡口加工、接管焊接等操作过程。　　　　**计量单位**:个

定额编号					DE1406	DE1407	DE1408	DE1409	DE1410	DE1411
项目名称					挖眼接管(电弧焊)					
					管外径×壁厚(mm×mm以内)					
					219×5	219×6	219×7	273×6	273×7	273×8
费用	综合单价(元)				**55.69**	**59.55**	**65.61**	**74.38**	**80.76**	**85.29**
费用	其中	人工费(元)			25.63	27.25	29.63	32.75	35.88	37.50
费用	其中	材料费(元)			8.66	9.84	11.36	14.30	14.81	16.29
费用	其中	施工机具使用费(元)			8.60	8.85	9.82	10.97	12.16	12.77
费用	其中	企业管理费(元)			6.78	7.21	7.84	8.67	9.49	9.92
费用	其中	利润(元)			5.30	5.64	6.13	6.77	7.42	7.76
费用	其中	一般风险费(元)			0.72	0.76	0.83	0.92	1.00	1.05
	编码	名称	单位	单价(元)	消耗量					
人工	000300150	管工综合工	工日	125.00	0.205	0.218	0.237	0.262	0.287	0.300
材料	010100323	钢筋 ϕ10～14	kg	2.93	0.540	0.540	0.540	1.190	1.190	1.190
材料	012100010	角钢 综合	kg	2.78	0.100	0.100	0.100	0.100	0.100	0.100
材料	022700030	棉纱线	kg	4.82	0.014	0.014	0.014	0.017	0.017	0.017
材料	031310610	尼龙砂轮片 ϕ100	片	1.93	0.048	0.051	0.055	0.064	0.068	0.074
材料	031350010	低碳钢焊条 综合	kg	4.19	0.445	0.551	0.723	0.866	0.914	1.083
材料	143900700	氧气	m^3	3.26	0.644	0.743	0.836	0.903	0.942	1.046
材料	143901000	乙炔气	kg	12.01	0.215	0.248	0.288	0.301	0.315	0.349
材料	002000020	其他材料费	元	—	0.09	0.10	0.11	0.14	0.15	0.16
机械	990904030	直流弧焊机 20kV·A	台班	72.88	0.114	0.117	0.130	0.145	0.161	0.169
机械	990919030	电焊条烘干箱 600×500×750	台班	26.74	0.011	0.012	0.013	0.015	0.016	0.017

工作内容:画线、切割、坡口加工、接管焊接等操作过程。　　　　**计量单位**:个

定额编号					DE1412	DE1413	DE1414	DE1415	DE1416	DE1417
项目名称					挖眼接管(电弧焊)					
					管外径×壁厚(mm×mm以内)					
					325×6	325×7	325×8	377×8	377×9	377×10
费用	综合单价(元)				**89.74**	**97.75**	**102.18**	**116.44**	**122.92**	**128.08**
费用	其中	人工费(元)			40.63	43.88	45.50	51.75	54.13	55.75
费用	其中	材料费(元)			16.19	17.39	18.63	21.08	23.09	25.14
费用	其中	施工机具使用费(元)			12.63	14.57	15.33	17.77	18.67	19.35
费用	其中	企业管理费(元)			10.75	11.61	12.04	13.69	14.32	14.75
费用	其中	利润(元)			8.40	9.07	9.41	10.70	11.19	11.53
费用	其中	一般风险费(元)			1.14	1.23	1.27	1.45	1.52	1.56
	编码	名称	单位	单价(元)	消耗量					
人工	000300150	管工综合工	工日	125.00	0.325	0.351	0.364	0.414	0.433	0.446
材料	010100323	钢筋 ϕ10～14	kg	2.93	1.420	1.420	1.420	1.680	1.680	1.680
材料	012100010	角钢 综合	kg	2.78	0.100	0.100	0.100	0.100	0.100	0.100
材料	022700030	棉纱线	kg	4.82	0.021	0.021	0.021	0.024	0.024	0.024
材料	031310610	尼龙砂轮片 ϕ100	片	1.93	0.072	0.082	0.088	0.108	0.118	0.123
材料	031350010	低碳钢焊条 综合	kg	4.19	1.020	1.090	1.293	1.502	1.761	2.041
材料	143900700	氧气	m^3	3.26	0.974	1.096	1.147	1.248	1.368	1.485
材料	143901000	乙炔气	kg	12.01	0.325	0.365	0.382	0.415	0.456	0.495
材料	002000020	其他材料费	元	—	0.16	0.17	0.18	0.21	0.23	0.25
机械	990904030	直流弧焊机 20kV·A	台班	72.88	0.167	0.193	0.203	0.235	0.247	0.256
机械	990919030	电焊条烘干箱 600×500×750	台班	26.74	0.017	0.019	0.020	0.024	0.025	0.026

工作内容：画线、切割、坡口加工、接管焊接等操作过程。　　计量单位：个

定额编号					DE1418	DE1419	DE1420	DE1421	DE1422	DE1423
项目名称					挖眼接管(电弧焊)					
					管外径×壁厚(mm×mm 以内)					
					426×8	426×9	426×10	478×8	478×9	478×10
费用	综合单价（元）				**130.96**	**137.22**	**143.85**	**146.84**	**158.94**	**163.38**
	其中	人工费（元）			58.13	60.38	62.75	65.75	69.00	70.50
		材料费（元）			24.77	25.60	27.92	28.00	31.67	33.04
		施工机具使用费（元）			19.03	21.08	21.84	20.25	23.81	24.64
		企业管理费（元）			15.38	15.98	16.60	17.40	18.26	18.65
		利润（元）			12.02	12.49	12.98	13.60	14.27	14.58
		一般风险费（元）			1.63	1.69	1.76	1.84	1.93	1.97
	编码	名称	单位	单价(元)	消耗量					
人工	000300150	管工综合工	工日	125.00	0.465	0.483	0.502	0.526	0.552	0.564
材料	010100323	钢筋 φ10～14	kg	2.93	1.860	1.860	1.860	—	—	—
	010900033	圆钢 φ15～24	kg	2.49	—	—	—	3.336	3.336	3.336
	012100010	角钢 综合	kg	2.78	0.100	0.100	0.100	0.100	0.100	0.100
	022700030	棉纱线	kg	4.82	0.027	0.027	0.027	0.030	0.030	0.030
	031310610	尼龙砂轮片 φ100	片	1.93	0.122	0.134	0.140	0.145	0.158	0.165
	031350010	低碳钢焊条 综合	kg	4.19	1.901	1.992	2.310	1.908	2.420	2.595
	143900700	氧气	m^3	3.26	1.440	1.498	1.627	1.474	1.678	1.758
	143901000	乙炔气	kg	12.01	0.480	0.500	0.544	0.492	0.559	0.588
	002000020	其他材料费	元	—	0.25	0.25	0.28	0.28	0.31	0.33
机械	990904030	直流弧焊机 20kV·A	台班	72.88	0.252	0.279	0.289	0.268	0.315	0.326
	990919030	电焊条烘干箱 600×500×750	台班	26.74	0.025	0.028	0.029	0.027	0.032	0.033

工作内容：画线、切割、坡口加工、接管焊接等操作过程。　　计量单位：个

定额编号					DE1424	DE1425	DE1426	DE1427	DE1428	DE1429
项目名称					挖眼接管(电弧焊)					
					管外径×壁厚(mm×mm 以内)					
					529×8	529×9	529×10	630×8	630×9	630×10
费用	综合单价（元）				**162.95**	**171.30**	**180.93**	**198.59**	**217.11**	**223.31**
	其中	人工费（元）			72.75	76.00	78.38	89.38	92.63	94.13
		材料费（元）			30.45	33.16	35.99	37.74	42.04	45.36
		施工机具使用费（元）			23.42	24.18	27.42	26.84	36.19	36.80
		企业管理费（元）			19.25	20.11	20.74	23.65	24.51	24.91
		利润（元）			15.04	15.72	16.21	18.48	19.15	19.47
		一般风险费（元）			2.04	2.13	2.19	2.50	2.59	2.64
	编码	名称	单位	单价(元)	消耗量					
人工	000300150	管工综合工	工日	125.00	0.582	0.608	0.627	0.715	0.741	0.753
材料	010900033	圆钢 φ15～24	kg	2.49	3.620	3.620	3.620	4.310	4.310	4.310
	012100010	角钢 综合	kg	2.78	0.100	0.100	0.100	0.101	0.101	0.101
	022700030	棉纱线	kg	4.82	0.033	0.033	0.033	0.040	0.040	0.040
	030104250	六角螺栓 综合	10套	4.70	—	—	—	0.024	0.024	0.024
	031310610	尼龙砂轮片 φ100	片	1.93	0.152	0.163	0.190	0.180	0.228	0.237
	031350010	低碳钢焊条 综合	kg	4.19	2.134	2.499	2.896	2.890	3.487	3.959
	143900700	氧气	m^3	3.26	1.579	1.735	1.885	1.872	2.100	2.278
	143901000	乙炔气	kg	12.01	0.526	0.578	0.627	0.624	0.700	0.759
	002000020	其他材料费	元	—	0.30	0.33	0.36	0.37	0.42	0.45
机械	990904030	直流弧焊机 20kV·A	台班	72.88	0.310	0.320	0.363	0.355	0.479	0.487
	990919030	电焊条烘干箱 600×500×750	台班	26.74	0.031	0.032	0.036	0.036	0.048	0.049

工作内容：画线、切割、坡口加工、接管焊接等操作过程。 计量单位：个

定额编号					DE1430	DE1431	DE1432	DE1433	DE1434	DE1435
项目名称					挖眼接管(电弧焊)					
					管外径×壁厚(mm×mm 以内)					
					720×8	720×9	720×10	820×9	820×10	820×12
费用	综合单价（元）				**234.36**	**246.24**	**254.15**	**278.44**	**288.30**	**309.66**
	其中	人工费（元）			102.63	105.00	107.25	118.25	121.38	127.75
		材料费（元）			43.69	47.33	51.10	53.83	58.09	67.10
		施工机具使用费（元）			36.80	41.48	42.24	47.31	48.21	51.01
		企业管理费（元）			27.15	27.78	28.38	31.29	32.12	33.80
		利润（元）			21.22	21.71	22.18	24.45	25.10	26.42
		一般风险费（元）			2.87	2.94	3.00	3.31	3.40	3.58
	编码	名称	单位	单价(元)	消耗量					
人工	000300150	管工综合工	工日	125.00	0.821	0.840	0.858	0.946	0.971	1.022
材料	010900033	圆钢 ϕ15～24	kg	2.49	4.920	4.920	4.920	5.610	5.610	5.610
	012100010	角钢 综合	kg	2.78	0.110	0.110	0.110	0.110	0.110	0.110
	022700030	棉纱线	kg	4.82	0.045	0.045	0.045	0.052	0.052	0.052
	030104250	六角螺栓 综合	10套	4.70	0.024	0.024	0.024	0.024	0.024	0.024
	031310610	尼龙砂轮片 ϕ100	片	1.93	0.230	0.261	0.271	0.322	0.334	0.355
	031350010	低碳钢焊条 综合	kg	4.19	3.492	3.990	4.531	4.591	5.209	6.593
	143900700	氧气	m^3	3.26	2.105	2.307	2.504	2.590	2.811	3.235
	143901000	乙炔气	kg	12.01	0.702	0.769	0.835	0.863	0.936	1.078
	002000020	其他材料费	元	—	0.43	0.47	0.51	0.53	0.58	0.66
机械	990904030	直流弧焊机 20kV·A	台班	72.88	0.487	0.549	0.559	0.626	0.638	0.675
	990919030	电焊条烘干箱 600×500×750	台班	26.74	0.049	0.055	0.056	0.063	0.064	0.068

工作内容：画线、切割、坡口加工、接管焊接等操作过程。 计量单位：个

定额编号					DE1436	DE1437	DE1438	DE1439	DE1440	DE1441
项目名称					挖眼接管(电弧焊)					
					管外径×壁厚(mm×mm 以内)					
					920×9	920×10	920×12	1020×10	1020×12	1020×14
费用	综合单价（元）				**310.26**	**318.14**	**345.42**	**350.31**	**381.81**	**430.94**
	其中	人工费（元）			132.13	135.00	142.13	149.13	156.88	174.38
		材料费（元）			61.46	64.95	75.11	71.84	83.12	95.22
		施工机具使用费（元）			50.69	50.77	57.20	54.86	63.47	74.26
		企业管理费（元）			34.96	35.72	37.61	39.46	41.51	46.14
		利润（元）			27.32	27.92	29.39	30.84	32.44	36.06
		一般风险费（元）			3.70	3.78	3.98	4.18	4.39	4.88
	编码	名称	单位	单价(元)	消耗量					
人工	000300150	管工综合工	工日	125.00	1.057	1.080	1.137	1.193	1.255	1.395
材料	010900033	圆钢 ϕ15～24	kg	2.49	6.290	6.290	6.290	6.980	6.980	6.980
	012100010	角钢 综合	kg	2.78	0.110	0.110	0.110	0.110	0.110	0.110
	022700030	棉纱线	kg	4.82	0.058	0.058	0.058	0.064	0.064	0.064
	030104250	六角螺栓 综合	10套	4.70	0.024	0.024	0.024	0.024	0.024	0.024
	031310610	尼龙砂轮片 ϕ100	片	1.93	0.341	0.350	0.399	0.382	0.443	0.470
	031350010	低碳钢焊条 综合	kg	4.19	5.460	5.850	7.405	6.490	8.217	10.191
	143900700	氧气	m^3	3.26	2.885	3.134	3.610	3.441	3.967	4.470
	143901000	乙炔气	kg	12.01	0.962	1.045	1.203	1.155	1.330	1.498
	002000020	其他材料费	元	—	0.61	0.64	0.74	0.71	0.82	0.94
机械	990904030	直流弧焊机 20kV·A	台班	72.88	0.671	0.672	0.757	0.726	0.840	0.983
	990919030	电焊条烘干箱 600×500×750	台班	26.74	0.067	0.067	0.076	0.073	0.084	0.098

E.2.2.6.2 氩电联焊

工作内容：画线、切割、坡口加工、接管焊接等操作过程。

计量单位：个

定额编号					DE1442	DE1443	DE1444	DE1445	DE1446	DE1447
项目名称					挖眼接管(氩电联焊)					
					管外径×壁厚(mm×mm 以内)					
					219×5	219×6	219×7	273×6	273×7	273×8
费用	综合单价(元)				**67.58**	**71.53**	**77.51**	**87.68**	**94.39**	**98.49**
	其中	人工费(元)			24.75	26.50	28.75	29.50	32.88	34.25
		材料费(元)			11.63	12.81	14.33	17.68	18.19	19.65
		施工机具使用费(元)			18.84	18.99	20.06	25.76	26.90	27.49
		企业管理费(元)			6.55	7.01	7.61	7.81	8.70	9.06
		利润(元)			5.12	5.48	5.95	6.10	6.80	7.08
		一般风险费(元)			0.69	0.74	0.81	0.83	0.92	0.96
	编码	名称	单位	单价(元)	消耗量					
人工	000300150	管工综合工	工日	125.00	0.198	0.212	0.230	0.236	0.263	0.274
材料	010900027	圆钢 ϕ10～14	kg	2.44	0.540	0.540	0.540	1.190	1.190	1.190
	012100010	角钢 综合	kg	2.78	0.100	0.100	0.100	0.100	0.100	0.100
	016100300	铈钨棒	g	0.36	0.481	0.481	0.481	0.595	0.595	0.595
	022700030	棉纱线	kg	4.82	0.014	0.014	0.014	0.017	0.017	0.017
	031310610	尼龙砂轮片 ϕ100	片	1.93	0.048	0.051	0.055	0.064	0.068	0.074
	031360030	碳钢氩弧焊丝	kg	8.08	0.086	0.086	0.086	0.107	0.107	0.107
	031350010	低碳钢焊条 综合	kg	4.19	0.272	0.378	0.550	0.641	0.689	0.856
	143900600	氩气	m^3	12.72	0.241	0.241	0.241	0.298	0.298	0.298
	143900700	氧气	m^3	3.26	0.644	0.743	0.836	0.903	0.942	1.046
	143901000	乙炔气	kg	12.01	0.215	0.248	0.288	0.301	0.315	0.349
	002000020	其他材料费	元	—	0.12	0.13	0.14	0.18	0.18	0.19
机械	990904030	直流弧焊机 20kV·A	台班	72.88	0.049	0.051	0.065	0.081	0.096	0.104
	990912010	氩弧焊机 500A	台班	93.99	0.111	0.111	0.111	0.138	0.138	0.138
	990744010	半自动切割机 厚度 100mm	台班	85.51	0.055	0.055	0.055	0.078	0.078	0.078
	990919030	电焊条烘干箱 600×500×750	台班	26.74	0.005	0.005	0.007	0.008	0.010	0.010

工作内容：画线、切割、坡口加工、接管焊接等操作过程。

计量单位：个

定额编号					DE1448	DE1449	DE1450	DE1451	DE1452	DE1453
项目名称					挖眼接管(氩电联焊)					
					管外径×壁厚(mm×mm 以内)					
					325×6	325×7	325×8	377×8	377×9	377×10
费用	综合单价(元)				**106.49**	**114.33**	**118.77**	**161.36**	**167.55**	**172.91**
	其中	人工费(元)			39.13	42.25	43.88	68.50	70.75	72.50
		材料费(元)			19.53	20.74	21.98	24.35	26.36	28.41
		施工机具使用费(元)			28.29	30.24	31.00	34.29	35.11	35.80
		企业管理费(元)			10.35	11.18	11.61	18.13	18.72	19.18
		利润(元)			8.09	8.74	9.07	14.17	14.63	14.99
		一般风险费(元)			1.10	1.18	1.23	1.92	1.98	2.03
	编码	名称	单位	单价(元)	消耗量					
人工	000300150	管工综合工	工日	125.00	0.313	0.338	0.351	0.548	0.566	0.580
材料	010900027	圆钢 ϕ10～14	kg	2.44	1.420	1.420	1.420	1.680	1.680	1.680
	012100010	角钢 综合	kg	2.78	0.100	0.100	0.100	0.100	0.100	0.100
	016100300	铈钨棒	g	0.36	0.614	0.614	0.614	0.631	0.631	0.631
	022700030	棉纱线	kg	4.82	0.021	0.021	0.021	0.024	0.024	0.024
	031310610	尼龙砂轮片 ϕ100	片	1.93	0.072	0.082	0.088	0.108	0.118	0.123
	031360030	碳钢氩弧焊丝	kg	8.08	0.109	0.109	0.109	0.112	0.112	0.112
	031350010	低碳钢焊条 综合	kg	4.19	0.780	0.850	1.053	1.246	1.505	1.785
	143900600	氩气	m^3	12.72	0.307	0.307	0.307	0.315	0.315	0.315
	143900700	氧气	m^3	3.26	0.974	1.096	1.147	1.248	1.368	1.485
	143901000	乙炔气	kg	12.01	0.325	0.365	0.382	0.415	0.456	0.495
	002000020	其他材料费	元	—	0.19	0.21	0.22	0.24	0.26	0.28
机械	990904030	直流弧焊机 20kV·A	台班	72.88	0.106	0.132	0.142	0.177	0.188	0.197
	990912010	氩弧焊机 500A	台班	93.99	0.142	0.142	0.142	0.146	0.146	0.146
	990744010	半自动切割机 厚度 100mm	台班	85.51	0.081	0.081	0.081	0.084	0.084	0.084
	990919030	电焊条烘干箱 600×500×750	台班	26.74	0.011	0.013	0.014	0.018	0.019	0.020

工作内容：画线、切割、坡口加工、接管焊接等操作过程。　　　　计量单位：个

定额编号					DE1454	DE1455	DE1456	DE1457	DE1458	DE1459
项目名称					挖眼接管(氩电联焊)					
					管外径×壁厚(mm×mm 以内)					
					426×8	426×9	426×10	478×8	478×9	478×10
费用	综合单价(元)				**152.09**	**159.55**	**164.96**	**172.46**	**184.78**	**189.42**
	其中	人工费(元)			57.38	60.50	62.00	65.00	68.38	70.00
		材料费(元)			28.51	29.35	31.67	33.11	36.81	38.18
		施工机具使用费(元)			37.54	39.49	40.32	41.89	45.45	46.28
		企业管理费(元)			15.18	16.01	16.41	17.20	18.09	18.52
		利润(元)			11.87	12.51	12.82	13.44	14.14	14.48
		一般风险费(元)			1.61	1.69	1.74	1.82	1.91	1.96
	编码	名称	单位	单价(元)	消耗量					
人工	000300150	管工综合工	工日	125.00	0.459	0.484	0.496	0.520	0.547	0.560
材料	010900027	圆钢 ϕ10～14	kg	2.44	1.860	1.860	1.860	—	—	—
	010900033	圆钢 ϕ15～24	kg	2.49	—	—	—	3.336	3.336	3.336
	012100010	角钢 综合	kg	2.78	0.100	0.100	0.100	0.100	0.100	0.100
	016100300	铈钨棒	g	0.36	0.716	0.716	0.716	0.805	0.805	0.805
	022700030	棉纱线	kg	4.82	0.027	0.027	0.027	0.030	0.030	0.030
	031310610	尼龙砂轮片 ϕ100	片	1.93	0.122	0.134	0.140	0.130	0.158	0.165
	031360030	碳钢氩弧焊丝	kg	8.08	0.127	0.127	0.127	0.143	0.143	0.143
	031350010	低碳钢焊条 综合	kg	4.19	1.611	1.702	2.020	1.554	2.066	2.241
	143900600	氩气	m^3	12.72	0.358	0.358	0.358	0.403	0.403	0.403
	143900700	氧气	m^3	3.26	1.440	1.498	1.627	1.474	1.678	1.758
	143901000	乙炔气	kg	12.01	0.480	0.500	0.544	0.492	0.559	0.588
	002000020	其他材料费	元	—	0.28	0.29	0.31	0.33	0.36	0.38
机械	990904030	直流弧焊机 20kV·A	台班	72.88	0.186	0.212	0.223	0.203	0.250	0.261
	990912010	氩弧焊机 500A	台班	93.99	0.167	0.167	0.167	0.188	0.188	0.188
	990744010	半自动切割机 厚度 100mm	台班	85.51	0.091	0.091	0.091	0.104	0.104	0.104
	990919030	电焊条烘干箱 600×500×750	台班	26.74	0.019	0.021	0.022	0.020	0.025	0.026

工作内容：画线、切割、坡口加工、接管焊接等操作过程。　　　　计量单位：个

定额编号					DE1460	DE1461	DE1462
项目名称					挖眼接管(氩电联焊)		
					管外径×壁厚(mm×mm 以内)		
					529×8	529×9	529×10
费用	综合单价(元)				**191.93**	**200.33**	**209.88**
	其中	人工费(元)			72.13	75.38	77.75
		材料费(元)			36.16	38.86	41.68
		施工机具使用费(元)			47.62	48.45	51.62
		企业管理费(元)			19.08	19.94	20.57
		利润(元)			14.92	15.59	16.08
		一般风险费(元)			2.02	2.11	2.18
	编码	名称	单位	单价(元)	消耗量		
人工	000300150	管工综合工	工日	125.00	0.577	0.603	0.622
材料	010900033	圆钢 ϕ15～24	kg	2.49	3.620	3.620	3.620
	012100010	角钢 综合	kg	2.78	0.100	0.100	0.100
	016100300	铈钨棒	g	0.36	0.892	0.892	0.892
	022700030	棉纱线	kg	4.82	0.033	0.033	0.033
	031310610	尼龙砂轮片 ϕ100	片	1.93	0.152	0.163	0.190
	031360030	碳钢氩弧焊丝	kg	8.08	0.159	0.159	0.159
	031350010	低碳钢焊条 综合	kg	4.19	1.744	2.109	2.506
	143900600	氩气	m^3	12.72	0.446	0.446	0.446
	143900700	氧气	m^3	3.26	1.579	1.735	1.885
	143901000	乙炔气	kg	12.01	0.526	0.578	0.627
	002000020	其他材料费	元	—	0.36	0.38	0.41
机械	990904030	直流弧焊机 20kV·A	台班	72.88	0.238	0.249	0.291
	990912010	氩弧焊机 500A	台班	93.99	0.207	0.207	0.207
	990744010	半自动切割机 厚度 100mm	台班	85.51	0.119	0.119	0.119
	990919030	电焊条烘干箱 600×500×750	台班	26.74	0.024	0.025	0.029

E.2.2.7 **钢管煨弯**

E.2.2.7.1 机械煨弯

工作内容：画线、涂机油、上管压紧、煨弯、修整等操作过程。 **计量单位：**个

定额编号						DE1463	DE1464	DE1465	DE1466
项目名称						钢管煨弯(机械煨弯)			
						管外径(mm 以内)			
						ϕ57	ϕ76	ϕ89	ϕ108
费用	**综合单价(元)**					**8.90**	**16.82**	**21.65**	**30.39**
	其中	人工费(元)				4.88	9.25	12.13	17.38
		材料费(元)				0.26	0.70	0.75	0.99
		施工机具使用费(元)				1.32	2.25	2.71	3.34
		企业管理费(元)				1.29	2.45	3.21	4.60
		利润(元)				1.01	1.91	2.51	3.59
		一般风险费(元)				0.14	0.26	0.34	0.49
	编码	名称		单位	单价(元)	消耗量			
人工	000300150	管工综合工		工日	125.00	0.039	0.074	0.097	0.139
材料	140700520	机油 15#		kg	7.26	—	0.040	0.040	0.040
	143900700	氧气		m^3	3.26	0.036	0.055	0.062	0.095
	143901000	乙炔气		kg	12.01	0.012	0.018	0.021	0.032
	002000020	其他材料费		元	—	—	0.01	0.01	0.01
机械	990758030	电动弯管机 管径 108mm		台班	77.57	0.017	0.029	0.035	0.043

E.2.2.7.2 中频弯管机煨弯

工作内容：画线、涂机油、上胎具、加热、煨弯、下胎具、成品检查等操作过程。 **计量单位：**个

定额编号						DE1467	DE1468	DE1469	DE1470
项目名称						钢管煨弯(中频弯管机煨弯)			
						公称直径(mm 以内)			
						ϕ100	ϕ150	ϕ200	ϕ250
费用	**综合单价(元)**					**59.96**	**66.57**	**85.46**	**104.43**
	其中	人工费(元)				19.75	22.88	32.00	40.38
		材料费(元)				25.86	27.06	28.26	32.27
		施工机具使用费(元)				4.49	5.21	9.21	11.62
		企业管理费(元)				5.23	6.05	8.47	10.68
		利润(元)				4.08	4.73	6.62	8.35
		一般风险费(元)				0.55	0.64	0.90	1.13
	编码	名称		单位	单价(元)	消耗量			
人工	000300150	管工综合工		工日	125.00	0.158	0.183	0.256	0.323
材料	143900700	氧气		m^3	3.26	0.095	0.135	0.174	0.261
	143901000	乙炔气		kg	12.01	0.032	0.045	0.058	0.087
	341100400	电		kW·h	0.70	35.524	36.810	38.095	42.857
	341100100	水		m^3	4.42	0.008	0.010	0.011	0.013
	002000020	其他材料费		元	—	0.26	0.27	0.28	0.32
机械	990509020	单速电动葫芦 3t		台班	33.33	—	—	0.088	0.111
	990755010	中频煨弯机 功率 160kW		台班	71.32	0.063	0.073	0.088	0.111

工作内容：画线、涂机油、上胎具、加热、煨弯、下胎具、成品检查等操作过程。 计量单位：个

定额编号					DE1471	DE1472	DE1473	DE1474	DE1475
项目名称					钢管煨弯(中频弯管机煨弯) 公称直径(mm 以内)				
					ϕ300	ϕ350	ϕ400	ϕ450	ϕ500
费用	综合单价(元)				**141.92**	**196.33**	**221.93**	**275.93**	**424.39**
	其中	人工费(元)			60.38	89.38	102.00	133.00	219.38
		材料费(元)			35.89	39.19	42.51	45.65	49.19
		施工机具使用费(元)			15.49	23.13	26.48	30.87	46.26
		企业管理费(元)			15.98	23.65	26.99	35.19	58.05
		利润(元)			12.49	18.48	21.09	27.50	45.37
		一般风险费(元)			1.69	2.50	2.86	3.72	6.14
	编码	名称	单位	单价(元)	消耗量				
人工	000300150	管工综合工	工日	125.00	0.483	0.715	0.816	1.064	1.755
材料	143900700	氧气	m^3	3.26	0.293	0.361	0.429	0.475	0.572
	143901000	乙炔气	kg	12.01	0.098	0.120	0.143	0.158	0.191
	341100400	电	kW·h	0.70	47.619	51.588	55.555	59.522	63.486
	341100100	水	m^3	4.42	0.015	0.017	0.019	0.021	0.023
	002000020	其他材料费	元	—	0.36	0.39	0.42	0.45	0.49
机械	990509020	单速电动葫芦 3t	台班	33.33	0.148	0.221	0.253	0.295	0.442
	990755010	中频煨弯机 功率 160kW	台班	71.32	0.148	0.221	0.253	0.295	0.442

E.2.2.8 防雨环帽制作、安装

工作内容：1.制作：放样、下料、切割、坡口、卷圆、找圆、组对、点焊、焊接等操作过程。
2.安装：吊装、组对、焊接等操作过程。 计量单位：100kg

定额编号					DE1476	DE1477	DE1478	DE1479	DE1480
项目名称					防雨环帽制作 (重量 kg 以内)				防雨环帽安装
					20	50	100	200	
费用	综合单价(元)				**328.41**	**283.53**	**248.69**	**214.92**	**192.50**
	其中	人工费(元)			180.75	151.38	135.50	116.50	106.25
		材料费(元)			22.00	26.28	19.74	18.51	6.90
		施工机具使用费(元)			35.39	30.28	25.79	21.73	26.29
		企业管理费(元)			47.83	40.05	35.85	30.83	28.11
		利润(元)			37.38	31.30	28.02	24.09	21.97
		一般风险费(元)			5.06	4.24	3.79	3.26	2.98
	编码	名称	单位	单价(元)	消耗量				
人工	000300150	管工综合工	工日	125.00	1.446	1.211	1.084	0.932	0.850
材料	012900030	钢板 综合	kg	—	(106.000)	(106.000)	(106.000)	(106.000)	—
	031350010	低碳钢焊条 综合	kg	4.19	2.651	2.850	2.740	2.450	1.430
	143900700	氧气	m^3	3.26	1.320	1.740	1.000	1.000	0.110
	143901000	乙炔气	kg	12.01	0.530	0.700	0.400	0.400	0.040
	002000020	其他材料费	元	—	0.22	0.26	0.20	0.18	0.07
机械	990503020	电动卷扬机 单筒慢速 30kN	台班	186.98	—	—	—	—	0.053
	990727010	立式钻床 钻孔直径 25mm	台班	6.66	0.019	0.018	0.009	0.006	—
	990732035	剪板机 厚度 20mm×宽度 2500mm	台班	306.05	0.009	0.009	0.004	0.004	—
	990734015	卷板机 20×2500mm	台班	249.71	0.018	0.018	0.013	0.013	—
	990904020	直流弧焊机 14kV·A	台班	55.23	0.451	0.363	0.345	0.283	0.283
	991003050	电动空气压缩机 $6m^3/min$	台班	211.03	0.009	0.009	0.006	0.004	—
	990919030	电焊条烘干箱 600×500×750	台班	26.74	0.045	0.036	0.035	0.028	0.028

E.2.3 塑料管管件(编码:040502003)

E.2.3.1 塑料管管件安装

E.2.3.1.1 粘接

工作内容:切管、坡口、清理工作面、管件安装。 计量单位:个

定额编号					DE1481	DE1482	DE1483	DE1484
项目名称					塑料管件安装(粘接)			
					管外径(mm 以内)			
					ϕ110	ϕ125	ϕ140	ϕ160
费用	综合单价(元)				**30.08**	**34.98**	**41.63**	**44.91**
	其中	人工费(元)			19.38	22.50	26.88	29.00
		材料费(元)			1.02	1.25	1.33	1.43
		施工机具使用费(元)			—	—	—	—
		企业管理费(元)			5.13	5.95	7.11	7.67
		利润(元)			4.01	4.65	5.56	6.00
		一般风险费(元)			0.54	0.63	0.75	0.81
	编码	名称	单位	单价(元)	消耗量			
人工	000300150	管工综合工	工日	125.00	0.155	0.180	0.215	0.232
材料	180900900	塑料管件	个	—	(1.000)	(1.000)	(1.000)	(1.000)
	031340230	砂布	张	0.83	0.600	0.800	0.800	0.800
	143300300	丙酮	kg	5.13	0.038	0.043	0.047	0.055
	144102700	胶粘剂	kg	12.82	0.025	0.028	0.032	0.037
	002000020	其他材料费	元	—	0.01	0.01	0.01	0.01

E.2.3.1.2 胶圈连接

工作内容:切管、坡口、清理工作面、管件安装、上胶圈等。 计量单位:个

定额编号					DE1485	DE1486	DE1487	DE1488	DE1489	DE1490
项目名称					塑料管件安装(胶圈连接)					
					管外径(mm 以内)					
					ϕ110	ϕ125	ϕ160	ϕ250	ϕ315	ϕ355
费用	综合单价(元)				**27.01**	**32.11**	**40.46**	**67.26**	**80.56**	**97.22**
	其中	人工费(元)			17.50	20.75	26.25	43.75	52.50	63.50
		材料费(元)			0.77	1.00	1.09	1.65	1.84	2.01
		施工机具使用费(元)			—	—	—	—	—	—
		企业管理费(元)			4.63	5.49	6.95	11.58	13.89	16.80
		利润(元)			3.62	4.29	5.43	9.05	10.86	13.13
		一般风险费(元)			0.49	0.58	0.74	1.23	1.47	1.78
	编码	名称	单位	单价(元)	消耗量					
人工	000300150	管工综合工	工日	125.00	0.140	0.166	0.210	0.350	0.420	0.508
材料	020500010	橡胶圈	个	—	(2.369)	(2.369)	(2.369)	(2.369)	(2.369)	(2.369)
	180900900	塑料管件	个	—	(1.000)	(1.000)	(1.000)	(1.000)	(1.000)	(1.000)
	031340230	砂布	张	0.83	0.600	0.800	0.800	1.270	1.400	1.500
	140701500	润滑油	kg	3.58	0.072	0.091	0.116	0.162	0.184	0.208
	002000020	其他材料费	元	—	0.01	0.01	0.01	0.02	0.02	0.02

工作内容:切管、坡口、清理工作面、管件安装、上胶圈等。 计量单位:个

定额编号					DE1491	DE1492	DE1493	DE1494	DE1495	DE1496
项目名称					塑料管件安装(胶圈连接)					
					管外径(mm 以内)					
					ϕ400	ϕ500	ϕ600	ϕ700	ϕ800	ϕ900
费用	综合单价(元)				**107.14**	**123.87**	**132.11**	**146.92**	**161.73**	**176.79**
	其中	人工费(元)			70.00	81.00	86.38	96.25	106.13	116.00
		材料费(元)			2.18	2.42	2.60	2.60	2.60	2.86
		施工机具使用费(元)			—	—	—	—	—	—
		企业管理费(元)			18.52	21.43	22.85	25.47	28.08	30.69
		利润(元)			14.48	16.75	17.86	19.90	21.95	23.99
		一般风险费(元)			1.96	2.27	2.42	2.70	2.97	3.25
	编码	名称	单位	单价(元)	消耗量					
人工	000300150	管工综合工	工日	125.00	0.560	0.648	0.691	0.770	0.849	0.928
材料	020500010	橡胶圈	个	—	(2.369)	(2.369)	(2.369)	(2.369)	(2.369)	(2.369)
	180900900	塑料管件	个	—	(1.000)	(1.000)	(1.000)	(1.000)	(1.000)	(1.000)
	031340230	砂布	张	0.83	1.700	1.800	1.800	1.800	1.800	1.900
	140701500	润滑油	kg	3.58	0.208	0.254	0.300	0.300	0.300	0.350
	002000020	其他材料费	元	—	0.02	0.02	0.03	0.03	0.03	0.03

工作内容:切管、坡口、清理工作面、管件安装、上胶圈等。 计量单位:个

定额编号					DE1497	DE1498	DE1499	DE1500	DE1501
项目名称					塑料管件安装(胶圈连接)				
					管外径(mm 以内)				
					ϕ1000	ϕ1200	ϕ1500	ϕ1800	ϕ2000
费用	综合单价(元)				**193.10**	**201.62**	**208.16**	**222.98**	**237.60**
	其中	人工费(元)			126.88	132.38	136.75	146.63	156.38
		材料费(元)			2.86	3.12	3.12	3.12	3.12
		施工机具使用费(元)			—	—	—	—	—
		企业管理费(元)			33.57	35.03	36.18	38.80	41.38
		利润(元)			26.24	27.38	28.28	30.32	32.34
		一般风险费(元)			3.55	3.71	3.83	4.11	4.38
	编码	名称	单位	单价(元)	消耗量				
人工	000300150	管工综合工	工日	125.00	1.015	1.059	1.094	1.173	1.251
材料	020500010	橡胶圈	个	—	(2.369)	(2.369)	(2.369)	(2.369)	(2.369)
	180900900	塑料管件	个	—	(1.000)	(1.000)	(1.000)	(1.000)	(1.000)
	031340230	砂布	张	0.83	1.900	2.000	2.000	2.000	2.000
	140701500	润滑油	kg	3.58	0.350	0.400	0.400	0.400	0.400
	002000020	其他材料费	元	—	0.03	0.03	0.03	0.03	0.03

E.2.3.1.3　对接熔接

工作内容：管口切削、对口、升温、熔接等操作过程。

计量单位：个

定额编号					DE1502	DE1503	DE1504	DE1505	DE1506	DE1507
项目名称					塑料管件安装(对接熔接)					
					管外径(mm 以内)					
					ϕ110	ϕ125	ϕ160	ϕ200	ϕ250	ϕ315
费用	综合单价(元)				**68.89**	**82.78**	**112.14**	**141.43**	**189.02**	**284.21**
	其中	人工费(元)			38.25	44.88	61.25	77.63	105.00	159.75
		材料费(元)			0.35	0.59	0.71	0.82	1.35	1.51
		施工机具使用费(元)			11.19	14.90	19.58	24.22	30.24	43.17
		企业管理费(元)			10.12	11.87	16.21	20.54	27.78	42.27
		利润(元)			7.91	9.28	12.67	16.05	21.71	33.04
		一般风险费(元)			1.07	1.26	1.72	2.17	2.94	4.47
	编码	名称	单位	单价(元)	消耗量					
人工	000300150	管工综合工	工日	125.00	0.306	0.359	0.490	0.621	0.840	1.278
材料	180912600	中密度聚乙烯管件电熔熔接	个	—	(1.000)	(1.000)	(1.000)	(1.000)	(1.000)	(1.000)
	143302500	三氯乙烯	kg	10.00	0.020	0.040	0.040	0.040	0.080	0.080
	022701800	破布 一级	kg	4.40	0.034	0.040	0.068	0.094	0.122	0.158
	002000020	其他材料费	元	—	—	0.01	0.01	0.01	0.01	0.01
机械	990911030	热熔对接焊机 直径 630mm	台班	44.60	0.251	0.334	0.439	0.543	0.678	0.968

工作内容：管口切削、对口、升温、熔接等操作过程。

计量单位：个

定额编号					DE1508	DE1509	DE1510	DE1511	DE1512	DE1513
项目名称					塑料管件安装(对接熔接)					
					管外径(mm 以内)					
					ϕ355	ϕ400	ϕ450	ϕ500	ϕ560	ϕ630
费用	综合单价(元)				**380.88**	**490.71**	**628.10**	**738.63**	**763.42**	**829.21**
	其中	人工费(元)			217.63	278.88	364.25	424.38	433.13	469.25
		材料费(元)			1.73	2.09	2.64	3.22	3.38	3.55
		施工机具使用费(元)			52.85	70.47	79.30	99.10	110.61	122.07
		企业管理费(元)			57.58	73.79	96.38	112.29	114.60	124.16
		利润(元)			45.00	57.67	75.33	87.76	89.57	97.04
		一般风险费(元)			6.09	7.81	10.20	11.88	12.13	13.14
	编码	名称	单位	单价(元)	消耗量					
人工	000300150	管工综合工	工日	125.00	1.741	2.231	2.914	3.395	3.465	3.754
材料	180912600	中密度聚乙烯管件电熔熔接	个	—	(1.000)	(1.000)	(1.000)	(1.000)	(1.000)	(1.000)
	143302500	三氯乙烯	kg	10.00	0.080	0.090	0.105	0.120	0.126	0.132
	022701800	破布 一级	kg	4.40	0.206	0.266	0.354	0.452	0.474	0.498
	002000020	其他材料费	元	—	0.02	0.02	0.03	0.03	0.03	0.04
机械	990911030	热熔对接焊机 直径 630mm	台班	44.60	1.185	1.580	1.778	2.222	2.480	2.737

E.2.3.1.4　电熔熔接

工作内容:管座整理、切管、对口、管件安装、升温、熔接等操作过程。　　计量单位:个

定额编号					DE1514	DE1515	DE1516	DE1517	DE1518	DE1519
项目名称					塑料管件安装(电熔熔接)					
					管外径(mm 以内)					
					ϕ160	ϕ200	ϕ250	ϕ315	ϕ400	ϕ500
费用	综合单价(元)				**44.09**	**48.39**	**52.83**	**57.19**	**67.68**	**78.32**
	其中	人工费(元)			27.38	30.13	33.00	35.75	42.63	49.63
		材料费(元)			1.15	1.15	1.15	1.24	1.24	1.24
		施工机具使用费(元)			1.89	2.07	2.21	2.35	2.53	2.67
		企业管理费(元)			7.24	7.97	8.73	9.46	11.28	13.13
		利润(元)			5.66	6.23	6.82	7.39	8.81	10.26
		一般风险费(元)			0.77	0.84	0.92	1.00	1.19	1.39
	编码	名称	单位	单价(元)	消耗量					
人工	000300150	管工综合工	工日	125.00	0.219	0.241	0.264	0.286	0.341	0.397
材料	180900900	塑料管件	个	—	(1.000)	(1.000)	(1.000)	(1.000)	(1.000)	(1.000)
	022701800	破布 一级	kg	4.40	0.260	0.260	0.260	0.280	0.280	0.280
	002000020	其他材料费	元	—	0.01	0.01	0.01	0.01	0.01	0.01
机械	991232010	电熔管件熔接机	台班	35.66	0.053	0.058	0.062	0.066	0.071	0.075

工作内容:管座整理、切管、对口、管件安装、升温、熔接等操作过程。　　计量单位:个

定额编号					DE1520	DE1521	DE1522	DE1523	DE1524	DE1525
项目名称					塑料管件安装(电熔熔接)					
					管外径(mm 以内)					
					ϕ600	ϕ700	ϕ800	ϕ900	ϕ1000	ϕ1200
费用	综合单价(元)				**88.89**	**101.62**	**113.17**	**121.24**	**129.18**	**137.13**
	其中	人工费(元)			56.50	64.88	72.50	76.75	81.00	85.25
		材料费(元)			1.33	1.33	1.33	1.42	1.42	1.42
		施工机具使用费(元)			2.85	3.00	3.14	4.74	6.31	7.88
		企业管理费(元)			14.95	17.17	19.18	20.31	21.43	22.56
		利润(元)			11.68	13.42	14.99	15.87	16.75	17.63
		一般风险费(元)			1.58	1.82	2.03	2.15	2.27	2.39
	编码	名称	单位	单价(元)	消耗量					
人工	000300150	管工综合工	工日	125.00	0.452	0.519	0.580	0.614	0.648	0.682
材料	180900900	塑料管件	个	—	(1.000)	(1.000)	(1.000)	(1.000)	(1.000)	(1.000)
	022701800	破布 一级	kg	4.40	0.300	0.300	0.300	0.320	0.320	0.320
	002000020	其他材料费	元	—	0.01	0.01	0.01	0.01	0.01	0.01
机械	991232010	电熔管件熔接机	台班	35.66	0.080	0.084	0.088	0.133	0.177	0.221

工作内容：管座整理、切管、对口、管件安装、升温、熔接等操作过程。

计量单位：个

		定额编号			DE1526	DE1527	DE1528	DE1529	DE1530
项目名称					塑料管件安装(电熔熔接)				
					管外径(mm以内)				
					φ1500	φ1800	φ2000	φ2500	φ3000
费用		综合单价（元）			**144.97**	**152.57**	**160.51**	**168.35**	**176.30**
	其中	人工费（元）			89.38	93.38	97.63	101.75	106.00
		材料费（元）			1.51	1.51	1.51	1.60	1.60
		施工机具使用费（元）			9.45	11.05	12.62	14.19	15.76
		企业管理费（元）			23.65	24.71	25.83	26.92	28.05
		利润（元）			18.48	19.31	20.19	21.04	21.92
		一般风险费（元）			2.50	2.61	2.73	2.85	2.97
	编码	名称	单位	单价(元)	消耗量				
人工	000300150	管工综合工	工日	125.00	0.715	0.747	0.781	0.814	0.848
材料	180900900	塑料管件	个	—	(1.000)	(1.000)	(1.000)	(1.000)	(1.000)
	022701800	破布 一级	kg	4.40	0.340	0.340	0.340	0.360	0.360
	002000020	其他材料费	元	—	0.01	0.01	0.01	0.02	0.02
机械	991232010	电熔管件熔接机	台班	35.66	0.265	0.310	0.354	0.398	0.442

E.2.4 转换件(编码:040502004)

E.2.4.1 钢塑过渡接头安装

E.2.4.1.1 焊接

工作内容：钢管接头焊接、塑料管接头熔接等操作过程。

计量单位：个

		定额编号			DE1531	DE1532	DE1533	DE1534	DE1535	DE1536
项目名称					钢塑过渡接头安装(焊接)					
					管外径(mm以内)					
					57×50	108×75	108×90	108×110	159×125	159×150
费用		综合单价（元）			**30.94**	**53.67**	**59.94**	**69.60**	**76.96**	**82.51**
	其中	人工费（元）			16.88	28.63	32.25	37.38	37.25	39.38
		材料费（元）			1.41	2.62	2.66	2.66	4.26	4.26
		施工机具使用费（元）			4.22	8.13	8.93	10.89	16.85	19.21
		企业管理费（元）			4.47	7.57	8.53	9.89	9.86	10.42
		利润（元）			3.49	5.92	6.67	7.73	7.70	8.14
		一般风险费（元）			0.47	0.80	0.90	1.05	1.04	1.10
	编码	名称	单位	单价(元)	消耗量					
人工	000300150	管工综合工	工日	125.00	0.135	0.229	0.258	0.299	0.298	0.315
材料	290607000	钢塑过渡接头	个	—	(1.000)	(1.000)	(1.000)	(1.000)	(1.000)	(1.000)
	031310610	尼龙砂轮片 φ100	片	1.93	0.005	0.013	0.013	0.013	0.020	0.020
	031350010	低碳钢焊条 综合	kg	4.19	0.060	0.140	0.140	0.140	0.290	0.290
	143302500	三氯乙烯	kg	10.00	0.010	0.010	0.010	0.010	0.010	0.010
	143900700	氧气	m^3	3.26	0.130	0.240	0.240	0.240	0.370	0.370
	143901000	乙炔气	kg	12.01	0.040	0.080	0.080	0.080	0.120	0.120
	022701800	破布 一级	kg	4.40	0.030	0.030	0.040	0.040	0.050	0.050
	002000020	其他材料费	元	—	0.01	0.03	0.03	0.03	0.04	0.04
机械	990904030	直流弧焊机 20kV·A	台班	72.88	0.035	0.071	0.071	0.071	0.124	0.124
	990911030	热熔对接焊机 直径630mm	台班	44.60	0.035	0.062	0.080	0.124	0.168	0.221
	990919030	电焊条烘干箱 600×500×750	台班	26.74	0.004	0.007	0.007	0.007	0.012	0.012

E.2.4.1.2 法兰连接

工作内容:钢管接头焊接、塑料管接头熔接等操作过程。

计量单位:个

定额编号					DE1537	DE1538	DE1539	DE1540
项目名称					钢塑过渡接头安装(法兰连接)			
					管外径(mm 以内)			
					ϕ200	ϕ250	ϕ315	ϕ400
费用	综合单价(元)				**114.33**	**120.83**	**206.74**	**311.09**
	其中	人工费(元)			52.25	47.88	96.25	146.50
		材料费(元)			11.37	16.08	18.70	29.90
		施工机具使用费(元)			24.61	32.96	43.72	61.53
		企业管理费(元)			13.83	12.67	25.47	38.76
		利润(元)			10.81	9.90	19.90	30.30
		一般风险费(元)			1.46	1.34	2.70	4.10
	编码	名称	单位	单价(元)	消耗量			
人工	000300150	管工综合工	工日	125.00	0.418	0.383	0.770	1.172
材料	290607000	钢塑过渡接头	个	—	(1.000)	(1.000)	(1.000)	(1.000)
	031310610	尼龙砂轮片 ϕ100	片	1.93	0.156	0.226	0.269	0.407
	031350010	低碳钢焊条 综合	kg	4.19	0.590	1.223	1.517	2.559
	140100100	清油	kg	16.51	0.030	0.040	0.050	0.060
	140701410	白铅油	kg	5.81	0.170	0.200	0.250	0.300
	143302500	三氯乙烯	kg	10.00	0.020	0.040	0.040	0.060
	143900700	氧气	m^3	3.26	0.164	0.245	0.275	0.403
	143901000	乙炔气	kg	12.01	0.055	0.082	0.092	0.134
	020101600	石棉橡胶板 中压 0.8～6	kg	15.98	0.330	0.370	0.400	0.690
	022701800	破布 一级	kg	4.40	0.077	0.101	0.129	0.183
	002000020	其他材料费	元	—	0.11	0.16	0.19	0.30
机械	990904030	直流弧焊机 20kV·A	台班	72.88	0.165	0.236	0.293	0.348
	990911030	热熔对接焊机 直径 630mm	台班	44.60	0.272	0.339	0.484	0.790
	990919030	电焊条烘干箱 600×500×750	台班	26.74	0.017	0.024	0.029	0.035

E.2.4.2 **承插式预应力混凝土转换件安装**

工作内容:管件安装、接口、养护。

计量单位:个

定额编号					DE1541	DE1542	DE1543	DE1544	DE1545	DE1546
项目名称					承插式预应力混凝土转换件安装					
					公称直径(mm 以内)					
					ϕ300	ϕ400	ϕ500	ϕ600	ϕ700	ϕ800
费用	综合单价(元)				**233.93**	**391.99**	**541.39**	**726.77**	**813.74**	**900.08**
	其中	人工费(元)			150.25	254.88	352.00	449.63	503.50	556.38
		材料费(元)			8.64	9.82	13.60	17.30	23.49	29.59
		施工机具使用费(元)			—	—	—	35.30	35.30	36.25
		企业管理费(元)			39.76	67.44	93.14	118.97	133.23	147.22
		利润(元)			31.07	52.71	72.79	92.98	104.12	115.06
		一般风险费(元)			4.21	7.14	9.86	12.59	14.10	15.58
	编码	名称	单位	单价(元)	消耗量					
人工	000300150	管工综合工	工日	125.00	1.202	2.039	2.816	3.597	4.028	4.451
材料	042902350	混凝土转换件	个	—	(1.000)	(1.000)	(1.000)	(1.000)	(1.000)	(1.000)
	022901100	油麻丝	kg	8.00	0.599	0.683	0.945	1.197	1.628	2.048
	040100550	膨胀水泥	kg	0.79	4.759	5.388	7.478	9.558	12.952	16.347
	002000020	其他材料费	元	—	0.09	0.10	0.13	0.17	0.23	0.29
机械	990304004	汽车式起重机 8t	台班	705.33	—	—	—	0.044	0.044	0.044
	990401030	载重汽车 8t	台班	474.25	—	—	—	0.009	0.009	0.011

工作内容：管件安装、接口、养护。

计量单位：个

定额编号					DE1547	DE1548	DE1549	DE1550	DE1551	DE1552
项目名称					承插式预应力混凝土转换件安装					
					公称直径(mm以内)					
					ϕ900	ϕ1000	ϕ1200	ϕ1400	ϕ1600	ϕ1800
费用	综合单价（元）				**1048.99**	**1195.87**	**1560.57**	**1917.38**	**2284.17**	**2650.33**
	其中	人工费（元）			637.50	719.38	933.50	1147.13	1360.25	1572.63
		材料费（元）			37.82	45.88	74.27	102.65	131.03	159.42
		施工机具使用费（元）			55.30	71.35	86.61	94.72	113.58	132.91
		企业管理费（元）			168.68	190.35	247.00	303.53	359.92	416.12
		利润（元）			131.84	148.77	193.05	237.23	281.30	325.22
		一般风险费（元）			17.85	20.14	26.14	32.12	38.09	44.03
	编码	名称	单位	单价(元)	消耗量					
人工	000300150	管工综合工	工日	125.00	5.100	5.755	7.468	9.177	10.882	12.581
材料	042902350	混凝土转换件	个	—	(1.000)	(1.000)	(1.000)	(1.000)	(1.000)	(1.000)
	022901100	油麻丝	kg	8.00	2.625	3.182	5.145	7.109	9.072	11.036
	040100550	膨胀水泥	kg	0.79	20.819	25.280	40.969	56.658	72.347	88.036
	002000020	其他材料费	元	—	0.37	0.45	0.74	1.02	1.30	1.58
机械	990304004	汽车式起重机 8t	台班	705.33	0.071	—	—	—	—	—
	990304016	汽车式起重机 16t	台班	898.02	—	0.071	0.088	—	—	—
	990304020	汽车式起重机 20t	台班	968.56	—	—	—	0.088	0.106	0.124
	990401030	载重汽车 8t	台班	474.25	0.011	0.016	0.016	0.020	0.023	0.027

E.2.4.3 分水栓安装

工作内容：开关阀门、定位、钻孔、安装接驳、通水试验等。　　　　**计量单位**：个

					DE1553	DE1554	DE1555	DE1556	DE1557
定额编号					DE1553	DE1554	DE1555	DE1556	DE1557
项目名称					分水栓安装				
					公称直径(mm 以内)				
					ϕ20	ϕ25	ϕ32	ϕ40	ϕ50
费用	综合单价(元)				**208.89**	**233.71**	**271.81**	**310.00**	**361.60**
	其中	人工费(元)			130.63	143.88	159.50	176.63	198.63
		材料费(元)			13.03	17.98	32.66	45.16	63.77
		施工机具使用费(元)			—	—	—	—	—
		企业管理费(元)			34.56	38.07	42.20	46.73	52.56
		利润(元)			27.01	29.75	32.98	36.53	41.08
		一般风险费(元)			3.66	4.03	4.47	4.95	5.56
	编码	名称	单位	单价(元)	消耗量				
人工	000300150	管工综合工	工日	125.00	1.045	1.151	1.276	1.413	1.589
材料	180311850	镀锌钢管活接头 *DN*20	个	4.71	1.010	—	—	—	—
	180311900	镀锌钢管活接头 *DN*25	个	7.14	—	1.010	—	—	—
	180311950	镀锌钢管活接头 *DN*32	个	12.56	—	—	1.010	—	—
	180312000	镀锌钢管活接头 *DN*40	个	15.99	—	—	—	1.010	—
	180312050	镀锌钢管活接头 *DN*50	个	23.42	—	—	—	—	1.010
	180310050	镀锌内接头 *DN*20	个	1.18	2.020	—	—	—	—
	180310100	镀锌内接头 *DN*25	个	1.56	—	2.020	—	—	—
	180310150	镀锌内接头 *DN*32	个	3.15	—	—	2.020	—	—
	180310200	镀锌内接头 *DN*40	个	4.60	—	—	—	2.020	—
	180310250	镀锌内接头 *DN*50	个	6.43	—	—	—	—	2.020
	180308150	镀锌弯头 *DN*20	个	1.71	2.020	—	—	—	—
	180308250	镀锌弯头 *DN*25	个	2.14	—	2.020	—	—	—
	180308350	镀锌弯头 *DN*32	个	3.59	—	—	2.020	—	—
	180308400	镀锌弯头 *DN*40	个	5.13	—	—	—	2.020	—
	180308550	镀锌弯头 *DN*50	个	6.84	—	—	—	—	2.020
	180307500	镀锌月弯 *DN*20	个	1.69	1.010	—	—	—	—
	180307550	镀锌月弯 *DN*25	个	2.18	—	1.010	—	—	—
	180307600	镀锌月弯 *DN*32	个	3.84	—	—	1.010	—	—
	180307650	镀锌月弯 *DN*40	个	5.40	—	—	—	1.010	—
	180307700	镀锌月弯 *DN*50	个	7.68	—	—	—	—	1.010
	180309250	镀锌丝堵 *DN*20	个	0.59	1.010	—	—	—	—
	180309350	镀锌丝堵 *DN*25(堵头)	个	0.90	—	1.010	—	—	—
料	180309400	镀锌丝堵 *DN*32(堵头)	个	2.14	—	—	1.010	—	—
	180309500	镀锌丝堵 *DN*40(堵头)	个	3.42	—	—	—	1.010	—
	180309450	镀锌丝堵 *DN*50(堵头)	个	4.87	—	—	—	—	1.010
	002000020	其他材料费	元	—	0.13	0.18	0.32	0.45	0.63

E.2.5 阀门(编码:040502005)

E.2.5.1 法兰阀门安装

工作内容:制加垫、紧螺栓等操作过程。

计量单位:个

定额编号					DE1558	DE1559	DE1560	DE1561	DE1562	DE1563
项目名称					法兰阀门安装					
					公称直径(mm 以内)					
					ϕ50	ϕ65	ϕ80	ϕ100	ϕ125	ϕ150
费用	综合单价(元)				**17.24**	**30.14**	**31.53**	**45.87**	**56.20**	**57.73**
	其中	人工费(元)			10.75	19.13	19.63	28.75	35.00	35.50
		材料费(元)			1.13	1.45	2.10	2.75	3.72	4.51
		施工机具使用费(元)			—	—	—	—	—	—
		企业管理费(元)			2.84	5.06	5.19	7.61	9.26	9.39
		利润(元)			2.22	3.96	4.06	5.95	7.24	7.34
		一般风险费(元)			0.30	0.54	0.55	0.81	0.98	0.99
	编码	名称	单位	单价(元)	消耗量					
人工	000300150	管工综合工	工日	125.00	0.086	0.153	0.157	0.230	0.280	0.284
材料	190000200	法兰阀门	个	—	(1.000)	(1.000)	(1.000)	(1.000)	(1.000)	(1.000)
	020101600	石棉橡胶板 中压 δ=0.8～6	kg	15.98	0.070	0.090	0.130	0.170	0.230	0.280
	002000020	其他材料费	元	—	0.01	0.01	0.02	0.03	0.04	0.04

工作内容:制加垫、紧螺栓等操作过程。

计量单位:个

定额编号					DE1564	DE1565	DE1566	DE1567	DE1568	DE1569
项目名称					法兰阀门安装					
					公称直径(mm 以内)					
					ϕ200	ϕ250	ϕ300	ϕ350	ϕ400	ϕ450
费用	综合单价(元)				**76.37**	**111.88**	**182.44**	**224.47**	**257.62**	**283.86**
	其中	人工费(元)			47.38	70.63	73.13	75.63	96.13	109.50
		材料费(元)			5.32	5.97	6.45	8.72	11.14	13.07
		施工机具使用费(元)			—	—	66.34	102.35	102.35	106.61
		企业管理费(元)			12.54	18.69	19.35	20.01	25.43	28.97
		利润(元)			9.80	14.61	15.12	15.64	19.88	22.64
		一般风险费(元)			1.33	1.98	2.05	2.12	2.69	3.07
	编码	名称	单位	单价(元)	消耗量					
人工	000300150	管工综合工	工日	125.00	0.379	0.565	0.585	0.605	0.769	0.876
材料	190000200	法兰阀门	个	—	(0.100)	(0.100)	(0.100)	(0.100)	(0.100)	(0.100)
	020101600	石棉橡胶板 中压 δ=0.8～6	kg	15.98	0.330	0.370	0.400	0.540	0.690	0.810
	002000020	其他材料费	元	—	0.05	0.06	0.06	0.09	0.11	0.13
机械	990304004	汽车式起重机 8t	台班	705.33	—	—	0.088	0.133	0.133	0.133
	990401030	载重汽车 8t	台班	474.25	—	—	0.009	0.018	0.018	0.027

工作内容：制加垫、紧螺栓等操作过程。　　　　计量单位：个

定额编号					DE1570	DE1571	DE1572	DE1573	DE1574	DE1575
项目名称					法兰阀门安装					
					公称直径(mm 以内)					
					ϕ500	ϕ600	ϕ700	ϕ800	ϕ900	ϕ1000
费用	综合单价（元）				**329.10**	**397.96**	**477.95**	**546.00**	**589.04**	**679.62**
	其中	人工费（元）			118.75	143.88	171.63	188.75	195.25	215.25
		材料费（元）			13.39	13.55	16.62	18.73	20.98	21.14
		施工机具使用费（元）			137.65	168.68	203.99	244.26	275.30	335.73
		企业管理费（元）			31.42	38.07	45.41	49.94	51.66	56.96
		利润（元）			24.56	29.75	35.49	39.03	40.38	44.51
		一般风险费（元）			3.33	4.03	4.81	5.29	5.47	6.03
	编码	名称	单位	单价(元)	消耗量					
人工	000300150	管工综合工	工日	125.00	0.950	1.151	1.373	1.510	1.562	1.722
材料	190000200	法兰阀门	个	—	(1.000)	(1.000)	(1.000)	(1.000)	(1.000)	(1.000)
	020101600	石棉橡胶板 中压 δ=0.8～6	kg	15.98	0.830	0.840	1.030	1.160	1.300	1.310
	002000020	其他材料费	元	—	0.13	0.13	0.16	0.19	0.21	0.21
机械	990304004	汽车式起重机 8t	台班	705.33	0.177	0.221	0.265	0.310	0.354	0.398
	990401030	载重汽车 8t	台班	474.25	0.027	0.027	0.036	0.054	0.054	0.116

工作内容：制加垫、紧螺栓等操作过程。　　　　计量单位：个

定额编号					DE1576	DE1577	DE1578	DE1579
项目名称					法兰阀门安装			
					公称直径(mm 以内)			
					ϕ1200	ϕ1400	ϕ1600	ϕ1800
费用	综合单价（元）				**816.70**	**990.84**	**1242.29**	**1548.16**
	其中	人工费（元）			243.75	260.38	301.88	339.75
		材料费（元）			23.56	34.87	39.54	41.97
		施工机具使用费（元）			427.65	565.55	750.11	996.77
		企业管理费（元）			64.50	68.90	79.88	89.90
		利润（元）			50.41	53.85	62.43	70.26
		一般风险费（元）			6.83	7.29	8.45	9.51
	编码	名称	单位	单价(元)	消耗量			
人工	000300150	管工综合工	工日	125.00	1.950	2.083	2.415	2.718
材料	190000200	法兰阀门	个	—	(1.000)	(1.000)	(1.000)	(1.000)
	020101600	石棉橡胶板 中压 δ=0.8～6	kg	15.98	1.460	2.160	2.450	2.600
	002000020	其他材料费	元	—	0.23	0.35	0.39	0.42
机械	990304012	汽车式起重机 12t	台班	797.85	0.451	—	—	—
	990304016	汽车式起重机 16t	台班	898.02	—	0.540	0.717	—
	990304020	汽车式起重机 20t	台班	968.56	—	—	—	0.893
	990401030	载重汽车 8t	台班	474.25	0.143	0.170	0.224	0.278

工作内容：制加垫、紧螺栓等操作过程。　　计量单位：个

定额编号					DE1580	DE1581	DE1582
项目名称					法兰阀门安装		
					公称直径(mm 以内)		
					ϕ2000	ϕ2200	ϕ2400
费用	综合单价（元）				**1804.31**	**2056.23**	**2291.11**
	其中	人工费（元）			379.75	409.63	431.63
		材料费（元）			46.80	51.65	56.49
		施工机具使用费（元）			1188.12	1390.38	1587.43
		企业管理费（元）			100.48	108.39	114.21
		利润（元）			78.53	84.71	89.26
		一般风险费（元）			10.63	11.47	12.09
	编码	名称	单位	单价(元)	消耗量		
人工	000300150	管工综合工	工日	125.00	3.038	3.277	3.453
材料	190000200	法兰阀门	个	—	(1.000)	(1.000)	(1.000)
	020101600	石棉橡胶板 中压 δ=0.8～6	kg	15.98	2.900	3.200	3.500
	002000020	其他材料费	元	—	0.46	0.51	0.56
机械	990304020	汽车式起重机 20t	台班	968.56	1.070	1.247	1.424
	990401030	载重汽车 8t	台班	474.25	0.320	0.385	0.439

E.2.5.2 低压齿轮、电动传动阀门安装

工作内容：除锈、制加垫、吊装、紧螺栓等操作过程。　　计量单位：个

定额编号					DE1583	DE1584	DE1585	DE1586	DE1587
项目名称					低压齿轮、电动传动阀门安装				
					公称直径(mm 以内)				
					ϕ250	ϕ300	ϕ400	ϕ500	ϕ600
费用	综合单价（元）				**146.75**	**160.37**	**260.12**	**335.33**	**430.97**
	其中	人工费（元）			81.13	85.25	135.88	160.00	197.50
		材料费（元）			6.97	7.82	12.14	14.20	15.42
		施工机具使用费（元）			18.13	24.72	44.25	81.22	119.42
		企业管理费（元）			21.47	22.56	35.95	42.34	52.26
		利润（元）			16.78	17.63	28.10	33.09	40.84
		一般风险费（元）			2.27	2.39	3.80	4.48	5.53
	编码	名称	单位	单价(元)	消耗量				
人工	000300150	管工综合工	工日	125.00	0.649	0.682	1.087	1.280	1.580
材料	190000400	阀门	个	—	(1.000)	(1.000)	(1.000)	(1.000)	(1.000)
	015300800	黑铅粉	kg	14.23	—	—	—	—	0.180
	020101550	石棉橡胶板 低压 δ=0.8～6	kg	13.25	0.370	0.400	0.690	0.830	0.840
	022701800	破布 一级	kg	4.40	0.040	0.050	0.060	0.070	0.070
	140100100	清油	kg	16.51	0.040	0.050	0.060	0.060	0.060
	140701400	铅油	kg	4.62	0.200	0.250	0.300	0.330	—
	140700500	机油 综合	kg	4.70	0.050	0.050	0.050	0.050	0.060
	002000020	其他材料费	元	—	0.07	0.08	0.12	0.14	0.15
机械	990304004	汽车式起重机 8t	台班	705.33	0.021	0.029	0.054	0.097	0.133
	990401030	载重汽车 8t	台班	474.25	0.007	0.009	0.013	0.027	0.054

工作内容:除锈、制加垫、吊装、紧螺栓等操作过程。　　计量单位:个

定额编号					DE1588	DE1589	DE1590	DE1591	DE1592
项目名称					低压齿轮、电动传动阀门安装				
					公称直径(mm 以内)				
					ϕ700	ϕ800	ϕ900	ϕ1000	ϕ1200
费用	综合单价(元)				**568.89**	**680.26**	**717.59**	**814.56**	**1012.80**
	其中	人工费(元)			257.13	310.63	325.75	365.63	409.88
		材料费(元)			18.01	20.21	22.17	22.88	25.67
		施工机具使用费(元)			165.34	194.29	206.99	243.46	372.56
		企业管理费(元)			68.04	82.19	86.19	96.74	108.45
		利润(元)			53.17	64.24	67.37	75.61	84.76
		一般风险费(元)			7.20	8.70	9.12	10.24	11.48
	编码	名称	单位	单价(元)	消耗量				
人工	000300150	管工综合工	工日	125.00	2.057	2.485	2.606	2.925	3.279
材料	190000400	阀门	个	—	(1.000)	(1.000)	(1.000)	(1.000)	(1.000)
	015300800	黑铅粉	kg	14.23	0.180	0.200	0.200	0.240	0.280
	020101550	石棉橡胶板 低压 δ=0.8～6	kg	13.25	1.030	1.160	1.300	1.310	1.460
	022701800	破布 一级	kg	4.40	0.080	0.080	0.090	0.090	0.100
	140100100	清油	kg	16.51	0.060	0.070	0.070	0.070	0.080
	140700500	机油 综合	kg	4.70	0.060	0.060	0.070	0.070	0.070
	002000020	其他材料费	元	—	0.18	0.20	0.22	0.23	0.25
机械	990304004	汽车式起重机 8t	台班	705.33	0.186	0.221	0.239	—	—
	990304012	汽车式起重机 12t	台班	797.85	—	—	—	0.257	0.398
	990401030	载重汽车 8t	台班	474.25	0.072	0.081	0.081	0.081	0.116

E.2.5.3 **中压齿轮、电动传动阀门安装**

工作内容:除锈、制加垫、吊装、紧螺栓等操作过程。　　计量单位:个

定额编号					DE1593	DE1594	DE1595	DE1596	DE1597
项目名称					中压齿轮、电动传动阀门安装				
					公称直径(mm 以内)				
					ϕ250	ϕ300	ϕ400	ϕ500	ϕ600
费用	综合单价(元)				**160.13**	**186.40**	**280.76**	**362.16**	**464.60**
	其中	人工费(元)			89.38	101.88	148.38	176.38	218.38
		材料费(元)			7.99	8.92	14.04	16.48	17.75
		施工机具使用费(元)			18.13	24.72	44.25	81.22	119.42
		企业管理费(元)			23.65	26.96	39.26	46.67	57.78
		利润(元)			18.48	21.07	30.68	36.47	45.16
		一般风险费(元)			2.50	2.85	4.15	4.94	6.11
	编码	名称	单位	单价(元)	消耗量				
人工	000300150	管工综合工	工日	125.00	0.715	0.815	1.187	1.411	1.747
材料	190000400	阀门	个	—	(1.000)	(1.000)	(1.000)	(1.000)	(1.000)
	015300800	黑铅粉	kg	14.23	—	—	—	—	0.180
	020101600	石棉橡胶板 中压 δ=0.8～6	kg	15.98	0.370	0.400	0.690	0.830	0.840
	022701800	破布 一级	kg	4.40	0.040	0.050	0.060	0.070	0.070
	140100100	清油	kg	16.51	0.040	0.050	0.060	0.060	0.060
	140701400	铅油	kg	4.62	0.200	0.250	0.300	0.330	—
	140700500	机油 综合	kg	4.70	0.050	0.050	0.050	0.050	0.060
	002000020	其他材料费	元	—	0.08	0.09	0.14	0.16	0.18
机械	990304004	汽车式起重机 8t	台班	705.33	0.021	0.029	0.054	0.097	0.133
	990401030	载重汽车 8t	台班	474.25	0.007	0.009	0.013	0.027	0.054

E.2.5.4 **阀门水压试验**

工作内容:除锈、切管、焊接、制加垫、固定、紧螺栓、压力试验等操作过程。 **计量单位**:个

定额编号						DE1598	DE1599	DE1600	DE1601	DE1602
项目名称						阀门水压试验				
						公称直径(mm 以内)				
						ϕ50	ϕ100	ϕ150	ϕ200	ϕ300
费用	综合单价(元)					**37.29**	**53.10**	**80.27**	**123.11**	**242.73**
	其中	人工费(元)				7.13	8.63	12.88	17.13	24.25
		材料费(元)				24.19	37.59	57.50	93.97	202.91
		施工机具使用费(元)				2.41	2.58	3.46	3.46	3.46
		企业管理费(元)				1.89	2.28	3.41	4.53	6.42
		利润(元)				1.47	1.78	2.66	3.54	5.01
		一般风险费(元)				0.20	0.24	0.36	0.48	0.68
	编码	名称		单位	单价(元)	消耗量				
人工	000300150	管工综合工		工日	125.00	0.057	0.069	0.103	0.137	0.194
材料	012900051	钢板 $\delta=20$		kg	3.08	0.200	0.361	0.612	0.875	1.651
	020101500	石棉橡胶板 低中压 $\delta=0.8\sim6$		kg	13.25	0.140	0.340	0.560	0.660	0.800
	022701800	破布 一级		kg	4.40	0.040	0.060	0.060	0.060	0.100
	030124851	精制六角带帽螺栓 M16×80		套	1.12	1.600	—	—	—	—
	030124859	精制六角带帽螺栓 M20×80		套	1.97	—	3.200	—	—	—
	030124865	精制六角带帽螺栓 M22×90		套	3.08	—	—	3.200	—	—
	030124867	精制六角带帽螺栓 M27×95		套	4.36	—	—	—	4.800	—
	030124869	精制六角带帽螺栓 M27×120		套	5.13	—	—	—	—	6.400
	031350010	低碳钢焊条 综合		kg	4.19	0.165	0.165	0.165	0.165	0.165
	140100100	清油		kg	16.51	0.020	0.040	0.060	0.060	0.100
	140701400	铅油		kg	4.62	0.080	0.200	0.280	0.340	0.500
	140700500	机油 综合		kg	4.70	0.070	0.100	0.100	0.150	0.150
	143900700	氧气		m^3	3.26	0.141	0.204	0.312	0.447	0.750
	143901000	乙炔气		kg	12.01	0.047	0.068	0.104	0.149	0.250
	170700900	热轧无缝钢管 *D*22×2.5		m	5.64	0.100	0.100	0.100	0.100	0.100
	172700200	胶管 *D*25		m	2.84	0.200	0.200	0.200	0.200	0.200
	190102790	丝扣截止阀 J11T−16 *DN*15		个	14.96	0.200	0.200	0.200	0.200	0.200
	241100110	弹簧压力表 0～40kg/cm^2		个	21.37	0.200	0.200	0.200	0.200	0.200
	245900100	压力表弯管 *DN*15		个	5.30	0.200	0.200	0.200	0.200	0.200
	246300400	压力表气门 *DN*15		个	24.27	0.200	0.200	0.200	0.200	0.200
	246900500	压力表补芯 15×10		个	9.32	0.200	0.200	0.200	0.200	0.200
	341100100	水		m^3	4.42	0.133	1.047	3.534	8.377	28.273
	002000020	其他材料费		元	—	0.24	0.37	0.57	0.93	2.01
机械	990813020	试压泵 压力 6MPa		台班	19.86	0.018	0.027	0.071	0.071	0.071
	990904030	直流弧焊机 20kV·A		台班	72.88	0.027	0.027	0.027	0.027	0.027
	990919030	电焊条烘干箱 600×500×750		台班	26.74	0.003	0.003	0.003	0.003	0.003

工作内容：除锈、切管、焊接、制加垫、固定、紧螺栓、压力试验等操作过程。　　　　**计量单位**：个

					DE1603	DE1604	DE1605	DE1606	DE1607
定额编号					DE1603	DE1604	DE1605	DE1606	DE1607
项目名称					阀门水压试验				
					公称直径(mm 以内)				
					ϕ400	ϕ600	ϕ800	ϕ1000	ϕ1200
费用	**综合单价（元）**				**506.26**	**1343.83**	**1930.28**	**2492.15**	**3116.19**
费用	其中	人工费（元）			44.13	87.38	171.75	262.25	430.38
费用	其中	材料费（元）			435.07	1207.21	1665.76	2090.04	2459.22
费用	其中	施工机具使用费（元）			5.01	5.60	6.99	8.90	11.66
费用	其中	企业管理费（元）			11.68	23.12	45.45	69.39	113.88
费用	其中	利润（元）			9.13	18.07	35.52	54.23	89.00
费用	其中	一般风险费（元）			1.24	2.45	4.81	7.34	12.05
	编码	名称	单位	单价(元)	消耗量				
人工	000300150	管工综合工	工日	125.00	0.353	0.699	1.374	2.098	3.443
材料	012900051	钢板 $\delta=20$	kg	3.08	2.624	—	—	—	—
材料	012900057	钢板 $\delta=30$	kg	3.08	—	8.256	12.173	18.428	20.254
材料	020101500	石棉橡胶板 低中压 $\delta=0.8\sim6$	kg	13.25	1.400	1.680	2.320	2.620	2.920
材料	022701800	破布 一级	kg	4.40	0.120	0.140	0.160	0.180	0.200
材料	030124871	精制六角带帽螺栓 M30×130	套	12.10	6.400	—	—	—	—
材料	030124890	精制六角带帽螺栓 M36×160	套	14.30	—	8.000	—	—	—
材料	030124891	精制六角带帽螺栓 M42×180	套	15.81	—	—	9.600	—	—
材料	031350010	低碳钢焊条 综合	kg	4.19	0.165	0.165	0.165	0.165	0.292
材料	140100100	清油	kg	16.51	0.120	0.120	0.140	0.140	0.160
材料	140701400	铅油	kg	4.62	0.600	0.750	0.880	1.000	1.100
材料	140700500	机油 综合	kg	4.70	0.200	0.250	0.250	0.300	0.300
材料	143900700	氧气	m^3	3.26	0.910	1.275	1.590	2.160	2.790
材料	143901000	乙炔气	kg	12.01	0.367	0.425	0.530	0.720	0.930
材料	170700900	热轧无缝钢管 $D22\times2.5$	m	5.64	0.100	0.100	0.100	0.150	0.150
材料	172700200	胶管 $D25$	m	2.84	0.200	0.200	0.200	0.400	0.400
材料	190102790	丝扣截止阀 J11T－16 $DN15$	个	14.96	0.200	0.200	0.200	0.200	0.200
材料	241100110	弹簧压力表 0～40kg/cm^2	个	21.37	0.200	0.200	0.200	0.200	0.200
材料	245900100	压力表弯管 $DN15$	个	5.30	0.200	0.200	0.200	0.200	0.200
材料	246300400	压力表气门 $DN15$	个	24.27	0.200	0.200	0.200	0.200	0.200
材料	246900500	压力表补芯 15×10	个	9.32	0.200	0.200	0.200	0.200	0.200
材料	341100100	水	m^3	4.42	67.020	226.200	315.065	437.859	517.029
材料	002000020	其他材料费	元	—	4.31	11.95	16.49	20.69	24.35
机械	990813020	试压泵 压力 6MPa	台班	19.86	0.149	0.179	0.249	0.345	0.408
机械	990904030	直流弧焊机 20kV·A	台班	72.88	0.027	0.027	0.027	0.027	0.047
机械	990919030	电焊条烘干箱 600×500×750	台班	26.74	0.003	0.003	0.003	0.003	0.005

E.2.5.5 **阀门操作装置安装**

工作内容：部件检查及组合装配、找平、找正、安装、固定、试调、调整等操作过程。 **计量单位**：100kg

定额编号					DE1608
项目名称					阀门操纵装置安装
费用	综合单价（元）				**954.68**
	其中	人工费（元）			614.75
		材料费（元）			10.87
		施工机具使用费（元）			22.06
		企业管理费（元）			162.66
		利润（元）			127.13
		一般风险费（元）			17.21
	编码	名称	单位	单价(元)	消耗量
人工	000300150	管工综合工	工日	125.00	4.918
材料	194100010	阀门操作装置	kg	—	(100.000)
	031310610	尼龙砂轮片 $\phi100$	片	1.93	0.080
	031350010	低碳钢焊条 综合	kg	4.19	0.836
	143900700	氧气	m^3	3.26	0.950
	143901000	乙炔气	kg	12.01	0.330
	341100400	电	kW·h	0.70	0.062
	002000020	其他材料费	元	—	0.11
机械	990904030	直流弧焊机 20kV·A	台班	72.88	0.292
	990919030	电焊条烘干箱 600×500×750	台班	26.74	0.029

E.2.6 法兰（编码：040502006）

E.2.6.1 **平焊法兰安装**

工作内容：切管、坡口、组对、制加垫、紧螺栓、焊接等操作过程。 **计量单位**：副

定额编号					DE1609	DE1610	DE1611	DE1612	DE1613	DE1614
项目名称					平焊法兰安装					
					公称直径(mm以内)					
					$\phi50$	$\phi65$	$\phi80$	$\phi100$	$\phi125$	$\phi150$
费用	综合单价（元）				**38.66**	**44.15**	**49.81**	**59.57**	**64.95**	**83.94**
	其中	人工费（元）			20.88	23.13	25.50	29.63	31.88	41.25
		材料费（元）			2.61	3.57	4.78	6.29	7.80	9.78
		施工机具使用费（元）			4.75	5.90	6.80	8.85	9.36	12.31
		企业管理费（元）			5.52	6.12	6.75	7.84	8.43	10.91
		利润（元）			4.32	4.78	5.27	6.13	6.59	8.53
		一般风险费（元）			0.58	0.65	0.71	0.83	0.89	1.16
	编码	名称	单位	单价(元)	消耗量					
人工	000300150	管工综合工	工日	125.00	0.167	0.185	0.204	0.237	0.255	0.330
材料	200103800	平焊法兰	片	—	(2.000)	(2.000)	(2.000)	(2.000)	(2.000)	(2.000)
	020101600	石棉橡胶板 中压 $\delta=0.8\sim6$	kg	15.98	0.070	0.090	0.130	0.170	0.230	0.280
	022700010	棉纱	kg	9.64	0.007	0.010	0.012	0.014	0.017	0.021
	022701800	破布 一级	kg	4.40	0.020	0.020	0.020	0.030	0.030	0.030
	031310610	尼龙砂轮片 $\phi100$	片	1.93	0.022	0.030	0.037	0.054	0.066	0.086
	031350010	低碳钢焊条 综合	kg	4.19	0.117	0.216	0.254	0.337	0.393	0.515
	140100100	清油	kg	16.51	0.010	0.010	0.020	0.020	0.020	0.030
	140701400	铅油	kg	4.62	0.040	0.050	0.070	0.100	0.120	0.140
	143900700	氧气	m^3	3.26	0.051	0.068	0.079	0.117	0.137	0.176
	143901000	乙炔气	kg	12.01	0.017	0.022	0.027	0.039	0.045	0.058
	341100400	电	kW·h	0.70	0.082	0.093	0.105	0.125	0.149	0.191
	002000020	其他材料费	元	—	0.03	0.04	0.05	0.06	0.08	0.10
机械	990904030	直流弧焊机 20kV·A	台班	72.88	0.063	0.078	0.090	0.117	0.124	0.163
	990919030	电焊条烘干箱 600×500×750	台班	26.74	0.006	0.008	0.009	0.012	0.012	0.016

工作内容：切管、坡口、组对、制加垫、紧螺栓、焊接等操作过程。　　计量单位：副

定额编号						DE1615	DE1616	DE1617	DE1618	DE1619	DE1620
项目名称						平焊法兰安装					
						公称直径(mm 以内)					
						ϕ200	ϕ250	ϕ300	ϕ350	ϕ400	ϕ450
费用	综合单价(元)					127.00	173.69	214.87	241.17	274.51	313.20
	其中	人工费(元)				56.88	76.25	95.50	105.13	119.38	137.13
		材料费(元)				16.03	23.16	26.81	36.09	41.94	47.07
		施工机具使用费(元)				25.69	36.19	44.87	47.45	53.57	60.52
		企业管理费(元)				15.05	20.18	25.27	27.82	31.59	36.28
		利润(元)				11.76	15.77	19.75	21.74	24.69	28.36
		一般风险费(元)				1.59	2.14	2.67	2.94	3.34	3.84
	编码	名称		单位	单价(元)	消耗量					
人工	000300150	管工综合工		工日	125.00	0.455	0.610	0.764	0.841	0.955	1.097
材料	200103800	平焊法兰		片	—	(2.000)	(2.000)	(2.000)	(2.000)	(2.000)	(2.000)
	012100010	角钢 综合		kg	2.78	0.200	0.200	0.200	0.200	0.200	0.200
	020101600	石棉橡胶板 中压 δ=0.8～6		kg	15.98	0.330	0.370	0.400	0.540	0.690	0.810
	022700030	棉纱线		kg	4.82	0.028	0.034	0.042	0.048	0.054	0.060
	022701800	破布 一级		kg	4.40	0.030	0.040	0.050	0.050	0.060	0.060
	031310610	尼龙砂轮片 ϕ100		片	1.93	0.123	0.180	0.215	0.303	0.344	0.403
	031350010	低碳钢焊条 综合		kg	4.19	1.140	2.358	2.924	4.342	4.905	5.525
	140100100	清油		kg	16.51	0.030	0.040	0.050	0.050	0.060	0.060
	140701400	铅油		kg	4.62	0.170	0.200	0.250	0.250	0.300	0.300
	143900700	氧气		m^3	3.26	0.448	0.550	0.570	0.677	0.736	0.786
	143901000	乙炔气		kg	12.01	0.149	0.184	0.190	0.226	0.246	0.262
	341100400	电		kW·h	0.70	0.320	0.438	0.553	0.589	0.664	0.769
	002000020	其他材料费		元	—	0.16	0.23	0.27	0.36	0.42	0.47
机械	990904030	直流弧焊机 20kV·A		台班	72.88	0.340	0.479	0.594	0.628	0.709	0.801
	990919030	电焊条烘干箱 600×500×750		台班	26.74	0.034	0.048	0.059	0.063	0.071	0.080

工作内容：切管、坡口、组对、制加垫、紧螺栓、焊接等操作过程。　　计量单位：副

定额编号					DE1621	DE1622	DE1623	DE1624	DE1625	DE1626
项目名称					平焊法兰安装					
					公称直径(mm 以内)					
					ϕ500	ϕ600	ϕ700	ϕ800	ϕ900	ϕ1000
费用	综合单价（元）				**347.08**	**371.78**	**458.09**	**529.28**	**598.17**	**683.20**
	其中	人工费（元）			152.88	164.88	203.13	236.63	269.50	303.25
		材料费（元）			50.76	57.23	69.43	78.75	86.72	94.69
		施工机具使用费（元）			67.10	67.32	84.08	95.73	107.36	133.82
		企业管理费（元）			40.45	43.63	53.75	62.61	71.31	80.24
		利润（元）			31.61	34.10	42.01	48.93	55.73	62.71
		一般风险费（元）			4.28	4.62	5.69	6.63	7.55	8.49
	编码	名称	单位	单价(元)	消耗量					
人工	000300150	管工综合工	工日	125.00	1.223	1.319	1.625	1.893	2.156	2.426
材料	200103800	平焊法兰	片	—	(2.000)	(2.000)	(2.000)	(2.000)	(2.000)	(2.000)
	012100010	角钢 综合	kg	2.78	0.200	0.202	0.220	0.220	0.220	0.220
	015300800	黑铅粉	kg	14.23	—	0.060	0.060	0.070	0.070	0.070
	020101600	石棉橡胶板 中压 δ=0.8～6	kg	15.98	0.830	0.840	1.030	1.160	1.300	1.310
	022700030	棉纱线	kg	4.82	0.066	0.080	0.090	0.104	0.116	0.128
	022701800	破布 一级	kg	4.40	0.070	0.070	0.080	0.080	0.090	0.090
	031310610	尼龙砂轮片 ϕ100	片	1.93	0.462	0.523	0.653	0.794	0.893	0.991
	031350010	低碳钢焊条 综合	kg	4.19	6.141	7.019	8.784	10.090	11.314	12.541
	140100100	清油	kg	16.51	0.060	0.180	0.180	0.200	0.200	0.240
	140701400	铅油	kg	4.62	0.330	—	—	—	—	—
	143900700	氧气	m^3	3.26	0.837	0.979	1.134	1.241	1.352	1.448
	143901000	乙炔气	kg	12.01	0.279	0.327	0.378	0.413	0.451	0.499
	341100400	电	kW·h	0.70	0.855	0.879	1.081	1.218	0.383	1.513
	002000020	其他材料费	元	—	0.50	0.57	0.69	0.78	0.86	0.94
机械	990304012	汽车式起重机 12t	台班	797.85	—	—	—	—	—	0.015
	990401030	载重汽车 8t	台班	474.25	—	—	—	—	—	0.006
	990904030	直流弧焊机 20kV·A	台班	72.88	0.888	0.891	1.113	1.267	1.421	1.575
	990919030	电焊条烘干箱 600×500×750	台班	26.74	0.089	0.089	0.111	0.127	0.142	0.158

工作内容：切管、坡口、组对、制加垫、紧螺栓、焊接等操作过程。　　　　计量单位：副

定额编号						DE1627	DE1628	DE1629	DE1630	DE1631
项目名称						平焊法兰安装				
						公称直径(mm 以内)				
						ϕ1200	ϕ1400	ϕ1600	ϕ1800	ϕ2000
费用	综合单价(元)					**798.90**	**1003.92**	**1128.40**	**1515.30**	**1712.55**
	其中	人工费(元)				353.75	435.88	488.75	660.63	750.13
		材料费(元)				120.14	156.15	192.39	252.45	279.61
		施工机具使用费(元)				148.34	194.22	203.18	272.30	308.20
		企业管理费(元)				93.60	115.33	129.32	174.80	198.48
		利润(元)				73.16	90.14	101.07	136.62	155.13
		一般风险费(元)				9.91	12.20	13.69	18.50	21.00
	编码	名称		单位	单价(元)	消耗量				
人工	000300150	管工综合工		工日	125.00	2.830	3.487	3.910	5.285	6.001
材料	200103800	平焊法兰		片	—	(2.000)	(2.000)	(2.000)	(2.000)	(2.000)
	012100010	角钢 综合		kg	2.78	0.294	0.294	0.356	0.356	0.356
	015300800	黑铅粉		kg	14.23	0.080	0.080	0.090	0.100	0.110
	020101600	石棉橡胶板 中压 $\delta=0.8\sim6$		kg	15.98	1.460	2.160	2.450	2.600	2.900
	022700030	棉纱线		kg	4.82	0.154	0.178	0.204	0.228	0.254
	022701800	破布 一级		kg	4.40	0.100	0.100	0.110	0.120	0.120
	031310610	尼龙砂轮片 ϕ100		片	1.93	1.188	1.352	1.606	2.211	2.345
	031350010	低碳钢焊条 综合		kg	4.19	17.045	22.372	28.589	39.706	44.069
	140100100	清油		kg	16.51	0.280	0.320	0.360	0.400	0.450
	143900700	氧气		m^3	3.26	1.781	1.880	2.361	3.439	3.748
	143901000	乙炔气		kg	12.01	0.593	0.627	0.787	1.147	1.249
	341100400	电		kW·h	0.70	1.740	2.205	2.322	3.056	3.384
	002000020	其他材料费		元	—	1.19	1.55	1.90	2.50	2.77
机械	990304012	汽车式起重机 12t		台班	797.85	0.017	—	—	—	—
	990304016	汽车式起重机 16t		台班	898.02	—	0.021	0.026	0.029	—
	990304020	汽车式起重机 20t		台班	968.56	—	—	—	—	0.035
	990401030	载重汽车 8t		台班	474.25	0.006	0.007	0.008	0.009	0.012
	990904030	直流弧焊机 20kV·A		台班	72.88	1.746	2.277	2.330	3.203	3.555
	990919030	电焊条烘干箱 600×500×750		台班	26.74	0.175	0.228	0.233	0.320	0.356

工作内容：切管、坡口、组对、制加垫、紧螺栓、焊接等操作过程。　　　　计量单位：副

定额编号					DE1632	DE1633	DE1634	DE1635	DE1636
项目名称					平焊法兰安装				
					公称直径(mm 以内)				
					ϕ2200	ϕ2400	ϕ2600	ϕ2800	ϕ3000
费用	综合单价（元）				**2021.44**	**2262.21**	**2511.36**	**2956.06**	**3298.13**
	其中	人工费（元）			881.38	989.75	1111.75	1301.25	1417.13
		材料费（元）			330.19	361.34	392.33	454.85	520.20
		施工机具使用费（元）			369.71	416.84	452.07	550.11	653.09
		企业管理费（元）			233.21	261.89	294.17	344.31	374.97
		利润（元）			182.27	204.68	229.91	269.10	293.06
		一般风险费（元）			24.68	27.71	31.13	36.44	39.68
	编码	名称	单位	单价(元)	消耗量				
人工	000300150	管工综合工	工日	125.00	7.051	7.918	8.894	10.410	11.337
材料	200103800	平焊法兰	片	—	(2.000)	(2.000)	(2.000)	(2.000)	(2.000)
	012100010	角钢 综合	kg	2.78	0.434	0.434	0.434	0.434	0.434
	015300800	黑铅粉	kg	14.23	0.120	0.130	0.150	0.160	0.180
	020101600	石棉橡胶板 中压 δ=0.8～6	kg	15.98	3.230	3.600	4.020	4.480	5.000
	022700030	棉纱线	kg	4.82	0.280	0.304	0.330	0.354	0.380
	022701800	破布 一级	kg	4.40	0.130	0.140	0.150	0.170	0.180
	031310610	尼龙砂轮片 ϕ100	片	1.93	2.702	2.948	3.194	3.440	3.604
	031350010	低碳钢焊条 综合	kg	4.19	53.592	58.419	63.245	74.930	86.380
	140100100	清油	kg	16.51	0.510	0.580	0.640	0.720	0.810
	143900700	氧气	m^3	3.26	4.058	4.403	4.510	5.018	5.846
	143901000	乙炔气	kg	12.01	1.352	1.468	1.570	1.673	1.949
	341100400	电	kW·h	0.70	4.018	4.381	4.765	5.552	5.763
	002000020	其他材料费	元	—	3.27	3.58	3.88	4.50	5.15
机械	990304020	汽车式起重机 20t	台班	968.56	0.040	0.058	0.062	0.086	0.115
	990401030	载重汽车 8t	台班	474.25	0.012	0.013	0.017	0.027	0.036
	990904030	直流弧焊机 20kV·A	台班	72.88	4.305	4.692	5.082	6.009	6.944
	990919030	电焊条烘干箱 600×500×750	台班	26.74	0.431	0.469	0.508	0.601	0.694

E.2.6.2 对焊法兰安装

工作内容:切管、坡口、组对、制加垫、紧螺栓、焊接等操作过程。 **计量单位**:副

定额编号					DE1637	DE1638	DE1639	DE1640	DE1641	DE1642
项目名称					对焊法兰安装					
					公称直径(mm 以内)					
					ϕ50	ϕ65	ϕ80	ϕ100	ϕ125	ϕ150
费用	综合单价(元)				**50.12**	**62.65**	**73.81**	**82.86**	**104.58**	**128.84**
	其中	人工费(元)			27.25	32.50	35.63	40.75	51.38	62.75
		材料费(元)			3.22	4.46	5.80	8.01	9.88	12.77
		施工机具使用费(元)			6.04	9.46	14.58	13.75	17.67	21.98
		企业管理费(元)			7.21	8.60	9.43	10.78	13.59	16.60
		利润(元)			5.64	6.72	7.37	8.43	10.62	12.98
		一般风险费(元)			0.76	0.91	1.00	1.14	1.44	1.76
	编码	名称	单位	单价(元)	消耗量					
人工	000300150	管工综合工	工日	125.00	0.218	0.260	0.285	0.326	0.411	0.502
材料	200103700	对焊法兰	片	—	(2.000)	(2.000)	(2.000)	(2.000)	(2.000)	(2.000)
	020101600	石棉橡胶板 中压 δ=0.8~6	kg	15.98	0.071	0.090	0.130	0.170	0.230	0.280
	022700030	棉纱线	kg	4.82	0.007	0.010	0.012	0.140	0.019	0.023
	022701800	破布 一级	kg	4.40	0.020	0.020	0.020	0.030	0.030	0.030
	031310610	尼龙砂轮片 ϕ100	片	1.93	0.017	0.025	0.030	0.040	0.052	0.067
	031350010	低碳钢焊条 综合	kg	4.19	0.121	0.213	0.255	0.328	0.528	0.683
	140100100	清油	kg	16.51	0.010	0.010	0.020	0.020	0.020	0.030
	140701400	铅油	kg	4.62	0.040	0.050	0.070	0.110	0.120	0.140
	143900700	氧气	m^3	3.26	0.137	0.198	0.225	0.274	0.347	0.556
	143901000	乙炔气	kg	12.01	0.045	0.065	0.076	0.091	0.116	0.148
	341100400	电	kW·h	0.70	0.086	0.114	0.130	0.183	0.232	0.281
	002000020	其他材料费	元	—	0.03	0.04	0.06	0.08	0.10	0.13
机械	990904030	直流弧焊机 20kV·A	台班	72.88	0.080	0.125	0.145	0.182	0.234	0.291
	990919030	电焊条烘干箱 600×500×750	台班	26.74	0.008	0.013	0.150	0.018	0.023	0.029

工作内容:切管、坡口、组对、制加垫、紧螺栓、焊接等操作过程。 **计量单位**:副

定额编号					DE1643	DE1644	DE1645	DE1646	DE1647	DE1648
项目名称					对焊法兰安装					
					公称直径(mm 以内)					
					ϕ200	ϕ250	ϕ300	ϕ350	ϕ400	ϕ450
费用	综合单价(元)				**143.28**	**177.26**	**217.38**	**308.49**	**360.71**	**412.43**
	其中	人工费(元)			64.50	85.00	108.50	155.63	180.13	205.25
		材料费(元)			19.41	25.10	27.95	39.02	44.54	50.49
		施工机具使用费(元)			27.15	24.71	26.74	36.12	46.09	54.18
		企业管理费(元)			17.07	22.49	28.71	41.18	47.66	54.31
		利润(元)			13.34	17.58	22.44	32.18	37.25	42.45
		一般风险费(元)			1.81	2.38	3.04	4.36	5.04	5.75
	编码	名称	单位	单价(元)	消耗量					
人工	000300150	管工综合工	工日	125.00	0.516	0.680	0.868	1.245	1.441	1.642
材料	200103700	对焊法兰	片	—	(2.000)	(2.000)	(2.000)	(2.000)	(2.000)	(2.000)
	012100010	角钢 综合	kg	2.78	0.200	0.200	0.200	0.200	0.200	0.200
	020101600	石棉橡胶板 中压 δ=0.8~6	kg	15.98	0.330	0.370	0.400	0.540	0.690	0.810
	022700030	棉纱线	kg	4.82	0.028	0.034	0.042	0.048	0.054	0.060
	022701800	破布 一级	kg	4.40	0.040	0.040	0.040	0.040	0.060	0.060
	031310610	尼龙砂轮片 ϕ100	片	1.93	0.102	0.136	0.163	0.236	0.267	0.315
	031350010	低碳钢焊条 综合	kg	4.19	1.198	1.947	2.319	3.687	4.002	4.684
	140100100	清油	kg	16.51	0.030	0.040	0.040	0.040	0.060	0.060
	140701400	铅油	kg	4.62	0.200	0.200	0.200	0.250	0.300	0.300
	143900700	氧气	m^3	3.26	0.865	1.074	1.167	1.510	1.644	1.772
	143901000	乙炔气	kg	12.01	0.288	0.359	0.387	0.504	0.548	0.591
	341100400	电	kW·h	0.70	0.233	0.321	0.396	0.487	0.561	0.639
	002000020	其他材料费	元	—	0.19	0.25	0.28	0.39	0.44	0.50
机械	990904030	直流弧焊机 20kV·A	台班	72.88	0.360	0.327	0.354	0.478	0.610	0.717
	990919030	电焊条烘干箱 600×500×750	台班	26.74	0.034	0.033	0.035	0.048	0.061	0.072

工作内容：切管、坡口、组对、制加垫、紧螺栓、焊接等操作过程。　　　　计量单位：副

定额编号					DE1649	DE1650	DE1651	DE1652	DE1653
项目名称					对焊法兰安装				
					公称直径(mm以内)				
					ϕ500	ϕ600	ϕ700	ϕ800	ϕ900
费用	综合单价（元）				**490.00**	**642.84**	**800.27**	**1018.86**	**1294.83**
	其中	人工费（元）			252.63	331.88	423.50	548.25	707.88
		材料费（元）			54.41	68.09	77.41	94.96	119.13
		施工机具使用费（元）			56.81	77.14	87.86	101.85	114.31
		企业管理费（元）			66.84	87.81	112.06	145.07	187.30
		利润（元）			52.24	68.63	87.58	113.38	146.39
		一般风险费（元）			7.07	9.29	11.86	15.35	19.82
	编码	名称	单位	单价(元)	消耗量				
人工	000300150	管工综合工	工日	125.00	2.021	2.655	3.388	4.386	5.663
材料	200103700	对焊法兰	片	—	(2.000)	(2.000)	(2.000)	(2.000)	(2.000)
	012100010	角钢 综合	kg	2.78	0.200	0.202	0.220	0.220	0.220
	015300800	黑铅粉	kg	14.23	—	0.060	0.060	0.070	0.070
	020101600	石棉橡胶板 中压 $\delta=0.8\sim6$	kg	15.98	0.830	0.840	1.030	1.160	1.300
	022700030	棉纱线	kg	4.82	0.066	0.080	0.090	0.104	0.116
	022701800	破布 一级	kg	4.40	0.070	0.070	0.080	0.080	0.090
	031310610	尼龙砂轮片 ϕ100	片	1.93	0.365	0.455	0.521	0.668	0.798
	031350010	低碳钢焊条 综合	kg	4.19	5.231	7.250	8.264	10.778	15.251
	140100100	清油	kg	16.51	0.060	0.180	0.180	0.200	0.200
	140701400	铅油	kg	4.62	0.330	—	—	—	—
	143900700	氧气	m^3	3.26	1.897	2.341	2.558	3.087	3.423
	143901000	乙炔气	kg	12.01	0.632	0.781	0.852	1.028	1.141
	341100400	电	kW·h	0.70	0.732	0.926	1.083	1.230	1.445
	002000020	其他材料费	元	—	0.54	0.67	0.77	0.94	1.18
机械	990904030	直流弧焊机 20kV·A	台班	72.88	0.752	1.021	1.163	1.348	1.513
	990919030	电焊条烘干箱 600×500×750	台班	26.74	0.075	0.102	0.116	0.135	0.151

E.2.6.3 **绝缘法兰安装**

工作内容:切管、坡口、组对、制加绝缘垫片、垫圈、制加绝缘套管、紧螺栓等操作过程。　　**计量单位:**副

定额编号					DE1654	DE1655	DE1656	DE1657	DE1658
项目名称					绝缘法兰安装				
					公称直径(mm 以内)				
					ϕ150	ϕ200	ϕ300	ϕ400	ϕ500
费用	综合单价(元)				**100.83**	**152.10**	**226.07**	**346.02**	**391.05**
	其中	人工费(元)			43.88	71.25	110.63	170.00	185.50
		材料费(元)			13.06	19.87	28.68	45.71	56.11
		施工机具使用费(元)			21.98	25.40	31.51	45.41	56.81
		企业管理费(元)			11.61	18.85	29.27	44.98	49.08
		利润(元)			9.07	14.73	22.88	35.16	38.36
		一般风险费(元)			1.23	2.00	3.10	4.76	5.19
	编码	名称	单位	单价(元)	消耗量				
人工	000300150	管工综合工	工日	125.00	0.351	0.570	0.885	1.360	1.484
材料	200104400	碳钢法兰	片	—	(2.000)	(2.000)	(2.000)	(2.000)	(2.000)
	012100010	角钢 综合	kg	2.78	—	0.200	0.200	0.200	0.200
	020101600	石棉橡胶板 中压 δ=0.8~6	kg	15.98	0.280	0.330	0.400	0.690	0.830
	022700010	棉纱	kg	9.64	0.023	0.028	0.042	0.054	0.066
	022701800	破布 一级	kg	4.40	0.030	0.040	0.040	0.060	0.070
	031310610	尼龙砂轮片 ϕ100	片	1.93	0.067	0.102	0.163	0.267	0.365
	031350010	低碳钢焊条 综合	kg	4.19	0.683	1.198	2.319	4.002	5.231
	140100100	清油	kg	16.51	0.030	0.030	0.040	0.060	0.060
	140701400	铅油	kg	4.62	0.140	0.200	0.200	0.300	0.330
	143900700	氧气	m^3	3.26	0.556	0.865	1.167	1.644	1.897
	143901000	乙炔气	kg	12.01	0.148	0.288	0.387	0.548	0.632
	271300020	绝缘垫片 3240 酚醛玻璃布板	m^2	4.40	0.033	0.050	0.110	0.190	0.290
	271300010	绝缘套管 3240 酚醛玻璃布板	m^2	3.16	0.006	0.009	0.009	0.012	0.015
	271300030	绝缘垫圈 3240 酚醛玻璃布板	m^2	4.40	0.003	0.005	0.005	0.005	0.008
	341100400	电	kW·h	0.70	0.281	0.300	0.391	0.561	0.732
	002000020	其他材料费	元	—	0.13	0.20	0.28	0.45	0.56
机械	990904030	直流弧焊机 20kV·A	台班	72.88	0.291	0.336	0.417	0.601	0.752
	990919030	电焊条烘干箱 600×500×750	台班	26.74	0.029	0.034	0.042	0.060	0.075

工作内容：切管、坡口、组对、制加绝缘垫片、垫圈、制加绝缘套管、紧螺栓等操作过程。 计量单位：副

定额编号					DE1659	DE1660	DE1661	DE1662	DE1663
项目名称					绝缘法兰安装				
					公称直径(mm 以内)				
					ϕ600	ϕ700	ϕ800	ϕ900	ϕ1000
费用	综合单价（元）				**463.51**	**545.66**	**665.06**	**763.10**	**851.99**
	其中	人工费（元）			211.00	252.00	310.13	350.25	380.38
		材料费（元）			70.00	79.95	98.21	123.62	146.92
		施工机具使用费（元）			77.14	87.86	101.85	114.31	134.73
		企业管理费（元）			55.83	66.68	82.06	92.68	100.65
		利润（元）			43.63	52.11	64.13	72.43	78.66
		一般风险费（元）			5.91	7.06	8.68	9.81	10.65
	编码	名称	单位	单价(元)	消耗量				
人工	000300150	管工综合工	工日	125.00	1.688	2.016	2.481	2.802	3.043
材料	200104400	碳钢法兰	片	—	(2.000)	(2.000)	(2.000)	(2.000)	(2.000)
	012100010	角钢 综合	kg	2.78	0.202	0.220	0.220	0.220	0.220
	015300800	黑铅粉	kg	14.23	0.060	0.060	0.070	0.070	0.070
	020101600	石棉橡胶板 中压 δ=0.8～6	kg	15.98	0.840	1.030	1.160	1.300	1.310
	022700030	棉纱线	kg	4.82	0.080	0.090	0.104	0.116	0.128
	022701800	破布 一级	kg	4.40	0.070	0.080	0.080	0.090	0.090
	031310610	尼龙砂轮片 ϕ100	片	1.93	0.455	0.546	0.668	0.798	0.834
	031350010	低碳钢焊条 综合	kg	4.19	7.250	8.264	10.778	15.251	19.724
	140100100	清油	kg	16.51	0.180	0.180	0.200	0.200	0.240
	143900700	氧气	m^3	3.26	2.341	2.558	3.087	3.423	3.759
	143901000	乙炔气	kg	12.01	0.781	0.852	1.028	1.141	1.254
	271300020	绝缘垫片 3240 酚醛玻璃布板	m^2	4.40	0.410	0.540	0.710	0.890	1.090
	271300010	绝缘套管 3240 酚醛玻璃布板	m^2	3.16	0.015	0.018	0.018	0.021	0.021
	271300030	绝缘垫圈 3240 酚醛玻璃布板	m^2	4.40	0.008	0.009	0.009	0.105	0.105
	341100400	电	kW·h	0.70	0.926	1.083	1.230	1.445	1.520
	002000020	其他材料费	元	—	0.69	0.79	0.97	1.22	1.45
机械	990304012	汽车式起重机 12t	台班	797.85	—	—	—	—	0.015
	990401030	载重汽车 8t	台班	474.25	—	—	—	—	0.006
	990904030	直流弧焊机 20kV·A	台班	72.88	1.021	1.163	1.348	1.513	1.587
	990919030	电焊条烘干箱 600×500×750	台班	26.74	0.102	0.116	0.135	0.151	0.159

E.2.7 盲堵板制作、安装(编码:040502007)

E.2.7.1 盲(堵)板安装

工作内容:切管、坡口、对口焊接、上法兰、找平、找正、制加垫、紧螺栓、压力试验等操作过程。　　**计量单位:**组

		定额编号			DE1664	DE1665	DE1666	DE1667	DE1668
		项目名称			盲(堵)板安装				
					公称直径(mm 以内)				
					ϕ50	ϕ100	ϕ150	ϕ200	ϕ300
费用		**综合单价(元)**			**23.43**	**34.44**	**44.88**	**77.02**	**126.78**
	其中	人工费(元)			12.75	17.13	21.25	36.25	59.00
		材料费(元)			2.26	4.98	7.66	10.72	17.16
		施工机具使用费(元)			2.05	3.78	5.36	11.94	21.16
		企业管理费(元)			3.37	4.53	5.62	9.59	15.61
		利润(元)			2.64	3.54	4.39	7.50	12.20
		一般风险费(元)			0.36	0.48	0.60	1.02	1.65
	编码	名称	单位	单价(元)	消耗量				
人工	000300150	管工综合工	工日	125.00	0.102	0.137	0.170	0.290	0.472
材料	200103800	平焊法兰	片	—	(1.000)	(1.000)	(1.000)	(1.000)	(1.000)
	202100600	封头	个	—	(1.000)	(1.000)	(1.000)	(1.000)	(1.000)
	020101550	石棉橡胶板 低压 δ=0.8~6	kg	13.25	0.070	0.170	0.280	0.330	0.400
	022701800	破布 一级	kg	4.40	0.020	0.030	0.030	0.030	0.050
	031310610	尼龙砂轮片 ϕ100	片	1.93	0.016	0.037	0.082	0.115	0.235
	031350010	低碳钢焊条 综合	kg	4.19	0.057	0.156	0.247	0.556	1.428
	140100100	清油	kg	16.51	0.010	0.020	0.030	0.030	0.050
	140701400	铅油	kg	4.62	0.040	0.100	0.140	0.170	0.250
	140700500	机油 综合	kg	4.70	0.070	0.100	0.100	0.150	0.150
	143900700	氧气	m^3	3.26	0.036	0.073	0.122	0.203	0.300
	143901000	乙炔气	kg	12.01	0.012	0.024	0.041	0.068	0.100
	341100400	电	kW·h	0.70	0.017	0.047	0.062	0.130	0.234
	002000020	其他材料费	元	—	0.02	0.05	0.08	0.11	0.17
机械	990904030	直流弧焊机 20kV·A	台班	72.88	0.027	0.050	0.071	0.158	0.280
	990919030	电焊条烘干箱 600×500×750	台班	26.74	0.003	0.005	0.007	0.016	0.028

工作内容：切管、坡口、对口焊接、上法兰、找平、找正、制加垫、紧螺栓、压力试验等操作过程。　　计量单位：组

定额编号					DE1669	DE1670	DE1671	DE1672	DE1673
项目名称					盲(堵)板安装				
					公称直径(mm 以内)				
					ϕ400	ϕ500	ϕ600	ϕ800	ϕ1000
费用	**综合单价（元）**				**185.33**	**219.76**	**243.39**	**336.74**	**490.77**
	其中	人工费（元）			88.63	104.00	115.13	163.75	210.50
		材料费（元）			27.29	32.55	36.55	46.71	55.61
		施工机具使用费（元）			25.15	31.27	34.22	44.50	119.54
		企业管理费（元）			23.45	27.52	30.46	43.33	55.70
		利润（元）			18.33	21.51	23.81	33.86	43.53
		一般风险费（元）			2.48	2.91	3.22	4.59	5.89
	编码	名称	单位	单价(元)	消耗量				
人工	000300150	管工综合工	工日	125.00	0.709	0.832	0.921	1.310	1.684
材料	200103800	平焊法兰	片	—	(1.000)	(1.000)	(1.000)	(1.000)	(1.000)
	202100600	封头	个	—	(1.000)	(1.000)	(1.000)	(1.000)	(1.000)
	015300800	黑铅粉	kg	14.23	—	—	0.060	0.070	0.070
	020101550	石棉橡胶板 低压 $\delta=0.8\sim6$	kg	13.25	0.690	0.830	0.840	1.160	1.310
	022701800	破布 一级	kg	4.40	0.060	0.070	0.070	0.080	0.090
	031310610	尼龙砂轮片 ϕ100	片	1.93	0.397	0.498	0.585	0.773	0.964
	031350010	低碳钢焊条 综合	kg	4.19	2.407	2.993	3.780	4.860	6.046
	140100100	清油	kg	16.51	0.060	0.060	0.060	0.070	0.070
	140701400	铅油	kg	4.62	0.300	0.330	—	—	—
	140700500	机油 综合	kg	4.70	0.200	0.200	0.250	0.250	0.300
	143900700	氧气	m^3	3.26	0.445	0.512	0.619	0.688	0.842
	143901000	乙炔气	kg	12.01	0.149	0.171	0.207	0.229	0.281
	341100400	电	kW·h	0.70	0.286	0.353	0.377	0.500	0.623
	002000020	其他材料费	元	—	0.27	0.32	0.36	0.46	0.55
机械	990304012	汽车式起重机 12t	台班	797.85	—	—	—	—	0.071
	990401030	载重汽车 8t	台班	474.25	—	—	—	—	0.016
	990904030	直流弧焊机 20kV·A	台班	72.88	0.333	0.414	0.453	0.589	0.732
	990919030	电焊条烘干箱 600×500×750	台班	26.74	0.033	0.041	0.045	0.059	0.073

E.2.8 套管制作、安装(编码:040502008)

E.2.8.1 钢套管制作、安装

工作内容:加工、制作、埋设、固定。　　计量单位:t

定额编号					DE1674
项目名称					钢套管
费用	综合单价(元)				6753.68
	其中	人工费(元)			2241.00
		材料费(元)			3378.68
		施工机具使用费(元)			14.84
		企业管理费(元)			592.97
		利润(元)			463.44
		一般风险费(元)			62.75
	编码	名称	单位	单价(元)	消耗量
人工	000300150	管工综合工	工日	125.00	17.928
材料	170100450	焊接钢管 综合	kg	3.12	1020.000
	031310520	薄砂轮片 ϕ500×25×4	片	17.38	0.510
	130500700	防锈漆	kg	12.82	9.430
	143506800	稀释剂	kg	7.69	2.884
	143900700	氧气	m^3	3.26	1.500
	143901000	乙炔气	kg	12.01	0.500
	002000020	其他材料费	元	—	33.45
机械	990747020	管子切断机 管径150mm	台班	33.58	0.442

E.2.9 水表(编码:040502009)

E.2.9.1 法兰式水表组成与安装(有旁通管有止回阀)

工作内容:切管、焊接、加垫、水表、阀门、过滤器、伸缩节安装、上螺栓、水压试验。　　　　计量单位:组

		定额编号			DE1675	DE1676	DE1677	DE1678	DE1679	DE1680
		项目名称			法兰式水表组成与安装(有旁通管有止回阀)					
					公称直径(mm 以内)					
					ϕ100	ϕ150	ϕ200	ϕ250	ϕ300	ϕ400
费用		综合单价(元)			**902.96**	**1386.21**	**2358.08**	**3369.12**	**4142.38**	**6965.66**
	其中	人工费(元)			329.38	510.38	755.88	949.13	1176.38	1412.13
		材料费(元)			275.12	472.50	898.52	1455.14	1788.77	4088.92
		施工机具使用费(元)			133.98	148.44	326.21	490.85	589.75	759.39
		企业管理费(元)			87.15	135.05	200.00	251.14	311.27	373.65
		利润(元)			68.11	105.55	156.31	196.28	243.27	292.03
		一般风险费(元)			9.22	14.29	21.16	26.58	32.94	39.54
	编码	名称	单位	单价(元)	消耗量					
人工	000300150	管工综合工	工日	125.00	2.635	4.083	6.047	7.593	9.411	11.297
材料	200105100	低中压碳钢平焊法兰	片	—	(4.000)	(4.000)	(4.000)	(4.000)	(4.000)	(4.000)
	190301510	法兰闸阀 Z45T—10 *DN*50	个	—	(3.000)	(3.000)	(3.000)	(3.000)	(3.000)	(3.000)
	190900300	法兰止回阀	个	—	(1.000)	(1.000)	(1.000)	(1.000)	(1.000)	(1.000)
	240100010	法兰水表	个	—	(1.000)	(1.000)	(1.000)	(1.000)	(1.000)	(1.000)
	181900350	过滤器	个	—	(1.000)	(1.000)	(1.000)	(1.000)	(1.000)	(1.000)
	182101730	法兰式补偿器	台	—	(1.000)	(1.000)	(1.000)	(1.000)	(1.000)	(1.000)
	030109300	六角螺栓带螺母、垫圈 M16×85～140	套	1.60	74.160	—	—	—	—	—
	030109310	六角螺栓带螺母、垫圈 M20×85～100	套	2.21	—	74.160	111.240	—	—	—
	030109320	六角螺栓带螺母、垫圈 M22×90～120	套	2.88	—	—	—	111.240	111.240	—
	030109340	六角螺栓带螺母、垫圈 M27×120～140	套	7.47	—	—	—	—	—	148.320
	031340120	砂纸	张	0.26	3.000	4.200	4.800	6.000	7.200	9.360
	031350210	低碳钢焊条 J422 ϕ3.2	kg	4.19	4.770	7.060	18.150	36.270	41.360	53.768
	130302400	厚漆	kg	8.55	0.900	1.680	2.040	2.400	3.260	4.238
	140100100	清油	kg	16.51	0.120	0.180	0.180	0.240	0.330	0.429
	140700500	机油 综合	kg	4.70	1.200	1.500	1.800	1.800	2.450	3.185
	143900700	氧气	m^3	3.26	0.780	1.240	1.810	2.580	3.040	3.952
	143901000	乙炔气	kg	12.01	0.260	0.410	0.600	0.860	1.010	1.313
	170100650	焊接钢管 *DN*100	m	26.03	2.250	—	—	—	—	—
	170100670	焊接钢管 *DN*150	m	46.65	—	2.500	—	—	—	—
	170702300	热轧无缝钢管 D219×6	m	115.00	—	—	3.000	—	—	—
	170702600	热轧无缝钢管 D273×7	m	185.00	—	—	—	3.250	—	—
	170702650	热轧无缝钢管 D325×7	m	213.00	—	—	—	—	3.450	—
	170702800	热轧无缝钢管 D426×10	m	442.00	—	—	—	—	—	3.950
	180313950	冲压弯头 *DN*100	个	25.64	2.000	—	—	—	—	—
	180314050	冲压弯头 *DN*150	个	59.23	—	2.000	—	—	—	—
	180314100	冲压弯头 *DN*200	个	85.47	—	—	2.000	—	—	—
	180314150	冲压弯头 *DN*250	个	150.26	—	—	—	2.000	—	—
	180314200	冲压弯头 *DN*300	个	227.26	—	—	—	—	2.000	—
	180314300	冲压弯头 *DN*400	个	422.84	—	—	—	—	—	2.000
	203300500	石棉橡胶垫 2	m^2	20.68	0.104	0.233	0.414	0.647	0.932	1.656
	002000020	其他材料费	元	—	2.72	4.68	8.90	14.41	17.71	40.48
机械	990401030	载重汽车 8t	台班	474.25	—	—	—	0.054	0.054	0.054
	990904030	直流弧焊机 20kV·A	台班	72.88	1.796	1.990	4.373	6.237	7.563	9.837
	990919010	电焊条烘干箱 450×350×450	台班	17.13	0.180	0.199	0.438	0.624	0.756	0.984

E.2.9.2 **法兰水表(不带旁通管)**

工作内容:切管、焊接、加垫、水表、阀门、过滤器、伸缩节安装、上螺栓、水压试验。 **计量单位:**组

定额编号					DE1681	DE1682	DE1683	DE1684	DE1685	DE1686
项目名称					法兰水表(不带旁通管)					
					公称直径(mm 以内)					
					ϕ100	ϕ150	ϕ200	ϕ250	ϕ300	ϕ400
费用	**综合单价(元)**				**314.89**	**490.57**	**721.55**	**968.35**	**1121.35**	**1599.72**
	其中	人工费(元)			172.63	271.00	385.25	494.63	580.88	697.63
		材料费(元)			38.22	64.45	100.34	139.03	146.24	425.83
		施工机具使用费(元)			17.83	19.78	43.56	87.67	104.15	127.87
		企业管理费(元)			45.68	71.71	101.94	130.88	153.70	184.59
		利润(元)			35.70	56.04	79.67	102.29	120.12	144.27
		一般风险费(元)			4.83	7.59	10.79	13.85	16.26	19.53
	编码	名称	单位	单价(元)	消耗量					
人工	000300150	管工综合工	工日	125.00	1.381	2.168	3.082	3.957	4.647	5.581
材料	200105100	低中压碳钢平焊法兰	片	—	(2.000)	(2.000)	(2.000)	(2.000)	(2.000)	(2.000)
	190301510	法兰闸阀 Z45T-10 *DN*50	个	—	(1.000)	(1.000)	(1.000)	(1.000)	(1.000)	(1.000)
	240100010	法兰水表	个	—	(1.000)	(1.000)	(1.000)	(1.000)	(1.000)	(1.000)
	030109290	六角螺栓带螺母、垫圈 M16×65～80	套	1.31	24.720	—	—	—	—	—
	030109310	六角螺栓带螺母、垫圈 M20×85～100	套	2.21	—	24.720	37.080	—	—	—
	030109320	六角螺栓带螺母、垫圈 M22×90～120	套	2.88	—	—	—	37.080	37.080	—
	030109340	六角螺栓带螺母、垫圈 M27×120～140	套	7.47	—	—	—	—	—	49.440
	031340120	砂纸	张	0.26	0.500	0.700	0.800	1.000	1.200	1.560
	031350210	低碳钢焊条 J422 ϕ3.2	kg	4.19	0.590	0.880	2.350	4.880	5.790	7.525
	130302400	厚漆	kg	8.55	0.150	0.280	0.340	0.400	0.500	0.650
	140100100	清油	kg	16.51	0.020	0.030	0.030	0.040	0.050	0.060
	143900700	氧气	m^3	3.26	0.070	0.110	0.150	0.220	0.260	0.330
	143901000	乙炔气	kg	12.01	0.024	0.037	0.050	0.074	0.087	0.110
	203300500	石棉橡胶垫 2	m^2	20.68	0.035	0.078	0.138	0.216	0.311	0.552
	002000020	其他材料费	元	—	0.38	0.64	0.99	1.38	1.45	4.22
机械	990401030	载重汽车 8t	台班	474.25	—	—	—	0.054	0.054	0.054
	990904030	直流弧焊机 20kV·A	台班	72.88	0.239	0.265	0.584	0.832	1.053	1.371
	990919010	电焊条烘干箱 450×350×450	台班	17.13	0.024	0.027	0.058	0.083	0.105	0.137

E.2.10 补偿器(波纹管)(编码:040502011)

E.2.10.1 焊接钢套筒补偿器安装

工作内容:切管、补偿器安装、对口、焊接,制加垫,紧螺栓、压力试验等操作过程。

计量单位:个

定额编号					DE1687	DE1688	DE1689	DE1690	DE1691
项目名称					焊接钢套筒补偿器安装				
					公称直径(mm 以内)				
					ϕ50	ϕ80	ϕ100	ϕ150	ϕ200
费用	综合单价(元)				**96.01**	**135.43**	**178.82**	**275.77**	**364.99**
费用	其中	人工费(元)			56.13	80.00	106.25	162.25	213.63
费用	其中	材料费(元)			2.49	4.15	4.76	9.08	13.91
费用	其中	施工机具使用费(元)			9.36	11.33	14.75	23.42	30.76
费用	其中	企业管理费(元)			14.85	21.17	28.11	42.93	56.53
费用	其中	利润(元)			11.61	16.54	21.97	33.55	44.18
费用	其中	一般风险费(元)			1.57	2.24	2.98	4.54	5.98
	编码	名称	单位	单价(元)	消耗量				
人工	000300150	管工综合工	工日	125.00	0.449	0.640	0.850	1.298	1.709
材料	182101750	法兰式套筒补偿器	个	—	(1.000)	(1.000)	(1.000)	(1.000)	(1.000)
材料	012100010	角钢 综合	kg	2.78	—	—	—	—	0.200
材料	022700030	棉纱线	kg	4.82	0.008	0.012	0.014	0.021	0.028
材料	031310610	尼龙砂轮片 ϕ100	片	1.93	0.034	0.063	0.077	0.179	0.250
材料	031340210	铁砂布 0#~2#	张	0.85	0.400	0.500	0.500	1.000	1.000
材料	031350010	低碳钢焊条 综合	kg	4.19	0.116	0.246	0.302	0.796	1.102
材料	031392810	钢锯条	条	0.43	0.200	0.400	0.400	0.800	1.000
材料	031393710	单切面 M8 金刚钻头(磨头)	支	5.13	0.053	0.083	0.100	—	—
材料	140700500	机油 综合	kg	4.70	0.040	0.050	0.050	0.070	0.090
材料	143900700	氧气	m^3	3.26	0.136	0.225	0.260	0.507	0.865
材料	143901000	乙炔气	kg	12.01	0.046	0.076	0.086	0.169	0.288
材料	002000020	其他材料费	元	—	0.02	0.04	0.05	0.09	0.14
机械	990904030	直流弧焊机 20kV·A	台班	72.88	0.124	0.150	0.195	0.310	0.407
机械	990919030	电焊条烘干箱 600×500×750	台班	26.74	0.012	0.015	0.020	0.031	0.041

工作内容:切管、补偿器安装、对口、焊接,制、加垫,紧螺栓、压力试验等操作过程。

计量单位:个

定额编号					DE1692	DE1693	DE1694	DE1695	DE1696	DE1697
项目名称					焊接钢套筒补偿器安装					
					公称直径(mm 以内)					
					ϕ300	ϕ400	ϕ500	ϕ600	ϕ800	ϕ1000
费用	综合单价(元)				**539.78**	**736.78**	**882.78**	**1139.92**	**1638.90**	**1927.00**
费用	其中	人工费(元)			303.13	409.25	488.00	634.75	939.00	1094.13
费用	其中	材料费(元)			24.22	37.62	45.59	61.97	78.64	96.14
费用	其中	施工机具使用费(元)			61.04	85.53	105.49	126.21	152.32	190.31
费用	其中	企业管理费(元)			80.21	108.29	129.12	167.95	248.46	289.51
费用	其中	利润(元)			62.69	84.63	100.92	131.27	194.19	226.27
费用	其中	一般风险费(元)			8.49	11.46	13.66	17.77	26.29	30.64
	编码	名称	单位	单价(元)	消耗量					
人工	000300150	管工综合工	工日	125.00	2.425	3.274	3.904	5.078	7.512	8.753
材料	182101750	法兰式套筒补偿器	个	—	(1.000)	(1.000)	(1.000)	(1.000)	(1.000)	(1.000)
材料	012100010	角钢 综合	kg	2.78	0.200	0.200	0.200	0.202	0.220	0.220
材料	022700030	棉纱线	kg	4.82	0.042	0.054	0.066	0.080	0.200	0.230
材料	030105450	六角螺栓带螺母 综合	kg	5.43	—	—	—	0.480	0.480	0.480
材料	031310610	尼龙砂轮片 ϕ100	片	1.93	0.495	0.827	1.063	1.288	1.730	2.160
材料	031340210	铁砂布 0#~2#	张	0.85	1.200	1.500	2.000	2.500	3.000	3.500
材料	031350010	低碳钢焊条 综合	kg	4.19	2.585	4.620	5.802	7.935	10.417	12.980
材料	031392810	钢锯条	条	0.43	1.500	2.000	2.000	2.500	2.500	3.000
材料	140700500	机油 综合	kg	4.70	0.100	0.100	0.100	0.120	0.140	0.140
材料	143900700	氧气	m^3	3.26	1.281	1.773	2.047	2.519	3.086	3.744
材料	143901000	乙炔气	kg	12.01	0.427	0.591	0.683	0.841	1.028	1.264
材料	002000020	其他材料费	元	—	0.24	0.37	0.45	0.61	0.78	0.95
机械	990304004	汽车式起重机 8t	台班	705.33	0.013	0.018	0.021	0.027	0.033	0.045
机械	990401030	载重汽车 8t	台班	474.25	0.005	0.007	0.008	0.009	0.010	0.013
机械	990904030	直流弧焊机 20kV·A	台班	72.88	0.655	0.920	1.150	1.362	1.645	2.017
机械	990919030	电焊条烘干箱 600×500×750	台班	26.74	0.066	0.092	0.115	0.136	0.165	0.202

E.2.10.2 **焊接法兰式波纹补偿器安装**

工作内容：除锈、切管、焊法兰、吊装、就位、找正、找平，制加垫，紧螺栓、水压试验等操作过程。 **计量单位：**个

定额编号					DE1698	DE1699	DE1700	DE1701
项目名称					焊接法兰式波纹式补偿器安装			
					公称直径(mm 以内)			
					ϕ200	ϕ250	ϕ400	ϕ500
费用	**综合单价(元)**				**339.56**	**488.01**	**686.10**	**771.70**
	其中	人工费(元)			198.13	285.13	384.25	423.63
		材料费(元)			18.53	26.35	49.34	59.18
		施工机具使用费(元)			23.96	34.15	60.62	77.33
		企业管理费(元)			52.42	75.44	101.67	112.09
		利润(元)			40.97	58.96	79.46	87.61
		一般风险费(元)			5.55	7.98	10.76	11.86
	编码	名称	单位	单价(元)	消耗量			
人工	000300150	管工综合工	工日	125.00	1.585	2.281	3.074	3.389
材料	182101770	法兰式波纹补偿器	个	—	(1.000)	(1.000)	(1.000)	(1.000)
	200103800	平焊法兰	片	—	(2.000)	(2.000)	(2.000)	(2.000)
	020101550	石棉橡胶板 低压 $\delta=0.8\sim6$	kg	13.25	0.660	0.740	1.380	1.660
	022701800	破布 一级	kg	4.40	0.060	0.080	0.120	0.140
	031310610	尼龙砂轮片 ϕ100	片	1.93	0.229	0.394	0.794	0.993
	031350010	低碳钢焊条 综合	kg	4.19	1.110	2.300	4.813	5.986
	140100100	清油	kg	16.51	0.060	0.080	0.120	0.120
	140701400	铅油	kg	4.62	0.340	0.400	0.600	0.660
	140700500	机油 综合	kg	4.70	0.090	0.100	0.100	0.100
	143900700	氧气	m^3	3.26	0.174	0.261	0.429	0.479
	143901000	乙炔气	kg	12.01	0.058	0.087	0.143	0.160
	002000020	其他材料费	元	—	0.18	0.26	0.49	0.59
机械	990304004	汽车式起重机 8t	台班	705.33	—	—	0.012	0.017
	990401030	载重汽车 8t	台班	474.25	—	—	0.004	0.006
	990904030	直流弧焊机 20kV·A	台班	72.88	0.317	0.452	0.665	0.827
	990919030	电焊条烘干箱 600×500×750	台班	26.74	0.032	0.045	0.067	0.083

工作内容：除锈、切管、焊法兰、吊装、就位、找正、找平，制加垫，紧螺栓、水压试验等操作过程。　　计量单位：个

定额编号					DE1702	DE1703	DE1704
项目名称					焊接法兰式波纹式补偿器安装		
					公称直径(mm 以内)		
					ϕ600	ϕ800	ϕ1000
费用	综合单价（元）				889.22	1267.77	1529.68
	其中	人工费（元）			489.25	713.50	856.75
		材料费（元）			69.04	89.63	106.88
		施工机具使用费（元）			86.59	108.32	138.18
		企业管理费（元）			129.46	188.79	226.70
		利润（元）			101.18	147.55	177.18
		一般风险费（元）			13.70	19.98	23.99
	编码	名称	单位	单价(元)	消耗量		
人工	000300150	管工综合工	工日	125.00	3.914	5.708	6.854
材料	182101770	法兰式波纹补偿器	个	—	(1.000)	(1.000)	(1.000)
	200103800	平焊法兰	片	—	(2.000)	(2.000)	(2.000)
	015300800	黑铅粉	kg	14.23	0.360	0.400	0.480
	020101550	石棉橡胶板 低压 δ=0.8～6	kg	13.25	1.680	2.320	2.620
	022701800	破布 一级	kg	4.40	0.160	0.160	0.180
	031310610	尼龙砂轮片 ϕ100	片	1.93	1.169	1.547	1.929
	031350010	低碳钢焊条 综合	kg	4.19	7.476	9.726	12.093
	140100100	清油	kg	16.51	0.120	0.140	0.140
	140700500	机油 综合	kg	4.70	0.120	0.120	0.140
	143900700	氧气	m^3	3.26	0.571	0.688	0.842
	143901000	乙炔气	kg	12.01	0.190	0.229	0.281
	002000020	其他材料费	元	—	0.68	0.89	1.06
机械	990304004	汽车式起重机 8t	台班	705.33	0.021	0.022	—
	990304012	汽车式起重机 12t	台班	797.85	—	—	0.029
	990401030	载重汽车 8t	台班	474.25	0.007	0.008	0.009
	990904030	直流弧焊机 20kV·A	台班	72.88	0.906	1.178	1.466
	990919030	电焊条烘干箱 600×500×750	台班	26.74	0.091	0.118	0.147

E.2.11 除污器组成安装(编码:040502012)

E.2.11.1 除污器组成安装(带调温、调压装置)

工作内容:清洗、切管、套丝、上零件、焊接、组对,制加垫,找平、找正、器具安装、压力试验等操作过程。 **计量单位:**组

	定额编号			DE1705	DE1706	DE1707	DE1708	DE1709
	项目名称			除污器组成安装(带调温、调压装置)				
				公称直径(mm 以内)				
				ϕ50	ϕ65	ϕ80	ϕ100	ϕ150
费用	**综合单价(元)**			**1783.66**	**2522.14**	**2935.46**	**3393.07**	**5851.88**
其中	人工费(元)			304.63	388.25	463.63	595.50	916.63
	材料费(元)			1269.56	1867.07	2152.18	2388.40	4306.09
	施工机具使用费(元)			57.34	72.93	88.11	111.78	171.39
	企业管理费(元)			80.60	102.73	122.68	157.57	242.54
	利润(元)			63.00	80.29	95.88	123.15	189.56
	一般风险费(元)			8.53	10.87	12.98	16.67	25.67
	编码	名称	单位	单价(元)	消耗量			
人工	000300150	管工综合工	工日	125.00	2.437	3.106	3.709	4.764	7.333
材料	215300240	调压板	个	—	(1.000)	(1.000)	(1.000)	(1.000)	(1.000)
	200103800	平焊法兰	片	—	(12.000)	(12.000)	(12.000)	(12.000)	(12.000)
	222500400	除污器	个	—	(1.000)	(1.000)	(1.000)	(1.000)	(1.000)
	190301510	法兰闸阀 Z45T-10 *DN*50	个	198.29	4.040	—	—	—	—
	190301520	法兰闸阀 Z45T-10 *DN*65	个	324.79	—	4.040	—	—	—
	190301530	法兰闸阀 Z45T-10 *DN*80	个	377.78	—	—	4.040	—	—
	190301540	法兰闸阀 Z45T-10 *DN*100	个	423.08	—	—	—	4.040	—
	190301550	法兰闸阀 Z45T-10 *DN*150	个	777.78	—	—	—	—	4.040
	020101560	橡胶石棉板 低压 δ=0.8~6	kg	13.25	0.840	1.050	1.560	2.040	3.360
	022701800	破布 一级	kg	4.40	0.240	0.240	0.240	0.360	0.360
	022901200	线麻	kg	19.47	0.120	0.120	0.120	0.120	0.120
	031310610	尼龙砂轮片 ϕ100	片	1.93	0.197	0.298	0.351	0.438	0.994
	031350340	低碳钢焊条 J427	kg	4.70	1.750	2.190	2.460	3.210	5.970
	031351010	碳钢气焊条<ϕ2	kg	4.70	0.120	0.140	0.140	0.080	0.080
	031392810	钢锯条	条	0.43	2.000	2.000	2.000	2.000	2.000
	140100100	清油	kg	16.51	0.120	0.120	0.240	0.240	0.360
	140701400	铅油	kg	4.62	0.530	0.840	0.960	1.380	1.950
	140700500	机油 综合	kg	4.70	0.700	0.700	0.700	0.700	1.100
	143900700	氧气	m^3	3.26	0.480	0.520	0.620	0.710	0.860

续前 计量单位:组

定额编号					DE1705	DE1706	DE1707	DE1708	DE1709
项目名称					除污器组成安装(带调温、调压装置)				
					公称直径(mm 以内)				
					ϕ50	ϕ65	ϕ80	ϕ100	ϕ150
材料	143901000	乙炔气	kg	12.01	0.170	0.190	0.220	0.260	0.310
	150101700	石棉扭绳 ϕ11～25	kg	13.50	0.020	0.020	0.020	0.020	0.020
	170100510	焊接钢管 DN15	m	1.70	1.000	1.000	1.200	1.200	1.200
	170100530	焊接钢管 DN20	m	2.85	0.500	0.500	0.500	0.500	0.500
	170100560	焊接钢管 DN25	kg	3.21	0.500	—	—	—	—
	170100570	焊接钢管 DN32	m	6.88	—	0.600	0.600	—	—
	170701550	热轧无缝钢管 D57×3.5	m	18.00	7.000	—	—	0.700	—
	170703900	无缝钢管 D73×4	m	24.00	—	7.000	—	—	0.800
	170704100	无缝钢管 D89×4	m	29.00	—	—	7.600	—	—
	170701900	热轧无缝钢管 D108×4	m	37.00	—	—	—	8.000	—
	170702200	热轧无缝钢管 D159×6	m	80.00	—	—	—	—	8.500
	180107550	黑玛钢活接头 DN15	个	1.54	1.010	1.010	1.010	1.010	1.010
	180107650	黑玛钢活接头 DN25	个	2.74	1.010	—	—	—	—
	180107700	黑玛钢活接头 DN32	个	3.42	—	1.010	1.010	—	—
	180109000	黑玛钢管箍 DN15	个	0.68	7.070	7.070	7.070	7.070	7.070
	190101790	螺纹截止阀 J11T－16 DN15	个	16.23	1.010	1.010	1.010	1.010	1.010
	190101900	螺纹截止阀 J11T－16 DN25	个	31.04	1.010	—	—	—	—
	190102000	螺纹截止阀 J11T－16 DN32	个	56.44	—	1.010	1.010	—	—
	192300500	丝扣旋塞阀 X13T－10 DN15	个	21.37	3.030	3.030	3.030	3.030	3.030
	192300510	丝扣旋塞阀 X13T－10 DN20	个	26.50	1.010	1.010	1.010	1.010	1.010
	240900500	温度计 0～120℃	支	13.25	1.000	1.000	1.000	1.000	1.000
	241100100	弹簧压力表 Y－100 0～1.6MPa	块	21.37	2.000	2.000	2.000	2.000	2.000
	245900100	压力表弯管 DN15	个	5.30	2.000	2.000	2.000	2.000	2.000
	246300400	压力表气门 DN15	个	24.27	2.000	2.000	2.000	2.000	2.000
	246900500	压力表补芯 15×10	个	9.32	2.000	2.000	2.000	2.000	2.000
	341101000	焦炭	kg	1.37	5.010	7.000	10.000	20.400	46.680
	002000020	其他材料费	元	—	12.57	18.49	21.31	23.65	42.63
机械	990759010	液压弯管机 管径 60mm	台班	48.14	0.053	0.071	0.080	0.142	0.159
	990904030	直流弧焊机 20kV·A	台班	72.88	0.725	0.920	1.115	1.389	2.167
	990919030	电焊条烘干箱 600×500×750	台班	26.74	0.073	0.092	0.112	0.139	0.217

E.2.11.2　除污器组成安装(不带调温、调压装置)

工作内容:清洗、切管、套丝、上零件、焊接、组对,制加垫,找平、找正、器具安装、压力试验等操作过程。　　计量单位:组

定额编号					DE1710	DE1711	DE1712	DE1713	DE1714
项目名称					除污器组成安装(不带调温、调压装置)				
					公称直径(mm 以内)				
					ϕ50	ϕ65	ϕ80	ϕ100	ϕ150
费用	综合单价(元)				632.23	775.88	911.36	1144.44	1782.56
	其中	人工费(元)			250.00	318.00	379.75	486.88	747.88
		材料费(元)			204.74	232.20	261.27	311.98	504.48
		施工机具使用费(元)			52.64	66.88	80.70	102.43	156.71
		企业管理费(元)			66.15	84.14	100.48	128.83	197.89
		利润(元)			51.70	65.76	78.53	100.69	154.66
		一般风险费(元)			7.00	8.90	10.63	13.63	20.94
	编码	名称	单位	单价(元)	消耗量				
人工	000300150	管工综合工	工日	125.00	2.000	2.544	3.038	3.895	5.983
材料	222500400	除污器	个	—	(1.000)	(1.000)	(1.000)	(1.000)	(1.000)
	200103800	平焊法兰	片	—	(8.000)	(8.000)	(8.000)	(8.000)	(8.000)
	190301510	法兰闸阀 Z45T－10 *DN*50	个	—	(3.030)	(3.030)	(3.030)	(3.030)	(3.030)
	020101550	石棉橡胶板 低压 δ=0.8～6	kg	13.25	0.560	0.740	1.060	1.400	2.240
	022701800	破布 一级	kg	4.40	0.160	0.160	0.160	0.240	0.240
	022901200	线麻	kg	19.47	0.010	0.010	0.010	0.010	0.010
	031310610	尼龙砂轮片 ϕ100	片	1.93	0.131	0.200	0.234	0.292	0.660
	031350340	低碳钢焊条 J427	kg	4.70	1.190	1.720	1.880	2.630	4.730
	031351010	碳钢气焊条＜ϕ2	kg	4.70	0.100	0.100	0.100	0.100	0.100
	031392810	钢锯条	条	0.43	1.500	1.500	1.500	1.500	1.500
	140100100	清油	kg	16.51	0.080	0.080	0.160	0.160	0.240
	140701400	铅油	kg	4.62	0.320	0.400	0.560	0.810	1.130
	140700500	机油 综合	kg	4.70	0.560	0.560	0.560	0.800	0.800
	143900700	氧气	m^3	3.26	0.350	0.490	0.830	1.050	1.430
	143901000	乙炔气	kg	12.01	0.130	0.180	0.300	0.380	0.510
	150100400	石棉绳 ϕ6	kg	10.26	0.010	0.010	0.010	0.010	0.010
	170100510	焊接钢管 *DN*15	m	1.70	0.300	0.300	0.300	0.300	0.300
	170100530	焊接钢管 *DN*20	m	2.85	0.300	0.300	0.300	0.300	0.300
	170701550	热轧无缝钢管 *D*57×3.5	m	18.00	3.000	—	—	—	—
	170703900	无缝钢管 *D*73×4	m	24.00	—	3.000	—	—	—
	170704100	无缝钢管 *D*89×4	m	29.00	—	—	3.000	—	—
	170701900	热轧无缝钢管 *D*108×4	m	37.00	—	—	—	3.000	—
	170702200	热轧无缝钢管 *D*159×6	m	80.00	—	—	—	—	3.000
	192300010	螺纹旋塞阀 X13T－10 *DN*15	个	13.25	1.010	1.010	1.010	1.010	1.010
	192300100	螺纹旋塞阀 X13T－10 *DN*50	个	102.56	1.010	1.010	1.010	1.010	1.010
	341101000	焦炭	kg	1.37	5.010	7.020	10.020	20.060	45.090
	002000020	其他材料费	元	—	2.03	2.30	2.59	3.09	4.99
机械	990759010	液压弯管机 管径 60mm	台班	48.14	0.053	0.071	0.080	0.142	0.159
	990904030	直流弧焊机 20kV·A	台班	72.88	0.663	0.840	1.017	1.265	1.973
	990919030	电焊条烘干箱 600×500×750	台班	26.74	0.066	0.084	0.102	0.127	0.197

E.2.11.3 除污器安装

工作内容:切管、焊接、组对,制加垫,除污器、放风管、阀门安装,压力试验等操作过程。 **计量单位**:组

					DE1715	DE1716	DE1717	DE1718	DE1719
定额编号					DE1715	DE1716	DE1717	DE1718	DE1719
项目名称					除污器组成安装				
					公称直径(mm 以内)				
					ϕ200	ϕ250	ϕ300	ϕ350	ϕ400
费用	综合单价(元)				**469.53**	**658.73**	**836.19**	**1257.67**	**1746.93**
	其中	人工费(元)			236.00	337.88	447.63	706.50	1008.38
		材料费(元)			88.39	114.66	119.32	150.05	180.44
		施工机具使用费(元)			27.28	37.46	45.70	48.30	54.53
		企业管理费(元)			62.45	89.40	118.44	186.94	266.82
		利润(元)			48.80	69.87	92.57	146.10	208.53
		一般风险费(元)			6.61	9.46	12.53	19.78	28.23
	编码	名称	单位	单价(元)	消耗量				
人工	000300150	管工综合工	工日	125.00	1.888	2.703	3.581	5.652	8.067
材料	222500400	除污器	个	—	(1.000)	(1.000)	(1.000)	(1.000)	(1.000)
	200103800	平焊法兰	片	—	(2.000)	(2.000)	(2.000)	(2.000)	(2.000)
	020101550	石棉橡胶板 低压 δ=0.8~6	kg	13.25	0.660	0.740	0.800	1.080	1.380
	022701800	破布 一级	kg	4.40	0.060	0.080	0.100	0.100	0.120
	030108023	六角螺栓带螺母 M20×80	套	2.16	16.320	24.480	24.480	32.640	—
	030108027	六角螺栓带螺母 M22×90	套	2.88	—	—	—	—	32.640
	031310610	尼龙砂轮片 ϕ100	片	1.93	0.229	0.394	0.471	0.645	0.794
	031350340	低碳钢焊条 J427	kg	4.70	1.110	2.300	2.850	4.610	4.820
	140100100	清油	kg	16.51	0.060	0.080	0.100	0.100	0.120
	140701400	铅油	kg	4.62	0.340	0.400	0.500	0.500	0.600
	140700500	机油 综合	kg	4.70	0.090	0.100	0.100	0.100	0.100
	143900700	氧气	m^3	3.26	0.174	0.260	0.290	0.360	0.430
	143901000	乙炔气	kg	12.01	0.058	0.090	0.100	0.120	0.140
	170100530	焊接钢管 *DN*20	m	2.85	0.700	0.700	0.700	0.700	0.700
	190101900	螺纹截止阀 J11T−16 *DN*25	个	31.04	1.010	1.010	1.010	1.010	1.010
	002000020	其他材料费	元	—	0.88	1.14	1.18	1.49	1.79
机械	990401030	载重汽车 8t	台班	474.25	0.007	0.007	0.007	0.008	0.009
	990904030	直流弧焊机 20kV·A	台班	72.88	0.317	0.452	0.561	0.589	0.665
	990919030	电焊条烘干箱 600×500×750	台班	26.74	0.032	0.045	0.056	0.059	0.067

E.2.12 凝水缸(编码:040502013)

E.2.12.1 低压碳钢凝水缸制作

工作内容:放样、下料、切割、坡口、对口、点焊、焊接成型、强度试验等操作过程。　　计量单位:个

定额编号					DE1720	DE1721	DE1722	DE1723	DE1724
项目名称					低压碳钢凝水缸制作				
					公称直径(mm 以内)				
					ϕ80	ϕ100	ϕ150	ϕ200	ϕ250
费用	综合单价(元)				**362.54**	**393.54**	**523.27**	**582.16**	**557.61**
	其中	人工费(元)			129.50	141.63	212.63	221.88	233.25
		材料费(元)			119.54	128.37	146.28	182.60	167.75
		施工机具使用费(元)			48.82	52.81	58.18	66.88	40.12
		企业管理费(元)			34.27	37.47	56.26	58.71	61.72
		利润(元)			26.78	29.29	43.97	45.88	48.24
		一般风险费(元)			3.63	3.97	5.95	6.21	6.53
	编码	名称	单位	单价(元)	消耗量				
人工	000300150	管工综合工	工日	125.00	1.036	1.133	1.701	1.775	1.866
材料	012900086	钢板 $\delta=8$	kg	3.43	7.740	7.740	7.740	7.740	—
	012900091	钢板 $\delta=10$ 以外	kg	3.08	—	—	—	—	4.920
	031310610	尼龙砂轮片 ϕ100	片	1.93	0.110	0.115	0.125	0.145	0.090
	031350010	低碳钢焊条 综合	kg	4.19	2.040	2.200	2.380	2.880	1.800
	143900700	氧气	m^3	3.26	1.290	1.430	1.650	2.010	1.590
	143901000	乙炔气	kg	12.01	0.420	0.480	0.540	0.680	0.530
	170102010	钢管 $D42\times3.5$	m	12.85	0.160	0.160	0.160	0.160	0.160
	170102040	钢管 $D89\times4.5$	m	33.68	0.360	—	—	—	—
	170102050	钢管 $D108\times4.5$	m	42.12	—	0.360	—	—	—
	170102070	钢管 $D159\times4.5$	m	63.50	—	—	0.360	—	—
	170102090	钢管 $D219\times6$	m	114.45	—	—	—	0.402	—
	180307300	钢管 $D273\times7$	m	128.21	0.465	0.495	0.556	0.617	1.011
	002000020	其他材料费	元	—	1.18	1.27	1.45	1.81	1.66
机械	990904030	直流弧焊机 20kV·A	台班	72.88	0.646	0.699	0.770	0.885	0.531
	990919030	电焊条烘干箱 600×500×750	台班	26.74	0.065	0.070	0.077	0.089	0.053

工作内容：放样、下料、切割、坡口、对口、点焊、焊接成型、强度试验等操作过程。　　计量单位：个

定额编号					DE1725	DE1726	DE1727
项目名称					低压碳钢凝水缸制作		
					公称直径(mm 以内)		
					ϕ300	ϕ400	ϕ500
费用	综合单价（元）				**779.26**	**1139.02**	**1655.48**
	其中	人工费（元）			265.25	340.50	442.00
		材料费（元）			306.14	537.06	869.89
		施工机具使用费（元）			75.40	91.41	122.85
		企业管理费（元）			70.19	90.10	116.95
		利润（元）			54.85	70.42	91.41
		一般风险费（元）			7.43	9.53	12.38
	编码	名称	单位	单价(元)	消耗量		
人工	000300150	管工综合工	工日	125.00	2.122	2.724	3.536
材料	012900091	钢板 δ=10 以外	kg	3.08	6.980	11.980	18.530
	031310610	尼龙砂轮片 ϕ100	片	1.93	0.115	0.175	0.235
	031350010	低碳钢焊条 综合	kg	4.19	2.560	3.940	5.700
	143900700	氧气	m^3	3.26	2.010	2.670	3.330
	143901000	乙炔气	kg	12.01	0.680	0.890	1.100
	170102010	钢管 $D42\times3.5$	m	12.85	0.160	0.160	0.160
	170102110	钢管 $D325\times8$	m	241.80	1.050	—	—
	170103130	钢管 $D426\times9$	m	397.00	—	1.150	—
	170103140	钢管 $D530\times10$	m	603.00	—	—	1.250
	002000020	其他材料费	元	—	3.03	5.32	8.61
机械	990304004	汽车式起重机 8t	台班	705.33	0.035	0.035	0.053
	990401030	载重汽车 8t	台班	474.25	0.004	0.004	0.004
	990904030	直流弧焊机 20kV·A	台班	72.88	0.646	0.858	1.106
	990919030	电焊条烘干箱 600×500×750	台班	26.74	0.065	0.086	0.111

E.2.12.2 中压碳钢凝水缸制作

工作内容：放样、下料、切割、坡口、对口、点焊、焊接成型、强度试验等操作过程。　　计量单位：个

		定额编号			DE1728	DE1729	DE1730	DE1731	DE1732
		项目名称			中压碳钢凝水缸制作				
					公称直径(mm 以内)				
					ϕ80	ϕ100	ϕ150	ϕ200	ϕ250
费用		综合单价（元）			**449.55**	**493.60**	**717.10**	**783.86**	**840.62**
	其中	人工费（元）			155.63	170.13	256.00	266.63	280.13
		材料费（元）			157.41	175.65	257.09	297.18	324.35
		施工机具使用费（元）			58.79	62.86	76.16	86.89	96.25
		企业管理费（元）			41.18	45.02	67.74	70.55	74.12
		利润（元）			32.18	35.18	52.94	55.14	57.93
		一般风险费（元）			4.36	4.76	7.17	7.47	7.84
	编码	名称	单位	单价(元)	消耗量				
人工	000300150	管工综合工	工日	125.00	1.245	1.361	2.048	2.133	2.241
材料	012900086	钢板 δ=8	kg	3.43	5.560	5.560	—	—	—
	012900091	钢板 δ=10 以外	kg	3.08	—	—	9.420	9.420	9.420
	031310610	尼龙砂轮片 ϕ100	片	1.93	0.135	0.140	0.190	0.215	0.240
	031350010	低碳钢焊条 综合	kg	4.19	2.820	3.000	4.080	4.580	5.260
	143900700	氧气	m^3	3.26	1.590	1.720	2.190	2.570	2.970
	143901000	乙炔气	kg	12.01	0.540	0.580	0.730	0.870	0.990
	170102020	钢管 $D60\times3.5$	m	18.98	0.160	0.160	0.160	0.160	0.160
	170102030	钢管 $D89\times4$	m	30.17	0.360	—	—	—	—
	170102050	钢管 $D108\times4.5$	m	42.12	—	0.360	—	—	—
	170102070	钢管 $D159\times4.5$	m	63.50	—	—	0.360	—	—
	170102090	钢管 $D219\times6$	m	114.45	—	—	—	0.360	—
	180307300	钢管 $D273\times7$	m	128.21	—	—	—	—	0.360
	170102110	钢管 $D325\times8$	m	241.80	0.410	0.460	—	—	—
	170102120	钢管 $D377\times9$	m	326.00	—	—	0.510	0.560	0.610
	002000020	其他材料费	元	—	1.56	1.74	2.55	2.94	3.21
机械	990904030	直流弧焊机 20kV·A	台班	72.88	0.778	0.832	1.008	1.150	1.274
	990919030	电焊条烘干箱 600×500×750	台班	26.74	0.078	0.083	0.101	0.115	0.127

工作内容:放样、下料、切割、坡口、对口、点焊、焊接成型、强度试验等操作过程。　　**计量单位**:个

定额编号					DE1733	DE1734	DE1735	DE1736
项目名称					中压碳钢凝水缸制作			
					公称直径(mm 以内)			
					ϕ300	ϕ400	ϕ500	ϕ600
费用	综合单价(元)				**1069.42**	**1243.69**	**1894.34**	**2367.87**
	其中	人工费(元)			314.75	405.00	526.25	611.50
		材料费(元)			458.62	544.34	981.73	1304.62
		施工机具使用费(元)			138.87	92.10	123.54	146.37
		企业管理费(元)			83.28	107.16	139.25	161.80
		利润(元)			65.09	83.75	108.83	126.46
		一般风险费(元)			8.81	11.34	14.74	17.12
	编码	名称	单位	单价(元)	消耗量			
人工	000300150	管工综合工	工日	125.00	2.518	3.240	4.210	4.892
材料	012901700	热轧厚钢板 δ=12～16	kg	3.08	—	—	22.260	31.460
	012900091	钢板 δ=10 以外	kg	3.08	11.980	11.980	—	—
	031310610	尼龙砂轮片 ϕ100	片	1.93	0.285	0.175	0.235	0.280
	031350010	低碳钢焊条 综合	kg	4.19	6.480	0.396	5.700	6.780
	143900700	氧气	m^3	3.26	3.500	2.860	3.580	4.180
	143901000	乙炔气	kg	12.01	1.170	0.940	1.180	1.390
	170102020	钢管 $D60\times3.5$	m	18.98	0.160	0.160	0.160	0.160
	170102110	钢管 $D325\times8$	m	241.80	0.360	—	—	—
	170103130	钢管 $D426\times9$	m	397.00	0.690	1.200	—	—
	170103140	钢管 $D530\times10$	m	603.00	—	—	1.410	—
	170103150	钢管 $D630\times10$	m	750.00	—	—	—	1.510
	002000020	其他材料费	元	—	4.54	5.39	9.72	12.92
机械	990304004	汽车式起重机 8t	台班	705.33	0.035	0.035	0.053	0.062
	990401030	载重汽车 8t	台班	474.25	0.004	0.004	0.004	0.005
	990904030	直流弧焊机 20kV·A	台班	72.88	1.486	0.867	1.115	1.327
	990919030	电焊条烘干箱 600×500×750	台班	26.74	0.149	0.087	0.112	0.133

E.2.12.3　低压碳钢凝水缸安装

工作内容:安装罐体、找平、找正、对口、焊接、量尺寸、配管、组装、防护罩安装等操作过程。　　**计量单位**:组

定额编号					DE1737	DE1738	DE1739	DE1740	DE1741
项目名称					低压碳钢凝水缸安装				
					公称直径(mm 以内)				
					ϕ80	ϕ100	ϕ150	ϕ200	ϕ250
费用	综合单价(元)				**211.67**	**235.93**	**316.84**	**333.90**	**350.63**
	其中	人工费(元)			84.13	96.50	147.88	149.75	154.63
		材料费(元)			56.13	57.85	59.67	64.57	72.69
		施工机具使用费(元)			29.39	33.39	35.44	44.80	46.09
		企业管理费(元)			22.26	25.53	39.13	39.62	40.91
		利润(元)			17.40	19.96	30.58	30.97	31.98
		一般风险费(元)			2.36	2.70	4.14	4.19	4.33
	编码	名称	单位	单价(元)	消耗量				
人工	000300150	管工综合工	工日	125.00	0.673	0.772	1.183	1.198	1.237
材料	215100200	碳钢凝水缸	个	—	(1.000)	(1.000)	(1.000)	(1.000)	(1.000)
	224900300	防护罩	套	—	(1.000)	(1.000)	(1.000)	(1.000)	(1.000)
	031350010	低碳钢焊条 综合	kg	4.19	0.500	0.600	0.690	1.250	2.470
	031351010	碳钢气焊条 $<\phi2$	kg	4.70	0.070	0.090	0.110	0.130	0.150
	041300010	标准砖 240×115×53	千块	422.33	0.013	0.013	0.013	0.013	0.013
	143900700	氧气	m^3	3.26	0.520	0.600	0.700	0.990	1.300
	143901000	乙炔气	kg	12.01	0.200	0.230	0.270	0.370	0.500
	170300300	镀锌钢管 *DN*25	m	5.22	2.330	2.440	2.540	2.590	2.640
	170300500	镀锌钢管 *DN*50	m	14.80	2.060	2.060	2.060	2.060	2.060
	180309350	镀锌丝堵 *DN*25(堵头)	个	0.90	1.010	1.010	1.010	1.010	1.010
	002000020	其他材料费	元	—	0.56	0.57	0.59	0.64	0.72
机械	990904030	直流弧焊机 20kV·A	台班	72.88	0.389	0.442	0.469	0.593	0.610
	990919030	电焊条烘干箱 600×500×750	台班	26.74	0.039	0.044	0.047	0.059	0.061

工作内容:安装罐体、找平、找正、对口、焊接、量尺寸、配管、组装、防护罩安装等操作过程。　　　　**计量单位:**组

定额编号					DE1742	DE1743	DE1744	DE1745	DE1746
项目名称					低压碳钢凝水缸安装				
					公称直径(mm 以内)				
					ϕ300	ϕ400	ϕ500	ϕ600	ϕ700
费用	综合单价(元)				**417.03**	**501.45**	**587.10**	**727.13**	**859.14**
	其中	人工费(元)			172.00	211.25	272.25	362.25	428.63
		材料费(元)			77.76	91.91	101.14	106.23	122.20
		施工机具使用费(元)			81.37	92.78	77.75	77.75	94.26
		企业管理费(元)			45.51	55.90	72.04	95.85	113.41
		利润(元)			35.57	43.69	56.30	74.91	88.64
		一般风险费(元)			4.82	5.92	7.62	10.14	12.00
	编码	名称	单位	单价(元)	消耗量				
人工	000300150	管工综合工	工日	125.00	1.376	1.690	2.178	2.898	3.429
材料	215100200	碳钢凝水缸	个	—	(1.000)	(1.000)	(1.000)	(1.000)	(1.000)
	224900300	防护罩	套	—	(1.000)	(1.000)	(1.000)	(1.000)	(1.000)
	031350010	低碳钢焊条 综合	kg	4.19	2.970	4.830	6.160	6.780	9.480
	031351010	碳钢气焊条<ϕ2	kg	4.70	0.180	0.200	0.220	0.240	0.280
	041300010	标准砖 240×115×53	千块	422.33	0.013	0.013	0.013	0.013	0.013
	143900700	氧气	m^3	3.26	1.590	2.270	2.600	2.830	3.240
	143901000	乙炔气	kg	12.01	0.610	0.870	1.000	1.090	1.250
	170300300	镀锌钢管 *DN*25	m	5.22	2.740	2.890	3.050	3.150	3.350
	170300500	镀锌钢管 *DN*50	m	14.80	2.060	2.060	2.060	2.060	2.060
	180309350	镀锌丝堵 *DN*25(堵头)	个	0.90	1.010	1.010	1.010	1.010	1.010
	002000020	其他材料费	元	—	0.77	0.91	1.00	1.05	1.21
机械	990304004	汽车式起重机 8t	台班	705.33	0.035	0.035	0.009	0.009	0.022
	990401030	载重汽车 8t	台班	474.25	0.004	0.004	0.004	0.004	0.004
	990904030	直流弧焊机 20kV·A	台班	72.88	0.725	0.876	0.920	0.920	1.017
	990919030	电焊条烘干箱 600×500×750	台班	26.74	0.073	0.088	0.092	0.092	0.102

工作内容:安装罐体、找平、找正、对口、焊接、量尺寸、配管、组装、防护罩安装等操作过程。　　　　**计量单位:**组

定额编号					DE1747	DE1748	DE1749	DE1750
项目名称					低压碳钢凝水缸安装			
					公称直径(mm 以内)			
					ϕ800	ϕ900	ϕ1000	ϕ1200
费用	综合单价(元)				**1013.62**	**1176.55**	**1394.09**	**1646.76**
	其中	人工费(元)			503.63	595.75	710.00	850.00
		材料费(元)			130.28	140.22	171.46	194.46
		施工机具使用费(元)			128.20	143.06	158.05	177.81
		企业管理费(元)			133.26	157.64	187.87	224.91
		利润(元)			104.15	123.20	146.83	175.78
		一般风险费(元)			14.10	16.68	19.88	23.80
	编码	名称	单位	单价(元)	消耗量			
人工	000300150	管工综合工	工日	125.00	4.029	4.766	5.680	6.800
材料	215100200	碳钢凝水缸	个	—	(1.000)	(1.000)	(1.000)	(1.000)
	224900300	防护罩	套	—	(1.000)	(1.000)	(1.000)	(1.000)
	031350010	低碳钢焊条 综合	kg	4.19	10.680	11.980	17.060	20.430
	031351010	碳钢气焊条<ϕ2	kg	4.70	0.320	0.340	0.380	0.420
	041300010	标准砖 240×115×53	千块	422.33	0.013	0.013	0.013	0.013
	143900700	氧气	m^3	3.26	3.530	3.940	5.010	5.980
	143901000	乙炔气	kg	12.01	1.360	1.520	1.930	2.280
	170300300	镀锌钢管 *DN*25	m	5.22	3.450	3.650	3.850	4.060
	170300500	镀锌钢管 *DN*50	m	14.80	2.060	2.060	2.060	2.060
	180309350	镀锌丝堵 *DN*25(堵头)	个	0.90	1.010	1.010	1.010	1.010
	002000020	其他材料费	元	—	1.29	1.39	1.70	1.93
机械	990304004	汽车式起重机 8t	台班	705.33	0.022	0.027	—	—
	990304012	汽车式起重机 12t	台班	797.85	—	—	0.027	0.035
	990401030	载重汽车 8t	台班	474.25	0.005	0.005	0.006	0.006
	990904030	直流弧焊机 20kV·A	台班	72.88	1.460	1.610	1.769	1.946
	990919030	电焊条烘干箱 600×500×750	台班	26.74	0.146	0.161	0.177	0.195

E.2.12.4　**中压碳钢凝水缸安装**

工作内容:安装罐体、找平、找正、对口、焊接、量尺寸、配管、组装、头部安装、抽水缸小井砌筑等操作过程。　**计量单位**:组

		定额编号			DE1751	DE1752	DE1753	DE1754	DE1755
		项目名称			中压碳钢凝水缸安装				
					公称直径(mm 以内)				
					ϕ80	ϕ100	ϕ150	ϕ200	ϕ250
费用		**综合单价(元)**			**612.30**	**641.25**	**738.35**	**755.68**	**773.72**
	其中	人工费(元)			87.13	101.63	163.88	165.88	171.38
		材料费(元)			450.64	453.84	455.57	460.55	469.04
		施工机具使用费(元)			31.02	35.02	37.06	46.42	47.71
		企业管理费(元)			23.05	26.89	43.36	43.89	45.35
		利润(元)			18.02	21.02	33.89	34.30	35.44
		一般风险费(元)			2.44	2.85	4.59	4.64	4.80
	编码	名称	单位	单价(元)	消耗量				
人工	000300150	管工综合工	工日	125.00	0.697	0.813	1.311	1.327	1.371
材料	215100200	碳钢凝水缸	个	—	(1.000)	(1.000)	(1.000)	(1.000)	(1.000)
	334100010	头部装置	套	—	(1.000)	(1.000)	(1.000)	(1.000)	(1.000)
	360102310	铸铁井盖 ϕ760	套	—	(1.000)	(1.000)	(1.000)	(1.000)	(1.000)
	840201040	预拌混凝土 C20	m^3	247.57	0.120	0.120	0.120	0.120	0.120
	031350010	低碳钢焊条 综合	kg	4.19	0.500	0.610	0.690	1.240	2.500
	031351010	碳钢气焊条＜ϕ2	kg	4.70	0.120	0.130	0.140	0.150	0.160
	041300010	标准砖 240×115×53	千块	422.33	0.389	0.389	0.389	0.389	0.389
	143900700	氧气	m^3	3.26	0.540	0.620	0.720	1.020	1.370
	143901000	乙炔气	kg	12.01	0.210	0.240	0.280	0.390	0.530
	170300300	镀锌钢管 *DN*25	m	5.22	2.050	2.440	2.540	2.590	2.640
	170300500	镀锌钢管 *DN*50	m	14.80	2.060	2.060	2.060	2.060	2.060
	341100120	水	t	4.42	0.048	0.048	0.048	0.048	0.048
	341100400	电	kW·h	0.70	0.040	0.050	0.049	0.067	0.065
	850201070	预拌混合砂浆 M7.5	m^3	318.45	0.197	0.197	0.197	0.197	0.197
	820105010	二合土(灰土)3:7	m^3	190.65	0.740	0.740	0.740	0.740	0.740
	002000020	其他材料费	元	—	4.46	4.49	4.51	4.56	4.64
机械	990904030	直流弧焊机 20kV·A	台班	72.88	0.389	0.442	0.469	0.593	0.610
	990611010	干混砂浆罐式搅拌机 20000L	台班	232.40	0.007	0.007	0.007	0.007	0.007
	990919030	电焊条烘干箱 600×500×750	台班	26.74	0.039	0.044	0.047	0.059	0.061

工作内容：安装罐体、找平、找正、对口、焊接、量尺寸、配管、组装、头部安装、抽水缸小井砌筑等操作过程。　计量单位：组

定额编号					DE1756	DE1757	DE1758	DE1759	DE1760
项目名称					中压碳钢凝水缸安装				
					公称直径(mm 以内)				
					ϕ300	ϕ400	ϕ500	ϕ600	ϕ700
费用	综合单价（元）				**844.80**	**940.09**	**1077.36**	**1178.54**	**1330.59**
	其中	人工费（元）			192.25	238.75	311.88	371.75	449.38
		材料费（元）			473.54	487.70	496.94	501.99	517.81
		施工机具使用费（元）			83.00	94.41	112.79	119.14	138.99
		企业管理费（元）			50.87	63.17	82.52	98.37	118.90
		利润（元）			39.76	49.37	64.50	76.88	92.93
		一般风险费（元）			5.38	6.69	8.73	10.41	12.58
	编码	名称	单位	单价(元)	消耗量				
人工	000300150	管工综合工	工日	125.00	1.538	1.910	2.495	2.974	3.595
材料	215100200	碳钢凝水缸	个	—	(1.000)	(1.000)	(1.000)	(1.000)	(1.000)
	334100010	头部装置	套	—	(1.000)	(1.000)	(1.000)	(1.000)	(1.000)
	360102310	铸铁井盖 ϕ760	套	—	(1.000)	(1.000)	(1.000)	(1.000)	(1.000)
	840201040	预拌混凝土 C20	m^3	247.57	0.120	0.120	0.120	0.120	0.120
	031350010	低碳钢焊条 综合	kg	4.19	2.970	4.830	6.160	6.770	9.480
	031351010	碳钢气焊条＜ϕ2	kg	4.70	0.180	0.200	0.220	0.240	0.280
	041300010	标准砖 240×115×53	千块	422.33	0.389	0.389	0.389	0.389	0.389
	143900700	氧气	m^3	3.26	1.610	2.290	2.620	2.850	3.240
	143901000	乙炔气	kg	12.01	0.620	0.880	1.010	1.100	1.250
	170300300	镀锌钢管 *DN*25	m	5.22	2.740	2.890	3.050	3.150	3.350
	170300500	镀锌钢管 *DN*50	m	14.80	2.060	2.060	2.060	2.060	2.060
	341100120	水	t	4.42	0.048	0.048	0.048	0.048	0.048
	341100400	电	kW·h	0.70	0.071	0.088	0.098	0.098	0.104
	850201070	预拌混合砂浆 M7.5	m^3	318.45	0.197	0.197	0.197	0.197	0.197
	820105010	二合土(灰土)3∶7	m^3	190.65	0.740	0.740	0.740	0.740	0.740
	002000020	其他材料费	元	—	4.69	4.83	4.92	4.97	5.13
机械	990304004	汽车式起重机 8t	台班	705.33	0.035	0.035	0.053	0.062	0.071
	990401030	载重汽车 8t	台班	474.25	0.004	0.004	0.009	0.009	0.022
	990904030	直流弧焊机 20kV·A	台班	72.88	0.725	0.876	0.920	0.920	1.017
	990611010	干混砂浆罐式搅拌机 20000L	台班	232.40	0.007	0.007	0.007	0.007	0.007
	990919030	电焊条烘干箱 600×500×750	台班	26.74	0.073	0.088	0.092	0.092	0.102

工作内容:安装罐体、找平、找正、对口、焊接、量尺寸、配管、组装、头部安装、抽水缸小井砌筑等操作过程。 **计量单位:**组

定额编号					DE1761	DE1762	DE1763	DE1764
项目名称					中压碳钢凝水缸安装			
					公称直径(mm 以内)			
					ϕ800	ϕ900	ϕ1000	ϕ1200
费用	**综合单价(元)**				**1513.66**	**1708.64**	**1988.31**	**2293.42**
	其中	人工费(元)			539.50	650.00	787.63	954.50
		材料费(元)			525.93	535.89	567.50	590.39
		施工机具使用费(元)			178.80	198.14	239.84	271.85
		企业管理费(元)			142.75	171.99	208.41	252.56
		利润(元)			111.57	134.42	162.88	197.39
		一般风险费(元)			15.11	18.20	22.05	26.73
	编码	名称	单位	单价(元)	消耗量			
人工	000300150	管工综合工	工日	125.00	4.316	5.200	6.301	7.636
材料	215100200	碳钢凝水缸	个	—	(1.000)	(1.000)	(1.000)	(1.000)
	334100010	头部装置	套	—	(1.000)	(1.000)	(1.000)	(1.000)
	360102310	铸铁井盖 ϕ760	套	—	(1.000)	(1.000)	(1.000)	(1.000)
	840201040	预拌混凝土 C20	m^3	247.57	0.120	0.120	0.120	0.120
	031350010	低碳钢焊条 综合	kg	4.19	10.680	11.980	17.060	20.430
	031351010	碳钢气焊条<ϕ2	kg	4.70	0.320	0.340	0.380	0.420
	041300010	标准砖 240×115×53	千块	422.33	0.389	0.389	0.389	0.389
	143900700	氧气	m^3	3.26	3.530	3.940	5.010	5.980
	143901000	乙炔气	kg	12.01	1.360	1.520	1.960	2.300
	170300300	镀锌钢管 *DN*25	m	5.22	3.450	3.650	3.850	4.060
	170300500	镀锌钢管 *DN*50	m	14.80	2.060	2.060	2.060	2.060
	341100120	水	t	4.42	0.048	0.048	0.048	0.048
	341100400	电	kW·h	0.70	0.155	0.171	0.188	0.202
	850201070	预拌混合砂浆 M7.5	m^3	318.45	0.197	0.197	0.197	0.197
	820105010	二合土(灰土)3:7	m^3	190.65	0.740	0.740	0.740	0.740
	002000020	其他材料费	元	—	5.21	5.31	5.62	5.85
机械	990304004	汽车式起重机 8t	台班	705.33	0.080	0.088	—	—
	990304012	汽车式起重机 12t	台班	797.85	—	—	0.115	0.133
	990401030	载重汽车 8t	台班	474.25	0.022	0.027	0.027	0.036
	990904030	直流弧焊机 20kV·A	台班	72.88	1.460	1.610	1.769	1.946
	990611010	干混砂浆罐式搅拌机 20000L	台班	232.40	0.007	0.007	0.007	0.007
	990919030	电焊条烘干箱 600×500×750	台班	26.74	0.146	0.161	0.177	0.195

E.2.12.5　低压铸铁凝水缸安装(机械接口)

工作内容:抽水立管安装、抽水缸与管道连接,防护罩、井盖安装等操作过程。　　计量单位:组

定额编号					DE1765	DE1766	DE1767	DE1768
项目名称					低压铸铁凝水缸安装(机械接口)			
					公称直径(mm 以内)			
					ϕ100	ϕ150	ϕ200	ϕ300
费用	综合单价(元)				**285.07**	**350.91**	**388.55**	**498.49**
	其中	人工费(元)			130.50	161.75	183.63	199.50
		材料费(元)			89.40	108.38	113.22	172.77
		施工机具使用费(元)			—	—	—	26.58
		企业管理费(元)			34.53	42.80	48.59	52.79
		利润(元)			26.99	33.45	37.97	41.26
		一般风险费(元)			3.65	4.53	5.14	5.59
	编码	名称	单位	单价(元)	消耗量			
人工	000300150	管工综合工	工日	125.00	1.044	1.294	1.469	1.596
材料	200000600	活动法兰	片	—	(2.000)	(2.000)	(2.000)	(2.000)
	200103800	平焊法兰	片	—	(2.000)	(2.000)	(2.000)	(2.000)
	222100100	铸铁凝水器	个	—	(1.000)	(1.000)	(1.000)	(1.000)
	224900300	防护罩	套	—	(1.000)	(1.000)	(1.000)	(1.000)
	840201040	预拌混凝土 C20	m^3	247.57	0.011	0.011	0.011	0.011
	020100600	耐酸橡胶板 3	kg	6.75	0.560	0.810	0.920	1.500
	020503520	橡胶密封圈 DN100	个	0.75	2.060	—	—	—
	020503530	橡胶密封圈 DN150	个	2.99	—	2.060	—	—
	020503540	橡胶密封圈 DN200	个	3.76	—	—	2.060	—
	020503550	橡胶密封圈 DN300	个	23.08	—	—	—	2.060
	020900900	塑料薄膜	m^2	0.45	0.510	0.510	0.510	0.510
	030133430	带帽玛铁螺栓 M20×100	套	1.88	8.240	12.360	12.360	16.480
	030163230	镀锌垫圈 M20	个	0.17	8.240	12.360	12.360	16.480
	041300010	标准砖 240×115×53	千块	422.33	0.017	0.017	0.017	0.017
	133100600	石油沥青 10#	kg	2.56	0.960	0.960	0.960	0.960
	143900700	氧气	m^3	3.26	0.060	0.100	0.160	0.240
	143901000	乙炔气	kg	12.01	0.020	0.040	0.060	0.100
	155501800	玻璃布 综合	m^2	1.65	0.550	0.550	0.550	0.550
	170300300	镀锌钢管 DN25	m	5.22	2.440	2.540	2.590	2.740
	170300500	镀锌钢管 DN50	m	14.80	2.060	2.060	2.060	2.060
	180309350	镀锌丝堵 DN25(堵头)	个	0.90	1.010	1.010	1.010	1.010
	182506230	镀锌管箍 DN25	个	1.28	2.020	2.020	2.020	2.020
	215500300	支撑圈 DN100	套	2.74	2.060	—	—	—
	215500400	支撑圈 DN150	套	4.27	—	2.060	—	—
	215500500	支撑圈 DN200	套	5.13	—	—	2.060	—
	215500700	支撑圈 DN300	套	7.69	—	—	—	2.060
	002000020	其他材料费	元	—	0.89	1.07	1.12	1.71
机械	990304004	汽车式起重机 8t	台班	705.33	—	—	—	0.035
	990401030	载重汽车 8t	台班	474.25	—	—	—	0.004

工作内容：抽水立管安装、抽水缸与管道连接，防护罩、井盖安装等操作过程。　　计量单位：组

定额编号					DE1769	DE1770	DE1771
项目名称					低压铸铁凝水缸安装(机械接口)		
					公称直径(mm 以内)		
					ϕ400	ϕ500	ϕ600
费用	综合单价(元)				**615.73**	**858.87**	**1087.41**
	其中	人工费(元)			238.75	299.13	365.13
		材料费(元)			231.17	371.07	494.31
		施工机具使用费(元)			26.58	39.28	45.63
		企业管理费(元)			63.17	79.15	96.61
		利润(元)			49.37	61.86	75.51
		一般风险费(元)			6.69	8.38	10.22
	编码	名称	单位	单价(元)	消耗量		
人工	000300150	管工综合工	工日	125.00	1.910	2.393	2.921
材料	200000600	活动法兰	片	—	(2.000)	(2.000)	(2.000)
	200103800	平焊法兰	片	—	(2.000)	(2.000)	(2.000)
	222100100	铸铁凝水器	个	—	(1.000)	(1.000)	(1.000)
	224900300	防护罩	套	—	(1.000)	(1.000)	(1.000)
	840201040	预拌混凝土 C20	m^3	247.57	0.011	0.011	0.011
	020100600	耐酸橡胶板 3	kg	6.75	2.190	3.010	3.980
	020503560	橡胶密封圈 *DN*400	个	34.19	2.060	—	—
	020503570	橡胶密封圈 *DN*500	个	51.28	—	2.060	—
	020503580	橡胶密封圈 *DN*600	个	85.47	—	—	2.060
	020900900	塑料薄膜	m^2	0.45	0.510	0.510	0.510
	030133430	带帽玛铁螺栓 M20×100	套	1.88	20.600	28.840	32.960
	030163230	镀锌垫圈 M20	个	0.17	20.600	28.840	32.960
	041300010	标准砖 240×115×53	千块	422.33	0.017	0.017	0.017
	133100600	石油沥青 10#	kg	2.56	0.960	0.960	0.960
	143900700	氧气	m^3	3.26	0.460	0.560	0.680
	143901000	乙炔气	kg	12.01	0.180	0.220	0.260
	155501800	玻璃布 综合	m^2	1.65	0.550	0.550	0.550
	170300300	镀锌钢管 *DN*25	m	5.22	2.890	3.050	3.150
	170300500	镀锌钢管 *DN*50	m	14.80	2.060	2.060	2.060
	180309350	镀锌丝堵 *DN*25(堵头)	个	0.90	1.010	1.010	1.010
	182506230	镀锌管箍 *DN*25	个	1.28	2.020	2.020	2.020
	215500900	支撑圈 *DN*400	套	17.09	2.060	—	—
	215501100	支撑圈 *DN*500	套	55.56	—	2.060	—
	215501200	支撑圈 *DN*600	套	72.65	—	—	2.060
	002000020	其他材料费	元	—	2.29	3.67	4.89
机械	990304004	汽车式起重机 8t	台班	705.33	0.035	0.053	0.062
	990401030	载重汽车 8t	台班	474.25	0.004	0.004	0.004

E.2.12.6 **中压铸铁凝水缸安装(机械接口)**

工作内容:抽水立管安装、抽水缸与管道连接、凝水缸小井砌筑,防护罩、井座、井盖安装等操作过程。 **计量单位:**组

定额编号					DE1772	DE1773	DE1774	DE1775
项目名称					中压铸铁凝水缸安装(机械接口)			
					公称直径(mm 以内)			
					ϕ100	ϕ150	ϕ200	ϕ300
费用	综合单价(元)				**1291.89**	**1381.71**	**1433.78**	**1552.73**
	其中	人工费(元)			499.50	546.75	578.25	600.13
		材料费(元)			540.61	559.59	564.44	623.99
		施工机具使用费(元)			2.32	2.32	2.32	28.91
		企业管理费(元)			132.17	144.67	153.00	158.79
		利润(元)			103.30	113.07	119.58	124.11
		一般风险费(元)			13.99	15.31	16.19	16.80
	编码	名称	单位	单价(元)	消耗量			
人工	000300150	管工综合工	工日	125.00	3.996	4.374	4.626	4.801
材料	200000600	活动法兰	片	—	(2.000)	(2.000)	(2.000)	(2.000)
	200103800	平焊法兰	片	—	(2.000)	(2.000)	(2.000)	(2.000)
	222100100	铸铁凝水器	个	—	(1.000)	(1.000)	(1.000)	(1.000)
	334100010	头部装置	套	—	(1.000)	(1.000)	(1.000)	(1.000)
	360102310	铸铁井盖 ϕ760	套	—	(1.000)	(1.000)	(1.000)	(1.000)
	840201030	预拌混凝土 C15	m^3	247.57	0.235	0.235	0.235	0.235
	840201040	预拌混凝土 C20	m^3	247.57	0.112	0.112	0.112	0.112
	020100600	耐酸橡胶板 3	kg	6.75	0.560	0.810	0.920	1.500
	020503520	橡胶密封圈 *DN*100	个	0.75	2.060	—	—	—
	020503530	橡胶密封圈 *DN*150	个	2.99	—	2.060	—	—
	020503540	橡胶密封圈 *DN*200	个	3.76	—	—	2.060	—
	020503550	橡胶密封圈 *DN*300	个	23.08	—	—	—	2.060
	020900900	塑料薄膜	m^2	0.45	0.510	0.510	0.510	0.510
	030133430	带帽玛铁螺栓 M20×100	套	1.88	8.240	12.360	12.360	16.480
	030163230	镀锌垫圈 M20	个	0.17	8.240	12.360	12.360	16.480
	041300010	标准砖 240×115×53	千块	422.33	0.610	0.610	0.610	0.610
	133100600	石油沥青 10#	kg	2.56	0.960	0.960	0.960	0.960
	143900700	氧气	m^3	3.26	0.060	0.100	0.160	0.240
	143901000	乙炔气	kg	12.01	0.020	0.040	0.060	0.100
	155501800	玻璃布 综合	m^2	1.65	0.550	0.550	0.550	0.550
	170300300	镀锌钢管 *DN*25	m	5.22	2.440	2.540	2.590	2.740
	170300500	镀锌钢管 *DN*50	m	14.80	2.060	2.060	2.060	2.060
	215500300	支撑圈 *DN*100	套	2.74	2.060	—	—	—
	215500400	支撑圈 *DN*150	套	4.27	—	2.060	—	—
	215500500	支撑圈 *DN*200	套	5.13	—	—	2.060	—
	215500700	支撑圈 *DN*300	套	7.69	—	—	—	2.060
	334100463	塑钢爬梯	kg	5.38	3.200	3.200	3.200	3.200
	341100120	水	t	4.42	0.065	0.065	0.065	0.065
	850201040	预拌水泥砂浆 1∶2.5	m^3	378.64	0.234	0.234	0.234	0.234
	850201070	预拌混合砂浆 M7.5	m^3	318.45	0.033	0.033	0.033	0.033
	002000020	其他材料费	元	—	5.35	5.54	5.59	6.18
机械	990304004	汽车式起重机 8t	台班	705.33	—	—	—	0.035
	990401030	载重汽车 8t	台班	474.25	—	—	—	0.004
	990611010	干混砂浆罐式搅拌机 20000L	台班	232.40	0.010	0.010	0.010	0.010

工作内容：抽水立管安装、抽水缸与管道连接、凝水缸小井砌筑，防护罩、井座、井盖安装等操作过程。　　计量单位：组

定额编号					DE1776	DE1777	DE1778
项目名称					中压铸铁凝水缸安装(机械接口)		
					公称直径(mm 以内)		
					ϕ400	ϕ500	ϕ600
费用	综合单价(元)				**1693.22**	**1971.52**	**2237.98**
	其中	人工费(元)			654.88	738.88	830.00
		材料费(元)			682.38	822.04	945.53
		施工机具使用费(元)			28.91	41.60	47.95
		企业管理费(元)			173.28	195.51	219.62
		利润(元)			135.43	152.80	171.64
		一般风险费(元)			18.34	20.69	23.24
	编码	名称	单位	单价(元)	消耗量		
人工	000300150	管工综合工	工日	125.00	5.239	5.911	6.640
材料	200000600	活动法兰	片	—	(2.000)	(2.000)	(2.000)
	200103800	平焊法兰	片	—	(2.000)	(2.000)	(2.000)
	222100100	铸铁凝水器	个	—	(1.000)	(1.000)	(1.000)
	334100010	头部装置	套	—	(1.000)	(1.000)	(1.000)
	360102310	铸铁井盖 ϕ760	套	—	(1.000)	(1.000)	(1.000)
	840201030	预拌混凝土 C15	m^3	247.57	0.235	0.235	0.235
	840201040	预拌混凝土 C20	m^3	247.57	0.112	0.112	0.112
	020100600	耐酸橡胶板 3	kg	6.75	2.190	3.010	3.980
	020503560	橡胶密封圈 *DN*400	个	34.19	2.060	—	—
	020503570	橡胶密封圈 *DN*500	个	51.28	—	2.060	—
	020503580	橡胶密封圈 *DN*600	个	85.47	—	—	2.060
	020900900	塑料薄膜	m^2	0.45	0.510	0.510	0.510
	030133430	带帽玛铁螺栓 M20×100	套	1.88	20.600	28.840	32.960
	030163230	镀锌垫圈 M20	个	0.17	20.600	28.840	32.960
	041300010	标准砖 240×115×53	千块	422.33	0.610	0.610	0.610
	133100600	石油沥青 10#	kg	2.56	0.960	0.960	0.960
	143900700	氧气	m^3	3.26	0.460	0.560	0.680
	143901000	乙炔气	kg	12.01	0.180	0.200	0.260
	155501800	玻璃布 综合	m^2	1.65	0.550	0.550	0.550
	170300300	镀锌钢管 *DN*25	m	5.22	2.890	3.050	3.150
	170300500	镀锌钢管 *DN*50	m	14.80	2.060	2.060	2.060
	215500900	支撑圈 *DN*400	套	17.09	2.060	—	—
	215501100	支撑圈 *DN*500	套	55.56	—	2.060	—
	215501200	支撑圈 *DN*600	套	72.65	—	—	2.060
	334100463	塑钢爬梯	kg	5.38	3.200	3.200	3.200
	341100120	水	t	4.42	0.065	0.065	0.065
	850201040	预拌水泥砂浆 1:2.5	m^3	378.64	0.234	0.234	0.234
	850201070	预拌混合砂浆 M7.5	m^3	318.45	0.033	0.033	0.033
	002000020	其他材料费	元	—	6.76	8.14	9.36
机械	990304004	汽车式起重机 8t	台班	705.33	0.035	0.053	0.062
	990401030	载重汽车 8t	台班	474.25	0.004	0.004	0.004
	990611010	干混砂浆罐式搅拌机 20000L	台班	232.40	0.010	0.010	0.010

E.2.13 调压器(编码:040502014)

E.2.13.1 雷诺调压器

工作内容:安装、调试等操作过程。 计量单位:组

					DE1779	DE1780	DE1781	DE1782
定额编号					DE1779	DE1780	DE1781	DE1782
项目名称					雷诺调压器			
					LN100	LN150	LN200	LN300
费用	综合单价(元)				**1090.98**	**1424.19**	**1887.06**	**2969.01**
费用	其中	人工费(元)			668.50	874.13	1148.25	1816.63
费用	其中	材料费(元)			26.21	47.79	84.45	144.13
费用	其中	施工机具使用费(元)			62.41	65.73	80.92	101.02
费用	其中	企业管理费(元)			176.89	231.29	303.83	480.68
费用	其中	利润(元)			138.25	180.77	237.46	375.68
费用	其中	一般风险费(元)			18.72	24.48	32.15	50.87
	编码	名称	单位	单价(元)	消耗量			
人工	000300150	管工综合工	工日	125.00	5.348	6.993	9.186	14.533
材料	551900010	雷诺调压器	台	—	(1.000)	(1.000)	(1.000)	(1.000)
材料	200104400	碳钢法兰	片	—	(4.000)	(4.000)	(4.000)	(4.000)
材料	020100600	耐酸橡胶板 3	kg	6.75	0.520	0.830	1.000	1.200
材料	031350010	低碳钢焊条 综合	kg	4.19	0.790	0.870	1.620	4.880
材料	143900700	氧气	m^3	3.26	0.380	0.660	1.030	1.840
材料	143901000	乙炔气	kg	12.01	0.090	0.260	0.400	0.710
材料	170701950	热轧无缝钢管 $D108\times4.5$	m	41.00	0.410	—	—	—
材料	170702200	热轧无缝钢管 $D159\times6$	m	80.00	—	0.410	—	—
材料	170702500	热轧无缝钢管 $D219\times8$	m	151.00	—	—	0.410	—
材料	170702700	热轧无缝钢管 D325×8	m	243.00	—	—	—	0.410
材料	002000020	其他材料费	元	—	0.26	0.47	0.84	1.43
机械	990401030	载重汽车 8t	台班	474.25	0.054	0.054	0.072	0.072
机械	990904030	直流弧焊机 20kV·A	台班	72.88	0.487	0.531	0.619	0.885
机械	990919030	电焊条烘干箱 600×500×750	台班	26.74	0.049	0.053	0.062	0.089

E.2.13.2 T 型调压器

工作内容:安装、调试等操作过程。 计量单位:组

					DE1783	DE1784	DE1785	DE1786
定额编号					DE1783	DE1784	DE1785	DE1786
项目名称					T 型调压器			
					TMJ314	TMJ316	TMJ318	TMJ439
费用	综合单价(元)				**486.91**	**666.41**	**834.37**	**1203.91**
费用	其中	人工费(元)			272.50	371.75	451.50	641.25
费用	其中	材料费(元)			28.72	51.81	89.28	149.93
费用	其中	施工机具使用费(元)			49.61	57.19	68.11	92.49
费用	其中	企业管理费(元)			72.10	98.37	119.47	169.67
费用	其中	利润(元)			56.35	76.88	93.37	132.61
费用	其中	一般风险费(元)			7.63	10.41	12.64	17.96
	编码	名称	单位	单价(元)	消耗量			
人工	000300150	管工综合工	工日	125.00	2.180	2.974	3.612	5.130
材料	200104400	碳钢法兰	片	—	(4.000)	(4.000)	(4.000)	(4.000)
材料	215300200	T 型调压器	台	—	(1.000)	(1.000)	(1.000)	(1.000)
材料	020101400	石棉橡胶板 3	kg	11.54	0.520	0.830	1.000	1.200
材料	031350010	低碳钢焊条 综合	kg	4.19	0.790	0.870	1.620	4.880
材料	143900700	氧气	m^3	3.26	0.380	0.660	1.030	1.840
材料	143901000	乙炔气	kg	12.01	0.090	0.260	0.400	0.710
材料	170701950	热轧无缝钢管 $D108\times4.5$	m	41.00	0.410	—	—	—
材料	170702200	热轧无缝钢管 $D159\times6$	m	80.00	—	0.410	—	—
材料	170702500	热轧无缝钢管 $D219\times8$	m	151.00	—	—	0.410	—
材料	170702700	热轧无缝钢管 D325×8	m	243.00	—	—	—	0.410
材料	002000020	其他材料费	元	—	0.28	0.51	0.88	1.48
机械	990401030	载重汽车 8t	台班	474.25	0.027	0.036	0.045	0.054
机械	990904030	直流弧焊机 20kV·A	台班	72.88	0.487	0.531	0.619	0.885
机械	990919030	电焊条烘干箱 600×500×750	台班	26.74	0.049	0.053	0.062	0.089

E.2.13.3 箱式调压器

工作内容：进、出管焊接，调试、调压箱体固定安装等操作过程。　　计量单位：组

定额编号					DE1787	DE1788	DE1789
项目名称					箱式调压器		
					24	40	50
费用	综合单价（元）				**144.61**	**230.88**	**301.25**
	其中	人工费（元）			82.50	126.50	162.38
		材料费（元）			15.28	34.28	49.52
		施工机具使用费（元）			5.63	6.93	8.26
		企业管理费（元）			21.83	33.47	42.96
		利润（元）			17.06	26.16	33.58
		一般风险费（元）			2.31	3.54	4.55
	编码	名称	单位	单价(元)	消耗量		
人工	000300150	管工综合工	工日	125.00	0.660	1.012	1.299
材料	215300100	箱式调压器	台	—	(1.000)	(1.000)	(1.000)
	224900200	调压箱罩	套	—	(1.000)	(1.000)	(1.000)
	020101400	石棉橡胶板 3	kg	11.54	—	0.070	0.070
	030131517	膨胀螺栓 M8×60	套	0.28	2.000	2.000	2.000
	031310610	尼龙砂轮片 ϕ100	片	1.93	0.005	0.010	0.010
	031350010	低碳钢焊条 综合	kg	4.19	0.034	0.060	0.080
	180311900	镀锌钢管活接头 *DN*25	个	7.14	2.020	—	—
	180312000	镀锌钢管活接头 *DN*40	个	15.99	—	2.020	—
	180312050	镀锌钢管活接头 *DN*50	个	23.42	—	—	2.020
	002000020	其他材料费	元	—	0.15	0.34	0.49
机械	990401030	载重汽车 8t	台班	474.25	0.009	0.009	0.009
	990904030	直流弧焊机 20kV·A	台班	72.88	0.018	0.035	0.053
	990919030	电焊条烘干箱 600×500×750	台班	26.74	0.002	0.004	0.005

E.2.13.4 成品调压柜

工作内容：调压柜体固定、安装等操作过程。　　计量单位：台

定额编号					DE1790
项目名称					成品调压柜
费用	综合单价（元）				**674.19**
	其中	人工费（元）			284.00
		材料费（元）			—
		施工机具使用费（元）			248.36
		企业管理费（元）			75.15
		利润（元）			58.73
		一般风险费（元）			7.95
	编码	名称	单位	单价(元)	消耗量
人工	000300150	管工综合工	工日	125.00	2.272
材料	215300100	箱式调压器	台	—	(1.000)
机械	990304004	汽车式起重机 8t	台班	705.33	0.299
	990401030	载重汽车 8t	台班	474.25	0.079

E.2.14 过滤器(编码:040502015)

E.2.14.1 鬃毛过滤器安装

工作内容:成品安装、调试等操作过程。　　　　计量单位:组

定额编号					DE1791	DE1792	DE1793	DE1794	DE1795
项目名称					鬃毛过滤器安装				
					公称直径(mm 以内)				
					ϕ100	ϕ150	ϕ200	ϕ300	ϕ400
费用	综合单价(元)				**93.80**	**148.86**	**195.92**	**276.09**	**461.28**
	其中	人工费(元)			35.25	54.38	77.00	107.75	191.88
		材料费(元)			13.45	23.36	35.28	51.60	82.84
		施工机具使用费(元)			27.49	43.97	45.19	62.93	90.74
		企业管理费(元)			9.33	14.39	20.37	28.51	50.77
		利润(元)			7.29	11.24	15.92	22.28	39.68
		一般风险费(元)			0.99	1.52	2.16	3.02	5.37
	编码	名称	单位	单价(元)	消耗量				
人工	000300150	管工综合工	工日	125.00	0.282	0.435	0.616	0.862	1.535
材料	181900500	鬃毛过滤器	台	—	(1.000)	(1.000)	(1.000)	(1.000)	(1.000)
	200104400	碳钢法兰	片	—	(4.000)	(4.000)	(4.000)	(4.000)	(4.000)
	020101550	石棉橡胶板 低压 δ=0.8~6	kg	13.25	0.340	0.560	0.660	0.800	1.380
	022701800	破布 一级	kg	4.40	0.060	0.060	0.080	0.080	0.120
	031310610	尼龙砂轮片 ϕ100	片	1.93	0.081	0.135	0.205	0.326	0.535
	031350010	低碳钢焊条 综合	kg	4.19	0.656	1.366	2.396	4.638	8.004
	140100100	清油	kg	16.51	0.040	0.060	0.060	0.080	0.120
	140701400	铅油	kg	4.62	0.220	0.280	0.400	0.400	0.600
	143900700	氧气	m^3	3.26	0.548	1.112	1.730	2.334	3.288
	143901000	乙炔气	kg	12.01	0.182	0.296	0.576	0.774	1.096
	002000020	其他材料费	元	—	0.13	0.23	0.35	0.51	0.82
机械	990904030	直流弧焊机 20kV·A	台班	72.88	0.364	0.582	0.598	0.833	1.201
	990919030	电焊条烘干箱 600×500×750	台班	26.74	0.036	0.058	0.060	0.083	0.120

E.2.15 分离器(编码:040502016)

E.2.15.1 萘油分离器安装

工作内容:成品安装、调试等操作过程。　　　　计量单位:组

定额编号					DE1796	DE1797	DE1798	DE1799
项目名称					萘油分离器安装			
					公称直径(mm 以内)			
					ϕ100	ϕ150	ϕ200	ϕ300
费用	综合单价(元)				**155.79**	**205.79**	**238.46**	**335.89**
	其中	人工费(元)			75.88	94.88	108.00	146.63
		材料费(元)			10.75	19.56	30.51	46.03
		施工机具使用费(元)			31.27	43.97	46.02	70.00
		企业管理费(元)			20.08	25.10	28.58	38.80
		利润(元)			15.69	19.62	22.33	30.32
		一般风险费(元)			2.12	2.66	3.02	4.11
	编码	名称	单位	单价(元)	消耗量			
人工	000300150	管工综合工	工日	125.00	0.607	0.759	0.864	1.173
材料	200104400	碳钢法兰	片	—	(4.000)	(4.000)	(4.000)	(4.000)
	214700010	萘油分离器	个	—	(1.000)	(1.000)	(1.000)	(1.000)
	020101400	石棉橡胶板 3	kg	11.54	0.340	0.560	0.660	0.800
	031350010	低碳钢焊条 综合	kg	4.19	0.656	1.366	2.396	4.638
	143900700	氧气	m^3	3.26	0.548	1.112	1.730	2.334
	143901000	乙炔气	kg	12.01	0.182	0.296	0.576	0.774
	002000020	其他材料费	元	—	0.11	0.19	0.30	0.46
机械	990401030	载重汽车 8t	台班	474.25	—	—	—	0.009
	990904030	直流弧焊机 20kV·A	台班	72.88	0.414	0.582	0.609	0.870
	990919030	电焊条烘干箱 600×500×750	台班	26.74	0.041	0.058	0.061	0.087

E.2.16 安全水封(编码:040502017)

E.2.16.1 安全水封安装

工作内容:排尺、下料、焊接法兰、紧螺栓等操作过程。　　计量单位:组

定额编号					DE1800	DE1801
项目名称					安全水封安装	
					*DN*200	*DN*300
费用	综合单价(元)				**263.67**	**374.39**
	其中	人工费(元)			75.88	129.25
		材料费(元)			99.62	106.32
		施工机具使用费(元)			50.28	74.27
		企业管理费(元)			20.08	34.20
		利润(元)			15.69	26.73
		一般风险费(元)			2.12	3.62
	编码	名称	单位	单价(元)	消耗量	
人工	000300150	管工综合工	工日	125.00	0.607	1.034
材料	133700010	安全水封	组	—	(1.000)	(1.000)
	012900086	钢板 $\delta=8$	kg	3.43	8.480	8.480
	031350010	低碳钢焊条 综合	kg	4.19	2.370	3.040
	143900700	氧气	m^3	3.26	1.590	1.990
	143901000	乙炔气	kg	12.01	0.610	0.820
	170300200	镀锌钢管 *DN*20	m	3.55	0.620	0.620
	173100250	玻璃管 ϕ12	m	1.28	0.900	0.900
	180313450	镀锌补芯 *DN*20	个	0.59	1.010	1.010
	180107600	黑玛钢活接头 *DN*20	个	2.56	2.020	2.020
	190301610	螺纹闸阀 Z15T－10K *DN*20	个	37.61	1.010	1.010
	002000020	其他材料费	元	—	0.99	1.05
机械	990401030	载重汽车 8t	台班	474.25	0.009	0.018
	990904030	直流弧焊机 20kV·A	台班	72.88	0.609	0.870
	990919030	电焊条烘干箱 600×500×750	台班	26.74	0.061	0.087

E.2.17 检漏(水)管(编码:040502018)

E.2.17.1 检漏(水)管安装

工作内容:排尺、下料、焊接法兰、紧螺栓等操作过程。　　计量单位:组

定额编号					DE1802
项目名称					检漏(水)管安装
费用	综合单价(元)				**220.92**
	其中	人工费(元)			128.00
		材料费(元)			28.77
		施工机具使用费(元)			0.23
		企业管理费(元)			33.87
		利润(元)			26.47
		一般风险费(元)			3.58
	编码	名称	单位	单价(元)	消耗量
人工	000300150	管工综合工	工日	125.00	1.024
材料	224900300	防护罩	套	—	(1.000)
	012900079	钢板 $\delta=4$	kg	3.43	0.300
	041300010	标准砖 240×115×53	千块	422.33	0.024
	170300200	镀锌钢管 *DN*20	m	3.55	2.120
	170300400	镀锌钢管 *DN*32	m	8.10	0.200
	180309250	镀锌丝堵 *DN*20	个	0.59	1.000
	180107600	黑玛钢活接头 *DN*20	个	2.56	1.000
	341100100	水	m^3	4.42	0.003
	850301010	干混商品砌筑砂浆 M5	t	228.16	0.022
	002000020	其他材料费	元	—	0.28
机械	990611010	干混砂浆罐式搅拌机 20000L	台班	232.40	0.001

E.3 支架制作及安装(编码:040503)

E.3.1 混凝土支墩(编码:040503002)

E.3.1.1 管道支墩(挡墩)

工作内容:混凝土搅拌、浇捣、养护等。

计量单位:$10m^3$

定额编号					DE1803	DE1804	DE1805	DE1806
项目名称					管道支墩(挡墩)			
					每处			
					$1m^3$ 以内	$3m^3$ 以内	$5m^3$ 以内	$5m^3$ 以外
费用	综合单价(元)				**4330.58**	**3825.68**	**3632.19**	**3490.45**
	其中	人工费(元)			1164.26	829.04	701.50	608.35
		材料费(元)			2584.89	2582.63	2580.36	2578.29
		施工机具使用费(元)			—	—	—	—
		企业管理费(元)			308.06	219.36	185.62	160.97
		利润(元)			240.77	171.44	145.07	125.81
		一般风险费(元)			32.60	23.21	19.64	17.03
	编码	名称	单位	单价(元)	消耗量			
人工	000700010	市政综合工	工日	115.00	10.124	7.209	6.100	5.290
材料	020900900	塑料薄膜	m^2	0.45	14.152	12.012	9.870	7.930
	341100100	水	m^3	4.42	2.185	1.901	1.614	1.354
	341100400	电	kW·h	0.70	7.642	7.642	7.642	7.642
	840201030	预拌混凝土 C15	m^3	247.57	10.150	10.150	10.150	10.150
	002000020	其他材料费	元	—	50.68	50.64	50.60	50.55

E.4 管道附属构筑物(编码:040504)

E.4.1 砌筑井(编码:040504001)

E.4.1.1 非定型井垫层、基础、井底溜槽

工作内容:砂石垫层:清基、挂线、拌料、摊铺、找平、夯实、检查标高、材料运输等。
混凝土垫层、井底流槽:清基、挂线捣固、抹平、养生、材料运输等。

计量单位:$10m^3$

定额编号					DE1807	DE1808	DE1809	DE1810	DE1811
项目名称					非定型井垫层			非定型井底流槽	
					碎石	砂砾石	预拌混凝土	混凝土	石砌
费用	综合单价(元)				**2488.50**	**2339.90**	**4026.97**	**4216.35**	**5366.05**
	其中	人工费(元)			683.33	666.54	848.24	962.67	1702.35
		材料费(元)			1352.26	1231.58	2616.52	2615.62	2473.17
		施工机具使用费(元)			—	—	—	—	37.42
		企业管理费(元)			306.47	298.94	380.44	431.76	780.28
		利润(元)			136.19	132.84	169.05	191.86	346.73
		一般风险费(元)			10.25	10.00	12.72	14.44	26.10
	编码	名称	单位	单价(元)	消耗量				
人工	000700010	市政综合工	工日	115.00	5.942	5.796	7.376	8.371	14.803
材料	020900900	塑料薄膜	m^2	0.45	—	—	80.870	90.854	—
	040300150	中砂	m^3	134.87	—	4.283	—	—	—
	040500400	碎石 40	m^3	101.94	13.260	—	—	—	—
	040500730	砾石 5~31.5	t	64.00	—	10.210	—	—	—
	840201030	预拌混凝土 C15	m^3	247.57	—	—	10.150	—	—
	840201040	预拌混凝土 C20	m^3	247.57	—	—	—	10.150	—
	041100320	小方块石	m^3	77.67	—	—	—	—	11.526
	341100100	水	m^3	4.42	—	—	2.409	2.400	1.070
	850301090	干混商品砌筑砂浆 M10	t	252.00	—	—	—	—	6.239
	002000010	其他材料费	元	—	0.54	0.49	56.65	51.29	0.99
机械	990611010	干混砂浆罐式搅拌机 20000L	台班	232.40	—	—	—	—	0.161

E.4.1.2　非定型井砌筑及抹灰

E.4.1.2.1　砌筑

工作内容：清理现场、调制砂浆、配料砌砖、材料运输等。

定额编号					DE1812	DE1813	DE1814	DE1815	DE1816	DE1817
项目名称					砌筑					
					砖砌		石砌			砼砌块
					圆形	矩形	圆形	矩形	石砌井内部安装	矩形
单位					$10m^3$				10座	$10m^3$
费用	综合单价（元）				**6646.64**	**5871.91**	**6002.64**	**5149.45**	**4222.24**	**6878.48**
	其中	人工费（元）			1800.67	1520.88	1845.98	1565.96	2085.41	1131.72
		材料费（元）			3606.89	3310.93	2867.83	2494.18	741.86	4945.26
		施工机具使用费（元）			27.42	19.29	39.28	30.91	7.67	30.91
		企业管理费（元）			819.90	690.76	845.54	716.19	938.75	521.44
		利润（元）			364.34	306.95	375.73	318.26	417.15	231.71
		一般风险费（元）			27.42	23.10	28.28	23.95	31.40	17.44
	编码	名称	单位	单价(元)	消耗量					
人工	000700010	市政综合工	工日	115.00	15.658	13.225	16.052	13.617	18.134	9.841
材料	041300010	标准砖 240×115×53	千块	422.33	5.181	5.449	—	—	—	—
	041100320	小方块石	m^3	77.67	—	—	10.955	11.526	—	—
	041100610	清条石	m^3	180.00	—	—	—	—	3.620	—
	041503400	混凝土块	m^3	450.00	—	—	—	—	—	10.200
	341100100	水	m^3	4.42	1.823	1.646	1.128	0.891	—	1.420
	140500700	煤焦油沥青漆 L01－17	kg	6.97	3.126	3.126	3.126	3.126	—	—
	850301090	干混商品砌筑砂浆 M10	t	252.00	5.506	3.886	7.893	6.239	0.357	1.377
	002000020	其他材料费	元	—	1.44	1.32	1.15	1.00	0.30	1.98
机械	990611010	干混砂浆罐式搅拌机 20000L	台班	232.40	0.118	0.083	0.169	0.133	0.033	0.133

E.4.1.2.2　踏步制作、安装，防坠网安装

工作内容：1.钢筋踏步制作及安装全过程。2.成品踏步、塑钢踏步安装。3.成品八角高强丝防坠网安装。

定额编号					DE1818	DE1819	DE1820	DE1821
项目名称					踏步制作、安装，防坠网安装			
					钢筋踏步	成品踏步	塑钢踏步	成品八角高强丝防坠网
					制作安装	安装		
单位					10个		100kg	10套
费用	综合单价（元）				**111.06**	**172.33**	**780.09**	**1354.33**
	其中	人工费（元）			23.46	62.56	135.82	110.40
		材料费（元）			68.32	68.30	554.25	1170.76
		施工机具使用费（元）			2.24	—	—	—
		企业管理费（元）			11.53	28.06	60.91	49.51
		利润（元）			5.12	12.47	27.07	22.00
		一般风险费（元）			0.39	0.94	2.04	1.66
	编码	名称	单位	单价(元)	消耗量			
人工	000700010	市政综合工	工日	115.00	0.204	0.544	1.181	0.960
材料	010900029	圆钢 ϕ10～18	kg	2.44	28.000	—	—	—
	334100460	成品爬梯	个	6.83	—	10.000	—	—
	334100463	塑钢爬梯	kg	5.38	—	—	101.000	—
	350500020	成品八角高强丝防坠网	套	68.38	—	—	—	10.000
	030134723	304不锈钢带挂钩膨胀螺栓 M8×80	套	5.80	—	—	—	80.000
	002000020	其他材料费	元	—	—	—	10.87	22.96
机械	990702010	钢筋切断机 40mm	台班	41.85	0.024	—	—	—
	990703010	钢筋弯曲机 40mm	台班	25.84	0.048	—	—	—

E.4.1.2.3 勾缝及抹灰(砖墙)

工作内容:清理墙面、调制砂浆、勾缝、抹灰、清扫落地灰、材料运输等。 **计量单位:**100m²

定额编号						DE1822	DE1823	DE1824	DE1825
项目名称						非定型井勾缝及抹灰(砖墙)			
						勾缝	抹灰		
							井内侧	井底	流槽
费用	综合单价(元)					**1058.28**	**4156.62**	**3022.86**	**4299.46**
	其中	人工费(元)				574.43	1875.54	1193.70	1961.44
		材料费(元)				100.04	1007.45	1007.45	1007.45
		施工机具使用费(元)				1.86	18.36	18.36	18.36
		企业管理费(元)				258.46	849.41	543.61	887.94
		利润(元)				114.85	377.45	241.56	394.57
		一般风险费(元)				8.64	28.41	18.18	29.70
	编码	名称		单位	单价(元)	消耗量			
人工	000700010	市政综合工		工日	115.00	4.995	16.309	10.380	17.056
材料	341100100	水		m³	4.42	0.052	0.528	0.528	0.528
	850301030	干混商品抹灰砂浆 M10		t	271.84	0.367	3.696	3.696	3.696
	002000020	其他材料费		元	—	0.04	0.40	0.40	0.40
机械	990611010	干混砂浆罐式搅拌机 20000L		台班	232.40	0.008	0.079	0.079	0.079

E.4.1.2.4 勾缝及抹灰(石墙)

工作内容:清理墙面、调制砂浆、勾缝、抹灰、清扫落地灰、材料运输等。 **计量单位:**100m²

定额编号						DE1826	DE1827	DE1828	DE1829
项目名称						非定型井勾缝及抹灰(石墙)			
						勾缝	抹灰		
							井内侧	井底	流槽
费用	综合单价(元)					**1846.97**	**4486.67**	**3020.19**	**3644.15**
	其中	人工费(元)				960.60	2074.03	1192.09	1567.34
		材料费(元)				242.33	1007.45	1007.45	1007.45
		施工机具使用费(元)				4.42	18.36	18.36	18.36
		企业管理费(元)				432.81	938.43	542.89	711.18
		利润(元)				192.33	417.01	241.24	316.03
		一般风险费(元)				14.48	31.39	18.16	23.79
	编码	名称		单位	单价(元)	消耗量			
人工	000700010	市政综合工		工日	115.00	8.353	18.035	10.366	13.629
材料	341100100	水		m³	4.42	0.127	0.528	0.528	0.528
	850301030	干混商品抹灰砂浆 M10		t	271.84	0.889	3.696	3.696	3.696
	002000020	其他材料费		元	—	0.10	0.40	0.40	0.40
机械	990611010	干混砂浆罐式搅拌机 20000L		台班	232.40	0.019	0.079	0.079	0.079

E.4.1.2.5　井壁(墙)凿洞

工作内容:凿洞、调制砂浆、接管口、补齐管口、抹平墙面、清理场地等。

计量单位:$10m^2$

定额编号					DE1830	DE1831	DE1832	DE1833
项目名称					井壁(墙)凿洞			
					砖墙		石墙	
					24cm 以内	37cm 以内	50cm 以内	70cm 以内
费用	综合单价(元)				**1478.84**	**1845.73**	**2918.39**	**3758.02**
	其中	人工费(元)			751.07	940.13	1529.50	1990.77
		材料费(元)			223.01	273.98	363.94	434.25
		施工机具使用费(元)			4.18	5.11	6.74	8.13
		企业管理费(元)			338.73	423.94	689.00	896.51
		利润(元)			150.52	188.39	306.17	398.38
		一般风险费(元)			11.33	14.18	23.04	29.98
	编码	名称	单位	单价(元)	消耗量			
人工	000700010	市政综合工	工日	115.00	6.531	8.175	13.300	17.311
材料	341100100	水	m^3	4.42	0.121	0.147	0.195	0.231
	850301030	干混商品抹灰砂浆 M10	t	271.84	0.476	0.663	0.993	1.251
	850301090	干混商品砌筑砂浆 M10	t	252.00	0.369	0.369	0.369	0.369
	002000020	其他材料费	元	—	0.09	0.11	0.15	0.17
机械	990611010	干混砂浆罐式搅拌机 20000L	台班	232.40	0.018	0.022	0.029	0.035

E.4.1.3 定型井

E.4.1.3.1 砖砌圆形阀门井(立式闸阀井)

工作内容:混凝土浇捣、养护、砌砖、勾缝、安装盖板及井盖等。 **计量单位:**座

		定额编号			DE1834	DE1835	DE1836	DE1837	DE1838
		项目名称			立式闸阀井				
					井内径 1.2m			井内径 1.4m	
					井室深(1.2m)	井室深(1.5m)	井室深(1.8m)		井室深(2m)
					井深(m)				
					1.45	1.75	2.05		2.25
费用		**综合单价(元)**			**2097.98**	**2343.03**	**2585.56**	**2905.20**	**3088.68**
	其中	人工费(元)			405.95	473.23	540.50	619.97	671.14
		材料费(元)			1375.20	1506.44	1635.95	1808.17	1905.80
		施工机具使用费(元)			28.73	29.89	30.59	39.78	40.24
		企业管理费(元)			194.95	225.65	256.13	295.89	319.05
		利润(元)			86.63	100.27	113.82	131.49	141.78
		一般风险费(元)			6.52	7.55	8.57	9.90	10.67
	编码	名称	单位	单价(元)	消耗量				
人工	000700010	市政综合工	工日	115.00	3.530	4.115	4.700	5.391	5.836
材料	020900900	塑料薄膜	m^2	0.45	4.526	4.526	4.526	5.722	5.722
	041300010	标准砖 240×115×53	千块	422.33	0.675	0.844	1.012	1.154	1.281
	172900800	钢筋混凝土管 $D300$	m	76.92	0.513	0.513	0.513	0.513	0.513
	334100463	塑钢爬梯	kg	5.38	8.130	10.252	12.372	12.372	13.787
	341100100	水	m^3	4.42	0.539	0.599	0.656	0.787	0.831
	341100400	电	kW·h	0.70	1.036	1.036	1.036	1.234	1.234
	140500700	煤焦油沥青漆 L01－17	kg	6.97	0.519	0.519	0.519	0.519	0.519
	360102300	铸铁井盖、井座 ϕ700 重型	套	444.44	1.000	1.000	1.000	1.000	1.000
	850301090	干混商品砌筑砂浆 M10	t	252.00	0.717	0.898	1.074	1.226	1.362
	840201030	预拌混凝土 C15	m^3	247.57	0.579	0.579	0.579	0.647	0.647
	840201050	预拌混凝土 C25	m^3	257.28	0.788	0.788	0.788	0.992	0.992
	002000020	其他材料费	元	—	26.96	29.54	32.08	35.45	37.37
机械	990304004	汽车式起重机 8t	台班	705.33	0.021	0.021	0.021	0.028	0.028
	990401030	载重汽车 8t	台班	474.25	0.022	0.022	0.022	0.029	0.029
	990611010	干混砂浆罐式搅拌机 20000L	台班	232.40	0.015	0.020	0.023	0.027	0.029

工作内容：混凝土浇捣、养护、砌砖、勾缝、安装盖板及井盖等。

计量单位：座

定额编号					DE1839	DE1840	DE1841	DE1842
项目名称					立式闸阀井			
					井内径 2.0m			
					井室深(2.0m)	井室深(2.5m)	井室深(2.75m)	井室深(3m)
					井深(m)			
					2.3	2.8	3.05	3.3
费用	综合单价（元）				**4301.93**	**4902.98**	**5192.19**	**5464.31**
	其中	人工费（元）			973.48	1140.69	1221.42	1296.63
		材料费（元）			2526.15	2845.30	2998.73	3143.86
		施工机具使用费（元）			94.47	96.79	97.72	98.88
		企业管理费（元）			478.97	555.01	591.63	625.89
		利润（元）			212.84	246.63	262.90	278.12
		一般风险费（元）			16.02	18.56	19.79	20.93
	编码	名称	单位	单价(元)	消耗量			
人工	000700010	市政综合工	工日	115.00	8.465	9.919	10.621	11.275
材料	020900900	塑料薄膜	m^2	0.45	10.093	10.093	10.093	10.093
	041300010	标准砖 240×115×53	千块	422.33	1.715	2.139	2.343	2.535
	172900800	钢筋混凝土管 *D*300	m	76.92	0.513	0.513	0.513	0.513
	334100463	塑钢爬梯	kg	5.38	14.141	17.675	19.443	21.209
	341100100	水	m^3	4.42	1.275	1.424	1.496	1.563
	341100400	电	kW·h	0.70	2.137	2.137	2.137	2.137
	140500700	煤焦油沥青漆 L01－17	kg	6.97	0.519	0.519	0.519	0.519
	360102300	铸铁井盖、井座 ϕ700 重型	套	444.44	1.000	1.000	1.000	1.000
	850301090	干混商品砌筑砂浆 M10	t	252.00	1.822	2.275	2.491	2.695
	840201030	预拌混凝土 C15	m^3	247.57	0.891	0.891	0.891	0.891
	840201050	预拌混凝土 C25	m^3	257.28	1.933	1.933	1.933	1.933
	002000020	其他材料费	元	—	49.53	55.79	58.80	61.64
机械	990304004	汽车式起重机 8t	台班	705.33	0.072	0.072	0.072	0.072
	990401030	载重汽车 8t	台班	474.25	0.073	0.073	0.073	0.073
	990611010	干混砂浆罐式搅拌机 20000L	台班	232.40	0.039	0.049	0.053	0.058

E.4.1.3.2 砖砌圆形阀门井(立式蝶阀井)

工作内容:混凝土浇捣、养护、砌砖、勾缝、安装盖板及井盖等。　　　　计量单位:座

		定额编号			DE1843	DE1844	DE1845
		项目名称			立式蝶阀井		
					井内径 1.2m		井内径 1.5m
					井室深(1.5m)	井室深(1.75m)	
					井深(m)		
					1.75	2.00	
费用		综合单价(元)			**2343.03**	**2545.42**	**3022.61**
	其中	人工费(元)			473.23	529.12	648.72
		材料费(元)			1506.44	1615.13	1870.34
		施工机具使用费(元)			29.89	30.36	44.25
		企业管理费(元)			225.65	250.92	310.80
		利润(元)			100.27	111.50	138.11
		一般风险费(元)			7.55	8.39	10.39
	编码	名称	单位	单价(元)	消耗量		
人工	000700010	市政综合工	工日	115.00	4.115	4.601	5.641
材料	020900900	塑料薄膜	m^2	0.45	4.526	4.526	6.369
	041300010	标准砖 240×115×53	千块	422.33	0.844	0.985	1.190
	172900800	钢筋混凝土管 $D300$	m	76.92	0.513	0.513	0.513
	334100463	塑钢爬梯	kg	5.38	10.252	12.018	12.018
	341100100	水	m^3	4.42	0.599	0.647	0.843
	341100400	电	kW·h	0.70	1.036	1.036	1.356
	140500700	煤焦油沥青漆 L01－17	kg	6.97	0.519	0.519	0.519
	360102300	铸铁井盖、井座 ϕ700 重型	套	444.44	1.000	1.000	1.000
	850301090	干混商品砌筑砂浆 M10	t	252.00	0.898	1.046	1.265
	840201030	预拌混凝土 C15	m^3	247.57	0.579	0.579	0.684
	840201050	预拌混凝土 C25	m^3	257.28	0.788	0.788	1.101
	002000020	其他材料费	元	—	29.54	31.67	36.67
机械	990304004	汽车式起重机 8t	台班	705.33	0.021	0.021	0.032
	990401030	载重汽车 8t	台班	474.25	0.022	0.022	0.032
	990611010	干混砂浆罐式搅拌机 20000L	台班	232.40	0.020	0.022	0.028

工作内容：混凝土浇捣、养护、砌砖、勾缝、安装盖板及井盖等。

计量单位：座

定额编号					DE1846	DE1847	DE1848
项目名称					立式蝶阀井		
					井内径 1.8m		
					井室深(2.0m)	井室深(2.5m)	井室深(2.75m)
					井深(m)		
					2.3	2.8	3.05
费用	综合单价（元）				**3937.49**	**4485.66**	**4781.87**
	其中	人工费（元）			884.35	1030.98	1117.34
		材料费（元）			2336.57	2637.45	2788.12
		施工机具使用费（元）			78.44	80.53	81.69
		企业管理费（元）			431.81	498.51	537.76
		利润（元）			191.88	221.52	238.97
		一般风险费（元）			14.44	16.67	17.99
	编码	名称	单位	单价(元)	消耗量		
人工	000700010	市政综合工	工日	115.00	7.690	8.965	9.716
材料	020900900	塑料薄膜	m^2	0.45	8.505	8.505	8.505
	041300010	标准砖 240×115×53	千块	422.33	1.593	1.992	2.192
	172900800	钢筋混凝土管 *D*300	m	76.92	0.513	0.513	0.513
	334100463	塑钢爬梯	kg	5.38	14.141	17.675	19.443
	341100100	水	m^3	4.42	1.127	1.266	1.337
	341100400	电	kW·h	0.70	1.844	1.844	1.844
	140500700	煤焦油沥青漆 L01－17	kg	6.97	0.519	0.519	0.519
	360102300	铸铁井盖、井座 ϕ700 重型	套	444.44	1.000	1.000	1.000
	850301090	干混商品砌筑砂浆 M10	t	252.00	1.693	2.117	2.329
	840201030	预拌混凝土 C15	m^3	247.57	0.803	0.803	0.803
	840201050	预拌混凝土 C25	m^3	257.28	1.628	1.628	1.628
	002000020	其他材料费	元	—	45.82	51.71	54.67
机械	990304004	汽车式起重机 8t	台班	705.33	0.059	0.059	0.059
	990401030	载重汽车 8t	台班	474.25	0.060	0.060	0.060
	990611010	干混砂浆罐式搅拌机 20000L	台班	232.40	0.036	0.045	0.050

工作内容：混凝土浇捣、养护、砌砖、勾缝、安装盖板及井盖等。 计量单位：座

		定额编号			DE1849	DE1850	DE1851
项目名称					立式蝶阀井		
					井内径 2.4m		
					井室深(2.75m)	井室深(3.25m)	井室深(3.5m)
					井深(m)		
					3.05	3.55	3.80
费用	综合单价(元)				**6533.34**	**7214.46**	**7467.58**
	其中	人工费(元)			1469.70	1659.91	1730.29
		材料费(元)			3873.72	4234.33	4368.87
		施工机具使用费(元)			129.78	132.33	133.26
		企业管理费(元)			717.37	803.82	835.80
		利润(元)			318.78	357.19	371.41
		一般风险费(元)			23.99	26.88	27.95
	编码	名称	单位	单价(元)	消耗量		
人工	000700010	市政综合工	工日	115.00	12.780	14.434	15.046
材料	020900900	塑料薄膜	m^2	0.45	13.457	13.457	13.457
	041300010	标准砖 240×115×53	千块	422.33	2.717	3.200	3.377
	172900800	钢筋混凝土管 *D*300	m	76.92	0.513	0.513	0.513
	334100463	塑钢爬梯	kg	5.38	19.443	22.978	24.745
	341100100	水	m^3	4.42	1.850	2.021	2.083
	341100400	电	kW·h	0.70	2.762	2.762	2.762
	140500700	煤焦油沥青漆 L01－17	kg	6.97	0.783	0.783	0.783
	360102300	铸铁井盖、井座 ϕ700 重型	套	444.44	1.000	1.000	1.000
	850301090	干混商品砌筑砂浆 M10	t	252.00	2.887	3.402	3.590
	840201030	预拌混凝土 C15	m^3	247.57	1.085	1.085	1.085
	840201050	预拌混凝土 C25	m^3	257.28	2.563	2.563	2.563
	360102020	铸铁井盖、井座 ϕ500 重型	套	384.62	1.000	1.000	1.000
	002000020	其他材料费	元	—	75.96	83.03	85.66
机械	990304004	汽车式起重机 8t	台班	705.33	0.097	0.097	0.097
	990401030	载重汽车 8t	台班	474.25	0.099	0.099	0.099
	990611010	干混砂浆罐式搅拌机 20000L	台班	232.40	0.062	0.073	0.077

工作内容：混凝土浇捣、养护、砌砖、勾缝、安装盖板及井盖等。　　　　　　　　　　　　　　**计量单位：**座

定额编号					DE1852	DE1853
项目名称					立式蝶阀井	
					井内径 3.2m	井内径 3.6m
					井室深(4.0m)	井室深(4.75m)
					井深(m)	
					4.35	5.10
费用	综合单价（元）				**15806.86**	**19846.34**
	其中	人工费（元）			3879.76	4945.58
		材料费（元）			8805.51	10938.91
		施工机具使用费（元）			330.82	411.31
		企业管理费（元）			1888.44	2402.56
		利润（元）			839.17	1067.63
		一般风险费（元）			63.16	80.35
	编码	名称	单位	单价(元)	消耗量	
人工	000700010	市政综合工	工日	115.00	33.737	43.005
材料	020900900	塑料薄膜	m^2	0.45	25.439	30.916
	041300010	标准砖 240×115×53	千块	422.33	8.091	10.476
	172900800	钢筋混凝土管 *D*300	m	76.92	0.513	0.513
	334100463	塑钢爬梯	kg	5.38	28.634	33.935
	341100100	水	m^3	4.42	4.537	5.740
	341100400	电	kW·h	0.70	5.878	7.093
	140500700	煤焦油沥青漆 L01－17	kg	6.97	0.783	0.783
	360102300	铸铁井盖、井座 ϕ700 重型	套	444.44	1.000	1.000
	850301090	干混商品砌筑砂浆 M10	t	252.00	8.599	11.135
	840201030	预拌混凝土 C15	m^3	247.57	1.721	2.008
	840201050	预拌混凝土 C25	m^3	257.28	6.060	7.370
	360102020	铸铁井盖、井座 ϕ500 重型	套	384.62	1.000	1.000
	002000020	其他材料费	元	—	172.66	214.49
机械	990304004	汽车式起重机 8t	台班	705.33	0.243	0.300
	990401030	载重汽车 8t	台班	474.25	0.246	0.304
	990611010	干混砂浆罐式搅拌机 20000L	台班	232.40	0.184	0.239

E.4.1.3.3 砖砌圆形阀门井(卧式蝶阀井)

工作内容:混凝土浇捣、养护、砌砖、勾缝、安装盖板及井盖等。 **计量单位**:座

定额编号					DE1854	DE1855	DE1856
项目名称					卧式蝶阀井		
					井内径 2.8m		
					井室深(1.85m)	井室深(1.9m)	井室深(2.0m)
					井深(m)		
					2.15	2.20	2.30
费用	综合单价(元)				**6236.00**	**6304.99**	**6435.54**
	其中	人工费(元)			1348.49	1367.70	1404.38
		材料费(元)			3698.24	3734.90	3803.68
		施工机具使用费(元)			177.71	177.94	178.41
		企业管理费(元)			684.50	693.22	709.88
		利润(元)			304.17	308.05	315.45
		一般风险费(元)			22.89	23.18	23.74
	编码	名称	单位	单价(元)	消耗量		
人工	000700010	市政综合工	工日	115.00	11.726	11.893	12.212
材料	020900900	塑料薄膜	m^2	0.45	17.548	17.548	17.548
	041300010	标准砖 240×115×53	千块	422.33	2.143	2.193	2.285
	172900800	钢筋混凝土管 *D*300	m	76.92	0.513	0.513	0.513
	334100463	塑钢爬梯	kg	5.38	13.080	13.433	14.141
	341100100	水	m^3	4.42	1.923	1.940	1.955
	341100400	电	kW·h	0.70	3.516	3.516	3.516
	140500700	煤焦油沥青漆 L01－17	kg	6.97	0.783	0.783	0.783
	360102300	铸铁井盖、井座 ϕ700 重型	套	444.44	1.000	1.000	1.000
	850301090	干混商品砌筑砂浆 M10	t	252.00	2.280	2.331	2.429
	840201030	预拌混凝土 C15	m^3	247.57	1.305	1.305	1.305
	840201050	预拌混凝土 C25	m^3	257.28	3.342	3.342	3.342
	360102020	铸铁井盖、井座 ϕ500 重型	套	384.62	1.000	1.000	1.000
	002000020	其他材料费	元	—	72.51	73.23	74.58
机械	990304012	汽车式起重机 12t	台班	797.85	0.130	0.130	0.130
	990401030	载重汽车 8t	台班	474.25	0.132	0.132	0.132
	990611010	干混砂浆罐式搅拌机 20000L	台班	232.40	0.049	0.050	0.052

工作内容：混凝土浇捣、养护、砌砖、勾缝、安装盖板及井盖等。　　计量单位：座

定额编号					DE1857	DE1858	DE1859
项目名称					卧式蝶阀井		
					井内径 3.0m		
					井室深(2.1m)	井室深(2.2m)	井室深(2.3m)
					井深(m)		
					2.40	2.50	2.60
费用	综合单价（元）				**7066.98**	**7199.62**	**7321.34**
	其中	人工费（元）			1561.59	1599.19	1632.77
		材料费（元）			4131.21	4200.94	4265.65
		施工机具使用费（元）			203.97	204.20	204.90
		企业管理费（元）			791.85	808.82	824.20
		利润（元）			351.88	359.42	366.25
		一般风险费（元）			26.48	27.05	27.57
	编码	名称	单位	单价(元)	消耗量		
人工	000700010	市政综合工	工日	115.00	13.579	13.906	14.198
材料	020900900	塑料薄膜	m^2	0.45	19.789	19.789	19.789
	041300010	标准砖 240×115×53	千块	422.33	2.539	2.633	2.719
	172900800	钢筋混凝土管 *D*300	m	76.92	0.513	0.513	0.513
	334100463	塑钢爬梯	kg	5.38	14.846	15.554	16.261
	341100100	水	m^3	4.42	2.211	2.245	2.275
	341100400	电	kW•h	0.70	3.931	3.931	3.931
	140500700	煤焦油沥青漆 L01－17	kg	6.97	0.783	0.783	0.783
	360102300	铸铁井盖、井座 ϕ700 重型	套	444.44	1.000	1.000	1.000
	850301090	干混商品砌筑砂浆 M10	t	252.00	2.700	2.798	2.890
	840201030	预拌混凝土 C15	m^3	247.57	1.423	1.423	1.423
	840201050	预拌混凝土 C25	m^3	257.28	3.770	3.770	3.770
	360102020	铸铁井盖、井座 ϕ500 重型	套	384.62	1.000	1.000	1.000
	002000020	其他材料费	元	—	81.00	82.37	83.64
机械	990304012	汽车式起重机 12t	台班	797.85	0.149	0.149	0.149
	990401030	载重汽车 8t	台班	474.25	0.151	0.151	0.151
	990611010	干混砂浆罐式搅拌机 20000L	台班	232.40	0.058	0.059	0.062

工作内容:混凝土浇捣、养护、砌砖、勾缝、安装盖板及井盖等。 计量单位:座

定额编号					DE1860	DE1861	DE1862	DE1863	DE1864
项目名称					卧式蝶阀井				
					井内径 4.00m			井内径 4.80m	
					井室深(2.4m)	井室深(2.7m)	井室深(2.9m)	井室深(3.1m)	井室深(3.3m)
					井深(m)				
					2.75	3.05	3.25	3.45	3.65
费用	**综合单价(元)**				**14671.19**	**15536.82**	**16022.62**	**20472.68**	**21006.67**
费用	其中	人工费(元)			3444.94	3684.26	3818.23	4919.36	5066.90
费用	其中	材料费(元)			8122.84	8585.12	8845.06	11148.90	11434.46
费用	其中	施工机具使用费(元)			493.21	496.46	498.32	687.92	689.78
费用	其中	企业管理费(元)			1766.26	1875.05	1935.97	2514.86	2581.87
费用	其中	利润(元)			784.87	833.22	860.29	1117.53	1147.31
费用	其中	一般风险费(元)			59.07	62.71	64.75	84.11	86.35
	编码	名称	单位	单价(元)	消耗量				
人工	000700010	市政综合工	工日	115.00	29.956	32.037	33.202	42.777	44.060
材料	020900900	塑料薄膜	m^2	0.45	38.561	38.561	38.561	50.480	50.480
材料	041300010	标准砖 240×115×53	千块	422.33	5.959	6.597	6.955	8.771	9.165
材料	172900800	钢筋混凝土管 $D300$	m	76.92	0.513	0.513	0.513	0.513	0.513
材料	334100463	塑钢爬梯	kg	5.38	17.323	19.443	20.855	22.271	23.686
材料	341100100	水	m^3	4.42	4.660	4.885	5.010	6.442	6.581
材料	341100400	电	kW·h	0.70	8.411	8.411	8.411	11.322	11.322
材料	140500700	煤焦油沥青漆 L01—17	kg	6.97	0.783	0.783	0.783	0.783	0.783
材料	360102300	铸铁井盖、井座 ϕ700 重型	套	444.44	1.000	1.000	1.000	1.000	1.000
材料	850301090	干混商品砌筑砂浆 M10	t	252.00	6.333	7.013	7.392	9.323	9.741
材料	840201030	预拌混凝土 C15	m^3	247.57	2.319	2.319	2.319	3.017	3.017
材料	840201050	预拌混凝土 C25	m^3	257.28	8.807	8.807	8.807	11.959	11.959
材料	360102020	铸铁井盖、井座 ϕ500 重型	套	384.62	1.000	1.000	1.000	1.000	1.000
材料	002000020	其他材料费	元	—	159.27	168.34	173.43	218.61	224.21
机械	990304012	汽车式起重机 12t	台班	797.85	0.361	0.361	0.361	0.502	0.502
机械	990401030	载重汽车 8t	台班	474.25	0.366	0.366	0.366	0.508	0.508
机械	990611010	干混砂浆罐式搅拌机 20000L	台班	232.40	0.136	0.150	0.158	0.200	0.208

E.4.1.4 砖砌矩形水表井

工作内容：混凝土浇捣、养护、砌砖、勾缝、安装盖板及井盖等。　　计量单位：座

定额编号					DE1865	DE1866	DE1867
项目名称					砖砌矩形水表井		
					井室净尺寸(长×宽×高)(m)		
					2.15×1.1×1.4	2.75×1.3×1.4	2.75×1.3×1.6
费用	综合单价(元)				**5429.54**	**6550.57**	**7063.18**
	其中	人工费(元)			1101.13	1368.96	1468.55
		材料费(元)			3432.56	4055.34	4398.88
		施工机具使用费(元)			99.85	131.66	133.75
		企业管理费(元)			538.64	673.03	718.63
		利润(元)			239.35	299.07	319.34
		一般风险费(元)			18.01	22.51	24.03
	编码	名称	单位	单价(元)	消耗量		
人工	000700010	市政综合工	工日	115.00	9.575	11.904	12.770
材料	020900900	塑料薄膜	m^2	0.45	13.694	17.921	17.921
	041300010	标准砖 240×115×53	千块	422.33	3.096	3.682	4.208
	172900800	钢筋混凝土管 *D*300	m	76.92	0.513	0.513	0.513
	334100463	塑钢爬梯	kg	5.38	9.898	9.898	11.311
	341100100	水	m^3	4.42	1.881	2.345	2.511
	341100400	电	kW·h	0.70	2.632	3.356	3.356
	140500700	煤焦油沥青漆 L01－17	kg	6.97	0.519	0.519	0.519
	360102300	铸铁井盖、井座 ϕ700 重型	套	444.44	1.000	1.000	1.000
	850301090	干混商品砌筑砂浆 M10	t	252.00	2.448	2.910	3.327
	840201030	预拌混凝土 C15	m^3	247.57	1.115	1.343	1.348
	840201050	预拌混凝土 C25	m^3	257.28	2.362	3.084	3.084
	002000020	其他材料费	元	—	67.31	79.52	86.25
机械	990304004	汽车式起重机 8t	台班	705.33	0.074	0.099	0.099
	990401030	载重汽车 8t	台班	474.25	0.075	0.100	0.100
	990611010	干混砂浆罐式搅拌机 20000L	台班	232.40	0.052	0.062	0.071

工作内容：混凝土浇捣、养护、砌砖、勾缝、安装盖板及井盖等。　　计量单位：座

定额编号					DE1868	DE1869	DE1870
项目名称					砖砌矩形水表井		
					井室净尺寸(长×宽×高)(m)		
					2.75×1.5×1.4	3.5×2.0×1.4	3.5×2.0×1.6
费用	综合单价(元)				**6824.58**	**9165.12**	**10636.52**
	其中	人工费(元)			1409.10	1935.80	2554.96
		材料费(元)			4241.84	5493.26	5930.86
		施工机具使用费(元)			144.15	272.44	275.00
		企业管理费(元)			696.63	990.40	1269.24
		利润(元)			309.56	440.10	564.01
		一般风险费(元)			23.30	33.12	42.45
	编码	名称	单位	单价(元)	消耗量		
人工	000700010	市政综合工	工日	115.00	12.253	16.833	22.217
材料	020900900	塑料薄膜	m^2	0.45	19.488	28.077	28.077
	041300010	标准砖 240×115×53	千块	422.33	3.829	4.744	5.421
	172900800	钢筋混凝土管 *D*300	m	76.92	0.513	0.513	0.513
	334100463	塑钢爬梯	kg	5.38	9.898	9.898	11.311
	341100100	水	m^3	4.42	2.497	3.354	3.565
	341100400	电	kW·h	0.70	3.615	5.535	5.535
	140500700	煤焦油沥青漆 L01－17	kg	6.97	0.519	0.519	0.519
	360102300	铸铁井盖、井座 ϕ700 重型	套	444.44	1.000	1.000	1.000
	850301090	干混商品砌筑砂浆 M10	t	252.00	3.026	3.750	4.284
	840201030	预拌混凝土 C15	m^3	247.57	1.430	1.892	1.892
	840201050	预拌混凝土 C25	m^3	257.28	3.350	5.428	5.428
	002000020	其他材料费	元	—	83.17	107.71	116.29
机械	990304004	汽车式起重机 8t	台班	705.33	0.109	0.214	0.214
	990401030	载重汽车 8t	台班	474.25	0.110	0.217	0.217
	990611010	干混砂浆罐式搅拌机 20000L	台班	232.40	0.065	0.080	0.091

E.4.1.5 消火栓井

E.4.1.5.1 地上式

工作内容：混凝土浇捣、养护、砌砖、勾缝、安装套筒、填卵石等。 **计量单位：**座

					DE1871	DE1872	DE1873
定额编号					DE1871	DE1872	DE1873
项目名称					地上式消火栓井		
					支管浅装	支管深装 管道覆土深度 1.1m	干管Ⅱ型
费用	综合单价（元）				**290.93**	**2062.89**	**1942.99**
	其中	人工费（元）			37.38	427.34	393.42
		材料费（元）			228.39	1303.38	1240.65
		施工机具使用费（元）			0.23	29.43	28.96
		企业管理费（元）			16.87	204.86	189.44
		利润（元）			7.50	91.03	84.18
		一般风险费（元）			0.56	6.85	6.34
	编码	名称	单位	单价(元)	消耗量		
人工	000700010	市政综合工	工日	115.00	0.325	3.716	3.421
材料	020900900	塑料薄膜	m^2	0.45	0.166	4.860	4.860
	040501110	卵石	t	64.00	0.118	0.120	0.120
	041300010	标准砖 240×115×53	千块	422.33	0.039	0.788	0.715
	172900800	钢筋混凝土管 $D300$	m	76.92	—	0.513	0.513
	334100463	塑钢爬梯	kg	5.38	—	4.311	2.192
	341100100	水	m^3	4.42	0.194	0.595	0.569
	341100400	电	kW·h	0.70	0.011	0.617	0.617
	140500700	煤焦油沥青漆 L01－17	kg	6.97	—	0.519	0.519
	360102300	铸铁井盖、井座 ϕ700 重型	套	444.44	—	1.000	1.000
	850301090	干混商品砌筑砂浆 M10	t	252.00	0.027	0.836	0.760
	840201050	预拌混凝土 C25	m^3	257.28	0.016	0.819	0.819
	032300420	铸铁闸阀套筒	个	188.03	1.000	—	—
	002000020	其他材料费	元	—	4.48	25.56	24.33
机械	990304004	汽车式起重机 8t	台班	705.33	—	0.021	0.021
	990401030	载重汽车 8t	台班	474.25	—	0.022	0.022
	990611010	干混砂浆罐式搅拌机 20000L	台班	232.40	0.001	0.018	0.016

E.4.1.5.2 地下式

工作内容：混凝土浇捣、养护、砌砖、勾缝、安装盖板及井盖、套筒、填卵石等。 **计量单位：**座

	编码	名称	单位	单价(元)	DE1874	DE1875	DE1876
项目名称					地下式消火栓井		
					支管浅装	支管深装	干管安装
						管道覆土深度 1.65m	井深 1.40m
费用		**综合单价（元）**			**1499.74**	**2045.13**	**1827.89**
其中		人工费（元）			139.15	416.19	355.93
		材料费（元）			1266.44	1304.16	1188.28
		施工机具使用费（元）			1.16	29.43	28.73
		企业管理费（元）			62.93	199.86	172.52
		利润（元）			27.96	88.81	76.66
		一般风险费（元）			2.10	6.68	5.77
	编码	**名称**	**单位**	**单价(元)**	**消耗量**		
人工	000700010	市政综合工	工日	115.00	1.210	3.619	3.095
材料	020900900	塑料薄膜	m^2	0.45	0.093	4.672	4.578
	040501110	卵石	t	64.00	0.148	—	—
	041300010	标准砖 240×115×53	千块	422.33	0.249	0.788	0.647
	172900800	钢筋混凝土管 $D300$	m	76.92	—	0.513	0.513
	334100463	塑钢爬梯	kg	5.38	—	5.373	3.606
	341100100	水	m^3	4.42	0.091	0.591	0.534
	341100400	电	kW·h	0.70	0.008	0.629	0.606
	140500700	煤焦油沥青漆 L01－17	kg	6.97	0.381	0.519	0.519
	360102100	铸铁井盖、井座 ϕ600 重型	套	427.35	1.000	—	—
	360102300	铸铁井盖、井座 ϕ700 重型	套	444.44	1.000	1.000	1.000
	850301090	干混商品砌筑砂浆 M10	t	252.00	0.245	0.836	0.689
	840201050	预拌混凝土 C25	m^3	257.28	0.009	0.830	0.802
	032300420	铸铁闸阀套筒	个	188.03	1.000	—	—
	002000020	其他材料费	元	—	24.83	25.57	23.30
机械	990304004	汽车式起重机 8t	台班	705.33	—	0.021	0.021
	990401030	载重汽车 8t	台班	474.25	—	0.022	0.022
	990611010	干混砂浆罐式搅拌机 20000L	台班	232.40	0.005	0.018	0.015

E.4.1.6 排泥湿井

工作内容：混凝土浇捣、养护、砌砖、抹面，爬梯、井盖及支座安装等。　　　　**计量单位：**座

定额编号					DE1877	DE1878	DE1879	DE1880	DE1881	DE1882
项目名称					排泥湿井					
					井内径(m)					
					0.8	1.0	1.2	1.4	1.6	1.8
					井深(m)					
					1.50	2.00			2.20	
费用	综合单价（元）				**2047.65**	**2485.54**	**3295.25**	**3349.60**	**4014.15**	**4713.95**
	其中	人工费（元）			440.22	591.68	742.79	854.34	1146.09	1285.59
		材料费（元）			1310.63	1493.97	2009.66	1863.25	2002.30	2446.24
		施工机具使用费（元）			3.02	4.65	30.36	39.54	63.82	78.20
		企业管理费（元）			198.79	267.45	346.75	400.91	542.65	611.66
		利润（元）			88.34	118.85	154.09	178.15	241.14	271.80
		一般风险费（元）			6.65	8.94	11.60	13.41	18.15	20.46
	编码	名称	单位	单价(元)	消耗量					
人工	000700010	市政综合工	工日	115.00	3.828	5.145	6.459	7.429	9.966	11.179
材料	020900900	塑料薄膜	m^2	0.45	1.789	2.306	4.526	5.722	7.048	8.505
	030190010	圆钉 综合	kg	6.60	—	—	—	—	0.125	0.141
	041300010	标准砖 240×115×53	千块	422.33	0.569	0.891	0.985	1.121	1.366	1.514
	334100463	塑钢爬梯	kg	5.38	9.901	13.434	12.372	12.372	13.434	13.434
	341100100	水	m^3	4.42	0.319	0.467	0.661	0.775	0.949	1.099
	341100400	电	kW·h	0.70	0.434	0.552	0.857	1.059	1.387	1.653
	140500700	煤焦油沥青漆 L01－17	kg	6.97	0.678	0.519	0.519	0.519	0.519	0.519
	360102300	铸铁井盖、井座 ϕ700 重型	套	444.44	—	1.000	1.000	1.000	1.000	1.000
	360102400	铸铁井盖、井座 ϕ800	套	598.29	1.000	—	—	—	—	—
	850301090	干混商品砌筑砂浆 M10	t	252.00	0.605	0.949	1.046	1.192	0.598	1.608
	850301030	干混商品抹灰砂浆 M10	t	271.84	0.326	0.519	1.778	0.644	0.784	0.869
	032100900	钢丝网 综合	m^2	2.56	—	—	—	—	10.028	11.281
	840201030	预拌混凝土 C15	m^3	247.57	0.223	0.279	0.341	0.409	0.484	0.566
	840201050	预拌混凝土 C25	m^3	257.28	0.348	0.448	0.788	0.992	1.350	1.622
	002000020	其他材料费	元	—	25.70	29.29	39.41	36.53	39.26	47.97
机械	990304004	汽车式起重机 8t	台班	705.33	—	—	0.021	0.028	0.048	0.059
	990401030	载重汽车 8t	台班	474.25	—	—	0.022	0.029	0.048	0.060
	990611010	干混砂浆罐式搅拌机 20000L	台班	232.40	0.013	0.020	0.022	0.026	0.031	0.035

E.4.1.7 雨水检查井

E.4.1.7.1 圆形雨水检查井

工作内容:混凝土捣固、养生、调制砂浆、砌筑、抹灰、勾缝、井盖、井座、爬梯安装、材料运输等。 **计量单位**:座

					DE1883	DE1884	DE1885
定额编号					DE1883	DE1884	DE1885
项目名称					砖砌直筒式	砖砌收口式	
					井内径 700mm	井内径 1000mm	井内径 1250mm
					管径≤400mm	管径 200～600mm	管径 600～800mm
					井深 1.2m	井深 3.1m	
费用	综合单价(元)				**1143.67**	**2524.60**	**2643.02**
	其中	人工费(元)			192.86	555.34	583.40
		材料费(元)			819.12	1588.42	1660.19
		施工机具使用费(元)			2.32	7.67	7.67
		企业管理费(元)			87.54	252.51	265.09
		利润(元)			38.90	112.21	117.80
		一般风险费(元)			2.93	8.45	8.87
	编码	名称	单位	单价(元)	消耗量		
人工	000700010	市政综合工	工日	115.00	1.677	4.829	5.073
材料	020900900	塑料薄膜	m^2	0.45	3.345	5.097	6.836
	041300010	标准砖 240×115×53	千块	422.33	0.440	1.436	1.439
	334100463	塑钢爬梯	kg	5.38	3.636	8.484	8.484
	341100100	水	m^3	4.42	0.243	0.634	0.681
	341100400	电	kW·h	0.70	0.099	0.225	0.404
	140500700	煤焦油沥青漆 L01－17	kg	6.97	0.490	0.490	0.490
	360102300	铸铁井盖、井座 ϕ700 重型	套	444.44	1.000	1.000	1.000
	850301090	干混商品砌筑砂浆 M10	t	252.00	0.468	1.525	1.528
	850301030	干混商品抹灰砂浆 M10	t	271.84	0.049	0.095	0.138
	840201030	预拌混凝土 C15	m^3	247.57	0.129	0.295	0.525
	002000010	其他材料费	元	—	0.04	0.04	0.04
机械	990611010	干混砂浆罐式搅拌机 20000L	台班	232.40	0.010	0.033	0.033

工作内容:混凝土捣固、养生、调制砂浆、砌筑、抹灰、勾缝、井盖、井座、爬梯安装、材料运输等。 **计量单位**:座

					DE1886	DE1887	DE1888
定额编号					DE1886	DE1887	DE1888
项目名称					砖砌盖板式		
					井内径 1000mm	井内径 1250mm	井内径 1500mm
					管径 200～600mm	管径 600～800mm	管径 800～1000mm
					井深 2.35m	井深 2.4m	
费用	综合单价(元)				**2142.65**	**2524.60**	**2902.97**
	其中	人工费(元)			456.67	553.61	656.65
		材料费(元)			1355.98	1557.93	1749.30
		施工机具使用费(元)			16.43	27.74	37.16
		企业管理费(元)			212.18	260.74	311.17
		利润(元)			94.29	115.86	138.28
		一般风险费(元)			7.10	8.72	10.41
	编码	名称	单位	单价(元)	消耗量		
人工	000700010	市政综合工	工日	115.00	3.971	4.814	5.710
材料	020900900	塑料薄膜	m^2	0.45	7.871	11.126	14.893
	041300010	标准砖 240×115×53	千块	422.33	1.074	1.229	1.453
	334100463	塑钢爬梯	kg	5.38	6.060	6.060	6.060
	341100100	水	m^3	4.42	0.584	0.635	0.903
	341100400	电	kW·h	0.70	0.305	0.552	0.613
	140500700	煤焦油沥青漆 L01－17	kg	6.97	0.490	0.490	0.490
	360102300	铸铁井盖、井座 ϕ700 重型	套	444.44	1.000	1.000	1.000
	850301090	干混商品砌筑砂浆 M10	t	252.00	1.141	1.306	1.544
	850301030	干混商品抹灰砂浆 M10	t	271.84	0.102	0.145	0.192
	840201030	预拌混凝土 C15	m^3	247.57	0.295	0.528	0.528
	840201050	预拌混凝土 C25	m^3	257.28	0.106	0.198	0.280
	002000010	其他材料费	元	—	0.04	0.04	0.04
机械	990304004	汽车式起重机 8t	台班	705.33	0.009	0.018	0.025
	990401030	载重汽车 8t	台班	474.25	0.009	0.018	0.025
	990611010	干混砂浆罐式搅拌机 20000L	台班	232.40	0.025	0.028	0.033

E.4.1.7.2 矩形直线雨水检查井

工作内容:混凝土捣固、养生、调制砂浆、砌筑、抹灰、勾缝、井盖、井座、爬梯安装、材料运输等。 **计量单位:**座

定额编号						DE1889	DE1890
项目名称						矩形直线雨水检查井(砖砌)	
						井室净尺寸(长×宽×高)(m)	
						1.1×1.1×1.8	1.2×1.1×1.8
						管径 ϕ800	管径 ϕ900
						井深 2.4m	
费用	**综合单价(元)**					**2682.79**	**2740.53**
	其中	人工费(元)				613.18	628.71
		材料费(元)				1615.87	1647.40
		施工机具使用费(元)				28.46	28.70
		企业管理费(元)				287.78	294.84
		利润(元)				127.88	131.02
		一般风险费(元)				9.62	9.86
	编码	名称		单位	单价(元)	消耗量	
人工	000700010	市政综合工		工日	115.00	5.332	5.467
材料	020900900	塑料薄膜		m^2	0.45	12.254	12.690
	041300010	标准砖 240×115×53		千块	422.33	1.389	1.421
	334100463	塑钢爬梯		kg	5.38	6.060	6.060
	341100100	水		m^3	4.42	0.761	0.783
	341100400	电		kW·h	0.70	0.602	0.629
	140500700	煤焦油沥青漆 L01-17		kg	6.97	0.490	0.490
	360102300	铸铁井盖、井座 ϕ700 重型		套	444.44	1.000	1.000
	850301090	干混商品砌筑砂浆 M10		t	252.00	1.139	1.165
	850301030	干混商品抹灰砂浆 M10		t	271.84	0.197	0.207
	840201030	预拌混凝土 C15		m^3	247.57	0.566	0.600
	840201050	预拌混凝土 C25		m^3	257.28	0.226	0.226
	002000020	其他材料费		元	—	0.65	0.66
机械	990304004	汽车式起重机 8t		台班	705.33	0.019	0.019
	990401030	载重汽车 8t		台班	474.25	0.020	0.020
	990611010	干混砂浆罐式搅拌机 20000L		台班	232.40	0.024	0.025

工作内容:混凝土捣固、养生、调制砂浆、砌筑、抹灰、勾缝、井盖、井座、爬梯安装、材料运输等。 **计量单位**:座

定额编号					DE1891	DE1892	DE1893
项目名称					矩形直线雨水检查井(砖砌)		
					井室净尺寸(长×宽×高)(m)		
					1.3×1.1×1.8	1.4×1.1×1.8	1.5×1.1×1.8
					管径 ϕ1000	管径 ϕ1100	管径 ϕ1200
					井深 2.45m		
费用	综合单价(元)				**2815.65**	**3000.30**	**3048.71**
	其中	人工费(元)			648.03	681.95	693.45
		材料费(元)			1690.01	1810.80	1840.10
		施工机具使用费(元)			28.93	33.41	33.41
		企业管理费(元)			303.61	320.84	325.99
		利润(元)			134.92	142.57	144.86
		一般风险费(元)			10.15	10.73	10.90
	编码	名称	单位	单价(元)	消耗量		
人工	000700010	市政综合工	工日	115.00	5.635	5.930	6.030
材料	020900900	塑料薄膜	m^2	0.45	13.127	14.324	14.761
	041300010	标准砖 240×115×53	千块	422.33	1.469	1.496	1.520
	334100463	塑钢爬梯	kg	5.38	6.060	6.060	6.060
	341100100	水	m^3	4.42	0.809	0.848	0.866
	341100400	电	kW·h	0.70	0.651	0.960	0.998
	140500700	煤焦油沥青漆 L01—17	kg	6.97	0.490	0.490	0.490
	360102300	铸铁井盖、井座 ϕ700 重型	套	444.44	1.000	1.000	1.000
	850301090	干混商品砌筑砂浆 M10	t	252.00	1.207	1.227	1.244
	850301030	干混商品抹灰砂浆 M10	t	271.84	0.218	0.230	0.238
	840201030	预拌混凝土 C15	m^3	247.57	0.634	1.001	1.051
	840201050	预拌混凝土 C25	m^3	257.28	0.226	0.262	0.262
	002000020	其他材料费	元	—	0.68	0.72	0.74
机械	990304004	汽车式起重机 8t	台班	705.33	0.019	0.023	0.023
	990401030	载重汽车 8t	台班	474.25	0.020	0.023	0.023
	990611010	干混砂浆罐式搅拌机 20000L	台班	232.40	0.026	0.027	0.027

工作内容:混凝土捣固、养生、调制砂浆、砌筑、抹灰、勾缝、井盖、井座、爬梯安装、材料运输等。 **计量单位**:座

定额编号					DE1894	DE1895
项目名称					矩形直线雨水检查井(砖砌)	
					井室净尺寸(长×宽×高)(m)	
					1.65×1.1×1.85	1.8×1.1×2
					管径 ϕ1350	管径 ϕ1500
					井深 2.5m	井深 2.7m
费用	综合单价(元)				**3204.30**	**3458.50**
	其中	人工费(元)			731.98	799.83
		材料费(元)			1922.60	2062.82
		施工机具使用费(元)			38.83	39.53
		企业管理费(元)			345.71	376.45
		利润(元)			153.62	167.28
		一般风险费(元)			11.56	12.59
	编码	名称	单位	单价(元)	消耗量	
人工	000700010	市政综合工	工日	115.00	6.365	6.955
材料	020900900	塑料薄膜	m^2	0.45	16.552	17.207
	041300010	标准砖 240×115×53	千块	422.33	1.590	1.774
	334100463	塑钢爬梯	kg	5.38	6.060	6.060
	341100100	水	m^3	4.42	0.936	1.010
	341100400	电	kW·h	0.70	1.097	1.154
	140500700	煤焦油沥青漆 L01—17	kg	6.97	0.490	0.490
	360102300	铸铁井盖、井座 ϕ700 重型	套	444.44	1.000	1.000
	850301090	干混商品砌筑砂浆 M10	t	252.00	1.301	1.450
	850301030	干混商品抹灰砂浆 M10	t	271.84	0.257	0.277
	840201030	预拌混凝土 C15	m^3	247.57	1.127	1.203
	840201050	预拌混凝土 C25	m^3	257.28	0.314	0.314
	002000020	其他材料费	元	—	0.77	0.82
机械	990304004	汽车式起重机 8t	台班	705.33	0.027	0.027
	990401030	载重汽车 8t	台班	474.25	0.028	0.028
	990611010	干混砂浆罐式搅拌机 20000L	台班	232.40	0.028	0.031

工作内容：混凝土捣固、养生、调制砂浆、砌筑、抹灰、勾缝、井盖、井座、爬梯安装、材料运输等。　　计量单位：座

定额编号					DE1896	DE1897	DE1898
					矩形直线雨水检查井(砖砌)		
					井室净尺寸(长×宽×高)(m)		
					1.95×1.1×2.2	2.1×1.1×2.35	2.3×1.1×2.55
					管径 ϕ1650	管径 ϕ1800	管径 ϕ2000
					井深 2.9m	井深 3.05m	井深 3.3m
费用	综合单价（元）				**3906.73**	**4615.88**	**5154.44**
	其中	人工费（元）			899.65	1026.03	1149.08
		材料费（元）			2330.58	2824.94	3134.61
		施工机具使用费（元）			48.24	51.03	65.64
		企业管理费（元）			425.13	483.06	544.80
		利润（元）			188.91	214.66	242.09
		一般风险费（元）			14.22	16.16	18.22
	编码	名称	单位	单价(元)	消耗量		
人工	000700010	市政综合工	工日	115.00	7.823	8.922	9.992
材料	020900900	塑料薄膜	m^2	0.45	19.402	20.057	23.237
	041300010	标准砖 240×115×53	千块	422.33	1.965	2.707	3.020
	334100463	塑钢爬梯	kg	5.38	6.060	6.060	6.060
	341100100	水	m^3	4.42	1.127	1.373	1.554
	341100400	电	kW·h	0.70	1.589	1.665	2.000
	140500700	煤焦油沥青漆 L01－17	kg	6.97	0.490	0.490	0.490
	360102300	铸铁井盖、井座 ϕ700 重型	套	444.44	1.000	1.000	1.000
	850301090	干混商品砌筑砂浆 M10	t	252.00	1.603	2.195	2.443
	850301030	干混商品抹灰砂浆 M10	t	271.84	0.292	0.311	0.321
	840201030	预拌混凝土 C15	m^3	247.57	1.705	1.806	2.116
	840201050	预拌混凝土 C25	m^3	257.28	0.385	0.385	0.513
	002000020	其他材料费	元	—	0.93	1.13	1.25
机械	990304004	汽车式起重机 8t	台班	705.33	0.034	0.034	0.045
	990401030	载重汽车 8t	台班	474.25	0.034	0.034	0.046
	990611010	干混砂浆罐式搅拌机 20000L	台班	232.40	0.035	0.047	0.052

E.4.1.7.3 矩形90°三通雨水检查井

工作内容：混凝土捣固、养生、调制砂浆、砌筑、抹灰、勾缝、井盖、井座、爬梯安装、材料运输等。　　计量单位：座

定额编号					DE1899	DE1900	DE1901
项目名称					矩形90°三通雨水检查井(砖砌)		
					井室净尺寸(长×宽×高)(m)		
					1.65×1.65×1.8	2.2×2.2×1.8	2.63×2.63×2.0
					管径 ϕ900～1000	管径 ϕ1100～1350	管径 ϕ1500
					井深2.4m	井深2.45m	井深2.7m
费用	综合单价（元）				**3832.67**	**6343.81**	**9479.74**
	其中	人工费（元）			878.03	1485.23	2262.86
		材料费（元）			2283.06	3686.63	5402.63
		施工机具使用费（元）			53.90	112.79	189.10
		企业管理费（元）			417.97	716.71	1099.70
		利润（元）			185.73	318.48	488.67
		一般风险费（元）			13.98	23.97	36.78
	编码	名称	单位	单价(元)	消耗量		
人工	000700010	市政综合工	工日	115.00	7.635	12.915	19.677
材料	020900900	塑料薄膜	m^2	0.45	22.424	37.752	50.917
	041300010	标准砖 240×115×53	千块	422.33	2.162	3.585	5.718
	334100463	塑钢爬梯	kg	5.38	6.060	6.060	6.060
	341100100	水	m^3	4.42	1.271	2.118	3.126
	341100400	电	kW·h	0.70	1.090	2.491	3.486
	140500700	煤焦油沥青漆 L01－17	kg	6.97	0.490	0.490	0.490
	360102300	铸铁井盖、井座 ϕ700 重型	套	444.44	1.000	1.000	1.000
	850301090	干混商品砌筑砂浆 M10	t	252.00	1.756	2.897	4.604
	850301030	干混商品抹灰砂浆 M10	t	271.84	0.257	0.411	0.570
	840201030	预拌混凝土 C15	m^3	247.57	0.998	2.325	3.101
	840201050	预拌混凝土 C25	m^3	257.28	0.438	0.953	1.489
	002000020	其他材料费	元	—	0.91	1.47	2.16
机械	990304004	汽车式起重机 8t	台班	705.33	0.038	0.083	—
	990304012	汽车式起重机 12t	台班	797.85	—	—	0.130
	990401030	载重汽车 8t	台班	474.25	0.039	0.084	0.132
	990611010	干混砂浆罐式搅拌机 20000L	台班	232.40	0.037	0.062	0.098

工作内容：混凝土捣固、养生、调制砂浆、砌筑、抹灰、勾缝、井盖、井座、爬梯安装、材料运输等。 计量单位：座

定额编号					DE1902	DE1903	DE1904
项目名称					矩形 90°三通雨水检查井(砖砌)		
					井室净尺寸(长×宽×高)(m)		
					2.63×2.63×2.2	3.15×3.15×2.3	3.15×3.15×2.5
					管径 ϕ1650	管径 ϕ1800	管径 ϕ2000
					井深 2.85m	井深 3.1m	井深 3.3m
费用	综合单价（元）				**10361.34**	**15317.03**	**16827.49**
	其中	人工费（元）			2452.95	3444.94	3792.82
		材料费（元）			5965.05	8959.65	9882.00
		施工机具使用费（元）			190.96	378.36	384.17
		企业管理费（元）			1185.79	1714.75	1873.38
		利润（元）			526.93	761.98	832.47
		一般风险费（元）			39.66	57.35	62.65
	编码	名称	单位	单价(元)	消耗量		
人工	000700010	市政综合工	工日	115.00	21.330	29.956	32.981
材料	020900900	塑料薄膜	m^2	0.45	50.917	74.621	74.621
	041300010	标准砖 240×115×53	千块	422.33	6.202	9.477	10.951
	334100463	塑钢爬梯	kg	5.38	6.060	6.060	6.060
	341100100	水	m^3	4.42	3.272	4.912	5.365
	341100400	电	kW·h	0.70	4.274	6.899	6.899
	140500700	煤焦油沥青漆 L01－17	kg	6.97	0.490	0.490	0.490
	360102300	铸铁井盖、井座 ϕ700 重型	套	444.44	1.000	1.000	1.000
	850301090	干混商品砌筑砂浆 M10	t	252.00	4.988	7.609	8.784
	850301030	干混商品抹灰砂浆 M10	t	271.84	0.585	0.813	0.818
	840201030	预拌混凝土 C15	m^3	247.57	4.134	6.387	6.387
	840201050	预拌混凝土 C25	m^3	257.28	1.489	2.695	2.695
	002000020	其他材料费	元	—	2.39	3.58	3.95
机械	990304012	汽车式起重机 12t	台班	797.85	0.130	—	—
	990304020	汽车式起重机 20t	台班	968.56	—	0.235	0.235
	990401030	载重汽车 8t	台班	474.25	0.132	0.238	0.238
	990611010	干混砂浆罐式搅拌机 20000L	台班	232.40	0.106	0.163	0.188

E.4.1.7.4 矩形 90°四通雨水检查井

工作内容:混凝土捣固、养生、调制砂浆、砌筑、抹灰、勾缝、井盖、井座、爬梯安装、材料运输等。 **计量单位**:座

定额编号					DE1905	DE1906
项目名称					矩形 90°四通雨水检查井(砖砌)	
					井室净尺寸(长×宽×高)(m)	
					2×1.5×1.8	2.2×1.7×1.8
					管径 ϕ900	管径 ϕ1000
					井深 2.4m	井深 2.45m
费用	**综合单价(元)**				**4096.01**	**4591.39**
	其中	人工费(元)			941.62	1064.67
		材料费(元)			2432.06	2693.83
		施工机具使用费(元)			59.07	76.51
		企业管理费(元)			448.81	511.82
		利润(元)			199.44	227.44
		一般风险费(元)			15.01	17.12
	编码	名称	单位	单价(元)	消耗量	
人工	000700010	市政综合工	工日	115.00	8.188	9.258
材料	020900900	塑料薄膜	m^2	0.45	24.356	29.184
	041300010	标准砖 240×115×53	千块	422.33	2.350	2.601
	334100463	塑钢爬梯	kg	5.38	6.060	6.060
	341100100	水	m^3	4.42	1.380	1.587
	341100400	电	kW·h	0.70	1.181	1.448
	140500700	煤焦油沥青漆 L01—17	kg	6.97	0.490	0.490
	360102300	铸铁井盖、井座 ϕ700 重型	套	444.44	1.000	1.000
	850301090	干混商品砌筑砂浆 M10	t	252.00	1.909	2.111
	850301030	干混商品抹灰砂浆 M10	t	271.84	0.255	0.304
	840201030	预拌混凝土 C15	m^3	247.57	1.076	1.271
	840201050	预拌混凝土 C25	m^3	257.28	0.480	0.635
	002000020	其他材料费	元	—	0.97	1.08
机械	990304004	汽车式起重机 8t	台班	705.33	0.042	0.056
	990401030	载重汽车 8t	台班	474.25	0.042	0.056
	990611010	干混砂浆罐式搅拌机 20000L	台班	232.40	0.041	0.045

工作内容：混凝土捣固、养生、调制砂浆、砌筑、抹灰、勾缝、井盖、井座、爬梯安装、材料运输等。　　计量单位：座

定额编号					DE1907	DE1908
项目名称					矩形 90°四通雨水检查井(砖砌)	
					井室净尺寸(长×宽×高)(m)	
					2.2×1.7×1.8	2.7×2.05×1.8
					管径 ϕ1100	管径 ϕ1250～1350
					井深 2.45m	井深 2.5m
费用	综合单价(元)				**4801.82**	**6923.29**
	其中	人工费(元)			1096.30	1617.48
		材料费(元)			2851.67	3981.12
		施工机具使用费(元)			76.51	151.93
		企业管理费(元)			526.01	793.58
		利润(元)			233.74	352.64
		一般风险费(元)			17.59	26.54
	编码	名称	单位	单价(元)	消耗量	
人工	000700010	市政综合工	工日	115.00	9.533	14.065
材料	020900900	塑料薄膜	m^2	0.45	29.184	42.330
	041300010	标准砖 240×115×53	千块	422.33	2.601	3.821
	334100463	塑钢爬梯	kg	5.38	6.060	6.060
	341100100	水	m^3	4.42	1.585	2.312
	341100400	电	kW·h	0.70	1.931	2.903
	140500700	煤焦油沥青漆 L01－17	kg	6.97	0.490	0.490
	360102300	铸铁井盖、井座 ϕ700 重型	套	444.44	1.000	1.000
	850301090	干混商品砌筑砂浆 M10	t	252.00	2.111	3.084
	850301030	干混商品抹灰砂浆 M10	t	271.84	0.304	0.435
	840201030	预拌混凝土 C15	m^3	247.57	1.907	2.596
	840201050	预拌混凝土 C25	m^3	257.28	0.635	1.228
	002000020	其他材料费	元	—	1.14	1.59
机械	990304004	汽车式起重机 8t	台班	705.33	0.056	—
	990304012	汽车式起重机 12t	台班	797.85	—	0.107
	990401030	载重汽车 8t	台班	474.25	0.056	0.108
	990611010	干混砂浆罐式搅拌机 20000L	台班	232.40	0.045	0.066

工作内容：混凝土捣固、养生、调制砂浆、砌筑、抹灰、勾缝、井盖、井座、爬梯安装、材料运输等。　　计量单位：座

定额编号					DE1909	DE1910
项目名称					矩形90°四通雨水检查井(砖砌)	
					井室净尺寸(长×宽×高)(m)	
					3.3×2.48×2	3.3×2.48×2.2
					管径 ϕ1500	管径 ϕ1650
					井深 2.7m	井深 2.9m
费用	综合单价(元)				**9978.29**	**10886.27**
	其中	人工费(元)			2367.51	2558.52
		材料费(元)			5571.25	6158.53
		施工机具使用费(元)			282.86	284.72
		企业管理费(元)			1188.69	1275.19
		利润(元)			528.22	566.66
		一般风险费(元)			39.76	42.65
	编码	名称	单位	单价(元)	消耗量	
人工	000700010	市政综合工	工日	115.00	20.587	22.248
材料	020900900	塑料薄膜	m²	0.45	58.937	58.937
	041300010	标准砖 240×115×53	千块	422.33	5.495	5.956
	334100463	塑钢爬梯	kg	5.38	6.060	6.060
	341100100	水	m³	4.42	3.270	3.408
	341100400	电	kW·h	0.70	4.358	5.269
	140500700	煤焦油沥青漆 L01－17	kg	6.97	0.490	0.490
	360102300	铸铁井盖、井座 ϕ700 重型	套	444.44	1.000	1.000
	850301090	干混商品砌筑砂浆 M10	t	252.00	4.422	4.792
	850301030	干混商品抹灰砂浆 M10	t	271.84	0.612	0.624
	840201030	预拌混凝土 C15	m³	247.57	3.573	4.763
	840201050	预拌混凝土 C25	m³	257.28	2.171	2.171
	002000020	其他材料费	元	—	2.23	2.46
机械	990304016	汽车式起重机 16t	台班	898.02	0.189	0.189
	990401030	载重汽车 8t	台班	474.25	0.192	0.192
	990611010	干混砂浆罐式搅拌机 20000L	台班	232.40	0.095	0.103

工作内容：混凝土捣固、养生、调制砂浆、砌筑、抹灰、勾缝、井盖、井座、爬梯安装、材料运输等。　　计量单位：座

定额编号					DE1911	DE1912
项目名称					矩形90°四通雨水检查井(砖砌)	
					井室净尺寸(长×宽×高)(m)	
					4×2.9×2.3	4×2.9×2.5
					管径 ϕ1800	管径 ϕ2000
					井深 3.1m	井深 3.35m
费用	综合单价(元)				**18198.83**	**19163.92**
	其中	人工费(元)			4075.60	4302.84
		材料费(元)			10546.14	11127.19
		施工机具使用费(元)			526.69	530.41
		企业管理费(元)			2064.13	2167.71
		利润(元)			917.24	963.27
		一般风险费(元)			69.03	72.50
	编码	名称	单位	单价(元)	消耗量	
人工	000700010	市政综合工	工日	115.00	35.440	37.416
材料	020900900	塑料薄膜	m²	0.45	85.399	85.399
	041300010	标准砖 240×115×53	千块	422.33	11.284	12.203
	334100463	塑钢爬梯	kg	5.38	6.060	6.060
	341100100	水	m³	4.42	5.754	6.037
	341100400	电	kW·h	0.70	8.217	8.217
	140500700	煤焦油沥青漆 L01－17	kg	6.97	0.490	0.490
	360102300	铸铁井盖、井座 ϕ700 重型	套	444.44	1.000	1.000
	850301090	干混商品砌筑砂浆 M10	t	252.00	9.051	9.787
	850301030	干混商品抹灰砂浆 M10	t	271.84	0.855	0.877
	840201030	预拌混凝土 C15	m³	247.57	7.262	7.262
	840201050	预拌混凝土 C25	m³	257.28	3.557	3.557
	002000020	其他材料费	元	—	4.22	4.45
机械	990304024	汽车式起重机 25t	台班	1021.41	0.311	0.311
	990401035	载重汽车 10t	台班	522.86	0.314	0.314
	990611010	干混砂浆罐式搅拌机 20000L	台班	232.40	0.193	0.209

E.4.1.8 污水检查井

E.4.1.8.1 圆形污水检查井

工作内容:混凝土捣固、养生、调制砂浆、砌筑、抹灰、勾缝、井盖、井座、爬梯安装、材料运输等。 **计量单位**:座

定额编号					DE1913	DE1914	DE1915	DE1916	DE1917	DE1918
项目名称					圆形污水检查井					
					砖砌直筒式	砖砌收口式		砖砌盖板式		
					井内径					
					ϕ700	ϕ1000	ϕ1250	ϕ1000	ϕ1250	ϕ1500
					管径					
					$\leqslant\phi$400	ϕ200～600	ϕ600～800	ϕ200～600	ϕ600～800	ϕ800～1000
					井深(m)					
					1.2	3.5	3.8	2.75	3.1	3.3
费用	综合单价(元)				**1364.42**	**3397.95**	**4238.61**	**3009.38**	**3885.30**	**4801.16**
	其中	人工费(元)			289.34	897.00	1146.67	790.63	1048.57	1317.21
		材料费(元)			879.05	1891.73	2313.38	1665.48	2091.36	2542.16
		施工机具使用费(元)			2.56	8.83	11.16	17.59	30.30	41.34
		企业管理费(元)			130.92	406.27	519.28	362.48	483.87	609.31
		利润(元)			58.17	180.53	230.75	161.08	215.02	270.76
		一般风险费(元)			4.38	13.59	17.37	12.12	16.18	20.38
	编码	名称	单位	单价(元)	消耗量					
人工	000700010	市政综合工	工日	115.00	2.516	7.800	9.971	6.875	9.118	11.454
材料	020900900	塑料薄膜	m^2	0.45	3.345	5.097	6.836	7.871	11.126	14.893
	041300010	标准砖 240×115×53	千块	422.33	0.455	1.673	2.126	1.311	1.735	2.226
	334100463	塑钢爬梯	kg	5.38	3.636	8.484	8.484	7.272	7.272	7.272
	341100100	水	m^3	4.42	0.248	0.716	0.919	0.666	0.899	1.170
	341100400	电	kW·h	0.70	0.099	0.225	0.404	0.305	0.552	0.731
	140500700	煤焦油沥青漆 L01－17	kg	6.97	0.490	0.490	0.490	0.490	0.490	0.490
	360102300	铸铁井盖、井座 ϕ700 重型	套	444.44	1.000	1.000	1.000	1.000	1.000	1.000
	850301090	干混商品砌筑砂浆 M10	t	252.00	0.483	1.777	2.258	1.392	1.841	2.363
	850301030	干混商品抹灰砂浆 M10	t	271.84	0.231	0.605	0.787	0.612	0.794	0.976
	840201030	预拌混凝土 C15	m^3	247.57	0.129	0.295	0.528	0.295	0.528	0.682
	840201050	预拌混凝土 C25	m^3	257.28	—	—	—	0.106	0.198	0.280
	002000020	其他材料费	元	—	0.35	0.76	0.92	0.67	0.84	1.02
机械	990304004	汽车式起重机 8t	台班	705.33	—	—	—	0.009	0.018	0.025
	990401030	载重汽车 8t	台班	474.25	—	—	—	0.009	0.018	0.025
	990611010	干混砂浆罐式搅拌机 20000L	台班	232.40	0.011	0.038	0.048	0.030	0.039	0.051

E.4.1.8.2　矩形直线污水检查井

工作内容:混凝土捣固、养生、调制砂浆、砌筑、抹灰、勾缝、井盖、井座、爬梯安装、材料运输等。　　**计量单位**:座

		定额编号			DE1919	DE1920	DE1921	DE1922
		项目名称			矩形直线污水检查井(砖砌)			
					井室净尺寸(长×宽×高)(m)			
					1.1×1.1×2.6	1.2×1.1×2.7	1.3×1.1×2.8	1.4×1.1×2.9
					管径 ϕ800	管径 ϕ900	管径 ϕ1000	管径 ϕ1100
					井深 3.2m	井深 3.3m	井深 3.45m	井深 3.55m
费用	综合单价(元)				**5351.90**	**5627.30**	**5930.42**	**6380.51**
	其中	人工费(元)			1358.27	1433.36	1515.47	1618.17
		材料费(元)			3033.68	3183.05	3348.10	3618.82
		施工机具使用费(元)			35.90	36.60	37.53	42.70
		企业管理费(元)			625.28	659.28	696.52	744.90
		利润(元)			277.86	292.96	309.51	331.01
		一般风险费(元)			20.91	22.05	23.29	24.91
	编码	名称	单位	单价(元)	消耗量			
人工	000700010	市政综合工	工日	115.00	11.811	12.464	13.178	14.071
材料	020900900	塑料薄膜	m^2	0.45	14.700	15.204	15.708	16.972
	041300010	标准砖 240×115×53	千块	422.33	3.208	3.407	3.628	3.832
	334100463	塑钢爬梯	kg	5.38	7.272	7.272	7.272	7.272
	341100100	水	m^3	4.42	1.387	1.462	1.544	1.638
	341100400	电	kW·h	0.70	0.747	0.777	0.804	1.192
	140500700	煤焦油沥青漆 L01－17	kg	6.97	0.490	0.490	0.490	0.490
	360102300	铸铁井盖、井座 ϕ700 重型	套	444.44	1.000	1.000	1.000	1.000
	850301090	干混商品砌筑砂浆 M10	t	252.00	2.594	2.752	2.933	3.094
	850301030	干混商品抹灰砂浆 M10	t	271.84	1.025	1.081	1.139	1.197
	840201030	预拌混凝土 C15	m^3	247.57	0.755	0.794	0.833	1.308
	840201050	预拌混凝土 C25	m^3	257.28	0.226	0.226	0.226	0.262
	002000020	其他材料费	元	—	1.21	1.27	1.34	1.45
机械	990304004	汽车式起重机 8t	台班	705.33	0.019	0.019	0.019	0.023
	990401030	载重汽车 8t	台班	474.25	0.020	0.020	0.020	0.023
	990611010	干混砂浆罐式搅拌机 20000L	台班	232.40	0.056	0.059	0.063	0.067

工作内容：混凝土捣固、养生、调制砂浆、砌筑、抹灰、勾缝、井盖、井座、爬梯安装、材料运输等。 计量单位：座

定额编号					DE1923	DE1924	DE1925
项目名称					矩形直线污水检查井(砖砌)		
					井室净尺寸(长×宽×高)(m)		
					1.5×1.1×3	1.65×1.1×3.15	1.8×1.1×3.3
					管径 ϕ1200	管径 ϕ1350	管径 ϕ1500
					井深 3.65m	井深 3.8m	井深 4m
费用	综合单价(元)				**6640.88**	**7145.65**	**7612.70**
	其中	人工费(元)			1678.54	1822.29	1947.18
		材料费(元)			3777.64	4032.82	4289.88
		施工机具使用费(元)			43.40	49.75	51.15
		企业管理费(元)			772.29	839.61	896.25
		利润(元)			343.18	373.10	398.27
		一般风险费(元)			25.83	28.08	29.97
	编码	名称	单位	单价(元)	消耗量		
人工	000700010	市政综合工	工日	115.00	14.596	15.846	16.932
材料	020900900	塑料薄膜	m^2	0.45	17.476	19.370	20.126
	041300010	标准砖 240×115×53	千块	422.33	4.038	4.351	4.688
	334100463	塑钢爬梯	kg	5.38	7.272	7.272	7.272
	341100100	水	m^3	4.42	1.715	1.863	1.987
	341100400	电	kW·h	0.70	1.238	1.345	1.410
	140500700	煤焦油沥青漆 L01－17	kg	6.97	0.490	0.490	0.490
	360102300	铸铁井盖、井座 ϕ700 重型	套	444.44	1.000	1.000	1.000
	850301090	干混商品砌筑砂浆 M10	t	252.00	3.259	3.507	3.781
	850301030	干混商品抹灰砂浆 M10	t	271.84	1.253	1.340	1.425
	840201030	预拌混凝土 C15	m^3	247.57	1.366	1.454	1.541
	840201050	预拌混凝土 C25	m^3	257.28	0.262	0.314	0.314
	002000020	其他材料费	元	—	1.51	1.61	1.72
机械	990304004	汽车式起重机 8t	台班	705.33	0.023	0.027	0.027
	990401030	载重汽车 8t	台班	474.25	0.023	0.028	0.028
	990611010	干混砂浆罐式搅拌机 20000L	台班	232.40	0.070	0.075	0.081

E.4.1.8.3 矩形90°三通污水检查井

工作内容：混凝土捣固、养生、调制砂浆、砌筑、抹灰、勾缝、井盖、井座、爬梯安装、材料运输等。　　　计量单位：座

定额编号					DE1926	DE1927
项目名称					矩形90°三通污水检查井(砖砌)	
					井室净尺寸(长×宽×高)(m)	
					1.65×1.65×2.7	1.65×1.65×2.8
					管径 ϕ900	管径 ϕ1000
					井深3.3m	井深3.4m
费用	**综合单价(元)**				**7671.05**	**7816.79**
	其中	人工费(元)			1976.05	2016.18
		材料费(元)			4278.26	4356.89
		施工机具使用费(元)			64.36	64.59
		企业管理费(元)			915.12	933.22
		利润(元)			406.65	414.70
		一般风险费(元)			30.61	31.21
	编码	名称	单位	单价(元)	消耗量	
人工	000700010	市政综合工	工日	115.00	17.183	17.532
材料	020900900	塑料薄膜	m^2	0.45	25.614	25.614
	041300010	标准砖 240×115×53	千块	422.33	4.720	4.834
	334100463	塑钢爬梯	kg	5.38	7.272	7.272
	341100100	水	m^3	4.42	2.145	2.180
	341100400	电	kW·h	0.70	1.276	1.276
	140500700	煤焦油沥青漆 L01－17	kg	6.97	0.490	0.490
	360102300	铸铁井盖、井座 ϕ700 重型	套	444.44	1.000	1.000
	850301090	干混商品砌筑砂浆 M10	t	252.00	3.803	3.893
	850301030	干混商品抹灰砂浆 M10	t	271.84	1.454	1.482
	840201030	预拌混凝土 C15	m^3	247.57	1.244	1.244
	840201050	预拌混凝土 C25	m^3	257.28	0.438	0.438
	002000020	其他材料费	元	—	1.71	1.74
机械	990304004	汽车式起重机 8t	台班	705.33	0.038	0.038
	990401030	载重汽车 8t	台班	474.25	0.039	0.039
	990611010	干混砂浆罐式搅拌机 20000L	台班	232.40	0.082	0.083

工作内容:混凝土捣固、养生、调制砂浆、砌筑、抹灰、勾缝、井盖、井座、爬梯安装、材料运输等。 计量单位:座

定额编号					DE1928	DE1929	DE1930
项目名称					矩形90°三通污水检查井(砖砌)		
					井室净尺寸(长×宽×高)(m)		
					2.2×2.2×2.9	2.2×2.2×3.15	2.63×2.63×3.45
					管径 ϕ1100	管径 ϕ1350	管径 ϕ1500
					井深3.55m	井深3.8m	井深4m
费用	综合单价(元)				**11424.94**	**11918.92**	**15786.26**
	其中	人工费(元)			2923.30	3056.47	4028.91
		材料费(元)			6354.12	6623.96	8744.36
		施工机具使用费(元)			126.27	127.89	206.06
		企业管理费(元)			1367.73	1428.19	1899.38
		利润(元)			607.78	634.64	844.03
		一般风险费(元)			45.74	47.77	63.52
	编码	名称	单位	单价(元)	消耗量		
人工	000700010	市政综合工	工日	115.00	25.420	26.578	35.034
材料	020900900	塑料薄膜	m^2	0.45	41.685	41.685	55.432
	041300010	标准砖 240×115×53	千块	422.33	6.966	7.360	9.974
	334100463	塑钢爬梯	kg	5.38	7.272	7.272	7.272
	341100100	水	m^3	4.42	3.265	3.386	4.559
	341100400	电	kW·h	0.70	2.838	2.838	3.886
	140500700	煤焦油沥青漆 L01-17	kg	6.97	0.490	0.490	0.490
	360102300	铸铁井盖、井座 ϕ700 重型	套	444.44	1.000	1.000	1.000
	850301090	干混商品砌筑砂浆 M10	t	252.00	5.600	5.913	8.005
	850301030	干混商品抹灰砂浆 M10	t	271.84	1.996	2.084	2.562
	840201030	预拌混凝土 C15	m^3	247.57	2.781	2.781	3.623
	840201050	预拌混凝土 C25	m^3	257.28	0.953	0.953	1.489
	002000020	其他材料费	元	—	2.54	2.65	3.50
机械	990304004	汽车式起重机 8t	台班	705.33	0.083	0.083	—
	990304012	汽车式起重机 12t	台班	797.85	—	—	0.130
	990401030	载重汽车 8t	台班	474.25	0.084	0.084	0.132
	990611010	干混砂浆罐式搅拌机 20000L	台班	232.40	0.120	0.127	0.171

E.4.1.8.4　矩形 90°四通污水检查井

工作内容：混凝土捣固、养生、调制砂浆、砌筑、抹灰、勾缝、井盖、井座、爬梯安装、材料运输等。　　　　**计量单位：**座

定额编号					DE1931	DE1932	DE1933
项目名称					矩形 90°四通污水检查井(砖砌)		
					井室净尺寸(长×宽×高)(m)		
					2×1.5×2.7	2.2×1.7×2.8	2.2×1.7×2.9
					管径 ϕ900	管径 ϕ1000	管径 ϕ1100
					井深 3.3m	井深 3.45m	井深 3.55m
费用	**综合单价（元）**				**8183.70**	**9210.57**	**9690.47**
	其中	人工费（元）			2103.81	2373.60	2470.66
		材料费（元）			4569.10	5115.66	5433.00
		施工机具使用费（元）			69.99	89.06	89.76
		企业管理费（元）			974.95	1104.50	1148.35
		利润（元）			433.24	490.81	510.29
		一般风险费（元）			32.61	36.94	38.41
	编码	名称	单位	单价(元)	消耗量		
人工	000700010	市政综合工	工日	115.00	18.294	20.640	21.484
材料	020900900	塑料薄膜	m^2	0.45	27.680	32.779	32.779
	041300010	标准砖 240×115×53	千块	422.33	5.108	5.756	5.937
	334100463	塑钢爬梯	kg	5.38	7.272	7.272	7.272
	341100100	水	m^3	4.42	2.320	2.655	2.710
	341100400	电	kW·h	0.70	1.379	1.661	2.251
	140500700	煤焦油沥青漆 L01－17	kg	6.97	0.490	0.490	0.490
	360102300	铸铁井盖、井座 ϕ700 重型	套	444.44	1.000	1.000	1.000
	850301090	干混商品砌筑砂浆 M10	t	252.00	4.114	4.634	4.779
	850301030	干混商品抹灰砂浆 M10	t	271.84	1.505	1.668	1.712
	840201030	预拌混凝土 C15	m^3	247.57	1.333	1.549	2.323
	840201050	预拌混凝土 C25	m^3	257.28	0.480	0.635	0.635
	002000020	其他材料费	元	—	1.83	2.05	2.17
机械	990304004	汽车式起重机 8t	台班	705.33	0.042	0.056	0.056
	990401030	载重汽车 8t	台班	474.25	0.042	0.056	0.056
	990611010	干混砂浆罐式搅拌机 20000L	台班	232.40	0.088	0.099	0.102

工作内容：混凝土捣固、养生、调制砂浆、砌筑、抹灰、勾缝、井盖、井座、爬梯安装、材料运输等。　　　　计量单位：座

		定额编号			DE1934	DE1935	DE1936
		项目名称			矩形90°四通污水检查井(砖砌) 井室净尺寸(长×宽×高)(m) 2.7×2.05×3 管径 ϕ1250 井深 3.65m	矩形90°四通污水检查井(砖砌) 井室净尺寸(长×宽×高)(m) 2.7×2.05×3.15 管径 ϕ1350 井深 3.85m	矩形90°四通污水检查井(砖砌) 井室净尺寸(长×宽×高)(m) 3.3×2.48×3.3 管径 ϕ1500 井深 4.05m
费用		**综合单价（元）**			**12942.89**	**13372.83**	**17977.37**
费用	其中	人工费（元）			3294.75	3405.50	4556.19
费用	其中	材料费（元）			7183.93	7427.41	9893.13
费用	其中	施工机具使用费（元）			168.66	170.05	305.63
费用	其中	企业管理费（元）			1553.34	1603.63	2180.53
费用	其中	利润（元）			690.26	712.61	968.96
费用	其中	一般风险费（元）			51.95	53.63	72.93
	编码	名称	单位	单价(元)	消耗量		
人工	000700010	市政综合工	工日	115.00	28.650	29.613	39.619
材料	020900900	塑料薄膜	m^2	0.45	46.498	46.498	63.802
材料	041300010	标准砖 240×115×53	千块	422.33	7.996	8.361	11.241
材料	334100463	塑钢爬梯	kg	5.38	7.272	7.272	7.272
材料	341100100	水	m^3	4.42	3.710	3.823	5.171
材料	341100400	电	kW·h	0.70	3.272	3.272	4.789
材料	140500700	煤焦油沥青漆 L01－17	kg	6.97	0.490	0.490	0.490
材料	360102300	铸铁井盖、井座 ϕ700 重型	套	444.44	1.000	1.000	1.000
材料	850301090	干混商品砌筑砂浆 M10	t	252.00	6.421	6.717	9.019
材料	850301030	干混商品抹灰砂浆 M10	t	271.84	2.139	2.191	2.739
材料	840201030	预拌混凝土 C15	m^3	247.57	3.078	3.078	4.136
材料	840201050	预拌混凝土 C25	m^3	257.28	1.228	1.228	2.171
材料	002000020	其他材料费	元	—	2.87	2.97	3.96
机械	990304012	汽车式起重机 12t	台班	797.85	0.107	0.107	—
机械	990304016	汽车式起重机 16t	台班	898.02	—	—	0.189
机械	990401030	载重汽车 8t	台班	474.25	0.108	0.108	0.192
机械	990611010	干混砂浆罐式搅拌机 20000L	台班	232.40	0.138	0.144	0.193

E.4.1.9 污水闸槽井

工作内容:混凝土捣固、养生、调制砂浆、砌筑、抹灰、勾缝、井盖、井座、爬梯安装、材料运输等。 **计量单位:**座

定额编号						DE1937	DE1938
项目名称						污水闸槽井(砖砌)	
						井室净尺寸(长×宽×高)(m)	
						1.2×1.3×2.2	1.3×1.3×2.3
						管径 ϕ200	管径 ϕ300
						井深 2.8m	井深 2.9m
费用	**综合单价(元)**					**5492.53**	**5873.89**
	其中	人工费(元)				1412.43	1518.12
		材料费(元)				3073.66	3277.35
		施工机具使用费(元)				42.27	43.43
		企业管理费(元)				652.43	700.35
		利润(元)				289.92	311.22
		一般风险费(元)				21.82	23.42
	编码	名称		单位	单价(元)	消耗量	
人工	000700010	市政综合工		工日	115.00	12.282	13.201
材料	020900900	塑料薄膜		m^2	0.45	18.371	18.927
	041300010	标准砖 240×115×53		千块	422.33	3.186	3.465
	334100463	塑钢爬梯		kg	5.38	7.272	7.272
	341100100	水		m^3	4.42	1.479	1.580
	341100400	电		kW·h	0.70	0.850	0.876
	140500700	煤焦油沥青漆 L01-17		kg	6.97	0.490	0.490
	360102300	铸铁井盖、井座 ϕ700 重型		套	444.44	1.000	1.000
	850301090	干混商品砌筑砂浆 M10		t	252.00	2.581	2.803
	850301030	干混商品抹灰砂浆 M10		t	271.84	1.081	1.159
	840201030	预拌混凝土 C15		m^3	247.57	0.657	0.689
	840201040	预拌混凝土 C20		m^3	247.57	0.185	0.185
	840201050	预拌混凝土 C25		m^3	257.28	0.279	0.279
	002000020	其他材料费		元	—	1.23	1.31
机械	990304004	汽车式起重机 8t		台班	705.33	0.025	0.025
	990401030	载重汽车 8t		台班	474.25	0.025	0.025
	990611010	干混砂浆罐式搅拌机 20000L		台班	232.40	0.055	0.060

工作内容:混凝土捣固、养生、调制砂浆、砌筑、抹灰、勾缝、井盖、井座、爬梯安装、材料运输等。 **计量单位**:座

定额编号					DE1939	DE1940	DE1941
项目名称					污水闸槽井(砖砌)		
					井室净尺寸(长×宽×高)(m)		
					1.4×1.3×2.4	1.5×1.3×2.5	1.6×1.3×2.6
					管径 ϕ400	管径 ϕ500	管径 ϕ600
					井深 3m	井深 3.1m	井深 3.2m
费用	**综合单价(元)**				**6322.78**	**6728.86**	**7119.33**
	其中	人工费(元)			1637.14	1749.27	1847.94
		材料费(元)			3510.70	3728.40	3946.20
		施工机具使用费(元)			54.03	55.19	60.37
		企业管理费(元)			758.49	809.30	855.87
		利润(元)			337.05	359.63	380.33
		一般风险费(元)			25.37	27.07	28.62
	编码	名称	单位	单价(元)	消耗量		
人工	000700010	市政综合工	工日	115.00	14.236	15.211	16.069
材料	020900900	塑料薄膜	m^2	0.45	20.368	20.924	22.363
	041300010	标准砖 240×115×53	千块	422.33	3.754	4.052	4.346
	334100463	塑钢爬梯	kg	5.38	7.272	7.272	7.272
	341100100	水	m^3	4.42	1.706	1.814	1.943
	341100400	电	kW·h	0.70	0.971	0.998	1.055
	140500700	煤焦油沥青漆 L01－17	kg	6.97	0.490	0.490	0.490
	360102300	铸铁井盖、井座 ϕ700 重型	套	444.44	1.000	1.000	1.000
	850301090	干混商品砌筑砂浆 M10	t	252.00	3.031	3.269	3.504
	850301030	干混商品抹灰砂浆 M10	t	271.84	1.233	1.318	1.367
	840201030	预拌混凝土 C15	m^3	247.57	0.721	0.753	0.786
	840201040	预拌混凝土 C20	m^3	247.57	0.185	0.185	0.185
	840201050	预拌混凝土 C25	m^3	257.28	0.374	0.374	0.419
	002000020	其他材料费	元	—	1.40	1.49	1.58
机械	990304004	汽车式起重机 8t	台班	705.33	0.033	0.033	0.036
	990401030	载重汽车 8t	台班	474.25	0.033	0.033	0.037
	990611010	干混砂浆罐式搅拌机 20000L	台班	232.40	0.065	0.070	0.075

工作内容：混凝土捣固、养生、调制砂浆、砌筑、抹灰、勾缝、井盖、井座、爬梯安装、材料运输等。　　　　计量单位：座

定额编号					DE1942	DE1943	DE1944	DE1945
项目名称					污水闸槽井(砖砌)			
					井室净尺寸(长×宽×高)(m)			
					1.7×1.3×2.7	1.8×1.3×2.8	1.9×1.3×2.9	2×1.3×3.6
					管径 ϕ700	管径 ϕ800	管径 ϕ900	管径 ϕ1000
					井深 3.3m	井深 3.4m	井深 3.5m	井深 3.6m
费用	综合单价(元)				**7797.24**	**8291.78**	**8715.74**	**9142.75**
	其中	人工费(元)			2002.04	2130.03	2246.18	2352.79
		材料费(元)			4365.94	4624.94	4853.82	5092.62
		施工机具使用费(元)			61.53	75.19	76.36	82.94
		企业管理费(元)			925.51	989.04	1041.66	1092.42
		利润(元)			411.27	439.50	462.88	485.44
		一般风险费(元)			30.95	33.08	34.84	36.54
	编码	名称	单位	单价(元)	消耗量			
人工	000700010	市政综合工	工日	115.00	17.409	18.522	19.532	20.459
材料	020900900	塑料薄膜	m^2	0.45	22.919	24.360	24.917	26.355
	041300010	标准砖 240×115×53	千块	422.33	4.643	4.942	5.244	5.555
	334100463	塑钢爬梯	kg	5.38	7.272	8.484	8.484	8.484
	341100100	水	m^3	4.42	2.047	2.177	2.285	2.419
	341100400	电	kW·h	0.70	1.703	1.840	1.890	1.977
	140500700	煤焦油沥青漆 L01－17	kg	6.97	0.490	0.490	0.490	0.490
	360102300	铸铁井盖、井座 ϕ700 重型	套	444.44	1.000	1.000	1.000	1.000
	850301090	干混商品砌筑砂浆 M10	t	252.00	3.742	3.976	4.218	4.466
	850301030	干混商品抹灰砂浆 M10	t	271.84	1.450	1.525	1.612	1.661
	840201030	预拌混凝土 C15	m^3	247.57	1.636	1.700	1.764	1.829
	840201040	预拌混凝土 C20	m^3	247.57	0.185	0.185	0.185	0.185
	840201050	预拌混凝土 C25	m^3	257.28	0.419	0.534	0.534	0.589
	002000020	其他材料费	元	—	1.75	1.85	1.94	2.04
机械	990304004	汽车式起重机 8t	台班	705.33	0.036	0.047	0.047	0.051
	990401030	载重汽车 8t	台班	474.25	0.037	0.047	0.047	0.052
	990611010	干混砂浆罐式搅拌机 20000L	台班	232.40	0.080	0.085	0.090	0.096

E.4.1.10 跌水井

E.4.1.10.1 竖管式跌水井

工作内容:混凝土捣固、养生、调制砂浆、砌筑、抹灰、勾缝、井盖、井座、爬梯安装、材料运输等。　　**计量单位**:座

定额编号					DE1946	DE1947
项目名称					竖管式跌水井	
					砖砌收口式	砖砌盖板式
					跌差 1m	
					井室高 1.75m	
					井深 3m	井深 2.3m
费用	综合单价(元)				**3458.59**	**3067.25**
	其中	人工费(元)			869.75	760.73
		材料费(元)			1998.85	1758.92
		施工机具使用费(元)			8.13	26.10
		企业管理费(元)			393.73	352.89
		利润(元)			174.96	156.81
		一般风险费(元)			13.17	11.80
	编码	名称	单位	单价(元)	消耗量	
人工	000700010	市政综合工	工日	115.00	7.563	6.615
材料	020900900	塑料薄膜	m^2	0.45	10.649	14.939
	041300010	标准砖 240×115×53	千块	422.33	1.531	1.140
	334100463	塑钢爬梯	kg	5.38	18.180	15.756
	341100100	水	m^3	4.42	0.813	0.794
	341100400	电	kW·h	0.70	0.690	0.838
	140500700	煤焦油沥青漆 L01—17	kg	6.97	0.490	0.490
	360102300	铸铁井盖、井座 ϕ700 重型	套	444.44	1.000	1.000
	850301090	干混商品砌筑砂浆 M10	t	252.00	1.658	1.212
	850301030	干混商品抹灰砂浆 M10	t	271.84	0.541	0.534
	010000010	型钢 综合	kg	3.09	0.608	0.608
	840201030	预拌混凝土 C15	m^3	247.57	0.576	0.576
	840201050	预拌混凝土 C25	m^3	257.28	—	0.197
	840201060	预拌混凝土 C30	m^3	266.99	0.328	0.328
	002000020	其他材料费	元	—	0.80	0.70
机械	990304004	汽车式起重机 8t	台班	705.33	—	0.017
	990401030	载重汽车 8t	台班	474.25	—	0.017
	990611010	干混砂浆罐式搅拌机 20000L	台班	232.40	0.035	0.026

E.4.1.10.2 竖槽式跌水井

工作内容：混凝土捣固、养生、调制砂浆、砌筑、抹灰、勾缝、井盖、井座、爬梯安装、材料运输等等。 计量单位：座

		定额编号			DE1948	DE1949	DE1950	DE1951
项目名称					竖槽式跌水井，型式(直线外跌，适用管径200～400mm)			
					砖砌收口式		砖砌盖板式	
					跌差1m	跌差2m	跌差1m	跌差2m
					井室高2.35m	井室高2.9m	井室高2.35m	井室高2.8m
					井深3.4m	井深3.95m	井深2.9m	井深3.3m
费用	综合单价(元)				**4614.05**	**5358.96**	**4509.99**	**5248.20**
	其中	人工费(元)			1229.58	1461.77	1232.46	1466.83
		材料费(元)			2538.02	2893.38	2403.64	2748.66
		施工机具使用费(元)			18.93	21.02	34.29	36.38
		企业管理费(元)			559.96	665.03	568.14	674.19
		利润(元)			248.83	295.52	252.46	299.59
		一般风险费(元)			18.73	22.24	19.00	22.55
	编码	名称	单位	单价(元)	消耗量			
人工	000700010	市政综合工	工日	115.00	10.692	12.711	10.717	12.755
材料	020900900	塑料薄膜	m^2	0.45	10.773	10.773	13.965	13.965
	041300010	标准砖 240×115×53	千块	422.33	2.450	2.897	2.144	2.553
	334100463	塑钢爬梯	kg	5.38	14.544	15.756	12.120	14.544
	341100100	水	m^3	4.42	1.108	1.256	1.087	1.222
	341100400	电	kW·h	0.70	0.450	0.450	0.568	0.568
	140500700	煤焦油沥青漆 L01－17	kg	6.97	0.490	0.490	0.490	0.490
	360102300	铸铁井盖、井座 ϕ700 重型	套	444.44	1.000	1.000	1.000	1.000
	850301090	干混商品砌筑砂浆 M10	t	252.00	2.409	2.836	2.074	2.470
	850301030	干混商品抹灰砂浆 M10	t	271.84	0.779	0.969	0.964	1.180
	840201030	预拌混凝土 C15	m^3	247.57	0.463	0.463	0.463	0.463
	840201050	预拌混凝土 C25	m^3	257.28	0.071	0.071	0.229	0.229
	840201060	预拌混凝土 C30	m^3	266.99	0.054	0.054	0.054	0.054
	002000020	其他材料费	元	—	1.01	1.16	0.96	1.10
机械	990304004	汽车式起重机 8t	台班	705.33	0.006	0.006	0.020	0.020
	990401030	载重汽车 8t	台班	474.25	0.006	0.006	0.021	0.021
	990611010	干混砂浆罐式搅拌机 20000L	台班	232.40	0.051	0.060	0.044	0.053

工作内容:混凝土捣固、养生、调制砂浆、砌筑、抹灰、勾缝、井盖、井座、爬梯安装、材料运输等。 计量单位:座

					DE1952	DE1953	DE1954	DE1955
定额编号					DE1952	DE1953	DE1954	DE1955
项目名称					竖槽式跌水井,型式(直线外跌,适用管径 200～400mm)		竖槽式跌水井,型式(直线外跌,适用管径 400～600mm)	
					砖砌井深			
					≤4.25m	>4.25m	≤4.25m	>4.25m
					跌差 1m	跌差 2m	跌差 1m	跌差 2m
					井室高 2.35m	井室高 2.8m	井室高 2.55m	井室高 3.0m
费用	综合单价(元)				**4900.04**	**7922.29**	**5689.04**	**9104.38**
	其中	人工费(元)			1337.11	2087.94	1574.35	2400.40
		材料费(元)			2607.92	4363.53	2990.70	4991.19
		施工机具使用费(元)			41.36	52.28	48.42	73.26
		企业管理费(元)			618.24	959.89	727.81	1109.43
		利润(元)			274.73	426.55	323.42	493.00
		一般风险费(元)			20.68	32.10	24.34	37.10
	编码	名称	单位	单价(元)	消耗量			
人工	000700010	市政综合工	工日	115.00	11.627	18.156	13.690	20.873
材料	020900900	塑料薄膜	m^2	0.45	16.970	19.641	19.788	22.871
	041300010	标准砖 240×115×53	千块	422.33	2.404	4.856	2.912	5.756
	334100463	塑钢爬梯	kg	5.38	12.120	16.968	12.120	14.544
	341100100	水	m^3	4.42	1.230	2.093	1.432	2.401
	341100400	电	kW·h	0.70	0.690	0.808	0.865	1.097
	140500700	煤焦油沥青漆 L01－17	kg	6.97	0.490	0.490	0.490	0.490
	360102300	铸铁井盖、井座 ϕ700 重型	套	444.44	1.000	1.000	1.000	1.000
	850301090	干混商品砌筑砂浆 M10	t	252.00	2.166	4.367	2.360	4.702
	850301030	干混商品抹灰砂浆 M10	t	271.84	1.066	1.416	1.282	1.695
	840201030	预拌混凝土 C15	m^3	247.57	0.541	0.696	0.647	0.825
	840201050	预拌混凝土 C25	m^3	257.28	0.290	0.290	0.355	0.484
	840201060	预拌混凝土 C30	m^3	266.99	0.078	0.078	0.135	0.135
	002000020	其他材料费	元	—	1.04	1.74	1.20	2.00
机械	990304004	汽车式起重机 8t	台班	705.33	0.026	0.026	0.031	0.042
	990401030	载重汽车 8t	台班	474.25	0.026	0.026	0.031	0.043
	990611010	干混砂浆罐式搅拌机 20000L	台班	232.40	0.046	0.093	0.051	0.100

E.4.1.10.3 阶梯式跌水井

工作内容：混凝土捣固、养生、调制砂浆、砌筑、抹灰、勾缝、井盖、井座、爬梯安装、材料运输等。　　计量单位：座

		定额编号			DE1956	DE1957	DE1958	DE1959	DE1960
		项目名称			阶梯式跌水井(砖砌)				
					跌差 1m				
					适用管径(mm)				
					ϕ700～900	ϕ1000	ϕ1100	ϕ1200～1350	ϕ1500
					井深 3.5m	井深 3.8m		井深 4.1m	井深 4.3m
费用		综合单价(元)			**9389.56**	**10089.25**	**10688.22**	**12002.35**	**12972.32**
费用	其中	人工费(元)			2420.41	2600.27	2729.53	3072.00	3323.04
费用	其中	材料费(元)			5246.20	5625.67	6000.32	6707.01	7225.46
费用	其中	施工机具使用费(元)			71.39	84.11	89.75	112.59	133.09
费用	其中	企业管理费(元)			1117.57	1203.94	1264.45	1428.29	1550.08
费用	其中	利润(元)			496.61	534.99	561.88	634.69	688.81
费用	其中	一般风险费(元)			37.38	40.27	42.29	47.77	51.84
	编码	名称	单位	单价(元)	消耗量				
人工	000700010	市政综合工	工日	115.00	21.047	22.611	23.735	26.713	28.896
材料	020900900	塑料薄膜	m^2	0.45	35.732	37.952	40.171	45.721	49.050
材料	041300010	标准砖 240×115×53	千块	422.33	5.485	5.837	6.074	6.787	7.223
材料	334100463	塑钢爬梯	kg	5.38	7.272	8.484	8.484	8.484	8.484
材料	341100100	水	m^3	4.42	2.648	2.817	2.947	3.314	3.535
材料	341100400	电	kW·h	0.70	2.522	2.865	3.516	4.118	4.716
材料	140500700	煤焦油沥青漆 L01－17	kg	6.97	0.490	0.490	0.490	0.490	0.490
材料	360102300	铸铁井盖、井座 ϕ700 重型	套	444.44	1.000	1.000	1.000	1.000	1.000
材料	850301090	干混商品砌筑砂浆 M10	t	252.00	4.410	4.707	4.886	5.457	5.807
材料	850301030	干混商品抹灰砂浆 M10	t	271.84	1.642	1.746	1.802	1.996	2.134
材料	840201030	预拌混凝土 C15	m^3	247.57	1.367	1.434	2.251	2.502	2.653
材料	840201050	预拌混凝土 C25	m^3	257.28	0.472	0.589	0.627	0.825	0.999
材料	840201060	预拌混凝土 C30	m^3	266.99	1.474	1.745	1.745	2.086	2.548
材料	002000020	其他材料费	元	—	2.10	2.25	2.40	2.68	2.89
机械	990304004	汽车式起重机 8t	台班	705.33	0.042	0.051	0.055	0.072	0.088
机械	990401030	载重汽车 8t	台班	474.25	0.042	0.052	0.056	0.073	0.089
机械	990611010	干混砂浆罐式搅拌机 20000L	台班	232.40	0.094	0.101	0.105	0.117	0.124

工作内容：混凝土捣固、养生、调制砂浆、砌筑、抹灰、勾缝、井盖、井座、爬梯安装、材料运输等。　　计量单位：座

定额编号					DE1961	DE1962	DE1963	DE1964	DE1965
项目名称					阶梯式跌水井(砖砌)				
					跌差 1.5m				
					适用管径(mm)				
					ϕ700～900	ϕ1000	ϕ1100	ϕ1200～1350	ϕ1500
					井深 3.5m	井深 3.8m		井深 4.1m	井深 4.3m
费用	**综合单价(元)**				**12217.68**	**13017.23**	**13823.18**	**15533.93**	**16758.95**
费用	其中	人工费(元)			3119.49	3317.18	3491.75	3918.17	4204.98
费用	其中	材料费(元)			6867.36	7307.23	7811.96	8760.41	9443.52
费用	其中	施工机具使用费(元)			98.17	116.79	123.37	155.40	194.49
费用	其中	企业管理费(元)			1443.12	1540.13	1621.38	1826.99	1973.16
费用	其中	利润(元)			641.28	684.39	720.49	811.86	876.81
费用	其中	一般风险费(元)			48.26	51.51	54.23	61.10	65.99
	编码	名称	单位	单价(元)	消耗量				
人工	000700010	市政综合工	工日	115.00	27.126	28.845	30.363	34.071	36.565
材料	020900900	塑料薄膜	m^2	0.45	48.311	51.311	54.310	61.807	66.308
材料	041300010	标准砖 240×115×53	千块	422.33	7.308	7.693	8.028	9.010	9.607
材料	334100463	塑钢爬梯	kg	5.38	7.272	8.484	8.484	8.484	8.484
材料	341100100	水	m^3	4.42	3.545	3.744	3.924	4.426	4.729
材料	341100400	电	kW·h	0.70	3.665	4.152	5.002	5.825	6.651
材料	140500700	煤焦油沥青漆 L01－17	kg	6.97	0.490	0.490	0.490	0.490	0.490
材料	360102300	铸铁井盖、井座 ϕ700 重型	套	444.44	1.000	1.000	1.000	1.000	1.000
材料	850301090	干混商品砌筑砂浆 M10	t	252.00	5.868	6.191	6.450	7.235	7.715
材料	850301030	干混商品抹灰砂浆 M10	t	271.84	1.941	2.009	2.077	2.259	2.336
材料	840201030	预拌混凝土 C15	m^3	247.57	1.776	1.863	2.925	3.252	3.448
材料	840201050	预拌混凝土 C25	m^3	257.28	0.663	0.827	0.880	1.153	1.395
材料	840201060	预拌混凝土 C30	m^3	266.99	2.377	2.768	2.768	3.250	3.902
材料	002000020	其他材料费	元	—	2.75	2.92	3.12	3.50	3.78
机械	990304004	汽车式起重机 8t	台班	705.33	0.058	0.073	0.077	0.101	—
机械	990304012	汽车式起重机 12t	台班	797.85	—	—	—	—	0.122
机械	990401030	载重汽车 8t	台班	474.25	0.059	0.073	0.078	0.102	0.124
机械	990611010	干混砂浆罐式搅拌机 20000L	台班	232.40	0.126	0.132	0.138	0.154	0.165

工作内容：混凝土捣固、养生、调制砂浆、砌筑、抹灰、勾缝、井盖、井座、爬梯安装、材料运输等。 **计量单位：**座

定额编号					DE1966	DE1967	DE1968	DE1969	DE1970
项目名称					阶梯式跌水井(砖砌)				
					跌差 2m				
					适用管径(mm)				
					ϕ700～900	ϕ1000	ϕ1100	ϕ1200～1350	ϕ1500
					井深 3.5m	井深 3.8m		井深 4.1m	井深 4.3m
费用	综合单价(元)				**13880.56**	**15152.55**	**15724.69**	**17086.56**	**19100.98**
	其中	人工费(元)			3521.99	3804.89	3947.03	4291.00	4762.15
		材料费(元)			7838.69	8605.80	8927.12	9642.91	10813.45
		施工机具使用费(元)			111.56	132.29	141.00	185.58	221.93
		企业管理费(元)			1629.65	1765.83	1833.48	2007.74	2235.36
		利润(元)			724.17	784.68	814.74	892.18	993.33
		一般风险费(元)			54.50	59.06	61.32	67.15	74.76
	编码	名称	单位	单价(元)	消耗量				
人工	000700010	市政综合工	工日	115.00	30.626	33.086	34.322	37.313	41.410
材料	020900900	塑料薄膜	m^2	0.45	54.600	57.990	61.379	69.852	74.934
	041300010	标准砖 240×115×53	千块	422.33	8.319	8.778	9.179	9.719	11.036
	334100463	塑钢爬梯	kg	5.38	7.272	8.484	8.484	8.484	8.484
	341100100	水	m^3	4.42	4.022	4.253	4.466	4.857	5.397
	341100400	电	kW•h	0.70	4.530	5.870	6.027	6.968	7.897
	140500700	煤焦油沥青漆 L01－17	kg	6.97	0.490	0.490	0.490	0.490	0.490
	360102300	铸铁井盖、井座 ϕ700 重型	套	444.44	1.000	1.000	1.000	1.000	1.000
	850301090	干混商品砌筑砂浆 M10	t	252.00	6.676	7.058	7.370	7.801	8.857
	850301030	干混商品抹灰砂浆 M10	t	271.84	2.076	2.149	2.220	2.412	2.494
	840201030	预拌混凝土 C15	m^3	247.57	1.981	3.117	3.262	3.626	3.845
	840201050	预拌混凝土 C25	m^3	257.28	0.760	0.946	1.006	1.318	1.592
	840201060	预拌混凝土 C30	m^3	266.99	3.210	3.651	3.651	4.213	4.945
	002000020	其他材料费	元	—	3.13	3.44	3.57	3.86	4.32
机械	990304004	汽车式起重机 8t	台班	705.33	0.066	0.082	0.088	—	—
	990304012	汽车式起重机 12t	台班	797.85	—	—	—	0.115	0.139
	990401030	载重汽车 8t	台班	474.25	0.067	0.083	0.089	0.116	0.141
	990611010	干混砂浆罐式搅拌机 20000L	台班	232.40	0.143	0.151	0.158	0.167	0.190

E.4.1.11　**沉泥井**

工作内容:混凝土捣固、养生、调制砂浆、砌筑、抹灰、勾缝、井盖、井座、爬梯安装、材料运输等。　　**计量单位**:座

定额编号					DE1971	DE1972
项目名称					沉泥井(砖砌)	
					井内径 ϕ1000mm	井内径 ϕ1250mm
					井室高 2.6m	井室高 3m
					井深 3.9m	井深 4.3m
费用	综合单价(元)				**3653.85**	**4454.52**
	其中	人工费(元)			982.91	1235.79
		材料费(元)			2004.01	2380.71
		施工机具使用费(元)			9.30	11.39
		企业管理费(元)			445.00	559.36
		利润(元)			197.75	248.56
		一般风险费(元)			14.88	18.71
	编码	名称	单位	单价(元)	消耗量	
人工	000700010	市政综合工	工日	115.00	8.547	10.746
材料	020900900	塑料薄膜	m^2	0.45	5.097	6.836
	041300010	标准砖 240×115×53	千块	422.33	1.749	2.146
	334100463	塑钢爬梯	kg	5.38	9.696	10.908
	341100100	水	m^3	4.42	0.742	0.925
	341100400	电	kW·h	0.70	0.301	0.404
	140500700	煤焦油沥青漆 L01－17	kg	6.97	0.490	0.490
	360102300	铸铁井盖、井座 ϕ700 重型	套	444.44	1.000	1.000
	850301090	干混商品砌筑砂浆 M10	t	252.00	1.860	2.280
	850301030	干混商品抹灰砂浆 M10	t	271.84	0.709	0.935
	840201030	预拌混凝土 C15	m^3	247.57	0.393	0.528
	002000020	其他材料费	元	—	0.80	0.95
机械	990611010	干混砂浆罐式搅拌机 20000L	台班	232.40	0.040	0.049

E.4.1.12　**井、池渗漏试验**

工作内容:准备工具、灌水、检查、排水、现场清理等。　　**计量单位**:m^3

定额编号					DE1973	DE1974	DE1975	DE1976
项目名称					井、池渗漏试验			
					井、池(容量 m^3 以内)			
					500	5000	10000	10000 以上
费用	综合单价(元)				**3065.27**	**24150.62**	**47416.90**	**48063.08**
	其中	人工费(元)			491.05	891.48	1253.16	1433.94
		材料费(元)			2235.78	22324.37	44645.37	44645.37
		施工机具使用费(元)			7.80	206.82	413.63	621.46
		企业管理费(元)			223.74	492.59	747.55	921.84
		利润(元)			99.42	218.89	332.19	409.64
		一般风险费(元)			7.48	16.47	25.00	30.83
	编码	名称	单位	单价(元)	消耗量			
人工	000700010	市政综合工	工日	115.00	4.270	7.752	10.897	12.469
材料	010302380	镀锌铁丝 ϕ3.5	kg	3.08	0.497	0.400	0.400	0.400
	172502600	塑料软管 D20	m	0.50	2.000	2.000	2.000	2.000
	341100100	水	m^3	4.42	500.000	5000.000	10000.000	10000.000
	352700010	木板标尺	m^3	1111.11	0.001	0.001	0.001	0.001
	002000020	其他材料费	元	—	22.14	221.03	442.03	442.03
机械	990801020	电动单级离心清水泵 出口直径 100mm	台班	33.93	0.230	—	—	—
	990801030	电动单级离心清水泵 出口直径 150mm	台班	56.20	—	3.680	7.360	11.058

E.4.2　混凝土井(编码:040504002)

E.4.2.1　现浇钢筋混凝土非定型井

工作内容:商品混凝土:清底、检查标高、浇捣、养护等。　　　　计量单位:10m³

					DE1977	DE1978	DE1979
定额编号					DE1977	DE1978	DE1979
项目名称					现浇钢筋砼非定型井		
					井底	井壁	井顶
					商品砼		
费用	综合单价(元)				**3985.71**	**4030.20**	**4049.58**
	其中	人工费(元)			714.04	739.91	752.45
		材料费(元)			2798.41	2799.88	2798.41
		施工机具使用费(元)			—	—	—
		企业管理费(元)			320.24	331.85	337.47
		利润(元)			142.31	147.46	149.96
		一般风险费(元)			10.71	11.10	11.29
	编码	名称	单位	单价(元)	消耗量		
人工	000700010	市政综合工	工日	115.00	6.209	6.434	6.543
材料	840201060	预拌混凝土 C30	m³	266.99	10.150	10.150	10.150
	341100100	水	m³	4.42	9.770	9.770	9.770
	341100400	电	kW·h	0.70	5.600	7.672	5.600
	002000020	其他材料费	元	—	41.36	41.38	41.36

E.4.2.2　现浇钢筋混凝土井、渠配件

工作内容:商品混凝土:捣固、抹面、养生、材料场内运输等。　　　　计量单位:10m³

定额编号					DE1980	DE1981
项目名称					现浇钢筋混凝土井、渠配件	
					现浇人孔板	现浇方、圆井口
					商品砼	
费用	综合单价(元)				**3664.08**	**4935.14**
	其中	人工费(元)			544.64	1309.05
		材料费(元)			2758.45	2758.45
		施工机具使用费(元)			—	—
		企业管理费(元)			244.27	587.11
		利润(元)			108.55	260.89
		一般风险费(元)			8.17	19.64
	编码	名称	单位	单价(元)	消耗量	
人工	000700010	市政综合工	工日	115.00	4.736	11.383
材料	840201060	预拌混凝土 C30	m³	266.99	10.150	10.150
	341100100	水	m³	4.42	9.770	9.770
	341100400	电	kW·h	0.70	7.600	7.600

E.4.2.3 预制钢筋混凝土井、渠配件

工作内容:1.构件制作:预拌混凝土捣固、养护、成品堆放等。
2.构件安装:预拌砂浆运输、铺砂浆,构件就位安装、校正标高等。

计量单位:$10m^3$

		定额编号			DE1982	DE1983	DE1984
		项目名称			预制混凝土井、渠配件		
					预制构件	安装	
					人孔板、井梁	整体人孔板	井内梁、板拼装人孔板
费用		**综合单价(元)**			**4717.97**	**1610.51**	**2574.62**
	其中	人工费(元)			918.39	792.81	1340.67
		材料费(元)			2917.34	228.14	274.70
		施工机具使用费(元)			164.50	38.54	42.49
		企业管理费(元)			485.68	372.86	620.35
		利润(元)			215.82	165.69	275.66
		一般风险费(元)			16.24	12.47	20.75
	编码	名称	单位	单价(元)	消耗量		
人工	000700010	市政综合工	工日	115.00	7.986	6.894	11.658
材料	840201060	预拌混凝土 C30	m^3	266.99	10.150	—	—
	850301090	干混商品砌筑砂浆 M10	t	252.00	—	0.850	1.030
	341100100	水	m^3	4.42	32.770	1.500	1.500
	341100400	电	kW·h	0.70	7.642	5.630	6.350
	002000020	其他材料费	元	—	57.20	3.37	4.06
机械	990304001	汽车式起重机 5t	台班	473.39	—	0.050	0.050
	990401005	载重汽车 2t	台班	329.00	0.500	—	—
	990611010	干混砂浆罐式搅拌机 20000L	台班	232.40	—	0.064	0.081

E.4.2.4 钢筋混凝土井盖、井座、水篦制作

工作内容:商品混凝土:捣固、抹面、养生、成品堆放等。

计量单位:$10m^3$

		定额编号			DE1985	DE1986
		项目名称			钢筋混凝土井盖、井圈、水篦制作	
					井盖制作	井座制作
					预制	
费用		**综合单价(元)**			**6049.31**	**6381.88**
	其中	人工费(元)			1940.05	2129.11
		材料费(元)			2823.40	2841.59
		施工机具使用费(元)			—	—
		企业管理费(元)			870.11	954.91
		利润(元)			386.65	424.33
		一般风险费(元)			29.10	31.94
	编码	名称	单位	单价(元)	消耗量	
人工	000700010	市政综合工	工日	115.00	16.870	18.514
材料	840201060	预拌混凝土 C30	m^3	266.99	10.150	10.150
	020900900	塑料薄膜	m^2	0.45	154.846	154.846
	341100100	水	m^3	4.42	8.438	12.550
	341100400	电	kW·h	0.70	7.642	7.642
	002000020	其他材料费	元	—	1.13	1.14

工作内容：商品混凝土：捣固、抹面、养生、材料场内运输等。

计量单位：10m³

定额编号					DE1987	DE1988
项目名称					钢筋混凝土井盖、井圈、水篦制作	
					水篦制作	小型构件制作
					预制	
费用	综合单价（元）				**7282.56**	**6388.51**
	其中	人工费（元）			2668.92	2129.11
		材料费（元）			2844.68	2848.22
		施工机具使用费（元）			—	—
		企业管理费（元）			1197.01	954.91
		利润（元）			531.92	424.33
		一般风险费（元）			40.03	31.94
	编码	名称	单位	单价（元）	消耗量	
人工	000700010	市政综合工	工日	115.00	23.208	18.514
材料	840201060	预拌混凝土 C30	m³	266.99	10.150	10.150
	020900900	塑料薄膜	m²	0.45	154.846	154.846
	341100100	水	m³	4.42	13.250	14.050
	341100400	电	kW·h	0.70	7.642	7.642
	002000020	其他材料费	元	—	1.14	1.14

E.4.2.5 井盖、井座、水篦、小型构件安装

工作内容：1.清洗井口，运、铺砂浆，就位安装、校正标高。

2.窨井内部安装：打低流水槽、打窨井接头卡子、两边到水扁光。

计量单位：10套

定额编号					DE1989	DE1990	DE1991
项目名称					井盖、井座、水篦、小型构件安装		
					检查井		雨水井
					铸铁井盖、井座	混凝土井盖、井座	铸铁平篦
费用	综合单价（元）				**5352.77**	**6845.72**	**1920.85**
	其中	人工费（元）			448.39	405.49	429.99
		材料费（元）			4602.55	6167.22	1201.61
		施工机具使用费（元）			2.79	2.56	2.56
		企业管理费（元）			202.35	183.01	193.99
		利润（元）			89.92	81.32	86.21
		一般风险费（元）			6.77	6.12	6.49
	编码	名称	单位	单价（元）	消耗量		
人工	000700010	市政综合工	工日	115.00	3.899	3.526	3.739
材料	360102300	铸铁井盖、井座 ϕ700 重型	套	444.44	10.000	—	—
	360100810	混凝土井盖、井座	套	598.29	—	10.100	—
	360102800	铸铁平篦	套	104.91	—	—	10.000
	341100100	水	m³	4.42	0.069	0.069	0.069
	140500700	煤焦油沥青漆 L01－17	kg	6.97	4.920	—	4.305
	850301090	干混商品砌筑砂浆 M10	t	252.00	0.483	0.483	0.483
	002000020	其他材料费	元	—	1.84	2.47	0.48
机械	990611010	干混砂浆罐式搅拌机 20000L	台班	232.40	0.012	0.011	0.011

工作内容：1.清洗井口，运、铺砂浆，就位安装、校正标高。
2.窨井内部安装：打低流水槽、打窨井接头卡子、两边到水扁光。

定额编号					DE1992	DE1993	DE1994
项目名称					井盖、井座、水篦、小型构件安装		
					雨水井		小型构件安装
					铸铁立篦	混凝土篦(盖、座)	
单位					10套		10m³
费用	综合单价（元）				**2156.96**	**1882.94**	**6370.98**
	其中	人工费（元）			453.79	433.21	268.30
		材料费（元）			1398.54	1158.34	5872.29
		施工机具使用费（元）			2.32	2.56	31.61
		企业管理费（元）			204.57	195.44	134.51
		利润（元）			90.90	86.85	59.77
		一般风险费（元）			6.84	6.54	4.50
	编码	名称	单位	单价(元)	消耗量		
人工	000700010	市政综合工	工日	115.00	3.946	3.767	2.333
材料	334100467	铸铁立篦带盖板	套	125.64	10.000	—	—
	360100600	混凝土雨水井篦	套	102.56	—	10.100	—
	042902310	预制混凝土构件	m³	423.00	—	—	10.100
	341100100	水	m³	4.42	0.067	0.069	0.904
	140500700	煤焦油沥青漆 L01—17	kg	6.97	3.495	—	—
	850301090	干混商品砌筑砂浆 M10	t	252.00	0.464	0.483	6.324
	002000020	其他材料费	元	—	0.56	0.46	2.35
机械	990611010	干混砂浆罐式搅拌机 20000L	台班	232.40	0.010	0.011	0.136

E.4.2.6 钢筋混凝土矩形阀门井

E.4.2.6.1 矩形立式闸阀井

工作内容：混凝土浇捣、养护、安装盖板、爬梯及井盖等。　　　　**计量单位：**座

定额编号					DE1995	DE1996	DE1997
项目名称					矩形立式闸阀井		
					井室净尺寸(长×宽×高)(m)		
					1.1×1.1×1.2	1.1×1.1×1.5	1.3×1.3×1.5
					井深 1.45m	井深 1.75m	
费用	综合单价（元）				**1498.12**	**1649.08**	**1872.65**
	其中	人工费（元）			236.67	283.59	336.61
		材料费（元）			1069.28	1142.23	1263.91
		施工机具使用费（元）			21.23	21.23	29.49
		企业管理费（元）			115.67	136.71	164.19
		利润（元）			51.40	60.75	72.96
		一般风险费（元）			3.87	4.57	5.49
	编码	名称	单位	单价(元)	消耗量		
人工	000700010	市政综合工	工日	115.00	2.058	2.466	2.927
材料	360102300	铸铁井盖、井座 ϕ700 重型	套	444.44	1.000	1.000	1.000
	020900900	塑料薄膜	m²	0.45	17.040	20.160	24.029
	172900800	钢筋混凝土管 D300	m	76.92	0.513	0.513	0.513
	334100463	塑钢爬梯	kg	5.38	8.130	10.252	10.252
	341100100	水	m³	4.42	0.958	1.126	1.349
	341100400	电	kW·h	0.70	1.128	1.230	1.490
	140500700	煤焦油沥青漆 L01—17	kg	6.97	0.519	0.519	0.519
	840201030	预拌混凝土 C15	m³	247.57	0.494	0.494	0.563
	840201050	预拌混凝土 C25	m³	257.28	1.485	1.710	2.096
	002000020	其他材料费	元	—	20.97	22.40	24.78
机械	990304004	汽车式起重机 8t	台班	705.33	0.018	0.018	0.025
	990401030	载重汽车 8t	台班	474.25	0.018	0.018	0.025

工作内容：混凝土浇捣、养护、安装盖板、爬梯及井盖等。 计量单位：座

定额编号					DE1998	DE1999	DE2000
项目名称					矩形立式闸阀井		
					井室净尺寸(长×宽×高)(m)		
					1.3×1.3×1.8	1.4×1.8×2.5	1.5×2.1×3.0
					井深 2.05m	井深 2.8m	井深 3.3m
费用	综合单价（元）				**2018.58**	**3515.02**	**4341.96**
	其中	人工费（元）			374.44	731.40	935.87
		材料费（元）			1346.93	2187.04	2647.72
		施工机具使用费（元）			29.49	67.24	83.04
		企业管理费（元）			181.16	358.19	456.98
		利润（元）			80.50	159.17	203.07
		一般风险费（元）			6.06	11.98	15.28
	编码	名称	单位	单价(元)	消耗量		
人工	000700010	市政综合工	工日	115.00	3.256	6.360	8.138
材料	360102300	铸铁井盖、井座 ϕ700 重型	套	444.44	1.000	1.000	1.000
	020900900	塑料薄膜	m^2	0.45	27.649	46.951	61.240
	172900800	钢筋混凝土管 $D300$	m	76.92	0.513	0.513	0.513
	334100463	塑钢爬梯	kg	5.38	12.372	17.674	21.209
	341100100	水	m^3	4.42	1.543	2.610	3.398
	341100400	电	kW·h	0.70	1.611	3.185	4.019
	140500700	煤焦油沥青漆 L01－17	kg	6.97	0.519	0.519	0.519
	840201030	预拌混凝土 C15	m^3	247.57	0.563	0.719	0.806
	840201050	预拌混凝土 C25	m^3	257.28	2.358	5.242	6.799
	002000020	其他材料费	元	—	26.41	42.88	51.92
机械	990304004	汽车式起重机 8t	台班	705.33	0.025	0.057	0.070
	990401030	载重汽车 8t	台班	474.25	0.025	0.057	0.071

E.4.2.6.2 矩形立式蝶阀井

工作内容：混凝土浇捣、养护、安装盖板、爬梯及井盖等。 计量单位：座

定额编号					DE2001	DE2002	DE2003
项目名称					矩形立式蝶阀井		
					井室净尺寸(长×宽×高)(m)		
					1.1×1.2×1.4	1.4×1.4×1.6	1.4×1.4×1.8
					井深 1.65m	井深 1.85m	井深 2.05m
费用	综合单价（元）				**1689.40**	**2038.13**	**2142.90**
	其中	人工费（元）			303.60	375.25	402.96
		材料费（元）			1146.51	1356.50	1415.20
		施工机具使用费（元）			22.89	34.68	34.68
		企业管理费（元）			146.43	183.85	196.28
		利润（元）			65.07	81.70	87.22
		一般风险费（元）			4.90	6.15	6.56
	编码	名称	单位	单价(元)	消耗量		
人工	000700010	市政综合工	工日	115.00	2.640	3.263	3.504
材料	360102300	铸铁井盖、井座 ϕ700 重型	套	444.44	1.000	1.000	1.000
	020900900	塑料薄膜	m^2	0.45	20.026	27.316	29.895
	172900800	钢筋混凝土管 $D300$	m	76.92	0.513	0.513	0.513
	334100463	塑钢爬梯	kg	5.38	9.545	10.960	12.372
	341100100	水	m^3	4.42	1.120	1.533	1.672
	341100400	电	kW·h	0.70	1.257	1.669	1.756
	140500700	煤焦油沥青漆 L01－17	kg	6.97	0.519	0.519	0.519
	840201030	预拌混凝土 C15	m^3	247.57	0.511	0.600	0.600
	840201050	预拌混凝土 C25	m^3	257.28	1.725	2.389	2.576
	002000020	其他材料费	元	—	22.48	26.60	27.75
机械	990304004	汽车式起重机 8t	台班	705.33	0.019	0.029	0.029
	990401030	载重汽车 8t	台班	474.25	0.020	0.030	0.030

工作内容：混凝土浇捣、养护、安装盖板、爬梯及井盖等。　　　　计量单位：座

定额编号					DE2004	DE2005
项目名称					矩形立式蝶阀井	
					井室净尺寸(长×宽×高)(m)	
					1.5×2.0×2.0	1.5×2.0×2.6
					井深 2.3m	井深 2.9m
费用		**综合单价(元)**			**3507.24**	**3902.99**
	其中	人工费(元)			752.68	824.21
		材料费(元)			2125.44	2402.25
		施工机具使用费(元)			78.33	78.33
		企业管理费(元)			372.70	404.79
		利润(元)			165.62	179.87
		一般风险费(元)			12.47	13.54
	编码	名称	单位	单价(元)	消耗量	
人工	000700010	市政综合工	工日	115.00	6.545	7.167
材料	360102300	铸铁井盖、井座 ϕ700 重型	套	444.44	1.000	1.000
	020900900	塑料薄膜	m^2	0.45	43.331	53.066
	172900800	钢筋混凝土管 D300	m	76.92	0.513	0.513
	334100463	塑钢爬梯	kg	5.38	14.141	18.381
	341100100	水	m^3	4.42	2.434	2.955
	341100400	电	kW·h	0.70	3.166	3.604
	140500700	煤焦油沥青漆 L01－17	kg	6.97	0.519	0.519
	840201030	预拌混凝土 C15	m^3	247.57	0.785	0.785
	840201050	预拌混凝土 C25	m^3	257.28	5.027	5.966
	002000020	其他材料费	元	—	41.68	47.10
机械	990304004	汽车式起重机 8t	台班	705.33	0.066	0.066
	990401030	载重汽车 8t	台班	474.25	0.067	0.067

E.4.2.6.3　矩形卧式蝶阀井

工作内容：混凝土浇捣、养护、安装盖板、爬梯及井盖等。　　　　计量单位：座

定额编号					DE2006	DE2007	DE2008
项目名称					矩形卧式蝶阀井		
					井室净尺寸(长×宽×高)(m)		
					1.8×2.6×1.8	1.8×2.6×1.9	2.2×3.0×2.0
					井深 2.15m	井深 2.25m	井深 2.35m
费用		**综合单价(元)**			**4724.39**	**4778.35**	**5847.08**
	其中	人工费(元)			899.76	913.91	1153.45
		材料费(元)			2934.01	2964.44	3519.69
		施工机具使用费(元)			176.97	176.97	246.23
		企业管理费(元)			482.91	489.26	627.75
		利润(元)			214.59	217.41	278.96
		一般风险费(元)			16.15	16.36	21.00
	编码	名称	单位	单价(元)	消耗量		
人工	000700010	市政综合工	工日	115.00	7.824	7.947	10.030
材料	360102300	铸铁井盖、井座 ϕ700 重型	套	444.44	1.000	1.000	1.000
	360102020	铸铁井盖、井座 ϕ500 重型	套	384.62	1.000	1.000	1.000
	020900900	塑料薄膜	m^2	0.45	51.240	51.250	64.352
	172900800	钢筋混凝土管 D300	m	76.92	0.513	0.513	0.513
	334100463	塑钢爬梯	kg	5.38	13.080	13.787	14.492
	341100100	水	m^3	4.42	2.908	2.910	3.670
	341100400	电	kW·h	0.70	4.152	4.198	5.390
	140500700	煤焦油沥青漆 L01－17	kg	6.97	0.783	0.783	0.783
	840201030	预拌混凝土 C15	m^3	247.57	1.008	1.008	1.249
	840201050	预拌混凝土 C25	m^3	257.28	6.389	6.490	8.320
	002000020	其他材料费	元	—	57.53	58.13	69.01
机械	990304020	汽车式起重机 20t	台班	968.56	0.122	0.122	0.170
	990401030	载重汽车 8t	台班	474.25	0.124	0.124	0.172

工作内容：混凝土浇捣、养护、安装盖板、爬梯及井盖等。 计量单位：座

定额编号					DE2009	DE2010	DE2011
项目名称					矩形卧式蝶阀井		
					井室净尺寸(长×宽×高)(m)		
					2.2×3.0×2.1	2.2×3.0×2.2	2.5×3.75×2.5
					井深 2.45m	井深 2.55m	井深 2.85m
费用	综合单价（元）				**5925.15**	**6242.31**	**8098.86**
	其中	人工费（元）			1173.35	1290.88	1733.63
		材料费（元）			3564.68	3688.82	4645.24
		施工机具使用费（元）			246.23	244.78	343.37
		企业管理费（元）			636.68	688.74	931.53
		利润（元）			282.92	306.06	413.94
		一般风险费（元）			21.29	23.03	31.15
	编码	名称	单位	单价(元)	消耗量		
人工	000700010	市政综合工	工日	115.00	10.203	11.225	15.075
材料	360102300	铸铁井盖、井座 ϕ700 重型	套	444.44	1.000	1.000	1.000
	360102020	铸铁井盖、井座 ϕ500 重型	套	384.62	1.000	1.000	1.000
	020900900	塑料薄膜	m^2	0.45	66.009	67.659	90.954
	172900800	钢筋混凝土管 $D300$	m	76.92	0.513	0.513	0.513
	334100463	塑钢爬梯	kg	5.38	15.200	15.908	18.028
	341100100	水	m^3	4.42	3.758	3.848	5.179
	341100400	电	kW·h	0.70	5.463	5.524	7.448
	140500700	煤焦油沥青漆 L01－17	kg	6.97	0.783	0.783	0.783
	850301030	干混商品抹灰砂浆 M10	t	271.84	—	0.294	0.405
	840201030	预拌混凝土 C15	m^3	247.57	1.249	1.249	1.591
	840201050	预拌混凝土 C25	m^3	257.28	8.472	8.615	11.700
	002000020	其他材料费	元	—	69.90	72.33	91.08
机械	990304020	汽车式起重机 20t	台班	968.56	0.170	0.169	0.237
	990401030	载重汽车 8t	台班	474.25	0.172	0.171	0.240

工作内容：混凝土浇捣、养护、安装盖板、爬梯及井盖等。 计量单位：座

定额编号					DE2012	DE2013	DE2014
项目名称					矩形卧式蝶阀井		
					井室净尺寸(长×宽×高)(m)		
					2.5×3.75×2.7	2.5×4.55×2.9	2.5×4.55×3.1
					井深 3.05m	井深 3.25m	井深 3.45m
费用	综合单价（元）				**8278.20**	**11218.06**	**11445.42**
	其中	人工费（元）			1779.63	2490.10	2550.24
		材料费（元）			4748.09	6352.24	6479.60
		施工机具使用费（元）			343.37	436.18	436.18
		企业管理费（元）			952.16	1312.44	1339.41
		利润（元）			423.11	583.21	595.19
		一般风险费（元）			31.84	43.89	44.80
	编码	名称	单位	单价(元)	消耗量		
人工	000700010	市政综合工	工日	115.00	15.475	21.653	22.176
材料	360102300	铸铁井盖、井座 ϕ700 重型	套	444.44	1.000	1.000	1.000
	360102020	铸铁井盖、井座 ϕ500 重型	套	384.62	1.000	1.000	1.000
	020900900	塑料薄膜	m^2	0.45	94.659	116.436	120.229
	172900800	钢筋混凝土管 $D300$	m	76.92	0.513	0.513	0.513
	334100463	塑钢爬梯	kg	5.38	19.443	20.855	22.271
	341100100	水	m^3	4.42	5.378	6.617	6.820
	341100400	电	kW·h	0.70	7.611	10.686	10.895
	140500700	煤焦油沥青漆 L01－17	kg	6.97	0.783	0.783	0.783
	850301030	干混商品抹灰砂浆 M10	t	271.84	0.405	0.512	0.512
	840201030	预拌混凝土 C15	m^3	247.57	1.591	1.923	1.923
	840201050	预拌混凝土 C25	m^3	257.28	12.052	17.635	18.080
	002000020	其他材料费	元	—	93.10	124.55	127.05
机械	990304020	汽车式起重机 20t	台班	968.56	0.237	0.301	0.301
	990401030	载重汽车 8t	台班	474.25	0.240	0.305	0.305

E.4.2.7 **钢筋混凝土矩形水表井**

工作内容:混凝土浇捣、养护、安装爬梯、盖板及井盖等。 **计量单位**:座

定额编号						DE2015	DE2016
项目名称						钢筋混凝土矩形水表井 井室净尺寸(长×宽×高)(m)	
						2.15×1.1×1.4	2.15×1.1×2.0
费用	综合单价(元)					**2637.01**	**3099.77**
	其中	人工费(元)				520.03	641.13
		材料费(元)				1693.84	1955.25
		施工机具使用费(元)				47.18	47.18
		企业管理费(元)				254.40	308.71
		利润(元)				113.05	137.18
		一般风险费(元)				8.51	10.32
	编码	名称		单位	单价(元)	消耗量	
人工	000700010	市政综合工		工日	115.00	4.522	5.575
材料	360102300	铸铁井盖、井座 $\phi 700$ 重型		套	444.44	1.000	1.000
	020900900	塑料薄膜		m^2	0.45	30.479	39.590
	172900800	钢筋混凝土管 $D300$		m	76.92	0.513	0.513
	334100463	塑钢爬梯		kg	5.38	9.898	14.141
	341100100	水		m^3	4.42	1.726	2.213
	341100400	电		kW·h	0.70	2.290	2.701
	140500700	煤焦油沥青漆 L01-17		kg	6.97	0.519	0.519
	850301030	干混商品抹灰砂浆 M10		t	271.84	0.109	0.109
	840201030	预拌混凝土 C15		m^3	247.57	0.707	0.707
	840201050	预拌混凝土 C25		m^3	257.28	3.468	4.350
	002000020	其他材料费		元	—	33.21	38.34
机械	990304004	汽车式起重机 8t		台班	705.33	0.040	0.040
	990401030	载重汽车 8t		台班	474.25	0.040	0.040

工作内容:混凝土浇捣、养护、安装爬梯、盖板及井盖等。 **计量单位**:座

定额编号						DE2017	DE2018
项目名称						钢筋混凝土矩形水表井 井室净尺寸(长×宽×高)(m)	
						2.75×1.3×1.4	2.75×1.3×1.6
费用	综合单价(元)					**3261.85**	**3445.75**
	其中	人工费(元)				667.92	715.88
		材料费(元)				2034.72	2138.87
		施工机具使用费(元)				70.07	70.07
		企业管理费(元)				330.99	352.50
		利润(元)				147.08	156.64
		一般风险费(元)				11.07	11.79
	编码	名称		单位	单价(元)	消耗量	
人工	000700010	市政综合工		工日	115.00	5.808	6.225
材料	360102300	铸铁井盖、井座 $\phi 700$ 重型		套	444.44	1.000	1.000
	020900900	塑料薄膜		m^2	0.45	38.650	42.352
	172900800	钢筋混凝土管 $D300$		m	76.92	0.513	0.513
	334100463	塑钢爬梯		kg	5.38	9.898	11.311
	341100100	水		m^3	4.42	2.204	2.402
	341100400	电		kW·h	0.70	2.975	3.143
	140500700	煤焦油沥青漆 L01-17		kg	6.97	0.519	0.519
	850301030	干混商品抹灰砂浆 M10		t	271.84	0.162	0.162
	840201030	预拌混凝土 C15		m^3	247.57	0.877	0.877
	840201050	预拌混凝土 C25		m^3	257.28	4.523	4.880
	002000020	其他材料费		元	—	39.90	41.94
机械	990304004	汽车式起重机 8t		台班	705.33	0.059	0.059
	990401030	载重汽车 8t		台班	474.25	0.060	0.060

工作内容：混凝土浇捣、养护、安装爬梯、盖板及井盖等。

计量单位：座

定额编号					DE2019	DE2020	DE2021
项目名称					钢筋混凝土矩形水表井		
					井室净尺寸(长×宽×高)(m)		
					2.75×1.3×2.0	3.2×1.3×2.0	3.9×1.8×2.0
费用	综合单价（元）				**3817.07**	**4187.56**	**5856.13**
	其中	人工费（元）			813.28	902.41	1301.69
		材料费（元）			2348.24	2550.90	3399.81
		施工机具使用费（元）			70.07	81.87	175.53
		企业管理费（元）			396.18	441.45	662.53
		利润（元）			176.05	196.17	294.41
		一般风险费（元）			13.25	14.76	22.16
	编码	名称	单位	单价(元)	消耗量		
人工	000700010	市政综合工	工日	115.00	7.072	7.847	11.319
材料	360102300	铸铁井盖、井座 ϕ700 重型	套	444.44	1.000	1.000	1.000
	020900900	塑料薄膜	m^2	0.45	49.757	55.262	72.678
	172900800	钢筋混凝土管 *D*300	m	76.92	0.513	0.513	0.513
	334100463	塑钢爬梯	kg	5.38	14.141	14.141	14.141
	341100100	水	m^3	4.42	2.799	3.114	4.134
	341100400	电	kW·h	0.70	3.478	3.874	5.676
	140500700	煤焦油沥青漆 L01—17	kg	6.97	0.519	0.519	0.519
	850301030	干混商品抹灰砂浆 M10	t	271.84	0.162	0.185	0.301
	840201030	预拌混凝土 C15	m^3	247.57	0.877	0.962	1.321
	840201050	预拌混凝土 C25	m^3	257.28	5.598	6.248	8.962
	002000020	其他材料费	元	—	46.04	50.02	66.66
机械	990304004	汽车式起重机 8t	台班	705.33	0.059	0.069	0.148
	990401030	载重汽车 8t	台班	474.25	0.060	0.070	0.150

E.4.3 塑料检查井(编码:040504003)

工作内容：井座、井筒安装，与管道连接等。

计量单位：10 套

定额编号					DE2022	DE2023	DE2024
项目名称					塑料检查井		
					井筒直径(mm 以内)		
					315	500	700
费用	综合单价（元）				**1256.10**	**1992.86**	**2384.56**
	其中	人工费（元）			102.12	161.81	181.82
		材料费（元）			1086.30	1723.80	2082.23
		施工机具使用费（元）			—	—	—
		企业管理费（元）			45.80	72.57	81.54
		利润（元）			20.35	32.25	36.24
		一般风险费（元）			1.53	2.43	2.73
	编码	名称	单位	单价(元)	消耗量		
人工	000700010	市政综合工	工日	115.00	0.888	1.407	1.581
材料	360103101	塑料检查井 *DN*315	套	106.50	10.000	—	—
	360103102	塑料检查井 *DN*500	套	169.00	—	10.000	—
	360103103	塑料检查井 *DN*700	套	204.14	—	—	10.000
	002000020	其他材料费	元	—	21.30	33.80	40.83

E.4.4 砖砌井筒(编码:040504004)

E.4.4.1 砌筑井筒

E.4.4.1.1 消火栓及阀门井筒调增

工作内容:砌筑、勾缝、安装爬梯等。 **计量单位:**座

定额编号					DE2025	DE2026	DE2027
项目名称					砌筑井筒(消火栓及阀门井筒调增)		
					消火栓井	阀门井双井筒	阀门井单井筒
					井深每增 0.25m	每增 0.2m	
费用	综合单价(元)				**203.46**	**186.39**	**109.28**
	其中	人工费(元)			56.01	51.18	29.56
		材料费(元)			108.78	100.13	59.37
		施工机具使用费(元)			0.93	0.70	0.46
		企业管理费(元)			25.54	23.26	13.46
		利润(元)			11.35	10.34	5.98
		一般风险费(元)			0.85	0.78	0.45
	编码	名称	单位	单价(元)	消耗量		
人工	000700010	市政综合工	工日	115.00	0.487	0.445	0.257
材料	041300010	标准砖 240×115×53	千块	422.33	0.140	0.131	0.073
	334100463	塑钢爬梯	kg	5.38	1.768	1.415	1.415
	341100100	水	m^3	4.42	0.049	0.046	0.026
	850301090	干混商品砌筑砂浆 M10	t	252.00	0.150	0.139	0.078
	002000020	其他材料费	元	—	2.13	1.96	1.16
机械	990611010	干混砂浆罐式搅拌机 20000L	台班	232.40	0.004	0.003	0.002

E.4.4.1.2 检查井筒砌筑(ϕ700)

工作内容:调制砂浆、盖板以上的井筒砌筑、勾缝、混凝土浇捣,爬梯、井盖、井座安装,场内材料运输等。 **计量单位:**座

定额编号					DE2028	DE2029	DE2030	DE2031	DE2032
项目名称					检查井筒砌筑(ϕ700)				
					筒高(m)				
					1	2	3	4	每增减 0.2m
费用	综合单价(元)				**994.46**	**1486.04**	**1974.40**	**2466.15**	**107.11**
	其中	人工费(元)			148.12	281.06	414.23	547.06	30.36
		材料费(元)			745.07	1012.12	1275.96	1543.75	55.87
		施工机具使用费(元)			1.86	3.95	5.81	7.67	0.46
		企业管理费(元)			67.27	127.83	188.39	248.79	13.82
		利润(元)			29.89	56.80	83.71	110.56	6.14
		一般风险费(元)			2.25	4.28	6.30	8.32	0.46
	编码	名称	单位	单价(元)	消耗量				
人工	000700010	市政综合工	工日	115.00	1.288	2.444	3.602	4.757	0.264
材料	360102300	铸铁井盖、井座 ϕ700 重型	套	444.44	1.010	1.010	1.010	1.010	—
	041300010	标准砖 240×115×53	千块	422.33	0.345	0.689	1.033	1.378	0.073
	334100463	塑钢爬梯	kg	5.38	3.323	6.642	9.965	13.288	0.673
	341100100	水	m^3	4.42	0.215	0.334	0.457	0.583	0.026
	850301030	干混商品抹灰砂浆 M10	t	271.84	0.009	0.015	0.026	0.032	0.002
	850301090	干混商品砌筑砂浆 M10	t	252.00	0.384	0.767	1.132	1.516	0.078
	840201040	预拌混凝土 C20	m^3	247.57	0.072	0.072	0.072	0.072	—
	002000020	其他材料费	元	—	14.61	19.85	25.02	30.27	1.10
机械	990611010	干混砂浆罐式搅拌机 20000L	台班	232.40	0.008	0.017	0.025	0.033	0.002

E.4.5 预制混凝土井筒(编码:040504005)

E.4.5.1 阀门井筒调增

工作内容:混凝土浇捣、养护、安装爬梯、铁件制安、抹面等。

计量单位:座

					定额编号	DE2033
					项目名称	钢筋混凝土预制双井筒(阀门井筒调增) 每增 0.2m
费用					综合单价(元)	**172.54**
	其中				人工费(元)	63.94
					材料费(元)	65.21
					施工机具使用费(元)	0.61
					企业管理费(元)	28.95
					利润(元)	12.86
					一般风险费(元)	0.97
	编码	名称	单位	单价(元)		消耗量
人工	000700010	市政综合工	工日	115.00		0.556
材料	020900900	塑料薄膜	m^2	0.45		2.528
	031350210	低碳钢焊条 J422 ϕ3.2	kg	4.19		0.061
	143900700	氧气	m^3	3.26		0.022
	143901000	乙炔气	kg	12.01		0.007
	334100463	塑钢爬梯	kg	5.38		0.752
	341100100	水	m^3	4.42		0.144
	341100400	电	kW·h	0.70		0.077
	011300830	镀锌扁钢 50×5	m	9.64		0.806
	850301030	干混商品抹灰砂浆 M10	t	271.84		0.066
	840201050	预拌混凝土 C25	m^3	257.28		0.118
	010900023	圆钢 ϕ8～14	kg	2.44		0.647
	002000020	其他材料费	元	—		1.28
机械	990904030	直流弧焊机 20kV·A	台班	72.88		0.008
	990919030	电焊条烘干箱 600×500×750	台班	26.74		0.001

工作内容:混凝土浇捣、养护、安装爬梯、铁件制安、抹面等。

计量单位:座

					定额编号	DE2034
					项目名称	钢筋混凝土预制井筒(阀门井筒调增) 每增 0.2m
费用					综合单价(元)	**108.03**
	其中				人工费(元)	37.03
					材料费(元)	45.45
					施工机具使用费(元)	0.61
					企业管理费(元)	16.88
					利润(元)	7.50
					一般风险费(元)	0.56
	编码	名称	单位	单价(元)		消耗量
人工	000700010	市政综合工	工日	115.00		0.322
材料	020900900	塑料薄膜	m^2	0.45		1.437
	031350210	低碳钢焊条 J422 ϕ3.2	kg	4.19		0.061
	143900700	氧气	m^3	3.26		0.022
	143901000	乙炔气	kg	12.01		0.007
	334100463	塑钢爬梯	kg	5.38		0.752
	341100100	水	m^3	4.42		0.082
	341100400	电	kW·h	0.70		0.036
	011300830	镀锌扁钢 50×5	m	9.64		0.806
	850301030	干混商品抹灰砂浆 M10	t	271.84		0.037
	840201050	预拌混凝土 C25	m^3	257.28		0.067
	010900023	圆钢 ϕ8～14	kg	2.44		1.640
	002000020	其他材料费	元	—		0.89
机械	990904030	直流弧焊机 20kV·A	台班	72.88		0.008
	990919030	电焊条烘干箱 600×500×750	台班	26.74		0.001

E.4.5.2 井深(井筒)每增加 0.2m

工作内容:混凝土捣固、养生、爬梯安装、材料运输等。　　　　计量单位:座

		定额编号			DE2035
		项目名称			井深(井筒)每增加 0.2m 形式:混凝土 井筒内径 700mm
费用		综合单价(元)			**46.84**
	其中	人工费(元)			15.18
		材料费(元)			21.59
		施工机具使用费(元)			—
		企业管理费(元)			6.81
		利润(元)			3.03
		一般风险费(元)			0.23
	编码	名称	单位	单价(元)	消耗量
人工	000700010	市政综合工	工日	115.00	0.132
材料	020900900	塑料薄膜	m^2	0.45	2.665
	334100463	塑钢爬梯	kg	5.38	0.673
	341100100	水	m^3	4.42	0.071
	341100400	电	kW·h	0.70	0.027
	840201060	预拌混凝土 C30	m^3	266.99	0.060
	002000020	其他材料费	元	—	0.42

E.4.6 砌体出水口(编码:040504006)

E.4.6.1 砖砌

E.4.6.1.1 一字式

工作内容:清底、铺筑垫层、混凝土浇筑、养生,调制砂浆、砌砖、抹灰、勾缝、材料场内运输等。　　　　计量单位:座

		定额编号			DE2036	DE2037	DE2038	DE2039	DE2040	DE2041
		项目名称			砖砌一字式出水口					
					H(1m 以内)		H(1.5m 以内)		H(2m 以内)	
					管径(mm 以内)					
					ϕ300	ϕ400	ϕ500	ϕ600	ϕ700	ϕ800
费用		综合单价(元)			**4967.44**	**5044.92**	**7208.19**	**8836.01**	**13117.59**	**13201.35**
	其中	人工费(元)			1230.85	1253.27	1783.19	2124.51	3139.73	3156.98
		材料费(元)			2902.23	2942.43	4214.89	5264.72	7837.34	7892.41
		施工机具使用费(元)			11.16	11.16	16.97	23.24	35.79	35.79
		企业管理费(元)			557.04	567.09	807.37	963.27	1424.22	1431.96
		利润(元)			247.53	252.00	358.77	428.05	632.88	636.32
		一般风险费(元)			18.63	18.97	27.00	32.22	47.63	47.89
	编码	名称	单位	单价(元)	消耗量					
人工	000700010	市政综合工	工日	115.00	10.703	10.898	15.506	18.474	27.302	27.452
材料	020900900	塑料薄膜	m^2	0.45	16.632	17.123	21.185	21.970	26.055	26.863
	040501350	级配砂石	m^3	73.79	5.056	5.081	6.642	6.667	9.260	9.292
	041300010	标准砖 240×115×53	千块	422.33	3.017	3.021	4.614	6.200	9.556	9.551
	341100100	水	m^3	4.42	1.716	1.755	2.431	2.804	4.158	4.194
	341100400	电	kW·h	0.70	1.844	1.943	2.408	2.514	3.307	3.451
	850301030	干混商品抹灰砂浆 M10	t	271.84	0.020	0.029	0.031	0.043	0.066	0.066
	850301090	干混商品砌筑砂浆 M10	t	252.00	2.219	2.210	3.386	4.636	7.162	7.171
	840201030	预拌混凝土 C15	m^3	247.57	2.045	2.086	2.554	2.616	3.530	3.634
	840201060	预拌混凝土 C30	m^3	266.99	0.415	0.509	0.665	0.747	0.882	0.976
	002000020	其他材料费	元	—	56.91	57.69	82.64	103.23	153.67	154.75
机械	990611010	干混砂浆罐式搅拌机 20000L	台班	232.40	0.048	0.048	0.073	0.100	0.154	0.154

工作内容：清底、铺筑垫层、混凝土浇筑、养生，调制砂浆、砌砖、抹灰、勾缝、材料场内运输等。　　计量单位：座

定额编号					DE2042	DE2043	DE2044	DE2045	DE2046	DE2047
项目名称					砖砌一字式出水口					
					H(2.5m 以内)		H(3m 以内)		H(3.5m 以内)	
					管径(mm 以内)					
					ϕ900	ϕ1000	ϕ1100	ϕ1200	ϕ1350	ϕ1500
费用	综合单价(元)				**18225.62**	**18412.21**	**24440.84**	**25963.46**	**32745.83**	**34268.29**
	其中	人工费(元)			4464.07	4499.38	5945.85	6338.23	7991.01	8375.57
		材料费(元)			10718.91	10846.78	14437.00	15301.75	19300.72	20177.16
		施工机具使用费(元)			50.43	50.43	70.42	73.67	94.82	98.77
		企业管理费(元)			2024.75	2040.59	2698.29	2875.74	3626.49	3800.74
		利润(元)			899.74	906.78	1199.04	1277.89	1611.50	1688.93
		一般风险费(元)			67.72	68.25	90.24	96.18	121.29	127.12
	编码	名称	单位	单价(元)	消耗量					
人工	000700010	市政综合工	工日	115.00	38.818	39.125	51.703	55.115	69.487	72.831
材料	020900900	塑料薄膜	m^2	0.45	31.166	32.495	37.804	39.619	44.772	46.148
	040501350	级配砂石	m^3	73.79	12.278	12.319	14.708	17.187	21.185	22.930
	041300010	标准砖 240×115×53	千块	422.33	13.427	13.427	18.309	19.372	24.893	25.948
	341100100	水	m^3	4.42	5.585	5.642	7.402	7.800	9.734	10.112
	341100400	电	kW·h	0.70	3.947	4.229	5.082	5.234	5.851	6.095
	850301030	干混商品抹灰砂浆 M10	t	271.84	0.092	0.092	0.262	0.279	0.366	0.384
	850301090	干混商品砌筑砂浆 M10	t	252.00	10.074	10.179	13.906	14.533	18.697	19.463
	840201030	预拌混凝土 C15	m^3	247.57	4.163	4.422	5.419	5.534	6.167	6.364
	840201060	预拌混凝土 C30	m^3	266.99	1.110	1.225	1.370	1.453	1.651	1.785
	002000020	其他材料费	元	—	210.17	212.68	283.08	300.03	378.45	395.63
机械	990611010	干混砂浆罐式搅拌机 20000L	台班	232.40	0.217	0.217	0.303	0.317	0.408	0.425

工作内容：清底、铺筑垫层、混凝土浇筑、养生，调制砂浆、砌砖、抹灰、勾缝、材料场内运输等。　　计量单位：座

定额编号					DE2048	DE2049	DE2050	DE2051	DE2052
项目名称					砖砌一字式出水口				
					H(4m 以内)		H(4.5m 以内)		H(5m 以内)
					管径(mm 以内)				
					ϕ1650	ϕ1800	ϕ2000	ϕ2200	ϕ2400
费用	综合单价(元)				**41426.35**	**43108.68**	**51124.26**	**53047.63**	**61799.12**
	其中	人工费(元)			10087.46	10512.96	12426.10	12910.25	15027.97
		材料费(元)			24450.81	25418.67	30210.96	31321.18	36506.10
		施工机具使用费(元)			121.55	125.73	151.06	155.94	183.13
		企业管理费(元)			4578.74	4771.45	5640.85	5860.18	6822.18
		利润(元)			2034.65	2120.29	2506.63	2604.09	3031.57
		一般风险费(元)			153.14	159.58	188.66	195.99	228.17
	编码	名称	单位	单价(元)	消耗量				
人工	000700010	市政综合工	工日	115.00	87.717	91.417	108.053	112.263	130.678
材料	020900900	塑料薄膜	m^2	0.45	51.345	52.744	58.685	66.742	72.444
	040501350	级配砂石	m^3	73.79	25.673	27.642	30.641	32.875	38.332
	041300010	标准砖 240×115×53	千块	422.33	31.839	33.009	39.616	40.897	48.008
	341100100	水	m^3	4.42	12.149	12.553	14.851	15.948	17.763
	341100400	电	kW·h	0.70	7.109	7.360	8.503	8.899	9.745
	850301030	干混商品抹灰砂浆 M10	t	271.84	0.454	0.471	0.541	0.558	0.680
	850301090	干混商品砌筑砂浆 M10	t	252.00	23.960	24.813	29.849	30.790	36.140
	840201030	预拌混凝土 C15	m^3	247.57	7.527	7.734	9.042	9.375	10.257
	840201060	预拌混凝土 C30	m^3	266.99	1.962	2.097	2.326	2.512	2.761
	002000020	其他材料费	元	—	479.43	498.41	592.37	614.14	715.81
机械	990611010	干混砂浆罐式搅拌机 20000L	台班	232.40	0.523	0.541	0.650	0.671	0.788

E.4.6.1.2 八字式

工作内容:清底、铺筑垫层、混凝土浇筑、养生,调制砂浆、砌砖、抹灰、勾缝、材料场内运输等。 计量单位:座

定额编号					DE2053	DE2054	DE2055	DE2056	DE2057	DE2058
项目名称					砖砌八字式出水口					
					$H\times L1$(m以内)					
					0.83×1.11	0.94×1.32	1.04×1.53	1.15×1.75	1.26×1.96	1.37×2.18
					管径(mm以内)					
					ϕ300	ϕ400	ϕ500	ϕ600	ϕ700	ϕ800
费用	综合单价(元)				**2029.35**	**2427.28**	**2873.77**	**3362.53**	**3932.69**	**4580.39**
	其中	人工费(元)			478.86	572.36	687.36	792.24	924.49	1076.06
		材料费(元)			1226.15	1467.45	1721.17	2033.61	2381.93	2774.51
		施工机具使用费(元)			4.18	4.88	5.81	6.97	8.13	9.99
		企业管理费(元)			216.64	258.89	310.88	358.44	418.28	487.09
		利润(元)			96.27	115.04	138.15	159.28	185.87	216.45
		一般风险费(元)			7.25	8.66	10.40	11.99	13.99	16.29
	编码	名称	单位	单价(元)	消耗量					
人工	000700010	市政综合工	工日	115.00	4.164	4.977	5.977	6.889	8.039	9.357
材料	020900900	塑料薄膜	m^2	0.45	12.558	14.175	17.056	20.441	23.980	27.890
	041300010	标准砖 240×115×53	千块	422.33	0.903	1.111	1.334	1.619	1.942	2.315
	341100100	水	m^3	4.42	0.907	1.027	1.660	1.494	1.780	2.078
	341100400	电	kW·h	0.70	1.722	2.034	2.331	2.697	3.086	3.512
	850301030	干混商品抹灰砂浆 M10	t	271.84	0.100	0.111	0.119	0.126	0.134	0.143
	850301090	干混商品砌筑砂浆 M10	t	252.00	0.714	0.872	1.046	1.272	1.533	1.829
	840201030	预拌混凝土 C15	m^3	247.57	0.665	0.841	1.028	1.246	1.495	1.765
	840201060	预拌混凝土 C30	m^3	266.99	1.641	1.869	2.086	2.356	2.627	2.927
	002000020	其他材料费	元	—	24.04	28.77	33.75	39.87	46.70	54.40
机械	990611010	干混砂浆罐式搅拌机 20000L	台班	232.40	0.018	0.021	0.025	0.030	0.035	0.043

工作内容:清底、铺筑垫层、混凝土浇筑、养生,调制砂浆、砌砖、抹灰、勾缝、材料场内运输等。 计量单位:座

定额编号					DE2059	DE2060	DE2061	DE2062	DE2063	DE2064
项目名称					砖砌八字式出水口					
					$H\times L1$(m以内)					
					1.47×2.39	1.58×2.6	1.69×2.82	1.79×3.03	1.96×3.36	2.12×3.68
					管径(mm以内)					
					ϕ900	ϕ1000	ϕ1100	ϕ1200	ϕ1350	ϕ1500
费用	综合单价(元)				**5272.83**	**6047.33**	**7433.44**	**8328.86**	**10062.13**	**12736.53**
	其中	人工费(元)			1236.71	1418.76	1732.36	1939.25	2343.24	3272.67
		材料费(元)			3197.11	3665.81	4526.98	5075.29	6129.46	7250.69
		施工机具使用费(元)			11.62	13.48	15.57	17.43	21.85	26.49
		企业管理费(元)			559.88	642.36	783.95	877.57	1060.74	1479.67
		利润(元)			248.79	285.44	348.36	389.97	471.36	657.52
		一般风险费(元)			18.72	21.48	26.22	29.35	35.48	49.49
	编码	名称	单位	单价(元)	消耗量					
人工	000700010	市政综合工	工日	115.00	10.754	12.337	15.064	16.863	20.376	28.458
材料	020900900	塑料薄膜	m^2	0.45	31.996	36.364	42.741	47.502	55.976	64.667
	041300010	标准砖 240×115×53	千块	422.33	2.715	3.183	3.712	4.242	5.285	6.421
	341100100	水	m^3	4.42	2.410	2.776	3.223	3.617	4.354	5.129
	341100400	电	kW·h	0.70	3.970	4.450	5.928	6.499	7.596	8.693
	850301030	干混商品抹灰砂浆 M10	t	271.84	0.158	0.170	0.180	0.192	0.213	0.231
	850301090	干混商品砌筑砂浆 M10	t	252.00	2.144	2.509	2.927	3.346	4.165	5.071
	840201030	预拌混凝土 C15	m^3	247.57	2.056	2.367	3.374	3.769	4.548	5.326
	840201060	预拌混凝土 C30	m^3	266.99	3.250	3.571	4.536	4.921	5.596	6.291
	002000020	其他材料费	元	—	62.69	71.88	88.76	99.52	120.19	142.17
机械	990611010	干混砂浆罐式搅拌机 20000L	台班	232.40	0.050	0.058	0.067	0.075	0.094	0.114

工作内容：清底、铺筑垫层、混凝土浇筑、养生，调制砂浆、砌砖、抹灰、勾缝、材料场内运输等。　　**计量单位：**座

定额编号					DE2065	DE2066	DE2067	DE2068	DE2069
项目名称					砖砌八字式出水口				
					H×L1(m 以内)				
					2.28×4	2.44×4.33	2.66×4.76	2.88×5.2	3.09×5.62
					管径(mm 以内)				
					ϕ1650	ϕ1800	ϕ2000	ϕ2200	ϕ2400
费用	**综合单价（元）**				**14288.56**	**16561.48**	**20167.24**	**24216.26**	**28670.10**
	其中	人工费（元）			3491.75	4018.33	4924.07	5919.63	7017.07
		材料费（元）			8430.71	9817.98	11902.60	14278.82	16888.50
		施工机具使用费（元）			31.14	37.18	46.25	56.71	68.33
		企业管理费（元）			1580.01	1818.90	2229.19	2680.38	3177.80
		利润（元）			702.11	808.26	990.58	1191.08	1412.12
		一般风险费（元）			52.84	60.83	74.55	89.64	106.28
	编码	名称	单位	单价(元)	消耗量				
人工	000700010	市政综合工	工日	115.00	30.363	34.942	42.818	51.475	61.018
材料	020900900	塑料薄膜	m^2	0.45	73.689	83.712	97.952	113.394	129.641
	041300010	标准砖 240×115×53	千块	422.33	7.652	9.121	11.379	14.016	16.955
	341100100	水	m^3	4.42	5.954	6.885	8.277	9.845	11.525
	341100400	电	kW·h	0.70	9.966	11.063	12.876	14.819	16.899
	850301030	干混商品抹灰砂浆 M10	t	271.84	0.250	0.269	0.296	0.325	0.350
	850301090	干混商品砌筑砂浆 M10	t	252.00	6.030	7.196	8.974	11.065	13.382
	840201030	预拌混凝土 C15	m^3	247.57	6.094	6.997	8.295	9.697	11.212
	840201060	预拌混凝土 C30	m^3	266.99	7.008	7.786	8.908	10.102	11.358
	002000020	其他材料费	元	—	165.31	192.51	233.38	279.98	331.15
机械	990611010	干混砂浆罐式搅拌机 20000L	台班	232.40	0.134	0.160	0.199	0.244	0.294

E.4.6.1.3　门字式

工作内容：清底、铺筑垫层、混凝土浇筑、养生，调制砂浆、砌砖、抹灰、勾缝、材料场内运输等。　　**计量单位：**座

定额编号					DE2070	DE2071	DE2072	DE2073	DE2074
项目名称					砖砌门字式出水口				
					H×L1(m 以内)				
					1×0.91		1.5×1.06		
					管径(mm 以内)				
					ϕ300	ϕ400	ϕ500	ϕ600	ϕ700
费用	**综合单价（元）**				**1849.37**	**1874.12**	**3265.28**	**3355.14**	**3442.94**
	其中	人工费（元）			413.20	415.04	900.80	925.87	950.71
		材料费（元）			1157.29	1178.97	1758.55	1806.33	1852.83
		施工机具使用费（元）			3.02	3.02	5.35	5.58	5.58
		企业管理费（元）			186.67	187.50	406.40	417.75	428.89
		利润（元）			82.95	83.32	180.59	185.64	190.59
		一般风险费（元）			6.24	6.27	13.59	13.97	14.34
	编码	名称	单位	单价(元)	消耗量				
人工	000700010	市政综合工	工日	115.00	3.593	3.609	7.833	8.051	8.267
材料	020900900	塑料薄膜	m^2	0.45	9.828	10.374	12.579	13.192	13.780
	041300010	标准砖 240×115×53	千块	422.33	0.753	0.753	1.361	1.371	1.371
	341100100	水	m^3	4.42	0.717	0.691	0.989	1.035	1.045
	341100400	电	kW·h	0.70	1.882	1.943	2.491	2.606	2.735
	850301030	干混商品抹灰砂浆 M10	t	271.84	0.010	0.010	0.022	0.022	0.022
	850301090	干混商品砌筑砂浆 M10	t	252.00	0.595	0.595	1.073	1.081	1.081
	840201030	预拌混凝土 C15	m^3	247.57	0.820	0.862	1.329	1.412	1.505
	840201060	预拌混凝土 C30	m^3	266.99	1.693	1.733	1.993	2.066	2.149
	002000020	其他材料费	元	—	22.69	23.12	34.48	35.42	36.33
机械	990611010	干混砂浆罐式搅拌机 20000L	台班	232.40	0.013	0.013	0.023	0.024	0.024

工作内容：清底、铺筑垫层、混凝土浇筑、养生，调制砂浆、砌砖、抹灰、勾缝、材料场内运输等。　　计量单位：座

定额编号					DE2075	DE2076	DE2077	DE2078	DE2079
项目名称					砖砌门字式出水口				
					$H\times L1$(m 以内)				
					2×1.21		2.5×1.49	2.5×1.61	3×1.76
					管径(mm 以内)				
					ϕ800	ϕ900	ϕ1000	ϕ1100	ϕ1200
费用		**综合单价（元）**			**4781.74**	**4878.74**	**6222.27**	**7248.99**	**9277.54**
	其中	人工费（元）			1322.27	1349.30	1402.66	1679.00	2150.96
		材料费（元）			2568.78	2620.82	3866.75	4430.48	5664.20
		施工机具使用费（元）			8.60	8.60	13.94	16.04	22.08
		企业管理费（元）			596.89	609.02	635.34	760.22	974.61
		利润（元）			265.24	270.63	282.33	337.82	433.09
		一般风险费（元）			19.96	20.37	21.25	25.43	32.60
	编码	名称	单位	单价(元)	消耗量				
人工	000700010	市政综合工	工日	115.00	11.498	11.733	12.197	14.600	18.704
材料	020900900	塑料薄膜	m^2	0.45	16.947	17.646	25.423	29.322	33.678
	041300010	标准砖 240×115×53	千块	422.33	2.170	2.160	3.535	4.039	5.529
	341100100	水	m^3	4.42	1.443	1.471	2.275	2.611	3.263
	341100400	电	kW·h	0.70	3.330	3.474	4.510	5.196	6.004
	850301030	干混商品抹灰砂浆 M10	t	271.84	0.031	0.046	0.048	0.049	0.063
	850301090	干混商品砌筑砂浆 M10	t	252.00	1.709	1.709	2.788	3.189	4.357
	840201030	预拌混凝土 C15	m^3	247.57	2.045	2.160	2.731	3.042	3.779
	840201060	预拌混凝土 C30	m^3	266.99	2.398	2.481	3.302	3.893	4.246
	002000020	其他材料费	元	—	50.37	51.39	75.82	86.87	111.06
机械	990611010	干混砂浆罐式搅拌机 20000L	台班	232.40	0.037	0.037	0.060	0.069	0.095

工作内容：清底、铺筑垫层、混凝土浇筑、养生，调制砂浆、砌砖、抹灰、勾缝、材料场内运输等。　　计量单位：座

定额编号					DE2080	DE2081	DE2082	DE2083
项目名称					砖砌门字式出水口			
					$H\times L1$(m 以内)			
					3×1.76		3.5×2.17	4×2.32
					管径(mm 以内)			
					ϕ1350	ϕ1500	ϕ1650	ϕ1800
费用		**综合单价（元）**			**9417.40**	**14624.13**	**16382.52**	**19880.21**
	其中	人工费（元）			2181.67	4090.44	4549.52	5521.15
		材料费（元）			5753.00	7770.38	8758.85	10625.07
		施工机具使用费（元）			22.08	31.37	35.32	44.85
		企业管理费（元）			988.38	1848.63	2056.30	2496.35
		利润（元）			439.21	821.48	913.76	1109.30
		一般风险费（元）			33.06	61.83	68.77	83.49
	编码	名称	单位	单价(元)	消耗量			
人工	000700010	市政综合工	工日	115.00	18.971	35.569	39.561	48.010
材料	020900900	塑料薄膜	m^2	0.45	35.074	43.222	48.987	55.276
	041300010	标准砖 240×115×53	千块	422.33	5.529	7.906	8.887	11.140
	341100100	水	m^3	4.42	3.329	4.458	5.029	6.051
	341100400	电	kW·h	0.70	6.255	7.657	8.678	9.821
	850301030	干混商品抹灰砂浆 M10	t	271.84	0.068	0.083	0.092	0.109
	850301090	干混商品砌筑砂浆 M10	t	252.00	4.357	6.239	7.006	8.905
	840201030	预拌混凝土 C15	m^3	247.57	3.987	4.796	5.305	6.353
	840201060	预拌混凝土 C30	m^3	266.99	4.370	5.440	6.291	6.768
	002000020	其他材料费	元	—	112.80	152.36	171.74	208.33
机械	990611010	干混砂浆罐式搅拌机 20000L	台班	232.40	0.095	0.135	0.152	0.193

工作内容:清底、铺筑垫层、混凝土浇筑、养生,调制砂浆、砌砖、抹灰、勾缝、材料场内运输等。　　计量单位:座

定额编号					DE2084	DE2085	DE2086
项目名称					砖砌门字式出水口		
					$H \times L1$(m 以内)		
					4×2.32	4×2.43	
					管径(mm 以内)		
					ϕ2000	ϕ2200	ϕ2400
费用	综合单价(元)				**20151.06**	**21535.70**	**21992.82**
其中	人工费(元)				5579.80	5986.79	6116.05
	材料费(元)				10799.16	11500.49	11741.92
	施工机具使用费(元)				44.39	48.34	48.80
	企业管理费(元)				2522.45	2706.75	2764.93
	利润(元)				1120.90	1202.80	1228.65
	一般风险费(元)				84.36	90.53	92.47
	编码	名称	单位	单价(元)	消耗量		
人工	000700010	市政综合工	工日	115.00	48.520	52.059	53.183
材料	020900900	塑料薄膜	m^2	0.45	57.637	64.319	66.742
	041300010	标准砖 240×115×53	千块	422.33	11.286	12.189	12.324
	341100100	水	m^3	4.42	6.109	6.796	6.937
	341100400	电	kW·h	0.70	10.225	10.476	10.918
	850301030	干混商品抹灰砂浆 M10	t	271.84	0.112	0.119	0.122
	850301090	干混商品砌筑砂浆 M10	t	252.00	8.782	9.619	9.724
	840201030	预拌混凝土 C15	m^3	247.57	6.706	6.768	7.039
	840201060	预拌混凝土 C30	m^3	266.99	6.956	7.225	7.537
	002000020	其他材料费	元	—	211.75	225.50	230.23
机械	990611010	干混砂浆罐式搅拌机 20000L	台班	232.40	0.191	0.208	0.210

E.4.6.2 石砌

E.4.6.2.1 一字式

工作内容:清底、铺筑垫层、混凝土浇筑、养生,调制砂浆、砌石、抹灰、勾缝、材料场内运输等。　　计量单位:座

定额编号					DE2087	DE2088	DE2089	DE2090	DE2091	DE2092
项目名称					石砌一字式出水口					
					H(1m 以内)		H(1.5m 以内)		H(2m 以内)	
					管径(mm 以内)					
					ϕ300	ϕ400	ϕ500	ϕ600	ϕ700	ϕ800
费用	综合单价(元)				**7706.15**	**7779.05**	**10827.81**	**10917.24**	**14668.53**	**14892.08**
其中	人工费(元)				2223.99	2241.12	3125.01	3147.32	4227.17	4292.49
	材料费(元)				3950.52	3994.55	5547.68	5600.02	7523.66	7638.60
	施工机具使用费(元)				34.63	34.86	50.43	50.43	69.72	69.72
	企业管理费(元)				1012.99	1020.78	1424.19	1434.19	1927.16	1956.45
	利润(元)				450.14	453.60	632.87	637.31	856.37	869.39
	一般风险费(元)				33.88	34.14	47.63	47.97	64.45	65.43
	编码	名称	单位	单价(元)	消耗量					
人工	000700010	市政综合工	工日	115.00	19.339	19.488	27.174	27.368	36.758	37.326
材料	020900900	塑料薄膜	m^2	0.45	18.543	19.263	23.871	24.658	28.348	32.672
	040501350	级配砂石	m^3	73.79	5.926	5.957	7.711	7.752	9.496	10.261
	041100320	小方块石	m^3	77.67	12.730	12.750	18.462	18.513	25.510	25.561
	341100100	水	m^3	4.42	1.909	1.951	2.640	2.668	3.389	3.622
	341100400	电	kW·h	0.70	1.989	2.088	2.530	2.651	3.368	3.497
	850301030	干混商品抹灰砂浆 M10	t	271.84	0.097	0.097	0.141	0.141	0.196	0.196
	850301090	干混商品砌筑砂浆 M10	t	252.00	6.883	6.900	10.003	10.020	13.801	13.818
	840201030	预拌混凝土 C15	m^3	247.57	2.160	2.200	2.616	2.686	3.478	3.571
	840201060	预拌混凝土 C30	m^3	266.99	0.499	0.591	0.768	0.851	1.018	1.100
	002000020	其他材料费	元	—	77.46	78.32	108.78	109.80	147.52	149.78
机械	990611010	干混砂浆罐式搅拌机 20000L	台班	232.40	0.149	0.150	0.217	0.217	0.300	0.300

工作内容:清底、铺筑垫层、混凝土浇筑、养生,调制砂浆、砌石、抹灰、勾缝、材料场内运输等。　　**计量单位:**座

		定额编号			DE2093	DE2094	DE2095	DE2096	DE2097	DE2098
		项目名称			石砌一字式出水口					
					H(2.5m 以内)		H(3m 以内)		H(3.5m 以内)	
					管径(mm 以内)					
					ϕ900	ϕ1000	ϕ1100	ϕ1200	ϕ1350	ϕ1500
费用		**综合单价(元)**			**19848.84**	**21092.86**	**28247.61**	**30839.91**	**40714.29**	**41005.61**
	其中	人工费(元)			5905.25	6286.36	8593.84	9247.50	12218.75	12288.79
		材料费(元)			9876.19	10476.44	13737.89	15218.56	20067.72	20243.35
		施工机具使用费(元)			92.26	98.31	132.24	147.11	198.00	197.54
		企业管理费(元)			2689.88	2863.52	3913.64	4213.48	5568.91	5600.12
		利润(元)			1195.30	1272.46	1739.11	1872.34	2474.66	2488.52
		一般风险费(元)			89.96	95.77	130.89	140.92	186.25	187.29
	编码	名称	单位	单价(元)	消耗量					
人工	000700010	市政综合工	工日	115.00	51.350	54.664	74.729	80.413	106.250	106.859
材料	020900900	塑料薄膜	m^2	0.45	34.856	35.729	42.456	43.397	48.987	50.362
	040501350	级配砂石	m^3	73.79	12.546	12.587	15.983	18.962	24.847	24.970
	041100320	小方块石	m^3	77.67	33.762	36.057	48.470	53.887	72.349	72.522
	341100100	水	m^3	4.42	4.346	4.566	5.872	6.339	8.067	8.107
	341100400	电	kW·h	0.70	4.221	4.488	5.257	5.410	6.286	6.537
	850301030	干混商品抹灰砂浆 M10	t	271.84	0.260	0.277	0.371	0.418	0.558	0.575
	850301090	干混商品砌筑砂浆 M10	t	252.00	18.278	19.516	26.224	29.170	39.258	39.494
	840201030	预拌混凝土 C15	m^3	247.57	4.370	4.651	5.512	5.626	6.582	6.790
	840201060	预拌混凝土 C30	m^3	266.99	1.266	1.339	1.505	1.599	1.817	1.941
	002000020	其他材料费	元	—	193.65	205.42	269.37	298.40	393.48	396.93
机械	990611010	干混砂浆罐式搅拌机 20000L	台班	232.40	0.397	0.423	0.569	0.633	0.852	0.850

工作内容:清底、铺筑垫层、混凝土浇筑、养生,调制砂浆、砌石、抹灰、勾缝、材料场内运输等。　　**计量单位:**座

		定额编号			DE2099	DE2100	DE2101	DE2102	DE2103
		项目名称			石砌一字式出水口				
					H(4m 以内)		H(4.5m 以内)		H(5m 以内)
					管径(mm 以内)				
					ϕ1650	ϕ1800	ϕ2000	ϕ2200	ϕ2400
费用		**综合单价(元)**			**52578.28**	**52521.31**	**65574.93**	**69106.88**	**84338.49**
	其中	人工费(元)			15796.17	15806.52	19768.85	20844.21	25490.90
		材料费(元)			25881.53	25811.99	32165.76	33875.97	41251.62
		施工机具使用费(元)			259.13	256.34	323.27	343.49	421.34
		企业管理费(元)			7200.80	7204.19	9011.31	9502.68	11621.64
		利润(元)			3199.82	3201.33	4004.36	4222.71	5164.31
		一般风险费(元)			240.83	240.94	301.38	317.82	388.68
	编码	名称	单位	单价(元)	消耗量				
人工	000700010	市政综合工	工日	115.00	137.358	137.448	171.903	181.254	221.660
材料	020900900	塑料薄膜	m^2	0.45	55.999	57.439	63.794	65.848	72.335
	040501350	级配砂石	m^3	73.79	31.651	31.804	39.362	39.586	47.971
	041100320	小方块石	m^3	77.67	94.146	93.911	118.483	125.878	154.357
	341100100	水	m^3	4.42	10.149	10.137	12.370	13.044	15.573
	341100400	电	kW·h	0.70	7.429	7.680	8.724	8.884	10.210
	850301030	干混商品抹灰砂浆 M10	t	271.84	1.151	0.714	0.906	0.959	1.185
	850301090	干混商品砌筑砂浆 M10	t	252.00	50.951	50.828	64.124	68.133	83.536
	840201030	预拌混凝土 C15	m^3	247.57	7.786	7.994	9.126	9.156	10.673
	840201060	预拌混凝土 C30	m^3	266.99	2.138	2.274	2.523	2.709	2.959
	002000020	其他材料费	元	—	507.48	506.12	630.70	664.23	808.86
机械	990611010	干混砂浆罐式搅拌机 20000L	台班	232.40	1.115	1.103	1.391	1.478	1.813

E.4.6.2.2 八字式

工作内容:清底、铺筑垫层、混凝土浇筑、养生,调制砂浆、砌石、抹灰、勾缝、材料场内运输等。 **计量单位**:座

定额编号					DE2104	DE2105	DE2106	DE2107	DE2108	DE2109
项目名称					石砌八字式出水口					
					H×L1(m以内)					
					0.83×1.26	0.94×1.47	1.04×1.68	1.15×1.9	1.26×2.11	1.37×2.33
					管径(mm以内)					
					ϕ300	ϕ400	ϕ500	ϕ600	ϕ700	ϕ800
费用	综合单价(元)				**3131.48**	**3672.19**	**4184.33**	**4814.63**	**5442.89**	**6149.30**
	其中	人工费(元)			849.62	996.82	1132.06	1302.26	1470.16	1663.71
		材料费(元)			1695.16	1986.86	2270.24	2612.51	2956.95	3335.74
		施工机具使用费(元)			14.18	16.73	19.06	22.08	24.87	28.35
		企业管理费(元)			387.41	454.58	516.28	593.97	670.52	758.89
		利润(元)			172.15	202.00	229.42	263.94	297.96	337.23
		一般风险费(元)			12.96	15.20	17.27	19.87	22.43	25.38
	编码	名称	单位	单价(元)	消耗量					
人工	000700010	市政综合工	工日	115.00	7.388	8.668	9.844	11.324	12.784	14.467
材料	020900900	塑料薄膜	m^2	0.45	18.302	21.622	25.028	28.829	32.760	36.975
	041100320	小方块石	m^3	77.67	5.243	6.110	6.987	8.048	9.160	10.384
	341100100	水	m^3	4.42	1.257	1.570	1.822	2.090	2.369	2.689
	341100400	电	kW·h	0.70	1.470	1.752	1.996	2.293	2.552	2.850
	850301030	干混商品抹灰砂浆 M10	t	271.84	0.041	0.048	0.054	0.061	0.070	0.080
	850301090	干混商品砌筑砂浆 M10	t	252.00	2.841	3.312	3.781	4.357	4.966	5.629
	840201030	预拌混凝土 C15	m^3	247.57	0.706	0.820	0.914	1.028	1.132	1.246
	840201060	预拌混凝土 C30	m^3	266.99	1.266	1.516	1.755	2.035	2.284	2.564
	002000020	其他材料费	元	—	33.24	38.96	44.51	51.23	57.98	65.41
机械	990611010	干混砂浆罐式搅拌机 20000L	台班	232.40	0.061	0.072	0.082	0.095	0.107	0.122

工作内容:清底、铺筑垫层、混凝土浇筑、养生,调制砂浆、砌石、抹灰、勾缝、材料场内运输等。 **计量单位**:座

定额编号					DE2110	DE2111	DE2112	DE2113	DE2114	DE2115
项目名称					石砌八字式出水口					
					H×L1(m以内)					
					1.47×2.54	1.58×2.75	1.69×2.97	1.79×3.08	1.96×3.51	2.12×3.83
					管径(mm以内)					
					ϕ900	ϕ1000	ϕ1100	ϕ1200	ϕ1350	ϕ1500
费用	综合单价(元)				**6869.35**	**7658.51**	**9600.64**	**10461.85**	**12123.88**	**14262.56**
	其中	人工费(元)			1859.44	2071.04	2593.83	2813.82	3278.65	4020.86
		材料费(元)			3724.53	4155.66	5212.66	5700.72	6576.31	7466.93
		施工机具使用费(元)			31.84	35.56	45.09	49.50	57.64	66.00
		企业管理费(元)			848.24	944.81	1183.55	1284.20	1496.32	1832.96
		利润(元)			376.93	419.84	525.93	570.66	664.92	814.51
		一般风险费(元)			28.37	31.60	39.58	42.95	50.04	61.30
	编码	名称	单位	单价(元)	消耗量					
人工	000700010	市政综合工	工日	115.00	16.169	18.009	22.555	24.468	28.510	34.964
材料	020900900	塑料薄膜	m^2	0.45	41.278	45.820	52.286	57.200	65.499	73.928
	041100320	小方块石	m^3	77.67	11.648	13.036	16.487	18.095	21.083	24.154
	341100100	水	m^3	4.42	3.003	3.348	3.936	4.303	4.963	5.636
	341100400	电	kW·h	0.70	3.162	3.474	4.312	4.678	5.265	5.851
	850301030	干混商品抹灰砂浆 M10	t	271.84	0.088	0.128	0.139	0.145	0.162	0.185
	850301090	干混商品砌筑砂浆 M10	t	252.00	6.309	7.057	8.922	9.794	11.414	13.070
	840201030	预拌混凝土 C15	m^3	247.57	1.360	1.464	1.972	2.097	2.315	2.512
	840201060	预拌混凝土 C30	m^3	266.99	2.855	3.177	3.789	4.153	4.724	5.305
	002000020	其他材料费	元	—	73.03	81.48	102.21	111.78	128.95	146.41
机械	990611010	干混砂浆罐式搅拌机 20000L	台班	232.40	0.137	0.153	0.194	0.213	0.248	0.284

工作内容：清底、铺筑垫层、混凝土浇筑、养生，调制砂浆、砌石、抹灰、勾缝、材料场内运输等。　　　　**计量单位**：座

定额编号					DE2116	DE2117	DE2118	DE2119	DE2120
项目名称					石砌八字式出水口				
					$H\times L1$(m 以内)				
					2.28×4.15	2.44×4.48	2.66×4.91	2.88×5.35	3.09×5.77
					管径(mm 以内)				
					ϕ1650	ϕ1800	ϕ2000	ϕ2200	ϕ2400
费用	**综合单价（元）**				**16040.88**	**18074.86**	**20977.44**	**24199.51**	**27630.05**
	其中	人工费（元）			4519.27	5094.50	5920.66	6841.35	7806.09
		材料费（元）			8401.81	9462.67	10967.17	12631.26	14427.50
		施工机具使用费（元）			74.83	84.83	99.47	115.74	133.86
		企业管理费（元）			2060.46	2322.93	2700.03	3120.25	3561.07
		利润（元）			915.60	1032.24	1199.81	1386.55	1582.43
		一般风险费（元）			68.91	77.69	90.30	104.36	119.10
	编码	名称	单位	单价(元)	消耗量				
人工	000700010	市政综合工	工日	115.00	39.298	44.300	51.484	59.490	67.879
材料	020900900	塑料薄膜	m^2	0.45	66.851	92.165	105.422	119.683	134.404
	041100320	小方块石	m^3	77.67	27.397	31.059	36.404	42.361	48.685
	341100100	水	m^3	4.42	5.479	7.106	8.212	9.381	10.678
	341100400	电	kW·h	0.70	6.469	7.131	8.000	8.952	9.905
	850301030	干混商品抹灰砂浆 M10	t	271.84	0.211	0.238	0.279	0.325	0.544
	850301090	干混商品砌筑砂浆 M10	t	252.00	14.829	16.815	19.708	22.926	26.347
	840201030	预拌混凝土 C15	m^3	247.57	2.709	2.917	3.187	3.468	3.737
	840201060	预拌混凝土 C30	m^3	266.99	5.938	6.602	7.506	8.493	9.499
	002000020	其他材料费	元	—	164.74	185.54	215.04	247.67	282.89
机械	990611010	干混砂浆罐式搅拌机 20000L	台班	232.40	0.322	0.365	0.428	0.498	0.576

E.4.6.2.3　门字式

工作内容：清底、铺筑垫层、混凝土浇筑、养生，调制砂浆、砌石、抹灰、勾缝、材料场内运输等。　　　　**计量单位**：座

定额编号					DE2121	DE2122	DE2123	DE2124	DE2125	DE2126
项目名称					石砌门字式出水口					
					$H\times L1$(m 以内)					
					1×1		1.5×1.1		2×1.3	
					管径(mm 以内)					
					ϕ300	ϕ400	ϕ500	ϕ600	ϕ700	ϕ800
费用	**综合单价（元）**				**2205.34**	**2240.87**	**3003.88**	**3090.22**	**3174.81**	**4378.13**
	其中	人工费（元）			558.10	567.53	778.32	797.76	815.47	1175.19
		材料费（元）			1268.05	1287.90	1694.23	1748.24	1803.01	2400.45
		施工机具使用费（元）			5.58	5.58	9.30	9.30	9.53	14.18
		企业管理费（元）			252.81	257.04	353.25	361.96	370.01	533.43
		利润（元）			112.34	114.22	156.97	160.85	164.42	237.04
		一般风险费（元）			8.46	8.60	11.81	12.11	12.37	17.84
	编码	名称	单位	单价(元)	消耗量					
人工	000700010	市政综合工	工日	115.00	4.853	4.935	6.768	6.937	7.091	10.219
材料	020900900	塑料薄膜	m^2	0.45	13.675	13.824	14.872	16.664	17.319	20.574
	041100320	小方块石	m^3	77.67	2.050	2.060	3.386	3.407	3.407	5.222
	341100100	水	m^3	4.42	0.803	0.838	0.957	1.060	1.074	1.376
	341100400	电	kW·h	0.70	2.263	2.316	2.644	2.773	2.910	3.490
	850301030	干混商品抹灰砂浆 M10	t	271.84	0.017	0.017	0.026	0.026	0.039	0.041
	850301090	干混商品砌筑砂浆 M10	t	252.00	1.115	1.115	1.829	1.848	1.865	2.824
	840201030	预拌混凝土 C15	m^3	247.57	1.018	1.059	1.298	1.391	1.485	1.931
	840201060	预拌混凝土 C30	m^3	266.99	2.004	2.035	2.232	2.315	2.398	2.731
	002000020	其他材料费	元	—	24.86	25.25	33.22	34.28	35.35	47.07
机械	990611010	干混砂浆罐式搅拌机 20000L	台班	232.40	0.024	0.024	0.040	0.040	0.041	0.061

工作内容:清底、铺筑垫层、混凝土浇筑、养生,调制砂浆、砌石、抹灰、勾缝、材料场内运输等。 **计量单位:**座

		定额编号			DE2127	DE2128	DE2129	DE2130	DE2131	DE2132
项目名称					石砌门字式出水口					
					$H\times L1$(m以内)					
					2.5×1.6	2.5×1.7		3×1.9		3.5×2.1
					管径(mm以内)					
					ϕ900	ϕ1000	ϕ1100	ϕ1200	ϕ1350	ϕ1500
费用	综合单价(元)				**6965.58**	**7072.80**	**7884.33**	**9891.47**	**10047.34**	**13335.26**
	其中	人工费(元)			1893.13	1918.78	2134.52	2703.54	2739.53	3668.04
		材料费(元)			3775.95	3840.14	4288.30	5333.81	5429.83	7148.33
		施工机具使用费(元)			25.10	25.33	28.12	37.42	37.42	52.75
		企业管理费(元)			860.33	871.93	969.94	1229.32	1245.46	1668.78
		利润(元)			382.30	387.46	431.01	546.27	553.45	741.55
		一般风险费(元)			28.77	29.16	32.44	41.11	41.65	55.81
	编码	名称	单位	单价(元)	消耗量					
人工	000700010	市政综合工	工日	115.00	16.462	16.685	18.561	23.509	23.822	31.896
材料	020900900	塑料薄膜	m^2	0.45	28.239	29.112	32.651	37.216	38.745	46.431
	041100320	小方块石	m^3	77.67	9.241	9.272	10.302	13.739	13.739	19.329
	341100100	水	m^3	4.42	2.046	2.091	2.336	2.806	2.890	3.675
	341100400	电	kW·h	0.70	4.853	5.021	5.630	6.438	6.720	8.091
	850301030	干混商品抹灰砂浆 M10	t	271.84	0.071	0.071	0.078	0.105	0.105	0.148
	850301090	干混商品砌筑砂浆 M10	t	252.00	5.001	5.018	5.576	7.441	7.441	10.455
	840201030	预拌混凝土 C15	m^3	247.57	2.731	2.855	3.135	3.769	3.977	4.952
	840201060	预拌混凝土 C30	m^3	266.99	3.758	3.851	4.392	4.838	4.993	5.855
	002000020	其他材料费	元	—	74.04	75.30	84.08	104.58	106.47	140.16
机械	990611010	干混砂浆罐式搅拌机 20000L	台班	232.40	0.108	0.109	0.121	0.161	0.161	0.227

工作内容:清底、铺筑垫层、混凝土浇筑、养生,调制砂浆、砌石、抹灰、勾缝、材料场内运输等。 **计量单位:**座

		定额编号			DE2133	DE2134	DE2135	DE2136	DE2137
项目名称					石砌门字式出水口				
					$H\times L1$(m以内)				
					3.5×2.2	4×2.4		4×2.55	
					管径(mm以内)				
					ϕ1650	ϕ1800	ϕ2000	ϕ2200	ϕ2400
费用	综合单价(元)				**14604.00**	**17287.73**	**17733.54**	**18845.31**	**19050.36**
	其中	人工费(元)			4009.48	4849.21	4877.61	5217.78	5237.10
		材料费(元)			7841.19	9106.61	9504.03	10042.82	10214.98
		施工机具使用费(元)			57.64	70.88	71.58	75.99	76.46
		企业管理费(元)			1824.10	2206.66	2219.71	2374.26	2383.13
		利润(元)			810.58	980.57	986.37	1055.05	1058.99
		一般风险费(元)			61.01	73.80	74.24	79.41	79.70
	编码	名称	单位	单价(元)	消耗量				
人工	000700010	市政综合工	工日	115.00	34.865	42.167	42.414	45.372	45.540
材料	020900900	塑料薄膜	m^2	0.45	51.477	57.876	60.367	69.932	72.509
	041100320	小方块石	m^3	77.67	21.063	23.195	26.030	27.856	28.040
	341100100	水	m^3	4.42	4.041	4.738	4.872	5.500	5.634
	341100400	电	kW·h	0.70	8.952	10.072	10.484	10.926	11.291
	850301030	干混商品抹灰砂浆 M10	t	271.84	0.162	0.201	0.202	0.214	0.216
	850301090	干混商品砌筑砂浆 M10	t	252.00	11.397	14.079	14.185	15.072	15.178
	840201030	预拌混凝土 C15	m^3	247.57	5.398	6.291	6.634	6.935	7.195
	840201060	预拌混凝土 C30	m^3	266.99	6.561	7.163	7.371	7.662	7.890
	002000020	其他材料费	元	—	153.75	178.56	186.35	196.92	200.29
机械	990611010	干混砂浆罐式搅拌机 20000L	台班	232.40	0.248	0.305	0.308	0.327	0.329

E.4.7 雨水口(编码:040504009)

E.4.7.1 砖砌雨水进水井

工作内容:混凝土捣固、养生、调制砂浆、砌筑、抹灰、勾缝、井篦安装、材料场内运输等。 **计量单位**:座

		定额编号			DE2138	DE2139	DE2140	DE2141	DE2142	DE2143
		项目名称			砖砌雨水进水井					
					单平篦(680×380)		双平篦(1450×380)		三平篦(2225×380)	
					井深(m)					
					1	增减 0.25	1	增减 0.25	1	增减 0.25
费用		综合单价(元)			**652.28**	**128.93**	**1037.02**	**193.59**	**1296.04**	**260.76**
	其中	人工费(元)			153.87	37.95	244.26	57.27	283.36	77.51
		材料费(元)			394.11	65.05	627.01	97.20	820.23	130.33
		施工机具使用费(元)			1.39	0.46	2.32	0.70	2.79	0.93
		企业管理费(元)			69.64	17.23	110.59	26.00	128.34	35.18
		利润(元)			30.94	7.66	49.14	11.55	57.03	15.63
		一般风险费(元)			2.33	0.58	3.70	0.87	4.29	1.18
	编码	名称	单位	单价(元)	消耗量					
人工	000700010	市政综合工	工日	115.00	1.338	0.330	2.124	0.498	2.464	0.674
材料	360102800	铸铁平篦	套	104.91	1.000	—	2.000	—	3.000	—
	020900900	塑料薄膜	m^2	0.45	3.815	—	6.690	—	9.366	—
	041300010	标准砖 240×115×53	千块	422.33	0.371	0.101	0.550	0.151	0.627	0.202
	341100100	水	m^3	4.42	0.248	0.032	0.404	0.047	0.530	0.063
	341100400	电	kW·h	0.70	0.103	—	0.171	—	0.270	—
	140500700	煤焦油沥青漆 L01－17	kg	6.97	0.347	—	0.796	—	1.193	—
	850301030	干混商品抹灰砂浆 M10	t	271.84	0.012	0.003	0.019	0.003	0.024	0.005
	850301090	干混商品砌筑砂浆 M10	t	252.00	0.296	0.080	0.440	0.121	0.502	0.162
	840201030	预拌混凝土 C15	m^3	247.57	0.134	—	0.223	—	0.349	—
	840201060	预拌混凝土 C30	m^3	266.99	0.060	—	0.011	—	0.022	—
	002000020	其他材料费	元	—	0.16	1.28	0.25	1.91	0.33	2.56
机械	990611010	干混砂浆罐式搅拌机 20000L	台班	232.40	0.006	0.002	0.010	0.003	0.012	0.004

工作内容:混凝土捣固、养生、调制砂浆、砌筑、抹灰、勾缝、井篦安装、材料场内运输等。 **计量单位**:座

		定额编号			DE2144	DE2145	DE2146	DE2147	DE2148	DE2149
		项目名称			砖砌雨水进水井					
					单立篦(680×380)		双立篦(1450×380)		三立篦(2225×380)	
					井深(m)					
					1	增减 0.2	1	增减 0.2	1	增减 0.2
费用		综合单价(元)			**631.32**	**104.09**	**1003.29**	**155.32**	**1215.65**	**208.62**
	其中	人工费(元)			153.64	30.71	222.64	46.00	232.65	62.22
		材料费(元)			373.53	52.26	629.61	78.06	824.95	104.00
		施工机具使用费(元)			1.39	0.46	2.09	0.46	2.32	0.70
		企业管理费(元)			69.53	13.98	100.79	20.84	105.38	28.22
		利润(元)			30.90	6.21	44.79	9.26	46.83	12.54
		一般风险费(元)			2.33	0.47	3.37	0.70	3.52	0.94
	编码	名称	单位	单价(元)	消耗量					
人工	000700010	市政综合工	工日	115.00	1.336	0.267	1.936	0.400	2.023	0.541
材料	334100467	铸铁立篦带盖板	套	125.64	1.000	—	2.000	—	3.000	—
	020900900	塑料薄膜	m^2	0.45	3.815	—	6.690	—	9.391	—
	041300010	标准砖 240×115×53	千块	422.33	0.332	0.081	0.490	0.121	0.539	0.162
	341100100	水	m^3	4.42	0.207	0.025	0.333	0.038	0.422	0.050
	341100400	电	kW·h	0.70	0.103	—	0.179	—	0.282	—
	140500700	煤焦油沥青漆 L01－17	kg	6.97	0.347	—	0.796	—	1.193	—
	850301030	干混商品抹灰砂浆 M10	t	271.84	0.009	0.002	0.014	0.003	0.015	0.003
	850301090	干混商品砌筑砂浆 M10	t	252.00	0.265	0.065	0.393	0.097	0.432	0.129
	840201030	预拌混凝土 C15	m^3	247.57	0.134	—	0.223	—	0.350	—
	840201060	预拌混凝土 C30	m^3	266.99	—	—	0.011	—	0.022	—
	002000020	其他材料费	元	—	0.15	1.02	0.25	1.53	0.33	2.04
机械	990611010	干混砂浆罐式搅拌机 20000L	台班	232.40	0.006	0.002	0.009	0.002	0.010	0.003

工作内容:混凝土捣固、养生、调制砂浆、砌筑、抹灰、勾缝、井篦安装、材料场内运输等。　　**计量单位**:座

定额编号					DE2150	DE2151	DE2152	DE2153	DE2154	DE2155
项目名称					砖砌雨水进水井					
					联合单篦(680×430)		联合双篦(1450×430)		联合三篦(2225×430)	
					井深(m)					
					1	增减 0.2	1	增减 0.2	1	增减 0.2
费用	综合单价(元)				**712.90**	**109.62**	**1266.39**	**168.75**	**1648.68**	**230.83**
	其中	人工费(元)			224.48	33.12	330.17	51.75	422.63	72.91
		材料费(元)			336.93	53.79	712.75	81.54	940.92	108.44
		施工机具使用费(元)			1.63	0.46	2.79	0.70	3.02	0.70
		企业管理费(元)			101.41	15.06	149.33	23.52	190.90	33.01
		利润(元)			45.06	6.69	66.36	10.45	84.83	14.67
		一般风险费(元)			3.39	0.50	4.99	0.79	6.38	1.10
	编码	名称	单位	单价(元)	消耗量					
人工	000700010	市政综合工	工日	115.00	1.952	0.288	2.871	0.450	3.675	0.634
材料	334100467	铸铁立篦带盖板	套	125.64	1.000	—	2.000	—	3.000	—
	020900900	塑料薄膜	m^2	0.45	4.652	—	7.743	—	12.663	—
	041300010	标准砖 240×115×53	千块	422.33	0.175	0.082	0.585	0.124	0.668	0.164
	341100100	水	m^3	4.42	0.476	0.026	0.725	0.039	1.066	0.053
	341100400	电	kW·h	0.70	0.126	—	0.202	—	0.324	—
	140500700	煤焦油沥青漆 L01－17	kg	6.97	0.400	—	0.800	—	1.199	—
	850301030	干混商品抹灰砂浆 M10	t	271.84	0.032	0.005	0.061	0.009	0.078	0.014
	850301090	干混商品砌筑砂浆 M10	t	252.00	0.315	0.066	0.469	0.099	0.536	0.131
	840201030	预拌混凝土 C15	m^3	247.57	0.142	—	0.237	—	0.345	—
	840201060	预拌混凝土 C30	m^3	266.99	0.026	—	0.031	—	0.078	—
	002000020	其他材料费	元	—	0.13	1.05	0.28	1.60	0.38	2.13
机械	990611010	干混砂浆罐式搅拌机 20000L	台班	232.40	0.007	0.002	0.012	0.003	0.013	0.003

E.4.7.2 石砌雨水进水口、雨水篦

工作内容:60cm 深以内梭槽砌筑,石篦制作、安装,周围填土夯实等。

定额编号					DE2156	DE2157	DE2158	DE2159	DE2160
项目名称					石进水口砌筑及石篦制作、安装				
					单篦	双篦	三篦	特种篦	污水接口
单位					10 套				10 个
费用	综合单价(元)				**4744.27**	**7907.09**	**11438.89**	**14025.17**	**5096.65**
	其中	人工费(元)			2167.18	3713.35	5482.97	7038.35	2389.82
		材料费(元)			1126.00	1710.50	2292.44	2292.44	1107.01
		施工机具使用费(元)			8.83	13.25	17.66	17.66	9.53
		企业管理费(元)			975.94	1671.38	2467.03	3164.62	1076.11
		利润(元)			433.68	742.71	1096.28	1406.26	478.19
		一般风险费(元)			32.64	55.90	82.51	105.84	35.99
	编码	名称	单位	单价(元)	消耗量				
人工	000700010	市政综合工	工日	115.00	18.845	32.290	47.678	61.203	20.781
材料	850301090	干混商品砌筑砂浆 M10	t	252.00	0.544	0.816	1.088	1.088	0.595
	041100610	清条石	m^3	180.00	4.730	6.880	9.000	9.000	—
	041100820	板石	m^3	155.34	0.830	1.630	2.450	2.450	6.090
	341100100	水	m^3	4.42	1.940	3.000	4.000	4.000	2.500
机械	990611010	干混砂浆罐式搅拌机 20000L	台班	232.40	0.038	0.057	0.076	0.076	0.041

工作内容:60cm深以内梭槽、进水口砌筑,铸铁篦安装,周围填土夯实等。　　**计量单位**:10套

定额编号					DE2161	DE2162	DE2163	DE2164
项目名称					石进水口砌筑及铸铁篦安装			
					单篦	双篦	三篦	特种篦
费用	综合单价(元)				**4200.21**	**6332.27**	**9046.82**	**11634.64**
	其中	人工费(元)			1284.44	1656.69	2380.27	3936.57
		材料费(元)			2049.76	3555.49	5059.16	5059.16
		施工机具使用费(元)			8.83	13.25	17.89	17.89
		企业管理费(元)			580.03	748.97	1075.58	1773.58
		利润(元)			257.75	332.82	477.95	788.12
		一般风险费(元)			19.40	25.05	35.97	59.32
	编码	名称	单位	单价(元)	消耗量			
人工	000700010	市政综合工	工日	115.00	11.169	14.406	20.698	34.231
材料	850301090	干混商品砌筑砂浆 M10	t	252.00	0.544	0.816	1.088	1.088
	041100610	清条石	m^3	180.00	4.750	6.880	9.000	9.000
	360102800	铸铁平篦	套	104.91	10.000	20.000	30.000	30.000
	341100100	水	m^3	4.42	1.940	3.000	4.000	4.000
机械	990611010	干混砂浆罐式搅拌机 20000L	台班	232.40	0.038	0.057	0.077	0.077

E.5 措施项目

E.5.1 现浇混凝土模板工程

E.5.1.1 管、渠道及其他

工作内容:模板安装、拆除、涂刷隔离剂、清杂物、场内运输等。　　**计量单位:**$100m^2$

					DE2165	DE2166	DE2167	DE2168	DE2169
定额编号					DE2165	DE2166	DE2167	DE2168	DE2169
项目名称					混凝土基础垫层	管、渠道平基		管座	
					木模	钢模	复合木模	钢模	复合木模
费用	综合单价(元)				**3689.74**	**5774.64**	**5552.37**	**8211.37**	**7635.34**
费用	其中	人工费(元)			1060.92	2352.00	2010.48	3814.44	3263.16
费用	其中	材料费(元)			1713.81	1639.81	2030.97	1644.78	2030.98
费用	其中	施工机具使用费(元)			127.40	134.67	107.27	134.67	107.27
费用	其中	企业管理费(元)			532.96	1115.27	949.81	1771.18	1511.64
费用	其中	利润(元)			236.83	495.59	422.07	787.06	671.73
费用	其中	一般风险费(元)			17.82	37.30	31.77	59.24	50.56
	编码	名称	单位	单价(元)	消耗量				
人工	000300060	模板综合工	工日	120.00	8.841	19.600	16.754	31.787	27.193
材料	021900610	尼龙帽	个	2.14	—	129.000	—	129.000	—
材料	030190010	圆钉 综合	kg	6.60	19.730	3.000	20.941	3.000	20.941
材料	010302380	镀锌铁丝 $\phi3.5$	kg	3.08	—	26.224	—	26.224	—
材料	010302250	镀锌铁丝 $\phi0.7\sim0.9$	kg	3.08	0.180	0.175	0.175	0.175	0.175
材料	032130010	铁件 综合	kg	3.68	—	24.390	—	24.390	—
材料	032140460	零星卡具	kg	6.67	—	29.682	22.042	29.682	22.042
材料	143506300	脱模剂	kg	0.94	10.000	10.000	10.000	10.000	10.000
材料	341100100	水	m^3	4.42	0.003	—	—	0.003	0.003
材料	350100011	复合模板	m^2	23.93	—	—	20.600	—	20.600
材料	350100300	组合钢模板	kg	4.53	—	63.000	0.909	63.000	0.909
材料	350100030	木模板	m^3	1581.20	0.976	0.130	0.144	0.130	0.144
材料	350300800	木支撑	m^3	1623.93	—	0.239	0.601	0.242	0.601
材料	292103200	钢模板连接件	kg	2.99	—	19.122	—	19.122	—
材料	850301090	干混商品砌筑砂浆 M10	t	252.00	0.020	0.020	0.020	0.020	0.020
材料	002000020	其他材料费	元	—	25.33	24.23	30.01	24.31	30.01
机械	990304004	汽车式起重机 8t	台班	705.33	—	0.106	0.071	0.106	0.071
机械	990401030	载重汽车 8t	台班	474.25	0.118	0.106	0.098	0.106	0.098
机械	990706010	木工圆锯机 直径 500mm	台班	25.81	1.460	0.197	0.219	0.197	0.219
机械	990709020	木工平刨床 刨削宽度 500mm	台班	23.12	1.460	0.197	0.219	0.197	0.219

工作内容：模板安装、拆除、涂刷隔离剂、清杂物、场内运输等。　　　　计量单位：100m²

		定额编号			DE2170	DE2171	DE2172	DE2173
		项目名称			渠直墙		顶(盖)板	
					钢模	复合木模	钢模	复合木模
费用		**综合单价（元）**			**5747.86**	**5767.40**	**6778.64**	**7312.26**
	其中	人工费（元）			2405.16	2125.56	3125.40	2716.20
		材料费（元）			1492.96	2093.03	1270.15	2636.83
		施工机具使用费（元）			153.72	84.19	187.38	95.58
		企业管理费（元）			1147.66	991.07	1485.78	1261.08
		利润（元）			509.98	440.40	660.24	560.39
		一般风险费（元）			38.38	33.15	49.69	42.18
	编码	名称	单位	单价(元)	消耗量			
人工	000300060	模板综合工	工日	120.00	20.043	17.713	26.045	22.635
材料	021900610	尼龙帽	个	2.14	69.000	53.000	—	—
	030190010	圆钉 综合	kg	6.60	3.000	20.000	3.000	19.788
	010302380	镀锌铁丝 ϕ3.5	kg	3.08	23.000	—	—	—
	010302250	镀锌铁丝 ϕ0.7～0.9	kg	3.08	0.175	0.175	0.175	0.175
	032130010	铁件 综合	kg	3.68	3.540	5.797	—	—
	032140460	零星卡具	kg	6.67	44.033	36.312	27.662	27.662
	143506300	脱模剂	kg	0.94	10.000	10.000	10.000	10.000
	341100100	水	m^3	4.42	—	—	0.001	0.001
	350100011	复合模板	m^2	23.93	—	20.300	—	20.300
	350100300	组合钢模板	kg	4.53	63.000	4.989	65.000	—
	350100030	木模板	m^3	1581.20	0.130	0.029	0.140	0.051
	350300800	木支撑	m^3	1623.93	0.216	0.609	0.231	1.050
	292103200	钢模板连接件	kg	2.99	24.822	—	48.471	—
	850301090	干混商品砌筑砂浆 M10	t	252.00	—	—	0.005	0.005
	002000020	其他材料费	元	—	22.06	30.93	18.77	38.97
机械	990304004	汽车式起重机 8t	台班	705.33	0.133	0.080	0.177	0.071
	990401030	载重汽车 8t	台班	474.25	0.106	0.054	0.110	0.088
	990706010	木工圆锯机 直径 500mm	台班	25.81	0.197	0.044	0.212	0.077
	990709020	木工平刨床 刨削宽度 500mm	台班	23.12	0.197	0.044	0.212	0.077

工作内容：模板安装、拆除、涂刷隔离剂、清杂物、场内运输等。　　计量单位：$100m^2$

定额编号					DE2174	DE2175	DE2176
项目名称					井底溜槽	支墩	小型构件
					木模		
费用	综合单价（元）				**6120.08**	**6397.39**	**9186.19**
	其中	人工费（元）			2789.40	3253.80	3921.60
		材料费（元）			1328.58	907.33	2450.67
		施工机具使用费（元）			92.19	47.89	129.11
		企业管理费（元）			1292.39	1480.81	1816.74
		利润（元）			574.30	658.03	807.31
		一般风险费（元）			43.22	49.53	60.76
	编码	名称	单位	单价（元）	消耗量		
人工	000300060	模板综合工	工日	120.00	23.245	27.115	32.680
材料	030190010	圆钉 综合	kg	6.60	28.000	6.790	30.000
	143506300	脱模剂	kg	0.94	10.000	—	10.000
	350100030	木模板	m^3	1581.20	0.705	0.537	0.985
	350300800	木支撑	m^3	1623.93	—	—	0.400
	002000020	其他材料费	元	—	19.63	13.41	36.22
机械	990401030	载重汽车 8t	台班	474.25	0.084	0.073	0.118
	990706010	木工圆锯机 直径500mm	台班	25.81	1.070	0.514	1.495
	990709020	木工平刨床 刨削宽度500mm	台班	23.12	1.070	—	1.495

E.5.1.2 构筑物

E.5.1.2.1 井底

工作内容：模板安装、拆除、涂刷隔离剂、清杂物、场内运输等。　　计量单位：$100m^2$

定额编号					DE2177	DE2178
项目名称					平井底	
					钢模	木模
费用	综合单价（元）				**7120.77**	**9178.88**
	其中	人工费（元）			3678.60	4101.00
		材料费（元）			823.83	2161.42
		施工机具使用费（元）			108.35	119.27
		企业管理费（元）			1698.45	1892.79
		利润（元）			754.74	841.10
		一般风险费（元）			56.80	63.30
	编码	名称	单位	单价（元）	消耗量	
人工	000300060	模板综合工	工日	120.00	30.655	34.175
材料	030190010	圆钉 综合	kg	6.60	3.000	19.800
	010302380	镀锌铁丝 ϕ3.5	kg	3.08	23.000	—
	032140460	零星卡具	kg	6.67	19.074	—
	143506300	脱模剂	kg	0.94	10.000	10.000
	330101900	钢支撑	kg	3.42	28.000	—
	350100300	组合钢模板	kg	4.53	59.000	—
	350100030	木模板	m^3	1581.20	0.140	0.910
	350300800	木支撑	m^3	1623.93	—	0.339
	002000020	其他材料费	元	—	12.17	31.94
机械	990304004	汽车式起重机 8t	台班	705.33	0.071	—
	990401030	载重汽车 8t	台班	474.25	0.101	0.109
	990706010	木工圆锯机 直径500mm	台班	25.81	0.212	1.381
	990709020	木工平刨床 刨削宽度500mm	台班	23.12	0.212	1.381

E.5.1.2.2　井壁

工作内容：模板安装、拆除、涂刷隔离剂、清杂物、场内运输等。　　　　**计量单位：**100m²

定额编号					DE2179	DE2180	DE2181	DE2182	DE2183
项目名称					矩形井壁		圆形井壁	支模高度超过3.6m，每增1m	
					钢模	木模		钢支撑	木支撑
费用	综合单价（元）				**6577.17**	**6561.97**	**9018.95**	**285.13**	**360.94**
	其中	人工费（元）			3029.16	2504.64	3788.28	156.00	156.00
		材料费（元）			1263.16	2186.01	2489.31	8.07	93.68
		施工机具使用费（元）			166.66	127.04	138.62	10.62	4.73
		企业管理费（元）			1433.32	1180.31	1761.21	74.73	72.09
		利润（元）			636.93	524.49	782.63	33.21	32.03
		一般风险费（元）			47.94	39.48	58.90	2.50	2.41
	编码	名称	单位	单价(元)	消耗量				
人工	000300060	模板综合工	工日	120.00	25.243	20.872	31.569	1.300	1.300
材料	021900610	尼龙帽	个	2.14	79.000	—	—	—	—
	030190010	圆钉 综合	kg	6.60	3.000	23.000	29.000	—	2.420
	010302380	镀锌铁丝 ϕ3.5	kg	3.08	23.000	6.098	10.743	—	—
	032130010	铁件 综合	kg	3.68	6.777	13.645	—	—	—
	032140460	零星卡具	kg	6.67	52.826	—	—	—	—
	143506300	脱模剂	kg	0.94	10.000	10.000	10.000	—	—
	330101900	钢支撑	kg	3.42	28.684	—	—	1.850	—
	350100300	组合钢模板	kg	4.53	65.000	—	—	—	—
	350100030	木模板	m³	1581.20	0.130	0.970	1.056	—	—
	350300800	木支撑	m³	1623.93	—	0.240	0.338	0.001	0.047
	002000020	其他材料费	元	—	18.67	32.31	36.79	0.12	1.38
机械	990304004	汽车式起重机 8t	台班	705.33	0.150	—	—	0.009	—
	990401030	载重汽车 8t	台班	474.25	0.108	0.116	0.127	0.009	0.009
	990706010	木工圆锯机 直径 500mm	台班	25.81	0.197	1.472	1.602	—	0.018
	990709020	木工平刨床 刨削宽度 500mm	台班	23.12	0.197	1.472	1.602	—	—

E.5.1.2.3　井盖

工作内容：模板制作、安装、拆除、涂刷隔离剂、清杂物、场内运输等。　　　　**计量单位：**100m²

定额编号					DE2184	DE2185	DE2186	DE2187
项目名称					无梁井盖		肋形井盖	
					木模	复合木模	木模	复合木模
费用	综合单价（元）				**8324.47**	**6867.26**	**7748.90**	**6804.35**
	其中	人工费（元）			3604.80	2851.56	3147.00	2677.56
		材料费（元）			2120.14	1906.38	2285.58	2160.13
		施工机具使用费（元）			126.45	131.89	138.62	115.45
		企业管理费（元）			1673.47	1338.08	1473.60	1252.66
		利润（元）			743.64	594.60	654.82	556.65
		一般风险费（元）			55.97	44.75	49.28	41.90
	编码	名称	单位	单价(元)	消耗量			
人工	000300060	模板综合工	工日	120.00	30.040	23.763	26.225	22.313
材料	030190010	圆钉 综合	kg	6.60	25.000	20.340	21.808	21.200
	010302380	镀锌铁丝 ϕ3.5	kg	3.08	1.590	1.590	—	—
	010302250	镀锌铁丝 ϕ0.7～0.9	kg	3.08	0.180	0.180	—	—
	032140460	零星卡具	kg	6.67	—	17.789	—	—
	143506300	脱模剂	kg	0.94	10.000	10.000	10.000	10.000
	341100100	水	m³	4.42	0.001	0.001	—	—
	350100011	复合模板	m²	23.93	—	20.000	—	24.680
	350100030	木模板	m³	1581.20	0.960	0.600	1.056	0.878
	350300800	木支撑	m³	1623.93	0.240	0.112	0.264	—
	850301090	干混商品砌筑砂浆 M10	t	252.00	0.005	0.005	—	—
	002000020	其他材料费	元	—	31.33	28.17	33.78	31.92
机械	990304004	汽车式起重机 8t	台班	705.33	—	0.062	—	—
	990401030	载重汽车 8t	台班	474.25	0.116	0.092	0.127	0.106
	990706010	木工圆锯机 直径 500mm	台班	25.81	1.460	0.910	1.602	1.332
	990709020	木工平刨床 刨削宽度 500mm	台班	23.12	1.460	0.910	1.602	1.332

工作内容：模板制作、安装、拆除、涂刷隔离剂、清杂物、场内运输等。　　　　计量单位：$100m^2$

定额编号						DE2188
项目名称						井盖板支模高度超过 3.6m，每增 1m
费用	综合单价（元）					**1394.21**
	其中	人工费（元）				596.76
		材料费（元）				373.53
		施工机具使用费（元）				17.07
		企业管理费（元）				275.30
		利润（元）				122.34
		一般风险费（元）				9.21
	编码	名称		单位	单价(元)	消耗量
人工	000300060	模板综合工		工日	120.00	4.973
材料	030190010	圆钉 综合		kg	6.60	3.350
	350300800	木支撑		m^3	1623.93	0.213
	002000020	其他材料费		元	—	5.52
机械	990401030	载重汽车 8t		台班	474.25	0.036

E.5.2 预制混凝土模板工程

工作内容：模板安装、清理、刷隔离剂、拆除、整理堆放、场内运输等。　　　　计量单位：$100m^2$

定额编号					DE2189	DE2190	DE2191	DE2192	DE2193
项目名称					矩形柱	矩形梁		异形梁	矩形板
					钢模		木模		
费用	综合单价（元）				**5166.37**	**5411.03**	**5866.03**	**4913.86**	**2740.02**
	其中 人工费（元）				2559.36	2575.20	2319.48	1711.92	731.64
	材料费（元）				659.18	907.23	1696.65	1860.89	1347.71
	施工机具使用费（元）				151.24	133.36	187.97	124.12	105.69
	企业管理费（元）				1215.71	1214.79	1124.59	823.47	375.54
	利润（元）				540.22	539.82	499.73	365.92	166.88
	一般风险费（元）				40.66	40.63	37.61	27.54	12.56
	编码	名称	单位	单价(元)	消耗量				
人工	000300060	模板综合工	工日	120.00	21.328	21.460	19.329	14.266	6.097
材料	030190010	圆钉 综合	kg	6.60	2.500	3.000	7.500	7.500	7.500
	010302250	镀锌铁丝 ϕ0.7～0.9	kg	3.08	0.700	0.700	0.700	0.700	0.700
	143506300	脱模剂	kg	0.94	10.000	10.000	1.000	10.000	10.000
	341100100	水	m^3	4.42	0.005	0.039	0.039	0.003	0.008
	350100300	组合钢模板	kg	4.53	19.700	19.700	—	—	—
	350100030	木模板	m^3	1581.20	0.110	0.110	0.680	0.816	0.680
	350300800	木支撑	m^3	1623.93	0.110	0.200	0.200	0.200	0.110
	850301090	干混商品砌筑砂浆 M10	t	252.00	0.034	0.272	0.272	0.017	0.051
	032140460	零星卡具	kg	6.67	11.680	17.060	17.060	17.060	—
	032140480	梁卡具	kg	4.00	23.270	23.000	9.120	9.800	—
	002000020	其他材料费	元	—	9.74	13.41	25.07	27.50	19.92
机械	990304004	汽车式起重机 8t	台班	705.33	0.142	0.115	0.115	—	—
	990401030	载重汽车 8t	台班	474.25	0.090	0.090	0.116	0.134	0.116
	990706010	木工圆锯机 直径 500mm	台班	25.81	0.167	0.167	1.031	1.238	1.031
	990709020	木工平刨床 刨削宽度 500mm	台班	23.12	0.167	0.167	1.031	1.238	1.031
	990611010	干混砂浆罐式搅拌机 20000L	台班	232.40	0.001	0.006	0.006	—	0.001

工作内容：模板安装、清理、刷隔离剂、拆除、整理堆放、场内运输等。　　　　计量单位：$100m^2$

定额编号					DE2194	DE2195	DE2196	DE2197	DE2198
项目名称					井盖板	弧(拱)板	井筒	井圈	小型构件
					木模				
费用	综合单价(元)				**3137.05**	**5603.21**	**3693.87**	**3814.60**	**4523.16**
	其中	人工费(元)			951.36	2428.44	1315.92	1383.36	1703.64
		材料费(元)			1378.22	1389.84	1330.40	1338.99	1507.51
		施工机具使用费(元)			106.39	105.46	105.46	105.46	109.96
		企业管理费(元)			474.40	1136.45	637.49	667.74	813.40
		利润(元)			210.81	505.01	283.28	296.72	361.45
		一般风险费(元)			15.87	38.01	21.32	22.33	27.20
	编码	名称	单位	单价(元)	消耗量				
人工	000300060	模板综合工	工日	120.00	7.928	20.237	10.966	11.528	14.197
材料	010100323	钢筋 ϕ10～14	kg	2.93	—	1.831	—	—	—
	030109280	六角螺栓带螺母、垫圈 M10×80～130	套	0.72	—	10.516	—	—	—
	030109300	六角螺栓带螺母、垫圈 M16×85～140	套	1.60	—	2.629	—	—	—
	030190010	圆钉 综合	kg	6.60	7.500	7.500	7.500	7.500	8.500
	010302250	镀锌铁丝 ϕ0.7～0.9	kg	3.08	0.700	0.700	0.700	0.700	0.700
	143506300	脱模剂	kg	0.94	10.000	10.000	1.000	10.000	10.000
	341100100	水	m^3	4.42	0.025	—	0.003	0.003	0.008
	350100030	木模板	m^3	1581.20	0.680	0.680	0.680	0.680	0.750
	350300800	木支撑	m^3	1623.93	0.110	0.110	0.110	0.110	0.140
	850301090	干混商品砌筑砂浆 M10	t	252.00	0.170	—	0.017	0.017	0.017
	012100033	角钢 60 以内	kg	2.78	—	13.400	—	—	—
	002000020	其他材料费	元	—	20.37	20.54	19.66	19.79	22.28
机械	990401030	载重汽车 8t	台班	474.25	0.116	0.116	0.116	0.116	0.125
	990706010	木工圆锯机 直径 500mm	台班	25.81	1.031	1.031	1.031	1.031	1.031
	990709020	木工平刨床 刨削宽度 500mm	台班	23.12	1.031	1.031	1.031	1.031	1.031
	990611010	干混砂浆罐式搅拌机 20000L	台班	232.40	0.004	—	—	—	0.001

F　钢筋工程

说　明

1.钢筋工程未编制《市政工程工程量计算规范》(GB 50857－2013)中 040901007 型钢、040901008 植筋、040901010 高强螺栓对应的定额项目，如发生时，参照其他章节定额项目执行；如果其他章节无相应项目，则参照《市政工程消耗量定额》(ZYA 1－31－2015)编制一次性补充定额。

2.项目中已综合考虑了钢筋、铁件的施工损耗以及钢筋除锈用工，不另行计算。

3.钢筋子目是按绑扎、电焊(除电渣压力焊和机械连接外)综合编制的，实际施工不同时，不作调整。

4.现浇构件中固定钢筋位置的支撑钢筋、双(多)层钢筋用的铁马(垫铁)按现浇钢筋子目执行。

5.机械连接综合了直螺纹和锥螺纹连接方式，均执行机械连接定额子目。该部分钢筋不再计算搭接损耗。

6.非预应力钢筋不包括冷加工，如设计要求冷加工时，另行计算。ϕ10 以内冷轧带肋钢筋需专业调直时，调直费用按实计算。

7.弧形钢筋按相应定额子目人工乘以系数 1.20。

8.钢筋接头因设计规定采用电渣压力焊、机械连接时，接头按相应定额子目执行；采用了电渣压力焊、机械连接接头的现浇钢筋在执行现浇钢筋制安定额子目时，同时应扣除人工 2.82 工日、钢筋 0.02t、电焊条 5kg、其他材料费 3 元进行调整，电渣压力焊、机械连接的损耗已考虑在定额子目内，不得另计。

9.预应力钢筋如设计要求人工时效处理时，每吨预应力钢筋按 200 元计算人工时效费，进入按实费用中。

10.因束道长度不等，预应力项目定额中未包括锚具数量，但已包含锚具安装人工工日，锚具按照设计数量按实计算。

11.压浆管道定额中的铁皮管、波纹管均已包含套管及三通管安装人工工日，但未包括三通管的消耗量，可另行计算。

工程量计算规则

1.现浇、预制构件钢筋，按设计图示钢筋长度乘以单位理论质量以“t”计算。

2.钢筋的搭接(接头)数量，按设计图示及规范计算；设计图示及规范未标明的，以构件的单根钢筋确定，ϕ10 以上按每 9m 长计算一个搭接(接头)。

3.钢筋搭接(接头)长度，按设计图示及规范计算。

4.箍筋长度按箍筋中轴线周长加 23.8d(含平直段 10d)弯钩长度计算，设计平直段长度不同时允许调整。

5.分布筋、箍筋等设计以间距标注的，钢筋根数以间距数(向上取整)加 1 计算。

6.机械连接以“个”计算。该部分钢筋不再计算其搭接用量。

7.预制构件的吊钩并入相应钢筋工程量。

8.现浇构件中固定钢筋位置的支撑钢筋、双(多)层钢筋用的铁马(垫铁)，设计或规范有规定的，按设计或规范计算；设计或规范无规定的，按批准的施工组织设计(方案)计算。

9.预埋铁件、T 形梁连接钢板按设计图示(钢板按几何图形的外接矩形尺寸，不扣除孔眼质量)以“t”计算。

10.预应力钢绞线的锚固长度和工作长度，设计有要求时按设计计算，设计无要求时按各边增加 800mm 计算。

F.1 钢筋工程(编码:040901)

F.1.1 现浇构件钢筋(编码:040901001)

工作内容:钢筋制作、场内运输、绑扎、安装、点焊。　　计量单位:t

定额编号					DF0001
项目名称					现浇钢筋
费用	综合单价(元)				**4831.25**
	其中	人工费(元)			939.84
		材料费(元)			3180.69
		施工机具使用费(元)			103.10
		企业管理费(元)			407.58
		利润(元)			179.18
		一般风险费(元)			20.86
	编码	名称	单位	单价(元)	消耗量
人工	000300070	钢筋综合工	工日	120.00	7.832
材料	010100013	钢筋	t	3070.18	1.030
	031350010	低碳钢焊条 综合	kg	4.19	2.196
	002000010	其他材料费	元	—	9.20
机械	990503030	电动卷扬机 单筒慢速 50kN	台班	192.37	0.096
	990304012	汽车式起重机 12t	台班	797.85	0.055
	990919010	电焊条烘干箱 450×350×450	台班	17.13	0.033
	990702010	钢筋切断机 40mm	台班	41.85	0.077
	990703010	钢筋弯曲机 40mm	台班	25.84	0.206
	990904040	直流弧焊机 32kV·A	台班	89.62	0.353

F.1.2 现浇构件钢筋(编码:040901001)

工作内容:焊接固定;钢筋截料、磨光、车丝、现场安装。　　计量单位:100 个

定额编号					DF0002	DF0003
项目名称					机械连接	
					25 以内	25 以上
费用	综合单价(元)				**1857.15**	**2068.09**
	其中	人工费(元)			828.48	885.24
		材料费(元)			350.60	350.60
		施工机具使用费(元)			123.47	200.00
		企业管理费(元)			372.02	424.11
		利润(元)			163.54	186.44
		一般风险费(元)			19.04	21.70
	编码	名称	单位	单价(元)	消耗量	
人工	000300070	钢筋综合工	工日	120.00	6.904	7.377
材料	292102800	螺纹套筒连接件 ϕ25 以内	套	3.42	101.000	—
	292102900	螺纹套筒连接件 ϕ25 以上	套	3.42	—	101.000
	002000020	其他材料费	元	—	5.18	5.18
机械	990702010	钢筋切断机 40mm	台班	41.85	1.500	2.500
	990730010	锥形螺纹车丝机 直径 45mm	台班	17.34	3.500	5.500

F.1.3 预制构件钢筋(编码:040901002)

工作内容:钢筋制作、场内运输、绑扎、安装、点焊。　　　　计量单位:t

定额编号					DF0004
项目名称					预制钢筋
费用	综合单价(元)				**4619.76**
	其中	人工费(元)			852.12
		材料费(元)			3184.06
		施工机具使用费(元)			55.06
		企业管理费(元)			354.53
		利润(元)			155.85
		一般风险费(元)			18.14
	编码	名称	单位	单价(元)	消耗量
人工	000300070	钢筋综合工	工日	120.00	7.101
材料	010100013	钢筋	t	3070.18	1.020
	031350010	低碳钢焊条 综合	kg	4.19	8.500
	002000010	其他材料费	元	—	16.86
机械	990503030	电动卷扬机 单筒慢速 50kN	台班	192.37	0.096
	990919010	电焊条烘干箱 450×350×450	台班	17.13	0.033
	990702010	钢筋切断机 40mm	台班	41.85	0.075
	990703010	钢筋弯曲机 40mm	台班	25.84	0.149
	990904040	直流弧焊机 32kV·A	台班	89.62	0.324

F.1.4 钢筋网片(编码:040901003)

工作内容:下料、运输、安装、焊接。　　　　计量单位:t

定额编号					DF0005
项目名称					钢筋网片
费用	综合单价(元)				**5206.16**
	其中	人工费(元)			1112.40
		材料费(元)			3127.41
		施工机具使用费(元)			201.10
		企业管理费(元)			513.32
		利润(元)			225.66
		一般风险费(元)			26.27
	编码	名称	单位	单价(元)	消耗量
人工	000300070	钢筋综合工	工日	120.00	9.270
材料	032100970	钢筋网片	t	2991.45	1.030
	002000020	其他材料费	元	—	46.22
机械	990701010	钢筋调直机 14mm	台班	36.89	0.230
	990304012	汽车式起重机 12t	台班	797.85	0.055
	990702010	钢筋切断机 40mm	台班	41.85	0.120
	990908020	点焊机 75kV·A	台班	134.31	1.070

F.1.5 钢筋笼(编码:040901004)

工作内容:钢筋解捆、除锈;调直、下料、弯曲;焊接、出渣;绑扎成型;运输;绑扎泡沫塑料并试拼装、吊运入槽、校正对接、就位固定。

计量单位:t

					定额编号	DF0006
					项目名称	钢筋笼
费用					综合单价(元)	**4879.17**
	其中				人工费(元)	720.84
					材料费(元)	3255.20
					施工机具使用费(元)	305.30
					企业管理费(元)	401.02
					利润(元)	176.29
					一般风险费(元)	20.52
	编码	名称	单位	单价(元)		消耗量
人工	000300070	钢筋综合工	工日	120.00		6.007
材料	010100013	钢筋	t	3070.18		1.025
	031350820	低合金钢焊条 E43 系列	kg	5.98		6.720
	010302280	镀锌铁丝 ϕ1.2～0.7	kg	3.08		6.485
	002000020	其他材料费	元	—		48.11
机械	990701010	钢筋调直机 14mm	台班	36.89		0.290
	990702010	钢筋切断机 40mm	台班	41.85		0.115
	990703010	钢筋弯曲机 40mm	台班	25.84		0.280
	990303020	轮胎式起重机 160t	台班	744.46		0.180
	990304012	汽车式起重机 12t	台班	797.85		0.107
	990904040	直流弧焊机 32kV·A	台班	89.62		0.560
	990910030	对焊机 75kV·A	台班	109.41		0.110
	990919010	电焊条烘干箱 450×350×450	台班	17.13		0.056

F.1.6 先张法预应力钢筋(钢丝、钢绞线)(编码:040901005)

工作内容:调直、下料;进入台座,安夹具;张拉、切断;修整等。

计量单位:t

					定额编号	DF0007	DF0008
					项目名称	低合金钢筋	钢绞线
费用					综合单价(元)	**6012.98**	**5808.20**
	其中				人工费(元)	593.76	768.72
					材料费(元)	4860.93	4410.51
					施工机具使用费(元)	134.19	114.44
					企业管理费(元)	284.48	345.14
					利润(元)	125.06	151.73
					一般风险费(元)	14.56	17.66
	编码	名称	单位	单价(元)		消耗量	
人工	000300070	钢筋综合工	工日	120.00		4.948	6.406
材料	010101610	预应力钢筋	t	4358.97		1.110	—
	012901450	中厚钢板 δ=15 以外	kg	3.12		4.000	13.000
	010700110	钢绞线 综合	t	3811.97		—	1.140
	032130010	铁件 综合	kg	3.68		1.340	4.370
	002000010	其他材料费	元	—		5.06	8.22
机械	990702010	钢筋切断机 40mm	台班	41.85		0.409	—
	990705045	预应力钢筋拉伸机 3000kN	台班	102.73		0.252	0.393
	990811020	高压油泵 压力 80MPa	台班	167.57		0.283	0.442
	990910030	对焊机 75kV·A	台班	109.41		0.400	—

F.1.7 后张法预应力钢筋(钢丝、钢绞线)(编码:040901006)

F.1.7.1 螺栓锚

工作内容:调直、切断;遍束、穿束;安装锚具、张拉、锚固;拆除、切割钢丝(束)、封锚等。 **计量单位:**t

定额编号					DF0009
项目名称					螺栓锚
费用	综合单价(元)				**7291.38**
	其中	人工费(元)			1445.88
		材料费(元)			4629.42
		施工机具使用费(元)			236.14
		企业管理费(元)			657.33
		利润(元)			288.97
		一般风险费(元)			33.64
	编码	名称	单位	单价(元)	消耗量
人工	000300070	钢筋综合工	工日	120.00	12.049
材料	010101610	预应力钢筋	t	4358.97	1.060
	002000010	其他材料费	元	—	8.91
机械	990304012	汽车式起重机 12t	台班	797.85	0.055
	990702010	钢筋切断机 40mm	台班	41.85	0.409
	990705020	预应力钢筋拉伸机 900kN	台班	39.93	1.093
	990811010	高压油泵 压力 50MPa	台班	106.91	1.230

F.1.7.2 锥形锚

工作内容:调直、切断;遍束、穿束;安装锚具、张拉、锚固;拆除、切割钢丝(束)、封锚等。 **计量单位:**t

定额编号					DF0010
项目名称					锥形锚
费用	综合单价(元)				**7021.78**
	其中	人工费(元)			1695.36
		材料费(元)			4033.97
		施工机具使用费(元)			192.55
		企业管理费(元)			737.80
		利润(元)			324.34
		一般风险费(元)			37.76
	编码	名称	单位	单价(元)	消耗量
人工	000300070	钢筋综合工	工日	120.00	14.128
材料	010100013	钢筋	t	3070.18	0.021
	010700110	钢绞线 综合	t	3811.97	1.040
	002000010	其他材料费	元	—	5.05
机械	990304012	汽车式起重机 12t	台班	797.85	0.055
	990705020	预应力钢筋拉伸机 900kN	台班	39.93	0.928
	990811010	高压油泵 压力 50MPa	台班	106.91	1.044

F.1.7.3 JM12 型锚

工作内容：调直、切断；遍束、穿束；安装锚具、张拉、锚固；拆除、切割钢丝（束）、封锚等。 计量单位：t

定额编号					DF0011
项目名称					JM12 型锚
费用	综合单价（元）				**7366.21**
	其中	人工费（元）			1517.16
		材料费（元）			4624.26
		施工机具使用费（元）			215.40
		企业管理费（元）			677.09
		利润（元）			297.65
		一般风险费（元）			34.65
	编码	名称	单位	单价(元)	消耗量
人工	000300070	钢筋综合工	工日	120.00	12.643
材料	010101610	预应力钢筋	t	4358.97	1.060
	002000010	其他材料费	元	—	3.75
机械	990304012	汽车式起重机 12t	台班	797.85	0.055
	990702010	钢筋切断机 40mm	台班	41.85	0.637
	990705020	预应力钢筋拉伸机 900kN	台班	39.93	0.905
	990811010	高压油泵 压力 50MPa	台班	106.91	1.017

F.1.7.4 镦头锚

工作内容：调直、切断；遍束、穿束；安装锚具、张拉、锚固；拆除、切割钢丝（束）、封锚等。 计量单位：t

定额编号					DF0012
项目名称					镦头锚
费用	综合单价（元）				**8116.90**
	其中	人工费（元）			2263.92
		材料费（元）			4032.26
		施工机具使用费（元）			317.05
		企业管理费（元）			1008.64
		利润（元）			443.41
		一般风险费（元）			51.62
	编码	名称	单位	单价(元)	消耗量
人工	000300070	钢筋综合工	工日	120.00	18.866
材料	010100013	钢筋	t	3070.18	0.020
	010700110	钢绞线 综合	t	3811.97	1.040
	002000010	其他材料费	元	—	6.41
机械	990304012	汽车式起重机 12t	台班	797.85	0.055
	990704010	钢筋镦头机 5mm	台班	49.08	0.047
	990705020	预应力钢筋拉伸机 900kN	台班	39.93	1.691
	990811010	高压油泵 压力 50MPa	台班	106.91	1.902

F.1.7.5　OVM 锚

F.1.7.5.1　束长 20m 以内

工作内容:调直、切断;遍束、穿束;安装锚具、张拉、锚固;拆除、切割钢丝(束)、封锚等。　　**计量单位**:t

定额编号					DF0013	DF0014	DF0015
项目名称					OVM 锚		
					束长 20m 以内		
					3 孔以内	7 孔以内	12 孔以内
费用	综合单价(元)				**9975.49**	**7138.20**	**6332.77**
	其中	人工费(元)			2892.48	1544.64	1146.96
		材料费(元)			4125.33	4108.65	4092.87
		施工机具使用费(元)			804.07	369.65	268.37
		企业管理费(元)			1444.61	748.10	553.11
		利润(元)			635.07	328.87	243.15
		一般风险费(元)			73.93	38.29	28.31
	编码	名称	单位	单价(元)	消耗量		
人工	000300070	钢筋综合工	工日	120.00	24.104	12.872	9.558
材料	010100013	钢筋	t	3070.18	0.050	0.045	0.040
	010700110	钢绞线 综合	t	3811.97	1.040	1.040	1.040
	002000010	其他材料费	元	—	7.37	6.04	5.61
机械	990304012	汽车式起重机 12t	台班	797.85	0.055	0.055	0.055
	990705030	预应力钢筋拉伸机 1200kN	台班	58.06	3.084	1.322	—
	990705045	预应力钢筋拉伸机 3000kN	台班	102.73	—	—	0.771
	990811020	高压油泵 压力 80MPa	台班	167.57	3.468	1.486	0.867

F.1.7.5.2　束长 40m 以内

工作内容:调直、切断;遍束、穿束;安装锚具、张拉、锚固;拆除、切割钢丝(束)、封锚等。　　**计量单位**:t

定额编号					DF0016	DF0017	DF0018
项目名称					OVM 锚		
					束长 40m 以内		
					7 孔以内	12 孔以内	19 孔以内
费用	综合单价(元)				**5999.29**	**5638.79**	**5494.48**
	其中	人工费(元)			1010.88	833.52	800.28
		材料费(元)			4090.62	4087.12	4062.37
		施工机具使用费(元)			195.15	146.94	104.63
		企业管理费(元)			471.32	383.16	353.64
		利润(元)			207.20	168.44	155.46
		一般风险费(元)			24.12	19.61	18.10
	编码	名称	单位	单价(元)	消耗量		
人工	000300070	钢筋综合工	工日	120.00	8.424	6.946	6.669
材料	010100013	钢筋	t	3070.18	0.040	0.039	0.031
	010700110	钢绞线 综合	t	3811.97	1.040	1.040	1.040
	002000010	其他材料费	元	—	3.36	2.93	2.75
机械	990304012	汽车式起重机 12t	台班	797.85	0.055	0.055	0.055
	990705030	预应力钢筋拉伸机 1200kN	台班	58.06	0.614	—	—
	990705045	预应力钢筋拉伸机 3000kN	台班	102.73	—	0.354	—
	990785030	预应力拉伸机 YCW－400	台班	77.54	—	—	0.228
	990811020	高压油泵 压力 80MPa	台班	167.57	0.690	0.398	0.257

F.1.7.5.3 束长 80m 以内

工作内容:调直、切断;遍束、穿束;安装锚具、张拉、锚固;拆除、切割钢丝(束)、封锚等。

计量单位:t

定额编号						DF0019	DF0020	DF0021	DF0022
项目名称						OVM 锚			
						束长 80m 以内			
						12 孔以内	19 孔以内	22 孔以内	31 孔以内
费用	综合单价(元)					**6271.76**	**5796.98**	**5709.57**	**5439.32**
	其中	人工费(元)				996.36	837.00	801.00	684.00
		材料费(元)				4102.19	4071.62	4067.75	4062.08
		施工机具使用费(元)				374.53	253.21	236.42	186.24
		企业管理费(元)				535.74	426.05	405.42	340.09
		利润(元)				235.52	187.30	178.23	149.51
		一般风险费(元)				27.42	21.80	20.75	17.40
	编码	名称		单位	单价(元)	消耗量			
人工	000300070	钢筋综合工		工日	120.00	8.303	6.975	6.675	5.700
材料	010100013	钢筋		t	3070.18	0.039	0.031	0.030	0.029
	010700110	钢绞线 综合		t	3811.97	1.040	1.040	1.040	1.040
	002000010	其他材料费		元	—	18.00	12.00	11.20	8.60
机械	990304012	汽车式起重机 12t		台班	797.85	0.055	0.055	0.055	0.055
	990785030	预应力拉伸机 YCW−400		台班	77.54	1.243	0.787	0.724	0.535
	990811020	高压油泵 压力 80MPa		台班	167.57	1.398	0.885	0.814	0.602

F.1.7.5.4 束长 120m 以内

工作内容:调直、切断;遍束、穿束;安装锚具、张拉、锚固;拆除、切割钢丝(束)、封锚等。

计量单位:t

定额编号						DF0023	DF0024
项目名称						OVM 锚	
						束长 120m 以内	
						22 孔以内	31 孔以内
费用	综合单价(元)					**5501.63**	**5316.92**
	其中	人工费(元)				825.60	691.20
		材料费(元)				4022.97	4014.43
		施工机具使用费(元)				108.72	131.81
		企业管理费(元)				365.13	321.63
		利润(元)				160.52	141.39
		一般风险费(元)				18.69	16.46
	编码	名称		单位	单价(元)	消耗量	
人工	000300070	钢筋综合工		工日	120.00	6.880	5.760
材料	010100013	钢筋		t	3070.18	0.016	0.014
	010700110	钢绞线 综合		t	3811.97	1.040	1.040
	002000010	其他材料费		元	—	9.40	7.00
机械	990785030	预应力拉伸机 YCW−400		台班	77.54	0.244	0.330
	990811020	高压油泵 压力 80MPa		台班	167.57	0.274	0.372
	990304012	汽车式起重机 12t		台班	797.85	0.055	0.055

F.1.7.5.5 束长200m以内

工作内容:调直、切断;遍束、穿束;安装锚具、张拉、锚固;拆除、切割钢丝(束)、封锚等。　　计量单位:t

定额编号					DF0025
项目名称					OVM锚
					束长200m以内
					31孔以内
费用	综合单价(元)				**5491.47**
	其中	人工费(元)			816.00
		材料费(元)			3998.08
		施工机具使用费(元)			127.63
		企业管理费(元)			368.77
		利润(元)			162.12
		一般风险费(元)			18.87
	编码	名称	单位	单价(元)	消耗量
人工	000300070	钢筋综合工	工日	120.00	6.800
材料	010100013	钢筋	t	3070.18	0.009
	010700110	钢绞线 综合	t	3811.97	1.040
	002000010	其他材料费	元	—	6.00
机械	990785030	预应力拉伸机 YCW-400	台班	77.54	0.315
	990811020	高压油泵 压力80MPa	台班	167.57	0.354
	990304012	汽车式起重机 12t	台班	797.85	0.055

F.1.7.6 **安装压浆管道**

工作内容:铁皮管、波纹管、三通管安装,定位固定;胶管,管内塞钢筋或充气,安放定位,缠裹接头,抽拔,清洗胶管,清孔等。　　计量单位:100m

定额编号					DF0026	DF0027	DF0028
项目名称					安装压浆管道		
					橡胶管	铁皮管	波纹管
费用	综合单价(元)				**522.90**	**1756.75**	**1911.93**
	其中	人工费(元)			319.59	613.53	613.53
		材料费(元)			17.13	785.78	940.96
		施工机具使用费(元)			—	—	—
		企业管理费(元)			124.89	239.77	239.77
		利润(元)			54.90	105.40	105.40
		一般风险费(元)			6.39	12.27	12.27
	编码	名称	单位	单价(元)	消耗量		
人工	000700010	市政综合工	工日	115.00	2.779	5.335	5.335
材料	172702900	橡胶护套管 综合 $\phi50$	m	5.98	2.680	—	—
	173105500	铁皮管 $\phi50$	m	6.84	—	105.000	—
	172101300	波纹管 $\phi50$	m	8.55	—	—	107.840
	002000010	其他材料费	元	—	1.10	67.58	18.93

F.1.7.7 压浆

工作内容：砂浆配、拌、运、压浆等。

计量单位：10m³

定额编号					DF0029
项目名称					压浆
费用	综合单价（元）				**19013.50**
	其中	人工费（元）			3651.94
		材料费（元）			5073.38
		施工机具使用费（元）			5156.42
		企业管理费（元）			3442.31
		利润（元）			1513.28
		一般风险费（元）			176.17
	编码	名称	单位	单价(元)	消耗量
人工	000700010	市政综合工	工日	115.00	31.756
材料	810425010	素水泥浆	m³	479.39	10.500
	341100100	水	m³	4.42	9.000
机械	990406010	机动翻斗车 1t	台班	188.07	7.428
	990610010	灰浆搅拌机 200L	台班	187.56	7.355
	991138010	液压注浆泵 HYB50/50－1 型	台班	323.58	7.355

F.1.7.8 临时钢丝束拆除

工作内容：拆除、切割钢丝(束)。

计量单位：t

定额编号					DF0030
项目名称					临时钢丝束拆除
费用	综合单价（元）				**3417.91**
	其中	人工费（元）			2154.64
		材料费（元）			7.98
		施工机具使用费（元）			—
		企业管理费（元）			842.03
		利润（元）			370.17
		一般风险费（元）			43.09
	编码	名称	单位	单价(元)	消耗量
人工	000700010	市政综合工	工日	115.00	18.736
材料	002000010	其他材料费	元	—	7.98

F.1.8 预埋铁件(编码:040901009)

工作内容:制作、除锈;钢板画线、切割;钢筋调直、下斜、弯曲;安装、焊接、固定。

计量单位:t

定额编号						DF0031
项目名称						预埋铁件
费用	综合单价(元)					**7829.71**
	其中	人工费(元)				2298.60
		材料费(元)				3623.49
		施工机具使用费(元)				359.19
		企业管理费(元)				1038.66
		利润(元)				456.61
		一般风险费(元)				53.16
	编码	名称		单位	单价(元)	消耗量
人工	000300070	钢筋综合工		工日	120.00	19.155
材料	010100013	钢筋		t	3070.18	0.243
	012901400	中厚钢板 δ=15 以内		kg	3.25	673.000
	010000010	型钢 综合		kg	3.09	139.000
	031350010	低碳钢焊条 综合		kg	4.19	29.130
	002000010	其他材料费		元	—	138.62
机械	990702010	钢筋切断机 40mm		台班	41.85	0.060
	990901020	交流弧焊机 32kV·A		台班	85.07	4.110
	990919010	电焊条烘干箱 450×350×450		台班	17.13	0.411

F.1.9 T形梁连接板(编码:040901011)

工作内容:制作、除锈;钢板画线、切割;安装、焊接、固定。

计量单位:t

定额编号						DF0032
项目名称						T形梁连接板
费用	综合单价(元)					**18274.43**
	其中	人工费(元)				5569.20
		材料费(元)				4459.40
		施工机具使用费(元)				3160.12
		企业管理费(元)				3411.42
		利润(元)				1499.70
		一般风险费(元)				174.59
	编码	名称		单位	单价(元)	消耗量
人工	000300070	钢筋综合工		工日	120.00	46.410
材料	012901450	中厚钢板 δ=15 以外		kg	3.12	1050.000
	031350010	低碳钢焊条 综合		kg	4.19	208.300
	002000010	其他材料费		元	—	310.62
机械	990904040	直流弧焊机 32kV·A		台班	89.62	34.600
	990919010	电焊条烘干箱 450×350×450		台班	17.13	3.460

F.1.10 拉杆(编码:040901012)

工作内容:下料、挑扣、焊接;涂防锈漆;涂沥青;缠麻布;安装。　　　　**计量单位:**t

定额编号					DF0033	DF0034	DF0035
项目名称					拉杆直径(mm)		
					ϕ20 以内	ϕ40 以内	ϕ40 以外
费用	**综合单价(元)**				**15266.72**	**9656.71**	**6506.44**
	其中	人工费(元)			4704.24	2500.08	986.40
		材料费(元)			7271.05	5378.71	4711.88
		施工机具使用费(元)			348.00	203.07	147.53
		企业管理费(元)			1974.42	1056.39	443.14
		利润(元)			867.97	464.40	194.81
		一般风险费(元)			101.04	54.06	22.68
	编码	名称	单位	单价(元)	消耗量		
人工	000300070	钢筋综合工	工日	120.00	39.202	20.834	8.220
材料	010100013	钢筋	t	3070.18	1.040	1.060	1.060
	010000010	型钢 综合	kg	3.09	27.000	27.000	15.000
	133100920	石油沥青	kg	2.56	1248.000	621.000	418.000
	130500700	防锈漆	kg	12.82	13.420	6.680	4.490
	341100600	煤	t	336.28	0.125	0.062	0.042
	031350010	低碳钢焊条 综合	kg	4.19	11.850	12.650	13.670
	002000010	其他材料费	元	—	536.02	291.64	212.10
机械	990901020	交流弧焊机 32kV·A	台班	85.07	4.010	2.340	1.700
	990919010	电焊条烘干箱 450×350×450	台班	17.13	0.401	0.234	0.170

G　拆除工程

说　明

一、一般说明

1. 拆除工程未编制《市政工程工程量计算规范》(GB 50857－2013)中 041001011 拆除管片对应的定额项目。

2.拆除定额项目中均不包括除渣内容,除渣内容另按土石方工程中相应定额子目执行。

3.机械拆除定额项目中已包括人工配合作业,不另计算。

二、拆除工程

1.管道拆除要求拆除后的旧管保持基本完好,破坏性拆除不得套用本定额。拆除混凝土管道未包括拆除基础及垫层用工。基础及垫层拆除按本册相应定额项目执行。

2.拆除电杆定额项目中不包括拆除基础,应另按行相应定额项目执行。

3.液压岩石破碎机破碎混凝土及钢筋混凝土构筑物项目中:

(1)液压岩石破碎机破碎坑、槽的混凝土及钢筋混凝土分别按破碎混凝土及钢筋混凝土构筑物定额子目乘以系数 1.3 执行。

(2)液压岩石破碎机破碎道路混凝土及钢筋混凝土路面分别按破碎混凝土及钢筋混凝土构筑物定额子目乘以系数 0.6。

(3)液压岩石破碎机破碎道路的沥青混凝土、半刚性材料、水泥稳定层按破碎混凝土定额子目乘以系数 0.5。

4.液压岩石破碎机破碎后的废料,其清理费用另行计算;人工及小型机械拆除后的旧料应整理干净就近堆放整齐。如需外运,则需要另行计算外运费用。

工程量计算规则

1.拆除路面按拆除部位以“m^2”计算。

2.拆除人行道：

(1)拆除人行道按拆除部位以“m^2”计算。

(2)拆除铁栏杆按实际拆除数量以“延长米”计算。

3.拆除基层按拆除部位以“m^2”计算。

4.铣刨路面：

(1)路面凿毛、路面铣刨机刨沥青路面按设计图纸或施工组织设计的面积以“m^2”计算，铣刨路面厚度大于5cm需分层铣刨。

(2)伐树、挖树蔸按实挖数以“棵”计算。

5.拆除侧、平(缘)石按拆除部位以“延长米”计算。

6.拆除管道按拆除部位以“延长米”计算。

7.拆除砖石结构按拆除部位以“m^3”计算。

8.拆除混凝土结构按拆除部位以“m^3”计算。

9.拆除井按拆除部位以“m^3”计算。

10.拆除电杆按拆除部位以数量计算。

G.1 拆除工程

G.1.1 拆除路面(编码:041001001)

G.1.1.1 拆除沥青类路面

工作内容:拆除、清底、场内运输、旧料清理成堆。

计量单位:100m²

定额编号					DG0001	DG0002	DG0003	DG0004
项目名称					人工拆除(厚度)		小型机械拆除(厚度)	
					10cm 以内	每增 1cm	10cm 以内	每增 1cm
费用	**综合单价(元)**				**908.26**	**90.99**	**801.04**	**71.03**
	其中	人工费(元)			794.42	79.58	530.15	45.31
		材料费(元)			—	—	6.68	0.63
		施工机具使用费(元)			—	—	94.15	10.02
		企业管理费(元)			85.64	8.58	114.87	10.18
		利润(元)			28.20	2.83	47.70	4.23
		一般风险费(元)			—	—	7.49	0.66
	编码	名称	单位	单价(元)	消耗量			
人工	000700010	市政综合工	工日	115.00	6.908	0.692	4.610	0.394
材料	031391310	合金钢钻头 一字型	个	25.56	—	—	0.200	0.020
	011500020	六角空心钢 综合	kg	3.93	—	—	0.320	0.030
	172700820	高压胶皮风管 ϕ25-6P-20m	m	7.69	—	—	0.040	—
机械	991003040	电动空气压缩机 3m³/min	台班	120.34	—	—	0.650	0.070
	990129010	风动凿岩机 手持式	台班	12.25	—	—	1.300	0.130

G.1.1.2 拆除水泥混凝土类路面

工作内容:拆除、清底、场内运输、旧料清理成堆。

计量单位:100m²

定额编号					DG0005	DG0006	DG0007	DG0008
项目名称					人工拆除(厚度)			
					无筋		有筋	
					15cm 以内	每增 1cm	15cm 以内	每增 1cm
费用	**综合单价(元)**				**1906.46**	**125.96**	**2938.18**	**195.90**
	其中	人工费(元)			1667.50	110.17	2569.91	171.35
		材料费(元)			—	—	—	—
		施工机具使用费(元)			—	—	—	—
		企业管理费(元)			179.76	11.88	277.04	18.47
		利润(元)			59.20	3.91	91.23	6.08
		一般风险费(元)			—	—	—	—
	编码	名称	单位	单价(元)	消耗量			
人工	000700010	市政综合工	工日	115.00	14.500	0.958	22.347	1.490

工作内容：拆除、清底、场内运输、旧料清理成堆。　　计量单位：100m²

定额编号					DG0009	DG0010	DG0011	DG0012
项目名称					小型机械拆除(厚度)			
					无筋		有筋	
					15cm 以内	每增 1cm	15cm 以内	每增 1cm
费用	综合单价(元)				**1782.94**	**118.88**	**2776.74**	**137.87**
	其中	人工费(元)			1171.85	78.20	1821.60	89.70
		材料费(元)			9.90	0.96	14.79	1.63
		施工机具使用费(元)			221.61	14.48	349.06	17.38
		企业管理费(元)			256.40	17.05	399.40	19.70
		利润(元)			106.46	7.08	165.84	8.18
		一般风险费(元)			16.72	1.11	26.05	1.28
	编码	名称	单位	单价(元)	消耗量			
人工	000700010	市政综合工	工日	115.00	10.190	0.680	15.840	0.780
材料	031391310	合金钢钻头 一字型	个	25.56	0.300	0.030	0.450	0.050
	011500020	六角空心钢 综合	kg	3.93	0.470	0.050	0.680	0.070
	172700820	高压胶皮风管 ϕ25－6P－20m	m	7.69	0.050	—	0.080	0.010
机械	991003040	电动空气压缩机 3m³/min	台班	120.34	1.530	0.100	2.410	0.120
	990129010	风动凿岩机 手持式	台班	12.25	3.060	0.200	4.820	0.240

G.1.2 拆除人行道(编码:041001002)

工作内容：拆除、清底、场内运输、旧料清理成堆。　　计量单位：100m²

定额编号					DG0013	DG0014	DG0015
项目名称					人工拆除		
					透水砖	花岗石	混凝土预制板
费用	综合单价(元)				**345.14**	**383.39**	**372.75**
	其中	人工费(元)			301.88	335.34	326.03
		材料费(元)			—	—	—
		施工机具使用费(元)			—	—	—
		企业管理费(元)			32.54	36.15	35.15
		利润(元)			10.72	11.90	11.57
		一般风险费(元)			—	—	—
	编码	名称	单位	单价(元)	消耗量		
人工	000700010	市政综合工	工日	115.00	2.625	2.916	2.835

工作内容：拆除、清底、场内运输、旧料清理成堆。

计量单位：100m

定额编号					DG0016
项目名称					拆除铁栏杆
费用	综合单价（元）				**2846.67**
	其中	人工费（元）			2489.87
		材料费（元）			—
		施工机具使用费（元）			—
		企业管理费（元）			268.41
		利润（元）			88.39
		一般风险费（元）			—
	编码	名称	单位	单价（元）	消耗量
人工	000700010	市政综合工	工日	115.00	21.651

G.1.3 拆除基层（编码：041001003）

工作内容：拆除、清底、场内运输、旧料清理成堆。

计量单位：$100m^2$

定额编号					DG0017	DG0018	DG0019	DG0020	DG0021	DG0022
项目名称					人工拆除（厚度）					
					碎（砾）石		碎砖		矿（炉）渣	
					15cm 以内	每增 5cm	15cm 以内	每增 5cm	15cm 以内	每增 5cm
费用	综合单价（元）				**1145.85**	**426.66**	**1462.05**	**488.19**	**1836.11**	**591.66**
	其中	人工费（元）			1002.23	373.18	1278.80	427.00	1605.98	517.50
		材料费（元）			—	—	—	—	—	—
		施工机具使用费（元）			—	—	—	—	—	—
		企业管理费（元）			108.04	40.23	137.85	46.03	173.12	55.79
		利润（元）			35.58	13.25	45.40	15.16	57.01	18.37
		一般风险费（元）			—	—	—	—	—	—
	编码	名称	单位	单价（元）	消耗量					
人工	000700010	市政综合工	工日	115.00	8.715	3.245	11.120	3.713	13.965	4.500

工作内容：拆除、清底、场内运输、旧料清理成堆。 **计量单位**：100m²

定额编号						DG0023	DG0024
项目名称						人工拆除(厚度)	
						多合土	
						15cm 以内	每增 5cm
费用	综合单价(元)					**699.34**	**349.21**
	其中	人工费(元)				611.69	305.44
		材料费(元)				—	—
		施工机具使用费(元)				—	—
		企业管理费(元)				65.94	32.93
		利润(元)				21.71	10.84
		一般风险费(元)				—	—
	编码	名称		单位	单价(元)	消耗量	
人工	000700010	市政综合工		工日	115.00	5.319	2.656

工作内容：拆除、清底、场内运输、旧料清理成堆。 **计量单位**：100m²

定额编号					DG0025	DG0026	DG0027	DG0028
项目名称					人工拆除(厚度)			
					毛(块)石		条(方)石	
					20cm 以内	每增 5cm	15cm 以内	每增 5cm
费用	综合单价(元)				**1877.53**	**469.38**	**2822.60**	**941.01**
	其中	人工费(元)			1642.20	410.55	2468.82	823.06
		材料费(元)			—	—	—	—
		施工机具使用费(元)			—	—	—	—
		企业管理费(元)			177.03	44.26	266.14	88.73
		利润(元)			58.30	14.57	87.64	29.22
		一般风险费(元)			—	—	—	—
	编码	名称	单位	单价(元)	消耗量			
人工	000700010	市政综合工	工日	115.00	14.280	3.570	21.468	7.157

工作内容：拆除、清底、场内运输、旧料清理成堆。

计量单位：100m²

定额编号					DG0029	DG0030	DG0031	DG0032
项目名称					人工拆除		小型机械拆除	
					水泥稳定层(厚度)			
					20cm 内	每增 1cm	20cm 内	每增 1cm
费用	综合单价（元）				**1635.08**	**81.78**	**1281.64**	**56.79**
	其中	人工费（元）			1430.14	71.53	848.24	36.23
		材料费（元）			—	—	10.68	0.50
		施工机具使用费（元）			—	—	150.63	8.01
		企业管理费（元）			154.17	7.71	183.79	8.14
		利润（元）			50.77	2.54	76.31	3.38
		一般风险费（元）			—	—	11.99	0.53
	编码	名称	单位	单价(元)	消耗量			
人工	000700010	市政综合工	工日	115.00	12.436	0.622	7.376	0.315
材料	031391310	合金钢钻头 一字型	个	25.56	—	—	0.320	0.016
	011500020	六角空心钢 综合	kg	3.93	—	—	0.512	0.024
	172700820	高压胶皮风管 ϕ25—6P—20m	m	7.69	—	—	0.064	—
机械	991003040	电动空气压缩机 3m³/min	台班	120.34	—	—	1.040	0.056
	990129010	风动凿岩机 手持式	台班	12.25	—	—	2.080	0.104

G.1.4 铣刨路面(编码：041001004)

G.1.4.1 铣刨路面

工作内容：铣刨沥青路面，清扫废渣。

计量单位：1000m²

定额编号					DG0033
项目名称					铣刨机铣刨路面厚(1～5cm)
费用	综合单价（元）				**1635.99**
	其中	人工费（元）			547.40
		材料费（元）			94.03
		施工机具使用费（元）			664.45
		企业管理费（元）			222.98
		利润（元）			92.59
		一般风险费（元）			14.54
	编码	名称	单位	单价(元)	消耗量
人工	000700010	市政综合工	工日	115.00	4.760
材料	340904000	铣刨鼓边刀	把	21.37	4.400
机械	990143030	路面铣刨机 宽度 500mm	台班	841.08	0.790

G.1.4.2 **路面凿毛**

工作内容:凿毛、清扫废渣。 **计量单位**:100m²

					DG0034	DG0035	DG0036	DG0037
定额编号					DG0034	DG0035	DG0036	DG0037
项目名称					沥青混凝土		水泥混凝土	
					人工	小型机械	人工	小型机械
费用	综合单价(元)				**501.99**	**458.71**	**936.27**	**709.42**
	其中	人工费(元)			439.07	215.17	818.92	398.48
		材料费(元)			—	1.04	—	1.63
		施工机具使用费(元)			—	144.52	—	157.78
		企业管理费(元)			47.33	66.18	88.28	102.35
		利润(元)			15.59	27.48	29.07	42.50
		一般风险费(元)			—	4.32	—	6.68
	编码	名称	单位	单价(元)	消耗量			
人工	000700010	市政综合工	工日	115.00	3.818	1.871	7.121	3.465
材料	031391310	合金钢钻头 一字型	个	25.56	—	0.030	—	0.050
	011500020	六角空心钢 综合	kg	3.93	—	0.050	—	0.070
	172700820	高压胶皮风管 ϕ25-6P-20m	m	7.69	—	0.010	—	0.010
机械	991003040	电动空气压缩机 3m³/min	台班	120.34	—	1.090	—	1.190
	990129010	风动凿岩机 手持式	台班	12.25	—	1.090	—	1.190

G.1.4.3 **伐树、挖树蔸**

工作内容:锯倒、砍枝、截断、刨挖、清理异物、就近堆放整齐。 **计量单位**:10 棵

定额编号					DG0038	DG0039	DG0040	DG0041
项目名称					伐树,离地面 20cm 处树干直径(cm 以内)			
					ϕ30	ϕ40	ϕ50	ϕ50 以外
费用	综合单价(元)				**401.01**	**803.21**	**1192.26**	**2673.25**
	其中	人工费(元)			350.75	702.54	1042.82	2338.18
		材料费(元)			—	—	—	—
		施工机具使用费(元)			—	—	—	—
		企业管理费(元)			37.81	75.73	112.42	252.06
		利润(元)			12.45	24.94	37.02	83.01
		一般风险费(元)			—	—	—	—
	编码	名称	单位	单价(元)	消耗量			
人工	000700010	市政综合工	工日	115.00	3.050	6.109	9.068	20.332

工作内容：锯倒、砍枝、截断、刨挖、清理异物、就近堆放整齐。

计量单位：10 棵

定额编号					DG0042	DG0043	DG0044	DG0045
项目名称					挖树蔸，离地面 20cm 处树干直径（cm 以内）			
					ϕ30	ϕ40	ϕ50	ϕ50 以外
费用	综合单价（元）				**727.87**	**1443.25**	**2070.80**	**2886.64**
	其中	人工费（元）			636.64	1262.36	1811.25	2524.83
		材料费（元）			—	—	—	—
		施工机具使用费（元）			—	—	—	—
		企业管理费（元）			68.63	136.08	195.25	272.18
		利润（元）			22.60	44.81	64.30	89.63
		一般风险费（元）			—	—	—	—
	编码	名称	单位	单价（元）	消耗量			
人工	000700010	市政综合工	工日	115.00	5.536	10.977	15.750	21.955

G.1.5 拆除侧、平（缘）石

工作内容：刨出、刮净、场内运输、旧料清理成堆。

计量单位：100m

定额编号					DG0046	DG0047	DG0048	DG0049
项目名称					侧石			
					混凝土	石质	1/2 砖	一砖
费用	综合单价（元）				**455.59**	**595.08**	**121.75**	**210.89**
	其中	人工费（元）			398.48	520.49	106.49	184.46
		材料费（元）			—	—	—	—
		施工机具使用费（元）			—	—	—	—
		企业管理费（元）			42.96	56.11	11.48	19.88
		利润（元）			14.15	18.48	3.78	6.55
		一般风险费（元）			—	—	—	—
	编码	名称	单位	单价（元）	消耗量			
人工	000700010	市政综合工	工日	115.00	3.465	4.526	0.926	1.604

工作内容:刨出、刮净、场内运输、旧料清理成堆。 计量单位:100m

定额编号					DG0050	DG0051	DG0052	DG0053
项目名称					缘石		混凝土侧缘石(L型)	花岗石路缘石
					混凝土	石质		
费用	综合单价(元)				**303.72**	**401.81**	**365.51**	**438.23**
	其中	人工费(元)			265.65	351.44	319.70	383.30
		材料费(元)			—	—	—	—
		施工机具使用费(元)			—	—	—	—
		企业管理费(元)			28.64	37.89	34.46	41.32
		利润(元)			9.43	12.48	11.35	13.61
		一般风险费(元)			—	—	—	—
	编码	名称	单位	单价(元)	消耗量			
人工	000700010	市政综合工	工日	115.00	2.310	3.056	2.780	3.333

G.1.6 拆除管道(编码:041001006)

G.1.6.1 拆除混凝土或钢筋混凝土管道

工作内容:平整场地、垫稳吊管机具、掏水、清理工作坑、剔口、吊管、清理管腔污泥、旧料就近堆放。 计量单位:100m

定额编号					DG0054	DG0055	DG0056	DG0057	DG0058	DG0059
项目名称					拆除混凝土或钢筋混凝土管道管径(mm以内)					
					300	450	600	1000	1500	2000
费用	综合单价(元)				**3752.30**	**5069.32**	**5511.01**	**7928.90**	**11186.83**	**15289.21**
	其中	人工费(元)			3281.99	4433.94	1883.70	2704.80	3550.05	4697.18
		材料费(元)			—	—	—	—	—	—
		施工机具使用费(元)			—	—	2447.50	3526.65	5241.87	7318.86
		企业管理费(元)			353.80	477.98	796.94	1146.59	1617.71	2210.95
		利润(元)			116.51	157.40	330.90	476.08	671.70	918.03
		一般风险费(元)			—	—	51.97	74.78	105.50	144.19
	编码	名称	单位	单价(元)	消耗量					
人工	000700010	市政综合工	工日	115.00	28.539	38.556	16.380	23.520	30.870	40.845
机械	990304004	汽车式起重机 8t	台班	705.33	—	—	3.470	5.000	—	—
	990304012	汽车式起重机 12t	台班	797.85	—	—	—	—	6.570	—
	990304016	汽车式起重机 16t	台班	898.02	—	—	—	—	—	8.150

G.1.6.2 拆除金属管道

G.1.6.2.1 人工拆除金属管道

工作内容:平整场地、垫稳吊管机具、掏水、清理工作坑、剔口、吊管、清理管腔污泥、旧料就近堆放。 **计量单位**:100m

定额编号					DG0060	DG0061	DG0062
项目名称					人工拆除金属管道管径(mm 以内)		
					200	400	600
费用	**综合单价(元)**				**1890.75**	**3964.61**	**8589.41**
	其中	人工费(元)			1328.25	3187.80	7232.93
		材料费(元)			372.16	320.00	320.00
		施工机具使用费(元)			—	—	—
		企业管理费(元)			143.19	343.64	779.71
		利润(元)			47.15	113.17	256.77
		一般风险费(元)			—	—	—
	编码	名称	单位	单价(元)	消耗量		
人工	000700010	市政综合工	工日	115.00	11.550	27.720	62.895
材料	050100500	原木	m^3	982.30	0.217	0.184	0.184
	011700010	工字钢 综合	t	2820.51	0.053	0.046	0.046
	010302390	镀锌铁丝 $\phi 4$	kg	3.08	3.090	3.090	3.090

G.1.6.2.2 机械拆除金属管道

工作内容:平整场地、垫稳吊管机具、掏水、清理工作坑、剔口、吊管、清理管腔污泥、旧料就近堆放。 **计量单位**:100m

定额编号					DG0063	DG0064	DG0065	DG0066	DG0067
项目名称					机械拆除金属管道管径(mm 以内)				
					300 以内	500 以内	800 以内	1000 以内	2000 以内
费用	**综合单价(元)**				**1753.59**	**3171.61**	**5878.14**	**9296.92**	**11057.55**
	其中	人工费(元)			827.66	1607.01	2958.38	5313.00	6472.20
		材料费(元)			—	—	—	—	—
		施工机具使用费(元)			550.52	885.61	1661.34	1993.60	2218.11
		企业管理费(元)			253.58	458.64	850.03	1344.42	1599.02
		利润(元)			105.29	190.44	352.95	558.22	663.94
		一般风险费(元)			16.54	29.91	55.44	87.68	104.28
	编码	名称	单位	单价(元)	消耗量				
人工	000700010	市政综合工	工日	115.00	7.197	13.974	25.725	46.200	56.280
机械	990304012	汽车式起重机 12t	台班	797.85	0.690	1.110	—	—	—
	990304016	汽车式起重机 16t	台班	898.02	—	—	1.850	2.220	2.470

G.1.7 拆除砖石结构(编码:041001007)

工作内容:拆除、清底,旧料就近堆放整齐。 计量单位:10m³

定额编号				DG0068	DG0069	DG0070	DG0071
项目名称				人工拆除			
				砖砌其他构筑物	石砌其他构筑物	砼预制块砌体	硅酸盐块砌体
费用	综合单价(元)			**1231.31**	**1440.62**	**1470.60**	**1313.48**
其中	人工费(元)			1076.98	1260.06	1286.28	1148.85
	材料费(元)			—	—	—	—
	施工机具使用费(元)			—	—	—	—
	企业管理费(元)			116.10	135.83	138.66	123.85
	利润(元)			38.23	44.73	45.66	40.78
	一般风险费(元)			—	—	—	—
编码	名称	单位	单价(元)	消耗量			
人工 000700010	市政综合工	工日	115.00	9.365	10.957	11.185	9.990

G.1.8 拆除混凝土结构(编码:041001008)

G.1.8.1 小型机械拆除

工作内容:人工拆除、清底,旧料就近堆放整齐。 计量单位:10m³

	定额编号				DG0072	DG0073
	项目名称				小型机械拆除	
					无筋	有筋
费用	综合单价(元)				**2642.64**	**3929.21**
其中	人工费(元)				1651.86	2456.17
	材料费(元)				6.68	9.98
	施工机具使用费(元)				419.79	624.02
	企业管理费(元)				381.18	566.75
	利润(元)				158.27	235.33
	一般风险费(元)				24.86	36.96
	编码	名称	单位	单价(元)	消耗量	
人工	000700010	市政综合工	工日	115.00	14.364	21.358
材料	031391310	合金钢钻头 一字型	个	25.56	0.200	0.300
	011500020	六角空心钢 综合	kg	3.93	0.320	0.470
	172700820	高压胶皮风管 ϕ25－6P－20m	m	7.69	0.040	0.060
机械	991003040	电动空气压缩机 3m³/min	台班	120.34	2.900	4.310
	990129010	风动凿岩机 手持式	台班	12.25	5.780	8.600

G.1.8.2 液压岩石破碎机破碎混凝土及钢筋混凝土

工作内容:装、拆合金钎头,破碎,机械移动。 **计量单位**:100m³

定额编号					DG0074	DG0075
项目名称					混凝土	钢筋混凝土
费用	综合单价(元)				**7311.78**	**10593.19**
	其中	人工费(元)			230.00	690.00
		材料费(元)			225.00	450.00
		施工机具使用费(元)			5339.61	7281.70
		企业管理费(元)			1024.81	1466.79
		利润(元)			425.52	609.04
		一般风险费(元)			66.84	95.66
	编码	名称	单位	单价(元)	消耗量	
人工	000700010	市政综合工	工日	115.00	2.000	6.000
材料	002000010	其他材料费	元	—	225.00	450.00
机械	990149040	履带式单斗液压岩石破碎机	台班	1150.53	4.641	6.329

G.1.9 拆除井(编码:041001009)

工作内容:拆除、清底,旧料就近堆放整齐。 **计量单位**:10m³

定额编号					DG0076	DG0077	DG0078
项目名称					砖砌检查井		
					深3m以内	深4m以内	深4m以上
费用	综合单价(元)				**1625.22**	**2051.35**	**2687.31**
	其中	人工费(元)			1421.52	1794.23	2350.49
		材料费(元)			—	—	—
		施工机具使用费(元)			—	—	—
		企业管理费(元)			153.24	193.42	253.38
		利润(元)			50.46	63.70	83.44
		一般风险费(元)			—	—	—
	编码	名称	单位	单价(元)	消耗量		
人工	000700010	市政综合工	工日	115.00	12.361	15.602	20.439

工作内容：拆除、清底，旧料就近堆放整齐。　　计量单位：10m³

定额编号					DG0079	DG0080	DG0081	DG0082
项目名称					石砌检查井			钢筋混凝土
					深3m以内	深4m以内	深4m以上	
费用	综合单价（元）				**1787.73**	**2256.45**	**2955.92**	**6140.09**
	其中	人工费（元）			1563.66	1973.63	2585.43	5370.50
		材料费（元）			—	—	—	—
		施工机具使用费（元）			—	—	—	—
		企业管理费（元）			168.56	212.76	278.71	578.94
		利润（元）			55.51	70.06	91.78	190.65
		一般风险费（元）			—	—	—	—
	编码	名称	单位	单价(元)	消耗量			
人工	000700010	市政综合工	工日	115.00	13.597	17.162	22.482	46.700

G.1.10 拆除电杆(编码:041001010)

工作内容：拆除、吊装，就近堆放整齐。　　计量单位：根

定额编号					DG0083	DG0084	DG0085
项目名称					电杆(高度)		
					10m以内	15m以内	18m以内
费用	综合单价（元）				**312.79**	**381.91**	**470.39**
	其中	人工费（元）			113.93	123.82	136.93
		材料费（元）			—	—	—
		施工机具使用费（元）			131.90	176.33	232.76
		企业管理费（元）			45.23	55.23	68.02
		利润（元）			18.78	22.93	28.24
		一般风险费（元）			2.95	3.60	4.44
	编码	名称	单位	单价(元)	消耗量		
人工	000700010	市政综合工	工日	115.00	0.257	0.343	0.457
	000500040	电工综合工	工日	125.00	0.675	0.675	0.675
机械	990304004	汽车式起重机 8t	台班	705.33	0.187	0.250	0.330

H　措施项目

说　　明

一、脚手架工程

1.一般说明：

(1)脚手架工程未编制《市政工程工程量计算规范》(GB 50857－2013)中 041101001 墙面脚手架、041101002 柱面脚手架、041101004 沉井脚手架、041101005 井字架对应的定额项目。

(2)砌筑物高度超过 1.2m 可计算脚手架费用。

(3)脚手架是按钢管架料编制的，施工中实际采用竹、木和其他脚手架时，不允许调整。

(4) 脚手架定额项目中已综合考虑了斜道、上料平台、防护栏杆和安全网。

(5)脚手架计算规则中，非独立构筑物指堡坎、护坡、沟墙等，独立构筑物指桥墩、桥台、沉井等。

(6)脚手架消耗量中未包括脚手架基础加固。基础加固是指脚手架立杆下端以下或脚手架底座以下的一切做法(如砼基础、垫层等)。

2.脚手架工程：

(1)若实际施工过程中搭设为三排脚手架，则按相应双排脚手架项目乘以系数 1.4。

(2)窨井高度(流水面至井盖上表面)超过 1.5m 需搭设脚手架时，窨井高度在 3.6m 以内执行简易脚手架定额项目，窨井高度在 3.6m 以上按实际搭设方式执行相应定额项目。

(3)满堂脚手架是指在纵、横方向，由不小于三排立杆并于水平杆、水平剪刀撑、竖向剪刀撑、扣件等构成的操作脚手架。

(4)仓面脚手架不包括斜道，若发生时另行计算。

二、混凝土支架

1.水上桩基础支架、平台：

(1)对于陆地、水上、船上打桩工作平台，水上、围堰上钻孔工作平台，灌注桩工作平台，平台下部是按型钢支撑的钢桩(柱)作为平台的支撑(含斜撑)，平台上部是按型钢纵横梁、上铺面板组成钢平台进行编制的。

(2)钢护筒定额中，钢护筒按摊销量计算。若在深水作业，钢护筒无法拔出时，经签证后，按钢护筒实际用量(或参考下表重量)减去定额数量一次增列计算，但该部分不得计取除税金外的其他费用。

桩径(mm)	800	1000	1200	1500	2000
每米护筒重量(kg)	155.06	184.87	285.93	345.09	554.6

2.桥涵支架：

(1)桥涵拱盔、支架均不包括底模及地基加固，发生时另按相应定额计算。

(2)桥梁满堂式钢管支架定额只包括搭拆的费用，使用费根据实际情况按实计算，工程量可按每立方米空间体积 50kg 计算(包括扣件等)。

(3)万能杆件门架式支架，只包括搭拆的费用，使用费根据实际情况按实计算。

(4)军用梁脚手架支架，只包括搭拆的费用，使用费根据实际情况按实计算。

(5)跨越式钢管支架：钢管支架采用直径大于 30cm 的钢管作为立柱，在立柱上采用贝雷桁架或万能杆件搭设水平支撑平台的支架，其中下部指立柱顶面以下部分，上部指立柱顶面以上部分。

(6)支架预压一般按堆载沙袋的方法进行预压。

三、围堰(围堰、筑岛)

1.围堰、筑岛工程未包括施工期发生潮汛冲刷后所需的养护工料，发生时另行计算。围堰工程中已包括土石方的 50m 范围内的运距，当运距超过 50m 时，其超出部分的运距执行“土石方工程”章节增加运距定额。

2.钢桩围堰、钢板桩围堰、双壁钢围堰子目围堰高度不同时，用内插法计算。

3.执行围堰工程本节定额子目未使用驳船时，扣除定额中驳船台班数量。根据实际施工方法，套用相应定额。

4.沉井制作分钢筋混凝土重力式沉井、钢丝网水泥薄壁浮运沉井、钢壳浮运沉井三种。沉井浮运、落床、下沉、填塞定额，均适用于以上三种沉井。

5.沉井下沉用的工作台、三角架、运土坡道、卷扬机工作台均已包含在定额中。井下爆破材料除硝铵炸药外，其他列入“其他材料费”中。

6.沉井下水轨道的钢轨、枕木、铁件按周转摊销量计入定额中，定额还综合了轨道的基础及围堰等的工、料，不得另行计算。轨道基础的开挖工作未计入，发生时执行相应定额。

7.沉井浮运定额仅适用于只有一节的沉井或多节沉井的底节，分节施工的沉井除底节外的其余各节的浮运、接高均应执行沉井接高定额。

8.导向船、定位船船体本身加固所需的工、料、机消耗及沉井定位落床所需的锚绳均已综合在沉井定位落床定额中，不得另行计算。

9.无导向船定位落床定额已将所需的地笼、锚碇等的工、料、机消耗综合在定额中，不得另行计算。有导向船定位落床定额未综合锚碇系统，应按相应定额另行计算。

10.锚碇系统定额均已将锚链的消耗计入定额中，并已将抛锚、起锚所需的工、料、机消耗量综合在定额中，不得进行换算。

11.定位船或导向船之间联结所需的金属设备、钢壳沉井接高所需的吊装设备在本定额中均未计算，需要时应按金属结构吊装设备定额另行计算。

12.钢壳沉井作钢围堰使用时，应按施工组织设计计算回收，但回收部分的拆除所需的工、料、机消耗量在本定额中未计算，发生时另行计算。

四、便道及便桥

1.便道路基中已综合考虑了挖填土方、压实、做错车道、修整排水沟等的消耗，路面已综合考虑了辅料、培肩、碾压等的消耗，如便道基层及面层材料与定额不同时可执行道路工程相关定额。

2.钢便桥指的是临时便桥的上部构造部分，按托拉法架设的装配式公路钢桥进行编制，定额中已经综合考虑了装配式钢桁架、桥面板、桥座、桥头搭板的拼装、拆除、清理堆放、去污、调刷油漆以及钢桁架的拖拉、架设、定位和拖拉设备等的消耗，使用定额时不应再另行计算。便桥墩按照钢管柱进行编制，定额中已综合考虑了打、拔桩以及剪刀撑、连接梁、垫木等的消耗，使用定额时不应另行计算。

五、洞内临时设施

1.定额适用于岩石隧道洞内施工所用的通风、供水、供风、照明、动力管线以及轻便轨道线路的临时性工程。

2.定额按年摊销量计算，施工时间不足一年按“一年内”计算，超过一年按“每增一季度”增加，不足一季度按一季度计算。

3.定额临时风水钢管、照明线路、轻便轨道均按单线设计考虑，如批准的施工组织设计(或方案)规定需安双排时，工程量应按双排计算。

4.洞长在 200m 以内的短隧道，一般不考虑洞内通风。如经批准的施工组织设计要求必须通风时，按定额规定计算。

六、大型机械设备进出场及安拆

1.大型机械设备包括钻孔机械、土石方机械、自升式塔式起重机、塔吊、施工电梯、移动模架、搅拌站、混凝土梁(钢梁)吊装设备等。

2.自升式塔式起重机、塔吊、施工电梯、搅拌站基础：

(1)自升式塔式起重机是按固定式基础、带配重确定的，基础如需增设桩基础时，其桩基础项目另执行基础工程章节中相应子目；不带配重的自升式塔式起重机固定式基础，按施工组织设计或方案另行计算。

(2)自升式塔式起重机行走轨道按施工组织设计或方案另行计算。

(3)施工电梯和混凝土搅拌站的基础按相应章节项目另行计算。

3.特、大型机械安装及拆卸：

安拆台班中已包括机械安装完毕后的试运转台班，不另计算。

4.特、大型机械场外运输：

(1)机械场外运输是按运距25km考虑的。

(2)机械场外运输综合考虑了机械施工完毕后回程的台班，不另计算。

七、其他措施项目

1.施工栈桥按照钢栈桥、水中基础进行编制，桥宽4m，水深分为3～10m和10m以上定额。

2.若栈桥下部结构为万能杆件拼装可借用水上基础支架及桥涵支架中有关门架式万能杆件支架搭拆定额子目。

3.墩柱提升架金属结构吊装设备定额是根据不同的安装方法划分子目的。但设备重量不包括列入材料部分的铁件、钢丝绳、道钉等。

4.零号块托架定额中已综合考虑了托架与承台连接的预埋件、安全维护措施以及拼装、拆除托架所需的小型机具和辅助材料等消耗，使用定额时不应再另行计算。场外运输费用另行按实计算。

5.挂篮制作项目适用于现场和施工企业附属加工厂制作的构件，包括分段制作和整体预装配的人工、材料、机械台班用量，以及整体预装配用的螺栓。

一般情况下，挂篮材料费每桥次按30%摊销处理；工程情况特殊需一次性摊销时，一次摊销量按70%计算，残值作回收处理。

6.挂篮运输按照Ⅲ类构件，分别按相应定额项目进行计算，但运输定额中未包括道路的铺设和维修工料，发生时另行计算。

7.预制场中大型预制构件底座定额综合考虑了底座基础的修筑、底模板系统的制作及安装、底座的拆除等消耗，使用定额时不应再另行计算。

8.索道吊装系统定额中已综合考虑了先导索、牵引索、拽拉器、锚碇门架滑轮组、塔顶门架滑轮组、猫道门架滑轮组、猫道滚筒、塔顶滚筒、导轮、架设过程中需要的焊接支架和转向所需的支承架，以及完工后拆除索道吊装系统等消耗，使用定额时不应再另行计算。

9.悬索桥猫道系统定额中，猫道承重索按钢丝绳考虑，抗风结构采用下压装置、变位刚架、制振结构工艺。

10.悬索桥猫道系统定额中还考虑了猫道承重索的预张拉及灌注锚头、承重索握索器、承重索及猫道的矢度调整、猫道门架及滚筒、制振阻尼器、横向走道、猫道面层、天车系统以及猫道系统的拆除等消耗，使用定额时不应再另行计算。

11.大体积混凝土降温措施是指冷却水管的制、安、通水等，实际施工不同时，可按批准的施工组织设计另行计算。

12.其他措施项目：

(1)构件运输距离以10m、50m、1km为计算单位，不足第一个10m、50m、1km者，均按10m、50m、1km计；超过第一个定额运距单位时，其运距尾数不足一个增运定额单位的半数时不计，等于或超过半数时按一个定额运距单位计算。

(2)构件运输所需的便道、轨道的铺设，栈桥码头、扒杆、龙门架、缆索的架设等，均未包括在定额内，应按有关章节定额另行计算。

(3)金属结构吊装设备定额是根据不同的安装方法划分子目的，如“单导梁”系指安装用的拐脚门架、蝴蝶架、导梁等全套设备。定额是以10t设备重量为单位，并列有参考重量。如果实际重量与定额数量不同时，可根据实际重量计算。但设备重量不包括列入材料部分的铁件、钢丝绳、鱼尾板、道钉及列入“小型机具使用费”内的滑车等。

八、其他说明

1.定额中设备摊销费系按每吨每月90元，并按使用4个月编制的，如使用时间、摊销使用费与定额不同时，允许调整。

2.各类钢支架定额中上下部钢材消耗量与定额不同时，允许调整。

3.特大型桥梁的施工电梯、塔式起重机、施工塔吊定额子目中未计入使用费，发生时按已批准的施工组织设计另行计算。

工程量计算规则

一、脚手架工程

1.外脚手架：

（1）非独立构筑物按实砌高度以“m^2”计算。高度在 3.6m 以上者，执行单排脚手架；高度在 3.6m 以下者，执行简易脚手架定额。

（2）单排、双排脚手架均按搭拆高度乘以长度以“m^2”计算。不扣除穿过构筑物的孔洞、过道等面积。

（3）独立构筑物执行双排脚手架定额。高度在 3.6m 以内者，按构筑物底面外周长乘以实砌高度以“m^2”计算；高度在 3.6m 以上者，按构筑物底面外周长加 3.6m 乘以实砌高度以“m^2”计算。

2.里脚手架：

里脚手架均按垂直投影面积计算，不扣除门窗洞口和空圈等所占面积。

3.满堂脚手架：

满堂脚手架按搭拆的水平投影面积计算。搭拆高度在 3.6～5.2m 时，按满堂脚手架基本层计算。高度超过 5.2m 时，每增加 1.2m 按增加一层计算，增加高度在 0.6m 以内时舍去不计。

例如：设计层高为 9.2m 时，其增加层数为：(9.2－5.2)/1.2＝3(层)，余 0.4m 舍去不计。

二、混凝土支架

1.水上桩基础支架、平台：

（1）打桩平台（支架）定额中已综合考虑了工作平台的支撑桩、纵横梁及面板等消耗，使用定额时不应再另行计算；打桩平台（支架）计价工程量按照施工组织设计确定的平台面积进行计算。

（2）钢护筒按直径以“m”计算。

2.桥涵支架：

（1）桥涵拱盔按起拱线以上弓形侧面积乘以（桥宽＋2m）以“m^3”空间体积计算。

（2）桥涵支架按结构底至原地面（水上支架为水上支架平台顶面）平均标高乘以纵向距离再乘以（桥宽＋2m）以“m^3”空间体积计算。

（3）万能杆件、军用梁使用数量根据实际情况及杆件进行确定计算。

（4）钢管支架与横撑、斜撑的重量之和行进计算，钢管柱的顶支架横梁按贝雷桁架进行编制，按照横梁形成的平面面积进行计算。

（5）支架堆载预压按设计要求计算，设计未规定时按支架承载的梁体设计重量乘以系数 1.1 计算。

三、围堰、筑岛

1.土石围堰、筑岛填心按设计砌筑尺寸以“m^3”计算。

2.钢桩围堰、钢板桩围堰、双壁钢围堰按设计围堰中心长度计算，围堰高度按施工期内的最高临水面加 0.5m 计算。

3.钢套箱围堰的工程量为套箱金属结构的重量、套箱整体下沉时的悬吊平台的钢结构及套箱内支撑的钢结构均已综合在定额中，不得作为套箱工程进行计算。

4.沉井制作的工程量：重力式沉井为设计图纸井壁及隔墙混凝土数量；钢丝网水泥薄壁沉井为刃脚及骨架钢材的重量，但不包括铁丝网的重量；钢壳沉井的工程量为钢材的总重量。

5.沉井下沉定额的工程量按沉井刃脚外缘所包围的面积乘以沉井刃脚下沉入土深度计算。沉井下沉按土、石所在的不同深度分别采用不同下沉深度的定额。定额中的下沉深度指沉井顶面到作业面的高度。定额中已综合了溢流（翻砂）的数量，不得另加工程量。

6.沉井浮运、接高、定位落床定额工程量为沉井刃脚外缘所包围的面积，分节施工的沉井接高的工程量应按各节沉井接高工程量之和计算。

7.锚碇系统定额工程量指锚碇的数量，按施工组织设计的需要量计算。

8.沉井下沉应按土、石所在的不同深度分别采用不同的下沉深度定额，如沉井下沉在5m以内的土、石应采用下沉深度0～5m的定额；当沉井继续下沉到10m以内时，对于超过5m的土、石应执行下沉深度5～10m的定额；当下沉深度超过40m时，按每增10m为一档，每增加一档按下沉深度30～40m的定额分不同地质乘以下列系数计算：土1.5、砂砾石1.5、软质岩石1.3、较硬岩石1.2。

四、便道及便桥

1.便道计量工程量按照施工组织设计确定的便道长度进行计算。

2.钢便桥计价工程量按照施工组织设计确定的钢便桥的长度进行计算；便桥墩按照施工组织设计确定需要设置的便桥墩的座数进行计算。

五、洞内临时设施

1.洞长按主洞加支洞的长度之和计算(均以洞口断面为起止点，不含明槽)。

2.洞内通风按洞长长度计算。

3.粘胶布通风筒及铁风筒按每一洞口施工长度减20m以长度计算。

4.风、水钢管按洞长加100m以长度计算。

5.照明线路按洞长长度计算。

6.动力线路按洞长加50m以长度计算。

7.轻便轨道以批准的施工组织设计(或方案)所布置的起、止点为准，对所设置的道岔，每处按相应轨道折合30m，以长度计算。

六、大型机械设备进出场及安拆

特、大型机械安拆及场外运输按"台·次"计算。

七、其他措施项目

1.施工栈桥计价工程量按照施工组织设计确定的钢便桥的长度进行计算。

2.墩柱提升架金属结构吊装设备定额以10t设备重量为单位，并列有参考重量(附录)。如果实际重量与定额重量不同时，可根据实际重量计算。

3.零号块托架的计价工程量按照施工组织设计确定的托架钢构件的重量进行计算，但不包括连接螺栓等连接件的重量。

4.项目的挂篮形式为自锚式无压重钢挂篮，其重量按设计要求确定，以"t"计算；挂篮型钢按设计图纸的规格尺寸计算(不扣除孔眼、切肢、切边的重量)。挂篮推移工程量按挂篮重量乘以推移距离以"t·m"计算。

5.大型预制构件底座定额分为平面底座和曲面底座两项。

(1)平面底座定额适用于T形梁、I形梁、等截面箱梁，每根梁底座面积的工程量按下式计算：

$$底座面积=(梁长+2.00m)\times(梁宽+1.00m)$$

(2)曲面底座定额适用于梁底为曲面的箱形梁(如T形刚构等)，每块梁底座的工程量按下式计算：

$$底座面积=构件下弧长\times底座实际修建宽度$$

6.缆索吊装的索跨指两塔架之间的距离。

7.悬索桥猫道系统计价工程量按单侧猫道的设计长度计算。

8.悬索桥猫道系统定额中未包括猫道承重索制作时加工场地和张拉槽座的费用，应根据实际需要按有关定额另行计算费用。

H.1 脚手架工程(编码:041101)

H.1.1 外脚手架(编码:041101006)

工作内容:清理场地、搭脚手架、挂安全网、拆除、堆放、材料场内运输。

计量单位:100m²

定额编号					DH0001	DH0002	DH0003
项目名称					简易脚手架	钢管脚手架	
						单排	
						4m 内	8m 内
费用	**综合单价(元)**				**487.76**	**1072.80**	**1164.18**
	其中	人工费(元)			352.92	664.20	686.88
		材料费(元)			25.37	207.64	254.98
		施工机具使用费(元)			9.29	13.51	25.33
		企业管理费(元)			66.86	125.10	131.47
		利润(元)			27.89	52.18	54.84
		一般风险费(元)			5.43	10.17	10.68
	编码	名称	单位	单价(元)	消耗量		
人工	000300090	架子综合工	工日	120.00	2.941	5.535	5.724
材料	350300120	脚手架钢管 $\phi48$	t	3085.47	0.001	0.021	0.036
	350301120	钢管脚手架扣件	个	5.00	0.250	2.190	4.390
	350300010	底座	个	3.42	—	0.240	0.250
	350300710	竹脚手板	m²	19.66	0.440	5.110	5.110
	350500100	安全网	m²	8.97	—	2.680	1.380
	002000010	其他材料费	元	—	12.38	6.57	8.26
机械	990401025	载重汽车 6t	台班	422.13	0.022	0.032	0.060

工作内容:清理场地、搭脚手架、挂安全网、拆除、堆放、材料场内运输。

计量单位:100m²

定额编号					DH0004	DH0005	DH0006
项目名称					钢管脚手架		
					双排		
					4m	8m	12m
费用	**综合单价(元)**				**1431.58**	**1539.93**	**1724.53**
	其中	人工费(元)			905.04	912.60	1012.20
		材料费(元)			251.95	329.64	348.29
		施工机具使用费(元)			19.00	35.46	65.85
		企业管理费(元)			170.58	175.01	199.01
		利润(元)			71.15	73.00	83.01
		一般风险费(元)			13.86	14.22	16.17
	编码	名称	单位	单价(元)	消耗量		
人工	000300090	架子综合工	工日	120.00	7.542	7.605	8.435
材料	350300120	脚手架钢管 $\phi48$	t	3085.47	0.027	0.050	0.053
	350301120	钢管脚手架扣件	个	5.00	3.200	6.480	8.242
	350300010	底座	个	3.42	0.450	0.430	0.411
	350300710	竹脚手板	m²	19.66	5.980	5.980	5.980
	350500100	安全网	m²	8.97	2.680	1.380	1.380
	002000020	其他材料费	元	—	9.50	11.55	12.20
机械	990401025	载重汽车 6t	台班	422.13	0.045	0.084	0.156

H.1.2　里脚手架(编码:041101007)

工作内容:清理场地、搭脚手架、拆除、堆放、材料场内运输。　　　　计量单位:$100m^2$

定额编号					DH0007
项目名称					里脚手架
费用	综合单价(元)				622.49
	其中	人工费(元)			386.76
		材料费(元)			48.99
		施工机具使用费(元)			62.48
		企业管理费(元)			82.93
		利润(元)			34.59
		一般风险费(元)			6.74
	编码	名称	单位	单价(元)	消耗量
人工	000300090	架子综合工	工日	120.00	3.223
材料	350300100	脚手架钢管	kg	3.09	0.878
	350301110	扣件	套	5.00	0.327
	350300710	竹脚手板	m^2	19.66	0.440
	130500700	防锈漆	kg	12.82	0.077
	140500800	油漆溶剂油	kg	3.04	0.015
	010302180	镀锌铁丝 14#	kg	3.08	0.612
	030100650	铁钉	kg	7.26	2.040
	002000010	其他材料费	元	—	18.26
机械	990401025	载重汽车 6t	台班	422.13	0.148

H.1.3　满堂脚手架(编码:041101008)

工作内容:清理场地、搭脚手架、挂安全网、拆除、堆放、材料场内运输。　　　　计量单位:$100m^2$

定额编号					DH0008	DH0009
项目名称					满堂脚手架	
					基本层	增加层(1.2m)
费用	综合单价(元)				1720.54	284.79
	其中	人工费(元)			866.40	186.24
		材料费(元)			414.56	15.23
		施工机具使用费(元)			156.61	24.91
		企业管理费(元)			188.85	38.98
		利润(元)			78.77	16.26
		一般风险费(元)			15.35	3.17
	编码	名称	单位	单价(元)	消耗量	
人工	000300090	架子综合工	工日	120.00	7.220	1.552
材料	350300100	脚手架钢管	kg	3.09	7.341	2.447
	350301110	扣件	套	5.00	2.852	0.951
	350300710	竹脚手板	m^2	19.66	2.200	—
	350300300	脚手架钢管底座	个	3.42	0.150	—
	050303800	木材 锯材	m^3	1547.01	0.065	—
	052500900	挡脚板	m^3	1521.37	0.002	—
	130500700	防锈漆	kg	12.82	0.642	0.215
	140500800	油漆溶剂油	kg	3.04	0.073	0.025
	010302180	镀锌铁丝 14#	kg	3.08	29.335	—
	030100650	铁钉	kg	7.26	2.846	—
	002000010	其他材料费	元	—	110.79	0.08
机械	990401025	载重汽车 6t	台班	422.13	0.371	0.059

H.1.4 浇混凝土用仓面脚手架(编码:041101008)

工作内容:清理场地、搭脚手架、铺钉及翻转脚手架、拆除、堆放、材料场内运输。

计量单位:100m² 仓面

定额编号					DH0010
项目名称					支架高度 1.5m 以内
费用	综合单价(元)				**1498.45**
	其中	人工费(元)			648.00
		材料费(元)			472.92
		施工机具使用费(元)			—
		企业管理费(元)			253.24
		利润(元)			111.33
		一般风险费(元)			12.96
	编码	名称	单位	单价(元)	消耗量
人工	000300090	架子综合工	工日	120.00	5.400
材料	050100500	原木	m^3	982.30	0.200
	350300700	木脚手板	m^3	1521.37	0.160
	030190010	圆钉综合	kg	6.60	0.700
	032130010	铁件 综合	kg	3.68	1.000
	002000020	其他材料费	元	—	24.74

H.2 混凝土支架(编码:041102)

H.2.1 水上桩基础、平台、护筒(编码:041102040)

H.2.1.1 埋设钢护筒(陆上)

工作内容:准备工作;挖土;吊装,就位,埋设,接护筒;定位下沉;还土,夯实;材料运输;拆除;清洗堆放等全部操作过程。

计量单位:10m

定额编号					DH0011	DH0012	DH0013	DH0014	DH0015
项目名称					埋设钢护筒(陆上)				
					$\phi \leqslant 800$	$\phi \leqslant 1000$	$\phi \leqslant 1200$	$\phi \leqslant 1500$	$\phi \leqslant 2000$
费用	综合单价(元)				**4422.53**	**5513.21**	**6816.87**	**8858.48**	**11650.81**
	其中	人工费(元)			1944.42	2430.64	2989.43	3890.68	5187.42
		材料费(元)			92.34	107.51	160.64	194.80	304.85
		施工机具使用费(元)			791.70	985.07	1216.45	1583.65	1981.77
		企业管理费(元)			1069.28	1334.86	1643.66	2139.37	2801.72
		利润(元)			470.07	586.82	722.57	940.49	1231.67
		一般风险费(元)			54.72	68.31	84.12	109.49	143.38
	编码	名称	单位	单价(元)	消耗量				
人工	000700010	市政综合工	工日	115.00	16.908	21.136	25.995	33.832	45.108
材料	050100500	原木	m^3	982.30	0.003	0.003	0.003	0.003	0.003
	050303800	木材 锯材	m^3	1547.01	0.003	0.003	0.003	0.003	0.003
	032301110	钢护筒	t	3794.87	0.022	0.026	0.040	0.049	0.078
	002000010	其他材料费	元	—	1.26	1.26	1.26	1.26	1.26
机械	990302015	履带式起重机 15t	台班	704.65	0.667	0.827	1.046	1.391	1.675
	990501020	电动卷扬机 单筒快速 10kN	台班	178.37	0.814	1.018	1.213	1.527	2.028
	990504020	电动卷扬机 双筒慢速 牵引 50kN	台班	216.84	0.814	1.018	1.213	1.527	2.028

H.2.1.2　**埋设钢护筒(支架上)**

工作内容:准备工作;挖土;吊装,就位,埋设,接护筒;定位下沉;还土,夯实;材料运输;拆除;清洗堆放等全部操作过程。

计量单位:10m

定额编号					DH0016	DH0017	DH0018	DH0019	DH0020
项目名称					埋设钢护筒(支架上)				
					$\phi \leqslant 800$	$\phi \leqslant 1000$	$\phi \leqslant 1200$	$\phi \leqslant 1500$	$\phi \leqslant 2000$
费用	综合单价(元)				**2025.45**	**2354.76**	**2672.54**	**3385.81**	**5782.36**
费用	其中	人工费(元)			690.35	807.65	907.93	1112.74	2175.57
费用	其中	材料费(元)			187.87	203.05	287.85	322.00	463.72
费用	其中	施工机具使用费(元)			470.77	551.96	598.89	823.20	1185.13
费用	其中	企业管理费(元)			453.76	531.33	588.86	756.56	1313.36
费用	其中	利润(元)			199.48	233.58	258.87	332.59	577.37
费用	其中	一般风险费(元)			23.22	27.19	30.14	38.72	67.21
	编码	名称	单位	单价(元)	消耗量				
人工	000700010	市政综合工	工日	115.00	6.003	7.023	7.895	9.676	18.918
材料	050100500	原木	m^3	982.30	0.004	0.004	0.004	0.004	0.004
材料	050303800	木材 锯材	m^3	1547.01	0.030	0.030	0.030	0.030	0.030
材料	370100020	钢轨	kg	4.15	12.720	12.720	20.350	20.350	27.980
材料	032301110	钢护筒	t	3794.87	0.022	0.026	0.040	0.049	0.078
材料	002000010	其他材料费	元	—	1.26	1.26	1.26	1.26	1.26
机械	990205010	振动沉拔桩机 激振力(300kN)	台班	886.02	0.315	0.354	0.386	0.409	0.433
机械	990501020	电动卷扬机 单筒快速 10kN	台班	178.37	0.485	0.603	0.650	1.166	2.028
机械	990504020	电动卷扬机 双筒慢速 牵引 50kN	台班	216.84	0.485	0.603	0.650	1.166	2.028

H.2.1.3 灌注桩工作平台

工作内容：1.桩基灌装桩工作平台：打拔桩的全部工作；钢结构及面板的制、安、拆及清理堆放。
2.双壁钢围堰上工作平台：钢结构及面板制、安、拆及清理堆放。
3.浮箱工作平台：浮箱工地装、卸，岸上组拼、拆除，平台水上移动就位、抛锚固定。

定额编号					DH0021	DH0022	DH0023	DH0024	DH0025
项目名称					桩基灌注桩工作平台			双壁钢围堰上工作平台	浮箱工作平台
					水深				
					5m 以内	10m 以内	20m 以内		
单位					100m²				10 只
费用	综合单价（元）				**37555.36**	**54203.39**	**111621.53**	**57194.59**	**46465.50**
	其中	人工费（元）			8786.00	13049.63	26431.60	15933.25	18513.85
		材料费（元）			7724.37	9767.40	13644.53	6796.06	14356.69
		施工机具使用费（元）			10063.35	15028.21	35477.28	15912.15	1774.80
		企业管理费（元）			7366.33	10972.82	24193.99	12445.18	7928.80
		利润（元）			3238.32	4823.77	10635.95	5471.04	3485.59
		一般风险费（元）			376.99	561.56	1238.18	636.91	405.77
	编码	名称	单位	单价（元）	消耗量				
人工	000700010	市政综合工	工日	115.00	76.400	113.475	229.840	138.550	160.990
材料	050100500	原木	m³	982.30	0.163	0.204	0.236	0.229	—
	050303800	木材 锯材	m³	1547.01	1.282	1.346	1.435	1.436	3.560
	010000100	型钢 综合	t	3085.47	0.187	0.257	0.345	0.402	0.972
	012900030	钢板 综合	kg	3.21	4.000	4.000	5.300	159.000	42.000
	010500030	钢丝绳	t	5598.29	—	—	—	—	0.009
	031350010	低碳钢焊条 综合	kg	4.19	14.900	17.800	25.200	17.000	—
	330101100	钢管桩	t	2222.22	0.803	1.367	2.813	—	—
	330103700	锚链	t	3589.74	—	—	—	—	0.035
	030100650	铁钉	kg	7.26	7.800	8.900	11.900	52.200	40.800
	032130010	铁件 综合	kg	3.68	2.000	2.000	2.000	2.000	—
	002000010	其他材料费	元	—	464.20	581.10	670.70	337.70	265.90
	002000080	设备摊销费	元	—	2616.10	2913.50	2990.10	1803.60	4977.30
机械	990401030	载重汽车 8t	台班	474.25	1.317	2.070	4.928	0.573	0.771
	990304012	汽车式起重机 12t	台班	797.85	3.044	4.460	2.301	2.381	0.761
	990304020	汽车式起重机 20t	台班	968.56	—	—	5.222	3.018	—
	990503030	电动卷扬机 单筒慢速 50kN	台班	192.37	1.089	1.841	5.753	—	—
	990230010	振动打拔桩锤 600kN 以内	台班	695.75	0.169	0.293	0.887	—	—
	990901020	交流弧焊机 32kV·A	台班	85.07	1.750	2.700	9.420	9.660	—
	991215030	内燃拖轮 147kW	台班	1771.79	—	—	—	—	0.120
	991215040	内燃拖轮 221kW	台班	2240.93	1.200	1.800	4.420	1.630	—
	991216020	工程驳船 100t	台班	475.30	—	—	—	—	1.240
	991216030	工程驳船 200t	台班	650.60	5.910	8.710	—	—	—
	991216040	工程驳船 300t	台班	706.36	—	—	19.560	8.980	—

注：1.定额中设备摊销费系按每吨每月 90 元，并按使用 4 个月编制的，如金属设备质量、实际施工期与定额不同时，可予以调整。
2.浮箱工作平台中的浮箱质量为 5.321t/只，其设备摊销费系按每吨每月 90 元，并按使用一个月编制的，如浮箱质量和实际施工期与定额不同时，可予以调整。

H.2.1.4 **打桩工作平台**

工作内容：制桩、打桩、拔桩及制、安、拆简易打桩架。移动、固定船只。制、安、拆平台。 **计量单位：**$100m^2$

定额编号					DH0026	DH0027	DH0028	DH0029	DH0030	DH0031
项目名称					陆地打桩		水上打桩		船上打桩	
					卷扬机打	其他机械打	卷扬机打	其他机械打	卷扬机打	其他机械打
费用	综合单价（元）				**4045.11**	**6070.46**	**11450.60**	**14710.27**	**7132.77**	**8514.93**
	其中	人工费（元）			1048.80	1749.73	4027.30	5004.80	2424.20	2834.75
		材料费（元）			2385.28	3300.00	4356.34	5865.60	3288.16	4020.57
		施工机具使用费（元）			—	0.85	455.36	583.90	5.10	5.10
		企业管理费（元）			409.87	684.12	1751.83	2184.06	949.37	1109.82
		利润（元）			180.18	300.75	770.12	960.14	417.35	487.89
		一般风险费（元）			20.98	35.01	89.65	111.77	48.59	56.80
	编码	名称	单位	单价(元)	消耗量					
人工	000700010	市政综合工	工日	115.00	9.120	15.215	35.020	43.520	21.080	24.650
材料	050303800	木材 锯材	m^3	1547.01	1.101	1.466	1.101	1.466	1.104	1.383
	010000100	型钢 综合	t	3085.47	0.206	0.263	0.752	0.971	0.496	0.567
	031350010	低碳钢焊条 综合	kg	4.19	—	0.100	13.000	16.400	1.000	1.100
	032130010	铁件 综合	kg	3.68	7.300	12.700	11.300	17.100	5.300	7.800
	030100650	铁钉	kg	7.26	2.500	2.500	2.500	2.500	2.600	2.600
	002000010	其他材料费	元	—	1.40	2.50	217.40	297.10	7.30	7.70
	002000080	设备摊销费	元	—	—	152.80	1.20	154.80	—	71.70
机械	990503030	电动卷扬机 单筒慢速 50kN	台班	192.37	—	—	1.664	2.142	—	—
	990901020	交流弧焊机 32kV·A	台班	85.07	—	0.010	1.590	2.020	0.060	0.060

注：船上打桩工作平台所需的驳船艘班，包括在打桩或拔桩的定额中。

H.2.1.5 钻孔工作平台

工作内容：1.围堰上钻孔平台制作、搭拆。
2.钢木结构制作搭拆，打拔定位钢筒，平台与钢护筒临时联接及拆除，平台与定位钢护筒临时联接及拆除。

计量单位：100m²

定额编号					DH0032
项目名称					水上钻孔平台
					钢围堰上钻孔工作平台
费用	综合单价（元）				113436.36
	其中	人工费（元）			25323.00
		材料费（元）			27108.21
		施工机具使用费（元）			29225.30
		企业管理费（元）			21317.48
		利润（元）			9371.40
		一般风险费（元）			1090.97
	编码	名称	单位	单价(元)	消耗量
人工	000700010	市政综合工	工日	115.00	220.200
材料	050100500	原木	m^3	982.30	0.013
	050303800	木材 锯材	m^3	1547.01	1.640
	010000100	型钢 综合	t	3085.47	0.330
	010500030	钢丝绳	t	5598.29	0.024
	032130010	铁件 综合	kg	3.68	40.000
	370502400	木枕 Ⅱ类	根	160.00	1.669
	330104200	军用梁	t	6800.00	3.340
	143900700	氧气	m^3	3.26	8.330
	143901000	乙炔气	kg	12.01	3.474
	030125950	带帽螺栓 综合	kg	7.45	11.220
	031350010	低碳钢焊条 综合	kg	4.19	15.300
	002000010	其他材料费	元	—	62.97
机械	990304016	汽车式起重机 16t	台班	898.02	0.264
	990302025	履带式起重机 25t	台班	764.02	3.620
	991215050	内燃拖轮 294kW	台班	2703.61	4.090
	991216050	工程驳船 400t	台班	748.64	12.270
	991216040	工程驳船 300t	台班	706.36	8.180
	990901040	交流弧焊机 42kV·A	台班	118.13	1.658
	990727010	立式钻床 钻孔直径 25mm	台班	6.66	0.752

工作内容：1.围堰上钻孔平台制作、搭拆。
2.钢木结构制作搭拆，打拔定位钢筒，平台与钢护筒临时联接及拆除，平台与定位钢护筒临时联接及拆除。

计量单位：$100m^2$

定额编号					DH0033	DH0034
项目名称					钻孔工作平台	
					钻机≤80kN·m	
					水深≤5m	水深＞5m
费用	综合单价（元）				**96404.96**	**123806.24**
	其中	人工费（元）			29624.35	35377.22
		材料费（元）			25059.28	37009.21
		施工机具使用费（元）			15456.96	19467.36
		企业管理费（元）			17617.77	21433.26
		利润（元）			7744.97	9422.30
		一般风险费（元）			901.63	1096.89
	编码	名称	单位	单价(元)	消耗量	
人工	000700010	市政综合工	工日	115.00	257.603	307.628
材料	050100500	原木	m^3	982.30	0.156	0.156
	050303800	木材 锯材	m^3	1547.01	1.130	1.140
	133100920	石油沥青	kg	2.56	36.285	68.322
	020101560	橡胶石棉板 低压 δ=0.8～6	kg	13.25	1.435	2.702
	010000100	型钢 综合	t	3085.47	3.534	4.462
	010500030	钢丝绳	t	5598.29	1.579	2.972
	032130010	铁件 综合	kg	3.68	27.660	27.660
	370502400	木枕 Ⅱ类	根	160.00	—	0.753
	143900700	氧气	m^3	3.26	106.453	131.933
	143901000	乙炔气	kg	12.01	44.391	55.016
	172702030	高压胶管 D95	m	32.74	0.328	0.618
	030125950	带帽螺栓 综合	kg	7.45	—	171.923
	030160110	垫圈 综合	kg	5.42	155.508	—
	031350010	低碳钢焊条 综合	kg	4.19	218.460	278.983
	002000010	其他材料费	元	—	551.36	693.08
机械	990304016	汽车式起重机 16t	台班	898.02	3.010	4.696
	990309030	门式起重机 20t	台班	604.77	0.464	0.876
	991215050	内燃拖轮 294kW	台班	2703.61	1.670	1.670
	991216050	工程驳船 400t	台班	748.64	4.380	4.380
	990205020	振动沉拔桩机 激振力(400kN)	台班	1042.73	1.303	2.453
	990801030	电动单级离心清水泵 出口直径 150mm	台班	56.20	0.617	1.162
	990803040	电动多级离心清水泵 出口直径 150mm 扬程 180m 以下	台班	263.60	1.231	2.318
	990901040	交流弧焊机 42kV·A	台班	118.13	24.551	30.738
	990727010	立式钻床 钻孔直径 25mm	台班	6.66	9.186	9.186

工作内容： 1.围堰上钻孔平台制作、搭拆。
2.钢木结构制作搭拆，打拔定位钢筒，平台与钢护筒临时联接及拆除，平台与定位钢护筒临时联接及拆除。

计量单位： $100m^2$

		定额编号			DH0035
		项目名称			钻孔工作平台 钻机≤200kN·m
费用		**综合单价（元）**			**464008.47**
	其中	人工费（元）			126167.42
		材料费（元）			125905.54
		施工机具使用费（元）			87470.22
		企业管理费（元）			83489.59
		利润（元）			36702.95
		一般风险费（元）			4272.75
	编码	名称	单位	单价(元)	消耗量
人工	000700010	市政综合工	工日	115.00	1097.108
材料	050100500	原木	m^3	982.30	0.156
	050303800	木材 锯材	m^3	1547.01	3.710
	133100920	石油沥青	kg	2.56	268.560
	010000100	型钢 综合	t	3085.47	13.030
	010500030	钢丝绳	t	5598.29	11.563
	032130010	铁件 综合	kg	3.68	90.290
	370100010	钢轨	t	4145.30	0.625
	370502400	木枕 Ⅱ类	根	160.00	2.603
	350300900	万能杆件	t	3119.66	0.014
	143900700	氧气	m^3	3.26	419.302
	143901000	乙炔气	kg	12.01	174.849
	030125950	带帽螺栓 综合	kg	7.45	455.388
	030160110	垫圈 综合	kg	5.42	4.524
	031350010	低碳钢焊条 综合	kg	4.19	845.286
	002000010	其他材料费	元	—	579.67
机械	991003060	电动空气压缩机 $9m^3/min$	台班	324.86	14.708
	991003080	电动空气压缩机 $20m^3/min$	台班	517.04	14.438
	990304001	汽车式起重机 5t	台班	473.39	12.756
	990304016	汽车式起重机 16t	台班	898.02	5.411
	990309030	门式起重机 20t	台班	604.77	2.402
	990310040	桅杆式起重机 40t	台班	686.25	9.137
	990504020	电动卷扬机 双筒慢速 牵引 50kN	台班	216.84	19.014
	990401055	载重汽车 20t	台班	833.38	10.227
	991215050	内燃拖轮 294kW	台班	2703.61	2.740
	991216050	工程驳船 400t	台班	748.64	11.890
	990205030	振动沉拔桩机 激振力(500kN)	台班	1220.21	7.147
	990801030	电动单级离心清水泵 出口直径 150mm	台班	56.20	25.729
	990803040	电动多级离心清水泵 出口直径 150mm 扬程 180m 以下	台班	263.60	14.261
	990806010	泥浆泵 出口直径 50mm	台班	42.53	7.130
	991210010	潜水设备	台班	88.94	10.474
	990901040	交流弧焊机 42kV·A	台班	118.13	99.193
	990727010	立式钻床 钻孔直径 25mm	台班	6.66	28.409
	990734005	卷板机 2×1600mm	台班	208.21	2.803

H.2.2 桥涵支架(编码:041102040)

H.2.2.1 搭拆木垛,拱、板涵拱盔支架

工作内容:平整场地;搭设、拆除等;选料;制作;安装、校正、拆除;机械移动;清场、整堆等。　　**计量单位:**100m³

定额编号					DH0036	DH0037	DH0038
项目名称					搭、拆木垛	拱、板涵	拱桥
费用	综合单价(元)				**8488.44**	**19895.86**	**16270.25**
	其中	人工费(元)			3088.80	10045.08	7286.40
		材料费(元)			983.89	1219.59	3526.24
		施工机具使用费(元)			1653.11	1755.93	766.18
		企业管理费(元)			1853.14	4611.83	3146.95
		利润(元)			814.66	2027.41	1383.43
		一般风险费(元)			94.84	236.02	161.05
	编码	名称	单位	单价(元)	消耗量		
人工	000300090	架子综合工	工日	120.00	25.740	83.709	60.720
材料	050303800	木材 锯材	m³	1547.01	0.607	0.706	1.533
	050100500	原木	m³	982.30	—	—	0.846
	002000010	其他材料费	元	—	44.85	127.40	323.65
机械	990302015	履带式起重机 15t	台班	704.65	2.346	2.345	1.046
	990706010	木工圆锯机 直径 500mm	台班	25.81	—	4.011	1.128

H.2.2.2 桥梁木支架

工作内容:1.支架制作,安装,拆除。
2.桁架式包括踏步、工作平台制作、搭设、拆除,地锚埋设、拆除,缆风架设、拆除等。　　**计量单位:**100m³

定额编号					DH0039	DH0040	DH0041
项目名称					满堂式木支架	桁架式	
						拱盔	支架
费用	综合单价(元)				**8178.17**	**8950.15**	**4505.29**
	其中	人工费(元)			3575.88	3317.04	1438.20
		材料费(元)			1673.00	2946.88	979.59
		施工机具使用费(元)			534.55	476.25	789.59
		企业管理费(元)			1606.36	1482.42	870.62
		利润(元)			706.17	651.69	382.73
		一般风险费(元)			82.21	75.87	44.56
	编码	名称	单位	单价(元)	消耗量		
人工	000300090	架子综合工	工日	120.00	29.799	27.642	11.985
材料	050100500	原木	m³	982.30	0.240	0.960	0.460
	050303800	木材 锯材	m³	1547.01	0.886	1.240	0.240
	002000010	其他材料费	元	—	66.60	85.58	156.45
机械	990301020	履带式电动起重机 5t	台班	228.18	—	1.903	3.080
	990706010	木工圆锯机 直径 500mm	台班	25.81	1.682	1.628	3.363
	990302015	履带式起重机 15t	台班	704.65	0.697	—	—

H.2.2.3 桥梁钢支架

工作内容:钢管支架:平整场地;搭拆钢管支架;材料堆放等。
防防撞墙悬挑支架:准备工作;焊接、固定;搭拆支架,铺脚手架、安全网等。

定额编号					DH0042	DH0043
项目名称					满堂式钢管支架	防撞墙悬挑支架
单位					100m³ 空间体积	10m
费用	综合单价(元)				**3064.21**	**2367.03**
	其中	人工费(元)			1878.12	1121.04
		材料费(元)			91.90	247.60
		施工机具使用费(元)			—	218.17
		企业管理费(元)			733.97	523.36
		利润(元)			322.66	230.08
		一般风险费(元)			37.56	26.78
	编码	名称	单位	单价(元)	消耗量	
人工	000300090	架子综合工	工日	120.00	15.651	9.342
材料	050100500	原木	m³	982.30	—	0.060
	010000010	型钢 综合	kg	3.09	—	17.000
	031350010	低碳钢焊条 综合	kg	4.19	—	10.640
	350300010	底座	个	3.42	0.310	—
	350300110	脚手架钢管 ϕ48	kg	3.09	19.360	2.000
	372308800	普通扣件	套	5.00	6.203	—
	050303200	垫木	m³	854.70	—	0.003
	002000010	其他材料费	元	—	—	82.81
机械	990901020	交流弧焊机 32kV·A	台班	85.07	—	2.514
	990919010	电焊条烘干箱 450×350×450	台班	17.13	—	0.251

H.2.2.4 门架式钢支架

工作内容:1.置放支架垫木,安拆钢管支架,调整钢管上端丝杠托盘,吊装万能杆件横梁与支架托盘上。
2.门架式万能杆件支架搭拆,搭拆临时脚手架,安拆杆件,清理分类堆放。

定额编号					DH0044	DH0045	DH0046
项目名称					满堂式支架搭拆	门架式万能杆件支架搭拆	门式万能杆件 每使用1个月
单位					100m³	10t	
费用	综合单价(元)				**4096.27**	**13174.77**	**623.93**
	其中	人工费(元)			1905.60	6028.80	—
		材料费(元)			672.74	784.04	623.93
		施工机具使用费(元)			257.64	1800.55	—
		企业管理费(元)			845.39	3059.71	—
		利润(元)			371.64	1345.08	—
		一般风险费(元)			43.26	156.59	—
	编码	名称	单位	单价(元)	消耗量		
人工	000300090	架子综合工	工日	120.00	15.880	50.240	—
材料	050100500	原木	m³	982.30	0.040	—	—
	050303800	木材 锯材	m³	1547.01	0.194	0.230	—
	170100500	焊接钢管 综合	t	3120.00	0.067	—	—
	350300900	万能杆件	t	3119.66	0.031	0.090	0.200
	030125950	带帽螺栓综合	kg	7.45	—	3.820	—
	002000010	其他材料费	元	—	27.58	119.00	—
机械	990304020	汽车式起重机 20t	台班	968.56	0.266	1.859	—

H.2.2.5 军用梁支架

工作内容：军用梁拼装、拆除；搭拆临时脚手架，安拆杆件，材料清理分类堆放。 **计量单位：**10t

定额编号					DH0047	DH0048	DH0049
项目名称					军用梁安装、拆除		军用梁支架
					脚手架用(跨度)		每使用1个月
					≤20m	≤40m	
费用	综合单价（元）				**12528.13**	**8464.27**	**1360.00**
	其中	人工费（元）			7185.60	5115.60	—
		材料费（元）			1156.20	368.32	1360.00
		施工机具使用费（元）			—	—	—
		企业管理费（元）			2808.13	1999.18	—
		利润（元）			1234.49	878.86	—
		一般风险费（元）			143.71	102.31	—
	编码	名称	单位	单价(元)	消耗量		
人工	000300090	架子综合工	工日	120.00	59.880	42.630	—
材料	050303800	木材 锯材	m^3	1547.01	0.360	0.071	—
	010500020	钢丝绳	kg	5.60	7.300	7.300	—
	370502400	木枕 Ⅱ类	根	160.00	2.640	0.510	—
	330104200	军用梁	t	6800.00	0.020	0.020	0.200

H.2.2.6 支架预压

工作内容：备料、装袋；堆载、预压、卸载、清理等。 **计量单位：**10t

定额编号					DH0050
项目名称					支架预压
费用	综合单价（元）				**860.04**
	其中	人工费（元）			310.50
		材料费（元）			285.55
		施工机具使用费（元）			52.51
		企业管理费（元）			141.86
		利润（元）			62.36
		一般风险费（元）			7.26
	编码	名称	单位	单价(元)	消耗量
人工	000700010	市政综合工	工日	115.00	2.700
材料	040300160	中粗砂	m^3	134.87	1.530
	022900300	麻袋	个	1.98	40.000
机械	990304001	汽车式起重机 5t	台班	473.39	0.035
	990302015	履带式起重机 15t	台班	704.65	0.051

H.2.2.7 钢管支架

工作内容:1.钢管桩安装、焊接,平台钢板、型钢等加工。
2.起重机吊装立柱,现场栓接、焊接,横向连接焊接及其拆除。
3.平台搭设与拆除。

					DH0051	DH0052
定额编号					DH0051	DH0052
项目名称					钢管支架下部	钢管支架上部
单位					10t	100m²
费用	综合单价(元)				**19634.53**	**72956.58**
	其中	人工费(元)			7603.20	25075.20
		材料费(元)			2408.32	17221.33
		施工机具使用费(元)			3281.55	10142.32
		企业管理费(元)			4253.76	13763.01
		利润(元)			1870.00	6050.37
		一般风险费(元)			217.70	704.35
	编码	名称	单位	单价(元)	消耗量	
人工	000300090	架子综合工	工日	120.00	63.360	208.960
材料	050100500	原木	m^3	982.30	—	0.167
	050303800	木材 锯材	m^3	1547.01	—	0.209
	010000100	型钢 综合	t	3085.47	—	2.329
	012900010	钢板 综合	t	3210.00	—	0.861
	031350010	低碳钢焊条 综合	kg	4.19	5.500	6.800
	330101100	钢管桩	t	2222.22	1.040	—
	032130010	铁件 综合	kg	3.68	0.100	—
	002000010	其他材料费	元	—	73.80	131.90
	002000080	设备摊销费	元	—	—	6623.70
机械	990401055	载重汽车 20t	台班	833.38	1.290	3.987
	990304032	汽车式起重机 32t	台班	1190.79	1.274	3.938
	990503030	电动卷扬机 单筒慢速 50kN	台班	192.37	2.580	7.974
	990901020	交流弧焊机 32kV·A	台班	85.07	2.270	7.010

注:1.钢管支架上部定额中每100m² 综合的金属设备质量为18.4t,设备摊销费系按每吨每月90元,并按使用4个月编制的,如金属设备质量、实际施工期与定额不同时,可予以调整。
2.钢管支架下部定额中钢管桩消耗量为陆地上搭设钢管桩支架的消耗,若为水中搭设钢管桩或用于索塔横梁的现浇支架时,应将定额中的钢管桩消耗量调整为3.467t,其余消耗量不变。
3.钢管支架下部定额中不包括基础、地基加固,发生时按已批准的施工组织设计另行计算。

H.3 围堰(编码:041103)

H.3.1 围堰(编码:041103001)

H.3.1.1 土石围堰

工作内容:1.清理基地,50m 以内取土、运土、填土、拆除、清理。
2.土石围堰还包括块(片)石干砌、堆筑。
3.袋装围堰还包括装土、封袋、堆筑。

计量单位:$100m^3$

定额编号					DH0053	DH0054	DH0055
项目名称					土石围堰		
					筑土围堰	土石围堰	袋装围堰
费用	**综合单价(元)**				**19741.16**	**35593.14**	**18199.42**
费用	其中	人工费(元)			10482.37	16103.22	8772.09
费用	其中	材料费(元)			2115.08	9195.03	3280.03
费用	其中	施工机具使用费(元)			655.05	577.00	655.05
费用	其中	企业管理费(元)			4352.50	6518.63	3684.13
费用	其中	利润(元)			1913.41	2865.66	1619.58
费用	其中	一般风险费(元)			222.75	333.60	188.54
	编码	名称	单位	单价(元)	消耗量		
人工	000700010	市政综合工	工日	115.00	91.151	140.028	76.279
材料	040900900	粘土	m^3	17.48	121.000	40.070	93.000
材料	040502260	砂砾石	m^3	108.80	—	14.940	—
材料	041100310	块(片)石	m^3	77.67	—	88.440	—
材料	022900300	麻袋	个	1.98	—	—	803.100
材料	002000010	其他材料费	元	—	—	—	64.25
机械	990123020	电动夯实机 200~620N·m	台班	27.58	2.090	0.661	2.090
机械	991216010	工程驳船 50t	台班	297.22	2.010	1.880	2.010

H.3.1.2 钢桩围堰

工作内容:安挡土篱笆、挂草帘、铁丝固定,50m 以内取土、夯实、拆除清理。

计量单位:10m

定额编号					DH0056	DH0057	DH0058
项目名称					双排钢桩围堰		
					高度(m 以内)		
					4	5	6
费用	**综合单价(元)**				**50111.18**	**63062.92**	**81834.16**
费用	其中	人工费(元)			13911.48	18098.64	27102.12
费用	其中	材料费(元)			27119.33	33205.18	37187.99
费用	其中	施工机具使用费(元)			616.42	767.62	1108.53
费用	其中	企业管理费(元)			5677.50	7372.93	11024.72
费用	其中	利润(元)			2495.89	3241.22	4846.59
费用	其中	一般风险费(元)			290.56	377.33	564.21
	编码	名称	单位	单价(元)	消耗量		
人工	000700040	吊装综合工	工日	120.00	115.929	150.822	225.851
材料	010000100	型钢 综合	t	3085.47	7.776	9.504	10.370
材料	040900900	粘土	m^3	17.48	105.300	131.630	189.540
材料	053300100	竹篱片	m^2	12.82	82.840	103.100	123.720
材料	023300410	草帘	m^2	1.64	83.360	104.200	125.040
材料	002000010	其他材料费	元	—	87.35	87.35	87.35
机械	990123020	电动夯实机 200~620N·m	台班	27.58	2.090	2.615	3.768
机械	991216010	工程驳船 50t	台班	297.22	1.880	2.340	3.380

H.3.1.3 钢板桩围堰

工作内容:50m 以内取土、夯填、压草袋、拆除清理。　　　　计量单位:10m

定额编号					DH0059	DH0060	DH0061
项目名称					双排钢板桩围堰		
					高度(m 以内)		
					4	5	6
费用	综合单价(元)				**73588.01**	**92046.54**	**111717.64**
	其中	人工费(元)			12426.72	17092.68	25725.12
		材料费(元)			52934.34	63766.30	69229.80
		施工机具使用费(元)			623.75	776.80	1121.74
		企业管理费(元)			5100.12	6983.39	10491.75
		利润(元)			2242.07	3069.98	4612.29
		一般风险费(元)			261.01	357.39	536.94
	编码	名称	单位	单价(元)	消耗量		
人工	000700040	吊装综合工	工日	120.00	103.556	142.439	214.376
材料	040900900	粘土	m^3	17.48	103.080	128.580	185.000
	330100600	钢板桩	t	2264.96	20.671	25.261	27.557
	023300100	草袋	个	1.97	167.000	209.000	301.000
	002000020	其他材料费	元	—	3984.52	3891.84	2987.53
机械	990123020	电动夯实机 200~620N·m	台班	27.58	2.356	2.948	4.247
	991216010	工程驳船 50t	台班	297.22	1.880	2.340	3.380

H.3.1.4 钢套箱围堰

工作内容:底部金属结构制作、安装;侧面及内部万能杆件、支撑架拼装、拆除,悬吊系统制作、安装、拆除,钢套箱整体悬吊定位、下沉。

计量单位:10t 钢套箱

定额编号					DH0062	DH0063
项目名称					钢套箱围堰	
					有底模	无底模
费用	综合单价(元)				**71498.10**	**51626.58**
	其中	人工费(元)			25416.00	21123.00
		材料费(元)			20342.09	9694.31
		施工机具使用费(元)			6908.03	5372.81
		企业管理费(元)			12632.23	10354.56
		利润(元)			5553.27	4551.98
		一般风险费(元)			646.48	529.92
	编码	名称	单位	单价(元)	消耗量	
人工	000700040	吊装综合工	工日	120.00	211.800	176.025
材料	050100500	原木	m^3	982.30	0.060	0.054
	010100013	钢筋	t	3070.18	0.068	—
	012900010	钢板 综合	t	3210.00	0.193	0.012
	010500030	钢丝绳	t	5598.29	0.002	0.003
	010000100	型钢 综合	t	3085.47	0.054	0.071
	170100800	钢管	t	3085.00	0.036	—
	040500070	碎石 20~60	t	67.96	—	11.130
	032130010	铁件 综合	kg	3.68	7.800	0.500
	031350010	低碳钢焊条 综合	kg	4.19	6.900	2.000
	330103300	钢围堰	t	2820.51	4.547	1.817
	002000010	其他材料费	元	—	322.40	141.30
	002000080	设备摊销费	元	—	5961.10	3334.10
机械	990304012	汽车式起重机 12t	台班	797.85	2.124	0.513
	990502020	电动卷扬机 双筒快速 30kN	台班	241.26	11.012	11.863
	990503030	电动卷扬机 单筒慢速 50kN	台班	192.37	2.751	2.966
	990803020	电动多级离心清水泵 出口直径 100mm 扬程 120m 以下	台班	154.20	—	0.761
	990901020	交流弧焊机 32kV·A	台班	85.07	0.770	0.220
	991210010	潜水设备	台班	88.94	1.200	2.960
	991215010	内燃拖轮 44kW	台班	893.10	0.800	0.490
	991216020	工程驳船 100t	台班	475.30	2.400	1.460

注:定额中设备摊销费系按每吨每月 90 元,并按使用 4 个月编制的,如实际施工期与定额不同时,可予以调整。

H.3.1.5 **双壁钢围堰**

工作内容：1.下河、安装拼接、脚手架搭拆、刃脚压浆、灌水试验、抽水堵漏。
2.杆件制安拆、船舱加固、脚手架搭拆。
3.起吊塔吊及辅助吊架制安拆。

定额编号					DH0064	DH0065	DH0066
项目名称					双壁钢围堰	拼装船组拼拆除	下沉设备制安拆
单位					t	次	1个墩
费用	综合单价（元）				**8790.53**	**116553.86**	**239507.59**
费用	其中	人工费（元）			1350.96	25088.40	105604.20
费用	其中	材料费（元）			1883.08	19523.94	49396.72
费用	其中	施工机具使用费（元）			3013.66	36222.05	14521.46
费用	其中	企业管理费（元）			1705.70	23960.12	46945.11
费用	其中	利润（元）			749.84	10533.14	20637.59
费用	其中	一般风险费（元）			87.29	1226.21	2402.51
	编码	名称	单位	单价(元)	消耗量		
人工	000700040	吊装综合工	工日	120.00	11.258	209.070	880.035
材料	040100120	普通硅酸盐水泥 P.O 32.5	kg	0.30	7.920	8.680	—
材料	050100500	原木	m^3	982.30	—	—	1.062
材料	050303800	木材 锯材	m^3	1547.01	0.080	4.399	1.062
材料	040300160	中粗砂	m^3	134.87	0.010	—	—
材料	010000100	型钢 综合	t	3085.47	—	2.334	9.128
材料	032130010	铁件 综合	kg	3.68	2.000	161.250	394.400
材料	330103300	钢围堰	t	2820.51	0.600	—	—
材料	370502400	木枕 Ⅱ类	根	160.00	—	12.000	—
材料	350300900	万能杆件	t	3119.66	—	—	3.157
材料	143900700	氧气	m^3	3.26	1.800	85.710	225.370
材料	143901000	乙炔气	kg	12.01	0.751	57.160	93.790
材料	030125950	带帽螺栓综合	kg	7.45	—	174.700	342.800
材料	031350010	低碳钢焊条 综合	kg	4.19	8.000	160.080	425.900
材料	002000010	其他材料费	元	—	7.52	63.00	1046.76
机械	991003060	电动空气压缩机 $9m^3/min$	台班	324.86	0.134	—	—
机械	990304016	汽车式起重机 16t	台班	898.02	0.053	3.372	2.301
机械	990302025	履带式起重机 25t	台班	764.02	0.310	2.434	—
机械	990309030	门式起重机 20t	台班	604.77	—	0.956	—
机械	990310040	桅杆式起重机 40t	台班	686.25	0.186	—	5.744
机械	990509030	单速电动葫芦 5t	台班	40.43	0.204	—	—
机械	991215050	内燃拖轮 294kW	台班	2703.61	0.170	3.670	—
机械	991216050	工程驳船 400t	台班	748.64	1.170	24.750	—
机械	991216060	工程驳船 600t	台班	838.78	1.040	—	—
机械	991216040	工程驳船 300t	台班	706.36	0.260	—	—
机械	990502020	电动卷扬机 双筒快速 30kN	台班	241.26	—	—	11.894
机械	990901040	交流弧焊机 42kV·A	台班	118.13	1.340	18.970	46.480
机械	990727010	立式钻床 钻孔直径 25mm	台班	6.66	—	9.629	22.983

H.3.1.6 沉井制作及拼装

H.3.1.6.1 重力式沉井、钢丝网水泥薄壁浮运沉井

工作内容：1.脚手架、踏步、底垫木的搭设、拆除。
2.刃脚及骨架的制作、绑扎、焊接。
3.组合钢模组拼拆、安装、拆除、修理、脱模剂、堆放。
4.混凝土配合料运输、拌和、运输、浇筑、振捣及养生。
5.钢丝网水泥薄壁沉井铁丝的铺贴固定及井壁、隔墙、隔板水泥砂浆抹面。

定额编号					DH0067	DH0068	DH0069	DH0070	DH0071
项目名称					重力式沉井			钢丝网水泥薄壁浮运沉井	
					自拌砼	商品砼	模板	制作	刃脚及骨架
单位					$10m^3$			$10m^2$ 底面积	1t 钢材
费用	综合单价（元）				**5177.46**	**3956.03**	**2391.86**	**14088.26**	**7352.87**
	其中	人工费（元）			1461.42	767.97	1050.60	6477.00	2182.80
		材料费（元）			2395.08	2740.64	260.05	3510.83	3487.74
		施工机具使用费（元）			296.69	—	296.43	206.58	259.46
		企业管理费（元）			687.07	300.12	526.42	2611.94	954.44
		利润（元）			302.04	131.94	231.42	1148.24	419.58
		一般风险费（元）			35.16	15.36	26.94	133.67	48.85
	编码	名称	单位	单价(元)	消耗量				
人工	000300060	模板综合工	工日	120.00	—	—	8.755	—	—
	000300080	混凝土综合工	工日	115.00	12.708	6.678	—	—	—
	000700040	吊装综合工	工日	120.00	—	—	—	53.975	18.190
材料	800218020	砼 C20(塑、特、碎 5～31.5、坍 55～70)	m^3	234.26	10.150	—	—	0.120	—
	810304010	锚固砂浆 M30	m^3	382.05	—	—	—	2.110	—
	840201140	商品砼	m^3	266.99	—	10.200	—	—	—
	050100500	原木	m^3	982.30	—	—	0.034	0.011	—
	050303800	木材 锯材	m^3	1547.01	—	—	0.034	0.250	—
	010100013	钢筋	t	3070.18	—	—	—	0.183	0.089
	012900010	钢板 综合	t	3210.00	—	—	—	—	0.089
	010000100	型钢 综合	t	3085.47	—	—	0.024	0.027	0.929
	170101000	钢管	kg	3.12	—	—	5.000	12.000	—
	350100300	组合钢模板	kg	4.53	—	—	12.000	—	—
	010302000	镀锌铁丝 18#～22#	kg	3.08	—	—	—	508.800	—
	032130010	铁件 综合	kg	3.68	—	—	6.500	0.600	—
	031350010	低碳钢焊条 综合	kg	4.19	—	—	0.600	5.100	14.600
	341100100	水	m^3	4.42	3.760	3.760	—	—	—
	002000010	其他材料费	元	—	0.72	0.72	3.61	5.76	1.23
机械	990304012	汽车式起重机 12t	台班	797.85	—	—	0.363	0.009	—
	990406010	机动翻斗车 1t	台班	188.07	1.012	—	—	—	—
	990503030	电动卷扬机 单筒慢速 50kN	台班	192.37	—	—	—	0.115	—
	990602020	双锥反转出料混凝土搅拌机 350L	台班	226.31	0.470	—	—	0.009	—
	990901020	交流弧焊机 32kV·A	台班	85.07	—	—	0.080	2.060	3.050

H.3.1.6.2 钢壳沉井

工作内容:1.脚手架、踏步、底垫木的搭设、拆除。
2.钢壳沉井拼装,刃脚压浆及灌水试验。
3.拼装船杆件制作、安装、拆除,船舱加固,脚手架搭拆。

定额编号					DH0072	DH0073	DH0074
项目名称					钢壳沉井		拼装船拼装、拆除
					船坞拼装	船上拼装	
单位					10t		1次
费用	综合单价(元)				**64737.83**	**73362.09**	**120629.71**
	其中	人工费(元)			14708.40	15300.00	28437.60
		材料费(元)			36902.40	36902.40	25148.23
		施工机具使用费(元)			2880.02	7737.84	31894.44
		企业管理费(元)			6873.55	9003.19	23577.76
		利润(元)			3021.69	3957.90	10365.04
		一般风险费(元)			351.77	460.76	1206.64
	编码	名称	单位	单价(元)	消耗量		
人工	000700040	吊装综合工	工日	120.00	122.570	127.500	236.980
材料	040100013	水泥 32.5	t	299.15	0.080	0.080	—
	050100500	原木	m^3	982.30	—	—	8.680
	050303800	木材 锯材	m^3	1547.01	0.800	0.800	4.399
	012900010	钢板 综合	t	3210.00	—	—	0.664
	010000100	型钢 综合	t	3085.47	—	—	1.669
	040300750	特细砂	m^3	83.31	0.110	0.110	—
	032130010	铁件 综合	kg	3.68	20.000	20.000	336.000
	031350010	低碳钢焊条 综合	kg	4.19	80.000	80.000	160.000
	330103400	钢壳沉井	t	3504.27	10.000	10.000	—
	002000010	其他材料费	元	—	180.20	180.20	628.60
机械	990303040	轮胎式起重机 25t	台班	963.44	1.151	1.151	3.195
	990304012	汽车式起重机 12t	台班	797.85	0.531	0.531	3.372
	990901020	交流弧焊机 32kV·A	台班	85.07	10.100	10.100	18.970
	991003070	电动空气压缩机 $10m^3/min$	台班	363.27	1.344	1.344	—
	991215040	内燃拖轮 221kW	台班	2240.93	—	0.170	2.670
	991216050	工程驳船 400t	台班	748.64	—	5.980	24.750

H.3.1.7 沉井浮运、定位落床

H.3.1.7.1 沉井下水、浮运、接高

工作内容：1.下水轨道：铺设轨道，校正轨道，拆除轨道。
2.沉井下水：拆除制动设备，下滑，下水，浮起。
3.无导向船浮运：地笼制作、埋设、船坞注水，沉井浮起并运到墩位。
4.有导向船浮运：套进导向船，固定位置，浮运到墩位。
5.沉井接高：沉井装船，固定，浮运到墩位，起吊，对接，校正位置。
6.定位落床：定位船、导向船设备安拆及定位船、导向船的定位，沉井定位落床。 **计量单位**：10m² 沉井底面积

定额编号					DH0075	DH0076	DH0077	DH0078	DH0079
项目名称					沉井下水		沉井浮运		沉井接高
					下水轨道	沉井下水	无导向船	有导向船	
费用	综合单价（元）				**2673.74**	**1454.51**	**1297.65**	**1510.31**	**2798.32**
费用	其中	人工费（元）			1122.00	479.40	387.60	326.40	489.60
费用	其中	材料费（元）			848.47	234.43	244.25	430.51	151.55
费用	其中	施工机具使用费（元）			31.34	291.53	278.02	355.89	1182.82
费用	其中	企业管理费（元）			450.72	301.28	260.12	266.64	653.58
费用	其中	利润（元）			198.14	132.45	114.35	117.22	287.32
费用	其中	一般风险费（元）			23.07	15.42	13.31	13.65	33.45
	编码	名称	单位	单价(元)	消耗量				
人工	000700040	吊装综合工	工日	120.00	9.350	3.995	3.230	2.720	4.080
材料	800218020	砼 C20(塑、特、碎 5～31.5、坍 55～70)	m³	234.26	—	0.100	0.190	—	—
材料	040100013	水泥 32.5	t	299.15	0.189	—	—	—	—
材料	050100500	原木	m³	982.30	—	0.010	0.009	—	—
材料	050303800	木材 锯材	m³	1547.01	—	0.057	0.003	0.055	0.013
材料	050302650	枕木	m³	683.76	0.274	—	—	—	—
材料	010100013	钢筋	t	3070.18	—	0.003	0.006	—	—
材料	012900010	钢板 综合	t	3210.00	—	—	—	—	0.001
材料	010500030	钢丝绳	t	5598.29	0.001	0.009	0.022	0.009	0.008
材料	010000100	型钢 综合	t	3085.47	—	0.002	—	0.073	0.011
材料	370100010	钢轨	t	4145.30	0.040	—	—	—	—
材料	040300750	特细砂	m³	83.31	1.064	—	—	—	—
材料	040500209	碎石 5～40	t	67.96	2.430	—	—	—	—
材料	041100310	块(片)石	m³	77.67	0.580	0.490	0.510	—	—
材料	032130010	铁件 综合	kg	3.68	0.500	1.200	0.100	1.800	—
材料	031350010	低碳钢焊条 综合	kg	4.19	—	0.300	—	0.400	—
材料	002000010	其他材料费	元	—	132.50	3.50	4.70	61.50	49.50
机械	990503030	电动卷扬机 单筒慢速 50kN	台班	192.37	0.044	0.177	0.274	—	0.372
机械	990602020	双锥反转出料混凝土搅拌机 350L	台班	226.31	—	0.004	0.009	—	—
机械	990801030	电动单级离心清水泵 出口直径 150mm	台班	56.20	0.407	—	—	—	—
机械	990901020	交流弧焊机 32kV·A	台班	85.07	—	0.080	—	0.130	—
机械	991215010	内燃拖轮 44kW	台班	893.10	—	—	0.250	—	—
机械	991215030	内燃拖轮 147kW	台班	1771.79	—	0.090	—	0.090	—
机械	991215040	内燃拖轮 221kW	台班	2240.93	—	—	—	—	0.200
机械	991216020	工程驳船 100t	台班	475.30	—	0.190	—	0.390	0.450
机械	991216050	工程驳船 400t	台班	748.64	—	—	—	—	0.600

工作内容:1.下水轨道:铺设轨道,校正轨道,拆除轨道。
2.沉井下水:拆除制动设备,下滑,下水,浮起。
3.无导向船浮运:地笼制作、埋设、船坞注水,沉井浮起并运到墩位。
4.有导向船浮运:套进导向船,固定位置,浮运到墩位。
5.沉井接高:沉井装船,固定,浮运到墩位,起吊,对接,校正位置。
6.定位落床:定位船、导向船设备安拆及定位船、导向船的定位,沉井定位落床。

计量单位:10t

定额编号					DH0080
项目名称					导向船质检联接梁
费用	**综合单价(元)**				**17999.09**
	其中	人工费(元)			3162.00
		材料费(元)			4929.18
		施工机具使用费(元)			5096.51
		企业管理费(元)			3227.42
		利润(元)			1418.81
		一般风险费(元)			165.17
	编码	名称	单位	单价(元)	消耗量
人工	000700040	吊装综合工	工日	120.00	26.350
材料	012900010	钢板 综合	t	3210.00	0.009
	010500030	钢丝绳	t	5598.29	0.007
	010000100	型钢 综合	t	3085.47	0.325
	032130010	铁件 综合	kg	3.68	59.500
	031350010	低碳钢焊条 综合	kg	4.19	5.100
	002000010	其他材料费	元	—	18.00
	002000080	设备摊销费	元	—	3600.00
机械	990304040	汽车式起重机 50t	台班	2390.17	0.469
	990403025	平板拖车组 30t	台班	1169.86	0.170
	990901020	交流弧焊机 32kV·A	台班	85.07	2.490
	991216060	工程驳船 600t	台班	838.78	4.250

注:定额中设备摊销费系按每吨每月 90 元,并按使用 4 个月编制的,如实际施工期与定额不同时,可予以调整。

H.3.1.7.2 沉井定位落床

工作内容: 1.下水轨道:铺设轨道,校正轨道,拆除轨道。
2.沉井下水:拆除制动设备,下滑,下水,浮起。
3.无导向船浮运:地笼制作、埋设、船坞注水,沉井浮起并运到墩位。
4.有导向船浮运:套进导向船,固定位置,浮运到墩位。
5.沉井接高:沉井装船,固定,浮运到墩位,起吊,对接,校正位置。
6.定位落床:定位船、导向船设备安拆及定位船、导向船的定位,沉井定位落床。 **计量单位:** $10m^2$ 沉井底面积

定额编号					DH0081	DH0082	DH0083	DH0084
项目名称					沉井定位落床			
					无导向船	有导向船		
						水深		
						10m	20m	40m
费用	综合单价(元)				**6649.43**	**13525.12**	**17708.55**	**31084.78**
	其中	人工费(元)			3111.00	4906.20	5824.20	7925.40
		材料费(元)			283.39	1600.63	3309.20	11421.43
		施工机具使用费(元)			911.52	2628.55	3274.34	4499.31
		企业管理费(元)			1572.00	2944.58	3555.71	4855.58
		利润(元)			691.07	1294.47	1563.13	2134.57
		一般风险费(元)			80.45	150.69	181.97	248.49
	编码	名称	单位	单价(元)	消耗量			
人工	000700040	吊装综合工	工日	120.00	25.925	40.885	48.535	66.045
材料	800218020	砼 C20(塑、特、碎 5~31.5、坍 55~70)	m^3	234.26	0.310	—	—	—
	050100500	原木	m^3	982.30	0.010	0.001	0.002	0.005
	050303800	木材 锯材	m^3	1547.01	0.006	0.036	0.038	0.108
	010100013	钢筋	t	3070.18	0.010	—	—	—
	012900010	钢板 综合	t	3210.00	—	0.196	0.251	0.674
	010500030	钢丝绳	t	5598.29	0.021	0.113	0.320	1.277
	010000100	型钢 综合	t	3085.47	—	0.028	0.130	0.498
	032130010	铁件 综合	kg	3.68	0.100	1.700	2.400	6.200
	041100310	块(片)石	m^3	77.67	0.550	0.210	0.290	0.380
	031350010	低碳钢焊条 综合	kg	4.19	—	4.900	5.900	14.700
	002000010	其他材料费	元	—	0.31	152.70	194.10	286.40
机械	990302015	履带式起重机 15t	台班	704.65	—	0.124	0.204	0.425
	990502030	电动卷扬机 双筒快速 50kN	台班	270.50	—	0.296	0.600	0.896
	990503030	电动卷扬机 单筒慢速 50kN	台班	192.37	0.556	0.152	0.269	0.305
	990602020	双锥反转出料混凝土搅拌机 350L	台班	226.31	0.014	—	—	—
	990801030	电动单级离心清水泵 出口直径 150mm	台班	56.20	0.593	0.292	0.593	0.885
	990901020	交流弧焊机 32kV·A	台班	85.07	—	0.780	0.930	2.240
	991003070	电动空气压缩机 $10m^3/min$	台班	363.27	—	0.045	0.090	0.134
	991215010	内燃拖轮 44kW	台班	893.10	0.860	—	—	—
	991215040	内燃拖轮 221kW	台班	2240.93	—	0.530	0.600	—
	991215050	内燃拖轮 294kW	台班	2703.61	—	—	—	0.690
	991216030	工程驳船 200t	台班	650.60	—	1.760	—	—
	991216040	工程驳船 300t	台班	706.36	—	—	2.020	—
	991216050	工程驳船 400t	台班	748.64	—	—	—	2.330

H.3.1.7.3 锚碇系统

工作内容：制锚、抛锚、起锚的全部操作。

计量单位：1个锚

		定额编号			DH0085	DH0086	DH0087	DH0088	DH0089
		项目名称			锚碇系统				铁锚
					锚碇质量(t)				
					15	25	35	45	
费用		综合单价（元）			40768.34	52666.95	77340.73	88018.83	28767.56
	其中	人工费（元）			7966.20	10883.40	16003.80	18717.00	4641.00
		材料费（元）			8848.71	15371.73	22760.21	28441.62	11993.58
		施工机具使用费（元）			12202.91	12682.39	18484.08	18928.15	5958.00
		企业管理费（元）			7882.09	9209.51	13477.86	14711.72	4142.09
		利润（元）			3465.05	4048.60	5925.02	6467.44	1820.91
		一般风险费（元）			403.38	471.32	689.76	752.90	211.98
	编码	名称	单位	单价(元)	消耗量				
人工	000700040	吊装综合工	工日	120.00	66.385	90.695	133.365	155.975	38.675
材料	800218020	砼 C20(塑、特、碎 5～31.5、坍 55～70)	m^3	234.26	6.500	10.500	15.300	19.400	—
	050100500	原木	m^3	982.30	0.013	0.020	0.027	0.033	0.003
	050303800	木材 锯材	m^3	1547.01	0.143	0.236	0.328	0.408	0.010
	010100013	钢筋	t	3070.18	0.502	1.425	1.968	2.306	—
	012900010	钢板 综合	t	3210.00	—	0.336	0.379	0.526	—
	010500030	钢丝绳	t	5598.29	0.200	0.200	0.200	0.200	0.629
	010000100	型钢 综合	t	3085.47	0.350	—	—	—	—
	032130010	铁件 综合	kg	3.68	9.200	15.100	21.400	26.700	0.500
	031350010	低碳钢焊条 综合	kg	4.19	3.100	8.900	12.300	14.400	—
	330103700	锚链	t	3589.74	0.871	1.575	2.754	3.602	0.790
	010302000	镀锌铁丝 18#～22#	kg	3.08	2.500	7.100	9.800	11.500	—
	341100100	水	m^3	4.42	3.760	4.200	5.590	6.510	—
	002000010	其他材料费	元	—	23.40	36.90	62.40	62.40	3.90
	002000080	设备摊销费	元	—	130.00	130.00	130.00	130.00	5612.20
机械	990302015	履带式起重机 15t	台班	704.65	0.142	0.239	0.354	0.451	0.469
	990302025	履带式起重机 25t	台班	764.02	0.460	—	0.460	—	—
	990302035	履带式起重机 40t	台班	1235.46	—	0.460	0.460	0.929	—
	990406010	机动翻斗车 1t	台班	188.07	0.645	1.048	1.523	1.926	—
	990502030	电动卷扬机 双筒快速 50kN	台班	270.50	2.381	2.381	3.098	3.098	1.602
	990503030	电动卷扬机 单筒慢速 50kN	台班	192.37	4.876	4.876	6.310	6.310	2.168
	990602020	双锥反转出料混凝土搅拌机 350L	台班	226.31	0.302	0.497	0.718	0.914	—
	990901020	交流弧焊机 32kV·A	台班	85.07	0.310	0.890	1.230	1.440	—
	990910050	对焊机 100kV·A	台班	138.88	0.100	0.280	0.380	0.450	—
	991215030	内燃拖轮 147kW	台班	1771.79	2.560	2.560	—	—	1.560
	991215040	内燃拖轮 221kW	台班	2240.93	—	—	3.340	3.340	—
	991216040	工程驳船 300t	台班	706.36	7.650	7.650	—	—	2.850
	991216050	工程驳船 400t	台班	748.64	—	—	9.580	9.580	—

注：定额中设备摊销费系按每吨每月90元，并按使用4个月编制的，如金属设备质量、实际施工期与定额不同时，可予以调整。

H.3.1.7.4 井壁砼(非泵送)

工作内容:1.自拌混凝土:搅拌混凝土、水平运输、浇筑、振捣。

2.商品混凝土:浇筑、振捣、养护。

计量单位:$10m^3$

定额编号					DH0090	DH0091	DH0092	DH0093
项目名称					井壁砼			
					非泵送			
					普通砼		水下砼	
					自拌砼	商品砼	自拌砼	商品砼
费用	综合单价(元)				**6470.52**	**4902.83**	**8070.39**	**5151.85**
	其中	人工费(元)			2147.63	1364.13	2346.00	1522.83
		材料费(元)			2398.40	2743.96	3586.35	2741.82
		施工机具使用费(元)			425.43	—	487.33	—
		企业管理费(元)			1005.55	533.10	1107.27	595.12
		利润(元)			442.05	234.36	486.77	261.62
		一般风险费(元)			51.46	27.28	56.67	30.46
	编码	名称	单位	单价(元)	消耗量			
人工	000300080	混凝土综合工	工日	115.00	18.675	11.862	20.400	13.242
材料	800218020	砼 C20(塑、特、碎 5~31.5、坍 55~70)	m^3	234.26	10.150	—	—	—
	840201140	商品砼	m^3	266.99	—	10.200	—	10.200
	840201080	水下砼	m^3	349.51	—	—	10.150	—
	341100100	水	m^3	4.42	4.200	4.200	3.760	3.760
	002000010	其他材料费	元	—	2.10	2.10	1.90	1.90
	002000080	设备摊销费	元	—	—	—	20.30	—
机械	990406010	机动翻斗车 1t	台班	188.07	1.012	—	1.012	—
	990503030	电动卷扬机 单筒慢速 50kN	台班	192.37	0.496	—	0.991	—
	990602020	双锥反转出料混凝土搅拌机 350L	台班	226.31	0.470	—	0.470	—
	990801030	电动单级离心清水泵 出口直径 150mm	台班	56.20	0.593	—	—	—

H.3.1.7.5 井壁砼(泵送)

工作内容:1.自拌泵送混凝土:搅拌混凝土、水平运输、泵送、浇捣、养护。

2.商品混凝土:浇捣、养护。

计量单位:$10m^3$

定额编号					DH0094	DH0095	DH0096	DH0097
项目名称					井壁砼			
					普通砼		水下砼	
					自拌砼	商品砼	自拌砼	商品砼
费用	综合单价(元)				**6338.22**	**3970.36**	**5958.90**	**3865.86**
	其中	人工费(元)			1078.13	776.25	1000.50	698.63
		材料费(元)			3930.43	2741.86	3603.82	2760.22
		施工机具使用费(元)			443.28	—	487.61	—
		企业管理费(元)			594.57	303.36	581.55	273.02
		利润(元)			261.38	133.36	255.66	120.02
		一般风险费(元)			30.43	15.53	29.76	13.97
	编码	名称	单位	单价(元)	消耗量			
人工	000300080	混凝土综合工	工日	115.00	9.375	6.750	8.700	6.075
材料	800901020	砼 C25(喷、机粗、碎 5~10)	m^3	383.31	10.200	—	—	—
	840201140	商品砼	m^3	266.99	—	10.200	—	10.200
	840201080	水下砼	m^3	349.51	—	—	10.200	—
	341100100	水	m^3	4.42	4.200	4.200	3.760	3.760
	002000010	其他材料费	元	—	2.10	—	1.90	—
	002000080	设备摊销费	元	—	—	—	20.30	20.30
机械	990406010	机动翻斗车 1t	台班	188.07	1.012	—	1.012	—
	990503030	电动卷扬机 单筒慢速 50kN	台班	192.37	—	—	0.133	—
	990602020	双锥反转出料混凝土搅拌机 350L	台班	226.31	0.514	—	0.514	—
	990608025	混凝土输送泵 $60m^3/h$	台班	971.10	0.133	—	0.160	—
	990801030	电动单级离心清水泵 出口直径 150mm	台班	56.20	0.133	—	—	—

H.3.1.8 沉井下沉

H.3.1.8.1 抽水下沉

工作内容:1.搭拆工作台、三角架、运土木便道。
2.安拆卷扬机、抽水机及下井工作软梯。
3.井内抽水,人工挖土、石,卷扬机提升,人工运弃土、石至井外。
4.卷扬机带抓斗捞土或在船上履带式起重机带抓斗抓土并配潜水班及高压水泵射水下沉,将土、砂运出井外。
5.清理刃脚,保持井位正确。

计量单位:10m³

定额编号					DH0098	DH0099	DH0100	DH0101
项目名称					抽水下沉			
					人工开挖、机械抽水、卷扬机提升出土			
					下沉深度(0~5m)			
					土	砂砾石	软质岩	较硬岩
费用	**综合单价(元)**				**1737.79**	**3647.42**	**4831.94**	**6167.12**
	其中	人工费(元)			860.20	1832.87	2414.43	2981.38
		材料费(元)			48.29	48.29	48.29	209.35
		施工机具使用费(元)			207.35	441.32	608.23	783.17
		企业管理费(元)			417.20	888.75	1181.25	1471.18
		利润(元)			183.40	390.71	519.29	646.75
		一般风险费(元)			21.35	45.48	60.45	75.29
	编码	名称	单位	单价(元)	消耗量			
人工	000700010	市政综合工	工日	115.00	7.480	15.938	20.995	25.925
材料	050100500	原木	m³	982.30	0.014	0.014	0.014	0.014
	050303800	木材 锯材	m³	1547.01	0.022	0.022	0.022	0.022
	340300110	硝铵 2#	kg	9.68	—	—	—	12.300
	032102860	钢钎	kg	6.50	—	—	—	1.800
	002000010	其他材料费	元	—	0.50	0.50	0.50	30.80
机械	990503020	电动卷扬机 单筒慢速 30kN	台班	186.98	0.726	1.549	2.133	2.744
	990801030	电动单级离心清水泵 出口直径 150mm	台班	56.20	1.274	2.699	3.726	4.806

工作内容:1.搭拆工作台、三角架、运土木便道。
2.安拆卷扬机、抽水机及下井工作软梯。
3.井内抽水,人工挖土、石,卷扬机提升,人工运弃土、石至井外。
4.卷扬机带抓斗捞土或在船上履带式起重机带抓斗抓土并配潜水班及高压水泵射水下沉,将土、砂运出井外。
5.清理刃脚,保持井位正确。

计量单位:10m³

定额编号					DH0102	DH0103	DH0104	DH0105
项目名称					抽水下沉			
					人工开挖、机械抽水、卷扬机提升出土			
					下沉深度(5~10m)			
					土	砂砾石	软质岩	较硬岩
费用	**综合单价(元)**				**2449.65**	**4482.04**	**5409.54**	**6871.95**
	其中	人工费(元)			1221.88	2256.07	2707.68	3333.28
		材料费(元)			48.29	48.29	48.29	209.35
		施工机具使用费(元)			295.47	545.49	679.95	876.63
		企业管理费(元)			592.98	1094.85	1323.88	1645.23
		利润(元)			260.68	481.31	581.99	723.26
		一般风险费(元)			30.35	56.03	67.75	84.20
	编码	名称	单位	单价(元)	消耗量			
人工	000700010	市政综合工	工日	115.00	10.625	19.618	23.545	28.985
材料	050100500	原木	m³	982.30	0.014	0.014	0.014	0.014
	050303800	木材 锯材	m³	1547.01	0.022	0.022	0.022	0.022
	340300110	硝铵 2#	kg	9.68	—	—	—	12.300
	032102860	钢钎	kg	6.50	—	—	—	1.800
	002000010	其他材料费	元	—	0.50	0.50	0.50	30.80
机械	990503020	电动卷扬机 单筒慢速 30kN	台班	186.98	1.035	1.912	2.381	3.071
	990801030	电动单级离心清水泵 出口直径 150mm	台班	56.20	1.814	3.345	4.177	5.381

工作内容：1.搭拆工作台、三角架、运土木便道。
2.安拆卷扬机、抽水机及下井工作软梯。
3.井内抽水，人工挖土、石，卷扬机提升，人工运弃土、石至井外。
4.卷扬机带抓斗捞土或在船上履带式起重机带抓斗抓土并配潜水班及高压水泵射水下沉，将土、砂运出井外。
5.清理刃脚，保持井位正确。

计量单位：$10m^3$

定额编号					DH0106	DH0107	DH0108	DH0109
项目名称					抽水下沉			
					人工开挖、机械抽水、卷扬机提升出土			
					下沉深度(10～15m)			
					土	砂砾石	软质岩	较硬岩
费用	综合单价（元）				**3404.19**	**7229.03**	**9577.73**	**12067.80**
	其中	人工费（元）			1710.63	3655.85	4809.30	5933.43
		材料费（元）			48.29	48.29	48.29	209.35
		施工机具使用费（元）			409.87	881.45	1212.08	1559.59
		企业管理费（元）			828.69	1773.18	2353.16	2928.27
		利润（元）			364.30	779.51	1034.47	1287.30
		一般风险费（元）			42.41	90.75	120.43	149.86
	编码	名称	单位	单价(元)	消耗量			
人工	000700010	市政综合工	工日	115.00	14.875	31.790	41.820	51.595
材料	050100500	原木	m^3	982.30	0.014	0.014	0.014	0.014
	050303800	木材 锯材	m^3	1547.01	0.022	0.022	0.022	0.022
	340300110	硝铵 2#	kg	9.68	—	—	—	12.300
	032102860	钢钎	kg	6.50	—	—	—	1.800
	002000010	其他材料费	元	—	0.50	0.50	0.50	30.80
机械	990503020	电动卷扬机 单筒慢速 30kN	台班	186.98	1.434	3.089	4.248	5.460
	990801030	电动单级离心清水泵 出口直径 150mm	台班	56.20	2.522	5.407	7.434	9.585

H.3.1.8.2 静水下沉

工作内容：1.搭拆工作台、三角架、运土木便道。
2.安拆卷扬机、抽水机及下井工作软梯。
3.井内抽水，人工挖土、石，卷扬机提升，人工运弃土、石至井外。
4.卷扬机带抓斗捞土或在船上履带式起重机带抓斗抓土并配潜水班及高压水泵射水下沉，将土、砂运出井外。
5.清理刃脚，保持井位正确。

计量单位：$10m^3$

定额编号					DH0110	DH0111	DH0112	DH0113
项目名称					静水下沉			
					卷扬机带抓斗捞土			
					下沉深度(0～10m)			
					土	砂砾石	软质岩	较硬岩
费用	综合单价（元）				**1033.79**	**1810.51**	**3167.57**	**5160.85**
	其中	人工费（元）			410.55	721.40	1260.98	1847.48
		材料费（元）			24.09	37.75	69.62	386.36
		施工机具使用费（元）			227.45	398.76	696.53	1169.38
		企业管理费（元）			249.33	437.76	764.99	1178.99
		利润（元）			109.61	192.44	336.30	518.30
		一般风险费（元）			12.76	22.40	39.15	60.34
	编码	名称	单位	单价(元)	消耗量			
人工	000700010	市政综合工	工日	115.00	3.570	6.273	10.965	16.065
材料	050100500	原木	m^3	982.30	0.007	0.011	0.019	0.027
	050303800	木材 锯材	m^3	1547.01	0.011	0.017	0.031	0.042
	031391310	合金钢钻头 一字型	个	25.56	—	—	—	1.000
	340300110	硝铵 2#	kg	9.68	—	—	—	25.000
	032102860	钢钎	kg	6.50	—	—	—	1.000
	002000010	其他材料费	元	—	0.20	0.65	3.00	20.80
机械	990502030	电动卷扬机 双筒快速 50kN	台班	270.50	0.416	0.735	1.274	1.876
	990803040	电动多级离心清水泵 出口直径 150mm 扬程 180m 以下	台班	263.60	0.301	0.522	0.920	1.345
	991003070	电动空气压缩机 $10m^3/min$	台班	363.27	—	—	—	0.403
	991210010	潜水设备	台班	88.94	0.400	0.701	1.230	1.810

工作内容：1.搭拆工作台、三角架、运土木便道。
2.安拆卷扬机、抽水机及下井工作软梯。
3.井内抽水，人工挖土、石，卷扬机提升，人工运弃土、石至井外。
4.卷扬机带抓斗捞土或在船上履带式起重机带抓斗抓土并配潜水班及高压水泵射水下沉，将土、砂运出井外。
5.清理刃脚，保持井位正确。

计量单位：$10m^3$

定额编号					DH0114	DH0115	DH0116	DH0117
项目名称					静水下沉			
					卷扬机带抓斗捞土			
					下沉深度(10～20m)			
					土	砂砾石	软质岩	较硬岩
费用	综合单价（元）				1344.16	2374.11	4388.48	6715.76
	其中	人工费（元）			449.65	797.64	1476.03	2160.28
		材料费（元）			24.09	37.75	69.62	387.34
		施工机具使用费（元）			384.47	678.64	1252.93	1838.47
		企业管理费（元）			325.97	576.93	1066.48	1562.71
		利润（元）			143.30	253.62	468.84	686.99
		一般风险费（元）			16.68	29.53	54.58	79.97
	编码	名称	单位	单价(元)	消耗量			
人工	000700010	市政综合工	工日	115.00	3.910	6.936	12.835	18.785
材料	050100500	原木	m^3	982.30	0.007	0.011	0.019	0.028
	050303800	木材 锯材	m^3	1547.01	0.011	0.017	0.031	0.042
	031391310	合金钢钻头 一字型	个	25.56	—	—	—	1.000
	340300110	硝铵 $2^{\#}$	kg	9.68	—	—	—	25.000
	032102860	钢钎	kg	6.50	—	—	—	1.000
	002000010	其他材料费	元	—	0.20	0.65	3.00	20.80
机械	990502030	电动卷扬机 双筒快速 50kN	台班	270.50	0.460	0.805	1.496	2.186
	990801030	电动单级离心清水泵 出口直径 150mm	台班	56.20	0.389	0.692	1.274	1.867
	990803040	电动多级离心清水泵 出口直径 150mm 扬程 180m 以下	台班	263.60	0.434	0.761	1.398	2.053
	991003070	电动空气压缩机 $10m^3/min$	台班	363.27	0.233	0.418	0.771	1.138
	991210010	潜水设备	台班	88.94	0.440	0.782	1.440	2.110

工作内容：1.搭拆工作台、三角架、运土木便道。
2.安拆卷扬机、抽水机及下井工作软梯。
3.井内抽水，人工挖土、石，卷扬机提升，人工运弃土、石至井外。
4.卷扬机带抓斗捞土或在船上履带式起重机带抓斗抓土并配潜水班及高压水泵射水下沉，将土、砂运出井外。
5.清理刃脚，保持井位正确。

计量单位：$10m^3$

定额编号					DH0118	DH0119	DH0120	DH0121
项目名称					静水下沉			
					卷扬机带抓斗捞土			
					下沉深度(20～30m)			
					土	砂砾石	软质岩	较硬岩
费用	综合单价（元）				1791.31	3170.93	6076.34	9192.29
	其中	人工费（元）			518.08	916.90	1759.50	2580.60
		材料费（元）			24.09	37.75	69.62	386.36
		施工机具使用费（元）			598.58	1062.87	2035.98	2983.62
		企业管理费（元）			436.39	773.69	1483.27	2174.50
		利润（元）			191.84	340.12	652.06	955.93
		一般风险费（元）			22.33	39.60	75.91	111.28
	编码	名称	单位	单价(元)	消耗量			
人工	000700010	市政综合工	工日	115.00	4.505	7.973	15.300	22.440
材料	050100500	原木	m^3	982.30	0.007	0.011	0.019	0.027
	050303800	木材 锯材	m^3	1547.01	0.011	0.017	0.031	0.042
	031391310	合金钢钻头 一字型	个	25.56	—	—	—	1.000
	340300110	硝铵 $2^{\#}$	kg	9.68	—	—	—	25.000
	032102860	钢钎	kg	6.50	—	—	—	1.000
	002000010	其他材料费	元	—	0.20	0.65	3.00	20.80
机械	990502030	电动卷扬机 双筒快速 50kN	台班	270.50	0.522	0.932	1.779	2.611
	990801030	电动单级离心清水泵 出口直径 150mm	台班	56.20	0.894	1.591	3.044	4.460
	990803040	电动多级离心清水泵 出口直径 150mm 扬程 180m 以下	台班	263.60	0.558	0.992	1.903	2.788
	991003070	电动空气压缩机 $10m^3/min$	台班	363.27	0.591	1.047	2.007	2.939
	991210010	潜水设备	台班	88.94	0.510	0.894	1.720	2.520

工作内容:1.搭拆工作台、三角架、运土木便道。
2.安拆卷扬机、抽水机及下井工作软梯。
3.井内抽水,人工挖土、石,卷扬机提升,人工运弃土、石至井外。
4.卷扬机带抓斗捞土或在船上履带式起重机带抓斗抓土并配潜水班及高压水泵射水下沉,将土、砂运出井外。
5.清理刃脚,保持井位正确。

计量单位:$10m^3$

		定额编号			DH0122	DH0123	DH0124	DH0125
		项目名称			静水下沉			
					卷扬机带抓斗捞土			
					下沉深度(30~40m)			
					土	砂砾石	软质岩	较硬岩
费用		**综合单价(元)**			**2722.63**	**4814.38**	**7674.97**	**11520.05**
	其中	人工费(元)			782.00	1380.23	2199.38	3215.98
		材料费(元)			24.09	37.75	69.62	386.36
		施工机具使用费(元)			923.13	1637.99	2606.23	3819.09
		企业管理费(元)			666.37	1179.52	1878.03	2749.30
		利润(元)			292.94	518.53	825.60	1208.62
		一般风险费(元)			34.10	60.36	96.11	140.70
	编码	名称	单位	单价(元)	消耗量			
人工	000700010	市政综合工	工日	115.00	6.800	12.002	19.125	27.965
材料	050100500	原木	m^3	982.30	0.007	0.011	0.019	0.027
	050303800	木材 锯材	m^3	1547.01	0.011	0.017	0.031	0.042
	031391310	合金钢钻头 一字型	个	25.56	—	—	—	1.000
	340300110	硝铵 2#	kg	9.68	—	—	—	25.000
	032102860	钢钎	kg	6.50	—	—	—	1.000
	002000010	其他材料费	元	—	0.20	0.65	3.00	20.80
机械	990502030	电动卷扬机 双筒快速 50kN	台班	270.50	0.788	1.398	2.221	3.257
	990801030	电动单级离心清水泵 出口直径 150mm	台班	56.20	1.345	2.382	3.797	5.558
	990803040	电动多级离心清水泵 出口直径 150mm 扬程 180m 以下	台班	263.60	0.841	1.489	2.372	3.469
	991003070	电动空气压缩机 $10m^3/min$	台班	363.27	0.950	1.690	2.688	3.942
	991210010	潜水设备	台班	88.94	0.760	1.344	2.140	3.140

工作内容:1.搭拆工作台、三角架、运土木便道。
2.安拆卷扬机、抽水机及下井工作软梯。
3.井内抽水,人工挖土、石,卷扬机提升,人工运弃土、石至井外。
4.卷扬机带抓斗捞土或在船上履带式起重机带抓斗抓土并配潜水班及高压水泵射水下沉,将土、砂运出井外。
5.清理刃脚,保持井位正确。

计量单位:$10m^3$

		定额编号			DH0126
		项目名称			履带式起重机带抓斗抓砂土、粘土、砂砾
费用		**综合单价(元)**			**2650.48**
	其中	人工费(元)			58.65
		材料费(元)			8.74
		施工机具使用费(元)			1610.59
		企业管理费(元)			652.34
		利润(元)			286.78
		一般风险费(元)			33.38
	编码	名称	单位	单价(元)	消耗量
人工	000700010	市政综合工	工日	115.00	0.510
材料	050303800	木材 锯材	m^3	1547.01	0.005
	002000010	其他材料费	元	—	1.00
机械	990302010	履带式起重机 10t	台班	591.72	0.540
	990801030	电动单级离心清水泵 出口直径 150mm	台班	56.20	0.929
	990803040	电动多级离心清水泵 出口直径 150mm 扬程 180m 以下	台班	263.60	0.490
	991003070	电动空气压缩机 $10m^3/min$	台班	363.27	0.708
	991210010	潜水设备	台班	88.94	0.500
	991215020	内燃拖轮 88kW	台班	1426.17	0.060
	991216020	工程驳船 100t	台班	475.30	1.520

H.3.1.9 沉井填塞

H.3.1.9.1 封底(非泵送砼)

工作内容:1.自拌混凝土:搅拌混凝土、水平运输、浇捣、养护。
2.商品混凝土:浇捣、养护。
3.安装、拆除灌注混凝土的导管及漏斗。
4.脚手架、踏步的搭拆。

计量单位:10m³

定额编号					DH0127	DH0128	DH0129	DH0130
项目名称					封底			
					非泵送砼			
					普通砼		水下砼	
					自拌砼	商品砼	自拌砼	商品砼
费用	综合单价(元)				**6400.11**	**4368.94**	**6770.77**	**3874.52**
	其中	人工费(元)			1666.93	1026.72	1270.75	709.78
		材料费(元)			2398.50	2744.06	3575.45	2751.22
		施工机具使用费(元)			861.57	—	748.28	—
		企业管理费(元)			988.14	401.24	789.04	277.38
		利润(元)			434.40	176.39	346.87	121.94
		一般风险费(元)			50.57	20.53	40.38	14.20
	编码	名称	单位	单价(元)	消耗量			
人工	000300080	混凝土综合工	工日	115.00	14.495	8.928	11.050	6.172
材料	800218020	砼 C20(塑、特、碎 5~31.5、坍 55~70)	m³	234.26	10.150	—	—	—
	840201140	商品砼	m³	266.99	—	10.200	—	10.200
	840201080	水下砼	m³	349.51	—	—	10.150	—
	341100100	水	m³	4.42	4.200	4.200	3.760	3.760
	002000010	其他材料费	元	—	2.20	2.20	11.30	11.30
机械	990304012	汽车式起重机 12t	台班	797.85	0.708	—	0.566	—
	990406010	机动翻斗车 1t	台班	188.07	1.012	—	1.012	—
	990602020	双锥反转出料混凝土搅拌机 350L	台班	226.31	0.470	—	0.470	—

H.3.1.9.2 封底(泵送砼)

工作内容:1.自拌混凝土:搅拌混凝土、水平运输、浇捣、养护。
2.商品混凝土:浇捣、养护。
3.安装、拆除灌注混凝土的导管及漏斗。
4.脚手架、踏步的搭拆。

计量单位:10m³

定额编号					DH0131	DH0132	DH0133	DH0134
项目名称					封底			
					普通砼		水下砼	
					自拌砼	商品砼	自拌砼	商品砼
费用	综合单价(元)				**6550.41**	**3656.24**	**5980.75**	**3477.76**
	其中	人工费(元)			1221.88	576.38	1075.25	459.08
		材料费(元)			3930.53	2744.06	3592.92	2751.22
		施工机具使用费(元)			433.55	—	433.55	—
		企业管理费(元)			646.94	225.25	589.64	179.41
		利润(元)			284.40	99.02	259.21	78.87
		一般风险费(元)			33.11	11.53	30.18	9.18
	编码	名称	单位	单价(元)	消耗量			
人工	000300080	混凝土综合工	工日	115.00	10.625	5.012	9.350	3.992
材料	800901020	砼 C25(喷、机粗、碎 5~10)	m³	383.31	10.200	—	—	—
	840201140	商品砼	m³	266.99	—	10.200	—	10.200
	840201080	水下砼	m³	349.51	—	—	10.200	—
	341100100	水	m³	4.42	4.200	4.200	3.760	3.760
	002000010	其他材料费	元	—	2.20	2.20	11.30	11.30
机械	990406010	机动翻斗车 1t	台班	188.07	1.000	—	1.000	—
	990602020	双锥反转出料混凝土搅拌机 350L	台班	226.31	0.514	—	0.514	—
	990608025	混凝土输送泵 60m³/h	台班	971.10	0.133	—	0.133	—

H.3.1.9.3　封顶

工作内容：1.自拌混凝土：搅拌混凝土、水平运输、浇捣、养护。
2.商品混凝土：浇捣、养护。
3.安装、拆除灌注混凝土的导管及漏斗。
4.脚手架、踏步的搭拆。

计量单位：$10m^3$

定额编号						DH0135	DH0136	DH0137	DH0138
项目名称						封顶			
						普通砼		水下砼	
						自拌砼	商品砼	自拌砼	商品砼
费用	综合单价（元）					**6135.52**	**4711.69**	**5357.44**	**3990.39**
	其中	人工费（元）				1547.33	931.04	1367.93	787.52
		材料费（元）				2892.67	3238.23	2398.50	2744.06
		施工机具使用费（元）				501.74	—	501.74	—
		企业管理费（元）				800.77	363.85	730.67	307.76
		利润（元）				352.03	159.95	321.21	135.30
		一般风险费（元）				40.98	18.62	37.39	15.75
	编码	名称		单位	单价(元)	消耗量			
人工	000300080	混凝土综合工		工日	115.00	13.455	8.096	11.895	6.848
材料	800218020	砼 C20(塑、特、碎 5～31.5、坍 55～70)		m^3	234.26	10.150	—	10.150	—
	840201140	商品砼		m^3	266.99	—	10.200	—	10.200
	050303800	木材 锯材		m^3	1547.01	0.243	0.243	—	—
	010000100	型钢 综合		t	3085.47	0.032	0.032	—	—
	032130010	铁件 综合		kg	3.68	5.700	5.700	—	—
	341100100	水		m^3	4.42	4.200	4.200	4.200	4.200
	002000010	其他材料费		元	—	0.73	0.73	2.20	2.20
机械	990304012	汽车式起重机 12t		台班	797.85	0.257	—	0.257	—
	990406010	机动翻斗车 1t		台班	188.07	1.012	—	1.012	—
	990602020	双锥反转出料混凝土搅拌机 350L		台班	226.31	0.470	—	0.470	—

H.3.1.9.4　填心

工作内容：1.自拌混凝土：搅拌混凝土、水平运输、浇捣、养护。
2.商品混凝土：浇捣、养护。
3.安装、拆除灌注混凝土的导管及漏斗。
4.脚手架、踏步的搭拆。
5.填心、填料的夯实。

计量单位：$10m^3$

定额编号						DH0139	DH0140	DH0141	DH0142
项目名称						填心			
						砼		块(片)石砼	
						自拌砼	商品砼	自拌砼	商品砼
费用	综合单价（元）					**5087.60**	**3865.53**	**4800.31**	**3581.52**
	其中	人工费（元）				1328.25	708.63	1293.75	681.03
		材料费（元）				2225.55	2744.06	2063.53	2503.72
		施工机具使用费（元）				480.20	—	435.54	—
		企业管理费（元）				706.74	276.93	675.81	266.15
		利润（元）				310.69	121.74	297.09	117.00
		一般风险费（元）				36.17	14.17	34.59	13.62
	编码	名称		单位	单价(元)	消耗量			
人工	000300080	混凝土综合工		工日	115.00	11.550	6.162	11.250	5.922
材料	800212010	砼 C15(塑、特、碎 5～31.5、坍 35～50)		m^3	217.22	10.150	—	8.630	—
	840201140	商品砼		m^3	266.99	—	10.200	—	8.670
	041100310	块(片)石		m^3	77.67	—	—	2.190	2.190
	341100100	水		m^3	4.42	4.200	4.200	3.760	3.760
	002000010	其他材料费		元	—	2.20	2.20	2.20	2.20
机械	990304012	汽车式起重机 12t		台班	797.85	0.230	—	0.230	—
	990406010	机动翻斗车 1t		台班	188.07	1.012	—	0.860	—
	990602020	双锥反转出料混凝土搅拌机 350L		台班	226.31	0.470	—	0.399	—

工作内容：1.安装、拆除灌注混凝土的导管及漏斗。
2.脚手架、踏步的搭拆。
3.填心、填料的夯实。

计量单位：10m³

定额编号					DH0143	DH0144	DH0145
项目名称					填心		
					块(片)石掺砂	砂砾	砂
费用	综合单价（元）				**2497.25**	**2558.37**	**2177.82**
	其中	人工费（元）			859.63	740.03	650.33
		材料费（元）			1136.81	1387.20	1148.60
		施工机具使用费（元）			—	—	—
		企业管理费（元）			335.94	289.20	254.15
		利润（元）			147.68	127.14	111.73
		一般风险费（元）			17.19	14.80	13.01
	编码	名称	单位	单价(元)	消耗量		
人工	000700010	市政综合工	工日	115.00	7.475	6.435	5.655
材料	040300760	特细砂	t	63.11	5.460	—	18.200
	041100310	块(片)石	m³	77.67	10.200	—	—
	040502260	砂砾石	m³	108.80	—	12.750	—

H.3.2 筑岛填心(编码：041103002)

H.3.2.1 筑岛填心

工作内容：50m以内取土运砂、填筑、夯实，拆除清理。

计量单位：100m³

定额编号					DH0146	DH0147	DH0148	DH0149	DH0150	DH0151
项目名称					填土		填砂		填砂砾石	
					夯填	松填	夯填	松填	夯填	松填
费用	综合单价（元）				**18846.20**	**15770.48**	**21864.95**	**16892.72**	**27515.17**	**20754.84**
	其中	人工费（元）			10022.25	8403.17	6109.95	4717.53	8959.65	6368.36
		材料费（元）			1835.40	1573.20	10782.34	8368.39	11975.29	9617.92
		施工机具使用费（元）			726.39	567.69	892.83	668.75	859.56	668.75
		企业管理费（元）			4200.57	3505.81	2736.69	2104.96	3837.35	2750.10
		利润（元）			1846.62	1541.19	1203.08	925.36	1686.94	1208.97
		一般风险费（元）			214.97	179.42	140.06	107.73	196.38	140.74
	编码	名称	单位	单价(元)	消耗量					
人工	000700010	市政综合工	工日	115.00	87.150	73.071	53.130	41.022	77.910	55.377
材料	040900900	粘土	m³	17.48	105.000	90.000	—	—	—	—
	040300760	特细砂	t	63.11	—	—	170.850	132.600	—	—
	040502260	砂砾石	m³	108.80	—	—	—	—	110.067	88.400
机械	990123020	电动夯实机 200～620N·m	台班	27.58	2.090	—	2.090	—	2.069	—
	991216010	工程驳船 50t	台班	297.22	2.250	1.910	2.810	2.250	2.700	2.250

H.4 便道及便桥(编码:041104)

H.4.1 便道(编码:041104001)

H.4.1.1 临时汽车便道

工作内容:汽车便道:挖填土方,压实,做错车道,休整排水沟。
天然砂砾路面:铺料,培肩,碾压。

计量单位:km

定额编号					DH0152	DH0153	DH0154	DH0155
项目名称					汽车便道路基		汽车便道路面	
							天然砂砾路面	
							压实厚度(15cm)	
					路基宽 7m	路基宽 4.5m	路面宽 6m	路面宽 3.5m
费用	综合单价(元)				**49650.77**	**34502.79**	**170417.16**	**105028.67**
	其中	人工费(元)			12594.80	8666.40	22825.20	15391.60
		材料费(元)			—	—	130336.96	78201.29
		施工机具使用费(元)			18778.11	13134.93	2500.34	1559.86
		企业管理费(元)			12260.53	8519.96	9897.22	6624.63
		利润(元)			5389.87	3745.47	4350.93	2912.26
		一般风险费(元)			627.46	436.03	506.51	339.03
	编码	名称	单位	单价(元)	消耗量			
人工	000700010	市政综合工	工日	115.00	109.520	75.360	198.480	133.840
材料	341100100	水	m^3	4.42	—	—	112.000	67.000
	040502260	砂砾石	m^3	108.80	—	—	1193.400	716.040
机械	990101015	履带式推土机 75kW	台班	818.62	18.583	12.974	—	—
	990120020	钢轮内燃压路机 8t	台班	373.79	1.469	1.039	—	—
	990120030	钢轮内燃压路机 12t	台班	480.22	1.120	0.788	1.452	0.869
	990120040	钢轮内燃压路机 15t	台班	566.96	4.372	3.082	2.903	1.738
	990118010	拖式双筒羊角碾 6t	台班	31.05	—	—	5.062	5.062

注:施工便道基层及面层材料与本定额不一致的可执行道路工程相关定额。

H.4.2 便桥(编码:041104002)

H.4.2.1 临时便桥

工作内容:1.打拔桩的全部工序。
2.刚桁架、架设设备、桥面板的铺装、拆除,清理堆放,去污,调刷油漆。
3.钢桁架的拖拉、架设、定位。

	定额编号				DH0156	DH0157	DH0158
	项目名称				汽车便桥		
					钢便桥	墩	
						桩长(m)	
						10 以内	20 以内
	单位				10m	座	
费用	**综合单价(元)**				**18724.87**	**2038.07**	**5506.81**
	其中	人工费(元)			4396.80	220.80	902.40
		材料费(元)			10960.93	1063.36	2479.11
		施工机具使用费(元)			509.01	395.09	1010.72
		企业管理费(元)			1917.19	240.69	747.65
		利润(元)			842.82	105.81	328.67
		一般风险费(元)			98.12	12.32	38.26
	编码	名称	单位	单价(元)	消耗量		
人工	000300090	架子综合工	工日	120.00	36.640	1.840	7.520
材料	050100500	原木	m^3	982.30	0.171	0.211	0.590
	050303800	木材 锯材	m^3	1547.01	5.165	0.111	0.259
	010000100	型钢 综合	t	3085.47	—	0.090	0.121
	031350010	低碳钢焊条 综合	kg	4.19	—	1.400	1.900
	330101100	钢管桩	t	2222.22	—	0.152	0.426
	032130010	铁件 综合	kg	3.68	16.100	13.300	40.300
	002000010	其他材料费	元	—	390.10	14.10	22.60
	002000080	设备摊销费	元	—	2353.30	—	—
机械	990303010	轮胎式起重机 8t	台班	597.74	—	0.106	0.274
	990503030	电动卷扬机 单筒慢速 50kN	台班	192.37	2.646	—	—
	990228010	振动锤 能力 300kN	台班	488.03	—	0.239	0.648
	990901020	交流弧焊机 32kV·A	台班	85.07	—	0.180	0.270
	991215010	内燃拖轮 44kW	台班	893.10	—	0.080	0.180
	991216020	工程驳船 100t	台班	475.30	—	0.270	0.730

H.5 洞内临时设施(编码:041105)

H.5.1 洞内通风设施(编码:041105001)

H.5.1.1 洞内通风机

工作内容:洞内通风、通风机安装、调试、使用、维护及拆除。　　计量单位:100m

定额编号					DH0159	DH0160	DH0161	DH0162
项目名称					开挖断面 $10m^2$ 以内		开挖断面 $65m^2$ 以内	
					运行			
					洞长 1000m 以内	洞长 1000m 以外每增 100m	洞长 1000m 以内	洞长 1000m 以外每增 100m
费用	综合单价(元)				**12941.56**	**13107.50**	**27897.58**	**28374.32**
	其中	人工费(元)			3168.37	3168.37	2772.31	2772.31
		材料费(元)			—	—	—	—
		施工机具使用费(元)			5661.25	5774.46	16261.32	16586.58
		企业管理费(元)			2813.11	2849.18	6064.11	6167.74
		利润(元)			1122.24	1136.63	2419.17	2460.51
		一般风险费(元)			176.59	178.86	380.67	387.18
	编码	名称	单位	单价(元)	消耗量			
人工	000700010	市政综合工	工日	115.00	27.551	27.551	24.107	24.107
机械	991201010	轴流通风机 7.5kW	台班	40.96	138.214	140.978	—	—
	991201020	轴流通风机 30kW	台班	134.46	—	—	120.938	123.357

工作内容:洞内通风、通风机安装、调试、使用、维护及拆除。　　计量单位:100m

定额编号					DH0163	DH0164	DH0165	DH0166
项目名称					开挖断面 $100m^2$ 以内		开挖断面 $200m^2$ 以内	
					运行			
					洞长 1000m 以内	洞长 1000m 以外每增 100m	洞长 1000m 以内	洞长 1000m 以外每增 100m
费用	综合单价(元)				**26256.57**	**26705.13**	**68508.93**	**69806.86**
	其中	人工费(元)			2609.24	2609.24	2464.34	2464.34
		材料费(元)			—	—	—	—
		施工机具使用费(元)			15304.78	15610.81	44277.10	45162.64
		企业管理费(元)			5707.40	5804.91	14891.82	15173.95
		利润(元)			2276.87	2315.77	5940.84	6053.39
		一般风险费(元)			358.28	364.40	934.83	952.54
	编码	名称	单位	单价(元)	消耗量			
人工	000700010	市政综合工	工日	115.00	22.689	22.689	21.429	21.429
机械	991201020	轴流通风机 30kW	台班	134.46	113.824	116.100	—	—
	991201030	轴流通风机 100kW	台班	411.88	—	—	107.500	109.650

H.5.1.2 洞内通风筒安、拆年摊销

工作内容:铺设管道、清扫污物、维修保养、拆除及材料运输。

计量单位:100m

定额编号					DH0167	DH0168	DH0169	DH0170
项目名称					φ500 通风筒以内			
					粘胶布轻便软管		δ=2 薄钢板风筒	
					一年内	每增加一季	一年内	每增加一季
费用	**综合单价(元)**				**14057.47**	**2652.26**	**18164.59**	**2915.72**
	其中	人工费(元)			9293.38	1756.40	11157.30	1756.40
		材料费(元)			436.16	77.90	1617.38	301.46
		施工机具使用费(元)			—	—	132.33	27.23
		企业管理费(元)			2960.87	559.59	3596.88	568.26
		利润(元)			1181.19	223.24	1434.91	226.70
		一般风险费(元)			185.87	35.13	225.79	35.67
	编码	名称	单位	单价(元)	消耗量			
人工	000700010	市政综合工	工日	115.00	80.812	15.273	97.020	15.273
材料	224500600	粘胶布风筒 φ500	m	10.26	33.000	6.600	—	—
	173105600	铁风筒 φ500	m	55.56	—	—	20.400	4.000
	030190010	圆钉综合	kg	6.60	—	—	1.500	—
	010302200	镀锌铁丝 16#	kg	3.08	15.000	—	25.000	—
	010000010	型钢 综合	kg	3.09	—	—	57.100	11.420
	130102300	环氧沥青漆	kg	16.15	1.500	0.300	—	—
	031350010	低碳钢焊条 综合	kg	4.19	—	—	0.500	0.100
	030125127	螺栓带螺母	kg	7.61	3.000	0.600	10.380	2.080
	130500713	醇酸防锈漆 C53-1	kg	16.92	—	—	7.300	1.460
	002000020	其他材料费	元	—	4.32	0.77	16.01	2.98
机械	990726010	台式钻床 钻孔直径 16mm	台班	4.15	—	—	0.761	0.150
	990504030	电动卷扬机 双筒慢速 牵引 80kN	台班	265.89	—	—	0.425	0.088
	990904040	直流弧焊机 32kV·A	台班	89.62	—	—	0.177	0.035
	990919010	电焊条烘干箱 450×350×450	台班	17.13	—	—	0.018	0.004

工作内容:铺设管道、清扫污物、维修保养、拆除及材料运输。

计量单位:100m

定额编号					DH0171	DH0172	DH0173	DH0174
项目名称					φ1000 通风筒以内			
					粘胶布轻便软管		δ=2 薄钢板风筒	
					一年内	每增加一季	一年内	每增加一季
费用	**综合单价(元)**				**21201.65**	**4020.27**	**28279.46**	**4579.18**
	其中	人工费(元)			13831.40	2634.54	16735.95	2634.54
		材料费(元)			928.97	158.83	3362.07	637.43
		施工机具使用费(元)			—	—	264.38	54.79
		企业管理费(元)			4406.68	839.36	5416.31	856.82
		利润(元)			1757.97	334.85	2160.74	341.81
		一般风险费(元)			276.63	52.69	340.01	53.79
	编码	名称	单位	单价(元)	消耗量			
人工	000700010	市政综合工	工日	115.00	120.273	22.909	145.530	22.909
材料	144304000	粘胶布风筒 1000	m	22.22	33.000	6.600	—	—
	173105700	铁风筒 φ1000	m	119.66	—	—	20.000	4.000
	030190010	圆钉综合	kg	6.60	—	—	3.000	—
	010302200	镀锌铁丝 16#	kg	3.08	30.000	—	50.000	—
	010000010	型钢 综合	kg	3.09	—	—	114.200	22.840
	130102300	环氧沥青漆	kg	16.15	3.000	0.600	—	—
	031350010	低碳钢焊条 综合	kg	4.19	—	—	1.000	0.200
	030125127	螺栓带螺母	kg	7.61	6.000	0.120	20.720	4.160
	130500713	醇酸防锈漆 C53-1	kg	16.92	—	—	14.600	2.920
	002000020	其他材料费	元	—	9.20	1.57	33.29	6.31
机械	990726010	台式钻床 钻孔直径 16mm	台班	4.15	—	—	1.522	0.301
	990504030	电动卷扬机 双筒慢速 牵引 80kN	台班	265.89	—	—	0.849	0.177
	990904040	直流弧焊机 32kV·A	台班	89.62	—	—	0.354	0.071
	990919010	电焊条烘干箱 450×350×450	台班	17.13	—	—	0.035	0.007

工作内容：铺设管道、清扫污物、维修保养、拆除及材料运输。　　　　计量单位：100m

定额编号					DH0175	DH0176	DH0177	DH0178
项目名称					ϕ1500 通风筒以内			
					粘胶布轻便软管		$\delta=2$ 薄钢板风筒	
					一年内	每增加一季	一年内	每增加一季
费用	综合单价（元）				**33625.55**	**6407.56**	**42592.35**	**6871.13**
	其中	人工费（元）			20747.04	3951.86	25103.93	3951.86
		材料费（元）			3216.61	615.32	5216.07	958.67
		施工机具使用费（元）			—	—	396.71	82.02
		企业管理费（元）			6610.01	1259.06	8124.50	1285.19
		利润（元）			2636.95	502.28	3241.13	512.71
		一般风险费（元）			414.94	79.04	510.01	80.68
	编码	名称	单位	单价（元）	消耗量			
人工	000700010	市政综合工	工日	115.00	180.409	34.364	218.295	34.364
材料	144304100	粘胶布风筒 1500	m	88.03	33.000	6.600	—	—
	173105800	铁风筒 ϕ1500	m	188.03	—	—	20.000	4.000
	030190010	圆钉综合	kg	6.60	—	—	4.500	—
	010302200	镀锌铁丝 16#	kg	3.08	45.000	—	75.000	—
	010000010	型钢 综合	kg	3.09	—	—	171.300	34.260
	130102300	环氧沥青漆	kg	16.15	4.500	0.900	—	—
	031350010	低碳钢焊条 综合	kg	4.19	—	—	1.500	0.300
	030125127	螺栓带螺母	kg	7.61	9.000	1.800	31.140	2.080
	130500713	醇酸防锈漆 C53－1	kg	16.92	—	—	21.900	4.380
	002000020	其他材料费	元	—	31.85	6.09	51.64	9.49
机械	990726010	台式钻床 钻孔直径 16mm	台班	4.15	—	—	2.282	0.451
	990504030	电动卷扬机 双筒慢速 牵引 80kN	台班	265.89	—	—	1.274	0.265
	990904040	直流弧焊机 32kV·A	台班	89.62	—	—	0.531	0.106
	990919010	电焊条烘干箱 450×350×450	台班	17.13	—	—	0.053	0.011

H.5.2 洞内供水设施（编码：041105002）

H.5.2.1 洞内风、水管道安、拆年摊销

工作内容：铺设管道、阀门，清扫污物、除锈、校正维修保养、拆除及材料运输。　　　　计量单位：100m

定额编号					DH0179	DH0180	DH0181	DH0182
项目名称					镀锌钢管（水管）			
					ϕ25 以内		ϕ50 以内	
					一年内	每增加一季	一年内	每增加一季
费用	综合单价（元）				**4082.96**	**585.44**	**5354.98**	**757.67**
	其中	人工费（元）			2679.39	382.03	3354.55	466.44
		材料费（元）			143.06	22.95	402.81	66.91
		施工机具使用费（元）			8.68	1.73	24.16	4.84
		企业管理费（元）			856.42	122.27	1076.46	150.15
		利润（元）			341.65	48.78	429.43	59.90
		一般风险费（元）			53.76	7.68	67.57	9.43
	编码	名称	单位	单价（元）	消耗量			
人工	000700010	市政综合工	工日	115.00	23.299	3.322	29.170	4.056
材料	170300300	镀锌钢管 *DN*25	m	5.22	17.500	3.000	—	—
	170300500	镀锌钢管 *DN*50	m	14.80	—	—	17.500	3.000
	182500200	镀锌钢管卡子 *DN*25	个	0.75	20.000	2.000	—	—
	182500500	镀锌钢管卡子 *DN*50	个	1.65	—	—	20.000	2.000
	182506230	镀锌管箍 *DN*25	个	1.28	6.000	0.600	—	—
	182506260	镀锌管箍 *DN*50	个	2.56	—	—	6.000	0.600
	190000415	阀门 J11T－16 *DN*25	个	31.04	0.600	0.120	—	—
	190000417	阀门 J11T－16 *DN*50	个	115.70	—	—	0.600	0.120
	140701400	铅油	kg	4.62	0.500	—	0.700	—
	002000020	其他材料费	元	—	8.10	1.30	22.80	3.79
机械	990747010	管子切断机 管径 60mm	台班	16.73	0.177	0.035	0.531	0.106
	990748010	管子切断套丝机 管径 159mm	台班	21.58	0.265	0.053	0.708	0.142

工作内容：铺设管道、阀门，清扫污物、除锈、校正维修保养、拆除及材料运输。　　**计量单位**：100m

定额编号					DH0183	DH0184	DH0185	DH0186
项目名称					镀锌钢管(水管)			
					ϕ80 以内		ϕ100 以内	
					一年内	每增加一季	一年内	每增加一季
费用	综合单价(元)				**6962.23**	**976.48**	**8148.61**	**1143.79**
	其中	人工费(元)			4147.13	565.46	4716.84	636.64
		材料费(元)			848.37	140.59	1199.73	203.58
		施工机具使用费(元)			24.16	4.84	24.16	4.84
		企业管理费(元)			1328.97	181.70	1510.48	204.37
		利润(元)			530.17	72.48	602.58	81.53
		一般风险费(元)			83.43	11.41	94.82	12.83
	编码	名称	单位	单价(元)	消耗量			
人工	000700010	市政综合工	工日	115.00	36.062	4.917	41.016	5.536
材料	170300600	镀锌钢管 *DN*80	m	24.35	17.500	3.000	—	—
	170300700	镀锌钢管 *DN*100	m	35.53	—	—	17.500	3.000
	182500700	镀锌钢管卡子 *DN*80	个	3.30	20.000	2.000	—	—
	182500800	镀锌钢管卡子 *DN*100	个	3.50	—	—	20.000	2.000
	182506280	镀锌管箍 *DN*80	个	11.97	6.000	0.600	—	—
	182506290	镀锌管箍 *DN*100	个	12.82	—	—	6.000	0.600
	190000419	阀门 J41T－16 *DN*80	个	381.68	0.600	0.120	—	—
	190000421	阀门 J41T－16 *DN*100	个	589.80	—	—	0.600	0.120
	140701400	铅油	kg	4.62	1.600	—	2.000	—
	002000020	其他材料费	元	—	48.02	7.96	67.91	11.52
机械	990747010	管子切断机 管径 60mm	台班	16.73	0.531	0.106	0.531	0.106
	990748010	管子切断套丝机 管径 159mm	台班	21.58	0.708	0.142	0.708	0.142

工作内容：铺设管道、阀门，清扫污物、除锈、校正维修保养、拆除及材料运输。 **计量单位**：100m

定额编号					DH0187	DH0188	DH0189	DH0190	DH0191	DH0192
项目名称					钢管					
					ϕ80 以内		ϕ100 以内		ϕ150 以内	
					一年内	每增加一季	一年内	每增加一季	一年内	每增加一季
费用	综合单价（元）				**14445.92**	**1911.75**	**15716.82**	**2091.73**	**20969.17**	**2830.26**
	其中	人工费（元）			8890.77	1117.00	9526.72	1196.58	12341.69	1548.36
		材料费（元）			862.72	163.49	1091.43	207.00	1603.35	304.81
		施工机具使用费（元）			376.61	75.78	451.71	89.31	870.99	174.67
		企业管理费（元）			2952.59	380.02	3179.13	409.68	4209.56	548.96
		利润（元）			1177.88	151.60	1268.26	163.44	1679.33	219.00
		一般风险费（元）			185.35	23.86	199.57	25.72	264.25	34.46
	编码	名称	单位	单价(元)	消耗量					
人工	000700010	市政综合工	工日	115.00	77.311	9.713	82.841	10.405	107.319	13.464
材料	170104500	黑铁管 *DN*80	m	17.09	17.500	3.000	—	—	—	—
	170104600	黑铁管 *DN*100	m	21.37	—	—	17.500	3.000	—	—
	170104700	黑铁管 *DN*150	m	29.91	—	—	—	—	17.500	3.000
	200102610	平焊法兰 *DN*80	副	41.03	2.550	0.510	—	—	—	—
	200102620	平焊法兰 *DN*100	片	27.35	—	—	2.550	0.510	—	—
	200102630	平焊法兰 *DN*150	片	45.14	—	—	—	—	2.550	0.510
	190000419	阀门 J41T—16 *DN*80	个	381.68	0.600	0.120	—	—	—	—
	190000421	阀门 J41T—16 *DN*100	个	589.80	—	—	0.600	0.120	—	—
	190000423	阀门 J41T—16 *DN*150	个	890.00	—	—	—	—	0.600	0.120
	030125950	带帽螺栓综合	kg	7.45	11.410	2.280	16.090	3.220	23.110	4.620
	031350010	低碳钢焊条 综合	kg	4.19	8.820	1.770	10.620	2.130	15.840	3.170
	130500713	醇酸防锈漆 C53—1	kg	16.92	3.500	0.700	4.000	0.800	6.000	1.200
	002000020	其他材料费	元	—	48.83	9.25	61.78	11.72	90.76	17.25
机械	990904040	直流弧焊机 32kV·A	台班	89.62	3.866	0.778	4.538	0.911	9.439	1.893
	990919010	电焊条烘干箱 450×350×450	台班	17.13	0.387	0.078	0.454	0.091	0.944	0.189
	990758030	电动弯管机 管径 108mm	台班	77.57	0.265	0.053	0.442	0.071	—	—
	990747020	管子切断机 管径 150mm	台班	33.58	0.088	0.018	0.088	0.018	0.265	0.053

H.5.3 洞内供电及照明设施(编码:041105003)

H.5.3.1 洞内电路架设、拆除年摊销

工作内容:线路沿壁架设、安装、随用、随移、安全检查、维修保养、拆除及材料运输。　　计量单位:100m

定额编号					DH0193	DH0194
项目名称					照明	
					一年内	每增一年
费用	综合单价(元)				14335.85	3508.84
	其中	人工费(元)			4499.26	2169.25
		材料费(元)			7741.28	329.38
		施工机具使用费(元)			—	—
		企业管理费(元)			1433.46	691.12
		利润(元)			571.86	275.71
		一般风险费(元)			89.99	43.38
	编码	名称	单位	单价(元)	消耗量	
人工	000700010	市政综合工	工日	115.00	39.124	18.863
材料	551300010	胶壳闸刀 220V/100A	个	35.90	0.100	0.020
	281103100	橡胶三芯软缆 3×35	m	55.56	26.000	5.000
	050303800	木材 锯材	m^3	1547.01	0.056	—
	270100900	熔断器 220V/100A	个	7.69	0.500	0.100
	255100010	防水灯头	个	1.20	14.000	0.840
	250100400	灯泡	个	1.71	112.000	22.400
	030125950	带帽螺栓综合	kg	7.45	2.560	0.510
	130500713	醇酸防锈漆 C53-1	kg	16.92	1.100	0.220
	341100400	电	kW·h	0.70	8400.000	—
	002000020	其他材料费	元	—	76.65	3.26

工作内容:线路沿壁架设、安装、随用、随移、安全检查、维修保养、拆除及材料运输。　　计量单位:100m

定额编号					DH0195	DH0196
项目名称					动力	
					$3\times70mm^2+2\times25mm^2$	
					一年内	每增一年
费用	综合单价(元)				13390.53	4444.59
	其中	人工费(元)			6037.16	2642.47
		材料费(元)			4541.87	571.52
		施工机具使用费(元)			—	—
		企业管理费(元)			1923.44	841.89
		利润(元)			767.32	335.86
		一般风险费(元)			120.74	52.85
	编码	名称	单位	单价(元)	消耗量	
人工	000700010	市政综合工	工日	115.00	52.497	22.978
材料	551300200	铁壳闸刀 380V/200A	个	47.01	0.100	0.020
	281103010	塑料绝缘电力电缆 VV$3\times70mm^2+2\times25mm^2$	m	111.11	26.000	5.000
	050303800	木材 锯材	m^3	1547.01	0.056	—
	270100910	熔断器 380v/100A	个	14.53	0.750	0.150
	292102830	端子板 JX2-2510	组	31.62	0.250	0.050
	264101000	明装插座 三相四孔 15A 以内	个	21.37	0.250	0.050
	030125950	带帽螺栓综合	kg	7.45	0.530	0.110
	130500713	醇酸防锈漆 C53-1	kg	16.92	1.100	0.220
	341100400	电	kW·h	0.70	2100.000	—
	002000020	其他材料费	元	—	44.97	5.66

工作内容：线路沿壁架设、安装、随用、随移、安全检查、维修保养、拆除及材料运输。 计量单位：100m

定额编号						DH0197	DH0198
项目名称						动力	
						$3\times120mm^2+2\times70mm^2$	
						一年内	每增一年
费用	综合单价（元）					**20037.57**	**6101.36**
	其中	人工费（元）				8275.17	3331.09
		材料费（元）				7908.66	1218.98
		施工机具使用费（元）				—	—
		企业管理费（元）				2636.47	1061.29
		利润（元）				1051.77	423.38
		一般风险费（元）				165.50	66.62
	编码	名称		单位	单价(元)	消耗量	
人工	000700010	市政综合工		工日	115.00	71.958	28.966
材料	551300200	铁壳闸刀 380V/200A		个	47.01	0.100	0.020
	281103030	塑料绝缘电力电缆 VV$3\times120mm^2+2\times70mm^2$		m	239.32	26.000	5.000
	050303800	木材 锯材		m^3	1547.01	0.056	—
	270100910	熔断器 380V/100A		个	14.53	0.750	0.150
	292102830	端子板 JX2－2510		组	31.62	0.250	0.050
	264101000	明装插座 三相四孔 15A 以内		个	21.37	0.250	0.050
	030125950	带帽螺栓综合		kg	7.45	0.530	0.110
	130500713	醇酸防锈漆 C53－1		kg	16.92	1.100	0.220
	341100400	电		kW·h	0.70	2100.000	—
	002000020	其他材料费		元	—	78.30	12.07

工作内容：线路沿壁架设、安装、随用、随移、安全检查、维修保养、拆除及材料运输。 计量单位：100m

定额编号						DH0199	DH0200
项目名称						动力	
						$3\times150mm^2+2\times120mm^2$	
						一年内	每增一年
费用	综合单价（元）					**22446.52**	**6753.87**
	其中	人工费（元）				9394.12	3675.40
		材料费（元）				8677.56	1366.84
		施工机具使用费（元）				—	—
		企业管理费（元）				2992.97	1170.98
		利润（元）				1193.99	467.14
		一般风险费（元）				187.88	73.51
	编码	名称		单位	单价(元)	消耗量	
人工	000700010	市政综合工		工日	115.00	81.688	31.960
材料	551300200	铁壳闸刀 380V/200A		个	47.01	0.100	0.020
	281103050	塑料绝缘电力电缆 VV$3\times150mm^2+2\times120mm^2$		m	268.60	26.000	5.000
	050303800	木材 锯材		m^3	1547.01	0.056	—
	270100910	熔断器 380V/100A		个	14.53	0.750	0.150
	292102830	端子板 JX2－2510		组	31.62	0.250	0.050
	264101000	明装插座 三相四孔 15A 以内		个	21.37	0.250	0.050
	030125950	带帽螺栓综合		kg	7.45	0.530	0.110
	130500713	醇酸防锈漆 C53－1		kg	16.92	1.100	0.220
	341100400	电		kW·h	0.70	2100.000	—
	002000020	其他材料费		元	—	85.92	13.53

工作内容：线路沿壁架设、安装、随用、随移、安全检查、维修保养、拆除及材料运输。　　计量单位：100m

定额编号					DH0201	DH0202
项目名称					动力	
					$3\times180mm^2+2\times150mm^2$	
					一年内	每增一年
费用	综合单价（元）				**28128.59**	**7995.19**
	其中	人工费（元）			10273.41	3945.88
		材料费（元）			13070.85	2211.71
		施工机具使用费（元）			—	—
		企业管理费（元）			3273.11	1257.16
		利润（元）			1305.75	501.52
		一般风险费（元）			205.47	78.92
	编码	名称	单位	单价(元)	消耗量	
人工	000700010	市政综合工	工日	115.00	89.334	34.312
材料	551300200	铁壳闸刀 380V/200A	个	47.01	0.100	0.020
	281103070	塑料绝缘电力电缆 $VV3\times180mm^2+2\times150mm^2$	m	435.90	26.000	5.000
	050303800	木材 锯材	m^3	1547.01	0.056	—
	270100910	熔断器 380V/100A	个	14.53	0.750	0.150
	292102830	端子板 JX2－2510	组	31.62	0.250	0.050
	264101000	明装插座 三相四孔 15A 以内	个	21.37	0.250	0.050
	030125950	带帽螺栓综合	kg	7.45	0.530	0.110
	130500713	醇酸防锈漆 C53－1	kg	16.92	1.100	0.220
	341100400	电	kW·h	0.70	2100.000	—
	002000020	其他材料费	元	—	129.41	21.90

H.5.4 洞内外轨道铺设(编码:041105005)

H.5.4.1 洞内外轻便轨道铺、拆年摊销

工作内容：铺设枕木、轻轨、校平调顺、固定、拆除、材料运输及保养维修。　　计量单位：100m

定额编号					DH0203	DH0204	DH0205	DH0206	DH0207	DH0208
项目名称					轻便轨道(kg/m)					
					15		18		24	
					一年内	每增一季	一年内	每增一季	一年内	每增一季
费用	综合单价（元）				**13716.93**	**1482.43**	**14932.52**	**1661.82**	**15348.71**	**1723.85**
	其中	人工费（元）			7352.99	665.05	7564.13	682.64	7634.51	688.51
		材料费（元）			2939.66	507.67	3845.78	661.28	4158.81	714.70
		施工机具使用费（元）			—	—	—	—	—	—
		企业管理费（元）			2342.66	211.88	2409.93	217.49	2432.35	219.36
		利润（元）			934.56	84.53	961.40	86.76	970.35	87.51
		一般风险费（元）			147.06	13.30	151.28	13.65	152.69	13.77
	编码	名称	单位	单价(元)	消耗量					
人工	000700010	市政综合工	工日	115.00	63.939	5.783	65.775	5.936	66.387	5.987
材料	050302650	枕木	m^3	683.76	1.050	0.200	1.750	0.330	1.750	0.330
	370100020	钢轨	kg	4.15	430.000	70.000	450.000	70.000	510.000	80.000
	370906810	鱼尾板	kg	3.42	16.910	3.210	18.430	3.490	28.690	5.440
	030113400	鱼尾螺栓	kg	6.79	6.910	1.280	7.940	1.470	7.940	1.470
	370911010	钢板垫板	kg	4.27	25.190	4.580	81.280	15.240	81.280	15.240
	030192930	道钉	kg	4.41	19.520	3.660	31.520	5.910	35.680	6.690
	010302200	镀锌铁丝 16#	kg	3.08	10.650	2.130	13.650	2.730	13.650	2.730
	030190010	圆钉 综合	kg	6.60	1.000	0.200	1.000	0.200	1.000	0.200
	002000020	其他材料费	元	—	99.41	17.17	130.05	22.36	140.64	24.17

工作内容：铺设枕木、轻轨、校平调顺、固定、拆除、材料运输及保养维修。 计量单位：100m

定额编号					DH0209	DH0210	DH0211	DH0212
项目名称					轻便轨道(kg/m)			
					32		38	
					一年内	每增一季	一年内	每增一季
费用	综合单价（元）				**16123.81**	**1752.30**	**17005.84**	**1779.43**
	其中	人工费（元）			7907.75	696.33	8222.96	702.19
		材料费（元）			4533.43	731.69	4953.44	750.23
		施工机具使用费（元）			—	—	—	—
		企业管理费（元）			2519.41	221.85	2619.84	223.72
		利润（元）			1005.07	88.50	1045.14	89.25
		一般风险费（元）			158.15	13.93	164.46	14.04
	编码	名称	单位	单价(元)	消耗量			
人工	000700010	市政综合工	工日	115.00	68.763	6.055	71.504	6.106
材料	050302650	枕木	m^3	683.76	1.750	0.330	1.750	0.330
	370100020	钢轨	kg	4.15	576.300	80.000	651.220	80.000
	370906810	鱼尾板	kg	3.42	44.660	8.480	66.990	12.710
	030113400	鱼尾螺栓	kg	6.79	9.080	1.681	9.080	1.681
	370911010	钢板垫板	kg	4.27	81.280	15.240	81.280	15.240
	030192930	道钉	kg	4.41	41.227	7.730	45.425	8.510
	010302200	镀锌铁丝 16#	kg	3.08	13.650	2.730	13.650	2.730
	030190010	圆钉 综合	kg	6.60	1.000	0.200	1.000	0.200
	002000020	其他材料费	元	—	153.30	24.74	167.51	25.37

H.6 大型机械设备进出场及安拆(编码:041106)

H.6.1 大型机械设备进出场及安拆(编码:041106001)

H.6.1.1 钻机机械进出场

工作内容：制桩、打桩、拔桩及制、安、拆简易打桩架。移动、固定船只。制、安、拆平台。 计量单位：台·次

定额编号					DH0213	DH0214	DH0215	DH0216
项目名称					回旋钻机	冲击钻机	旋挖钻	潜水钻
费用	综合单价（元）				**12420.43**	**12420.43**	**11736.27**	**13590.73**
	其中	人工费（元）			3697.56	3697.56	3697.56	3697.56
		材料费（元）			123.04	123.04	123.04	123.04
		施工机具使用费（元）			4072.81	4072.81	3640.51	4812.29
		企业管理费（元）			3036.66	3036.66	2867.72	3325.65
		利润（元）			1334.95	1334.95	1260.68	1461.99
		一般风险费（元）			155.41	155.41	146.76	170.20
	编码	名称	单位	单价(元)	消耗量			
人工	000300030	机械综合工	工日	120.00	30.813	30.813	30.813	30.813
材料	023300110	草袋	m^2	0.95	6.250	6.250	6.250	6.250
	010302120	镀锌铁丝 8#	kg	3.08	2.500	2.500	2.500	2.500
	030125115	螺栓 M20	个	5.47	20.000	20.000	20.000	20.000
机械	990304001	汽车式起重机 5t	台班	473.39	0.885	0.885	0.885	1.328
	990304004	汽车式起重机 8t	台班	705.33	1.770	1.770	1.770	1.770
	990401030	载重汽车 8t	台班	474.25	0.896	0.896	0.896	1.344
	990403025	平板拖车组 30t	台班	1169.86	0.896	0.896	0.896	—
	990403030	平板拖车组 40t	台班	1367.47	—	—	—	0.896
	002000184	试车台班费	元	—	500.00	500.00	500.00	500.00
	002000070	回程费	元	—	432.30	432.30	—	572.55

H.6.1.2 土石方机械进出场

工作内容：设备整体或分体自停放地点运至施工现场或由一施工地点运至另一地点所发生的往返运输、装卸等。

计量单位：台·次

<table>
<tr><td colspan="5">定额编号</td><td>DH0217</td><td>DH0218</td><td>DH0219</td></tr>
<tr><td colspan="5">项目名称</td><td>履带式推土机
(90kW 以内)</td><td>履带式推土机
(90kW 以外)</td><td>履带式单斗挖掘机
(1m³ 以内)</td></tr>
<tr><td rowspan="7">费用</td><td colspan="4">综合单价（元）</td><td>5545.16</td><td>6031.26</td><td>6783.48</td></tr>
<tr><td rowspan="6">其中</td><td colspan="3">人工费（元）</td><td>765.00</td><td>765.00</td><td>1530.00</td></tr>
<tr><td colspan="3">材料费（元）</td><td>125.13</td><td>125.13</td><td>99.50</td></tr>
<tr><td colspan="3">施工机具使用费（元）</td><td>2659.76</td><td>2966.92</td><td>2693.42</td></tr>
<tr><td colspan="3">企业管理费（元）</td><td>1338.40</td><td>1458.43</td><td>1650.51</td></tr>
<tr><td colspan="3">利润（元）</td><td>588.37</td><td>641.14</td><td>725.58</td></tr>
<tr><td colspan="3">一般风险费（元）</td><td>68.50</td><td>74.64</td><td>84.47</td></tr>
<tr><td></td><td>编码</td><td>名称</td><td>单位</td><td>单价(元)</td><td colspan="3">消耗量</td></tr>
<tr><td>人工</td><td>000300030</td><td>机械综合工</td><td>工日</td><td>120.00</td><td>6.375</td><td>6.375</td><td>12.750</td></tr>
<tr><td rowspan="4">材料</td><td>050302650</td><td>枕木</td><td>m³</td><td>683.76</td><td>0.100</td><td>0.100</td><td>0.100</td></tr>
<tr><td>010302120</td><td>镀锌铁丝 8#</td><td>kg</td><td>3.08</td><td>6.250</td><td>6.250</td><td>6.250</td></tr>
<tr><td>020100300</td><td>橡胶板 3</td><td>m²</td><td>26.15</td><td>0.980</td><td>0.980</td><td>—</td></tr>
<tr><td>023300110</td><td>草袋</td><td>m²</td><td>0.95</td><td>12.500</td><td>12.500</td><td>12.500</td></tr>
<tr><td rowspan="5">机械</td><td>990304001</td><td>汽车式起重机 5t</td><td>台班</td><td>473.39</td><td>0.885</td><td>0.885</td><td>0.885</td></tr>
<tr><td>990403030</td><td>平板拖车组 40t</td><td>台班</td><td>1367.47</td><td>0.896</td><td>—</td><td>0.896</td></tr>
<tr><td>990403040</td><td>平板拖车组 60t</td><td>台班</td><td>1518.95</td><td>—</td><td>0.896</td><td>—</td></tr>
<tr><td>002000160</td><td>本机使用台班费</td><td>元</td><td>—</td><td>447.60</td><td>477.60</td><td>367.27</td></tr>
<tr><td>002000070</td><td>回程费</td><td>元</td><td>—</td><td>567.96</td><td>709.39</td><td>681.95</td></tr>
</table>

工作内容：设备整体或分体自停放地点运至施工现场或由一施工地点运至另一地点所发生的往返运输、装卸等。

计量单位：台·次

<table>
<tr><td colspan="5">定额编号</td><td>DH0220</td><td>DH0221</td><td>DH0222</td></tr>
<tr><td colspan="5">项目名称</td><td>履带式单斗挖掘机(1m³ 以外)</td><td>压路机</td><td>强夯机</td></tr>
<tr><td rowspan="7">费用</td><td colspan="4">综合单价（元）</td><td>7339.06</td><td>4784.59</td><td>12468.54</td></tr>
<tr><td rowspan="6">其中</td><td colspan="3">人工费（元）</td><td>1530.00</td><td>637.56</td><td>856.80</td></tr>
<tr><td colspan="3">材料费（元）</td><td>124.69</td><td>87.95</td><td>124.74</td></tr>
<tr><td colspan="3">施工机具使用费（元）</td><td>3028.56</td><td>2330.11</td><td>6942.90</td></tr>
<tr><td colspan="3">企业管理费（元）</td><td>1781.48</td><td>1159.77</td><td>3048.12</td></tr>
<tr><td colspan="3">利润（元）</td><td>783.16</td><td>509.85</td><td>1339.99</td></tr>
<tr><td colspan="3">一般风险费（元）</td><td>91.17</td><td>59.35</td><td>155.99</td></tr>
<tr><td></td><td>编码</td><td>名称</td><td>单位</td><td>单价(元)</td><td colspan="3">消耗量</td></tr>
<tr><td>人工</td><td>000300030</td><td>机械综合工</td><td>工日</td><td>120.00</td><td>12.750</td><td>5.313</td><td>7.140</td></tr>
<tr><td rowspan="3">材料</td><td>050302650</td><td>枕木</td><td>m³</td><td>683.76</td><td>0.100</td><td>0.100</td><td>0.112</td></tr>
<tr><td>010302120</td><td>镀锌铁丝 8#</td><td>kg</td><td>3.08</td><td>12.500</td><td>2.500</td><td>7.000</td></tr>
<tr><td>023300110</td><td>草袋</td><td>m²</td><td>0.95</td><td>18.750</td><td>12.500</td><td>28.000</td></tr>
<tr><td rowspan="8">机械</td><td>990304001</td><td>汽车式起重机 5t</td><td>台班</td><td>473.39</td><td>0.885</td><td>0.885</td><td>—</td></tr>
<tr><td>990304020</td><td>汽车式起重机 20t</td><td>台班</td><td>968.56</td><td>—</td><td>—</td><td>0.885</td></tr>
<tr><td>990401015</td><td>载重汽车 4t</td><td>台班</td><td>390.44</td><td>—</td><td>—</td><td>1.792</td></tr>
<tr><td>990401045</td><td>载重汽车 15t</td><td>台班</td><td>748.42</td><td>—</td><td>—</td><td>1.792</td></tr>
<tr><td>990403030</td><td>平板拖车组 40t</td><td>台班</td><td>1367.47</td><td>—</td><td>0.896</td><td>—</td></tr>
<tr><td>990403040</td><td>平板拖车组 60t</td><td>台班</td><td>1518.95</td><td>0.896</td><td>—</td><td>0.896</td></tr>
<tr><td>002000160</td><td>本机使用台班费</td><td>元</td><td>—</td><td>483.24</td><td>124.56</td><td>577.14</td></tr>
<tr><td>002000070</td><td>回程费</td><td>元</td><td>—</td><td>765.39</td><td>561.35</td><td>2106.77</td></tr>
</table>

H.6.1.3 自升式塔式起重机安拆及场外运输

工作内容：塔机基础专用地脚螺栓埋设；构件运输，拼装塔机；塔机附墙预埋件制作、安装、附墙设置；塔机根据高度要求自升；施工完成后塔机拆除。

计量单位：台·次

定额编号						DH0223	DH0224	DH0225	DH0226
项目名称						自升式塔式起重机			
						400kN·m以内	600kN·m以内	800kN·m以内	1000kN·m以内
费用	综合单价（元）					**30422.08**	**32244.98**	**36114.80**	**42602.16**
	其中	人工费（元）				9873.60	10934.40	11995.20	13872.00
		材料费（元）				204.99	219.01	247.05	275.09
		施工机具使用费（元）				9219.72	9301.90	10668.61	12873.27
		企业管理费（元）				7461.67	7908.34	8857.02	10452.05
		利润（元）				3280.23	3476.60	3893.64	4594.84
		一般风险费（元）				381.87	404.73	453.28	534.91
	编码	名称	单位	单价(元)		消耗量			
人工	000300030	机械综合工	工日	120.00		82.280	91.120	99.960	115.600
材料	050302650	枕木	m^3	683.76		0.006	0.006	0.006	0.006
	010302120	镀锌铁丝 8#	kg	3.08		18.600	19.600	21.600	23.600
	023300110	草袋	m^2	0.95		36.000	36.000	36.000	36.000
	030125115	螺栓 M20	个	5.47		20.000	22.000	26.000	30.000
机械	990304004	汽车式起重机 8t	台班	705.33		0.885	1.106	1.328	1.770
	990304020	汽车式起重机 20t	台班	968.56		2.567	1.505	1.770	2.124
	990304036	汽车式起重机 40t	台班	1456.19		1.239	1.505	1.770	2.124
	990401030	载重汽车 8t	台班	474.25		1.792	2.240	2.688	3.584
	990401045	载重汽车 15t	台班	748.42		0.896	1.120	1.344	1.792
	990403030	平板拖车组 40t	台班	1367.47		0.896	0.896	0.896	0.896
	002000184	试车台班费	元	—		500.00	500.00	500.00	500.00
	002000070	回程费	元	—		1059.30	1246.75	1434.21	1708.53

H.6.1.4 塔吊安拆及场外运输

工作内容：塔吊基础专用地脚螺栓埋设；构件运输，拼装塔吊；塔吊附墙预埋件制作、安装、附墙设置；塔吊根据高度要求自升；施工完成后塔吊拆除。

计量单位：部

定额编号						DH0227	DH0228	DH0229	DH0230
项目名称						安装高度(m)			
						100以内	150以内	200以内	250以内
费用	综合单价（元）					**79504.80**	**110117.12**	**130637.23**	**154169.43**
	其中	人工费（元）				26091.60	31283.40	34221.00	37168.80
		材料费（元）				14599.25	21254.35	29255.42	40251.74
		施工机具使用费（元）				14920.37	24866.46	29839.28	34812.55
		企业管理费（元）				16027.48	21943.36	25034.76	28130.31
		利润（元）				7045.86	9646.55	11005.56	12366.40
		一般风险费（元）				820.24	1123.00	1281.21	1439.63
	编码	名称	单位	单价(元)		消耗量			
人工	000300030	机械综合工	工日	120.00		217.430	260.695	285.175	309.740
材料	050303800	木材 锯材	m^3	1547.01		0.244	0.366	0.512	0.636
	010100013	钢筋	t	3070.18		1.239	1.735	2.416	3.395
	012900010	钢板 综合	t	3210.00		2.004	2.967	4.088	5.652
	010500030	钢丝绳	t	5598.29		0.051	0.076	0.104	0.138
	010000100	型钢 综合	t	3085.47		0.882	1.288	1.738	2.365
	032130010	铁件 综合	kg	3.68		159.100	237.100	329.400	442.400
	031350010	低碳钢焊条 综合	kg	4.19		85.800	127.000	175.000	231.700
	002000010	其他材料费	元	—		33.10	33.10	33.10	33.10
机械	990304036	汽车式起重机 40t	台班	1456.19		5.576	9.293	11.151	13.010
	990403020	平板拖车组 20t	台班	1014.84		5.645	9.408	11.290	13.171
	990901020	交流弧焊机 32kV·A	台班	85.07		12.600	21.000	25.200	29.400

H.6.1.5 施工电梯安拆

工作内容:电梯基础专用地脚螺栓埋设;构件运输,拼装电梯;电梯附墙预埋件制作、安装、附墙设置;电梯根据高度要求自升;施工完成后电梯拆除。

计量单位:部

定额编号					DH0231	DH0232	DH0233	DH0234	DH0235
项目名称					施工电梯(75m以内)	施工电梯(100m以内)	施工电梯(150m以内)	施工电梯(200m以内)	施工电梯(250m以内)
费用	综合单价(元)				**27516.49**	**33893.87**	**35764.15**	**44791.82**	**57159.21**
费用	其中	人工费(元)			6834.00	9200.40	14320.80	11832.00	24153.60
费用	其中	材料费(元)			200.00	212.95	5802.46	234.01	8513.32
费用	其中	施工机具使用费(元)			10426.51	12081.62	4611.14	16322.81	6584.36
费用	其中	企业管理费(元)			6745.41	8317.01	7398.60	11002.90	12012.39
费用	其中	利润(元)			2965.36	3656.25	3252.51	4837.00	5280.78
费用	其中	一般风险费(元)			345.21	425.64	378.64	563.10	614.76
	编码	名称	单位	单价(元)	消耗量				
人工	000300030	机械综合工	工日	120.00	56.950	76.670	119.340	98.600	201.280
材料	040100019	水泥 42.5	t	324.79	—	—	0.895	—	1.449
材料	050100500	原木	m^3	982.30	—	—	0.500	—	0.500
材料	050302650	枕木	m^3	683.76	—	—	0.025	—	0.025
材料	012900010	钢板 综合	t	3210.00	—	—	0.680	—	0.988
材料	010000100	型钢 综合	t	3085.47	—	—	0.360	—	0.598
材料	014700220	铝线 ϕ2.5	kg	15.90	—	—	31.000	—	31.000
材料	040300760	特细砂	t	63.11	—	—	1.890	—	3.070
材料	040500209	碎石 5～40	t	67.96	—	—	2.835	—	4.770
材料	031350010	低碳钢焊条 综合	kg	4.19	—	—	97.300	—	163.500
材料	010302120	镀锌铁丝 8#	kg	3.08	17.100	19.700	—	26.250	—
材料	023300110	草袋	m^2	0.95	16.900	22.100	—	—	—
材料	030125115	螺栓 M20	个	5.47	24.000	24.000	—	28.000	—
材料	032130010	铁件 综合	kg	3.68	—	—	113.200	—	194.700
材料	002000010	其他材料费	元	—	—	—	80.85	—	105.49
机械	990304001	汽车式起重机 5t	台班	473.39	2.655	3.098	—	4.425	—
机械	990304016	汽车式起重机 16t	台班	898.02	3.983	4.425	—	5.310	—
机械	990401030	载重汽车 8t	台班	474.25	3.584	4.480	—	6.720	—
机械	990401045	载重汽车 15t	台班	748.42	2.688	3.136	—	4.480	—
机械	990503030	电动卷扬机 单筒慢速 50kN	台班	192.37	—	—	2.968	—	3.548
机械	990901020	交流弧焊机 32kV•A	台班	85.07	—	—	17.580	—	29.850
机械	002000184	试车台班费	元	—	500.00	500.00	500.00	500.00	500.00
机械	002000070	回程费	元	—	1381.38	1669.63	2044.66	2419.69	2862.49

H.6.1.6 **移动模架安拆**

工作内容:1.移动模架的托架、推进台车、主梁、鼻梁、横梁、门架吊装、工作平台及爬梯的第一次吊装、就位和最后一次拆除。
2.机具设备的擦拭、保养、堆放。

计量单位:10t 金属设备

定额编号					DH0236
项目名称					移动模架安装拆除
费用	**综合单价(元)**				**34639.11**
	其中	人工费(元)			12770.40
		材料费(元)			4274.77
		施工机具使用费(元)			6415.96
		企业管理费(元)			7498.03
		利润(元)			3296.22
		一般风险费(元)			383.73
	编码	名称	单位	单价(元)	消耗量
人工	000700040	吊装综合工	工日	120.00	106.420
材料	050303800	木材 锯材	m^3	1547.01	0.392
	010500030	钢丝绳	t	5598.29	0.003
	032130010	铁件 综合	kg	3.68	3.300
	002000010	其他材料费	元	—	39.40
	002000080	设备摊销费	元	—	3600.00
机械	990304032	汽车式起重机 32t	台班	1190.79	1.142
	990304040	汽车式起重机 50t	台班	2390.17	1.956
	990304052	汽车式起重机 75t	台班	3071.85	0.124

注:定额中设备摊销费系按每吨每月 90 元,并按使用 4 个月编制的,如实际施工期与定额不同时,可予以调整。

H.6.1.7 搅拌站装、拆除

工作内容:砌筑砂、石料仓隔板、挡墙、围墙,浇筑拌和站和站基座的全部工作;搅拌站安装、拆除;竣工后施工场地清理、拆除;场内50m范围内的材料运输。

计量单位:台·次

		定额编号			DH0237	DH0238	DH0239	DH0240	DH0241
		项目名称			混凝土搅拌站场外运输	混凝土拌和站(楼)安装、拆除			
						生产能力(m^3/h)			
						15以内	25以内	40以内	60以内
费用		**综合单价(元)**			**15052.48**	**106471.14**	**162095.06**	**268999.25**	**373771.55**
	其中	人工费(元)			3712.80	47175.00	69003.00	124807.20	172089.60
		材料费(元)			34.86	23788.33	44121.20	54977.81	72690.26
		施工机具使用费(元)			5776.41	5069.92	5541.33	10426.87	18155.12
		企业管理费(元)			3708.38	20417.31	29131.92	52849.48	74347.64
		利润(元)			1630.25	8975.68	12806.72	23233.21	32684.04
		一般风险费(元)			189.78	1044.90	1490.89	2704.68	3804.89
	编码	名称	单位	单价(元)	消耗量				
人工	000300030	机械综合工	工日	120.00	30.940	393.125	575.025	1040.060	1434.080
材料	800206030	砼C25(塑、特、碎5~31.5、坍10~30)	m^3	247.35	—	46.290	31.150	52.570	78.840
	810104020	M7.5水泥砂浆(特 稠度70~90mm)	m^3	195.56	—	4.050	33.230	29.950	38.900
	050100500	原木	m^3	982.30	—	6.000	—	0.050	0.100
	050303800	木材 锯材	m^3	1547.01	—	0.138	0.009	0.022	0.024
	010100013	钢筋	t	3070.18	—	0.222	—	0.089	0.119
	010000100	型钢 综合	t	3085.47	—	0.071	0.035	0.086	0.096
	040502260	砂砾石	m^3	108.80	—	—	—	73.660	85.300
	041300610	红砖	千块	398.06	—	8.950	73.520	66.260	86.100
	350100300	组合钢模板	kg	4.53	—	154.000	75.000	186.000	207.000
	032130010	铁件 综合	kg	3.68	—	74.700	28.900	71.300	79.300
	010302120	镀锌铁丝 8#	kg	3.08	7.000	—	—	—	—
	023300110	草袋	m^2	0.95	14.000	—	—	—	—
	002000010	其他材料费	元	—	—	3.39	84.40	1.23	1.85
机械	990120030	钢轮内燃压路机 12t	台班	480.22	—	—	—	2.813	3.521
	990304012	汽车式起重机 12t	台班	797.85	—	3.319	0.920	1.867	2.407
	990304020	汽车式起重机 20t	台班	968.56	1.770	—	2.699	4.319	—
	990304032	汽车式起重机 32t	台班	1190.79	—	—	—	—	4.752
	990401015	载重汽车 4t	台班	390.44	—	2.921	3.405	—	—
	990401030	载重汽车 8t	台班	474.25	1.792	—	—	4.104	—
	990401045	载重汽车 15t	台班	748.42	1.792	—	—	—	—
	990403030	平板拖车组 40t	台班	1367.47	—	—	—	—	4.901
	990406010	机动翻斗车 1t	台班	188.07	—	4.604	3.098	5.228	7.841
	990602020	双锥反转出料混凝土搅拌机 350L	台班	226.31	—	1.836	1.242	2.093	3.131
	002000070	回程费	元	—	1871.03	—	—	—	—

H.6.1.8 混凝土梁、钢梁吊装设备

工作内容：1.架梁吊机的安装、拆卸、试运转，设备整体或分体自停放地点运至施工现场或由一施工地点运至另一地点所发生的运输、装卸。
2.浮吊的进出场及起吊就位。

计量单位：台·次

		定额编号			DH0242	DH0243	DH0244	DH0245
		项目名称			架桥机	钢桁梁架梁吊机	揽载吊机	浮吊(起重船)
费用		**综合单价(元)**			**30679.28**	**35241.69**	**32960.00**	**39927.89**
	其中	人工费(元)			7425.60	9282.00	8353.80	11138.40
		材料费(元)			347.98	491.91	419.46	759.62
		施工机具使用费(元)			11739.89	12675.40	12207.64	13610.92
		企业管理费(元)			7489.87	8580.95	8035.41	9672.03
		利润(元)			3292.63	3772.28	3532.46	4251.93
		一般风险费(元)			383.31	439.15	411.23	494.99
	编码	名称	单位	单价(元)	消耗量			
人工	000300030	机械综合工	工日	120.00	61.880	77.350	69.615	92.820
材料	050303800	木材 锯材	m^3	1547.01	0.100	0.150	0.125	0.250
	032130010	铁件 综合	kg	3.68	4.000	6.000	5.000	12.000
	010500030	钢丝绳	t	5598.29	0.006	0.010	0.008	0.016
	010302120	镀锌铁丝 8#	kg	3.08	28.000	35.000	31.500	45.600
	023300110	草袋	m^2	0.95	56.000	70.000	62.500	92.500
	002000010	其他材料费	元	—	5.53	7.50	6.50	10.81
机械	990304036	汽车式起重机 40t	台班	1456.19	1.770	1.770	1.770	1.770
	990403030	平板拖车组 40t	台班	1367.47	1.792	1.792	1.792	1.792
	990304020	汽车式起重机 20t	台班	968.56	1.770	1.770	1.770	1.770
	990401030	载重汽车 8t	台班	474.25	1.792	1.792	1.792	1.792
	990401045	载重汽车 15t	台班	748.42	1.792	1.792	1.792	1.792
	002000070	回程费	元	—	2806.55	3742.06	3274.30	4677.58

H.7 安全文明施工及其他措施项目(编码:041109)

H.7.1 其他措施项目(编码:041109)

H.7.1.1 施工栈桥(编码:041109B15)

工作内容:钢管桩制作、插打,桩间连接系、分配梁、桥面板及栏杆等钢结构制安拆,主桁及连接系军用梁架构安拆。

计量单位:延长米

	定额编号				DH0246	DH0247	DH0248
	项目名称				栈桥		
					宽 4m		宽度每增减 1m
					水深 3～10m	水深>10m	
费用	综合单价(元)				**10821.74**	**12519.93**	**1390.36**
	其中	人工费(元)			3162.60	3610.80	456.36
		材料费(元)			4647.04	5316.80	488.41
		施工机具使用费(元)			739.02	940.65	113.56
		企业管理费(元)			1524.75	1778.71	222.72
		利润(元)			670.30	781.94	97.91
		一般风险费(元)			78.03	91.03	11.40
	编码	名称	单位	单价(元)	消耗量		
人工	000300090	架子综合工	工日	120.00	26.355	30.090	3.803
材料	050100500	原木	m^3	982.30	0.012	0.012	0.002
	050303800	木材 锯材	m^3	1547.01	0.071	0.072	0.010
	133100920	石油沥青	kg	2.56	6.175	9.257	1.039
	020101560	橡胶石棉板 低压 $\delta=0.8\sim6$	kg	13.25	0.244	0.358	0.041
	010000100	型钢 综合	t	3085.47	0.862	1.051	0.129
	010500020	钢丝绳	kg	5.60	0.900	0.989	0.127
	170100500	焊接钢管 综合	t	3120.00	0.005	0.005	0.001
	370502400	木枕 Ⅱ类	根	160.00	0.493	0.517	0.068
	330104200	军用梁	t	6800.00	0.202	0.202	—
	143900700	氧气	m^3	3.26	11.234	13.839	1.688
	143901000	乙炔气	kg	12.01	4.713	5.801	0.708
	030125950	带帽螺栓综合	kg	7.45	15.022	16.587	2.127
	031350010	低碳钢焊条 综合	kg	4.19	25.652	31.629	3.843
	002000010	其他材料费	元	—	60.96	74.02	9.08
机械	990304016	汽车式起重机 16t	台班	898.02	0.216	0.267	0.033
	990302025	履带式起重机 25t	台班	764.02	0.034	0.047	0.005
	990309030	门式起重机 20t	台班	604.77	0.127	0.167	0.022
	991215040	内燃拖轮 221kW	台班	2240.93	0.012	0.018	0.002
	991216020	工程驳船 100t	台班	475.30	0.038	0.053	0.006
	991216050	工程驳船 400t	台班	748.64	0.046	0.064	0.007
	990205020	振动沉拔桩机 激振力(400kN)	台班	1042.73	0.034	0.047	0.005
	990901040	交流弧焊机 42kV·A	台班	118.13	2.751	3.377	0.412
	990727010	立式钻床 钻孔直径 25mm	台班	6.66	0.367	0.390	0.051

工作内容：1.军用梁拼装、拆除。
2.搭拆临时脚手架，安拆杆件，材料清理分类堆放。

计量单位：10t

		定额编号			DH0249	DH0250	DH0251
		项目名称			便桥		军用梁便桥
					桥跨宽度≤15m	桥跨宽度≤30m	每使用1月
费用		综合单价（元）			**13531.73**	**9078.07**	**1397.41**
	其中	人工费（元）			7288.20	5319.96	20.76
		材料费（元）			1997.43	658.70	1364.55
		施工机具使用费（元）			—	—	—
		企业管理费（元）			2848.23	2079.04	8.11
		利润（元）			1252.11	913.97	3.57
		一般风险费（元）			145.76	106.40	0.42
	编码	名称	单位	单价（元）	消耗量		
人工	000300090	架子综合工	工日	120.00	60.735	44.333	0.173
材料	050303800	木材 锯材	m^3	1547.01	0.669	0.177	—
	010500020	钢丝绳	kg	5.60	7.300	7.300	—
	370502400	木枕 Ⅱ类	根	160.00	4.910	1.300	—
	330104200	军用梁	t	6800.00	0.020	0.020	0.200
	002000010	其他材料费	元	—	—	—	4.55

工作内容：钢管桩插打，桩间连接系、分配梁、桥面板及栏杆等钢结构制安拆，主桁及连接系军用梁架构安拆。

计量单位：10t

		定额编号			DH0252	DH0253	DH0254
		项目名称			钢管桩支撑及联接系安装、拆除	分配梁安装、拆除	万能杆件安装、拆除
费用		综合单价（元）			**10643.83**	**1689.13**	**935.43**
	其中	人工费（元）			3564.00	891.96	514.80
		材料费（元）			2411.63	160.31	107.36
		施工机具使用费（元）			1637.70	74.06	8.44
		企业管理费（元）			2032.82	377.52	204.48
		利润（元）			893.65	165.96	89.89
		一般风险费（元）			104.03	19.32	10.46
	编码	名称	单位	单价（元）	消耗量		
人工	000300090	架子综合工	工日	120.00	29.700	7.433	4.290
材料	050100500	原木	m^3	982.30	—	0.015	0.015
	050303800	木材 锯材	m^3	1547.01	—	0.015	0.015
	032130010	铁件 综合	kg	3.68	1.000	—	8.000
	330101100	钢管桩	t	2222.22	1.040	—	—
	350300900	万能杆件	t	3119.66	—	—	0.009
	143900700	氧气	m^3	3.26	—	0.800	—
	143901000	乙炔气	kg	12.01	—	0.340	—
	030125950	带帽螺栓综合	kg	7.45	—	13.200	—
	031350010	低碳钢焊条 综合	kg	4.19	5.500	0.940	—
	002000010	其他材料费	元	—	73.80	13.40	11.90
机械	990304016	汽车式起重机 16t	台班	898.02	—	0.053	—
	990502020	电动卷扬机 双筒快速 30kN	台班	241.26	—	—	0.035
	990901040	交流弧焊机 42kV·A	台班	118.13	—	0.224	—
	990401055	载重汽车 20t	台班	833.38	0.645	—	—
	990304032	汽车式起重机 32t	台班	1190.79	0.637	—	—
	990901020	交流弧焊机 32kV·A	台班	85.07	1.135	—	—
	990503030	电动卷扬机 单筒慢速 50kN	台班	192.37	1.274	—	—

H.7.1.2 墩柱提升架(编码:041109B16)

工作内容:1.全套金属设备(包括起吊设备及钢轨)的安装、拆除。
2.脚手架、绞车平台、张拉工作台、底板工作台、铁(木)梯等附属设备的制作、安装、拆除。
3.混凝土枕块、平衡重的预制、安装。
4.安装设备用的扒杆移动。
5.机具设备的擦拭、保养、堆放。

计量单位:10t 金属设备

		定额编号			DH0255	DH0256	DH0257	DH0258
		项目名称			悬臂吊机	提升架		
						双柱墩	空心墩	
						30m 以内	40m 以内	70m 以内
费用		**综合单价(元)**			**27694.36**	**22911.34**	**25220.14**	**28916.77**
	其中	人工费(元)			12138.00	8649.60	10108.20	12444.00
		材料费(元)			4556.50	5078.98	5079.40	5079.40
		施工机具使用费(元)			2482.16	2618.16	2618.16	2618.16
		企业管理费(元)			5713.56	4403.44	4973.46	5886.29
		利润(元)			2511.74	1935.80	2186.39	2587.68
		一般风险费(元)			292.40	225.36	254.53	301.24
	编码	名称	单位	单价(元)	消耗量			
人工	000300090	架子综合工	工日	120.00	101.150	72.080	84.235	103.700
材料	800211060	砼 C40(塑、特、碎 5~20、坍 35~50)	m^3	276.56	0.380	—	—	—
	050303800	木材 锯材	m^3	1547.01	0.355	0.717	0.717	0.717
	050302650	枕木	m^3	683.76	0.110	—	—	—
	021101450	聚四氟乙烯板	kg	19.87	7.500	—	—	—
	010500030	钢丝绳	t	5598.29	0.008	0.028	0.028	0.028
	032130010	铁件 综合	kg	3.68	6.300	53.600	53.600	53.600
	031350010	低碳钢焊条 综合	kg	4.19	—	0.300	0.400	0.400
	002000010	其他材料费	元	—	10.01	14.52	14.52	14.52
	002000080	设备摊销费	元	—	3600.00	3600.00	3600.00	3600.00
机械	990304012	汽车式起重机 12t	台班	797.85	—	3.257	3.257	3.257
	990503020	电动卷扬机 单筒慢速 30kN	台班	186.98	13.275	—	—	—
	990901020	交流弧焊机 32kV·A	台班	85.07	—	0.230	0.230	0.230

注:定额中设备摊销费系按每吨每月 90 元,并按使用 4 个月编制的,如实际施工期与定额不同时,可予以调整。

工作内容: 1.全套金属设备(包括起吊设备及钢轨)的安装、拆除。
2.脚手架、绞车平台、张拉工作台、底板工作台、铁(木)梯等附属设备的制作、安装、拆除。
3.混凝土枕块、平衡重的预制、安装。
4.安装设备用的扒杆移动。
5.机具设备的擦拭、保养、堆放。

计量单位:10t 金属设备

定额编号						DH0259	DH0260	DH0261
项目名称						提升架		
						索塔		
						80m 以内	150m 以内	250m 以内
费用	综合单价(元)					**38012.72**	**44932.68**	**59253.61**
	其中	人工费(元)				14292.00	17150.40	22867.20
		材料费(元)				10600.42	10600.42	10600.42
		施工机具使用费(元)				3029.05	4543.18	7875.37
		企业管理费(元)				6769.07	8477.85	12014.20
		利润(元)				2975.76	3726.96	5281.57
		一般风险费(元)				346.42	433.87	614.85
	编码	名称	单位	单价(元)		消耗量		
人工	000300090	架子综合工	工日	120.00		119.100	142.920	190.560
材料	050303800	木材 锯材	m^3	1547.01		0.813	0.813	0.813
	010100013	钢筋	t	3070.18		0.789	0.789	0.789
	012900010	钢板 综合	t	3210.00		0.941	0.941	0.941
	010500030	钢丝绳	t	5598.29		0.023	0.023	0.023
	032130010	铁件 综合	kg	3.68		4.800	4.800	4.800
	031350010	低碳钢焊条 综合	kg	4.19		30.000	30.000	30.000
	002000010	其他材料费	元	—		27.59	27.59	27.59
	002000080	设备摊销费	元	—		3600.00	3600.00	3600.00
机械	990304012	汽车式起重机 12t	台班	797.85		3.257	4.885	8.468
	990901020	交流弧焊机 32kV·A	台班	85.07		5.060	7.590	13.156

注:定额中设备摊销费系按每吨每月 90 元,并按使用 4 个月编制的,如实际施工期与定额不同时,可予以调整。

H.7.1.3 零号块托架(编码:041109B17)

工作内容: 1.托架钢构件加工成形,起重机吊至驳船浮运至索塔处。
2.浮吊整体吊装就位,预埋件连接,现场栓(焊)拼接,托架平台搭设、调位,完工后拆除,清理。

计量单位:10t

定额编号					DH0262
项目名称					零号块托架安拆
费用	综合单价(元)				**61746.86**
	其中	人工费(元)			8456.40
		材料费(元)			19102.07
		施工机具使用费(元)			18489.63
		企业管理费(元)			10530.51
		利润(元)			4629.33
		一般风险费(元)			538.92
	编码	名称	单位	单价(元)	消耗量
人工	000300090	架子综合工	工日	120.00	70.470
材料	050100500	原木	m^3	982.30	0.403
	050303800	木材 锯材	m^3	1547.01	1.050
	010000100	型钢 综合	t	3085.47	1.554
	012900010	钢板 综合	t	3210.00	0.723
	170100800	钢管	t	3085.00	2.992
	031350010	低碳钢焊条 综合	kg	4.19	55.000
	032130010	铁件 综合	kg	3.68	6.800
	002000010	其他材料费	元	—	480.40
机械	990503030	电动卷扬机 单筒慢速 50kN	台班	192.37	0.327
	990901020	交流弧焊机 32kV·A	台班	85.07	5.590
	991215040	内燃拖轮 221kW	台班	2240.93	0.520
	991216060	工程驳船 600t	台班	838.78	0.580
	990320010	旋转扒杆起重船 350t 以内	台班	30184.08	0.540

H.7.1.4 挂篮(编码:041109B18)

工作内容:1.放样、画线、裁料、平直、钻孔、拼装、焊接、成品矫正、除锈、刷防锈漆一遍及成品编号堆放。
2.安装、定位,校正,焊接,固定。
3.拆除,气割,整理;推移,定位、校正,固定。

					DH0263	DH0264	DH0265	DH0266
定额编号					DH0263	DH0264	DH0265	DH0266
项目名称					悬浇挂篮制作	挂篮安装	挂篮拆除	挂篮推移
单位					t	10t		10t·m
费用	综合单价(元)				**9157.21**	**5027.93**	**12795.53**	**223.40**
费用	其中	人工费(元)			2880.36	871.20	435.60	51.60
费用	其中	材料费(元)			3609.57	219.70	9295.56	12.28
费用	其中	施工机具使用费(元)			625.03	2166.99	1775.93	81.80
费用	其中	企业管理费(元)			1369.91	1187.32	864.27	52.13
费用	其中	利润(元)			602.23	521.96	379.94	22.92
费用	其中	一般风险费(元)			70.11	60.76	44.23	2.67
	编码	名称	单位	单价(元)	消耗量			
人工	000300090	架子综合工	工日	120.00	24.003	7.260	3.630	0.430
材料	031350010	低碳钢焊条 综合	kg	4.19	44.800	43.090	—	—
材料	130500700	防锈漆	kg	12.82	5.790	—	—	—
材料	140900400	黄油	kg	5.22	—	—	—	1.000
材料	021101450	聚四氟乙烯板	kg	19.87	—	—	—	0.200
材料	010000100	型钢 综合	t	3085.47	1.060	—	3.000	0.001
材料	130105400	调和漆 综合	kg	11.97	3.540	—	—	—
材料	140500800	油漆溶剂油	kg	3.04	0.770	—	—	—
材料	002000010	其他材料费	元	—	32.32	39.15	39.15	—
机械	990901020	交流弧焊机 32kV·A	台班	85.07	5.835	3.270	—	—
机械	990503030	电动卷扬机 单筒慢速 50kN	台班	192.37	—	1.903	1.354	0.257
机械	990302025	履带式起重机 25t	台班	764.02	0.086	—	—	—
机械	990718040	普通车床 630×2000	台班	222.70	0.085	—	—	—
机械	990722010	龙门刨床 刨削宽×长 1000×3000	台班	380.06	0.085	—	—	—
机械	990727030	立式钻床 钻孔直径 50mm	台班	20.04	0.085	—	—	—
机械	990919010	电焊条烘干箱 450×350×450	台班	17.13	0.584	0.330	—	—
机械	990304052	汽车式起重机 75t	台班	3071.85	—	0.487	0.487	—
机械	990316010	立式油压千斤顶 100t	台班	10.21	—	2.065	1.907	3.170

H.7.1.5 **预制场(编码:041109B19)**

工作内容:放样,开挖基坑;开挖清理排水沟;拱桥底座的打小圆木桩;铺筑石灰土垫层;砌筑曲面底座的基础及墙身;混凝土底座及钢筋混凝土墙帽的全部操作;地模板的制作安装、拆除、修理。 **计量单位:**$10m^2$

		定额编号			DH0267	DH0268	DH0269
		项目名称			平面底座	曲面底座	
						梁桥	拱桥
费用		**综合单价(元)**			**4476.99**	**6971.17**	**4238.37**
	其中	人工费(元)			1837.70	2854.30	1691.08
		材料费(元)			1447.73	2294.68	1414.72
		施工机具使用费(元)			76.41	100.64	93.11
		企业管理费(元)			748.03	1154.79	697.26
		利润(元)			328.84	507.66	306.52
		一般风险费(元)			38.28	59.10	35.68
	编码	名称	单位	单价(元)	消耗量		
人工	000700010	市政综合工	工日	115.00	15.980	24.820	14.705
材料	800206010	砼 C15(塑、特、碎 5~31.5、坍 10~30)	m^3	215.49	2.120	0.540	1.520
	810104010	M5.0 水泥砂浆(特 稠度 70~90mm)	m^3	183.45	1.370	2.020	—
	050303800	木材 锯材	m^3	1547.01	—	0.004	—
	050100500	原木	m^3	982.30	—	0.002	0.159
	010100013	钢筋	t	3070.18	0.048	0.042	—
	012900010	钢板 综合	t	3210.00	0.019	0.062	0.042
	010000100	型钢 综合	t	3085.47	0.048	0.057	0.046
	041100310	块(片)石	m^3	77.67	4.500	—	1.190
	041100020	毛条石	m^3	155.34	—	7.720	—
	040502260	砂砾石	m^3	108.80	—	—	5.020
	040900100	生石灰	kg	0.58	—	0.388	—
	040900900	粘土	m^3	17.48	—	2.520	—
	032130010	铁件 综合	kg	3.68	6.800	7.700	0.700
	031350010	低碳钢焊条 综合	kg	4.19	0.700	1.900	0.700
	350100300	组合钢模板	kg	4.53	1.000	2.000	1.000
	002000010	其他材料费	元	—	1.10	6.90	5.60
机械	990406010	机动翻斗车 1t	台班	188.07	0.211	0.054	0.151
	990503020	电动卷扬机 单筒慢速 30kN	台班	186.98	0.009	0.071	0.053
	990503030	电动卷扬机 单筒慢速 50kN	台班	192.37	0.035	0.221	0.150
	990602020	双锥反转出料混凝土搅拌机 350L	台班	226.31	0.080	0.018	0.062
	990901020	交流弧焊机 32kV·A	台班	85.07	0.120	0.360	0.140

工作内容：1.混凝土：混凝土配、拌、运输、浇筑、振捣、抹平、养生。
2.模板：模板制作、安装、涂脱模剂；模板拆除、修理、整堆。

计量单位：座

定额编号					DH0270	DH0271	DH0272
项目名称					先张法预应力钢筋张拉、冷拉台座		
					60m张拉台座		冷拉台座
					张力3000kN	张力6000kN	45m
费用	综合单价（元）				**93601.60**	**158846.67**	**74025.91**
	其中	人工费（元）			41475.33	69940.13	33391.40
		材料费（元）			20872.74	35515.72	18941.21
		施工机具使用费（元）			4479.97	7989.19	1415.06
		企业管理费（元）			17959.33	30454.78	13602.36
		利润（元）			7895.12	13388.26	5979.75
		一般风险费（元）			919.11	1558.59	696.13
	编码	名称	单位	单价（元）	消耗量		
人工	000700010	市政综合工	工日	115.00	360.655	608.175	290.360
材料	800206020	砼C20（塑、特、碎5～31.5、坍10～30）	m^3	229.88	27.100	27.100	39.700
	800206040	砼C30（塑、特、碎5～31.5、坍10～30）	m^3	260.69	37.800	75.600	—
	050100500	原木	m^3	982.30	—	—	1.429
	050303800	木材 锯材	m^3	1547.01	1.992	3.984	1.330
	010100010	钢筋 综合	kg	3.07	0.629	1.258	—
	012900010	钢板 综合	t	3210.00	0.220	0.440	1.954
	010000010	型钢 综合	kg	3.09	4.194	8.388	—
	170101000	钢管	kg	3.12	—	—	0.660
	032130010	铁件 综合	kg	3.68	27.800	55.600	4.200
	031350010	低碳钢焊条 综合	kg	4.19	179.900	359.800	—
	002000010	其他材料费	元	—	130.09	260.17	63.89
机械	990406010	机动翻斗车 1t	台班	188.07	6.455	10.214	3.949
	990602020	双锥反转出料混凝土搅拌机 350L	台班	226.31	4.861	7.673	2.971
	990901020	交流弧焊机 32kV·A	台班	85.07	25.460	50.920	—

工作内容：铺设枕木、钢轨，安装配件；铺设道砟并振捣整平；拆除线路，材料分类堆放。

计量单位：100m

定额编号					DH0273	DH0274	DH0275	DH0276
项目名称					钢轨道（kg/m）			
					11	15	32	
							在路基上	在桥面上
费用	综合单价（元）				**2475.28**	**2630.58**	**10505.87**	**6644.60**
	其中	人工费（元）			869.98	869.98	2404.65	1769.28
		材料费（元）			1098.45	1253.75	6700.27	3844.54
		施工机具使用费（元）			—	—	—	—
		企业管理费（元）			339.99	339.99	939.74	691.43
		利润（元）			149.46	149.46	413.12	303.96
		一般风险费（元）			17.40	17.40	48.09	35.39
	编码	名称	单位	单价（元）	消耗量			
人工	000700010	市政综合工	工日	115.00	7.565	7.565	20.910	15.385
材料	050302650	枕木	m^3	683.76	0.810	0.810	3.375	3.375
	050303800	木材 锯材	m^3	1547.01	—	—	0.455	—
	040500070	碎石 20～60	t	67.96	—	—	31.901	—
	002000010	其他材料费	元	—	—	—	—	16.15
	002000080	设备摊销费	元	—	544.60	699.90	1520.70	1520.70

H.7.1.6 **索道吊装系统(编码:041109B20)**

工作内容:钢塔架安装、拆除;栓缆风绳;索道、卷扬机、缆风索以及滑车等设备安装、拆除;机具设备擦拭、保养、堆放。

计量单位:10t

		定额编号			DH0277
		项目名称			钢塔架
费用		**综合单价(元)**			**32453.99**
	其中	人工费(元)			14412.60
		材料费(元)			5974.19
		施工机具使用费(元)			2319.23
		企业管理费(元)			6538.80
		利润(元)			2874.53
		一般风险费(元)			334.64
	编码	名称	单位	单价(元)	消耗量
人工	000700040	吊装综合工	工日	120.00	120.105
材料	800205020	砼 C20(塑、特、碎 5~20、坍 10~30)	m^3	230.92	4.860
	050100500	原木	m^3	982.30	0.005
	050303800	木材 锯材	m^3	1547.01	0.527
	010100013	钢筋	t	3070.18	0.004
	010500030	钢丝绳	t	5598.29	0.074
	032130010	铁件 综合	kg	3.68	0.900
	031350010	低碳钢焊条 综合	kg	4.19	0.100
	002000010	其他材料费	元	—	1.45
	002000080	设备摊销费	元	—	3600.00
机械	990503020	电动卷扬机 单筒慢速 30kN	台班	186.98	12.390
	990901020	交流弧焊机 32kV·A	台班	85.07	0.030

注:定额中设备摊销费系按每吨每月 90 元,并按使用 4 个月编制的,如实际施工期与定额不同时,可予以调整。

工作内容:钢塔架安装、拆除;挖基、浇筑混凝土地锚以及栓缆风绳;索道、卷扬机、缆风索以及滑车等设备安装、拆除;机具设备擦拭、保养、堆放。

计量单位:个

		定额编号			DH0278	DH0279	DH0280	DH0281	DH0282	DH0283
		项目名称			主索地锚砼					
					块件重量					
					15t 以内	20t 以内	30t 以内	50t 以内	60t 以内	70t 以内
费用		**综合单价(元)**			**27992.21**	**58863.94**	**71616.70**	**81466.96**	**85672.99**	**89906.38**
	其中	人工费(元)			13453.80	19839.00	22593.00	25112.40	25928.40	26754.60
		材料费(元)			4446.85	24843.54	32360.68	37176.92	39569.29	41970.25
		施工机具使用费(元)			1423.85	1657.53	2211.76	2873.22	3203.22	3534.88
		企业管理费(元)			5814.18	8400.84	9693.70	10936.78	11384.64	11837.13
		利润(元)			2555.98	3693.10	4261.46	4807.93	5004.81	5203.73
		一般风险费(元)			297.55	429.93	496.10	559.71	582.63	605.79
	编码	名称	单位	单价(元)	消耗量					
人工	000700040	吊装综合工	工日	120.00	112.115	165.325	188.275	209.270	216.070	222.955
材料	800206010	砼 C15(塑、特、碎 5~31.5、坍 10~30)	m^3	215.49	4.860	54.620	72.880	94.680	105.560	116.480
	050100500	原木	m^3	982.30	1.827	3.262	3.262	3.262	3.262	3.262
	050303800	木材 锯材	m^3	1547.01	—	2.300	2.300	2.300	2.300	2.300
	010100013	钢筋	t	3070.18	0.454	1.477	1.969	1.969	1.969	1.969
	041100310	块(片)石	m^3	77.67	—	18.360	18.360	18.360	18.360	18.360
	032130010	铁件 综合	kg	3.68	—	16.600	16.600	16.600	16.600	16.600
	341100100	水	m^3	4.42	46.616	55.076	72.424	95.064	105.888	116.704
	002000010	其他材料费	元	—	5.00	45.89	60.98	79.46	79.46	79.46
	002000080	设备摊销费	元	—	—	—	1980.00	1980.00	1980.00	1980.00
机械	990406010	机动翻斗车 1t	台班	188.07	4.666	5.432	7.249	9.416	10.498	11.584
	990602020	双锥反转出料混凝土搅拌机 350L	台班	226.31	2.414	2.810	3.749	4.871	5.430	5.993

工作内容：钢塔架安装、拆除；挖基、浇筑混凝土地锚以及栓缆风绳；索道、卷扬机、缆风索以及滑车等设备安装、拆除；机具设备擦拭、保养、堆放。

计量单位：10m 索跨

定额编号					DH0284	DH0285	DH0286	DH0287	DH0288	DH0289
项目名称					索道					
					块件重量					
					5t 以内	10t 以内	20t 以内	30t 以内	50t 以内	60t 以内
费用	综合单价（元）				**3196.30**	**5911.40**	**9677.40**	**14464.20**	**21838.12**	**26883.04**
	其中	人工费（元）			1407.60	2703.00	4161.60	6415.80	9904.20	11883.00
		材料费（元）			685.80	1089.28	2253.43	3020.00	4172.66	5008.21
		施工机具使用费（元）			178.71	343.96	529.40	815.46	1258.10	1939.09
		企业管理费（元）			619.93	1190.75	1833.24	2825.98	4362.23	5401.67
		利润（元）			272.53	523.47	805.91	1242.33	1917.68	2374.63
		一般风险费（元）			31.73	60.94	93.82	144.63	223.25	276.44
	编码	名称	单位	单价（元）	消耗量					
人工	000700040	吊装综合工	工日	120.00	11.730	22.525	34.680	53.465	82.535	99.025
材料	010500030	钢丝绳	t	5598.29	0.119	0.189	0.391	0.524	0.724	0.869
	002000010	其他材料费	元	—	19.60	31.20	64.50	86.50	119.50	143.30
机械	990503030	电动卷扬机 单筒慢速 50kN	台班	192.37	0.929	1.788	2.752	4.239	6.540	10.080

工作内容：钢塔架安装、拆除；挖基、浇筑混凝土地锚以及栓缆风绳；索道、卷扬机、缆风索以及滑车等设备安装、拆除；机具设备擦拭、保养、堆放。

计量单位：10m 索跨

定额编号					DH0290
项目名称					索道
					块件重量
					70t 以内
费用	综合单价（元）				**32831.26**
	其中	人工费（元）			14851.20
		材料费（元）			6258.94
		施工机具使用费（元）			1939.09
		企业管理费（元）			6561.65
		利润（元）			2884.57
		一般风险费（元）			335.81
	编码	名称	单位	单价（元）	消耗量
人工	000700040	吊装综合工	工日	120.00	123.760
材料	010500030	钢丝绳	t	5598.29	1.086
	002000010	其他材料费	元	—	179.20
机械	990503030	电动卷扬机 单筒慢速 50kN	台班	192.37	10.080

H.7.1.7 **悬索桥牵引及猫道系统(编码:041109B21)**

工作内容:1.导索过江:穿牵引索,封航,拖轮就位,两岸主、副卷扬机牵引,牵引索对接,解除封航。
2.牵引索架设:安装塔顶、猫道处导轮组,架设牵引。
3.吊装门架:安装、改造、拆除。

					DH0291	DH0292	DH0293	DH0294	DH0295
定额编号					DH0291	DH0292	DH0293	DH0294	DH0295
项目名称					塔顶平台	牵引系统			塔顶门架
						1000m 以内	1500m 以内	2000m 以内	
单位					10t	10m			个
费用	综合单价(元)				**33605.46**	**2996.94**	**3412.77**	**3728.37**	**34960.64**
	其中	人工费(元)			10617.60	537.60	748.80	912.00	8323.20
		材料费(元)			14298.50	1961.78	1961.78	1961.78	18530.63
		施工机具使用费(元)			1581.92	116.49	168.04	204.26	2058.46
		企业管理费(元)			4767.57	255.62	358.30	436.23	4057.15
		利润(元)			2095.88	112.37	157.51	191.77	1783.57
		一般风险费(元)			243.99	13.08	18.34	22.33	207.63
	编码	名称	单位	单价(元)	消耗量				
人工	000700040	吊装综合工	工日	120.00	88.480	4.480	6.240	7.600	69.360
材料	050100500	原木	m^3	982.30	—	—	—	—	0.001
	050303800	木材 锯材	m^3	1547.01	3.833	—	—	—	0.002
	010000100	型钢 综合	t	3085.47	1.033	0.013	0.013	0.013	5.300
	012900010	钢板 综合	t	3210.00	0.294	0.006	0.006	0.006	0.440
	170100800	钢管	t	3085.00	0.053	—	—	—	0.167
	010500030	钢丝绳	t	5598.29	0.034	0.090	0.090	0.090	—
	031350010	低碳钢焊条 综合	kg	4.19	22.900	0.400	0.400	0.400	0.400
	032130010	铁件 综合	kg	3.68	7.100	0.100	0.100	0.100	0.100
	030100650	铁钉	kg	7.26	—	—	—	—	0.100
	010302150	镀锌铁丝 8[#]～12[#]	kg	3.08	5.700	0.200	0.200	0.200	—
	002000010	其他材料费	元	—	144.30	205.50	205.50	205.50	243.20
	002000080	设备摊销费	元	—	3600.00	1190.40	1190.40	1190.40	—
机械	990401035	载重汽车 10t	台班	522.86	0.394	—	—	—	1.030
	990304012	汽车式起重机 12t	台班	797.85	0.389	—	—	—	—
	990304016	汽车式起重机 16t	台班	898.02	—	—	—	—	1.522
	990503030	电动卷扬机 单筒慢速 50kN	台班	192.37	3.381	—	—	—	—
	990503040	电动卷扬机 单筒慢速 80kN	台班	234.74	—	0.177	0.354	0.487	—
	990504050	电动卷扬机 双筒慢速 牵引 250kN	台班	555.69	—	0.035	0.053	0.062	—
	990901020	交流弧焊机 32kV·A	台班	85.07	4.880	0.080	0.080	0.080	1.800
	991215050	内燃拖轮 294kW	台班	2703.61	—	0.010	0.010	0.010	—
	991216040	工程驳船 300t	台班	706.36	—	0.030	0.030	0.030	—
	991229010	恒温箱	台班	15.20	—	0.030	0.030	0.030	—

工作内容：1.猫道锚梁与杆件、托架安装与拆除，承重索制作，运输、架设、矢度调整，施工完成后拆除。
2.猫道面层铺设，猫道矢度调整，猫道门架及滚筒的安装、猫道悬挂以及拆除。
3.横向走道的制作、吊装与下滑到位，吊装钢箱梁之前的拆除。
4.下压装置、变位钢架。制振结构安装与拆除。

计量单位：10m

					DH0296	DH0297	DH0298
定额编号					DH0296	DH0297	DH0298
项目名称					主跨跨径		
					1000m 以内	1500m 以内	2000m 以内
费用	综合单价（元）				**13061.98**	**14420.46**	**15549.15**
	其中	人工费（元）			1766.40	2476.80	3004.80
		材料费（元）			8774.21	8774.21	8774.21
		施工机具使用费（元）			942.92	1090.91	1276.09
		企业管理费（元）			1058.80	1394.26	1672.97
		利润（元）			465.46	612.93	735.46
		一般风险费（元）			54.19	71.35	85.62
	编码	名称	单位	单价（元）	消耗量		
人工	000700040	吊装综合工	工日	120.00	14.720	20.640	25.040
材料	050303800	木材 锯材	m^3	1547.01	0.006	0.006	0.006
	010000100	型钢 综合	t	3085.47	0.193	0.193	0.193
	012900010	钢板 综合	t	3210.00	0.011	0.011	0.011
	170100800	钢管	t	3085.00	0.064	0.064	0.064
	010500030	钢丝绳	t	5598.29	0.477	0.477	0.477
	031350010	低碳钢焊条 综合	kg	4.19	1.000	1.000	1.000
	032130010	铁件 综合	kg	3.68	5.000	5.000	5.000
	010302150	镀锌铁丝 8#～12#	kg	3.08	1.600	1.600	1.600
	032100847	铁丝网	m^2	4.27	115.100	115.100	115.100
	002000010	其他材料费	元	—	35.90	35.90	35.90
	002000080	设备摊销费	元	—	4711.40	4711.40	4711.40
机械	990785020	预应力拉伸机 YCW－250	台班	64.56	0.071	0.097	0.133
	990401035	载重汽车 10t	台班	522.86	0.116	0.116	0.116
	990403020	平板拖车组 20t	台班	1014.84	0.018	0.018	0.018
	990304012	汽车式起重机 12t	台班	797.85	0.230	0.230	0.230
	990304020	汽车式起重机 20t	台班	968.56	0.248	0.248	0.248
	990503030	电动卷扬机 单筒慢速 50kN	台班	192.37	0.912	1.274	1.726
	990503040	电动卷扬机 单筒慢速 80kN	台班	234.74	0.239	0.336	0.451
	990504050	电动卷扬机 双筒慢速 牵引 250kN	台班	555.69	0.248	0.345	0.469
	990901020	交流弧焊机 32kV·A	台班	85.07	0.780	0.780	0.780

H.7.1.8 **其他(编码:081311B23)**

H.7.1.8.1 筑、拆胎、地模

工作内容:平整场地,模板制作、安装、拆除,混凝土配、拌、运,筑、浇、砌、堆,拆除等,圈底模板制作、安装、拆除。

定额编号					DH0299	DH0300	DH0301	DH0302	DH0303
项目名称					砖地模	砼地模		土胎模	拱圈地模
						砼	砼模板		
单位					100m²		10m²	100m²	
费用	综合单价(元)				**6072.43**	**12510.16**	**697.96**	**3545.28**	**1384.17**
	其中	人工费(元)			2512.18	4680.27	371.45	1746.85	759.58
		材料费(元)			2070.24	4153.69	104.31	738.06	182.07
		施工机具使用费(元)			16.69	599.95	3.67	26.95	—
		企业管理费(元)			988.28	2063.51	146.59	693.20	296.84
		利润(元)			434.46	907.14	64.44	304.74	130.49
		一般风险费(元)			50.58	105.60	7.50	35.48	15.19
	编码	名称	单位	单价(元)	消耗量				
人工	000700010	市政综合工	工日	115.00	21.845	40.698	3.230	15.190	6.605
材料	800206020	砼 C20(塑、特、碎 5～31.5、坍 10～30)	m³	229.88	—	15.230	—	—	—
	810104010	M5.0 水泥砂浆(特 稠度 70～90mm)	m³	183.45	1.445	—	—	—	—
	810201030	水泥砂浆 1:2(特)	m³	256.68	2.050	—	—	—	—
	041300010	标准砖 240×115×53	千块	422.33	2.852	—	—	—	—
	040300760	特细砂	t	63.11	—	7.945	—	—	—
	050303800	木材 锯材	m³	1547.01	—	—	0.056	—	0.111
	040501500	石灰石	m³	72.82	—	—	—	3.020	—
	040900900	粘土	m³	17.48	—	—	—	26.810	—
	020900900	塑料薄膜	m²	0.45	—	—	—	110.000	—
	341100100	水	m³	4.42	16.850	16.800	—	—	—
	002000010	其他材料费	元	—	—	76.95	17.68	—	10.35
机械	990123020	电动夯实机 200～620N·m	台班	27.58	—	—	—	0.977	—
	990406010	机动翻斗车 1t	台班	188.07	—	1.514	—	—	—
	990602020	双锥反转出料混凝土搅拌机 350L	台班	226.31	—	0.701	—	—	—
	990610010	灰浆搅拌机 200L	台班	187.56	0.089	—	—	—	—
	990706010	木工圆锯机 直径 500mm	台班	25.81	—	—	0.142	—	—
	991003030	电动空气压缩机 1m³/min	台班	51.10	—	3.064	—	—	—

H.7.1.8.2　卷扬机牵引轨道平车运输

工作内容：第一个50m：挂钩、起吊、装车、固定构件，等待装卸，起运50m空回，安拆卷扬机。
每增运50m：运走50m及空回。

计量单位：10m³

定额编号					DH0304	DH0305	DH0306	DH0307	DH0308
项目名称					卷扬机牵引龙门架装车构件重量				
					10t以内	15t以内	25t以内	50t以内	80t以内
费用	综合单价（元）				**626.76**	**463.54**	**316.74**	**230.90**	**156.92**
	其中	人工费（元）			193.80	142.80	102.00	71.40	49.80
		材料费（元）			137.31	97.88	56.06	58.54	34.87
		施工机具使用费（元）			115.47	88.25	62.72	37.51	27.32
		企业管理费（元）			120.86	90.30	64.37	42.56	30.14
		利润（元）			53.13	39.69	28.30	18.71	13.25
		一般风险费（元）			6.19	4.62	3.29	2.18	1.54
	编码	名称	单位	单价（元）	消耗量				
人工	000700040	吊装综合工	工日	120.00	1.615	1.190	0.850	0.595	0.415
材料	050303800	木材 锯材	m³	1547.01	0.085	0.061	0.035	0.037	0.022
	032130010	铁件 综合	kg	3.68	0.900	0.600	0.400	0.300	0.200
	002000010	其他材料费	元	—	2.50	1.30	0.44	0.20	0.10
机械	990503020	电动卷扬机 单筒慢速 30kN	台班	186.98	0.062	0.044	0.035	—	—
	990503030	电动卷扬机 单筒慢速 50kN	台班	192.37	0.540	0.416	0.292	0.195	0.142

工作内容：第一个50m：挂钩、起吊、装车、固定构件，等待装卸，起运50m空回，安拆卷扬机。
每增运50m：运走50m及空回。

计量单位：10m³

定额编号					DH0309	DH0310	DH0311	DH0312	DH0313
项目名称					卷扬机牵引每增运50m构件重量				
					10t以内	15t以内	25t以内	50t以内	80t以内
费用	综合单价（元）				**105.31**	**78.24**	**69.98**	**48.53**	**46.10**
	其中	人工费（元）			40.80	30.60	30.60	20.40	20.40
		材料费（元）			22.39	16.79	11.20	5.60	5.60
		施工机具使用费（元）			11.59	8.23	6.54	6.73	5.19
		企业管理费（元）			20.48	15.17	14.52	10.60	10.00
		利润（元）			9.00	6.67	6.38	4.66	4.40
		一般风险费（元）			1.05	0.78	0.74	0.54	0.51
	编码	名称	单位	单价（元）	消耗量				
人工	000700040	吊装综合工	工日	120.00	0.340	0.255	0.255	0.170	0.170
材料	010500030	钢丝绳	t	5598.29	0.004	0.003	0.002	0.001	0.001
机械	990503020	电动卷扬机 单筒慢速 30kN	台班	186.98	0.062	0.044	0.035	—	—
	990503030	电动卷扬机 单筒慢速 50kN	台班	192.37	—	—	—	0.035	0.027

H.7.1.8.3　轨道拖车头牵引轨道平车运输

工作内容：第一个 50m：挂钩、起吊、装车、固定构件，等待装卸，起运 50m 空回，安拆卷扬机。
每增运 50m：运走 50m 及空回。

计量单位：10m³

定额编号					DH0314	DH0315	DH0316	DH0317	DH0318
项目名称					轨道拖车头牵引龙门架装车构件重量				
					10t 以内	15t 以内	25t 以内	50t 以内	80t 以内
费用	综合单价（元）				**595.47**	**439.41**	**304.76**	**221.53**	**155.25**
	其中	人工费（元）			193.80	142.80	102.00	71.40	51.00
		材料费（元）			101.09	72.80	40.47	50.81	30.23
		施工机具使用费（元）			118.58	88.85	65.00	36.47	28.00
		企业管理费（元）			122.08	90.53	65.26	42.16	30.87
		利润（元）			53.67	39.80	28.69	18.53	13.57
		一般风险费（元）			6.25	4.63	3.34	2.16	1.58
	编码	名称	单位	单价（元）	消耗量				
人工	000700040	吊装综合工	工日	120.00	1.615	1.190	0.850	0.595	0.425
材料	050303800	木材 锯材	m³	1547.01	0.062	0.045	0.025	0.032	0.019
	032130010	铁件 综合	kg	3.68	0.900	0.600	0.400	0.300	0.200
	002000010	其他材料费	元	—	1.86	0.98	0.32	0.20	0.10
机械	990503030	电动卷扬机 单筒慢速 50kN	台班	192.37	0.540	0.416	0.292	0.159	0.115
	991231010	轨道拖车头 30kW	台班	294.10	0.050	0.030	0.030	0.020	0.020

工作内容：第一个 50m：挂钩、起吊、装车、固定构件，等待装卸，起运 50m 空回，安拆卷扬机。
每增运 50m：运走 50m 及空回。

计量单位：10m³

定额编号					DH0319	DH0320	DH0321	DH0322	DH0323
项目名称					每增运 50m 构件重量				
					10t 以内	15t 以内	25t 以内	50t 以内	80t 以内
费用	综合单价（元）				**55.56**	**30.10**	**30.10**	**25.44**	**25.44**
	其中	人工费（元）			20.40	10.20	10.20	10.20	10.20
		材料费（元）			—	—	—	—	—
		施工机具使用费（元）			14.71	8.82	8.82	5.88	5.88
		企业管理费（元）			13.72	7.43	7.43	6.28	6.28
		利润（元）			6.03	3.27	3.27	2.76	2.76
		一般风险费（元）			0.70	0.38	0.38	0.32	0.32
	编码	名称	单位	单价（元）	消耗量				
人工	000700040	吊装综合工	工日	120.00	0.170	0.085	0.085	0.085	0.085
机械	991231010	轨道拖车头 30kW	台班	294.10	0.050	0.030	0.030	0.020	0.020

H.7.1.8.4 平板车拖车运构件

工作内容：第一个 1km：挂钩、起吊、装车、固定构件，等待装卸，运走、吊走及空回。
每增运 0.5km：运走及空回。

计量单位：100m³

定额编号					DH0324	DH0325	DH0326	DH0327
项目名称					起重机装车第一个 1km			
					10t 以内	15t 以内	25t 以内	40t 以内
费用	综合单价（元）				**5644.73**	**5102.30**	**4473.51**	**3372.25**
	其中	人工费（元）			448.80	346.80	244.80	163.20
		材料费（元）			486.46	373.41	236.57	146.81
		施工机具使用费（元）			2810.56	2641.25	2432.41	1874.86
		企业管理费（元）			1273.76	1167.73	1046.25	796.48
		利润（元）			559.96	513.35	459.94	350.14
		一般风险费（元）			65.19	59.76	53.54	40.76
	编码	名称	单位	单价(元)	消耗量			
人工	000700040	吊装综合工	工日	120.00	3.740	2.890	2.040	1.360
材料	050303800	木材 锯材	m³	1547.01	0.298	0.229	0.145	0.090
	032130010	铁件 综合	kg	3.68	4.200	3.000	1.700	1.000
	002000010	其他材料费	元	—	10.00	8.10	6.00	3.90
机械	990303010	轮胎式起重机 8t	台班	597.74	1.522	—	—	—
	990303030	轮胎式起重机 20t	台班	923.12	—	1.177	—	—
	990304036	汽车式起重机 40t	台班	1456.19	—	—	0.814	0.549
	990403020	平板拖车组 20t	台班	1014.84	1.873	1.532	—	—
	990403025	平板拖车组 30t	台班	1169.86	—	—	1.066	—
	990403040	平板拖车组 60t	台班	1518.95	—	—	—	0.708

H.7.1.8.5 平板车拖车运构件

工作内容：第一个 1km：挂钩、起吊、装车、固定构件，等待装卸，运走、吊走及空回。
每增运 0.5km：运走及空回。

计量单位：100m³

定额编号					DH0328	DH0329	DH0330	DH0331
项目名称					每增运 0.5km			
					起重机装车第一个 1km			
					10t 以内	15t 以内	25t 以内	40t 以内
费用	综合单价（元）				**388.67**	**374.22**	**298.09**	**259.62**
	其中	人工费（元）			—	—	—	—
		材料费（元）			—	—	—	—
		施工机具使用费（元）			245.59	236.46	188.35	164.05
		企业管理费（元）			95.98	92.41	73.61	64.11
		利润（元）			42.19	40.62	32.36	28.18
		一般风险费（元）			4.91	4.73	3.77	3.28
	编码	名称	单位	单价(元)	消耗量			
机械	990403020	平板拖车组 20t	台班	1014.84	0.242	0.233	—	—
	990403025	平板拖车组 30t	台班	1169.86	—	—	0.161	—
	990403040	平板拖车组 60t	台班	1518.95	—	—	—	0.108

H.7.1.8.6 缆索运输混凝土构件

工作内容:第一个50m:挂钩、起吊、牵引及空回。每增运0.5km:牵引及空回。 **计量单位**:100m^3

定额编号					DH0332	DH0333	DH0334	DH0335	DH0336	DH0337
项目名称					第一个50m					
					10t以内	20t以内	30t以内	50t以内	60t以内	70t以内
费用	**综合单价(元)**				**4219.48**	**2943.00**	**2547.15**	**1596.40**	**1423.36**	**1270.01**
	其中	人工费(元)			1152.60	805.80	693.60	387.60	346.80	306.00
		材料费(元)			—	—	—	—	—	—
		施工机具使用费(元)			1513.57	1053.80	915.87	621.12	552.58	496.48
		企业管理费(元)			1041.94	726.73	628.98	394.21	351.48	313.61
		利润(元)			458.05	319.48	276.51	173.30	154.51	137.87
		一般风险费(元)			53.32	37.19	32.19	20.17	17.99	16.05
	编码	名称	单位	单价(元)	消耗量					
人工	000700040	吊装综合工	工日	120.00	9.605	6.715	5.780	3.230	2.890	2.550
机械	990503030	电动卷扬机 单筒慢速 50kN	台班	192.37	7.868	5.478	4.761	—	—	—
	990503040	电动卷扬机 单筒慢速 80kN	台班	234.74	—	—	—	2.646	2.354	2.115

H.7.1.8.7 缆索运输混凝土构件

工作内容:第一个50m:挂钩、起吊、牵引及空回。每增运0.5km:牵引及空回。 **计量单位**:100m^3

定额编号					DH0338	DH0339	DH0340	DH0341	DH0342	DH0343
项目名称					每增运50m					
					10t以内	20t以内	30t以内	50t以内	60t以内	70t以内
费用	**综合单价(元)**				**387.86**	**323.33**	**231.68**	**131.51**	**118.50**	**105.13**
	其中	人工费(元)			—	—	—	—	—	—
		材料费(元)			—	—	—	—	—	—
		施工机具使用费(元)			245.08	204.30	146.39	83.10	74.88	66.43
		企业管理费(元)			95.78	79.84	57.21	32.47	29.26	25.96
		利润(元)			42.10	35.10	25.15	14.28	12.86	11.41
		一般风险费(元)			4.90	4.09	2.93	1.66	1.50	1.33
	编码	名称	单位	单价(元)	消耗量					
机械	990503030	电动卷扬机 单筒慢速 50kN	台班	192.37	1.274	1.062	0.761	—	—	—
	990503040	电动卷扬机 单筒慢速 80kN	台班	234.74	—	—	—	0.354	0.319	0.283

H.7.1.8.8 金属结构吊装设备

工作内容：1.全套金属设备（包括起吊设备及钢轨）的安装、拆除。
2.脚手架、绞车平台、张拉工作台、底板工作台、铁（木）梯等附属设备的制作、安装、拆除。
3.混凝土枕块、平衡中的预制、安装。
4.安装设备用的扒杆的移动。
5.机具设备的擦拭、保养、堆放。

计量单位：10t 金属设备

<table>
<tr><td colspan="5">定额编号</td><td>DH0344</td><td>DH0345</td><td>DH0346</td><td>DH0347</td></tr>
<tr><td colspan="5" rowspan="2">项目名称</td><td rowspan="2">单导梁</td><td rowspan="2">双导梁</td><td colspan="2">跨墩门架</td></tr>
<tr><td>9m</td><td>16m</td></tr>
<tr><td rowspan="7">费用</td><td colspan="4">综合单价（元）</td><td>17310.74</td><td>15504.98</td><td>19678.29</td><td>18442.86</td></tr>
<tr><td rowspan="6">其中</td><td colspan="3">人工费（元）</td><td>7221.60</td><td>6589.20</td><td>8588.40</td><td>8037.60</td></tr>
<tr><td colspan="3">材料费（元）</td><td>4430.90</td><td>4244.21</td><td>4586.64</td><td>4224.24</td></tr>
<tr><td colspan="3">施工机具使用费（元）</td><td>916.80</td><td>526.16</td><td>947.59</td><td>946.74</td></tr>
<tr><td colspan="3">企业管理费（元）</td><td>3180.49</td><td>2780.68</td><td>3726.66</td><td>3511.08</td></tr>
<tr><td colspan="3">利润（元）</td><td>1398.18</td><td>1222.42</td><td>1638.28</td><td>1543.51</td></tr>
<tr><td colspan="3">一般风险费（元）</td><td>162.77</td><td>142.31</td><td>190.72</td><td>179.69</td></tr>
<tr><td></td><td>编码</td><td>名称</td><td>单位</td><td>单价（元）</td><td colspan="4">消耗量</td></tr>
<tr><td>人工</td><td>000700040</td><td>吊装综合工</td><td>工日</td><td>120.00</td><td>60.180</td><td>54.910</td><td>71.570</td><td>66.980</td></tr>
<tr><td rowspan="7">材料</td><td>050303800</td><td>木材 锯材</td><td>m^3</td><td>1547.01</td><td>0.432</td><td>0.392</td><td>0.439</td><td>0.280</td></tr>
<tr><td>050100500</td><td>原木</td><td>m^3</td><td>982.30</td><td>0.015</td><td>—</td><td>0.117</td><td>0.070</td></tr>
<tr><td>010500030</td><td>钢丝绳</td><td>t</td><td>5598.29</td><td>0.018</td><td>0.003</td><td>0.021</td><td>0.012</td></tr>
<tr><td>031350010</td><td>低碳钢焊条 综合</td><td>kg</td><td>4.19</td><td>0.100</td><td>—</td><td>0.100</td><td>0.100</td></tr>
<tr><td>032130010</td><td>铁件 综合</td><td>kg</td><td>3.68</td><td>9.800</td><td>3.300</td><td>17.000</td><td>12.800</td></tr>
<tr><td>002000010</td><td>其他材料费</td><td>元</td><td>—</td><td>10.60</td><td>8.84</td><td>12.03</td><td>7.61</td></tr>
<tr><td>002000080</td><td>设备摊销费</td><td>元</td><td>—</td><td>3600.00</td><td>3600.00</td><td>3600.00</td><td>3600.00</td></tr>
<tr><td rowspan="2">机械</td><td>990503020</td><td>电动卷扬机 单筒慢速 30kN</td><td>台班</td><td>186.98</td><td>4.885</td><td>2.814</td><td>5.036</td><td>5.036</td></tr>
<tr><td>990901020</td><td>交流弧焊机 32kV·A</td><td>台班</td><td>85.07</td><td>0.040</td><td>—</td><td>0.070</td><td>0.060</td></tr>
</table>

注：定额中设备摊销费系按每吨每月 90 元，并按使用 4 个月编制的，如实际施工期与定额不同时，可予以调整。

附　　录

各种金属结构安装设备全套参考质量

1.导梁全套设备质量表

标准跨径(m)	13	16	20	25	30	40	50
单导梁(t)	43.5	46.2	53.1	—	—	—	—
双导梁(t)	—	—	—	115.7	130.0	165.0	200.0

2.跨墩门架一套(两个)设备质量表

门架高(m)		9	12	16
跨径(m)	20	29.7	43.9	—
	30	35.2	52.5	73.9

3.一个悬臂吊机及悬浇挂篮设备质量表

块件重(t)	50	70	100	130	150	200
悬臂吊机(t)	47.4	59.8	90.0	117.0	135.0	180.0
悬浇挂篮(t)	—	—	55.5	63.3	105.0	140.0
零号块托架	按零号块顶面梁宽 7t/m 计算质量					

4.提升模架及墩顶拐脚门架设备质量表

项目	提升模架			墩顶拐脚门架
	方柱式墩(间距 6.4m)	空心墩	索塔	
断面尺寸	2 个 1.6m×1.8m 墩	8.6m×2.6m	2 个 2m×4m 塔柱间距 25m	36.0
全套设备质量(t)	9.7	11.0	60.0	—

5.移动模架金属设备的参考质量表

箱梁跨径(m)		30～40	40～50	50～60	60～65
移动模架设备质量(t)	上行式	500	660	900	1400
	下行式	450	600	800	1100

6.金属塔架设备全套参考质量表

塔高(m)	12	20	30	40	50	60	70	80
设备质量(t)	59.03	98.38	119.34	134.52	157.72	178.32	204.92	223.38